D1718659

Aluminium-Taschenbuch

15. Auflage

Autoren:
Priv.-Doz. Dr.-Ing. habil. G. Drossel
Dr.-Ing. S. Friedrich
Dr.-Ing. W. Huppatz
Dr.-Ing. C. Kammer
Prof. Dr.-Ing. habil. W. Lehnert
Prof. Dr.-Ing. O. Liesenberg
Dr. rer. nat. M. Paul
Dr.-Ing. K. Schemme

Herausgeber:
Aluminium-Zentrale e.V., Düsseldorf

Band 2:
Umformen von Aluminium Werkstoffen, Gießen von Aluminium-Teilen, Oberflächenbehandlung von Aluminium, Recycling und Ökologie

ISBN 3-87017-242-8

Herausgeber: Aluminium-Zentrale Düsseldorf

1. überarbeitete Ausgabe 1999

Satz: Weiß & Partner, Oldenburg
Druck: Littmanndruck, Oldenburg

Alle Angaben nach bestem Wissen, aber ohne Gewähr.

Aluminium-Verlag Marketing & Kommunikation GmbH,
Postfach 10 12 62, D-40003 Düsseldorf
Telefon (0211) 4796-227, Fax (0211) 4796-412
www.alu-verlag.com

Vorwort

Das Aluminium-Taschenbuch stellt seit fünf Jahrzehnten das deutschsprachige Standardwerk für die Erzeuger, Verarbeiter und Anwender von Aluminium-Werkstoffen und -Erzeugnissen dar. Die bisherige Gesamtauflage zeugt von der Bedeutung, die ihm in Industrie, Forschung und Handel beigemessen wird. Im letzten Abschnitt des Auflagezeitraums haben wesentliche Entwicklungen auf den Gebieten der Werkstoffe, der Technologien und Verfahren sowie der Ausrüstungen stattgefunden. Neue und weiterentwickelte Werkstoffe und Fertigungsprozesse, die Prozeßmodellierung und -automatisierung und Qualitätssicherungssysteme bilden die Grundlage für die Herstellung qualitativ hochwertiger Erzeugnisse und die Erweiterung ihrer Einsatzgebiete. Neue Verfahren und Technologien genügen den gestiegenen Anforderungen nach hoher Produktivität, niedrigem Energie- und Materialverbrauch und geringer Umweltbelastung.

Diese Entwicklungen haben Herausgeber und Autoren veranlaßt, das Taschenbuch mit der 15. Auflage in drei Bänden herauszugeben, von denen der erste die werkstofftechnischen Grundlagen der Aluminium-Werkstoffe, der zweite ihre Umformung und gießereitechnische Verarbeitung sowie die Oberflächenbehandlung und das Recycling und der dritte die Weiterverarbeitung und Anwendung umfaßt. Diese Veränderung sollte der möglichst umfassenden, übersichtlichen und fundierten Darstellung des derzeitigen Wissensstandes unter den genannten Gesichtspunkten dienen und mögliche zukünftige Weiterentwicklungen umreißen. Inhalt und Form der drei Bände sind auf eine Resonanz gestoßen, die nach relativ kurzer Zeit eine Ergänzung und Erweiterung der 15. Auflage als notwendig ersclheinen ließ.

Der so überarbeitete 2. Band des Taschenbuches liegt hiermit vor. Die Gliederung des vorhergehenden wurde beibehalten. Das betrifft gleichermaßen die Schwerpunkte in der Darstellung der einzelnen Fachgebiete, die in der Vermittlung werkstoffwissenschaftlicher und verfahrenstechnischer Grundlagen, der Verflechtung von Werkstoffen und Verfahren und den Zusammenhängen zwischen technisch/technologischen Fortschritten und der Qualitätsentwicklung liegen. Die zugehörigen Unterlagen und Daten wurden aktualisiert und wo notwendig überarbeitet sowie textlich neu gefaßt. So u. a. Fragen der Prozeßmodellierung, spezifische werkstofftechnische und verfahrenstechnische Weiterentwicklungen und Veränderungen, insbesondere in Verbindung mit der Erarbeitung des europäischen Normenwerkes.

Bei der Behandlung bestimmter Fragenkomplexe ergeben sich auf Grund der unterschiedlichen Aspekte der verschiedenen Fachgebiete Überschneidungen. Sie sind gewollt und sollen gegebene komplexe Zusammenhänge verdeutlichen und vermitteln.

Herausgeber und Autoren danken allen Fachkollegen, die Anregungen und Hinweise für die Überarbeitung gegeben haben. Sie sind den Damen Dipl.-Ing. D.Hübgen, P. Gehre, S. Bauer und J. Friedel sowie Herrn Dr.-Ing. W.-G. Drossel in besonderem Maße für die organisatorische Unterstützung bei der Umarbeitung zu Dank verpflichtet.

Düsseldorf, August 1999

Herausgeber und Verlag

Autoren

Priv.-Doz. Dr.-Ing. habil. G. Drossel
Dr.-Ing. S. Friedrich
Dr.-Ing. W. Huppatz
Dr.-Ing. C. Kammer
Prof. Dr.-Ing. habil. W. Lehnert
Prof. Dr.-Ing. O. Liesenberg
Dr. rer. nat. M. Paul
Dr.-Ing. K. Schemme

1. Umformung von Aluminium-Werkstoff

von Prof. Dr. W. Lehnert

1.1 Grundlagen der Umformtechnik und -technologie

1.1.1 Charakteristische Merkmale

Seit der Aufnahme der industriellen Produktion von Aluminium vor mehr als 100 Jahren besitzt die Umformtechnik als Fertigungsverfahren der Herstellung und Weiterverarbeitung einen hohen Stellenwert. Über 74 % der durch die Primär- und Sekundärmetallurgie erschmolzenen Aluminiumwerkstoffe werden plastisch umgeformt, oft in mehreren Umformstufen und durch verschiedenartige Verfahren. 1998 wurden weltweit 31,2 Millionen t Aluminium hergestellt, wovon etwa 8,1 Mio. t auf den Formguß und 23,1 Mio. t auf die 1. Stufe der Umformtechnik entfallen.
Das Spektrum der umformtechnisch hergestellten Produkte hat sich bezüglich ihrer chemischen Zusammensetzung, ihres Eigenschaftspotentials und vor allem ihrer Form und Abmessung stetig erweitert und wird jährlich noch größer. In Tafel 1.1.1 sind für wichtige Al-Knetlegierungen die vorrangigen Anwendungsgebiete und Erzeugnisformen angegeben. Neue Werkstoffe und verbesserte Umformverfahren werden entwickelt und gelangen zur Anwendung. Schließlich können die stofflichen Eigenschaften der Al-Werkstoffe wie generell bei Werkstoffen nur dann zur Geltung gebracht werden, wenn die Erzeugnisse auch die für den späteren Einsatz und Verwendungszweck notwendige Form und Größe aufweisen. In den meisten Fällen werden differentielle Eigenschaftskombinationen der unterschiedlichsten Art bei großer Formenvielfalt und sehr genauen Maßvorgaben verlangt. Die Verfahren der Umformtechnik können sehr rationell und effektiv bei hoher Produktivität und Wirtschaftlichkeit praktiziert werden.
Die große technische Bedeutung und die Vorteilhaftigkeit der Umformtechnik innerhalb der Fertigungsprozesse begründen sich durch das Werkstoffverhalten bei der Umformung, das die charakteristischen Merkmale der Umformung prägt. Es sind dies:

- die Inkompressibilität

Die Kompressibilität des Aluminiums ist metalltypisch gering und kann faktisch vernachlässigt werden, so daß von einer Volumenkonstanz ausgegangen werden kann. Das bedeutet, daß $dV = 0$

$$\gamma \cdot \beta \cdot \lambda = 1$$

$$\varphi_h + \varphi_b + \varphi_l = 0 \qquad \text{mithin} \qquad \Sigma\varphi = 0$$

sein muß (γ - Stauchgrad $\gamma = h_0/h_1$; β - Breitungsgrad $\beta = b_0/b_1$; λ - Längungsgrad $\lambda = l_0/l_1$; φ_h - Höhenumformgrad $\varphi_h = \ln\gamma$; φ_b - Breitenumformgrad $\varphi_b = \ln\beta$; φ_l - Längenumformgrad $\varphi_l = \ln\lambda$).
Die Dichte bleibt bei der Umformung unverändert.
Ausnahme ist lediglich die Umformung des Stranggusses, der gießtechnisch bedingt durch die Schrumpfung bei der Erstarrung (Volumenänderung 7,5 %) und durch die Wasserstofffreisetzung nicht frei von Blasen, Mikrolunkern und Poren (0,001 ... 0,5 mm) ist.

Tafel 1.1.1 Ausgewählte Knetlegierungen – Anwendung und Erzeugnisformen nach DIN EN 573-4

Bezeichnung der Legierung		Walz-barren	Preß-barren	Schmiedestücke und Vormaterial	Draht u. Vordraht für			Preß- und Ziehprodukte	Folie	Vormaterial für Wärmeaustauscher (Finstock)	Bleche, Bänder und Platten	Vormaterial für Dosen Deckel u. Verschlüsse	Butzen	HF-geschweißte Rohre	Legierung für Lebensmittelkontakte geeignet
Numerisch	Chemische Symbole				elektrotechnische Anwendung	schweißtechnische Anwendung	mechanische Anwendung								
1199	Al 99,99	B	-	-	-	-	-	-	B	-	B	-	-	-	J
1098	Al 99,98	B	-	-	-	B	A	-	-	-	B	-	A	-	J
1080A	Al 99,8(A)	A	B	-	-	A	A	B	-	-	A	-	A	-	J
1070A	Al 99,7	A	A	-	-	-	A	A	-	-	A	-	A	-	J
1050A	Al 99,5	A	A	B	-	A	A	A	A	A	A	B	A	-	J
1350	EAl 99,5	-	A	-	A	-	-	A	-	-	-	-	-	-	J
1200	Al 99,0	A	A	-	-	-	B	A	A	A	A	-	A	-	J
2007	Al Cu4PbMgMn	-	A	-	-	-	-	A	-	-	-	-	-	-	N
2011	Al Cu6BiPb	-	A	B	-	-	A	A	-	-	-	-	A	-	N
2011A	Al Cu6BiPb(A)	-	A	-	-	-	-	A	-	-	-	-	-	-	N
2014	Al Cu4SiMg	A	A	A	-	-	-	A	-	-	A	-	-	-	N
2014A	Al Cu4SiMg(A)	A	A	B	-	-	A	A	-	-	B	-	-	-	N
2017A	Al Cu4MgSi(A)	A	A	B	-	-	A	A	-	-	A	-	-	-	N
2117	Al Cu2,5Mg	B	-	-	-	-	A	-	-	-	B	-	-	-	N
2024	Al Cu4Mg1	A	A	A	-	-	A	A	-	-	A	-	-	-	N
2030	Al Cu4PbMg	-	A	-	-	-	B	A	-	-	-	-	-	-	N
3003	Al Mn1Cu	A	A	-	-	-	A	A	A	A	A	A	-	B	J
3103	Al Mn1	A	A	-	-	B	A	A	A	A	A	B	A	A	J
3004	Al Mn1Mg1	A	-	-	-	-	-	-	-	B	A	A	-	A	J
3104	Al Mn1Mg1Cu	A	-	-	-	-	-	-	-	-	B	A	-	-	J
3005	Al Mn1Mg0,5	A	-	-	-	-	-	-	A	-	A	A	-	A	J
3105	Al Mn0,5Mg0,5	A	-	-	-	-	-	-	B	B	A	-	-	B	N
3207	Al Mn0,6	A	-	-	-	-	-	-	-	-	B	A	A	-	J
4006	Al Si1Fe	A	-	-	-	-	-	-	-	-	A	-	-	-	J
4007	Al Si1,5Mn	A	-	-	-	-	-	-	-	-	A	-	-	-	J
5005	Al Mg1(B)	A	A	-	-	-	B	A	-	A	A	-	-	A	J
5005A	Al Mg1(C)	-	A	-	-	-	-	A	-	-	-	-	A	-	J
5019	Al Mg5	-	A	B	-	-	A	A	-	-	-	-	-	-	J
5040	Al Mg1,5Mn	A	-	-	-	-	-	-	-	-	A	-	-	A	J
5042	Al Mg3,5Mn	A	-	-	-	-	-	-	-	-	-	A	-	-	J
5049	Al Mg2Mn0,8	A	-	-	-	-	-	-	-	-	A	-	-	A	J
5050	Al Mg1,5(C)	A	-	-	-	-	-	-	-	-	A	B	-	-	J
5051A	Al Mg2(B)	-	A	-	-	-	A	A	-	-	-	-	-	-	J

EN AW... (Produktion: A – in großen Mengen; B – in begrenzten Mengen)

Bezeichnung der Legierung		Walz-barren	Preß-barren	Schmie-destücke und Vor-material	Draht u. Vordraht für			Preß- und Zieh-produkte	Folie	Vormate-rial für Wärmeaus-tauscher (Finstock)	Bleche, Bänder und Platten	Vormate-rial für Dosen Deckel u. Verschlüsse	Butzen	HF-ge-schweißte Rohre	Legierung für Lebens-mittel kontakte geeignet
Nume-risch	Chemische Symbole				elektro-techni-sche An-wendung	schweiß-techni-sche An-wendung	mechani-sche An-wendung								
5251	Al Mg2	A	A	-	-	-	A	A	-	-	A	B	-	A	J
5052	Al Mg2,5	A	A	-	-	-	A	A	-	-	A	A	-	B	J
5154A	Al Mg3,5(A)	A	A	-	-	A	A	A	-	-	A	-	-	-	J
5454	Al Mg3Mn	A	A	B	-	-	-	A	-	-	A	-	-	A	J
5754	Al Mg3	A	A	A	-	A	A	A	-	B	A	-	A	A	J
5182	Al Mg4,5Mn0,4	A	-	-	-	-	-	-	-	-	A	A	-	-	J
5083	Al Mg4,5Mn0,7	A	A	A	-	-	-	A	-	-	A	-	-	A	J
5086	Al Mg4	A	A	-	-	-	A	A	-	-	A	-	-	A	J
5087	Al Mg4,5MnZr	-	-	-	-	A	-	-	-	-	-	-	-	-	J
6101A	EAl MgSi(A)	-	A	-	-	-	-	A	-	-	-	-	-	-	J
6101B	EAl MgSi (B)	-	A	-	-	-	-	A	-	-	-	-	-	-	J
6005	Al SiMg	-	A	-	-	-	-	A	-	-	-	-	-	-	J
6005A	Al SiMg(A)	-	A	B	-	-	-	A	-	-	-	-	-	-	J
6005B	Al SiMg(B)	-	B	-	-	-	-	B	-	-	-	-	-	-	J
6106	Al MgSiMn	-	A	-	-	-	-	A	-	-	-	-	-	-	J
6012	Al MgSiPb	-	A	-	-	-	B	A	-	-	-	-	-	-	N
6018	Al Al1SiPbMn	-	A	-	-	-	-	A	-	-	-	-	-	-	N
6060	Al MgSi	A	A	B	-	-	A	A	-	A	-	-	A	-	J
6061	Al Mg1SiCu	A	A	B	-	-	A	A	-	-	A	-	A	-	J
6063	Al Mg0,7Si	A	A	-	-	-	A	A	-	A	B	-	-	-	J
6082	Al Si1MgMn	A	A	A	-	-	A	A	-	-	A	-	A	B	J
7003	Al Zn6Mg0,8Zr	-	A	-	-	-	-	A	-	-	-	-	-	-	N
7005	Al Zn4,5Mg1,5Mn	-	A	-	-	-	-	A	-	-	-	-	-	-	N
7020	Al Zn4,5Mg1	A	A	B	-	-	B	A	-	-	A	-	-	-	N
7021	Al Zn5,5Mg1,5	A	-	-	-	-	-	-	-	-	A	-	-	-	N
7022	Al Zn5Mg3Cu	A	A	-	-	-	-	A	-	-	A	-	-	-	N
7049A	Al Zn8MgCu	B	A	-	-	-	-	A	-	-	B	-	-	-	N
7075	Al Zn5,5MgCu	A	A	A	-	-	A	A	-	-	A	-	-	A	N
8006	Al Fe1,5Mn	A	-	-	-	-	-	-	A	A	B	-	-	-	J
8008	Al Fe1Mn0,8	A	-	-	-	-	-	-	A	-	-	-	-	-	J
8011A	Al FeSi(A)	A	-	-	-	-	-	-	A	A	A	A	-	-	J
8111	Al FeSi(B)	A	-	-	-	-	-	-	A	-	B	-	-	-	J
8079	Al Fe1Si	A	-	-	-	-	-	-	A	A	B	-	-	-	J

Präfix für alle Bezeichnungen EN AW-; (Produktion: A- in großen Mengen; B – in begrenzten Mengen)

In den undichten Bereichen gilt dann das Gesetz der Massenkonstanz, das zu

$$\varphi_h + \varphi_b + \varphi_l + \varphi_\rho = 0 \qquad \text{mit} \qquad \varphi_\rho = \ln \rho_{R0} / \rho_{R1}$$

führt und die Veränderung der relativen Dichte ρ_R zum Ausdruck bringt.
Das Gesetz der Massenkonstanz gilt analog für die Umformung von porösen pulvertechnologisch hergestellten Teilen (s. Kap. 1.8).
Volumenkonstanz besteht auch hinsichtlich der Körner des polykristallinen Stoffes. Die Körner werden bei der Umformung gestreckt. Es erhöht sich mit zunehmender Längung die spezifische Korngrenzenfläche S_v [mm²/mm³] von S_v= 2 ... 5 mm²/mm³ im Gußzustand stetig, die maßgebend für den Ablauf von Gefügeveränderung und für viele Eigenschaften des Werkstoffes ist.
Ursprünglich vorhandene Primärausscheidungen an den Korngrenzen werden aufgerissen.
Die Volumenkonstanz garantiert ein hohes Ausbringen

$$a = \frac{m_{Fertig}}{m_{Einsatz}}$$

und eine hohe Werkstoffausnutzung.
Das Ausbringen ist lediglich abhängig vom notwendigen Materialabtrag zur Verbesserung der Oberfläche, von Fehlumformungen und vom Endenabfall.
Bei der Umformung von gegossenen Barren, Blöcken und Bolzen kann eine Ausbringungskennzahl von 85 - 90 % zugrundegelegt werden. Sie kann bei direkter Kombination bzw. Integration der Umformung mit dem Gießprozeß bis auf über 95 % verbessert werden (s. Kap. 1.1.2.2).

- ungestörter Faserverlauf

Indem nur Werkstoffvolumina in die erforderlichen Richtungen verdrängt werden, bleibt der Faserverlauf bei der Umformung ungestört. Der Faserverlauf markiert die Anordnungen der Ausscheidungen, Einschlüsse, Gefügeheterogenitäten etc.

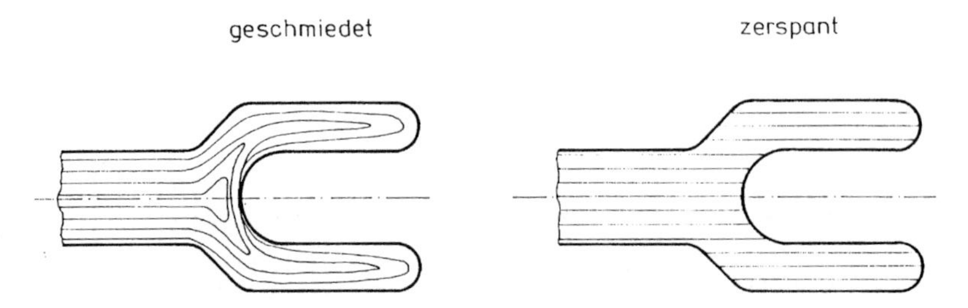

Bild 1.1.1 Faserverlauf in einem Schmiedeteil

Bei Anrissen von außen werden die Risse an den Fasern umgelenkt. Das Rißwachstum verzögert sich und die Kerbwirkung wird weitgehend abgemindert. Dadurch ergibt sich eine höhere dynamische Belastbarkeit der Teile.

- kristallografische Orientiertheit

Jede bleibende Formänderung ist kristallografisch orientiert. Sie kommt entweder durch Translation, mechanische Zwillingsbildung (einfache Scherung) oder durch Knickung zustande. Bei Aluminiumwerkstoffen ist wegen des kfz-Gitteraufbaues die Translation die dominierende Formänderungsart. Die Translation findet auf den am dichtest besetzten Netzebenen und in Richtung der am dichtest besetzten Gittergeraden statt. Es sind dies bei den kfz-Metallen die Oktaederebene ({111}Ebene) und die Rhombendodekaederkante (<110>Richtung), so daß sich, wie Bild 1.1.2 verdeutlicht, 12 gleichwertige Gleitsysteme ergeben. Bei hohen Temperaturen treten noch andere hinzu z.B. {100} <111>.

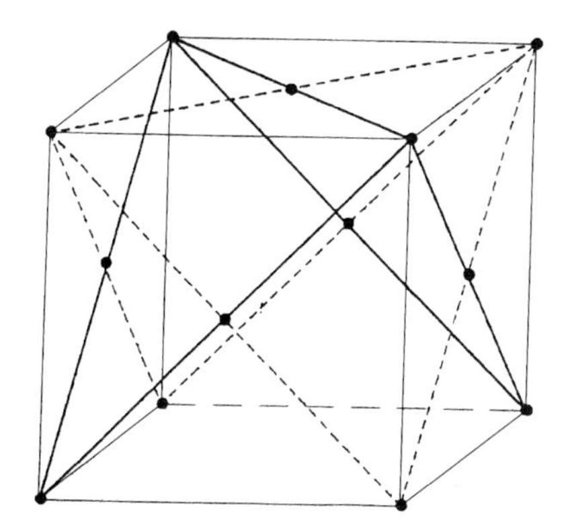

Bild 1.1.2 Gleitsysteme bei Aluminium

Die hohe Zahl der äquivalenten Gleitsysteme begründet die im Vergleich zu anderen Metallen gute Umformbarkeit des Aluminiums.

- Umformverfestigung

Elementarvorgang der kristallografisch gerichtet ablaufenden Umformung ist die Wanderung von Versetzungen, die als eindimensionale Gitterfehler ein räumliches Versetzungsnetzwerk bilden (Bild 1.1.3). Vom Grundtyp zu unterscheiden sind die Stufen- und Schraubenversetzungen (s. Bd. I, Kap. 6.1), deren Bewegungsrichtung durch die Lage des Burgersvektors gekennzeichnet ist. Die Quergleitung der Schraubenversetzungen wird bei einer Aufspaltung in Halbversetzungen durch Stapelfehler erschwert. Die Einschränkung der Quergleitfähigkeit ist umso stärker, je weiter die Versetzungen aufgespalten sind und je geringer die Stapelfehlerenergie ist. Für Aluminium ist mit etwa 0,25 J/m^2 eine relativ hohe Stapelfehlerenergie markant, so daß eine Quergleitung nicht stark behindert ist. Durch Legieren mit Mg und in gewissem Ausmaß durch Zusatz von Cu und Zn werden die Stapelfehlerenergie des Al erniedrigt, die Aufspaltungsweite der Versetzungen größer und die Quergleitung von Versetzungen erschwert.

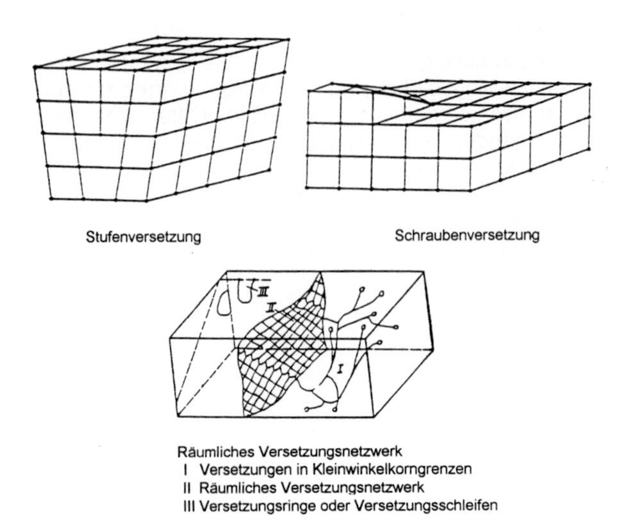

Bild 1.1.3 Versetzungen

Jede Versetzungsbewegung stellt einen begrenzten Beitrag zur makroskopischen Gestaltsänderung dar. Für diese müssen die Versetzungen in mindestens 5 Gleitsystemen aktiviert werden. Die Versetzungen, die am beweglichsten und den höchsten Schubspannungen ausgesetzt sind, werden zuerst zur Wanderung gezwungen. Jede Versetzung ist von einem Spannungsfeld umgeben, das auf die anderen Versetzungen zurückwirkt und die nulldimensionalen Fehlstellen (Leerstellen, Zwischengitteratome) beeinflußt. Die Versetzungsdichte von $\rho_v = 10^6$ bis 10^8 V/cm^2 des noch nicht umgeformten Werkstoffes reicht für größere Formänderungen nicht aus. Es müssen während der Umformung zwangsläufig neue Versetzungen gebildet werden. Durch den Bildungsmechanismus nach der Art der Frank-Read-Quelle steigt die Versetzungsdichte mit zunehmendem Umformgrad auf über 10^{12} V/cm^2.

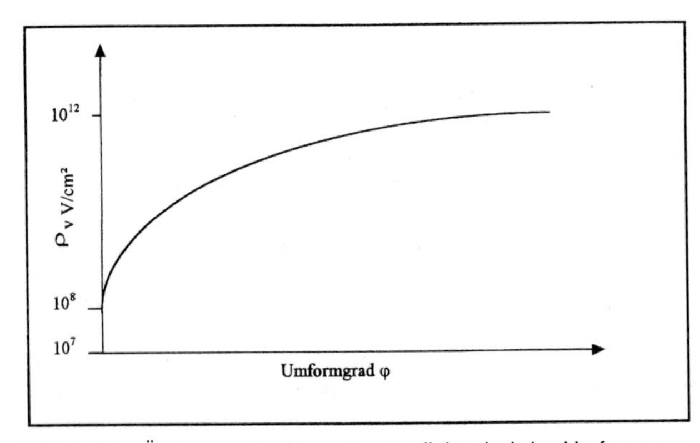

Bild 1.1.4 Änderung der Versetzungsdichte bei der Umformung

Gleichzeitig mit dem Anstieg der Versetzungsdichte werden neue Leerstellen gebildet und interstitiell gelöste Atome von ihren Verankerungen gerissen. Die erhöhte Fehlstellendichte bewirkt eine Verfestigung des Werkstoffes verbunden mit drastischen strukturempfindlichen Eigenschaftsänderungen. Im einzelnen beruht die Umformverfestigung auf:

der Verringerung der Versetzungslaufwege; der gegenseitigen Bewegungsbehinderung; dem Durchkreuzen mit anderen Versetzungen; der Blockierung durch Ausscheidungen (Umgehung oder Durchschneidung); durch Verunreinigungen und Einschlüsse; durch Aufstauung an den Korngrenzen; dem Versiegen der V-Quellen und der Wechselwirkung mit interstitiell gelösten Atomen.

- dynamische und statische Entfestigung

Triebkraft für die irreversiblen Entfestigungsvorgänge ist der Abbau der erhöhten gespeicherten Energie. Die Entfestigung beginnt mit einer Reduzierung der punktförmigen Gitterfehler, die bei der Umformung in weitaus größerem Maße erzeugt werden als bei thermischen Behandlungen. Sie setzt sich über die Änderung der Versetzungsanordnung und Verringerung der V-Dichte sowie schließlich der Korngrenzen fort. Es sind dies Diffusionsvorgänge, deren Geschwindigkeit von der thermomechanischen Vorbehandlung und vom Grad der thermischen Aktivierung abhängig ist. Über die Temperatur- und Zeitabhängigkeit besteht eine wirkungsvolle Beeinflußbarkeit durch die verfahrenstechnischen Bedingungen der Umformung und thermischen Behandlung. Die Entfestigung kann einerseits während der Umformung (dynamisch) oder nach der Umformung (statisch) ablaufen.

Ablauf und Ausmaß der Entfestigung werden bestimmt durch die Vorgänge der Erholung und Rekristallisation. Die Erholung (bei $\vartheta \leq 0{,}3\ \vartheta_S$) führt zu einer teilweisen Wiederherstellung der Eigenschaften durch Ausheilung nulldimensionaler Gitterfehler und Annihilation einzelner Versetzungen. Sie geht über in die Polygonisation, wobei sich die Versetzungen durch Quergleiten und Klettern zu energetisch günstigeren Anordnungen bei Herausbildung einer thermodynamisch relativ stabilen Substruktur umordnen. Sie ist bei Al dominant. Die Zell- oder Substruktur entspricht einer heterogenen Mikrostruktur mit Subkorngrößen $< 1\ \mu m$, niedriger V-Dichte im Zellkern ($\sim 10^3\ V/cm^2$) sowie hoher in den Zellwänden ($\sim 10^{12}\ V/cm^2$).

Im Unterschied zur Erholung tritt bei der Rekristallisation eine Gefügeneubildung durch Wanderung von Großwinkelkorngrenzen ein. Bei diesem diskontinuierlich verlaufenden Prozeß werden die Gitterfehler ausgeheilt. Die Umformverfestigung wird bei vollständiger Rekristallisation restlos abgebaut. Unmittelbar an die Rekristallisation schließt sich das Kornwachstum an.

Die einzelnen Elementarvorgänge verlaufen in Realwerkstoffen nicht getrennt. Sie überlappen sich vielmehr, finden teilweise gleichzeitig statt, konkurrieren miteinander und schließen sich auch bei bestimmten Bedingungen aus. Al-Werkstoffe mit hoher Stapelfehlerenergie entfestigen bei der Umformung selbst bei hohen Temperaturen vorzugsweise durch dynamische Erholung. Dies schränkt die Möglichkeiten der Kornfeinung beträchtlich ein. Umso mehr muß Wert auf die Erzielung eines feinkörnigen Gefüges beim Gießen und die Einstellung einer bestimmten Substruktur gelegt werden, die eigenschaftsprägend ist.

1.1.2 Ansprüche und Ziele moderner Umformtechnik

1.1.2.1 Allgemeine Anforderungen

Die technisch wirtschaftliche Bedeutung der Umformtechnik und ihr Entwicklungsstand sind eng verflochten mit der Entwicklung der metallurgischen und metallverarbeitenden Industrie. Die verstärkte wissenschaftliche Durchdringung der Umformprozesse und die gesammelten praktischen Erfahrungen waren und sind Grundlage für eine tiefgreifende Modernisierung, Mechanisierung und Automatisierung der Umformverfahren. Neue Anlagensysteme, Maschinen, Ausrüstungen, Verfahrensarten und Technologien haben zu einer inhaltlichen Umorientierung und zu einer weitreichenden Umstrukturierung der Produktion im Bereich der Umformtechnik geführt. Ausschlaggebend war auch, daß sich parallel mit dem erzielten technischen Fortschritt der Bedarf an Werkstoffen, darunter besonders auch der an Al-Werkstoffen, in seiner Art, Menge und Qualität verändert hat.

Die moderne Umformtechnik ist nicht nur als ein Verfahren zur Gestaltänderung der Werkstoffe anzusehen, das ausschließlich nach den Aspekten der Erzielung eines hohen Durchsatzes (hohe Produktionsleistung), einer hohen Produktivität und Wirtschaftlichkeit betrieben werden sollte. Neben den Forderungen nach geringstem Einsatz an Energie, Rohstoffen und Material sind vor allem die Qualitätsansprüche an die Produkte in jeder Verfahrensstufe bestimmend. Bild 1.1.5 verdeutlicht das Spannungsfeld der Produktion und die Anforderungen, denen moderne Umformtechnik und -technologie entsprechen müssen. Zu nennen sind außerdem die Verringerung der Umweltbelastung, die Entsorgung der Anfallstoffe und die Recyclebarkeit der Produkte.

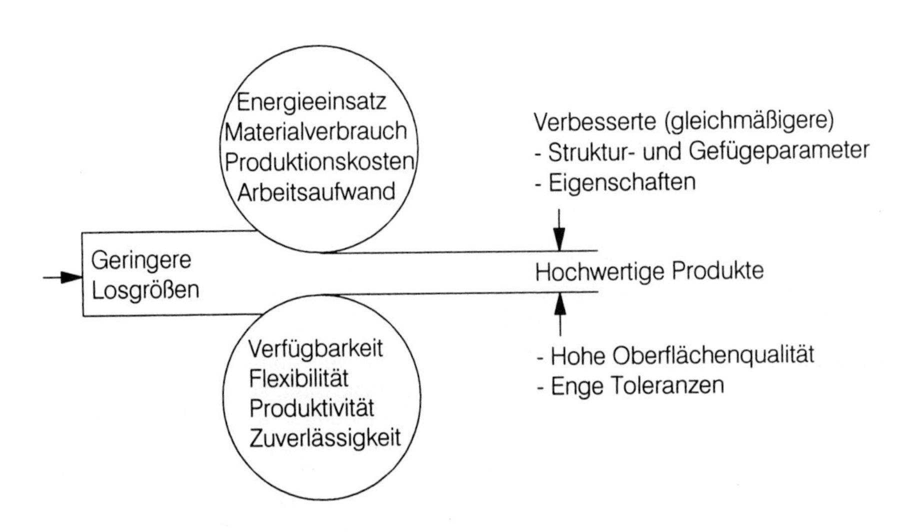

Bild 1.1.5 Anforderungen an die Umformtechnik

Die Anforderungen charakterisieren die aktuellen Entwicklungstendenzen und stellen die Bewertungsmaßstäbe dar, nach denen die Wettbewerbsfähigkeit der Prozesse beurteilt wird. Ihnen kann entsprochen werden, und darin liegt das Innovationspotential der Umformtechnik begründet, wenn die werkstoff-, verfahrens- und anlagentechnischen Parameter in angemessener Weise berücksichtigt werden. Insbesondere stehen Technologiefortschritt und erzielbares Qualitätsniveau in unmittelbarem Zusammenhang und bedingen einander wechselseitig.
Die physikalischen, chemischen und mechanisch-technologischen Eigenschaften der metallischen Werkstoffe sind durch die chemische Zusammensetzung der Legierung vorgeprägt. Sie werden jedoch entscheidend durch die Struktur- und Gefügemerkmale des Fertigproduktes bestimmt. Zwischen dem Gefüge- sowie strukturellen Aufbau der Werkstoffe und den Eigenschaften besteht ein direkter Zusammenhang, der sowohl qualitativ als auch quantitativ formuliert und belegt werden kann.
Durch die Umformung werden Veränderungen in der Realstruktur und in der Gefügeausbildung ausgelöst, so daß die Produktqualität maßgebend beeinflußt werden kann. Es ist möglich, durch Anpassung der Technologien an die spezifischen Werkstoffbelange, Produkte mit besonderen Eigenschaftsmerkmalen und hohem Gebrauchswert zu produzieren (Bild 1.1.6).

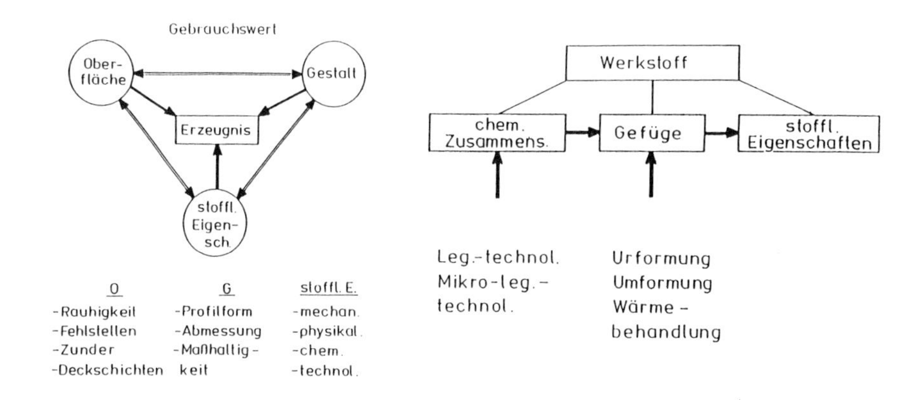

Bild 1.1.6 Beeinflussung der stofflichen Eigenschaften und des Gebrauchswertes der Produkte bei der Umformung

Die größten Effekte sind erreichbar durch
- Verkettung und Verringerung der Prozeß- und Fertigungsstufen
- verstärkte Mechanisierung und Automatisierung der einzelnen Umformverfahren als auch der Hilfs- und Nebenoperationen
- flexible Steuerung und Überwachung der Umformverfahren
- die Optimierung der Verfahren mit dem Ziel, aus der Vielzahl der Prozeßführungsmöglichkeiten, die Technologie herauszufinden, die das bestmögliche Ergebnis sichert.

Die wirtschaftliche Situation der Umformung von Al-Werkstoffen in Deutschland kann als positiv eingeschätzt werden. Die Wertschöpfung betrug nach groben Erhebungen 1993 bei der Herstellung von Halbzeugen etwa 320 DM/t und bei der Weiterumformung 3500 DM/t. Die Arbeitsproduktivität ist in den Umformbetrieben und Fertigungsstufen unterschiedlich. Als Orientierungswert kann für die Halbzeugherstellung ein Stundenaufwand von ~ 0,2 h/t zugrunde gelegt werden.

1.1.2.2 Prozeßstufenarme endabmessungsnahe Umformung

In Bild 1.1.7 sind Verfahrenswege der Herstellung von Warmband mit einer Dicke von 3 bis 10 mm durch Walzen gegenübergestellt. Es sind Technologien, die praktiziert und üblich sind.

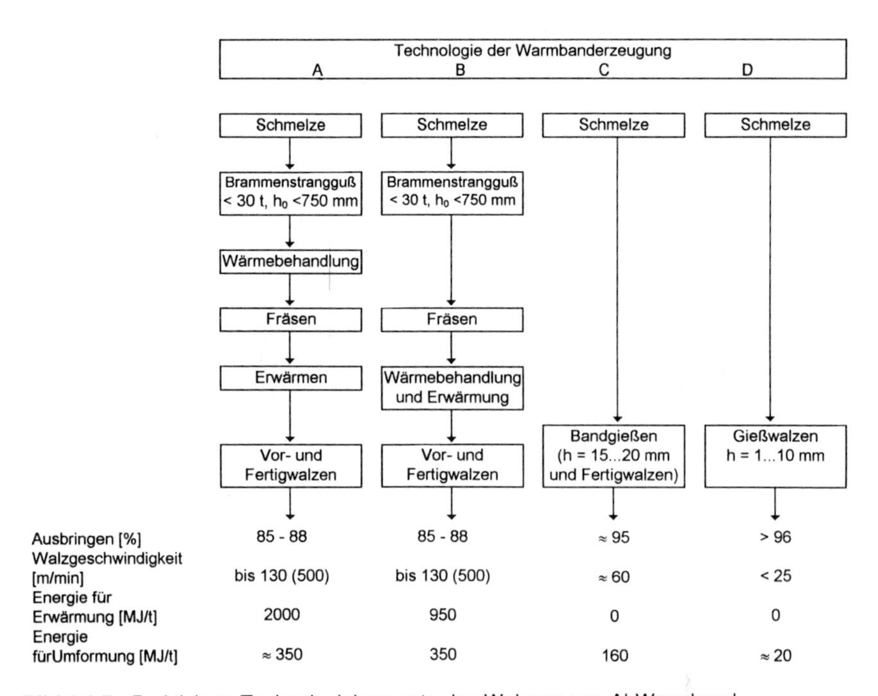

Bild 1.1.7 Praktizierte Technologiekonzepte des Walzens von Al-Warmband

Nicht alle Technologien sind für alle Al-Werkstoffe zweckmäßig. Das Gießwalzen, bei dem der Walzvorgang gleich mit in den Gießprozeß eingegliedert wurde, ist beispielsweise für aushärtbare Al-Legierungen mit > 3 % Mg und für Bänder nicht geeignet, an die hohe Ansprüche an die Oberfläche gestellt werden (Hochglanzpolieren, Anodisieren). Es beschränkt sich auf die Legierungen der Serie 1000, 3000 und einige Typen der 5000, 6000 und 7000er Serie.

Das Bild 1.1.7 verdeutlicht

- eine Kopplung und Verringerung der Prozeßstufen ist in besonderem Maße effektiv, ökologisch, energie- und materialökonomisch; jedoch müssen erhöhte Anforderungen an die Qualität und somit an die technologische Disziplin gestellt werden.

Diese Bedingung gilt für alle Bereiche der Umformtechnik und bedeutet für die Teilefertigung durch Umformung die Ausrichtung auf eine Produktion von endkonturnahen Formteilen in hoher Maß- und Formgenauigkeit, engen Massetoleranzen, mit definierten Eigenschaften und mit mindestens einer hochwertigen Funktionsfläche.

1.1.2.3 Prozeß- und Qualitätssicherheit

Niedrige Produktionskosten, eine hohe Arbeitsproduktivität und ein hoher Produktionsausschuß können nur bei ausreichend hoher Verfügbarkeit der Anlagen erzielt werden.
Insbesondere bei hochproduktiv arbeitenden Produktionsanlagen, z.B. beim Kaltwalzen von Bändern und Folien, bei der Getränkedosenherstellung etc., führt jede anlagenbedingte Havarie zu einer meist nur mühsam zu behebenden Störung. Sie verursacht einen mehr oder weniger langen Produktionsausfall und erfordert einen erhöhten, operativ zu realisierenden Instandhaltungsaufwand. Das frühzeitige Erkennen kritischer Prozeßsituationen und Anlagenzustände ist im Hinblick auf die Vermeidung ungeplanter Stillstandzeiten außerordentlich wichtig. Es wird dadurch die Zuverlässigkeit der Produktion und somit auch der Qualität der Erzeugnisse verbessert. Moderne feinfühlige Überwachungssysteme, die auf intelligenten Informationsmethoden aufbauen, vermögen anzuzeigen, wenn die Funktionsfähigkeit nicht mehr im erforderlichen Maße gegeben ist. Außerdem muß jederzeit gleichzeitig der momentane Produktions- und Qualitätszustand erfaßt und eingeschätzt werden.
Geeigneter erweisen sich integrierte Prozeßsteuerungs- und Überwachungssysteme.
Zur treffsicheren Gewährleistung der fixierten Kriterien für die Produktqualität müssen wegen der bestehenden Gefügebeeinflußbarkeit bei der Umformung die zweckmäßigen technisch-technologischen Parameter mit hoher Konstanz eingehalten werden. Die Schwankungsbreite der qualitätsbestimmenden Kennwerte und deren Häufigkeitsverteilungen sind in der jüngeren Vergangenheit immer mehr eingeengt worden und sie sind in Zukunft unbedingt noch enger zu setzen. Dies setzt eine hohe Zuverlässigkeit der Produktion voraus. Generell sind in allen Fertigungsstufen des Herstellungsprozesses solche Bedingungen zu schaffen und einzuhalten, bei denen mit hoher Wahrscheinlichkeit die Sollwerte erreicht werden können und bei denen die Fehlerquote gering ist.

1.1.2.4 Integrierte Prozeßsteuerung, -automatisierung

Qualität kann nicht erprüft, sondern muß produziert werden. Dies widerspiegelt sich in den Normvorschriften (DIN EN 9000 bis 9004) und in dem Produkthaftungsgesetz, so daß betriebliche Qualitätssicherungssysteme eingeführt und die Produktionsweisen zertifiziert werden müssen.
Hohen Qualitätsansprüchen und den Forderungen an die Wirtschaftlichkeit, Produktivität und Prozeßsicherheit kann nur entsprochen werden, wenn der Umformprozeß

von Beginn bis Ende kontrolliert, in engen Grenzen geführt und gesteuert wird. Die günstigsten Effekte werden durch die integrierte Prozeßsteuerung und -automatisierung erzielt, bei der der jeweilige Umformvorgang und die zugehörigen Neben- bzw. Hilfsoperationen rechnergestützt feinfühlig, flexibel und genau unter Ausschluß subjektiver Beurteilungskriterien allein nach wirtschaftlichen, verfahrenstechnischen und qualitätsspezifischen Aspekten gesteuert wird. Sie gewährleistet eine ständige Überwachung und reproduzierbare Einstellung des jeweiligen Umformprozesses. Merkmal der integrierten Prozeßsteuerung (IPC) ist, daß die Ergebnisse der statistischen oder kontinuierlichen Qualitätsprüfung direkt in die Echtzeitsteuerung der Maschinen einbezogen werden. Bei der Teilefertigung wird die Qualitätsüberwachung vorzugsweise (in mehr als 75 % der Fälle) nach statistischen Prüfmethoden vorgenommen (SCP). Eine kontinuierliche Prüfung beschränkt sich nur auf einige Qualitätsmerkmale, bzw. sie muß indirekt durch Messung prozeßrelevanter Kennwerte erfolgen, die in Beziehung zu den Eigenschaftswerten gesetzt werden können.

Unbedingte Voraussetzung für die IPC ist die Messung, Verdichtung und Auswertung der speziellen Kenngrößen durch ein leistungsfähiges Betriebsdaten-Erfassungssystem (BDE).

Umform- und verfahrenstechnisch wichtige Kenngrößen sind:

Umformkraft,-moment,-arbeit,-leistung,-geschwindigkeit,-temperatur, Zug- und Bremsspannungen, Massen- oder Volumenströme.

Durch mechanische und physikalische Methoden, besonders durch Methoden auf Röntgen-, Isotopen-, Ultraschall- oder Laserbasis, sind online als Qualitätsmerkmale meßbar:

Geometrische Größen (Dicke, Breite, Länge, Form, Planheit, Welligkeit, Rauheit), Risse, Texturgrad.

Für die Rückkopplung auf den Prozeß ergeben sich bei den Umformverfahren für Langprodukte (z.B. Band, Draht) relativ große Regelkreise, so daß eine Einflußnahme durch mehrere Meßsysteme notwendig ist. Bei der Teilefertigung sind dagegen die Regelkreise kurz, und es kann sofort bei Veränderungen reagiert werden. Ein direkter Eingriff in den Fertigungsprozeß ist bei der rechnergestützten online-Steuerung nicht mehr möglich. Der Bediener ist nur noch über ein Kommunikationssystem mit dem Produktionsprozeß verbunden (Bild 1.1.8).

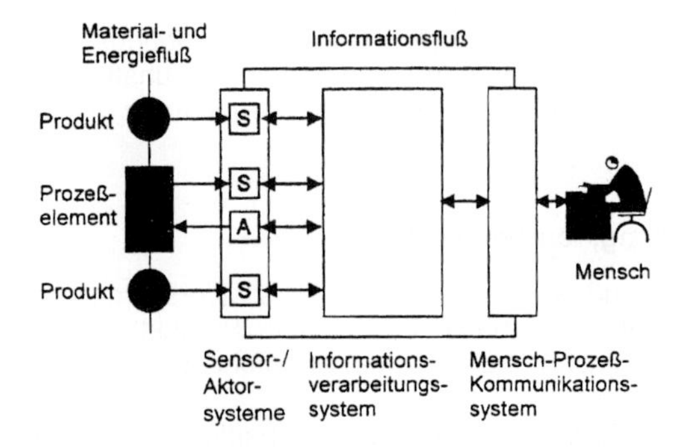

Bild 1.1.8 Prozeßleitsystem der Echtzeit-Prozeßsteuerung

Die Schwerpunkte der Prozeßleitung verlagern sich von der Realisierungsebene auf die Produktionsvorbereitung und -planung, d.h. auf die Vorgabe der technisch-technologischen Sollwerte, die genaue Formulierung der einzelnen Prozeßfunktionen einschließlich der zu realisierenden Qualitätssicherungsmaßnahmen in einem Prozeßmodell sowie die Festlegung der Arbeitsschritte für die Vor- und Nachbehandlung sowie Konfektionierung des Umformgutes.

1.1.2.5 Prozeßmodellierung

Für die automatisierte Prozeßsteuerung müssen jede einzelne Bewegung, jeder Prozeß- und Werkstoffzustand in einem Prozeßmodell exakt beschrieben werden. Das erfordert, den Umformprozeß und die im Umformgut ablaufenden Struktur- sowie Gefügeveränderungen sehr detailliert zu zerlegen und in ihrem Zusammenhang darzustellen. Die mathematische Modellierung stützt sich auf experimentell ermittelte oder theoretisch begründete bzw. analytisch untersetzte oder statistisch gesicherte Beziehungen und Zusammenhänge.

Das aufgestellte System mathematischer Gleichungen muß alle Prozeß- und Produkteigenschaften sowie deren Änderungen quantitativ richtig wiedergeben. Eine tiefgründige Systemanalyse ist unerläßlich. Vielversprechend für die Nachbildung des Fertigungsprozesses oder einzelner Stufen ist auch die Anwendung neuer Methoden der Informatik, so Expertensysteme, Fuzzy-Logiken, Neuronale Netze und evolutionäre Algorithmen.

Den Gefügeveränderungen während des Umformprozesses Rechnung tragend, muß sich das Umformmodell, gleichgültig ob die Umformung in 1 oder mehreren Stufen vorgenommen wird, grundsätzlich aus einem dynamischen und statischen Teilmodell zusammensetzen (Bild 1.1.9). Das dynamische Teilmodell bezieht sich auf den eigentlichen Umformvorgang und beinhaltet die Beschreibung der Verhältnisse in der Umformzone und Wirkfuge. Berechnungsgrundlage bilden die anerkannten Gesetzmäßigkeiten der Plastizitätsmechanik (PT) einschließlich der Reibung (R), der Wärmeübertragung (WÜ) und der Festkörperreaktionen (FR).

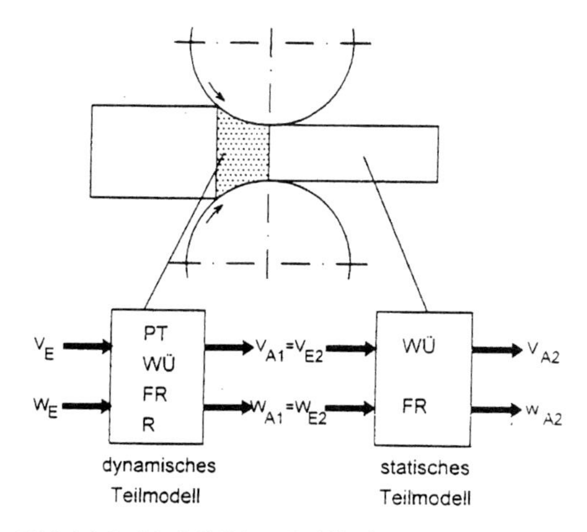

Bild 1.1.9 Modellbildung bei Umformprozessen

Das statische Teilmodell bezieht sich auf die im Umformgut nach der Umformung ablaufenden zeit- und temperaturabhängigen Vorgänge, für die die Gesetze der Wärmeübertragung und der statischen bzw. metadynamischen Entfestigung (FR) zutreffend sind. Die wirklichkeitsnahe Charakterisierung und Erfassung des Umformvorganges setzt spezifizierte Eingangsdaten sowohl über das Verfahren (V_E) als auch über den Werkstoff (W_E) voraus. Sie betreffen Angaben und Daten

verfahrensseitig:
Werkzeuggeometrie, Kinematik, Kräfte, Temperatur, Kühlung, Schmiermittel

werkstoffseitig:
chem. Zusammensetzung, Gefüge- und Strukturparameter, thermophysikalische, -dynamische und umformtechnische Eigenschaften.

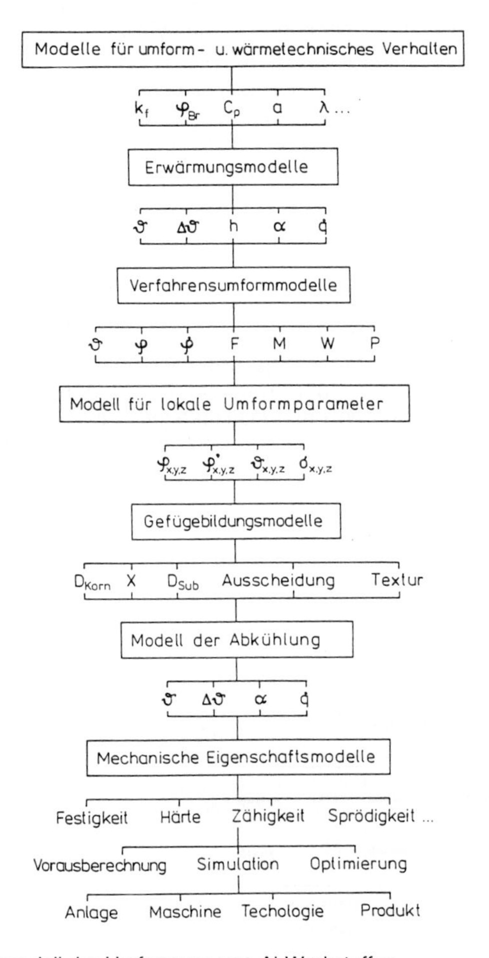

Bild 1.1.10 Prozeßmodell der Umformung von Al-Werkstoffen

Aufgrund der Komplexität der Umformung, die entweder bei Raumtemperatur oder bei erhöhten Temperaturen (Warmumformung) durchgeführt wird, muß unter Berücksichtigung anlagentechnischer, technologischer und werkstoffspezifischer Gegebenheiten eine Zerlegung in weitere Teilsysteme vorgenommen werden. Das Bild 1.1.10 enthält Angaben über notwendige Teilmodelle bei der Umformung von Al-Werkstoffen, zwischen denen allerdings immer vielfältige Verknüpfungsbedingungen bestehen.

Durch die gegebene Struktur kann das Umformmodell zur Vorausbestimmung
- der umformtechnischen Integralgrößen (Kraft- und Energiebedarf, Moment, Leistung, Umformwiderstand, mittlere Temperatur, Stofffluß etc.).
- der örtlichen Umformparameter ($\varphi_{x,y,z}$, $\dot{\varphi}_{x,y,z}$, $\vartheta_{x,y,z}$, $\sigma_{x,y,z}$)
- der kennzeichnenden Gefügemerkmale (besonders mittlere Korngröße, rekristallisierter Anteil, Entfestigungsgrad, Subkorngröße, Textur usw.) sowie
- der Endeigenschaften des hergestellten Produktes

herangezogen werden.

Prozeßmodelle dieser und anderer Art ermöglichen überhaupt erst, Simulations- und Optimierungsberechnungen durchzuführen. Auch bei Variation vieler Parameter können die technologischen Einflußgrößen in ihrer Wirkung auf die mechanische Belastung der Maschinen und auf den Werkstoff quantitativ ausgewiesen werden, so daß der größtmögliche Effekt vorausbestimmt werden kann. Die Dynamik der Prozesse in Mikrobereichen ist sehr genau darstellbar, so daß letztlich die Produktqualität, die Technologie, die Maschinentechnik und das Layout der Produktionsanlage bewertbar werden. Für die Verfahrens- und Produktoptimierung steht die numerische Simulation mit Hilfe der Finite-Elemente-Methode im Vordergrund. Als Software werden vollständige Programmsysteme angeboten, von denen einige in Bild 1.1.11 angeführt sind.

	Einsatz	Formulierung	Bemerkungen
ABAQUS	General Purp.	implizit, statistisch	
ANSYS	General Purp	implizit, statistisch	
LARSTRAN	General Purp	implizit, statistisch	
MARC	General Purp	implizit, statistisch	
PSU	Blech/Massiv	implizit, statistisch	nicht kommerziell
DEFORM	Massivumf.	flow formulation	nur 2D, axial symm.
FINEL	Massivumf.	flow formulation	nur 2D, axial symm.
FORGE 2/3	Massivumf.	flow formulation	
UMFORM	Massivumf.	flow formulation	nur 2D, axial symm.
ABAQUS/ex	Blech/Massiv	explizit, dynamisch	
LS - DYNA 3D	Blech/Massiv	explizit, dynamisch	
PAM - STAMP	Blech/Massiv	explizit, dynamisch	
UFO - 3D	Blech/Massiv	explizit, dynamisch	

Bild 1.1.11 FEM-Programme zur Simulation von Umformvorgängen

Der gegenwärtige Erkenntnisstand in der Simulation der Umformprozesse ist dadurch gekennzeichnet, daß die mathematische Simulation immer mit einer experimentellen verbunden werden muß.
Einerseits sind die Anfangs- und Randwertprobleme physikalisch noch nicht in ausreichendem Maße formulierbar, andererseits können Angaben über die Eigenschaften der Werkstoffe nur durch experimentelle Ermittlung bereitgestellt werden. Zwangsläufig tragen die mathematischen Programme noch empirischen und statistischen Charakter, wodurch ihrer Anwendung und Übertragbarkeit Grenzen gesetzt sind. Ohne Anpassung an die speziellen betrieblichen und örtlichen Verhältnisse können die Prozeßmodelle nicht übernommen werden.

1.1.2.6 Produktqualität

1.1.2.6.1 Qualitätsmerkmale

Entscheidende Faktoren für die Produktqualität sind (s.a. Bild 1.1.5) die

- physikalisch-chemischen und mechanisch-technologischen Eigenschaften
- Form, Formgenauigkeit und Maßhaltigkeit sowie
- Oberflächenbeschaffenheit.

Sie bestimmen letztlich den Gebrauchswert der Erzeugnisse, hängen jedoch maßgebend von den Umformbedingungen ab. Dadurch kann eine zielgerichtete Beeinflussung vorgenommen werden. Ausschlaggebend sind neben dem Umformgrad φ, die Umformgeschwindigkeit $\dot{\varphi}$ und die Umformtemperatur ϑ für:

Gefüge-Eigenschaften:	thermomechanischer Behandlungszyklus, zeitlicher Ablauf, Spannungs-Zustand
Formgenauigkeit, Maßhaltigkeit:	Federkennlinien-Konstante der Maschine, Werkzeugform und -einstellung
Oberfläche:	Reibung, Relativgeschwindigkeit

Hinsichtlich der Regelbarkeit von φ und $\dot{\varphi}$ bestehen verfahrens- und anlagenabhängige Grenzen.

1.1.2.6.2 Strukturempfindliche Eigenschaften

Bedingt durch die Realstruktur- und Gefügeveränderungen bei der Umformung (siehe 1.1.1) verändern sich auch alle strukturabhängigen Werkstoffeigenschaften. Strukturunempfindliche Eigenschaften sind der Elastizitätsmodul, die spezifische Wärmekapazität und im gewissen Sinne auch die Dichte. Der Ausweis des Eigenschaftspotentials der Erzeugnisse erfolgt oft in Verbindung mit Gefügeaufnahmen (Bd. 1.10.2) durch Angabe der Kennwerte (s.Bd. 1.10.3)

- des Zugversuches (DIN EN 10002)
  $R_{p0,01}$, $R_{p0,2}$, (R_e); R_m, A_{gl}, A (A_{10} A_{100}), Z
- des Druckversuches (DIN 50106) $R_{p0,2}$, R_m
- der Härteprüfung (ISO 6506; 6507-1; 6507-2, DIN EN 10003, 10004) HB, HV
- des Kerbschlagversuches (DIN 50115) EN10045
- der Dauerfestigkeit (DIN 50100) σ_m, σ_D, σ_0, σ_u, $2\sigma_a$
- der Bruchzähigkeit K_{IC}
- des Biegeversuches (DIN 50110, 50111)

sowie technologischer Prüfungen an

- Rohren (DIN 50135 bis 50139, EN 10233 bis 10239 - Aufweiten, Falten, Aufdornen, Bördeln usw.)
- Blechen und Bändern (Biegeversuch DIN 50153, Tiefung DIN 50102 und ISO 8490; Zipfelbildung DIN EN 1669)
- Drähten (Hin- u. Herbiegung DIN 51211, Torsion DIN 51212; Wickelprobe DIN 51215)

Besonders wichtige physikalische Eigenschaften sind die elektrische Leitfähigkeit χ (elektrischer Widerstand ρ_{el} nach DIN EN 2004-1) und die Wärmeleitfähigkeit. In den Normvorschriften festgelegte und zu gewährleistende Mindest- bzw. Maximalwerte sind immer für eine 95%ige Wahrscheinlichkeit bei Normalverteilung definiert. Es wird im allgemeinen ein 5% Fraktilwert zugrunde gelegt.

1.1.2.6.3 Maß- und Formgenauigkeit

An den Werkzeugen wirkende Umformkräfte werden auf die Maschine übertragen. Alle im Kraftkreis liegende Bauelemente, der grundsätzlich in sich geschlossen sein muß, werden elastisch gestaucht oder gedehnt. Durch ihre Formänderung federt die Maschine bei Belastung auf. Die Federkonstante der Maschine C_M ist wegen

$$\frac{1}{C_M} = \sum \frac{1}{C_i}$$

immer kleiner als die des schwächsten Bauelementes.

Durch Verwendung gedrungener und kompakter Bauelemente und Maschinengestelle bzw. -rahmen kann die Federkonstante erhöht werden, da

$$C_i = \frac{A_i \cdot E}{l_{0i}}$$

(A - Querschnitt, E - Elastizitätsmodul, l_0 - Ausgangslänge) gilt.

Eine hohe Federkonstante sichert, daß bei Kraftschwankungen nur kleine Dickenänderungen im Umformgut auftreten. Die Zusammenhänge sind vereinfacht in Bild 1.1.12 verdeutlicht.

Aus

$$\delta h = \frac{\delta \cdot F}{C_M}$$

folgt, Dickenschwankungen sind immer die Folge unkonstanter Umformbedingungen. Sie können über die Anstellung der Werkzeuge und durch veränderte technologische Bedingungen, beispielsweise durch Längskräfte oder/und durch Erhöhung bzw. Erniedrigung der Geschwindigkeit beim Walzen, ausgeglichen werden. Auf diesem Prinzip beruhen Dickenregelungssysteme.

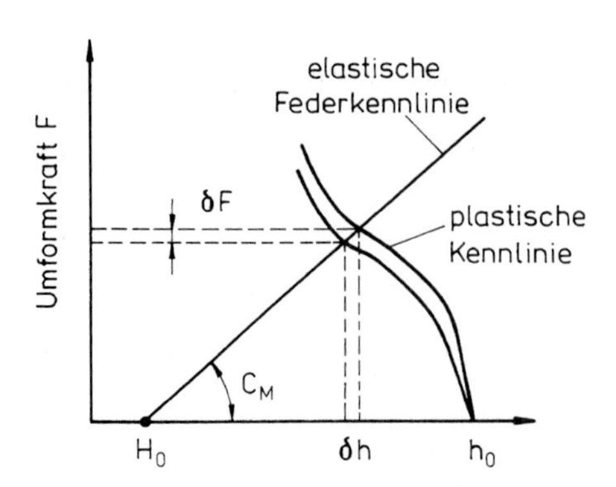

Bild 1.1.12 F-h-Diagramm der Umformung

Maßschwankungen der Ausgangsform können abgeschwächt werden, jedoch ist dies nicht bei allen Umformverfahren möglich. Sie können sich in bestimmten Fällen addieren. Von ganz entscheidender Bedeutung für die Maßhaltigkeit des Umformgutes ist die Werkzeuggenauigkeit. Als Herstellungsregel gilt, daß die Werkzeuggenauigkeit 1 bis 3 ISO-Qualitäten besser sein soll als die angestrebte Werkstückgenauigkeit. Die internationale Toleranzeinheit im ISO-System (DIN 7150/7151) berücksichtigt für Stähle und parallelflächige Werkstücke die mit wachsendem Nennmaß d steigende Meßunsicherheit ($i = 0{,}45 \cdot \sqrt[3]{d} + 0.001\, d$ mit d in mm und i in µm).
Unterschieden werden 16 bis 18 IT-Qualitäten. Durch Präzisionsumformungen und anderen hohen Aufwand können IT-Werte von IT 6 bis IT 7 erreicht werden. Üblich sind bei umgeformten Produkten IT-Qualitäten meist nur IT 9 und größer gewährleistbar. Durchbiegungen der Werkzeuge bei der Belastung und ungleiche Erwärmungen verursachen Dickenabweichungen in Breitenrichtung bzw. Querschnittsprofiländerungen. Durch ungleiche Streckungen kann das Umformgut wellig, krumm und säbelförmig werden. Unter Umständen entstehen Falten und Risse. In Bild 1.1.13 sind Formabweichungen definiert und ihre meßtechnische Bestimmung angegeben.

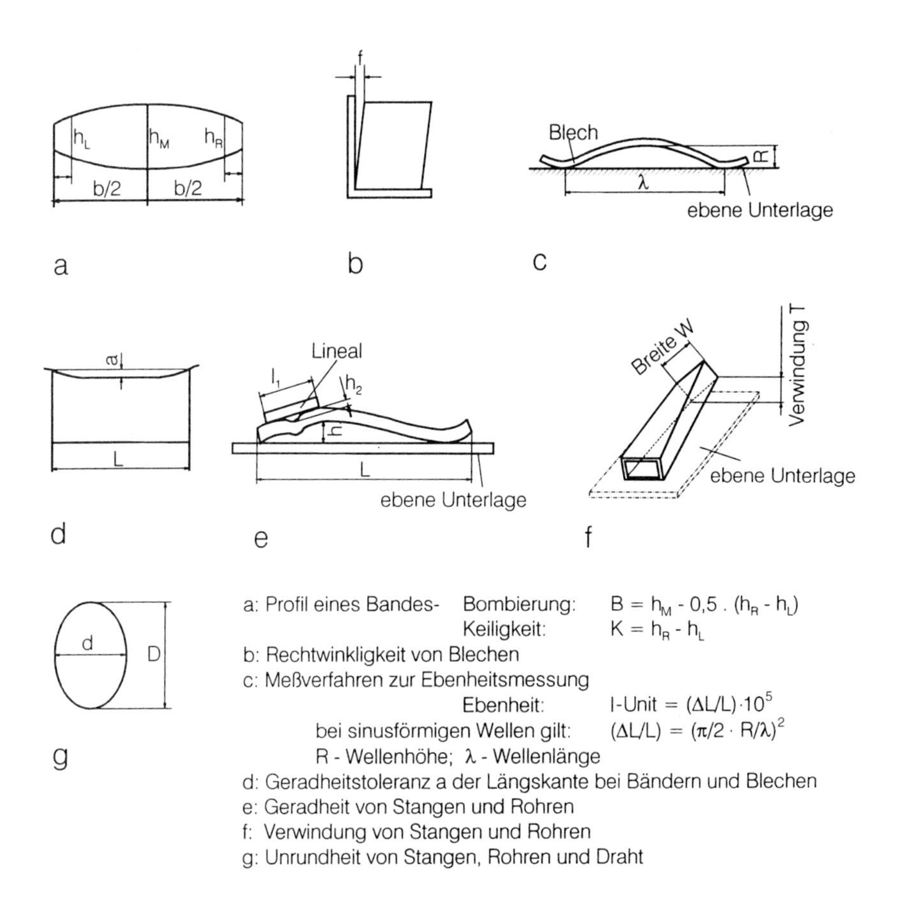

Bild 1.1.13 Form- und Maßabweichungen

1.1.2.6.4 Oberflächenbeschaffenheit

Sowohl die physikalische als auch die chemische Beschaffenheit der Oberfläche wird bei der Umformung gravierend und differenziert verändert. Die Oberflächentopografie muß sich anders gestalten, da bei der Umformung neue Oberflächen gebildet werden. Die metallisch blanke Oberfläche überzieht sich bei Aluminiumwerkstoffen wegen der hohen Reaktionsenthalpie spontan mit einer dünnen, dichten und festhaftenden Oxidschicht. Diese kann durch benutzte Schmiermittel oder adsorbierte Partikel verunreinigt sein. Maß für die Oberflächengüte ist die Rauheit. Bei dieser sind die Abstände der regel- oder unregelmäßig wiederkehrenden Abweichungen nur wenig größer als ihre Tiefe. Kennzeichnend für das Rauheitsprofil sind (DIN 4760 bis 4762, 4768, 4771):

– die Rauhtiefe (*R_t-Wert*) als größter Abstand des Istprofiles vom Bezugsprofil

- die mittlere Rauheit (R_z-*Wert*) als mittlerer Abstand zwischen den fünf höchsten und fünf tiefsten Punkten des Istprofiles innerhalb der Bezugsstrecke
- der Mittenrauhwert (R_a-*Wert*) als arithmetischer Mittelwert der absoluten Beträge der Spitzen und Täler vom mittleren Profil.

Wichtiges Maß ist der R_t-Wert, mit Einschränkungen der R_z-Wert

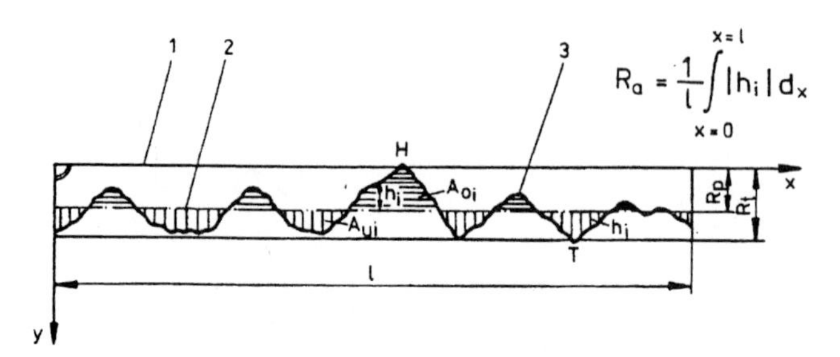

Bild 1.1.14 Oberflächenrauheit

Beim Strecken, Streckrichten, Stauchen und Biegen, die den Verfahren der freien Umformung zuzuordnen sind, steigt die Oberfläche proportional mit dem Umformgrad an (s.a. 1.1.4.3). Dagegen kann durch die Umformung mit Werkzeugen eine wesentliche Glättung bis auf Werte unter 2 μm erzielt werden.

Typische Oberflächenfehler, die bei der Umformung entstehen, sind:

- Riefen, Kratzer, Narben, meist entstanden durch Kaltverschweißungen mit dem Werkzeug
- Überlappungen, Doppelungen, Überwalzungen (bei Drähten), Grate, Nähte und Fältelungen als Folge eines nicht beherrschten Werkstoffflusses, einer Über- bzw. Unterfüllung der Werkzeuggravur.

1.1.3 Verfahrensarten der Umformung

1.1.3.1 Klassifizierung nach Kraftwirkungen

Durch die Umformung soll immer eine bleibende Gestaltänderung bei gleichzeitiger Beeinflussung der Struktur, des Gefüges und der Eigenschaften des Werkstoffes bewirkt werden. Die Verfahrensvielfalt ist sehr groß. Für die Umformung der Metalle haben mehr als 200 Verfahren Bedeutung, die sich hinsichtlich der Kräfteeinleitung, der geometrischen und kinematischen Verhältnisse unterscheiden. In der Aluminiumindustrie sind es über 50. Der Einteilung nach DIN 8580 folgend, wonach die Art der überwiegend wirksamen Spannungen, die Beanspruchungsart, verfahrenscharakteristisch ist, sind für Al-Werkstoffe die in der Übersicht 1.1.15 angegebenen Verfahren von technischer Bedeutung.

Sonderumformverfahren, die für Al in Betracht kommen, sind Explosionsumformung, Laserstrahl-, Kugelstrahl- und Fügeumformungen. Dargestellt sind nur schematisch einige Verfahrensprinzipien. Eine Vorrangstellung kommt den Druckumform- und Zug-Druckumform-Verfahren zu, da die Kräfte günstiger aufgebracht werden.

Bei der Zug-Druckumformung ist der Umformgrad begrenzt. Die Kräfte werden über das Umformgut eingeleitet. Die Zugspannung σ_Z muß immer kleiner als die Zerreißfestigkeit des Werkstoffes R_m sein ($\sigma_Z < R_m$).

Die Umformung findet meist in einer eng begrenzten Zone statt. Durch die Reibung an den Werkzeugen und durch zusätzliche Werkstoffverschiebungen, die durch die sich ändernden Bahnlinien bedingt sind, ist die Formänderung im Werkstoff nicht homogen. Der Grad der Inhomogenität ist abhängig von der Reibung und der Geometrie der Umformzone. Die lokalen Umformparameter und der Werkstofffluß ändern sich örtlich und teilweise zeitlich. Es bilden sich in der Umformzone verschiedenartige Formänderungs-, Formänderungsgeschwindigkeits-, Temperatur- und Spannungsfelder heraus. Der Spannungszustand kann sich von mehrachsigen Druck- über Zug-Druckspannungen bis zu ein- oder zweiachsigem Zug verschieben. Die unterschiedlichen lokalen Umformparameter sind ausschlaggebend für die tatsächliche örtliche Werkstoffanstrengung.

Die Umformung von Stranggußbarren und -bolzen erfolgt ausschließlich durch Druckumformung. Von der Gesamtproduktion an Al-Werkstoffen, die in der 1. Verarbeitungsstufe umgeformt werden, entfallen

60 ... 64 % auf das Walzen
30 ... 33 % auf das Strangpressen und
3 ... 6 % auf das Schmieden

Tafel 1.1.2 gibt einen Überblick über die Einsatzbereiche der umgeformten Produkte.

Tafel 1.1.2 Einsatz und Verwendung der Al-Erzeugnisse in den verschiedenen Industriebereichen

	Anteil in %	Bänder Bleche Blechteile	Strangpreß-erzeugnisse	Schmiede-teile	massive Form-teile	Drähte	Folien
Verkehr, Fahrzeugbau	~ 26	X	X	X	X		
Bau	~ 23	X	X				
Verpackung	~ 20	X					X
E-Technik	~ 9		X			X	
Maschinenbau	~ 6	X	X	X	X	X	
Haushalt/ Chemie	~ 16	X	X		X		X

Beanspruchungs-art	Verfahren	Verfahrensprinzip	Erzeugnisse
Druck-Umform-verfahren	Walzen	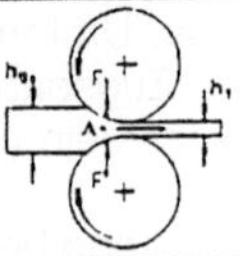	Bänder, Bleche, Folien, Drähte
	Strangpressen	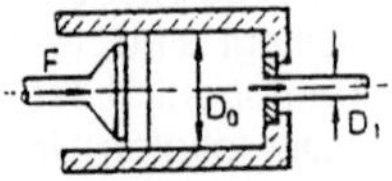	Profile, Stäbe, Rohre, Hohlprofile, Drähte
	Freiformen (Freiform-schmieden)	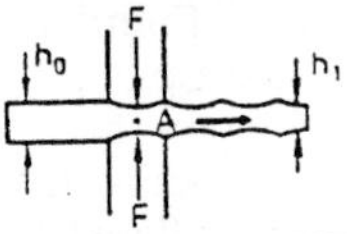	einfache Form-stücke, Wellen, Stäbe bis 1t
	Gesenkformen (Gesenk-schmieden)	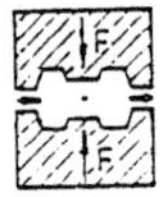	symmetrische, unsymmetrische Formteile
	partielles Formstauchen	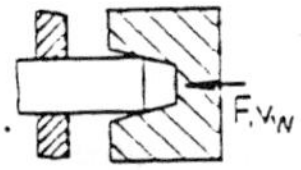	Norm- und Formteile
	Fließpressen	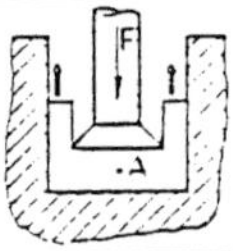	massive Formteile, Hülsen, Näpfe, Tuben
Zug-Druck-Umformen	Durchziehen	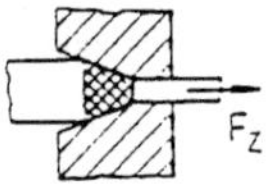	Drähte, Rohre, Stangen, Profile
	Tiefziehen	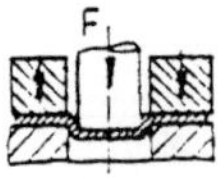	Karosserieteile, Hohlteile
	Drücken	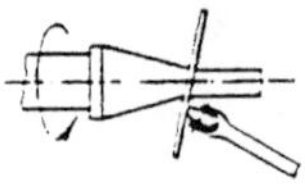	dünnwandige Dosen, Hohlteile

Bild 1.1.15 Technische Umformverfahren für Aluminium

Beanspruchungsart	Verfahren	Verfahrensprinzip	Erzeugnisse
Zugumformen	Strecken		für Nachumformung
	Weiten	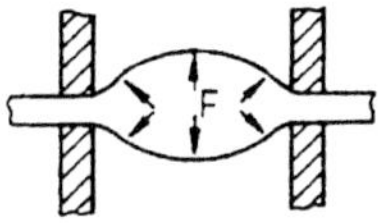	Rohre, Hohlteile
	Strecktiefziehen	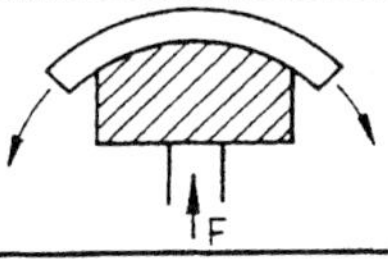	Blechformteile
Biegeumformen	Profilieren	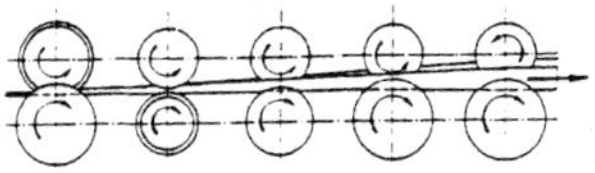	Leichtprofile, Rohre
	Biegen		Profile, Bleche, Stäbe
Schubumformen	Verdrehen	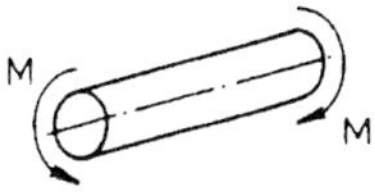	Stäbe, Profile
	Durchsetzen	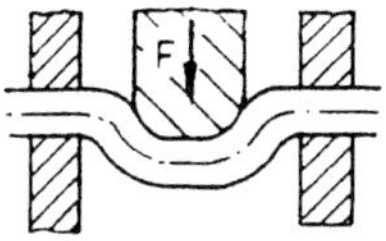	Wellen

Bild 1.1.15 Technische Umformverfahren für Aluminium (Fortsetzung)

1.1.3.2 Klassifizierung nach Erzeugnisarten

1.1.3.2.1 Halbzeugherstellung

In der Aluminiumindustrie haben sich traditionell noch die Begriffe Halbzeug und Knethalbzeug erhalten.
Halbzeug umfaßt begrifflich die Walzerzeugnisse (Bleche und Bänder) sowie Strangpreß- und Zieherzeugnisse (Rohre, Stangen, Profile, Drähte) und Schmiedestücke. Zum Halbzeug werden auch Ronden und Butzen (zum Fließpressen), die überwiegend durch Scherschneiden aus Walz- oder Strangpreßerzeugnissen hergestellt werden, gezählt. Da es sich in all diesen Fällen um Erzeugnisse handelt, die durch Umformen (»Kneten«) aus dafür geeigneten Werkstoffen (Aluminium und Aluminium-Knetlegierungen) hergestellt werden, ist auch der Begriff »Knethalbzeug« für diese Produktgruppe üblich. Folien (Dicke 0,004 mm bis 0,020 mm) werden dagegen aus historischen Gründen nicht als Halbzeug bezeichnet, weil ihre Herstellung ursprünglich nicht durch Walzen, sondern durch Hämmern (Blattmetall) vorgenommen wurde.

1.1.3.2.2 Teilefertigung

Die Herstellung der Form- und Bauteile geschieht mit Ausnahme des Schmiedens in der 2. Verarbeitungsstufe der Umformung. Ausgangsmaterial sind einerseits Bänder und Bleche und andererseits stranggepreßte bzw. gegebenenfalls geschmiedete Stangen und Stäbe, die dann in Einzelstücke zerteilt werden. Dementsprechend wird zwischen einer Teilefertigung durch

- *Blechumformung* (Tiefziehen, Strecktiefziehen, Drücken, Profilieren, Abkanten, Biegen etc.) und
- *Massivumformung* (Fließpressen, Formstauchen, Innenhochdruckumformen, Bohrungsdrücken etc.)

differenziert.

Während bei der Massivumformung immer eine räumliche Gestaltänderung durchgeführt wird, kann sich bei der Blechumformung die Formänderung auch auf eine flächenförmige Gestaltänderung bei nahezu unveränderter Wanddicke beschränken (Tiefziehen, Biegen).

1.1.3.3 Kalt-, Halbwarm-, Warmumformung

1.1.3.3.1 Zuordnungskriterien

Nach DIN 8582 wird jede Umformung bei Raumtemperatur als Kaltumformung eingestuft. Umformungen bei erhöhten Temperaturen werden als Warmumformung bezeichnet.
Diese Zuordnung läßt das Werkstoffverhalten unberücksichtigt und trifft den wahren Sachverhalt nicht genau.
Werkstoffwissenschaftlich angemessener ist eine Unterteilung, die von dem im Werkstoff ablaufenden Gefüge- und Strukturveränderungen ausgeht. Allerdings müssen nicht nur die lichtmikroskopisch beobachtbaren Gefügeneubildungen, sondern alle Entfestigungsvorgänge herangezogen werden. Diesem Prinzip folgend ist eine werkstoffabhängige Unterscheidung zu treffen nach dem Ausmaß und der Art des Abbaues der Umformverfestigung durch Entfestigungsvorgänge.

Kennzeichnend sind demzufolge die phänomenologisch zuordenbaren strukturellen Vorgänge

Kaltumformung:	Verfestigung und statische Entfestigung $\vartheta_{Umf} < 0{,}3\ \vartheta_S$
Halbwarmumformung:	Verfestigung, dynamische und statische Erholung $\vartheta_{Umf} \sim \vartheta_R$
Warmumformung:	Verfestigung, dynamische und statische Entfestigung durch Erholung und Rektristallisation $\vartheta_{Umf} \geq \vartheta_R$

Wegen der thermischen Aktivierbarkeit der Entfestigungsvorgänge besteht eine relativ starke Temperatur- und Geschwindigkeitsabhängigkeit für die Halbwarm- und Warmumformung.
Als Grenztemperatur für die Kalt- und Warmumformung wird metallkundlich meist die Rekristallisationstemperatur ϑ_R nach vorangegangener Kaltumformung festgelegt. Diese kann nach der Tammann'schen Regel mit $\vartheta_R = (0{,}3 - 0{,}4)\ \vartheta_S$ (ϑ_S - Schmelztemperatur) abgeschätzt werden. Sie erweist sich jedoch als abhängig vom Legierungsgehalt, dem Reinheitsgrad und dem Umformgrad (s.Bd.1). Mit steigender Umformung wird die Rekristallisationstemperatur des Al stark erniedrigt, durch Verunreinigungen sehr stark angehoben. Während Reinstaluminium (Al 99.999) schon bei 80°C rekristallisiert, tritt bei Al 99.0 Rekristallisation erst oberhalb ~ 290°C ein. Zusätze von Mn, Cr, Ti, V, Li, Zr und Fe erhöhen die Rekristallisationstemperatur, ebenso feindisperse Ausscheidungen. Grobe Primärausscheidungen begünstigen die Rekristallisation, da sie potentielle Keimbildungsstellen sind.

1.1.3.3.2 Kaltumformung

Die Verfestigung bedingt mit zunehmendem Umformgrad eine Erhöhung der Festigkeitseigenschaftswerte und eine starke Verringerung der Bruchdehnung (siehe Kap.1.2.9). Die Umformung bei Raumtemperatur gestattet, durch Einsatz geeigneter Schmiermittel günstige Reibungszustände einzustellen. Es kann eine hohe Maßhaltigkeit und geringe Rauheit erzielt werden (Tafel 1.1.3)

Tafel 1.1.3 Maßhaltigkeit und Oberflächengüte bei den Umformverfahren

	Maßhaltigkeit ISO-Qualität	Rauheit (R_z in µm)
Kaltumformung	IT6, meist IT9 bis IT12	0,4...>1,0
Halbwarmumformung	IT10	1...5
Warmumformung	IT12 bis IT16	5...50

1.1.3.3.3 Halbwarmumformung

Diese Art der Umformung wird bei Al-Werkstoffen selten praktiziert, wird aber bei der Massivumformung aushärtbarer Al-Legierungen an Bedeutung gewinnen. Vorteilhaft sind die geringeren Umformfestigkeiten, Umformwiderstände und Umformkräfte. Die Gefügeentwicklung führt zu verbesserten Produkteigenschaften.

Die Formgenauigkeit ist relativ gut. Voraussetzung ist eine hochgenaue Temperaturführung. Bereits durch geringfügige Temperaturschwankungen treten erhebliche Maßabweichungen auf, weil sich die Umformkräfte ändern.

1.1.3.3.4 Warmumformung

Generell setzt sich die Warmumformung aus den 3 Phasen: Erwärmung - Umformung - Abkühlung zusammen (Bild 1.1.16). Die Prozeßführung muß in allen 3 Phasen temperaturgesteuert durchgeführt werden, da die Diffusionsvorgänge im Werkstoff untereinander in enger Beziehung stehen. Deren Kinetik hängt einerseits von den herrschenden Spannungs- und Formänderungsverhältnissen und andererseits von den Temperatur-Zeit-Verhältnissen ab. Da die verfahrenstechnischen und werkstoffspezifischen Parameter auf das engste miteinander verknüpft sind, bilden bei der Warmumformung Werkstoff und Verfahren eine besondere Einheit. Es müssen die jeweiligen Forderungen an die 3-Prozeßphasen in Übereinstimmung gebracht werden.
Zur Einschränkung der Oxydation der Barren und Bolzen soll die Aufheizgeschwindigkeit im oberen Temperaturbereich möglichst groß sein. Andererseits ist für die Erwärmungstemperatur und die Haltezeit die Auflösung der Ausscheidungen der bestimmende Vorgang. Für die Festlegung der Erwärmungstemperatur als wichtigster technologischer Parameter kann die Temperatur postuliert werden, bei der sich ein homogenes einphasiges Gefüge einstellt. Die Umformung soll bevorzugt im Gebiet des homogenen Mischkristalls erfolgen.

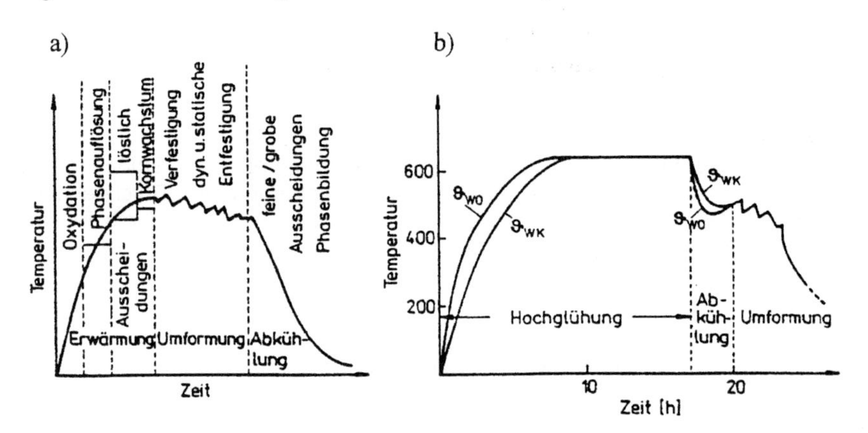

Bild 1.1.16 Temperatur-Zeit-Charakteristik der Warmumformung
(a - allgemein, b - Kombination Hochglühung - Warmumformung)

Bei mehrphasigen Gefügen führt das unterschiedliche Umformverhalten der einzelnen Phasen immer zu inhomogenen Formänderungen, zu höheren Spannungsfeldern und zu örtlich überhöhter Werkstoffbeanspruchung. Orientierungswerte für die Erwärmungstemperatur zur Warmumformung sind in Kap. 1.3.2.4 zusammengestellt.
Der Gesamtaufwand an Energie für die Warmumformung ergibt sich aus den Teilbeträgen für die Erwärmung und Umformung. Eine wichtige vergleichbare Kenn-

ziffer ist der Primärenergieaufwand. Unter Berücksichtigung der energetischen Umwandlungsverluste bei der Stromversorgung kann 1 kWh = 11 MJ bewertet werden. Bei Al-Werkstoffen entfallen auf

- die Erwärmung 0,9 ... 1,1 GJ/t = ~ 80 %
- die Umformung 0,1 ... 0,35 GJ/t = ~ 20 %,

wovon noch nach der Umformung 0,33 ... 0,38 GJ/t im Umformgut gespeichert sind.

Der Energiebetrag für die Erwärmung ist anteilmäßig wesentlich höher als für die Umformung. Im Sinne der rationellen Energieausnutzung sollte, wo immer dies möglich ist

1. die Erwärmung mit der Hoch- und/oder der Lösungsglühung verbunden werden (s. Bild 1.1.16 b) und
2. der Wärmeinhalt des Umformgutes für eine unmittelbare Wärmebehandlung aus der Umformwärme genutzt werden (Thermomechanische Behandlung).

In beiden Fällen müssen die Anlagen flexibel steuerbar sein. Moderne Öfen und Abkühlstrecken sind nach diesem Gesichtspunkt ausgelegt und weiter zu entwickeln.

Durch die hohe Temperatur erwärmen sich die Werkzeuge. Für die konstruktive Gestaltung muß deren Wärmeausdehnung genauso wie Schwindung des Aluminiums bei der Abkühlung auf Raumtemperatur berücksichtigt werden ($\beta \sim (23...24) \cdot 10^{-6}$ [1/K]). Eine ähnlich hohe Maßhaltigkeit wie bei der Kaltumformung ist nicht erreichbar (Tafel 1.1.3).

1.1.3.3.5 Thermomechanische Behandlung

Die Thermomechanische Behandlung (TMB), die besonders für Stahlwerkstoffe entwickelt wurde, hat durch Kombination von Umformung und Wärmebehandlung in einer differenziert abgestimmten Folge die Überlagerung der Umformverfestigung mit der Mischkristallhärtung, Ausscheidungshärtung und Korn- bzw. Subkornfeinung zum Ziel. Die hohe Fehlstellendichte beeinflußt in starkem Maße die Feinkornbildung bei der Rekristallisation und die Ausscheidungshärtung. Durch die Umformung wird die Ausscheidung feinster Teilchen aus dem übersättigten Mischkristall induziert und auf Gleitebenen lokalisiert.

Der Ausscheidungszustand, charakterisierbar durch Menge, Größe und Verteilung der Teilchen, ändert sich quantitativ und qualitativ. Der Effekt ist bei dem thermomechanischen Umformen im Warmumformprozeß am höchsten. Die Umformstrategie beim thermomechanischen Umformen muß so konzipiert sein, daß die dynamische Rekristallisation ausgeschlossen wird. Sie ist vorzugsweise bei aushärtbaren Al-Legierungen technisch bedeutungsvoll. Auf Grund der besonderen Gefügezustände können durch TMB Erzeugnisse mit hochwertigen Eigenschaftskombinationen hergestellt werden. Die Festigkeitswerte werden beträchtlich erhöht und gleichzeitig Bruchresistenz, Dauerfestigkeit sowie Kriechfestigkeit signifikant verbessert. Im weitesten Sinne kann die Prozeßabfolge Kaltumformung - Wärmebehandlung als TMB aufgefaßt werden.

1.1.4 Kennzeichnende technologische Parameter

1.1.4.1 Fließbedingung

Der Spannungszustand an einem beliebigen Punkt in einem Körper ist eindeutig durch die Normalspannungen σ_x, σ_y, σ_z und die 3 Schubspannungen τ_{xy}, τ_{yz} und τ_{xz} in den 3 aufeinander senkrecht stehenden Ebenen bestimmt.

Im Hauptachsensystem genügt die Angabe der Hauptnormalspannungen $\sigma_1 \geq \sigma_2 \geq \sigma_3$. Je nachdem wieviel Spannungen herrschen, kann bei der Umformung ein einachsiger, ebener oder räumlicher Spannungszustand vorliegen. Ausschlaggebend für die Umformung ist der Spannungsdeviator D, da bei inkompressiblen Werkstoffen der hydrostatische Spannungsanteil

$$\sigma_m = \frac{\sigma_1 + \sigma_2 + \sigma_3}{3}$$

keinen Einfluß auf das plastische Fließen hat. σ_m beeinflußt jedoch gravierend das Umformvermögen (s. 1.2.10.).

Die Fließbedingung drückt als mathematische Beziehung aus, welche Spannungszustände nach elastischer Formänderung den Beginn des plastischen Fließens bewirken. In der Umformtechnik haben sich 2 Fließbedingungen für homogene, quasiisotrope und idealplastische Stoffe eingeführt.

Nach der Gestaltänderungsenergiehypothese bzw. durch das Fließgesetz von Huber, v. Mises u. Hencky, wonach die 2. Invariante des Spannungsdeviators den Wert der Schubfließgrenze annehmen muß, wird das Fließkriterium nach v. Mises erhalten

$$k_f = \sigma_v \sqrt{\frac{1}{2}\left[(\sigma_1 - \sigma_2)^2 + (\sigma_2 - \sigma_3)^2 + (\sigma_3 - \sigma_1)^2\right]} \quad \text{und} \quad \tau_{max} = \frac{1}{\sqrt{3}} \cdot k_f.$$

Die Schubspannungshypothese hat als Grundlage die Voraussetzung, daß der Werkstoff sich plastisch umformt, wenn die Schubspannung die Schubfließgrenze erreicht hat. Mit dieser Annahme ergibt

sich die Fließbedingung von Tresca zu

$$k_f = \sigma_1 - \sigma_3 = 2\tau_{max}$$

σ_V- ist die Vergleichsspannung, die für den Beginn des Fließens der Fließspannung σ_F des Werkstoffes bei einachsiger Zug- oder Druckbeanspruchung entsprechen muß. Die Fließspannung σ_F wird als Werkstoffkennwert auch als Umformfestigkeit k_f bezeichnet ($\sigma_F = k_f$).

k_f die Umformfestigkeit (Fließspannung) ist außer vom Werkstoff durch die Verfestigung auch vom Umformgrad φ, von der Umformgeschwindigkeit $\dot{\varphi}$ und von der Umformtemperatur ϑ abhängig $k_f = k_f(W, \varphi, \dot{\varphi}, \vartheta)$.

Die Genauigkeit der Fließbedingung von v. Mises ist höher. Die Fließbedingung von Tresca kann einfacher gehandhabt werden.

Der größte Unterschied beträgt 15,5 % bei ebenem Formänderungszustand (EFÄZ), der für

$$\sigma_2 = \frac{\sigma_1 + \sigma_3}{2} = \sigma_m$$

erzielt wird. Bei rotationssymmetrischer Umformung, z.B. beim Durchziehen, Strangpressen etc., besteht völlige Übereinstimmung. Die Abweichungen werden bei Darstellung der Fließbedingungen im σ_1-σ_3 -System deutlich (Bild 1.1.17). Die v. M.-Ellipse bzw. das Tresca-Sechseck markiert den Fließort. Nur bei Spannungen, die auf der Fließortkurve liegen, kommt es zum plastischen Fließen.

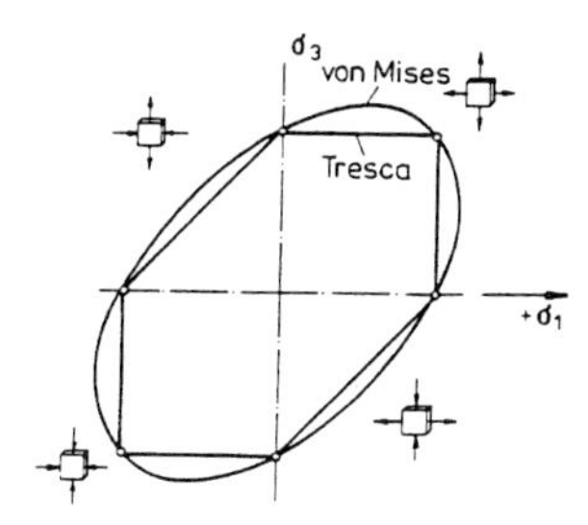

Bild 1.1.17 Vergleich der Fließbedingungen

Die Fließortkurven sind sehr informativ, da sie das reale Werkstoffverhalten widerspiegeln. Nicht immer sind die Werkstoffe isotrop. Durch Ausrichtung der Kristallite in eine Verzugsrichtung (Textur) tritt das anisotrope Werkstoffverhalten in den Vordergrund und die Fließortkurve ist verzerrt (Bild 1.1.18).

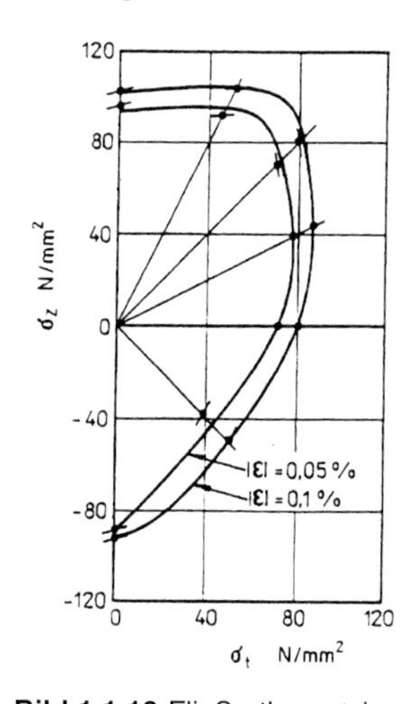

Bild 1.1.18 Fließortkurve eines anisotropen Al-Rohres

1.1.4.2 Umformgrade, Umformgeschwindigkeiten

Die Gestaltänderung bei der Umformung setzt sich aus Längenänderungen (Dehnungen - Stauchungen - Breitungen) und Winkeländerungen (Schiebungen) zusammen. Der allgemeine Formänderungszustand kann durch den Formänderungstensor charakterisiert werden, dessen Komponenten die Längenänderungen und Schiebungen sind. In den Hauptachsen erfahren die Volumina nur eine Längenänderung. Sie werden nur gestreckt oder gestaucht. Die Umformung verläuft parallelepipedisch. In der Umformtechnik werden für vereinfachende Betrachtungen diese homogenen Formänderungszustände zugrunde gelegt. Für die Bestimmung der tatsächlichen Werkstoffbeanspruchung und für die Ermittlung der Gefügeveränderungen genügt diese Betrachtungsweise nicht.
Bei parallelepipedischer Umformung werden die Formänderungen in den Hauptrichtungen durch die logarithmischen Formänderungen, die Umformgrade $\varphi_1 \geq \varphi_2 \geq \varphi_3$ angegeben ($\varphi = \ln l_1/l_0$ usw.). Über das Gesetz der Volumenkonstanz sind diese miteinander durch $\varphi_1 + \varphi_2 + \varphi_3 = 0$ verknüpft. Sie stehen mit den Nennformänderungen beim Stauchen durch

$$\varphi_h = \ln\left(\frac{1}{1-\varepsilon_h}\right)$$

und beim Strecken durch $\varphi_l = \ln(1+\varepsilon_l)$ in Beziehung. Jeder Umformvorgang kann durch Angabe des größten Umformgrades nach

$$\varphi_{gr} = \varphi_1 = \left|(\varphi_2 + \varphi_3)\right|$$

charakterisiert werden. Für den maximal realisierbaren Umformgrad bestehen die Bedingungen, daß

1. die Belastungen immer kleiner sein müssen als die für die Anlage zugelassenen Werte $F \leq F_{zul}$; $W \leq W_{zul}$; $P \leq P_{zul}$; $M \leq M_{zul}$
2. die verfahrenstechnischen Grenzen (Greifbedingung beim Walzen, Knickgefahr beim Stauchen und Durchstoßen, Zerreißgefahr bei Zugdruckumformung) nicht überschritten werden dürfen und
3. φ_{gr} kleiner sein muß als der Bruchumformgrad, d.h. ertragbaren Umformung bis zur Rißbildung.

Relativ sehr hohe Umformgrade können bei mehrachsiger Druckbeanspruchung unter Formzwang (Strangpressen, Fließpressen) erreicht werden. Die Vergleichbarkeit der verschiedenen Umformvorgänge mit dem einachsigen Zug- bzw. Druckversuch, in dem die Werkstoffkennwerte experimentell bestimmt werden können, ist hinsichtlich des Ausmaßes der Werkstoffverfestigung und -anstrengung nur über die spezifische Umformbarkeit bzw. -leistung gegeben.
Der Vergleichsumformgrad φ_V mit

$$\varphi_V = 0{,}82\sqrt{\varphi_1^2 + \varphi_2^2 + \varphi_3^2}$$

ist der Umformgrad, der sich bei einachsiger Beanspruchung durch die Vergleichsspannung einstellt.

Nur wenn der Werkstoff die gleiche Umformverfestigung erleidet, sind die unterschiedlichen Umformvorgänge äquivalent zu setzen.
Es ist $\varphi_V = \varphi_{gr}$ bei rotationssymmetrischer Umformung

$$\varphi_V = \frac{2}{\sqrt{3}} \cdot \varphi_{gr}$$ bei ebenem Formänderungszustand.

Die Umformgeschwindigkeit $\varphi^{\cdot} = d\varphi/dt$ ändert sich in der Umformzone (s.z.B. Bild 1.1.19).

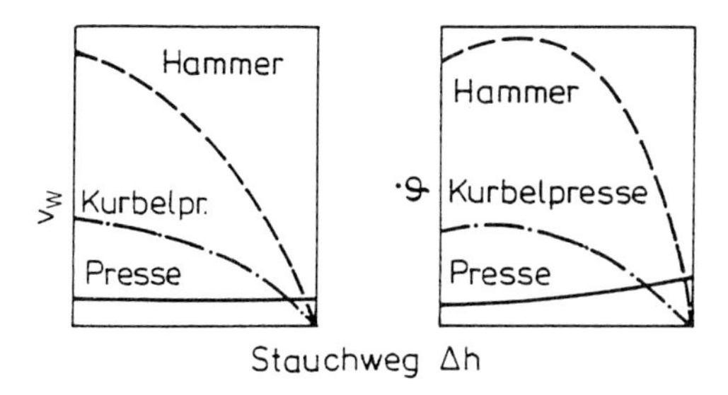

Bild 1.1.19a Umformgeschwindigkeit beim Stauchen (v_W - Werkzeuggeschwindigkeit in m/s)

Außer der Vergleichsumformgeschwindigkeit

$$\dot{\varphi}_V = 0,82\sqrt{\dot{\varphi}_1^{\,2} + \dot{\varphi}_2^{\,2} + \dot{\varphi}_3^{\,2}}$$

muß zur Charakterisierung des Umformverfahrens zusätzlich die mittlere Umformgeschwindigkeit $\varphi^{\cdot}_m$ angegeben werden.

Diese kann je nach eingesetztem Maschinentyp und den Umformbedingungen innerhalb großer Bereiche schwanken. In Bild 1.1.19 ist das $\varphi^{\cdot}_m$ Spektrum für die Umformung von Al-Werkstoffen dargestellt.

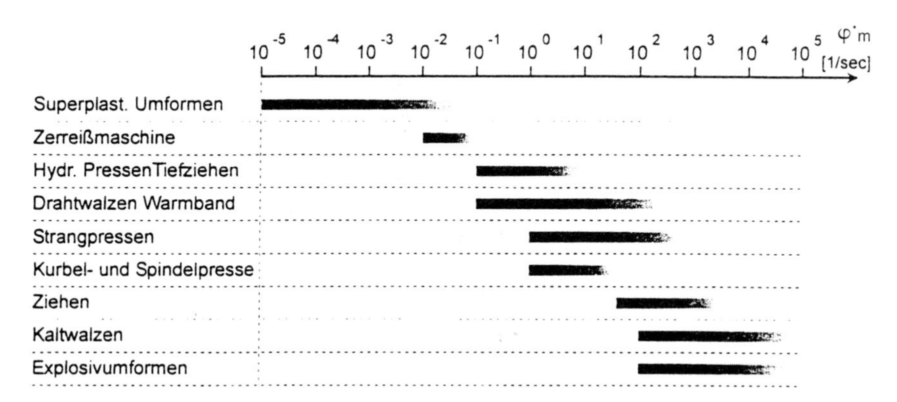

Bild 1.1.19 Umformgeschwindigkeit bei verschiedenen Verfahren

1.1.4.3 Technologieparameter bei technisch wichtigen Verfahren

Ausschlaggebende technologische Parameter sind in Tafel 1.1.4 angegeben.

Tafel 1.1.4 Technologisch bedingte Einflußfaktoren auf das Werkstoffverhalten

Werkstoffkennwerte	Ausschlaggebende Umformbedingungen
Umformverhalten	
Verfestigung $dk_f/d\varphi$	φ, $\dot{\varphi}$, ϑ
statische Entfestigung e	φ, $\dot{\varphi}$, ϑ, σ_m, t_p
Umformvermögen	ϑ, σ_m, σ_2
Gefüge, Realstruktur	
Eigenschaften	φ, $\dot{\varphi}$, ϑ, σ_m, t_p

In Tafel 1.1.5 sind die Spannbreiten der einzelnen Parameter für die Hauptumformverfahren bei Aluminiumwerkstoffen gegenübergestellt.

Tafel 1.1.5a Charakteristische technologische Parameter der Kaltumformung

Verfahren	Umformgrad φ_{hges}	Einzelumformgrad φ_i	Umformgeschwindigkeit $\dot{\varphi}[s^{-1}]$	Berührungszeit $t_u[s]$	Pausenzeit $t_p[s]$
Kaltwalzen	3 - 5	0,2 - 0,4	bis 400	0,0002 - 0,4	0,5 - 20
Ziehen	2,5	0,2 - 0,3 (0,5)	50 - 2000 (10^5)	0,005 - 0,1	0,01 - 5
Fließpressen	3,5	3,5	1 - 100 (700)	0,1 - 2	–
Tiefziehen	2 - 2,5	bis etwa 0,9	0,05 - 10	0,1 - 10	1 - 5

Tafel1.1.5.b Gegenüberstellung ausgewählter Verfahren der Warmformgebung (ϑ_{Umf} = 360 - 580°C)

Verfahren	Umformgrad φ_{hges}	Einzelumformgrad φ_i	Umformgeschwindigkeit $\dot{\varphi}[s^{-1}]$	Berührungszeit $t_u[s]$	Pausenzeit $t_p[s]$
Warmbandwalzen	2,5 - 5,1				
-Vorstaffel		0,15 - 0,7	0,5 - 37	0,012 - 0,35	5 - 90
-Fertigstaffel		0,08 - 0,7	10 - 480	0,0003 - 0,07	0,2 - 5
Gesenkschmieden	0,3 - 3	0,01	0,3		1 - 5
-Hämmer	(bis 150)		10 - 1000	0,0001 - 0,1	
-Pressen			0,05 - 40 (100)	0,01 - 0,1 (10)	
Strangpressen	1,1 - 5,3	1,1 - 5,3	0,05 - 400	1 - 250	–
Stauchen	1,5 - 3,5	0,01 - 3,5	0,1 - 200	0,001 - 5	1 - 3

Diese Übersicht verdeutlicht das breite Arbeitsspektrum der umformtechnischen Verfahren. Besonders hohe Einzelumformgrade werden beim Strang- und Fließ-Fließpressen mit φ_i = 3,5 (ε_{Ai} $\leq$97%) erzielt. Die Umformung und Druckberührung mit den Werkzeugen erfolgt oft in nur wenigen Zehntel Sekunden.

1.1.5 Tribologie der Umformung

1.1.5.1 Reibung und Verschleiß

Die tribologische Beanspruchung, die sich auf die Reibung, Schmierung und den Verschleiß bezieht und die Wechselwirkungen zwischen Werkzeug, Schmier- bzw. Zwischenschichtstoff und Umformgut einschließt, ist bei Umformprozessen dadurch gekennzeichnet, daß

- an den Kontaktflächen relativ hohe Spannungen sich aufbauen,die ungleichmäßig verteilt sind und an den Fließscheiden, d.h. an den Stellen, an denen sich die Richtung des Werkstoffflusses umkehrt, ihren Höchstwert erreicht;
- eine mehr oder weniger große Relativgeschwindigkeit zwischen Werkzeug und Umformgut besteht;
- sich Oberflächen neu bilden müssen, die noch nicht oxidiert sind und infolgedessen eine hohe Adhäsionsneigung besitzen, die bei Aluminium besonders ausgeprägt ist;
- durch die Anwärmung, Reibungs- und Umformwärme auch in der Wirkfuge Temperaturen bis 550°C herrschen.

In der Tafel 1.1.6 sind für die Verfahren der Aluminiumumformung die bezogenen Belastungs-Kenngrößen σ_{Zmax} - maximale Druckspannung, K_{Wm}-Umformwiderstand. p - mittlerer Werkzeugdruck, Geschwindigkeiten (v_R - Relativgeschwindigkeit, v_{Wk} - Werkzeuggeschwindigkeit und der Grad der Oberflächenneubildung gegenübergestellt.

Tafel 1.1.6 Mechanische und kinematische Beanspruchungsverhältnisse an den Werkzeugen und in der Wirkfuge
(O_0 - Oberfläche vor der Umformung, O_1 - Oberfläche nach der Umformung)

Verfahren	σ_{Zmax}/k_{fm}	K_{wm}/k_{fm}; p/k_{fm}	V_R/V_{Wk}	O_1/O_0
Walzen	1,8...3	1,2...2,4 (5)	-0,25-0-0,08	... 2
Strangpressen	1,5...	1,3...4,5	< 20	... 4,5
Durchziehen	1,3...2,8	0,4...2,5 (3)	$V_R = V_Z$	... 2,8
Stauchen	1,5...2,2	1,05...2,2	< 8	... 2,5
Gesenkformen	1,5...3	1...10 (Gratspalt)	< 5	... 4,5
Rückwärtsfließpressen	1,3...5	1,4...5	6	... 11

Alle möglichen Verschleißmechanismen (Bild 1.1.20), d.s. Adhäsion, Abrasion, Oberflächenermüdung und -zerüttung sowie tribochemische Reaktionen können zwar für sich auftreten, kommen aber bei der Umformung meist gleichzeitig in überlagerter Form vor.

Verschleißmechanismus	Entstehungsprozeß	Partikelform	Partikel-kennzeichnung	Verschleiß-erscheinung
Tribochemnische Reaktion (+Abtrennprozesse)	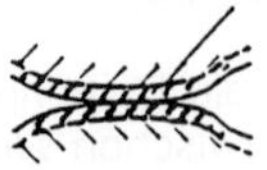 Reaktionsschicht		pulverfömig bzw. amorph	Löcher Kuppen Schuppen
Abrasion (Mikrospanen)	 hartes Teilchen		spirl- bzw. spanförmig	Krater Riefen
Oberflächenzerrüttung (Delamination)	 Risse, zur Oberfläche geöffneter Riß		schuppen- bzw. lamellenförmig	Risse
Oberflächenzerrüttung (Ermüdung)	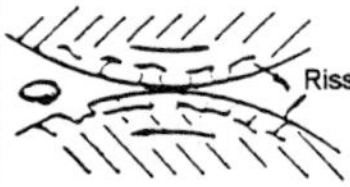 Risse	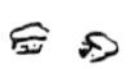	splitterförmig	Stückchen
Kontaktdeformation Triboschmelzen	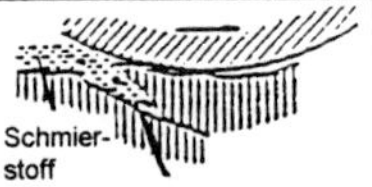 Schmierstoff, Riß zur Oberfläche		kugelförmig	Schichten Partikel

Bild 1.1.20 Verschleißmechanismen und ihre Erscheinungsform nach Czichos

Wegen der Adhäsionsneigung des Aluminiums verschleißen die Werkzeuge besonders durch die örtlichen Kaltverschweißungen. Die Reibungsbedingungen verschlechtern sich, weil neue Oberflächen entstehen. Bei vorher geschmierten Oberflächen wird der Schmierfilm dünner; und unter Umständen kann der Schmierfilm völlig abreißen, so daß ein direkter metallischer Kontakt Werkzeug-Umformgut besteht.

Es hängt dies entscheidend von den Reibungs- und Schmierungsverhältnissen ab. Prinzipiell können in der Umformtechnik vier verschiedene Reibungs- und/oder Schmierungszustände unterschieden werden:

- Festkörperreibung - Reibung zwischen den Oberflächen zweier Körper ohne Zwischenschichten. Der Reibmechanismus wird ausschließlich durch die chemischen und physikalischen Eigenschaften der Reibpartner bestimmt.
  $0{,}35 < \mu < 0{,}577$
- Grenzreibung - Trennung der Oberflächen durch eine, eine oder wenige moleküllagendicke Zwischenschicht. Es gleiten hauptsächlich die äußeren Grenzschichten der Reibpartner aufeinander ab.
  $0{,}1 < \mu < 0{,}35$
- Mischreibung - Die Dicke der Zwischenschicht liegt beim Aufeinandergleiten in der Größenordnung der Gesamtrauheiten der beiden Oberflächen. Dadurch trägt die Zwischenschicht nur teilweise. Es liegen sowohl hydrodynamische (Schmierstofftaschen) als auch Grenz-

	reibungszustände vor. Häufigster Reibungszustand in der Umformtechnik.
	$0{,}01 < \mu < 0{,}1$
- hydrodynamische Reibung	Vollständige Trennung von Werkstück und Werzeug durch eine Schmierstoffschicht
	$\mu < 0{,}01$

μ - Reibzahl aus Coulomb'schen Gesetz $\tau_R = \mu \cdot \sigma_N$.

Die Reibung verursacht eine
- Steigerung des Kraft- und Arbeitsbedarfs
- Förderung des Werkzeugverschleißes
- negative Beeinflussung der Oberflächenqualität
- zusätzliche Erwärmung

Sie ist aber auch zweckdienlich im Hinblick auf die
- Übertragung tangentialer Kräfte (Walzen)
- Beeinflussung der Oberflächenfeingestalt
- Beeinflussung des Werkstoffflusses (Gesenkschmieden)

Die Rauheit der Werkzeuge und des Umformgutes sowie das Schmiermittel müssen den Umformbedingungen angepaßt sein.
Der Einfluß der Rauheit des Umformgutes auf die Reibverhältnisse wird durch zwei gegenläufige Effekte geprägt. Mit zunehmender Rauheit wird der Schmierstofftransport in der Wirkfuge erleichtert. Es kommt zur Ausbildung von Schmierfilmtaschen. Andererseits tritt hier eine verstärkte Verzahnung der Oberfläche auf, die die Deformationskomponente der Reibung verstärkt. Es existiert deshalb ein Optimum an Ausgangsrauheit für den Umformprozeß, abhängig von der Flächenpressung, der Schmiermittelschicht und der Oberflächenvergrößerung während der Umformung.
Außer durch angemessene Auswahl verschleißfester Werkzeugwerkstoffe (Stähle, Hartmetall, Diamanten) und deren zweckentsprechender thermischer Behandlung kann die Standzeit der Werkzeuge durch Auftragung von Hartstoffschichten (CVD-, PVD-Beschichtung, thermisches Spritzen, Plasmaspritzen, Auftragsschweißen) oder durch Randschichtbehandlung verbessert werden.

1.1.5.2 Schmierstoffe

Die Wirkung der Schmierstoffe in der Wirkfuge zwischen Werkstück und Werkzeug beruht auf:

- Verbesserung der Gleiteigenschaften durch die geringere Scherfestigkeit der Schmierstoffschicht
- physikalischer Adsorption polarer Gruppen, die dem Schmierstoff zugesetzt sind
- gehemmter chemischer Reaktion (Chemiesorption) der Schmierstoffe mit der Reiboberfläche
- Adhäsion

Zur Anwendung in der Umformtechnik gelangen:
Weiches Metall, Feststoffe mit Schichtgitterstruktur (C; MoS_2), Salze, Glas, tierische und pflanzliche Öle und Fette, Mineralöle und -emulsionen, Seifen- und -emulsionen

sowie Folien und Lacke. Zur Umformung von Al-Werkstoffen sind als Schmier- bzw. Kühlschmierstoff (KSS nach DIN 51385) zu empfehlen für das

Gesenkschmieden: Öle mit polaren Zusätzen (z.B. Fettsäuren,Fettalkohole etc.) bzw. von thermisch stabilen Syntheseölen sowie Graphitzubereitungen

Strangpressen: kein Schmierstoff; bei hohen Umformgraden und schwierigen Profilen Graphitsuspension oder Molybdändisulfidsuspensionen in Öl, auch niedrig schmelzende Gläser

Warmwalzen: stabile Öl-in-Wasser-Emulsionen auf der Basis von naphtenischen Ölen, Estern, Alkanalaminen, Glykolderivaten und selten EP-Additive, das sind Hochdruck- und Verschleißschutzzusätze von schwefel-, chlor- bzw. phosphorhaltigen Verbindungen (Konzentration 3-10%; Temperatur 40-60°C; ph-Wert 8,0...9,2).

Kaltwalzen von Bändern: bevorzugt rein paraffinische Öle gegenüber naphthenischen und aromatischen Ölen (Viskosität der Öle: 1,5-3,5 mm^2/s bei 20 °C; Siedebereich 20 bis 60 °C; Flammpunkt > 80 °C) und als Additive: Fettalkohole, Fettsäuren, Ester mit Kettenlängen C10 bis C14 in Konzentrationen von 0,1 bis 5 %

Kaltwalzen von Folien: Mineralöl (Viskosität: 1,8 - 3,5 mm^2/s; Flammpunkt: 70 - 100 °C); Additivierung durch Fettalkohole, teilweise Fettsäure in Abhängigkeit von der Foliendicke (max. 2%)

Fließpressen: Öle, Seifen, (Zinkstearat), Festschmierstoffpasten, Wachse und Festschmierstoffe entsprechend den Umformbedingungen

Tiefziehen:

a) niedrigviskose zweiseitige Blechbeölung (10 - 25 mm^2/s, 50°C) mit polaren Zusätzen, auch Fettsäuren
b) leichte Grundbeölung mit zusätzlichem Ziehfett, höherviskose Öle mit hohem polaren Anteil, Ziehpasten
c) PE-Folie mit Ziehölen

Ziehen von Drähten:

- Grob- und Mittelnaßzug: hochviskose Öle mit Viskositäten um 300 - 400 mm^2/s bei 50 °C für Tauchschmierung, bei Anspritzmaschinen Öle mit 40-80 mm^2/s, bei Ziehkasten bis 1000 mm^2/s
- im Fein- und Feinstdrahtbereich Öle mit 10 - 50 mm^2/s
- im Feinst- und Superfeinstzug auch niedrigviskose Öle z.B. Petroleum, Emulsionen
- Additive: polare Substanzen, Fettöle und EP-Zusätze

1.2 Umformverhalten und Umformeigenschaften

1.2.1 Umformverhalten

Das Verhalten der Werkstoffe bei den thermisch-mechanischen Beanspruchungen, die innerhalb einer oft eng begrenzten Umformzone herrschen, kann nicht durch einen einzigen Eigenschaftswert charakterisiert und beziffert werden. Es läßt sich vielmehr nur durch mehrere Kenngrößen belegen, die die notwendige Umformfestigkeit k_f bzw. Fließspannung σ_F, deren Änderung während und nach der Umformung sowie das Umformvermögen betreffen. Alle Größen sind außer den in 1.1.4.4. genannten verfahrensbedingten Einflußgrößen, auch von werkstoffspezifischen Faktoren abhängig. Die Werkstoffabhängigkeit ergibt sich aus dem ursächlichen Zusammenhang zwischen dem strukturellen Aufbau sowie der Gefügeausbildung und der Bildung, Wanderung und Auflösung von Versetzungen. Dadurch ist außer der chemischen Zusammensetzung und dem Reinheitsgrad der Werkstoffzustand vor der Umformung - d.h. die Art und Weise der thermomechanischen Vorbehandlung - von ausschlaggebender Bedeutung. Unterschiede in der Kristallstruktur, der Stapelfehlerenergie, dem Phasenaufbau, der Versetzungsgrundstruktur, der Korngröße sowie des Ausscheidungszustandes wirken sich zwangsläufig auf das Umformverhalten aus. Wegen der komplexen Beeinflussung ist bei Realwerkstoffen eine eindeutige Zuordnung des festgestellten Effektes auf die einzelnen werkstoffseitigen Einflußgrößen oft recht schwierig, wenn überhaupt möglich. Meist kann nur eine pauschale Bewertung vorgenommen und der Summeneffekt ausgewiesen werden. Die Fließspannung als wesentliche Kenngröße des Verfestigungszustandes stellt einerseits die Grundlage für die Berechnung der umformtechnischen Integralgrößen (Umformkraft, -arbeit, -leistung usw.) dar. Sie ist somit für die Entwicklung und Konstruktion neuer Umformanlagen als auch für die Optimierung der Technologien von besonderer Bedeutung. Aus dem Verlauf der Fließkurven als Funktion $k_f = k_f(\varphi)$ und der Entfestigungscharakteristiken können Rückschlüsse auf die ablaufenden und dominierenden Gefügeveränderungen getroffen werden. Texturen, umformbedingte Oberflächenveränderungen und die Wechselwirkungen zwischen der Umformung und der Ausscheidungen bestimmen nicht nur die mechanischen technologischen Eigenschaften, sondern auch das Umformvermögen.

1.2.2 Fließkurven

1.2.2.1 Fließkurven der Kaltumformung

1.2.2.1.1 Werkstoff- und verfahrensbedingte Einflußgrößen

Die Umformfestigkeit k_f (Fließspannung) ist die Spannung, die bei einachsiger Zug- oder Druckbeanspruchung den Werkstoff zum Fließen bringt und als Vergleichsspannung ein skalarer Werkstoffkennwert. Bei Raumtemperatur kann $k_f = R_{p0,2}$ und nach einer Umformung über 35% vereinfacht $k_f = R_m$ gesetzt werden. Bei Raumtemperatur reduziert sich die Abhängigkeit der Fließspannung $k_f = k_f(W, \varphi, \dot{\varphi}, \vartheta)$ auf $k_f = k_f(W, \varphi)$

Der Einfluß der Umformgeschwindigkeit $\dot{\varphi}$ ist relativ klein. Dies drückt sich darin aus, daß in der Proportionalität $k_f \sim \dot{\varphi}^m$ der m-Wert sehr klein ist. Experimentell werden m-Werte zwischen m = 0,01 und maximal m = 0,04 gefunden. In Bild 1.2.1 sind Fließkurven von Reinaluminium und AlMg-Legierungen dargestellt.

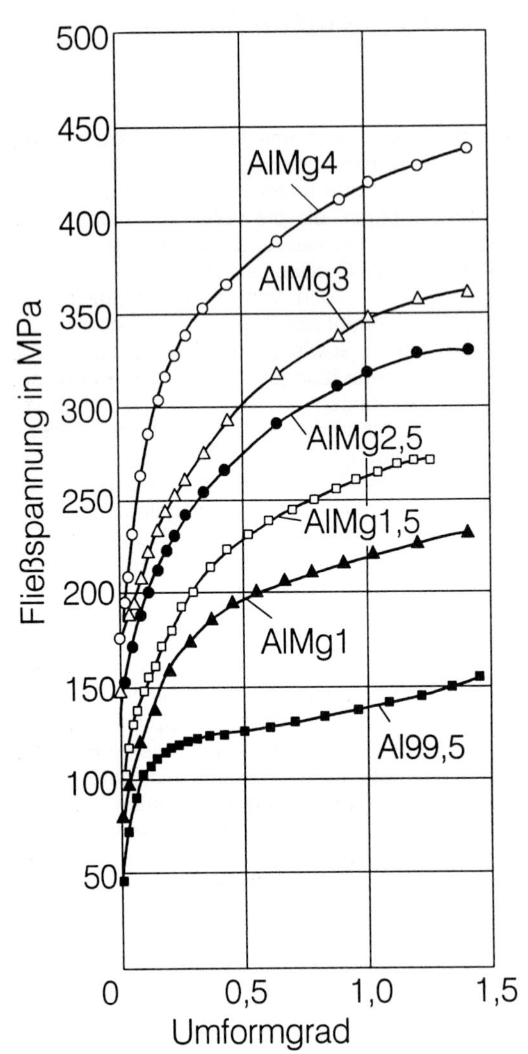

Bild 1.2.1 Fließkurven von Reinaluminium und AlMg- Legierungen bei Raumtemperatur

Kennzeichnende Fließkurvenwerte sind:

k_{fo}	-	Umformfestigkeit des noch unverformten Werkstoffes
$dk_f/d\varphi$	-	Verfestigung
n	-	Verfestigungsexponent der mathematischen Fließkurvenbeziehung von Ludwik-Nadai $k_f \sim \varphi^n$
w_{id}	-	spezifische Umformarbeit (Arbeitsdichte) bei homogener (parallelepipedischer) Umformung

$$W_{id} = \int_0^{\varphi} k_f(\varphi) d\varphi$$

Legierungs- und Begleitelemente verursachen bei Aluminiumlegierungen und bei anderen Werkstoffen durch die Mischkristall- und/oder Ausscheidungshärtung im Vergleich zum Reinaluminium stets eine Erhöhung der Fließspannung. Solange sich das zulegierte Element in fester Lösung befindet, bleibt der Einfluß gering. Wird die Löslichkeitsgrenze überschritten, werden intermetallische Verbindungen wie Al_6Mn, Al_3Fe, Al_2Cu und Mg_2Si ausgeschieden, die die Fließspannung stark erhöhen. Durch Zusatz von Mg bis 4 % werden sowohl die Fließspannung k_{fo} als auch die Verfestigungsneigung im Bereich der Umformung bis φ = 0,5 heraufgesetzt. Dadurch wird bei einem Umformgrad von 1,0 die Fließspannung des Al 99,5 schon durch einen Zusatz von 1,5 % Mg fast verdoppelt, bei 4 % Mg nahezu verdreifacht. Der Verfestigungsverlauf $dk_f/d\varphi = f(\varphi)$ spiegelt die Gefüge- und Strukturveränderungen direkt wider (Bild 1.2.2). Aus der Darstellung heben sich 2 verschiedene Verfestigungsbereiche deutlich ab. Legierungsbedingte Unterschiede sind ausschließlich im ersten Bereich zu verzeichnen, in dem das parabolische Verfestigungsgesetz Gültigkeit besitzt. Bei etwa φ = 0,5 ist die Verfestigung vollkommen identisch. Es wirken bei der weiteren Umformung unabhängig vom Legierungsgrad die gleichen Verfestigungsmechanismen wie bei Reinaluminium.

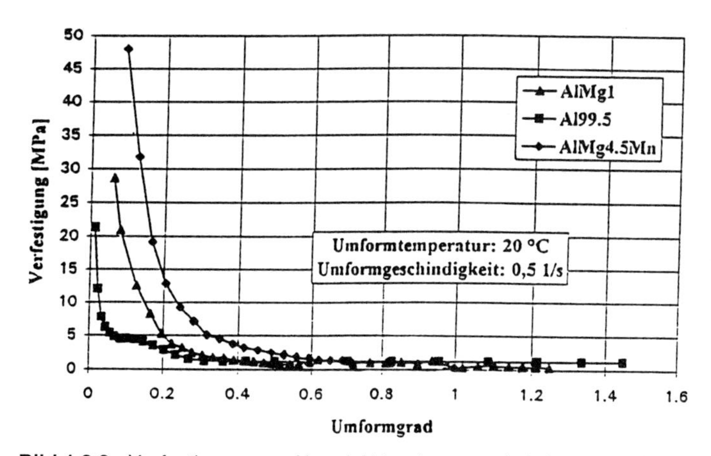

Bild 1.2.2 Verfestigung von Al und Al-Legierungen bei der Kaltumformung

Bei AlMgMn-Legierungen verstärkt sich die Verfestigungsneigung im Anfangsbereich der Fließkurve noch mehr. Auch wird der k_{fo}-Wert erhöht. Ursache ist u.a. die kornfeinende Wirkung des Mangans. Einen Überblick über den Effekt anderer Legierungselemente und Legierungskombinationen wird durch Bild 1.2.3 gegeben.

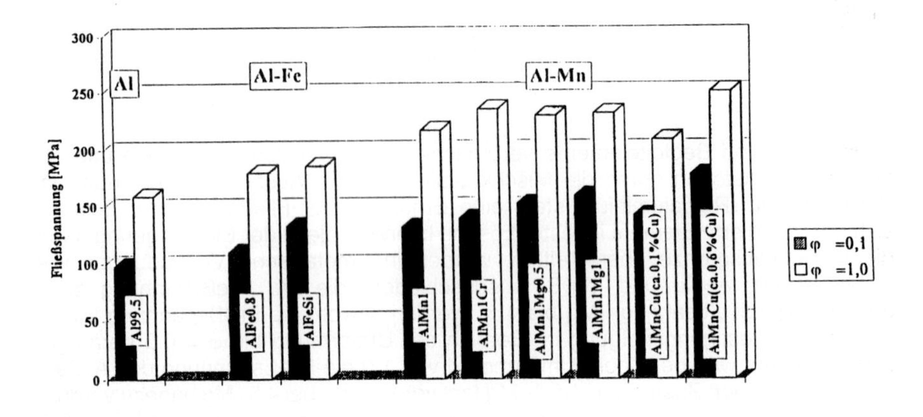

Bild 1.2.3 Einfluß der Legierungselemente auf die Umformfestigkeit und die Verfestigung

Einerseits tritt mit steigender Zahl der Legierungskomponenten eine stärkere Umformverfestigung ein (vgl. AlMn1 und AlMn1Cr). Andererseits kann durch Zulegieren von z.B. 0,6 % Cu zu AlMn1 der Fließspannungswert k_{fo} bereits stark erhöht und die Verfestigungsneigung erhalten bleiben bzw. sogar verringert werden. Dieses Verhalten ist auch typisch für AlFe- und AlFeSi-Legierungen. Aufgrund der Schnellerstarrung beim Bandgießen bzw. Gießwalzen (v = 200 ... 700 K/s im Vergleich zu Strangguß v = 0,5 ... 20 K/s) sind in so hergestellten Bändern die Konzentrationen der Legierungs- und Verunreinigungselemente im Mischkristall größer, die Gußzellen und die Größe der Gefügekörner feiner und die Versetzungsdichte höher. Aufgrund dessen ist die Umformfestigkeit um 20 bis 30 % höher (Bild 1.2.4).

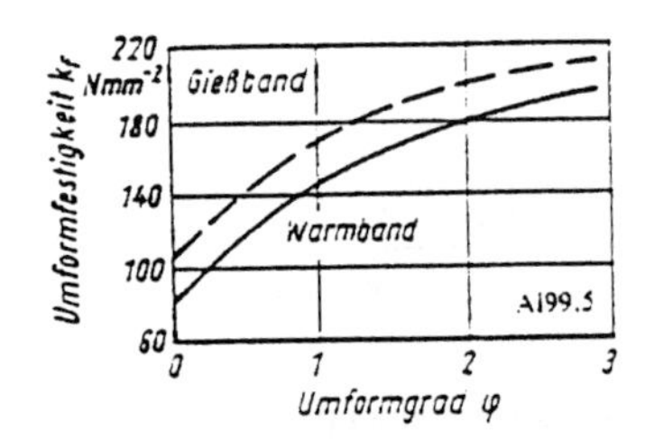

Bild 1.2.4 Fließkurve von Gießband und Warmband aus Al99,5

Fließkurven für Al-Werkstoffe in verschiedenen Vorbehandlungszuständen sind z.T. in Fließkurvenatlanten und einschlägigen Fachbüchern enthalten. Die umformtechnischen Institute der Hochschulen bzw. anderer Forschungseinrichtungen verfügen über umfangreiche Datenbänke mit detaillierten Angaben.

1.2.2.1.2. n-Wert

Mathematisch kann der Fließkurvenverlauf bei der Kaltumformung durch die Gleichungen

$$k_f = k_{f(\varphi=1)} \cdot \varphi^n \quad \text{für } \varphi > 0,03 \qquad \text{oder} \qquad k_f = k_{f0} + k_f^{\bullet} \cdot \varphi^n$$

beschrieben werden.
n - der Verfestigungsexponent entspricht etwa dem Umformgrad der Gleichmaßdehnung $n = \varphi_{gl} = \ln(1 + A_{gl})$ mit $A_{gl} = 2 \cdot A_{10} - A_5$.

Er ist ein wichtiger Werkstoffkennwert, der die Neigung zur Umformverfestigung ausdrückt und nach dem der Werkstoff bewertet wird. Für das Streckziehen von Al-Blechen sollte n > 0,30 sein.
Für Al-Werkstoffe ist teilweise das 2n-Verhalten typisch.

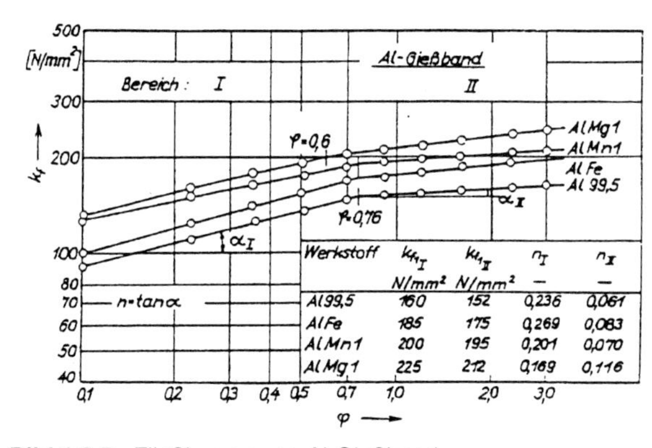

Werkstoff	k_{f1_I} N/mm²	$k_{f1_{II}}$ N/mm²	n_I –	n_{II} –
Al99,5	160	152	0,236	0,061
AlFe	185	175	0,269	0,083
AlMn1	200	195	0,201	0,070
AlMg1	225	212	0,169	0,116

Bild 1.2.5 Fließkurven von Al-Gießband

Der n-Wert ist abhängig und dadurch technisch gezielt beeinflußbar von
n = n(Legierungsgehalt, Ausscheidungszustand (Reibspannung), Versetzungsdichte)

Grundsätzlich kann zugrundegelegt werden, daß der n-Wert umso höher ist:
- je niedriger die Stapelfehlerenergie des Werkstoffes und je größer die Aufspaltungsweite der Versetzungen sind
- je niedriger das Streckgrenzenverhältnis $R_{p0,2}/R_m$ und je größer ε_{gl} sind
- je mehr Legierungselemente in Al-Mischkristallen gelöst sind
- je weniger Ausscheidungen (besonders feindisperse) vorhanden sind und
- je geringer eine vorangegangene Umformverfestigung war.

Die Abhängigkeit vom Vorumformgrad bedeutet, daß die Fließkurven der Werkstoffe nur im unverformten Zustand verglichen werden können. Auf diesen beziehen sich auch die Angaben im Fachschrifttum und in Tafel 1.2.1

Tafel 1.2.1 Mittlere n-Werte ausgewählter Al-Werkstoffe

Legierung	n-Wert	Legierung	n-Wert
Al 99,5	0,236	Al Mn	0,26
Al Mg1	0,28	Al MgSi0,5	0,23
Al Mg3	0,3	Al MgSi1,0	0,24
Al Mg5,5	0,35	Al MgSi1,2	0,27
Al Mg5Mn	0,31	Al MgSiCu	0,26
Al Mg4,5Cu	0,32	Al MgSi1,6	0,25
Al Mg4,5ZnCu	0,33	Al MgCuZn	0,29
Al Mg2Mn0,8	0,20	Al Li2,5CuMg	0,125
		Al Li2,5Cu1,6Mg	0,120

Die Umformverfestigung ist nicht immer isotrop, sondern durch die Texturausbildung (s. Kap. 1.2.6) richtungsabhängig. Diese sogen. kinematische Verfestigung dokumentiert sich in der Verzerrung der Fließortkurve (Bild 1.1.18). Bei einer Umkehrung der Umformrichtung tritt eine werkstoff- und beanspruchungsabhängige athermische Entfestigung ein (Bauschingereffekt).

1.2.2.2 Fließkurven der Warmumformung

1.2.2.2.1 Grundtypen und Informationsgehalt

Bei der Warmumformung besteht eine ausgeprägte Temperatur- und Geschwindigkeitsabhängigkeit der Umformfestigkeit $k_f = k_f(W, \varphi, \dot{\varphi}, \vartheta)$. Der Umformverfestigung überlagert sich die thermisch aktivierte Entfestigung durch Erholung und gegebenenfalls durch Rekristallisation. 2 Grundtypen von Warmfließkurven sind für Al-Werkstoffe in Abhängigkeit von der Stapelfehlerenergie (SFE) typisch (Bild 1.2.6). Sie werden durch Reinaluminium bzw. durch AlMg4,5Mn repräsentiert.

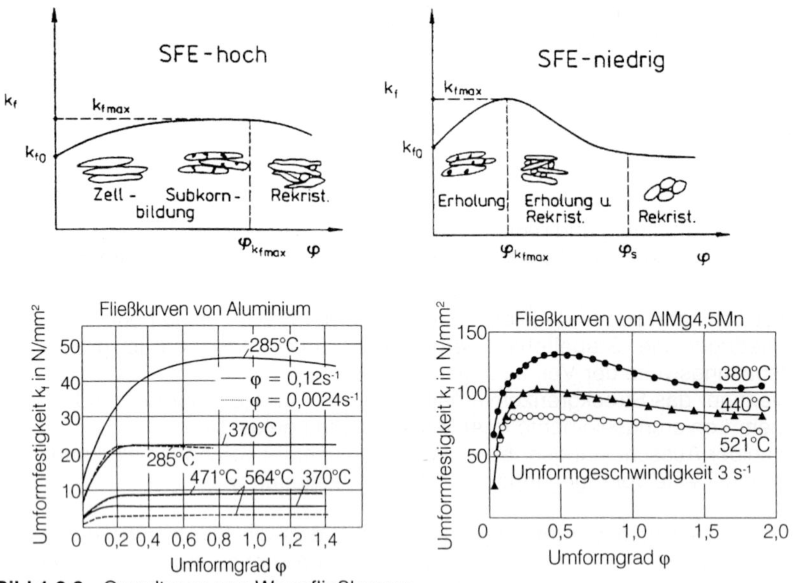

Bild 1.2.6 Grundtypen von Warmfließkurven

Um das Umformverhalten in dem technologisch relevanten Bereich genau zu erfassen, müssen für jeden Werkstoff 20 bis 30 Fließkurven aufgenommen werden.

Für Reinaluminium (Werkstoffe mit hoher SFE) ist ein monotoner Anstieg der Fließkurve auf einen nahezu gleichbleibenden Wert zu verzeichnen, weil die dynamische Erholung aufgrund der hohen Stapelfehlerenergie der ausschließliche Entfestigungsmechanismus ist. Das Fließkurvenmaximum ist sehr flach. Wenn die SFE merkbar erniedrigt ist, kommt es auch zur dynamischen Rekristallisation. Es bildet sich das typische ausgeprägte Fließkurvenmaximum heraus. Die Entfestigungsgeschwindigkeit wird immer größer als die Verfestigungsgeschwindigkeit bis sich schließlich der steady-state-Zustand einstellt.

Der Verlauf der Fließkurven läßt Rückschlüsse über die Gefügeveränderungen zu.

Bei $\varphi < 0{,}7 \cdot \varphi_{kfmax}$	dynamische Erholung. Es entsteht ein Zellgefüge mit kleiner Winkelabweichung, aber hoher Versetzungsdichte
bei $0{,}7 \cdot \varphi_{kfmax} < \varphi < \varphi_S$	dynamische Erholung und Rekristallisation
bei $\varphi > \varphi_S$	dynamische Rekristallisation. Es entsteht ein feinkörniges äquiaxiales Korn.

1.2.2.2.2 Werkstoff- und verfahrensbedingte Einflußgrößen

Fließkurvenscharen für verschiedene Al-Werkstoffe sind in den Bildern 1.2.7. bis 1.2.12 dargestellt.

Bild 1.2.13 veranschaulicht die Wirkung verschiedener Legierungselemente.

Mit steigendem Legierungsgehalt wird besonders der k_{fo}-Wert erhöht.

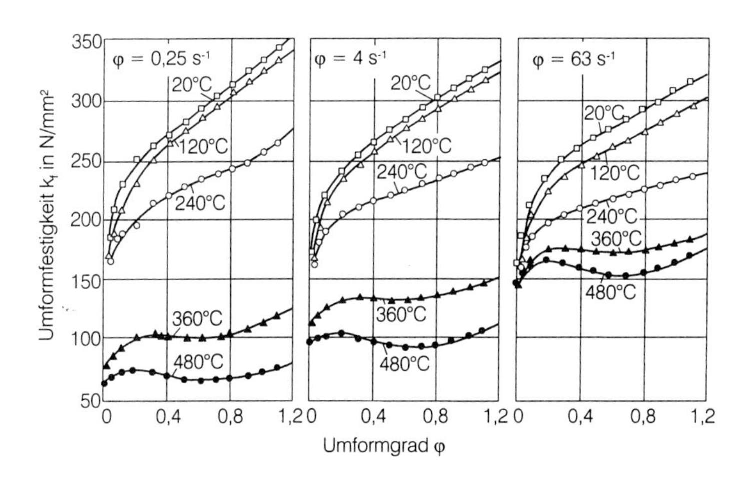

Bild 1.2.7 Fließkurven für Al Mg3

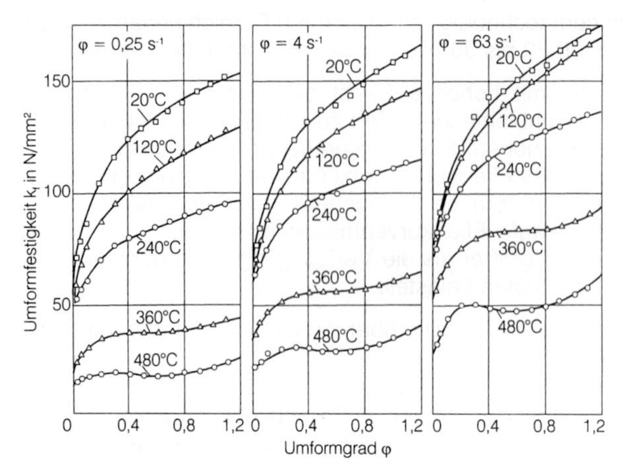

Bild 1.2.8 Fließkurven für Al 99,5

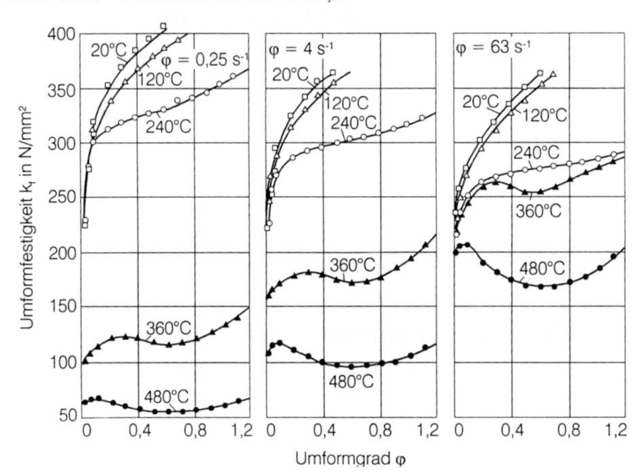

Bild 1.2.9 Fließkurven für Al Mg4,5

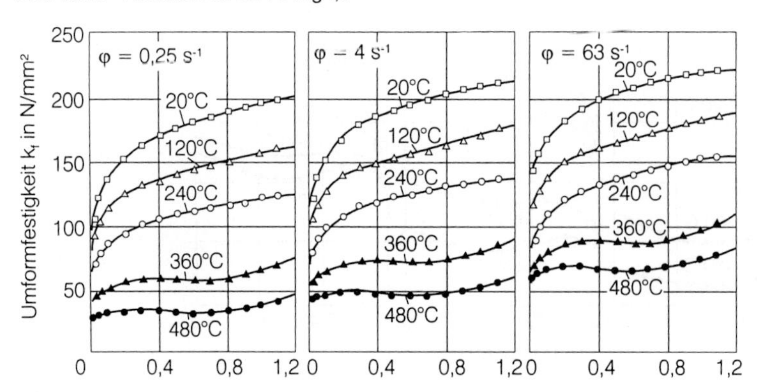

Bild 1.2.10 Fließkurven für Al Mn1

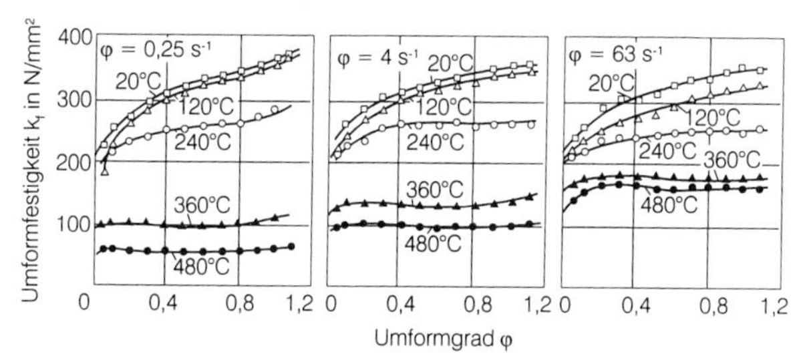

Bild 1.2.11 Fließkurven für Al Mg2Mn0,8

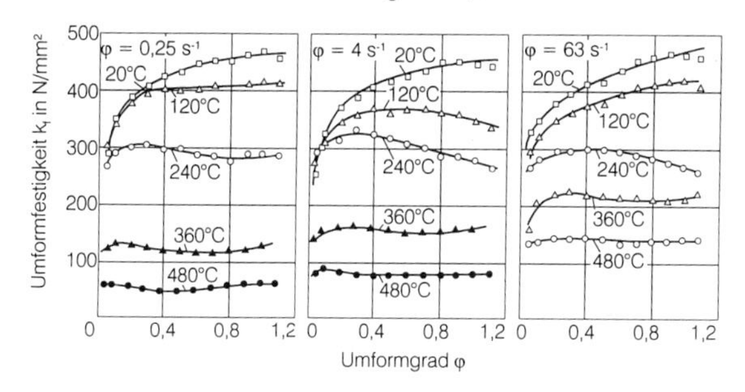

Bild 1.2.12 Fließkurven für Al Mg4,5Mn

Die Verfestigungsneigung ist, soweit es nur zu einer dynamischen Entfestigung durch Erholung kommt weitaus weniger abhängig vom Legierungsgrad. Die Wirkung der Legierungselemente ist unterschiedlich und davon abhängig, ob es binäre oder ternäre Legierungen sind. Bei ersteren führt Mg am stärksten zum Fließspannungsanstieg, Zn am geringsten. Bei Werkstoffen, die bei einer höheren Temperatur keiner Gefügeumwandlung unterliegen, nimmt die Fließspannung mit steigender Umformtemperatur exponentiell ab. Die Abnahme ist allerdings werkstoffabhängig. So verringert sich k_f von Aluminiumlegierungen, die eine feste Lösung gebildet haben, prozentual weniger als von Legierungen mit Phasenumwandlung, z.B. AlMg- und AlZn-Legierungen.

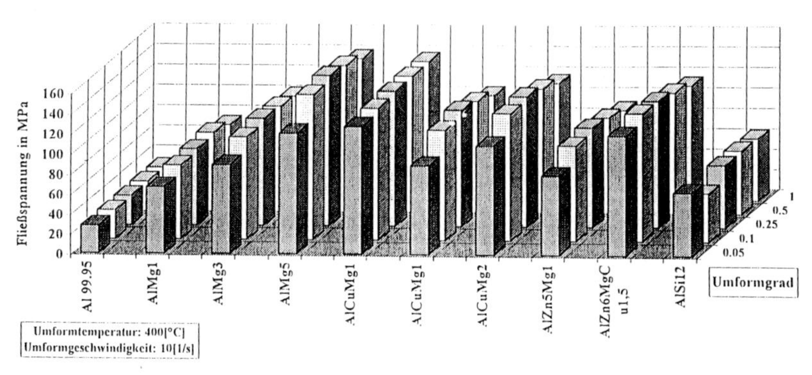

Bild 1.2.13 Einfluß der chemischen Zusammensetzung auf die Umformfestigkeit bei 400 °C

Der Einfluß der Umformgeschwindigkeit zeichnet sich dadurch aus, daß mit zunehmender Umformgeschwindigkeit werkstoffabhängig die dynamische Entfestigung durch Erholung und Polygonisation eingeschränkt werden. Bei sonst gleichen Bedingungen wird die Fließspannung zu höheren Werten verschoben.

1.2.2.2.3 Mathematische Modellierung

Für die mathematische Modellierung der Fließkurvenscharen nach der phänomenologischen Betrachtungsweise, die der Plastizitätsmechanik eigen ist, haben sich besonders Ansätze bewährt, bei denen die thermodynamischen Einflußfaktoren multiplikativ verknüpft sind. Im wesentlichen kann dem unterschiedlichen Werkstoffverhalten von Aluminiumwerkstoffen durch 3 Funktionen Rechnung getragen werden. Sie unterscheiden sich hauptsächlich in der Berücksichtigung der Temperaturabhängigkeit des Umformgrad- und Umformgeschwindigkeitseinflusses

Ansatz 1: $$\sigma_F = A \cdot \exp(m_1 \vartheta) \cdot \varphi^{m_2} \cdot \exp\left(\frac{m_4}{\varphi}\right) \cdot \dot{\varphi}^{m_3}$$

Ansatz 2: $$\sigma_F = A \cdot \exp(m_1 \vartheta) \cdot \varphi^{m_2} \cdot \exp\left(\frac{m_4}{\varphi}\right) \cdot (1+\varphi)^{m_5 \cdot \vartheta} \cdot \dot{\varphi}^{m_3}$$

Ansatz 3: $$\sigma_F = A \cdot \exp(m_1 \vartheta) \cdot \varphi^{m_2} \cdot \exp\left(\frac{m_4}{\varphi} + m_7 \cdot \varphi\right) \cdot \vartheta^{m_9} \cdot (1+\varphi)^{m_5 \cdot \vartheta} \cdot \dot{\varphi}^{(m_3 + m_8 \cdot \vartheta)}$$

$\dot{\varphi} \leq 1000 s^{-1}$
ϑ = RT ... 550 °C
φ = 0,05 ... 1,5

Orientierungswerte für Ansatz 1 sind

m_1 = - 0,0040 ... 0,0047
m_2 = 0,0550 ... 0,170
m_3 = 0,083 ... 0,267
m_4 = - 0,024 ... 0,030

Unter Zugrundelegung der Gefügeevolution ist eine mathematische Simulation der Fließkurven mit Hilfe des Zener-Hollomon-Parameters Z mit $Z = \dot{\varphi} \exp(Q/RT)$ und $Z = A \cdot \sinh(\alpha \cdot k_f)$ möglich.

Für geringe Werte von k_f gilt auch

$Z = A_1 \cdot (k_{f\,max})^b$

für große dagegen besser

$Z = A_2 \cdot \exp(\beta \cdot k_{f\,max})$, wobei der Anfangsteil aus

$$\frac{k_f}{k_{f\,max}} = \left[\frac{\varphi}{\varphi \cdot k_{f\,max}} \cdot \exp\left(1 - \frac{\varphi}{\varphi \cdot k_{f\,max}}\right)\right]^{c_1}$$

berechnet werden kann.

1.2.2.2.4 Experimentelle Ermittlung

Für die Aufnahme von Fließkurven sind die Prüfmethoden nicht genormt. Jedoch gibt es Empfehlungen, die befolgt werden sollten.
Zur Bestimmung sind geeignet:

a) Zugversuch im Bereich der Gleichmaßdehnung
b) Zugversuch an vorumgeformten Proben
c) Kegelstauchversuch an zylindrischen Proben
d) Zylinderstauchversuch nach Rastagaev
e) Zylinderstauchversuch mit Berücksichtigung der Ausbauchung
f) Flachstauchversuch
g) Torsionsversuch
h) Biegeversuch

Für die Kaltumformung erweisen sich die Methoden a) bis e) als zweckmäßig, für die Warmumformung c) bis g).

1.2.3 Statische Entfestigung nach der Warmumformung

Unmittelbar nach der Umformung bei hohen Temperaturen setzt eine statische Entfestigung ein. Diese wird getragen durch Erholung und metadynamische bzw. statische Rekristallisation und hängt ihrerseits von werkstoff- und verfahrenstechnischen Größen ab.

Es ist $$e = f(W, \varphi, \dot{\varphi}, \vartheta, \sigma_m/k_{fm}, t_p)$$

Meßbar ist die mechanische Entspannung (Relaxation) durch Methoden der Umformfestigkeitsbestimmung.
Der Entfestigungsgrad e ergibt sich nach Bild 1.2.14 zu

$$e = 1 - \frac{k_{f2} - k_{f0}}{k_{f1} - k_{f0}}$$

Die Entfestigungs-Zeit-Charakteristik hat sigmoidalen Charakter und kann durch Gleichungen vom Avrami-Typ $e = 1 - \exp(-b \cdot t^n)$ beschrieben werden. Steigende Umformgrade, Temperaturen und Umformgeschwindigkeiten verkürzen die Inkubationszeit und beschleunigen die statische Entfestigung z.T. sehr stark.

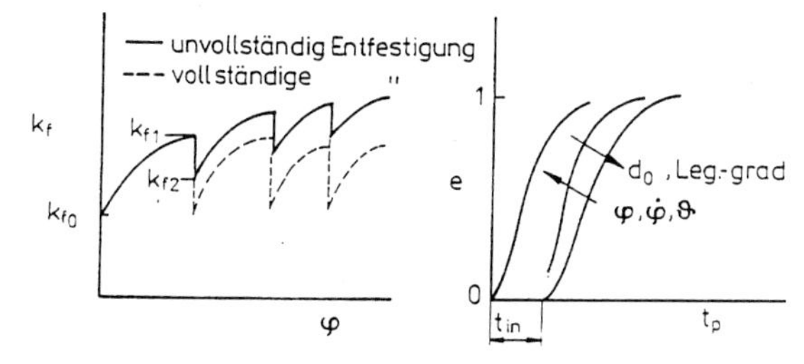

Bild 1.2.14 Statische Entfestigung

Sie ist bei Al-Werkstoffen mit geringer SFE stärker ausgeprägt. Dies steht im Zusammenhang mit den Gefügebildungsprozessen (s. 1.2.4).
Das Ausmaß der Entfestigung wird darüber hinaus durch die Korngröße und den Ausscheidungszustand bestimmt. Kinetik und Dauer der Entfestigung wirken sich auf die Umformfestigkeit und den Fließkurvenverlauf bei der nachfolgenden Umformung aus.

1.2.4 Gefügeentwicklung bei der Umformung

1.2.4.1 Kaltumformung

Ursprünglich äquiaxiale Kristallite werden entsprechend der einsinnigen Formänderung bei der Kaltumformung gestreckt. Die Kornstreckung

$$\lambda_d = \frac{d}{d_0}$$

entspricht der geometrischen Gestaltänderung. Die Versetzungsverteilung bleibt bei Al und Al-Legierungen nur bis zu einem bestimmten, relativ geringen Umformgrad homogen. Es bildet sich zunehmend eine 3-dimensionale Zellstruktur mit einer mittleren Zellgröße von etwa 1 μm und verhältnismäßig dicken Wänden heraus. Bei mittleren Umformgraden verfeinert sich die Zellstruktur zu einer Substruktur. Die Verfeinerung ist nicht konform mit der Streckung. Bei $0{,}4 < \varphi < 1{,}5$ nimmt die Zellgröße schneller ab als der Umformgrad ansteigt, bei noch höherer Umformung dagegen langsamer. Es ist dies eine Folge der dynamischen Erholung, die durch die Werkstofferwärmung bei der Umformung ausgelöst wird.
Schließlich entstehen in Form langgestreckter Zellen Mikrobänder, die sich über ein ganzes Korn erstrecken. Diese haben eine Dicke von ~ 0,2 μm und liegen parallel zu den aktivierten Gleitebenen. Durch Aneinanderlegen von Mikrobändern kommt es zur Bildung von Scher- bzw. Deformationsbändern, die sich über die Korngrenzen ausbreiten. Die lokalen Scherungen auf diesen Bändern können, weil die Korngrenzen als Hindernisse entfallen, mehrere 100% betragen. Die Fließspannung ist dementsprechend niedriger. Bei Al-Werkstoffen mit niedriger Stapelfehlerenergie ist die Ausbildung der 3d -Zellstruktur wegen der eingeschränkten Quergleitmöglichkeit der Versetzungen abgeschwächt.

1.2.4.2 Warmumformung

Ausgehend von einem äquiaxialen Gefüge sind die Gefügeveränderungen bei der Warmumformung schematisch in Bild 1.2.15 dargestellt.

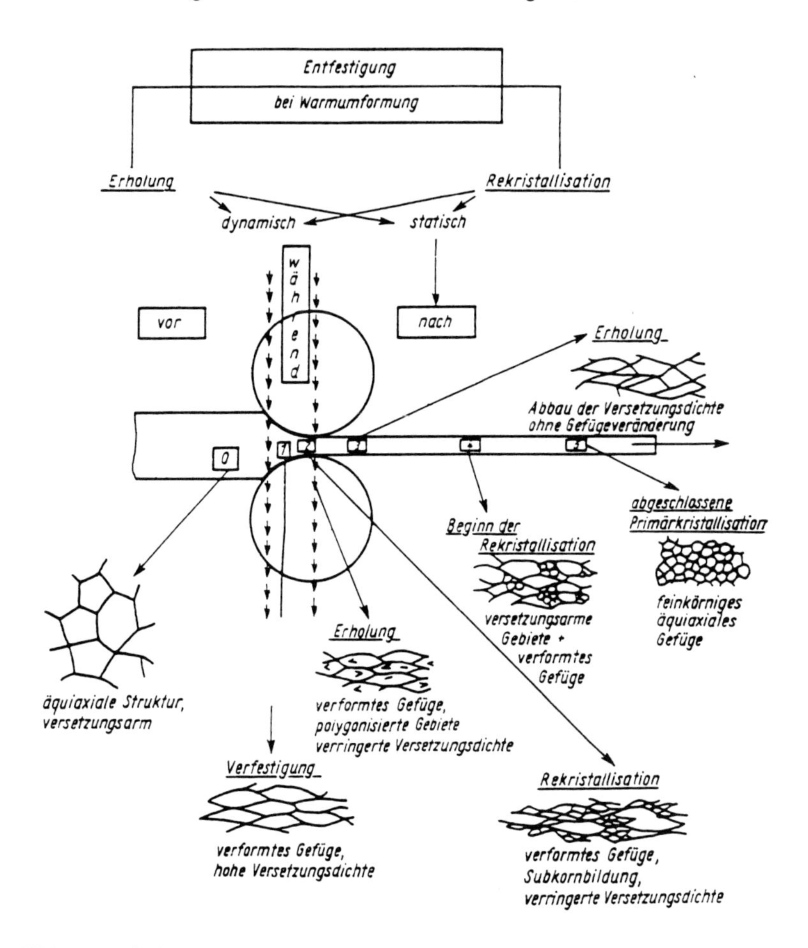

Bild 1.2.15 Gefügebildung der Warmumformung nach Lehnert

Maßgebend und entscheidend sind der thermomechanische Vorbehandlungszustand und die chemische Zusammensetzung. Art und Konzentration der im Mischkristall gelösten Legierungs- und Begleitelemente können die Kinetik der Gefügebildung durch dynamische und statische Erholung sowie Rekristallisation ebenso beeinträchtigen wie Größe, Menge, Verteilung und Art der Primär- sowie Sekundärausscheidungen. Technisch reines Aluminium rekristallisiert dynamisch fast nicht, hoch Mg-haltige Legierungen dagegen meist vollständig. Die Technologieabhängigkeit wird durch Bild 1.2.16 wiederum in der allgemeinsten Form wiedergegeben.

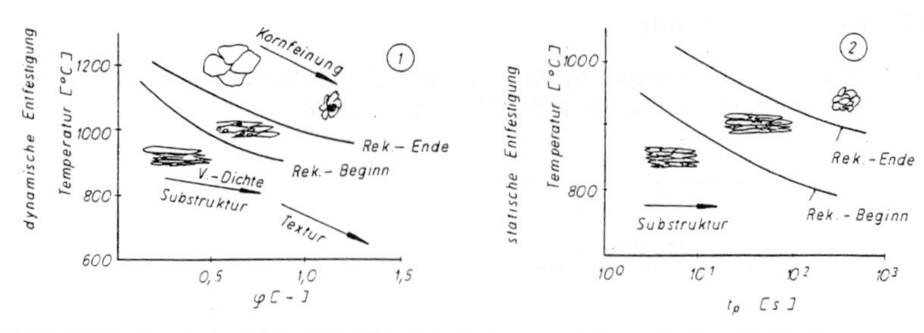

Bild 1.2.16 Technologieabhängigkeit der statischen und dynamischen Entfestigung

Eigenschaftsprägende Gefügeparameter, die durch quantitative Metallografie bestimmt werden können, sind Subkorn-(Zell)-Größe, Korngröße und -form sowie der rekristallisierte Anteil.

Wissenschaftliche Forschungsarbeiten haben zum Ziel, die Gefügebildung auf der Grundlage theoretisch, empirisch und/oder statistisch begründeter mathematischer Programme zu simulieren. Beispielsweise kann der Vorgang der statischen Rekristallisation für Al99,5 durch die Beziehungen

$$t_{0,5} = 1{,}526 \cdot 10^{-2} \cdot \varphi^{-1{,}5} \cdot Z^{-0{,}75} \cdot \exp\left(\frac{26460}{T}\right)$$

$$X_{St} = 1 - \exp\left[-0{,}7178 \cdot \left(\frac{t}{t_{0,5}}\right)^{1{,}5835}\right]$$

$$D_{St} = 8{,}4878 \cdot 10^{4} \cdot \varphi^{-0{,}5} \cdot Z^{0{,}33} \cdot \exp\left(\frac{36084}{T}\right)$$

ausgedrückt werden.

Bild 1.2.17 spiegelt die Kinetik der Rekristallisation und die zeitabhängige Korngrößenveränderung für spezielle Umformbedingungen wider.

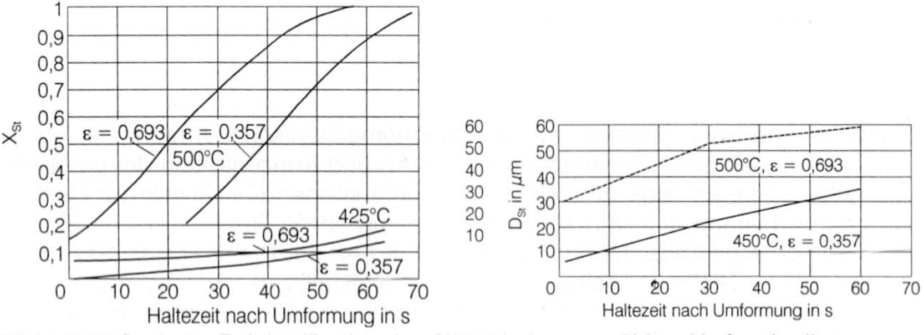

Bild 1.2.17 Statische Rekristallisation des Al99,5 bei ausgewählten Umformbedingungen

Für die Subkorngröße bei dynamischer Erholung sind bei Al-Legierungen mit hoher Stapelfehlerenergie Beziehungen der Art

$$d^{-1} = - A + B \cdot \log Z \qquad \text{(Z. s. 1.2.2.2.3)}$$

zutreffend.
Es finden durch die Umformung und die Rekristallisation Texturierungen des Gefüges statt, die eine Richtungsabhängigkeit des Umformverhaltens und der Eigenschaftswerte bedingen (s. 1.2.6.).

1.2.5 r-Wert

1.2.5.1 Senkrechte Anisotropie

Der r-Wert markiert die Anisotropie der Formänderung beim freien Strecken von Blechen/Bändern. Es ist ein wichtiger Werkstoffkennwert, nach dem die Eignung für das Tiefziehen beurteilt werden kann.
Die experimentelle Bestimmung erfolgt an Flachzugproben im Bereich der Gleichmaßdehnung.
Definitionsgemäß ist

$$r = \frac{\varphi_b}{\varphi_s} = \frac{\ln \frac{b_0}{b_1}}{\ln \frac{s_0}{s_1}} = \frac{\ln \frac{b_0}{b_1}}{\ln \frac{b_1 \cdot l_1}{b_0 \cdot l_0}}$$

Die senkrechte Anisotropie r_m ist der arithmetische Mittelwert der r-Werte von längs, quer und diagonal zur Walzrichtung liegenden Proben (Bild 1.2.18).

$$r_m = \frac{r_L + 2 \cdot r_D + r_Q}{4}$$

Für das Tiefziehen sollte der r_m-Wert möglichst sehr hoch sein, weil Wanddickenänderungen unerwünscht sind. Dagegen hat ein hoher r-Wert beim Biegen erhöhte Spannungen in der Außenfaser zur Folge. Bei Al-Werkstoffen ist der r_m-Wert im Vergleich zu Stahlwerkstoffen (r_m bis > 2,2) relativ niedrig. Für die Bewertung der Al-Bleche (Bänder) wird der r_m-min-Wert herangezogen.

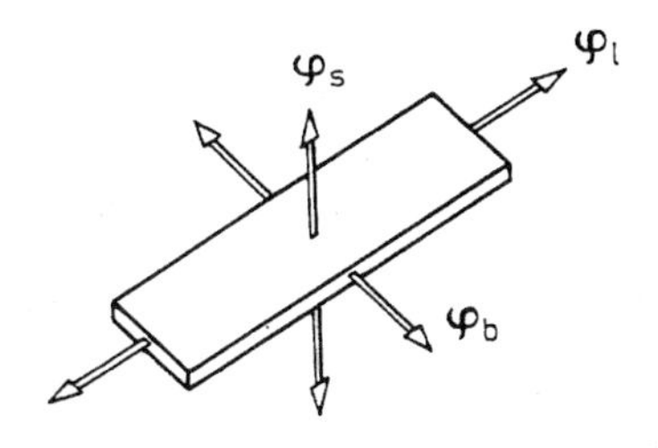

Bild 1.2.18 r_m-Wert

In Tafel 1.2.2 sind Anhaltswerte gegenübergestellt.

Tafel 1.2.2 Senkrechte Anisotropie von Al-Werkstoffen (r_m-min)

Legierung	r_m	Legierung	r_m
Al 99,5	0,85	Al MgSi1	0,70
Al Mg2,5	0,68	Al Mg0,4Si1,2*	0,65
Al Mg3	0,75	Al MgSi1Cu*	0,56
Al Mg5,5	0,70	Al MgSiCuMn*	0,70
Al Mg4,5Cu	0,70	Al CuMgSi	0,58
Al Mg5,5Cu	0,70		
Al Mg5Mn	0,67		
Al Mg2Mn0,8	0,77		

*kaltausgehärtet

1.2.5.2 Planare Anisotropie

Die planare Anisotropie Δr

$$\Delta r = \frac{r_L + r_Q - 2 \cdot r_D}{2}$$

charakterisiert die Änderung des r-Wertes mit dem Winkel zur Walzrichtung. Δr steht in direktem Zusammenhang mit der Textur der Bänder bzw. Bleche. Er kennzeichnet die Neigung zur Zipfelbildung beim Tiefziehen. Diese entsteht durch die ungleiche Wanddickenänderung. Je mehr der Δr-Wert von $\Delta r = 0$ verschieden ist, umso stärker wird die Zipfeligkeit. Vollständig kann die Zipfelbildung nicht vermieden werden. Bei einer Walztextur entstehen die Zipfel unter 45° zur Walzrichtung, bei einer Würfel- bzw. Rekristallisationstextur dagegen an den 90° -Richtungen (siehe 1.2.6.4).

1.2.6 Textur

1.2.6.1 Texturarten

Die Textur charakterisiert die Ausrichtung der Kristallite in bevorzugte, meist stabile und genau bestimmbare Lagen. Sie prägt sich mit zunehmendem Umformgrad stärker aus, da sich die Gleitebenen zwangsläufig in Beanspruchungsrichtung eindrehen müssen. Die einfachste Anordnung ist die Fasertextur, bei der die Kristallite mit nur einer kristallografisch gleichwertigen Richtung einander parallel liegen. Sie kann beim Ziehen und Strangpressen verzeichnet werden, da die Umformung unter Formzwang einsinnig verläuft. Bei Aluminiumwerkstoffen ist sie durch eine Ausrichtung der Kristallite in [111]-Richtung, meist jedoch durch eine doppelte Fasertextur vom Typ <111> und <100> gekennzeichnet (Bild 1.2.19).

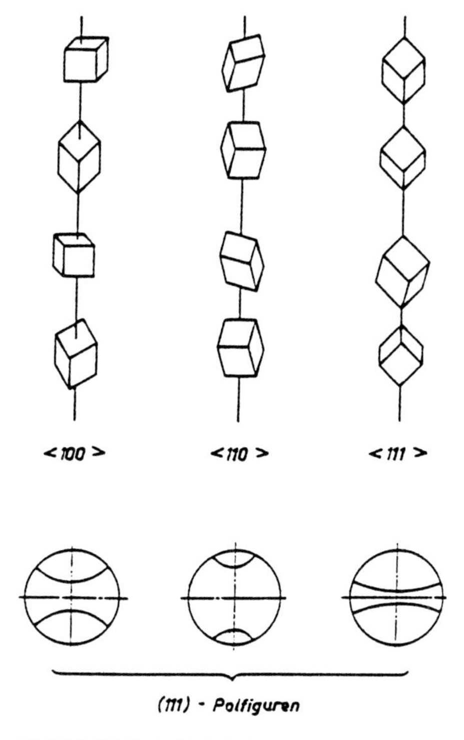

Bild 1.2.19 Fasertexturen

Beim Walzen wird eine Textur erhöhter Symmetrie erreicht. Die Bezeichnung der Textur erfolgt durch Angabe der Kristallfläche parallel zur Walzebene und der Kristallrichtung parallel zur Walzrichtung.

Typische Walztexturen sind die

Cu-Lage {211}<111>	Ms-Lage {011}<112>
GOSS-Lage {011}<100>	Würfel-Lage {001}<100>

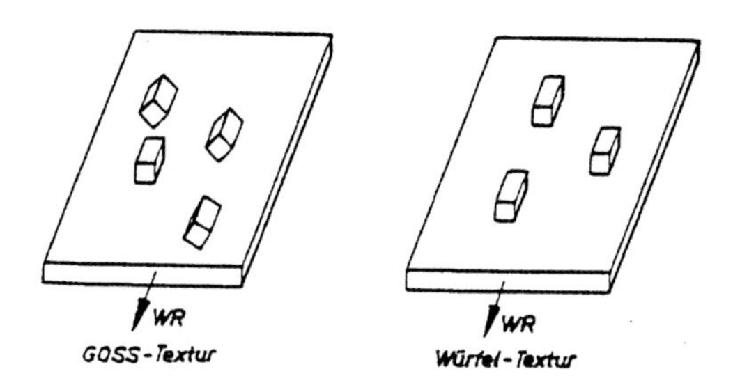

Bild 1.2.20 Texturen in Bändern und Blechen

Für Al-Werkstoffe ist die Ms-Lage charakteristisch, teilweise tritt die Cu-Lage auf. Über die Wahl der Umformparameter beim Warm- und Kaltwalzen können die Textur in Blechen bzw. Bändern und deren Eigenschaften beeinflußt und gesteuert werden.

1.2.6.2 Rekristallisationstexturen

Die Vorzugsorientierung kann auch bei der Rekristallisation sowohl infolge orientierter Keimbildung als auch eines orientierten Keimwachstums stattfinden. Die entstehende Rekristallisationstextur kann gegenüber der Walztextur, auch Verformungstextur genannt, signifikante Unterschiede aufweisen. Die Keimbildung der Rekristallisation kann an Würfelbändern, Korngrenzen, Scherbändern und Ausscheidungen einsetzen. Insbesondere wird die Entwicklung der Rekristallisationstextur durch Ausscheidungen im Werkstoff beeinflußt. Während sich bei technisch reinem Aluminium und bei den meisten Legierungen durch Rekristallisation eine Würfeltextur bildet, führt die teilchenstimulierte Keimbildung der Rekristallisation zu einer Textur, die von der Würfellage abweicht. Durch sekundäre Feinausscheidungen bei der Rekristallisation kann die Wirkung der Primärausscheidungen selektiv unterdrückt werden. Es besteht auf diese Weise die Möglichkeit, die Ausbildung der Rekristallisationstextur durch legierungstechnische und technologische Maßnahmen wirksam zu beeinflussen.

Bestimmende Einflußgrößen sind außer der chemischen Zusammensetzung, die Gießart, die Warmwalzbedingungen, der Umformgrad beim Kaltwalzen und vor allem auch die Parameter der Wärmebehandlung vor und nach dem Walzen. Prinzipiell können durch Steuerung der Warmwalz-, Kaltwalz- und Glühtechnologie die Textur, die Anisotropie und das Umformverhalten zielgerichtet und merkbar verändert werden.

Für Karosseriebleche und auch für Anodenbänder für Elektrolytkondensatoren aus Reinaluminium (Al99.99) ist eine scharfe Würfeltextur wünschenswert. Sie kann bei Reinaluminium durch Walzen bei Temperaturen über 500 °C und nachfolgendem Kaltwalzen mit mehreren Zwischenrekristallisationsglühungen erhalten werden.

1.2.6.3 Anisotropie der Eigenschaften

Bei Vorliegen einer bestimmten Textur wird das Erzeugnis in bezug auf die Eigenschaften anisotrop. Die Anisotropie der Eigenschaften tritt umso deutlicher auf, je weniger sich die Orientierung der Kristallite von einander unterscheiden, d.h. je stärker eine Textur ausgeprägt ist. Für die Richtungsabhängigkeit der elastischen Konstanten können für Al folgende Werte zugrunde gelegt werden:

Richtung	[111]	[100]
E-Modul GPa	75,5	62,8
Gleitmodul GPa	28,4	24,5
Poisson'sche Zahl	0,33	0,28

Richtungsabhängig sind auch die Festigkeitskennwerte und die plastischen Eigenschaften (Umformfestigkeit, Verfestigung, Umformbarkeit). Dies spiegelt sich vor allem in der Zipfelbildung beim Tiefziehen und Abstrecken texturbehafteter Bleche und im Preßeffekt von stranggepreßten Al-Werkstoffen wider.

1.2.6.4 Zipfelbildung

Beim Tiefziehen oder Abstrecken von Blechronden werden die unterschiedlich orientierten Gefügebereiche ungleich gestreckt. Es bilden sich Zipfel. Der obere Rand des Formteiles ist nicht glatt. Die ungleiche Streckung führt zu lokal begrenzten Wanddickenschwächungen, in krassen Fällen zur Faltenbildung und zum Reißen der Teile.

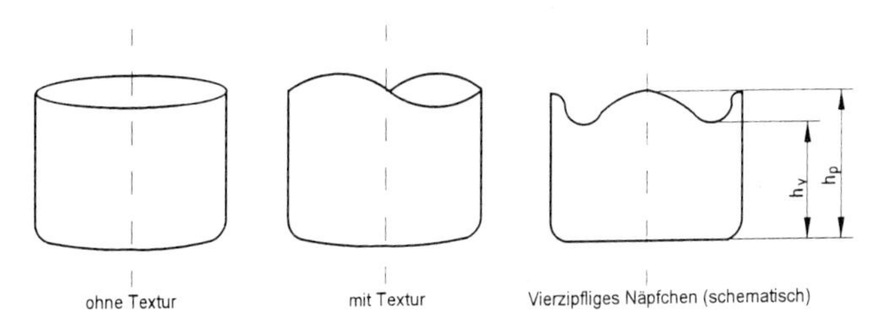

Bild 1.2.21 Zipfel an tiefgezogenen Al-Blechen

Die Zipfel müssen nachträglich entfernt werden. Sie stellen nicht nur einen Materialverlust dar, sondern bedingen zusätzliche Arbeitsgänge. Sie sind nicht nur bei der Herstellung von Getränkedosen aus z.B. AlMg1Mn1 in einer Stückzahl von ~ 600 Stck/min auf Hochleistungsautomaten eine unerwünschte Erscheinung, sondern beim Tiefziehen überhaupt. Ein Maß der Zipfeligkeit Z ist die mittlere Überhöhung der Berge h_e bezogen auf die mittlere Napfhöhe (DIN EN 1663).
Völlige Zipfelfreiheit ist nur bei isotropem Werkstoffverhalten erreichbar, das technisch nur annährend eingestellt werden kann. Gefordert wird meist ein Wert < 3%. Nach der Kaltumformung oder bei unrekristallisiertem Warmband mit Walztextur ist eine starke 45° Zipfeligkeit zu verzeichnen, die durch rekristallisierendes Glühen in eine 0°/90°-Zipfeligkeit umschlägt.

1.2.6.5 Preßeffekt

Der Preßeffekt beim Strangpressen von Profilen und Stangen aus aushärtbaren Al-Legierungen äußert sich in einer Überhöhung der $R_{p0,2}$-Grenze und der Zugfestigkeit R_m sowie einer verminderten Bruchdehnung A_5 in Stabachsenrichtung (z.B. + ΔR ~ 10 MPa; - ΔA ~ 6%). Er kann durch rekristallisationshemmende Legierungszusätze wie Mn, Cr, V, Zr, zu den AlCuMg-Legierungen verstärkt werden. Bei AlLi-Legierungen kann der Preßeffekt für die 0,2-Dehngrenze bis zu 25 %, für die R_m-Werte bis zu 15 % ausmachen.

1.2.7 Umformbedingte Oberflächenveränderungen

1.2.7.1 Fließfiguren

Fließfiguren sind Oberflächenunebenheiten bzw. -aufrauhungen, die bei der Kaltumformung von Bändern und Blechen entstehen und das dekorative Aussehen der durch Tiefziehen hergestellten Teile beeinträchtigen. Sie sind beispielsweise für gehobene Ansprüche an die Oberfläche bei Karosserieaußenteilen völlig unerwünscht, da sie auch nach dem Lackieren noch sichtbar sind. Zwei Arten von Fließkurven sind bei Al-Werkstoffen, besonders bei AlMg- und AlMgMn-Legierungen, zu verzeichnen, die sogenannten Fließfiguren Typ A und Typ B.

Fließfiguren vom Typ A, auch als Lüdersbänder oder Fließlinien bekannt, sind Spuren der aktivierten Gleitsysteme an der Oberfläche. Sie treten vorwiegend zu Beginn der Umformung auf bei weichgeglühten feinkörnigen Bändern und Blechen aus AlMg-Legierungen. Sie sind eine Folge der Blockierung der Versetzungen durch die Fremdatome, wodurch sich ähnlich wie bei un- und niedriglegierten Stählen eine mehr oder weniger stark ausgeprägte Streckgrenze ergibt (Bild 1.2.22).

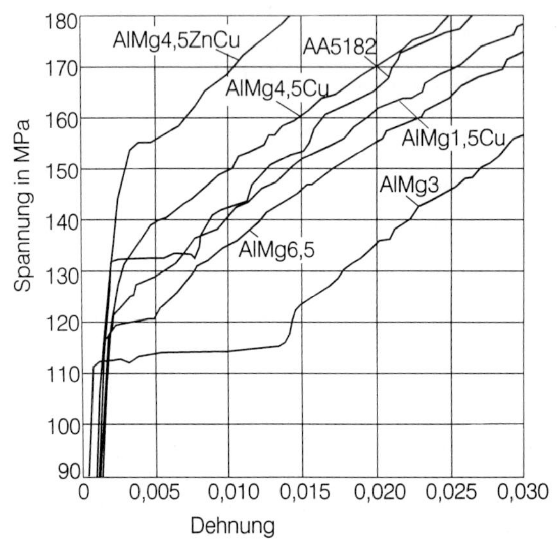

Bild 1.2.22 Spannungs-Dehnungskurven von AlMg-Legierungen

Charakteristisch für Fließfiguren vom Typ A ist ein flammenartiges Muster.

Beschränkt und unterdrückt werden kann diese Art der Fließfigurenausbildung durch

- eine nachträgliche Kaltverfestigung durch Recken oder Kaltwalzen mit geringem Umformgrad (bis ¼ Hart-Verfestigung)
- Umformung bei Temperaturen > 150 °C
- durch Zusatz von Zn und/oder Cu bei gleichzeitig gezielter Einstellung einer ganz bestimmten Korngröße (30 μm bei Zn; > 50 μm bei Cu).

Fließfiguren vom Typ B sind schmale Einschnürungen unter 55° zur Hauptumformungrichtung, die nach größerer Kaltumformung sowohl bei weichen als auch teil- und vollständig verfestigten Bändern erscheinen. Ursache sind Inhomogenitäten im Verfestigungsverhalten (Portevin - Le Chatelier - Effekt), die durch die Wechselwirkung zwischen den gelösten Fremdatomen und den Versetzungen verursacht werden. In Fließkurvenverläufen markieren sich diese durch das ruckweise Fließen in aperiodischen Unstetigkeiten. Eine Vermeidung ist nur durch Umformung

bei höheren Umformgeschwindigkeiten und tieferen oder höheren Temperaturen möglich.
Im europäischen Raum werden für Karosseriebleche in der Hauptsache die aushärtbaren AlMgSi-Legierungen (z.B. Al Mg0,4Si1,2) eingesetzt, die ebenso wie AlMgCu-Legierungen fließfigurenfrei sind und demzufolge für Außenteile verwendet werden können.

1.2.7.2 Orangenhaut-Parabeln

Die an den Oberflächen austretenden Gleitlinien und Scherbänder markieren sich bei der freien Dehnung von rekristallisierten Al-Werkstoffen orangenhautartig. Die Orangenhaut ist eine ungerichtete Oberflächenrauhung, die mit der Formänderung zunimmt. Sie beeinträchtigt das dekorative Aussehen und kann Ausgangspunkt von Rissen und mithin des Werkstoffversagens bei der Umformung oder bei dynamischer Beanspruchung der Teile beim späteren Gebrauch sein. Die Rauhtiefe kann Werte bis zu etwa $R_t = 0,5 \cdot d$ (d - Korngröße) annehmen. An den aktivierten Gleitebenen und Scherbändern lokalisiert sich die Formänderung am stärksten. Grundsätzlich ist eine Glättung der Oberflächen nur möglich, wenn sich Umformgut und Werkzeug tatsächlich berühren und an der Kontaktfläche, der Wirkfuge, hohe Druckspannungen herrschen. Die Oberflächenfeingestalt der Umformwerkzeuge überträgt sich im gewissen Maße auf das Umformgut. Die Rauhigkeitsspitzen werden abgebaut, und die Oberflächenrauhigkeit wird geringer, sofern nicht durch die Reibung Kratzer und Riefen entstehen. Beim freien Recken, beim Tief- und Strecktiefziehen oder beim Biegen und Aufweiten unterliegen die oberflächennahen Gefügezonen keinen so hohen Formänderungszwängen. Das gilt auch im Falle der Umformung mit direkter oder indirekter Druckwirkung bei hydrodynamischer Schmierung. Die Gefügekörner können sich im Verhältnis zu denen im Inneren des Umformgutes anders verformen, so daß es zur Aufrauhung kommt.

Parabeln sind im Unterschied zur Orangenhaut gerichtete Oberflächenaufrauhungen. Sie treten bei tiefgezogenen Blechen auf und sind langgestreckte Wülste und Rillen. Diese folgen der ursprünglichen Walzrichtung. Sie sind Ausdruck von differentiellen Unterschieden in den Umformeigenschaften der langgestreckten und orientierten Kristallite.

1.2.7.3 Oberflächenglanz, Oberflächenmattigkeit

Voraussetzung für die Herstellung von hochglänzenden Blechen und Bändern ist, daß das Aluminium, dem zur Festigkeitserhöhung Mg zulegiert sein kann, eine hohe Reinheit (über 99,8% Al) aufweist. Außerdem müssen die Walzen hochgradig poliert sein. Beim Walzen muß das Walzgut genau symmetrisch in den Walzspalt eingeführt werden. Schon bei geringen Abweichungen aus der Mittenebene wird das Band einseitig matt. Es bildet sich in diesen Fällen ein asymmetrisches Geschwindigkeitsfeld in der Umformzone, wodurch sich örtlich Werkstoffzerrungen ergeben, die dann die Mattigkeit bewirken.
Sehr dünne Aluminiumfolien (< 10 μm) werden technisch in der Weise hergestellt, daß im letzten Stich (Durchgang) 2 Folienbänder aufeinandergelegt und zusammen gewalzt werden (Kap.1.6.3.4) Auf den Seiten, an denen sich die Bänder berühren, werden die Folien matt. Die Mattseite ist durch feinste Täler und Buckel quer zur Walzrichtung gekennzeichnet.

Bild 1.2.23 Mattseite eines Bandes aus feinkörnigem Vormaterial V = 84 : 1

Entstehungsursache sind einerseits die an den Berührungsflächen andersartigen Bedingungen der Abgleitung und andererseits wiederum die inhomogene Formänderung an den Scherbändern.

1.2.7.4 Oberflächenstrukturierung

Die Oberflächentopografie der gewalzten Bänder und Bleche ist einerseits für die Umformung durch Tiefziehen und andererseits für das Lackieren von entscheidender Bedeutung. Die Haftfestigkeit der Lacke hängt direkt von der Oberflächenrauhigkeit ab. Zweckmäßig ist eine feine isotrope Struktur mit einer hohen Anzahl von Rauhigkeitsspitzen. Beim Tiefziehen bestimmt die Oberflächenbeschaffenheit wesentlich die tribologischen Verhältnisse und damit den Arbeitsbereich der Pressen. Aluminium neigt wegen seiner kfz-Kristallstruktur sehr stark zum Kaltverschweißen (s. Kap. 1.6.1.5). Ungünstige Reibungsbedingungen am Niederhalter ergeben sich bei zu rauher und bei zu glatter Oberfläche. Im letzteren Fall, das heißt bei hochglanz(mirror)- und glanzgewalzten (bright) Blechen, ist das Schmierstoffaufnahmevermögen zu gering. Der Schmierstoff wird weggedrückt, so daß sich schon bei mäßigen Niederhalterdrücken Trockenreibung einstellt. Die Oberfläche der Bänder muß im letzten Kaltwalzstich besonders strukturiert werden. Die Rauheit muß eine spezielle Struktur und ein besonderes Ausmaß, gekennzeichnet durch die Rauhtiefe und die Spitzenzahl je Flächeneinheit, haben. Die Rauheitstäler bilden Schmiertaschen, so daß beim Tiefziehen höhere Niederhalterdrücke angewandt und der Werkstofffluß differenzierter gesteuert werden kann (s. Kap. 1.5.1).

Eingeführt haben sich die Oberflächenausführungen:

mill-finish
iso-mill
laser-tex

Die typischen Unterschiede und Merkmale sind in Bild 1.2.24 verdeutlicht.

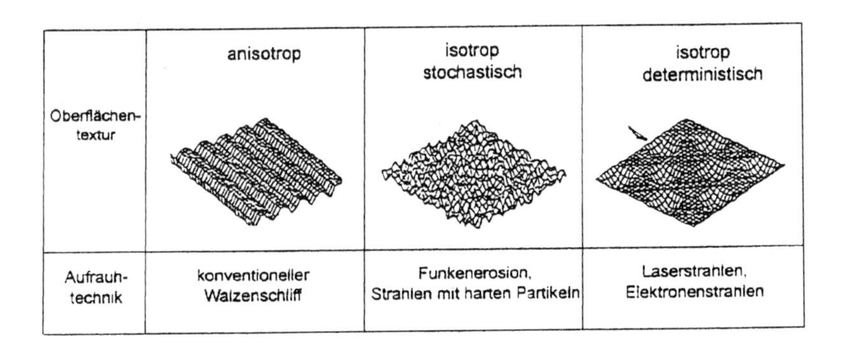

	anisotrop	isotrop stochastisch	isotrop deterministisch
Oberflächentextur			
Aufrauhtechnik	konventioneller Walzenschliff	Funkenerosion, Strahlen mit harten Partikeln	Laserstrahlen, Elektronenstrahlen

Bild 1.2.24 Oberflächen-Mikrostruktur auf Al-Karosserieblechen

Die mill-finish-Struktur wird durch den Einsatz tangential geschliffener Walzen erzeugt und weist dadurch eine gerichtete Rauheit aus. Nur wenn die Ziehrichtung senkrecht zur Schleif- bzw. Walzrichtung erfolgt, können befriedigende Werkzeugstandzeiten und Oberflächenqualitäten erzielt werden. Geeigneter für das Tiefziehen komplexer Formen sind die iso-mill- und laser-tex-Ausführungen.

Zur iso-mill-Strukturierung werden die Walzen mit einem Stahlkorn im Schleuderverfahren gestrahlt (Shot-Blast-Strukturierung), oder nach dem Funkenerodier-Verfahren aufgerauht (Electrical-Discharge-Strukturierung). In beiden Fällen wird eine ungerichtete statistische Rauhigkeit erhalten. Die Umformbarkeit kann um etwa 10 % höher eingeschätzt werden.

Für das Tiefziehen mit sehr hohen Umformgraden ist die laser-tex-Strukturierung am besten. Der Laserstrahl kann bei der Walzenbearbeitung derart fokussiert werden, daß eine genau bestimmte deterministische Rauheit erzielt wird. Gleichwertig ist die Elektronenstrahlstrukturierung, die unter Vakuum vorgenommen werden muß.

1.2.8 Umformung – Ausscheidung – Phasenumwandlung

Durch eine Hochglühung der stranggegossenen Barren und Bolzen gelingt es u.a., einen besonderen Ausscheidungszustand einzustellen. Dieser zeichnet sich dadurch aus, daß neben groben Primärausscheidungen sehr feine Sekundärausscheidungen in gleichmäßiger Verteilung vorliegen. Dieser Sekundärausscheidungszustand bleibt durch die Umformung im wesentlichen unverändert. Die Ausscheidungen ordnen sich lediglich zeilenförmig an. Sie beeinflussen die Entfestigungsvorgänge. Die Rekristallisation wird durch grobe Ausscheidungen gefördert, durch feine gebremst. Es können auf diese Weise bei der Warmumformung zielgerichtet Gefügeausbildungen besonderer Art erzwungen werden. Andererseits wird durch die Umformung die Ausscheidung aus einem übersättigten Mischkristall ebenso wie eine Phasenumwandlung induziert und beschleunigt. Die Verteilung der Ausscheidung ändert sich qualitativ und quantitativ. Sie sind feiner und bilden sich auf den Gleitebenen. Die Substruktur und das Gefüge, bedingt dadurch auch die mechanisch-technologischen Eigenschaften werden stabilisiert.

Die Beeinflussung des Ausscheidungsvorganges gilt auch für die Aushärtung bei Raum- und erhöhten Temperaturen. Grundsätzlich verlaufen alle Wärmebehandlungen (Aushärtung, Rekristallisations-, Weichglühen) nach einer Kaltumformung mit veränderter Kinetik ab. Sie finden bei niedrigeren Temperaturen, in kürzeren Zeiten und beschleunigt statt (siehe Kap. 1.2.9.2).

1.2.9 Mechanisch-technologische und physikalische Eigenschaften nach Kaltumformung

1.2.9.1 Eigenschaftsänderung durch Kaltumformen

Für die Verfestigung durch Umformung sind außer dem Anstieg aller Festigkeitswerte (0,2-Dehngrenze, Zugfestigkeit, Härte) der starke Abfall der Bruchdehnung und das Ansteigen des Streckgrenzenverhältnisses $R_{p0,2}/R_m$ typisch (Bild 1.2.25). Synchron mit dem Anstieg der Umformfestigkeit verschlechtert sich die elektrische Leitfähigkeit, da die Gitterfehlerdichte ansteigt.

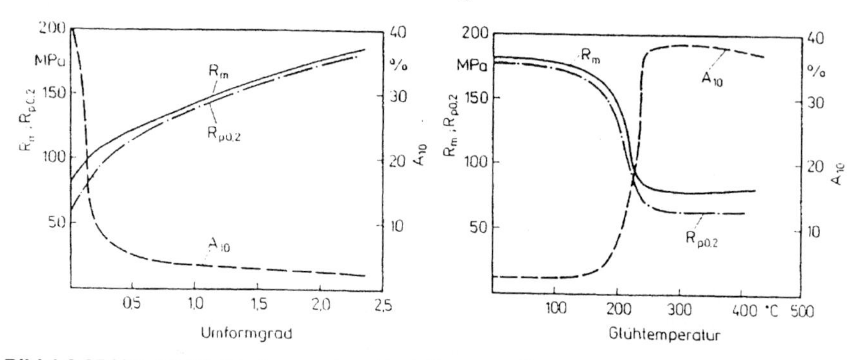

Bild 1.2.25 Ver- und Entfestigungscharakteristiken von Al

In Analogie zur Umformfestigkeit kann der Effekt der Umformung auf die Festigkeit bzw. Härte durch die Potenzfunktion

$$\Delta R_m(\Delta HB) = C_R \cdot \varphi^{n_R}$$

quantifiziet werden. Der Exponent n_R ist wertmäßig unterschiedlich zum Vorfestigungsexponenten n, da das Verhältnis $R_{p0,2}/R_m$ immer größer wird. Die Änderung der Dehnung kann durch die Beziehung

$$\log A = \log A_{(0)} - C_A \varphi^{nA}$$

modelliert werden. Für praktische Belange haben sich auch Polynome bewährt.

1.2.9.2 Eigenschaftsänderung durch Rekristallisation

Triebkraft für die irreversiblen Entfestigungsvorgänge ist der Abbau der erhöhten gespeicherten Energie. Er beginnt mit der Reduzierung der punktförmigen Gitterfehler und setzt sich über die Verringerung der Versetzungsdichte sowie schließlich der Korngrenzenflächen fort. Im Ergebnis werden die Festigkeitseigenschaften und der spezifische elektrische Widerstand wieder allmählich auf das Ausgangsniveau zurückgeführt, und zwar eher als die Zähigkeitswerte und die Leitfähigkeit (Bild 1.2.26).

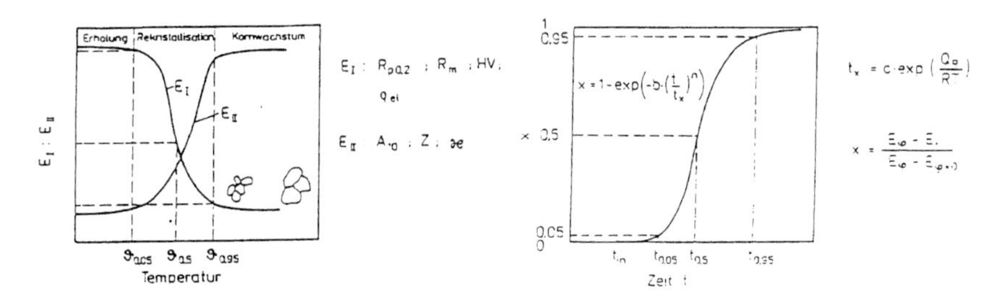

Bild 1.2.26 Statische Entfestigung durch thermische Aktivierung

Die einzelnen Entfestigungsvorgänge verlaufen in Wirklichkeit nicht getrennt, sondern finden teilweise gleichzeitig statt und überlappen sich. Hinsichtlich des Einflusses werkstoffbedingter Faktoren wird auf Band I (Kap. 6.3) verwiesen. Die Wirkung des Kaltumformgrades auf die Kinetik und das Ergebnis der rekristallisierenden Glühung geht aus Bild 1.2.27 hervor.

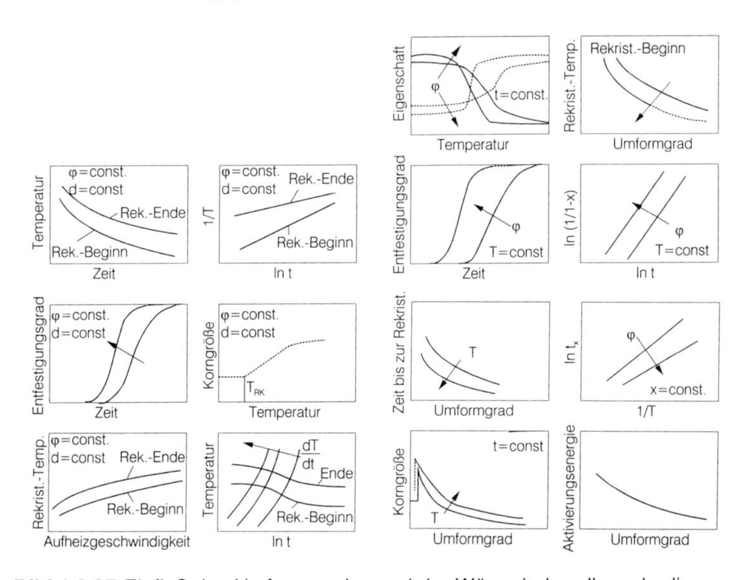

Bild 1.2.27 Einfluß des Umformgrades und der Wärmebehandlungsbedingungen auf die Rekristallisation

Um überhaupt Rekristallisation auszulösen, muß eine bestimmte Umformung aufgebracht werden. Das entstehende Gefüge wird mit Erhöhung des Umformgrades feiner. Das bedeutet, daß die technologischen Parameter der rekristallisierenden Glühung auf den Legierungstyp und die Vorbehandlung abgestimmt werden müssen.

1.2.9.3 Teilentfestigung

Wie aus den Teildiagrammen des Bildes 1.2.27 ersichtlich ist, führt eine Teilentfestigung immer zu günstigerem Dehnungs-Festigkeits-Verhältnis als eine Teilverfestigung.
Das Eigenschaftspotential der $^1/_4$; $^1/_2$ ... hart geglühten Al-Werkstoffe (Zustand H22 bis H28 nach DIN EN 515) ist höherwertiger als das auf die gleiche Festigkeitsstufe verfestigte Gefüge (Zustand H12 bis H18 nach Tafel 1.9.1).Die Teilverfestigung hat den Vorteil, daß die Steifigkeit der Bleche (Bänder) höher und die Oberfläche glatter ist. Sie wird außerdem oft bevorzugt, weil die Teilentfestigung eine genaue Temperaturführung voraussetzt. Die Glühtemperatur muß, um das Eigenschaftsspektrum mit Sicherheit gewährleisten zu können, mit einer umso höheren Genauigkeit eingehalten werden, je stärker der Werkstoff umgeformt wurde (Bild 1.2.28).

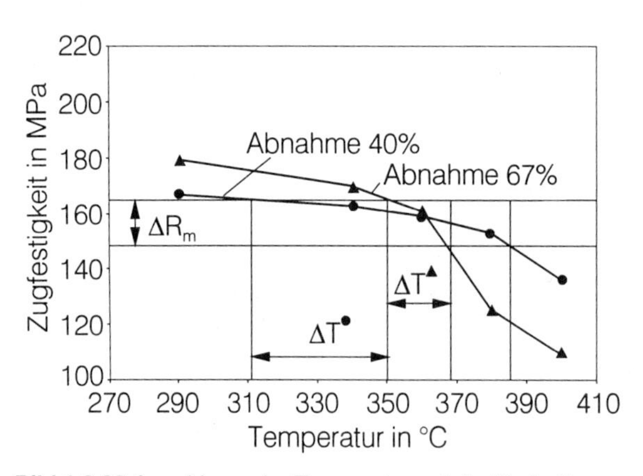

Bild 1.2.28 Auswirkung der Temperatur auf die Verfestigung und Teilentfestigung

1.2.10 Umformvermögen

1.2.10.1 Werkstoff- und verfahrensbedingte Einflußfaktoren

Plastizität, Duktilität bzw. Bildsamkeit sind synonyme Bezeichnungen für die Fähigkeit der metallischen Werkstoffe, nach vorangegangener elastischer Formänderung plastische Formänderungen aufzunehmen, ohne daß der Zusammenhalt verlorengeht. Die Umformung kann jedoch nicht beliebig weit vorgenommen werden. Das Umformvermögen der Werkstoffe erschöpft sich allmählich. Es ist bei den verschiedenen Werkstoffen je nach den herrschenden Umformbedingungen verschieden groß. Über die Erschöpfung des Umformvermögens gibt es verschiedene wissenschaftliche Anschauungen , z.B. die Modellvorstellung der Damage-(Poren-)bildung, der plastischen Instabilität oder der instabilen Rißausbreitung.

Wertmäßiger Ausdruck des Umformvermögens ist der Bruchumformgrad. Das ist der bis zur Riß- oder Bruchbildung ertragbare Umformgrad.

Die Einflußfaktoren, die werkstoffseitig das Umformvermögen verändern, sind sehr mannigfaltig. Von nicht unerheblicher Bedeutung sind Begleit- und Spurenelemente. Diese sind in der Regel oberflächenaktiv und reichern sich deshalb an Korngrenzen sowie den Grenzflächen Matrix-Primärausscheidung bzw. Matrix-Einschluß an. Das Umformvermögen wird verringert, da sie entweder niedrig schmelzende Verbindungen eingehen oder durch Bildung einatomarer Schichten die Grenzflächenfestigkeit herabsetzen. Stark beeinflußt wird das Umformvermögen vom Gehalt an Elementen in fester Lösung, an besonders groben Ausscheidungen und an intermetallischen Phasen. Letztere wirken ganz besonders verschlechternd, wenn sie netzartig gebildet wurden, wie etwa bei langsamer Erstarrung.

Durch eine Hochglühung können das Gußphasennetzwerk aufgelöst und Seigerungen abgebaut werden. Ein mehrphasiges Gefüge ist im Hinblick auf das Umformvermögen, d.h. die Umformbarkeit immer ungünstig.

In den Bildern 1.2.29 ist das Umformvermögen von Al-Werkstoffen bei Kaltumformungen dargestellt.

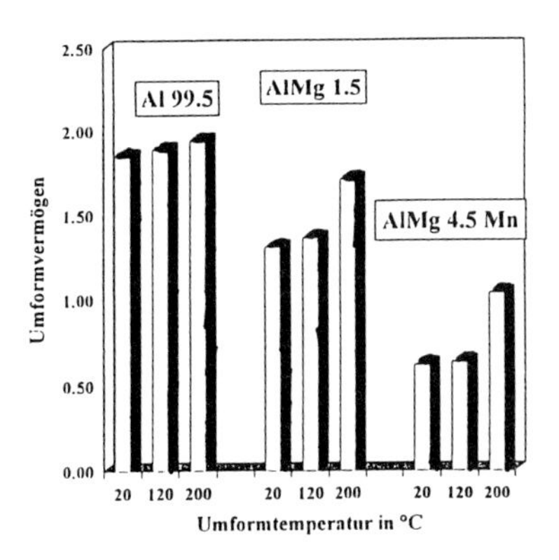

Bild 1.2.29 Umformvermögen von Al-Werkstoffen bei RT und erhöhten Temperaturen

Mit zunehmender Temperatur wird das Umformvermögen der Al-Werkstoffe im allgemeinen verbessert. Solange keine entscheidenden Gefügeveränderungen stattfinden, ist der Einfluß bis 200 °C noch nicht erheblich, wie z.B. für Al99,5, AlMg1. Die thermische Aktivierung der Erholungs- und Rekristallisationsvorgänge fördert den Abbau der Umformverfestigung. Das Umformvermögen erhöht sich gleichermaßen. Im Gebiet des homogenen Mischkristalles steigt der Bruchumformgrad stetig bis zu einer homologen Temperatur ($\vartheta_U / \vartheta_S$) von ~ 0,93 bis 0,90. Bei höheren Temperaturen sind Korngrenzenaufschmelzungen durch die Umformwärme nicht mehr auszuschließen, so daß der Bruchumformgrad niedrigere Werte annimmt.

Sehr stark ist das Umformvermögen durch den Spannungszustand beeinflußbar. Je mehr der hydrostatische Spannungsanteil

$$\sigma_m = \frac{\varphi_1 + \varphi_2 + \varphi_3}{3}$$

in den Druckspannungsbereich verlagert ist, umso besser ist das Umformvermögen (Bild 1.2.30). Es werden bei hohen Druckspannungen (z.B. Strang-, Fließpressen) spröde Werkstoffe umformbar.

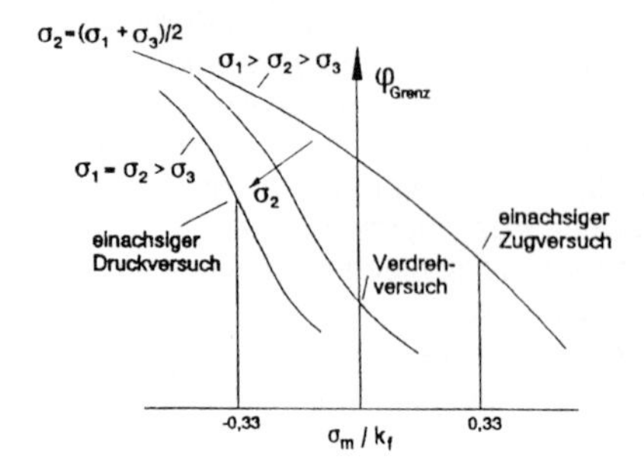

Bild 1.2.30 Einfluß des bezogenen Spannungsmittelwertes auf das Umformvermögen nach Stenger

Die Beeinflussung des Umformvermögens durch die Umformgeschwindigkeit ist wesentlich geringer und nicht eindeutig. Meist kann durch eine Erhöhung von $\dot{\varphi}$ eine Verschlechterung festgestellt werden.

1.2.10.2 Superplastizität

Im superplastischen Zustand sind im Zugversuch Dehnungen bis über 2000 % ohne Einschnürung erreichbar. Bei mehreren Al-Legierungen konnte dieser Zustand eingestellt und technisch genutzt werden, wie Al Si1,2; Al Cu3,3; Al Cu6Zr0,5; Al Cu; Al Zn6Mg2,3Cu1,6Cr.
Voraussetzungen sind: isotherme Umformung bei einer homologen Temperatur von $\geq 0{,}5$, feinkörniges Gefüge mit einer Korngröße von $\leq$ 10 μm, sehr niedrige Umformgeschwindigkeit von $\dot{\varphi} = 10^{-4} \ldots 10^{-2}$ 1/s, Geschwindigkeitsexponent der Warmfließkurve $m_3 \geq 0{,}3$.
Die Umformung findet vorzugsweise durch Korngrenzengleiten statt. Bei hohen Umformgraden tritt Porenbildung auf.

1.2.10.3 Bestimmungsmethoden

Zur Bewertung des Umformvermögens müssen Prüfmethoden und -verfahren angewandt werden, die Aufschluß über die Werkstoffbeschaffenheit und das mechanische Verhalten geben. Ein einziger Test genügt meist wegen der Vielfalt der Einflußfaktoren nicht. Die Bestimmung kann erfolgen mittels

a) Verfahrens- und prozeßunabhängigen Methoden
   Torsions-, Zug-, Biege-, Stauchversuch usw. (siehe 1.1.3.2.), von denen der Torsionsversuch am geeignetsten ist.
b) Verfahrensbezogene Methoden
   Keilwalzversuch, Tiefungsversuch nach Erichsen, Keilzugversuch, Aufweiten von Rohren etc. oder
c) prozeßbezogene Prüfverfahren
   Zieh-, Walz-, Schmiede-Versuche mit vorgegebener Umformstufenfolge, wobei sowohl die Umformbedingungen als auch der technologische Ablauf experimentell simuliert werden.

1.3 Aluminium-Halbzeug

1.3.1 Walzen von Drähten

1.3.1.1 Erzeugnisse und Werkstoffe

Drähte aus Al-Werkstoffen können entweder durch Warmwalzen oder Strangpressen hergestellt werden. Der Abmessungsbereich beträgt (6)8 ... 30 mm Durchmesser. Anteilmäßig macht die Drahtproduktion etwa 26 % der gesamten Halbzeugproduktion an Aluminium aus. Der größte Teil entfällt auf das Walzen. Das Strangpressen ist für höherlegierte Al-Werkstoffe und für die Herstellung von kleinen Losgrößen in Menge und Qualität geeignet, da durch einen einfachen Matrizenwechsel eine schnelle Umstellung auf ein anderes Produktionsprogramm vorgenommen werden kann.

Gewalzte Drähte werden in der Regel durch Kaltziehen noch weiter umgeformt. Die Maßhaltigkeit der Al-Drähte durch Normen ist noch nicht festgelegt. Sie sollte jedoch ± 0,5 nicht überschreiten, wobei die Unrundheit der Drähte höchstens 50% des Toleranzfeldes betragen sollte.

Die Werkstoffpalette gewalzter Drähte schließt die Al-Werkstoffe für die Elektrotechnik nach DIN EN 1715 (EAl 99,7; EAl 99,5; EAl MgSi; EAl Mg0,7Si) für Leitungsseile (DIN 48200) sowie aus Al-Knetlegierungen nach DIN EN 573-4 ein.

1.3.1.2 Properzi-Gieß- und Walzverfahren

Die Drahtwalzung von Al-Werkstoffen ist direkt mit dem Gießprozeß gekoppelt, wodurch die Gießwärme zur Umformung ausgenutzt wird. Die Gieß- u. Walzanlagen wurden für eine hohe Produktivität und Kapazität entwickelt. Die stündliche Produktion einer Anlage beträgt bis 12,5 t/h.

Das erschmolzene Aluminium wird nach dem Properzi-Prinzip im Gießradverfahren (Bd. 1. Kap. 1.4) gegossen (Bild 1.3.1) und erstarrt in der vom Gießrad (bis 2600 mm Durchmesser) und dem umlaufenden Band gebildeten Kokille. Der vollständig erstarrte, jedoch noch sehr warme Strang mit trapezförmigem Querschnitt bis 4400 mm^2 wird anschließend auf einer mehrgerüstigen Kontiwalzstraße auf die entsprechende Abmessung ausgewalzt. Vorzugsabmessung für E-Al-Werkstoffe sind Runddrähte mit 9,5; 12; 15 und 18,5 mm Durchmesser. In Bild 1.3.1 ist eine einfache Anlagenausführung schematisch dargestellt.

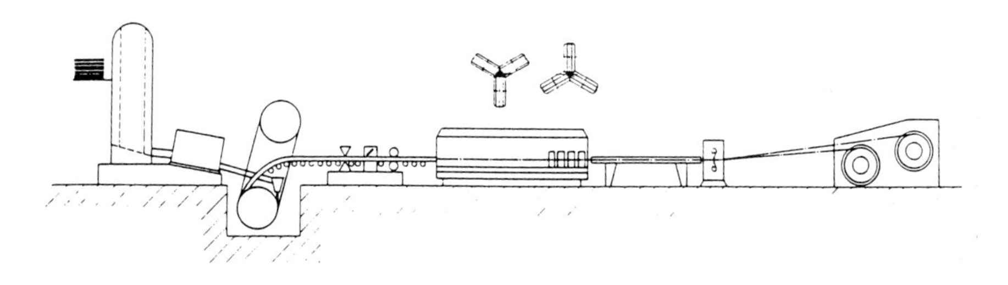

Bild 1.3.1 Properzi-Gieß- und -walzanlage nach Hirschfelder

Der aus dem Gießrad austretende Strang wird gerichtet und in entsprechende Längen unterteilt. Direkt im Durchlauf erfolgt eine Entgratung und Oberflächenreinigung durch Fräsen (Schaben) und Bürsten. Zur Auswalzung kamen ursprünglich 12- bis 17-gerüstige Dreiwalzenblöcke zum Einsatz. Bei jeder Gerüsteinheit wird das Kaliber von drei sternförmig angeordneten Walzen gebildet. Die Gerüste sind abwechselnd um 60° versetzt eingebaut. Durch das Walzen in Kalibern wird die Breitung behindert. Bewährt haben sich Streckkaliberreihen Dreieck - Dreieck und Dreieck - Sechseck - Rund, bei denen in jeder Gerüsteinheit eine Streckung von 1,09 bis 1,30 erzielt werden kann. Die Streckung ist konstruktiv über die Getriebeübersetzung vorgegeben, da alle Walzen von einem Motor angetrieben werden (Gruppenantrieb). Zwischen den Gerüsten muß mit geringem Zug gewalzt werden. Um einen stabilen Walzbetrieb zu gewährleisten, muß

$$v_i \cdot A_i = (1{,}0 \div 1{,}03) \cdot v_{i-1} \cdot A_{i-1}$$

sein. Die Walzung und Abkühlung erfolgt unter Verwendung einer Emulsion, damit der Verschleiß der Walzen und Armaturen sowie die Oxidation des Walzgutes in geringen Grenzen gehalten werden können. Bei neueren Anlagen ist die Walzstrecke untergliedert in eine 4-gerüstige Vorstaffel mit Duo-Walzeinheiten in Horizontal-Vertikalanordnung und einem 10- bis 12-gerüstigem Fertigwalzblock. Die Walzgerüste der Vorstaffel sind mit Einzelantrieben ausgestattet. Diese Ausführung eröffnet größere technologische Freiheiten in der Anpassung an die werkstoffspezifischen Belange. Vor und nach der Vorstaffel sind Induktionserwärmungsanlagen eingebaut, so daß die Walzguttemperatur gesteuert und eine Lösungsglühung vorgenommen werden kann. Eine Zwischenkühlung ist nach dem Bürsten möglich. Die Drahtabkühlung nach dem Walzen in Kühlrohren kann bei Anlagen der neuesten Bauart stufenweise werkstoff-, geschwindigkeits- und querschnittsabhängig gesteuert werden. Die Drahtwickelvorrichtungen sind für Bundmassen bis 3600 kg ausgelegt.

1.3.2 Warmwalzen von Bändern und Blechen

1.3.2.1 Erzeugnisse und Werkstoffe

Der Sektor der warmgewalzten Bänder und Bleche nimmt mit ~ 57% den prozentual höchsten Anteil an Halbzeug aus Al und Al-Legierungen ein. Sie finden in vielen Bereichen der Industrie Verwendung, besonders in der Verpackungsindustrie (~45%) im Bauwesen und verstärkt auch im Fahrzeugbau. Der größte Teil wird in der 2. Verabeitungsstufe zu Kaltband und Folien kaltgewalzt. Abmessungsmäßig sind warmgewalzte Bänder auf Dicken $> 2...3$ mm und Breiten $b < 2500$ mm begrenzt. Bleche und Platten sind in Dicken bis 200 mm, Breiten bis 3500 mm und Längen bis 15000 mm normgerecht walzbar. Mit Rücksicht auf eine ausreichende Umformung, d.h. der Gewährleistung eines Mindestumformgrades zur Umbildung des Gußgefüges in ein gleichmäßiges globulitisches Gefüge, beträgt die größte Blechdicke 200 mm. Die Anforderungen an die Dickenmaßhaltigkeit, das Profil und die Planheit (s. Kap. 1.1.2.6.3) sind in Tafel 1.3.1 aufgeführt. Sie sind höher als nach DIN EN 485-3 zulässig, gelten aber als Richtwerte der Produktion.

Tafel 1.3.1 Profil- und Maßhaltigkeit warmgewalzter Al-Bänder

Parameter	Anforderungen
Dicke h	h < 5 mm ±7%; h > 5 mm ± 6%
Profil C_{AB}	C_{AB} = 0,5% ... 1,25% · h
Planheit	≤ 25 ... 35 I-Einheit

Besonders hohe Anforderungen an die Oberflächenbeschaffenheit werden an die Bänder gestellt, aus denen Bleche in Eloxal-, Glanz-, Ätz- oder Offsetqualität gefertigt werden. Den Forderungen kann nur entsprochen werden, wenn in allen Stufen der Herstellung besondere Sorgfalt gewahrt wird, damit keine Kratzer, Riefen, Orangenhäute, Parabeln etc. entstehen.
Die Werkstoffe für warmgewalzte Bänder und Bleche sind nach DIN EN 485-1,-2 genormt. Es werden Bänder/Bleche sowohl aus Rein- und Reinstaluminium als auch aus nicht- und aushärtbaren Al-Legierungen gewalzt.
Erzeugnisse aus warmgewalzten Bändern sind

Ronden geschnitten mit Schnittwerkzeugen, Kreismesserscheren, Bandsägen oder Plasmaschneidbrennern nach DIN EN 941 bzw. für Küchengeschirr nach DIN EN 851, aus denen tiefgezogene oder gedrückte Hohlkörper und Behälterböden hergestellt werden (Tafel 1.3.2)

Tafel 1.3.2 Grenzabmaße der Dicke für warmgewalzte Ronden und warmgewalztes Rondenvormaterial nach DIN EN 941

Nenndicke		Grenzabmaße der Dicke bei Nenndurchmesser oder -breite				
über	bis	bis 1250	über 1250 bis 1600	über 1600 bis 2000	über 2000 bis 2500	über 2500 bis 3500
2,5	4,0	±0,28	±0,28	±0,32	±0,35	±0,40
4,0	5,0	±0,30	±0,30	±0,35	±0,40	±0,45
5,0	6,0	±0,32	±0,32	±0,40	±0,45	±0,50
6,0	8,0	±0,35	±0,40	±0,40	±0,50	±0,55
8,0	10	±0,45	±0,50	±0,50	±0,55	±0,60
10	15	±0,50	±0,60	±0,65	±0,65	±0,80
15	20	±0,60	±0,70	±0,75	±0,80	±0,90
20	30	±0,65	±0,75	±0,85	±0,90	±1,0
30	40	±0,75	±0,85	±1,0	±1,1	±1,2
40	50	±0,90	±1,0	±1,1	±1,2	±1,5
50	60	±1,1	±1,2	±1,4	±1,5	±1,7
60	80	±1,4	±1,5	±1,7	±1,9	±2,0
80	100	±1,7	±1,8	±1,9	±2,1	±2,2
100	150	±2,2	±2,2	±2,7	±2,8	-
150	200	±2,8	±2,8	±3,3	±3,3	-

Butzen geschnitten in geschlossenem Schnitt mit Stempel und Schnittplatte DIN EN 570 zur Herstellung von Fließpreßteilen (Tafel 1.3.3).

Bleche mit eingewalzten Mustern (Raupen- oder Warzenbleche):

zur Erzielung einer rutschfesten Oberfläche durch einseitiges Einwalzen von Erhebungen sind bei Bändern, Blechen bzw. Platten mit 1,2 bis 20 mm Dicke und bis 2500 mm Breite nach DIN EN 1386 fünf Musterarten genormt. Es sind dies einzelne (Diamant- oder Mandel-Muster) bzw. in Gruppen zu zweit (Duett- oder Gerstenkorn-Muster) oder zu fünft (Quintett-Muster) jeweils um 90° versetzt angeordnete Erhebungen mit 0,5 bis 2,5 mm Höhe. Die Norm enthält für die Al-Knetlegierungen Al 99,5 (1050A); Al Mn1Cu (3003); Al Mn1 (3103); Al Mg2,5 (5052); Al Mg3 (5754); Al Mg4,5Mn0,7 (5083); Al Mg4 (5086); Al Mg1SiCu (6061); Al Si1MgMn (6082) und Al Zn4,5Mg1 (7020) Angaben über die mechanischen Eigenschaften in den verschiedenen Lieferzuständen. Wichtige Maßnormen sind in Tafel 1.3.4 zusammengefaßt.

1.3.2.2 Verfahrenswege der Warmbandherstellung

Die technisch wichtigsten Verfahrenstechnologien der Warmbandherstellung sind in Bild 1.1.7 gegenübergestellt und in Kap. 1.1.2.2 bewertet worden. Das Gießwalzen bis zu einer minimalen Banddicke von 2 mm ist besonders rationell. Das Verfahren bietet geringe Energieaufwendungen und hohe Werkstoffausnutzung. Es ist jedoch hinsichtlich der Kapazität begrenzt und hauptsächlich auf weiche Legierungen beschränkt. Die Barren-Walztechnologie kann für alle Werkstoffe angewandt werden. Ausgangsmaterial sind stranggegossene Barren (DIN EN 487) mit

2310 mm Breite
< 30 t Masse
> 600 mm Höhe
9000 mm Länge.

Die Unterteilung des Gießstranges in Einzellängen wird mit Bandsägen vorgenommen.

1.3.2.3 Oberflächenbearbeitung der Barren

Die Oberfläche der stranggegossenen Barren ist mehr oder weniger uneben, rauh und infolge von Ausschwitzungen borkig. Die darunter liegende Schicht ist sehr grobkörnig und in besonderem Maße durch Seigerung mit Legierungs- und Begleitelementen angereichert. Aus qualitativen Gründen muß eine 10 bis 15 mm dicke Schicht abgefräst werden. Teilweise muß die Frästiefe im Fußbereich der Barren bis auf 40 mm erhöht werden.
Der Arbeitsbereich leistungsfähiger Fräsmaschinen ist für Schnittgeschwindigkeiten von 3000 bis 4500 mm/min, Vorschubgeschwindigkeiten von 4000 bis 7000 mm/min und Spandicken von 0,5 bis 1,0 mm, Oberflächenrauhigkeit < 5 µm, doppelseitiges Fräsen der Breitseiten in waagerechter oder senkrechter Lage sowie doppelseitiges Fräsen der Kanten mit winkelverstellbaren Fräsköpfen ausgelegt.

Tafel 1.3.3 Grenzabmaße für gestanzte Butzen nach DIN EN 570

Durchmesser, Länge, Breite		Grenzabmaße		Dicke		Grenzabmaße
über	bis	Durchmesser	Länge u. Breite	über	bis	
-	10	±0,02	±0,05	-	2,8	±0,03
10	20	±0,03	±0,08	2,8	6,5	±0,05
20	40	±0,03	±0,10	6,5	8,5	±0,07
40	60	±0,04	±0,12	8,5	10,5	±0,10
60	80	±0,05	±0,14	10,5	15	±0,14
80	120	±0,06	±0,14	15	20	±0,18
120	150	±0,08	±0,17	20	25	±0,22
120	200	±0,10	±0,20	25	30	±0,26
				30	40	±0,30

Maße in mm

Tafel 1.3.4 Bleche mit eingewalzten Mustern nach DIN EN 1386
a) Grenzabmaße für Nenndicke (Maße in mm)

Nenndicke t		Grenzabmaße der Dicke bei Nennbreiten	
über	bis	bis 1600	über 1600 bis 2500
1,2[1])	2,5	±0,20	±0,30
2,5	3,5	±0,30	±0,40
3,5	6,5	±0,40	±0,50
6,5	12,5	±0,50	±0,60
12,5	20,0	±1,0	±1,0

[1]) Einschließlich der Nenndicke 1,2 mm

b) Grenzabmaße für die Breite und Länge (Maße in mm)

Nenndicke t	Breite bis 1500	Breite über 1500 bis 2500	Länge bis 2000	Länge über 2000 bis 5000	Länge über 5000
$1,2 \leq t \leq 3$	+8 0	+8 0	+8 0	+10 0	12 0
$3 < t \leq 8$	+8 0	+10 0	+8 0	+10 0	+12 0
$t > 8$	+5 0	+8 0	+6 0	+8 0	+10 0

1.3.2.4 Erwärmung

Tafel 1.3.5 enthält Angaben über den Temperaturbereich des Warmwalzens für die wichtigsten Al-Werkstoffe.

Tafel 1.3.5 Warmumformtemperaturen für Al-Werkstoffe

Kurzzeichen	Warmumform-temperatur °C	Kurzzeichen	Warmumform-temperatur in°C
Al 99,98R	550 - 300	Al Mg3	500 - 450
Al 99,9	500 - 330	Al Mg4,5	500 - 450
Al 99,8	550 - 330	Al Mg5	500 - 450
Al 99,7	550 - 330		
Al 99,5	550 - 330	Al Mg2Mn0,3	500 - 450
E-Al	550 - 330	Al Mg2Mn0,8	500 - 450
Al 99	500 - 330	Al Mg2,7Mn	500 - 450
		Al Mg4Mn	520 - 480
Al RMg0,5	450 - 350	Al Mg4,5Mn	520 - 480
Al RMg1	500 - 350		
Al 99,9Mg0,5	500 - 350	Al Mg5Mn	520 - 480
Al 99,9Mg1	500 - 350	E-Al MgSi	520 - 450
		E-Al MgSi0,5	520 - 450
Al 99,9MgSi	500 - 450	Al MgSi0,5	520 - 450
Al 99,85Mg0,5	500 - 400	Al MgSi0,7	520 - 450
Al 99,85Mg1	500 - 400	Al MgSi1	520 - 480
Al 99,85MgSi	500 - 450	Al Mg1SiCu	520 - 480
Al 99,8ZnMg	500 - 450		
		Al MgSiPb	420 - 350
Al FeSi	580 - 350	Al CuBiPb	420 - 380
Al Mn0,6	550 - 400	Al CuMgPb	460 - 360
Al Mn1	550 - 400		
Al MnCu	550 - 400	Al Cu2,5Mg0,5	450 - 400
		Al CuMg1	470 - 420
Al Mn0,5Mg0,5	550 - 400	Al CuMg2	470 - 400
Al Mn1Mg0,5	550 - 400	Al CuSiMn	470 - 400
Al Mn1Mg1	550 - 400		
		Al Zn4,5Mg1	520 - 450
Al Mg1	500 - 400	Al ZnMgCu0,5	480 - 420
Al Mg1,5	500 - 400	Al ZnMgCu1,5	480 - 420
Al Mg1,8	500 - 400		
Al Mg2,5	500 - 400	Al LiCu	550 - 440
		Al LiCuMg	530 - 420

Die Anwärmtemperatur kann um 20 - 30 K höher festgesetzt werden. Aus energetischen Gründen ist die Erwärmung auf Umformtemperatur mit der Barrenhochglühung zu verbinden (Kap. 1.1.3.3.4). Die Hochglühung muß, damit die Vorgänge zur Koagulation der Primärausscheidungen, zur Auflösung der intermetallischen Phasennetze und zur Ausscheidung übersättigt gelöster Legierungselemente (Mn, Fe, Si etc.) ablaufen können, immer dicht unter der Solidustemperatur durchgeführt werden. Die Glühtemperatur ist um 60 bis 80 K höher als die Erwärmungstemperatur zur Umformung. Die Glühdauer bei Maximaltemperatur wird von den Diffusionsmöglichkeiten bestimmt. Orientierungswerte sind in Tafel 1.3.6 angegeben.

Tafel 1.3.6 Hochglühbedingungen für Al-Werkstoffe

Kurzzeichen	Temperaturbereich °C	Haltezeit h
Al 99,9	560 - 590	16 - 20
Al Mg2	460 - 500	10 - 15
Al Mg5	470 - 530	12 - 18
Al Mn1	590 - 630	6 - 9
Al MgSi0,5	500 - 580	6 - 8
Al Mg1Si	530 - 550	14 - 18
Al CuMg1	480 - 510	8 - 18
Al CuMg2Mn	470 - 490	12 - 20
Al ZnMgCu1,5	460 - 490	- 13

Nach der Hochglühung muß die Zwischenabkühlung auf Umformtemperatur mit unter Beachtung einer notwendigen Abkühlungsgeschwindigkeit von ~ 200 bis 300 K/min vorgenommen werden (Bild 1.1.16). Maßgebend für die Temperaturführung bei der Erwärmung und Abkühlung sind die wärmetechnischen Eigenschaften des Aluminiums in ihrer Temperaturabhängigkeit (Tafel 1.3.7)

Tafel 1.3.7 Thermophysikalische Eigenschaften von Al

	ϑ °C	Cp J/kg	h kJ/kg	ρ kg/m³	λ W/mK	a 10^6 m²/s	ε -
	0	871	0	2700	210	89,20	0,03
	100	900	90	2685	213	88,14	0,03
	200	925	185,3	2665	219,8	89,16	0,05
	300	950	285,0	2644	225,1	89,62	0,08
	400	980	392,0	2621	230,3	89,66	0,10
	500	1005	502,5	2600	232,8	89,09	0,14
	600	1034	620,4	2576	235,4	88,38	0,20
	Al Mg2,5	Al CuMg1	Al CuMg2	Al Mg2Mn	Al Mg2Si		
λ_{RT} W/mK	143	133	113	151	174,8		

Im Vergleich zu Stählen und anderen NE-Metallen ist der Emissionskoeffizient ε bei Al-Werkstoffen sehr niedrig. Dadurch ist der Wärmeübergang durch Festkörper- und Gasstrahlung sehr eingeschränkt. In einer angemessenen Zeit kann die Erwärmung nur durch eine erzwungene Konvektion realisiert werden. Die Intensität des Wärmeüberganges bei der erzwungenen Konvektion und damit die übertragbare Wärmestromdichte sind umso höher, je höher die Strömungsgeschwindigkeit des wärmeführenden Stoffes ist. Geeignet für die Erwärmung von Al-Barren sind nur elektrisch oder brennstoffbeheizte Öfen mit intensiver Luft- bzw. Rauchgasumwälzung. Neben einer hohen Strömungsgeschwindigkeit der Luft/des Rauchgases ist für eine Schnellerwärmung Voraussetzung, daß die beheizte Oberfläche möglichst groß ist und der Wärmeweg x im Wärmgut auf das mögliche Kleinstmaß (x = h/2) verringert wird. Dies wird erreicht durch eine beidseitige Erwärmung der Barren an den Flachseiten. Es müssen die Barren stehend erwärmt werden.
Bewährte Ofentypen sind für eine satzweise Beschickung Kammeröfen oder Tieföfen und für einen kontinuierlichen Betrieb Durchstoßöfen. Bei letzteren müssen

die Barren ein oder mehrreihig auf Gleitschuhen durch den Ofen geschoben werden.
Aufgrund der hohen Wärmeleitfähigkeit des Aluminiums wird der an die Oberfläche übertragene Wärmestrom sofort in das Innere weitergeleitet. Bei der Erwärmung ist der Wärmeleitwiderstand auch bei den dicksten Barren immer niedriger als der Wärmeübergangswiderstand (Biot'sche Kennzahl Bi < 05). Temperaturunterschiede im Wärmegut werden weitgehend unmittelbar ausgeglichen, so daß das instationäre Temperaturfeld relativ homogen bleibt. Das hat den Vorteil, daß Al mit der höchsten Wärmeintensität aufgeheizt werden kann. Mit zunehmendem Legierungsgrad wird die Wärmeleitfähigkeit des Al erniedrigt (Tafel 1.3.7), so daß der Temperaturgradient zwischen Oberflächen- und Kerntemperatur etwas größer wird. Eine Schnellerwärmung empfiehlt sich auch in diesem Fall. Zur Gewährleistung einer hohen Qualität und Gleichmäßigkeit müssen die Endtemperaturen der Glühung und/oder Erwärmung mit einer Genauigkeit von 5 K eingehalten werden. Zur Senkung des spezifischen Energiebedarfs ist die rekuperative Luftvorwärmung bei brennstoffbeheizten Öfen besonders effektiv. Technisch-technologische Daten von Öfen zur Al-Barren-Erwärmung sind:

Spezifischer Wärmebedarf	830 - 950 MJ/t
Ofenwirkungsgrad	0,9 - 0,93
thermischer Wirkungsgrad	0,7 - 0,8
Gesamtwirkungsgrad	0,65 - 0,75
Luftvorwärmung	> 400 °C
Chargenmasse	bis 860 t = 30 Barren
Auskleidung	Feuerfestfasern, Isoliersteine
Steuerung	Prozeßsteuerung/Programmsteuerung
Ventilatoren	bis 6 mit je 80 m^3/s

1.3.2.5 Warmbandwalzwerke, -technologie

Warmbänder aus Al- und Al-Legierungsbarren werden ausschließlich auf Quartowalzwerken (Bild 1.3.2) gewalzt. Die Einzelfertigung von Blechen ist durch das Bandwalzen völlig verdrängt worden. Bleche werden nur noch aus Bändern geschnitten. Die größte Bandbreite beträgt 2300 mm. Die spezifische Bundmasse ist auf 13 kg/mm erhöht worden, das Bundgewicht auf 30 t. In Abhängigkeit von der Gesamtproduktion haben sich folgende Anlagenausführungen herausgebildet (Tafel 1.3.8).

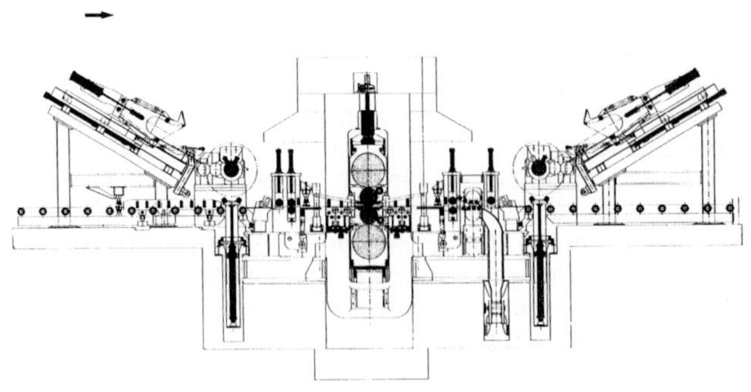

Bild 1.3.2 Quarto-Reversierwalzwerk

Tafel 1.3.8 Warmbandwalzanlagen

Anlagen	Bauart	Produktion t/Jahr
1-gerüstige Walzstraße	Reversierwalzwerk mit Auslaufrollgängen und Haspel	150.000
2-gerüstige Walzstraße	1 Reversiervorwalzgerüst 1 Reversierfertigwalzgerüst	250.000
Halbkontistraße	1 Reversiervorwalzgerüst 2-6gerüstige Tandemstraße	600.000

Bei den 1-gerüstigen Reversierwalzwerken werden die Barren als Strang bis auf 18 - 30 mm Dicke gewalzt, danach durch die sog. Bund-Bund-Walzung. Die Umformarbeit ist bei den zweigerüstigen Anlagen auf die Gerüste so verteilt, daß im Fertiggerüst das Band nur noch aufgewickelt wird ($h < 25$ mm). Dadurch verringert sich die Anlagenlänge beträchtlich. Es wird eine höhere Oberflächengüte erreichbar. Die Temperaturkonstanz ist höher. Dem Reversiervorgerüst bei der Halbkontistraße ist ein Vertikal-Stauchgerüst zur Breitenkorrektur vorgelagert. Mittels Schopfscheren können die Bandspitzen und -enden verschnitten werden. In der Tandemstraße wird kontinuierlich gewalzt. Die Geschwindigkeiten in den Gerüsten müssen für das zuglose Walzen genau aufeinander abgestimmt sein. Es geschieht dies mittels Schlingenregler.
Die Abnahme in den Walzstichen kann flexibel eingestellt werden. Sie wird durch die Greifbedingung $\Delta h \leq \mu^2 \cdot R$ und die Belastungsgrenzen der Gerüste und Motore limitiert (Bild 1.3.3). Stichabnahmen von über 50% sind möglich (Umformparameter s. Kap. 1.1.4.4)
Um für jedes Walzprogramm eine gleichbleibende Qualität gewährleisten zu können, muß die Walzgerüsteinstellung automatisiert und nach qualitäts- und produktivitätsbestimmenden Kriterien vorgenommen werden. Das kann entweder über gespeicherte Stichpläne oder durch eine online-Stichplanerstellung geschehen. Bei der online-Prozeßsteuerung wird ständig auf die aktuellen Daten bezug genommen.

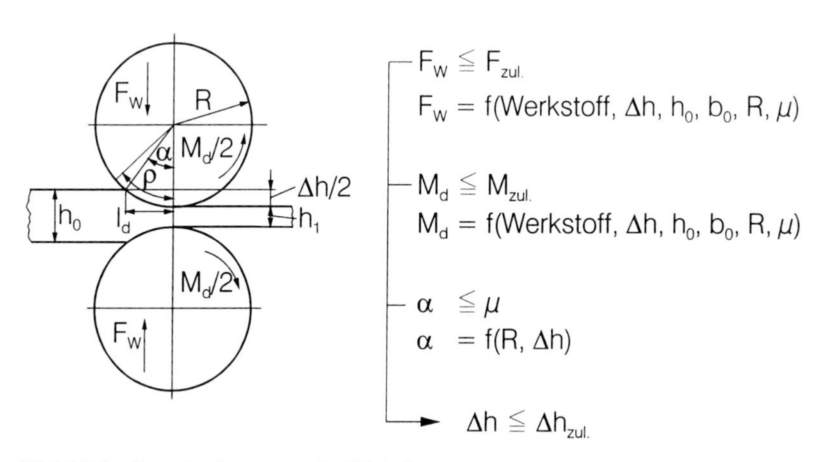

Bild 1.3.3 Grenzbedingungen der Stichabnahme

Als Stellglied für die Korrektur der Walzspaltdicke bei Maßabweichung während des Walzprozesses hat sich die ölhydraulische Walzenanstellung unter Belastung durchgesetzt.
Außer der Banddicke sind das Bandprofil und die Planheit charakteristische geometrische Qualitätsmerkmale. Die Möglichkeiten der Beeinflussung bestehen regelungstechnisch durch Axialverschiebung der Arbeitswalzen, durch Walzenrückbiegung und differenzierte Walzenkühlung. Die Funktionsweise der verschiedenen Walzspaltformregelungen werden in Kap. 1.3.3.3 erörtert. Das Band muß eine bestimmte Bombierung aufweisen, damit es sich nicht verläuft. Das geforderte und zweckmäßige Bandprofil muß bereits in den ersten und mittleren Stichen erzeugt werden, da bei hohen Temperaturen und größeren Banddicken ein Querfluß des Werkstoffes noch am ehesten erzwungen werden kann. Aufgrund der großen Bandbreite herrscht beim Walzen ebener Formänderungszustand. Für die Eigenschaften des Bandes ist die Einhaltung einer konstanten Temperatur besonders in den letzten Stichen wichtig.
Sobald die Bandspitze in die Haspel eingelaufen ist, wird die Geschwindigkeit in den Einzelgerüsten oder in der Tandemstraße so erhöht, daß die Temperatur über die Bandlänge relativ gleichmäßig bleibt (Temperatur-speed-up).
Es können auch die Walzen unter Einschaltung von Zusatzkühlsegmenten zur Walzguttemperatursteuerung bis zur verfügbaren Antriebsleistung beschleunigt werden (Leistungs-speed-up).
Wegen des erhöhten Walzenverschleißes an den Bandkanten muß das Walzprogramm so gestaltet sein, daß nach kurzer Einlaufphase bis zum Wechsel der Arbeitswalzen zunehmend nur noch schmalere Bänder zu walzen sind. Die Besonderheiten des Warmwalzens von Al-Werkstoffen sind, daß die Walzen

- mit einer Walzemulsion (s. Kap. 1.1.5.2) intensiv gekühlt und geschmiert und
- ununterbrochen gebürstet werden müssen,

da Al zum Kleben und Kaltverschweißen neigt.

Vor dem Aufwickeln können die Bänder mit Besäumscheren auf die genaue Breite geschnitten werden. Charakteristische technische Daten von Al-Warmbandwalzgerüsten sind (die ersten 4 Angaben sind auf 1 mm Bandbreite bezogen)

Walzkraft	20 kN/mm	Motorleistung 3,5 kW/mm
Walzmoment	1,4 kN/mm	Abschaltmoment 2,0 kN/mm
Arbeitswalzen	710...900 mm	
Stützwalzen	1420...1530 mm	
Walzgeschwindigkeit	2...4,5(8,5)m/s	
Motordrehzahl	0...250/625 1/min	
Gerüstfederkonstante	50000 kN/mm	
hydr. Unterlastanstellung	2 ... 4 mm/s	
Vielzonenkühlung;	Axialverschiebung u. hydraulische Rückbiegung der Arbeitswalzen	

Arbeitswalzenbürstung mit rotierenden Bürsten.

1.3.3 Kaltwalzen von Bändern und Blechen

1.3.3.1 Erzeugnisse

Die Palette der kaltgewalzten Bänder und Bleche umfaßt hinsichtlich der Dicke den Abmessungsbereich von 0,02 bis 50 mm; Bänder < 2...3 mm Dicke können grundsätzlich nur durch Kaltwalzen hergestellt werden. Oberhalb dieses Grenzwertes kann ein Kaltwalzen aus Gründen der Erzielung bestimmter mechanisch-technologischer Eigenschaftswerte, Gefügezustände oder Oberflächenqualitäten bzw. geometrischer Qualitätsmerkmale (Planheit, Maßhaltigkeit) erforderlich und notwendig sein. Entsprechend den technischen Gegebenheiten und nach praktischen Gesichtspunkten wird klassifiziert in

- Folien bzw. Veredelungsfolien (DIN EN 546) 6 bis 200 μm (s. 1.3.4)
- Dünnband für Wärmeaustauscher, Finstock (DIN EN 683) 80 bis 350 μm
- Bänder 0,20 bis 5,0 mm Dicke, bis 2600 mm Breite (DIN EN 485-4)
- Bleche, Platten 0,20 bis 50 mm Dicke, bis 3500 mm Breite (DIN EN 485-4)

Eine Unterteilung in Bleche (bis 6,35 mm dick) und Platten (Grobblech) > 6,35 mm dick ist in den USA und Großbritannien üblich.
Bänder können auf modernen Anlagen mit einer Breite bis 2300 mm produziert werden. Schmalband ($b \leq 150$ mm) und Mittelband ($b < 600$ mm) werden oft aus Breitband auf Längsteilanlagen geschnitten (Spaltband), so daß Bandbunde in jeder Breite geliefert werden können (Kap. 1.3.4).
Hinsichtlich der geometrischen Genauigkeit besteht die Forderung der Einhaltung einer

Banddicke bei	$h < 0{,}35$ mm ± 7 %
	$h < 1{,}00$ mm ± 5 %
	$h > 1{,}00$ mm ± 3,5 %
Bandprofile	$C_{AB} = 0{,}5 \ldots 1{,}0\ \% \times h$
Planheit	< 8 ... 10 I-Unit

In Tafel 1.3.9 sind die zulässigen Maßabweichungen nach der europäischen Norm angeführt.

Tafel 1.3.9 Maße und Maßtoleranzen für kaltgewalzte Bänder und Bleche nach DIN EN 485-4

a) Dickengrenzabmaße

Maße in mm

Nenndicke		Dicken - Grenzabmaße für Nennbreiten bis 1000		über 1000 bis 1250		über 1250 bis 1600		über 1600 bis 2000		über 2000 bis 2500	über 2500 bis 3000	bis 3500
		für Legierungsgruppen										
über	bis	I	II	I	II	I	II	I	II	I u. II	I u. II	I u. II
0,2	0,4	±0,02	±0,03	±0,04	±0,05	±0,05	±0,06	-	-	-	-	-
0,4	0,5	±0,03	±0,03	±0,04	±0,05	±0,05	±0,06	±0,06	±0,07	±0,10	-	-
0,5	0,6	±0,03	±0,04	±0,05	±0,06	±0,06	±0,07	±0,07	±0,08	±0,11	-	-
0,6	0,8	±0,03	±0,04	±0,06	±0,07	±0,07	±0,08	±0,08	±0,09	±0,12	-	-
0,8	1,0	±0,04	±0,05	±0,06	±0,08	±0,08	±0,09	±0,09	±0,10	±0,13	-	-
1,0	1,2	±0,04	±0,05	±0,07	±0,09	±0,09	±0,10	±0,10	±0,12	±0,14	-	-
1,2	1,5	±0,05	±0,07	±0,09	±0,11	±0,10	±0,12	±0,11	±0,14	±0,16	-	-
1,5	1,8	±0,06	±0,08	±0,10	±0,12	±0,11	±0,13	±0,12	±0,15	±0,17	-	-
1,8	2,0	±0,06	±0,09	±0,11	±0,13	±0,12	±0,14	±0,14	±0,16	±0,19	-	-
2,0	2,5	±0,07	±0,10	±0,12	±0,14	±0,13	±0,15	±0,15	±0,17	±0,20	-	-
2,5	3,0	±0,08	±0,11	±0,13	±0,15	±0,15	±0,17	±0,17	±0,19	±0,23	-	-
3,0	3,5	±0,10	±0,12	±0,15	±0,17	±0,17	±0,19	±0,18	±0,20	±0,24	-	-
3,5	4,0	±0,15		±0,20		±0,22		±0,23		±0,25	±0,34	±0,38
4,0	5,0	±0,18		±0,22		±0,24		±0,25		±0,29	±0,36	±0,42
5,0	6,0	±0,20		±0,24		±0,25		±0,26		±0,32	±0,40	±0,46
6,0	8,0	±0,24		±0,30		±0,31		±0,32		±0,38	±0,44	±0,50
8,0	10	±0,27		±0,33		±0,36		±0,38		±0,44	±0,50	±0,56
10	12	±0,32		±0,38		±0,40		±0,41		±0,47	±0,53	±0,59
12	15	±0,36		±0,42		±0,43		±0,45		±0,51	±0,57	±0,63
15	20	±0,38		±0,44		±0,46		±0,48		±0,54	±0,60	±0,66
20	25	±0,40		±0,46		±0,48		±0,50		±0,56	±0,62	±0,68
25	30	±0,45		±0,50		±0,53		±0,55		±0,60	±0,65	±0,70
30	40	±0,50		±0,55		±0,58		±0,60		±0,65	±0,70	±0,75
40	50	±0,55		±0,60		±0,63		±0,65		±0,70	±0,75	±0,80

Bei der Dickenmessung muß ein Streifen von 10 mm Breite vom Rand unberücksichtigt bleiben.

b) Breitengrenzabmaße für Band

Nenndicke		Breiten - Grenzabmaße für Nennbreiten					
über	bis	bis 100	über 100 bis 300	über 300 bis 500	über 500 bis 1250	über 1250 bis 1650	über 1650 bis 2600
0,2	0,6	+0,3 0	+0,4 0	+0,6 0	+1,5 0	+2,5 0	+3 0
0,6	1,0	+0,3 0	+0,5 0	+1 0	+1,5 0	+2,5 0	+3 0
1,0	2,0	+0,4 0	+0,7 0	+1,2 0	+2 0	+2,5 0	+3 0
2,0	3,0	+1 0	+1 0	+1,5 0	+2 0	+2,5 0	+4 0
3,0	5,0	–	+1,5 0	+2 0	+3 0	+3 0	+5 0

Maße in mm

c) Breitengrenzabmaße für Bleche und Platten

Nenndicke		Breiten - Grenzabmaße für Nennbreiten				
über	bis	bis 500	über 500 bis 1250	über 1250 bis 2000	über 2000 bis 3000	über 3000 bis 3500
0,2	3,0	+1,5 0	+3 0	+4 0	+5 0	–
3,0	6,0	+3 0	+4 0	+5 0	+8 0	+8 0
6,0	50	+4 0	+5 0	+5 0	+8 0	+8 0

Maße in mm

d) Längengrenzabmaße für Bleche und Platten

Nenndicke		Längen - Grenzabmaße für Nennlängen				
über	bis	bis 1000	über 1000 bis 2000	über 2000 bis 3000	über 3000 bis 5000	über 5000
0,2	3,0	+3 0	+4 0	+6 0	+8 0	
3,0	6,0	+4 0	+6 0	+8 0	+10 0	+0,2% der Nennlänge
6,0	50	+6 0	+8 0	+10 0	+10 0	

Maße in mm

Werkstoffe

Für die Werkstoffe der beiden Gruppen nach Tafel 1.3.10 gelten die Festigkeitseigenschaften nach DIN EN 485-2, die differenziert für Dickenbereiche und für die Werkstoffzustände teilverfestigt (H12 bis H18), teilentfestigt (H22 bis H28) bzw. ausgehärtet (Tx; Txx) ausgewiesen sind.
Bänder und Bleche nach dieser Norm sind nicht in allen Maßen aus allen aufgeführten Werkstoffen lieferbar. Deshalb sind über den gewünschten Werkstoff gegebenenfalls Vereinbarungen zu treffen.

Tafel 1.3.10 Werkstoffgruppen für kaltgewalzte Bänder, Bleche und Platten

Gruppe I	Al 99,8(A); Al 99,7; Al 99,5; Al 99,0 Al Mn1Cu; Al Mn1; Al Mn1Mg0,5; Al Mn0,5Mg0,5 Al SiFe; Al Si1,5Mn Al Mg1(B); Al Mg1,5(C) Al FeSi(A)
Gruppe II	Al Cu4SiMg; Al Cu4MgSi(A); Al CuMg1 Al Mn1Mg1 Al Mg1,5Mn; Al Mg2Mn0,8; Al Mg2; Al Mg3,5(A); Al Mg3Mn Al Mg3; Al Mg4,5Mn0,4; Al Mg4,5; Al Mg4 Al MgSi1Cu; Al Si1MgMn Al Zn4,5Mg1; Al Zn5,5Mg1,5; Al Zn5Mg3Cu; Al Zn5,5MgCu

Präfix für alle Bezeichnungen EN AW-

Kaltgewalzte Bleche, Bänder und Dünnbänder aus Al-Werkstoffen werden weiterverarbeitet bzw. finden Verwendung u.a.

- für Verpackungen; Getränkedosenband aus Al Mn1Mg1 und ähnlichen Legierungen (DIN EN 541) mit 0,180...0,300 mm Dicke; Deckelband (0,18...0,35 mm Dicke) aus Al Mg5Mn, Al Mg2,5; Al Mn1Mg1; Al Mn0,6; Band für Lebensmitteldosen aus Al Mn, Al Mg, Al MnMg mit 0,2...0,3 mm Dicke; Band für Leichtbehälter aus Al 98,3; Al 99,2; Al FeMn, Al Mn0,5Mg0,5; Al Mn1Mg0,5 mit 70 bis 100 μm Dicke, Band für Verschlüsse (0,15...0,30 mm Dicke) aus Al Mn1Cu, Al Mn1Mg0,5 (DIN EN 541) meist im teilentfestigten Zustand H2x.

- für Verkehrsschilder etc. aus Al 99,5, Al Mg, Al MgSi, Al MgMn mit 1 ... 3,0 mm Dicke
- für Karosserieteile aus Al Mg, Al MgSi, Al CuMgSi, Al ZnMg mit R_m = 190 ... 340 MPa und 1,0...2,0 mm Dicke
- in der Elektrotechnik aus E-Al mit R_m = 65 ... 170 MPa, einer elektrischen Leitfähigkeit von 30 m/ Ωmm^2 und 0,18 ... 3,0 mm Dicke (DIN 40501 T 1)
- in Eloxalqualität aus Al 99,5 ... 99,8, Al Mg1 ... 3,
- als Offset- und Ätzbleche aus Al99,5; Al Mn mit 0,1 ... 0,6 mm Dicke
- zu Folien (Folienvorband mit 0,45 ... 0,7 mm Dicke)
- als Vormaterial für Wärmeaustauscher (Finstock) in 0,08...0,350 mm Dicke aus Al 99,0; Al 99,5 und Legierungen vom Typ Al Mn, Al Mg, Al MgSi und Al FeSi bzw. Al FeMn nach DIN EN 683-2
- als mit organischen Stoffen zur Erhöhung der Korrosionsbeständigkeit und/oder zur Erzielung dekorativer Effekte ein- bzw. beidseitig beschichteter Bänder in Dicken bis 3 mm (DIN EN 1396).
- durch Scherschneiden mit Schnittwerkzeugen bzw. Plasmaschneiden zu Ronden zur Herstellung für tiefgezogene oder gedrückte Hohlkörper als Küchengeschirr nach DIN EN 851 und zur allgemeinen Verwendung nach DIN EN 941. Für letztere gelten die zulässigen Maßabweichungen in der Dicke nach Tafel 1.3.9 und im Durchmesser nach Tafel 1.3.11.
- für Butzen zum Herstellen von Tuben, Dosen etc. durch Fließpressen aus Al99 ... Al 99,5; Al Mg0,5 ... 3; Al MgSi0,5 ...1; Al Zn4,5Mg1; Al ZnMgCu1,5 bzw. Al CuBiPb nach DIN EN 570 (s. Tafel 1.3.3).

Tafel 1.3.11 Zulässige Abweichungen für Rondendurchmesser (mm) nach DIN EN 941

Nenndicke		Fertigungsverfahren	Grenzabmaße für Durchmesser[1]) bei Nenndurchmesser				
über	bis		bis 600	über 600 bis 1000	über 1000 bis 1600	über 1600 bis 3000	über 3000 bis 3500
0,2	4,0	Stanzen (geschlossener Schnitt)	± 0,5	± 0,5	–	–	–
		Sägen, Schneiden (offener Schnitt)	+3 0	+4 0	+7 0	+9 0	+11 0
4,0	6,0	Stanzen (geschlossener Schnitt)	± 0,7	± 0,7	–	–	–
		Sägen, Schneiden (offener Schnitt)	+4 0	+5 0	+8 0	+9 0	+11 0
6,0	12,0	Stanzen (geschlossener Schnitt)	± 1	± 1	–	–	–
		Sägen, Schneiden (offener Schnitt)	+4 0	+5 0	+8 0	+10 0	+12 0
12,0	50	Sägen, Schneiden (offener Schnitt)	+7 0	+7 0	+9 0	+12 0	+14 0

[1])Diese Grenzabmaße schließen die Rundheitstoleranz mit ein.

Durchmesserstufung für Ronden hergestellt durch geschlossenen Schnitt:
von 100 bis 500 mm: von 5 zu 5 mm gestuft,
über 500 bis 1000 mm: von 10 zu 10 mm gestuft.

Die Lieferart erfolgt bei Dünnbändern/Folienvorbändern entsprechend der Norm vorzugsweise in auf Hülsen aufgewickelten Bunden, bei Bändern > 0,35 mm in Ringen mit einem Innendurchmesser von D_i = 300 (< 8mm), 400, 500 und 600 mm. Standardmaße für Bleche im Dickenbereich 0,35 bis 5,0 mm sind 1000 x 2000; 1250 x 2500 und 1500 x 3000 mm^2, für Bleche < 3,0 mm in Breiten bis 3000 mm und Längen bis 5000 mm.

1.3.3.2 Kaltwalzwerke und -technologien

Zur wirtschaftlichen Herstellung von kaltgewalzten Bändern für hohe und höchste Qualitätsansprüche wurden Kaltwalzgerüste und -anlagen entwickelt, die mit moderner Meß-, Steuer- und Regeltechnik ausgerüstet sind. In Betrieb befinden sich

- Duowalzwerke zum Walzen von Spezialprodukten und vor allem Bändern (Blechen) in Glanzqualität. Durch den relativ großen Walzendurchmesser (D > 600 mm) wird eine günstige Glättwirkung erzielt. Jedoch ist die Abnahme in den einzelnen Stichen begrenzt. Die mögliche Walzgeschwindigkeit und folglich die Kapazität sind eingeschränkt und hängen vom Einsatzzweck ab.
- eingerüstige Quarto- oder Sextowalzwerke in Reversier- oder Einwegbetriebsweise für Walzgeschwindigkeiten bis 1800 m/min. Bei einer weitgespannten Produktionspalette sind im Dickenbereich h_1 = 0,15 bis 8 mm Jahresproduktionen von 100 kt/a, bei Dünnband von etwa 30 kt/a erzielbar.

- 2-bis 5-gerüstige Vollkontiwalzwerke in Quarto- und teilweise in Sextobauart für ein eng begrenztes Produktionsprogramm und einen Durchsatz von ~ 300 kt/a.

Die unterschiedlichen Walzweisen sind in Bild 1.3.4 verdeutlicht. Maßgebende Umformparameter sind der Umformgrad φ_V, Umformgeschwindigkeit $\dot{\varphi}_V$, Temperatur ϑ, Zugspannungen, Reibung und Geometrie der Umformzone.
Um überhaupt beim Kaltwalzen einen befriedigend hohen Umformgrad (Stichabnahme) erzielen zu können, wird grundsätzlich mit zusätzlichen Längszugkräften gewalzt. Bremszug- F_{Br} und Vorwärtszugkräfte F_V können durch die Haspeln aufgebracht werden. Durch die Bandzugspannungen verändert sich die Druckverteilung im Walzspalt (Bild 1.3.5), werden die Druck- und Tangentialspannungen vermindert, der mittlere Umformwiderstand K_{wm}, die Walzkraft F und die Umformarbeit W herabgesetzt.

Die Verringerung von K_{wm} und F gegenüber dem Walzen durch Bandzug beträgt bei Bandzugspannungen von $\sigma_{Br} = \sigma_V = 0{,}2 \cdot k_f$ bzw. $\sigma_{Br} = \sigma_V = 0{,}3 \cdot k_f$ etwa 20 bis 12 bzw. 14 bis 16%.
Durch das Walzen mit Brems- und Vorwärtszug kann die Stichabnahme beim Walzen in Abhängigkeit von der Legierungsart und dem Verfestigungsgrad bis auf über 60% erhöht werden. Außerdem kann über die Bandzugspannungen die Banddicke geregelt werden. Arbeitswalzen mit kleinem Durchmesser haben eine größere Streckwirkung. Ihre Durchbiegung muß durch die Zwischen- und/oder Arbeitswalzen abgefangen werden. Mit geringer werdender Banddicke und ansteigender Umformfestigkeit besitzen dünne Arbeitswalzen erhebliche umformtechnische Vorteile. Begrenzt wird die Arbeitswalzen-Durchmesserreduzierung durch das zu übertragende Drehmoment bei direktem Antrieb und die horizontale Walzendurchbiegung

	Duo	Quarto	Quarto-Einweg	Sexto
D_A	650	450	400	350
D_Z	-	-	-	500
D_{st}	-	1300	1300	1300

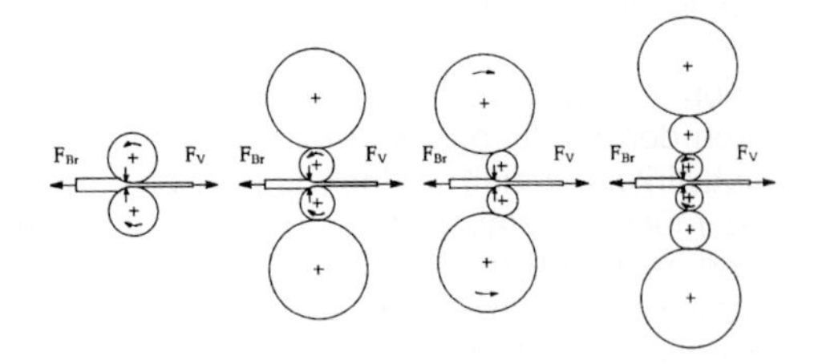

Bild 1.3.4 Grundprinzipien des Walzens mit Duo-, Quarto- und Sexto-Walzwerken (D in mm)

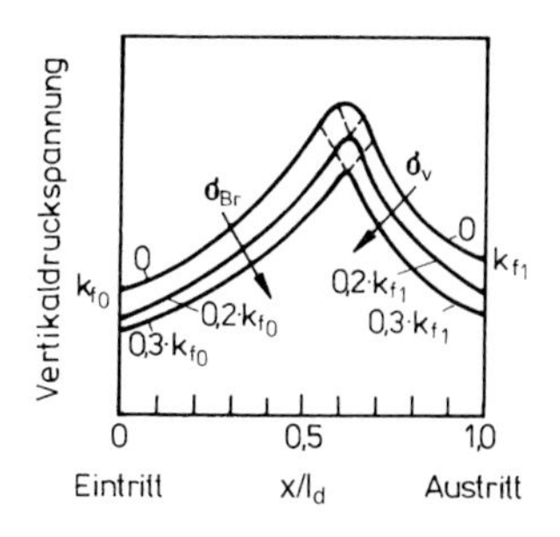

Bild 1.3.5 Druckverteilung im Walzspalt beim Walzen mit und ohne Bandzug

Bei einem Stützwalzenantrieb wird die horizontale Durchbiegung durch eine wirksame Kraftkomponente verstärkt. Eine Stabilisierung läßt sich durch Außermittigstellung der Arbeitswalzen erzielen (Bild 1.3.4). Diese Maßnahme ist besonders bei Einweg-Kaltwalzgerüsten zweckmäßig. Es ergibt sich durch diese Art der Walzenverstellung eine Abstützung der Arbeitswalzen mit einer bestimmten konstanten Horizontalkraft. Die Vorteile der Einweg-Kaltwalzgerüste in Quarto- oder auch Sexto-Bauart, deren Einsatzbereich im Dünnbandbereich in besonderem Maße gegeben ist, begründen sich dadurch, daß zwischen den Stichen eine genügend lange Bandabkühlung erfolgen kann. Dadurch wird der Walzprozeß stabiler und es verringert sich die Gefahr der Entzündung des zum Schmieren und Kühlen verwendeten Walzöles (s. 1.1.5).

Technische Daten moderner Kaltwalzwerke sind:

Bandbreite b bis 2300 mm; Bundmasse bis 30 t
Ballenlänge l_B bis 2700 mm; Arbeitswalzendurchmesser $D_A \geq 350$ mm
Zwischenwalzendurchmesser $D_Z > 460$ mm
Stützwalzendurchmesser $D_{St} < 1320$ mm
Geschwindigkeit v = bis 2000 m/min
spez. Walzkraft $F/b \leq 10$ kN/mm
spez. Leistung $P/b \leq 4$ kW/mm
Bandzugkräfte $F_{Br} = F_V = 150$ kN (75 N/mm)
Leistung d. Haspelmotoren = (0,15 ... 0,2) P_{ges}
Arbeitswalzenhärte: 93 ... 98 Shore
Stützwalzenhärte: 60 ... 65 Shore
automatische Dickenregelung durch Walzenanstellung, Bandzugkorrektur und Geschwindigkeitseinstellung

Walzspaltformregelung durch

- positive und negative Arbeitswalzenbiegung
- positive und negative Zwischenwalzenbiegung (bei Sexto-Gerüsten)
- Arbeits-, Zwischenwalzenverschiebung
- Schwenken der Walzen
- Verschränken der Walzen und neuerdings
- durch aufblasbare Stützwalzen
- Arbeitswalzenkühlung

1.3.3.3 Dicken- und Planheitsregelung

Kaltwalzwerke neuer Art sind hydraulisch vorgespannte Gerüste mit relativ hoher Steifigkeit (C_W > 7000 kN/mm). Die mechanische Walzenanstellung durch Motoren wird nur zur Walzspaltvoreinstellung benutzt. Die Walzspaltregelung erfolgt durch hydraulische Kurzhubzylinder mit hochdynamischen Ventilen und Positionsgebern. Die Istdicke des Bandes wird mit Isotopenmeßgeräten ständig überwacht. Über eine Feedback-Regelung können Dickenänderungen, allerdings mit einer gewissen Phasenverzögerung, ausgeglichen werden. Für enge Dickentoleranzen ist dieses System nicht ausreichend. Da bei einem vorgegebenen Werkstoffzustand die Dicke von der Walzkraft, den Bandzügen und der Walzgeschwindigkeit abhängig ist, kann eine Dickenregelung auch über das G a u g e m e t e r oder über die Masseflußregelung vorgenommen werden. Die Dickenregelung nach dem G a u g e m e t e r p r i n z i p basiert auf der Messung der Walzkraftänderung und der dynamischen Korrektur unter Berücksichtigung der Gerüstauffederung. Dieses System ist besonders beim Warmwalzen von Bändern effektiv. Für das Kaltwalzen ist es weniger geeignet, weil einerseits die Umformfestigkeiten der zu walzenden Werkstoffe wesentlich höher sind und andererseits bei Walzgutdicken < 0,1 mm die Arbeitswalzen auch außerhalb der Bandbreite in Kontakt kommen, d.h. der Walzspalt nicht mehr offen ist.

Als zweckmäßigstes Dickenregelungssystem für Dünnbänder und Folien hat sich die Geschwindigkeits- oder M a s s e f l u ß r e g e l u n g erwiesen. Bei dieser Methode wird mit Lasermeßgeräten die Walzgeschwindigkeit vor und nach dem Walzprozeß gemessen. Die Genauigkeit kann bis auf 0,2% erhöht, die Ansprechzeit auf < 2 ms verringert werden. Über die Volumenkonstanz kann die tatsächliche Dicke berechnet werden, woraus sich die erforderliche Positionsänderung der Walzeneinstellung ableitet.

Für die Planheits- oder Walzspaltformregelung sind verschiedene Systeme verfügbar. In Bild 1.3.6 sind für ein Sexto-Walzgerüst die mechanischen Beeinflussungsmöglichkeiten verdeutlicht. Bild 1.3.7 widerspiegelt die Wirkung der einzelnen Stellglieder, die zur Standardausrüstung moderner Walzwerke gehören.

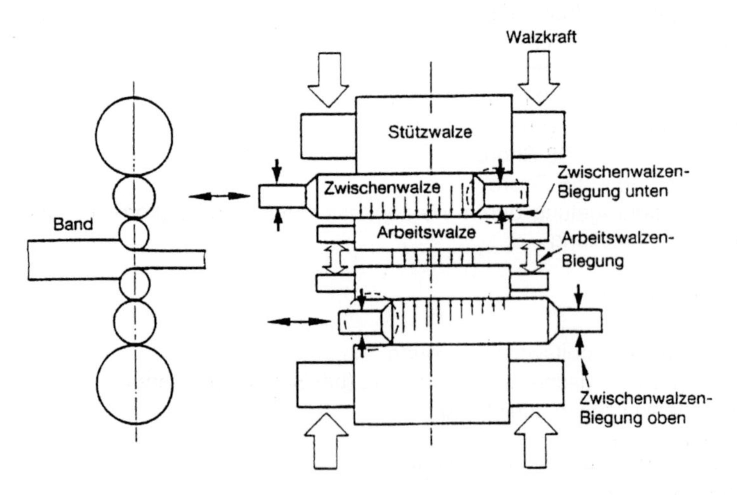

Bild 1.3.6 Mechanische Walzspaltformregelungen bei einem Sexto-Walzwerk

Eine ungleiche Streckung des Walzgutes über die Bandbreite hat zur Folge, daß sich im Band Längseigenspannungen aufbauen und sie kann zur Entstehung von Rand-, Viertel- oder Mittenwellen führen. Eine einseitige Streckung bedingt eine Säbelförmigkeit. Mit speziellen Meßrollen oder Taststiften können die Bandspannungen direkt gemessen werden. Damit ein eigenspannungsarmes Band mit einer bestimmten Dickenkontur und Planheit reproduzierbar gewalzt werden kann, müssen alle Stellsysteme ausgenutzt und in den Regelkreis eingebunden werden. Dies bedingt eine optimale Abstimmung durch ein leistungsfähiges Prozeßmodell, durch das die elastische Formänderung der Walzen, die lokalen Umformparameter in der Umformzone und die thermischen Verhältnisse physikalisch mit hoher Genauigkeit beschrieben werden. Technisch große Verbreitung hat der Einsatz spezieller formgeschliffener Arbeits- bzw. Zwischenwalzen in Verbindung mit einer axialen Walzenverschiebung gefunden.

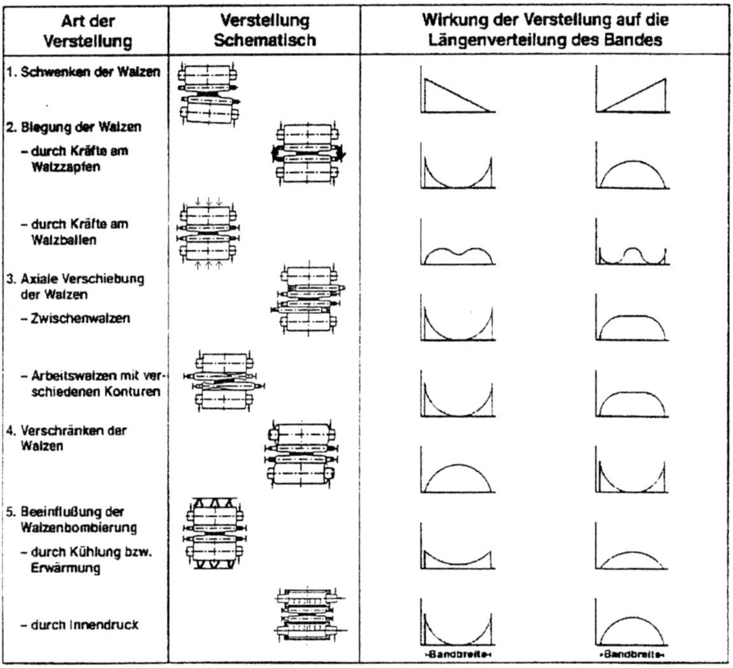

Art der Verstellung	Verstellung Schematisch	Wirkung der Verstellung auf die Längenverteilung des Bandes
1. Schwenken der Walzen		
2. Biegung der Walzen - durch Kräfte am Walzzapfen		
- durch Kräfte am Walzballen		
3. Axiale Verschiebung der Walzen - Zwischenwalzen		
- Arbeitswalzen mit verschiedenen Konturen		
4. Verschränken der Walzen		
5. Beeinflußung der Walzenbombierung - durch Kühlung bzw. Erwärmung		
- durch Innendruck		Bandbreite Bandbreite

Bild 1.3.7 Wirkung von Walzspaltformstellgliedern

Die Walzspaltkontur kann in relativ großen Grenzen beeinflußt und definiert eingestellt werden. Das bekannteste und vielfach bewährte System ist die CVC-Technik (Continuously Variable Crow- technique). Bei dieser werden die Walzen nach der mathematischen Funktion eines Polynoms 3. Grades geschliffen (Bild 1.3.8): Durch gegenläufiges Verschieben der Walzen kann stetig die symmetrische Bombierung verändert werden. Das System ist auch bei anderen Schliffarten der Walzen anwendbar.

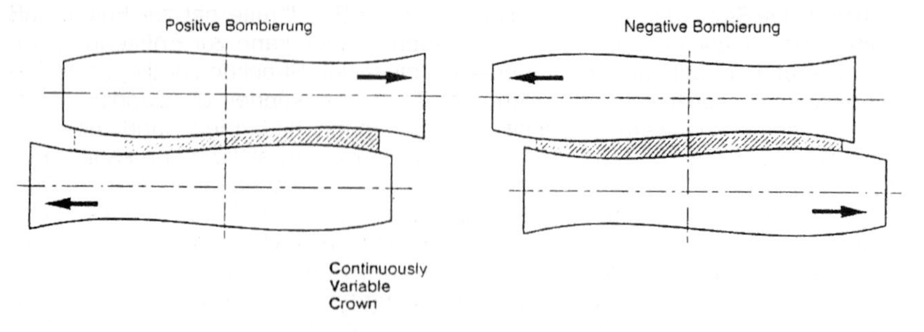

Bild 1.3.8 Prinzip des CVC-Systems

Die elastische Durchbiegung der Walzen durch die verhältnismäßig hohen Walzkräfte kann durch die Arbeits- und Zwischenwalzenrückbiegung ausgeglichen werden. Durch geringe oder negative Biegekräfte ist es möglich, das Bandprofil zu verstärken und/oder das thermisch bedingte Anwachsen des Walzenballens zu kompensieren. Eine breitenabhängige axiale Voreinstellung der Walzen in der Art, daß die Arbeitswalzen seitlich entlastet und das Band nicht mehr elastisch in die Walzen eingedrückt wird, eröffnet der Walzenrückbiegung eine größere Wirksamkeit und einen größeren Regelbereich. Planheitsfehler höherer Ordnung, die von den vorgenannten Stellgliedern nicht erfaßt und korrigiert werden, können durch eine differenzierte Vielzonenkühlung der Walzen beseitigt werden. Allerdings verändert sich die Walzentemperatur besonders beim Anwalzen dynamisch, weswegen die Kühlung feinfühlig geregelt werden muß. Der Ölvolumenstrom beträgt bis über 10000 l/min. Asymmetrische Planheitsfehler, d.h. die Keilförmigkeit der warmgewalzten Bänder kann in gewissem Umfang durch Schwenken der Walzenanstellung ausgeregelt werden. Auf diese Weise sind Bänder < 0,3 mm Dicke im Toleranzbereich von $\leq$ 5% bei Planheitstoleranzen zwischen 2 bis 5 I-Unit herstellbar.

1.3.3.4 Qualitätsaspekte

Die kaltzuwalzenden Bänder können wegen der eingeschränkten Entfestigungsneigung beim Warmwalzen bereits verfestigt sein. Dies muß bei der Konzeption der Technologie, bei der Berechnung der Stichpläne und bei der Vorausfestlegung der mechanisch-technologischen Eigenschaftswerte berücksichtigt werden (s. Kap. 1.2). Je nach Grad der Vorverfestigung kann bereits vor Beginn des Kaltwalzens eine rekristallisierende Glühung erforderlich sein. Weitere Zwischenglühungen können, besonders bei den höherlegierten Aluminiumwerkstoffen, im Verlauf des Kaltwalzens unumgänglich werden. Einerseits wird dadurch die Umformverfestigung abgebaut, andererseits lassen sich nur auf diese Weise teilverfestigte Zustände H12 bis H18 (1.2.9.) erzielen. Diese sind zwar bezüglich des Eigenschaftspotentials den teilentfestigten unterlegen, werden aber wegen der höheren Steifigkeit und Oberflächenqualität oft bevorzugt. Für die sogenannte Zustandswalzung ist ausschließlich der Umformgrad nach der Rekristallisationsglühung maßgebend. Die Art der Wärmebehandlung der Bänder nach dem Kaltwalzen richtet sich nach den geforderten Struktur-Gefügemerkmalen und dem mechanisch-technologischen

Eigenschaftsniveau. Bezüglich der Wärmebehandlungstechnologien und -anlagen wird auf Kap. 1.2.9 und 1.9 verwiesen. Die eintretenden Oberflächenveränderungen (s. Kap. 1.2.7) machen einen häufigen Arbeitswalzenwechsel notwendig. Bei modernen Anlagen kann dieser in weniger als 5 Minuten vollzogen werden. Außer Riefen, Kratzern, Eindrücken und Kantenrissen sind Querwellen eine typische Fehlerart.
Querwellen sind als parallele Streifungen bzw. Schattierungen sichtbare Dickenwellen auf kaltgwewalzten Bändern. Ursache sind einerseits drehzahlproportionale Schwingungen des Walzgerüstes durch unrund geschliffene Walzen oder durch Lagerdefekte. Häufig schwingt das Gerüst auch durch eine Selbsterregung in einer hohen Eigenfrequenz des Systems (bis über 1500 Hz). Die Schwingungen wirken sich qualitätsmindernd aus und führen zu einem verstärkten Verschleiß der Bauteile des Walzgerüstes. Eine positive Beeinflussung des Schwingungsverhaltens ist weniger durch konstruktive Änderungen als durch technologische Maßnahmen, wie z.B. durch Abstimmung von Walzgeschwindigkeit, Stichabnahme, Bandzugkräfte möglich.

1.3.3.5 Reck-, Richt- und Teilanlagen

Bandbreite und Walzgeschwindigkeit sind aus wirtschaftlichen Gründen zunehmend bis auf 2300 mm bzw. 2000 m/min gesteigert worden. Das Besäumen, Längs- und Querteilen sowie Entfetten der gewalzten Bänder erfolgt auf speziellen in sich geschlossenen Linien, in denen mehrere Arbeitsoperationen verkettet sind. Um eine Planheit höchster Qualität zu erzielen, werden die Bänder um 0 bis 2 (maximal 6) % plastisch gereckt und zwar entweder ausschließlich durch eine Zugbeanspruchung (Streckung) oder durch wechselseitiges Biegen und Strecken. Bewährt haben sich S-förmige Rollenzüge, durch die der Bandzug beim kontinuierlichen Durchlauf des Bandes erzeugt und wieder abgemindert werden kann. Die Geschwindigkeitsdifferenz zwischen der Brems- und Zugrolle kann entsprechend des erforderlichen Reckgrades eingestellt werden.

Reck-, Richt- und Längsteil-Anlagen bestehen aus:
Ablaufhaspeln – Stanze zur Verbindung – Bandmagazin – Reck-Richteinheit – Entfettungsanlage (wahlweise) – Kreismesserscheren – Aufwickelhaspeln – Verpackungsstation.
Die Arbeitsgeschwindigkeit kann bis 500 m/min, die kleinste Streifenbreite b_{min} = 24 mm betragen.
Hauptaggregate von Querteilanlagen sind:
Ablaufhaspeln – Rollenrichtmaschine – Besäumscheren – Querteilschere – Stapelvorrichtung. Arbeitsgeschwindigkeiten sind bis 50 m/min vorgesehen.

1.3.4 Walzen von Folien

1.3.4.1 Erzeugnisse

Folien, das sind nach DIN EN 546 kaltgewalzte Bänder mit 6 bis 200 μm Dicke, werden vorzugsweise aus Reinaluminium Al 99,0 und Al 99,5 hergestellt. Neuerdings werden sie auch aus Legierungen vom Typ AlFe mit Zusatz von Si bzw. Mn gefertigt (Tafel 1.3.12), weil durch Ausscheidungszustände das Entfestigungsverhalten günstig beeinflußt werden kann. Folien finden Verwendung für Verpackungen, insbesondere auch als Haushaltfolie, im Dickenbereich 6 bis 15 µm, in der Elektrotechnik für Kondensatoren (6 ... 20 µm) und für Wärmedämmungen als Isolationsmaterial aufgrund des geringen Emissionskoeffizienten und des hohen Wärmeleitwiderstandes in Knitter- oder Planfolienisolierschichten. Der Einsatz für Verpackungen von Flüssigkeiten, von Lebensmitteln und von pharmazeutischen Produkten begründet sich in der Umformbarkeit, den physikalisch-mechanischen Eigenschaften, der Dichtheit, Geschmacksneutralität, Bedruck- und Prägbarkeit sowie in der Kombinierbarkeit mit Papier, Kunststoffen etc.

Wesentliche Qualitätskriterien für Al- Folien sind:
die mechanischen Eigenschaften, Planheit (<10 I-Unit), Dickentoleranz (< ± 5%), Oberflächenbeschaffenheit und Porosität. Die Norm DIN EN 546 bezieht sich auf Abmessungen von 6 bis 200 µm Dicke und < 1600 mm Breite sowie auf unveredelte Folien für Verpackungen. Technisch werden Folien bis 4,5 µm Dicke, bis 2300 mm Breite und in beschichteter bzw. kaschierter Form produziert. Die mechanischen Eigenschaften sind in DIN EN 546-2 vorgegeben. Für die Auslieferung veredelter Folien ist meist der Zustand 0 nach DIN EN 515 (weichgeglüht), seltener H18 (walzhart) vorgesehen. Mindestwerte sind in Tafel 1.3.13-a ausgewiesen.

Tafel 1.3.12 Werkstoffe für Veredler- und Behälterfolien

Werkstoff-Nr.[1])	Chemisches Symbol[1])	Dichte g/cm³
1050	Al 99,5	2,70
1200	Al 99,0	2,71
3003	Al Mn1Cu	2,73
3103	Al Mn1	2,73
3005	Al Mn1Mg0,5	2,73
8006	Al Fe1,5Mn	2,74
8008	Al Fe1Mn0,8	2,74
8011A	Al FeSi(A)	2,71
8079	Al Fe1Si	2,71
8014	Al Fe1,5Mn0,4	2,73
8111	Al FeSi(B)	2,71

[1]) Präfix bei allen Bezeichnungen EN AW-

Für Behälterfolien gilt Tafel 1.3.13b. Tafel 1.3.14 enthält Angaben über zulässige Maßabweichungen.

Tafel 1.3.13a Mechanische Eigenschaften in Längsrichtung für Veredlerfolien[1]) (DIN EN 546-2)

		Werkstoffzustand			
		O			H18[2])
Werkstoff	Dickenbereich	Zugfestigkeit R_m		Bruchdehnung A_{50mm} oder A_{100mm}	Zugfestigkeit R_m
	µm	MPa		%	MPa
		min.	max.	min.	max
EN AW-1050A [Al 99,5]	6 bis 9	35	80	1	135
	10 bis 24	40	85	1	135
	25 bis 40	45	90	2	135
	41 bis 89	45	95	4	135
	90 bis 139	50	95	6	–
	140 bis 200	50	95	10	–
EN AW-1200 [Al 99,0]	6 bis 9	40	95	1	140
	10 bis 24	45	100	1	140
	25 bis 40	50	105	3	140
	41 bis 89	55	105	6	140
	90 bis 139	60	105	10	–
	140 bis 200	60	105	14	–
EN AW-8079 [Al Fe1Si]	6 bis 9	45	100	1	150
	10 bis 24	50	105	1	150
	25 bis 40	55	110	4	150
	41 bis 89	60	110	8	150
	90 bis 139	60	110	13	–
	140 bis 200	60	110	16	–
EN AW-8006 [Al Fe1,5Mn]	6 bis 9	80	135	1	170
	10 bis 24	85	140	2	170
	25 bis 40	85	140	6	170
	41 bis 89	90	140	10	170
EN AW-8011A [Al FeSi(A)]	6 bis 9	50	110	155	
	10 bis 24	55	115	1	155
	25 bis 40	55	120	3	155
	41 bis 89	65	130	7	155
EN AW-8111 [Al FeSi(B)]	6 bis 9	55	105	2	–
	10 bis 24	60	110	3	–
	25 bis 40	70	120	11	–
	41 bis 89	70	130	12	–
EN AW-8014 [Al Fe1,5Mn0,4]	6 bis 9	70	130	1	160
	10 bis 24	75	140	1	160
	25 bis 40	75	145	6	160
	41 bis 89	80	145	10	160

[1]) Veredlerfolie ist üblicherweise aufgeteilt in :
Dünne Veredlerfolie, doppelt gewalzt (6 µm bis 70 µm)
Dicke Veredlerfolie, einfach gewalzt (35 µm bis 200 µm)
Haushaltfolie, doppelt gewalzt (10 µm bis 24 µm)

[2]) Für den Werkstoffzustand H18 müssen die Höchstwerte der Zugfestigkeit und die Mindestwerte der Bruchdehnung, falls gefordert, zwischen Lieferer und Kunden vereinbart werden.

Tafel 1.3.13b Mechanische Eigenschaften in Längsrichtung für Behälterfolien[1]) (DIN EN 546-2)

Werkstoffzustand		O			H22			H24			H26			H18		
Werkstoff	Dickenbereich	Zugfestigkeit R_m		Bruchdehnung A_{50mm} oder A_{100mm}	Zugfestigkeit R_m		Bruchdehnung A_{50mm} oder A_{100mm}	Zugfestigkeit R_m		Bruchdehnung A_{50mm} oder A_{100mm}	Zugfestigkeit R_m		Bruchdehnung A_{50mm} oder A_{100mm}	Zugfestigkeit R_m		Bruchdehnung A_{50mm} oder A_{100mm}
	mm	MPa		%	MPa		%	MPa		%	MPa		%	MPa		%
		min.	max.	min.	min.	max.	min.	min.	max.	min.	min.	max.	min.	min.	max.	min.
EN AW-1200	35 bis 40	50	105	3	90	135	2	110	160	2	125	180	1	140	200	1
[Al 99,0]	41 bis 89	55	105	6	90	135	4	110	160	3	125	180	1	140	200	1
	90 bis 139	60	105	10	90	135	6	110	160	4	125	180	2	140	200	1
	140 bis 200	60	105	14	90	135	7	110	160	5	125	180	2	140	200	1
EN AW-3003	35 bis 40	80	130	7	120	160	7	140	180	6	150	190	3	175	230	1
[Al Mn1Cu]	41 bis 89	80	130	8	120	160	8	140	180	7	150	190	3	175	230	1
EN AW-3103	90 bis 139	80	130	12	120	160	11	140	180	8	150	190	4	175	230	1
[Al Mn1]	140 bis 200	80	130	15	120	160	14	140	180	9	150	190	5	175	230	1
EN AW-3005	35 bis 40	125	165	8	–	–	–	180	225	3	–	–	–	–	–	–
[Al Mn1Mg0,5]	41 bis 89	125	165	9	–	–	–	180	225	3	–	–	–	–	–	–
	90 bis 139	125	165	10	–	–	–	180	225	3	–	–	–	–	–	–
	140 bis 200	125	165	10	–	–	–	180	225	4	–	–	–	–	–	–
EN AW-8006	35 bis 40	85	140	6	–	–	–	–	–	–	–	–	–	–	–	–
[Al Fe1,5Mn]	41 bis 89	90	140	10	–	–	–	–	–	–	–	–	–	–	–	–
	90 bis 139	90	140	15	–	–	–	–	–	–	–	–	–	–	–	–
	140 bis 200	90	140	15	–	–	–	–	–	–	–	–	–	–	–	–
EN AW-8008	35 bis 40	80	140	8	120	155	5	140	175	3	150	190	3	180	250	1
[Al Fe1Mn0,8]	41 bis 89	80	140	10	120	155	8	140	175	5	150	190	4	180	250	1
	90 bis 139	80	140	15	120	155	12	140	175	8	150	190	6	180	250	1
	140 bis 200	80	140	15	120	155	15	140	175	10	150	190	8	180	250	1
EN AW-8011	35 bis 40	55	120	3	90	150	2	120	170	2	140	190	1	155	220	1
[Al FeSi(A)]	41 bis 89	65	130	7	90	150	4	120	170	3	140	190	1	155	220	1
	90 bis 139	65	130	12	90	150	5	120	170	4	140	190	2	160	220	1
	140 bis 200	65	130	16	90	150	6	120	170	5	140	190	2	160	220	1

[1]) einfach gewalzt (35 µm bis 200 µm)

Tafel 1.3.14 Maßabweichungen für Folien (DIN EN 546-3)
a) Dicke einfach gewalzter Folien

Größe des Loses kg	Grenzabmaße
≤ 3 000	± 6%
> 3 000 bis ≤ 10 000	± 5%
>10 000	± 4%

b) Dicke doppelt gewalzter Folien

Größe des Loses kg	Grenzabmaße
≤ 3 000	± 8%
> 3 000 bis ≤ 10 000	± 6%
>10 000	± 4%

c) Breite von einfach gewalzten Folien – Maße in mm

Breite	Grenzabmaße Symmetrisch	Nur Plus	Nur Minus
≤ 1000	±1	+2	0
		0	-2
>1000	±2	+4	0
		0	-4

Völlige Porenfreiheit kann bei Folien nicht gewährleistet werden. Durch die Gieß- und Walztechnik sind wesentliche Verbesserungen erzielt worden, so daß eine Porosität von < 50 Poren/m² angestrebt wird. Es besteht nach Bild 1.3.9 eine Abhängigkeit der Porosität von der Foliendicke.

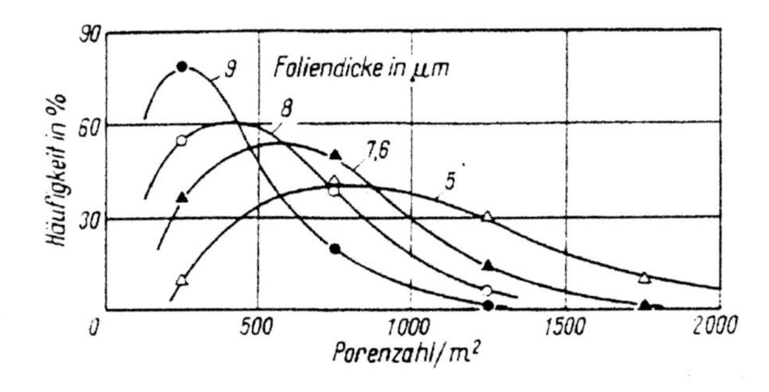

Bild 1.3.9 Porenanzahl von Aluminiumfolie aus Al 99,5 (nach Keese)

Bei den doppelt gewalzten Folien sind die Seiten der Ausführungsarten der Oberflächen matt bzw. glanz zu vereinbaren. Erforderliche Prägungen sind diese durch Muster oder Zeichnungen anzugeben. Oberflächennachbehandlungen verändern die Qualität der Folien (Tafel 1.3.15). Zusätzliche Eigenschaftsanforderungen bezüglich der Porosität, der Benetzbarkeit, der Haftung (des Klebens) der Windungen, der Berstfestigkeit und der Tiefziehbarkeit bedürfen einer Vereinbarung, wobei die Prüfmehodiken nach EN 546-4 einzuhalten sind.

Tafel 1.3.15 Effekte von Oberflächenbehandlungen

Verfahren	Änderung des Oberflächen-aussehens	Verbesserung der Dichtigkeit und der chemischen Beständigkeit	Steigerung der Festigkeit und der Verarbeitbarkeit
Lackieren	x	x	(x)
Färben	x	x	(x)
Kaschieren	(x)	x	x
Beschichten	(x)	x	x

Bezüglich der Lieferart enthält DIN EN 546-1 keine Festlegungen. Nach der vormaligen DIN-Norm DIN 1784-3 galt:

- Folien in Rollen werden in Festmaßen (Festbreite und Festlänge) auf Aufwickelhülsen nach DIN 55470 geliefert. Die maximalen Außendurchmesser oder die maximalen Gewichte der Rollen sind bei Bestellung besonders zu vereinbaren. Die zulässige Abweichung der Meterzahl beträgt ± 3 % der Bestellänge bei 90 % der Rollen. 10 % der Rollen dürfen aus fabrikationstechnischen Gründen eine geringere Meterzahl haben als die Bestellänge, wobei aber diese Meterzahl unter Berücksichtigung der vorgenannten zulässigen Abweichung von ± 3 % angegeben wird.
- Folien in Formaten werden nur in Festmaßen (Festbreite und Festlänge) geliefert. Die zulässige Abweichung der bestellten Stückzahl beträgt ± 5 %.

1.3.4.2 Folienwalzwerke

Ausgangsmaterial für Folien sind Bänder mit 0,45 bis 0,70 mm Dicke, sogenannte Folien-Vorwalzbänder. Vor dem Walzen zu Folien müssen diese beidseitig besäumt und möglichst feinkörnig rekristallisierend geglüht werden, weil nach der Schlußglühung im Folienband die Korngröße einen bestimmten Wert nicht unterschreiten sollte. Für Al 99,0 sollte die Kornzahl/mm^2 über 6000 betragen, was einem mittleren Korndurchmesser von $d_K < 14{,}5\ \mu m$ entspricht. Für die Walzung finden generell Quartowalzwerke Verwendung. Für diese sind folgende technische Daten charakteristisch:

Arbeitswalzendurchmesser D_A = 250 ... 280 mm
Stützwalzendurchmesser D_{St} = 800 ... 1000 mm
Ballenlänge L_B = bis 2600 mm
Walzgeschwindigkeit v = bis 2000/2500 m/min
Drehzahlregelbare Antriebsmotoren
vorgespannte Gerüste
Lagerung der Walzen in ständig direkt und indirekt über das Einbaustück gekühlten Radial- und Axialwälzlagern;
Dickenregelung auf dem Prinzip der Masseflußregelung durch laufende Messung der Geschwindigkeit beidseitig des Walzgutes
Planheitsregelung durch Walzenrückbiegung, Vielzonenintensivkühlung und in einigen Fällen auch durch hydraulisch aufweitbare Stützwalzen.

Die Walzwerke sind ausgerüstet:

a) einlaufseitig mit Bremszughaspeln, Treib- und Besäumeinrichtungen, einer Spannrolle und einer Notschere;
b) auslaufseitig mit Walzölabstreifvorrichtung, Dickenmeßgerät, Planheitsmeßrolle, Glättrolle und Zughaspel.

Geachtet werden muß auf höchste Reinheit. Charakteristische Merkmale des Walzens von Folien sind:

- die Verwendung von niedrigviskosen, relativ leicht flüchtigen Walzölen, wie z.B. Mineralölen oder organische Öle (Rapsöl bzw. Palmöl mit Alkohol versetzt) s. Kap. 1.1.5.2
- das Walzen mit Bremszug mit σ_{Br} = bis $0{,}65 . k_{f0}$ und Haspelzug σ_V = bis $0{,}35 . k_{f1}$
- die verhältnismäßig starke Abplattung der Arbeitswalzen und
- die Notwendigkeit, Folien < 0,012 mm im letzten Stich doppellagig zu walzen.

Beim Doppeltwalzen werden zwei Folien zugleich gewalzt, zunächst gemeinsam auf einer Rolle aufgewickelt und danach auf Spezialmaschinen bei gleichzeitigem Besäumen wieder auseinandergewickelt. Die den polierten Stahlwalzen zugewandten Folienseiten erhalten beim Doppeltwalzen nahezu Hochglanz (gl). Die Seiten auf der die gedoppelten Folien aufeinanderliegen, werden matt (m) (s. Kap.1.2.7.3.).
Die Abplattung der Arbeitswalzen infolge der hohen Walzkräfte hat zur Folge, daß die Umformung in relativ engen Bereichen des Walzspaltes stattfindet (Bild 1.3.10).

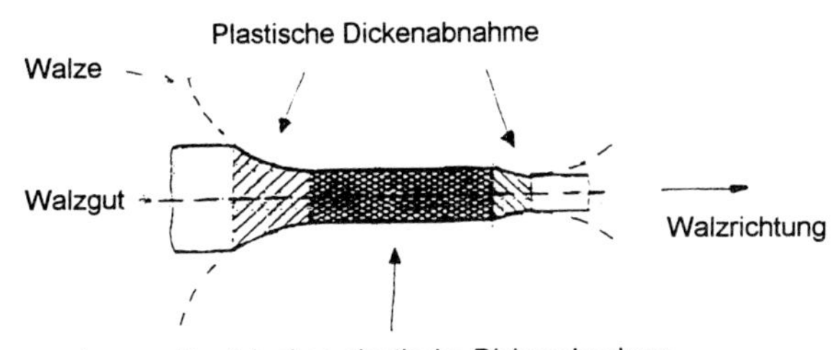

Bild 1.3.10 Schematische Darstellung der Walzgutform im Walzspalt beim Folienwalzen

Grundsätzlich muß die Abwalzung in mehreren Stichen durchgeführt werden, z.B. für Folien mit 8 µm Dicke aus Vorband 0,55 mm Dicke nach dem Stichplan 0,55 -> 0,2 -> 0,088 -> 0,035 -> 0,016 -> Doppeln -> 2 x 0,008 mm.

In Abhängigkeit von den verwendungsbedingten Anforderungen werden die kaltverfestigten Folien nach dem Fertigwalzen meist vollständig weichgeglüht. Dabei verdampfen zugleich auf der Folienoberfläche verbliebene Walzölreste, die Folie wird völlig steril.

1.3.4.3 Oberflächenbehandlung, Folienveredelung

Für bestimmte Anwendungen werden Folien oder dünne Bänder im Folienwalzwerk oder bei Verarbeitungsfirmen mechanisch, chemisch oder elektrochemisch behandelt, bedruckt, lackiert, kaschiert oder zu Verbundfolien mit anderen Werkstoffen verarbeitet. Die Maßnahmen der Folienveredelung dienen der Verbesserung der Dehnbarkeit bzw. der mechanischen Belastbarkeit, der chemischen Beständigkeit gegen bestimmte Medien, des Aussehens oder zur Herstellung bestimmter Eigenschaften wie Heißsiegelbarkeit oder Färbung. Nachfolgend wird nur ein Überblick über die wichtigsten Behandlungen und Verfahren gegeben. Hinsichtlich technischer und chemischer Details wird auf Kap. 3 und die spezielle Fachliteratur verwiesen.

Zur Erzielung bestimmter Eigenschaften sind folgende Verfahren üblich:

Mechanische und chemische Oberflächenbehandlung

Prägen von Folien und dünnen Bändern erfolgt mit gravierten oder geätzten Stahlwalzen; die Gegenwalze hat einen Papierbelag oder – bei Hohlprägungen, z.B. Kalottenprägung – eine entsprechende Gegenform. Eingeprägt werden Punkt- und Linienraster oder beliebige Muster, Firmen- oder Markenbezeichnungen auf glattem oder gemustertem Grund. Prägen kann auch bei lackierten und/oder beschichteten Folien und dünnen Bändern ausgeführt werden. Außer durch Prägen können Folien und dünne Bänder durch mechanische, chemische oder elektrochemische Behandlung eine bestimmte Oberflächenstruktur, Oberflächenbeschaffenheit oder Oberflächenvergrößerung erhalten:

- Bürsten mit Bürstenwalzen (ein- oder beidseitig) zur Erzielung einer gleichmäßig aufgerauhten Oberfläche ist bei dünnen Bändern ab 0,03 mm Dicke möglich. Das Bürsten von Folien kann nur an einseitig kaschierten Folien erfolgen.
- Ätzen von Bändern auf chemischem oder elektrochemischem Wege zur Oberflächenvergrößerung bei Offsetplatten oder für Elektrolytkondensatoren (ab 0,02 mm Dicke).
- Formieren von Bändern für Elektrolytkondensatoren durch mechanisches, chemisches oder elektrochemisches Aufrauhen und Tauchen in ein Formierbad (z.B. in 5%iger Borsäure),

Folienveredelung

Schutzlackieren, Neutralisieren. Beim Schutzlackieren oder Neutralisieren werden farblose dünne Lackschichten von 1,0 bis 2,5 g/m^2 auf die Folie aufgebracht. Diese Schichten sind nicht völlig porenfrei und bieten nur Schutz gegen schwache chemische Einwirkungen, z.B. Schwitzwasser und Fingerabdrücke. Sie liefern einen guten Haftgrund für den Druck.

L a c k i e r e n . Beim Lackieren wählt man Lackschichten von 5 bis 20 g/m^2. Derartige Schichten erfüllen höhere Anforderungen an die chemische Beständigkeit und sind bei Filmdicken über 10 g/m^2 völlig porenfrei. Außerdem erhöhen sie die Festigkeitswerte der behandelten Folie etwas. Thermoplastische (Kunststoff-) Lackierungen mit hoher chemischer Beständigkeit sichern eine gute Heißsiegelfähigkeit. Den höchsten zusätzlichen Schutz gegen chemische Angriffe bieten die Einbrenn- und Reaktionslacke, die aber in der Regel nur auf Bändern von mehr als 0,030 mm Dicke aufgebracht werden (Einbrenntemperatur bei etwa 300 °C). Alle Lackfilme müssen geschmeidig, geruch- und geschmackfrei sein. Sie dürfen nicht abblättern, wenn die Folie gefaltet, schroffen Temperaturdifferenzen ausgesetzt oder mechanisch beansprucht wird.

F ä r b e n . Das Färben gleicht dem Lackieren mit dem Unterschied der Einbettung von Farbkörpern in dem Lackbindemittel. Bei lasierendem Färben wird der Metallcharakter der Oberfläche erhalten oder sogar hervorgehoben. Es lassen sich dadurch optische Effekte bewirken, wie sie auf anderen Unterlagen nicht erreichbar sind. Deckendes Färben erfolgt mit pigmentierten Lacken. Kombinationen verschiedenartiger Bindemittel und Farbstoffe führen zu einer Anzahl von Sonderqualitäten, wie wasser- und fettbeständige oder bei dünnen Bändern tiefziehfähige Einfärbungen. Ein guter Weißdruck auf gefärbten Folien setzt spritzfeste Einfärbung voraus. Bei Verschlußkapseln aus dünnen Bändern wird im Hinblick auf einen möglichen Sterilisiervorgang auf kochfeste Einfärbung Wert gelegt. Die Lichtechtheit der Färbung hängt vom Farbstoff ab; lichtechte Färbungen sind in den Farbtönen eng begrenzt.

K a s c h i e r e n . Hierunter versteht man die Verbindung zweier oder mehrerer dünner Bahnen verschiedener Stoffe mit Hilfe von Klebstoffen. Dieses Verfahren führt zu Verbund- oder Mehrschichtfolien, die allen Anforderungen an die chemische Beständigkeit, Dichtheit, Lichtundurchlässigkeit, Festigkeit, Steifheit und Verarbeitbarkeit auf Verpackungsmaschinen genügen, denen eine dünne Al-Folie allein nicht gewachsen ist. Die Al-Folie wird ein- oder beidseitig blank, glatt oder in einer Veredlungsform in der Regel ganzflächig (vollkaschiert) oder in gewissen Fällen punkt- oder streifenförmig mit Papier, Karton, Pappe, Kunststoff-Folien, Textilien, Leder oder anderen Stoffen verbunden (Mehrschichtfolien). Als Klebemittel verwendet man neutrale wäßrige Klebstoffe, stärkehaltige oder tierische Leime, Kunststoffkleber, Bitumen, Paraffine und Wachse.

B e s c h i c h t e n . Beim Beschichten wird Kunststoff aus der Schmelze, als Dispersion oder Lösung auf Aluminiumfolie aufgetragen. Je nach System können einlagige Beschichtungen hinsichtlich der Fettbeständigkeit und der Wasserdampfdichte nicht ausreichen. In diesem Falle beschichtet man in mehreren Arbeitsgängen. Kunststoffbeschichtungen aus der Schmelze beschränken sich z.Z. hauptsächlich noch auf Polyäthylen oder PE-Copolymer. Am Extruder lassen sich nach diesem Verfahren sowohl auf der Aluminium- als auch auf der Papierseite einer papierkaschierten Folie Kunststoffschichten haftfest aufbringen.

B e d r u c k e n . Die letzte Stufe der Folienveredlung für Packstoffe ist das Bedrucken. Eine wesentliche Voraussetzung für eine gute Druckhaftung ist die Oberflächenbeschaffenheit, vor allem die zweckmäßige Vorbehandlung der Folie. Es ist zu empfehlen, gelegentlichen Mißerfolgen durch Verwendung vorlackierter Folien vorzubeugen. Folien lassen sich nach einem der nachgenannten Verfahren bedrucken:

Buchdruck ist für Ausführungen hoher Qualität durchaus geeignet. Die mit einem Anteil aus Öl bestehende Druckfarbe haftet auch auf metallblanker Folie gut. Im Mehrfarbenbereich werden, anders als beim rotativen Hochdruck, vorwiegend Bogenformate verarbeitet. Wichtig ist eine hinreichende Trockenzeit zwischen den Farbaufträgen. Gegebenenfalls kann die Trockenzeit durch geeignete Mittel beeinflußt werden. Störenden Rollerscheinungen der Folie kann durch Klimatisierung vorgebeugt werden.
Flexodruck wird in großem Umfang eingesetzt, insbesondere für Verpackungsmaterial. Besondere Vorteile bei diesem Verfahren sind die schnelle Trocknung der Druckfarben und die Verdruckbarkeit dreidimensionaler Druckträger. Das Verfahren ist auch bei kleineren Auflagen wirtschaftlich.
Offsetdruck liefert ebenso wie der Buchdruck hochwertige Ergebnisse, wobei das Einsatzgebiet vorwiegend im Verpackungsbereich liegt. Neben der guten Farbhaftung ist jedoch eine etwas längere Trockenzeit zu berücksichtigen.
Tiefdruck eignet sich nur für Massenauflagen. Erstklassige Bildwiedergabe auch bei feinsten Tonabstufungen und beste Haftung auf vorlackierten Folien sind besondere Qualitätsmerkmale des Verfahrens. Durch intensiv wirkende Trockeneinrichtungen innerhalb der Tiefdruckrotationen ist eine gute Farbtrocknung gewährleistet. Beim Tiefdruck ist die zum Verbinden durch Heißsiegeln nötige Fassonlackierung mit Heißklebelack leicht durchführbar.
Siebdruck bewährt sich besonders bei der Herstellung von Plakaten, Schildern und Werbeprospekten u.a. auch durch Verwendung von Leuchtfarben.

Aneinanderfügen von Bahnen
Die vorstehend aufgeführten Behandlungen werden kontinuierlich vorgenommen, dabei ist das Ende der vorhergehenden Bahn mit dem Anfang der nächsten Bahn zu verbinden. Angewandt werden hierzu das:

Kaltschweißen. Dieses Verfahren eignet sich zum »Zusammenheften« von Folienbahnen. Hierbei wird Metall auf Metall gelegt und mittels einer glatten oder aufgerauhten Walze (Rändelrolle), die quer zur Folienbahn beweglich ist, durch hohen spezifischen Druck miteinander kalt verschweißt. Als Unterlage kann man auch eine mit Feilenhieb versehene Fläche verwenden.

Ultraschallschweißen. Es ist dies eine Verfahrensvariante des Kaltpreßschweißens, bei der der Druckstempel in hochfrequente Schwingungen versetzt wird.

Kleben mittels Klebebändern.

1.3.5 Blattaluminium

Blattaluminium ist ein flächiges Erzeugnis in Einzelblättern, das auf ähnliche Weise wie Blattgold hergestellt wird. Die kleinste herstellbare Dicke beträgt 0,0004 mm (0,4 μm). Für Blattaluminium besteht keinerlei Normung. Als Werkstoff dient Reinaluminium Al 99,0 bis 99,99.

H e r s t e l l u n g . Bei der Herstellung von Blattaluminium, das die unangenehme Oxidationseigenschaft des Blattsilbers nicht aufweist, wird Band auf 0,01 mm ausgewalzt und in quadratische Stücke der Abmessung 40 x 40 mm^2 geschnitten. Vierzehn dieser Stücke werden auch heute noch von Hand mit einem 18 bis 20 - pfündigen Hammer in einer Quetsche aus 600 Blatt Pergamentpapier von der Größe 130 x 130 mm^2 weiter ausgeschlagen, zunächst zu Quadraten von 125 x 125 mm^2 bei der Dicke von 0,002 mm. Durch Teilung in vier gleiche Teile erhält man aus diesen 14 Quadraten 56 kleinere Formate von 60 x 60 mm^2. Die kleinen Folienstücke werden nun zwischen zwei Darmhäute gelegt, die sogenannte Dünnschlagform. Diese Dünnschlagform besteht in ihrer Gesamtheit aus 1200 Blatt 162 x 162 mm^2, zwischen die 1200 Folienblätter 600 x 60 mm^2 zu liegen kommen, um in dieser Verpackung mit einem 8 bis 12-pfündigen Hammer in 2-stündiger Arbeit zu hauchdünnen Blättern ausgeschlagen zu werden. Insgesamt sind etwa 1100 Schläge notwendig, bis ein hauchdünnes Material von einer Dicke von 0,0004 mm vorliegt.

V e r w e n d u n g . Blattaluminium findet als dekorativer Überzug auf Wänden, Holz, Leder (»Silberleder«), als Bilderrahmenauflage, als Wundfolie in Kliniken und auch als Blitzlichtträger in Vakuumlampen Verwendung. Aus Blattmetallabfällen kann Aluminiumpulver hergestellt werden.

1.3.6 Strangpressen

1.3.6.1 Strangpreßerzeugnisse

Das Strangpressen ist ein Umformverfahren mit indirekter Druckwirkung (Bild 1.3.16), bei dem der Spannungsmittelwert σ_m (hydrostatischer Spannungsanteil) im hohen Druckbereich liegt. Das ist in bezug auf das Umformvermögen der Werkstoffe (s. 1.2.10.) günstig. Infolgedessen können durch Strangpressen ausnahmslos alle Knetlegierungen umgeformt werden. Bevorzugt werden die Legierungssysteme AlMg; AlMn; AlMgSi; AlMgMn; AlZnMg; AlCuMg und AlZnMgCu.

Die Mindestwerte der mechanischen Eigenschaftswerte nach dem Pressen bzw. nach dem Aushärten sind in DIN EN 755 festgelegt (Tafel 1.3.16-1u. -2).

Tafel 1.3.16-1 Mechanische Eigenschaften nach DIN EN 755-2 für stranggepreßte Erzeugnisse der Werkstoffgruppe I

Werkstoff-bezeichnung[1])	Werkstoff-zustand	Maß mm D[2])	s[3])	R_m MPa	$R_{p0,2}$ MPa	A_5 %	A_{50} %
Al 99,5	F,H 112	alle	alle	60	20	25	23
	O,H 111	alle	alle	60	20	25	23
Al 99,7	F,H 112	alle	alle	60	20	25	23
Al 99,0	F,H 112	alle	alle	75	25	20	18
EAl 99,5	F,H 112	alle	alle	60	-	25	23
Al Mn1Cu	F,H 112	alle	alle	95	35	25	20
	O,H 111	alle	alle	95	35	25	20
Al Mn1	F,H 112	alle	alle	95	35	25	20
	O,H 111	alle	alle	95	35	25	20
Al Mg1(B)	F,H 112	alle	alle	100	40	18	16
	O,H 111	alle	alle	100	40	20	18
Al Mg1(C)	F,H 112	alle	alle	100	40	18	16
	O,H 111	alle	alle	100	40	20	18
Al Mg2(B)	F,H 112	alle	alle	150	50	16	14
	O,H 111	alle	alle	150	50	18	16
Al Mg2	F,H 112	alle	alle	160	60	16	14
	O,H 111	alle	alle	160	60	17	15
EAl MgSi(A)	T6	150	150	200	170	10	8
EAl MgSi(B)	T6	-	≤15	215	160	8	6
	T7	-	≤15	170	120	12	10
Al SiMg	T6	<25	≤25	270	225	10	8
		bis 50	bis 50	270	225	8	-
Al SiMg(A)		bis 100	bis 100	260	215	8	-
Al MgSiPb	T6, T6510	≤150	≤150 bis	310	260	8	6
	T6511	bis 200	200	260	200	8	-
Al Mg1SiPbMn	T6, T6510	≤150	≤150	310	260	8	6
	T6511	bis 200	bis 200	260	200	8	-
Al Si1Mg0,5Mn	T4	≤200	≤200	205	110	14	12
	T6	≤20	≤20	295	250	8	6
		bis 75	bis 75	300	255	8	-
		bis 150	bis 150	310	260	8	-
		bis 200	bis 200	280	240	6	-
		bis 250	bis 250	270	200	6	-
Al MgSi	T4	≤150	≤150	120	60	16	14
	T5	≤150	≤150	160	120	8	6
	T6	≤150	≤150	190	150	8	6
	T64	≤150	≤150	180	120	12	10
	T66	≤150	≤150	215	160	8	6
Al Mg1SiCu	T4	≤200	≤200	180	110	15	13
	T6	≤200	≤200	260	140	8	6

Tafel 1.3.16-1 Mechanische Eigenschaften nach DIN EN 755-2 für stranggepreßte Erzeugnisse der Werkstoffgruppe I (Fortsetzung)

Werkstoff-bezeichnung[1]	Werkstoff-zustand	Maß mm D[2]	s[3]	R_m MPa	$R_{p0,2}$ MPa	A_5 %	A_{50} %
Al Mg1SiCu(A)	T4	≤100	≤110	180	100	14	12
		≤20	≤20	290	245	8	7
	T6	bis 100	bis 100	290	245	8	-
Al Mg1SiPb	T6	≤200	≤200	260	240	10	8
Al Mg0,7Si	T4	≤150	≤150	130	65	14	12
		bis 200	bis 200	120	65	12	-
	T5	≤200	≤200	175	130	8	6
	T6	≤150	≤+50	215	170	10	8
		bis 200	bis 200	195	160	10	-
	T66	≤200	≤200	245	200	10	8
Al Mg0,7Si(A)	T4	≤150	≤150	150	90	12	10
		bis 200	bis 200	140	90	10	-
	T5	≤200	≤200	200	160	7	5
		≤150	≤150	230	190	7	5
	T6	bis 200	bis 200	220	160	7	-
Al Mg0,7Si(B)	T4	≤150	≤150	125	75	14	12
	T5	≤150	≤150	150	110	8	6
	T6	≤150	≤150	195	160	10	8
Al Si0,9MgMn	T6	≤250	≤250	275	240	8	6
Al Si1MgMn	T4	≤200	≤200	205	110	14	12
	T6	≤20	≤0	295	250	8	6
		bis 150	bis 150	310	260	8	-
		bis 200	bis 200	280	240	6	-
		bis 250	bis 250	270	200	6	-

[1]) Präfix EN AW- [2]) Durchmesser [3]) Schlüsselweite

Tafel 1.3.16-2 Mindesteigenschaften stranggepreßter Stangen nach DIN EN 755-2 für Werkstoffgruppe II

Werkstoff-bezeichnung[1])	Werkstoff-zustand	Maß mm D[2])	s[3])	R_m MPa	$R_{p0,2}$ MPa	A_5 %	A_{50} %
Al Cu4PbMgMn	T4, T4510	≤80	≤ 80	370	250	8	6
	T4511	bis 200	bis 200	340	220	8	-
		bis 250	bis 250	330	210	7	-
Al Cu6BiPb	T4	≤200	≤60	275	125	14	12
Al Cu6BiPb(A)	T6	≤75	≤60	310	230	8	6
		bis 200	-	295	195	6	-
Al Cu4SiMg	T4, T4510	≤25	≤25	370	230	13	11
	T4511	bis 75	bis 75	410	270	12	-
		bis 150	bis 150	390	250	10	-
		bis 200	bis 200	350	230	8	-
Al Cu4SiMg(A)	T6, T6510	≤25	≤25	415	370	6	5
	T6511	bis 75	bis 75	460	415	7	-
		bis 150	bis 150	465	420	7	-
		bis 200	bis 200	430	350	6	-
		bis 250	bis 250	420	320	5	-
Al Cu4MgSi(A)	T4, T4510	≤25	≤25	380	260	12	10
	T4511	bis 75	bis 75	400	270	10	-
		bis 150	bis 150	390	260	9	-
		bis 200	bis 200	370	240	8	-
		bis 250	bis 250	360	220	7	-
Al Cu4Mg1	T3, T3510	≤50	≤ 50	450	310	8	6
	T3511	bis 100	bis 100	440	300	8	-
		bis 200	bis 200	420	280	8	-
		bis 250	bis 250	400	270	8	-
	T8, T8510 T8511	≤150	≤150	455	380	5	4
Al Cu4PbMg	T4, T4510	≤80	≤80	370	250	8	6
	T4511	bis 200	bis 200	340	220	8	-
		bis 250	bis 250	330	210	7	-
Al Mg2,5	F, H112,	alle	alle	170	70	15	13
	O, H111	alle	alle	170	70	17	15
Al Mg3,5 (A)	F, H112	≤200	≤200	200	85	16	14
	O, H111	≤200	≤200	200	85	18	16
Al Mg3Mn	F, H112	≤200	≤200	200	85	16	14
	O, H111	≤200	≤200	200	85	18	16
Al Mg3	F, H112	≤150	≤150	180	80	14	12
		bis 250	bis 250	180	70	13	-
	O, H111	≤150	≤150	180	80	17	15
Al Mg5	F, H112	≤200	≤200	250	110	14	12
	O, H111	≤200	≤200	250	110	15	13
Al Mg4,5Mn0,7	F	≤200	≤200	270	110	12	10
		bis 250	bis 250	260	100	12	-
	O, H111	≤200	≤200	270	110	12	10
	H112	≤200	≤200	270	125	12	10

Tafel 1.3.16-2 Mindesteigenschaften stranggepreßter Stangen nach DIN EN 755-2 für Werkstoffgruppe II

Werkstoff-bezeichnung[1])	Werkstoff-zustand	Maß mm D[2])	s[3])	R_m MPa	$R_{p0,2}$ MPa	A_5 %	A_{50} %
Al Mg4	F, H112	≤250	≤250	240	95	12	10
	O, H111	≤200	≤200	240	95	18	15
Al Zn6Mg0,8Zr	T5	alle	alle	310	260	10	8
	T6	≤50	≤50	350	290	10	8
		bis 150	bis 150	340	280	10	-
Al Zn4,5Mg1,5Mn	T6	≤50	≤50	350	290	10	8
		bis 200	bis 200	340	270	10	-
Al Zn4,5Mg1	T6	≤50	≤50	350	290	10	8
		bis 200	≤200	340	275	10	-
Al Zn5Mg3Cu	T6, T6510	≤80	≤80	490	420	7	5
	T6511	bis 200	bis 200	470	400	7	-
Al Zn8MgCu	T6, T6510	≤100	≤100	610	530	5	4
	T6511	bis 125	bis 125	560	500	5	-
		bis 150	bis 150	520	430	5	-
		bis 180	bis 180	450	400	3	-
Al Zn5,5MgCu	T6, T6510	≤25	≤25	540	480	7	5
	T6511	bis 100	bis 100	560	500	7	-
		bis 150	bis 150	530	470	6	-
		bis 200	bis 200	470	400	5	-
	T73,	≤25	≤25	485	420	7	5
	T73510	bis 75	bis 75	475	405	7	-
	T	bis 100	bis 100	470	390	6	-
	73511	bis 150	bis 150	440	360	6	-

[1]) Präfix EN AW- [2]) Durchmesser [3]) Schlüsselweite

Entscheidend für eine fehlerfreie Umformung sind die Umformbedingungen φ_v, $\dot{\varphi}_v$ und ϑ (s. 1.1.4.) bzw. als Technologiekennwerte das Preßverhältnis $\lambda = A_0/A_1$; die Preß- (Stempel-) geschwindigkeit v_{st} und die Preßtemperatur ϑ. Diese müssen bei den leichtumformbaren Werkstoffen anders gewählt werden als bei den schwerumformbaren. Der Begriff der „Schwerumformbarkeit" wird in der Praxis häufig angewandt. Er soll, obwohl nicht eindeutig definiert, das Umformverhalten des betreffenden Werkstoffes kennzeichnen. Die Einteilung wird unterschiedlich gehandhabt. Genaue Festlegungen gibt es nicht. Zu schwerumformbaren Al-Legierungen können etwa die Legierungen zugeordnet werden, bei denen im Vergleich zu Reinaluminium die Umformfestigkeit 2,5 mal höher, der Bruchumformgrad 1/3 so hoch ist und die nur in einem engen Temperaturbereich rißfrei umgeformt werden können. Eine leicht umformbare und häufig verwendete Legierung ist die Legierung EN AW-6061B (-EAl MgSi(B)). Als schwerumformbar können Al-Legierungen mit über 2% Mg, über 4% Cu bzw. über 5% Zn eingestuft werden. Das Umformverhalten bestimmt nicht nur das Preßverhältnis und somit die Grenzen der Herstellbarkeit von Strangpreßprodukten mit einer Presse, die für eine bestimmte Preßkraft ausgelegt ist, sondern auch die erzielbaren Maß- und Formgenauigkeiten. Dementsprechend werden in DIN EN 755-3 bis 755-9 und DIN EN 12020 Aluminium-Werkstoffe in Werkstoffgruppe I und II unterschieden (Tafel 1.3.17).

Tafel 1.3.17 Werkstoffgruppen für stranggepreßte Al-Werkstoffe nach DIN EN 755

Gruppe I	EN AW-1050A, EN AW-1070A, EN AW-1200, EN AW-1350 EN AW-3003, EN AW-3103 EN AW-5005, EN AW-5005A, EN AW-5051A, EN AW-5251 EN AW-6101A, EN AW-6101B, EN AW-6005, EN AW-6005A, EN AW-6106, EN AW-6012, EN AW-6018 EN AW-6351, EN AW-6060, EN AW-6061, EN AW-6261, EN AW-6262, EN AW-6063, EN AW-6063A EN AW-6463, EN AW-6081, EN AW-6082
Gruppe II	EN AW-2007, EN AW-2011, EN AW-2011A, EN AW-2014, EN AW-2014A, EN AW-2017A, EN AW-2024, EN AW-2030 EN AW-5019[1]), EN AW-5052, EN AW-5154A, EN AW-5454, EN AW-5754, EN AW-5083, EN AW-5086 EN AW-7003, EN AW-7005A, EN AW-7020, EN AW-7022, EN AW-7049A, EN AW-7075

[1]) EN AW-5019 ist die neue Bezeichnung für EN AW-5056A.

Infolge des Formzwanges bestehen für die Gestaltung des Querschnittes der Strangpreßprodukte freizügigere Möglichkeiten als bei den anderen Umformverfahren der Halbzeugherstellung. Die Querschnittsform kann einerseits so auf die Beanspruchung und andererseits so auf den Funktionszweck abgestimmt werden, daß eine optimale Werkstoffausnutzung bzw. Funktionalität gewährleistet wird. Durch einen schnell vollziehbaren Werkzeugwechsel lassen sich Langprodukte in kleineren Mengen kostengünstig herstellen. Etwa 33 % der Al-Halbzeugproduktion entfallen auf das Strangpressen. Die Erzeugnisse finden im Bauwesen (> 50 %), Maschinen-und Apparatebau, in der Förder- und Elektrotechnik sowie im Fahrzeug-, Schiffs- und Flugzeugbau breite Verwendung.

Das Produktionssortiment umfaßt:
- Drähte bzw. Vordrähte (DIN EN 1715) mit über 7 mm Durchmesser und querschnittsgleiche Vierkant-, Sechskant-, Flach- sowie Profildrähte
- Stäbe und Stangen (DIN EN 755) mit 7 bis 320 mm Durchmesser bzw. flächengleichem Vier-, Sechs- und Rechteckquerschnitt und 0,05 bis 225 kg/m Metermasse
- die Standardprofile L- (DIN 1771), U- (DIN 9713), T- (DIN 9714), - (DIN 9712) und Flachwulst-Profil (DIN 80291 bis 80293) mit einer Metermasse von 0,15 bis > 100 kg/m
- Voll-, Halbhohl- und Hohlprofile mit einem profilumschreibenden Kreis von 10 bis 800 mm bzw. 120 x 600 mm^2 Rechteck, einer Metermasse von 0,3 bis 300 kg/m
- Präzisionsprofile aus Al MgSi (EN AW-6060) und Al Mg0,7Si (EN AW-6063) nach DIN EN 12 020 mit einem Umschlingungskreis von 300 mm Durchmesser in Eloxalqualität; Metermasse 0,08 bis 4,21 kg/m
- Rundrohre (DIN EN 755-7 u. –8) mit 8 bis 450 mm Durchmesser und Wanddicken von 1 bis 40 mm.

Bild 1.3.11 vermittelt einen Überblick über die verschiedenen Formgruppen.

Formgruppe	Formbezeichnung	Beispiele
A	Stangen	
B	Formstangen	
C	Standardprofile	
D	einfache Vollprofile	
E	Halboffene Profile	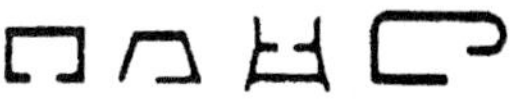
F	Profile m. schroffem Querschnittübergang u. dünnen Wänd. Breite Profile	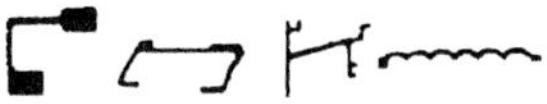
G	Profile m. ungünstigen Zungen u. sehr schmalen Einschnitten	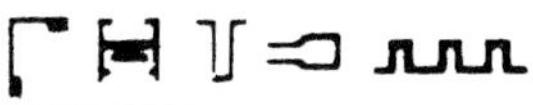
H	Einfache Formrohre	
J	Einfache Hohlprofile	
K	Schwierige Hohlprofile sowie Hohlprofile mit zwei u. mehr Hohlräum.	
L	Formrohre mit Außenprofilierung	
M	Formrohre mit Innenprofilierg. oder K+L	
N	Große Hohlprofile Breithohlprofile	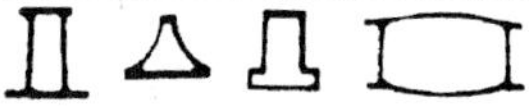

Bild 1.3.11 Formgruppen der Aluminiumprofile nach zunehmendem Schwierigkeitsgrad (nach Laue)

Definitionsgemäß ist ein Profil ein Längsprodukt mit über die ganze Länge gleichbleibender Querschnittsform, die jedoch von der des Rohres, der Stange (A und B) und des Bleches oder Bandes abweicht (DIN EN 23 134-3). Beispiele der Grundformen sind in Bild 1.3.12 dargestellt. Mischformen eines Profiles bestehen aus der Grundform des Querschnittes, mit der eine oder mehrere Nebenformen verbunden sein können, z.B. Teilbild 4 oder 14.

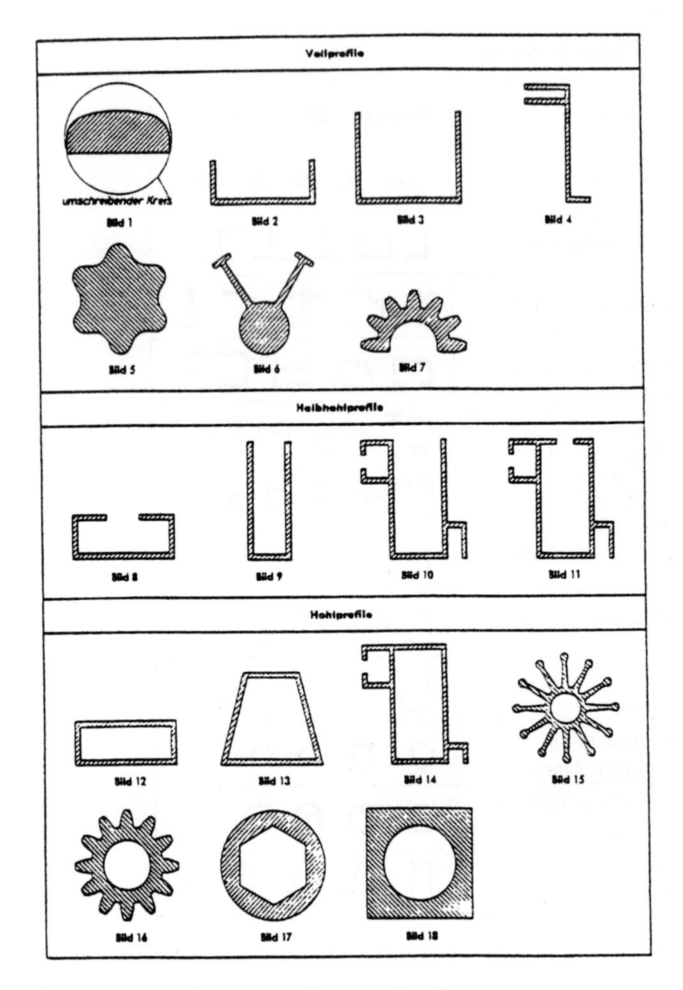

Bild 1.3.12 Grundformen von Strangpreßprofilen

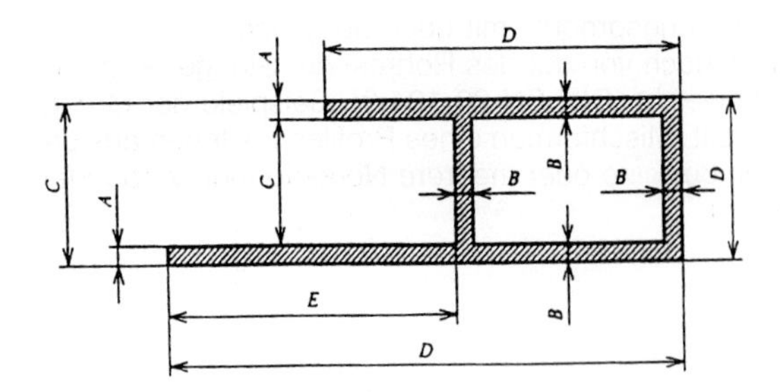

Bild 1.3.13 Querschnittsmaße offener und hohler Profile

Maßgebende geometrische Maße (Bild 1.3.13) sind
- A die Wanddicke der Vollprofile bzw. offenen Profilteile
- B die Wanddicke, die Hohlräume von Hohlprofilen umschließt
- C die lichte Höhe bei offenen Profilen bzw. der Hohlprofile
- D die Breite der Profile
- E die Breite der offenen Profilelemente

Bei der Profilgestaltung sind scharfe Kanten und Ecken (r = ≤ 0,5 mm), schroffe Querschschnittsübergänge (r ≤ 2 mm) und große Dickenunterschiede sowie Querschnittsanhäufungen zu vermeiden, da dies fertigungstechnisch ungünstig ist und die Profile beim Abkühlen bzw. bei der Wärmebehandlung stark verziehen. Angaben über zulässige Ecken-/Kantenradien enthält DIN EN 755-9. Die kleinstmögliche Dicke der Profile ist einerseits von der Profilgröße, dem umschreibenden Profilkreisdurchmesser d_u, und andererseits vom Werkstoff abhängig. Anhaltswerte enthält Tafel 1.3.18.

Tafel 1.3.18 Kleinste mögliche Profilwanddicken für Strangpressen von 10 bis 80 MN (nach Laue und Stenger)

Werkstoff	Profil-art	Kleinste Wanddicke in mm bei einem Profilkreisdurchmesser d_u in mm										
		<25	<50	<75	<100	<150	<200	<250	<300	<350	<400	<450
Al 99,9	a	0,8	1	1,2	1,5	2	2,5	2,5	3	4	4	5
Al MgSi0,5	b	0,8	1	1,2	1,5	2	2,5	2,5	3	4	4	5
Al Mg1	c	1	1	1,5	2	2,5	2,5	2,5	4	5	5	6
Al Mn1												
Al MgSi1	a	1	1,2	1,2	1,5	2	2,5	3	4	4	5	6
	b	1	1,2	1,5	2	2	2,5	3	4	4	5	6
	c	2	1,5	2	2	3	4	4	5	5	6	6
Al Mg3/ Al Mg5	a	1	1	1,2	1,5	2	2,5	3	4	4	5	6
über Dorn	b	1,5	2	2,5	3	4	4	5	5	6	6	7
Al CuMg1	a	1,2	1,2	1,2	1,5	2	3	5	5	6	7	8
Al CuMg2 über Dorn	b	2	2	3	4	5	5	6	8	10	10	12
Al ZnMgCu	a	2	2	2,5	3	3	5	6	8	12	12	14
über Dorn	b	3	3	5	6	7	8	9	10	12	14	16
Strangpressenbereich in MN				bis 10		bis 25	bis 35		bis 50			bis 80

Für die wichtigsten Strangpreßerzeugnisse sind die Maße und Maßtoleranzen in den Tafeln 1.3.19 bis 1.3.23 angegeben. Für alle anderen sind die o. a. Produktnormen gültig, die auch Festlegungen über die zulässige Kantenrundung, Abweichung von der Geraden, Verwindung, Masse und Längenabweichungen enthalten.

Bei Strangpreßprofilen ist eine nachträgliche Kaltumformung durch Ziehen im Gegensatz zu Drähten, Stäben und Stangen sowie Rundrohren nicht üblich. Die

Auslieferung der Strangpreßerzeugnisse erfolgt entweder im warmumgeformten oder wärmebehandelten Zustand in den festgelegten Liefermengen und bezüglich der Oberflächenbeschaffenheit in Normalqualität oder in Eloxalqualität. Bei der Normalqualität sind leichte Riefen, Aufrauhungen, Kratzer, Scheuerstellen und Verfärbungen, die von der Wärmebehandlung herrühren, zulässig. Diese dürfen die tolerierten Maßabweichungen nicht überschreiten. Für die Strangpreßprodukte in Eloxalqualität, die überwiegend in der Legierung Al MgSi0,5 hergestellt werden, gelten die Bedingungen nach DIN 17611. Vorzugsweise kommt die Oberflächenbehandlung E 6 (in Spezialbeizen chemisch vorbehandelt) in Betracht. Es müssen in diesem Fall besondere Maßnahmen bei der Verpackung, beim Transport und bei der Lagerung getroffen werden.

Tafel 1.3.19 Zulässige Abweichungen für Durchmesser d, Seitenlänge bzw. Schlüsselweite s gepreßter Rund-, Vierkant-, und Sechskantstangen nach DIN EN 755-3, -4, -6 (Abmessungen >220 mm nur für Rundstangen)

Durchmesser d		Grenzabmaße	
über	bis	Werkstoffgruppe I	Werkstoffgruppe II
≥ 8	18	±0,22	±0,30
18	25	±0,25	±0,35
25	40	±0,30	±0,40
40	50	±0,35	±0,45
50	65	±0,40	±0,50
65	80	±0,45	±0,70
80	100	±0,55	±0,90
100	120	±0,65	±1,0
120	150	±0,80	±1,2
150	180	±1,0	±1,4
180	220	±1,15	±1,7
220	270	±1,3	±2,0
270	320	±1,6	±2,5

Maße in mm

Tafel 1.3.20 Grenzabmaße der Breite und Dicke stranggepreßter Rechteckstangen für a) Werkstoffgruppe I

Breite w			Grenzabmaße der Dicke im Maßbereich der Dicke t								
über	bis	Grenzabmaße	2 ≤ t ≤ 6	6 < t ≤10	10 < t ≤18	18 < t ≤30	30 < t ≤50	50 < t ≤80	80 < t ≤120	120< t ≤180	180< t ≤240
≥10	18	±0,25	±0,20	±0,25	±0,25	-	-	-	-	-	-
18	30	±0,30	±0,20	±0,25	±0,30	±0,30	-	-	-	-	-
30	50	±0,40	±0,25	±0,25	±0,30	±0,35	±0,40	-	-	-	-
50	80	±0,60	±0,25	±0,30	±0,35	±0,40	±0,50	±0,60	-	-	-
80	120	±0,80	±0,30	±0,35	±0,40	±0,45	±0,60	±0,70	±0,80	-	-
120	180	±1,0	±0,40	±0,45	±0,50	±0,55	±0,60	±0,70	±0,90	±1,0	
180	240	±1,4	-	±0,55	±0,60	±0,65	±0,70	±0,80	±1,0	±1,2	±1,4
240	350	±1,8	-	±0,65	±0,70	±0,75	±0,80	±0,90	±1,1	±1,3	±1,5
350	450	±2,2	-	-	±0,80	±0,85	±0,90	±1,0	±1,2	±1,4	±1,6
450	600	±3,0	-	-	-	-	±0,90	±1,0	±1,4	-	-

Maße in mm

b) Werkstoffgruppe II

Breite w			Grenzabmaße der Dicke im Maßbereich der Dicke t								
über	bis	Grenzabmaße	2 ≤ t ≤ 6	6 < t ≤10	10 < t ≤18	18 < t ≤30	30 < t ≤50	50 < t ≤80	80 < t ≤120	120< t ≤180	180< t ≤240
≥10	18	±0,35	±0,25	±0,30	±0,35	-	-	-	-	-	-
18	30	±0,40	±0,25	±0,30	±0,40	±0,40	-	-	-	-	-
30	50	±0,50	±0,30	±0,30	±0,40	±0,50	±0,50	-	-	-	-
50	80	±0,70	±0,30	±0,35	±0,45	±0,60	±0,70	±0,70	-	-	-
80	120	±1,0	±0,35	±0,40	±0,50	±0,60	±0,70	±0,80	±1,0	-	-
120	180	±1,4	±0,45	±0,50	±0,55	±0,70	±0,80	±1,0	±1,1	±1,4	
180	240	±1,8	-	±0,60	±0,65	±0,70	±0,90	±1,1	±1,3	±1,6	±1,8
240	350	±2,2	-	±0,70	±0,75	±0,80	±0,90	±1,2	±1,4	±1,7	±1,9
350	450	±2,8	-	-	±0,90	±1,0	±1,1	±1,4	±1,8	±2,1	±2,3
450	600	±3,5	-	-	-	-	±1,2	±1,4	±1,8	-	-

Maße in mm

Tafel 1.3.21 Grenzabmaße des Außen-(OD) bzw. Innendurchmessers (ID) für mit Kammerwerkzeug stranggepreßter Rohre nach DIN EN 755-8 (Maße in mm)

Durchmesser (OD oder ID)		Grenzabmaße des Durchmessers			
		Maximal zulässige Abweichungen des mittleren Durchmessers vom Nenndurchmesser	Maximal zulässige Abweichungen des Durchmessers vom Nenndurchmesser[1]) gemessen an einem beliebigen Punkt		
über	bis		Nicht geglühte und nicht wärmebehandelte Rohre[2])	Wärmebehandelte Rohre[3])	Geglühte Rohre[4])
≥8	18	±0,25[5])	±0,40[5])	±0,60[5])	±1,5[5])
18	30	±0,30	±0,50	±0,70	±1,8
30	50	±0,35	±0,60	±0,90	±2,2
50	80	±0,40	±0,70	±1,1	±2,6
80	120	±0,60	±0,90	±1,4	±3,6
120	200	±0,90	±1,4	±2,0	±5,0
200	350	±1,4	±1,9	±3,0	±7,6
350	450	±1,9	±2,8	±4,0	±10,0

[1]) Gilt nicht für Rohre mit einer Wanddicke kleiner als 2,5 % des Nenn-Außendurchmessers. Die Grenzabmaße für Rohre mit einer Dicke kleiner als 2,5 % des Nenn-Außendurchmessers müssen aus den hier angegebenen Grenzabmaßen durch Multiplikation wie folgt bestimmt werden:
- Wanddicke über 2,0 % bis 2,5 % des Außendurchmessers: 1,5 x Grenzabmaß;
- Wanddicke über 1,5 % bis 2,0 % des Außendurchmessers: 2,0 x Grenzabmaß;
- Wanddicke über 1,0 % bis 1,5 % des Außendurchmessers: 3,0 x Grenzabmaß;
- Wanddicke über 0,5 % bis 1,0 % des Außendurchmessers: 4,0 x Grenzabmaß.

[2]) Gilt für alle Werkstoffe in den Werkstoffzuständen F oder H112.

[3]) Gilt für alle Werkstoffe in den Werkstoffzuständen T4, T5, T6, T64, T66 und Tx511.

[4]) Gilt für alle Werkstoffe in den Werkstoffzuständen O, H111 und Tx510.

[5]) Diese Grenzabmaße gelten nur für Außendurchmesser, das heißt, daß in diesem Maßbereich das Rohr nur als „Außendurchmesser x Wanddicke" spezifiziert werden kann.

[6]) Gelten nicht für die Werkstoffzustände Tx510 und Tx511.

Tafel 1.3.22 Zulässige Grenzabmaße der Querschnittsmaße C und D von offenen und hohlen Profilen der Werkstoffgruppe I
a) Umschlingungskreis bis 300 mm

Maße in mm

Nennmaße C oder D		Grenz-abmaße	Grenzabmaße für C bei einem Maß E[1])						
über	bis	für D	E≤5	5<E≤15	15<E≤30	30<E≤60	60<E≤120	120<E≤200	200<E≤300
-	10	±0,20	±0,20	±0,30	±0,40	±0,45	-	-	-
10	25	±0,25	±0,25	±0,40	±0,50	±0,55	±0,70	-	-
25	50	±0,40	±0,40	±0,55	±0,70	±0,80	±1,0	±1,2	-
50	100	±0,60	±0,60	±0,80	±1,0	±1,2	±1,6	±2,0	±2,5
100	150	±0,85	±0,85	±1,0	±1,2	±1,6	±2,1	±2,8	±3,5
150	200	±1,1	±1,1	±1,3	±1,6	±2,0	±2,7	±3,5	±4,5
200	300	±1,4	±1,4	±1,7	±2,1	±2,8	±3,4	±4,3	-

[1]) Diese Grenzabmaße gelten nicht für die Werkstoffzustände O und Tx510. Für diese Werkstoffzustände müssen die Grenzabmaße zwischen Lieferer und Kunden vereinbart werden.

b) Umschlingungskreis über 300 mm

Maße in mm

Nennmaße C oder D		Grenz-abmaße	Grenzabmaße für C bei einem Maß E[1])						
über	bis	für D	E≤5	5<E≤15	15<E≤30	30<E≤60	60<E≤120	120<E≤200	200<E≤300
-	10	±0,40	±0,40	±0,50	±0,60	±0,75	-	-	-
10	25	±0,45	±0,45	±0,55	±0,70	±1,1	±1,6	-	-
25	50	±0,60	±0,60	±0,70	±0,90	±1,5	±2,1	±3,2	-
50	100	±0,85	±0,85	±1,0	±1,3	±1,9	±2,5	±3,6	±5,1
100	150	±1,1	±1,1	±1,3	±1,6	±2,2	±2,8	±4,1	±5,7
150	200	±1,4	±1,4	±1,6	±1,9	±2,5	±3,4	±4,5	±6,2
200	300	±1,9	±1,9	±2,1	±2,4	±3,0	±3,6	±5,1	±6,9
300	450	±2,6	±2,6	±2,8	±3,1	±3,7	±4,4	±6,0	-
450	600	±3,4	±3,4	±3,6	±3,9	±4,5	±5,2	±6,8	-
600	800	±4,2	±4,2	±4,4	±4,7	±5,3	±6,0	-	-

[1]) Diese Grenzabmaße gelten nicht für die Werkstoffzustände O und Tx510. Für diese Werkstoffzustände müssen die Grenzabmaße zwischen Lieferer und Kunden vereinbart werden

Tafel 1.3.23 Grenzabmaße der Querschnittsmaße C und D von offenen und hohlen Profilen der Werkstoffgruppe II
a) Umschlingungskreis bis 300 mm

Maße in mm

Nennmaße C oder D		Grenz-abmaße	Grenzabmaße für C bei einem Maß E[1])						
über	bis	für D	E≤5	5<E≤15	15<E≤30	30<E≤60	60<E≤120	120<E≤200	200<E≤300
-	10	±0,30	±0,30	±0,40	±0,50	±0,45	-	-	-
10	25	±0,40	±0,40	±0,50	±0,65	±0,70	±0,90	-	-
25	50	±0,55	±0,55	±0,70	±0,90	±1,0	±1,2	±1,4	-
50	100	±0,90	±0,90	±1,1	±1,2	±1,5	±1,8	±2,3	±3,0
100	150	±1,3	±1,3	±1,5	±1,7	±2,0	±2,4	±3,2	±4,0
150	200	±1,7	±1,7	±1,9	±2,1	±2,6	±3,1	±4,0	±5,0
200	300	±2,1	±2,1	±2,3	±2,8	±3,4	±4,0	±5,0	-

[1]) Diese Grenzabmaße gelten nicht für die Werkstoffzustände O und Tx510. Für diese Werkstoffzustände müssen die Grenzabmaße zwischen Lieferer und Kunden vereinbart werden.

b) Umschlingungskreis über 300 mm Maße in mm

Nennmaße C oder D		Grenz-abmaße	Grenzabmaße für C bei einem Maß E[1])						
über	bis	für D	E≤5	5<E≤15	15<E≤30	30<E≤60	60<E≤120	120<E≤200	200<E≤300
-	10	±0,50	±0,50	±0,60	±0,70	±0,85	-	-	-
10	25	±0,60	±0,60	±0,70	±0,90	±1,3	±1,8	-	-
25	50	±0,80	±0,80	±0,90	±1,1	±1,7	±2,3	±3,5	-
50	100	±1,2	±1,2	±1,3	±1,5	±2,1	±2,7	±4,0	±5,5
100	150	±1,6	±1,6	±1,8	±2,0	±2,6	±3,2	±4,5	±6,3
150	200	±2,0	±2,0	±2,2	±2,4	±3,0	±3,6	±5,0	±6,5
200	300	±2,5	±2,5	±2,7	±2,9	±3,6	±4,3	±5,7	±7,5
300	450	±3,3	±3,3	±3,5	±3,7	±4,4	±5,3	±6,6	-
450	600	±4,0	±4,0	±4,2	±4,4	±5,2	±6,0	±7,4	-
600	800	±5,0	±5,0	±5,2	±5,4	±6,2	±7,0	-	-

[1]) Diese Grenzabmaße gelten nicht für die Werkstoffzustände O und Tx510. Für diese Werkstoffzustände müssen die Grenzabmaße zwischen Lieferer und Kunden vereinbart werden.

1.3.6.2 Fertigungsablauf

Die Aluminiumwerkstoffe für das Strangpressen werden ausnahmslos zu Preßbarren (DIN EN 486) mit 150 bis 650 mm Durchmesser stranggegossen. Die notwendigen Fertigungsvorgänge sind schematisch in Bild 1.3.14 dargestellt. Das gesamte Produktionsverfahren und die maschinellen Einrichtungen sind weitgehend mechanisiert und automatisiert. Teilweise wurde in den einzelnen Fertigungsvorgängen eine vollautomatische Arbeitsweise erreicht. Qualitäts-, Kontroll- und Überwachungssysteme sind in den Fertigungsablauf integriert. Die stranggegossenen Preßbarren werden unmittelbar nach dem Auszug aus der Gießanlage visuell auf Oberflächenfehler und mittels Ultraschall auf Kernfehler geprüft.

Die Barrenhochglühung (s. 1.3.2.4) zum Ausgleich von Konzentrationsunterschieden in den Barren, zur Beeinflussung des Primärausscheidungszustandes und zur Verbesserung des Umformvermögens ist bei den höher legierten Al-Werkstoffen unerläßlich. Auf sie kann nur bei Reinaluminium und AlMg- Legierungen bis etwa 3,5% Mg verzichtet werden. Die Hochglühung, die werkstofftechnisch einer Homogenisierung und Heterogenisierung entspricht, ist bei Strangpreßwerken mit eigener Gießerei direkt mit der Erwärmung zu koppeln. In diesem Fall erfolgt die Aufteilung der Gußbarren in die auftragsgebundenen Preßbolzenlängen ($l_{max} < 4{,}0 \cdot d$) durch Warmscheren. Eine alternative Technologie ist das Kaltsägen nach der Barrenhochglühung und vor der Erwärmung. Moderne Sägeanlagen werden mit Schnittgeschwindigkeiten bis 1800 m/min und Zerspanungsleistungen von 2000 - 25000 cm²/min betrieben.

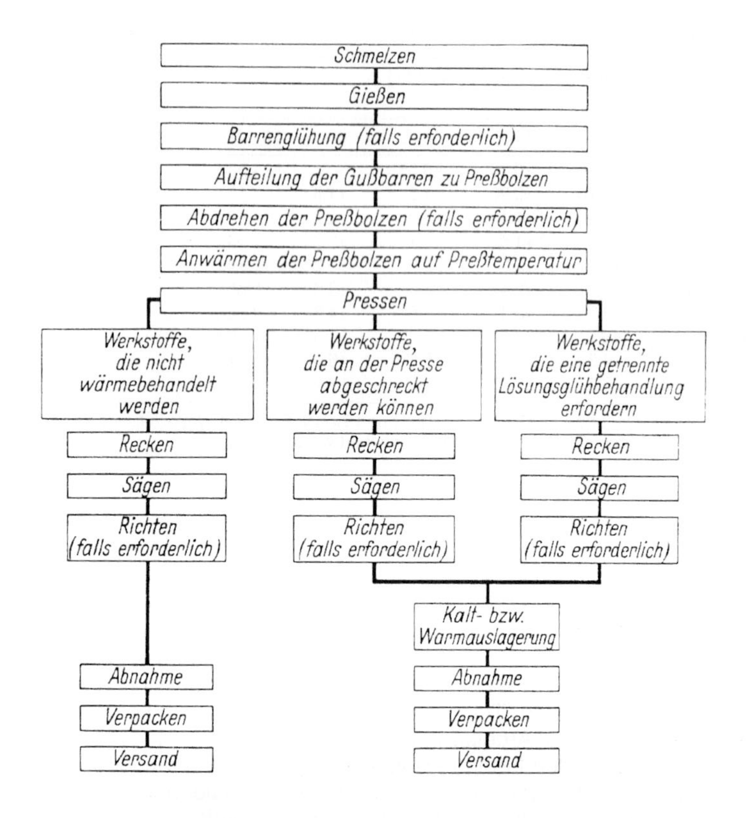

Bild 1.3.14 Fertigungsablauf beim Strangpressen von Aluminium

Bei Gußbarren aus höher legierten Aluminiumwerkstoffen (AlCuMg-, AlZnMg- und AlZnMgCu-Legierungen, Automatenlegierungen usw.) und für Strangpreßerzeugnisse mit hohen Anforderungen an die Oberfläche muß die stärker verunreinigte und relativ rauhe Gußhaut abgedreht werden. Vorzugsweise werden die anderen Al-Werkstoffe nach dem direkten Strangpreßverfahren umgeformt. Eine rauhere Oberfläche verschlechtert die Reibung des Preßbolzens an der Wand des Blockaufnehmers (Rezipienten), wirkt sich jedoch günstig auf die Qualität der Strangpreßprodukte aus. Es wird der Werkstofffluß beim Strangpressen so verändert, daß sich die Seigerungs- und Verunreinigungszonen im Preßrest anreichern. Der nicht verpreßbare Rest beträgt je nach Werkstoff und Umformbedingungen 8 bis 15 %. Aus dem Ausbringen (92... 85 %) errechnet sich die erforderliche Preßbolzenlänge. Für die Herstellung von Rohren und Hohlprofilen müssen die Preßbolzen entweder gebohrt oder in der Presse gelocht werden. Das Vorbohren der Bolzen erweist sich insbesondere für kleine bis mittlere Rohr- (Hohlprofil-)abmessungen mit großer Länge und hohen Toleranzanforderungen als zweckmäßig und notwendig. Um eine gute Konzentrizität der Hohlblöcke zu gewährleisten, sollte der Fertigungsschritt Bohren vor dem Drehen eingeordnet werden.

Für die Anwärmung der Preßbolzen auf Umformtemperatur kommen entweder brennstoffbeheizte Öfen oder induktive Erwärmungsanlagen zum Einsatz. Die erwärmten Bolzen werden automatisch mittels einer Blockübergabevorrichtung und eines Blockladers der Strangpresse zugeführt.
Der Fertigungsablauf und das Hantling nach dem Pressen beinhaltet das Ausziehen, Abscheren, Recken, Sägen, Nachrichten, Prüfen und Verpacken der Profile. Die thermische Behandlung ist bei isothermer Führung des Strangpreßprozesses direkt integrierbar. Es kann das Abschrecken der Profile aus der Umformwärme durch gesteuerte Abkühlung an ruhender bzw. bewegter Luft oder durch ein Spritzwasserkühlsystem besonders bei den AlMgSi-Legierungen wirtschaftlich und qualitätsverbessernd vorgenommen werden.

1.3.6.3 Erwärmung und Erwärmungseinrichtungen

Für die Hochglühung der Gußbarren mit bis 8000 mm Länge sind elektrisch bzw. brennstoffbeheizte Kammer- oder Hubbalken-, Durchlauföfen mit starker Umwälzung des Rauchgases bzw. der Luft besonders prädestiniert. Die Durchsatzleistung beträgt bis zu 20 t/h, der spezifische Energieverbrauch etwa 250 kWh/t (900 MJ/t). Um die gewünschten Effekte bezüglich der Homogenisierung des Gefüges und der Ausscheidung feinster Teilchen zu erreichen, sind, wie im Kap. 1.3.2.4 angeführt, legierungsabhängig bestimmte Temperaturen und Glühzeiten erforderlich.
Bei den AlMgSi-Legierungen, aus denen Strangpreßprofile überwiegend hergestellt werden, wird durch die Glühung bei 535 bis 550 °C (4 bis 12 h) eine Auflösung der intermetallischen Phase Mg_2Si im α-Mischkristall und ein Konzentrationsausgleich erzwungen. Außer den in Tafel 1.3.6 genannten Technologieparametern sind weitere Anhaltswerte in Tafel 1.3.24 angeführt.

Tafel 1.3.24 Technologieparameter für die Barrenhochglühung vor dem Strangpressen

Werkstoff[1])	Numerische Bezeichnung[1])	Temperaturen °C	Glühdauer h
Al Mn1Cu	3003	620 bis 635	4 bis 12
Al Cu4MgSi(A); Al 4CuSiMg(A)	6063, 6061, 6101, 6106 usw.	535 bis 550	4 bis 12
Al Cu4Mg1; Al Cu6BiPb	5083, 5086, 5056A	535 bis 550	4 bis 12
Al Si5(A)	2017A, 2014A	490 bis 505	4 bis 12
Al Cu4Mg1, Al Cu6BiPb	2024, 2011	480 bis 495	4 bis 12
Al Si5(A)	4043 A	470 bis 490	$\geq$12
Al ZnMg-, Al ZnMgCu-Leg.	7003, 7005A, 7020, 7049A, 7075	455 bis 470	4 bis 12

[1]) Präfix für alle Bezeichnungen EN AW-

Von großer Bedeutung ist die Abkühlungsgeschwindigkeit von der Hochglühtemperatur. Eine Abstimmung der Abkühlungsgeschwindigkeit bis etwa 250 °C auf die Art der nachfolgenden Erwärmung ist unerläßlich. Bei zu langsamer Abkühlung (< 30 K/h) bilden sich grobe Ausscheidungen, die bei induktiver Schnellerwärmung nicht mehr gelöst werden können. Bei zu hoher Abkühlgeschwindigkeit wird die Ausscheidung (z.B. Mg_2Si) völlig unterdrückt. Anzustreben sind Abkühlungsgeschwindigkeiten zwischen (30)100 bis 500 K/s. Wird mit der Hochglühung zugleich

die Erwärmung auf Umformtemperatur verbunden, so muß hinter dem Hochtemperaturofen eine Kühlstrecke angeordnet sein. In dieser muß zumindest eine Abkühlung an bewegter Luft realisierbar sein, damit die in Kap. 1.3.24 aufgeführten Temperaturniveaus eingestellt werden können.
Für die Erwärmung erkalteter Preßbarren sind in besonderem Maße brennstoffbeheizte S c h n e l l e r w ä r m u n g s ö f e n und I n d u k t i o n s a n l a g e n geeignet. Bei den brennstoffbeheizten Ofen muß durch eine starke Zirkulation bzw. Umwälzung der Rauchgase der Wärmeübergang durch Konvektion intensiviert werden. Die Temperaturgenauigkeit kann mit ± 3 K eingestellt werden. Außer Hubbalken (Bild 1.3.15) haben sich als Transportsystem Gleitstangen, Rollen oder umlaufende Kettenbänder als praktikabel erwiesen. Mittels einer speziellen, separat regelbaren Brennereinheit können die Barren mit axialem Temperaturprofil erwärmt werden.
Für den wirtschaftlichen Betrieb sind die konstruktive Ausführung der Ofenhülle sowie die Abgasausnutzung zur Vorwärmung der Preßbolzen einerseits und der Verbrennungsluft andererseits entscheidend.

Die induktive Erwärmung beruht auf dem Effekt, daß in einem metallischen Körper durch ein magnetisches Wechselfeld Spannungen induziert werden. Durch diese wird ein Stromfluß hervorgerufen, der die Erwärmung bedingt. Infolge des Skin-Effektes fließen die Ströme vorwiegend in den äußeren Schichten. Die Stromdichte nimmt von der Oberfläche zum Kern nach einer e-Funktion ab. Die Stärke der Schicht, in der die Stromdichte bis auf 37 % abgeklungen und ca. 86 % der eingebrachten Energie konzentriert sind, ist die sogenannte Eindringtiefe δ. Sie ist nach

$$\delta = 503 \cdot \sqrt{\frac{\rho_{el}}{\mu \cdot f}}$$

von den Stoffkennwerten (spez. elektrischer Widerstand ρ_{el}, relative Permeabilität μ) und der Frequenz f des Stromes abhängig. Für Al ist $\mu \sim 1$, so daß bei f = 50 Hz die Eindringtiefe bei 300 °C δ = 18 mm und bei 500 °C δ = 21 beträgt. Da das Verhältnis von Bolzendurchmesser zu Eindringtiefe aus Gründen der Energieausnutzung $d/\delta > 3{,}5$ sein soll, kann die Erwärmung der Stranggießbolzen bei Netzfrequenz erfolgen. Es läßt sich dadurch ein günstiger elektrischer Wirkungsgrad erzielen. In Bild 3.1.16 ist die Temperatur-Zeit-Charakteristik der induktiven Erwärmung dargestellt. Infolge der hohen Wärmeleitfähigkeit des Al tritt auch bei Erwärmung mit hoher Leistungsdichte (500 bis 1000 kW/m^2) innerhalb kurzer Zeit ein weitgehend vollständiger Temperaturausgleich über den Querschnitt des Bolzens ein.

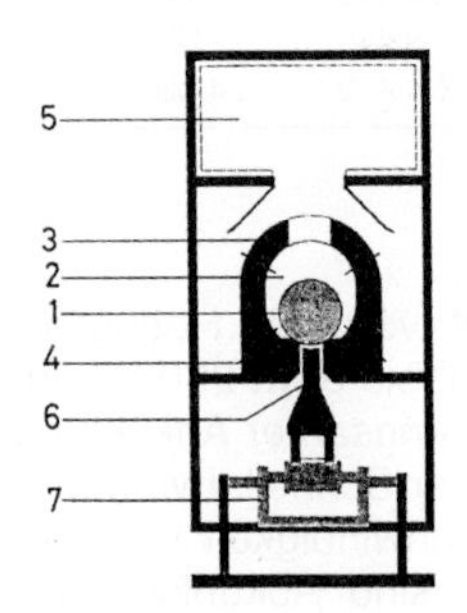

Bild 1.3.15 Hubbalkenofen zur Erwärmung von Preßbolzen

Gebaut und in Betrieb befinden sich Ein- und Mehrbolzen- Erwärmungsanlagen. Bei ersteren kann immer nur ein Bolzen, gleichgültig welche Länge (bis 2000 mm) er hat, erwärmt werden. Dadurch sind sie nur für relativ geringe Durchsatzleistungen geeignet. Jedoch kann die Erwärmung flexibel dem jeweiligen Werkstoff angepaßt werden. Dagegen sind die Spulenkörper der Mehrbolzenöfen zur Aufnahme mehrerer Bolzen ausgelegt, die im Entnahmerhythmus durchgeschoben werden müssen. Zur Erzielung eines hohen thermischen Wirkungsgrades und zur Energieeinsparung kommen bevorzugt mehrlagig gewickelte Spulen zum Einsatz, deren Größe auf den Preßbolzendurchmesser abgestimmt sein muß. Die Spulen bestehen aus wassergekühlten Cu-Vierkantrohren und sind keramisch ausgekleidet. Durch eine einseitige Positionierung des Bolzens in der Spule oder besser durch mehrfache Anzapfung der Spulen kann eine Erwärmung mit axialem Temperaturgefälle erreicht werden. In der Praxis werden beide Möglichkeiten, meist in Kombination, genutzt. Bei einem großen Spulenüberstand werden die magnetischen Feldlinien konzentriert und dieser Teilbereich stärker erwärmt.

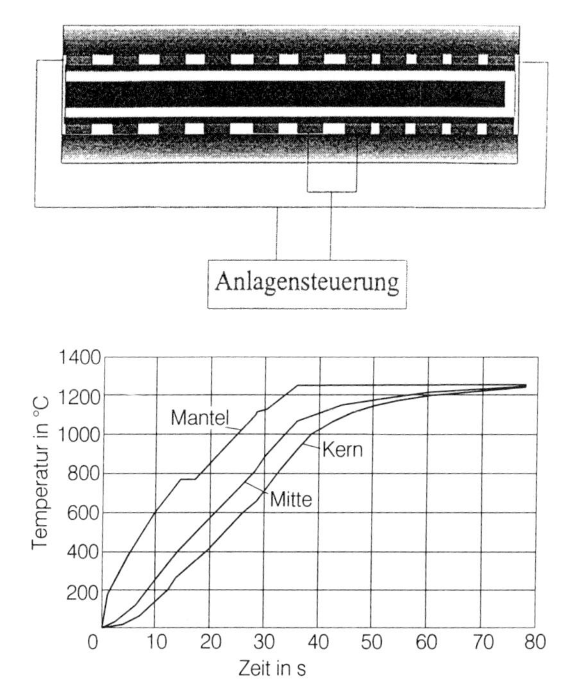

Bild 1.3.16 Induktive Erwärmung

Umgekehrt wird das Ende, das mit der Spule abschließt oder herausragt weniger intensiv aufgeheizt. Die mehrzapfige Ausführung der Spulen gestattet, durch stufenweises Verkürzen der eingeschalteten Spulenendstücke und durch Variation der Aufheizdauer in den einzelnen Stufen faktisch jeden beliebigen Temperaturverlauf über die Bolzenlänge mit einer Genauigkeit von ± 3 K einzustellen. Dies ist eine unbedingte Voraussetzung sowohl für das isotherme Strangpressen als auch für das Block-auf-Block-Pressen.

1.3.6.4 Strangpreßverfahren

1.3.6.4.1 Direktes Strangpressen

Von den verschiedenen Strangpreßverfahren wird bei Aluminium und AlMgSi-Legierungen hauptsächlichst das „direkte Pressen“ angewandt, und zwar ohne Schmierung und ohne „Schale“. Das Werkzeug (Matrize), das am Einlauf keinen Konus (Trichter) und auch kaum einen Radius aufweist, ist dabei fest eingespannt. Blockaufnehmer (Rezipient), Matrize und Preßscheibe werden vor Preßbeginn angewärmt. Der Preßstempel mit bei neuen Anlagen festangebrachter, bei älteren Strangpressen mit vorgesetzter Preßscheibe drückt den angewärmten Preßbolzen gegen den Werkzeugsatz, der den Rezipienten an der Austrittseite verschließt, und staucht den Preßbolzen zunächst gegen die Rezipienten-Innenwand an.

Die danach folgende Umformung erfolgt in gleicher Richtung wie die Stempelvorwärtsbewegung (Bild 1.3.17).

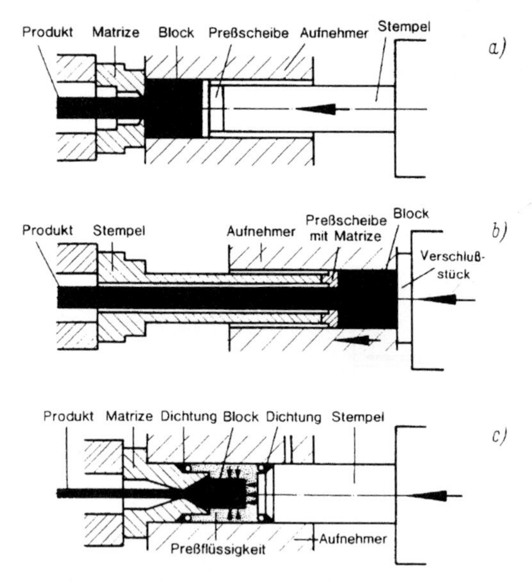

Bild 1.3.17 Schematische Darstellung der verschiedenen Strangpreßverfahren beim Pressen von Profilen (nach Biswas und Zilges).
a) direktes Strangpressen; b) indirektes Strangpressen; c) hydrostatisches Strangpressen

Preßscheibe und Rezipient sind in ihrem Durchmesser so aufeinander abzustimmen, daß sich keine Schale bilden kann. Durch die Relativbewegung wirken an der Rezipientenwandung Reibungskräfte. Diese behindern je nach den thermischen Verhältnissen und der Oberflächengüte der Bolzen den Werkstofffluß derart, daß die Außenzonen erst in der letzten Phase des Pressens in die Umformzone eintreten. Der Kernbereich fließt mehr oder weniger stark vor. Die verunreinigten Randbereiche verbleiben im Preßrest, der abgetrennt werden muß. Das direkte Pressen wird für Aluminium auch deshalb vorgezogen, weil die Block-Vorbereitung relativ einfach ist, Eloxal-Qualitäten ohne größere Schwierigkeiten herstellbar sind, auf einfache Weise gepreßt werden und der austretende Strang in kurzer Entfernung nach dem Werkzeug gekühlt werden kann. Der Durchmesser des profilumschreibenden Kreises kann bis 80 % des Rezipientendurchmessers betragen.

1.3.6.4.2 Indirektes Strangpressen

Beim „indirekten Pressen“ wird das Werkzeug auf dem hohlen, feststehenden Stempel befestigt. Ein Verschlußstück drückt den vorgewärmten Preßbolzen zusammen mit dem Rezipienten gegen das Werkzeug, so daß der Preßstrang zunächst durch den Stempel und den Gegenhalter nach außen austreten muß (Bild 1.3.17). Im Gegensatz zum direkten Pressen findet hier keine Reibung zwischen Preßbarren und Rezipienten-Innenwand statt, weshalb der Kraftbedarf (bei den üblichen Verhältnissen von Länge zu Durchmesser des Preßbarrens bei Aluminium-Legierungen) um 25 bis 30 % und der spezifische Preßdruck um 70 % geringer sein kann als beim direkten Pressen (1.3.18). Die Preßbarren können erheblich größer sein. Der umschreibende Kreis für die herstellbaren Querschnitte ist begrenzt durch den Innendurchmesser des Hohlstempels. Der Preßrest kann bis zu 50 % dünner gewählt werden als beim direkten Pressen. Festigkeitswerte und Maßabweichungen weisen über die gesamte Länge des ausgepreßten Stranges verhältnismäßig geringe Ungleichmäßigkeiten auf. Der Rezipient wird weniger beansprucht. Die Preßgeschwindigkeit ist höher als beim direkten Pressen. Das Hantling ist allerdings erschwert, die Gefahr der Oberflächenbeschädigung der auslaufenden Stränge größer. Es wird vor allem für schwerumformbare Legierungen bevorzugt.

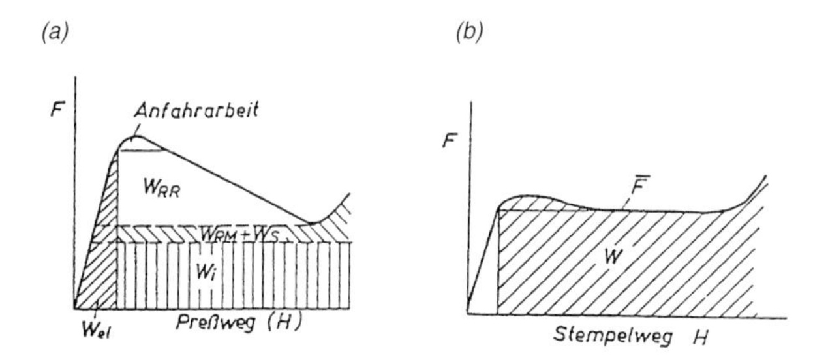

Bild 1.3.18 Axialkraft-Weg-Diagramme des direkten (a) und indirekten Strangpressens

1.3.6.4.3 Conform-Strangpressen

Hauptmerkmal dieses Verfahrens ist, daß der Preßdruck nicht durch einen Stempel, sondern durch ein Reibrad mit Nut (vergleichbar einer Keilriemenscheibe) erzeugt wird (Bild 1.3.19). In dieser Nut wird in Drehrichtung des Rades tangential der Ausgangsquerschnitt (Al max. 32 mm Dmr.) zugeführt; ein in die Nut einschwenkbarer "Druckschuh", der auch das Strangpreßwerkzeug aufnimmt, verringert den Nutquerschnitt allmählich und sperrt ihn schließlich ganz ab. Die Reibung zwischen Nutflanken und zugeführtem Werkstoff führt zu Erwärmung und Aufbau eines so hohen Druckes, daß der Werkstoff durch einen Werkzeugeinsatz (Strangpreßmatrize) ausgepreßt wird. Bei Reinaluminium sind Preßgrade bis 200 : 1 erzielbar. Anstelle massiver Stangen können auch Granulate und Pulver „verpreßt" werden. Die Grundausführungen sind für Reibraddurchmesser von 250 mm, 300 mm und 450 mm und Antriebsleistungen (Gleichstrom) von 80 kW bis 400 kW ausgelegt. Als Richtwerte für den Durchsatz werden 390 kg/h bei 12,5 mm Ausgangsdurchmesser (80 kW) bis 2040 kg/h bei 25 mm Ausgangsdurchmesser (400 kW) angegeben. Wesentlicher Vorteil dieser Anlagen ist, daß sie sehr schnell auf andere Abmessungen umgerüstet werden und auch Kleinmengen rationell gefertigt werden können. Mit Kammer- oder Brückenwerkzeugen sind Rohre und Hohlprofile herstellbar; bei ausreichendem Preßverhältnis kann der Durchmesser des profilumschreibenden Kreises etwa gleich dem Durchmesser des massiven Ausgangsquerschnitts sein.

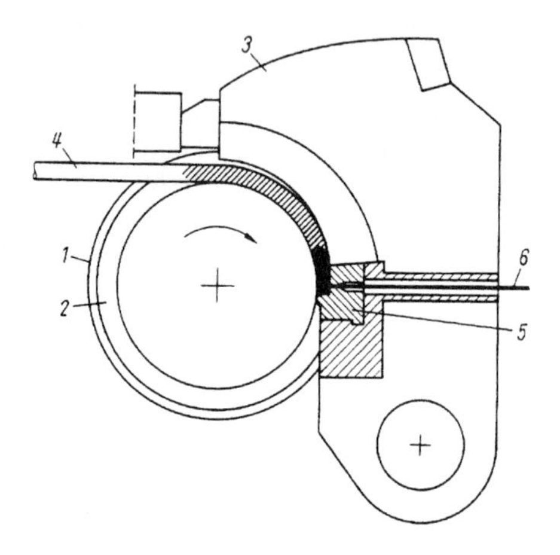

Bild 1.3.19 Conform-Verfahren (Prinzip) 1 Reibrad; 2 Nut im Reibrad; 3 Einschwenkbarer Druckschuh; 4 Ausgangsmaterial; 5 Matrize; 6 Ausgepreßter Strang

1.3.6.4.4 Hydrostatisches Strangpressen - Hydrafilmverfahren

Beim hydrostatischen Strangpressen ist die Bewegung ähnlich wie beim direkten Pressen. Die Umformung des Blockes erfolgt jedoch durch eine unter hohem Druck (200 bar) stehende Flüssigkeit, die gleichzeitig während des Auspressens zum Schmieren des Werkzeugs dient (Bild 1.3.17). Zwischen Preßstempel und Rezipient, Werkzeug und Rezipient sowie Preßbarren und Werkzeug muß sichere Abdichtung gewährleistet sein, um den hydrostatischen Druck aufrechtzuerhalten. Durchmesser und Masse des Preßbarrens sowie Durchmesser des umschreibenden Kreises für das Profil sind gegenüber dem direkten Pressen erheblich begrenzt. Ein Erwärmen der Preßbarren ist dabei nicht erforderlich, meist nicht möglich. Die maximal erreichbare Preßgeschwindigkeit ist höher als bei den anderen Verfahren. Da sich der Preßbarren frei im Rezipienten drehen kann, können auch Profile mit schraubenförmig gewundenen Stegen ohne Schwierigkeit gepreßt werden. Festigkeitswerte und Maßabweichungen sind über die ganze Länge des ausgepreßten Stranges recht gleichmäßig, das Umformverhältnis ist üblicherweise sehr groß. Das Verfahren wird u.a. zur Herstellung kupferummantelter Rechteckstangen aus Aluminium (Stromschienen) verwendet.

Nachteil dieser Verfahrensart ist, daß die Preßbolzen auf einer Seite entsprechend dem Matrizenöffnungswinkel von 40 ... 90° kegelig angearbeitet in das Werkzeug eingepaßt werden müssen. Damit das Hochdruckschmiermittel nicht ausschießt, kann der Preßbolzen nicht vollständig ausgepreßt werden. Verfahrenstechnisch bereitet die stick-slip-Erscheinung, d.h. der plötzliche Übergang von der Haft- zur Gleitreibung, Schwierigkeiten. Eine Weiterentwicklung ist das Hydrafilm-(thick-film)Verfahren, das auf die Verwendung eines pastartigen Schmiermittels orientiert, dessen Viskosität sich durch den Preßdruck ändert.

1.3.6.4.5 Strangpressen von Rohren und Hohlprofilen

Strangpressen über Dorn

Das Preßwerkzeug formt die äußere Kontur des Preßstranges; für die innere Kontur ist ein Dorn erforderlich. Dieser kann entweder am Preßstempel befestigt sein oder unabhängig vom Preßstempel bewegt werden. Da der Dorn zum Zurückziehen nach dem freien Ende hin konisch verlaufen muß, bildet der am Stempel befestigte Dorn beim Verschieben durch die Werkzeugöffnung im Laufe des Preßvorganges zunehmend geringere Wanddicken am austretenden Profil. Unkontrollierte Querabweichungen der Dornspitze können Exzentrizitäten (z.B. Mittelpunktverschiebungen vom Innen- zum Außenkreis bei Rohren) zur Folge haben. Hingegen kann bei einem unabhängig vom Stempel beweglichen Dorn die Dornspitze während des ganzen Preßvorganges an der gleichen Stelle in der Werkzeugöffnung gehalten werden („Pressen mit stehendem Dorn“ Bild 1.3.20), so daß diese Maßabweichungen vermieden werden. Beim Pressen mit stehendem Dorn erreicht der Dorn überdies eine stabile Mittellage, die Rohrinnenwand wird glatter.

Bis zu einem gewissen Grade können auch von der Kreisform abweichende Dorne für Formrohre und Hohlprofile verwendet werden. Der Dorn kann um seine Längsachse gedreht und sehr genau zur Matrize mit der Außenkontur ausgerichtet werden. Damit der Werkstoff nicht anklebt, werden die Dorne an der Spitze mit wärmebeständigem Schmiermittel geschmiert. Wichtig ist aber auch eine Kühlung der stark beanspruchten Dorne, auch zur Erhöhung der Preßgeschwindigkeit.

Für die Dorne werden für normale Beanspruchungen die gleichen Stähle verwendet wie für die Werkzeuge und Innenbüchsen der Rezipienten, für höhere Beanspruchungen solche mit erhöhtem Mo- Gehalt.

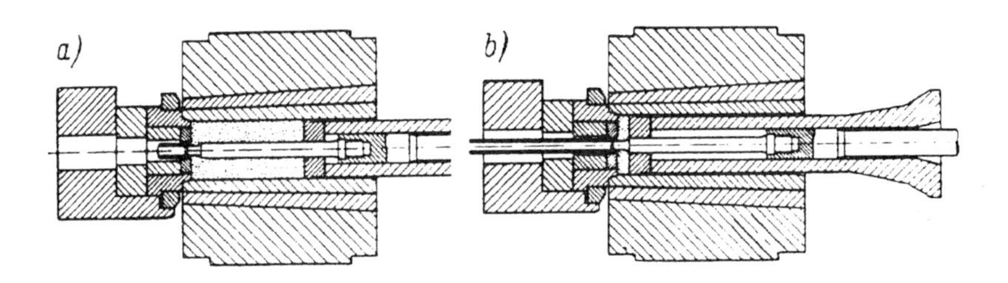

Bild 1.3.20 Strangpressen über stehenden Dorn
a) bei Preßbeginn, b) Endstellung (nach Laue und Stenger)

Anstelle des Gießens von Hohlbarren und Aufbohren bzw. des Bohrens von voll gegossenen Preßbarren kann für die Erzeugung von Rohren und Hohlprofilen das Lochen in der Strangpresse selbst vorgenommen werden. Die Lochvorrichtungen in der Strangpresse können außerhalb oder innerhalb des Hauptpreßzylinders angeordnet sein. Der innenliegende Locher dient gleichzeitig zur Dornverschiebung.

Strangpressen mit Kammer-, Spider- oder Brückenwerkzeug

Aluminium und gut preßbare Aluminiumlegierungen können über Sonderwerkzeuge zu Rohren und Hohlprofilen gepreßt werden, bei denen der Dorn (oder mehrere Dorne) über stegartige Werkzeugteile in seiner Lage zur Matrize fixiert ist. Die Stegteile werden vom strangzupressenden Werkstoff umflossen, die dabei gebildeten Teilstränge vereinigen sich vor der Matrizenöffnung wieder und treten als „Hohlprofil mit Strangpreßnaht" aus der Matrizenöffnung aus. Da das Aufteilen in Teilstränge und Vereinigung unter Luftabschluß erfolgt, können sich keine trennenden Oxideinschlüsse bilden. Bei optimal ausgelegten Werkzeugen liegt auch bei auf diese Weise hergestellten Profilen aus AlMgSi-Legierungen die Festigkeit quer zur Strangpreßnaht über der Mindestfestigkeit nach DIN EN 755-2. Die Funktion der Sonderwerkzeuge wird durch Bild 1.3.21 veranschaulicht (die Fließrichtung des Werkstoffs ist von rechts nach links).

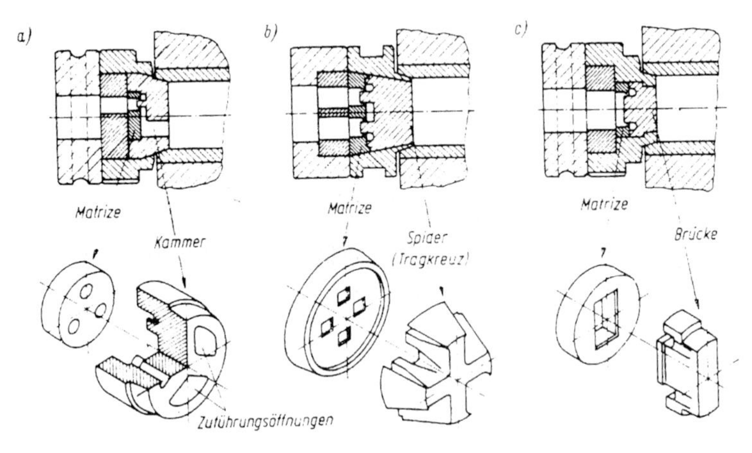

Bild 1.3.21 Bauformen von Werkzeugen für Hohlprofile (nach Laue und Stenger) a) Kammermatrize; b) Spider-Matrize (Mehrloch); c) Brückenmatrize (versenkte Brücke)

Hinsichtlich der Werkstoffflußsteuerung besitzt das Kammerwerkzeug die größten Freiheitsgrade. Die Einläufe müssen ausreichend groß bemessen sein, damit sich in der Schweißkammer ein genügend hoher Druck aufbauen kann. Der Querschnitt der Schweißkammer sollte $A_s = (36 ... 64)\ s^2$ betragen (s - Wanddicke in mm). Damit sich die Preßnaht weder auf die Festigkeitseigenschaften noch auf das dekorative Aussehen negativ auswirkt, sollte ein Preßgrad von > 14 veranschlagt werden. Für das Mehrstrangpressen können Werkzeuge mit allenfalls 6, maximal 8 gleichen Profildurchbrüchen eingesetzt werden.

1.3.6.5 Maschinen und Werkzeuge für das Strangpressen

1.3.6.5.1 Bauarten und Maschinenbaugruppen

Technische Daten von Strangpressen für Al-Werkstoffe sind:

Preßkraft: 6 ... 150 MN; Preßgeschwindigkeit: bis 100 mm/s; Rückzuggeschwindigkeit: bis 650 mm/s; Preßzahl: bis 140 pro h.

Kleinere Pressen mit einer Preßkraft bis zu etwa 10 MN werden in Rahmenbauweise, auch als Rohrpresse mit Dornverschieber oder auch mit Locher gebaut. Derartige Pressen gibt es auch in vertikaler Ausführung, die eine entsprechende Unterflur-Anlage mit Umlenkung für den austretenden Strang aufweisen. Für Pressen mittlerer und höherer Preßkräfte wird wegen der besseren Zugänglichkeit (Beladen des Rezipienten, Auswechseln von Werkzeugsatz, Rezipient und Stempel) die Vier-Säulen-Bauart (Bild 1.3.22) bevorzugt.

Auf einem Ende des Grundrahmens der Presse ist der Zylinderholm fest verankert. Durch vier (bzw. drei) Säulen ist er kraftschlüssig mit dem Gegenholm verbunden und verspannt. Der Preßplunger schiebt den Preßstempel (und ggf. Dorn und Dornhalter) im Laufholm gegen die Rezipientenöffnung. Der Rezipient sitzt in einem Rezipientenhalter. Laufholm, Rezipientenhalter und Gegenholm haben nachstellbare Führungen, so daß sie genau auf die Pressenachse justiert und unterschiedliche Wärmeausdehnungen ausgeglichen werden können. Wegen des geringen Platzbedarfs wird grundsätzlich die Kompakt-Bauweise bevorzugt, die eine hohe Steifigkeit gewährleistet.

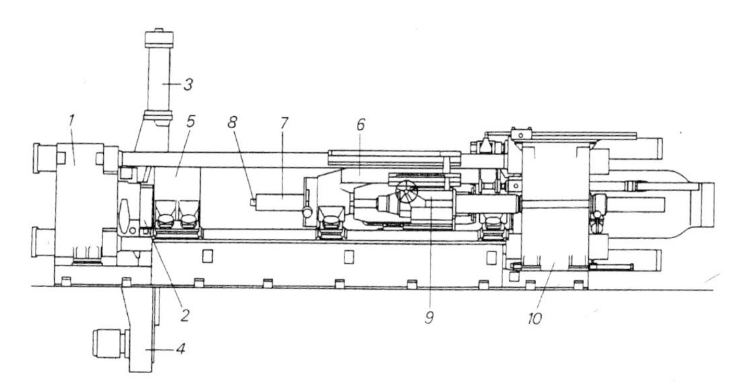

Bild 1.3.22 Viersäulen-Strangpresse in horizontaler (liegender) Bauart
1 Gegenholm, 2 Werkzeugschieber, 3 Schere, 4 Säge, 5 Aufnehmerhalter, 6 Laufholm, Stempel, 8 Dorn, 9 Locher, 10 Zylinderholm

Antrieb, Steuerung

Hydraulische Strangpressen werden entweder mit direktem ölhydraulischen Pumpenantrieb ausgestattet oder rein hydraulisch über eine Hochdruck-Akkumulatorenanlage (200 ... 300 bar) betrieben.

Beim direkten Antrieb wird das Hydrauliköl mittels Pumpen in den Arbeitszylinder gepreßt. Die Regelung der Preßgeschwindigkeit erfolgt über eine Förderstromverstellung bzw. durch Ventile. Der Öldruck in den Arbeitszylindern stellt sich entsprechend dem erforderlichen Preßdruck ein. Da in kurzer Zeit die gesamte Energie aufgebracht werden muß, ist die zu installierende Pumpenleistung relativ hoch.

Beim Speicherbetrieb ist der hydraulische Druck stets konstant und liegt an. Dementsprechend sind die Kosten bei hohen Preßgeschwindigkeiten gering, die erforderliche Pumpenleistung niedriger und eine Erweiterung auf mehrere Pumpen möglich. Der Platzbedarf ist relativ groß. Bei direktem Pumpenantrieb sind die Anschaffungskosten niedriger, der Verschleiß der Kolben, Dichtungen und Steuerungen sowie der Strömungsverlust geringer; Pumpen und Sammelbehälter können auch über der Presse angeordnet werden.

Zur Erzielung einer hohen Produktivität und Produktqualität ist der Strangpreßvorgang bei möglichst hoher Preßgeschwindigkeit und bei konstanter Strangaustrittstemperatur, d.h. isotherm, zu führen. Bei vorgegebenen Werkstoff- und Preßbedingungen (Preßgrad, Profilart, Strangzahl) ist die Höhe der Strangaustrittstemperatur von der Preßgeschwindigkeit abhängig. Steigende Preßgeschwindigkeiten bedingen höhere Strangtemperaturen und umgekehrt, wobei die obere Grenztemperatur durch mögliche Werkstoffschädigungen begrenzt ist. Die Steuerung der Presse nach diesen Kriterien kann nur nach vorgegebenen Programmen oder besser durch eine rechnergestützte Prozeßführung nach experimentell abgestützten statistisch gesicherten bzw. theoretisch begründeten Modellen erfolgen. Breite Einführung hat die online- Prozeßführung gefunden, bei der alle Steuerungsgrößen nach Optimierungskriterien berechnet, automatisch eingestellt, überwacht und mit den Ist-Werten verglichen werden. Von einem Prozeß- Informations- und Überwachungssystem werden die vorgegebenen technologischen Kennwerte, die aktuellen Prozeßdaten, der momentane Anlagenzustand sowie Störungs- und Diagnosemeldungen einerseits dokumentiert und andererseits dem Bedienungspersonal angezeigt.

Rezipient

Der Rezipient (Blockaufnehmer) besteht meist aus Innenbüchse, darauf aufgeschrumpfter Zwischenbüchse und dem Mantel, der meist auch die Bohrungen für die Rezipientenheizung (Bereich: 400 °C, max. 500 °C; Widerstandsheizung oder induktiv) trägt. Die Heizung kann ggf. sogar in Zonen unterschiedlich erfolgen. Die Bohrung der Innenbüchse (der Außendurchmesser der eingeschobenen angewärmten Preßbolzen wird wenige mm kleiner ausgeführt) muß gleichmäßig und die Innenfläche glatt, ohne Ausbrüche und rißfrei sein, damit keine Lufteinschlüsse in den austretenden Strang gelangen. Anhaltswerte über die Rezipientengröße enthält die Tafel 1.3.25.

Tafel 1.3.25: Beispiele für Rezipientenbohrungs-Durchmesser und -Längen für das direkte Strangpressen (nach Lang, modifiziert nach Laue/Stenger)

Preßkraft MN	Rezipient Innendurchmesser, mm	Länge, mm
10,0	bis 160	500
31,5	bis 280	1000
50,0	bis 355	1250
80,0	bis 450	1600
125,0	bis 800	2000

Um Profile oder Flachstangen größerer Breite pressen zu können, müssen auch Rezipienten mit rechteckigem Querschnitt eingesetzt werden. Als Werkstoffe haben sich bewährt für:
Innenbüchsen X38CrMoV5 1, X38CrMoV5 3; Zwischenbüchsen 48CrMoV6 7; Mäntel 40CrMo7.
Die Werkstoffauswahl, besonders für die Innenbüchse, und die genaue Berechnung der Rezipientenabmessungen sind für die Wirtschaftlichkeit der Anlage wegen der hohen Rezipientenkosten von entscheidender Bedeutung.
Die Lagerung des Rezipienten im Rezipientenhalter gestattet bei Erwärmung ein freies Ausdehnen nach allen Seiten. Der Vorschub des Rezipientenhalters erfolgt meist hydraulisch durch Kolben, die parallel zum Gegenholm angeordnet sind. Bei Viersäulenpressen wird der Rezipient zum Auswechseln im allgemeinen nach oben ausgehoben. Bei modernen Pressen läßt sich ein Rezipientenwechsel durch Schnellverschlüsse in weniger als 30 Minuten vornehmen.

Preßstempel, Preßscheibe
Der Stempel ist (ggf. Schnellverschluß) mit dem Laufholm verbunden und wird vom Preßplunger vorwärts bewegt. Für kleine und mittlere Stempelbelastungen werden Stähle (CrMoV) wie für die Rezipienteninnenbüchsen verwendet, für große (über 200 mm Durchmesser) NiCrMoV-Stähle. Beispiele sind: Preßstempel X38CrMoV5 1; X33CrMoV 3 3; 55NiCrMoV6.
Auch der Stempel kann bei Viersäulenpressen meist nach oben ausgewechselt werden. Um ein Verschweißen zwischen Preßbarren und Stempel zu verhindern, wird zwischen beiden eine Preßscheibe (Vorlegscheibe) angeordnet, besser fest am Stempel angebracht. Als Werkstoffe kommen die warmfesten Stähle X38CrMoV5 1; 48CrMoV6 7 oder X5CrNiMoV15 25 in Betracht.
Das Trennen der Preßscheibe vom Preßrest mit hydraulischer Schere oder Säge (Bild 1.3.23) erfolgt meist außerhalb der Presse in einem besonderen Preßscheiben-Trenner. Ein Scheibenförderer (Rinne) bringt die Preßscheibe wieder in Lade-Stellung; der Preßrest wandert in den Schrottkasten. Scheren oder Sägen können auch für beide Trennarbeiten in die Pressen eingebaut sein.

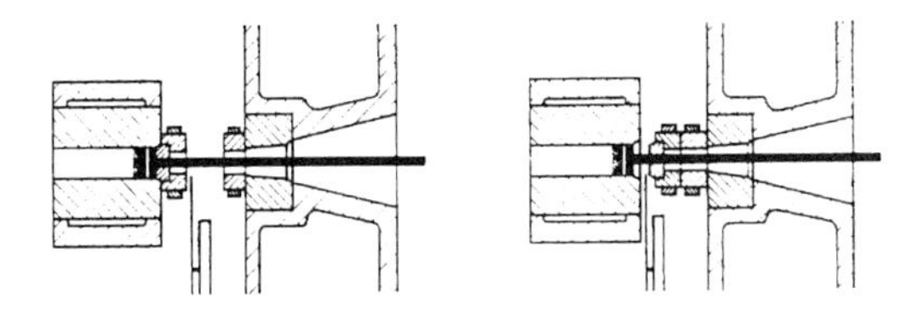

Bild 1.3.23 Trennen mit Säge vor und hinter dem Werkzeug (nach Zilges)

1.3.6.5.2 Strangpreßwerkzeuge (Matrizen)

Aufbau
Um eine möglichst lange Benutzungsdauer des eigentlichen formgebenden Werkzeuges (Matrize) und gute Maßhaltigkeit zu erreichen, soll die dem angepreßten Werkstoff entgegengestellte Fläche des Werkzeuges möglichst klein sein, weil es zugleich hohen Temperaturen und hohem Druck ausgesetzt ist. Zur besseren

Verteilung des Gesamtdrucks in Preßrichtung und zum Abdichten gegen den Rezipienten wird das Werkzeug in einen ganzen Satz von Unterstützungsteilen eingebaut, die (in Preßrichtung) von innen nach außen abnehmende Temperaturen ertragen müssen, z.B. das formgebende Werkzeug (Matrize) 350 bis 500 °C oder mehr, der Werkzeuguntersatz 250 bis 350 °C, der Werkzeug-Halter 200 bis 250 °C, die Druckplatte 100 bis 150 °C. Für Matrizen werden daher CrMoV-Warmarbeitsstähle verwendet (z.B. X40CrMoV5 1), für besonders hochbeanspruchte und Hohlprofil-Werkzeuge auch X32CrMoV3 3, X6NiCrTi26 15. Während des Preßvorganges wird der gesamte Werkzeugsatz durch eine Verriegelung in der Presse in justierter Lage gehalten und gegen Verschieben geschützt. Um ein gleichmäßiges Fließen des Werkstoffs und geradliniges Austreten des Stranges zu erreichen sowie um Schädigungen des Werkzeugs (Deformation, Brüche) zu vermeiden, müssen die Werkzeuge auf bestimmte Betriebstemperaturen angewärmt und bei Gefahr der Überhitzung entsprechend gekühlt werden. Kühlvorrichtungen können ggf. in der Presse eingebaut sein.

Werkzeuggestaltung

Durch Berücksichtigung der Rezipientenabmessung und durch eine geeignete Werkzeugausbildung kann auf gleichmäßigen Werkstofffluß, einwandfreie Qualität des Erzeugnisses und eine gute Pressenleistung hingewirkt werden. Es muß u.a. das Verpressungsverhältnis (Verhältnis Preßbarrenquerschnitt zur Summe der Flächen der Austrittsquerschnitte im Werkzeug) in einem optimalen Bereich gehalten werden. Ist das Verhältnis zu klein, bleiben die Gefügeveränderungen zu gering und die mechanischen Eigenschaften des Erzeugnisses ungenügend; wird es zu groß, sind zu hohe Preßkräfte erforderlich, und die Belastung des Werkzeugs kann dessen Haltbarkeit gefährden. Daher kann es zweckmäßig sein, die Wanddicken zu erhöhen oder mehrsträngige Werkzeuge anzufertigen, um die Austritts-Gesamtfläche zu vergrößern, zumal bei schwerumformbaren Werkstoffen (s. Kap. 1.3.6.1). Die Anordnung der Stränge muß dann so vorgenommen werden, daß kein ungleichmäßiges Fließen und keine Grobkornbildung eintreten. Aber auch beim Einstrangwerkzeug müssen Unterschiede der Austrittsgeschwindigkeit von bestimmten Partien des Querschnitts, die den Strang geknickt oder wellig werden lassen, durch Verkürzen oder Verlängern der Führungsflächen korrigiert werden. Dies sind die parallel zur Preßrichtung liegenden Flächen im Werkzeug (senkrecht zur Stirnfläche), die ständig mit dem austretenden Werkstoff in Berührung und in Reibung stehen. Kurze Führungslängen bzw. kleine -flächen verursachen geringere Reibungskräfte. Das Preßgut wird weniger stark behindert und fließt schneller. Als Richtwert wird empfohlen, die Führungsflächenlänge in Abständen von 25 mm von der Mitte um 1 mm zu kürzen, wobei die kürzeste Länge ~ etwa 2,5 mm sein sollte. Die Werkzeugabmessungen sind in DIN 24540 festgelegt. Das gilt auch für Stützwerkzeuge, Druckplatten und Druckringe. Die Betriebstemperatur der Matrizen beträgt 350 ... 500 °C, so daß die Matrizendurchbrüche unter Berücksichtigung der Ausdehnung des Werkzeugstahles und des Preßgutes sowie der Preßdrücke bemessen werden müssen.

Für die Profilkonstruktion gelten die in 1.3.6.1 erwähnten Gestaltungsgrundsätze. Anzustreben sind eine günstige Masseverteilung im Querschnitt; ausreichende Radien; Vermeiden unnötig scharfer Kanten; Entlastung der hochbelasteten Werkzeug- Zungen (die abbrechen oder sich versetzen können) durch Verdicken von Stegenden im Querschnitt und ähnliche Maßnahmen.

Zur Beurteilung des Schwierigkeitsgrades eines Strangpreßquerschnitts bezüglich seiner Preßbarkeit gibt es mehrere Kriterien, wie: Profilfaktor (Formfaktor),

F o r m z a h l , F l ä c h e n z a h l . Der Profilfaktor (USA, Großbritannien) ist das Verhältnis der Summe aller Umrisse des Querschnitts zur Profilmasse je Längeneinheit. Die Formzahl ist das Verhältnis des Durchmessers des umschreibenden Kreises um den Querschnitt zur kleinsten Wanddicke. Die Flächenzahl errechnet sich aus der Anzahl der Richtungsänderungen beim Umfahren der Querschnittskontur (mit besonderen Regeln für Radien und Zacken), sie wird ebenfalls zur längenbezogenen Masse ins Verhältnis gesetzt.
Besondere Gesichtspunkte gelten für anodisch zu oxidierende Profile. Es sollte zunächst grundsätzlich bei jedem Querschnitt angegeben werden, wo die „Sichtflächen“ liegen. Da sich Stege auf der Rückseite dieser Sichtfläche leicht beim Anodisieren abzeichnen, wenn die Dicke unter dieser Sichtfläche gering ist, sollte hier in der Dicke möglichst zugelegt werden oder durch Stufungen oder Riffelungen gegenüber dem Stegansatz ein Abzeichnen verdeckt werden. Relativ lange Doppelstege oder Arme mit geringem Zwischenraum lassen sich schlecht pressen und richten. Hier gibt es zuweilen die Möglichkeit, diese Arme nicht parallel, sondern in V-Form zu pressen und dann auf die endgültige Form durch Nacharbeit (Ziehen, Biegen, Recken) zu bringen.

W e r k z e u g w e c h s e l
Ein rascher Werkzeugwechsel wird bei Strangpressen moderner Bauart mit quer zur Pressenachse beweglichen Werkzeugschiebern oder zwischen den Säulen drehbaren Werkzeugköpfen am Gegenholm vorgenommen. Meist sind Schieber bzw. Drehkopf für zwei Werkzeuge eingerichtet; während das eine in Preßstellung ist, kann das andere ausgewechselt, nachgearbeitet und gereinigt, gekühlt oder angewärmt werden. Der Werkzeugdrehkopf wird bei mittleren und großen Pressen häufig in zwei hintereinander liegende Drehbalken aufgeteilt. Der erste nimmt das Werkzeug, der zweite die Druckplatte auf.

1.3.6.6 Spezielle Strangpreßtechnologien

1.3.6.6.1 Isothermes Strangpressen

Höchste Produktqualität wird erreicht, wenn das Strangpressen isotherm durchgeführt wird. Die Temperaturkonstanz über die Stranglänge und beim Pressen der Profile einer Charge bzw. eines Werkstoffes ist ausschlaggebend für die Gleichmäßigkeit der Qualität. Maßhaltigkeit, Formgenauigkeit, Oberflächengüte, Umformvermögen, Gefügeausbildung durch Umformung und mechanisch- technologische Eigenschaftswerte sind in hohem Maße temperaturabhängig und deshalb durch die Temperatur beeinfluß- und steuerbar. Die bei der Umformung eingebrachte Energie Q_u wird zu über 90 %, die Reibungsarbeit Q_R vollständig in Wärme umgewandelt. Beide Energieanteile sind Wärmequellen, die die Temperatur des Preßbolzens erhöhen. Der zu verpressende Werkstoff und das Werkzeug erwärmen sich beim Pressen. Gleichzeitig findet am Umformgut eine Wärmeübertragung durch Berührung auf das Werkzeug, den Rezipienten und die Preßscheibe statt, die auch als Übergang durch Wärmeleitung aufgefaßt werden kann. Im Bild 1.3.24 sind die thermischen Verhältnisse beim Strangpressen durch die Wärmeströme dargestellt.

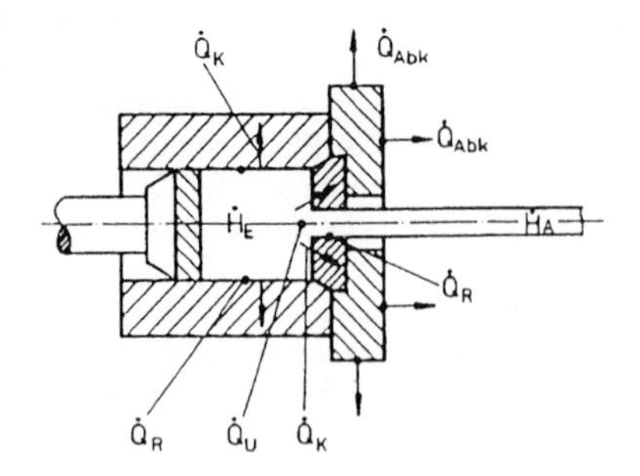

Bild 1.3.24 Auftretende Wärmeströme beim Strangpressen
H˙ - Enthalpiestrom,
Q˙ - Wärmestrom

Während des Pressens ändern sich infolgedessen die Temperaturen im Preßbolzen und -strang sowie im Werkzeug und Rezipienten örtlich und zeitlich. Beim Pressen mit konstanter Stempelgeschwindigkeit wird die Preßtemperatur höher und der austretende Strang zunehmend wärmer. Einer Erhöhung der Prozeßtemperatur sind Grenzen gesetzt, da der Werkstoff an den Korngrenzen aufschmelzen kann und rissig wird. Eine gezielte isotherme Temperaturführung ist nur durch eine Erwärmung mit axialem Temperaturprofil und durch geregelte Erniedrigung der Preßgeschwindigkeit möglich (Bild 1.3.25).

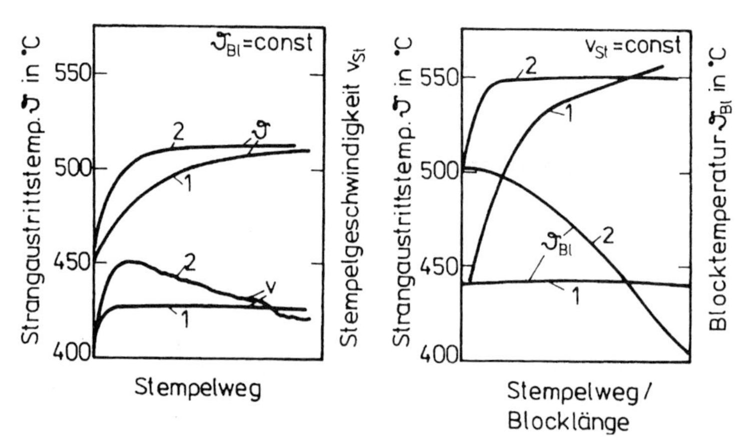

Bild 1.3.25 Beeinflussung der Strangtemperatur
a) durch die Preßgeschwindigkeit und
b) durch axiales Temperaturprofil

Beide Effekte werden durch eine rechnergestützte Prozeßführung nutzbar. Grundlage bilden einschlägige Simulationsmodelle, durch die bei Kenntnis der Randbedingungen für die Wärmeströme und die Reibung der Temperaturverlauf beim Pressen vorbestimmt werden kann. Das Pressen wird bei der höchstmöglichen Temperatur isotherm durchführbar, wobei gleichzeitig gesichert wird, daß die zulässigen Belastungsgrenzen ausgeschöpft, aber nicht überschritten werden.

1.3.6.6.2 Kontinuierliches Strangpressen

Um besonders lange Stränge zu erzeugen, ist unter gewissen Voraussetzungen kontinuierliches Pressen (Block-auf-Block-Pressen) möglich. Es kann sowohl für Vollstränge (Stangen) als auch für Rohre und gewisse Hohlprofile angewandt werden. Für letztere werden meist Brücken- und Spider- Werkzeuge benutzt. Gut verschweißbare Werkstoffe sind Voraussetzung. Es wird Preßbarren auf Preßbarren verpreßt, wobei der Nachschub möglichst rasch vorzunehmen ist. Dazu wird die Pressung gestoppt, wenn der vorangehende Preßbarren bis auf etwa 20 % ausgepreßt ist. Bekannteste Anwendung des kontinuierlichen Strangpressens ist die Herstellung von Kabelmänteln. Damit die Luft beim Einschieben des nachfolgenden Bolzens entweichen kann, ist auch hier die Erwärmung mit axialem Temperaturgefälle zweckmäßig.

1.3.6.6.3 Abgesetztes, konisches, schraubenförmiges Pressen

Abgesetzte Rohre und Stangen sind wie folgt herstellbar: Es wird zunächst der kleinere Durchmesser gepreßt, die Pressung unterbrochen, das erste Werkzeug abgenommen und durch das nächste mit größtem Durchmesser ersetzt. Rohre mit inneren Konizitäten (abnehmende Innendurchmesser) lassen sich über einen mitgehenden Dorn pressen. Die Herstellung gleichmäßiger Konizität außen ist äußerst schwierig und für Aluminium kaum in Anwendung. Konische Rohre werden durch Umformen (Drückwalzen, Rundkneten) von Rundrohren hergestellt. Schraubenförmige Windungen der Außenkontur regelmäßiger Querschnitte lassen sich durch einen entsprechenden Drall im Preßwerkzeug oder durch Verdrillen des ausgepreßten Stranges auf der Richtmaschine herstellen.

1.3.6.6.4 Plattieren beim Strangpressen

Das Überziehen von Strangpreßerzeugnissen mit einer Plattierschicht ist unter gewissen Voraussetzungen möglich. So kann z.B. eine dünne Scheibe aus Reinaluminium vor einem Preßbarren aus einer AlCuMg-Legierung mit in den Rezipienten eingeschoben und mit verpreßt werden. Die dabei auf dem Strang erscheinende Plattierschicht ist jedoch am Anfang relativ dick und wird nach dem Preßende zu immer geringer. Auch können einspringende Ecken von der Plattierung schon bald nicht mehr voll bedeckt werden. Beim indirekten Strangpressen sind jedoch in vielen Fällen weitgehend gleichmäßige Plattierschichten erzielbar. Die Herstellung Cu-plattierter Stangen (Stromschienen) durch hydrostatisches Strangpressen ist Stand der Technik (s.a. 1.8.2).

1.3.6.7 Werkstoffanstrengung beim Strangpressen

1.3.6.7.1 Werkstofffluß

Umformverhalten, Gefüge und Textur, die Festigkeitseigenschaften sowie die Oberfläche der Strangpreßerzeugnisse werden weitgehend von den Fließvorgängen beeinflußt. Sie können sich während des Auspressens eines Bolzens mehrfach ändern und hängen außer von der Zusammensetzung, vom Homogenitätsgrad der zu verpressenden Werkstoffe und von den Reibungsverhältnissen an Rezipientenwand, Stirn- und Laufflächen des Werkzeuges ab. Außerdem spielen Preßbolzengefüge, Preßbedingungen (Temperaturen, Geschwindigkeiten, Verpressungsverhältnis) und deren Veränderung während einer Pressung sowie die Gestaltung der

Werkzeugöffnung eine Rolle. Es werden vier „Fließtypen" unterschieden. Aluminium und Aluminiumlegierungen, die eine erhebliche Reibung an Rezipient und Werkzeug aufweisen, sind durch einen Werkstofffluß entsprechend Bild 1.3.26 charakterisiert.

Bei erheblichen Temperaturunterschieden im Preßbarren und dem dadurch bedingten Ansteigen der Fließspannung vom Kern zur Randzone kann auch bei Aluminiumlegierungen das Fließbild in einen Typ übergehen, bei dem der tote Winkel besonders groß ($2\alpha > 90°$) und die Scherzone weit vom Rand entfernt ist. Hier staut sich die schwer umformbare Randzone vor der Werkzeugstirnfläche auf, bis schließlich - unter örtlicher Umkehr der Fließrichtung - das Material der Randzone in den Kern einfließt. Es kommt dann zu Werkstofftrennung („Zweiwachsbildung"), d.h. der Strang tritt in zwei getrennten Querschnittsteilen aus. Bei Vollquerschnitten können sogar trichterförmige Hohlräume (Preßlunker) auftreten.

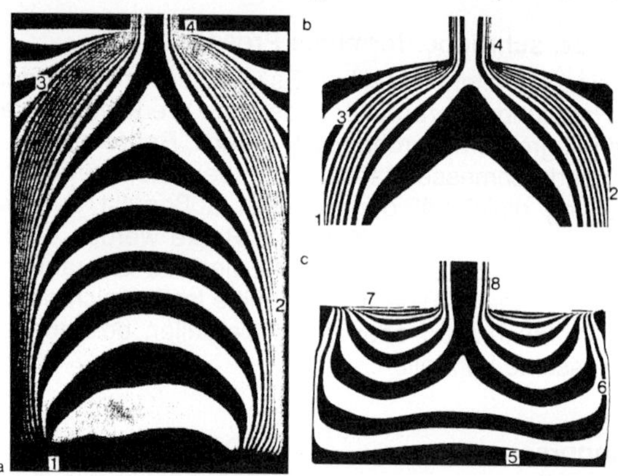

Bild 1.3.26 Werkstofffluß beim Strangpressen von Aluminiumlegierungen, ermittelt nach der Scheibenmethode, nach Lang (hell: AlMgSi0,5; dunkel: AlSi5; anodisiert 20 µm) a) und b) direktes, c) indirektes Strangpressen
1 Reibung an der Preßscheibe; 2 Reibung zwischen Bolzenoberfläche und Rezipient; maximale Schertiefe hier ca. 10 mm; 3 Reibung an den toten Zonen; 4 Reibung im Preßkanal; 5 keine Reibung am Blindstempel [entspricht etwa der Preßscheibe (1) beim direkten Strangpressen]; 6 keine Reibung zwischen Bolzenoberfläche und Rezipient; 7 Reibung an der Werkzeugoberfläche (Hohlstempelende); 8 Reibung im Preßkanal

1.3.6.7.2 Fehler an Strangpreßerzeugnissen

Schale

Anreicherungen von Oxiden und spröden intermetallischen Verbindungen (Seigerungen) aus der Gußhaut können bei nicht oder ungenügend abgedrehten Preßbarren mit in die Außenpartien des austretenden Stranges gelangen. Sie machen sich als Abschieferungen, oft mit dunklem Untergrund, oder bei anschließender Wärmebehandlung als Blasen auf der Oberfläche bemerkbar. Die gleiche Erscheinung tritt ein, wenn sich an der Rezipienteninnenwand Ansätze gebildet haben, die bei einer der nächsten Pressungen mit in die Oberfläche des austretenden Stranges fließen. Eine Beseitigung dieses Fehlers am fertigen Strangpreßerzeugnis ist nur durch mechanisches oder chemisches Abtragen möglich, wobei die Gefahr von Maserungen bestehen bleibt.

Oxide im Strang
Wenn eine Bruchprobe an irgendeiner Stelle des Strangpreßerzeugnisses in den sonst gleichmäßigen und feinkörnigen Bruchflächen zungenartige (oft dunkel gefärbte) Einsprengungen erkennen läßt, ist dies fast stets auf oxidische Verunreinigungen im Guß zurückzuführen.

Holzfaserbruchfläche
Holzfaserähnliches Aussehen der Bruchflächen von Proben, die aus Strangpreßerzeugnissen entnommen wurden, ist meist auf eine in Preßrichtung angeordnete Anreicherung von Ausscheidungen intermetallischer Verbindungen im Preßgefüge zurückzuführen. Die Erscheinung, die bei AlCuMg, gelegentlich aber auch bei anderen Legierungen vorkommen kann, ist unbedenklich, wenn die mechanischen Eigenschaften - insbesondere die Bruchdehnung - in Querrichtung wesentlich niedriger liegen dürfen als in Längsrichtung. Dunkle Verfärbungen der Holzfaser-Bruchflächen deuten auf oxidische Einschlüsse hin und sind als Gußfehler zu werten.

Grobkorn
Die Preßtemperaturen für alle Aluminiumwerkstoffe liegen oberhalb der Temperatur, von der an Rekristallisation einsetzen kann. Umformgrade an den Außenzonen des Strangpreßerzeugnisses liegen aber häufig nur wenig über dem für das Eintreten der Rekristallisation erforderlichen Mindestumformgrad. Bei Rekristallisation kann sich dadurch ein relativ grobes Rekristallisationskorn bilden. Bleibt wegen zu geringem Umformgrad oder aus anderen Gründen die Rekristallisation im Kern des Stranges aus, kann bei Makroätzung die Grobkornzone am Rand recht scharf gegen den nicht rekristallisierten Kern abgesetzt sein. Grobkornbildung kann weitgehend verhindert werden durch kornwachstumshemmende Zusätze (Cr, Fe, Ti) oder durch Zusätze von Mn, Cr bzw. Zr, durch die eine Rekristallisation unter Preßbedingungen unterdrückt wird. Dieser Effekt kann durch feindisperse Ausscheidungen intermetallischer Art bei diesen Elementen verstärkt werden. In der Regel nimmt die Breite einer grobkörnigen Rekristallisationszone am Rande von Stangen und größeren Profilabmessungen vom Preßanfang zum Preßende hin ab, vielfach verschwindet sie nach wenigen Metern ganz.
Beim Recken sowie beim Kaltumformen ausgehärteter Strangpreßerzeugnisse mit grobrekristallisierter Randzone kann die Oberfläche ein narbiges Aussehen erhalten. Preßtechnische Maßnahmen einschließlich besonderer Werkzeuggestaltung können ebenfalls Grobkornbildung inhibieren.

Preßeffekt (s. 1.2.6.5)
Bei Stangen größerer Durchmesser und bei dickeren Profilquerschnitten aus AlCuMg-Legierungen, die im Kern eine nicht rekristallisierte Faserstruktur aufweisen, werden oft nach Kaltaushärtung erhebliche Unterschiede zwischen Längs- und Querfestigkeitswerten beobachtet. Die Längswerte liegen auch erheblich über den an Blechen gleicher Zusammensetzung erzielten. Dieser „Preßeffekt" entsteht dadurch, daß die Rekristallisationstemperatur des warmverformten Materials oberhalb der Temperatur der Lösungsglühung liegt. Vorbedingung ist ein gewisser Gehalt an Mn bzw. Zr in AlCuMg. Ein Maximumeffekt wird bei etwa 1 % Mn beobachtet. Auch die Biegewechselfestigkeit kann durch den Preßeffekt erheblich (z.B. um 30 bis 50 %) verbessert werden.

Ein stärkeres Recken (z.B. 6 %) oder entsprechendes Nachziehen beseitigt den Preßeffekt weitgehend. Daher können für gepreßte Stangen aus AlCuMg1 und AlCuMg2 im Zustand kaltausgehärtet höhere Mindestfestigkeiten verlangt werden als für die gleichen Stangenabmessungen in gezogener Ausführung. Ein Preßeffekt tritt auch bei AlMgMn-Strangpreßerzeugnissen auf.

Oberflächenfehler
Außer den bereits mehrfach genannten Querrissen (Warmrissen) können auf der Oberfläche von Strangpreßerzeugnissen u.a. noch folgende Fehler auftreten:

- Preßriefen: Ansätze oder Kerben in der formgebenden Werkzeugkante bzw. Lauffläche ergeben Riefen, die sich meist über die ganze Preßlänge hinziehen:
- Klebstellen: An den durch die Werkzeugöffnung fließenden Strang klebt ein Werkstoffpartikel kurzzeitig an der Werkzeug-Stirnfläche an, wird dann aber vom Strang wieder mitgenommen. Diese Werkstoffverschiebung an der Oberfläche markiert sich als kleine, kommaähnliche Erscheinung; sie tritt vornehmlich bei hohen Preßtemperaturen auf.
- Rauheit: Über eine ganze Fläche des austretenden Stranges kann als Vorstufe für Querrisse bei zu raschem oder zu heißem Pressen, jedoch auch durch zu starke Reibung an den Werkzeugflächen auftreten.

Preßlunker, Zweiwachs siehe 1.3.6.7.1

1.3.6.8 Mechanische Beanspruchung der Pressen

1.3.6.8.1 Umformwiderstand, Umformarbeit, Preßkraft

Die Umformfestigkeit (Fließspannung) k_f der Al-Werkstoffe ist bei gleicher Temperatur und Umformgeschwindigkeit sehr unterschiedlich, wie in Kap. 1.2.2.2 angegeben. In Tafel1.3.26 sind zur Vororientierung Relationen zu Al 99,5 bzw. zu Al MgSi0,5 gebildet worden, nach denen die Verpreßbarkeit grob eingeschätzt werden kann. Außerdem sind Richtwerte für die Austrittsgeschwindigkeit und das Verpressungsverhältnis (Preßgrad) angeführt. Die genaue Berechnung des mittleren Umformwiderstandes

$$k_{wm} = \frac{F}{A_0 \cdot \varphi}$$

und der Preßkraft F kann nach den Gesetzmäßigkeiten der elementaren Plastizitätstheorie durch Bildung des Gleichgewichtes der Kräfte oder der Arbeit bzw. nach der Schrankentheorie (upper-bound-methode) aus der Umformleistung vorgenommen werden.

Tafel 1.3.26 Gruppierung von Aluminiumwerkstoffen nach Schwierigkeit der Preßbarkeit (nach Hanser)

Werkstoff chem. Symbol Präfix EN AW-	Gruppe[1]	mittl. Preß-temp. °C	Austritts-geschwind. m/min A	B	C	Max. Preßver-hältnis $\lambda = A_0/A_1$	Mittleres Verpres-sungs-Verhältnis λ_m	Um-form-Zahl Al99,5 =1	Relative Preßbarkeit[2]) Vergleich zu AlMgSi (=100 %) %
Al 99,5	1	420	100	80	60	1000	15...150	1	160(E-Al 99,5(A))
Al Mn1	1	450	70	60	40	500	15... 80	3	120(AlMn1Cu)
Al MgSi	2	460 bis 480	80	50	40	400	15... 80	≥3	100
Al Si1MgMn	3	450 bis 530	15	12	6	200	15... 80	10	60(AlMg1SiCu)
Al Zn4,5Mg1	3	480 bis 500	12	8	4	200		10	30
Al Mg2Mn0,8	3	450	15	10	5	100	15... 60	15	50
Al Mg3	3	460	6	5	3	80	15... 6	20	60-80
Al Mg5	4	460	5	4	2	60	15... 50	25	25(AlMg4)
Al Mg4,5Mn0,7	4	430 bis 460	3	2	1	50	15... 40	35	20
AlCu4MgSi(A)	4	430	4	3	2	60	15... 40	20	20
AlCu4Mg1	5	420	2	1,5	1	50	15... 50	30	15
AlZn5,5MgCu	5	420	2	1	0,75	60	15... 60	40	9

A = Stangen, B = einfache Profile mit gleichmäßiger Wanddicke, C = verwickelte Querschnitte

[1]) Von 1 nach 5 abnehmende Preßbarkeit

[2]) nach van Horn et al. und Lang

Beim direkten Strangpressen sinkt die Preßkraft nach dem Anstauchen mit zunehmendem Stempelweg, d.h. kleiner werdender Bolzenlänge ab, da die Rezipientenreibungskraft ständig kleiner wird. Am Ende des Preßvorganges, wenn der Werkstoff auch aus den toten Ecken nachfließen muß, steigt die Preßkraft wieder an (Bild 1.3.18). Die Oberflächenschichten (Oxide etc.) verlagern sich in die Mittenbereiche. Der Preßvorgang wird bei diesem Auspreßgrad abgebrochen, der Preßrest abgeschert. Der Umformwiderstand ist nach K_{Wm} = f(Werkstoff, φ, $\dot{\varphi}$, ϑ, μ_M, μ_R, L_x/D_R, d_T) abhängig von der Fließspannung, der Reibung und den geometrischen Verhältnissen. Beim indirekten Pressen entfällt die Rezipientenreibung, so daß der Umformwiderstand nur noch abhängig von den inneren Materialschiebungen und der Reibung an der Matrize wird.

$$K_{Wm} = f(\text{Werkstoff}, \varphi, \dot{\varphi}, \vartheta, \mu_R, d_T)$$

Nach Meßergebnissen kann der mittlere Umformwiderstand, d.h. der Preßdruck, etwa im Bereich von 250 bis knapp über 1000 N/mm^2 betragen, wobei die Bereiche von 400 bis 800 N/mm^2 den leicht verpreßbaren und 600 bis 1000 N/mm^2 den schwerpreßbaren Werkstoffen zuzuordnen sind.
Die Umformarbeit beträgt aufgrund der komplizierten Werkstoffflußverhältnisse das 1,7- bis 5-fache des Wertes für eine parallelepipedische (verlustlose) Umformung. Sie ist beim indirekten Strangpressen bis zu 30 % niedriger.

1.3.6.8.2 Arbeitsdiagramm des Strangpressens

Die Grenzwerte der Belastung $F \leq F_{zul}$ und der Temperatur beranden das Arbeitsfeld der Strangpressen (Bild 1.3.27). Die Geschwindigkeitsabhängigkeit der Temperatur besteht über die Temperaturerhöhung durch die Reibung sowie auch über die Umformfestigkeit. Durch eine Überhitzung des Werkstoffes können tannenbaumartige Risse entstehen. Es muß die Preßgeschwindigkeit umso geringer sein, je höher die homologe Erwärmungstemperatur gewählt wurde. Bei zu niedriger Temperatur besteht eine Geschwindigkeitsbegrenzung durch die maximal zulässige Preßkraft der Anlage. Der Arbeitsbereich beim Rückwärtsstrangpressen ist größer als beim direkten Durchpressen.

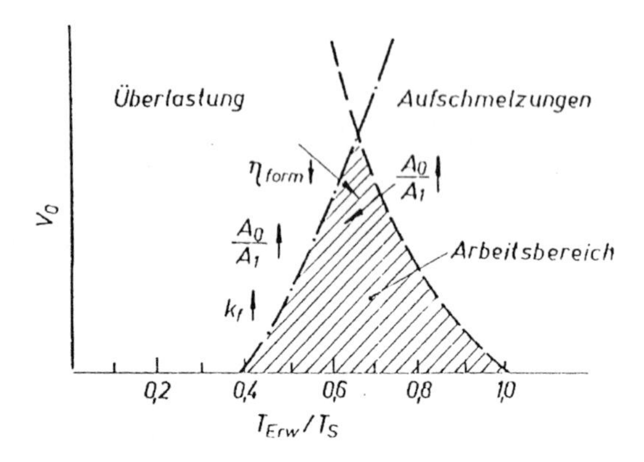

Bild 1.3.27 Arbeitsbereich von Strangpressen
η_{form} - Umformwirkungsgrad
T_{erw} - Erwärmungstemperatur
T_S - Schmelztemperatur
A_0/A_1 - Preßverhältnis

1.3.6.9 Arbeitsgänge nach dem Strangpressen

1.3.6.9.1 Gesteuerte Abkühlung aus der Umformwärme

Strangpreßprofile treten mit verhältnismäßig hohen Temperaturen aus der Presse aus und sind in diesem Zustand recht empfindlich gegen mechanische Beschädigungen oder Deformationen (Verdrehen, Ausknicken usw.). Da das Recken möglichst ohne Zwischenlagerung unmittelbar an das Pressen angeschlossen wird, können bei Temperaturunterschieden in der Recklänge auch unterschiedliche Formänderungen in einzelnen Zonen dieser Länge auftreten. Daher sind heute an den meisten Strangpressen für Aluminium Kühlvorrichtungen (Lüfter) über dem Auslauf und unter dem Querförderer zur Reckbank angebracht, die die Strangpreßerzeugnisse möglichst rasch auf Raumtemperatur abkühlen.

Soweit bei den aushärtbaren Al-Legierungen der Temperaturbereich der Lösungsglühung mit dem des Strangpressens zusammenfällt, kann der Teilschritt Abschrecken des Aushärtevorganges direkt aus der Umformwärme vorgenommen werden. Dies trifft speziell auf die AlMgSi-Legierungen zu, sofern die Strangaustrittstemperatur > 500 °C liegt. Die Preßgeschwindigkeit muß so hoch sein, daß die Austrittstemperatur beim Erreichen der Kühlzone nicht wesentlich gesunken ist. Legierungen der Typen AlCuMg und AlZnMgCu erfordern extrem hohe Abkühlgeschwindigkeiten (> 400 K/s), so daß sie für ein Abschrecken an der Strangpresse auch aus diesem Grunde nicht in Betracht kommen.

Bei Al MgSi0,5 genügt bei kleinen Profilquerschnitten das Austreten des Stranges in die ruhende Luft von Hallentemperatur für eine ausreichende Aushärtung; bei dickeren Querschnitten ist Anblasen mit Luft ausreichend, nur bei sehr großen Abmessungen bzw. besonders hohen Festigkeitsforderungen ist die Verwendung von Wassernebel oder eine Wasserspritzkühlung erforderlich. Je nach zu erreichender Mindestfestigkeit T1, T2 oder T5 (Tafel 1.9.1) kann die für das Lösungsglühen übliche Abschrecktemperatur (500 bis 545 °C) auf 430 °C herabgesetzt werden. Demgegenüber soll für Al MgSi T6 diese Temperatur mindestens 480 °C betragen, für Al MgSi T56 darf sie etwas tiefer liegen. Auch für Al Zn4,5Mg1 reicht Abschrecken mit Luft aus. Für das Abschrecken mit Luft (Geschwindigkeiten variabel bis etwa 50 m/s) sind Ventilatoren mit entsprechenden Blechen über dem Auslauf angebracht.

Reicht, wie etwa bei Al MgSi größerer Abmessungen, die Kühlwirkung einer stark bewegten Luft nicht aus, so muß entweder eine Tauch- oder Spritzkühlung mit Wasser vorgenommen werden. Für erstere sind Wasserbehälter mit schnell bewegtem Wasser zwischen Presse und Auslauf montiert. Durch Wasserzuführung von vorn und hinten entsteht in dem Kasten ein sogenannter Wasserberg (Wasserwelle), durch den das Preßgut hindurchgeführt wird. Dagegen werden bei der Spritzkühlung die Profile beim Durchlauf mehrerer Düsenreihen mit Wasser beaufschlagt. In beiden Fällen finden durch die Wasserverdampfung Kühlphasen mit unterschiedlicher Kühlintensität statt. Diese ist besonders in der Phase der partiellen Filmverdampfung, d.h. bei Oberflächentemperaturen zwischen ca. 300 und 100 °C sehr hoch. Der Wärmeübergangskoeffizient nimmt mit fallender Temperatur Werte über 50 kW/m^2K an. Über die Tauch- bzw. Durchlaufzeit und die Wasserbeaufschlagungsdichte kann die Abkühlungsgeschwindigkeit gesteuert werden. Je nach Legierungsart muß sich an den Abschreckprozeß die Warmauslagerung mehr oder weniger kurzfristig anschließen. Während bei Al MgSi0,5 eine längere Zwischenlagerung sich positiv auswirkt, ist bei Al MgSi zur Erzielung der höchsten Festigkeit das Warmauslagern unmittelbar nach dem Abschrecken durchzuführen. Der Einfluß auf die Endfestigkeit ist in der ersten Stunde einer Zwischenlagerung am stärksten, er klingt nach 8 Stunden Zwischenlagerung ab. Da eine kurzzeitige „Vorauslagerung" im Temperaturbereich 50 bis 160 °C ausreicht, diesen Einfluß weitgehend zu reduzieren (z.B. 5 min/50 °C), kühlt man Al MgSi1-Profile an der Presse nicht auf Raumtemperatur ab, sondern läßt diesen Effekt wirksam werden.

1.3.6.9.2 Ausziehen, Recken, Richten

Wegen der steigenden Anforderungen an die Oberflächengüte der Profile sind die Ausläufe an den Pressen mit Graphitplatten belegt. Sie werden auch als hinter dem Gegenholm installiertes laufendes Balkenband mit stufenlos regelbarer Geschwindigkeit ausgeführt. Parallel zum Auslauf ist ein Hubbalkenförderer bis zur Reckbank und von da ein weiterer bis zum Sägerollgang angeordnet. Bewährt haben sich, und dies trifft besonders auf das mehrsträngige Pressen dünner Profile oder Stangen zu, Ausziehvorrichtungen (Puller) über dem Auslauf. Diese werden über einen Linearmotor angetrieben, so daß deren Zugkraft in einem weiten Bereich stufenlos einstellbar ist. Vorhandene Geschwindigkeitsunterschiede zwischen den Strängen werden durch einen schwachen Längszug bis zu einem gewissen Grad ausgeglichen, Verwerfungen oder Verdrillungen vermieden. Zur Gewährleistung einer ausreichend hohen Geradheit (s. Kap. 1.1.2.6.3) werden die erkalteten Profile um 0,5 bis 1,5 % gereckt. Hierzu werden Reckbänke (für kleine Leistungen mechanische, für größere hydraulische oder pneumatische) eingesetzt.

Die drehbaren Köpfe der Reckanlagen sind mit Klemm-Einsätzen und Beilagen ausgestattet, um den jeweiligen Querschnitt genügend sicher fassen zu können. Beim Recken werden Bögen, Wellen und leichte Knicke beseitigt. Verdrehungen können mit Hilfe von Klammerwerkzeugen von Hand behoben werden. Die Strangpreßerzeugnisse, die noch separat ausgehärtet werden müssen, werden erst nach der Warmauslagerung gereckt. Die in den Klemmköpfen deformierten Einspannenden werden abgetrennt. Die Sägen, die dazu an einer Rollenbahn angeordnet sind, schneiden auch die Strangpreßerzeugnisse auf Liefermaße. Beim Sägen erfolgt ggf. auch die Probenahme und Kennzeichnung für mechanische und andere Prüfungen. Nach dem Recken und Sägen wird - soweit erforderlich - noch ein Richten auf Maschinen und/oder von Hand durchgeführt.

1.3.6.9.3 Aushärten, Warmauslagern

Zum Lösungsglühen (s. Kap. 1.9.3) der Strangpreßprodukte, die nicht aus der Umformwärme ausgehärtet werden können, sind Turmöfen mit effizientem Umwälzsystem der Rauchgase oder der Luft geeignet. Durch das Aufhängen der Profile wird ein Verwerfen bzw. Verdrillen weitgehend ausgeschlossen. Das Abschrecken nach dem Lösungsglühen geschieht durch Tauchkühlung in Wasserbädern oder durch Spritzkühlung. Beim horizontalen Tauchen ist ein mehr oder weniger starkes Verziehen der Profile nicht zu vermeiden. In tiefen Wasserbädern erwärmen sich die oberen Wasserschichten stärker, so daß die Abschreckwirkung über die Länge der vertikal eingetauchten Profile ungleich wird. Es muß für eine Zirkulation des Wassers Sorge getragen werden. Die Durchlaufkühlung durch Aufspritzen von Wasser garantiert diesbezüglich bessere Ergebnisse. Dieses Verfahren sichert besonders bei großen Abmessungen (> 100 mm Durchmesser) gleichmäßigere Eigenschaften, teilweise höhere Festigkeitswerte und eine bessere Korrosionsbeständigkeit. Die zweckmäßigsten Öfen für die Warmauslagerung sind satzweise beschickte Kammeröfen mit starker Luftumwälzung. Um die geforderten Eigenschaftswerte einzustellen, muß oft eine zweistufige Anlaßbehandlung durchgeführt werden, so z.B. wird das Maximum der Aushärtung bei AlZnMgCu erreicht durch eine etwa 15-stündige Zwischenhaltezeit bei 120°C und einer Endglühung bei 165...180 °C/ 5h.

1.3.7 Durchziehen

1.3.7.1 Werkstoffe, Zieherzeugnisse

Das Ziehen ist ein Kaltumformverfahren mit indirekter Druckwirkung, bei dem das Umformgut durch ein sich in Bewegungsrichtung verengendes Werkzeug, die Ziehdüse (Ziehstein), gezogen wird. Es wird bei Al-Werkstoffen ausschließlich bei Raumtemperatur praktiziert. Ausgangsmaterial sind stranggepreßte Stäbe, einfache Profile, Rohre und gewalzte (stranggepreßte) Drähte. Zweck der Umformung mittels Durchziehen ist die Erzielung kleinerer Abmessung, höherer Maßhaltigkeit, Oberflächengüte oder mechanischer Eigenschaften. Das Produktspektrum umfaßt:

- Rundstangen (DIN EN 754-3) und Vierkantstangen (DIN EN 754-4) mit 3 bis 100 mm Durchmesser bzw. Seitenlänge mit einer Maßhaltigkeit nach Tafel 1.3.27 und einer Unrundheit von ≤ 50 % des Toleranzfeldes.
- Sechskantstangen (DIN EN 754-6) mit 3 bis 80 mm Schlüsselweite mit Grenzmaßen nach Tafel 1.3.27

- Rechteckstangen (DIN EN 754-5) mit Breiten von 5 bis 200 mm und Dicken von 2 bis 60 mm (Tafel 1.3.28)
- Rundrohre (DIN EN 754-7, -8) mit 3 bis 300 mm Durchmesser, s = 0,5 bis 16 mm Wanddicke und einer Metermasse von 0,011 bis 11,4 kg/m
- Rundrohre mit 16 bis 100 mm Durchmesser und mit Wanddicken von 2,5 bis 20 mm sowie Sechskanthohlprofile mit Schlüsselweiten von 13 bis 65 mm bei Wanddicken von 2,5 bis 12 mm aus Al Mg5 und Pb-legierten Al-Legierungen
- Drähte für die E-technik (DIN EN 1301) und nach DIN EN 1715-2 mit 0,2 bis 14 mm Durchmesser; Drähte für das Kaltstauchen (AlMn, AlCuMg; AlMg; AlMgSi; AlZn), die Zerspanung Al Cu6BiPb, für Zäune Al Mg1Si0,5; Al Mg1,8; Schweißdrähte (DIN EN 1715-4) mit 0,6 bis 8 mm Durchmesser.

Tafel 1.3.27 Grenzabmaße für Durchmesser (Seitenlänge bzw. Schlüsselwerte) gezogener Stangen

Maße in mm

Nennmaß D über	bis	Grenzabmaße
3[1]	6	0 -0,08
6	10	0 -0,09
10	18	0 -0,11
18	30	0 -0,13
30	50	0 -0,16
50	65	0 -0,19
65	80	0 -0,30
80[2]	100	0 -0,35

[1]) Einschließlich Nennmaß 3 mm [2]) nicht Sechskant

Tafel 1.3.28 Grenzabmaße der Breite und Dicke gezogener Rechteckstangen
a) Werkstoffgruppe I

Maße in mm

Breite w			Grenzabmaße der Dicke im Maßbereich der Dicke t					
über	bis	Grenz-abmaße	2≤ t ≤6	6< t ≤10	10< t ≤18	18< t ≤30	30< t ≤40	40< t ≤60
5[1])	10	±0,08	±0,06	±0,08	-	-	-	-
10	18	±0,10	±0,06	±0,08	±0,10	-	-	-
18	30	±0,15	±0,06	±0,08	±0,10	±0,15	-	-
30	50	±0,20	±0,08	±0,10	±0,12	±0,15	±0,20	-
50	80	±0,25	±0,10	±0,10	±0,12	±0,15	±0,20	±0,25
80	120	±0,28	±0,12	±0,12	±0,15	±0,20	±0,25	±0,30
120	160	±0,32	-	±0,12	±0,15	±0,20	±0,30	±0,35
160	200	±0,35	-	±0,15	±0,20	±0,25	±0,35	±0,40

[1]) Einschließlich Breite 5 mm.

b) Werkstoffgruppe II — Maße in mm

Breite w			Grenzabmaße der Dicke im Maßbereich der Dicke t					
über	bis	Grenz-abmaße	2≤ t ≤6	6< t ≤10	10< t ≤18	18< t ≤30	30< t ≤40	40< t ≤60
5[1])	10	±0,12	±0,09	±0,12	-	-	-	-
10	18	±0,15	±0,09	±0,12	±0,15	-	-	-
18	30	±0,22	±0,09	±0,12	±0,15	±0,22	-	-
30	50	±0,30	±0,12	±0,15	±0,18	±0,22	±0,30	-
50	80	±0,37	±0,15	±0,15	±0,18	±0,22	±0,30	±0,37
80	120	±0,42	±0,18	±0,18	±0,22	±0,30	±0,37	±0,45
120	160	±0,48	-	±0,18	±0,22	±0,30	±0,45	±0,52
160	200	±0,52	-	±0,22	±0,30	±0,37	±0,52	±0,60

[1]) Einschließlich Breite 5 mm.

Je nachdem, auf welche Form- und Maßtoleranz bei Rohren Wert gelegt werden muß, können 3 verschiedene Toleranzzuordnungen getroffen werden. Es dürfen Toleranzen in Anspruch genommen werden bei der Toleranzzuordnung

A (Regelfall)	für den Außendurchmesser d_a und die Wanddicke s
B	für den Innendurchmesser d_i und die Wanddicke s
C	für den Außen- (d_a) und Innendurchmesser d_i

Alle Toleranzen sind werkstoffabhängig gestaffelt, und zwar für d zwischen ± 0,04 bis ± 0,38 mm sowie für s von ± 0,02 bis ± 0,45 mm. Die Unrundheit ist meist mit $^1/_2$ x Durchmessertoleranzfeld festgelegt.

In der Regel werden alle Zieherzeugnisse, die auch mit Maßen außerhalb der Norm produziert werden können, mit blanker Oberfläche ausgeliefert.

1.3.7.2 Ziehen von Drähten

Die Abmessungspalette der gezogenen Drähte wird gewöhnlich technologiebezogen unterteilt in *Grobdraht* > 3 mm Durchmesser, *Mitteldraht* 1 ... 3 mm Durchmesser, *Feindraht* 0,05 ... 1 mm Durchmesser, *Feinstdraht* 0,01 ... 0,05 mm Durchmesser und *Mikrodraht* < 0,01 mm Durchmesser. Feinst- und Mikrodrähte werden außer in der Elektronik auch als „leonische Drähte" in der Posamenten- und Uniformeffektenindustrie verwendet und dort zu Gespinsten, Tressen, Borten, Litzen usw. verarbeitet.

Beim Ziehen der Drähte von Bund an Bund werden diese mittels Ziehscheiben durch die Ziehdüse (Ziehstein) auf Mehrfachdrahtziehmaschinen gezogen (Bild 1.3.28). Für Al-Werkstoffe hat sich das gleitende Ziehprinzip durchgesetzt. Lediglich im Grobdrahtbereich kommen gleitlose Ziehmaschinen mit Einzelantrieb der Ziehscheiben bzw. durch einen Motor über ein Getriebe mit vorgegebenen Übersetzungen (Tandemausführung) zum Einsatz.

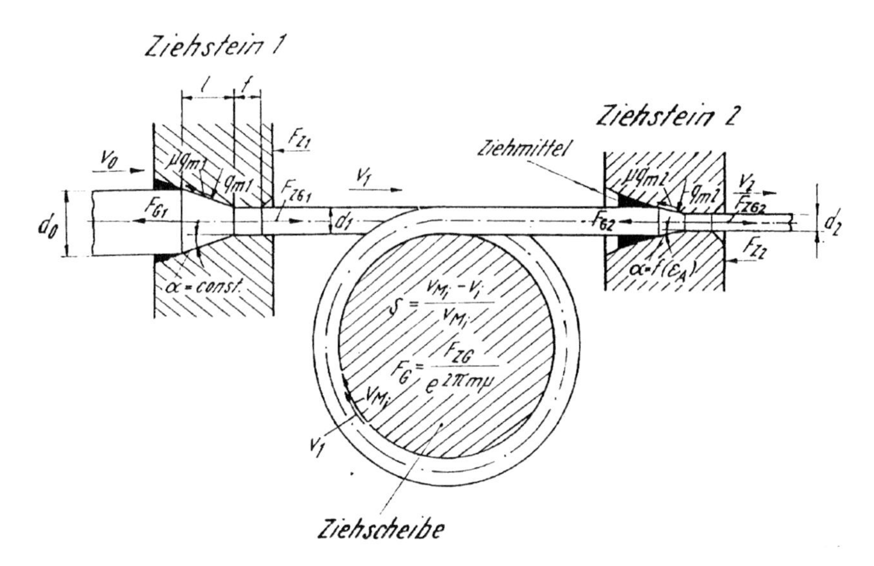

Bild 1.3.28 Ziehbedingungen in gleitend arbeitenden Mehrfachdrahtziehmaschinen

Das gleitende Ziehprinzip ist dadurch gekennzeichnet, daß die Umformgeschwindigkeit der Ziehscheibe v_{Mi} höher als die des auflaufenden Drahtes v_i ist. Der Draht rutscht auf der Ziehscheibe. Durch den Schlupf entsteht eine Reibung, so daß außer den Ziehsteinen auch die Ziehscheiben ständig geschmiert und gekühlt werden müssen. Dieses Naßziehen geschieht durch Aufspritzen oder Eintauchen in das Kühl-Schmiermittel (s. 1.1.5.2.). Die Mehrfach- Naßziehmaschinen sind vorwiegend für 7 ... 22 Ziehstufen ausgelegt. Die Ziehscheiben sind entweder in Tandemanordnung hintereinander angebracht oder als Stufen- bzw. Zylinderscheiben ausgebildet, so daß mehrere Ziehsteine parallel angeordnet werden können. Bei den Stufenscheiben sind die Durchmesser so abgestuft, daß die Umformgeschwindigkeit entsprechend der vorgegebenen Abnahmefolge zunimmt. Eingesetzt wird dieser Maschinentyp vor allem im Feinstdrahtbereich. Bei der zylindrischen Ziehscheibenausführung ändert sich der Schlupf von Ziehstufe zu Ziehstufe. Als Ziehscheiben kommen gehärtete, polierte und gegebenenfalls verchromte bzw. beschichtete Stahlscheiben oder Keramikscheiben zum Einsatz. Die Mehrfachziehmaschinen sind für das Ziehen von Feinstdrähten für eine Ziehgeschwindigkeit bis 70 m/s, bei Feindrähten bis 40 m/s und bei Grobdrähten bis 35 m/s dimensioniert. Die Ziehkräfte werden in jeder Stufe über den Draht eingeleitet. Wegen des gleitenden Ziehens tritt zwangsläufig in jeder Ziehstufe eine Rückzugkraft F_G auf (Bild 1.3.28). Diese ist durch die Gesamtziehkraft F_{ZG} der Vorstufe, durch die Reibungsbedingungen zwischen Draht und Ziehscheibe sowie den Umschlingungswinkel des Drahtes auf der vorgelagerten Ziehscheibe festgelegt. Durch die Rückzugkraft F_G wird einerseits die Beanspruchung des Ziehwerkzeuges verringert. Andererseits erhöht sich die Gesamtziehkraft F_{ZG} in der betreffenden Umformstufe, da sie sich zu der eigentlichen Ziehkraft F_Z addiert. Die Rückzugspannung sollte 40 % der Umformfestigkeit des einlaufenden Drahtes nicht überschreiten. Die Gesamtziehkraft $F_{ZG} = \sigma_Z \cdot A_1$ und folglich die bezogene Ziehspannung σ_Z/k_{fm}, für deren Berechnung meist die erweiterte Beziehung von E. Siebel:

$$\frac{\sigma_z}{k_{fm}} = \varphi \cdot \left(1 + \frac{\mu}{\hat{\alpha}} + \frac{2}{3} \cdot \frac{\hat{\alpha}}{\varphi}\right) + \frac{k_{f1}}{k_{fm}} \cdot \mu \cdot \frac{f}{d_1} + \frac{\sigma_G}{k_{fm}}$$

zugrunde gelegt wird, erweist sich als abhängig von der Geometrie des Ziehholes (Ziehwinkel 2α, bezogene Führungslänge f/d_1), der Reibung μ und der Rückzugspannung σ_G (k_f- Umformfestigkeit). Ziehkraft F_{ZG} und Ziehspannung σ_Z erreichen bei einem bestimmten Ziehwinkel 2α ein Minimum. Zweckmäßig ist beim Naßziehen von Aluminium je nach Abnahme ein Ziehwinkel von $2\alpha = 8 \ldots 24°$, wobei die kleineren Werte den geringen Querschnittsabnahmen zuzuordnen sind und umgekehrt. Bei zu kleiner Querschnittsabnahme und zu kleinem Ziehwinkel besteht wegen der Inhomogenität der Formänderung über den Querschnitt die Gefahr des Überziehens der Drähte. Es bilden sich im Kernbereich Risse, die zu kegelförmigen (cup-and-cone-) Brüchen führen. Seltener gebräuchlich sind Ziehsteine mit trompetenförmiger bzw. konvexer Ziehholform. Die Reibungs- ($\mu = 0{,}03 \ldots 0{,}1$) und die tribologischen Verhältnisse können bei gegebenem Schmiermittel durch eine Schwingungserregung (Ziehen mit Ultraschall) oder durch eine oszillierende bzw. rotierende Bewegung der Ziehsteine verbessert werden. Ziehsteine werden für Drähte ~ > 0,6 mm Durchmesser aus Hartmetall (W-Co-Basis) und für Fein- und Feinstdrähte aus synthetischen oder Naturdiamanten gefertigt, wobei als Richtwert für die bezogene Führungslänge $f/d_1 = 0{,}25 \ldots 1{,}0$ empfohlen werden kann. Die Ziehspannung σ_Z muß in jeder Stufe immer kleiner als die Zerreißfestigkeit R_{m1} sein. Um Drahtrisse durch Überbeanspruchung im praktischen Betrieb auszuschließen, sollte der Anstrengungsgrad $a = \sigma_Z / R_{m1} < 0{,}8$ betragen. Dadurch ist der mögliche Umformgrad φ (die Einzelabnahme ε_A) beim Durchziehen verfahrenstechnisch begrenzt. Sinnvoll sind Einzel-Querschnittsabnahmen von $\varepsilon_A = 18 \ldots 40$ % (meist 20 %). Die mögliche Gesamtquerschnittsabnahme ($\varepsilon_{ges} = 75 \ldots 98$ %) hängt vom Umformvermögen und der Verfestigungsneigung der Werkstoffe ab. Durch rekristallisierende Glühung, die auch direkt durch eine Widerstandserwärmung gekoppelt mit dem Ziehprozeß vorgenommen werden kann, wird die Verfestigung abgebaut und die Ziehbarkeit wieder erreicht.

In Betrieb befinden sich auch Mehrdrahtmaschinen, mit denen bis zu 16 Drähte gleichzeitig gezogen werden können.

1.3.7.3 Ziehen von Stangen, Profilen und Rohren

Beim Ziehen von Stangen, Profilen und Rohren wird der Ziehvorgang wegen der begrenzten Länge der Maschinenbetten diskontinuierlich durchgeführt. Die stranggepreßten und gegebenenfalls wärmebehandelten Stangen, Stäbe und Rohre werden mit dem vorher angespitzten Ende durch das Ziehwerkzeug geführt und in einem Ziehwagen (-schlitten) festgeklemmt. Größere Abmessungen können ohne Anspitzen hydraulisch durch das Ziehwerkzeug gestoßen, Rohre > 30 mm Durchmesser beim Hohlziehen mittels einer Innenspannvorrichtung eingezogen werden. Der Vorschub des auf dem Maschinenbett laufenden Ziehwagens und damit die Krafteinleitung wird technisch durch Einhaken in eine ständig umlaufende Kette, durch Seilzug oder aber hydraulisch realisiert. Aus konstruktiven Gegebenheiten ist die Baulänge der verschiedenen Maschinentypen begrenzt. In Bild 1.3.29 sind die Arbeitsfelder abgesteckt. Die größte Baulänge und folglich die maximale Länge der gezogenen Erzeugnisse beträgt 60 m. Neben Einstangenziehmaschinen kommen Mehrfachzüge zum Einsatz, mit denen 2 oder 10 – meist 2 oder 3 – Stangen, gleichzeitig gezogen werden können. Die Stangenziehmaschinen sind für Ziehkräfte bis zu 800 kN ausgelegt. Der Antrieb über drehzahlregelbare Motoren eröffnet universelle Einsatzbedingungen.

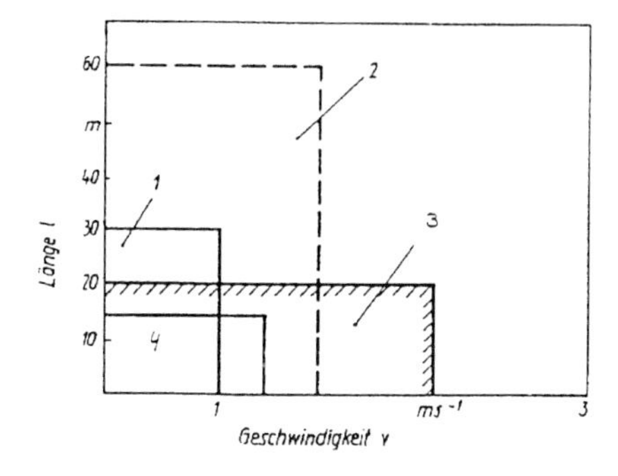

Bild1.3.29 Einsatzbereiche für Stangenziehmaschinen
1 Einkettenziehmaschine
2 Mehrkettenziehmaschine
3 Seilziehmaschine
4 hydraul. Ziehmaschine

Für die Festlegung der technologischen Parameter (Abnahme ε_A, Ziehwinkel 2α, bezogene Führungslänge und Ziehgeschwindigkeit v_Z) gelten die in 1.3.7.2. genannten Grundsätze. Jedoch kann die Auswahl wesentlich freizügiger vorgenommen werden. Aus energetischen und umformtechnischen Gründen sollte die Einzelabnahme möglichst hoch gewählt werden. Bei zu kleiner Abnahme und zu großen Ziehwinkeln bilden sich in der Stangenmitte V-förmige Risse (cup and cone-Risse). Gezogen wird im Trockenzug unter Verwendung von Ziehseifen oder -pasten (1.1.5.2.) oder im Naßzug durch Aufspritzen des Ziehmittels. Beim Ziehen von Rohren verursachen die Längszugspannungen Druckspannungen in Radial- und Tangentialrichtung. Aufgrund der sich einstellenden Formänderungen bestehen die im Bild 1.3.30 dargestellten Verfahrensvarianten.

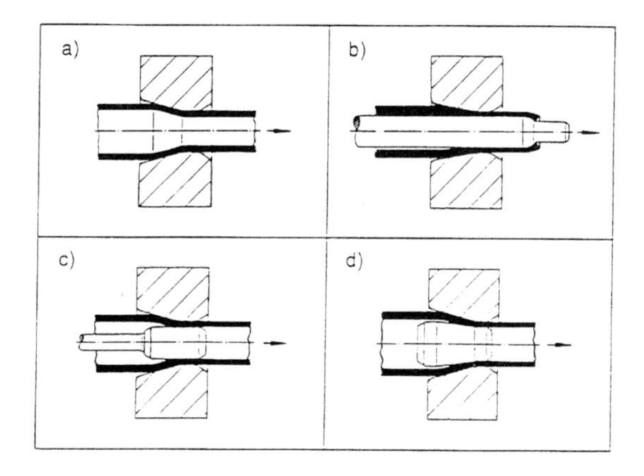

Bild 1.3.30 Rohrziehverfahren
a) Hohlzug,
b) Stangenzug,
c) Ziehen mit festen Stopfen,
d) Ziehen mit fliegendem Stopfen

Die Umformung ohne Innenwerkzeug im Hohlzug (auch als Druck- oder Reduzierzug bezeichnet) bewirkt hauptsächlich eine Verringerung des Außendurchmessers der Rohre. Je nach den Umformbedingungen wird beim Reduzieren die Wanddicke verringert, überhaupt nicht verändert oder verstärkt. Namentlich führen geringe Querschnittsabnahmen und verbesserte Reibungsverhältnisse bei relativ dünnwandigen Rohren, d.h. bei kleinem Wanddicken- Durchmesserverhältnis, zu einer Wanddickenzunahme. Das Ausmaß der Wanddickenänderung kann unter Beachtung der Stoffgesetze der plastischen Umformung berechnet werden. Das Verfahren wird meist angewendet, um Rohre mit kleinem Durchmesser herzustellen. Bei mehrmaligem Reduzieren verschlechtert sich die Innenoberfläche. Sie wird zunehmend rauher. Der Stangenzug ist ein Gleitziehen über eine mitlaufende Stange und entspricht einem Strecken, da der Innendurchmesser unverändert bleibt. Zwischen dem Rohr und der Stange besteht Haftreibung, so daß das Rohr entlastet wird und technisch relativ hohe Abnahmen (bis zu 60 %) realisiert werden können. Der Stangenzug eignet sich besonders zur Herstellung dünnwandiger Rohre. Da das Rohr durch einen Walzprozeß von der Stange gelöst werden muß, sind keine engen Maßtoleranzen erzielbar. Präzisionsrohre sind auf diese Weise nicht herstellbar. Durch das Ziehen über einen festgehaltenen oder sich selbst justierenden fliegenden Stopfen werden die Rohre streckreduziert. Stopfen- und Ziehsteindurchmesser bestimmen die Hauptmaße des gezogenen Rohres. Es sind beim Stopfenzug Querschnittsabnahmen von über 40 % möglich. Damit ein nicht festgehaltener Stopfen eine ortsfeste und definierte Lage einnimmt, muß durch Abstimmung des Konuswinkels und der zylindrischen Führungslänge des Stopfens gewährleistet werden, daß dem Kräftegleichgewicht in Axialrichtung bei der Umformung entsprochen wird. Vorteil des Ziehens mit fliegendem Stopfen ist, daß die Rohrlänge verfahrenstechnisch nicht begrenzt ist und von Bund an Bund gezogen werden kann. Geeignete Maschinen sind Trommelziehmaschinen, sogenannte Bull-Blocks oder Spinner-Blocks, die für Ziehgeschwindigkeiten bis 800 m/min und Ziehkräften von $F_Z = 10 \dots 300$ kN ausgelegt sind. Bei den Spinner-Block-Ziehmaschinen erfolgt der Antrieb der vertikal angeordneten Trommeln von oben. Unterhalb der Trommel rotiert ein Korb mit einer zur Ziehtrommel annähernd synchronen Geschwindigkeit, in den das gezogene Rohr einfällt. Die Rohre können deshalb beliebig lang sein.

1.3.8 Freiform- und Gesenkschmieden

1.3.8.1 Erzeugnisse und Werkstoffe

Schmiedestücke aus Aluminium und Aluminiumlegierungen zählen nach Übereinkunft zum Halbzeug, obwohl das Gesenkschmieden besser der Teilefertigung durch Massivumformung zuzuordnen ist. Nach der Art der Herstellung oder Umformung muß unterschieden werden zwischen Freiform- und Gesenkschmiedestücken.

- Freiformschmiedestücke: Hergestellt durch eine schrittweise und örtliche Druckumformung im Bereich der Warmumformung mit einfachen, meist planparallelen Werkzeugen (Flachsätteln). Da die Umformgrade und Umformschritte durch Kombination der Werkzeug- und Vorschubbewegung beliebig variiert werden können und der Werkstofffluß keinem Formzwang unterliegt, ist die Form- und Maßgenauigkeit der Teile relativ gering. Richtwerte für Bearbeitungszugaben sind in Tafel 1.3.29 aufgeführt.

Tafel1.3.29 Bearbeitungszugabe BZ in mm für Freiformschmiedestücke

Gewicht kg		Bearbeitungszugabe BZ für größtes Nennmaß			
über	bis	- bis 250	über 250 bis 500	über500 bis 1000	über1000 -
-	20	3	5	8	10
20	50	4	5	8	10
50	120	-	8	8	12
120	250	-	8	10	12
250	400	-	10	12	15

DIN EN 586-3 enthält Angaben über die zulässigen Toleranzen für Maß- und Ebenheitsabweichungen. Je nach Stückmasse ist für die Maßabweichung ein Abmaß von 3 bis 25 mm in Ansatz zu bringen, und zwar für Außenmaße als Plustoleranz und für Innenmaße (Eindrücke) als Minusabweichung. Freiformschmiedeerzeugnisse sind Wellen, Stäbe, Ringe, zwei- oder mehrfach abgesetzte Formteile mit symmetrischen oder mehreren unsymmetrisch zur Hauptachse liegenden Nebenformelementen. Die Stückmasse beträgt bis zu 1000 kg. Die größten Abmessungen bisher hergestellter Stücke sind: Breite 2000 mm, Länge 5000 mm, Querschnittsfläche 2.000.000 mm^2.

- Gesenkschmiedestücke: Hergestellt durch Druckumformung mit zwei- bzw. mehrgeteilten profilierten Werkzeugen (Gesenken), deren Gravur der Endform entspricht.

  Ausgangsform: Stangen- oder Profilabschnitt, freiformgeschmiedete Vorform. Die Stückmasse erstreckt sich von wenigen Gramm bis zu 1 t. In DIN EN 586-3 sind Konstruktionsgrundsätze und die zulässigen Maßabweichungen für Schmiedestücke bis zu einer Flächengröße von 400.000 mm^2 festgelegt. Unterschieden werden muß bei Gesenkschmiedestücken grundsätzlich zwischen formgebundenen Maßen, die von der Genauigkeit der Formgravur abhängig sind, und nichtformgebundenen Maßen, die durch Versatz der Formhälften zueinander und durch unterschiedliche Dicke des Schmiedegrates bei paralleler oder nicht paralleler Gratfuge entstehen können. Tafel 1.3.30 enthält als Auszug aus DIN EN 586-3 die zulässigen Abweichungen für formgebundene und nichtformgebundene Maße. Die Berechnung der Fläche A erfolgt nur bei kreisrunden Teilen nach der Kontur, sonst als Fläche des kleinsten die Projektion umschreibenden Rechtecks. Die Norm gibt außerdem zulässige Maßabweichungen für Gratüberstand, Auswerfmarken, Ebenheit, Winkel und Masseabweichungen an. Die Radien zur Abrundung der Ecken, Rippen oder Seitenwände sind legierungs- und dickenabhängig festzulegen. Große Übergangsradien begünstigen den Stofffluß, wodurch aber die Endkonturnähe verloren geht. Die Neigung (Schrägung) der Gesenkseitenflächen und des Bodens ist mit 3 ° bzw. 1 ° zu gestalten.

Tafel 1.3.30 Grenzabmaße für form- und nichtformgebundene Maße bei Schmiedestücken ohne allseitiger Bearbeitung nach DIN EN 586 -3
a) formgbundene Maße

Maße in Millimeter

Nennmaß n über	bis	Grenzabmaß	Nennnmaß n über	bis	Grenzabmaß
-	6	(±0,20)	120	180	±0,90
6	10	(±0,25)	180	250	±1,0
10	18	(±0,30)	250	315	±1,2
18	30	(±0,35)	315	400	±1,3
30	50	(±0,40)	400	500	±1,5
		±0,50			
50	80	(±0,55)	500	630	±1,7
		±0,65			
80	120	(±0,70)	630	800	±2,0
		±0,80			
			800	1000	±2,3
			100	-	±2,5

( ) Werte für Umschlingungskreis <120 mm

b) nichtformgebundene Maße

Maße in Millimeter

Nennmaß t_{max}		Bereich für Fläche A in cm² bis 25	25 bis 50	50 bis 100	100 bis 200	200 bis 400	400 bis 800	800 bis 1200	1200 bis 2000	2000 bis 4000
über	bis	Grenzabmaße für nichtformgebundene Maße t								
-	3	+0,3 -0,15	-	-	-	-	-	-	-	-
3	6	+0,35 -0,2	+0,35 -0,3	+0,45 -0,3	+0,7 -0,5	-	-	-	-	-
6	10	+0,35 -0,3	+0,5 -0,3	+0,5 -0,35	+0,8 -0,5	+1 -0,6	+1,1 -0,7	-	-	-
10	18	+0,45 -0,3	+0,5 -0,35	+0,6 -0,45	+0,9 -0,6	+1,1 -0,7	+1,2 -0,8	+1,3 -0,8	+1,4 -0,9	+1,5 -1
18	30	+0,5 -0,35	+0,6 -0,45	+0,7 -0,45	+1 -0,7	+1,2 -0,8	+1,3 -0,9	+1,4 -0,9	+1,1 -1	+1,6 -1,1
30	50	+0,5 -0,45	+0,7 -0,45	+0,8 -0,5	+1,1 -0,8	+1,3 -0,9	+1,4 -1	+1,5 -1	+1,7 -1,1	+1,7 -1,2
50	80	+0,7 -0,45	+0,8 -0,5	+0,85 -0,6	+1,3 -0,9	+1,4 -1	+1,6 -1	+1,7 -1,1	+1,8 -1,2	+1,9 -1,2
80	120	+0,8 -0,6	+0,9 -0,6	+1 -0,85	+1,4 -1	+1,6 -1	+1,7 -1,2	+1,8 -1,2	+1,9 -1,3	+2,0 -1,4
120	180	+1,3 -0,9	+1,4 -1	+1,5 -1	+1,6 -1,1	+1,7 -1,2	+1,9 -1,2	+1,9 -1,3	+2,1 -1,4	+2,4 -1,4
180	250	+1,6 -1	+1,6 -1,1	+1,7 -1,2	+1,8 -1,2	+1,9 -1,3	+2 -1,3	+2,1 -1,4	+2,2 -1,4	+2,3 -1,5

Tafel 1.3.30 Grenzabmaße für form- und nichtformgebundene Maße bei Schmiedestücken ohne allseitiger Bearbeitung nach DIN EN 586 -3
b) nichtformgebundene Maße (Fortsetzung)

Nennmaß t_{max}		Bereich für Fläche A in cm²								
		bis 25	25 bis 50	50 bis 100	100 bis 200	200 bis 400	400 bis 800	800 bis 1200	1200 bis 2000	2000 bis 4000
über	bis	Grenzabmaße für nichtformgebundene Maße t								
250	315	-	+1,9 -1,2	+1,9 -1,3	+2 -1,3	+2 -1,4	+2,2 -1,4	+2,2 -1,5	+2,3 -1,5	+2,3 -1,6
315	400	-	-	+2 -1,4	+2,1 -1,4	+2,2 -1,4	+2,2 -1,5	+2,3 -1,5	+2,3 -1,6	+2,4 -1,6
400	500	-	-	-	-	-	+2,3 -1,6	+2,4 -1,6	+2,5 -1,6	+2,5 -1,6
500	600	-	-	-	-	-	-	+2,5 -1,6	+2,5 -1,7	+2,5 -1,7

Der zulässige Versatz ist mit Bezug auf das größte Nennmaß senkrecht zur Umformrichtung in Tafel 1.3.31 ausgewiesen.

Tafel 1.3.31 Zulässiger Versatz (mm) von Gesenkschmiedeteilen

Nennmaß n_{max}	Schmiedestücke ohne allseitige Bearbeitung			
	bis 50	über 50 bis 120	über 120 bis 315	über 315 bis 600
Versatz m	0,3	0,4	0,6	0,8

Nennmaß n_{max}	Schmiedestücke ohne allseitige Bearbeitung							
	bis 250	über 250 bis 400	über 400 bis 630	über 630 bis 1000	über 1000 bis 1600	über 1600 bis 2500	über 2500 bis 4000	über 4000
Versatz m	0,8	1,0	1,2	1,5	1,8	2,1	2,5	3,0

Außer aus Rein- und Reinstaluminium werden Schmiedestücke vorzugsweise aus Al-Legierungen der nachgenannten Typen

- AlMgSi: für komplexe Formteile, dekorative Grundkörper mit hoher Korrosionsbeständigkeit für die Kraftfahrzeugindustrie und andere Industriezweige,
- AlCuMg: für Pumpengehäuse, Bremsenteile, Türscharniere, Steuer- und Gelenkteile etc. im kaltausgehärteten Zustand
- AlCuSiMn: für einfache Formen, warmausgehärtet
- AlZnMg: für hochbeanspruchte Schweißkonstruktionen
- AlZnMgCu: für höchstbeanspruchte Bauteile

Die Auslieferung kann im geschmiedeten (warmumgeformten) oder ausgehärteten Zustand erfolgen. Das Festigkeitsspektrum überdeckt je nach Behandlungszustand den Bereich von R_m = 70 bis 500 N/mm^2 bei Bruchdehnungen von A_5 = 3 ... 23 %. In DIN EN 586-2 sind für die Legierungen Al Cu4SiMg; Al Cu4Mg1; Al Mg4,5Mn0,7; Al Mg3; Al Si1MgMn und Al Zn5,5MgCu (das sind die Leg.-Nummern EN AW-2014; -2024; -5083; -5754; -6082; -7075) die mechanischen Eigenschaften festgelegt. Typische Schmiedestücke für den Fahrzeugbau sind Räder, Schwenklager, Quer- und Längslenker, Flansche, Schalthebel, Gelenkwellen, Druck- und Zugstreben sowie Scharniere.

1.3.8.2 Freiformschmieden

Das Freiformschmieden (Freiformen) ist ein Warmumformverfahren mit direkter Druckwirkung und instationärem Charakter. Die Querschnitts- und Längenänderungen lassen sich durch Variation der Werkzeug- und Werkstückbewegung trotz einfacher Werkzeuggestaltung erzielen. Die Elementaroperationen des Freiformschmiedens sind:
Stauchen, Recken, Breiten, Weiten, Absetzen, Durchsetzen, Vorlochen und Verdrehen (Bild 1.3.31).

Beim Stauchen muß die Grenzbedingung $h_o/d_o \leq 2{,}2$ eingehalten werden. Günstige Umformbedingungen des Reckens sind $b_s/h_o = 0{,}4 \ldots 0{,}8$ und $l_v/h = 0{,}5 \ldots 1{,}0$ (b_s - Sattelbreite, l_v - Längsvorschub). Gußbarren müssen zunächst mit kleinen Umformgraden umgeformt werden, damit das Gußgefüge rißfrei in ein gleichmäßiges globulitisches Gefüge überführt wird. Gewährleistet werden muß ein Mindestverschmiedungsgrad von $\lambda_{min} = A_o/A_1 \geq 2$. Durch das Schmieden können ein der Beanspruchung entsprechender Faserverlauf und verbesserte mechanische Eigenschaftswerte erreicht werden. Da die Werkzeugkosten relativ niedrig sind, andererseits aber oft umfangreiches Spanen erforderlich ist, wird Freiformschmieden z. B. dann angewendet, wenn das Spanen der Freiformschmiedestücke kostengünstiger wird als die Anfertigung eines oder mehrerer Gesenke für Klein- oder Vorserien. Das Freiformschmieden von Halbzeugen hat keine praktische Bedeutung erlangt. Statt dessen dient es als Vorstufe für das Gesenkschmieden, um die Massenverteilung der Vorform der Endkontur des Gesenkschmiedestückes anzunähern. Die Umformung muß in dem in Kap. 1.3.2.4 angegebenen Temperaturbereich vorgenommen werden. Von Wichtigkeit ist, daß die Werkzeuge auf Temperaturen zwischen 50 und 150 °C vorgewärmt werden müssen, um die örtliche Abkühlung einzuschränken. Eingesetzt werden je nach Stückmasse und Werkstoffart hydraulische Pressen in Einständer- (F < 8 MN) oder Zweisäulenbauart (F < 40 MN).

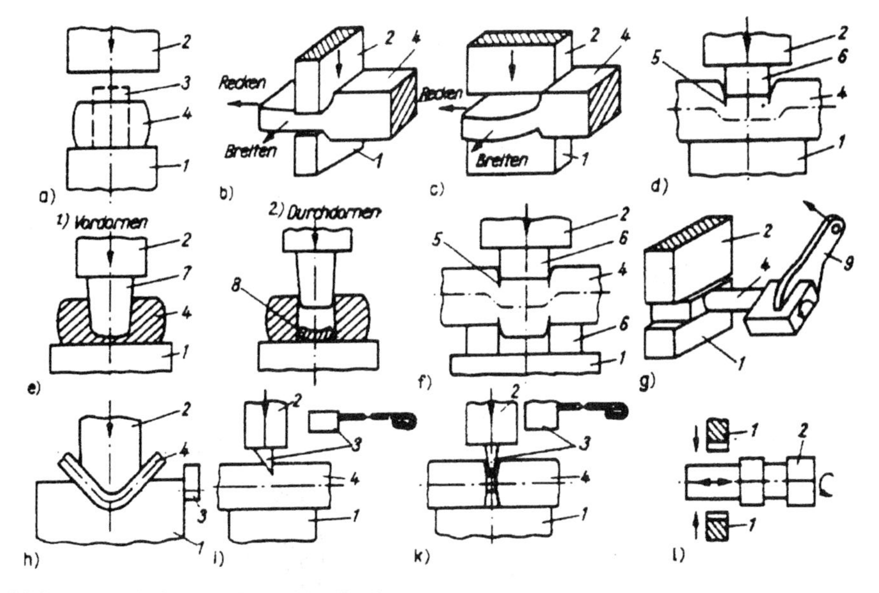

Bild 1.3.31 Arbeitsoperationen des Freiformschmiedens
a) axiales Stauchen; b) Recken oder Strecken (Verfahrensvorgang, bei dem bezüglich des Werkstoffflusses das Recken gegenüber dem Breiten überwiegt); c) Breiten (Verfahrensvorgang, bei dem bezüglich des Werkstoffflusses das Breiten gegenüber dem Recken überwiegt); d) Absetzen; e) Dornen; f) Durchsetzen; g) Verdrehen
1 Untersattel; 2 Obersattel; 3 Anfangsform; 4 Werkstück; 5 Einkehlung; 6 Auflegeeisen; 7 Lochdorn; 8 Lochabfall; 9 Dreheisen
h) Biegen: 1 Biegegesenk; 2 Biegestempel; 3 Anschlag; 4 Werkstück
i) Einkehlen: 1 Untersattel; 2 Obersattel; 3 Kehleisen; 4 Werkstück
k) Abhauen (Behauen): 1 Untersattel; 2 Obersattel; 3 Haueisen; 4 Werkstück
l) Feinschmieden (Formkneten): 1 Stauchbacken (zwei, drei oder vier am Umfang verteilt); 2 Werkstück

1.3.8.3 Gesenkschmieden

Beim Gesenkschmieden müssen an die Erwärmung auf Umformtemperatur höhere Maßstäbe angelegt werden. Geeignete Erwärmungsanlagen sind elektrisch beheizte Luftumwälzöfen, brennstoffbeheizte Öfen mit Rauchgasumwälzung und Induktionsanlagen. Der Schmiedetemperaturbereich ist gegenüber anderen Umformverfahren eingeengter. Zu niedrige Umformtemperaturen behindern den Werkstofffluß und die Formfüllungen. Sie verursachen u.U. Risse. Zu hohe Temperaturen können zu einer Überhitzung beim Schmieden führen, wodurch Korngrenzenrisse entstehen. Werkstoffabhängig müssen nach vorangegangener Hochglühung Temperaturen zwischen 350 °C (AlCuMg) bis 520 °C (AlMgSi) gewährleistet werden. Von der Schmiedetemperatur hängt auch die Maßhaltigkeit ab. Das Schwindmaß muß mit ~ 1,5 % veranschlagt werden. Die Werkzeuge aus warmfesten Vergütungsstählen (z.B. X45CrMoV6 7; X38CrMoV5 1; X45CrVMoW5; 55NiCrMoV6) müssen in der Minustoleranz gefertigt werden. Vor dem Schmieden müssen sie temperaturgesteuert langsam und gleichmäßig auf 350 ... 400 °C vorgewärmt werden, damit kein zu großer Wärmestrom in die Werkzeuge beim Schmieden eintritt. Zu hohe Vorwärmtemperaturen begünstigen das Kleben der Al-Stücke. Die Schmierung der Gesenke ist wegen der hohen Reibwerte μ zwischen Aluminium und Stahl (μ bis 0,48) von großer Bedeutung. Schmierung mit in Öl suspendiertem Graphit senkt die Reibwerte auf Werte von μ = 0,06 bis 0,15. Schmiedehämmer sind für das Schmieden von Al-Werkstoffen wegen der hohen Umformgeschwindigkeit und den kurzen Umformzeiten ungeeignet. Bevorzugt kommen hydraulische Pressen mit elektrohydraulischem Antrieb und Preßgeschwindigkeiten < 0,5 m/s zum Einsatz, bedingt auch Kurbel- und Spindelpressen, bei denen der realisierbare Umformgrad vom vorgegebenen Hub des Obergesenkes bzw. von der Energie oder Umformkraft abhängig ist. Die richtige Wahl der Umformparameter ist besonders bei Al-Werkstoffen, die zur Grobkornbildung neigen, aus qualitativen Gründen entscheidend. Die anzustrebende Gefügefeinung läßt sich bei niedrigen Umformtemperaturen und hohen Umformgraden erzielen. Elementaroperationen beim Gesenkschmieden sind:

- Stauchen (Höhenverminderung)
- Breiten (bevorzugter Werkstofffluß senkrecht zur Werkzeugbewegung)
- Steigen (örtliche Höhenvergrößerung).

Mit Bezug auf die Gestaltung der Gesenkgravuren kann die Umformung in offenen (Formstauchen) oder teilweise umschlossenen (Formrecken) Gesenken, in Gesenken mit oder ohne Grat erfolgen (Bild 1.3.32).

Um Überlappungen, Fältelungen, Kerben und Risse zu vermeiden, sollte der Krümmungsradius bei Querschnittsübergängen so groß wie möglich sein. Wegen des andersartigen Umformverhaltens der Al-Werkstoffe und deren Klebneigung gelten für die Gestaltung der Gravurschrägen, -neigungen, -rundungen und -übergängen z.T. andere Gesichtspunkte als für Stahl.
Bei komplizierten Schmiedestücken kann die Endform durch Vor- und Fertigumformung nicht erzielt werden. Vielmehr muß zunächst eine Masseverteilung vorgenommen werden. Durch örtliche Vergrößerung und/oder Verminderung des Querschnittes des Ausgangsstückes muß die Endform näherungsweise vor der Fertigschmiedung eingestellt werden (Bild 1.3.33).). Verfahrenstechnisch kann dies außer durch Stauchen bzw. Schmieden in Vorgesenken auch durch Fließpressen (1.4.1), Reck- oder Querwalzen erfolgen.

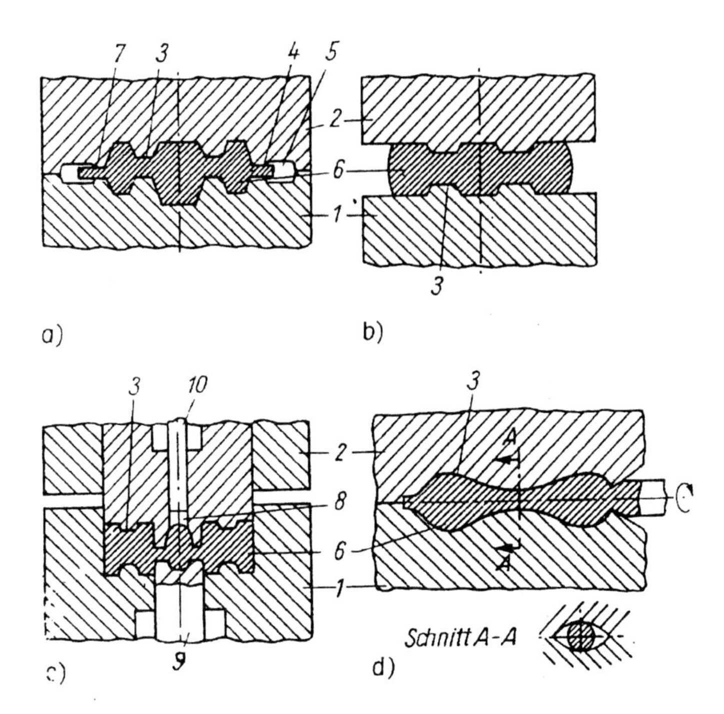

Bild 1.3.32 Arten des Gesenkschmiedens

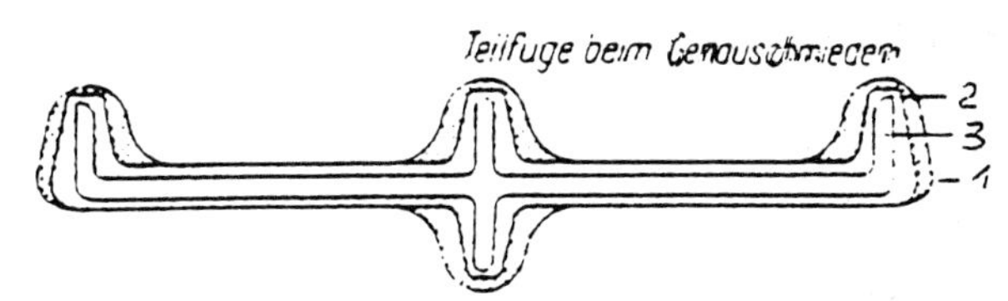

Bild 1.3.33 Schematische Darstellung des Querschnittes von Vorschmiedestück (1), Schmiedestück (2) und Genauschmiedestück (3)

Der Grat in der Teilungsebene nimmt den überschüssigen Werkstoff auf und ermöglicht, den Werkstofffluß zweckmäßig zu beeinflussen. Durch den überhöhten Fließwiderstand des stärker erkalteten Grates wird eine vollständige Gravurausfüllung gesichert. Die Schmiedestücke müssen in einem gesonderten Arbeitsgang entgratet werden.

Voraussetzung für das gratlose Schmieden sind eine genaue Masse-(Volumen-)dosierung (< ± 1 %) und eine genaue Zentrierung der Teile beim Einlegen in die Gravur. Im gegenteiligen Fall können Überbeanspruchungen der Werkzeuge und Pressen nicht ausgeschlossen werden. Ausgleichsräume im Gesenk können das

Anwendungsgebiet dieser Schmiedeart erweitern. Das Genau-(Präzisions-)schmieden ($\Delta V < 0{,}5\%$) erfordert darüber hinaus eine exakte Einhaltung der Schmiedetemperatur, damit die elastische Deformation der Werkzeuge nicht zu groß wird und in der vorberechneten Größe bleibt.

1.3.8.4 Axiales Gesenkwalzen

Das axiale Gesenkwalzen ist ein neueres Verfahren der Massivumformung, in dem Elemente des Gesenkformens und Walzens vereint sind. Es ist geeignet zur Herstellung rotationssymmetrischer flacher Teile mit großem Durchmesser, wie z.B. Ringe, Flansche, etc., die axial profiliert sein können. Das Verfahrensprinzip (Bild 1.3.34) verdeutlicht, daß immer nur eine partielle Berührung mit dem Oberwerkzeug besteht. Bei einer bezogenen gedrückten Fläche von $A_d/A_o = 0{,}05 \ldots 0{,}35$ ist dementsprechend die Umformkraft wesentlich geringer als beim Gesenkschmieden. Während einer Umdrehung wird das geneigte ($\gamma < 5°$), rotierende Oberwerkzeug axial zum Unterwerkzeug um einen Fixbetrag Δf zugestellt. Der verdrängte Werkstoff muß in radial-tangentialer bis axial-tangentialer Richtung fließen, wodurch das rotierende Gesenk gefüllt wird und das umgeformte Stück scharfe Konturen erhält. Eine Gesenkneigung ist nicht notwendig.

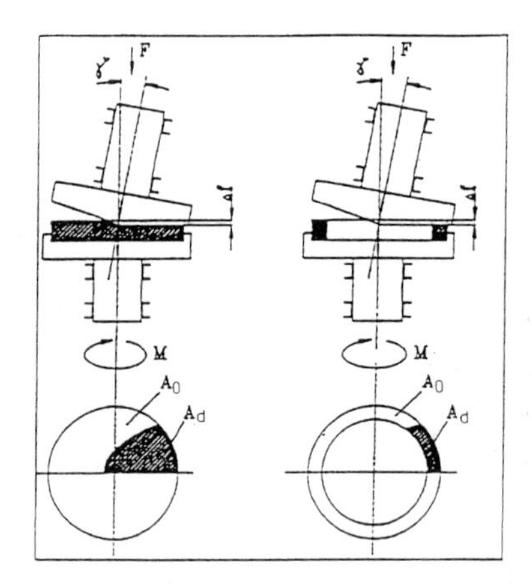

Bild 1.3.34 Prinzipielle Arbeitsweise des Axialen Gesenkwalzens

Das Verfahren des axialen Gesenkwalzens ist für Al-Werkstoffe noch nicht erschlossen.

1.4 Teilefertigung durch Massivumformung

1.4.1 Fließpressen

1.4.1.1 Erzeugnisse und Werkstoffe

Das Fließpressen ist ebenso wie das Strangpressen ein Umformverfahren mit indirekter Druckwirkung und hohem hydrostatischen Druckspannungsanteil, für das in DIN 8583 die Umformbedingungen und die Kinematik charakterisiert sind. Die Umformung erfolgt unter Formzwang, wodurch die Gestalt der Erzeugnisse eindeutig durch die Form des Werkzeuges (Matrize) und des Preßstempels sowie dem Umformbetrag festgelegt ist. Es ist geeignet zur einbaufertigen (Near-net-shape) Herstellung von Formteilen mit hoher Oberflächengüte ($R_t < 6$ μm), Maß- und Formgenauigkeit (IT < 14). Durch die Kaltumformung und die beanspruchungsgerechte Auslegung des Faserverlaufes können - gegebenenfalls in Verbindung mit einer nachträglichen Wärmebehandlung - Teile mit ausgewiesenen Eigenschaften und hohem Gebrauchswert gefertigt werden. Wegen des herrschenden hohen Druckspannungszustandes können außer Reinaluminium alle nichtaushärtbaren und aushärtbaren Al-Legierungen fließgepreßt werden. In einer Umformstufe können Querschnittsänderungen /Umformgrade realisiert werden bei:

Reinaluminium	$\varepsilon_A < 98$ %	($\varphi < 3{,}9$)
AlMn; AlMg; AlMgSi	$\varepsilon_A < 95$ %	($\varphi < 3$)
AlCuMg, AlZnMg, AlZnMgCu	$\varepsilon_A < 70$ %	($\varphi < 1{,}2$)
bleihaltige Al-Legierungen	$\varepsilon_A = 70$ %	($\varphi < 1{,}2$)

wodurch sich eine große Formenvielfalt ergibt. Unter Nutzung des Effektes der Weichglühung, der rekristallisierenden Wärmebehandlung und/oder der Kalt- bzw. Warmaushärtung können Festigkeitswerte bis 600 N/mm^2 und verschiedene Festigkeits-Zähigkeitsverhältnisse eingestellt werden. Die Wärmebehandlung „Aushärten" ist nur bei formstabilen Teilen möglich und kann die Maßgenauigkeit beeinträchtigen. Die Stückmasse der Preßteile kann wenige Gramm bis etwa 10 kg betragen, wobei mengenmäßig die Teile meistens leichter als 800 g sind. Fließpreßerzeugnisse sind:

- Hülsen, Tuben, Dosen, Becher für Verpackungen
- technische Fließpreßteile wie Näpfe, Rohrstutzen, Flansche, Gehäuse, Hülsen, Ringe, Konusteile, Schäfte, Bolzen, Scheiben, Kreuzstücke usw. als einbaufertige oder nur wenig nachzubearbeitende Erzeugnisse für die Automobilindustrie, den Motor- und Fahrradbau, die Wehrtechnik und die Freizeitartikelindustrie. Meist sind es rotationssymmetrische Teile mit nicht nur symmetrischen und zentrischen Nebenformelementen (Zapfen, Stege, Rippen); aber auch nichtrotationssymmetrische Formen sind herstellbar.

Das Aufmaß beträgt nur wenige hundertstel bis zehntel Millimeter. Aufgrund der Formenvielfalt gibt es für die Fließpreßteile bis auf wenige Ausnahmen (z.B. DIN 41116) keine verbindlichen Normen. Erfahrungswerte für Maßtoleranzen können dem Bild 1.4.1 entnommen werden, und Tafel 1.4.1 gibt Hinweise zur Lage der Toleranzfelder.

Tafel 1.4.1 Lage der Toleranzfelder zum Nennmaß

Maß für	Lage des Toleranzfeldes
Außendurchmesser	Plus
Wanddicke	Plus
Innendurchmesser	Minus
Bodendicke	Plus/Minus
Innenlänge	Plus/Minus
Achsversatz	Plus/Minus
Durchbiegung	Plus(auf Länge bezogen)

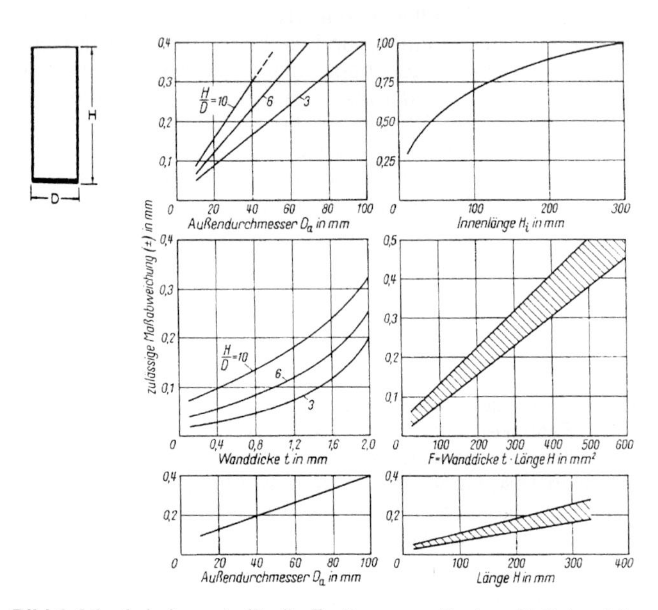

Bild 1.4.1 Anhaltswerte für die Festlegung zulässiger Maßabweichungen bei einfachen Fließpreßteilen (rückwärts bzw. kombiniert fließgepreßt, Lage der Toleranzfelder s. Tafel 1.4.1)

Bei der Konstruktion der Fließpreßteile müssen sowohl die maschinen- und technologiespezifischen Umformbedingungen als auch das Umformverhalten der Werkstoffe beachtet werden. Scharfe Übergänge, Kanten und Ecken müssen vermieden werden. Herstellbar sind Hülsen (Hohlkörper) ab 3 mm Durchmesser und 0,12 mm Wanddicke. Das Verhältnis Länge (Höhe) zu Durchmesser kann bei Al 99,5 bis 10 und mehr betragen. Weitere Grenzabmessungen sind:

Seitenverhältnis bei rechteckigem Querschnitt < 5; Wanddicke $s > 0{,}01 \cdot D$ (für D > 10 mm);

Dicke der Bodenwand $s_B > 1{,}25\ (1{,}5) \cdot s$;

Preßteillänge in Abhängigkeit vom Pressenhub H < 450 mm.

Durchmesser innenliegender Zapfen $d_Z < 0{,}25 \cdot d_{St}$.

1.4.1.2 Fließpreßverfahren

Ausgangsstücke für das Fließpressen sind massedosierte Butzen (Ronden) aus warm- bzw. kaltgewalzten Bändern (s. Kap. 1.3.2.1 u. 1.3.3.1), durch Tiefziehen vorgeformte Näpfe bzw. Hülsen oder Butzen aus stranggepreßten bzw. stranggepreßten-gezogenen Stäben. Das Vormaterial kann naturhart, weichgeglüht, durch Kaltumformung vorverfestigt oder lösungsgeglüht und frisch abgeschreckt sein.

Wegen des hohen Umformgrades ist eine Oberflächenvorbehandlung unerläßlich. Die Rohteile müssen völlig frei von Fetten, Ölen und Oxiden sein. Zweckmäßig ist eine Beizung in einem NaOH-Bad bzw. in einem Gemisch aus NaOH mit Zusätzen von Glukonaten und Fluoriden oder in Phosphorsäure. Um ein Kleben oder gar Kaltverschweißen an der Matrize auszuschließen, ist eine Trenn- (Konversions-) und Schmiermittelträgerschicht aufzubringen. Bewährt haben sich Zinkphosphatschichten ($Zn_3(PO_4)_2$), auch solche aus Calziumaluminat ($CaAl_2O_4$) oder Al-Fluorid (AlF_3 bzw. Na_3AlF_6). Als Schmiermittel zur Minderung der tribologischen Beanspruchung einerseits und zur Erzielung eines günstigen Werkstoffflusses andererseits kommen in Betracht:

- wasserlösliche und -unlösliche Seifen sowie neuerdings auch
- hochviskose Öle mit Hochdruck-(EP)Additiven auf Fettalkohol- bzw. Esterbasis

Die Rohteile werden nach dem Einlegen in den Aufnehmer mittels eines Stempels in die Endform, die durch die Matrize vorgegeben ist, gepreßt. Nach der Art des Teiles und der Richtung des Werkstoffflusses bezüglich der Stempelbewegung ergeben sich die 8 Grundarten (Bild 1.4.2):

Voll-Vorwärts-; Voll-Rückwärts-; Voll-Querfließpressen,

Hohl-Vorwärts-; Hohl-Rückwärts-; Hohl-Querfließpressen,

Napf-Vorwärts-; Napf-Rückwärts-Fließpressen.

Die Arten Vorwärts- und Rückwärts-Fließpressen sind vollkommen identisch mit dem direkten und indirekten Strangpressen. Das betrifft sowohl den Ablauf als auch die Spannungs- und Reibungsverhältnisse. Beim Querfließpressen ist der Aufnehmer quergeteilt, und es sind in der Teilungsebene die Matrizen angeordnet. Mit 2 synchron gesteuerten Stempeln wird der Werkstoff axial gestaucht und radial in die Matrize verdrängt. Die Teilungsebene muß nicht unbedingt eine Symmetrieebene sein. Die Nebenformelemente können auch asymmetrisch angeordnet werden. Der Werkstofffluß, der für die Ausprägung der Endform entscheidend ist, kann durch FEM-Simulationsprogramme vorausbestimmt werden. Dadurch ist es möglich, die geometrische Gestaltung genau festzulegen. Die Preßdrücke, Umformwiderstände und Umformkräfte können nach gesicherter plastizitätsmechanischer Beziehung und vereinfacht zu

$$F = A_0 \cdot K_{wm} \cdot \varphi = \frac{V \cdot k_{fm}}{l \cdot \eta_{form}} \cdot \varphi$$

berechnet werden (s.a. 1.3.6.8.)

(V - Volumen, φ - Umformgrad, l - Stempelweg, k_{fm} - mittlere Fließspannung, K_{wm} - Umformwiderstand, η_{form} - Umformwirkungsgrad (0,6 ... 0,8)).

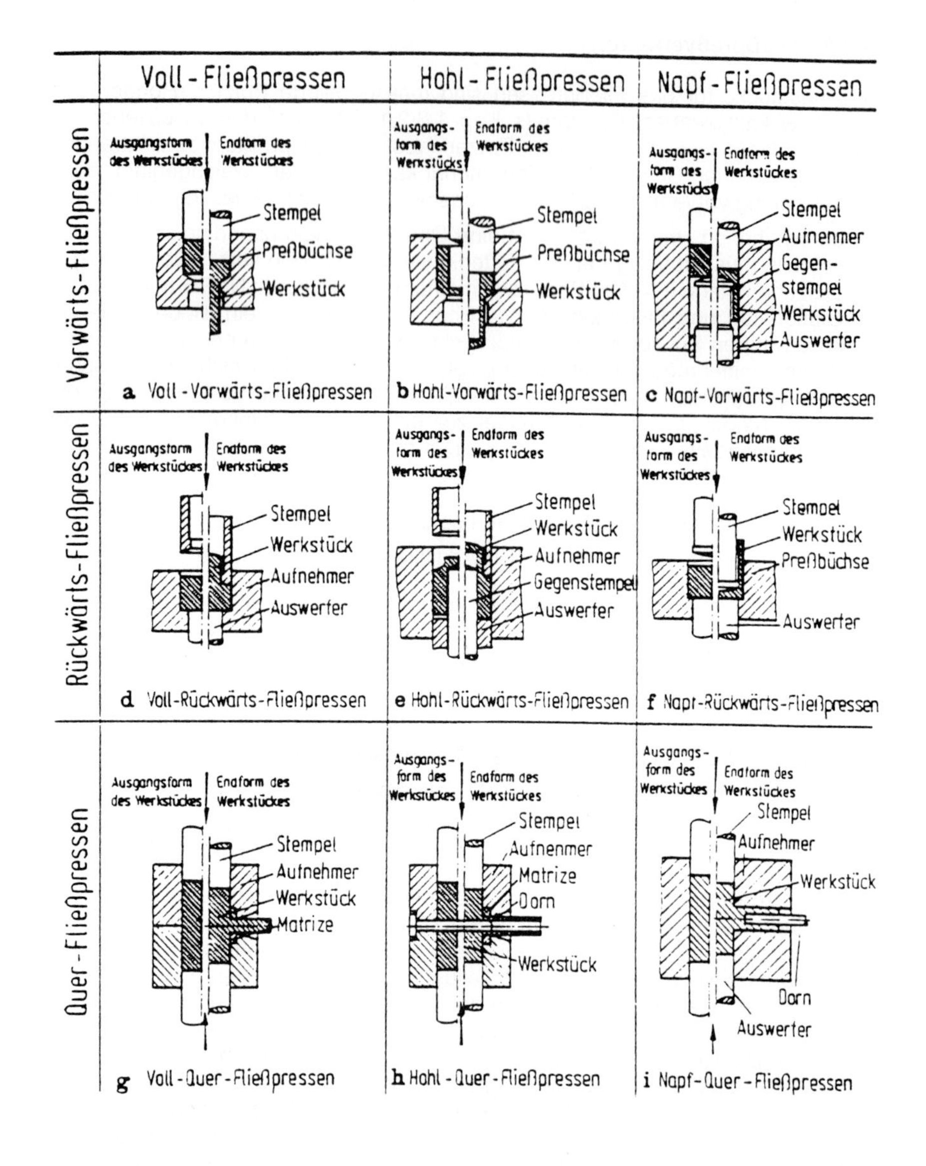

Bild 1.4.2 Verfahrensarten und -abläufe des Fließpressens

Technische Fließpreßteile werden meist nicht nur nach den Grundarten, sondern im zunehmenden und überwiegenden Maße durch Verfahrenskombinationen hergestellt. Dabei gelangen sowohl Kombinationen der Grundverfahren untereinander als

auch Kombinationen des Fließpressens mit anderen Arten der Massivumformung (Stauchen, Prägen) zur Anwendung.
In Bild 1.4.3 sind Preßteile, die auf diese Weise fließgepreßt wurden, dargestellt. Sie verdeutlichen das sehr breit gefächerte Formenspektrum.

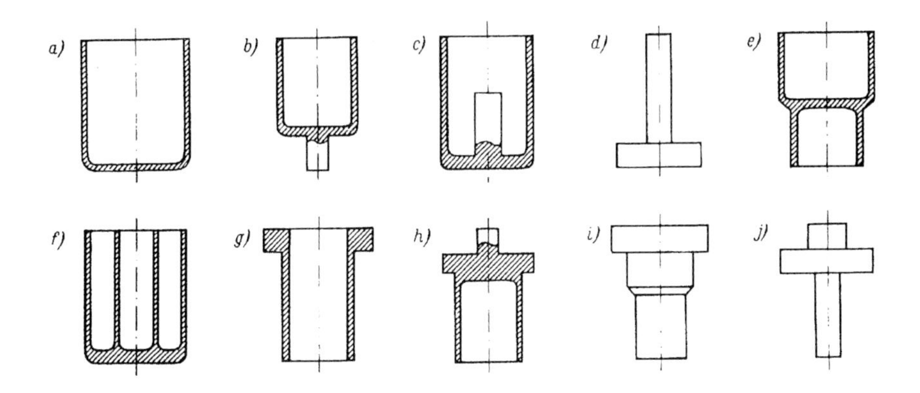

Bild 1.4.3 Fließpreßteile, hergestellt durch Verfahrenskombination
a) Hohlrückwärts-, b) Hohlrückwärts- und Voll-Vorwärts-, c) Hohl-/Voll-Rückwärts-,
d/h) Voll-Rückwärts-/Hohl-Vorwärts-, e) Hohl-Rückwärts-/Hohl-Vorwärts-,
f) Hohl-Rückwärts-/Hohl-Rückwärts-, g) Hohl-Vorwärts-, i) Voll-Vorwärts,
j) Voll-Rückwärts-/Voll-Vorwärts-

1.4.1.3 Maschinen und Werkzeuge

Je nach den speziellen Umformbedingungen können als Werkzeugstoffe

- Kaltarbeitsstähle mit 1900 ... 3200 N/mm^2
- Schnellarbeitsstähle (schmelzmetallurgisch bzw. pulvermetallurgisch hergestellt) mit 2700 ... 4200 N/mm^2 oder
- Hartmetalle mit 3300 bis 5300 N/mm^2

0,2-Stauchgrenze eingesetzt werden, die die Bemessungsgröße ist. Für einfache Teile genügen Kaltarbeitsstähle mit 55 ... 60 HRC. Durch eine radiale Vorspannung der Matrizen, die durch Schrumpfung in einem Ring oder eine Bandarmierung erreicht werden kann, werden schädliche Zugspannungen unterdrückt, die Steifigkeit und die Standmenge (Lebensdauer) erhöht. Es können Teile mit engeren Toleranzen gepreßt werden. Als Maschinen kommen für das Fließpressen

- weggebundene Kurbel- und Exzenter-, Kniehebel- oder Gelenkhebelpressen
- hydraulische (kraftgebundene) Pressen und in Einzelfällen
- arbeitsgebundene Spindelpressen (Schwungradtyp)

zum Einsatz.

Für die weggebundenen mechanischen Pressen ist die Stößelkraft-Stößelweg-Charakteristik in Bild 1.4.4 dargestellt.

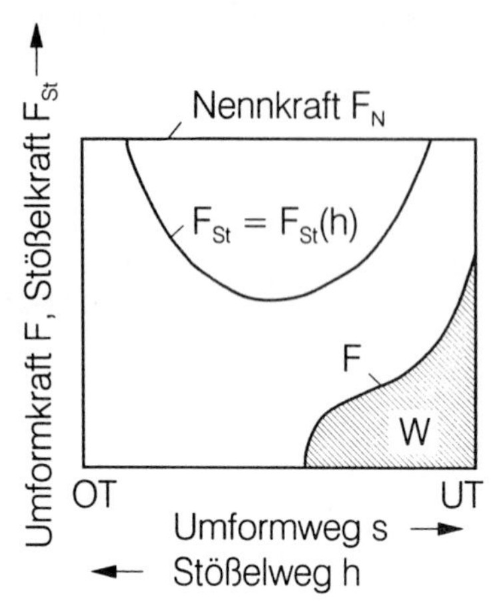

Bild 1.4.4 Kraft-Weg-Diagramm von Pressen mit einfachem Kurbelgetriebe

Die Nennkraft der Presse steht nur am Ende des Stößelweges zur Verfügung. Beim halben Gesamthub kann der Stößel die geringste Kraft abgeben und hat zugleich die größte Geschwindigkeit. Durch Änderung des Nennkraftwinkels, für den die Stößelkraft auf die Nennkraft begrenzt ist, kann die Kraft-Weg-Charakteristik der Presse an die Erfordernisse des Umformvorganges angepaßt werden. Eine Vergrößerung des Nennkraftwinkels bewirkt, daß das Stößelkraftminimum angehoben wird und umgekehrt. Für Fließpressen ist der Nennkraftwinkel zwischen 30 und 45° eingestellt. Pressen mit erweitertem Kurbelgetriebe sind immer dann vorteilhaft, wenn bei kleinem Gesamthub große Stößelkräfte $F < 40$ MN (Kniehebelpresse) oder im Arbeitsbereich geringere Preßgeschwindigkeiten umformtechnisch zweckmäßig sind. Hydraulische Pressen ($F < 45$ MN), die für das Fließpressen mit direktem Pumpenantrieb ausgelegt sind, können flexibel bezüglich des Pressenhubes und der Preßgeschwindigkeit geregelt werden. Die Nennkraft liegt beim gesamten Preßvorgang an. Das Haupteinsatzgebiet bezieht sich auf Fließpreßprozesse, die mittlere bis hohe Umformkräfte und lange Prozeßhübe erfordern und bei denen die Taktzeiten nicht extrem kurz sein müssen. Wichtige Maschinenkenngrößen, von denen die Form- und Maßgenauigkeit der Teile abhängen, sind Pressensteifigkeit, Kippsteifigkeit und der Versatz (Mittenverlagerung von Stößel und Aufnehmer), die in DIN 55189 definiert sind.

1.4.2 Formstauchen

Das Formstauchen ist bei Aluminium-Werkstoffen üblich bei der Herstellung von Vollnieten, Nägeln, Nagelschrauben, Schrauben, Stricknadeln und ähnlichen Teilen. Die Köpfe der einzelnen Stücke werden vorwiegend in mehreren Arbeitsstufen im Gesenken angestaucht, Ausgangsmaterial ist bereits gezogener Draht (DIN EN 1303; DIN 59675),. Walzdraht (DIN EN 1715) muß vor dem Formstauchen enge Maßtoleranzen aufweisen. Der Draht wird an der Mehrstufenpresse abgeschert und in mehreren neben- oder übereinander angeordneten Umformstationen gestaucht. Die Übergabe zu den Umformstationen erfolgt durch Greifer- und Transfersysteme. Vorzugsweise kommen mechanische Kurbelpressen in liegender Bauart zum Einsatz. Es können bis zu 450 Stück pro Minute hergestellt werden.

1.4.3 Kaltpressen, Massivprägen

Das Kaltpressen kommt für kleine, verhältnismäßig flache Teile aus geraden oder gebogenen Stangen- oder Drahtabschnitten sowie Blechzuschnitten in Betracht. Es ist nur dann sinnvoll, wenn die Kaltverfestigung technisch ausgenutzt wird. Das Massivprägen (Prägen) von Münzen und Medaillen aus Al und Al-Legierungen entspricht einem Kaltpressen im geschlossenen Gesenk.

1.4.4 Innenhochdruckumformung

1.4.4.1 Verfahrensprinzip

Die „Innenhochdruckumformung" (Hydroforming) ist ein wirkmedienunterstütztes Umformverfahren zur Herstellung von kalibrierten Rohrverzweigungen, profilierten Hohlteilen mit und ohne Nebenformelementen sowie von Rohrbögen in engen Toleranzen durch Aufweitstauchen im geschlossenen Gesenk, Durchsetzen, Kalibrieren, Nachprägen und Biegen.

Der Verfahrensablauf ist in Bild 1.4.5 dargestellt.

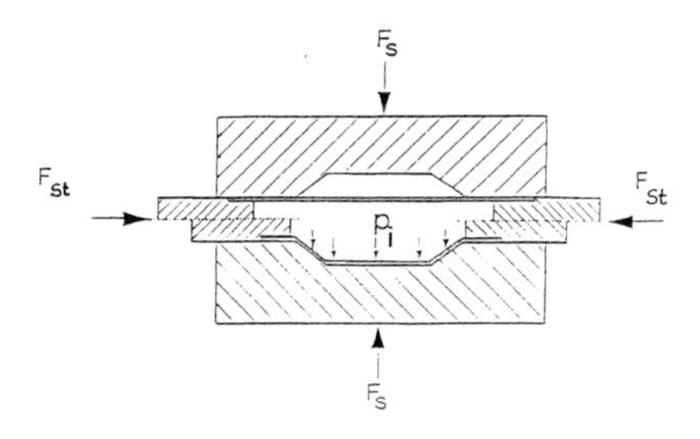

Bild 1.4.5 Verfahrensprinzip der Innenhochdruckumformung

Durch den Stempel wird die Hochdruckflüssigkeit (meist eine Wasser- Öl-Emulsion) eingeleitet. Die Abdichtung der Stempel kann durch eine spezielle Kontur des Stempels erreicht werden. Während der Umformung werden die Formwerkzeuge mit der Kraft F_S geschlossen. Der Stempel muß, um den Nachschub des Werkstoffes zu gewährleisten, entsprechend dem momentanen Umformgrad gesteuert nachgeführt werden. Die Wanddickenschwächung kann auf diese Weise weitgehend verhindert werden. Von Vorteil ist, daß im Endstadium ein hoher hydrostatischer Druckspannungszustand herrscht, der das Umformvermögen der Werkstoffe signifikant verbessert. Zwangsläufig muß das Umformteil die Form der Werkzeuge annehmen.

Die Verfahrensgrenzen sind durch das Versagen infolge Bersten, Knicken und Falten des Rohrelementes gegeben. Es leitet sich aus diesen Versagensfällen das Arbeitsdiagramm des Verfahrens ab (Bild 1.4.6).

Ausschlaggebende Prozeßparameter, die die Grenzen des Verfahrens beeinflussen, sind außer dem Werkstoff die Geometrie des umzuformenden Rohres und der Werkzeuge, das Verhältnis der Umformkräfte und die Reibungsverhältnisse im Bereich des Werkzeugaufnehmerteiles. Sie bestimmen die erforderlichen Umformkräfte und auch die Qualität des Fertigproduktes. Die Umformkräfte, die aufgebracht werden müssen, sind umso höher, je stärker die Wanddicke des Rohres, je schroffer die Querschnittsübergänge und je schlechter die tribologischen Bedingungen sind. Typische Erzeugnisse sind: Fittings, Achsträger für PKW's, Strukturteile für Karosserien.

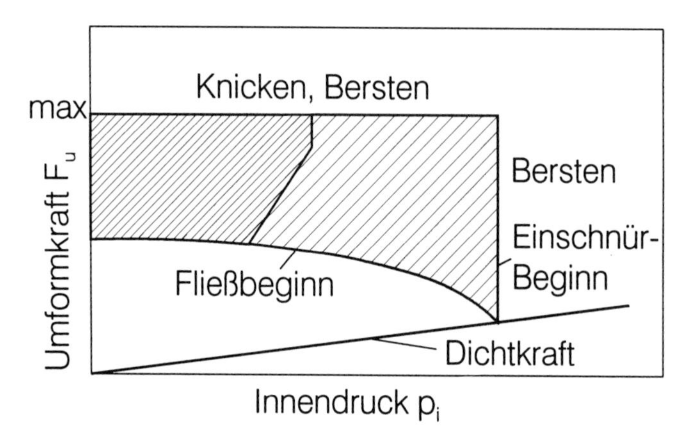

Bild 1.4.6 Arbeitsdiagramm

1.4.4.2 Verfahrensarten

In Bild 1.4.7 sind Beispiele für das Aufweitstauchen und Durchsetzen gezeigt. Ebenso können Prägungen oder Biegungen durchgeführt werden.

Die Umformung wird meist in einem Umformschritt vorgenommen.

Die Herstellung von hohlwellenförmigen Bauteilen mit gerader Längsachse ist mit bewegten und ortsfesten Werkzeugen möglich.

Das Ausformen von Nebenformelementen verdeutlicht Bild 1.4.8 Durch den Gegenhalter wird bei dieser partiellen Umformung der Spannungszustand in der Umformzone dem Werkstoffverhalten anpaßbar.

Bei bestimmten Drücken und Kräften ist dieses Verfahren selbst stabilisierbar.

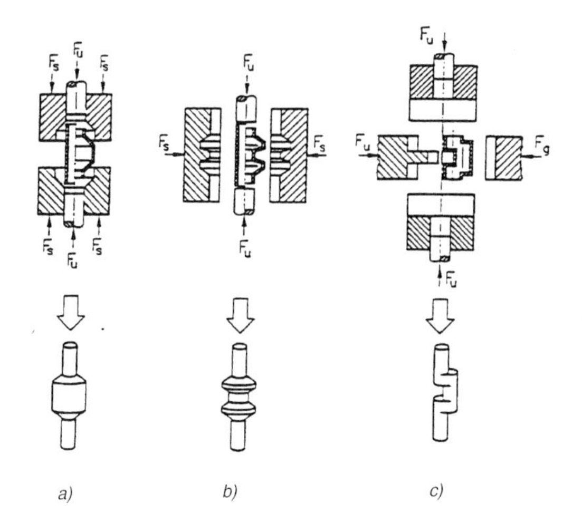

Bild 1.4.7 Formteile der Innenhochdruckumformung
a) axial- und rotationssymmetrische Fertigteile
b) Fertigteile mit Hinterschneidung
c) Durchgesetzte Fertigteile

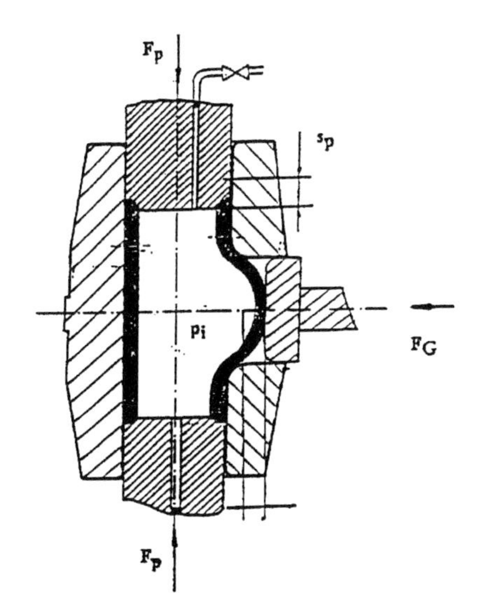

Bild 1.4.8 Innenhochdruckumformung zur Herstellung von T-Stücken

In Bild 1.4.9 ist das EPC-Verfahren (Erne-Pressure-Conforming) dargestellt, durch das druckkonforme Rohrteile gefertigt werden können. Bei Rohren aus Al MgSi0,5/T6 konnten Umformgrade von $\varphi = 0{,}7$ bei Biegeradien von $R \cong d_{Rohr}$ erreicht werden.

An der Entwicklung von Verfahren der Hochdruckumformung gefügter Bleche zu einem hohlförmigen Bauteil wird gearbeitet.

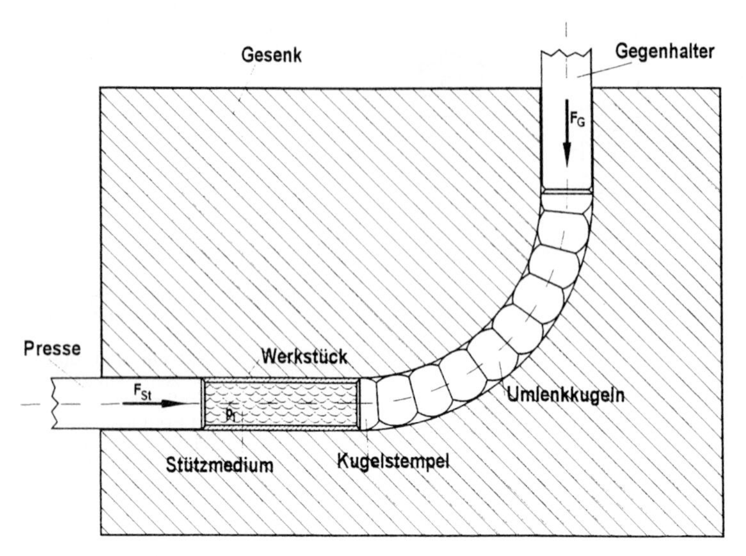

Bild 1.4.9 EPC-Biegeverfahren

1.5 Teilefertigung durch Blechumformung

1.5.1 Erzeugnisse und Werkstoffe

Die Verfahren der Teilefertigung aus warm- bzw. kaltgewalzten Blechen und Bändern durch Tief-, Streck-, Strecktief-, Kragen-, Stülp- oder Abstreckgleit-Ziehen, durch Drücken, Weiten, Biegen bzw. Abkanten etc. sind sowohl für sehr hohe als auch für kleine bis mittlere Stückzahlen von Erzeugnissen ausgelegt. In Betrieb befinden sich einerseits hochproduktive verkettete komplex automatisierte Fertigungslinien, in die Systeme der Qualitätsüberwachung integriert sind, und andererseits anpassungsfähige flexibel einsetzbare Einzelanlagen.
In der Regel werden aus Ronden (DIN EN 851 u. 941) bzw. Zuschnitten verschiedener Form, den Platinen, durch eine flächenhafte Umformung Teile mit nahezu unveränderter Wanddicke für die Verpackungs- und Haushaltwarenindustrie (Emballagen), für den Fahrzeug- und Apparatebau sowie die Elektrotechnik hergestellt. Das Teilespektrum ist sehr weit gefächert. Es umfaßt in der Hauptsache:

- einseitig offene Hohlkörper, Näpfe und Dosen zylindrischer, quadratischer, rechteckiger oder ovaler Art mit und ohne Flansch, Verschlußkappen
- kegelige, parabolische bzw. halbkugelige Teile; Profilteile mit geraden, geneigten oder gekrümmten Seitenwänden
- Flanschteile mit hochgestellten Rändern unterschiedlicher Art
- großflächige ebene, gewölbte, profilierte Formteile, wie z.B. für Verkleidungen, Karosserien etc.

Die Blechumformteile können aus allen Al-Werkstoffen hergestellt werden. Besonders geeignet sind Reinaluminium und nicht aushärtbare AlMg-Legierungen in den Festigkeitsstufen weich bis 3/4 hart. Die aushärtbaren Al-Legierungen werden meist im rekristallisierend geglühten Zustand umgeformt, jedoch kann die Umformung auch unmittelbar nach einer Lösungsglühung und Abschreckung, d.h. vor der Aushärtung, vorgenommen werden. Neben den genormten Werkstoffen steht eine große Anzahl von Spezialwerkstoffen zur Verfügung, die sich durch auf den jeweiligen Verwendungszweck angepaßte Eigenschaften auszeichnet, z.B. Karosseriebleche (s. Tafel 1.5.1). Bänder und Bleche für Dosen, Deckel und Verschlüsse sind in DIN EN 541 genormt.

Maßgebende Werkstoffkennwerte, die die Kaltumformbarkeit zu Blechformteilen kennzeichnen, sind neben den Festigkeitswerten (R_m, $R_{p0,2}$) vor allem die Bruch- und Gleichmaßdehnung (A , A_{gl}), für das Tiefziehen der r- und Δr-Wert sowie für das Strecktiefziehen der n-Wert (s. Kap. 1.2). Hohe r- bzw. n-Werte bieten die Gewähr für eine gute Tief- bzw. Streckziehfähigkeit. Das Grenzformänderungs-Schaubild, das experimentell durch verschiedene Versuche aufgenommen werden kann, läßt das Werkstoffversagen bei einstufiger Umformung und damit die Verfahrensgrenzen erkennen (Bild 1.5). Allerdings hängt die tatsächlich erzielbare Grenzformänderung auch von der mechanisch-thermischen Vorbehandlung, von der Form und Dicke der Proben sowie von der Geometrie der Umformzone und den Reibungs-Schmierungsbedingungen ab. Genaueren Aufschluß über die Umformeignung der Werkstoffe bei den verschiedenen Blechumformverfahren kann durch ein, besser durch mehrere verfahrensähnliche technologische Prüfverfahren erhalten werden (z.B. Erichsen-, Engelhardt-, Fukui-, Nakazima-, Swift-Versuch etc.). Die Bewertung der Biegefähigkeit erfolgt im allgemeinen durch die Zahl der ertragbaren Hin- und Herbiegungen nach DIN 50153.

Tafel 1.5.1 Mechanische Eigenschaften von Al-Legierungen für Karosserien

Bezeichnung Symbol	Nr.	Zustand	$R_{p0,2}$ MPa	R_m MPa	A_{gl} %	A_{50} %	n -	r -	l_E mm	β_{max} -	Fließfiguren-typ
Al 99,5	1050	weich	40	80	26	38	0,25	0,85	10,5	2,1	keine
Al CuMg(Si)	2008	T4	125	250	-	28	0,28	0,58	-	-	keine
Al CuMg(Si)	2036	T4	190	340	-	24	0,23	0,70	-	-	keine
Al Mg3	5754	weich	100	220	19	24	0,30	0,75	9,4	2,1	A, B
Al Mg4,5Mn0,4	5182	weich	130	255	20	26	0,31	0,75	10,0	2,1	A, B
Al MgCu(Zn)	5030	weich	135	275	26	28	0,30	-	-	-	B
Al MgSi(Cu, Mn)	6009	T4	125	230	-	25	0,23	0,70	-	-	keine
Al MgSi(Cu)	6111	T4	160	275		28	0,26	0,56	-	-	keine
Al Si1,2Mn0,4	6016	T4	120	240	-	28	0,27	0,65	10,2	2,1	keine

Für das Tiefziehen ist das Grenztiefziehverhältnis $\beta_{max} = d_o/d_{St}$ der charakteristischste Wert. Es ist umso höher, je größer die Gleichmaßdehnung und der r-Wert sind und sollte $\beta_{max} > 2,0$ betragen. Al-Bleche weisen β-Werte von 2,0 bis 2,1 auf. Zur Beurteilung der Streck-Ziehbarkeit kann der S-Wert mit

$$S = R_m/R_{p0,2} + n + 2 \cdot r_{min.}$$

herangezogen werden (s. Kap. 1.5.3).

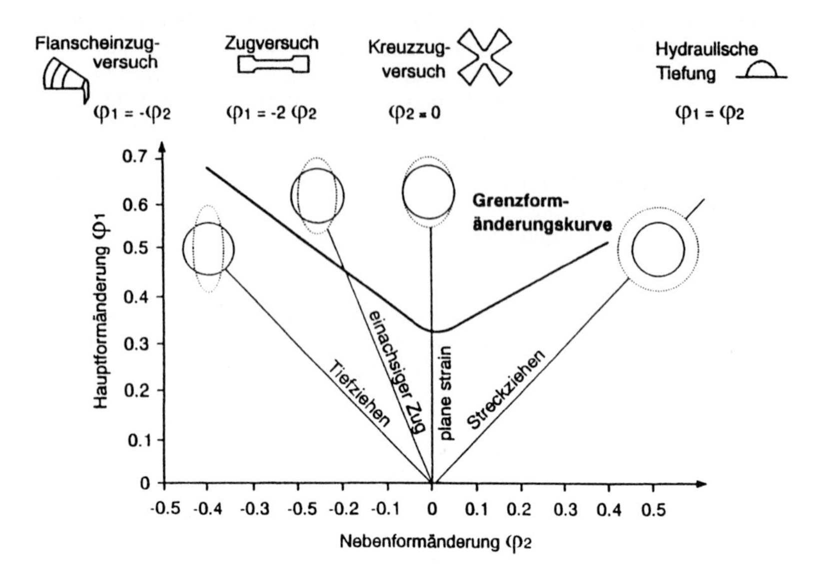

Bild 1.5.1 Grenzformänderungsschaubild für Aluminium

1.5.2 Tiefziehen

1.5.2.1 Einstufiges Tiefziehen

Die zur Umformung erforderliche Kraft wird beim Tiefziehen nicht unmittelbar vom Preßstempel in die Umformzone eingeleitet, sondern indirekt vom Stempel über den Boden und die Zarge übertragen (Bild 1.5.2). Die Umformung findet im Flanschbereich unter radialen Zug- und tangentialen Druckspannungen statt. Im Bereich der Ziehringrundung und der Stempelrundung überlagern sich Biegespannungen.

Die Verfahrensgrenzen sind durch die Nennkraft der Presse, das Auftreten von Bodenreißern und die Bildung von Falten bestimmt. Eine zu große Niederhalterkraft F_N führt wegen der großen Reibungskräfte zu vorzeitigen Bodenreißern. Bei zu kleiner F_N bilden sich Falten. Das größte Ziehverhältnis $\beta = d_o/d_{St}$ wird erzielt, wenn durch die Niederhalterkraft die Faltenbildung gerade noch unterdrückt wird.
Die Falten bilden sich durch die Instabilität bei tangentialem Druck. Ihr kann durch Erhöhung der Niederhalterkraft, d.h. durch eine Behinderung des radialen Werkstoffflusses entgegengewirkt werden. Technisch ist dies, außer durch den Niederhalterdruck, durch Tuschieren des Werkzeugsitzes Blechhalter - Matrize, durch Anbringen von Ziehstäben (-leisten) bzw. Ziehwülsten und durch Variation der Schmierstoffmenge möglich. Viele Ziehprozesse erfordern jedoch nicht nur lokal über den Niederhalterumfang unterschiedliche Flächenpressungen (Reibungskräfte), sondern auch über den Ziehweg.

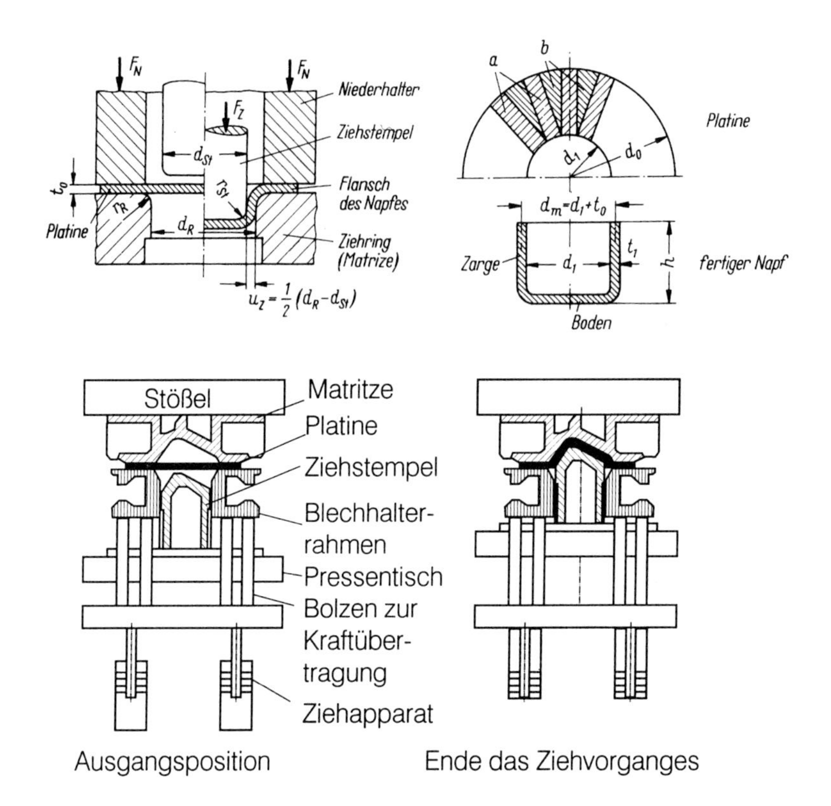

Bild 1.5.2 Tiefziehen von Hohl- und flächenförmigen Teilen; (Ablauf und Benennungen) (Werkstoff in b wird nach a verdrängt)

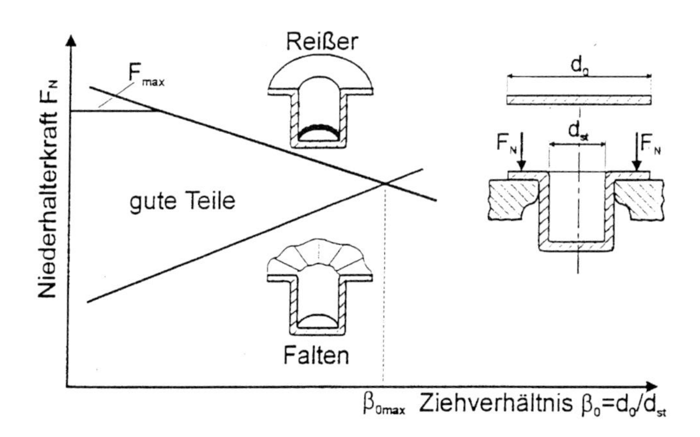

Bild 1.5.3 Arbeitsbereich des Tiefziehens

Durch Vielpunktziehtechnik kann bei modernen Pressen die Krafteinleitung in den Niederhalter gesteuert werden. Für das Tiefziehen dünner Al-Ronden (Platinen) sind Niederhalterdrücke zwischen 0,4 bis 1 N/mm² üblich. Werkzeugseitig sind beim Tiefziehen vor allem entscheidend:

- Stempelkantenradius r_{St}
- Ziehkantenradius r_Z
- Ziehspaltweite u_Z
- Werkzeugwerkstoff bzw. Oberflächenbeschaffenheit

Für diese gelten:

Der Stempelkantenradius r_{St} sollte so groß wie möglich sein ($r_{St} \geq 0{,}15 \cdot d_{St}$; $r_{St} \geq 4 \cdot t_o$), da mit kleiner werdendem Ziehkantenradius die Ziehkraft zunimmt. Im Vergleich zu entsprechenden Stahlteilen haben sich um etwa 50 % größere Radien bewährt. Empfehlungen für Ziehringabrundungen enthält Bild 1.5.4. Nach Untersuchungen an Karosserieblechen der Gattungen AlMg und AlMgSi sollte der Wert des Verhältnisses Ziehkantenradius zu Blechdicke den Wert 16 (Bild 1.5.5) möglichst nicht unterschreiten. Zu berücksichtigen ist, daß bei großen Ziehringradien die vom Niederhalter bedeckte Zuschnittsfläche verkleinert wird und damit die Gefahr der Faltenbildung im Bereich der Ziehringrundung zunimmt.

Der Ziehspalt u_Z hat Einfluß auf die Stempelkraft und die Maßgenauigkeit. Ist der Ziehspalt groß, wird das Ziehteil nicht genau zylindrisch, sondern bleibt am oberen Rand aufgeweitet. Bei zu engem Ziehspalt kann ein Abstreckgleitziehen erfolgen, mit dem eine Krafterhöhung verbunden ist; es besteht die Gefahr des Bodenreißens. Empfohlen sind Verhältnisse Ziehspalt zu Ausgangsblechdicke t_o im Bereich 1,1 und 1,4 (u_Z/t_o = 1,1 bis 1,4). Sofern höhere Ziehkräfte übertragen werden können und höhere Anforderungen an die Maßgenauigkeit gestellt werden, können kleinere Ziehspalte gewählt werden. Durch geeignete Wahl des Ziehspaltes besteht die Möglichkeit, bei unregelmäßig geformten Ziehteilen den Werkstofffluß gezielt zu beeinflussen. So wählt man in den Eckbereichen polygoner Werkstücke, wo der Werkstofffluß erschwert ist, einen größeren Ziehspalt als an den Seitenflächen.

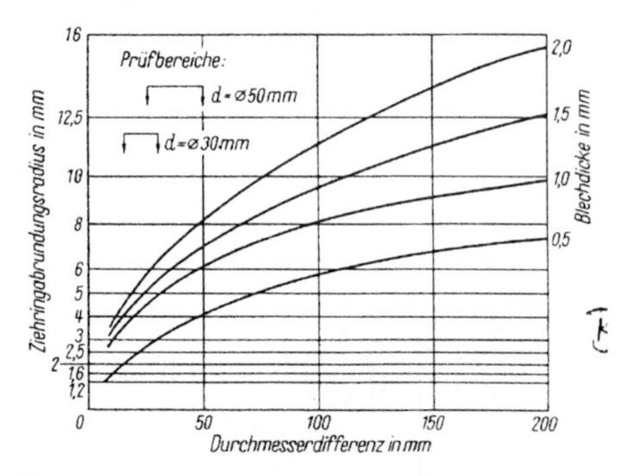

Bild 1.5.4 Ziehringabrundung in Abhängigkeit von der Formteilgröße (nach H. Homauer). Als Durchmesser-Differenz in mm gilt:
für runde Teile: D-d,
für rechteckige Teile: $\sqrt{(4r_m^2 - 8r_m h)} - 2r_m$

r_m= Halbmesser der Mantelrundung in mm
D = Zuschnittdurchmesser in mm
d =Tiefziehdurchmesser in mm
h =Ziehteilhöhe in mm

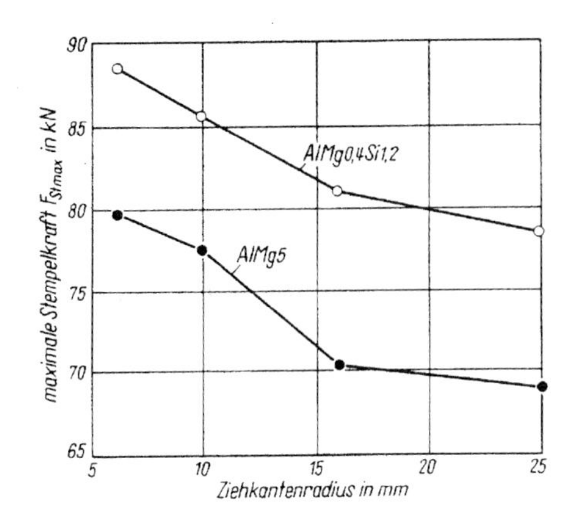

Bild 1.5.5
Einfluß des Ziehkantenradius beim Ziehen von kreisrunden Näpfen.
Blechdicke 1 mm
Ziehverhältnis 1,9,
Stempeldurchmesser 125 mm
Stempelkantenradius 62,5 mm
Stempelgeschwindigkeit 50 mm/s
Relativer Ziehspalt 1,6

Die Werkzeugoberfläche bestimmt neben den Reibungsbedingungen auch das Verschleißverhalten. Durch geeignete Oberflächenbeschichtung ist es möglich, den Reibwert auf Werte $\mu < 0{,}05$ zu vermindern. Hartverchromen oder auch PVD/CVD-Beschichtungen können erfahrungsgemäß auch die Nutzungsdauer der Werkzeuge verlängern.

Der Schmierstoff beeinflußt das tribologische System entscheidend. Neben der chemischen Zusammensetzung des Schmierstoffes ist auch die Dicke der Schmierschicht wesentlich. Zu berücksichtigen ist, daß die Anforderungen an das Schmiermittel nicht nur von Teil zu Teil, sondern auch in den verschiedenen Partien eines Ziehteils grundsätzlich verschieden sind. So sollte die Reibung im Bereich der Krafteinleitung zwischen Stempel und Blech möglichst hoch, im Bereich der Umformzone zwischen Blech und Ziehring so niedrig wie möglich, und am Niederhalter variabel einstellbar sein.

Unter ungünstigen Bedingungen kann sich Aluminiumabrieb an den Arbeitsflächen der Werkzeuge festsetzen, der die Oberflächenqualität der Ziehteile beeinträchtigt. Durch geeignete Schmiermittel und Werkzeugoberflächenbeschichtungen kann dieser Gefahr entgegengewirkt werden.

Weitere Aspekte in der Auswahl des Schmierstoffes sind:

- Verträglichkeit mit den Werkzeug- und Werkstückwerkstoffen;
- Entfernbarkeit;
- Verhalten bei der Weiterverarbeitung, insbesondere beim Lackieren und Fügen;
- Dosierbarkeit.

Sowohl mit Schmierstoffen auf Mineralölbasis als auch mit synthetischen Produkten können gute Ergebnisse erreicht werden. Von Wichtigkeit bei der Schmierstoffauswahl ist deren Viskosität. Sie sollte so hoch gewählt werden, daß Kaltverschweißungen nicht auftreten. Für das Ziehen von Teilen mit hohen Anforderungen an die Oberflächenqualität hat sich die Verwendung von ziehringseitig aufgeklebten „Ziehfolien" aus Kunststoff bewährt. Eingesetzt werden können in diesem Fall auch hochviskose Öle mit Feststoffen.

Durch die Oberflächenstrukturierung der Bleche (s. 1.3.3.) lassen sich verschiedene und günstige Reibungsbedingungen beim Tiefziehen erzielen.

1.5.2.2 Mehrstufiges Tiefziehen

Reicht das Umformvermögen des umzuformenden Werkstoffes nicht aus, um in einem Zug die Endform zu erreichen, muß in mehreren Stufen tiefgezogen werden. Bild 1.5.6 gibt Empfehlungen zur Wahl der Stufungsverhältnisse. Das Umformvermögen des Werkstoffes wird gut ausgenutzt, wenn die Umformung bei Folgezügen auf jene Bereiche konzentriert sind, die zuvor noch nicht oder noch wenig umgeformt wurden. Ist das Formänderungsvermögen vor Erreichen der Endform erschöpft, kann zwischengeglüht werden.

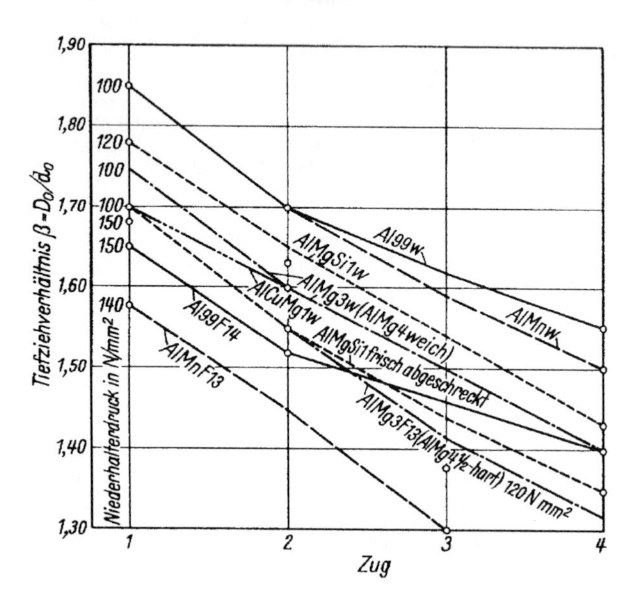

Bild 1.5.6 Stufungsverhältnis für den 1. bis 4.Zug und Niederhalterdruck (nach Oehler und anderen Unterlagen)

1.5.2.3 Niederhalterloses Tiefziehen

Beim Tiefziehen dicker Bleche kann wegen deren höherer Steifigkeit auf den Niederhalter verzichtet werden. Dadurch werden die Ziehkräfte geringer, und es lassen sich höhere Ziehverhältnisse, insbesondere bei geeigneten Ziehringformen, erzielen (Bild 1.5.7). Nach Bild 1.5.8 ist die verzerrte Schleppkurve hinsichtlich Ziehkraft und Werkstückgeometrie am günstigsten. Das Ziehverhältnis wird durch Faltenbildung und Bodenabrisse nach oben hin begrenzt; das Unterschreiten eines bestimmten Ziehverhältnisses kann dazu führen, daß ein Napf ohne zylindrische Zarge entsteht. Maß- und Formenabweichungen am Fertigteil kann durch Maßnahmen am Werkzeug gezielt entgegen gewirkt werden: Unrundheit und Dickenschwankungen an der Napfzarge vermeidet man durch Vermindern des Ziehspaltes bzw. durch Abstreckgleitziehen, Wölbungen am Ziehteilboden mit einem Gegenstempel.

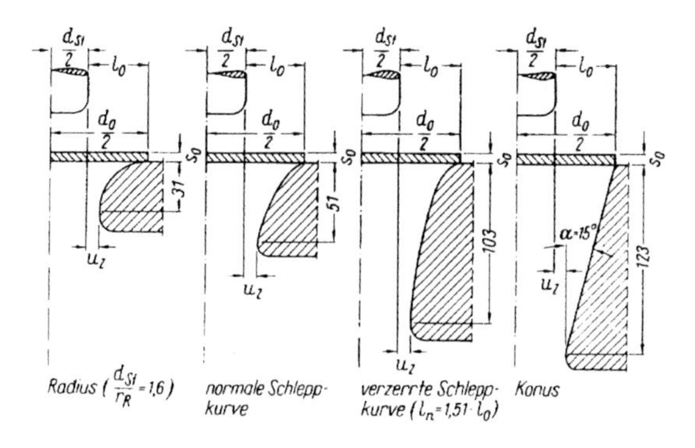

Bild 1.5.7 Vergleich unterschiedlicher Ziehringe für niederhalterloses Tiefziehen (d_0 = 50 mm; t_0 = 6 mm; b = 2,65; u_z = 1,5. t_0) nach Kübert

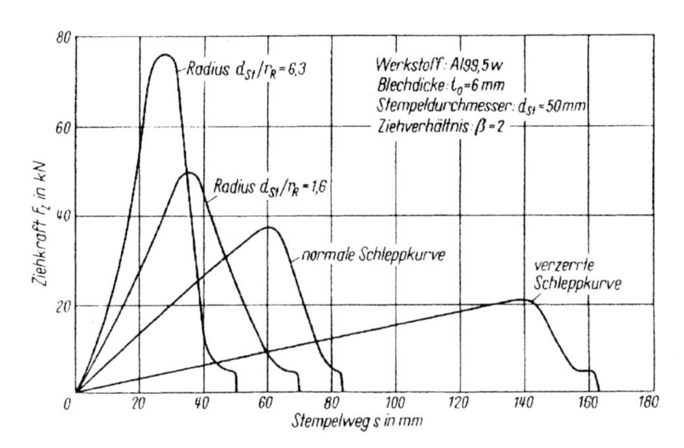

Bild 1.5.8 Kraft-Weg-Diagramm für niederhalterloses Tiefziehen mit unterschiedlichen Ziehwerkzeugen (nach Kübert)

1.5.2.4 Stülpziehen

Stülpziehen ist ein Tiefziehen im Weiterzug mit Wirkung des Stempels (Stülpstempel) in entgegengesetzter Richtung zur Stempelwirkrichtung des vorangegangenen Tiefziehvorganges (Bild 1.5.9). Es findet also eine Umkehr der Bewegungsrichtung des Werkstoffes statt, wobei die vorher außen befindliche Napfseite nach innen und die Napfinnenseite nach außen gestülpt wird. Üblicherweise werden Erstzug und Stülpzug gleichzeitig in einem Arbeitsgang durchgeführt. Der Stempel für den Erstzug ist hohl und bildet gleichzeitig den Ziehring für den Stülpzug. Das Verfahren wird vorzugsweise zur Herstellung kegeliger, halbkugelförmiger, bisweilen auch zylindrischer Werkstücke eingesetzt. Häufig wird das Stülpziehen angewandt, um an bestimmten Stellen Material für eine spätere unzylindrische Ziehform anzuhäufen oder um ein Werkstück herzustellen, dessen Gestalt von vornherein einer Stülpziehform entspricht. Der Wirkungsgrad beim Stülpziehen ist infolge der starken Biegungen und der großen Reibung am Stülpring geringer als beim “normalen” Tiefziehen.

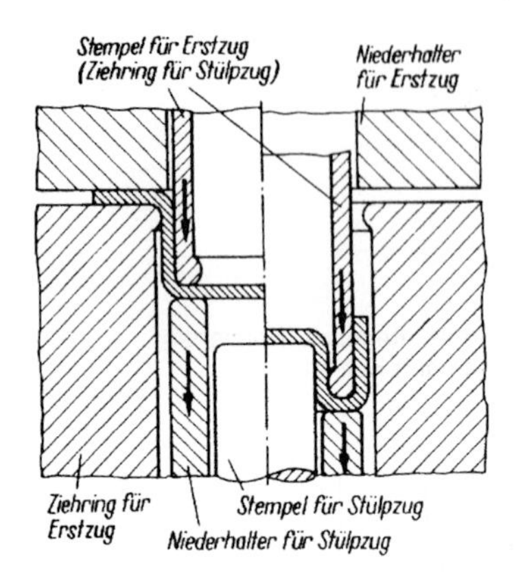

Bild 1.5.9 Prinzip des Stülpziehens

1.5.2.5 Pressenbauarten und Werkzeuge

Das Tiefziehen ist das vorrangige Einsatzgebiet von mechanischen weggebundenen Pressen mit einem Nennkraftwinkel von $\alpha_N = 70°$ (s. Kap. 1.4.1.3) und hydraulischen Pressen. Bei letzteren können Kinematik und Preßkraft des Stößels als auch des Niederhalters auf die Erfordernisse des Ziehprozesses angepaßt werden. Da die Preßkraft unabhängig vom Preßhub ist, können tiefe Teile gepreßt werden. Sie werden in der Hauptsache in der Großteile- und Karosseriefertigung eingesetzt. Für höhere Preßgeschwindigkeiten, höhere Hubzahlen und kurze Stempelwege sind mechanische Pressen geeigneter. Pressen mit erweitertem Kurbelgetriebe haben die robusten Kurbelpressen verdrängt. Überwiegend wird mit Niederhalter tiefgezogen. Die Pressen sind zur Erzielung einer zusätzlichen Wirkbewegung mit Ziehkissen ausgerüstet, die im Ziehtisch angebracht sind und mechanisch (durch Federelemente) bzw. hydraulisch oder pneumatisch bewegt werden. Bei Mehrstufenpressen sollte jede Stufe mit eigenem Ziehkissen im Tisch ausgestattet sein. Das Einsatzgebiet der einfach wirkenden Pressen mit Ziehkissen, bei denen nur der Stößel angetrieben wird, ist das Tiefziehen von kleineren und größeren Teilen, die in mehreren Stufen zu ziehen sind. Die Ziehwerkzeuge sind relativ einfach gestaltet. Die Matrize wird am Stößel, der Stempel am Pressentisch angeordnet. Mit zweifach wirkenden Pressen – angetrieben werden Stößel und Niederhalter – können tiefe, schwierige Ziehteile in hoher Qualität gefertigt werden. Bei komplizierten unregelmäßigen und großflächigen Formteilen ist der unabhängig steuerbare Antrieb des Ziehkissens und des Niederhalters, der noch segmentiert sein sollte (Vielpunkt-Ziehtechnik), unerläßlich.

Für das Ziehergebnis in qualitativer Hinsicht sind für die konstruktive Gestaltung der Ziehwerkzeuge Steifig- und Festigkeit, Maßgenauigkeit und Oberflächengüte ausschlaggebend. Die VDI-Richtlinien 3344, 3364, 3365, 3370 und 3388 geben Hinweise.

1.5.2.6 Sonderverfahren des Tiefziehens

Beim Tiefziehen mit nachgiebigen Werkzeugen, mit Wirkmedien sowie bei sonstigen Sonderziehverfahren sollen die beim Tiefziehen mit starren Werkzeugen auftretenden Grenzen erweitert bzw. die folgenden Verfahrensnachteile umgangen werden:

- hohe Zugbeanspruchung in der Zarge
- örtlich unterschiedliche Wanddicken am Ziehteil
- Faltenbildung
- hohe Werkzeugkosten (besonders bei unregelmäßigen Teilen)
- begrenztes Ziehverhältnis.

Kennzeichnend für die Verfahren (s. Bild 1.5.11) ist die Verwendung nur einer starren Werkzeughälfte, entweder eines Stempels oder einer Matrize, die der Form des Werkstücks entspricht, während die Gegenform durch ein Druckmedium (Flüssigkeit oder universell verwendbares „Gummikissen") gebildet wird. Das Kissen besteht meist nicht aus Gummi, sondern aus mehreren Schichten eines sehr dehnbaren Kunstkautschuks. Die oberste Kissenschicht unterliegt einem beträchtlichen Verschleiß und muß (je nach Werkstück) nach ca. 100 bis 10000 Arbeitshüben erneuert werden. In der Kontaktfläche zwischen Werkzeug und Werkstück wirken Druckspannungen. Diese wirken sich günstig auf das Umformvermögen aus und ermöglichen bisweilen eine Erhöhung des Ziehverhältnisses. Das Kissen befindet sich in einem Kissenaufnehmer (Koffer). Ein Nachteil des Verfahrens ist die hohe erforderliche Stempelkraft.
Für Aluminium mit einer Zugfestigkeit bis 150 N/mm^2 ergeben sich abhängig von der Blechdicke etwa folgende Zuordnungen von Shorehärte und erforderlichem Preßdruck:

Tafel 1.5.2 Preßdrücke beim Tiefziehen mit Gummikissen

Blechdicke mm	Einfaches Biegen (90°)	Unterschnittenes Biegen bis 120°	Tiefziehen	Schneiden oder Schneiden + Tiefziehen	
0,6	50 bis 60	30 bis 40	45 bis 55	60 bis 70	Shorehärte
	80	150	150	150	Kissen-Druck (bar)
1,2	55 bis 65	35 bis 45	50 bis 60	65 bis 75	Shorehärte
	150	200	250	200	Kissen-Druck (bar)
2,0	60 bis 70	40 bis 50	55 bis 65	70 bis 80	Shorehärte
	200	250	300	300	Kissen-Druck (bar)

Die Angaben können nur als Anhalt dienen. Flache, leicht gewölbte Formen erfordern einen geringeren Druck und Gummi (oder Kunstgummi) mit geringerer Shore-Härte. Der erforderliche Kissendruck soll 350 bar nicht übersteigen.

Vorteilhaft ist die Möglichkeit, das Umformen mit einem Schneidvorgang zu kombinieren (Bild 1.5.10).

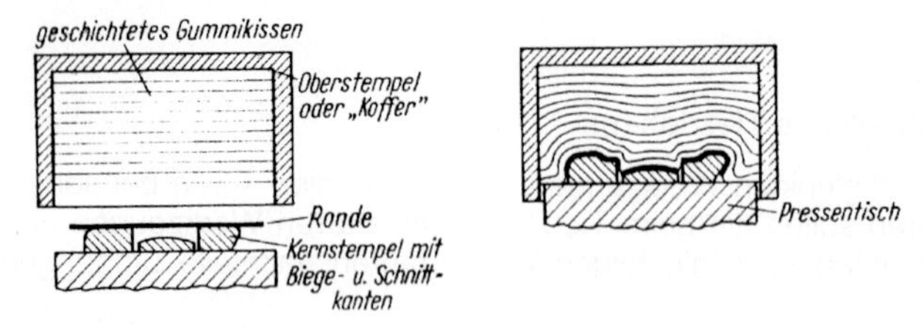

Bild 1.5.10 Tiefziehen mit Gummikissen

Das Tiefziehen mit Wirkmedium mit Membran (s. Teilbild 1.5.11) ist auch unter den Namen Hydroform- bzw. Fluidzell-Verfahren bekannt geworden. Der Flüssigkeitsdruck führt wie beim hydromechanischen Ziehen, bei dem die Flüssigkeit (das Fluid) direkt auf das Werkstück einwirkt, zu einer sehr genauen Abbildung der Stempelkontur. Die Verfahren werden zur Fertigung von Teilen mit großen Ziehtiefen auch bei parabolischer rechteckiger und konischer Außenform eingesetzt.

		während der Umformung				
		Rahmen bzw. Koffer	Gummikissen bzw. -sack	Kernstempel bzw. Matrize	Tisch bzw. Tischplatte	
Tiefziehen mit nachgiebigem Kissen	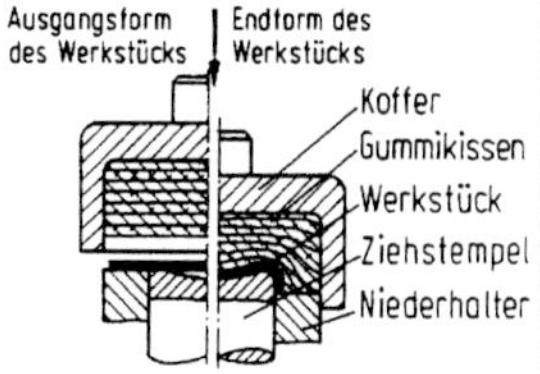 Ausgangsform des Werkstücks; Endform des Werkstücks; Koffer; Gummikissen; Werkstück; Ziehstempel; Niederhalter	beweglich	beweglich	fest	beweglich	Ziehen mit elastischen Druckmitteln
Tiefziehen mit Wasserbeutel	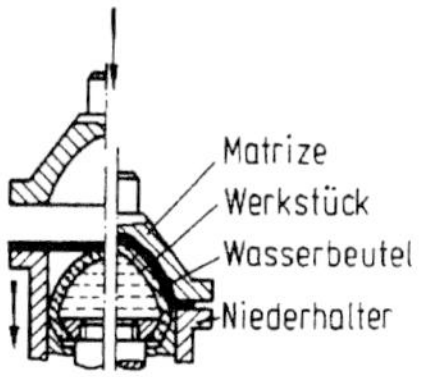 Matrize; Werkstück; Wasserbeutel; Niederhalter	-	fest	beweglich	beweglich	Kombinierte hydraulisch-elastische Ziehverfahren
Tiefziehen mit Membran	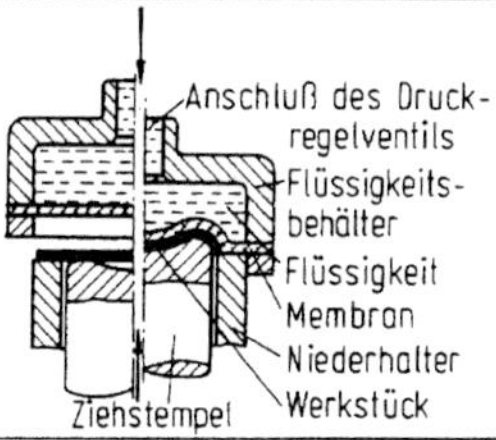 Anschluß des Druckregelventils; Flüssigkeitsbehälter; Flüssigkeit; Membran; Niederhalter; Werkstück; Ziehstempel	fest	fest	beweglich	fest	
Tiefziehen mit zweiseitigem Flüssigkeitsdruck	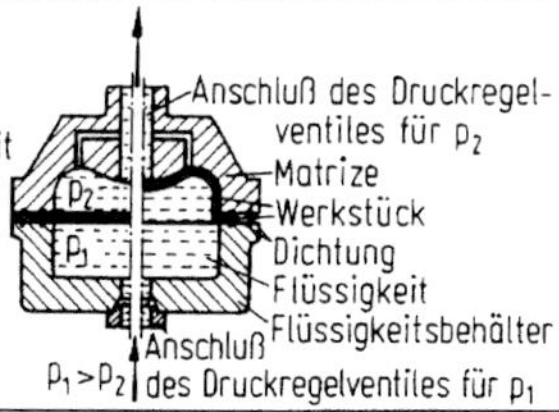 Anschluß des Druckregelventiles für p_2; Matrize; Werkstück; Dichtung; Flüssigkeit; Flüssigkeitsbehälter; Anschluß des Druckregelventiles für p_1; $p_1 > p_2$	fest	–	fest	fest	Ziehen mit hydraulischen Druckmitteln
Tiefziehen mit einseitigem Flüssigkeitsdruck (hydromechanisches Tiefziehen)	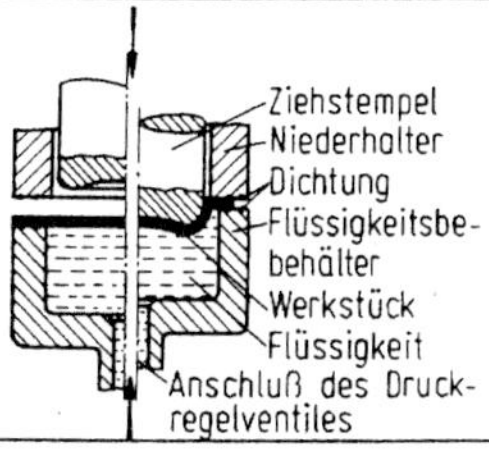 Ziehstempel; Niederhalter; Dichtung; Flüssigkeitsbehälter; Werkstück; Flüssigkeit; Anschluß des Druckregelventiles	fest	–	beweglich	fest	
Tiefziehen durch Sprengstoffdetonation	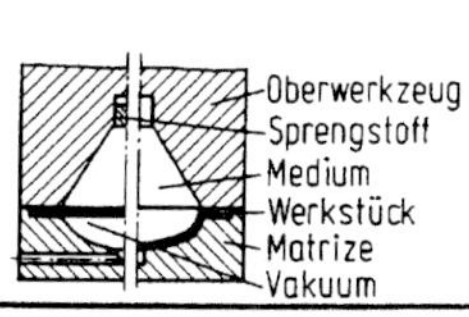 Oberwerkzeug; Sprengstoff; Medium; Werkstück; Matrize; Vakuum	fest	–	fest	-	Ziehen mit Flüssigkeit oder Gas als Übertragungsmittel der Energie

Bild 1.5.11 Sonderverfahren des Tiefziehens (nach Lange)

1.5.3 Streckziehen

Beim Streckziehen wird das umzuformende Blech meist an zwei gegenüberliegenden, seltener an allen Seiten mit drehbar gelagerten Spannzangen so fest eingeklemmt, daß kein Werkstoff nachfließen kann. Entweder wird in das gespannte Blech ein konvexer Stempel eingedrückt (einfaches Streckziehen) oder es wird das Blech (s. Bild 1.5.12) über/um den Stempel gezogen (Tangentialstreckziehen).

Einfaches Streckziehen

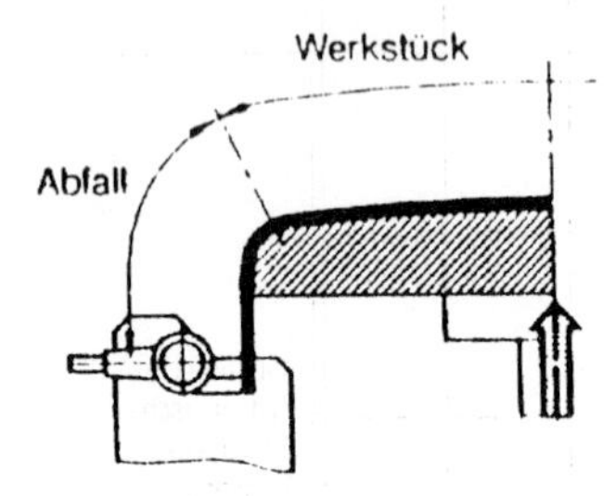

Nachteile:

- Großer Verschnitt
- Keine Hinterschnitte möglich
- Reibung zwischen Blechplatine und Stempel verhindert eine gleichmäßige Dehnungsverteilung

Tangentialstreckziehen

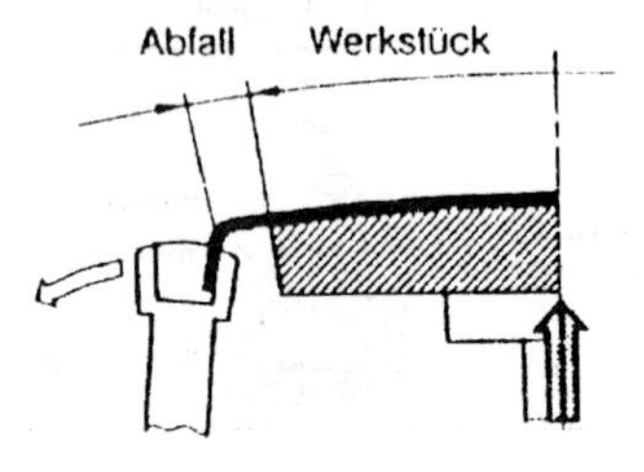

Vorteile:

- Kleiner Verschnitt
- Gleichmäßige Dehnungsverteilung

Vorteil: Hinterschnitte sind möglich

Bild 1.5.12 Streckziehverfahren

Das Tangentialstreckziehen ohne und mit Gegenwerkzeug ist vorteilhafter, weil die Formänderung gleichmäßiger ist und formstabile Teile mit Hinterschneidungen erhalten werden. Unabhängig vom Werkstoff wird das Blech um 2 bis 4 % vorgestreckt und mit der vorgegebenen Spannkraft immer tangential zur Stempelkontur gezogen. Es findet keine Relativbewegung zwischen dem Blech und dem Stempel statt. Nach dem Anlegen an die Form, das durch eine gute Schmierung und durch gutes Ausrunden des Ziehwerkzeuges erzielt wird, wird das Blech noch etwas nachgereckt. Die Beulfestigkeit der Formteile ist um 10 bis 15 % höher, die Abformgenauigkeit wesentlich besser als die der tiefgezogenen Teile. Streckziehen wird hauptsächlich zur Herstellung großer und flacher Teile verwendet, wie sie besonders im Fahrzeugbau sowie der Luft- und Raumfahrttechnik Anwendung finden. Bei vielen großen Tiefziehteilen ist der überwiegende Anteil der Umformung Tief- bzw. Streckziehen. Kennwerte für die Streckziehbarkeit sind der Erichsentiefungswert I_E (mm) nach DIN 50101/50102 und oder der Streckziehbarkeitswert S (s. Kap. 1.5.1).

1.5.4 Abstreckziehen

Das Abstreckziehen ist umformtechnisch identisch mit dem Gleitziehen von Rohren über eine Stange (s. Kap. 1.3.7.3). Der tiefgezogene Napf wird mit einem Stempel durch einen oder mehrere Werkzeuge (Ziehringe) gedrückt, bei denen der Spalt zwischen Stempel und Ziehring kleiner als die Wanddicke der Vorform ist. Das Hohlteil wird gestreckt, da nur die Wanddicke verringert wird. Wichtig ist eine gute Schmierung zwischen Ziehring und Werkstück. Das Verfahren wird zur Weiterverarbeitung fließgepreßter oder tiefgezogener Näpfe angewandt, z.B. in der Herstellung von Kochtöpfen und Getränkedosen aus Al-Legierungen nach DIN EN 541 u. 602.

Häufig erfolgt das Tiefziehen des Napfes und das Abstrecken der Zargen in einem Zug. (Keller- Verfahren, Bild 1.5.13)

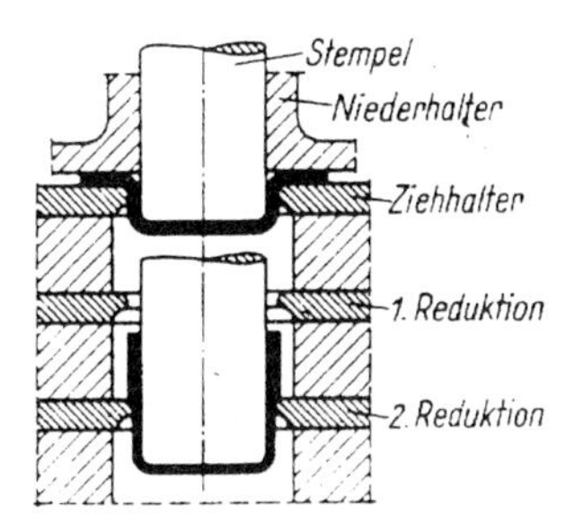

Bild 1.5.13 Abstreckziehen (Kellerverfahren)

1.5.5 Superplastisches Umformen

Die werkstoff- und umformtechnischen Bedingungen, bei denen Superplastizität verzeichnet werden kann, sind in Kap. 1.2.10.2 benannt. Es muß die Umformung bei genauer Temperatur, die je nach Werkstoff im Bereich zwischen 420 bis 550 °C liegen muß, und bei sehr geringer Umformgeschwindigkeit vorgenommen werden. Das bedeutet, die Temperaturkonstanz minuten- bzw. stundenlang zu sichern. Da die Umformkräfte relativ niedrig sind, kann die superplastische Umformung ähnlich wie bei thermoplastischen Kunststoffen durch Blastechnik realisiert werden. Zwei Verfahren sind möglich (Bild 1.5.14):

- Matrizenverfahren. Über die Hohlform wird der vorgewärmte Zuschnitt gelegt und die Presse geschlossen. Nach Erreichen der Umformtemperatur wird die Blechoberseite mit Luft von 10 bar Druck beaufschlagt, und das Material beginnt sich zu dehnen, bis es konturentreu an der Matrize anliegt. Um eine zu starke Einschnürung des Werkstoffes zu vermeiden, ist beim Innenformen das Verhältnis von Ziehtiefe zur Breite des herzustellenden Formteiles, also h/b, auf h/b= 0,4 begrenzt.
- Patrizenverfahren. Zunächst wird eine Blase geformt. Diese Blase hat eine reduzierte, aber gleichmäßige Dicke; dann wird das Werkzeug mit dem ein-

gespannten Blech in Berührung gebracht und durch Luftdruck von der anderen Seite das Blech in die endgültige Form gedrückt.

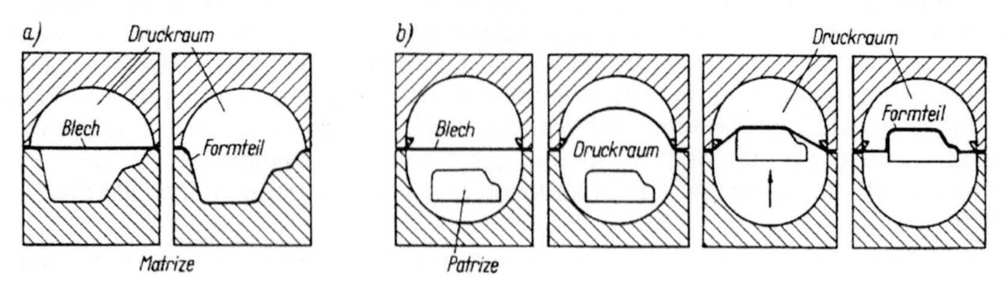

Bild 1.5.14 Superplastisches Umformen
a) Innenformen in einer Matrize, b) Außenformen über eine Patrize

Die Umformung nach dem Patrizenverfahren kann auch derart erfolgen, daß das heiße Gas (Luft) durch einen Stempel auf das Blech geblasen wird. Das sich zwischen Stempel und Blech bildende Gas-(Luft-)Kissen verhindert einen direkten Kontakt. Es kann jedoch über die Stempelgeschwindigkeit die Umformgeschwindigkeit kontrolliert eingestellt und gesteuert werden. Problematisch ist die Gewährleistung einer gleichmäßigen Wanddicke. Dies ist mit dem modifizierten Patrizenverfahren noch am ehesten möglich. Die Vorteile der superplastischen Umformung sind die geringen Werkzeugkosten und die Möglichkeit, schwierigste Konturen (mit mehrteiligen Formen auch Hinterschneidungen) maßgenau herstellen zu können. Durch Verwendung von Werkzeugen aus Aluminium entfallen durch unterschiedliche Wärmeausdehnung von Werkstück und Werkzeug entstehende Maßabweichungen. Bei großen Umformgraden kann eine Porenbildung an den Korngrenzenzwickeln auftreten, die sich durch den Gegendruck wesentlich verringern läßt.

1.5.6 Drücken, Drückwalzen

Drücken (DIN 8584) ist Zugdruckumformen eines Blechzuschnittes zu einem Hohlkörper oder Verändern des Umfanges eines Hohlkörpers, wobei ein Werkzeugteil (Drückform, Drückfutter) die Form des Werkstücks enthält und mit diesem umläuft, während das Gegenwerkzeug (Drückwalze, Drückstab) nur örtlich angreift. Beim Drücken ist im Gegensatz zum kegeligen oder zylindrischen Drückwalzen eine Verringerung der Blechdicke nicht beabsichtigt (Bild 1.5.15).

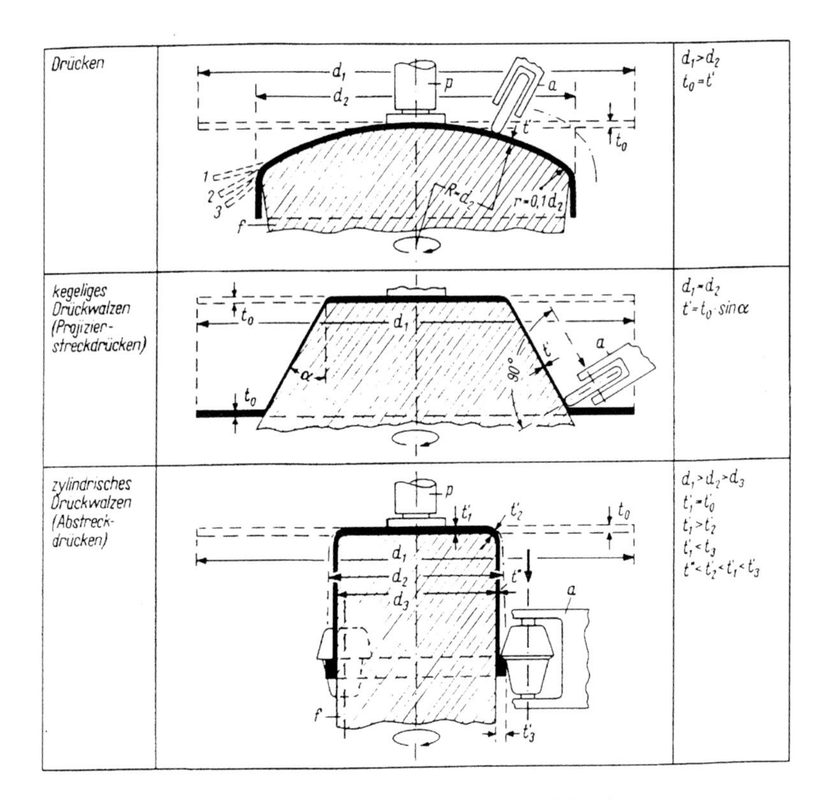

Bild 1.5.15 Drückverfahren, a) Drückrolle, f) Drückfutter, p) Pinole

Die Umfangsgeschwindigkeit beim Drücken liegt zwischen 500 und 1000 m/min. Drücken kann mit anderen Arbeitsgängen, wie Drückwalzen, Abstechen, Plandrehen, Bördeln, Sicken, Einhalsen und Aufweiten kombiniert werden (Bild 1.5.16). Durch Kopierdrücken und numerisch gesteuerte Drückmaschinen sind mehrere Bearbeitungsschritte ohne Umspannen möglich (Bild 1.5.17). Drücken dient auch zum Konifizieren von Rohren (Licht- und Fahnenmaste).

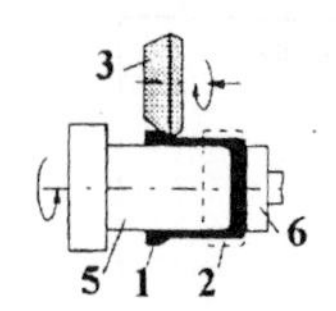

Zylinder-Drückwalzen (Abstreckdrücken)

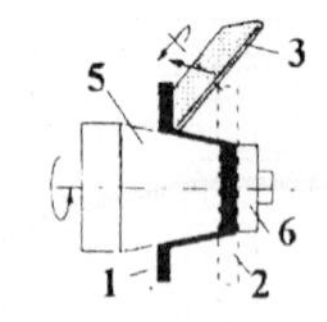

Kegel-Drückwalzen (Projizierdrücken)

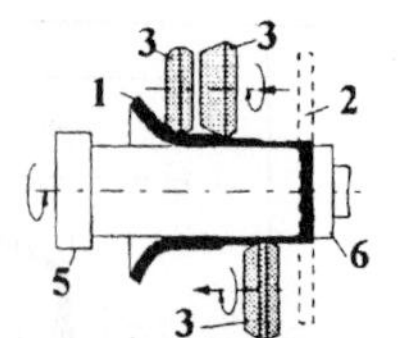

Kombination Drücken-Drückwalzen

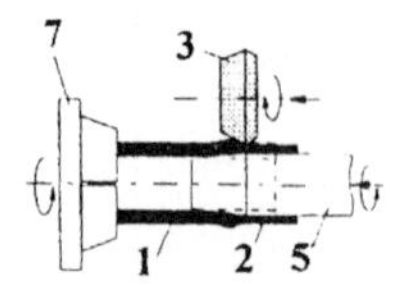

Kombination Aufweiten-Drückwalzen

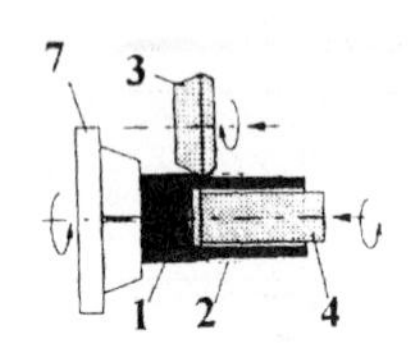

Bohrungsdrücken

1 Werkstück
2 Rohteil
3 Rolle bzw. Walze
4 Stempel
5 Dorn bzw. Drückfutter
6 Andrückscheibe
7 Spannfutter

Bild 1.5.16 Drück- und Drückwalzverfahren

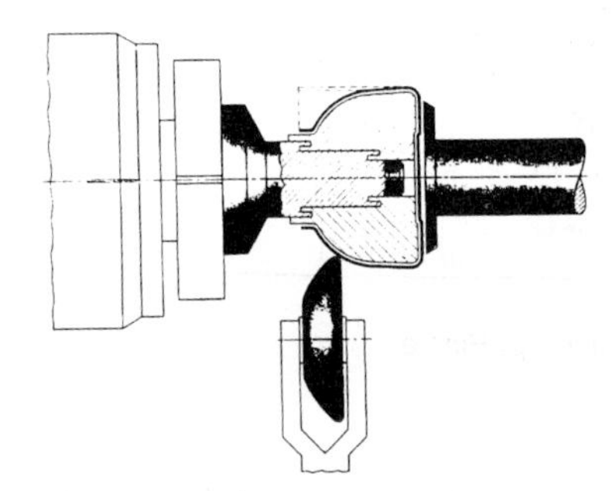

Bild 1.5.17 Arbeitsprinzip des Einziehens mit Teilfutter (Drücken eines Wasserkessels)

Spezielle Drückwalzmaschinen (Fließdrückmaschinen) mit mehreren konzentrisch angeordneten Drückrollen ermöglichen das Abstrecken von Rotationskörpern auch aus schwierig umformbaren Werkstoffen (Bild 1.5.17). Bei der Fertigung geschmiedeter Automobilräder wird die Felge durch Drückwalzen geformt.

1.5.7 Biegen von Blechen

Das Biegen von Blechen um eine gerade Achse wird in der Industrie zur Massenfertigung kleinster Teile bis zur Einzelteilherstellung von großformatigen Elementen angewandt. Faktisch können alle Al-Werkstoffe in dieser Weise umgeformt werden. Der plastischen gestaltgebenden Biegung geht immer eine elastische voraus. Aus diesem Grunde federt das Blech nach erfolgter Biegung zurück. Ausschlaggebend für das Biegen von Blechen, für das in der Regel ebener Formänderungszustand

zugrundegelegt werden kann (s. Kap. 1.1.4), sind der kleinste, vom Werkstoff ertragbare Biegeradius r_i und das Maß der elastischen Rückfederung.
Richtwerte für den erreichbaren Biegeradius, die auf praktischen Erfahrungswerten und Versuchsergebnissen beruhen, enthält Tafel 1.5.3. Diese Werte weichen teilweise von Angaben in einigen Normen (z.B. DIN 5508, 5520) ab, weil bei deren Festlegung nicht nur die Werkstoffeigenschaften maßgebend waren. Die Richtwerte beziehen sich auf definierte Werkstoffzustände. Sofern dieser nicht bekannt ist, sollte der Zustand „hart" angenommen werden. Im allgemeinen ist die Biegbarkeit schräg zur Walzrichtung etwas besser als senkrecht oder parallel dazu.
Maß der Rückfederung ist das Rückfederungsverhältnis K, das definiert ist zu (Bild 1.5.18

$$K = \frac{r_W + 0,5 \cdot t}{r_i + 0,5 \cdot t} = \frac{\alpha_2}{\alpha_1}$$

t = Blechdicke
r_W = Biegeradius ohne Rückfederung, Rundungsradius des Biegewerkzeuges
r_i = Biegeradius nach der Rückfederung, Innenradius des gebogenen, aus dem Biegewerkzeug entnommenen Werkstücks
α_1 = Biegewinkel ohne Rückfederung, Biegewinkel des Biegewerkzeuges bzw. eingestellter Biegewinkel
α_2 = Biegewinkel nach der Rückfederung

Für die erforderliche Rundung des Biegewerkzeuges gilt:
$r_W = K \cdot r_i - (1 - K) \cdot 0,5 \cdot t$
Für den Biegewinkel gilt:
$\alpha_2 = K \cdot \alpha_1$

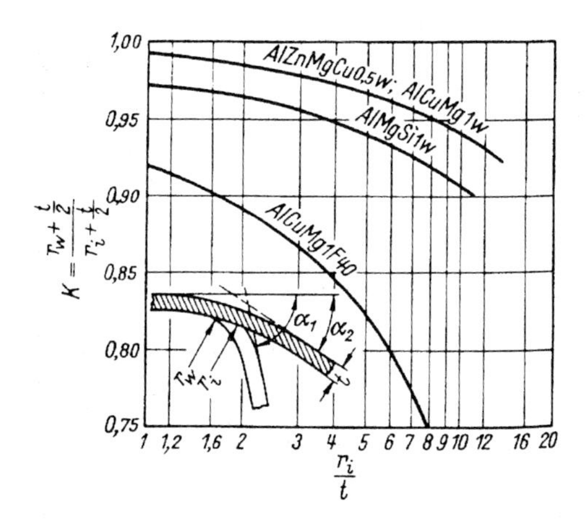

Bild 1.5.18 Beiwert K nach elastischer Rückfederung (Richtwerte) in Abhängigkeit vom r_i/t-Verhältnis

Empfohlene K-Werte sind in Tafel 1.5.4 aufgeführt. Diese müssen immer im konkreten Fall überprüft werden. Die Rückfederung ist um so größer, je kleiner der E-Modul des Werkstoffes und je größer dessen Streckgrenze $R_{p0,2}$ sind.

Tafel 1.5.3 Richtwerte für erzielbare kleinste Biegeradien r bei Aluminiumhalbzeug (90°- Biegung) (Angaben in mm)

Werkstoff chem. Symbol Präfix EN AW-	Werkstoff Zustand[2])		Dicke bis 0,8	0,8 bis 1	1 bis 1,5	1,5 bis 2	2 bis 3	3 bis 4	4 bis 5	5 bis 6	6 bis 7	7 bis 8	8 bis 10	10 bis 12	Werkstoff-faktor fw[1])
Al 99,8	weich	0	0,3	0,4	0,6	0,8	1,3	2,0	2,5	3	4	5	6	8	1
bis	halbhart	H14	0,6	0,7	1,1	1,4	2,3	3,0	4,5	6	7	8	11	–	1,8
Al 99,0	hart	H18	1,6	1,9	2,9	3,8	6,0	8,5	11,5	15	18	22	29	–	4,8
Al Mn1	weich	0	0,5	0,6	1,0	1,3	2,0	3,0	4,0	5	6	8	10	–	1,6
Al Mn1Cu	halbhart	H14	1,0	1,2	1,8	2,4	3,8	5,5	7,5	9	11	14	18	–	3
Al Mg1(C)	hart	H18	2,8	3,2	4,8	6,4	10,0	–	–	–	–	–	–	–	8
Al Mn1Mg1	weich	0	0,6	0,8	1,2	1,6	2,5	3,5	5,0	6	8	9	1	–	2
Al Mg2	halbhart	H14	1,3	1,6	2,4	3,2	5,0	7,0	10,0	12	15	18	24	–	4
Al Mg2,5	hart	H18	3,2	4,0	6,0	8,0	12,5	–	–	–	–	–	–	–	10
Al Mg3	weich	0	1,0	1,2	1,8	2,4	3,8	5,5	7,0	9	12	14	18	23	3
	halbhart	H14	1,6	2,0	3,0	4,0	6,3	9,0	12,0	15	19	23	30	–	5
	hart	H18	3,5	4,5	7,0	9,0	14,5	–	–	–	–	–	–	–	11,5
Al Mg2Mn0,8	weich	0	1,0	1,3	1,9	2,6	4,0	6,0	8,0	10	12	15	20	25	3,2
	halbhart	H14	2,1	2,7	4,0	5,4	8,4	12,0	16,0	20	25	30	40	–	6,7
	hart	H18	4,1	5,1	7,5	10,5	16,0	–	–	–	–	–	–	–	12,7
Al Mg4	weich	0	1,3	1,6	2,5	3,3	5,1	7,0	10,0	13	15	19	25	32	4,1
Al Mg4,5Mn0,7	halbhart(G)	H24	–	–	4,5	6,0	9,0	13,0	17,5	–	–	–	–	–	7,3
Al MgSi[3])	kaltausgehärtet	T4	1,5	1,9	2,9	3,8	6,0	9,0	11,5	15	18	22	29	37	4,8
Al SiMg(A)[3]) C	warmausgehärtet	T6	1,9	2,5	3,7	5,0	7,8	11,0	15,0	19	23	28	38	47	6,2
Al Si1MgMn	weich	0	0,4	0,5	0,8	1,0	1,6	2,5	3,5	4	5	6	8	–	1,5
Al Mg1SiCu	frisch abgeschreckt[4])	W	0,6	0,7	1,1	1,4	2,3	3,5	4,5	6	7	8	11	14	1,8
	kaltausgehärtet	T4	1,6	2,0	3,0	4,0	6,3	9,0	12,0	15	19	23	30	38	5
	warmausgehärtet	T6	2,4	3,0	4,5	6,0	9,4	13,0	18,0	23	28	35	45	57	7,5
AlCu4MgSi(A)	weich[5])	0	1,1	1,4	2,0	2,7	4,3	6,0	8,0	10	13	16	21	26	3,4
	kaltausgehärtet	T4	2,1	2,7	4,0	5,4	8,4	12,0	16,0	20	25	30	40	51	6,7
AlZn4,5Mg1	weich[5])	0, T4	–	–	–	2,0	3,1	4,5	6,0	8	–	–	–	–	2,5
	nach Wärmestoß[4])[6])	–	1,0	1,2	1,8	2,4	3,8	5,5	7,5	9	12	14	18	23	3

[1]) Radien r_i für größere Dicken „t“ bzw. für Durchmesser „d“ von Rohren (mit d : t ≤ 20) bzw. Höhe „h“ von Stangen und Profilen: $r_i = fw \cdot (0{,}8t - 2)$ bzw. $r_i = fw \cdot (0{,}8d - 2)$ bzw. $r_i = fw \cdot (0{,}8h - 2)$.
Beispiel: Rohr 50 · 4 aus Al Mg3 0 mit (d : t) = 12,5 (<20): Gegeben d = 50, fw = 3; $r_i = 3 \cdot (0{,}8 \cdot 50\text{-}2) = 114$ mm.

[2]) Im teilentfestigten Zustand H2x können kleinere Biegeradien erreicht werden.

[3]) Als Blech nicht genormt, Angaben für Rechteckstangen entsprechender Dicke.

[4]) Kein Lieferzustand; nicht genormt.

[5]) Biegeradien wie beim Zustand weich (O) sind auch unmittelbar nach dem Lösungsglühen und Abschrecken (Zustand „frisch abgeschreckt“) erzielbar. Das Biegen muß ca. 3 Stunden nach dem Abschrecken beendet sein!

[6]) Wärmestoß: Erwärmen 2 - 5 min auf 350 - 480 °C, im Luftstrom abkühlen, danach sofort biegen.

Tafel 1.5.4 Rückfederungsverhältnis K für Al-Werkstoffe

Werkstoff	Werkstoffzustand	K bei $r_i/t = 1$	K bei $r_i/t = 10$
Al 99,98	0 weich		
Al 99,5	0 weich	0,99	0,98
Al 99,0	0 weich		
Al Si1MgMn	0 weich	0,97	0,90
Al Si1MgMn	T4 kaltausgehärtet	0,92	0,82
Al Cu4MgSi(A)	0 weich	0,99	0,95
Al Cu4MgSi(A)	T4 kaltausgehärtet	0,92	0,7
Al Zn5Mg3Cu	0 weich	0,99	0,95

r_i und t wie in Bild 1.5.18

Die elastische Rückfederung bedingt für die angestrebte Umformung eine Vergrößerung des Biegewinkels. Im Vergleich zu Stahl mit 3-fachem E-Modul muß bei Aluminium wesentlich stärker „überbogen" werden. Dies muß bei der Auswahl der Maschinen und Werkzeuge berücksichtigt werden.
Die Länge des Zuschnittes (gestreckte Länge) ergibt sich aus der Biegelänge b der neutralen Faser (Biegelinie x - x). Für diese gilt (s. Bild 1.5.19)

$$\alpha \leq 135° \qquad b = (1,57 \cdot r_i + 0,52 \cdot t) \cdot \left(\frac{180 - \alpha}{90} \right)$$

$$\alpha = 90° \qquad b = 1,57 \cdot r_i + 0,52 \cdot t$$

$$135° < \alpha < 170° \qquad b = 1,57 \cdot (r_i + 0,5 \cdot t) \cdot \left(\frac{180 - \alpha}{90} \right)$$

Wenn das Maß a gegeben ist:

$a = r_i + t +$ Überstand,

kann l auch durch Abzug der „Verkürzung" v ermittelt werden:

$l = 2 \cdot a - v$, darin ist

$v = 0,43\, r_i + 1,48\, t$

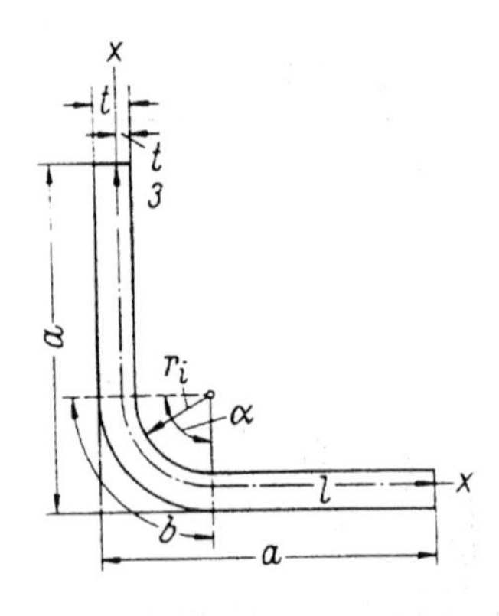

Bild 1.5.19 Biegeradius r_i, Biegelinie x - x und gestreckte Längen b bzw. l

Technische Biegeverfahren sind für Bleche das:

- freie Biegen (einseitig eingespannt oder an 2 Stellen frei aufliegend)
- Gesenkbiegen (Biegen im V-Gesenk oder im U-Gesenk)
- Schwenkbiegen (ein Schenkel eingespannt; freier Schenkel wird umgebogen)
- Walzrunden (2-, 3- oder 4-Walzenbiegung)

Für die praktische Durchführung sind folgende Hinweise zu beachten:

- für das freie Biegen: Anzeichnen von Biegelinien mit Bleistift; Anreißen mit der Reißnadel kann Bruchursache werden. Schneidgrat wirkt an Biegekanten wie eine Kerbe; besonders empfindlich sind Werkstoffe hoher Festigkeit; sie werden deshalb vor dem Biegen entgratet, die Kanten evtl. gebrochen, dasselbe gilt für Bohrungen.
- Beim Gesenkbiegen (Bild 1.5.20) sind saubere Werkzeuge zu verwenden, damit das Werkstück, das verfahrensbedingt nicht eingespannt ist, beim Preßvorgang gleichmäßig gleitet und nicht verzogen wird. Durch geeignetes Schmieren oder durch Verwendung von Schutzfolien können Riefenbildungen und Abrieb verhindert werden. Die Arbeitskante des Druckbalkens sollte poliert sein und der Radius den Empfehlungen der Tafel 1.5.2 entsprechen.

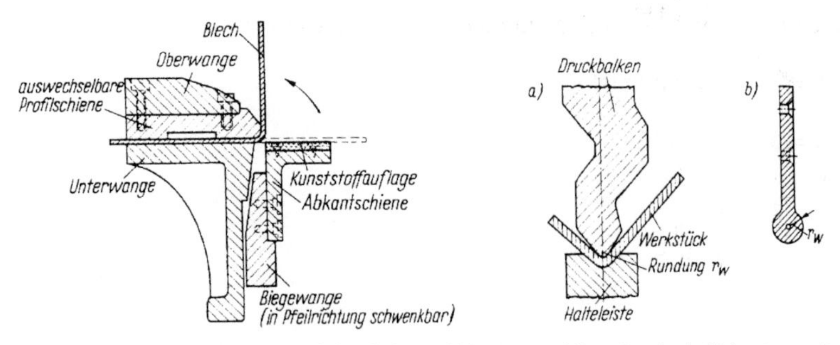

Bild 1.5.20 (links) Abkanten auf der Schwenkbiegemaschine, (rechts) Abkanten mit der Gesenkbiegepresse; a Druckbalken üblicher Ausführung, b Druckbalken mit größeren Rundungen

- für das Schwenkbiegen (Bild 1.5.20) sollten die Maschinen verstellbare Ober- und Biegewangen besitzen, in denen Profil- und Wangenschienen auswechselbar sind. Durch Aneinanderreihen mehrerer Biegungen lassen sich darauf verschiedenartige Formen herstellen. Die Profilschiene erhält die Werkzeugrundung r_w; Oberwange, Profilschiene und Schwenkwinkel der Biegewange müssen ein "Überbiegen" zum Ausgleich der Rückfederung ermöglichen. Biegewange und Abkantschiene werden nach Werkstückdicke und der gewünschten Biegung nach Probebiegung eingestellt. Zur Vermeidung von Oberflächenbeschädigungen empfiehlt es sich, Kunststoffauflagen auf die Abkantschienen zu legen oder die Bleche mit Schutzfolie zu versehen.

- Beim Walzrunden zur Herstellung zylindrischer Behälterschüsse und Rohre großer Durchmesser muß die elastische Rückfederung durch entsprechendes Nachstellen der Walzen ausgeglichen werden.

  Für empfindliche Oberflächen werden glatte Walzen mit Auflagen aus Papier oder Kunststoffolie empfohlen. Bei leichtbeschädigten oder narbigen Walzen ist die Beilage eines weichen Aluminiumblechs zweckmäßig; es kann wiederholt verwendet und bei Bedarf wieder weichgeglüht werden, jedoch sollte stets dieselbe Seite dem Werkstück zugekehrt sein.

  Sofern der Maschinenhersteller keine Aussagen über den Leistungsbereich der betreffenden Maschine beim Biegen von Aluminium gibt, kann man die größte biegbare Dicke t_{Al} aus den Angaben für Stahl wie folgt ermitteln:

$$t_{Al} = \frac{R_{p0,2}(\text{Stahl})}{1{,}3 \cdot R_{p0,2}(\text{Al})} \cdot t_{Stahl}$$

- Für das Biegen schwer umformbarer Werkstoffe hat sich das Druckbiegen bewährt, bei dem das Blech in ein elastisches Kissen eingepreßt wird. Durch die Überlagerung einer zusätzlichen Druckspannung - hervorgerufen durch die elastisch-plastische Verformung des Hilfswerkstoffes - auf die vom Biegen herrührende Spannungsverteilung stellt sich ein günstigerer Spannungsverzerrungszustand ein, der höhere Umformungen zuläßt, als es beim üblichen Biegen möglich wäre.

- Ein „Hochkantbiegen" von Blechstreifen oder Bändern ist bei seitlicher Abstützung bis zu einem Verhältnis Breite (= Höhe) zu Dicke 20 : 1 möglich. Der kleinste erzielbare Biegeradius entspricht etwa dem doppelten Betrag des nach Tafel 1.5.3 (Die Breite als t eingesetzt) ermittelten Wertes. Diese Begrenzung gilt nicht für die Herstellung von Rippenrohren mit „gewickelten" Rippen auf Spezialmaschinen. Für das Hochkantbiegen von Streifen eignet sich sehr gut der sogenannte „Kraftformer", mit dem das Biegen durch abschnittsweises Stauchen (des beim Biegen gedrückten Bereiches) oder Strecken (des beim Biegen gezogenen Bereiches) vorgenommen wird (Bild 1.5.22).

- Bei Blechen mit eingewalzten Mustern hängt die Biegemöglichkeit von der Art des Musters und seiner Lage in der Biegezone ab. Zu berücksichtigen ist die mögliche Kerbwirkung am Übergang von Rippe zum Boden. Zur Bestimmung des Biegeradius r_i wird empfohlen, die Summe von Grunddicke und Rippenhöhe für die Dicke t einzusetzen und den nach Tafel 1.5.3 gefundenen Mindestbiegeradius zu verdoppeln.

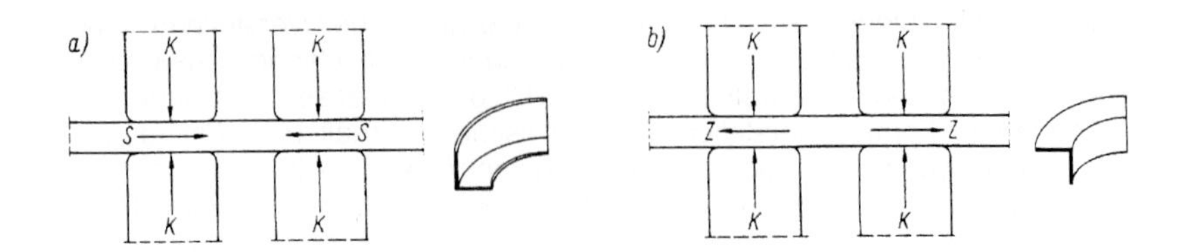

Bild 1.5.21 Wirkprinzip des Kraftformers
K = Klemmkräfte, S = Stauchkräfte, Z = Zugkräfte, Biegen eines L-Profils
a) durch Stauchen, b) durch Recken eines Schenkels

1.5.8 Sonstige Blechumformverfahren

Treiben kunstgewerblicher Gegenstände und Hohlkörper gekrümmter und bauchiger Form, die wegen ihrer Größe oder ihrer unregelmäßigen oder verwickelten Gestalt weder durch Drücken noch durch Tiefziehen oder Hohlprägen hergestellt werden können oder zu deren Herstellung sich die Anfertigung besonderer Werkzeuge nicht lohnt, erfolgt auf gleiche Weise wie bei anderen Metallen.

Hohlprägen nicht durchlaufender Versteifungssicken in Blechformteilen erfolgt durch Tiefen, die Herstellung von Sickenblechen mit durchlaufenden geraden Sicken (Profiltafeln) durch Rollformen. Sicken und Bördeln von Rohren und zylindrischen Gefäßen wird unter Verwendung von Formrollen auf Rundsickenmaschinen ausgeführt. Diese Maschinen sind bei ausreichender Ausladung - evtl. in mehreren Durchgängen - auch für die Anfertigung von Sickenblechen, für Aufkanten und Durchsetzen von Blechrändern für das Zudrücken von Falzen verwendbar. Alle diese Verfahren können für Rotationskörper auch auf Drückmaschinen ausgeführt werden.

Für das Aufkanten von Blechbahnen für die Dachdeckung sind spezielle Aufkantmaschinen verfügbar, kleine Zuschnitte können auch in Biegewerkzeugen auf der Presse ringsum aufgekantet werden. Für die Verwendung als Dachdeckungsmaterial stehen spezielle Falzqualitäten zur Verfügung. Die Falzbarkeit ist auch für Karosseriebleche von großer Bedeutung.

Durchsetzen (Joggeln) um den Betrag der Blechdicke zur Erzielung einseitig blechebener Falze oder Überlappungen ist - abhängig von der Blechdicke - von Hand mit Durchsetzzangen oder mit Setzwerkzeugen möglich. Maschinelles Durchsetzen erfolgt durch Abkanten (Abkantmaschine oder Gesenkbiegepresse, bei kleineren Längen auch in Biegewerkzeugen auf sonstigen Pressen) oder mit Formrollen auf Sickenmaschinen oder sonstigen Profiliermaschinen.

1.6 Biegen von Bändern und Langprodukten

1.6.1 Walzprofilieren

Erzeugnisse der Walzprofilierung sind kaltgebogene offene oder geschlossene Profile und Schlitzrohre mit kreisrunden, quadratischen, rechteckigen oder flachovalem Querschnitt, die auch nachfolgend längsnahtgeschweißt werden können. Ausgangsmaterial sind kaltgewalzte (h > 0,3 mm Dicke) oder warmgewalzte (h > 2,0 mm) Bänder bis über 2000 mm Breite (s. Kap. 1.3.2 u. 1.3.3). Da der Biegeprozeß ohne nennenswerte Dickenänderung durch mehrere (bis zu 18) hintereinander angeordnete Walzenpaare (s. Bild 1.6.1) erfolgt, können einfache oder verwickelte Profile beliebiger Länge hergestellt werden. Die stetige Gestaltänderung beim Walzprofilieren wird durch die Kalibrierung der Walzen und teilweise durch deren Anordnung entsprechend des angestrebten Endprofiles erreicht. Die Kalibrierungen müssen der Kontinuitätsbedingung der Umformung Rechnung tragen und berücksichtigen, daß die Profilteilbereiche in den Profilierungsstufen unterschiedlichen Geschwindigkeitsverhältnissen ausgesetzt sind. Durch ungleiche Dehnungen kann es zu einem Verzug und zu Verwerfungen der Profile kommen. Der Vorteil des Kaltprofilierens besteht darin, daß wirtschaftlich bei hoher Produktivität dünnwandige kleine und großflächige Profile gefertigt werden können. Bild 1.6.1 verdeutlicht das Verfahrensprinzip, die Fertigungsstufen und die Profilvielfalt. Zu beachten ist, daß Spalte (in Doppelungen) oder Schlitze wie Kapillaren wirken und bei Witterungsbeanspruchung oder Schwitzwasseranfall Ursache für Spaltkorrosion sein können. Bei Profilen aus einbrennlackierten Bändern ist diese Gefahr gering; bei nach dem Umformen lackierten oder pulverbeschichteten Profilen sind die Spalte meist durch Beschichtungsmittel abgedeckt. Beim Anodisieren können Spalte Elektrolyt (meist Schwefelsäure) zurückhalten, der durch Spülen nur schwierig oder gar nicht entfernt werden und zu Korrosionsangriff führt; eine Anodisierschicht bildet sich in Spalten nicht! Profile mit scharfen Außenkanten können nicht als Bandprofile hergestellt werden.
Walzprofilierte und mit hochfrequentem Strom ohne Einsatz von Zusatzwerkstoffen längsnahtgeschweißte Rohre können in einem breit gefächerten Spektrum an Legierungen und mechanischen Eigenschaften hergestellt werden. Die Norm DIN EN 1592 umfaßt Rohre mit einem kreisförmigen, quadratischen,rechteckigen und geformten Querschnitt im Abmessungsbereich 6 bis 80 mm Durchmesser, bis 70 mm Schlüsselweite und 0,6 bis 2,5 mm Wanddicke aus Legierungen der Klasse A nach Tafel 1.1.1.

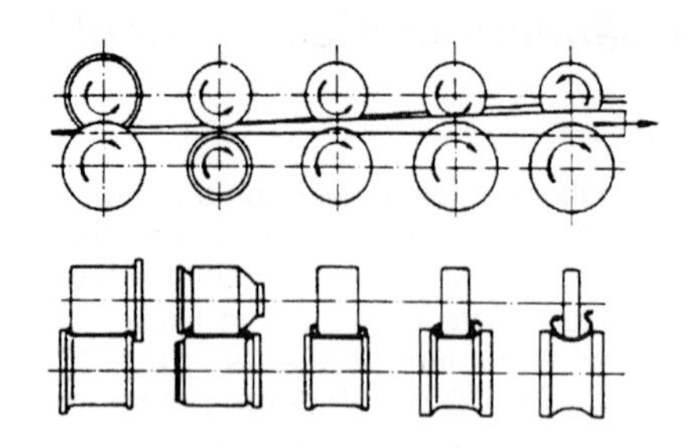

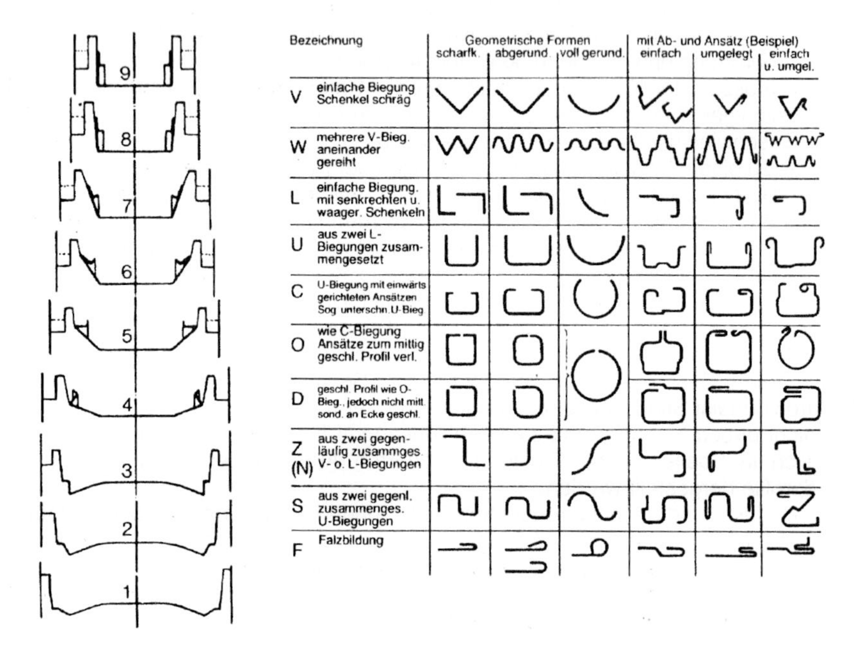

Bild 1.6.1 Walzprofilieren: oben: Verfahrensprinzip, links: Fertigungsstufe (Beispiele, schematisch), rechts: Vorschlag eines Ordnungssystems (nach Weimar)

1.6.2 Biegen von Rohren und Profilen

Im Schienenfahr- und Flugzeugbau werden teilweise relativ dickwandige und große stranggepreßte Profile mit dreidimensionaler Biegekontur eingesetzt, in der Automobilindustrie dagegen kleine bis mittelgroße dünnwandige und mit einer Hohlkammer gestaltete Profile mit zweidimensionaler Biegeform. In beiden Fällen werden für die tragenden Strukturen Profile aus aushärtbaren Al-Legierungen der Typen AlMgSi bzw. AlZnMg verwendet, wobei die Kaltbiegung nach dem Abschrecken von Lösungsglühtemperatur vor dem Warmaushärten eingeordnet wird.

Das Biegen von Rohren hat vor allem im Rohrleitungsbau und Apparatebau sowie im Bauwesen große Bedeutung.
Die üblichen Biegeverfahren sind in Bild 1.6.2 dargestellt. Sie sind teilweise identisch mit den in Kap. 1.5.8 angeführten Verfahren zum Biegen von Blechen. Für große Profile sind das Biegen im Gesenk, das Rollenbiegen und das Biegen um eine feste Schablone am günstigsten. Für kleine bis mittlere Profile werden die Streckbiegeverfahren als zweckmäßiger angesehen. Für Rohre kommen in erster Linie das Rundbiegen mit und ohne ($d_a/t \leq 20$) Dorn und das Schwenkbiegen in Betracht.
Welches Verfahren zweckmäßig ist, hängt von der Art des Profilquerschnittes (bei Rohren vom d_a/t-Verhältnis), der Biegekontur, den Anforderungen an die Oberfläche, der Stückzahl und den Werkzeug- sowie Betriebskosten ab. Die beim Biegen auftretenden Dehnungen auf der Außenseite und Stauchungen auf der Innenseite führen beim Biegen von Hohlprofilen zu unerwünschten Formänderungen, wie Faltenbildung im Druckbereich, Wanddickenverringerungen im Zugbereich und Abflachungen des Querschnittes. Diesen Formänderungen kann entgegengewirkt werden bei Rohren durch das Biegen mit Dorn, bei Hohlprofilen und Rohren durch das Füllen der Hohlräume mit:
Quarzsand; Thermoplasten; Eis; Öl; niedrig schmelzenden Metallen; beweglichen Gliederketten aus Metall, Kunststoff oder Holz; Kugeln.
Beim Streckbiegen von Profilen, d.h. dem Biegen mit Längszug, kann durch Formschuhstücke das Abflachen oder Auseinanderklappen der Profile vermieden werden, weil dadurch ein Querdruck entsteht.
Dickwandige einfache Profile, wie U-, T-, I-Profile, werden vorwiegend auf Rollenbiegemaschinen gebogen.
Die Biegeradien für Strangpreßprofile können aus Tafel 1.5.3 abgeleitet werden, wenn statt der Dicke das kennzeichnende Maß eingesetzt wird. Es treten jedoch zu der Höhe, über die gebogen werden soll, und zu der Mindestwanddicke ($\geq$ 1/20 der Höhe) als weitere Kriterien die Form und Querschnittsverteilung hinzu. Symmetrische Querschnitte sind günstiger als unsymmetrische. Die erforderlichen Biegeradien sind auch davon abhängig, ob die dünnsten Stellen in den Stegen im gezogenen oder im gedrückten Bereich liegen, d.h. ob Ausbeulen oder Kippen eintreten kann. Bei einfachen offenen Profilen, mit Mindestwanddicken $\geq$ 1/10 der Höhe, beträgt der kleinste erforderliche Biegeradius das 1,5- bis 2fache des nach Tafel 1.5.3 ermittelten Wertes, wenn die Profilhöhe für die Dicke „t" eingesetzt wird.
Bei kurzfristiger örtlicher Erwärmung zwischen 150 und 200 °C, soweit dies zulässig ist, kann der Biegeradius ungefähr auf die Hälfte des für das Kaltbiegen zulässigen Wertes vermindert werden. Bei höheren Temperaturen sind noch kleinere Biegeradien und scharfkantiges Biegen möglich.

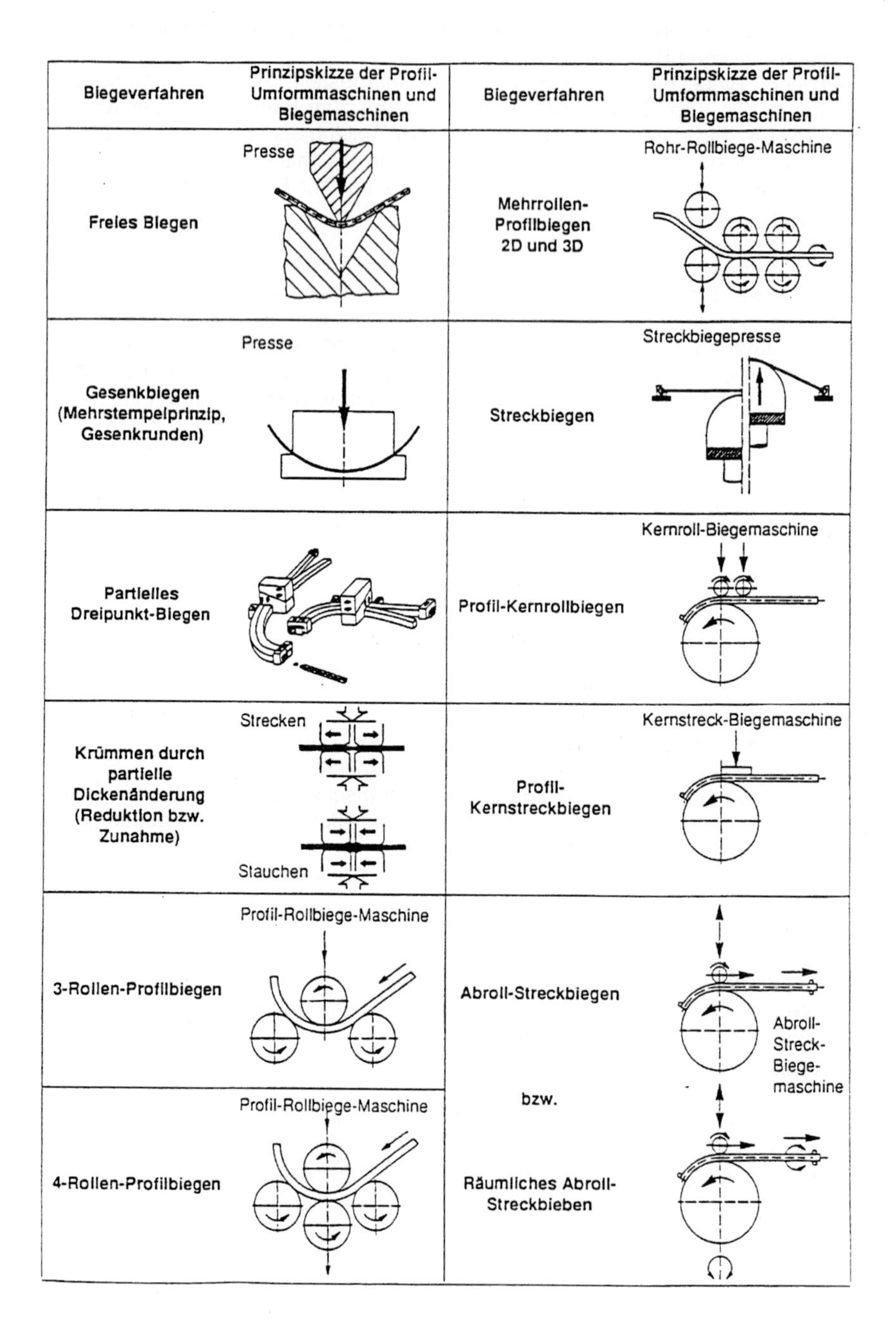

Bild 1.6.2 Biegeverfahren zum Biegen von Aluminiumstrangpreßprofilen nach Zorn

1.7 Sonderumformverfahren

1.7.1 Thixoforming-Thixoschmieden

Das Thixoschmieden (Thixoforming; Semi Solid Metal-Forming) befindet sich an der Schwelle zur wirtschaftlichen Serienanwendung. Bevorzugt gelangen Aluminiumlegierungen Al MgSi1, Al CuMg2 und Al Si7Mg zum Einsatz. Die Formgebung erfolgt innerhalb des Solidus-Liquidus- Intervalles. In diesem Zustand ist ein Teil der den Werkstoff bildenden Phasen bereits flüssig und der andere noch fest.

Voraussetzung für die Formgebung im teilerstarrten Gebiet ist, daß sich ein Gefüge einstellt, bei welchem feinverteilte, globulitisch eingeformte, feste Bestandteile in einer schmelzflüssigen Matrix vorliegen. Dieser Gefügezustand kann erhalten werden durch:

- Einflußnahme auf die primäre Erstarrung (Kornfeinung, elektromagnetisches Rühren)
- thermomechanische Behandlung
- Sprühkompaktieren

Ein dendritisches Gefüge ist ungeeignet. Die Festpartikel müssen 40 ... 70 % ausmachen, unbedingt rund und gleichmäßig verteilt sein.

Im Unterschied zum Thixogießen wird beim Thixoschmieden der entsprechend vorbehandelte Bolzen induktiv aufgeheizt und in einem Gesenk mit relativ hoher Geschwindigkeit auf die Endform gepreßt (Bild 1.7.1).

Zur treffsicheren Einstellung eines bestimmten Flüssigkeitsanteiles muß nicht nur die Temperatur, sondern auch die Energiezufuhr sehr präzise geregelt werden. Im Solidus-Liquidus- Temperaturbereich müssen aufgrund der Schmelzwärme bei geringer Temperaturänderung verhältnismäßig hohe Energiemengen aufgebracht werden. Dies setzt hohe Maßstäbe an die Prozeßführung.

Kennzeichnend für den Umformschritt ist eine rasche Formfüllung, der sich eine Phase konstanter Druckbelastung während der Erstarrung anschließt. Diese verhindert das Entstehen von Lunkern und Schrumpfungsporositäten. Es wird auf diese Weise die Volumenkontraktion bei der Erstarrung, die je nach Festpartikelanteil 2 % bis 5 % beträgt, ausgeglichen. Bewährt haben sich als Schmiedeaggregat hydraulische, geschwindigkeitssteuerbare Pressen. Bei diesen ist zwar die Formfüllgeschwindigkeit geringer, jedoch kann über die gesamte Bauteiloberfläche während der Erstarrung eine hohe Druckbeaufschlagung gewährleistet werden.

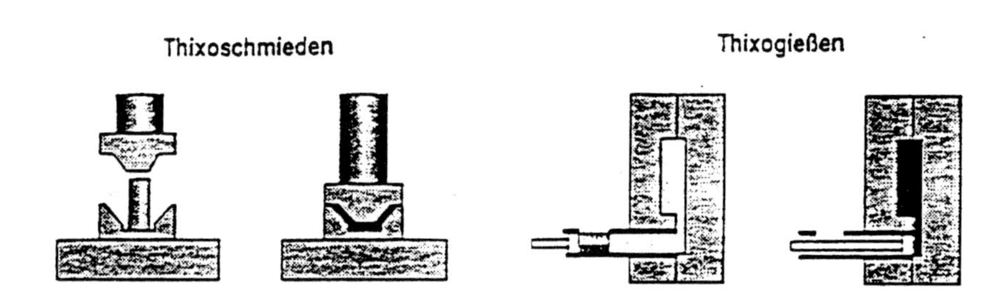

Bild 1.7.1 Schematische Darstellung Thixoschmieden und Thixogießen

Die Fließspannung der Werkstoffe im thixotropen, viskoplastischen Zustand hängt vom Anteil der Flüssigphase ab und ist relativ niedrig, da ein geringer Materialzusammenhalt besteht. Die Fließfähigkeit ist dagegen sehr hoch. Aus diesem Grunde, und darin liegt der Vorteil des Thixoschmiedens begründet, können ähnlich dem Gießen in einem Umformschritt komplexe Masseverteilungen, filigrane Strukturen, Hinterschneidungen, Querbohrungen, dünnwandige (< 2 mm) und sehr dickwandige Bereiche in einem Bauteil realisiert werden.

1.7.2 Laserumformung

Die industrielle Anwendung der Laserumformung befindet sich im Anfangsstadium. Die unterschiedlichen Möglichkeiten sind in Bild 1.7.2 dargestellt. Die Umformung erfolgt kraftfrei, indem mit dem Laserstrahl bei einer Intensität von 10^3 ... 10^4 W/cm^2 die Blechoberfläche erwärmt wird. Je nach den Bestrahlungsparametern und der -richtung entsteht ein inhomogenes oder homogenes Temperaturfeld. Im ersten Fall biegt sich das Blech zum Laserstrahl hin. Bei homogenem Temperaturfeld tritt ein lokales Ausknicken und ein Verkürzen (Stauchmechanismus) ein.

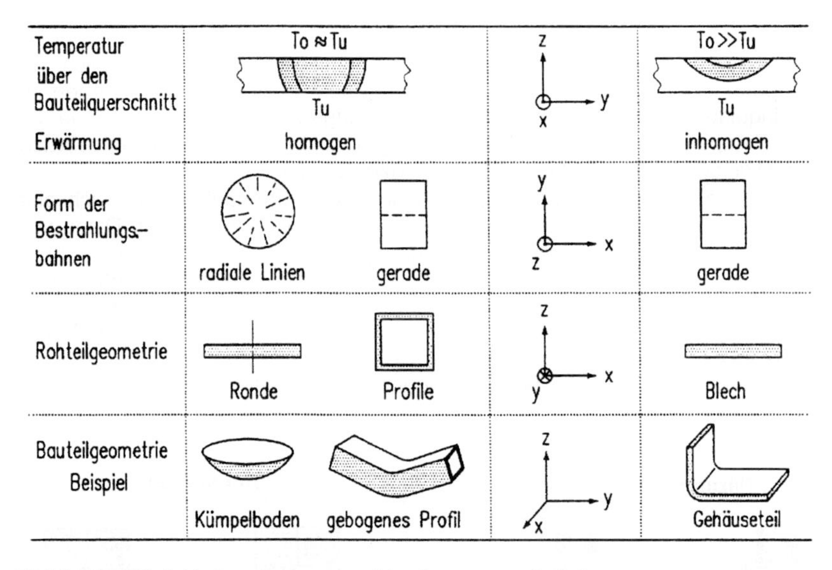

Bild 1.7.2 Möglichkeiten der Laserstrahlumformung nach Geiger

Durch den Knickmechanismus lassen sich Biegungen vom Laserstrahl weg erzielen. Dagegen wird der Stauchmechanismus zur Erzielung einer räumlichen Kontur wirksam gemacht.

1.7.3 Kugelstrahlumformung

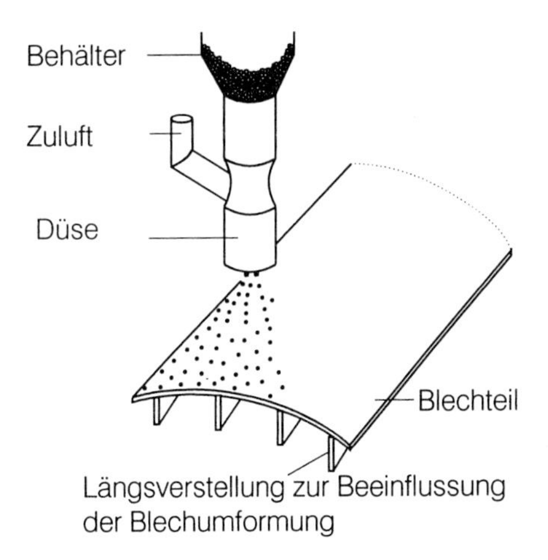

Bild 1.7.3 Prinzip des Kugelstrahlumformens von Blechbauteilen nach Kopp

Bei diesem Verfahren wird die Umformung durch eine gezielte Beaufschlagung der Oberfläche mit Kugeln (4 bis 8 mm Durchmesser) erzeugt. Es können großflächige Strukturbauteile für die Luft- und Raumfahrt und den Fahrzeugbau in mehreren Achsen gekrümmt werden. Die Formänderung ist im wesentlichen von der Strahlintensität, der Strahlmittelverteilung auf der Oberfläche, dem Grad der Strahlmittelbedeckung und der Strahlstrategie abhängig. Die Strahlintensität bzw. der Impuls der Kugeln ist durch deren Masse und Geschwindigkeit festgelegt. Die Kugeln müssen zur Erzielung der notwendigen Umformung mit hoher und definierter Geschwindigkeit aufgestrahlt werden. Jede Kugel bewirkt eine örtliche Formänderung und trägt damit zur Krümmung des Bleches bei. Durch die Strahlmittelverteilung und den Grad der Bedeckung kann die Krümmung beeinflußt und gesteuert werden.

1.7.4 Fügeumformung

Die Fügeumformung ist ein Fertigungsverfahren zur Schaffung von Stoffzusammenhalt, bei dem Fügeteile und/oder Hilfsfügeteile örtlich oder insgesamt umgeformt werden. Außer den bekannten und in der DIN 8593 aufgeführten Fügeumformverfahren durch Nieten, Verbinden mittels Drähten und durch die speziellen Umformtechniken bei Blechen und Rohren sind für die Verbindungen von Blechteilen neue Verfahrensarten entwickelt worden. Diese haben in besonderem Maße für Al-Werkstoffe an Bedeutung gewonnen, da sie einerseits zur Verfahrensrationalisierung beitragen und andererseits die Steifigkeit sowie die Tragfähigkeit der Verbindung erhöhen. Es sind dies:

- das Stanznieten mit Voll- und Halbhohlnieten,
- das Durchsetzfügen, insbesondere das TOX-Fügen und das Druckfügen.

Sie alle sind geeignet für unbehandelte, lackierte oder kunststoffbeschichtete Bleche und bedürfen keinerlei Vorbehandlung oder konservierende Nachbehandlung, weswegen die Wirtschaftlichkeit relativ hoch ist.

Beim Stanznieten mit Halbhohlnieten müssen keine Nietlöcher vorgefertigt werden. Der Niet selbst dient als Schneidwerkzeug, d.h. er locht das oder die Fügeteile. Im Bild 1.7.4 ist der Verfahrensablauf vom Lochen des oberen Fügeteiles über die Aufnahme des Lochstutzens im Hohlteil bis zum Verspreizen des verbleibenden Hohlteiles, einschließlich der Ausbildung des Schließkopfes, dargestellt.

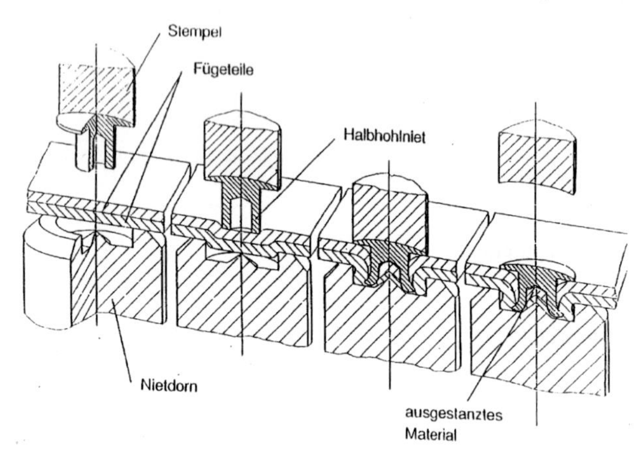

Bild 1.7.4 Stanznieten mit Hohlniet-Verfahrensablauf

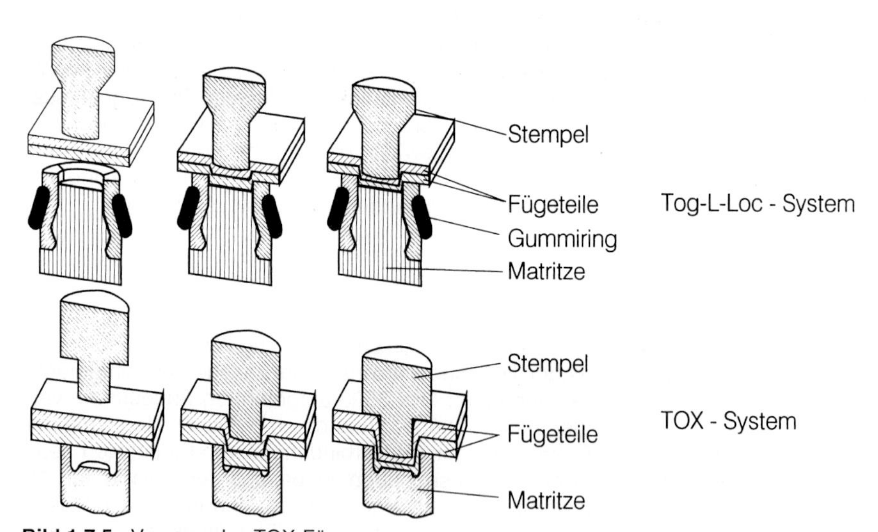

Bild 1.7.5 Vorgang des TOX-Fügens

Das TOX-Fügen erfolgt durch Abschieben des Werkstoffes ohne Trennung mit einem anschließenden Stauchvorgang zwischen Stempelstirn und Matrizenboden.

Es ergibt sich eine form- und kraftschlüssige Verbindung durch die Bildung eines Hinterschnittes des stempelseitigen Bleches sowie durch den Aufbau eines Eigenspannungszustandes. Beim TOX-Fügen wird mit starren Matrizen, beim Tog-L-Loc mit elastisch nachgebenden Werkzeugen, gearbeitet (Bild 1.7.5). Anwendungsgebiet sind Bleche bis 6 mm Dicke für den Fahrzeugbau und für Gebäudeinstallationen.

Charakteristisch für die Verfahren des Druckfügens ist die geteilte, bewegliche Matrize, bestehend aus Matrizengrundkörper mit feststehendem Amboß und den beweglichen Schubstücken.

Das aus konstruktiver Sicht nicht lösbare Fügeelement wird in einem einzigen ununterbrochenen Fügeschritt hergestellt. Während des Druckfügens wird der Fügestempel auf die Matrize zubewegt, so daß ein Volumenbereich der zu verbindenden Bleche matrizenseitig durchgesetzt wird. Im weiteren Verlauf der Stempelbewegung setzt dieser Volumenbereich auf dem Amboß auf, wo er gestaucht wird. Der Durchmesser nimmt gegen den Widerstand der seitlich ausweichenden Schubstücke zu, so daß eine formschlüssige Verbindung entsteht. Die verschiedenen Verbindungsarten sind schematisch in Bild 1.7.6 wiedergegeben.

Der Anwendungsbereich umfaßt Bleche mit 0,5 ... 6,0 mm. Bei der Rund-Druckfügung entsteht ein beidseitig gasdichtes Fügeelement, das im Hinblick auf korrosive Einflüsse keine Spalte aufweist.

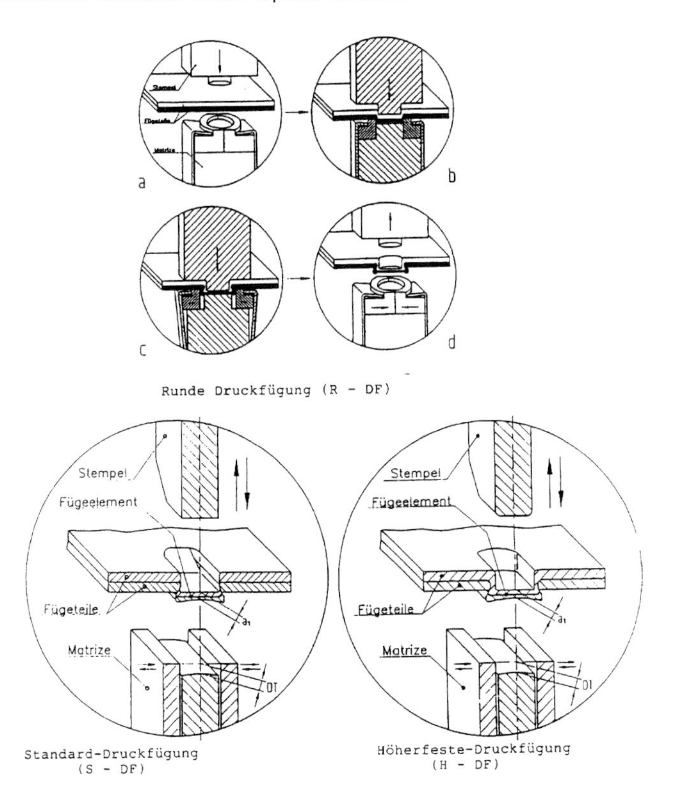

Bild 1.7.6 Druckfügeverfahren

1.8 Verbundwerkstoffe aus Aluminium

1.8.1 Verbundwerkstoffarten

Der Gebrauchswert der hergestellten Produkte hängt davon ab, inwieweit deren Eigenschaftspotential, Gestalt, Maßhaltigkeit und Oberflächenbeschaffenheit den Anforderungen entsprechen, die sich aus dem jeweiligen Einsatz- und Verwendungszweck ableiten.
In der Luft- und Raumfahrt, der Fahrzeugindustrie, der Elektrotechnik/Elektronik und im Geräte-, Apparate- und Maschinenbau entsprechen nur in wenigen Fällen homogene, d.h. einphasige Werkstoffe den hohen Anforderungen, die an die Erzeugnisse bezüglich ihrer Bearbeitungs- und Gebrauchseigenschaften gestellt werden müssen. Bei den Konstruktionswerkstoffen sind neben den technologischen Eigenschaftskennwerten primär die mechanischen-thermischen Eigenschaften und die Korrosionsbeständigkeit ausschlaggebende Qualitätskriterien, bei den Funktionswerkstoffen dagegen die Verschleißfestigkeit und die physikalischen (elektrischen, magnetischen, thermischen oder auch optischen) Eigenschaftscharakteristiken.
Besondere Eigenschaftswerte und Eigenschaftskombinationen lassen sich bei partikelverstärkten oder bzw. faserverstärkten und vor allem geschichteten Verbundwerkstoffen erreichen. Bei letzteren ist ausschlaggebend, welche Werkstoffe in welcher Art kombiniert werden. Festhaftende relativ dicke Werkstoffschichten (Schichtdicke > 1 mm) können durch Sprühkompaktieren (Spritzen) oder durch Plattieren erzeugt werden. Durch zweckmäßigen Aufbau des Verbundes können Erzeugnisse mit komplexen Eigenschaftsprofilen hergestellt werden, die den industriellen Anforderungen weitgehend genügen und letztlich eine Miniaturisierung der Bauteile sowie eine hohe Nutzungsdauer ermöglichen.
Bindungen zwischen Al und Nichtmetallen (Papier, Karton, Holz, Kunststoffen, Textilien) erfolgen durch Adhäsion. Sie werden hier nicht behandelt.

1.8.2 Plattierte Verbundwerkstoffe

Technisch wichtige Werkstoffpaarungen bei Al-Werkstoffen sind:

- Al-Al-Legierungen: zur Verbesserung des Korrosionsschutzes, der Glanzwirkung und des Reflexionsvermögens (Al-AlMg); für das Hartlöten von Wärmeaustauschern (AlMn bzw. AlMgSi-AlSi); für Verdampfer (AlMn-AlZn4-AlMn);
- Al-Cu: zur Erhöhung der Kontaktsicherheit bei geringer Masse; für Stromschienen, für Kabel und Leitungen in der Schwachstrom- und Hochfrequenztechnik; Plattierschichtanteil 10 bis 15, max. 30 %;
- Al-Stahl: zur Erhöhung der Festigkeit elektrischer Leitungen; zur Verbesserung der Korrosionsbeständigkeit (Auspuffanlagen Al, AlSi); für Gleitlager (Al Sn20Cu); für Wärmeausgleichböden bei Geschirr; zur Erhöhung des Verschleißwiderstandes (Schleifleitungen); für Lichtwellenleiter; Schweißverbinder;
- Al-Mg: zur Verbesserung des dekorativen Aussehens;
- Al-Pb: für Strahlenschutzzwecke;
- Al-Ms für kunstgewerbliche Zwecke.

Die Plattierung von Werkstoffen erweist sich besonders effektiv bei der Herstellung zwei- und mehrlagiger Verbunde. Sie kann entweder während des Gießens von Blöcken (Gießplattieren) oder bei der Warm- und Kaltumformung der Werkstoffe durchgeführt werden. In dem Maße wie der Blockguß durch das kontinuierliche Stranggießen verdrängt wurde, hat das Gießplattieren an Bedeutung verloren.

Beim mechanischen Warm- und Kaltplattieren werden die entsprechenden Vormaterialien aus den einzelnen Werkstoffen mit ihren Oberflächen, die unter allen Umständen metallisch rein sein müssen, in Berührung gebracht und bei der Umformung durch Reib-, Preßschweiß- sowie Diffusionsvorgänge miteinander innig verbunden. Die Oberflächenbehandlung ist die wichtigste Voraussetzung, um eine ausreichend gute Haftfestigkeit der Werkstoffe und eine optimale Verbundwerkstoffqualität zu erzielen. Die Reinigung kann mechanisch durch spanende Bearbeitung oder chemisch durch Beizen bzw. Ätzen erfolgen. Fremdstoff- und Oxidschichten behindern den Bindungsvorgang. Nur sehr saubere Oberflächen können miteinander gepaart werden.
Bei der Plattierung durch Warmumformung (Walzen) müssen die zu verbindenden Teile (Platinen, Rohre etc.) gasdicht verschweißt oder mit einem Schutzblech ummantelt werden, damit die Oberflächen bei der Erwärmung auf Umformtemperatur nicht oxydieren. Diese Schutzmaßnahme erfordert erhöhte Aufwendungen. Sie hat ferner zur Folge, daß die Einsatzmenge begrenzt werden muß und der Plattiervorgang meist nur diskontinuierlich durchgeführt werden kann. Das Verbundstrangpressen ist schematisch in Bild 1.8.1 dargestellt.

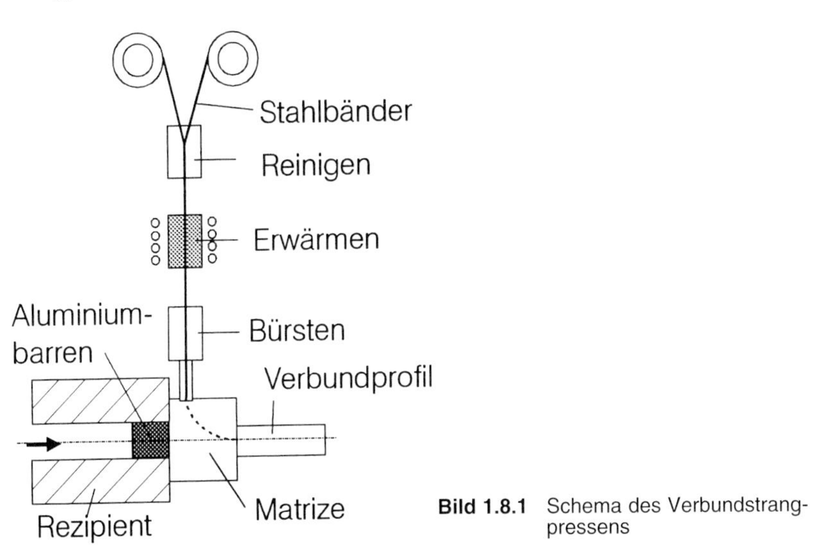

Bild 1.8.1 Schema des Verbundstrangpressens

Aus verfahrenstechnischen, qualitativen und wirtschaftlichen Gründen kommt dem Kaltplattieren eine Vorrangstellung zu. Es wird großtechnisch bei der Herstellung von Schmal- und Mittelbändern durch Walzen (Bild 1.8.2), von Rohren und Drähten durch hydrostatisches oder Conformstrangpressen sowie von Rohren und Drähten durch Ziehen (Bild 1.8.3) angewendet. Es kann auch bei großflächigen Formteilen durch Explosivumformung praktiziert werden.

Der Grad der Bindung, der bei der Plattierumformung erzielt wird, ist maßgeblich abhängig von:

- der Oberflächenvergrößerung an der Kontaktebene,
- der Relativbewegung zwischen den Werkstoffpartnern,
- der örtlichen Temperaturerhöhung infolge der entstehenden Reibungs- und Umformwärme,
- der Konzentration von Gitterdefekten, die durch die Umformung gebildet werden und
- den technologisch maßgebenden Parametern (Umformgrad, Geometrie der Umformzone, Ausgangsschichtdickenverhältnis, Reibung an Umformwerkzeugen),

die auf das Umformverhalten der zu plattierenden Werkstoffe abgestimmt werden müssen. Um überhaupt eine ausreichende Bindung gewährleisten zu können, muß beim Walzen je nach Werkstoffpaarung die Dickenumformung mindestens 50 bis 70 % betragen. Das entspricht einer Oberflächenvergrößerung um das 2- bis 4-fache. Wegen des relativ hohen Umformgrades kann die Plattierung nur auf speziellen Anlagen durchgeführt werden. Der Kraft- und Arbeitsbedarf ist vergleichsweise sehr hoch. Es müssen die Walzwerke sehr kompakt ausgelegt und mit leistungsstarken Antrieben ausgerüstet sein. Weil beim Walzen der Umformgrad verfahrenstechnisch begrenzt ist, bleibt die Plattierung generell auf hinreichend plastische Werkstoffe beschränkt.

Nach der Kaltplattierumformung wird der Werkstoffverbund im allgemeinen einer Wärmebehandlung unterzogen. Dies geschieht, um sowohl den Bindungsmechanismus zwischen den Werkstoffkomponenten zusätzlich durch thermisch aktivierte Diffusionsprozesse zu stärken als auch die Umformverfestigung teilweise bzw. vollständig abzubauen. Je nach vorgesehenem Verwendungszweck können bei dieser Wärmebehandlung differenzierte Produkteigenschaften eingestellt werden. Unter Berücksichtigung des unterschiedlichen Werkstoffverhaltens muß die Temperaturführung bei der Entfestigungs- und Diffusionsglühung nach besonderen Technologievorgaben erfolgen.

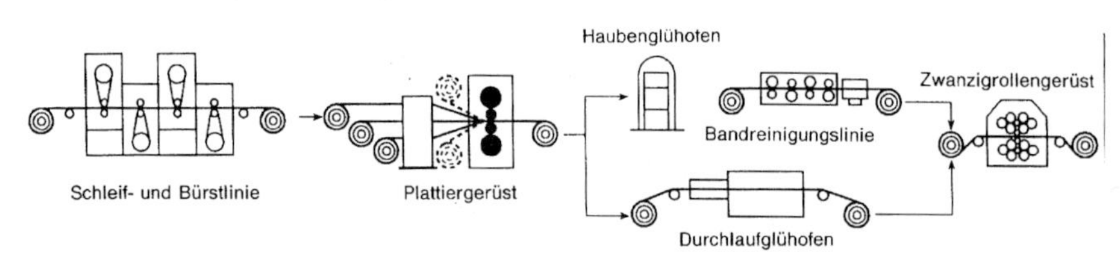

Bild 1.8.2 Schematische Darstellung des Kaltwalzplattierprozesses

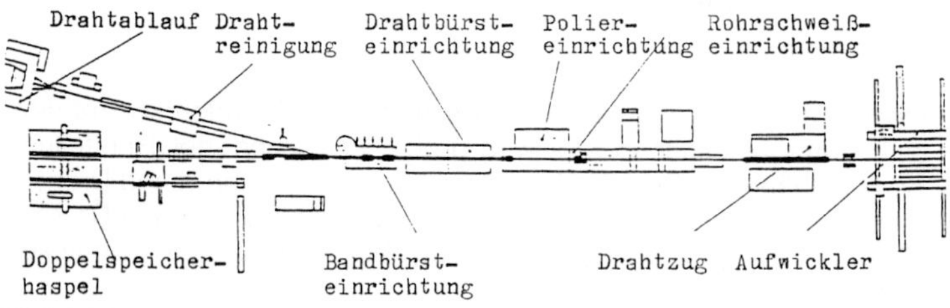

Bild 1.8.3 Kaltplattieren von Drähten

1.8.3 Partikelverstärkte Aluminiumlegierungen

1.8.3.1 Erzeugnisse und Eigenschaften

Durch eine Partikelverstärkung lassen sich in Abhängigkeit von der Art, dem Gehalt und der Verteilung der Verstärkungsphase in der Matrix bei Al-Werkstoffen völlig neuartige Eigenschaftspotentiale und -profile einstellen. Dies betrifft vor allem das elastische und thermische Werkstoffverhalten sowie die Verschleißfestigkeit. In Tafel 1.8.1 sind einige Partikelarten und deren Eigenschaften angegeben, die für die Verbundherstellung verwendet werden können.

Tafel 1.8.1 Eigenschaften von Partikelzusätzen

Partikelart	E (GPa)	R_{dB} (MPa)	ρ (kg/m^3)	$\alpha \cdot 10^6$ (1/K)	d (μm)
SiC	470	1400	3200	4,5	5 - 50
B_4C	440	1800	2520	6,0	5
TiC	450	1355	4930	7,7	5
AlO_3	360	3000	3800 - 3900	7,8	5 - 50

Neben den Al_2O_3-Partikeln wird am häufigsten SiC in verschiedenen Modifikationen und Reinheiten verwendet. Der Grund hierfür sind die niedrigen Herstellungskosten und die günstigen physikalischen Eigenschaften (Dichte ρ, E-Modul E, thermischer Ausdehnungskoeffizient α, Druckfestigkeit R_{dB}). In der Regel werden die Aluminiumlegierungen mit einem Partikelanteil von 10 bis 30 Vol.% verstärkt. Sehr häufig haben die Partikel einen mittleren Durchmesser von $d = 10 \div 15$ μm. Der Gehalt und die Größe der Partikel ist durch das jeweilige Herstellungsverfahren festgelegt. Die diesbezüglich größte Flexibilität weist die pulvermetallurgische Fertigung auf. In dieser Weise können Aluminiumlegierungen mit sehr feinen Partikeln von > 1 μm sowie mit einem Partikelgehalt von bis zu 50 Vol.% hergestellt werden. Auch bei der Auswahl der Matrixlegierung und der Partikelart müssen die verfahrenstechnischen Besonderheiten beachtet werden. Beispielsweise reagieren die Al_2O_3-Partikel mit dem gelösten Magnesium in der Schmelze von Aluminiumlegierungen, wobei sich $MgAl_2O_4$-Spinelle an der Partikeloberfläche bilden. Durch die Phasenbildung kommt es bei einer nachfolgenden Umformung zur Delamination an der Grenzfläche Partikel-Matrix, was zu einem frühzeitigen Versagen der Verbundwerkstoffe führt. Die SiC-Partikel lösen sich in der Schmelze auf, wodurch sich Al_4C_3-Karbide bilden. Die Tafel 1.8.2 weist die Veränderung der physikalischen Eigenschaften durch eine Partikelverstärkung der AlCuMgNiFe-Legierung im Zustand T8 aus.

Tafel 1.8.2 Physikalische Eigenschaften (Dichte, thermischer Ausdehnungskoeffizient) unverstärkter und partikelverstärkter AlCuMgNiFe- Legierungen im T8-Zustand (IM-Schmelzmetallurgie, SC-Sprühkompaktieren)

Legierung	ρ (kg/m^3)	α (10^{-6}/K) 20 °C	150 °C	300 °C
unverstärkt/IM	2770	8,8	15,6	23,1
mit 9 Vol.% SiC/SC	2820	8,7	14,1	21,1
mit 13 Vol.% SiC/IM	2830	8,6	13,7	20,1

Durch die SiC-Partikelzugabe wird die Dichte geringfügig angehoben und der thermische Ausdehnungskoeffizient, insbesondere bei höheren Temperaturen, aufgrund des niedrigen Ausdehnungskoeffizienten von SiC im Vergleich zu dem der unverstärkten Aluminiummatrix verringert. Eine exakte Berechnung dieser physikalischen Größe ist mit Modellen möglich, die die spezifischen Eigenschaften der Partikel und die Spannungszustände in der metallischen Matrix berücksichtigen. Ähnlich wie die Dichte und das thermische Ausdehnungsverhalten sind andere physikalische Eigenschaften der Verbundwerkstoffe, wie z.B. die Wärmeleitfähigkeit, nur von den spezifischen Eigenschaften der Verstärkungsphase bzw. der metallischen Matrix abhängig.
Die mechanischen Eigenschaften für häufig verwendete SiC- und Al_2O_3-partikelverstärkte Aluminiumlegierungen sind in Tafel 1.8.3 den Kennwerten der unverstärkten Werkstoffe gegenübergestellt.

Tafel 1.8.3 Mechanische Eigenschaften unverstärkter und partikelverstärkter Al-Legierungen (IM-Schmelzmetallurgie, PM-Pulvermetallurgie, SC-Sprühkompaktierung)

Legierung	E (GPa)	$R_{p0,2}$ MPa)	R_m (MPa)	A (%)
AlSiMg-T6/IM	73	211	279	6,6
AlSiMg+15 Vol.% SiC-T6/IM	100	305	310	6,0
AlCuSi-T6/IM	73	414	469	13,0
AlCuMgSi+10 Vol.% Al_2O_3-T6/IM	87	491	505	2,6
AlCuMg-T8/PM	72	450	485	8,0
AlCuMg+17 Vol.% SiC-T8/PM	103	457	525	4,8
AlCuMgNiFe-T8/SC	74	369	473	9,4
AlCuMgNiFe+9 Vol.% SiC-T8/SC	89	443	475	4,9
AlMgSi-T6/IM	69	241	261	20,0
AlMgSi+10 Vol.% Al_2O_3-T6/IM	81	308	341	7,9
AlLiCuMg-T651/SC	80	485	538	4,5
AlLiCuMg+13 Vol.% SiC-T651/SC	98	490	530	2,3
AlLiCuMg+17 Vol.% SiC-T6/PM	108	528	585	1,8

Elastizitätsmodul, Streckgrenze und Festigkeit werden durch die Partikelverstärkung erhöht. Der Anstieg des Elastizitätsmoduls kann auch noch bei hohen Temperaturen festgestellt werden. Die Fließspannung ändert sich im Bereich der Umformung bis 3 % markant infolge der Behinderung der Versetzungsbewegung durch die Partikel (Bild 1.8.4). Hierbei ist der Einfluß der Verstärkungsphase auf das Umformverhalten bei der Legierung mit den feineren Partikeln ausgeprägter. Bei einem höheren Umformgrad verlaufen die Fließkurven der unverstärkten und der partikelverstärkten Legierungen A356 nahezu parallel. Die durch die Partikel hervorgerufene Verfestigung der metallischen Matrix hat demzufolge nur in dem Bereich des parabolischen Verfestigungsgesetzes Gültigkeit.
Negativ wirkt sich die Verstärkungsphase auf die Bruchdehnung der partikelverstärkten Aluminiumlegierungen aus, die im Vergleich zu den unverstärkten Legierungen signifikant vermindert wird. Der verantwortliche Mechanismus für das frühzeitige Versagen der MMCs ist die Bildung und das Wachstum von Poren sowie deren Koaleszens während der Umformung. Die Poren in der metallischen Matrix entstehen u.a. durch Partikelbrüche oder Delaminationen an der Grenzfläche Partikel-Matrix. Neben dem Gehalt und der Größe der Partikel sowie der Matrix-

festigkeit wird dieses unerwünschte Verhalten auch durch die Partikelverteilung beeinflußt. Bei einer inhomogenen Verteilung der Partikel bilden sich Partikelnester (Cluster), die dreiachsige Spannungen in der Matrix erzeugen. Die damit verbundene Bildung von inneren Defekten (z.B. Poren) verringert die Duktilität der Verbundwerkstoffe.

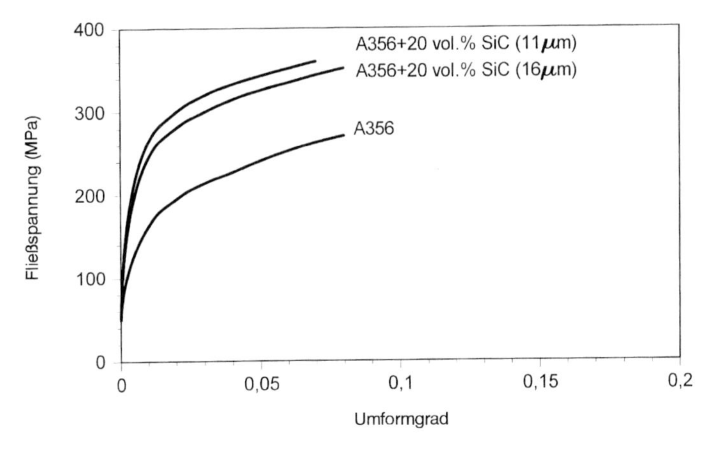

Bild 1.8.4 Einfluß des Gehaltes und der Größe der Partikel auf die Fließspannung bei Raumtemperatur der Legierung A356 (T4)

Insbesondere die hohen Elastizitätsmoduli und die niedrigen thermischen Ausdehnungskoeffizienten in Verbindung mit einer guten Verschleißfestigkeit machen die partikelverstärkten Aluminiumlegierungen zu interessanten Werkstoffen für die Herstellung einer Vielzahl von Bauteilen in der Luft- und Raumfahrt, der Automobilindustrie sowie in anderen industriellen Bereichen. Obwohl die niedrige Bruchdehnung und Bruchzähigkeit der MMCs der Anwendung Grenzen setzt, sind einige vorteilhafte Anwendungsbeispiele bekannt geworden. In der Automobilindustrie ist der Einsatz von Kardanwellen, Pleuelstangen, Zylinderbuchsen, Kolben und Bremsscheiben zur Praxis geworden. Partikelverstärkte MMC-Kolben mit 2 % SiC weisen gegenüber gegossenen eine 50 % höhere Dauerfestigkeit und einen besseren Verschleißwiderstand auf. Ein Beispiel für die Anwendung partikelverstärkter MMCs in der Luftfahrt sind die Gestelle für elektrische Geräte in Flugzeugen. Diese Bauteile, die neben einer hohen Steifigkeit eine gute elektrische Leitfähigkeit aufweisen müssen, werden aus der Legierung 6061 + 25 Vol.% SiC hergestellt. Ein ähnliches Anforderungsprofil in Verbindung mit einem niedrigen thermischen Ausdehnungskoeffizient wird an die Gehäuse für elektronische Bauelemente gestellt, für deren Herstellung das Aluminium mit bis zu 25 Vol.% SiC verstärkt wird. In dem Bereich der Freizeitindustrie haben sich Fahrradrahmen mit hoher Steifigkeit und geringem Gewicht unter Verwendung der Legierungen 6061 + 10 Vol.% Al_2O_3 und 2124 + 20 Vol.% SiC bereits bewährt.

1.8.3.2 Verfahren und Verfahrenstechnologien

Die partikelverstärkten Aluminiumlegierungen werden unter Verwendung der Technologien der Schmelzmetallurgie (IM), der Pulvermetallurgie (PM) und des Sprühkompaktierens (SC) hergestellt. In Bild 1.8.5 ist das Herstellungsprinzip dieser technologischen Konzepte schematisch dargestellt.

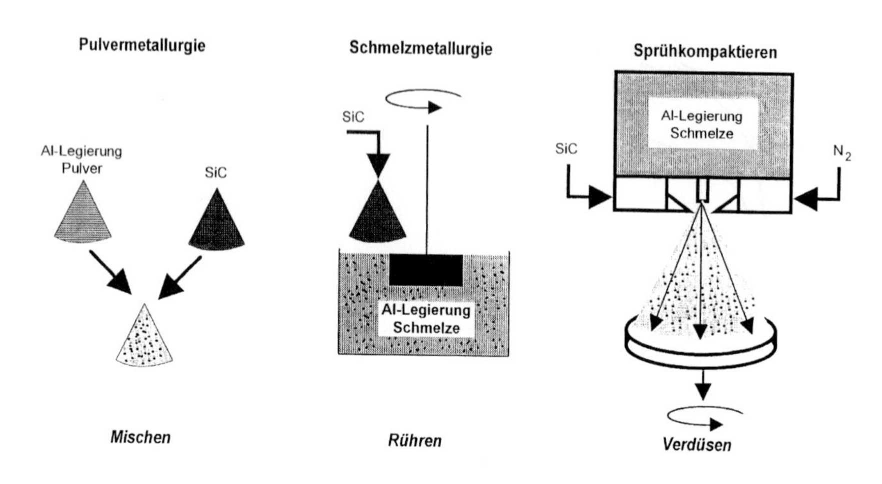

Bild 1.8.5 Technologien zur Herstellung SiC-partikelverstärkter Aluminiumlegierungen

Der Hauptprozeßschritt der PM-Technologie, die auch zur Herstellung von Teilen mit unkonventioneller Legierungskombination und speziellen mechanisch-thermophysikalischen Eigenschaften angewandt werden kann, ist das Mischen der Verstärkungs- bzw. Legierungskomponente mit dem Pulver der Matrixlegierung. Ein homogenes Gemisch kann durch ein mechanisches Durchmischen z.B. in Trommelmischern oder durch das mechanische Legieren mit Hilfe von Attritoren bzw. Kugelmühlen hergestellt werden. Nach dem kaltisostatischen Vorverdichten der Pulvermischungen werden die Preßlinge eingekapselt und unter Vakuum ausgegast. Für das anschließende Verdichten des Materials wird das Heißpressen genutzt. Der Vorteil der PM- Technologie liegt in der hohen Flexibilität bezüglich der Art, des Gehaltes und der Größe der verwendeten Partikel, wodurch Verbundwerkstoffe mit sehr guten mechanischen Eigenschaften hergestellt werden können. Das Eigenschaftsprofil wird jedoch durch das Einbringen von Oxiden der Legierungspulver während der Herstellung beeinträchtigt. Ein weiterer Nachteil der PM-Technologie sind die hohen Produktionskosten, die aus der Vielzahl der notwendigen Prozeßschritte resultieren. Die kostengünstige Herstellungsvariante, mit einem um bis 30 % niedrigeren Kostenfaktor, ist die IM-Technologie. Bei dieser wird die Verstärkungsphase in die Schmelze eingerührt, die im Anschluß daran mit unterschiedlichen Verfahren in Formen abgegossen werden kann. Für eine homogene Verteilung der Verstärkungsphase können allerdings nur Partikel mit einem Gehalt von max. 15 Vol.% und einer Größe von mindestens 15 µm verwendet werden. Weitere Beschränkungen ergeben sich aus der chemischen Reaktivität der Partikel mit der Schmelze, so daß die Knetlegierungen mit einem niedrigen Si-Gehalt nur mit Al_2O_3 -Partikeln verstärkt werden können. Der Hauptprozeßschritt der Technologie des Sprühkompaktierens (SC) ist das Verdüsen der Schmelze, wobei in den Verdüsungsstrahl gleichzeitig die Partikel eingebracht werden. Im teilweise erstarrten Zustand wird die verdüste Schmelze mit den Partikeln auf eine rotierende sich absenkende Scheibe abgeschieden. Die Vorteile des Sprühkompaktierens sind die erzielbaren hohen Abkühlraten und die homogene Partikelverteilung. Die Nachteile dieser Herstellungstechnologie sind die hohen Fertigungskosten als Folge des Gasverbrauches bei der Verdüsung und der Verlust des Materials (Overspray), das nicht auf dem Substratteller abgeschieden werden kann. Um die Nachteile der PM-, IM- und SC- Technologie auszuschließen und gleichzeitig Verbundwerkstoffe mit einem besseren Eigenschaftsprofil herzustellen, wurden in den letzten Jahren verstärkt innovative Herstellungsverfahren entwickelt. Neben den Verfahren der Schnellerstarrung (Melt Spinning, Crucible Melt Extraction) und den schmelzmetallurgischen Verfahren (Compo-, Rheo- und Thixo-Casting) hat sich die Entwicklung hierbei hauptsächlich auf die Verfahren mit und ohne Druckanwendung zur Infiltration von Formkörpern bezogen. Die Infiltrationsverfahren eignen sich sowohl zur Herstellung endkonturnaher Produkte als auch zur partiellen Verstärkung von Bauteilen.

Für die Verarbeitung des partikelverstärkten bzw. pulvermetallurgisch hergestellten Vormateriales zu Halbzeugen werden vorzugsweise das Strangpressen, das Schmieden und das Walzen genutzt. Das Sintern hat, mit Ausnahme für die dispersionsverfestigten Aluminiumwerkstoffe (SAP), bei der MMC-Halbzeugherstellung keine praktische Bedeutung. Beim Strangpressen, dem wichtigsten Umformverfahren für die partikelverstärkten Verbundwerkstoffe, müssen die geeigneten Strangpreßparameter in Abhängigkeit vom Werkstoff gewählt werden. Im Vergleich zu der Umformung der unverstärkten Legierungen sind beim Strangpressen der Verbundwerkstoffe durch die Partikelverstärkung etwas höhere Preßdrücke und niedrige Preßgeschwindigkeiten notwendig. Die einstellbaren Preßverhältnisse liegen in einem Bereich zwischen 16:1 und 45:1. In der Regel werden aber die partikelverstärkten Aluminiumlegierungen bei einem Preßverhältnis kleiner 20:1 verpreßt. Bei einem ausreichend hohen Umformgrad werden kleinere Agglomerate von Partikeln aufgebrochen sowie Mikroporen geschlossen. Während der Umformung kann es zu einem Bruch der keramischen Vertärkungsphase kommen, der vorzugsweise bei den größten Partikeln (> 15 μm) auftritt. Ein weiteres Gefügemerkmal ist die Ausbildung einer sogenannten Partikel- Bandstruktur, die bei vorhandenen Fließspannungs- und Temperaturgradienten in dem konsolidierten Material parallel zur Strangpreßrichtung auftritt. Die partikelfreien Matrixbereiche zwischen den Partikelbändern weisen teilweise ein sehr grobes Korngefüge auf. Durch diese inhomogene Partikelverteilung stellt sich eine Anisotropie der im Zugversuch ermittelten mechanischen Eigenschaften ein. Aus den partikelverstärkten Aluminiumlegierungen können Stangen sowie Standard-, Hohl- und Vollprofile hergestellt werden. Das Hauptproblem beim direkten Strangpressen der MMCs ist der Verschleiß der Matrize durch die keramische Verstärkungsphase.

Durch Gesenkschmieden von partikelverstärkten und stranggepreßten Aluminiumlegierungen können Bauteile hergestellt werden, die nur noch geringfügig nachgearbeitet werden müssen. Bei der Auslegung der Schmiedewerkzeuge muß die geringe Schwindung der partikelverstärkten Aluminiumlegierungen berücksichtigt werden, die sich aus deren niedrigen thermischen Ausdehnungskoeffizienten ergibt. Ferner müssen die Gravurschrägen geringfügig modifiziert werden, damit ein verstärktes Kleben des Materials im Gesenk verhindert wird. Durch Zugeigen-

spannungen kann es in den Schmiedestücken zur Bildung von Anrissen kommen, die parallel zur Druckbelastung verlaufen. Bei höheren Umformgraden besteht die Gefahr, daß sich Scherrisse bilden.
Beim Warmwalzen der partikelverstärkten Aluminiumlegierungen muß zwischen den Walzstichen oft eine Nacherwärmung auf die entsprechende Warmwalztemperatur vorgesehen werden. Teilweise ist auch Kaltwalzen möglich. Die verfahrenstechnische Grenze ist durch die Verfestigung und die Delamination der Bleche fixiert.

1.8.4 Kurz- und langfaserverstärkte Aluminium-Verbundwerkstoffe

1.8.4.1 Eigenschaftspotential und Erzeugnisse

Durch eine Verstärkung der Al-Werkstoffe mit hochfesten Fasern können die mechanischen (Festigkeit, Steifigkeit, Abriebfestigkeit) und thermischen Eigenschaften deutlich verbessert werden. Voraussetzung ist, daß das chemische und das thermische Verhalten (Ausdehnungskoeffizient) der Fasern und der Matrix aufeinander abgestimmt sind. Werkstoffe in Faserform haben eine umso höhere Festigkeit, je dünner sie sind, und sind im Vergleich zu einer kompakten Form wesentlich fester (Faserparadoxon). Es können sowohl keramische als auch Kohlenstoffasern mit hohen Festigkeitswerten (Tafel 1.8.4) hergestellt und zu Faserkörpern, sogenannten Preforms, verarbeitet werden.

Tafel 1.8.4 Eigenschaften von Fasern

Fasertyp	Durchmesser μm	Dichte kg/m^3	Festigkeit MPa	E-Modul GPa	Ausdehnungskoeffizient $\alpha \cdot 10^{-6}$ 1/K
Al_2O_3	10/15	3300/3600	1800/2000	320	6
SiC	15	2450	2800	205	2,5
C	7	1820	3600/4000	240	~ 0,25

In den Preforms können die Fasern regelmäßig angeordnet werden. Der Faseranteil kann bei den Langfasern im Bereich von 20 bis 70 Masse-%, bei den Kurzfasern von 6 bis 30 % eingestellt werden. Bei den Langfasern hat die Matrix nur die Aufgabe, die Faseranordnung zu fixieren, die Fasern vor Beschädigung zu schützen und die Kräfte in die Fasern einzuleiten. Die Endeigenschaften des Verbundwerkstoffes sind weitgehend vom Legierungstyp unabhängig. Der Faserwirkungsgrad als Verhältnis der effektiven zur maximalen Festigkeit der Fasern beträgt aufgrund der chemischen Faserschädigung je nach Faserart 0,4 bis 0,7. Langfaserverstärkte Al-Erzeugnisse sind Bleche, Bänder, Rohre, Hülsen, Bolzen, Zugstäbe usw.
Bei den Kurzfasern müssen die Zugspannungen über Schubspannungen an der Grenzfläche Matrix-Faser eingeleitet werden. Der Verstärkungseffekt ist dadurch geringer als bei Endlosfasern. Von Vorteil ist jedoch, daß der Verbundkörper nahezu isotrop ist und eine weitgehende Formenfreiheit besteht. Die Faserlänge darf einen kritischen Wert ($l/d \geq 5 ... 10$), der abhängig von den Festigkeitswerten der Fasern und der Matrix ist, nicht unterschreiten. Erzeugnisse sind Kolben, Kolbenbolzen, Pleuel etc. für die Kraftfahrzeugindustrie.

1.8.4.2 Herstellung und Umformbarkeit

Die Preforms müssen mit der Al-Legierung gefüllt werden. Von Bedeutung ist die Benetzung und Haftung. Die Benetzbarkeit der Fasern ist generell sehr gering. Bewährt hat sich die Druckinfiltration der Schmelze durch Squeezecasting (s. Kap. 2). Lediglich bei Langfasern kann durch Warmstrangpressen oder Warmwalzen lotplattierter Aluminiumbolzen (Bleche) das Fasergewebe eingebracht werden. Die Faserlagen werden zwischen zwei mit einer eutektischen Al-Si-Legierung plattierten Bleche eingelegt. Beim Erwärmen auf > 580 °C schmelzen die Lotlegierungsschichten, die etwa 5 ... 10 % der Blechdicke ausmachen auf und umhüllen die Fasern, die bei der Umformung in die Kernbleche eingedrückt werden. Die Bleche verschweißen durch den hohen Druck. Der Umformgrad muß limitiert werden (< 10 %), damit die Fasern nicht brechen. Langfaserverstärkte Teile können nicht weiter umgeformt werden. Kurzfaserverstärkte Teile, die nur schmelzmetallurgisch herstellbar sind, können in begrenztem Maße stranggepreßt, geschmiedet oder gewalzt werden.

1.9 Wärmebehandlung zwischen und nach Umformungen

1.9.1 Wärmebehandlungsarten

Neben der Umformung ist die Wärmebehandlung eine technisch wichtige Maßnahme, über die Realstruktur und das Gefüge das Eigenschaftspotential der Werkstoffe zielgerichtet zu verändern. Im Vordergrund steht die Beeinflussung der Festigkeitseigenschaften. Jedoch kann bei Al-Werkstoffen auch die Anforderung an die elektrische Leitfähigkeit, die Texturausbildung, die Korrosions- und Spannungsrißkorrosions-Unempfindlichkeit sowie die Eignung für das dekorative Anodisieren eine Wärmebehandlung zwingend notwendig machen.
Die Grundlagen der Wärmebehandlung sind im Bd. 1, Kap. 6.3 und folgende behandelt. Im Kap. 1.2.8 und 1.2.9 wurde der Einfluß der Umformung auf die Kinetik und das Ausmaß der Gefüge- Eigenschaftsveränderungen dargelegt.
Als Wärmebehandlung zwischen und nach der Umformungen kommt bei Rein- und Reinstaluminium sowie den nichtaushärtbaren AlMg-, AlMn- und AlMgMn-Legierungen die rekristallisierende Glühung zur Anwendung, bei den aushärtbaren AlCuMg-, AlZnMg- u. AlZnMgCu-Legierungen darüber hinaus das Weichglühen und die Ausscheidungshärtung. Eine Übersicht über die nach DIN EN 515 zu benutzenden Zustandsbezeichnungen gibt Tafel 1.9.1. Zu beachten ist, daß Legierungen der Reihe 6000 und 7000 die Zustandsbezeichnungen T3, T4, T6,T7, T8 und T9 auch angewandt werden können, wenn diese von Warmumformtemperatur so schnell abgeschreckt werden, daß die Legierungselemente in Lösung bleiben.

Tafel 1.9.1 Zustandsbezeichnung gemäß europäischer Norm (DIN EN 515)

Zustand	Bedeutung
F	Herstellungszustand (keine Grenzwerte für mechanische Eigenschaften festgelegt)
O	Weichgeglüht - Mit dem Zustand O können Erzeugnisse bezeichnet werden, bei denen die für den weichgeglühten Zustand geforderten Eigenschaften durch Warmumformungsverfahren erzielt werden.
O1	Annähernd bei Lösungsglühtemperatur und - zeit thermisch behandelt und langsam auf Raumtemperatur abgekühlt (früher als T41 bezeichnet)
O2	Thermomechanisch auf besseres Umformvermögen behandelt, wie sie z.B. für Superplastisches Umformen (SPF) gefordert ist.
O3	Homogenisiert
H12	Kaltverfestigt - 1/4 hart
H14	Kaltverfestigt - 1/2 hart
H16	Kaltverfestigt - 3/4 hart
H18	Kaltverfestigt - 4/4 hart (voll durchgehärtet)
H19	Kaltverfestigt - extrahart
Hxx4	Gilt für dessinierte und geprägte Bleche oder Bänder, die aus dem entsprechendem Hxx-Zustand hergestellt sind.
Hxx5	Kaltverfestigt - Gilt für geschweißte Rohre
H111	Geglüht und durch anschließende Arbeitsgänge, z.B. Recken oder Richten, geringfügig kaltverfestigt (weniger als H111)
H112	Durch Warmumformung oder eine begrenzte Kaltumformung geringfügig kaltverfestigt (mit festgelegten Grenzwerten der mechanischen Eigenschaften)
H116	Gilt für Aluminium-Magnesium-Legierungen mit einem Magnesiumanteil $\geq$ 4%, für die die Grenzwerte der mechanischen Eigenschaften und die Beständigkeit gegen Schichtkorrosion festgelegt sind.
H22	Kaltverfestigt und rückgeglüht - 1/4 hart
H24	Kaltverfestigt und rückgeglüht - 1/2 hart
H26	Kaltverfestigt und rückgeglüht - 3/4 hart
H28	Kaltverfestigt und rückgeglüht - 4/4 hart (voll durchgehärtet)
H32	Kaltverfestigt und stabilisiert - 1/4 hart
H34	Kaltverfestigt und stabilisiert - 1/2 hart
H36	Kaltverfestigt und stabilisiert - 3/4 hart
H38	Kaltverfestigt und stabilisiert - 4/4 hart (voll durchgehärtet)
H42	Kaltverfestigt und einbrennlackiert - 1/4 hart
H44	Kaltverfestigt und einbrennlackiert - 1/2 hart
H46	Kaltverfestigt und einbrennlackiert - 3/4 hart
H48	Kaltverfestigt und einbrennlackiert - 4/4 hart (voll durchgehärtet)
W	Lösungsgeglüht (instabiler Zustand). Die Zeitspanne des Kaltauslagerns kann auch festgelegt werden (W2h,...)
W51	Lösungsgeglüht (instabiler Zustand) und durch kontrolliertes Recken entspannt (Reckgrad: Bleche 0,5% bis 3%, Platten 1,5% bis 3%, gewalzte oder kalt nachverformte Stangen 1% bis 3%, Freiformschmiedestücke oder geschmiedete und gewalzte Ringe 1% bis 5%). Die Erzeugnisse werden nach dem Recken nicht nachgerichtet.
W510	Lösungsgeglüht (instabiler Zustand) und durch kontrolliertes Recken entspannt (Reckgrad: stranggepreßte Stangen, Profile und Rohre 1% bis 3%, gezogene Rohre 0,5% bis 3%). Die Erzeugnisse werden nach dem Recken nicht nachgerichtet.
W511	Wie W510, jedoch geringfügiges anschließendes Nachrichten zur Einhaltung der festgelegten Grenzabmaße zulässig.
W52	Lösungsgeglüht (instabiler Zustand) und durch 1% bis 5% bleibende Stauchung entspannt
W54	Lösungsgeglüht (instabiler Zustand) und durch Kaltnachrichten im Fertiggesenk entspannt (Gesenkschmiedestücke)
T1	Abgeschreckt aus der Warmumformungstemperatur und kaltausgelagert
T2	Abgeschreckt aus der Warmumformungstemperatur, kaltumgeformt und kaltausgelagert

Zustand	Bedeutung
T3	Lösungsgeglüht, kaltumgeformt und kaltausgelagert
T31	Lösungsgeglüht, etwa 1% kaltumgeformt und kaltausgelagert
T351	Lösungsgeglüht, durch kontrolliertes Recken entspannt (Reckgrad: Bleche 0,5% bis 3%, Platten 1,5% bis 3%, gewalzte oder kalt nachverformte Stangen 1% bis 3%, Freiformschmiedestücke oder geschmiedete und gewalzte Ringe 1% bis 5%) und kaltausgelagert. Die Erzeugnisse werden nach dem Recken nicht nachgerichtet.
T3510	Lösungsgeglüht, durch kontrolliertes Recken entspannt (Reckgrad: stranggepreßte Stangen, Profile und Rohre 1% bis 3%, gezogene Rohre 0,5% bis 3%) und kaltausgelagert. Die Erzeugnisse werden nach dem Recken nicht nachgerichtet.
T3511	Wie T3510, jedoch geringfügiges anschließendes Nachrichten zur Einhaltung der festgelegten Grenzabmaße zulässig.
T352	Lösungsgeglüht, durch 1% bis 5% bleibende Stauchung entspannt und kaltausgelagert.
T354	Lösungsgeglüht, durch Kaltnachrichten im Gesenk entspannt und kaltausgelagert.
T36	Lösungsgeglüht, etwa 6% kaltumgeformt und kaltausgelagert
T37	Lösungsgeglüht, etwa 7% kaltumgeformt und kaltausgelagert
T39	Lösungsgeglüht und einen bestimmten Grad kaltumgeformt zur Erzielung der festgelegten mechanischen Eigenschaften. Das Kaltumformen kann vor oder nach dem Kaltauslagern erfolgen.
T4	Lösungsgeglüht und kaltausgelagert
T42	Lösungsgeglüht und kaltausgelagert. Gilt für Versuchswerkstoffe, die aus dem weichgeglühten oder F- Zustand wärmebehandelt werden, oder für Erzeugnisse, die aus beliebigem Zustand beim Verbraucher wärmebehandelt werden.
T451	Lösungsgeglüht, durch kontrolliertes Recken entspannt (Reckgrad: Bleche 0,5% bis 3%, Platten 1,5% bis 3%, gewalzte oder kalt nachverformte Stangen 1% bis 3%, Freiformschmiedestücke oder geschmiedete und gewalzte Ringe 1% bis 5%) und kaltausgelagert. Die Erzeugnisse werden nach dem Recken nicht nachgerichtet.
T4510	Lösungsgeglüht, durch kontrolliertes Recken entspannt (Reckgrad: stranggepreßte Stangen, Profile und Rohre 1% bis 3%, gezogene Rohre 0,5% bis 3%) und kaltausgelagert. Die Erzeugnisse werden nach dem Recken nicht nachgerichtet.
T4511	Wie T4510, jedoch geringfügiges anschließendes Nachrichten zur Einhaltung der festgelegten Grenzabmaße zulässig
T452	Lösungsgeglüht, durch 1% bis 5% bleibende Stauchung entspannt und kaltausgelagert
T454	Lösungsgeglüht, durch Kaltnachrichten im Fertiggesenk entspannt und kaltausgelagert
T5	Abgeschreckt aus der Warmumformungstemperatur und warmausgelagert
T51	Abgeschreckt aus der Warmumformungstemperatur und zur Verbesserung der Formbarkeit nicht vollständig warmausgelagert
T56	Abgeschreckt aus der Warmumformungstemperatur und warmausgelagert - bessere mechanische Eigenschaften als T5 durch spezielle Verfahrenskontrolle (Legierungen der Reihe 6000)
T6	Lösungsgeglüht und warmausgelagert
T61	Lösungsgeglüht und zur Verbesserung der Formbarkeit nicht vollständig warmausgelagert
T6151	Lösungsgeglüht, durch kontrolliertes Recken entspannt (Reckgrad: Bleche 0,5% bis 3%, Platten 1,5% bis 3%) und dann zur Verbesserung der Formbarkeit nicht vollständig warmausgelagert und kaltausgelagert. Die Erzeugnisse werden nach dem Recken nicht nachgerichtet.
T62	Lösungsgeglüht und warmausgelagert. Gilt für Versuchswerkstoffe, die aus dem weichgeglühten oder F-Zustand wärmebehandelt werden, oder für Erzeugnisse, die aus beliebigem Zustand beim Verbraucher wärmebehandelt werden.
T64	Lösungsgeglüht und dann zur Verbesserung der Formbarkeit nicht vollständig warmausgelagert (zwischen T6 und T61)
T651	Lösungsgeglüht, durch kontrolliertes Recken entspannt (Reckgrad: Bleche 0,5% bis 3%, Platten 1,5% bis 3%, gewalzte oder kalt nachverformte Stangen 1% bis 3%, Freiformschmiedestücke oder geschmiedete und gewalzte Ringe 1% bis 5%) und warmausgelagert. Die Erzeugnisse werden nach dem Recken nicht nachgerichtet.
T6510	Lösungsgeglüht, durch kontrolliertes Recken entspannt (Reckgrad: stranggepreßte Stangen, Profile und Rohre 1% bis 3%, gezogene Rohre 0,5% bis 3%) und warmausgelagert. Die Erzeugnisse werden nach dem Recken nicht nachgerichtet.
T6511	Wie T6510, jedoch geringfügiges anschließendes Nachrichten zur Einhaltung der festgelegten Grenzabmaße zulässig
T652	Lösungsgeglüht, durch 1% bis 5% bleibende Stauchung entspannt und warmausgelagert

Tafel 1.9.1 Zustandsbezeichnung gemäß europäischer Norm (DIN EN 515) (Fortsetzung)

Zustand	Bedeutung
T654	Lösungsgeglüht, durch Kaltnachrichten im Fertiggesenk entspannt und warmausgelagert
T66	Lösungsgeglüht und warmausgelagert - bessere mechanische Eigenschaften als T6 durch spezielle Kontrolle des Verfahrens (Legierungen der Reihe 6000)
T7	Lösungsgeglüht und überhärtet (warmausgelagert)
T8	Lösungsgeglüht, kaltumgeformt und warmausgelagert
T9	Lösungsgeglüht, warmausgelagert und kaltumgeformt

1.9.2. Rekristallisations- und Weichglühen

Die Weichglühung als Zwischenbehandlung ist immer mit einer Rekristallisation verbunden und hat zum Ziel, übersättigt gelöste Legierungselemente zur Ausscheidung in grober Form zu bringen bzw. kohärente oder teilkohärente Ausscheidungen in inkohärent stabile Partikel zu überführen.
Die Wärmebehandlungsbedingungen sind außer von der chemischen Zusammensetzung von der thermischen und mechanischen Vorbehandlung abhängig (s. Kap. 1.2.8). Jede Verlängerung der Glühdauer ist nicht nur energetisch zu aufwendig, sondern werkstofftechnisch schädlich, da sie zu einer Kornvergröberung führt. Temperatur und Haltezeit müssen genau auf den Werkstoff und dessen Zustand abgestimmt sein. In Tafel 1.9.2 sind Orientierungswerte aufgeführt, die für den speziellen Fall einer Überprüfung und Präzisierung bedürfen.
Bei aushärtbaren Legierungen ist zum Erzielen eines stabilen heterogenen Gefüges die Abkühlgeschwindigkeit von der Weichglühtemperatur ausschlaggebend. Um bei den verschiedenen Werkstoffen die größtmögliche Entfestigung zu erzielen und für einen längeren Zeitraum zu erhalten, darf nach der Haltezeit auf Glühtemperatur die in der Tafel 1.9.2 aufgeführte Abkühlgeschwindigkeit auf 250 bzw. 230 °C (< 30 K/h) nicht überschritten werden.
Für die partielle Rekristallisation, die Teilentfestigung, sind Hinweise in Kap. 1.2.8.4 gegeben.

Tafel 1.9.2 Bedingungen für die Rekristallisierungs- und Weichglühung

chemisches Symbol Präfix EN AW-	Glühtemperatur[1]) °C	Glühzeit[2]) h	Abkühlbedingungen[3])
Al 99,98	290 - 310	0,5 - 1	Ofenabkühlung unkontrolliert
Al 99,90	320 - 350	0,5 - 1	Ofenabkühlung unkontrolliert
Al 99,8(A)	320 - 350	0,5 - 2	Ofenabkühlung unkontrolliert
Al 99,7	320 - 350	0,5 - 2	Ofenabkühlung unkontrolliert
Al 99,5	320 - 350	0,5 - 2	Ofenabkühlung unkontrolliert
EAl 99,5	340 - 360	0,5 - 2	Ofenabkühlung unkontrolliert
Al 99,0	340 - 360	0,5 - 2	Ofenabkühlung unkontrolliert
Al 99,98Mg0,5	320 - 340	0,5 - 1	Ofenabkühlung unkontrolliert
Al 99,98Mg1	320 - 340	0,5 - 1	Ofenabkühlung unkontrolliert
Al 99,9Mg0,5	320 - 340	0,5 - 1	Ofenabkühlung unkontrolliert
Al 99,9Mg1	320 - 340	0,5 - 1	Ofenabkühlung unkontrolliert

Tafel 1.9.2 Bedingungen für die Rekristallisierungs- und Weichglühung

chemisches Symbol Präfix EN AW-	Glühtemperatur[1]) °C	Glühzeit[2]) h	Abkühlbedingungen[3])
Al 99,9MgSi[4])	360 - 380	1 - 2	≦ 30 K/h bis 250 °C
Al 99,85Mg0,5	340 - 360	0,5 - 1	Ofenabkühlung unkontrolliert
A 99,85Mg1	340 - 360	0,5 - 1	Ofenabkühlung unkontrolliert
Al 99,85MgSi[4])	360 - 380	1 - 2	≦ 30 K/h bis 250 °C
Al 99,8ZnMg[4])	360 - 380	1 - 2	≦ 30 K/h bis 250 °C
Al FeSi(A)	340 - 400	1 - 2	Ofenabkühlung unkontrolliert
Al Mn0,6	380 - 420	0,5 - 1	Ofenabkühlung unkontrolliert
Al Mn1	380 - 420	0,5 - 1	Ofenabkühlung unkontrolliert
Al Mn1Cu	380 - 420	0,5 - 1	Ofenabkühlung unkontrolliert
Al Mn0,5Mg0,5	380 - 420	0,5 - 1	Ofenabkühlung unkontrolliert
Al Mn1Mg0,5	380 - 420	0,5 - 1	Ofenabkühlung unkontrolliert
Al Mn1Mg1	380 - 420	0,5 - 1	Ofenabkühlung unkontrolliert
Al Mg1	360 - 380	1 - 2	Ofenabkühlung unkontrolliert
Al Mg1,5	360 - 380	1 - 2	Ofenabkühlung unkontrolliert
Al Mg2(B)	360 - 380	1 - 2	Ofenabkühlung unkontrolliert
Al Mg2,5	360 - 380	1 - 2	Ofenabkühlung unkontrolliert
Al Mg3	360 - 380	1 - 2	Ofenabkühlung unkontrolliert
Al Mg4,5	360 - 380	1 - 2	Ofenabkühlung unkontrolliert
Al Mg5	360 - 380	1 - 2	Ofenabkühlung unkontrolliert
Al Mg2	360 - 380	1 - 2	Ofenabkühlung unkontrolliert
Al Mg2Mn0,8	360 - 380	1 - 2	Ofenabkühlung unkontrolliert
Al Mg3Mn	360 - 380	1 - 2	Ofenabkühlung unkontrolliert
Al Mg4	380 - 420	1 - 2	Ofenabkühlung unkontrolliert
Al Mg4,5Mn0,7	380 - 420	1 - 2	30 - 50 K/h
Al Mg4,5Mn0,4	380 - 420	1 - 2	30 - 50 K/h
EAl MgSi[4])	360 - 400	1 - 2	≦ 30 K/h bis 250 °C
EAl MgSi(B)[4])	360 - 400	1 - 2	≦ 30 K/h bis 250 °C
Al MgSi(A)[4])	360 - 400	1 - 2	≦ 30 K/h bis 250 °C
Al SiMgMn[4])	380 - 420	1 - 2	≦ 30 K/h bis 250 °C
Al MgSi1[4])	380 - 420	1 - 2	≦ 30 K/h bis 250 °C
Al Mg1SiCu[4])	380 - 420	1 - 2	≦ 30 K/h bis 250 °C
Al MgSiPb[4])	360 - 400	1 - 2	≦ 30 K/h bis 250 °C
Al CuBiPb[4])	380 - 420	1 - 2	≦ 30 K/h bis 250 °C
Al CuMgPb[4])	380 - 420	1 - 2	≦ 30 K/h bis 250 °C
Al Cu2,5Mg[4])	380 - 420	2 - 3	≦ 30 K/h bis 250 °C
Al Cu4MgSi(A)[4])	380 - 420	2 - 3	≦ 30 K/h bis 250 °C
Al CuMg1[4])	380 - 420	2 - 3	≦ 30 K/h bis 250 °C
Al Cu4SiMg[4])	380 - 420	2 - 3	≦ 30 K/h bis 250 °C
Al Zn4,5Mg1[4])	400 - 420	2 - 3	≦ 30 K/h bis 250 °C – 3 - 5 h Haltezeit
Al Zn5Mg3Cu[4])	380 - 420	2 - 3	≦ 30 K/h bis 250 °C – 3 - 5 h Haltezeit
Al Zn5,5MgCu[4])	380 - 420	2 - 3	≦ 30 K/h bis 250 °C – 3 - 5 h Haltezeit

[1]) Materialtemperatur

[2]) Zeiten beziehen sich auf die Glühtemperatur (Aufheizzeit auf Glühtemperatur, abhängig von Ofenbauart und Ofenfüllung, so kurz wie möglich [Grobkornbildung vermeiden])

[3]) Unterhalb 250 °C beliebig schnell abkühlen

[4]) Sofern nur eine Kaltverfestigung beseitigt werden soll, 320 bis 360 °C 2 bis 3 h

1.9.3 Ausscheidungshärtung

Lösungsglühtemperaturen für aushärtbare Knetlegierungen sind in Tafel 1.9.3 zusammengestellt. Der Temperaturbereich des Lösungsglühens ist bei AlCuMg-Legierungen eng begrenzt. Überschreiten des Temperaturbereiches kann zu Anschmelzungen der niedrigst schmelzenden intermetallischen Phasen führen. Bei wesentlichem Unterschreiten werden die angestrebten Festigkeitswerte (nach dem Auslagern) nicht erreicht.

Tafel 1.9.3 Bedingungen für die Wärmebehandlung zum Aushärten

Werkstoffbezeichnung Präfix EN AW-	Lösungsglühtemperatur °C	Abschrecken in	Kaltauslagerungszeit d	Warmauslagerungstemperatur °C	Zeit h
EAl MgSi(A)	525 - 540	Wasser	5 - 8	155 - 190	4 - 16
EAl MgSi(B)	525 - 540	Luft/Wasser	5 - 8	155 - 190	4 - 16
Al MgSi	525 - 540	Luft/Wasser	5 - 8	155 - 190	4 - 16
Al SiMg(A)	525 - 540	Luft/Wasser	5 - 8	155 - 190	4 - 16
Al Si1MgMn	525 - 540	Wasser/Luft	5 - 8	155 - 190	4 - 16
Al Mg1SiCu	525 - 540	Wasser/Luft	5 - 8	155 - 190	4 - 16
Al MgSiPb	250 - 530	Wasser bis 65 °C	5 - 8	155 - 190	4 - 16
Al Cu6BiPb	515 - 525	Wasser bis 65 °C	5 - 8	165 - 185	8 - 16
Al Cu4PbMgMn	480 - 490	Wasser bis 65 °C	5 - 8	kalt	–
Al Cu4MgSi(A)	495 - 505	Wasser	5 - 8	kalt	–
Al Cu4Mg2	495 - 505	Wasser	5 - 8	180 - 195	16 - 24
Al Cu4SiMg	495 - 505	Wasser	5 - 8	160 - 180	8 - 16
Al Zn4,5Mg1	460 - 485	Luft	mind. 90	I 90 - 100/ II 140 - 160	I 8 - 12/ II 16 - 24
Al Zn5Mg3Cu	470 - 480	Wasser		I 115 - 125/ II 165 - 180	I 12 - 24/ II 4 - 6
Al Zn5,5MgCu	470 - 480	Wasser		I 115 - 125/ II 165 - 180	I 12 - 24/ II 4 - 6

I; II – Auslagerungsstufen

Die Angaben in Tafel 1.9.4 über die Lösungsglühdauer beziehen sich auf die effektive Glühzeit des Werkstoffs bei der vorgeschriebenen Temperatur (Metalltemperatur), also ohne Anwärmzeit. Die Lösungsglühdauer hängt im wesentlichen ab von

- dem Ausgangszustand des Halbzeugs, z.B. ausgehärtet angeliefertes, durch Schweißwärme oder Warmumformen überall oder örtlich entfestigtes Halbzeug oder noch nicht ausgehärtetes Halbzeug;
- der Wanddicke bzw. Dicke.

Bauart und Wirkungsweise des Ofens können Einfluß auf die Lösungsglühdauer haben. Für Halbzeug im Zustand warmgewalzt, stranggepreßt, geschmiedet oder im Zustand weich muß die Lösungsglühdauer um etwa 50 % länger angesetzt werden als für bereits ausgehärtetes Halbzeug. Bei Schmiedestücken ist wegen der üblicherweise größeren Wanddicken die Lösungsglühdauer entsprechend länger. Für Teile unterschiedlicher Wanddicke gilt die für die größte Wanddicke empfohlene Lösungsglühdauer.

Tafel 1.9.4 Anhaltswerte für die Lösungsglühdauer von Blechen, Bändern und Platten aus aushärtbaren Knetlegierungen

Wanddicke mm	Walz- bzw. Preßzustand, Zustand weich min.	bereits ausgehärtetes Halbzeug min.	Plattiertes Halbzeug, Gesamtglühdauer max. min.	Walz - bzw. Preßzustand, Zustand weich min.	bereits ausgehärtetes Halbzeug min.	Plattiertes Halbzeug, Gesamtglühdauer max. min.
0,3 - 0,5	5	3	20	12	8	25
> 0,5 - 0,9	8	4	25	15	12	30
> 0,9 - 1,5	10	6	30	20	15	50
> 1,5 - 2,9	12	8	35	30	20	80
> 2,9 - 6,0	12	10	45	50	30	160
> 6,0 - 12,0	20	15	–	60	50	–
>12,0 - 60,0	30	20	–	150	90	–

(Lösungsglühdauer ist hier die Zeit, während der die Charge auf der vorgeschriebenen Temperatur gehalten wird, gemessen an der Oberfläche der Teile).
Für Rohre und Hohlprofile werden je nach Wanddicke und Stapelung bis zu etwa 50 % längere Zeiten benötigt. Die heiße, umgewälzte Luft erreicht im allgemeinen die Innenflächen nicht in dem Maße wie die Außenflächen. Bei aufgelockerter Stapelung unterscheiden sich die Lösungsglühzeiten von denen für Bleche entsprechender Dicke kaum. Für Schmiedestücke rechnet man mit einer Lösungsglühdauer im Luftumwälzofen je nach Dicke von 30 min bis 6 Stunden; Teile mit Dicken über 50 mm bis zu 12 Stunden.
Die erforderliche Abschreckgeschwindigkeit ist abhängig vom Werkstoff; Anhaltswerte gibt Tafel 1.9.5. Als Abschreckmittel dienen ruhige oder bewegte Luft, Wasser und spezielle Abschreckmedien. Wasser mit Temperaturen zwischen 20 °C bis etwa 80 °C ist das am meisten verwendete Abschreckmittel. Da die in Tafel 1.9.5 angegebenen Abschreckgeschwindigkeiten im gesamten Querschnitt erreicht werden müssen, muß die Abschreckgeschwindigkeit für die oberflächennahen Zonen entsprechend höher sein. Darstellungen über Auswirkungen unterschiedlicher Abschreckgeschwindigkeiten basieren meist auf Untersuchungen an Blechen oder Drähten mit ~ 1 mm Dicke, bei denen die angegebene Abschreckgeschwindigkeit im gesamten Querschnitt praktisch gleich ist (Bilder 1.9.1 und 1.9.2).

Tafel 1.9.5 Abschreckzeiten für aushärtbare Aluminiumlegierungen (nach Altenpohl)

Werkstoffbezeichnung Präfix EN AW-	Lösungsglühtemperatur in °C	Abkühldauer auf < 200 °C in s	Typisches Abschreckmedium
Al Cu4MgSi(A)	500	5 - 10	Wasser
Al Cu2,5Mg0,5	475 - 505	40 - 60	Wasser, bei Blechen unter 1,5 mm auch rasch bewegte Luft
Al SiMgMn	540	20 - 30	Wasser bei > 3 mm Wanddicke bewegte Luft bei < 3 mm Wanddicke
EAl MgSi(B)	530	40 - 60	Wasser > 5 mm Wanddicke Luft bei < 5 mm Wanddicke
Al Zn4,5Mg1	450	5 - 20 min.	bewegte Luft
Al Zn5,5MgCu(A)	530	30 - 40	Wasser oder Sprühnebel

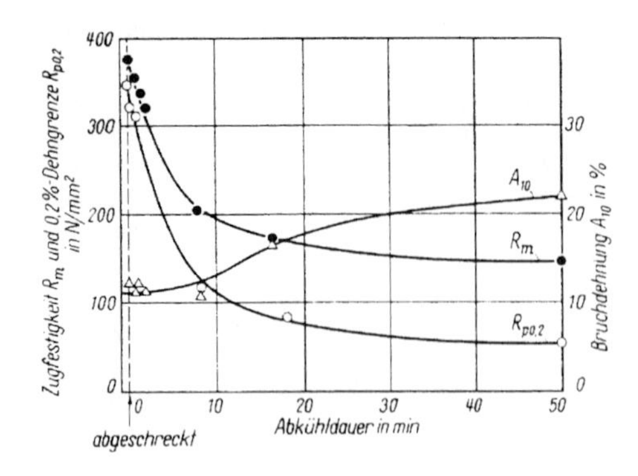

Bild 1.9.1 Einfluß der Abkühlzeit von Lösungsglühtemperatur bis auf 150 °C auf die Festigkeitseigenschaften von AlMgSi1 nach Warmauslagerung (nach Bloch). Lösungsglühtemperatur 540 °C. Warmauslagerung 160 °C/15 h

Oberhalb bestimmter Grenzabmessungen sind die für den Werkstoff bei günstigen Abmessungen möglichen Festigkeiten nicht mehr erreichbar, weil die erforderliche Abschreckgeschwindigkeit nicht mehr für den gesamten Querschnitt eingehalten werden kann. Die Festigkeitsnormung berücksichtigt dies durch dickenabhängige Festigkeitsstufen und Obergrenzen für Dicken und Wanddicken, für die eine Festigkeitsangabe noch gilt. Bild 1.9.1 zeigt den Einfluß der Abkühldauer von Lösungsglühtemperatur auf 150 °C bei EN AW-Al MgSi1; der Verlust an erzielbarer Festigkeit verläuft anfangs sehr steil. Höchste Abschreckgeschwindigkeit bei möglichst hoher Lösungsglühtemperatur und kürzester Vorkühlzeit ist zur Erzielung optimaler Beständigkeit gegen Spannungsrißkorrosion bei AlCuMg-Legierungen zu fordern. Bild 1.9.2 veranschaulicht die Zusammenhänge für Al Cu4MgSi(A). Bei Al Zn4,5Mg1 sind hingegen niedrigere Lösungsglühtemperaturen und etwas geringere Abkühlgeschwindigkeiten (Abschrecken mit ruhender oder bewegter Luft) günstiger. Die erzielbare Festigkeit bei 500 °C Lösungsglühtemperatur ist nur unwesentlich höher als bei 400 °C. Al MgSi0,5 und Al MgSi0,7 werden überwiegend mit ruhender oder bewegter Luft abgeschreckt. Der Dickeneinfluß wird bei Al MgSi0,7 durch unterschiedliche Festigkeitsstufen berücksichtigt. Al Si1MgMn und Al Mg1SiCu werden oft gesondert lösungsgeglüht und mit Wasser abgeschreckt (Zustand T6) oder aber an der Presse in Wasservorlage, mit Sprühnebel, bei kleineren Querschnitten auch im Luftstrom abgekühlt. Mit Luftstrom ist im oberen Abmessungsbereich von DIN EN 755-2 nur der Zustand T5 erzielbar.

Im Vergleich zu kaltem Wasser kann die Abkühlungsgeschwindigkeit durch Abkühlung in warmem Wasser (30 bis 100 °C), in Öl und in Wasser mit Polymerzusatz (10 bis 40 %) verringert werden. Insbesondere wird die Leidenfrosttemperatur beeinflußt und dadurch der Bereich der stabilen Filmverdampfung erweitert (s. Kap. 1.3.6.9.1). Bild 1.9.3 widerspiegelt die mittlere Abkühlgeschwindigkeit für Bleche und Stangen gleicher Dicke bzw. Durchmesser im Temperaturbereich von etwa 400 °C bis 200 °C in Abhängigkeit vom Abschreckmittel. Beim Abschrecken von Hohlprofilen und Rohren muß etwa die doppelte Wanddicke angenommen werden, weil die Abkühlung der Innenfläche weniger gut ist (das gilt nicht bei senkrechtem Eintauchen von Rohren und Hohlprofilen mit großen Hohlräumen bis ca. 2 m Länge). Beim Halbzeug mit kleiner (etwa < 2 mm) oder großer (etwa > 20 mm) Wanddicke wird in warmem Wasser oder im Ölbad abgeschreckt. Dadurch werden Verwerfungen und Abschreckspannungen (Eigenspannungen) verringert.

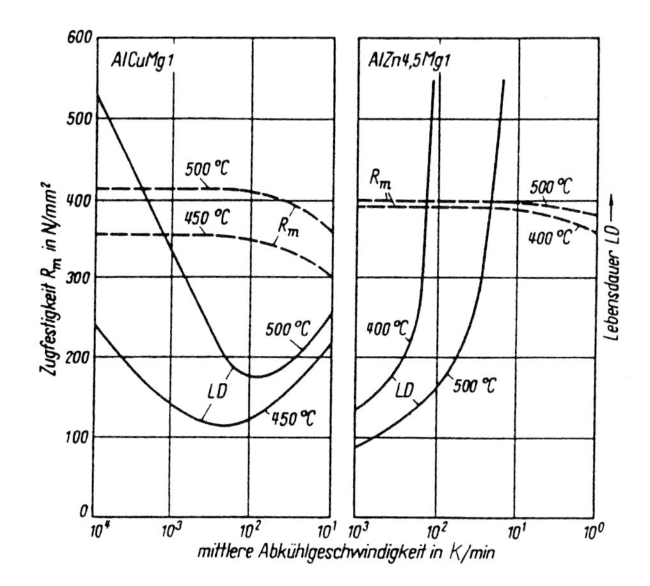

Bild 1.9.2 Einfluß der Abschreckgeschwindigkeit auf das Spannungsrißkorrosionsverhalten. Lösungsglühtempeaturen 500 und 450 bzw. 400 °C, RT-Auslagerung (nach Brenner)

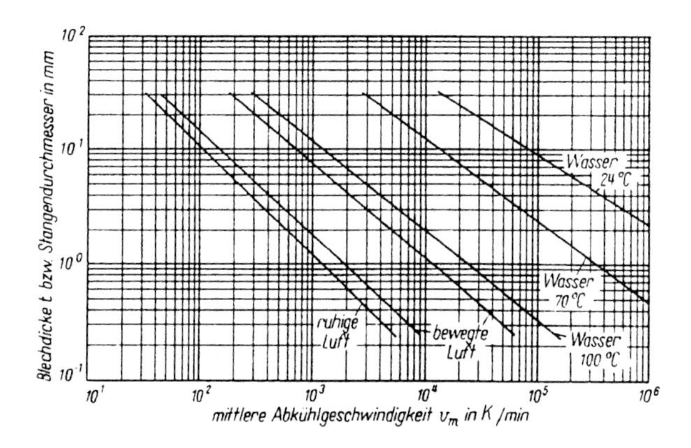

Bild 1.9.3 Abhängigkeit der Abkühlgeschwindigkeit von der Blechdicke bzw. Stangendurchmesser und Kühlmittel im Temperaturbereich von 400 bis 200 °C (nach Brenner)

Sofern die gewünschten Festigkeitswerte erreicht werden können, wird auch Stufenabschrecken angewendet: Abschrecken in Öl auf etwa 150 - 200 °C, danach in Wasser auf RT. Durch Stufenabschrecken kann in Verbindung mit einem Stufenauslagern bei AlZnMgCu-Legierungen die Beständigkeit gegen Spannungsrißkorrosion verbessert werden.

Die Abschreckrichtung hat bei komplizierten Strangpreßprofilen oder Schmiedestücken Einfluß auf die durch das Abschrecken hervorgerufenen Eigenspannungen. Die Abkühlung sollte grundsätzlich so langsam wie möglich erfolgen, wie dies die Ausscheidungsvorgänge zulassen. Unmittelbar nach dem Abschrecken (instabiler Zustand „frischabgeschreckt") hat der Werkstoff die Festigkeit des Zustandes weichgeglüht; Richtarbeiten sollten daher sofort nach dem Abschrecken erfolgen, weil dann die Streckgrenze und damit durch Richten bewirkte Eigenspannungen am niedrigsten sind. Halbzeug wird zum Abbau von Abschreckspannungen gereckt (Schmiedestücke evtl. gestaucht). Notwendige Kaltumformungen können im frisch abgeschrecktem Zustand, d.h. innerhalb von 2 bis 4 Stunden nach dem Abschrecken, vorgenommen werden. Durch die Kaltumformung wird aber das Verhalten des Werkstoffes beim anschließendem Kalt- und Warmauslagern beeinflußt. Der Aushärtungsvorgang wird beschleunigt (s. Kap. 1.2.9).

Richtwerte für Auslagerungstemperaturen und -zeiten für Knetlegierungen sind in Tafel 1.9.3 angegeben. In manchen Fällen kann der größte Effekt nur durch eine zweistufige Aushärtung oder eine mehrtätige RT-Vorauslagerung erreicht werden.

Die zur Erzielung der gewünschten Festigkeitswerte benötigte Auslagerungszeit wird durch Auslagerung bei Temperatur im oberen Bereich der in Tafel 1.9.3 angegebenen Warmauslagerungstemperaturen verkürzt. Die sichere Einstellung der gewünschten Festigkeitswerte im unteren Auslagerungstemperaturbereich ist betrieblich günstiger, weil bei diesen Temperaturen die Auslagerungszeit auf den Bereich der maximalen Festigkeitswerte einen geringeren Einfluß hat. Wirtschaftlicher wird jedoch im oberen Temperaturbereich mit kürzeren Auslagerungszeiten gearbeitet.

Eine Überschreitung des Temperaturbereiches der Warmauslagerung führt nach einer anfänglich leichten Steigerung zu einer starken Abnahme der Festigkeitswerte. Längere Auslagerungszeiten über den Bereich der maximalen Festigkeitswerte hinaus haben ebenfalls eine Abnahme der Festigkeitswerte zur Folge (Überalterung). Eine Unterschreitung des empfohlenen Temperaturbereiches der Warmauslagerung erfordert unwirtschaftlich lange Auslagerungszeiten.

Werden die genormten Festigkeitswerte bei den angegebenen Temperaturen nicht erreicht, ist erfahrungsgemäß die Auslagerungszeit zu verlängern. Falls dabei die gewünschten Festigkeitswerte immer noch nicht erreicht werden, ist erneutes Lösungsglühen und Warmauslagern erforderlich. Ganz allgemein empfiehlt sich, an verschiedenen Stellen des Ofens Proben einzulegen, an denen man die Härtezunahme mißt.

Zur Erhöhung der Beständigkeit gegen Spannungsrißkorrosion wird bei AlZnMg-Legierungen oft, bei AlZnMgCu-Legierungen fast immer eine Stufenauslagerung durchgeführt. Die Aufheizgeschwindigkeit beim Übergang von der niedrigen Temperatur der ersten Stufen zur höheren Temperatur der zweiten Stufen ist zu beachten. Bei geringerer Aufheizgeschwindigkeit ist die Zeit der zweiten Stufe zu verkürzen. Bei Aluminium-Karosserieblechlegierungen der Gattungen AlMgSi und AlCuMg (s. Kap. 1.2.7.1) nutzt man die zum Abbinden von Beschichtungen („Einbrennlackieren") erforderliche Erwärmung auf Temperaturen um 180 °C zugleich für das Warmauslagern der aus Blechen im Zustand kaltausgehärtet hergestellten Blechformteile aus (1.3.3.1).

1.9.4 Wärmebehandlungsanlagen

Die Grundforderung an moderne Wärmebehandlungsanlagen beziehen sich außer auf die energetischen Kennwerte auf eine zuverlässige, genaue und flexible Temperaturregelung. Die Temperaturen müssen mit einer Genauigkeit von ± 1,5 bis ± 2,5 K eingehalten werden. Geeignet sind elektrisch widerstandsbeheizte, direkt oder indirekt brennstoffbeheizte Konvektionsöfen mit satzweiser oder kontinuierlicher Beschickung, bei denen die Luft bzw. das Schutzgas intensiv umgewälzt und das Glühgut vorzugsweise quer angeströmt werden. Die Notwendigkeit der Gas-/Luftumwälzung ergibt sich aus der Erhöhung des Wärmeüberganges durch erzwungene Konvektion zur schnellen und gleichmäßigen Erwärmung. Die Glühung in Schutzgasen, d. h. in Stickstoff-, Formier- (z. B. 97...99,5 % N_2; 0,5...3 % H_2; < 0,05 % O_2) oder aus Exogasen hergestellten sauerstoffarmen Monogasen, soll eine verstärkte Oxydation ausschließen. Al-Werkstoffe haben infolge der hohen Reaktionsenthalpie eine hohe Oxidationsneigung. Bei Werkstoffen mit höherem Mg-Gehalt bildet sich an der Oberfläche Magnesiumoxid, das beim üblichen alkalischen Beizen nicht sicher entfernt werden kann. Bei den satzweise beschickten Kammer- oder Schacht- bzw. Haubenglühöfen muß die Chargiermasse der Wärmekapazität des Ofens angepaßt und so angeordnet sein, daß die Teile in Kontakt mit dem umgewälzten wärmeführenden Medium stehen. Für die partielle Rekristallisationsglühung sind sie nur bedingt, vor allem nur für Glühungen auf geringe Härtegrade einsetzbar. Besser sind Konti-Durchlaufglühöfen, wie etwa Schwebeband-(Gas-jet-) Öfen für Bänder. In diese sind Abschreckbäder und Anlaßöfen integrierbar. Für das Warmauslagern kleiner Teile in geringen Mengen sind auch widerstandsbeheizte Ölbäder verwendbar. Salzbadöfen, bei denen die Teile in KNO_3- oder $NaNO_3$ - Schmelzen erwärmt werden, sind durch moderne Luft-(Gas-)Umwälzöfen nahezu vollständig verdrängt worden.

Literatur zu Kapitel 1

Literatur zu Kapitel 1.1 (Grundlagen der Umformtechnik und -technologie)

Lange, K.: Umformtechnik; Bd. 1 Grundlagen, Bd. 2 Massivumformung, Bd. 3, Blechbearbeitung, Bd. 4 Sonderverfahren, Prozeßsimulation, Werkzeugtechnik. Springer Verlag Berlin, Heidelberg, New York, London, Paris, Tokyo, Hongkong 1989/92

Hensel, A.; Spittel, T: Kraft- und Arbeitsbedarf bildsamer Formgebungsverfahren. Deutscher Verlag für Grundstoffindustrie, Leipzig 1978

Hensel, A.; Poluchin,P.: Technologie der Metallformung Eisen- und Nichteisenwerkstoffe. Deutscher Verlag für Grundstoffindustrie, Leipzig 1990

Altenpohl, D.: Aluminium und Aluminiumlegierungen. Springer Verlag, Berlin 1965

Altenpohl, D.: Aluminium von innen. Aluminium-Verlag, 1993

Pöhlandt, K.: Werkstoffprüfung für die Umformtechnik. Springer Verlag, Berlin 1986

Spur, G.; Schmoeckel, D.: Handbuch der Fertigungstechnik, Bd. 2/2. Umformen. Carl Hanser Verlag, München, Wien 1985

Lippmann, H.; Mahrenholtz, O.: Plastomechanik der Umformung metallischer Werkstoffe. Springer Verlag, Berlin, Heidelberg, New York 1967

Dahl, W.; Kopp, R.; Pawelski, O.: Umformtechnik, Plastomechanik und Werkstoffkunde. Verlag Stahleisen, Düsseldorf, Springer Verlag 1993

-: Rechneranwendung in der Umformtechnik. DGM Informationsgesellschaft mbH,Oberursel 1992

-: Metal Forming Process Simulation in Industry. Baden-Baden 1994

Polke, M.; Buchner, H.; Lauber, I.: Leittechnik-Schlüssel zur ganzheitlichen Beherrschung von Prozessen. Stahl und Eisen 114 (1994) 3, S. 73/78

Lehnert, W.: Schmierung bei den Prozessen der Warm- und Kaltumformung. Tagungsband Meform 96, TU Bergakademie Freiberg 1996

Lindenhoff, D.; Sörgel, G.; Granchow, O.; Klode, K.-D.: Erfahrungen beim Einsatz neuronaler Netze in der Walzwerksautomatisierung. Stahl und Eisen 114 (1994) 4, S. 49/53

Kopp, R.; Wiegels, H.: Einführung in die Umformtechnik. Verlag der Augustinus Buchhandlung, Aachen 1998

Czichos, H.; Habig, K.-H.: Tribologie Handbuch - Reibung und Verschleiß. Vieweg- Verlag, Braunschweig/Wiesbaden 1992

Kühn, K.: Ziehen von Drähten, Stangen und Rohren. DGM-Informationsgesellschaft - Verlag, Oberursel 1994

Grewe, H.: Reibung und Verschleiß. DGM-Informationsgesellschaft - Verlag, Oberursel 1992

Gottstein, G.: Physikalische Grundlagen der Metallkunde. Springer Verlag, Berlin u.a., 1998

Literatur zu Kapitel 1.2 (Umformverhalten und Umformeigenschaften)

Hensel, A.; Spittel, T.: Kraft- und Arbeitsbedarf bildsamer Formgebungsverfahren. Deutscher Verlag für Grundstoffindustrie, Leipzig 1978

Doege, E.; Meyer-Nolkemper, H.; Saeed, I.: Fließkurvenatlas metallischer Werkstoffe. Hanser Verlag, München, Wien 1986

Doege, E.; Meyer-Nolkemper, H.; Saeed, I.: Atlas der Warmformgebungseigenschaften von Nichteisenmetallen. Bd. I und II, Hanser Verlag, Deutsche Gesellschaft für Metallkunde, Oberursel 1978

Doege, E.; Meyer-Nolkemper, H.; Saeed, I.: Atlas der Kaltformgebungseigenschaften von Nichteisenmetallen. Bd. I bis III, Hanser Verlag, Deutsche Gesellschaft für Metallkunde, Oberursel 1987

Lehnert, W.; Spittel, M.; Cuong, N.D.: Umformverhalten und Gefügeentwicklung von Al-Werkstoffen. ALUMINIUM 70 (1994)12, S. 708/712 und ALUMINIUM 71 (1995) 1, S. 71/79

Spittel, T.; Spittel, M.; Teichert, H.: Umformeigenschaften von Aluminium und Aluminiumlegierungen. ALUMINIUM 70 (1994) 1/2, S. 68/75

Lehnert, W.; Cuong, N. D.; Wehage, H.; Werners, R.: Simulation der Austenitkornfeinung beim Walzen. Stahl und Eisen 113 (1993) 6, S. 103/109

Kluge, A.; Wiegels, H.; Kopp, R.: Beeinflussung der Gefügeentwicklung beim Ringwalzen der Aluminiumlegierung AA 2219. ALUMINIUM 69 (1994) 11/12, S. 700/707

Mulazimoglu, M. H.; Gruzleski, J. E: Defomation processing of high silican aluminium alloys. ALUMINIUM 69 (1993) 11, S. 1014/1016

Kammer, C.: Thermomechanische Behandlung von Al 99,5-Gießwalzband. Dr.-Ing. Dissertation, TU Bergakademie Freiberg 1990

Uhlig, T.: Einfluß des Ausscheidungszustandes auf die Ver- und Entfestigung von Aluminium-Gießwalzband. Dr.-Ing. Dissertation, TU Bergakademie Freiberg 1995

Akeret, R.: Umformbarkeit und Struktur von Aluminium-Knetwerkstoffen. ALUMINIUM 66 (1990) 2, S. 147/150 und ALUMINIUM 66 (1990) 3, S. 246/251

Akeret, R.: Die Mattseite von Aluminiumfolien. ALUMINIUM 68 (1992) 4, S. 318/320

Grennba, B.; Hornbogen, E.; Scharf, G.: Das Gefüge von Aluminiumlegierungen. ALUMINIUM 67 (1991) 11, S. 1096/1110 und ALUMINIUM 67 (1991) 12, S. 1193/1203

Kammer, C.; Krumnacker, M.; Pysz, G.: Vergleichende Untersuchungen des Verfestigungsverhaltens von Al 99,5-, AlMn1- und AlMn1Fe1-Gießwalzband. Metall 45 (1991) 2, S. 135/138

Martin, S.; Gutierrez, I.; Urcola, J.: Static recristallization kinetics of commercial aluminium: influence of hot deformation mode. Material Science and Technology 9 (1993) 10, S. 874/881

McQueen, H.J.; Evangelista, E., Kassner, M.E.: The classification and determination of restoration mechanisms in the hot working of Al alloys. Zeitschrift für Metallkunde 82 (1991) 5, S. 336/345

Chang, H.C.; Jae, H.J.; Chang, S.O.; Dong, N.L.: Room temperature recrystallization of 99,999 pct aluminium. Scripta Metallurgica et Materialia 30 (1994) 3, S. 325/330

Haeßner, F.; Schmidt, J.: Verformter Zustand und Rekristallisationswärme tieftemperaturtordierter hochreiner Aluminiumsorten. Zeitschrift für Metallkunde 85 (1994) 5, S. 324/331

Haessner, F.; Schmidt, J.: Investigation of the recristallization of low temperature deformed highly pure type of aluminium. Acta Metallurgica et Materialia 41 (1993) 6, S. 1739/1749

Lehnert, W.; Spittel, M. u. N.D. Cuong: Umformverhalten und Eigenschaften von Aluminium und Al-Legierungen für Bänder, Metallurgija 37 (1998) 2, S. 57/66

Peiter, A.; Sartorio, M.; Weigand, A.: Vergleich gemessener und genäherter σ-ε-Kurven des Zugversuches von gezogenen und rekristallisierten Cu- und Al-Zugproben. Metall 46 (1992) 8, S. 812/816

Hirsch, J. u. K. Karhausen: Gefüge und Eigenschaftsentwicklung bei der Fertigung von Aluminium Walzhalbzeug. 5. Sächsische Fachtagung Umformtechnik, Freiberg 1998, S. I 5.1/13

Liu, Y.L.; Zhang, Y.; Hu, Z.Q.; Shi, C.X.: Grain structure control and its influence on the mechanical properties of 8090 Al-Li-alloy. Aluminium-Lithium. Papers Vol. 1, DGM Verlag 1992, S. 271/276

Engler, O.; Lücke, K.; Mizera, J.; Delecroix, M.; Driver, J.: Texture and plastic anisotropy in Al-Li model alloys. Aluminium-Lithium.Papers Vol. 1, DGM-Verlag 1992, S. 307/314

Doko, T.; Inabayashi, Y.; Fujikura, C.: Gefügeveränderungen beim Warmwalzen von Aluminiumlegierungen im niedrigen Temperaturbereich. ALUMINIUM 68 (1992) 10, S. 888/891

Marshall, G.J.; Ricks, R.A.; Limbach, P.K.F.: Controlling lower temperature recovery and recrystallization in commercial purity aluminium. Materials Science and Technology 7 (1991) 3, S. 263/269

Jiang, X.; Wu, Q.; Cui, J.; Ma, L.: A new grain refinement process for superplasticity of high-strength 7075 aluminium alloy. Journal of Materials Science 28 (1993) 22, S. 6035/6039

Mehta, S.; Sengupta, P.K; Iyer, K.J.L.; Nair, K.: Studies of the superplasticity of a high strength aluminium alloy.ALUMINIUM 68 (1992) 3, S. 234/237

Schelb, W.; Haszler, A.; Jäger, H.; Welpmann, K.; Peters, M.: Thermomechanical treatments for the production of thick recrystallized 8090 Al-Li-sheet. Aluminium-Lithium Papers Vol. 1, DGM Verlag 1992, S. 315/320

Engler, O.; Ponge, D.; Lücke, K.; Schelb, W.; Welpmann, K.; Peters, M.: Investigations on texture in damage tolerant 8090 Al-Li-sheet. Aluminium-Lithium Papers Vol. 1, DGM Verlag 1992, S. 333/338

Saimoto, S.; Kamat, R.G.: Microstructure and texture evolution in hot rolled AA 3004 aluminium alloy. Materials Science and Technology 8 (1992) 10, S. 869/874

Dadson, A.B.C.; Doherty, R.D.: Plane polarized optical microscopy studies of the structure of hot-deformed and partially recristallized aluminium samples. Acta metallurgica et Materialia 39 (1991) 11, S. 2589-2596

Bowen, A.W.; McDarmaid, D.S.; Gatenbay, K.M.; Palmer, I.G.: Influence of recristallized grain structure and texture on the mechanical properties of damage tolerant 8090 Al-Li alloy sheet. Aluminium-Lithium Papers Vol. 1, DGM Verlag 1992, S. 327/332

Naess, S.E.: Development of annealing textures in the aluminium alloys AA3005 and AA5050. Zeitschrift für Metallkunde 82 (1991) 6, S. 448/458

Doherty, R.D.; Kashyap, K.; Panchanadeeswaran, S.: Direct observation of the development of recrystallizion texture in commercial purity aluminium. Acta Metallurgica et Materialia 41 (1993) 10, S. 3029/3053

Haasen, P.: How are new orientations generation during primary recrystallization. Metallurgical transactions 24 A (1993) 5, S. 1001/1015

Hjelen, J.; Orsund, R.; Nes, E.: On the origin of recrystallization textures in aluminium. Acta Metallurgica et Materialia 39 (1991) 7, S. 1377/1404

Lyttle, M.T.; Wert, J.A.: Modelling of continous recrystallization in aluminium alloys. Journal of Material Science 29 (1994) 12, S. 3342/3350

Chen, B.K.; Thomson, P.F.; Choi, S.K.: Computer modelling of mikrostructure during hot flat rolling of aluminium. Material Science and Technology 8 (1992) 1, S. 72/77

Suet, T.; Lee, W.B.; Ralph, B.: Deformation and recrystallization in cross-rolled Al-Cu precipitation alloys. Journal of Materials Science 29 (1994) 1, S. 269/275

Lange, K.; Brückner, L.: Verbindung von Werkstoffentwicklung und Technologie am Beispiel der Blechbearbeitung. Blech Rohre Profile 36 (1989) 5, S. 385/387; 6/7, S. 479/483; 8, S. 595/599; 9, S. 717/720; 10, S. 790/793; 12, S. 955/958

Bauer, D.: Werkstoffverfestigung und Anisotropie beim Tiefziehen von Feinblechen. Maschinenmarkt 88 (1982) 10, S. 156/159

Reitzle, W.; Drecker, H.; Fischer, F.: Einfluß der mechanischen Eigenschaften und der Blechdicke auf die Umformbarkeit von Karosserieblechen aus Aluminium. ALUMINIUM 56 (1980) 9, S. 578/584

Richter, F.; Hanitzsch, E.: Der Plastizitätsmodul und andere physikalische Eigenschaften von Aluminiumwerkstoffen. ALUMINIUM 70 (1994) 9/10, S. 570/574

Bloeck, M., Timm, J.: Aluminium-Karosseriebleche der Legierungsfamilie AlMg(Cu). ALUMINIUM 71 (1995) 3, S: 289/297

Bloeck, M., Timm, J.: Aluminium-Karosseriebleche der Legierungsfamilie AlMgSi. ALUMINIUM 70 (1994) 1/2, S. 87/92

Uhlig, T.; Krumnacker, M.; Pysz, G.: Einfluß des Gefügezustandes auf das Verfestigungsverhalten von AlMnFeMg- Gießwalzband. Metall 47 (1993) 12, S. 1096/1099

Kammer, C.; Krumnacker, M.; Pysz, S.: Thermomechanische Behandlung von Al 99,5-Gießwalzband. Neue Hütte 35 (1990), S .418/421

El-Magd, E.; Pantelakis, S.; Dünnwald, J.: Hochtemperatureigenschaften lithiumhaltiger Aluminiumlegierungen. ALUMINIUM 70 (1993) 9/10, S. 560

Literatur zu Kap. 1.2.10 (Umformvermögen-Superplastizität)

Hirohashi, M.; Asanuma, H.: Superplasticity of hypoeutectoid Al-Zn alloy sheets. ALUMINIUM 66 (1990) 11. S. 1074/1078

Werle, T.: Superplastische Aluminiumblechumformung unter besonderer Beachtung der Formänderungsgeschwindigkeit. Dr.-Ing.-Dissertation, Universität Stuttgart 1994

Avramovic-Cingara, G.; McQueen, H.J: The role of dynamic recovery in the hot wokability of Al-0.5Fe-0.5CO. ALUMINUM 70 (1994) 3/4, S. 214/219

Akeret, R.: Umformbarkeit und Struktur von Aluminium-Knetwerkstoffen Teil I und II. ALUMINIUM 66 (1990) 2, S. 147/150; ALUMINIUM 66 (1990) 3, S. 246/251

Bloeck, M.; Timm; J.: Aluminium-Karosseriebleche der Legierungsfamilie AlMgSi. ALUMINIUM 70 (1994), S. 87/93 Bloeck, M.; Timm; J.: ALUMINIUM 71 (1995) 3, S. 289/297

Lehnert, W.; Spittel, M.; Cuong, N.D.: Umformverhalten und Gefügeentwicklung von Aluminiumwerkstoffen, Teil I. ALUMINIUM 70 (1994) 12 S. 708/712

Lehnert, W.; Spittel, M.; Cuong, N.D.: Umformverhalten und Gefügeentwicklung von Aluminiumwerkstoffen, Teil II. ALUMINIUM 71 (1995) 1 S. 76/79

Kluge, D.; Wiegels, H.; Kopp, R.: Beeinflussung der Gefügeentwicklung beim Ringwalzen der Aluminium- Legierung AA 2219 ALUMINIUM 70 (1994) 11/12, S. 700/707

Hojas, M.H.: Herstellung und Eigenschaften superplastischer Bleche aus hoch- und höherfesten Aluminiumlegierungen. Dr.-Ing.-Dissertation, Montanuniversität Leoben 1991

Literatur zu Kapitel 1.2.2.1 (Fließkurven)

Hensel, A.; Spittel, T.: Kraft- und Arbeitsbedarf bildsamer Formgebungsverfahren. Dt. Verlag für Grundstoffindustrie, Leipzig 1978

Zjuzin, V.I.; Brovmann, M.Ja.; Melnikov, A.F.: Soprotiflenije deformacii stalej pri gorjacej prokatke. Izdat. Metallurgija, Moskau 1964

Poluchin, P.I.; Gun, G. Ja.; Galkin, A.M.: Soprotivlenije deformacii metallov i splavov. Izdat. Metallurgija, Moskau 1983

Doege, E.; Meyer-Nolkemper; Saeed, I.: Fließkurvenatlas metallischer Werkstoffe. Hanser-Verlag, München/Wien 1986

Autorenkollektiv: Atlas der Warmformgebungseigenschaften von Nichteisenmetallen. Bd. I und II, Dt. Ges. für Metallkunde, Oberursel 1978

Autorenkollektiv: Atlas der Kaltformgebungseigenschaften von Nichteisenmetallen. Bd. I bis III, Dt. Ges. für Metallkunde, Oberursel 1987

Jung, H. u.a.: Kaltformgebungseigenschaften. Bd. I bis IV, Dt. Ges. für Metallkunde, Oberursel 1987

Lehnert, W.; Spittel, M.; Cuong, N.D.: Umformverhalten und Gefügeentwicklung von Aluminiumwerkstoffen. Teil I, ALUMINIUM 70 (1994) 12, S. 708/712

Spittel, T.; Spittel, M.; Teichert, H.: Umformeigenschaften von Aluminium und Aluminiumlegierungen. ALUMINIUM 70 (1994)1/2, S.68/75

Pöhlandt, K.: Werkstoffprüfung für die Umformtechnik in B. Ilschner: Werkstofforschung und Technik. Berlin, Heidelberg, New York, London, Paris, Tokio, Springerverlag 1986

Pöhlandt, K.: Vergleichende Betrachtungen der Verfahren zur Prüfung der plastischen Eigenschaften metallischer Werkstoffe. Berlin, Heidelberg, New York, London, Paris, Tokio, Springerverlag 1984

Literaturverzeichnis zu Kapitel 1.2.4 (Gefügeentwicklung bei der Umformung)

Lehnert, W.; Spittel, M.; Cuong, N.D.: Umformverhalten und Gefügeentwicklung von Aluminiumwerkstoffen. ALUMINIUM 71 (1995) 1, S. 76/79

Kewon, O.: A Technology for the Prediction of Microstructural Changes and Mechanical Properties. ISOJ 32 (1992), S. 350/358

Lehnert, W. u. N.D. Cuong: Mathematische Gefügesimulation beim Warmwalzen von Aluminiumlegierungen, ALUMINIUM 75 (1999) 2

Doko, T. u.a.: Produktion der Aluminiumindustrie in der Bundesrepublik Deutschland. ALUMINIUM 68 (1992), S. 8

Raglumathan, N.; Sheppard, T.: Microstructural development during annealing of hot rolled Al-Mg-alloys. Material Science and Technology 5 (1989), S. 542/547

Literatur zu Kap. 1.2.5 (r-Wert)

Lankford, W.T. u.a.: Trans. Amer. Soc. metals 42 (1950), S. 1197/1232

Schlosser, D.: Bericht Nr. 45 aus dem Institut für Umformtechnik Universität Stuttgart, Essen: Girardet 1977

Literatur zu Kap. 1.2.6 (Texturen)

Tempus, G.; Calles, W.; Scharf, G.: Influence of extrusion process parameters and textures mechanical properties of Al-Li extrusions. Material Science and Technology 7 (1991), S. 973/975

Romhanji, E.; Melenkovic, V.; Drobnjak,D: Strain hardening anisotropy in a highly textured 8090 Al-Li-alloy. ALUMINIUM 69 (1993) 6, S. 555/559

Literatur zu Kap. 1.2.7 (Umformbedingte Oberflächenveränderungen)

Altenpohl, D.: Aluminium von innen. 5. Auflage, Aluminium-Verlag, Düsseldorf 1993

Gold, E.: Stahl und seine Konkurrenten in Karosserie-Werkstoffe. Stand der Technik und Weiterentwicklungen, Bad Nauheim 1992

Bloeck, M.; Timm, J.: Aluminium-Karosseriebleche der Legierungsfamilie AlMg(Cu), Teil I. ALUMINIUM 71 (1995) 3, S. 289/297

Komatsubara, T.; Matsuo, M.: SAE technical paper 890712 (1989)

Bloeck, M.; Timm, J.: Aluminium-Karosseriebleche der Legierungsfamilie AlMgSi. ALUMINIUM 70 (1994) 1/2, S. 87/93

Akeret, R: Die Mattseite von Aluminiumfolien. ALUMINIUM 68 (1992) 4, S. 318/321

Akeret, R: Umformbarkeit und Struktur von Aluminium-Knetwerkstoffen, Teil II. ALUMINIUM 66 (1990) 3, S. 246/251

Pawelski, O.; Rasp, W.; Nettelbeck, H.J.; Steinhoff, K.: Einfluß unterschiedliche Arbeitswalzen-Aufrauhungsverfahren auf die Oberflächenfeinstruktur beim Nachwalzen von Karosserieblechen, Stahl und Eisen 114 (1994) 6, S. 183/188

Dinkel, F.: Umformbarkeit von Aluminium-Karosserieblechen mit neuartigen Oberflächen. Dr.-Ing.-Dissertation, TU München 1997

Millet, P.; Vetters, S.: Aluminium-Karosseriebleche mit optimaler Oberflächen-Feinstruktur ALUMINIUM 67 (1991) 9, S.896

Literatur zu Kap. 1.3.1 (Walzen von Drähten)

Properzi, G.: Continuous Properzi or Continuous Company Transfile Europe 22 (1993) 22, S. 10/17

Hirschfelder, H.-D.: Gießwalzdraht - Vergleich der Herstellungsverfahren Draht 29 (1978) 4, S. 164/170

Fink, P. u.a.: Technische Mitteilung Krupp 42 (1984) S. 25/44

Berendes, H.: Kontinuierliches Gießen und Walzen von Metalldrähten DRAHT-WELT 6 (1975), S. 215/217

Raiford, P.K.; Bournze, L.: Automatd Continuous Casting. Wire Journal 21 (1988) 2, S. 53/59

Russel, J.B.: Wire Journal 12 (1972) 11, S. 63/72

Kapitel 1.3.2 (Warmwalzen von Bändern und Blechen)

-: Modernste Stoßofenanlage für Alcan und Logan. ALUMINIUM 66 (1990) 3, S. 238

-: Moderne Stoßofenanlagen für Dosenbandanlagen. ALUMINIUM 68 (1992) 3, S.238

Fraunberger, K.: Moderne Stoßofenanlage für Aluminium-Walzbarren. ALUMINIUM 70 (1994) 7, S. 262/267

-: Erweiterung der Stoßofenanlage für Aluminium-Walzbarren bei Alunorf. ALUMINIUM 71 (1995), S.49

Frampton, A; Greene, J.W.; Grocok, P.G.; Dorset, U.K.: Warmwalzanlagen für höchste Qualitätsansprüche. ALUMINIUM 67 (1991) S. 982/991

Merhardt, E.: Alu Norf attaches the greatest importance to rolling ingot preparation. ALUMINIUM 70 (1994) 11/12, S. 664/666

Rosenthal, D.S; Rohde, W.; Seider, J.: Maßnahmen zur Qualitätssicherung an modernen Aluminium-Warmbandstraßen. ALUMINIUM 70 (1994) 5/6, S. 352/

Literaturstellen zu Kap.1.3.3 (Kaltwalzen)

Lange, K.; Brückner, L.: Verbindung von Werkstoffentwicklung und Technologie am Beispiel der Blechbearbeitung-Kaltgewalztes Feinblech. Blech Rohre Profile 36 (1989)8, S. 595/599

Schwellenbach, J.; Klamma, K.: Fully continous tandem cold rolling plant for aluminium strip. Light Metal Age 50 (1992) 1/2, S. 48/50, S.52/53

Spencer, P.L.; Hill, D.E.: Moderne Kaltwalzsysteme mit leistungsfähiger Planheitsregelung. ALUMINIUM 67 (1991) 11, S. 1082/1086

Holmesmith, G.; Foutch, J.; Moyer, C.: An integrated shape controll system for an aluminium cold rolling. Journal of the Society of Tribologists and Lubrication engineers 27 (1992) 8, S. 637/639

Grell, J.R.: Latest cold rolling process technology illustrated by the Aluminium Norf wide stripp mill with CVC stand. Metallurgical Plant and Technology International (1990) 5, S. 86/95

Schmitz, O.; Buch, E.: Ein neues Kaltwalzwerk für flexible Arbeitsweise und hohe Qualitätsansprüche. ALUMINIUM 69 (1993) 4, S. 346/349

Rohde, W.; Schwellenbach, J.: Rechnergestützte Auslegung von Kaltwalzanlagen. ALUMINIUM 69 (1993) 4, S. 350/355

Barnes, H.R. u. R. Finck: The new hot and cold rolling mill complex – Hulet Aluminium. ALUMINIUM 74 (1998), S. 738/746

Mehrhardt, E.: Alu Norf attaches the greatest importance to rolling ingot preperation. ALUMINIUM 70 (1994) 11/12, S. 664/ 666

Mietrach, D.: Improved produktivity in CIAM Forming, part I and part II. ALUMINIUM 69, (1993) 6, S. 524/531 (part I) und 7, S.622/626 (part II)

Klamma, K., Pölking, H.-J.: Better cold-rolled products with High-Tech Rolling Metallurgical Plant and Technology international (1992) 4, S. 130/140

Regan, P.C.: Recent Advances in Aluminium Strip Casting and Continuous Rolling Technology-Implications for Aluminium Can Body Sheet Production. Light Metal Age(1992) 2, S. 58/61

Markwarth, M.: Querwellen auf kaltgewalztem Band. Stahl und Eisen 114 (1994) 11, S. 101/110

Autorenkollektiv: Entwicklungen und Tendenzen beim Walzen von Aluminium. Vortragsband Mannesman-Demag-Sack 1993

Hennig, W.; Hinze, J.; Klamma, K.: Kaltwalzen dünner Aluminiumbänder. Neue Hütte 34 (1989) 8, S. 281/286

Autorenkollektiv: Experimentelle und rechnerische Untersuchungen beim Kaltwalzen von Aluminiumlegierungen. Freiberger Forschungshefte B 267, Deutscher Verlag für Grundstofftechnik 1989

Szkrumelak, J.: Nature and cause of sheet rolling defects in aluminium alloy products. ALUMINIUM 58 (1982) 8, S. 474/477

Falk, M.: Fiction and reality of aluminium strip tolerances, ALUMINIUM 74 (1998) 10, S. 731/738

Kumm, St. u. P. Kalinowski: China's first CVC-Sexto aluminium cold rolling mill. ALUMINIUM 74 (1998) 10, S. 724/730

Sheppard, T.: Shape correction in metal strip by tension levelling. Sheet Metal Industries 56 (1979) 12, S. 10149/1154

Defontenay, P.: A Differential System for Continous Strech Levelling. Sheet Metal Industries 55 (1978) 10, S. 1120/1122/1125

Amann, E.; Kasper, H.J.; Räber, X.: Das Feinwalzgerüst und seine Randbedingungen Teil 1: Grundlagen. Teil 2: Walzkörperdimensionierung und Berechnungsbeispiele. ALUMINIUM 53 (1977) 9 u. 10, S. 606/608

Dean, R.J.: Modern aluminium foil-production. Sheet Metal Industries 53 (1976) 11, S. 406, 409, 410, 413

Schippert, L.: Die obere Grenze der Walzgeschwindigkeit beim Walzen von Bändern. ALUMINIUM 52 (1976) 9, S. 557/560

Schippert, L.; Schapschal, V.: Der Einfluß von Bandzugkräften auf die Änderung des neutralen Winkels beim Kaltwalzen von Aluminiumlegierungen. ALUMINIUM 52 (1976) S. 179/183

Drits, M.E; Kadaner, E.S.; Kopjev, I.M.; Toropova, L.S.: A Studie of the Mechanical Properties of Foil made from Aluminium and Some Binary Alloys. Light Metal Age 33 (1975) 1/2, S. 27/30

Thiele, H.: Möglichkeiten zur Beseitigung von Unplanheiten an kaltgewalzten Bändern. Metall 28 (1974) 10, S. 968/975

Pawelski, O.: Zeitverhalten thermischer Walzspaltänderungen beim Kaltwalzen von Band. Arch. Eisenhüttenwes. 43 (1972) 5, S. 405/411

Amann, A.; Benz, E.; Langen, H.: Ergänzende Untersuchungen zur Walztheorie dünner Bänder aus Aluminium und Aluminiumlegierungen. Z. Metallkunde 59 (1968) 6, S. 445/454

Literatur zu Kap. 1.3.4 (Folienwalzen)

Maeden, J.H.; Hill, D.E.: Neuere Entwicklungen bei Aluminium-Folienwalzwerken. ALUMINIUM 67 (1991) 12, S. 1180/1184

Hartung, H.G.: Die Statik und Kinematik des Folienwalzens. Umformtechnische Schriften Bd. 49, Verlag Stahleisen mbH, Düsseldorf 1994

Kramer, A.: Untersuchungen zum Kaltwalzen von dünnem Band und Folie nach dem Verfahren der Ähnlichkeitstheorie. Umformtechnische Schriften Bd. 48, Verlag Stahleisen mbH, Düsseldorf 1994

Autorenkollektiv: Entwicklungen und Tendenzen beim Walzen von Aluminium. Mannesmann-Demag-Sack 1993

Literatur zum Kap. 1.3.6 (Strangpressen)

Hertwich, G.: Rationale Herstellung hochwertiger Aluminiumstrangpreßbolzen. ALUMINIUM 67 (1991) 4, S.341/345

Raizner, E.: Automatisierte Bolzenvorbereitung und Zuführung an Strangpreßanlagen. ALUMINIUM 67 (1991) 10, S. 992/993

Johnen, W.: Preßbolzen- Anwärmöfen-in K.Müller u.a. „Grundlagen des Strangpressens". Expert Verlag 1995

Schluckebier, D.: Induktive Blockerwärmung in J. Baumgarten „Strangpressen". DGM- Informationsgesellschaft-Verlag 1990

Maddoch, B.: Aluminium rod and other products by conform. Wire Industry (1987) 12, S. 728/731

Menzler, D.; Repgen, B.: Wärmeübergang bei der Wasserkühlung von Aluminium-Strangpreßprofilen. ALUMINIUM 70 (1994) 5/6, S.360/364

Pandit, M.; Buchheit, K.: Isothermes Strangpressen von Aluminium ALUMINIUM 71 (1995) 4, S. 483/487; 5, S. 614/619

Szadadzinsky, J. u. a.: Weldquality in extruded aluminium hollow sections. Light Metal Age 51 (1993) 3/4, S.8/13

N.N.: A technological lead: the aluminium CCR rod. Transfil Europe (1994) 29, S. 52/53

Lang, G.: Reibung im Preßkanal beim direkten und indirekten Strangpressen von Al99,6; AlMgSi0,5 und AlZn4,5Mg1. ALUMINIUM 60 (1984) 4, S. 266/268

Kopp, R.; Kalz, S.. Müller. K.; Yao, Ch.: Visoiplastische und numerische Erfassung des Materialflusses beim direkten Strangpressen. ALUMINIUM 74 (1998) 1 u. 2, S. 58/65 u. 248/254

Johnen, W.: Modern plant for the inductive heating of extrusion billets, ALUMINIUM 74 (1998) 4, S. 206/209

Ruppin, D.; Müller, K.: Untersuchungen zur Scherreibung beim Strangpressen von Aluminiumwerkstoffen. ALUMINIUM 58 (1982) 11, S.639/645

Ruppin, D.; Müller, K.: Einfluß der Dornkühlung beim direkten Strangpressen von Aluminiumrohren über stehenden und mitlaufenden Dorn. ALUMINIUM 58 (1982) 8, S. 463/466

Langerweger, J: Metallurgische Einflüsse auf die Produktivität beim Strangpressen von AlMgSi-Werkstoffen. ALUMINIUM 58 (1982) 2, S. 107/109

Tuschy, E.: Strangpressen-Neue Verfahren, Literaturübersicht. Metall 36 (1982) 3, S. 269/279

Bauser, M.; Tuschy, E.: Strangpressen- Heutiger Stand und Entwicklungstendenzen. Zeitschrift für Metallkunde 73 (1982) 7, S. 107/109

Lang, G.: Abschätzung der Reibung im Preßkanal beim direkten und indirekten Strangpressen von Al 99,6. ALUMINIUM 57 (1981) 12, S. 791/796

Atanasiu, N.: Strangpreßgeschwindigkeit beim Fertigen von Aluminiumrohren. Bänder Bleche Rohre 22 (1981) 12, S. 333/335

Baumgarten, J.: Materialfluß beim direkten Strangpressen von Aluminium. ALUMINIUM 57 (1981) 11, S. 734/736

Baumgarten, J.; Bunk, W.; Lücke, K.: Strangpreßtexturen bei AlMgSi-Legierungen Teil I: Rundstangen/Teil II: Flachstangen und komplizierte Formen. Zeitung für Metallkunde 72, (1981) Teil I: 2, S. 75/81, Teil II: 3, S. 162/168

Biswas, A.; Feldmann, H.: Maschinen und Anlagen für das Strangpressen, Literaturübersicht. Metall 35 (1981) 8, S. 745/748

Ziegler, W.; Siegert, K.: Indirektes Rohrpressen von Leichtmetall über stehenden Dorn. Metall 32 (1978) 4, S. 328/337

Ruppin, D.; Müller, K.: Vergleichende Untersuchung des Hydrafilmpressens und des indirekten Strangpressens mit hydrostatischen Schmierverhältnissen. ALUMINIUM 55 (1979) 11, S. 711/715

Müller, K. u.a.: Grundlagen des Strangpressens. expert-Verlag, Reuningen-Mahnsheim 1995

Greasley, A.; Shi, H.Y.: Computerised model of temperatures changes during metal extrusion. Material Science and Technology 9 (1993) 1, S. 42/47

Literatur zum Kap. 1.3.7 (Ziehen)

Murakawa, M.; Koga, N.: Precision aluminium tubes for photosensitive drum made by EI and ED-process. Proc. of 4-th International Conference Vol.2 (1993), S. 984/989

Sander W.: Tendenzen bei der Entwicklung von Rohrwalzmaschinen. Blech Rohre Profile (1977) 9, S. 325/328

Fangmeier, R.: Ziehen und Richten von Stäben aus Ringen. Stahl und Eisen 11(1991) 3, S. 121/126

Joseph, J.-J.: Evolution of coolant filtration for the wire manufacturing industry. Wire Journal International 26 (1993) 12, S. 62/66

Eder, K.-G.: Recent application of synthetic-polycrystalline diamond dias-reflection as to theirs workability and use in nowadays wire and cable production. Wire Journal International 26 (1993) 2, S. 195/201

Brard, D.: The development of a new range of hard soaps. Wire Industry 58 (1991)696, S. 773/734

Heinrich, Menge, R.: Development trends on the mechanical engineering sector for wire and cable industry systems. Wire Journal Internal (1994) 3, S. 80/88

Gentzsch, G.: Drahtherstellung und -bearbeitung - Drahterzeugnisse. Fachbibliographie 1972-1977-Dokumentationsstelle für Umformtechnik, Viersen 1978

Gentzsch, G.: Drahtherstellung und -bearbeitung - Drahterzeugnisse. Fachbibliographie 1963 bis 1966 und 1966 bis 1972-Dokumentationsstelle für Umformtechnik, Viersen 1972

Literatur zu Kap. 1.3.8 (Schmieden)

Meyer- Nolkemper, H.: Gesenkschmieden von Aluminiumwerkstoffen. ALUMINIUM 55 (1979) Teil I: 3; S. 226/229; Teil II: 4, S. 286/289; Teil III: 5, S. 348/351; Teil IV: 6, S. 412/415, Teil V: 8, S. 541/545; Teil VI: 9, S. 607/608; Teil VII: 10, S.671/673; Teil VIII: 11, S. 739/741; Teil VIX: 12, S. 798/800

Fischer, G.: Qualitätssicherung bei Aluminium-Schmiedestücken. Aluminium 55 (1979) 9, S. 584/587

Althoff, J.; Markworth, M.; Mittelbach, B.: Einfluß des Vormaterialgefüges und der Wärmebehandlung auf die Eigenschaften eines Gesenkschmiedestückes aus AlMgSi. ALUMINIUM 55 (1979) 11, S. 732/735

Fischer, G.; Sauer, D.: Die Herstellung von Gesenkschmiedestücken aus hochfesten Aluminiumlegierungen unter Berücksichtigung der Eigenspannungsprobleme. ALUMINIUM 51 (1975) 9, S. 592/594

Dean, T.A.: Effect of billet temperature and deformation rate on loads in two forging operations. Metallurgia and Metal forming 42 (1975) 1, S. 4/8

Sistermann, H.-D.: Schmiedeteile aus Aluminium-Knetlegierungen In K. Siegert: Neuere Entwicklungen in der Massivumformung . DGM-Informationsgesellschaft (1995), S. 99/110

Samuel, D.: Simultaneous Engineering und FEM im Schmiedebetrieb. Umformtechnik 28 (1994) 4, S. 200/204

Lange, K.; Meyer-Nolkemper, H.: Gesenkschmieden. 2. Auflage Springer-Verlag 1977

Sistermann, H.-D.: Aluminium- und Magnesium-Legierungen für Schmiedeteile. VDI- Bericht NR. 1137 (1994), S. 73/82

Siegert, K.: Neuere Entwicklungen in der Massivumformung. DGM-Informationsgesellschaft, Oberursel 1991

Jesche, F.; Voelkner, W.: Entwicklung eines CAD/CAM-Systems. Gesenkschmieden Fertigungstechnik und Betrieb 41 (1991) 5, S. 260/262

Matthieu, H.: Ein Beitrag zur Auslegung von Stadienfolgen beim Gesenkschmieden mit Grat. Fortschritt-Berichte VDI, Reihe 2, Fertigungstechnik Nr. 213, VDI-Verlag 1991

Literatur zu Kap. 1.4.1 bis 1.4.3 (Massivumformung)

Asboll, K.; Skog, S.: Cold forging aluminium components. ALUMINIUM 67 (1991) 5, S. 443/446

Behrens, A.; Winter, M.; Schafstall, H.: FEM-Simulatrion eines kombinierten Vorwärts-Rückwärtsfließpreß-Verfahrens. Umformtechnik 28 (1994) 3, S. 158/164

Jontschev, B.: Mehrstufiges Kaltumformen einer nichtaxialsymmetrischen Hülse. ALUMINIUM 69 (1993) 6, S.519/523

Jontschev, B.: Kaltumformen von Aluminiumhülsen mit Flansch. Aluminium 66(1990) 12, S. 1144/1147

Kretz, W.: Gestaltung und Anwendung von technischen Fließpreßteilen. ALUMINIUM 71 (1995) 2, S. 191/194; 3, S. 314/319

Siegert, K.: Fließpressen von Aluminium. DGM-Informationsgesellschaft Verlag, Oberursel 1995

Lange, K.: Umformtechnik, Band 2: Massivumformung. Springer-Verlag 1993

-: Aluminium für Technische Fließpreßteile-Bericht Nr.29 der Aluminiumzentrale, Düsseldorf

Ostermann, F.: Anwendungstechnologie, Aluminium, Springer Verlag, Berlin u.a., 1998

Meßner, A.: Kaltmassivumformung metallischer Kleinstteile – Werkstoffverhalten, Wirkflächenreibung, Prozeßauslegung. Reihe Fertigungstechnik Erlangen, Nr. 75, Meisenbach-Verlag, Bamberg, 1997

Lehnert, W.: Teilefertigung durch Umformen. Tagungsband Meform 99, TU Bergakademie Freiberg 1999

Literatur zum Kap. 1.4.4 (Innenhochdruckumformung)

Siegert, K.: Neuere Entwicklungen in der Massivumformung. DGM Informationsausschuß mbH, Oberursel, 1993

Seifert, M.: Weiterentwicklung und Anwendung des Innenhochdruck-Umformens in der Serienfertigung von komplizierten, 3-D-geformten Hohlprofilen für die Automobilindustrie. Vortrag, TU Dresden, 1994

Renner, A.: Erne Liquid-Bulge-Verfahren. Bericht, Wien 1994

Claas, F.: Aufweiten von Rohren durch Innenhochdruckumformen. VDI-Fortschrittberichte: Reihe 2, Fertigungstechnik Nr. 142. VDI-Verlag GmbH, Düsseldorf 1982

Bauer, D.; Keller, F.; Weißer K: Hydroformen von Aluminiumrohr. Metall 48 (1994) 8, S. 601/605

Bobbert, D.: Bauteiloptimierung durch hydraulisches Umformen. in Tagungsband 16, Umformtechnisches Kolloquium, Universität Hannover, 1999

Literatur zu Kap. 1.5.1 bis 1.5.4

Lange, K.: Umformtechnik, Band 3: Blechbearbeitung. Springer-Verlag 1990

Bauer, D. u. R. Krebs: Vor- und Nachteile von Aluminium als Karosseriewerkstoff. Metall 52 (1998) 3, S. 138/142

Ostermann, F.: Aluminium-Werkstofftechnik für den Automobilbau. Bd. 375, expert Verlag 1992

Kardos, K.: Untersuchungen zur fertigungsorientierten Qualitätssicherung bei der Herstellung von Karosserieteilen. Habilitationsschrift TU Dresden 1993

Kluge, S.; Laibach, A.: Umformverhalten von Aluminiumlegierungen beim Tiefziehen und Streckziehen von Karosserieteilen. Sächsische Fachtagung Freiberg 1995, S. 38.1/38.17

Thomas, V.: Anpassung der Werkzeugsysteme zur Blechumformung an die Umformmaschine. Blech Rohre Profile 40 (1993) 5, S. 234/238

Siegert, K.: Blechumformung-Zieheinrichtungen einfachwirkender Pressen für die Blechumformung. DGM-Informationsgesellschaft, Stuttgart 1991

Siegert, K.: Neuere Entwicklungen in der Blechumformung. DGM-Informationsgesellschaft, Oberursel 1992

Siegert, K.: Blechumformung-Innovative Pressentechnik. DGM-Informationsgesellschaft, Stuttgart 1994

Wanzke, M.; Pfeffer, G.: Tiefziehen von Aluminiumteilen mit rechteckigem Querschnitt. ALUMINIUM 69 (1993) 9, S. 788/792

Mietrach, D.: Improved productivity in CIAM Forming. ALUMINIUM 69 (1993) 6, S. 524/528; S. 622/626

Bräunlich, H.; Laibach, A.: Stabilität und Abformgenauigkeit von Aluminium-Blechwerkstoffen beim Streckziehen. ALUMINIUM 69 (1993) 12, S. 1097/1102

Schmitt, H.: Elastomere im Werkzeugbau der Blechbearbeitung. Blech Rohre Profile 30 (1983) 2, S. 49/52 (Teil I); 3, S.105/110 (Teil II); 4, S. 144/146 (Teil III)

Mössle, E.. Einfluß der Blechoberfläche beim Ziehen von Blechteilen aus Aluminiumlegierungen. Springer- Verlag Berlin Heidelberg New York 1983

Falkenstein, H.-P.: Umformen von Aluminium-Blechwerkstoffen. ALUMINIUM 58 (1982) 11, S. 670/675 (Teil I); 12, S. 730/732 (Teil II); 59 (1983) 2, S. 150/152 (Teil III); 3, S. 224/226 (Teil IV); 5, S. 390/393 (Teil V); 6, S. 461/464 (Teil VI);
7, S. 542/544 (Teil VII)

Kohara, S.; Katsuta, M.; Aoki, K.: Forming limit curves of 1100 aluminium sheet and the effects of strain path and sheet thickness on the curves. ALUMINIUM 58 (1982) 12, S. 733/736

Siegert, K.: Karosserieblech aus Aluminium im Vergleich zu Karosserieblechen aus Stahl. Nachtrag zum VDI- Bericht Nr. 450, VDI-Verlag, Düsseldorf 1982

Neumann, W.D.: Stand der Verarbeitungstechnik von bandbeschichteten Aluminiumblechen. Vortragsband Blechbearbeitung ´82, VDI-Verlag. Düsseldorf, S. 67/74

Brungs, D.; Raas, F.: Gestalten von Aluminium-Blechkonstruktionen. Blech Rohre Profile 29 (1982)7/8, S. 303/306

Falkenstein, H.P.; Gruhl, W.; Scharf, G.: Metallurgical effects on the strain hardening of aluminium sheet alloys. Vortragsband zum 12. IDDRG Congress, International Deep Drawing Res. Group, Redhill Surry 1982

Rodrigues, P.M.B.; Akeret. R.: Surface roughening and strain inhomogeneities in aluminium in aluminium sheet forming. Vortragsband zum 12. IDDRG Congress, International Deep Drawing Res. Group, Redhilll Surry 1982

Beaver, P.W.; Parker, P.A.: Improved formability for medium strength aluminium alloys through microstructural control. Vortragsband zum 12. IDDRG Congress, International Deep Drawing Res. Group, Redhilll Surry 1982

Lésperance, G.; Roberts, W.T.; Loretto, M.H.; Wilson, D.V.: The strech-formabilities of precipitation-hardening aluminium alloys at temperatures up to 500 °C. Vortragsband zum 12. IDDRG Congress, International Deep Drawing Res. Group, Redhilll Surry 1982

Gatto, F.; Morri, D.: Forming properties of some aluminium alloys sheets for carbody. Vortragsband zum 12. IDDRG Congress, International Deep Drawing Res. Group, Redhilll Surry 1982

Lit. zu Kap. 1.5.5 (Superplastisches Umformen)

Moore, D.; Morries, L.R.: A new superplastic aluminium sheet alloy. Materials Science and Engineering 43 (1980), S.85/92

Schmidt, J.: Superplastisch geformtes Aluminiumbauteil für den Airbus. ALUMINIUM 70 (1994), S. 57/61

Heubner, U.: Fachbericht Superplastizität. Deutsche Gesellschaft für Metallkunde, Oberursel 1976

Grimes, R.; Stowell, M.J.; Watts, B.M.: Superplastic aluminium based alloys. Metals Technology 3 (1976) 3, S.154/160

Werle, T.: Superplastische Aluminiumblechumformung unter besonderer Beachtung der Formänderungsgeschwindigkeit. Dr.-Ing.-Dissertation, Universität Stuttgart, 1995

Stöwer, B.: Stand der Entwicklung von Aluminiumlegierungen für super-plastische Formgebung, Bleche Rohre Profile 37 (1990) 12, S. 923/926

Lit. zu Kap. 1.5.6 (Drücken)

Weißbach, U.: Metalldrücken von Hohlteilen aus massivem Halbzeug. Dissertation, TU Karl-Marx-Stadt (Chemnitz), 1988

Finckenstein, E.v.: Drücken, Handbuch der Fertigungstechnik, Bd.2/3: Umformen, Zerteilen. Hanser Verlag, München 1985

Faulhaber, J.: Drücken und Fließdrücken - Verfahren und Maschinen. Blech Rohre Profile 34 (1987), S.199/202; 283/285

Herold, G.; Abdel-Kader, S.: Einfluß der Prozeßparameter beim Drückwalzen auf den Werkstofffluß und die Produktqualität. 5. Sächsische Fachtagung Umformtechnik, TU Bergakademie Freiberg, 1998, S. 26/1 – 25/15

Literatur zu Kap. 1.5.7 (Biegen von Blechen)

Schiefenbusch, J.: Gesenk- und Druckbiegen spröder Al- und Ti- Legierungen - Industrie-Anzeiger 103 (1981) 39, S. 20/22

Kahl, K.W.: Untersuchungen zur Verbesserung der Form- und Maßgenauigkeit beim Biegen von Blechen - VDI-Fortschrittsberichte Reihe 2, Nr. 114, Düsseldorf, VDI-Verlag 1986

Fait, J.; Rothstein, R.: Beitrag zur Prozeßsimulation des Schwenk- und des U-Biegens - Industrieanzeiger 109 (1987) 10, S.45/46

Literatur zum Kap. 1.6.2 (Biegen von Rohren und Profilen)

Schnaas, J.: Gebogene Aluminium-Strangprofile im Fahrzeugbau. ALUMINIUM 71 (1995) 1, S. 102/109

Autorenkollektiv: Biegetechnik für Strangpreßprofile und Rohre aus Aluminium. Seminar, Aluminiumzentrale e. V., Düsseldorf, 1993

Bettin, M.; Findeisen, V.; Hermans, J.: Gebogene Aluminium-Profile und Rohre im PKW-Bau. in Neuere Entwicklungen von Massivumformverfahren, Hrsg. von Siegert, K., DGM-Informationsgesellschaft Verlag, Oberursel, 1995

Begojawlenskij, K. N.; Neubauer, A.; Ris, W.: Technologie der Fertigung von Leichtbauprofilen. VEB Deutscher Verlag für Grundstoffindustrie, Leipzig, 1979

Chatti, S.: Optimierung der Fertigungsgenauigkeit beim Profilbiegen. Dr.-Ing.-Dissertation, Universität Dortmund, 1997

Literatur zum Kap. 1.7.1 (Thixoforming - Thixoschmieden)

Kopp R.; Bremer, T.; Mertens, H.-P.; Heußen, J.M.M.: Thixoschmieden. Tagungsband, 10. Aachener Stahlkolloqium, Aachen 1995

Hirt, G.; Witulski.; T. Cremer, R.; Winkelmann, A.: Thixoforming: Neue Chancen für Leichtbau in Transport und Verkehr. Tagungsband, 10. Aachener Stahlkolloqium, Aachen 1995

Tietmann, A.L.: Gießschmieden und Thixoschmieden von Aluminiumknetlegierungen. Dissertation, Umformtechnische Schriften Band 43, Verlag Stahleisen GmbH, Düsseldorf 1994

Hirt, G.: Thixogießen und Thixoschmieden - ein wirtschaftlicher Weg zur endabmessungsnahen Bauteilherstellung. ALUMINIUM 70 (1994) 5/6, S. 344/351

-: Thixalloy - Werkstoff und Umformtechnik mit Zukunft. ALUMINIUM 69 (1993) 4, S 336

Flemmings, M.C.: Behavior of Metal Alloys in the Semisolid State. Metallurgical Transaction A 22 (1991) 5, S. 952/981

Moschini, R.: Manufacture of Automotive Components by Semi Liquid Forming. Diecasting World (1992) 9, S. 74/76

Brown, S.B.; Flemings, M.C.: Advanced materials and processes (1993) 1, S. 36/40

Gabathuler, J.P.; Huber, H.; Ditzler, Ch.: Thixoforming- Aluminiumbauteile mit hoher Beanspruchbarkeit und komplexer Gestalt. ALUMINIUM 71 (1995) 4, S. 432/435, 5. S. 620/622

Literatur zum Kap.: 1.7.2 (Laserumformung)

Geiger, M.; Vollertsen, F.: Rapid Prototyping für Aluminium-Blechteile in Leichtbaustrukturen und leichte Bauteile. VDI-Berichte 1080 (1994), S. 293/298

Vollertsen, F.; Holzer, S.: Laserstrahlumformen-Grundlagen und Anwendungsmöglichkeiten. VDI-Zeitschrift 136 (1994) 1/2, S. 35/38

Vollertsen, F.; Geiger, M.: Laserstrahlbiegen von Eisen- und NE-Legierungen. Blech Rohre Profile 40 (1993), S. 666/670

Geiger, M.; Vollertsen, F.; Arnet, H.: Laserumformung von Blechen Tagungsband Sächsische Fachtagung Umformtechnik 1994 Chemnitz, S. 24/1 bis 24/13

Literatur zum Kap. 1.7.4 (Fügeumformung)

Liebig, H.P.; Bober, J.; Jacobson, J,: Eine neue Entwicklung im Bereich des umformtechnischen Fügens. Bleche Rohre Profile, 42 (1995) 2, S. 89/93

Kühne, T.: Druckfügetechnik-Alternative auch bei hohen Beanspruchungen. Bleche Rohre und Profile, 42 (1995) 2, S. 94/99

Voelkner, W.; Liebrecht, F.: Reproduzierbare Produktqualität durch umformendes Fügen, 5. Sächsische Fachtagung Umformtechnik, TU Bergakademie Freiberg, 1998, S. 28/1 – 28/16

Liebig, H.P.; Mutschler, J.: Über das Tragverhalten von Durchsetzfügungen metallisch beschichteter Bleche. Bleche Rohre Profile, 41 (1994) 5, S. 319/326

Literatur zum Kap. 1.8 (Hochporöse und Verbundwerkstoffe aus Al)

Schatt, W. (Hrsg.): Pulvermetallurgie, Sinter- und Verbundwerkstoffe. 3. Aufl.; Dr. Alfred Hüthig Verlag, Heidelberg 1988

Degischer, H.P.: Schmelzmetallurgische Herstellung von Metallmatrix-Verbundwerkstoffen. In: Metallische Verbundwerkstoffe. Hrsg. von Kainer, K.U.; Oberursel: DGM Informationsgesellschaft mbH 1994, S. 139/168

Lloyd, D.J.: Factors Influencing the Properties of Particulate Reinforced. Composites Produced by Molten Metal Mixing. In: Proc. 12th Ris Int. Symp. on Materials Science. Ed. by Hansen, N. et al.; Roskilde: Ris National Laboratory 1991, S. 81/99

Lee, J.C., Subramanian, K.N., Kim, Y.: The Interface in Al_2O_3. Particulate-Reinforced Aluminium Alloy Composite and its Role on the Tensile Properties. J. Mater. Sci. 29 (1994), S. 1983-1990

Geiger, A.L., Walker, J.A.: The Processing and Properties of Discontinuously Reinforced Aluminum Composites. JOM (1991) 8, S. 8/15

Hummert, U.: Pulvermetallurgisches Aluminium - Hochleistungswerkstoffe für den Automobilbau, Tagungsband Aluminium-Werkstofftechnik für den Automobilbau, Esslingen, 1996

Lehnert, F.: Grundlagenuntersuchungen zur Herstellung partikelverstärkter Aluminiumlegierungen unter Verwendung des Verfahrens der Tiegelschmelzextraktion. Dr. Ing. Dissertation, TU Dresden 1995

Deve, H.E. u. Mc Cullough C.: Coutinuous - Fiber Reinforced Aluminium Composites: A New Generation. J. of. Metals (1995) 7, S. 33/37

Hansen, J.: Faserverbundwerkstoffe Bd. 2, Springer Verlag, Berlin u.a. 1985

Banhart, J.; Baumeister, J. u. M. Weber: Metallschaum – ein Werkstoff mit Perspektiven. ALUMINIUM 70 (1994) 3/4, S. 209/212

Literatur zum Kap. 1.8.2 (Plattierte Verbundwerkstoffe)

Steffens, H.D.; Brandl, W.: Moderne Beschichtungsverfahren. DGM Informationsgesellschaft-Verlag, Dortmund 1992

Funke, P.; Priebe, H.R.; H. Buddenberg: Die Untersuchung von Verfahrensparametern beim Walzplattieren. Stahl und Eisen, 110 (1990) 6, S. 67/71

Knauschner, A. u. N. t. Tien: Einfluß des Umformvorganges auf die Bindung beim Kaltwalzplattieren von Metallbändern. Stahl und Eisen, 113 (1993) 7, S. 81/85; 8, S. 57/64

Knauschner, A.: Oberflächenveredeln und Plattieren von Metallen. VEB Deutscher Verlag für Grundstoffindustrie, Leipzig 1978

Nguyen tat Tien: Beitrag zum Kaltwalzplattieren von Metallbändern. Dissertation B, TU Bergakademie Freiberg 1991

Wagner, A.; Hodel, U.: Aluminium-Stahl-Verbundprofile mit metallischer Bindung zwischen Stahl und Aluminium. Metall 33 (1979) 2, S. 147/151

Holloway, C.; Sheppard, T.; Basset, M. B.: Direct extrusion of clad material using a disc technique. Metals Technology 3 (1976) 11, S. 510/515

Theler, J.J.; Wagner, A.; Ames, A.: Herstellung von Aluminium/Stahl-Verbundstromschienen mit metallischer Bindung zwischen Aluminium und Stahl durch Verbundstrangpressen. Metall 30 (1976) 3, S. 223/227

Ziemeck, G.: Kontinuierliches Verfahren zur Herstellung kupferplattierter Aluminiumdrähte. Draht 24 (1973) 10, S. 535/541

Hornmark, N.: Kupferumhülltes Aluminium - ein neuer Werkstoff für die industrielle Fertigung von Compoundleitern. Draht-Welt 56 (1970) 8, S. 424/426

Kertscher, E.: Das Fertigen von Wickeldraht nach dem Extrusionsverfahren (Extrusionsbeschichten). Drahtwelt 67 (1981) 1, S. 12/14

Ruppin, D.: Müller, K.: Einfluß der Blockeinsatztemperatur beim hydrostatischen Strangpressen von kupfer-ummantelten Aluminiumprofilen. ALUMINIUM 56 (1980) 8, S. 523/529

Literatur zum Kap. 1.9 (Wärmebehandlung)

Bomas, H.: Abschreckgeschwindigkeit von AlMgSi-Legierungen beeinflußt die Festigkeitswerte. Maschinenmarkt 88 (1982) 59, S. 1220/1222

Suzuki, H.; Kanno, M.; Itoh, G.: A consideration of the two-step ageing process in an Al-Mg-Si alloy. ALUMINIUM 57 (1981) 9, S. 628/629

Lang, G.; Vitalis, L.; Lakner, J.: Einfluß von Chrom, Mangan und Zirkonium auf die Warm- und Kaltformbarkeit von AlZn4,5Mg1. ALUMINIUM 57 (1981) 6, S.423/428

Kowalski, W.: Ultraschallschwächung während des Aushärtens von Aluminiumlegierungen. ALUMINIUM 55 (1979) 12, S. 795/797

Fotouhi, N.; Jung, G.: Verwendung von Gasmotoren - Abgas als Schutzgas in Glühöfen der Aluminiumindustrie. Gaswärme International 33 (1990) 8, S.351/353

Morbitzer, E.: Alterungsofen für Luftfahrt-Werkstoffe mit hochpräziser Temperaturführung. ALIMINIUM 71 (1995) 3, S. 298/300

Leyendecker, Th. u. P. Olberts: Hohe Temperaturgleichmäßigkeit durch angepaßte Strömungsführung im Wärmebehandlungsofen. ALUMINIUM 72 (1996), S. 16/22

TALAT (Training in Aluminium Application Technologies). European Aluminium Association, 1998

2. Gießen von Aluminium-Teilen

von Prof. O. Liesenberg und Dr. G. Drossel

2.1 Grundlagen des Gießereiprozesses

Gießen zählt zu den Fertigungsverfahren und wird entsprechend einer Einteilung derselben nach DIN 8580 zur Hauptgruppe Urformen gerechnet und als Urformen aus dem flüssigen, breiigen oder pastenförmigen Zustand definiert (Bild 2.1). Es umfaßt die Teilefertigung durch Gießen, aber auch die Herstellung von Halbzeugen und Vorprodukten für weitere dem Gießen nachgeordnete Fertigungsverfahren und kann Kombinationen mit Verfahren anderer Hauptgruppen bilden, wie sie beim Fügen oder Beschichten gegeben sind. Unter den Urformverfahren nimmt es auf Grund seiner Merkmale eine herausragende Stellung ein.
Bei der Teilefertigung durch Gießen, dem Formguß, werden Gußwerkstoffe aus dem flüssigen bzw. teilerstarrten Zustand über eine Gießform in ein Gußstück mit definierter Gestalt und einem bestimmten Eigenschaftsspektrum überführt, das u.a. endmaßnahe Abmessungen einschließt. Der kurze und prozeßstufenarme Weg vom Rohstoff zum Gußstück, die weitgehende Gestaltungsfreiheit bei der Teilekonstruktion und die große Breite der verfügbaren Gußwerkstoffe sowie der Form- und Gießverfahren gelten als besondere Verfahrensvorteile und ermöglichen die wirtschaftliche Teilefertigung durch Gießen in weiten Masse- und Abmessungsbereichen.
Diese Merkmale gelten uneingeschränkt auch für das Gießen von Teilen aus Aluminium und Aluminiumlegierungen. Besonderheiten des Fertigungsverfahrens liegen in diesem Fall bei den relativ niedrigen Schmelz- und Gießtemperaturen der Aluminium-Gußwerkstoffe, die den Einsatz von Dauerformen und von Kokillen- und Druckgießverfahren ermöglichen, und in der geringen Dichte der Werkstoffe, aus der relativ geringere Teilemassen im Vergleich mit z.B. Eisen-Kohlenstoff-Werkstoffen resultieren.

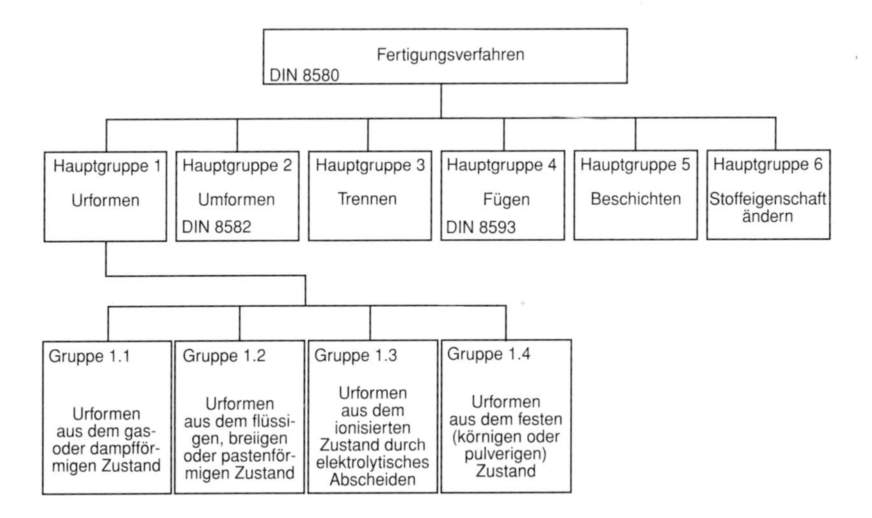

Bild 2.1 Einteilung der Fertigungsverfahren nach DIN 8580

Der Fertigungsbereich für die Massen von Aluminium-Güßstücken reicht in Abhängigkeit von den Form- und Gießverfahren von wenigen Gramm bis über 3000 kg bei Wanddicken von unter 1 mm bis zu 30 mm, in Sonderfällen über 100 mm. Die möglichen Gußstückabmessungen sind von den Ausrüstungen und Einrichtungen der Gießerei sowie von den technisch-technologischen Bedingungen der jeweiligen Fertigungsprozesse abhängig.

In der BRD wurden 1998 607 501 t Gußerzeugnisse aus Aluminium und Aluminium-Legierungen hergestellt. Von der Gesamtmenge entfallen ca. 9 % auf Sandguß und Sondergußverfahren, 33 % auf Kokillenguß und 58 % auf Druckguß, eine vergleichende Gegenüberstellung der analogen Daten für ausgewählte Jahre im Zeitraum 1975 - 1998 weist neben dem Anstieg der Jahreserzeugung zunehmende Anteile für Druckguß bei abnehmenden für Sandguß und relativ gleichbleibende für Kokillenguß aus. Die Veränderungen klingen im letzten Teil des Zeitraumes ab (Tafel 2.1). Bezogen auf die Erzeugung von Eisen-, Stahl- und Temperguß zeichnet sich im gleichen Zeitraum ein zunehmender Anteil für die Gußerzeugung aus Aluminium und Aluminium-Legierungen ab (Tafel 2.2). Die Entwicklungen haben Werkstoff- und Verfahrenssubstitutionen unter den Aspekten der Masseverringerung von Bauteilen zur Grundlage und sind zugleich Ausdruck für die Weiterentwicklungen auf den Gebieten der Aluminium-Gußwerkstoffe und der gießereitechnischen Fertigungsverfahren.

Der Hauptanteil der Aluminium-Gußerzeugnisse gelangt im Fahrzeugbau zum Einsatz. Mit deutlich geringeren Anteilen folgen die Abnehmergruppen Allgemeiner Maschinenbau und Bergbau, Werkzeugmaschinenbau, Elektrotechnik, Feinmechanik und Optik, Bauausstattung und weitere. Die Verteilung der Abnehmeranteile auf Sandguß-, Kokillenguß- und Druckgußerzeugnisse zeigt im Zusammenhang mit den jeweiligen Qualitätsanforderungen Unterschiede (Tafel 2.3).

Tafel 2.1 Gußerzeugung aus Al und Al-Legierungen - Anteile an Sandguß, Kokillenguß und Druckguß
BRD, ausgewählte Erzeugungsjahre im Zeitraum 1975 bis 1998

Jahr	Gußerzeugung	Anteile [%]		
	(t/Jahr)	Sandguß	Kokillenguß	Druckguß
1975	211 325	20,3	34,5	43,9
1980	317 993	16,2	34,7	48,2
1985	365 587	13,9	34,8	50,5
1990	476 740	13,9	32,5	53,5
1995	474 370	9,0	35,0	55,6
1998	607 501	8,2	33,3	58,2

Tafel 2.2 Anteile der Gußerzeugung von Al und Al-Legierungen an der Gesamterzeugung von Eisen-, Stahl- Tempergußlegierungen, Al und Al- Legierungen BRD, ausgewählte Erzeugungsjahre im Zeitraum 1975 - 1998

Jahr	Erzeugung Eisen-, Stahl- und Temperguß-Legierungen	Erzeugung Al und Al-Gußlegierungen	Anteil Al und Al-Gußlegierungen
	(t/Jahr)	(t/Jahr)	(%)
1975	3 922 000	211 325	5,4
1980	3 916 000	317 993	7,9
1985	3 500 000	365 587	9,5
1990	3 590 000	476 740	11,7
1995	3 496 000	474 370	11,9
1998	3 619 000	607 501	14,3

2.1.1 Verfahrensablauf im Gießereiprozeß

Der Gesamtprozeß für die Fertigung von Gußteilen aus Aluminium und Aluminium-Legierungen schließt eine Reihe von Teilprozessen ein, die hinsichtlich der technischen Ausrüstungen und der technologischen Prozeßabläufe auf die jeweiligen Qualitätsanforderungen an die Gußerzeugnisse ausgelegt und abgestimmt sind. Sie lassen sich technologischen Linien zuordnen, von denen eine die Teilprozesse zur Herstellung der gießfertigen Schmelze (Schmelzelinie) und eine zweite die zur Fertigung der Gießform (Formlinie) umfaßt. Beide münden in eine dritte mit den Teilprozessen für die Bildung des Gußkörpers und seine weitere Behandlung ein. Bild 2.2 zeigt in einer schematischen Darstellung den so gegliederten Fertigungsablauf mit den wesentlichen Teilprozessen und Zwischenprodukten.

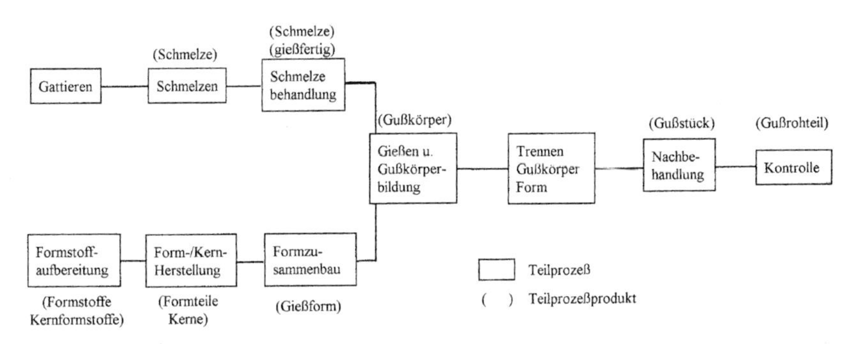

Bild 2.2 Fertigungsablauf bei der Herstellung von Gußteilen

In der Schmelzelinie gelangen die Einsatzstoffe von der Gattierung zur Verflüssigung und zur Einstellung vorgegebener Schmelzetemperaturen und Zusammensetzungen in den Teilprozeß Schmelzen. Die eingeschlossene oder nachfolgende Schmelzebehandlung dient in Verbindung mit dem Schmelzen der Steuerung der metallurgischen Qualität der Schmelze. Sie erreicht im gießfertigen Zustand den Teilprozeß Gießen/Gußkörperbildung. Die Formlinie führt bei Sandgußverfahren über die Aufbereitung der Form- und Kernformstoffe, die Form- und Kernfertigung und den Formzusammenbau ebenfalls zum Teilprozeß Gießen/Gußkörperbildung. Bei den Kokillen- und Druckgießverfahren umfaßt sie die Herstellung, den Einbau und die Behandlung der Dauerform. Das Gießen dient der Füllung des Formhohlraumes mit Schmelze. Der Vorgang verläuft je nach den durch das Gießverfahren (Schwerkraftguß, Druckguß, Niederdruckguß, Schleuderguß) gegebenen Bedingungen und Einwirkungen. Die Gußkörperbildung schließt als Folge der Wärmeabführung an die Form die Erstarrung des flüssigen Gußwerkstoffes und die Abkühlung des erstarrten Gußkörpers ein. Daraus resultieren Gefüge und Eigenschaften im Gußstück. Darüber hinaus können die in den Prozeß eingebundenen Vorgänge zur Ausbildung von Defekten in Form von Lunkern, Rissen, Spannungen, Einschlüssen und Gasporositäten führen. Dem Trennen von Gußkörper und Form bzw. Kern folgt die Nachbehandlung, die das Putzen, die Wärmebehandlung und u.U. Ausbesserungsarbeiten einschließt. Beim Putzen werden die Gußkörperoberflächen von Formstoff- und Kernrückständen gereinigt und Gieß- und Speisesysteme sowie der durch das Fertigungsverfahren bedingte Grat entfernt. Jeweils spezifische Wärmebehandlungstechnologien ermöglichen über umwandlungsfreie oder gefügeverändernde Vorgänge eine gezielte Einflußnahme auf die Gußteilqualität. Mögliche und zulässige Aus- und Nachbesserungen dienen der nachträglichen Beseitigung von Qualitätsmängeln. Im Rahmen der Kontrolle werden Qualitätsmerkmale und -kenngrößen unter dem Aspekt der Einhaltung von Vorgaben für Werkstoffe und Gußteile ermittelt. Qualitätssicherungssysteme schließen in zunehmendem Maße prozeßbegleitende Kontrollmaßnahmen ein, die sich auf die Kontrolle der Teilprozesse und ihrer Produkte erstrecken.

2.2 Qualitätsmerkmale von Aluminium-Gußstücken

Die Güte von Aluminium-Gußstücken umfaßt eine Reihe von Qualitätsmerkmalen, die je nach dem Anwendungs- oder Einsatzfall des Teiles eine unterschiedliche Wichtung erfahren. Der Qualitätsbegriff ist auf den Verwendungszweck des Gußstückes abgestimmt, wichtige Qualitätsmerkmale betreffen die dafür maßgeblichen Eigenschaftskenngrößen. In den europäischen Normen EN 1559-1 „Technische Lieferbedingungen – Teil1 Allgemeines" und Pr EN 1559-4 „Zusätzliche Anforderungen an Aluminiumgußstücke“ werden unter dem Aspekt der Gußstückgüte Bedingungen u.a. für die technischen Angaben bei der Bestellung, für die Anforderungen an das Gußstück hinsichtlich der Herstellung, der chemischen Zusammensetzung, der Werkstoffeigenschaften, der allgemeinen und besonderen Gußstückbeschaffenheit, der Form und Abmaße sowie für Prüfungen und Bescheinigungen zusammengefaßt und erläutert. Sie umreißen zugleich die Verantwortlichkeiten des Bestellers und des Herstellers und verdeutlichen im Zusammenhang mit möglichen Sondervereinbarungen die Notwendigkeit einer engen Zusammenarbeit.

Die wesentlichen Gliederungspunkte der Normen entsprechen denen nach DIN 1690.
In Anlehnung an die allgemeinen Bedingungen der Normen und unter Berücksichtigung der besonderen im Fertigungsprozeß für Aluminium-Gußstücke sind im Bild 2.3 Qualitätsmerkmale zusammengestellt, die im Vordergrund der diesbezüglichen Betrachtungen stehen.

Tafel 2.3 Ablieferung von Gußerzeugnissen aus Al- und Al-Legierungen unterteilt nach Gußverfahren und Abnehmergruppen, BRD 1998 (in Prozent); (Quelle: Bundesamt für Wirtschaft, Eschborn/Ts.)

Abnehmergruppen	Sandguß	Kokillenguß	Druckguß	andere Verfahren
Straßenfahrzeuge Wasserfahrzeuge	35,4 0,4	78,3 a)	71,6 0)	a) a)
Schienenfahrzeuge	1,8	0,2	0,1	a)
Luft- und Raumfahrzeuge	0,1	0	0	–
Verbrennnungsmotoren Berg-,Seilbahnen, Container	2,4	0,5	5,2	a)
Allgem. Maschinenbau Bergbau	27,5	2,9	2,8	a)
Werkzeugmaschinen Werkzeuge, Hebezeuge Fördermittel, Pumpen	7,0	0,9	3,0	–
Feinmechanik, Optik Mediz. Apparate, Instrumente	1,7	0,3	0,5	–
Elektrotechnik, (Erzeugung, Verteilung, Umwandlung)	5,9	0,5	3,0	a)
Telefon, Fernmeldetechnik Elektronik, Zubehör	0,2	0,1	0,4	–
Hochbau, Bedachung, Außenwandverkleidung	0,3	0,3	0,1	–
Bauausstattung	0,3	2,1	1,1	–
Öffentliche Anlagen und Einrichtungen	0,1	a)	0,1	–
Kältetechnik, Chem. Industrie	0,2	0,2	0,1	–
Nahrungsmittelindustrie Land- und Forstwirtschaft	1	0	0	–
Haushaltswaren, -geräte, - maschinen, Haushaltsbedarf	0,3	0,2	1,6	–
Radio, Phono, Fernsehen, Beleuchtung	0,3	0,3	0,5	–
Büro- u. Schulbedarf, Möbel	0,2	0,1	1	–
Metallwaren, Waffen, Militär-bedarf	0,2	0	0,9	a)
Sonstiges, den bisherigen Gruppen nicht zuzuordnen	6,9	1,8	1,8	1,9
Export	7,8	11,1	6,2	45,2

a) unterliegt Vorschriften, die die Bekanntgabe untersagen

Qualitäts-Merkmale
- Allgemeine und besondere Gußstückbeschaffenheit
- Chemische Zusammensetzung
- Gefügeausbildung
- Eigenschaften
- Maßhaltigkeit und Oberflächengüte
- Gießtechnische Fehler und Defekte

Bild 2.3 Qualitätsmerkmale für Aluminiumgußstücke

Die allgemeine und besondere Gußstückbeschaffenheit betrifft den äußeren Zustand des geputzten und unbearbeiteten Gußstückes. Gieß- und Speisesysteme sowie Grat müssen entfernt und zugängliche Oberflächen von Formstoff- und Kernformstoffresten gereinigt sein. Kleine und untergeordnete Oberflächenfehler wie Sand, Schlacke, Kaltschweißen, Lunker, Porosität und Unebenheiten sind zulässig, wenn sie nicht zu Beanstandungen führen. Ausbesserungen von unzulässigen äußeren und inneren Fehlern dürfen den Qualitätsanforderungen nicht entgegenstehen. Sonderanforderungen, z.B. Dichtheit gegen bestimmte Medien, bedürfen besonderer Vereinbarungen.

Die chemische Zusammensetzung erfaßt die Massekonzentration an Legierungs- und Begleitelementen sowie von Beimengungen in dem für das Gußstück vereinbarten Werkstoff. Die Anforderungen entsprechen den Angaben der zugehörigen Normen für Aluminium-Gußlegierungen bzw. für Blockmetalle und Flüssigmetalle (Abschnitt 2.4), bei nicht genormten Werkstoffen der Bestellung. Sie beziehen sich im Normalfall auf die Schmelzeanalyse, in Sonderfällen auf die Gußstückanalyse. Die Bedeutung der chemischen Analyse als Qualitätsmerkmal erwächst aus ihrem Einfluß auf die Gefügeausbildung und die Eigenschaften von Werkstoffen und Gußstücken. Sie ist selbst abhängig von der Zusammensetzung der Einsatzstoffe für den Schmelzprozeß und den metallurgischen Reaktionen beim Schmelzen und der Schmelzebehandlung.

Die Gefügeausbildung des Gußstückes ist durch das Makro- und das Mikrogefüge charakterisiert. Sie ist das Ergebnis der gefügebildenden Vorgänge bei der Gußkörperbildung im Verlauf der Erstarrung und der Umwandlungen des Werkstoffes bei den Abkühlungs- und u. U. nachgeschalteten Wärmebehandlungsvorgängen. Als Gefügekenngrößen gelten die Menge, Größe, Gestalt, Anordnung und Verteilung der Gefügephasen und -bestandteile. Zu ihnen rechnen im weiteren Sinne auch Fehler und Defekte im Werkstoffverband. Gefüge sind Träger der Werkstoff- und Gußstückeigenschaften. Wesentliche Einflußgrößen für die gefügebildenden Prozesse liegen in der Zusammensetzung und dem Keimhaushalt der Schmelze und in den Abkühlungsbedingungen beim Prozeßablauf. Diesbezüglich unterschiedliche Bedingungen in verschiedenen Gußstückbereichen, wie sie z.B. für die Abkühlungsbedingungen durch unterschiedliche Wanddicken und Querschnitte des Gußstückes oder unterschiedliche Formstoffe gegeben sind, haben örtlich unterschiedliche Gefügeausbildungen und spezifische Gefügeverteilungen im Gußstück zur Folge. An Probekörpern mit definierten Abmessungen und unter bestimmten gießtechnischen Voraussetzungen ermittelte Gefüge sind auf Grund dieser Zusammenhänge nicht ohne weiteres auf beliebige Gußstücke übertragbar.
Die Eigenschaften des Gußstückes beziehen sich im umfassenden Sinne auf die Gesamtheit der mechanischen, physikalischen, chemischen und technologischen

Eigenschaften, die im Zusammenhang mit dem Einsatzzweck des Gußteiles eine unterschiedliche Wichtung erfahren. Konkrete Anforderungen basieren auf den Werkstoffnormen, bei nicht genormten und Sonderlegierungen auf analogen Unterlagen (Abschnitt 2.4.). Die darin enthaltenen Angaben sind auf bestimmte Eigenschaftskomplexe eingegrenzt und auf Werkstoffeigenschaften bezogen, die wie die Gefüge im allgemeinen an besonderen Probekörpern ermittelt werden. Die Gußstückeigenschaften können auf Grund unterschiedlicher Gefüge und gießtechnisch bedingter Defekte davon abweichen, da die Einflußgrößen auf das Gefüge zugleich auch bestimmend für die Werkstoff- und Gußstückeigenschaften sind und zusätzliche Einflüsse von den Defekten ausgehen. Dieser Problemkomplex wird durch den Aufbau der Werkstoffnormen für Aluminium-Gußlegierungen verdeutlicht. Die getrennte Erfassung der legierungsbezogenen Eigenschaften nach den Gießverfahren Sandguß, Kokillenguß, Druckguß und Feinguß trägt den bei der Gußkörperbildung gegebenen unterschiedlichen Abkühlungsbedingungen Rechnung.
Die Angaben beziehen sich darüber hinaus auf getrennt gegossene Probestäbe und nur begrenzt auf Gußstücke. Das gilt im besonderen Maße für Druckgußlegierungen, bei denen die Gußstückeigenschaften insbesondere von den gießtechnischen Bedingungen bei der Formfüllung beeinflußt werden.

Die Maßhaltigkeit, die Bearbeitungszugaben und die Oberflächengüte kennzeichnen die Abmessungen des Gußstückes relativ zu den Zeichnungsmaßen und die Rauheit der Gußstückoberfläche. Der Fertigungsprozeß für Gußstücke bedingt Abweichungen der Gußstückabmessungen von den Zeichnungsmaßen. Sie unterliegen mehreren Einflußgrößen, so der Maßgenauigkeit der Modelleinrichtung beim Sandguß, der Dauerform beim Kokillen- und Druckguß sowie der Fertigungseinrichtungen beim Feinguß. Hinzu kommen die Lage der Formteile und Kerne, die Gestalt und die Abmessungen des Gußstückes, die Maßhaltigkeit der Form beim Gießen und der Gußkörperbildung, die Schwindung des Werkstoffes und die durch die Form und Gußstückgestalt bedingte Schwindungsbehinderung.

Die Bearbeitungszugaben sind Werkstoffzugaben am Gußstück für eine spanende Bearbeitung, durch die gießtechnisch bedingte Merkmale und Defekte an der Gußstückoberfläche beseitigt und der geforderte Oberflächenzustand und die Maßhaltigkeit gewährleistet werden. Die Größe der Bearbeitungszugaben ist von den Gußstückabmessungen abhängig.

Zulässige Maßabweichungen und Bearbeitungszugaben sind in folgenden Normen festgelegt:

DIN 1680 T.1 Gußrohteile, Allgemeintoleranzen und Bearbeitungszugaben - Allgemeines
DIN 1680 T.2 Gußrohteile, Allgemeintoleranz-System
DIN 1688 T.1 Gußrohteile aus Leichtmetall-Legierungen, Sandguß Allgemeintoleranzen und Bearbeitungszugaben
DIN 1688 T.3 Gußrohteile aus Leichtmetall-Legierungen, Kokillenguß Allgemeintoleranzen und Bearbeitungszugaben
DIN 1688 T.4 Gußrohteile aus Leichtmetall-Legierungen, Druckguß Allgemeintoleranzen und Bearbeitungszugaben
ISO 8062 Gußstücke - System für Maßtoleranzen und Bearbeitungszugaben

Die Angaben in DIN 1680 betreffen grundlegende Festlegungen. Diese sind in DIN 1688 auf die Gießverfahren und zugehörigen Gußwerkstoffe bezogen und berück-

sichtigen die an die Verfahren gebundenen Formen und die Gußstückabmessungen als wesentliche Einflußgrößen. Bezugsgröße für die Bearbeitungszugaben ist in allen Fällen das größte Außenmaß des Gußstückes.
Die Rauheit von Gußstückoberflächen ist wie die Maßhaltigkeit der Gußstücke fertigungsbedingt. Der Gußwerkstoff, die Gestalt und Abmessungen des Gußstückes, seine Lage in der Form, das Form- und Gießverfahren und der Zustand der Modelleinrichtungen und Dauerformen nehmen Einfluß. Die objektive Ermittlung der Oberflächenrauhigkeit erweist sich als problembehaftet. Erschwerend kommt hinzu, daß die Gesamtoberfläche von Gußstücken hinsichtlich der Rauhigkeit nicht einheitlich zu bewerten ist. Für die Abnahme können Rauheitsmeßwerte im allgemeinen nicht oder nur durch Sondervereinbarungen zugrunde gelegt werden. Praktische Festlegungen basieren vorzugsweise auf Vergleichsmustern und Richtreihen. Eine orientierende Übersicht über Mittenrauheitswerte von Gußstückoberflächen gibt DIN 4766 T.2. Die Angaben beziehen sich auf unterschiedliche Form- und Gießverfahren und berücksichtigen im Rahmen der verschiedenen Werkstoffgruppen auch Aluminium-Gußlegierungen. Ergänzende Hinweise enthält das VDG-Merkblatt K 100 „Rauheit von Gußoberflächen - Hinweise und Erläuterungen". Neuere Untersuchungen verweisen darauf, daß die Profiltiefe relativ gute Voraussetzungen für die Ermittlung statistisch repräsentativer und reproduzierbarer Ergebnisse bei der Rauhigkeitsmessung an Gußstückoberflächen bietet.
Der Begriff gießtechnische Fehler und Defekte umfaßt Störstellen im Gefüge und Werkstoffverbund von Gußstücken in Form von nichtmetallischen Verunreinigungen, Gasporen, Kaltschweißen, Lunkern und Rissen sowie Spannungen. Sie gelten als Qualitätsmerkmal im Zusammenhang mit Forderungen nach einer entsprechenden Fehlerfreiheit oder begrenzter Zulässigkeit. Die Ursachen für ihre Ausbildung liegen in der Schmelzequalität und den Vorgängen beim Gießen und der Gußkörperbildung. Direkt und indirekt wirkende Einflußfaktoren sind die Temperatur und die Wasserstoff- und Sauerstoffgehalte der Schmelze, die Strömungsverhältnisse in der Schmelze beim Gieß- und Formfüllvorgang, der Formstoff und der Aufbau der Form, Gieß- und Speisesysteme sowie der Gußwerkstoff und die Gestalt und die Abmessungen des Gußstückes. Die Auswirkungen der Fehlstellen auf die einzelnen Qualitätsmerkmale sind spezifisch. Sie bedürfen im Hinblick auf die Festlegung von Qualitätsanforderungen an das Gußstück und die Qualitätssicherung im Fertigungsprozeß sorgfältiger Untersuchungen.

2.2.1 Verfahrensablauf und Gußstückqualität

Die Gußstückqualität und die zugehörigen Qualitätsmerkmale sind von einer größeren Zahl von Einflußgrößen abhängig. Diese lassen sich in Einflußkomplexen zusammenfassen, die vorgegebenen Größen wie dem Werkstoff und dem Gußstück sowie Teilprozessen und Teilprozeßprodukten zuzuordnen sind und über die Vorgänge in den Teilprozessen Gießen/Gußkörperbildung und Nachbehandlung wirksam werden. Die schematische Darstellung im Bild 2.4 umreißt die gegebenen Zusammenhänge. Unter Bezug auf den jeweiligen Kenntnisstand tragen ihnen Festlegungen in den Normen für Aluminium-Gußlegierungen gleichermaßen Rechnung wie die technisch/technologischen Grundlagen der Teilprozesse im Fertigungsablauf. Die Zuordnung von Werkstoffeigenschaften, Legierungszusammensetzung, Gießverfahren und Wärmebehandlung in den Werkstoffnormen, die von Maßhaltigkeit, Gußstückabmessungen und Gießverfahren in den Normen für die Allgemeintoleranzen der Gußstücke oder die des Gußstückdefektes Gasporosität zum Wasserstoffgehalt der Schmelze und den Technologien der Schmelztechnik und der Schmelzebehandlung belegen das beispielhaft.

Die Abhängigkeiten einzelner Qualitätsmerkmale von den sie beeinflussenden Größen sind mehr oder weniger komplex. Kennzeichnend sind eine jeweils größere Zahl von Einflußfaktoren mit wechselnder Wirkungsstärke und inneren Zusammenhängen, Kenntnislücken bezüglich der Gesamtheit der Faktoren und eingeschränkte Möglichkeiten bei ihrer quantitativen Erfassung. Die Ableitung allgemeingültiger Beziehungen wird dadurch erschwert. Bestrebungen in Forschung und Produktion sind verstärkt auf die Lösung der gegebenen Problemstellungen ausgerichtet. Sie verfolgen das Ziel, über die Modellierung und Simulation von Zusammenhängen und Prozessen Qualitätsmerkmale mit ausreichender Sicherheit vorauszusagen und qualitätssichernde Maßnahmen für den Ablauf der Gesamt- und Teilprozesse der Fertigung festzulegen.

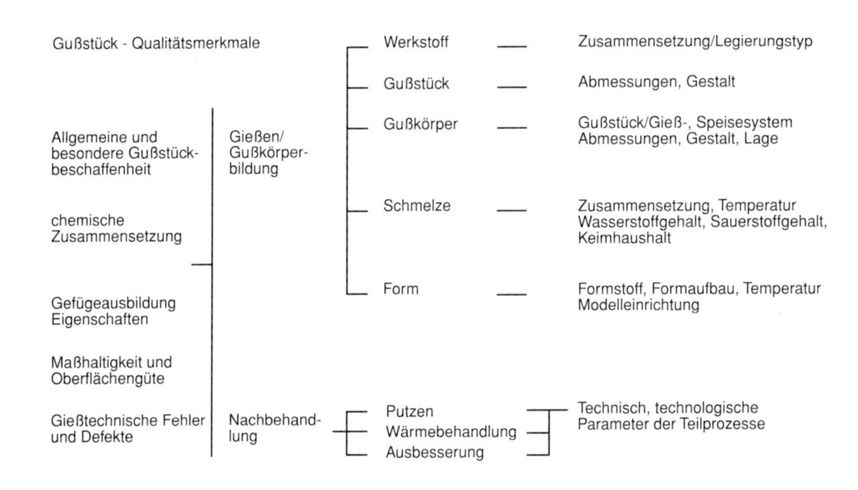

Bild 2.4 Einflußgrößen auf die Qualitätsmerkmale von Aluminium-Gußstücken

2.3 Gießen und Gußkörperbildung

Der Teilprozeß Gießen/Gußkörperbildung nimmt eine zentrale Stellung im gießereitechnischen Fertigungsablauf ein. Er umfaßt die Vorgänge beim Einströmen des Gießgutes in den Formhohlraum und seine Füllung und bei der Erstarrung und Abkühlung des Gußkörpers. Aus ihnen resultieren wesentliche Qualitätsmerkmale für das Gußstück bzw. Gußteil. Von Bedeutung sind in diesem Zusammenhang die gefüge- und eigenschaftsbildenden Prozesse, aber auch solche, die die Ausbildung von gießtechnischen Fehlern zur Folge haben und aus denen gezielte Maßnahmen zur Qualitätssicherung abzuleiten sind. Für die letzteren sind Bezüge zu spezifischen Eigenschaften der Schmelze bzw. des Werkstoffes gegeben, die unter den übergeordneten Begriffen Gießeigenschaften oder gießtechnologische Eigenschaften zusammengefaßt werden. Dazu rechnen das Fließvermögen, das Formfüllungsvermögen, das Lunkerverhalten, das Speisungsvermögen und das Warmrißverhalten. Untersuchungen zu diesem Eigenschaftskomplex basieren auf technologischen Proben. Die Übertragbarkeit der Untersuchungsergebnisse auf reale Gußkörper ist nur mittelbar möglich, sie führen jedoch unabhängig davon zu Erkenntnissen über grundlegende Zusammenhänge. Für die direkte Erfassung der Vorgänge stehen in zunehmendem Maße Modellierungs- und Simulationsverfahren zur Verfügung. Sie ermöglichen quantitative Darstellungen über den Verlauf der Formfüllung und über die Entwicklung der Temperaturfelder während der Erstarrung und Abkühlung des Gußkörpers, die wiederum Rückschlüsse auf die Gefüge- und Defektbildung zulassen und Voraussagen zu den diesbezüglichen Qualitätsmerkmalen des Gußstückes ermöglichen. Wesentliche Erkenntnisse zum Teilprozeß werden im Folgenden umrissen und auf die zugehörigen Teilvorgänge bezogen dargestellt.

2.3.1 Gießen

Der Gießvorgang soll den Formhohlraum vollständig mit Schmelze ausfüllen und diese an seine Konturen anpassen. Diesen Zielstellungen dient ein richtig dimensioniertes und angeordnetes Gießsystem (Abschnitt 2.7) und seine Abstimmung mit dem Fließvermögen und dem Formfüllungsvermögen der Schmelze. Unzureichende diesbezügliche Voraussetzungen haben Defekte in Form von Kaltschweißen, nicht ausgelaufenen Stückbereichen und ungenaue Konturenwiedergaben am Gußstück zur Folge.

Als Fließvermögen gilt die Fähigkeit einer Schmelze, in einem Formhohlraum zu fließen, bis sie durch die fortschreitende Erstarrung daran gehindert wird. Der Untersuchung dieses Verhaltens dienen kanalförmige Proben in Form von Gießspiralen oder Stabkokillen. Als Eigenschaftskenngröße wird die Auslauflänge ermittelt.

Die Zusammensetzung und der Wärmeinhalt der Schmelze, die Intensität der Wärmeabführung an die Form und die kinetische Energie der strömenden Schmelze bilden wesentliche Einflußfaktoren auf das Fließvermögen. Die Schmelzezusammensetzung wirkt auch über den durch sie und den Legierungstyp gegebenen Erstarrungstyp. Für eutektische Legierungssysteme, denen die Hauptgruppen der Aluminium-Gußlegierungen zuzuordnen sind, ist eine charakteristische Abhängigkeit des Fließvermögens von der Legierungszusammensetzung gegeben, wie sie aus Bild 2.5 hervorgeht, dessen Darstellung sich auf das System Al-Si bezieht. Das Reinmetall und Legierungen mit eutektischer bzw. naheutektischer Zusammensetzung zeigen auf Grund einer glattwandigen bzw. schalenförmigen Erstarrung große Auslauflängen. Das Fließvermögen für untereutektische und übereutektische Legierungen ist deutlich schlechter, da bei ihnen rauhwandige und schwammartige Erstarrungstypen vorherrschen. Die Steigerung des Wärmeinhaltes und der kinetischen Energie der Schmelze und die Verringerung der Wärmeentzugsintensität verbessern das Fließvermögen. Gezielte Veränderungen erfolgen unter praktischen Bedingungen über die Gießtemperatur, deren spezifischer Einfluß aus Bild 2.5 hervorgeht, da die übrigen Faktoren über die Legierungsauswahl sowie die Form und den Formaufbau und die Gußstückabmessungen vorgegeben und mögliche Veränderungen eingeschränkt sind.

Das Formfüllungsvermögen kennzeichnet die Fähigkeit der Schmelze, Konturen des Formhohlraumes naturgetreu wiederzugeben. Entsprechende Untersuchungen haben technologische Proben unterschiedlicher Ausführungen zur Grundlage.

Relativ aussagekräftige Ergebnisse erbringen solche mit tangierenden Zylindern oder Halbkugeln und den dadurch gegebenen spaltförmigen Formhohlräumen. Das Eindringen der Schmelze in die Spaltbereiche gilt als Maß für das Formfüllungsvermögen.

Einflußfaktoren auf das Formfüllungsvermögen der Schmelze bilden ihre Dichte und Oberflächenspannung sowie die metallostatische Druckhöhe. Eine zunehmende Dichte und Druckhöhe und eine abnehmende Oberflächenspannung verbessern das Formfüllungsvermögen. Eine Teilerstarrung der Schmelze verschlechtert es. Daraus leitet sich ein begrenzter Einfluß der Gießtemperatur ab, der über das Ausmaß der Teilerstarrung wirkt. Steigende Gießtemperaturen drängen diesen Einfluß zurück und verbessern die Kennwerte bis zu einer bestimmten Gießtemperatur (Bild 2.6).

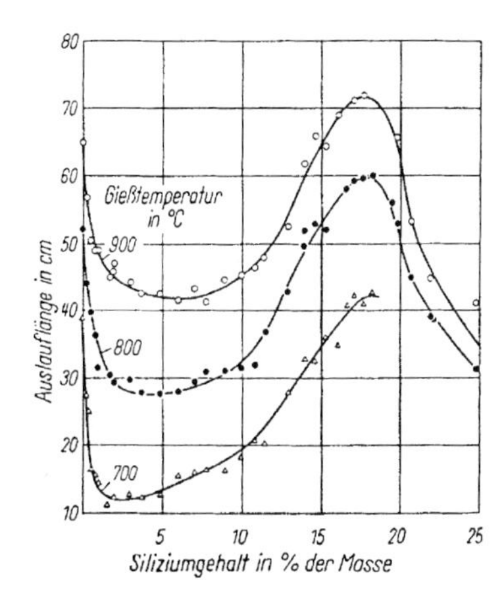

Bild 2.5 Fließvermögen von Aluminium-Silizium-Schmelzen (Stabkokille) (nach Lang)

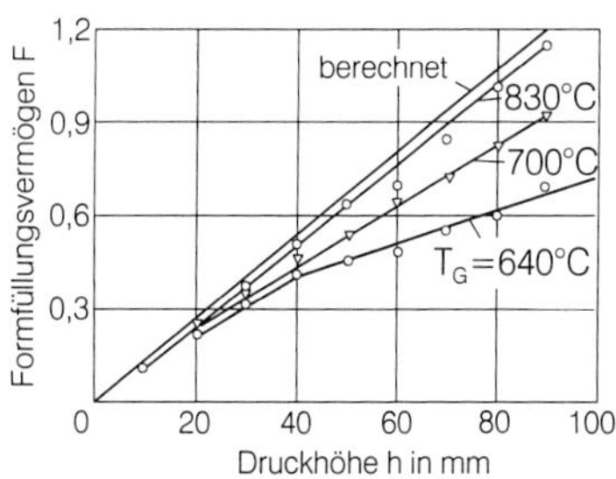

Bild 2.6 Einfluß der metallostatischen Druckhöhe und der Gießtemperatur auf das Formfüllungsvermögen der Legierung AlSi9 (nach Engler u. Mitarb.)

2.3.2 Gußkörperbildung

Die Gußkörperbildung umfaßt die Erstarrung des Gußkörpers und seine Abkühlung im festen Zustand. Eingebunden sind gefügebildende Prozesse und physikalische und technologische Vorgänge, aus denen Qualitätsmerkmale des Gußstückes resultieren.
Voraussetzung für den Ablauf der Vorgänge ist die Abführung der Wärme von Schmelze bzw. Gußkörper an die Form. Die Intensität des Wärmeentzuges ist von den thermophysikalischen Größen der Schmelze bzw. des Werkstoffes und des Formstoffes sowie von der Gestalt und den Abmessungen des Gußkörpers abhängig. Sie ist bestimmend für die Ausbildung der Temperaturfelder im erstarrenden und erstarrten Gußkörper, für die Erstarrungs- und Abkühlungszeiten und mitbestimmend für den Erstarrungsablauf.

Die Erstarrung verläuft als Phasenumwandlung Flüssig/Fest über Kristallisationsprozesse auf der Grundlage von Keimbildungs- und Kristallwachstumsvorgängen. Ihr Verlauf nimmt Einfluß auf die Ausbildung des Erstarrungsgefüges und auf den Erstarrungsablauf. Einflußgrößen liegen in der Legierungszusammensetzung, den Abkühlungsbedingungen bei der Erstarrung und dem Keimhaushalt der Schmelze.

2.3.2.1 Erstarrungsablauf

Der Erstarrungsablauf als zeitlicher und örtlicher Ablauf der Kristallisation ergibt sich ebenfalls aus dem Zusammenwirken von Keimbildung und Kristallwachstum. Grundlegende Betrachtungen zu diesem Problemkomplex haben zu Vorstellungen über Erstarrungstypen und typische Arten des Erstarrungsablaufs geführt, die durch den Ort der Keimbildung und den Ablauf des Kristallwachstums gegeneinander abgegrenzt sind. Danach werden exogene und endogene Erstarrungstypen unterschieden. Bei ersteren beginnt die Erstarrung mit der Keimbildung an der Grenzfläche Schmelze/Form, die Kristalle wachsen in Richtung auf das thermische Zentrum des Gußkörpers. Bei den endogenen laufen die Vorgänge in voneinander getrennten örtlichen Schmelzebereichen ab. Im Verlauf der Erstarrung bildet sich unter diesen Bedingungen ein Gemenge aus flüssiger und fester Phase. Im Hinblick auf die Ausbildung der Grenzflächen Flüssig/Fest werden die exogenen Erstarrungstypen in glattwandige, rauhwandige und schwammartige Erstarrung, die endogenen in breiartige und schalenbildene Erstarrung untergliedert. Bild 2.7 zeigt die so definierten Typen für den Erstarrungsablauf in schematischer Darstellung.

Als Einflußfaktoren auf den Erstarrungsablauf wirken wie bei den Erstarrungsgefügen die Legierungszusammensetzung, die Abkühlungsbedingungen bei der Erstarrung und das Kristallisationsverhalten der Schmelze. Reine Metalle erstarren exogen glattwandig. Mit zunehmendem Legierungsgehalt verändert sich der Erstarrungsablauf über exogen rauhwandig und exogen schwammartig zum endogenen breiartigen oder schalenbildenen Typ. Bei der Erstarrung realer Gußkörper kann es zu Übergängen und Überlagerungen kommen, wenn die Erstarrungsbedingungen Veränderungen erfahren oder aufeinanderfolgende Erstarrungsphasen unterschiedlichen Erstarrungstypen zuzuordnen sind. Erhöhte Abkühlungsgeschwindigkeiten verändern den Erstarrungstyp in Richtung auf einen jeweils stärker exogen orientierten Ablauf. Eine Verbesserung des Keimhaushalts fördert die endogene Erstarrung. Bild 2.8 gibt die Verhältnisse auf ein eutektisches System bezogen wieder. In Tafel 2.4 sind typischen Aluminium-Gußlegierungen unter Berücksichtigung der Einflüsse durch die Abkühlungsbedingungen (Sandguß, Kokillenguß) und den Keimhaushalt (korngefeinte, veredelte, unveredelte Schmelze) Erstarrungsabläufe zugeordnet.

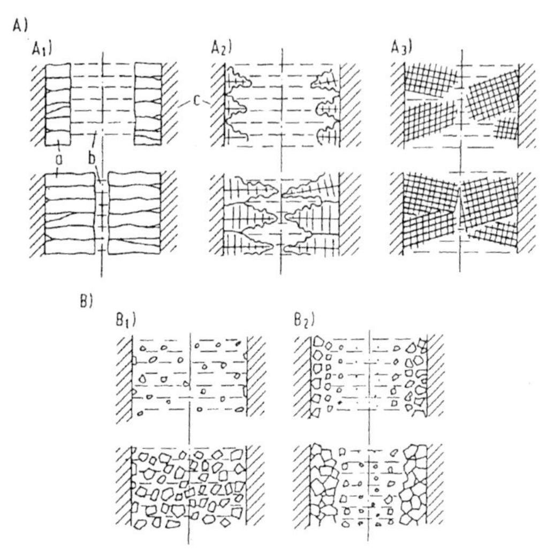

Bild 2.7 Typische Arten des Erstarrungsablaufs (nach Engler)

A) exogene, A_1) glattwandige Erstarrung, A_2) rauhwandige Erstarrung A_3) schwammartige Erstarrung; B) endogene, B_1) breiartige Erstarrung, B_2) schalenbildene Erstarrung; a fest, b flüssig, c Form

Tafel 2.4 Erstarrungsablauf von Al-Gußlegierungen (nach Engler u.a.)

Werkstoff	Erstarrungsablauf Kokillenguß	Sandguß
Al 99,99	glattwandig	glattwandig
Al 99,9	glattwandig	rauhwandig
Al 99,5	glattwandig	schwammartig
AlMg3	rauhwandig	schwammartig
AlMg5	rauhwandig bis breiartig	schwamm-/breiartig
AlMg10	endogen-schalenbildend	breiartig
AlCu4	rauhwandig	breiartig
AlSi9	schwamm-/breiartig	breiartig
AlSi12 (unveredelt)	rauhwandig bis endogen-schalenbildend	breiartig bis endogen-schalenbildend
AlSi12 (lamellar)	rauhwandig bis endogen-schalenbildend	breiartig
AlSi12 (veredelt)	glattwandig	glattwandig

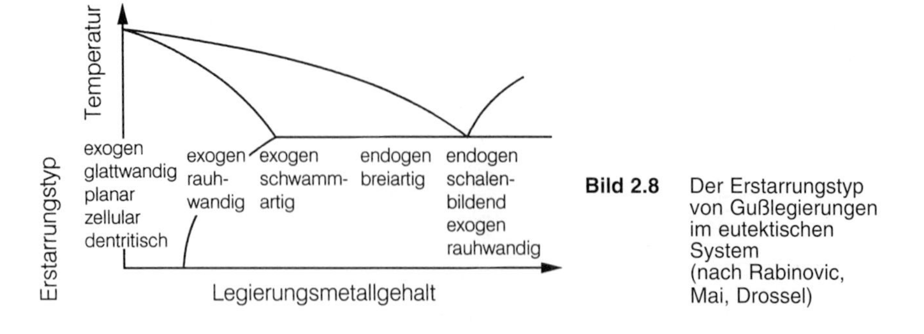

Bild 2.8 Der Erstarrungstyp von Gußlegierungen im eutektischen System (nach Rabinovic, Mai, Drossel)

2.3.2.2 Erstarrungsgefüge

Die Hauptgruppen der Aluminium-Gußlegierungen gehen auf die Zweistoffsysteme Aluminium-Silizium, Aluminium-Magnesium, Aluminium-Kupfer und Aluminium-Zink zurück. Diese bilden eutektische Systeme mit beschränkter Löslichkeit im festen Zustand. In Abhängigkeit von der Konzentration der jeweiligen Legierungskomponente stehen damit in den Zusammensetzungsbereichen der technischen Gußlegierungen Erstarrungsgefüge zur Diskussion, die Mischkristall-Legierungen sowie untereutektischen, eutektischen und übereutektischen Legierungen entsprechen (Bild 2.9). Die Legierungszusammensetzung wirkt im Zusammenhang mit dem Zustandssystem auf alle Gefügekenngrößen und verändert die Menge, Größe, Gestalt, Anordnung und Verteilung der Phasen und Gefügebestandteile. Der Einfluß der Abkühlungsbedingungen und des Keimhaushaltes betrifft vorrangig deren Größe, bedingt die Gestalt und Verteilung. Zunehmende Abkühlungsgeschwindigkeiten im Erstarrungsprozeß führen generell zu einer Gefügefeinung. Das gilt gleichermaßen für die Verbesserung des Keimhaushaltes der Schmelze durch Kornfeinung und Veredelung.

Die aus Zustandssystemen abgeleiteten Gefüge haben Gleichgewichtsbedingungen zur Voraussetzung und beziehen sich auf reine Zweistoff- oder Mehrstofflegierungen. Technische Legierungen bilden Vielstoffsysteme, sie erstarren unter technischen Abkühlungsbedingungen. Das führt zu möglichen Veränderungen im realen Erstarrungsgefüge. Durch Legierungskombinationen, Begleitelemente und Beimengungen können neue oder in der Struktur veränderte Gefügephasen entstehen. Höhere Abkühlungsgeschwindigkeiten bedingen einen ungenügenden Konzentrationsausgleich beim Kristallwachstum und dadurch Seigerungserscheinungen und verringerte Löslichkeiten des Mischkristalles für die Legierungskomponente oder lösliche Phase. Die Folge sind Inhomogenitäten im Mischkristall und die Bildung eutektischer Phasen bei Legierungskonzentrationen, die unterhalb der maximalen Löslichkeit des Mischkristalles nach dem Zustandsschaubild liegen (Bild 2.10).

Die im Rahmen der Erstarrung im Gußkörper gebildete Makrostruktur zeichnet sich durch globulitische und transkristalline Strukturzonen aus. Ein Gußkörperquerschnitt ist im Normalfall durch eine feinglobulare Randzone, eine daran anschließende transkristalline Stengelkornzone und eine grobglobulare Kernzone gekennzeichnet. Die Ausbildung der Makrostruktur unterliegt den gleichen Einflüssen wie das Mikrogefüge. Ein durch die Legierungszusammensetzung vorgegebenes Ausgangsgefüge wird durch zunehmende Abkühlungsgeschwindigkeiten und die Verbesserung des Keimhaushaltes gefeint. Darüberhinaus erfährt die Ausbildung der Strukturzonen Veränderungen hinsichtlich der Zonenabmessungen.

Im Verlauf der Abkühlung des erstarrten Gußkörpers erfolgen Ausscheidungsprozesse. Die Struktur, Menge und Verteilung der Ausscheidungen sind von der Legierungszusammensetzung und den Abkühlungsbedingungen abhängig. Die Vorgänge sind für die Wärmebehandlung, insbesondere für die Aushärtung von Werkstoffen und Gußstücken aus Aluminium-Legierungen von Bedeutung.

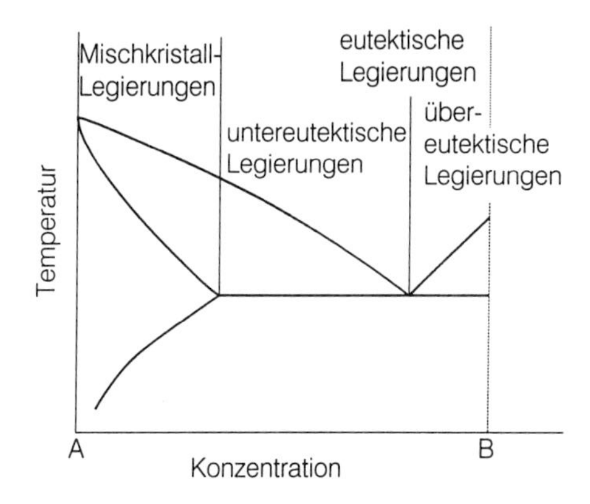

Bild 2.9 Legierungstypen im eutektischen System

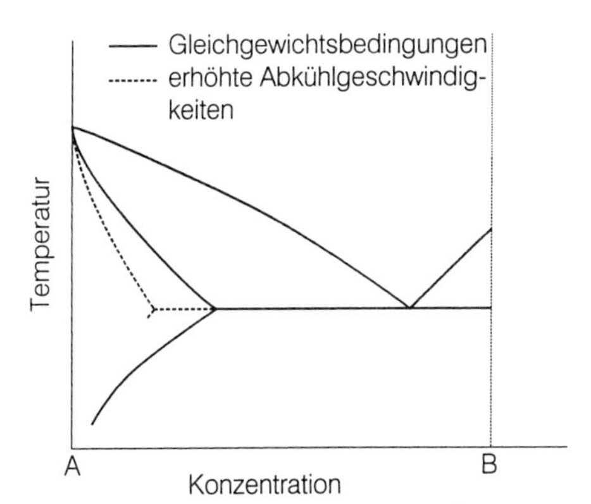

Bild 2.10 Verlauf der Soliduslinie und maximale Löslichkeit des Mischkristalls bei unterschiedlichen Abkühlungsbedingungen

Weitere Vorgänge, die in die Gußkörperbildung eingebunden sind, betreffen die Lunkerung und Speisung, die Warmrißbildung und die Bildung von Gasporosität.

2.3.2.3 Lunkerung

Lunker sind Volumendefizite im oder am Gußkörper, deren Ursache in der Temperaturabhängigkeit des spezifischen Volumens der Werkstoffe liegt. Metallische Werkstoffe zeigen mit wenigen Ausnahmen mit sinkender Temperatur eine Abnahme des spezifischen Volumens. Das gilt auch für die Al-Gußlegierungen. Es wird im Flüssig- und Festbereich kontinuierlich verringert und erfährt bei der Erstarrung eine sprunghafte Abnahme. Bild 2.11 kennzeichnet die Veränderungen für Metalle und Legierungen, die bei konstanter Temperatur oder in einem Temperaturintervall erstarren. Aus den damit gegebenen Flüssig-, Erstarrungs- und Festkörperkontraktionen resultieren Volumendefizite, die sich in unterschiedlicher Ausbildung und Verteilung im oder am Gußkörper anordnen. Darauf bezogen werden Makrolunker, Innendefizite (innere Makrolunker, Mikrolunker), Einfallstellen und die kubische Schwindung unterschieden (Bild 2.12). Während die letztere über das Schwindmaß beim Modell- und Formenbau berücksichtigt wird, stellen die den Lunkern zuzuordnenden Volumendefizite gießtechnische Fehler dar. Ihre Beseitigung bedarf besonderer Maßnahmen zur Speisung des erstarrenden Gußkörpers.
Das Gesamtvolumendefizit ist von der Legierungszusammensetzung und den Bezugstemperaturen abhängig. Aus praktischen Messungen ermittelte und als technisches Volumendefizit definierte Werte liegen im Zusammenhang mit einem zusätzlichen Einfluß durch die Gießbedingungen niedriger als theoretisch berechnete. Seine Ausbildung und Verteilung wird in starkem Maße vom Erstarrungsablauf gesteuert. Eine Rolle spielen die Tragfähigkeit der gebildeten Randschale und das Speisungsvermögen, d.h. die Bedingungen für den Schmelzetransport im erstarrenden Gußkörper.

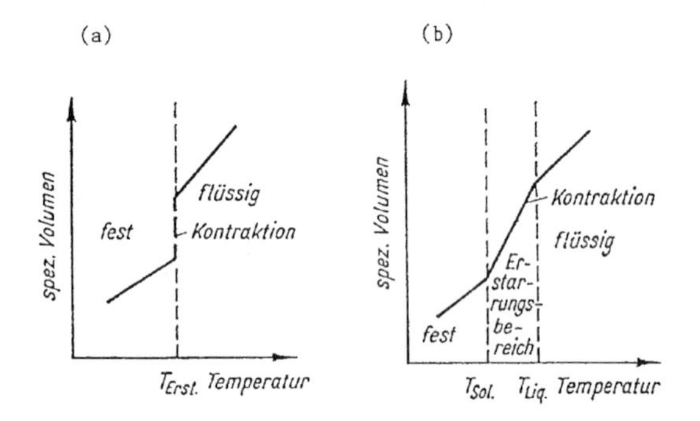

Bild 2.11 Temperaturabhängigkeit des spezifischen Volumens von metallischen Werkstoffen
a) Reinmetalle und eutektische Legierungen
b) Legierungen mit Erstarrungsintervall

Bei glattwandiger Erstarrung entsteht eine relativ stabile Randschale, die Bedingungen für den Schmelzetransport sind günstig. Das Volumendefizit wird im wesentlichen als Makrolunker und kubische Schwindung ausgebildet. Eine stärker rauhwandige oder schwammartige Erstarrung erschwert den Schmelzetransport besonders in der Endphase der Erstarrung und bedingt die Bildung von isolierten Restschmelzebereichen. Die Aufteilung des Volumendefizits ist unter diesen Bedingungen neben der kubischen Schwindung durch größere Mikrolunker- und kleinere Makrolunkeranteile gekennzeichnet. Hinzu kommen bestimmte Anteile für Einfallstellen, die im Fall der breiartigen Erstarrung größer werden und neben der ebenfalls verstärkten Mikrolunkerung diesen Erstarrungstyp charakterisieren. Die Ursachen liegen in einer weniger stabilen Randschale, in den durch das Phasengemisch Flüssig/Fest gegebenen erschwerten Bedingungen für den Schmelzetransport und in der verstärkten Bildung von isolierten Restschmelzebereichen. Bild 2.13 beschreibt die Gegebenheiten für eine glattwandige und schwammartig/breiartige Erstarrung in allgemeiner Form. Im Bild 2.14 ist die konkrete Verteilung des Volumendefizits an quaderförmigen Probekörpern aus Aluminium-Kupfer-Legierungen wiedergegeben. Die über den Erstarrungstyp wirkenden Einflüsse von Seiten der Legierungszusammensetzung und besonders der Abkühlungsbedingungen werden deutlich, und gelten auch für andere Legierungen (Tafel 2.5). Der Untersuchung des Gesamtkomplexes der Lunkerung dienen technologische Proben, die im Zusammenhang mit einer möglichen Übertragbarkeit der Untersuchungsergebnisse auf reale Gußstücke unterschiedliche Gestaltungen und Abmessungen aufweisen. Die jeweils spezifische Ausbildung der Lunkervolumendefizite wird unter dem Begriff Lunkerverhalten zusammengefaßt.

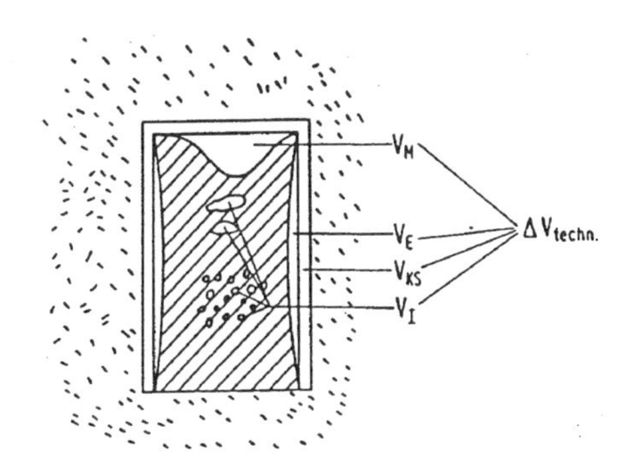

Bild 2.12 Verteilung des technischen Volumendefizits (nach Engler)
V_M - Makrolunkervolumen; V_E - Einfallvolumen; V_{KS} - kubische Schwindung; V_I - Innendefizit

Erstarrungstyp	Glattwandig	Schwammartig, breiartig
Tragfähigkeit der Randschale	hoch	gering
Speisungsvermögen	hoch	gering
Bevorzugte Volumenfehler	Makrolunker	Einfallstellen, Schwindungsporen
Gußkörper	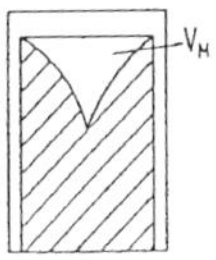 V_H	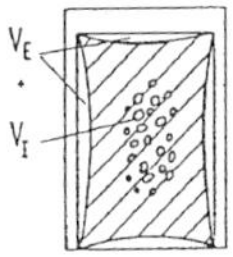 V_E, V_I

Bild 2.13 Verteilung des Volumendefizits bei unterschiedlichem Erstarrungstyp (nach Engler)

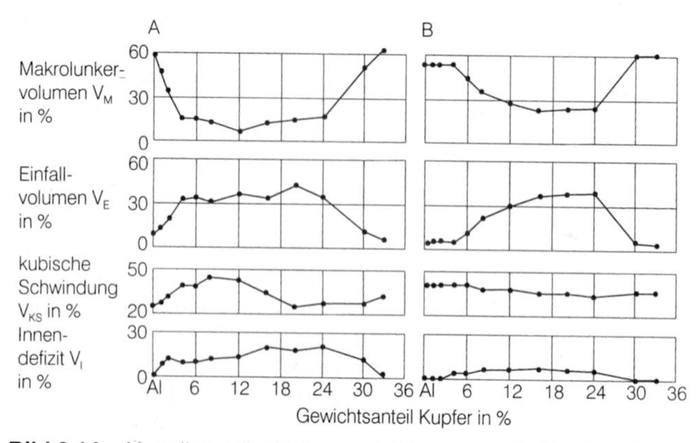

Bild 2.14 Verteilung des Volumendefizits an quaderförmigen Proben aus Al-Cu-Legierungen (nach Engler u.a.), A) - Sandguß, B) - Kokillenguß

Tafel 2.5 Lunkerverhalten ausgewählter Al-Legierungen (nach Rabinovic, Mai, Drossel)

Volumenfehler [%]	Werkstoffe AlCu4		AlCu4TiMg		AlSi7		AlSi7Cu3		AlZn5Mg	
	S	K	S	K	S	K	S	K	S	K
Makrolunker	18	54	41	48	11	30	25	51	36	56
kub. Schw.	38	41	25	38	37	39	18	37	33	37
Innenlunker	10	1	13	4	10	6	28	11	10	1
Einfallst.	34	4	21	10	42	25	29	1	21	6

S = Sandguß K = Kokillenguß

2.3.2.4 Speisung

Die Speisung von Gußstücken dient dem Ausgleich von Volumendefiziten. Sie hat den Transport von flüssiger Phase bzw. von Flüssig-Fest-Phasengemischen im erstarrenden Gußkörper zur Voraussetzung. Die damit zusammenhängenden Vorgänge kennzeichnen das Speisungsvermögen des Gußwerkstoffes. Der Transport von Speisemetall wird in Analogie zur Schmelzebewegung bei den Lunkervorgängen wesentlich vom Erstarrungsablauf im Gußkörper beeinflußt. Während bei glattwandiger Erstarrung günstige Bedingungen gegeben sind, entstehen mit der rauhwandigen und schwammartigen Erstarrung zunehmende Widerstände. Bei der letzteren erfolgt die Bewegung der Flüssigphase in den späten Erstarrungsphasen verstärkt durch interdendritische Speisung, die einer Filtration nahekommt. Für die Phasengemische bei breiartiger Erstarrung ist bis zu einem bestimmten Erstarrungsstadium eine Massenspeisung möglich. Untersuchungsergebnisse über das Speisungsvermögen von Aluminium-Kupfer-Legierungen, die im Bild 2.15 dargestellt sind, spiegeln die Zusammenhänge wieder.

Die Vorgänge zur Lunkerung und Speisung sind von Bedeutung für die Dimensionierung und Anordnung von Speisesystemen. Die Speisergröße wird im wesentlichen durch die Erstarrungszeit des Gußstückes und das Lunkervolumendefizit des Gußwerkstoffes bestimmt; die Speiserposition vom Speisungsvermögen und der dadurch gegebenen Speisereinflußzone bzw. der Sättigungsweite des Speisers. Aus den zugehörigen Betrachtungen leiten sich darüber hinaus Maßnahmen ab, die einer gezielten Lenkung der Erstarrung bzw. des Erstarrungsablaufes zur Sicherung ausreichender Speisungsbedingungen dienen. Die gelenkte Erstarrung hat die Versorgung jedes Gußteilbereiches mit Speisemetall für den gesamten Erstarrungsprozeß zum Ziel. Die notwendigen Bedingungen sind gegeben, wenn die Erstarrung ohne Ausbildung isolierter thermischer Zentren in Richtung auf den Speiser erfolgt und aufeinander zuwachsende Erstarrungsfronten Winkel einschließen. Der Realisierung dienen konstruktive und technologische Maßnahmen, die über ihren Einfluß auf die Wärmentzugsbedingungen diesen Forderungen entsprechen. Auf Seiten der Gußstückkonstruktion stehen die systematische Vergrößerung von Wanddicken und Querschnitten in Richtung auf die Speiserposition, auf der der Fertigungstechnologie die Formstoffauswahl, der Einsatz von Kühlkörpern und die Dimensionierung und Positionierung des Speisesystems im Vordergrund. Ein gutes Speisungsvermögen des Werkstoffes verringert den dafür erforderlichen Aufwand, ein schlechtes erhöht ihn.

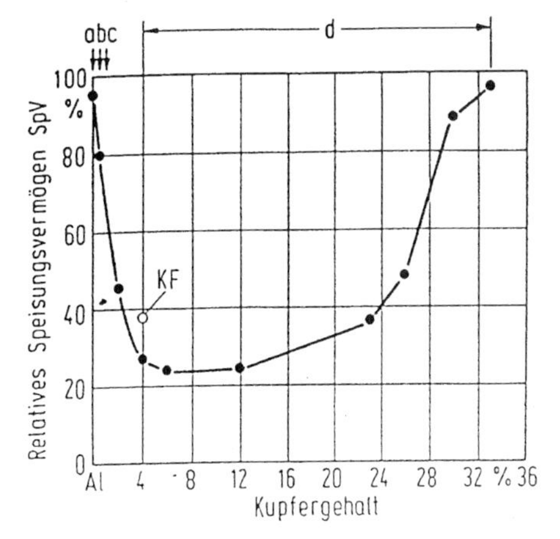

Bild 2.15 Speisungsvermögen im Legierungssystem Aluminium-Kupfer (nach Engler u.a.) Erstarrung : a - glattwandig, b - rauhwandig, c - schwammartig, d - Primärerstarrung schwammartig/breiartig, eutektische Erstarrung-glattwandig; KF-Kornfeinung

Das Speisungsvermögen kann über den Vergleich des Speisungsergebnisses durch Gegenüberstellung des Lunkerbefalls von gespeisten und ungespeisten Proben, durch Ermittlung des Metalltransports im Gußkörper z.B. über die sogenannte Speisungswaage (s. Bild 2.16) oder über Ausfließversuche an speziellen Probekörpern zur Bestimmung der Dauer der Massenspeisung (fest-flüssig-Brei) eingeschätzt werden.

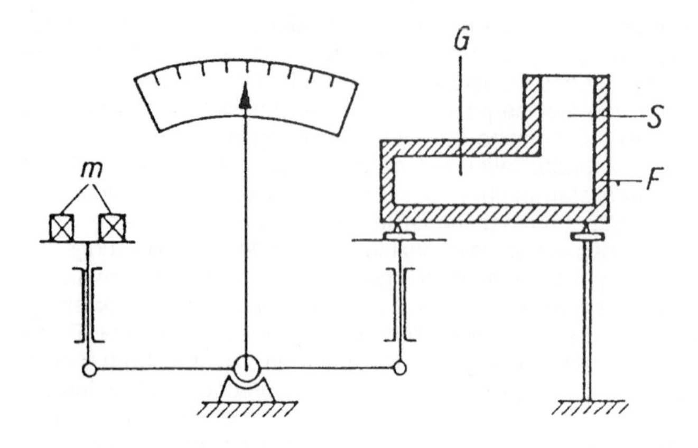

Bild 2.16 Schematische Darstellung der Registriervorrichtung zur Bestimmung der Speisungskinetik von Gußlegierungen (nach Mai, Drossel), G-Gußstück, S-Speiser, F- Form, m - Wägemasse

2.3.2.5 Warmrißbildung

Warmrisse sind interkristalline Werkstofftrennungen. Sie entstehen in der Endphase der Erstarrung in Temperaturbereichen nahe Solidus. Die Ursachen liegen in Gußkörperspannungen und einem unzureichenden Vermögen des Werkstoffes, diese Spannungen aufzunehmen oder abzubauen.
Die Gußkörperspannungen gehen auf Behinderungen der Volumenkontraktion der bei der Erstarrung gebildeten Kristallverbände zurück, wie sie durch den Form- und Kernaufbau und durch unterschiedliche Abkühlungsbedingungen in verschiedenen Gußkörperbereichen gegeben sind. Das Verhalten des Werkstoffes gegenüber den daraus resultierenden Beanspruchungen, seine Warmrißneigung, hängt von den Festigkeitseigenschaften und der Verformbarkeit sowie vom Speisungsvermögen des gegebenen Phasengemisches mit überwiegendem Festanteil ab. Geringe Schmelzemengen mit filmartiger Verteilung in den Korngrenzenbereichen des erstarrenden Werkstoffes begünstigen die Rißbildung. In gleicher Richtung wirken nichtmetallische Verunreinigungen, wenn kritische Mengen und Verteilungen gegeben sind. Bei einem ausreichenden Speisungsvermögen können Rißansätze u.U. ausgeheilt werden. Damit sind Bezüge zwischen dem durch den Legierungstyp und die Legierungszusammensetzung gegebenen Erstarrungsablauf und der Warmrißneigung gegeben. Legierungen mit einem großen Anteil an eutektischer Phase sind kaum warmrißempfindlich, solche, die in einem größeren Erstarrungsintervall und exogen schwammartig erstarren, dagegen stark. Auf den Erstarrungstyp bezogen kann mit einer zunehmenden Warmrißneigung in der Folge exogen glattwandig - exogen rauhwandig - endogen schalenbildend - endogen breiartig - exogen schwammartig gerechnet werden. In diese Zusammenhänge sind die Abhängigkeiten und Wirkungen des Speisungsvermögens eingebunden. Die Darstellung im Bild 2.17 zeigt die Veränderung der Warmrißneigung für Aluminium-Silizium-Legierungen. Bei einer kritischen Si-Konzentration von unter 1 % sind sowohl ein

sowohl ein ungünstiges Werkstoffverhalten als auch ein unzureichendes Speisungsvermögen gegeben, als Folge ergibt sich ein Maximum für die Warmrißneigung im Bereich dieser Legierungszusammensetzung. Tafel 2.6 enthält eine Zusammenstellung von Warmrißkennzahlen für Aluminium-Gußlegierungen, die über unterschiedliche Warmrißproben ermittelt wurden.

Zur Untersuchung des Warmrißverhaltens dienen technologische Proben, die durch ihre Gestaltung und Abmessungen während der Erstarrung Schwindungsbehinderungen erfahren und thermische Zentren ausbilden. Als Kenngrößen für die Warmrißneigung werden die Anzahl und Abmessungen der Risse oder spezifische Maße der Proben ermittelt bzw. Faktoren wie die Kokillentemperatur, bei denen erste Rißbildungen auftreten. Gegebenenfalls können auch rißempfindliche Gußstücke die Rolle der Rißprobe übernehmen.

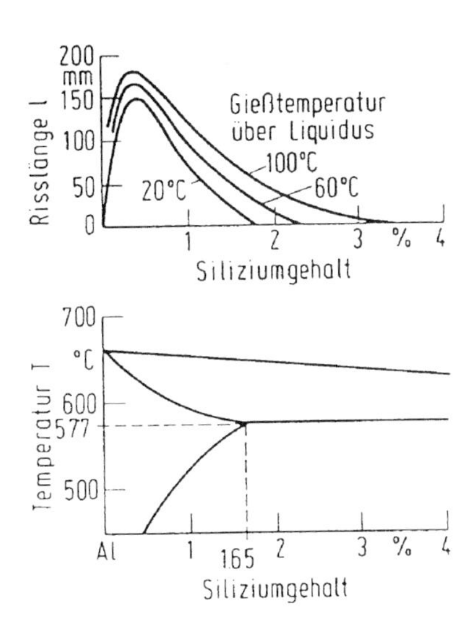

Bild 2.17 Warmrißverhalten von Al-Si-Legierungen (nach Engler u.a.)

2.3.2.6 Gasporosität

Gasporen sind Hohlräume im Werkstoffverband, die durch die Bildung oder Freisetzung von Gasen bei der Abkühlung und Erstarrung von Schmelzen entstehen. Schmelzen von Aluminium und Aluminium-Legierungen lösen nur Wasserstoff in größeren Mengen. Gasporositäts-Erscheinungen in Gußstücken stellen eine Wasserstoffporosität dar. Gasblasen in Druckgußteilen gehen auf beim Formfüllvorgang mitgerissene und eingewirbelte Gase zurück und sind auf Grund der besonderen Ursachen nicht mit der Wasserstoffporosität vergleichbar. Wasserstoff ist in der Schmelze atomar gelöst, die Löslichkeit ist temperaturabhängig und durch einen großen Löslichkeitssprung bei der Erstarrungstemperatur gekennzeichnet. Bild 2.18

gibt die Verhältnisse für Rein-Aluminium unter Gleichgewichtsbedingungen wieder. Der mit sinkender Temperatur in molekularer Form in der Schmelze frei werdende Wasserstoff führt zur Blasenbildung. Die Menge und Verteilung der Gasporen ist abhängig von der gelösten Gasmenge, von den Abkühlungsbedingungen und von den Möglichkeiten für die Blasenkeimbildung (Reinheit der Schmelze) sowie das Entweichen des Gases. Die Wasserstofflöslichkeit wird unter Gleichgewichtsbedingungen von der Legierungszusammensetzung und der Temperatur bestimmt. Gegenüber Rein-Aluminium verringern die Legierungselemente Silizium, Kupfer und Zink die Löslichkeit, Magnesium und Natrium erhöhen sie, die Legierungen zeigen ein entsprechend verändertes Verhalten hinsichtlich der Wasserstoffporosität. Unter erhöhten Abkühlungsgeschwindigkeiten werden größere Wasserstoffmengen zwangsweise in Lösung gehalten, so daß Porositätserscheinungen in Gußstücken aus dem Sandgußverfahren stärker ausgeprägt sind, als bei denen, die in metallischen Dauerformen gefertigt werden. Für das Entweichen von Teilgasmengen während der Gußkörperbildung sind bei glattwandiger Erstarrung günstigere Möglichkeiten gegeben als bei schwamm- oder breiartiger. Die bei der letzteren gleichfalls vorherrschende Mikrolunkerbildung hat Kombinationen der Defekte Gasporosität und Mikrolunker zur Folge, die eine eindeutige Zuordnung der Erscheinungen erschweren. Bei den Auswirkungen der Wasserstoffporosität auf die Qualitätsmerkmale der Gußstücke stehen die Verschlechterung der Festigkeits- und Zähigkeitseigenschaften, der Oberflächengüte, der Undichtheit und des Korrosionsverhaltens im Vordergrund. Hinzu kommt ein ungünstiger Einfluß des ausscheidenden Gases auf das Speisungsvermögen. Als bedingt vorteilhaft können eine vollständige oder teilweise Kompensation des Lunkervolumendefizits und der Schwindung, sowie die Verbesserung des Formfüllungsvermögens und der Warmrißbeständigkeit betrachtet werden, unter der Voraussetzung, daß die negativen Auswirkungen für den Einsatz des Gußstückes ohne Bedeutung sind.

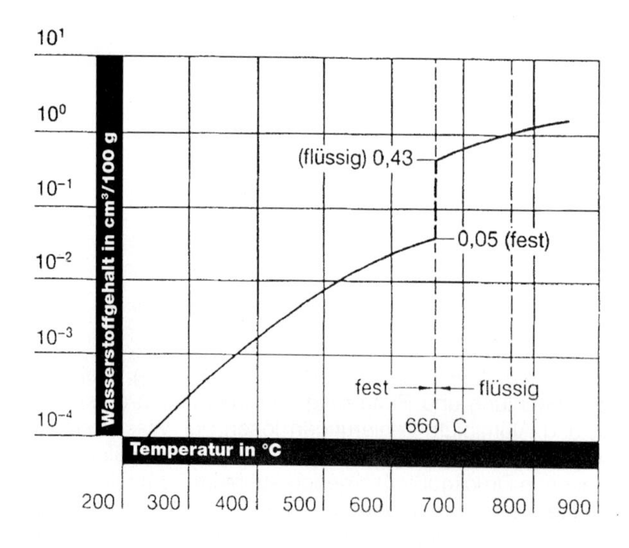

Bild 2.18 Temperaturabhängigkeit der Wasserstofflöslichkeit von Rein-Aluminium (nach Eichenauer u.a.)

Tafel 2.6 Warmrißkennzahlen für Aluminium-Gußlegierungen bei unterschiedlichen Warmrißproben (nach Rabinovic - Mai - Drossel)

Legierung	Warmrißkennzahl mit dem Taturstern	mit Gitter
AlZn5Mg	4,63	5,40
Reinaluminium	2,08	4,62
AlCu4NiTi	4,23	4,55
Reinaluminum Al 99,8		4,50
AlMg3Ti	2,42	4,22
AlSi2MgTi	1,83	3,92
AlSi5Cu3 + Na		3,84
AlMg6		3,46
AlSi5Cu3Mg		3,26
AlSi4Mg		3,22
AlSi5Cu3	0,50	2,78
AlCu8Si		2,66
Reinaluminium Al 99,9		2,40
AlMg10		2,18
AlSi13	0,0	0,00
AlSi7Mg0,6	0,10	0,00

Maßnahmen gegen die Wasserstoffporosität zielen auf die Lösung möglichst geringer Wasserstoffmengen in der Schmelze und die Absenkung überkritischer Konzentrationen ab. Sie betreffen die Teilprozesse der Schmelztechnik und der Schmelzebehandlung und darauf bezogen niedrige Schmelztemperaturen, kurze Schmelz- und Überhitzungszeiten, den Ausschluß jeglicher Feuchtigkeitsquellen und die Entgasung der Schmelze durch Entgasungsbehandlungen.

2.3.3 Modellierung und Simulation

Die besondere Bedeutung des Teilprozesses Gießen/Gußkörperbildung für die Gußstückfertigung war und ist Ausgangspunkt für Bestrebungen zur Modellbildung und Simulation der eingeschlossenen Vorgänge. Schwerpunkte bilden die Prozesse der Erstarrung und der Formfüllung. Ihre physikalische Beschreibung bietet im Fall einer Lösung die Möglichkeit, wesentliche Einflußgrößen auf die Vorgänge und die davon abhängigen Qualitätsmerkmale des Gußstückes einzuschätzen und die Prozeßabläufe zu optimieren.

Die Erstarrung und die Formfüllung werden physikalisch durch Differentialgleichungen beschrieben. Ihre analytische Lösung ist auf wenige Sonderfälle beschränkt. Die Behandlung realer Gußkörper erfolgt im Zusammenhang mit den Besonderheiten hinsichtlich der Vielfalt der Körpergeometrie sowie der Anfangs- und Randbedingungen und der thermophysikalischen und strömungstechnischen Daten über Näherungslösungen. Diese betreffen Vereinfachungen der physikalischen Zusammenhänge und Näherungen durch numerische Lösungen der Grundgleichungen. Unter Beachtung der für ihre Ableitung getroffenen Voraussetzungen und des gegebenen Annäherungsgrades stellen sie wichtige Unterlagen für die Darstellung und die Führung der Prozesse dar.

2.3.3.1 Erstarrung

Der Wärmehaushalt eines Gußkörpers kann auf der Grundlage der Wärmeleitungsgleichung nach Fourier durch folgende Differentialgleichung wiedergegeben werden:

$$\frac{\delta}{\delta x}\left(\lambda \frac{\delta T}{\delta x}\right) + \frac{\delta}{\delta y}\left(\lambda \frac{\delta T}{\delta y}\right) + \frac{\delta}{\delta z}\left(\lambda \frac{\delta T}{\delta z}\right) = \rho \cdot c \cdot \frac{\delta T}{\delta t} + \dot{Q}$$

Sie beschreibt in differentieller Form die zeitliche Temperaturänderung eines Ortes durch die Summe der zu- und abgeführten Wärmemengen und der für den Ort gegebenen Wärmequelle als Anteil der Erstarrungs- bzw. der Umwandlungswärme. Die Gleichung stellt ein Anfangs-Randwertproblem dar. Auch bei gegebenen Anfangs- und Randbedingungen ist sie nur für Einzelfälle der geometrischen Form des Körpers analytisch lösbar. Eine spezielle Lösung führt zur Erstarrungsgleichung für Gußkörper, die in Sandformen erstarren.

$$\sqrt{t_E} = \frac{V}{S} \cdot \frac{\rho\,(L + c \cdot \Delta T)}{K \cdot b_F \cdot (T_0 - T_A)}$$

$$b_F = \sqrt{c_F \cdot \rho_F \cdot \lambda_F}$$

t_E – Erstarrungszeit
V – Volumen des Gußkörpers
S – Oberfläche des Gußkörpers
ρ – Dichte der Schmelze
ρ_F – Dichte des Formstoffs
L – Schmelzwärme
c – spezifische Wärmekapazität der Schmelze
c_F – spezifische Wärmekapazität des Formstoffs
ΔT – Überhitzung der Schmelze
b_F – Wärmediffusionsvermögen des Formstoffs
T_O – Grenzflächentemperatur Schmelze/Form
T_A – Ausgangstemperatur der Form
K – Konstante
λ_F – Wärmeleitfähigkeit des Formstoffs

Sie ist an Voraussetzungen gebunden, die im Fall realer Gußkörper nicht oder nur bedingt gegeben sind. So die unendliche Ausdehnung der ebenen Oberfläche des Körpers, die konstante Grenzflächentemperatur und temperaturunabhängige Werte für die Temperaturleitfähigkeit. Auf ihrer Grundlage errechnete Werte für die Erstarrungszeit basieren auf vereinfachenden Annahmen und stellen Näherungswerte dar. Die Gleichung bildet trotz dieser Einschränkungen eine brauchbare Lösung für die Belange der Gießereitechnik.
Eine von Chvorinov abgeleitete Beziehung zur Berechnung der Erstarrungszeit stellt eine weitere Vereinfachung dar.

$$t_E = (K \cdot V/S)^2 = (K \cdot M)^2$$
$$M = V/S$$

Die thermophysikalischen Größen des Gießgutes bzw. Werkstoffes und des Formstoffes sind zu einer Konstanten zusammengefaßt, die Geometrie des Gußkörpers wird wie im Fall der Erstarrungsgleichung durch den Modul M wiedergegeben. Für Stahlgußkörper unterschiedlicher Gestalt und Abmessungen wurde ein relativ enger Zusammenhang zwischen der Ziel- und der Einflußgröße der Beziehung nachgewiesen (Bild 2.19). Unterschiedliche Gußwerkstoffe und Formstoffe verändern den Wert der Konstanten (Bild 2.20). Er liegt für Aluminium-Gußlegierungen zwischen 4 - 10 min cm^{-2} .

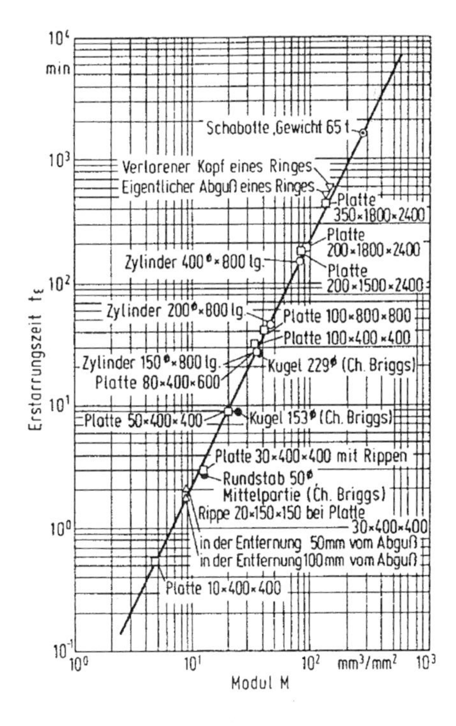

Bild 2.19 Zusammenhang zwischen Erstarrungszeit und Modul (nach Chvorinov)

Der Modul ergibt sich neben dem Verhältnis Volumen/Oberfläche auch annähernd aus dem Verhältnis Fläche/Umfang des Körperquerschnittes

$$M = \frac{V}{S} \approx \frac{F}{U}$$

F – Fläche des Gußkörperquerschnittes
U – Umfang des Gußkörperquerschnittes

Darauf basiert die von Heuvers entwickelte „Kreismethode", bei der für einzelne Gußkörperbereiche auf der Grundlage einbeschriebener Kreise Erstarrungszeitverhältnisse abgeleitet werden (Bild 2.21). Die Methode bildet eine Grundlage für die Überprüfung der Voraussetzungen für eine gelenkte Erstarrung bzw. für die diesbezügliche Optimierung der Gußstückkonstruktion.

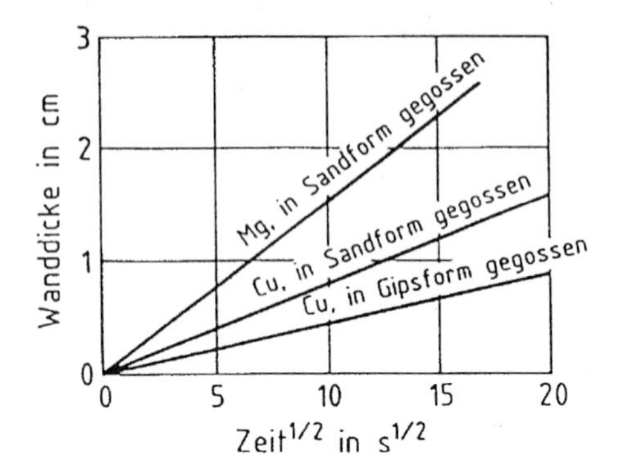

Bild 2.20 Einfluß von Werkstoffen und Formstoffen auf die Erstarrungskonstante (nach Flemings)

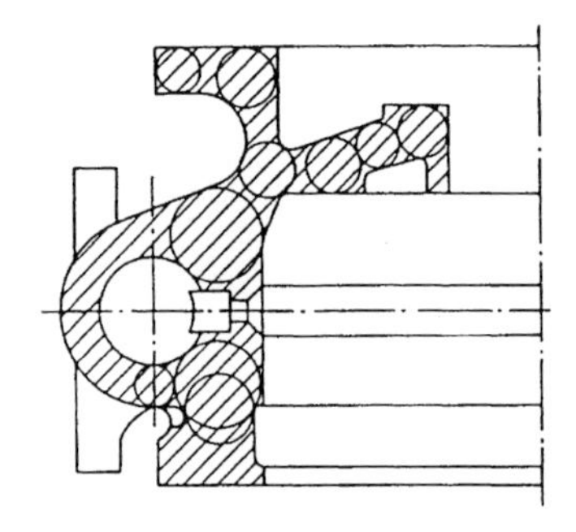

Bild 2.21 Die Heuvers'sche Kreismethode

Der Modul des Gußkörpers kennzeichnet seine Geometrie, läßt aber spezifische Gestalteinflüsse auf den Wärmeentzug unberücksichtigt. Sie ergeben sich z.B. durch Knotenpunkte von Konstruktionselementen und durch umgossene Formstoffballen und eingegossene Kerne, die zur Ausbildung von Wärmestaus führen und den Wärmehaushalt des Gußkörpers verändern können, mit entsprechenden Auswirkungen auf die Erstarrungszeit. Der Einfluß der Oberflächenform auf die Wärmeabführung, wie er im Bild 2.22 schematisch dargestellt ist, veranschaulicht das Problem in allgemeiner Form. Einflüsse dieser Art lassen sich näherungsweise durch Korrekturfaktoren erfassen, die in die Erstarrungsgleichungen eingehen.

Die Verfügbarkeit von leistungsfähigen Computern hat entscheidend zur Entwicklung und zum Einsatz von numerischen Lösungen für die Wärmeleitgleichung beigetragen. Die Grundlage bildet eine Aufteilung des Systems Gußkörper/Form in einzelne kleine Volumenelemente, deren Begrenzungen eine Vernetzung des Systems darstellen.(Bild 2.23) Die Betrachtungen zum Wärmehaushalt werden auf diese Systemelemente bezogen. Von den möglichen Vernetzungsmethoden stehen die der finiten Differenzen (FDM) und die der finiten Elemente (FEM) im Vordergrund. Sie unterscheiden sich u.a. durch die Gestalt der Elemente und die Zuordnung von Temperaturen und Randbedingungen und entscheiden über die Lösungsmethode für die Wärmeleitgleichung, über die Annäherung des Modelles an die reale Geometrie des Gußkörpers und den Programmier- und Rechenaufwand. Für den praktischen Einsatz der Erstarrungssimulation stehen eine Reihe von Programmen zur Verfügung, die die Vernetzung der Gußkörpergeometrie einschließen oder an die Datenträger von über CAD erstellten Konstruktionen anpassen. Im Idealfall ergibt sich eine geschlossene Linie vom Konstruktionsentwurf über die gießgerechte Konstruktion bis zu den Parametern des Fertigungsprozesses für das Gußstück mit computergestützten Bearbeitungsschritten.

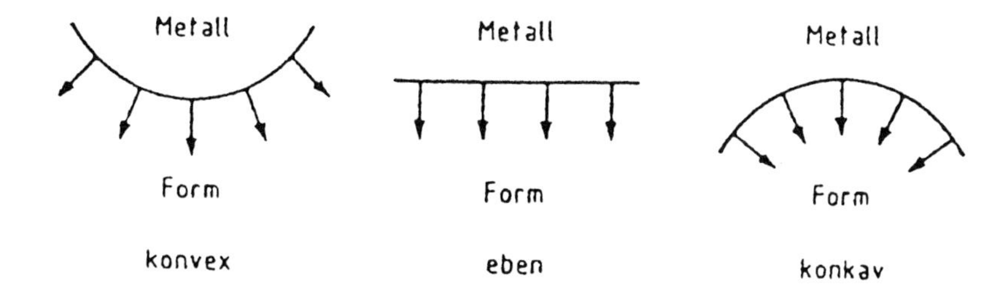

Bild 2.22 Einfluß der Formoberfläche auf die Wärmeabführung (nach Sahm u.a.)

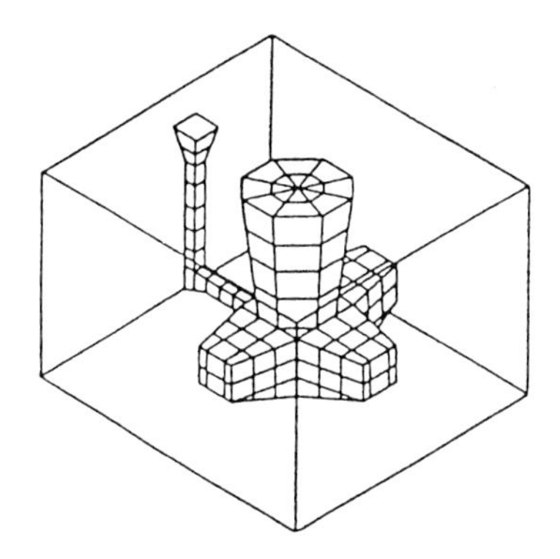

Bild 2.23 Vernetzung eines Gußkörper-Gießsystems (nach Stoehr)

Notwendige Voraussetzungen für eine Erstarrungssimulation sind Kenntnisse über die erstarrungsspezifischen Anfangs- und Randbedingungen sowie über die thermophysikalischen Daten des Werkstoffes und des Formstoffes. Im Hinblick auf die

Anfangsbedingungen kommt dem Formfüllvorgang besondere Bedeutung zu, da die während desselben abgeführte Wärmemenge mitentscheidend ist für die Temperaturverteilung im Gießgut nach Abschluß der Formfüllung und damit für die Anfangsbedingungen der Erstarrung. Unter diesem Aspekt werden Simulationsprogramme für den Formfüllvorgang in die für die Erstarrungssimulation integriert bzw. vorgeschaltet.

2.3.3.2 Formfüllung

An den Prozeß der Formfüllung stehen im Zusammenhang mit der möglichen Bildung von gießtechnischen Fehlern grundlegende Anforderungen:

- Die Temperatur der Schmelze, sie soll möglichst nicht unter Liquidustemperatur abfallen, da unter diesen Bedingungen Kaltschweißen und nicht ausgelaufene Gußkörperbereiche entstehen.
- Die Erosion von Form- und Kernbereichen muß ausgeschlossen werden.
- Wirbelbildungen in der Schmelze müssen weitgehend eingeschränkt werden, da sie Oxydationsprozesse und das Ansaugen und Einwirbeln von Luft begünstigen.

Daraus leiten sich Forderungen nach optimalen Formfüllzeiten und nach der optimalen Gestaltung und Bemessung der Gießsysteme ab.
Die Ermittlung der Formfüllzeit beruht weitgehend auf Erfahrungswerten und auf empirischen Abhängigkeiten von der Wanddicke und/oder der Masse des Gußstückes. Analytische Beziehungen gehen von den Wärmeentzugsbedingungen aus, sind aber stark an vereinfachende Annahmen gebunden. Die so ermittelten Formfüllzeiten sind Näherungswerte, bilden jedoch gleichzeitig die Grundlage für die Bemessung des Gießsystems. Dem liegen darüber hinaus die Kontinuitätsgleichung

$$A_1 \cdot v_1 = A_2 \cdot v_2 = A_i \cdot v_i$$

A_1 ... i - Querschnitt
v_1 ... i - Strömungsgeschwindigkeit

und die Bernoulli-Gleichung

$$\frac{v^2}{2g} + \frac{p}{\rho} + h = \text{const}$$

$v^2/2g$ – Geschwindigkeitshöhe
p/ρ – Druckhöhe
h – Ortshöhe

zugrunde.

Als Sonderfall ergibt sich die Torricelli´sche Ausflußformel

$$v_{th} = \sqrt{2gh}$$

v_{th} – theoretische Ausflußgeschwindigkeit

Unter Berücksichtigung dieser Grundgleichungen errechnet sich bei gegebener Formfüllzeit und unter Berücksichtigung von Strömungswiderständen der Anschnittquerschnitt eines Kopfguß-Gießsystems aus :

$$S_A = \frac{V_G}{t_F \xi \sqrt{2gh}}$$

S_A – Anschnittquerschnitt
V_G – Volumen des Gußkörpers
t_F – Füllzeit
ξ – Geschwindigkeitskoeffizient

Die Aussagen, die sich auf der Grundlage dieser Betrachtungen für die Vorgänge bei der Formfüllung hinsichtlich des Wärmeentzuges und der Strömungsverhältnisse ergeben, sind begrenzt. Sie werden durch die physikalische Modellierung und die Simulation des Prozesses deutlich erweitert. Die Grundlage dafür bildet wie im Fall der Erstarrungssimulation die numerische Lösung der die Formfüllprozesse beschreibenden Differentialgleichungen.
Die Bewegung viskoser Newtonscher Flüssigkeiten wird durch die allgemeinen Bewegungsgleichungen von Navier-Stokes wiedergegeben.

$$\frac{\delta u}{\delta t} + u\frac{\delta u}{\delta x} + v\frac{\delta u}{\delta y} + w\frac{\delta u}{\delta z} = -\frac{1}{\rho}\frac{\delta p}{\delta x} + g_x + \eta\left(\frac{\delta^2 u}{\delta x^2} + \frac{\delta^2 u}{\delta y^2} + \frac{\delta^2 u}{\delta z^2}\right)$$

$$\frac{\delta v}{\delta t} + u\frac{\delta v}{\delta x} + v\frac{\delta v}{\delta y} + w\frac{\delta v}{\delta z} = -\frac{1}{\rho}\frac{\delta p}{\delta y} + g_y + \eta\left(\frac{\delta^2 v}{\delta x^2} + \frac{\delta^2 v}{\delta y^2} + \frac{\delta^2 v}{\delta z^2}\right)$$

$$\frac{\delta w}{\delta t} + u\frac{\delta w}{\delta x} + v\frac{\delta w}{\delta y} + w\frac{\delta w}{\delta z} = -\frac{1}{\rho}\frac{\delta p}{\delta z} + g_z + \eta\left(\frac{\delta^2 w}{\delta x^2} + \frac{\delta^2 w}{\delta y^2} + \frac{\delta^2 w}{\delta z^2}\right)$$

Sie gelten auch für Schmelzen bei Temperaturen oberhalb Liquidus.
Die Temperaturprofile in der Schmelze werden im allgemeinen durch die Gleichung

$$\frac{\delta T}{\delta t} + u\frac{\delta T}{\delta x} + v\frac{\delta T}{\delta y} + w\frac{\delta T}{\delta z} = a\left(\frac{\delta^2 T}{\delta x^2} + \frac{\delta^2 T}{\delta y^2} + \frac{\delta^2 T}{\delta z^2}\right)$$

a – Temperaturleitfähigkeit

bestimmt.

T – Temperatur
t – Zeit
u – Geschwindigkeitsvektor in x-Richtung
v – Geschwindigkeitsvektor in y-Richtung
w – Geschwindigkeitsvektor in z-Richtung
ρ – Dichte der Flüssigkeit
p – Druck
η – Viskosität
g_x, g_y, g_z – Gravitation bzw. der Gravitation äquivalente Wirkung in x-, y-, z-Richtung

Die numerische Lösung der den Formfüllprozeß betreffenden Differentialgleichungen beruht auf der Vernetzung des Formhohlraum – Schmelze – Form – Systems und der Ermittlung der auf die Netzelemente bezogenen Schmelzebewegungen und Temperaturen. Voraussetzungen liegen in Analogie zur Erstarrungssimulation in der Kenntnis der durch die Gleichungen erfaßten physikalischen und thermophysikalischen Daten und der den Prozeß mitbestimmenden Anfangs- und Randbedingungen.

2.3.3.3 Ergebnisse und Auswertung der Simulationsrechnungen

Die numerischen Lösungen der Wärmeleitgleichung führen zu zeitabhängigen Temperaturverteilungen im Gußkörper-Form-System. Aus ihnen leiten sich weitere Kenngrößen wie Temperaturgradienten, Abkühlungsgeschwindigkeiten und lokale Erstarrungszeiten ab, die die Grundlage für die Darstellung des Erstarrungsverlaufes im Gußkörper bilden. Ebenfalls ableitbare komplexe Kennwerte führen über sogenannte Kriteriumsfunktionen zu Aussagen über die Ausbildung von Gefügen, Eigenschaften und Defekten. Die so ermittelten Rechenergebnisse lassen sich dreidimensional in beliebigen Schnitten und auf unterschiedliche Lagen der Systeme bezogen darstellen.

Bild 2.24 vermittelt Möglichkeiten zur Auswertung der Erstarrungssimulation am Beispiel eines Flugzeugintegral-Teiles aus einer Al-Gußlegierung. Aus der zeitabhängigen Temperaturverteilung im erstarrenden Gußkörper leiten sich die Daten für die Abkühlungsgeschwindigkeiten, Temperaturgradienten und die lokalen Erstarrungszeiten ab. Über die Kriteriumsfunktion, die die Abhängigkeit der Bruchdehnung von der lokalen Erstarrungszeit und dem Temperaturgradienten während der Erstarrung ausweist, ergeben sich Aussagen über die zu erwartende örtliche Verteilung der Eigenschaftskenngröße Bruchdehnung im Gußteil.

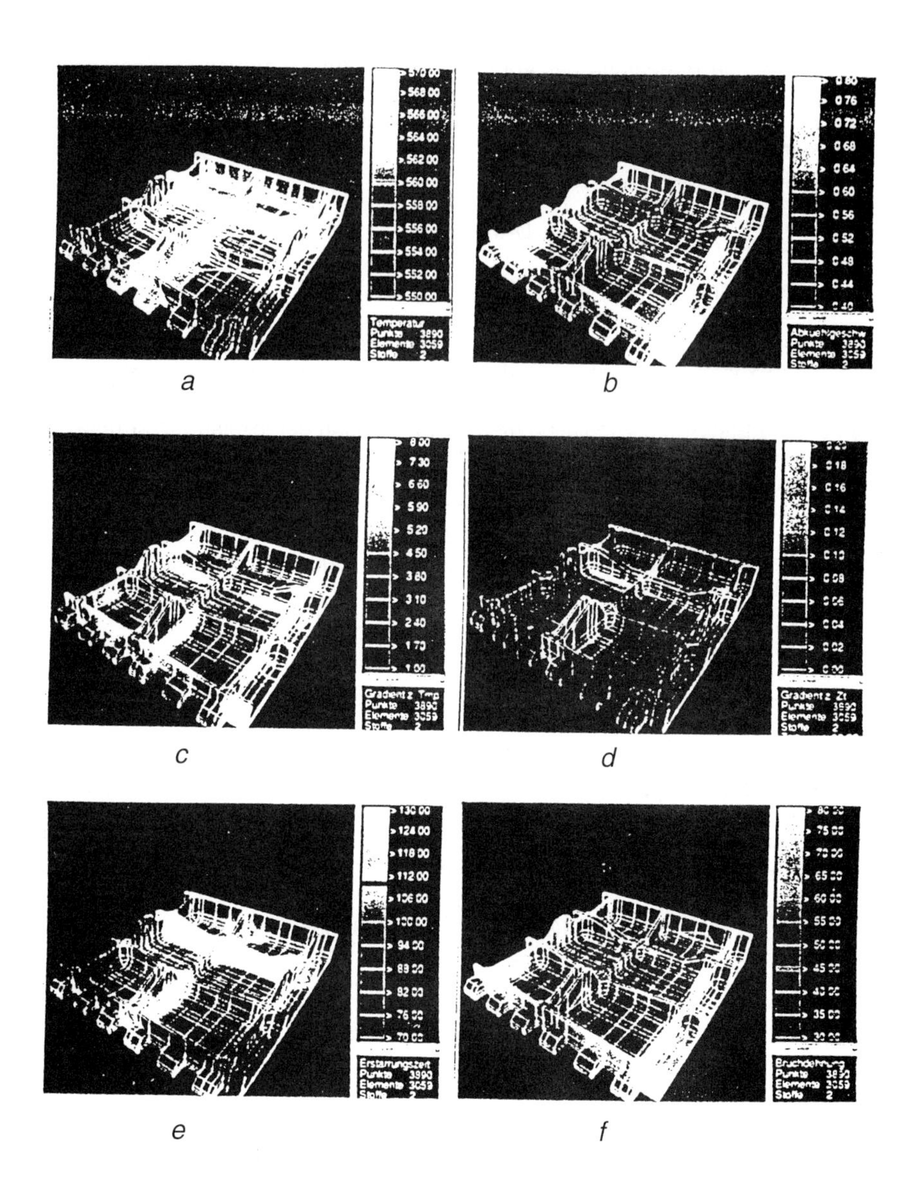

Bild 2.24 Auswertung der Erstarrungssimulation an einem Flugzeugintegral-Gußteil (nach Sahm)
a – Temperaturverteilung zu bestimmter Zeit
b – Abkühlungsgeschwindigkeit zu bestimmter Zeit
c, d – Temperaturgradienten zu unterschiedlichen Zeitpunkten
e – Verteilung der lokalen Erstarrungszeit
f – Verteilung der Bruchdehnung

Die zunehmende Bedeutung der Voraussage und Steuerung von Gefügen sowie Werkstoff- und Gußstückeigenschaften erhöht zugleich auch die der Kristeriumsfunktionen. Ein typischer Zusammenhang ist für die Gefügekenngröße Dendritenarmabstand und dem Abkühlungsparameter lokale Erstarrungszeit für Al-Si-Legierungen gegeben.

$$DAS = K \cdot t_{El}^{n}$$

DAS – Dendritenarmabstand
t_{El} – lokale Erstarrungszeit
K – Koeffizient (abhängig von der Legierungszusammensetzung)
n – Exponent (abhängig von der Legierungszusammensetzung)

Die über die Erstarrungssimulation mögliche Ermittlung der lokalen Erstarrungszeit erlaubt somit Voraussagen auf die Gefügeausbildung hinsichtlich der Dendritenstruktur und über gegebene Gefüge-Eigenschaftsbeziehungen (Bild 2.25) auch über die Eigenschaften und die Eigenschaftsverteilungen im Gußstück. Untersuchungen zu diesem Problemkomplex haben zu einer größen Zahl von empirisch ermittelten Abhängigkeiten für Kenngrößen der mechanischen Eigenschaften geführt. Eine allgemeine Beziehung lautet:

$$\text{Mechanische Eigenschaft} = a + b \cdot \log t_{El} + c \log \bar{G}$$

Sie weist die lokale Erstarrungszeit t_{El} und einen mittleren Temperaturgradienten $\bar{G}$ in Richtung Speiser als Einflußgrößen aus. Die Koeffizienten und Faktoren der Beziehung sind legierungsabhängig. Für den konkreten Fall einer Legierung AlSi7Mg lautet die Beziehung für die Bruchdehnung A_5

$$A_5 = 12{,}4 - 3{,}9 \cdot \log t_{El} + 1{,}3 \cdot \log \bar{G}$$

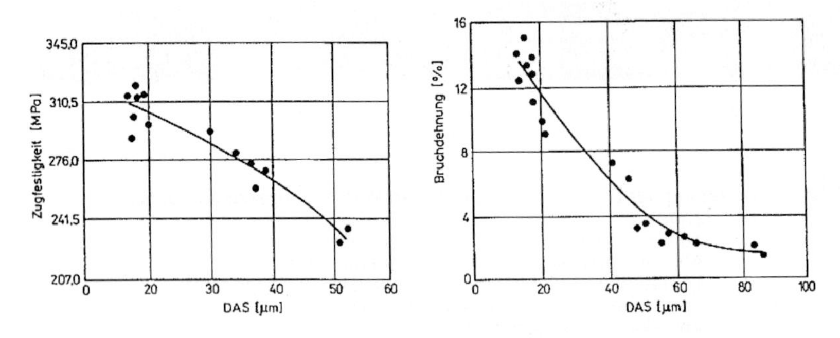

Bild 2.25 Zusammenhänge zwischen dem Dendritenarmabstand DAS und der Zugfestigkeit bzw. Bruchdehnung für die Al-Gußlegierung AlSi7Mg(A356) (nach Hetke)

In Tafel 2.7 sind die Ziel- und Einflußgrößen analoger Zusammenhänge zusammengefaßt. Die Einflußgrößen sind aus der Erstarrungssimulation ableitbar, die Eigenschaftskenngrößen über die zugehörigen Beziehungen einschätzbar. Auch ihre begrenzte Genauigkeit, die sich aus dem Charakter der zugrundeliegenden Regressionsbeziehungen hinsichtlich des Gültigkeitsbereiches und der anhaftenden Streuung ergibt, stellt den sinnvollen Einsatz der Erstarrungssimulation nicht infrage.

Tafel 2.7 Ziel- und Einflußgrößen von Eigenschaftsbeziehungen

Einflußgrößen	Eigenschaftskenngröße	Legierung
Lokale Erstarrungszeit t_{El}	R_m, $R_{p0,2}$ A_5, HB	AlSi7Mg AlSi9Mg AlSi11Mg AlSi10Mg
örtlicher Temperaturgradient G	R_m, $R_{p0,2}$ A_5	AlSi7Mg AlSi9Mg AlSi11Mg AlSi5,3 AlSi8,3
Abkühlungsgeschwindigkeit v_{ab}	R_m, $R_{p0,2}$ HB	AlSi7Mg
Erstarrungsgeschwindigkeit v	R_m, $R_{p0,2}$ R_m, $R_{p0,2}$	AlSi5,3 AlSi8,3
Erstarrungsindex $f=t_{El}/G$	R_m	Ali7Mg AlSi5Cu1,5 AlSi4,5Cu3
Parameter $GAP=v \cdot G/t_{El}$	R_m R_m	AlSi7Mg AlSi5Cu1,5
Parameter $P=1/G \cdot v$	R_m R_m	AlSi7Mg AlSi5Cu1,5

Die mögliche Darstellung des Erstarrungsverlaufes ist insbesondere für die Lunker-Speisungs- Vorgänge bei der Gußkörperbildung von Interesse. Die Ausbildung isolierter thermischer Zentren schließt die Gefahr der Lunkerbildung in den zugehörigen Gußkörperbereichen ein. Bild 2.26 verdeutlicht die Zusammenhänge am Beispiel eines Radkörpers. Im Bereich des Radkranzes werden diese isolierten thermischen Zentren ausgebildet, deren Speisung nicht gesichert ist. Die mögliche Lösung des Problems durch konstruktive Veränderungen der Querschnittsverhältnisse ist über die Erstarrungssimulation nachweisbar.

Korrelationen zwischen den Lunker-Speisungs-Vorgängen und Kenngrößen, die sich aus den Temperaturfeldern der Erstarrungssimulation ableiten, ermöglichen weitergehende Schlußfolgerungen über die Ausbildung und Verteilung von Lunkervolumendefiziten. So bedingen kritische Werte für das Verhältnis aus örtlichen Temperaturgradienten und der Abkühlungsgeschwindigkeit (Niyama-Kriterium) die Ausbildung von Lunkerporositäten. Über die Erstarrungssimulation ist auch auf dieser Grundlage die Überprüfung und Optimierung von Teilekonstruktionen und Fertigungsbedingungen möglich. Bild 2.27 zeigt vorausberechnete Lunkerverteilungen in einem Stahlgußradkörper. Bild 2.28 gibt die Verteilung des Niyama-Kriteriums für ein Al-Gußrad wieder. Die Bereiche mit kritischen Kriteriumswerten weisen im realen Gußteil Lunkerhohlräume auf.

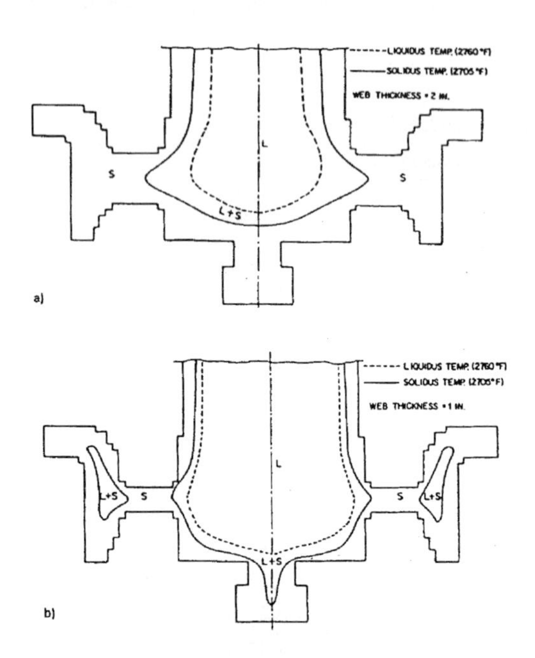

Bild 2.26 Ausbildung von isolierten thermischen Zentren in einem Stahlgußrad (b) und gießgerechte Konstruktion auf der Grundlage von Querschnittsanpassungen (a) (nach Jeyarajan u.a.)

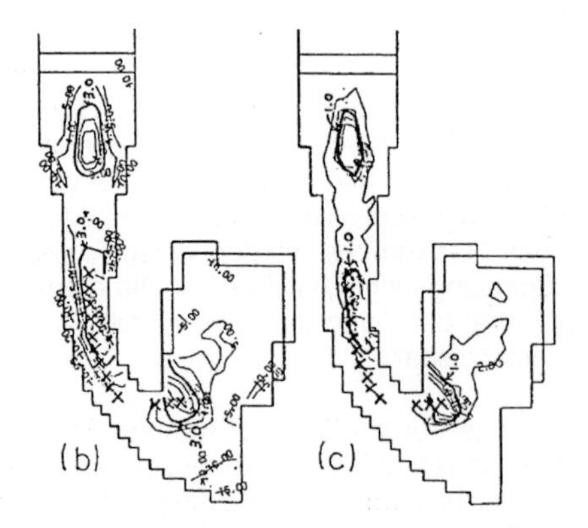

Bild 2.27 Berechnete Lunkerfelder in einem Stahlgußkörper über kritische Werte für den Temperaturgradienten (b) und das Verhältnis aus Temperaturgradient zur Abkühlungsgeschwindigkeit (c) (nach Niyama u.a.)

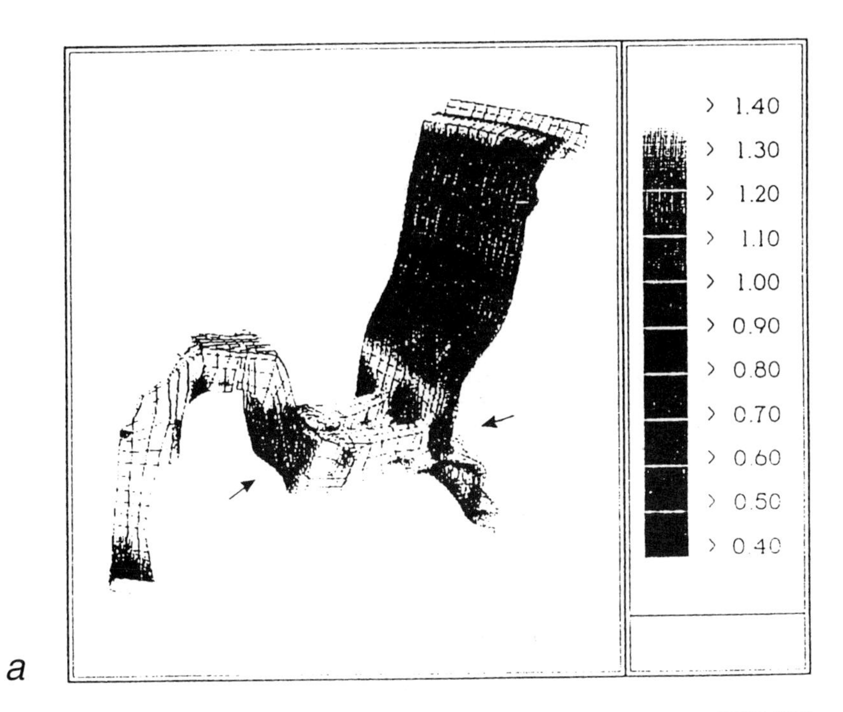

Bild 2.28 Autorad, Erstarrungssimulation zur Lunkerung (nach Bührig-Polaczek)
a - Verteilung des Niyama-Kriteriums im Radsegment
(Pfeilbereiche – Lunkergefährdung)
b - Lunkergebiete im Gußteilquerschnitt

Die Erstarrungssimulation kommt auf der Grundlage der Auswertungsmöglichkeiten bei der Lösung der folgenden Aufgabenkomplexe zum Einsatz :

- Entwicklung gießgerechter Gußteilkonstruktionen, bei denen Vorgänge, die zur Ausbildung von Lunkern, Warmrissen und Spannungen führen, eingegrenzt werden.
- Steuerung der Speisungstechnik bei der Gußkörperbildung (Anzahl, Größe und Lage von Speisern und Einsatz speisungstechnischer Hilfsmittel)
- Auslegung von Dauerformen und Ermittlung der notwendigen Prozeßbedingungen für Aufheiz- und Kühlsysteme sowie optimaler Zyklenzeiten
- Voraussage und Steuerung von Gefügen und Eigenschaften in Gußteilen.

Die Ergebnisse der Simulationsrechnungen für die Formfüllung ermöglichen die Darstellung der Strömungs- und Temperaturverhältnisse in der Schmelze während des Formfüllprozesses. Eingeschlossen sind die örtliche und zeitliche Verteilung der Temperatur, der Strömungsgeschwindigkeit und der Drücke sowie der Füllstand und die Ausbildung der Schmelzbadoberfläche.

Bild 2.29 zeigt entsprechende Rechenergebnisse für den Füllvorgang einer Radkörperform. Neben den Geschwindigkeits- und Strömungsprofilen werden Wirbel- und Tropfenbildungen nachgewiesen. Die Temperaturveränderungen der Schmelze beim Formfüllvorgang gehen aus den Darstellungen in Bild 2.30 hervor. Sie geben die Temperaturverteilungen bei unterschiedlichen Füllgraden einer Motorblockform wieder. Aussagen über die mögliche Ausbildung von Defekten auf Grund unzureichender Fließ- und Formfüllungsvermögen und über die Ausgangsbedingungen für eine Ersstarrungssimulation leiten sich unmittelbar ab.

Schwerpunkte für den Einsatz von Simulationsrechnungen für die Formfüllung liegen bei folgenden Fragekomplexen:

- Optimierung von Gießsystemen hinsichtlich der Abmessungen und Lage der zugehörigen Elemente
- Ermittlung der Formfüllzeiten
- Vorhersage kritischer Formbereiche für Erosion oder Penetration
- Festlegung eines optimalen Gießablaufes, der die Ausbildung von Gußkörperdefekten während der Formfüllung und Erstarrung entgegenwirkt.
- Ausbildung von Turbulenzen in der Schmelze in Verbindung mit Schlacken- und Lufteinschlüssen

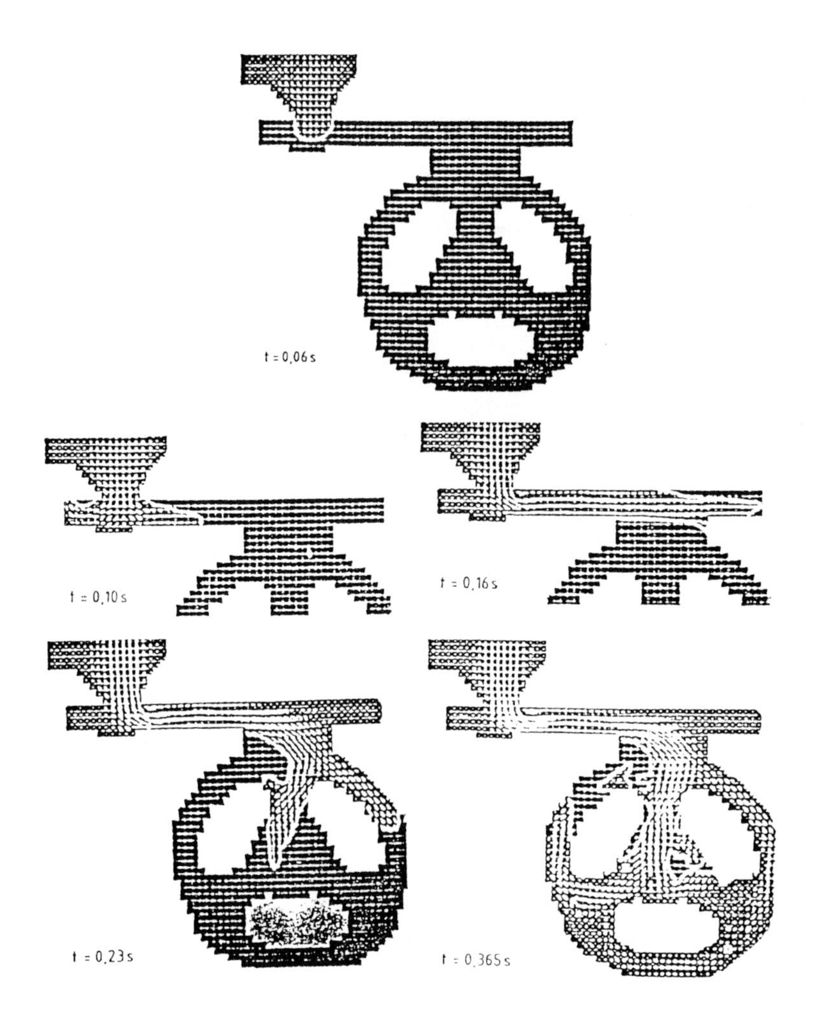

Bild 2.29 Rechnerische Simulation des Formfüllvorganges. Die Teilbilder dokumentieren den zeitlichen Ablauf des Vorganges und die gegebenen Strömungsverhältnisse (nach Walther und Sahm)

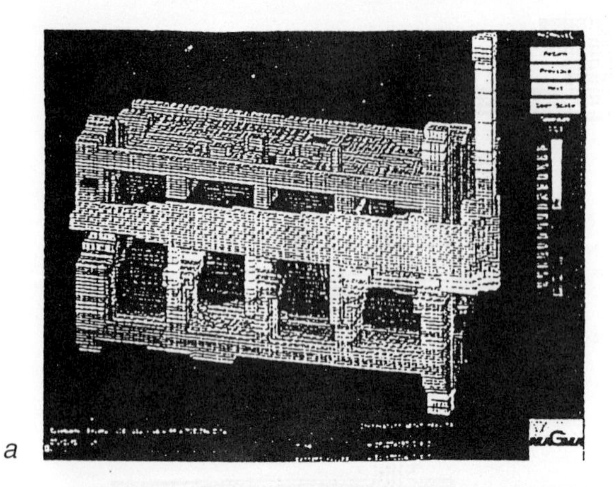

a

b

Bild 2.30 Formfüllung für einen Motorblock, Temperaturverteilung in der Schmelze bei unterschiedlichen Füllgraden
a Füllgrad 81 %
b Füllgrad 100 %
(nach Sahm/MAGMA – Gießereitechnologie)

Der Gesamtkomplex eines Simulations- und Modellierungszyklus für den gießereitechnischen Fertigungsprozeß ist in Bild 2.31 in einem Flußschema umrissen. Die Voraussetzungen, Rechnungen und Auswertungen sind unterschiedlichen Aktionsebenen zugeordnet. Die Bedeutung der Anfangs- und Randbedingungen für die jeweiligen Prozesse sowie der physikalischen und thermophysikalischen Daten und der Kriteriumsfunktionen für die Ermittlung und Voraussage der verschiedenen Zielgrößen wird durch die Darstellung verdeutlicht, mögliche und notwendige Weiterentwicklungen werden angedeutet. Tafel 2.8 enthält eine Zusammenstellung einiger. kommerziell verfügbaren Rechenprogramme mit Hinweisen und qualitativen Angaben über ihren grundlegenden Aufbau und die Einsatzmöglichkeiten. Ergebnisse realer Prozeßsimulationen zeigen die Teildarstellungen im Bild 2.32 am Beispiel der Fertigung eines Al-Zylinderkopfes. Alle Verfahren der Gußteilfertigung, insbesondere des Kokillen-, Druck- und Feingusses stützen sich in zunehmendem Maß auf Simulationsmodelle für die wesentlichen Abschnitte des Fertigungsprozesses. Die übrigen, teilweise auch speziellen Verfahren – wie das Lost-Foam-Verfahren werden folgen, wenn die notwendigen Daten für die Randbedingungen des jeweiligen Prozesses festliegen.

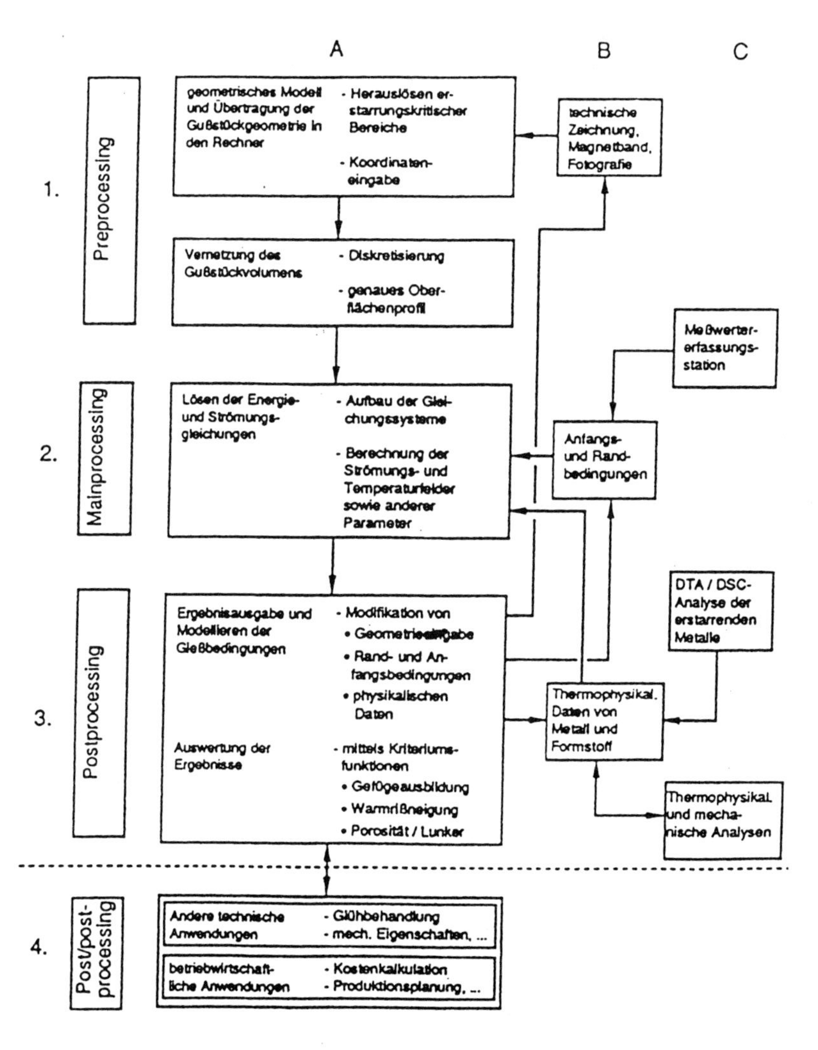

Bild 2.31 Flußschema eines gesamten Modellierungs und Simulationszyklus (nach Sahm)

Tafel 2.8 Grundlagen und Einsatzmöglichkeiten ausgewählter Simulationsprogramme (nach Sahm)

Basis	Programm-bezeichnung	Herkunfts-land	Vernetzungs-algorithmen	Behandlung der Form-füllung	Erstar-rung	Rest-spannung	Gefüge-bildung
empirisch	NOVACAST	S	–		x		
	SOLSTAR	UK	–		x		
physikalisch/ mathematisch-numerisch	SIMULOR	F	FDM	x	x		
	PROCAST	USA	FEM	x	x		(x)
	RaPiDCAST	USA	FDM	x	x		
	THEL	D	FDM/DEM		x	(x)	
	SIMTEC1)	D	FEM		x	x	
	MAGMASOFT2)	D	FDM/FEM	x	x	x	x

1) Die Basis für SIMTEC stammt aus der Hochschulentwicklung „CASTS" des Gießerei-Instituts der RWTH Aachen (vgl. P. R. Sahm et al. 1983, W. Richter und R. P. Sahm 1983, W. Richter 1984).

2) Die Basis für MAGMASOFT stammt aus den Hochschulentwicklungen GEOMESH des „Wärmeisolationslabors" der Technischen Hochschule Dänemarks, Kopenhagen (vgl. P. N. Hansen 1975) sowie CASTS des Gießerei-Instituts Aachen (vgl. oben).

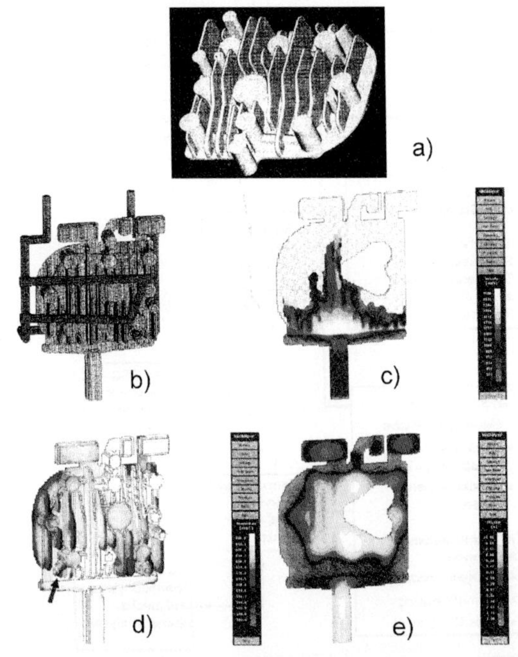

Bild 2.32 Rechnergestützte Prozeßsimulation für den Fertigungsprozeß eines Zylinderkopfes (nach R. H. Box und L. H. Kallien)
a) 3 D-Geometriedarstellung des Zylinderkopfes
b) Vernetzung des Zylinderkopfes mit Gieß- und Kühlsystem
c) Geschwindigkeitsprofil der Schmelze über dem Anschnittquerschnitt
d) Temperaturverteilung in teilweise gefüllter Form. Der pfeilmarkierte Bereich liegt unter Liquidustemperatur (Bildung von Kaltschweißen)
e) Erstarrungssimulation – Ausbildung von isolierten thermischen Zentren als Bereiche für die Ausbildung von Lunkerporositäten

2.4 Aluminium-Gußwerkstoffe

Die Aluminium-Gußwerkstoffe weisen das für Aluminium und Aluminium-Legierungen charakteristische Eigenschaftsspektrum auf. Eine umfassende Darstellung ist in Band 1 der 15. Auflage des Aluminium-Taschenbuches gegeben. Besondere Aspekte betreffen das Verhalten bei der gießereitechnischen Verarbeitung im Hinblick auf die Gießverfahren und die gießtechnologischen Eigenschaften sowie den starken Einsatz von Sekundärlegierungen, die über Recyclingprozesse in die gießereitechnischen Fertigungsverfahren ein- bzw. zurückfließen.
Die Kenngrößen für wesentliche mechanische Eigenschaften liegen für die Gesamtheit der Gußlegierungen in folgenden Grenzen:

Zugfestigkeit	R_m	[N/mm²]	150 - 420
Streckgrenze	$R_{p0,2}$	[N/mm²]	70 - 320
Biegewechselfestigkeit	σ_{bw}	[N/mm²]	50 - 110
Bruchdehnung	A	[%]	0,1 - 18,0
Elastizitätsmodul	E	[KN/mm²]	68 - 76

Weitere wichtige Eigenschaftsmerkmale betreffen die gießtechnologischen Eigenschaften, die Bearbeitbarkeit, das Korrosionsverhalten, die dekorative anodische Oxydation, die Polierbarkeit und die Schweißbarkeit. Ihre auf einer qualitativen Bewertungsskala beruhende Einschätzung reicht von „ausgezeichnet" bis "ungeeignet" und unterstreicht die Bedeutung einer möglichst optimalen Legierungsauswahl. Für spezielle Einsatzzwecke sind die physikalischen Eigenschaften thermische Längenausdehnung, elektrische Leitfähigkeit und Wärmeleitfähigkeit von Bedeutung.
Die Eigenschaften und Eigenschaftskombinationen sind abhängig von der Legierungszusammensetzung, dem Gießverfahren und der Wärmebehandlung. Sie bestimmen unter Berücksichtigung wirtschaftlicher Aspekte die Möglichkeiten und Grenzen für den Einsatz der Werkstoffe. Für einzelne Legierungen ergeben sich auf dieser Grundlage deutlich unterschiedliche Erzeugungs- und Marktanteile (Bild 2.33) Die Legierungsbezeichnungen in der Darstellung entsprechen der DIN 1725.
Die Normung der Aluminium-Gußwerkstoffe trägt den Werkstoffeigenschaften und ihren Abhängigkeiten Rechnung. Legierungsgruppen werden auf der Grundlage von Eigenschaftskomplexen und/oder Gießverfahren zusammengefaßt.

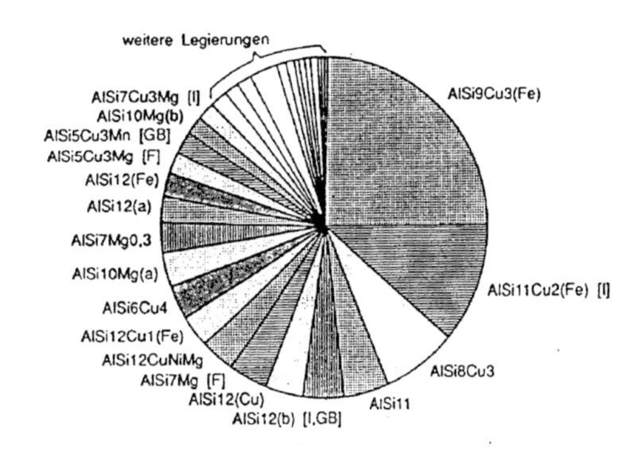

Bild 2.33 Marktanteile von Aluminium-Gußlegierungen (nach Gießereikalender 1996)

2.4.1 Werkstoffgruppen

Rein-Aluminium (Reinheitsgrad 99,0 - 99,9) wird auf Grund seiner niedrigen Festigkeitseigenschaften als Gußwerkstoff nur bei besonderen Anforderungen an die elektrische und die Wärmeleitfähigkeit, an die Duktilität und an das Korrosionsverhalten verarbeitet. Das Niveau der Festigkeits- und Duktilitätskenngrößen verdeutlicht den besonderen Sachverhalt.

Zugfestigkeit	R_m	[N/mm²]	39 - 49
Streckgrenze	$R_{p0,2}$	[N/mm²]	10 - 25
Bruchdehnung	A	[%]	30 - 45
Härte	HB		15 - 25

Die auf eine gezielte Veränderung wesentlicher Eigenschaftskomplexe gerichtete Legierungsentwicklung hat zu vier Werkstoffgruppen geführt, die auf den Legierungssystemen Aluminium-Silizium, Aluminium-Magnesium, Aluminium-Kupfer und Aluminium-Zink basieren (Bild 2.34). Die zugehörigen binären Zustandssysteme bilden im Bereich der Zusammensetzung der technischen Legierungen eutektische Systeme mit begrenzter Löslichkeit im festen Zustand (Bild 2.35). Die Zusammensetzung der Legierungen ist durch Legierungs- und Begleitelemente gekennzeichnet, zu denen Si, Cu, Mn, Mg, Cr, Ni, Zn, Pb, Sn rechnen. Sie gehen auf die Erzeugungsprozesse für Hütten-Aluminium und Sekundärmetalle zurück und werden z.T. bei der Herstellung von Blockmetall-Gußlegierungen legiert. Die Gefüge und Eigenschaften der Werkstoffe werden maßgeblich von ihrer Zusammensetzung bestimmt. Eine Gruppe von Sonderlegierungen ist durch spezifische Zusammensetzungen und Eigenschaften der zugehörigen Werkstoffe gekennzeichnet.

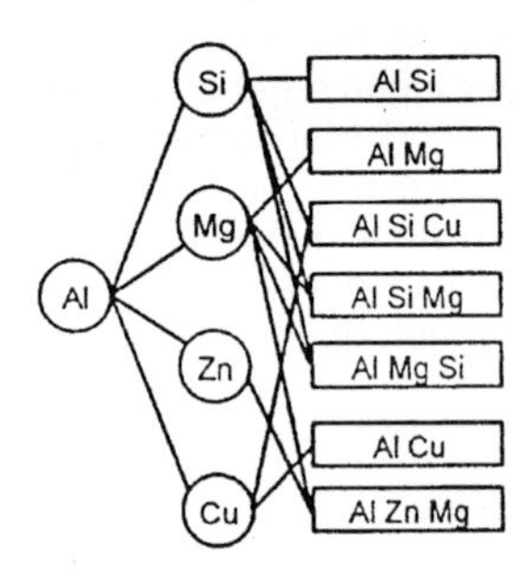

Bild 2.34 Schematischer Aufbau der Aluminium-Gußlegierungen

2.4.1.1 Al-Si-Legierungen

Die Werkstoffgruppe stellt den weitaus größten Produktionsanteil der Al-Gußlegierungen. Sie umfaßt die Legierungsgruppen der eigentlichen Al-Si-Legierungen, der Al-Si-Mg-Legierungen und der Al-Si-Cu-Legierungen. In allen bildet Silizium das Hauptlegierungselement. Wichtige Zusatz- und Begleitelemente sind Mg, Cu, Fe, Mn, Zn, Ni und Ti.

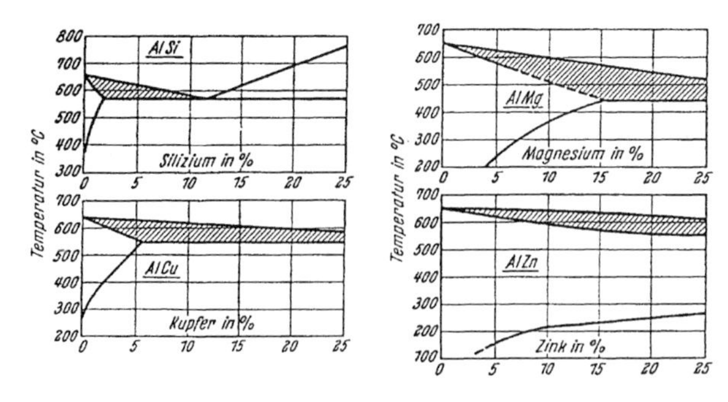

Bild 2.35 Teilsysteme der Zustandsdiagramme Al-Si, Al-Cu, Al-Mg und Al-Zn

Der Konzentrationsbereich für das Hauptlegierungselement reicht für die Gesamtheit der Legierungsgruppen von 2 bis über 20 %. Die Legierungen liegen damit im untereutektischen, eutektischen und übereutektischen Bereich des Zweistoffsystems Al-Si. Die zugehörigen Werkstoffgefüge sind durch Primärkristalle des Aluminium-Mischkristalles oder des Siliziums und durch das Eutektikum charakterisiert (Bild 2.36). Die mit sinkender Temperatur abnehmende Löslichkeit des Mischkristalles für Silizium führt zu Si-Ausscheidungen. Die Anteile der Gefügephasen werden durch die Si-Konzentration bestimmt, ihre Größe durch die Abkühlungs- und Kristallisationsbedingungen im Erstarrungsprozeß. Erhöhte Abkühlungsgeschwindigkeiten, wie sie beim Kokillen- und Druckgießverfahren gegeben sind, bedingen eine Gefügefeinung. Für die Primärkristalle des Al-Mischkristalles wird eine Kornfeinung durch Ti, für die des Siliziums durch P über den Einsatz entsprechender Kornfeinungsmittel verfolgt. Das (Al+Si)-Eutektikum erstarrt in Abhängigkeit von den Kristallisationsbedingungen entartet oder veredelt. Es ist im ersten Fall durch grobe plattenförmige und spießige Si-Kristalle gekennzeichnet, die im veredelten Gefüge stark gefeint werden (Bild 2.37). Veredelungs- und Feinungsbehandlungen beruhen auf dem Zusatz geringer Mengen von Na, Sr oder Sb. Besondere Beachtung bedarf dabei die unterschiedliche Wirkdauer der Behandlung. Höhere Abkühlungsgeschwindigkeiten fördern die Feinung des Eutektikums.

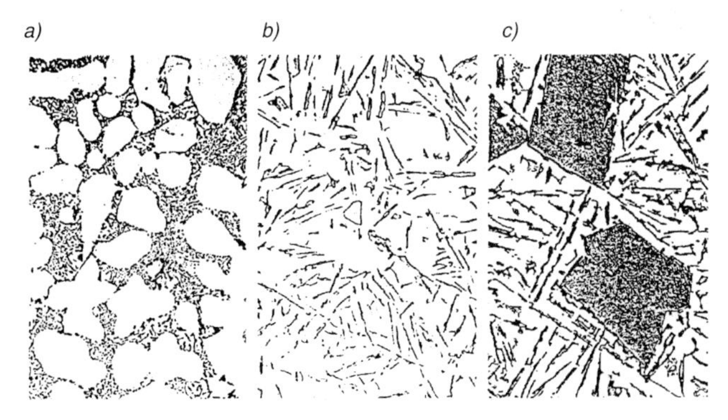

Bild 2.36 Gefüge von Al-Si-Legierungen, a) untereutektisch, b) eutektisch, c) übereutektisch

Die Festigkeitseigenschaften der Al-Si-Legierungen werden durch steigende Si-Gehalte bis in den Bereich der eutektischen Konzentration verbessert bei gleichzeitigem Verlust an Duktilität. Eine Feinung des Gefüges, insbesondere des Eutektikums verbessert die Festigkeits- und Bruchdehnungswerte. Die primären Si-Kristalle in übereutektischen Legierungen wirken einem Verschleiß entgegen und ermöglichen den Einsatz der Werkstoffe unter Reibungs- und Verschleißbeanspruchungen.
Al-Si-Legierungen mit eutektischer und naheutektischer Zusammensetzung weisen ausgezeichnete gießtechnologische Eigenschaften auf, die auf den hohen Anteil an Eutektikum und den dadurch gegebenen Erstarrungsablauf zurückgehen. Ein sehr gutes Fließ- und Formfüllungsvermögen, ein günstiges Speisungsverhalten in Verbindung mit dem durch die höhere Si-Konzentration verringerten Volumendefizit und die geringe Warmrißneigung ermöglichen die Herstellung dünnwandiger, komplex gestalteter und druckdichter Gußteile. Entsprechend den grundlegenden Abhängigkeiten dieser Eigenschaftskenngrößen liegen sie in den Bereichen stärker untereutektisch und übereutektisch zusammengesetzter Legierungen ungünstiger.

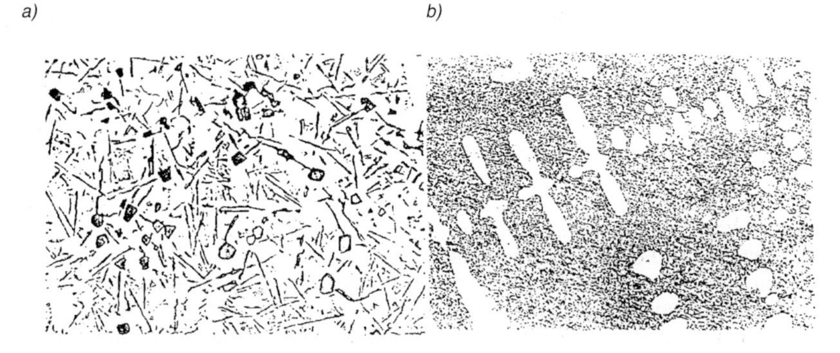

Bild 2.34 Ausbildung des Al-Si-Eutektikums, a) entartet, b) veredelt

Die Al-Si-Mg-Legierungen haben die Legierungskombination Silizium/Magnesium zur Grundlage. Mg-Zusätze führen über die Bildung der Phase Mg_2Si zur Aushärtbarkeit der Legierungen. Damit in Verbindung stehen deutliche Festigkeits- und Härtesteigerungen, die für diese Legierungsgruppe kennzeichnend sind. Die Bearbeitbarkeit wird verbessert, die Duktilität der Legierungen geht zurück. Die gießtechnologischen Eigenschaften erfahren keine deutlichen Veränderungen. Die Si-Konzentration der Legierungen bleibt der bestimmende Faktor.
Die Al-Si-Cu-Legierungen basieren auf der Legierungskombination Silizium/Kupfer. Die Legierungsgruppe nimmt insofern eine Sonderstellung ein, als bei ihrer gießereitechnischen Herstellung hauptsächlich Sekundärmetalle zum Einsatz kommen. Die Cu-Zusätze verbessern die Festigkeitseigenschaften und die Härte gegenüber Al-Si-Legierungen bei Verlust an Duktilität. Die gießtechnologischen Eigenschaften liegen trotz einer Verschlechterung auf einem noch annehmbaren Niveau. Deutlich negative Auswirkungen haben die höheren Cu-Gehalte der Legierungsgruppe für die Korrosionsbeständigkeit der Werkstoffe.
Für die Gesamtheit der Al-Si-Werkstoffgruppe haben die Begleitelemente Fe, Zn, Ni und Ti wegen ihrer spezifischen Auswirkungen Bedeutung.

Höhere Eisengehalte führen in Al-Si-Legierungen zur Bildung von Al-Fe- und Al-Fe-Si-Phasen. Von den letzteren zeigt die intermetallische Verbindung Al_9FeSi_2 eine plättchen/nadelförmige Morphologie, die einen Festigkeits- und Duktilitätsabfall für die Werkstoffe zur Folge hat. Wegen dieser Wirkung werden die Fe-Gehalte der Legierungen auf 1,0 %, bei höheren Anforderungen an die mechanischen Eigenschaften auf 0,2 % begrenzt. Eine vollständige bzw. begrenzte Kompensation der Eisenwirkung ist durch spezifische Mn-Gehalte über die Bildung einer AlSi(FeMn)-Phase möglich, die sich durch kompaktere Formen auszeichnet. Druckgußlegierungen enthalten Fe-Gehalte bis zu 1,3 % wegen der dadurch verringerten Klebneigung der Schmelze und der verbesserten Formenstandzeiten. Die ungünstigen Auswirkungen der intermetallischen Phase werden in diesem Fall durch ihre Feinung eingegrenzt. Die gießtechnologischen Eigenschaften, die Bearbeitbarkeit und das Korrosionsverhalten der Legierungen werden durch überkritische Fe-Gehalte verschlechtert.
Zink liegt in technischen Al-Si-Legierungen gelöst vor. Die gleichzeitige Anwesenheit von Mg verringert die Löslichkeit und bedingt die Bildung von $MgZn_2$ und Al_2Zn_3Mg-Phasen, durch die die Aushärtbarkeit der Legierungen gegeben ist. Sie bildet neben der Mischkristallverfestigung die Grundlage für die Festigkeitssteigerung der Legierungen. Im Hinblick auf die gießtechnologischen Eigenschaften ergibt sich eine Verbesserung des Fließ- und Formfüllungsvermögens, im Bereich niedriger Si-Gehalte aber eine verstärkte Warmrißneigung.
Bei Druckgußlegierungen zeigen Zn-Gehalte bis zu 3,0 % positive Auswirkungen auf die Klebneigung der Schmelze und die Formstabilität der Teile beim Auspacken.

Nickel weist nur eine geringe Löslichkeit im Mischkristall auf und bedingt Ausscheidungen von Al_3Ni-, AlFeNi- und Al_3CuNi-Phasen. Die Al_3Ni-Verbindung verbessert über eine Dispersionshärtung die Warmfestigkeit der Werkstoffe. Begrenzt negative Auswirkungen zeigen Ni-Zusätze auf das Korrosionsverhalten von Al-Si-Legierungen.
Titan bewirkt eine Kornfeinung der Al-Mischkristalle. Sie wird über die Lösung des Elementes in Konzentrationen von 0,1 - 0,2 % oder über die Bildung bzw. das Einbringen von keimwirksamen Verbindungen Al_3Ti, TiB_2 und TiC verfolgt.
Die Legierungsgruppen der Al-Si-Legierungen weisen auf Grund der unterschiedlichen Zusammensetzungen und der spezifischen Einflüsse der Legierungs- und Begleitelemente ein jeweils besonderes Eigenschaftspotential auf. Die Tafel 2.9 vermittelt für die Legierungen auf der Basis Al-Si, Al-Si-Mg und Al-Si-Cu einen Überblick über die Bereiche der Zusammensetzung sowie der wesentlichen mechanischen und technologischen Eigenschaften. Die konkreten Daten basieren auf der europäischen Norm EN 1706 „Aluminium und Aluminium-Legierungen-Gußstücke". In Anlehnung an DIN 1725, Teil 2 „Aluminiumlegierungen -Gußlegierungen" sind in Tabelle 2.10 auf Einzellegierungen bezogene Verwendungshinweise zusammengefaßt.

Tafel 2.9 Zusammensetzung und Eigenschaften von Al-Si-Legierungsgruppen (nach Europanorm EN 1706)

a) Zusammensetzung

Leg.-Gruppe	Si	Fe	Cu	Mn	Mg	Zn	Ti
Al-Si	8,0 - 13,5	0,19 - 1,0	0,05 0,15	0,10 - 0,45	0,10 - 0,45	0,07 - 0,15	0,15 - 0,20
Al-Si-Mg	1,6 - 11,0	0,19 - 1,0	0,05 - 0,35	0,10 - 0,55	0,20 - 0,70	0,05 - 0,35	0,05 - 0,25
Al-Si-Cu	4,5 - 13,5	0,6 - 1,3	0,7 - 5,0	0,05 - 0,65	0,05 - 0,65	0,15 - 3,0	0,20 - 0,25

b) Mechanische Eigenschaften

Leg.-Gruppe	Zugfestigkeit R_m (N/mm²)	Dehngrenze $R_{p0,2}$ (N/mm²)	Bruchdehnung A (%)	Härte HB
Al-Si	150 - 170	70 - 80	4 - 7	45 - 55
Al-Si-Mg	140 - 320	70 - 240	1 - 6	50 - 100
Al-Si-Cu	135 - 320	70 - 280	1 - 6	60 - 110

c) Technologische Eigenschaften

Leg.-Gruppe	Fließvermögen	Warmrißbeständigkeit	Druckdichtheit	Bearbeitbarkeit	Korrisionsbeständigkeit	Schweißbarkeit	Polierbarkeit
Al-Si	A	A	A	C	B/C	A	D
Al-Si-Mg	A/B	A	B	B/C	B/C	A/B	C/D
Al-Si-Cu	B	B	B	B/C	D	B/C	C/D

Schlüssel:
A - ausgezeichnet
B - gut
C - annehmbar
D - unzureichend
E - nicht empfehlenswert
F - ungeeignet

Tafel 2.10 Verwendungshinweise für Gußwerkstoffe der Gruppen Al-Si, Al-Mg und Al-Cu (nach DIN 1725, Teil 2)

Gußwerkstoffe	Hinweise für die Verwendung	Anwendungsbeispiele
G-AlSi12	Eutektische Legierung mit ausgezeichnetem Formfüllungsvermögen, hoher Warmrißbeständigkeit, nicht aushärtbar, „G" und „GK" auch geglüht und abgeschreckt; für verwickelte, dünnwandige, druckdichte und schwingungsfeste Gußstücke sehr guter Korrosionsbeständigkeit; besonders schwierige, dünnwandige Druckgußstücke mit hoher Dehnung.	Maschinenteile, stoß- und schwingungsbeanspruchte Teile, Zylinderköpfe und -blöcke, Motoren-, Kurbel- und Pumpengehäuse, Flügelräder, Rippenkörper, dünnwandige Gehäuse.
G-Al-Si12(Cu)	Wie G-AlSi12 bei geringeren Ansprüchen an die Korrosionsbeständigkeit nicht aushärtbar, nur im Gußzustand.	Maschinenteile, stoß- und schwingungsbeanspruchte Teile, Zylinderköpfe und -blöcke, Motoren-, Kurbel- und Pumpengehäuse, Flügelräder, Rippenkörper, dünnwandige Gehäuse.
G-AlSi10Mg wa	Für verwickelte, dünnwandige, druckdichte und schwingungsfeste Gußstücke, warmfest; hoher Festigkeit nach Aushärtung bei bester Korrosionsbeständigkeit; gute Warmrißbeständigkeit.	Schwierige und höchstbeanspruchte Maschinenteile, wie Zylinderköpfe, Kurbelgehäuse, Bremsbacken, Teile für schnelllaufende vibrierende Motoren und Ventilatoren usw.
G-AlSi10Mg(Cu) wa	Wie G-AlSi10Mg bei geringeren Ansprüchen an die Korrosionsbeständigkeit.	Wie G-AlSi10Mg
G-AlSi8Cu3	Vielseitig angewendet, auch für verwickelte, dünnwandige Gußstücke, warmfest; für Gußstücke auch mit hoher Beanspruchung, speziell bei Druckguß; wenig Neigung zum Einfallen und zu Innenlunkern.	Komplizierte Maschinen- und Motorenteile für Fahrzeugindustrie, Elektrotechnik, Bergbau usw. Kurbel- und andere Gehäuse, Elektromotorenteile, Lagerschilde und -blöcke, Zylinderköpfe, Verkleidungen usw.
G-AlSi6Cu4	Vielseitig angewendet, warmfest	Maschinen- und Motorenteile für Fahrzeugindustrie, Elektrotechnik, Bergbau usw.
G-AlSi5Mg ka G-AlSi5Mg wa	Für Gußstücke mit hohen Anforderungen an Korrosionsbeständigkeit; für druckdichte Teile anstatt Al-Mg-Legierungen, kalt- und warmausgehärtet, hohe Festigkeit, mittleres Fließvermögen.	Teile für die chemische Industrie und für Nahrungsmittelindustrie, Beschläge, Feuerlöschwesen usw.
G-AlMg3	Für Gußstücke mit dekorativer Oberfläche; hervorragende Korrosionsbeständigkeit besonders gegen Meerwasser sowie schwach alkalische Medien.	Innen- und Außenbeschläge für Fahrzeuge und Bauwesen, dekorative Einrichtungsgegenstände, Haushaltsgeräte, Geräte für Nahrungsmittelindustrie, Verkleidung usw.

Tafel 2.10 Verwendungshinweise für Gußwerkstoffe der Gruppen Al-Si, Al-Mg und Al-Cu (nach DIN 1725, Teil 2), Fortsetzung

Gußwerkstoffe	Hinweise für die Verwendung	Anwendungsbeispiele
G-AlMg3Si	Wie G-AlMg3, aber besser gießbar, warmaushärtbar, höhere Festigkeit	Innen- und Außenbeschläge für Fahrzeuge und Bauwesen, dekorative Einrichtungsgegenstände, Geräte für die Nahrungsmittel- und chemische Industrie und Haushalt, Verkleidung usw.
G-AlMg3(Cu)	Vielverwendet für Beschlagteile. Mit zunehmendem Si-Gehalt abnehmende Warmrißneigung, aber auch abnehmender Glanz der anodischen Oxidschicht.	Innen und Außenbeschläge für Fahrzeuge und Bauwesen, dekorative Einrichtungsgegenstände, Geräte für Nahrungsmittelindustrie und Haushalt, Verkleidung usw.
G-AlMg5	Gußstücke für höhere Ansprüche an Oberflächengüte und Korrosionsbeständigkeit, besonders gegen Meerwasser und schwach alkalische Lösungen.	Innen- und Außenarchitektur, Geräte für Nahrungsmittelindustrie, Haushalt und chemische Industrie, Feuerlöschwesen.
G-AlMg5Si	Wie G-AlMg5, jedoch vorwiegend für verwickelte Gußstücke.	Geräte für Nahrungsmittelindustrie, Haushalt, chemische Industrie und Schiffbau.
GD-AlMg9	Polierfähige Druckgußstücke für höhere Ansprüche an Oberflächengüte und Korrosionsbeständigkeit.	Haushalt, Büromaschinengehäuse und optische Geräte, Beschläge, Zierteile, Teile für die Nahrungsmittelindustrie.
G-AlMg10 ho	Nur homogenisiert, für Gußstücke mit hoher Korrosionsbeständigkeit.	Beschlagteile für den Schiffbau.
G-AlSi7Mg wa	Für mittlere und größere Wanddicken, hohe Festigkeit und Zähigkeit (warmausgehärtet), korrosionsbeständig.	Flugzeugbau, Fahrzeugbau
G-AlSi9Mg wa	Für verwickelte und dünnwandige Gußstücke hoher Festigkeit und guter Zähigkeit	Flugzeugbau, Fahrzeugbau
G-AlCu4Ti ta G-AlCu4Ti wa	Für Gußstücke, die höchsten Festigkeits- und Zähigkeitsansprüchen (warmausgehärtet) zu genügen haben; schwer gießbar.	Flugzeugbau, Fahrzeugbau
G-AlCu4TiMg ka G-AlCu4TiMg wa	Für Gußstücke höchster Festigkeit (warmausgehärtet) oder höchster Zähigkeit (kaltausgehärtet); schwer gießbar.	Flugzeugbau, Fahrzeugbau

2.4.1.2 Aluminium-Magnesium-Legierungen

Das Hauptlegierungselement dieser Werkstoffgruppe bildet Magnesium. Es erstreckt sich auf einen Konzentrationsbereich von 2,5 - 10 %. Die zugehörigen Legierungen liegen im Mischkristallbereich des Zustandssystems Al-Mg. Es weist bei 34,5 % Mg ein Eutektikum auf, die maximale Löslichkeit des Al-Mischkristalles beträgt 17,4 % Mg. Die Löslichkeit nimmt mit fallender Temperatur ab. Nicht gelöstes Mg scheidet sich als Al_8Mg_5-Phase aus. Zusatzelemente verringern die Löslichkeit und bedingen die Bildung weiterer intermetallischer Phasen, von denen Mg_2Si die Aushärtung der Legierungen ermöglicht. Vergleichbare Auswirkungen sind bei den Elementen Cu und Zn gegeben.

Die Festigkeitseigenschaften und die Härte der Legierungen werden durch steigende Mg-Gehalte verbessert. Günstige Festigkeits-Duktilitätskombinationen setzen insbesondere bei höheren Mg-Konzentrationen eine Homogenisierungs-Glühbehandlung voraus. Sehr gute Eigenschaften weisen Al-Mg-Legierungen im Hinblick auf das Korrosionssverhalten, die Bearbeitbarkeit, die Polierbarkeit und die dekorative Oxydation auf.

Die gießtechnologischen Eigenschaften der Legierungen sind schlecht.

Der durch die Legierungszusammensetzung bedingte schwamm-/breiartige Erstarrungstyp hat eine starke Warmrißneigung und Mikrolunkerbildung zur Folge. Magnesium erhöht als Legierungselement darüber hinaus die Wasserstofflöslichkeit der Schmelze und führt zu verstärkten Gasporositäten. Zu einer begrenzten Verbesserung der gießtechnologischen Eigenschaften tragen geringe Si-Zusätze bei.

Die Tafeln 2.10 und 2.11 umreißen die Zusammensetzungen, die wesentlichen mechanischen und technologischen Eigenschaften sowie die Anwendungsgebiete der Al-Mg-Legierungen.

2.4.1.3 Aluminium-Kupfer-Legierungen

Die Cu-Gehalte der Legierungsgruppe liegen im Bereich von 4 - 5 %. Das Zustandsschaubild Al - Cu weist ein Eutektikum bei 33,2 % Cu und eine maximale Löslichkeit für den Al-Mischkristall von 5,7 % auf. Die Cu-Löslichkeit ist stark temperaturabhängig und wird durch weitere Zusatzelemente wie Si und Mg verringert. Über der Löslichkeit liegende Cu-Anteile werden als Al_2Cu ausgeschieden, bei Legierungskombinationen als intermetallische Verbindungen mit mehreren Komponenten. Die temperaturabhängige Löslichkeit des Cu und die Bildung intermetallischer Phasen begründen die Aushärtbarkeit der Al-Cu-Legierungen.

Die Legierungsgruppe zeichnet sich im Rahmen der Al-Gußlegierungen durch ausgezeichnete Festigkeits- und Zähigkeitseigenschaften aus, die durch Warm- und Kaltaushärtung eingestellt werden.

Den sehr guten mechanischen Eigenschaften stehen schlechte gießtechnologische gegenüber, die wie im Fall der Al-Mg-Legierungen auf die relative Lage der Legierungszusammensetzung im Zustandssystem zurückgehen. Das breite Erstarrungsintervall und der breiartige Erstarrungstyp der Legierungen haben ein schlechtes Fließvermögen, Mikrolunkerbildung und eine starke Warmrißneigung zur Folge. Die gießereitechnische Verarbeitung der Legierungen wird dadurch eingeschränkt. Entsprechende Auswirkungen sind durch das schlechte Korrosionsverhalten und die dadurch begrenzten Einsatzfälle für die Legierungen gegeben.

Die Tafeln 2.10 und 2.11 vermitteln auch für diese Legierungsgruppe einen Überblick über die Bereiche der Zusammensetzung, der mechanischen und technologischen Eigenschaften sowie über typische Anwendungsfälle für die Legierungen.

2.4.1.4 Aluminium-Zink-Legierungen

Die üblichen technischen Gußlegierungen der Werkstoffgruppe weisen Zn-Gehalte im Bereich von 4 - 7 % auf.

Das binäre Zustandssystem Al-Zn zeigt ein Eutektikum bei 94,5 % Zn, die Löslichkeit für Zn im Al-Mischkristall beträgt maximal 70 % und sinkt bis auf 2 % bei Raumtemperatur. In Gegenwart von Mg wird sie verringert und es werden die intermetallischen Phasen MgZn und Al_2Zn_3Mg gebildet, die die Grundlage für die Kalt- und Warmaushärtung der Legierungen bilden.

Die Festigkeitseigenschaften sowie die Duktilität der Legierungen sind befriedigend.

Die gießtechnologischen Eigenschaften sind durch ein mäßiges Fließvermögen und eine relativ starke Warmrißneigung und Mikrolunkerbildung gekennzeichnet.

Die Legierungen waren nach DIN nicht genormt, werden aber in der Europanorm erfaßt.

2.4.1.5 Aluminium-Sonderlegierungen

Die Sonderlegierungen unter den Gußwerkstoffen zeichnen sich durch spezifische Eigenschaften und Eigenschaftskombinationen aus. Sie sind nicht genormt und sowohl aus Weiterentwicklungen konventioneller Werkstoffe als auch aus neueren Werkstoffentwicklungen hervorgegangen. Im folgenden werden der Werkstoffgruppe die Legierungsgruppen der verschleißfesten und warmfesten Al-Legierungen, der Al-Li-Legierungen und der Al-Verbundwerkstoffe zugeordnet.

2.4.1.5.1 Verschleißfeste und warmfeste Al-Legierungen

Die verschleißfesten Al-Legierungen basieren auf Al-Si-Legierungen mit übereutektischer Zusammensetzung, bei denen die primären Si-Kristalle als Verschleißträger wirken. Die Si-Konzentrationen der zugehörigen Legierungen liegen im Bereich von 12 - 25 %. Zur gleichzeitigen Verbesserung der Warmfestigkeit werden Ni und Cu als Zusatzelemente eingesetzt. Über eine gute Warmfestigkeit verfügen auch Legierungen auf der Basis Al-Cu mit Cu-Gehalten von 4 - 5 % und Ni-Zusätzen.

Die gießtechnologischen Eigenschaften der Legierungen entsprechen denen der Basislegierungen.

2.4.1.5.2 Aluminium-Lithium-Legierungen

Die Legierungen der Werkstoffgruppe zeichnen sich gegenüber den konventionellen Al-Legierungen durch eine geringere Dichte und einen höheren Elastizitätsmodul aus. Die Grundlage bildet die geringe Dichte des Legierungselementes mit 0,534 g/cm^3. Die gezielte Nutzung dieser Eigenschaftsveränderungen führt zu möglichen Masseeinsparungen bei der Teilekonstruktion, die bis zu 14 % betragen können. Die zugehörigen Werkstoffe sind Mehrstofflegierungen und enthalten neben 1,5 - 3,0 % Li Cu, Mg und Zr. Die Festigkeits- und Zähigkeitseigenschaften der Legierungen sind sehr gut. Die gießtechnologischen Eigenschaften entsprechen denen von Al-Si-Mg-Legierungen mit mittleren Si-Gehalten.

Dem guten Eigenschaftsangebot der Al-Li-Legierungen stehen Probleme bei der Herstellung und Verarbeitung gegenüber. Eine hohe Reaktivität der Schmelzen gegenüber Sauerstoff und Feuchtigkeit sowie die Aggressivität gegenüber den Feuerfestmaterialien erfordern den Einsatz solcher Schmelz- und Gießverfahren, die den Prozeßablauf unter Vakuum oder Schutzgas ermöglichen. Das Recycling der Werkstoffe wirft Probleme wegen ungeklärter Fragen hinsichtlich der kritischen Grenzkonzentrationen für Li in den herkömmlichen Al-Werkstoffen auf. Darüber hinaus sind Fragen der Qualitätssicherung bei der Verarbeitung der Legierungen noch nicht umfassend geklärt. Die Herstellung und der Einsatz der Legierungen sind auf Grund der Gegebenheiten relativ stark eingeschränkt.

2.4.1.5.3 Aluminium-Verbundwerkstoffe

Al-Verbundwerkstoffe sind als MMC (Metal-Matrix-Composites) aus Al-Legierungen und Einlagerungen in Form von Fasern, Whiskern und keramischen Teilchen aufgebaut. Die Auswahl, Menge und Verteilung der Einlagerungen ermöglicht gezielte Veränderungen der mechanischen und technologischen Eigenschaften der Legierungen und ihre Abstimmung auf den jeweiligen Einsatzfall.
Bei den Gußwerkstoffen stehen Verstärkungen durch SiC im Vordergrund. Basislegierungen bilden Al-Si-Mg-, Al-Si-Cu- und Al-Cu-Legierungen. Die SiC-Volumenanteile liegen zwischen 5 - 20 %.
Die Verbundwerkstoffe zeichnen sich gegenüber den Basislegierungen durch verbesserte Festigkeitseigenschaften, höhere Werte für den Elastizitätsmodul und ein besseres Verschleißverhalten aus, bei einem Verlust an Zähigkeitseigenschaften und Bearbeitbarkeit. Die gießtechnologischen Eigenschaften erfahren im Bereich der normalen SiC-Anteile eine geringfügige Veränderung.
Bedingt offen sind auch für diese Werkstoffgruppe Fragen des Werkstoffrecycling sowie der Werkstoffprüfung im Zusammenhang mit der Verifizierung der Qualität von Werkstoffen und Teilen.

2.4.2 Normung der Aluminium-Gußwerkstoffe

Die Aluminium-Gußwerkstoffe sind nach der europäischen Norm EN 1706 „Aluminium und Aluminiumlegierungen – Gußstücke" genormt. Sie ersetzt die Norm DIN 1725, Teil 2 : „Aluminiumlegierungen- Gußlegierungen" . Im Hinblick auf mit der Umstellung verbundene Fragen werden im Abschnitt 2.4 Bezüge zwischen beiden Normenwerken erörtert und vergleichende Gegenüberstellungen eingebunden.

Die Anwendung der EN-Norm soll unter Beachtung der Normen EN 1559 – 1, pr EN 1559 – 4, EN 1676 und ISO 8062 erfolgen, die die technischen Lieferbedingungen für Gußstücke, die Spezifikation für Aluminium in Masseln und die Maßhaltigkeit von Gußstücken betreffen. Die Norm basiert auf Festlegungen weiterer Normen, so der EN 1676, EN 1780 – (1-3), EN 10002 – 1, EN 10003 – 1 und pr EN 12258 – 1 über die Bezeichnung der Legierungen, Begriffe und Definitionen und die Prüfverfahren Zugversuch und Härteprüfung.

Änderungen der EN – Norm gegenüber der DIN – Norm betreffen die Gliederung des Norminhaltes, die Anzahl der Legierungen und teilweise deren Zusammensetzung, die Werkstoffkurzzeichen und –nummern, die Bezeichnung der Werkstoffzustände und z.T. die Anforderungen an die Eigenschaften.

Beide Normen weisen die Zusammensetzung und die mechanischen Eigenschaften der einzelnen Gußlegierungen aus. Als zusätzliche Einflußfaktoren auf die Eigenschaften werden die Gießverfahren und die Wärmebehandlung berücksichtigt. Eine auf die Eigenschaftskennwerte bezogene Gruppenbildung der Legierungen basiert in der EN-Norm auf den Gießverfahren, in der DIN-Norm auf Eigenschaftskomplexen. Zusätzliche Angaben und Hinweise betreffen wesentliche technologische und gießtechnologische Eigenschaften, Festigkeitseigenschaften bei zyklischer Beanspruchung sowie bei höheren und tieferen Temperaturen und ausgewählte physikalische Eigenschaften. Sie werden in der EN – Norm als direkter Bestandteil, in der DIN – Norm über Beiblätter ausgewiesen, die auch Angaben zu Konstruktionsmerkmalen und nicht genormten Sonderlegierungen einschließen.

Die Absolutwerte für die Eigenschaftskenngrößen der EN-Norm beziehen sich auf getrennt gegossene Probestäbe und stellen Mindestwerte dar, die Abmessungen der Probestäbe sind nur hinsichtlich der Mindestabmessungen vorgegeben. Der Abguß der Stäbe muß unter Bedingungen erfolgen, die bei den verschiedenen Gießverfahren gegeben sind. Prüfkörper an Gußstücken bedürfen der Vereinbarung über Lage, Abmessungen und Prüfmethode. Die Angaben über die Eigenschaftskennwerte der Druckgußlegierungen dienen nur zur Information, da sie sehr stark von den jeweiligen Fertigungsbedingungen für die Probestäbe abhängen. Im Hinblick auf diese Sachverhalte weist die DIN-Norm Unterschiede auf. Für die Eigenschaftskennwerte sind Bereiche angegeben, die mögliche Streuungen umreißen und deren untere Grenzwerte den geforderten Mindestwerten entsprechen. Darüber hinaus werden Richtwerte für angegossene oder aus dem Gußstück entnommene Probestäbe erfaßt. Fragen der Übertragbarkeit der an Probestäben ermittelten Werkstoffkennwerte auf das Gußstück werden damit von der EN-Norm weniger deutlich als von der DIN-Norm angesprochen. Sie betreffen im weiteren Sinn die Probleme der Gefüge- und Eigenschaftsverteilung in Gußstücken.

Die Anzahl der Legierungen ist in der EN-Norm gegenüber der DIN-Norm um 18 vergrößert, 2 DIN-Norm-Legierungen werden nicht erfaßt.

Die Bezeichnung der Legierungen basiert, wie bereits erwähnt, auf den Normen EN 1780 – (1-3). Die Kennzeichnung der Gießverfahren und Werkstoffzustände entspricht den folgenden Zusammenstellungen :

Gießverfahren :
- S – Sandguß
- K – Kokillenguß
- D – Druckguß
- L – Feinguß

Werkstoffstoffzustände/Behandlungen
- F – Gußzustand
- O – weichgeglüht
- T1 – kontrollierte Abkühlung nach dem Guß und Kaltauslagerung
- T4 – Lösungsglühen und Kaltauslagerung
- T5 – kontrollierte Abkühlung nach dem Guß und Warmauslagerung oder Überalterung
- T6 – Lösungsglühen und vollständige Warmauslagerung
- T64 – Lösungsglühen und unvollständige Warmauslagerung
- T7 – Lösungsglühen und Warmauslagerung (stabilisierter Zustand)

Die wesentlichen Kennwerte der Norm EN 1706 sind in den Tafeln 2.12, 2.13, und 2.14, die der DIN 1725 in Tafel 2.15 zusammengefaßt. Tafel 2.16 enthält eine vergleichende Gegenüberstellung der Legierungsbezeichnungen beider Normen.

Eine größere Anzahl von Aluminium-Gußlegierungen ist nicht genormt. Ihre Zusammensetzungen, Behandlungszustände und Eigenschaften sind auf spezielle Einsatzzwecke abgestimmt und das Ergebnis gezielter Entwicklungen und Abstimmungen zwischen Hersteller und Abnehmern. Eine Zusammenstellung ausgewählter Legierungen zeigt Tafel 2.17. Ergänzende Angaben sind im Band 1 der 15. Auflage des Aluminium – Taschenbuches gegeben.

Tafel 2.11 Zusammensetzung und Eigenschaften der Werkstoffgruppen Al-Mg, Al-Cu (nach Europanorm EN 1706)

a) Zusammensetzung (in Masse-%)

Werkst.-Gr.	Si	Fe	Cu	Mn	Mg	Ni	Zn	Ti
Al-Mg	0,55 - 2,50	0,55 - 1,00	0,05 - 0,10	0,45 - 0,55	2,5 - 10,5	0 - 0,1	0,10 - 0,25	0,20
Al-Cu	0,18 - 0,20	0,19 - 0,35	4,2 - 5,0	0,10 - 0,55	0 - 0,35	0 - 0,05	0,07 - 0,10	0,15 - 0,30

b) Mechanische Eigenschaften

Werkstoff-Gruppe	Zugfestigkeit R_m (N/mm^2)	Dehngrenze $R_{p0,2}$ (N/mm^2)	Bruchdehnung A (%)	Brinellhärte HB
Al-Mg	140 - 180	70 - 180	3 - 5	50 - 65
Al-Cu	280 - 330	180 - 220	3 - 8	85 - 95

c) Technologische Eigenschaften

Werkstoff-Gruppe	Fließvermögen	Warmrißbeständigkeit	Druckdichtheit	Bearbeitbarkeit	Korrosionsbeständigkeit	Schweißbarkeit	Polierbarkeit
Al-Mg	C	D	D	A	A	C	A
Al-Cu	C	D	D	A	D	D	B

Schlüssel: A - ausgezeichnet; B - gut; C - annehmbar; D . unzureichend

Legierungs-gruppe	Legierungsbezeichnung Numerisch	Chemische Symbole	Si	Fe	Cu	Mn	Mg	Cr	Ni	Zn	Pb	Sn	Ti	Andere Beimen-gungen[1]) Einzeln	Gesamt	Alu-minium
AlCu	EN AC-21000	EN AC-Al Cu4MgTi	0,20 (0,15)	0,35 (0,30)	4,2-5,0	0,10	0,15-0,35 (0,20-0,35)		0,05	0,10	0,05	0,05	0,15-0,30 (0,15-0,25)	0,03	0,10	Rest
	EN AC-21100	EN AC-Al Cu4Ti	0,18 (0,15)	0,19 (0,15)	4,2-5,2	0,55				0,07			0,15-0,30 (0,15 0,25	0,03	0,10	Rest
AlSiMgTi	EN AC-41000	EN AC-Al Si2MgTi	1,6-2,4	0,60 (0,50)	0,10 (0,08)	0,30-0,50	0,45-0,65 (0,25-0,65)		0,05	0,10	0,05	0,05	0,05-0,20 (0,07-0,15)	0,05	0,15	Rest
AlSi7Mg	EN AC-42000	EN AC-Al Si7Mg	6,5-7,5	0,55	0,20 (0,45)	0,35 (0,15)	0,20-0,65 (0,25-0,65)		0,15	0,15	0,15	0,05	0,05-0,25 (0,05-0,20)	0,05	0,15	Rest
	EN AC-42100	EN AC-Al Si7Mg0,3	6,5-7,5	0,19 (0,15)	0,05 (0,03)	0,10	0,25-0,45 (0,30-0,45)			0,07			0,08-0,25 (0,10-0,18)	0,03	0,10	Rest
	EN AC-42200	EN AC-Al Si7Mg0,6	6,5-7,5	0,19 (0,15)	0,05 (0,03)	0,10	0,45-0,70 (0,50-0,70)			0,07			0,08-0,25 (0,10-0,18)	0,03	0,10	Rest
AlSi10Mg	EN AC-43000	EN AC-Al Si10Mg(a)	9,0-11,0	0,55 (0,40)	0,05 (0,03)	0,45	0,25-0,45 (0,30-0,45)		0,05	0,10	0,05	0,05	0,15	0,05	0,15	Rest
	EN AC-43100	EN AC-Al Si10Mg(b)	9,0-11,0	0,55 (0,45)	0,10 (0,08)	0,45	0,25-0,45 (0,30-0,45)		0,05	0,10	0,05	0,05	0,15	0,05	0,15	Rest
	EN AC-43200	EN AC-Al Si10Mg(Cu)	9,0-11,0	0,65 (0,55)	0,35 (0,30)	0,55	0,20-0,45 (0,25-0,45		0,15	0,35	0,10		0,20 (0,15)	0,05	0,15	Rest
	EN AC-Al 43300	EN AC-Al Si9Mg	9,0-10,0	0,19 (0,15)	0,05 (0,03)	0,10	0,25-0,45 (0,30-0,45)			0,07			0,15	0,03	0,10	Rest
	EN AC-Al 43400	EN AC-Al Si10Mg(Fe)	9,0-11,0	1,0 (0,45-0,9)	0,10 (0,08)	0,55	0,20-0,50 (0,25-0,50)		0,15	0,15	0,15	0,05	0,20 (0,15)	0,05	0,15	Rest
AlSi	EN AC-Al 44000	EN AC-Al Si11	10,0-11,8	0,19 (0,15)	0,05 (0,03)	0,10	0,45			0,07			0,15	0,03	0,10	Rest
	EN AC-Al 44100	EN AC-Al Si12(b)	10,5-13,5	0,65 (0,55)	0,15 (0,10)	0,55	0,10		0,10	0,15	0,10		0,20 (0,15)	0,05	0,15	Rest
	EN AC-Al 44200	EN AC-Al Si12(a)	10,5-13,5	0,55 (0,40)	0,05 (0,03)	0,35				0,10			0,15	0,05	0,15	Rest
	EN AC-Al 44300	EN AC-Al Si12Fe	10,5-13,5	1,0 (0,45-0,9)	0,10 (0,08)	0,55				0,15			0,15	0,05	0,25	Rest
	EN AC-Al 44400	EN AC-Al Si9	8,0-11,0	0,65 (0,55)	0,10 (0,08)	0,50	0,10		0,05	0,15	0,05	0,05	0,15	0,05	0,15	Rest

ANMERKUNG 1: Zahlen in Klammern sind Masse-Zusammensetzungen, die sich von den Gußstück-Zusammensetzungen unterscheiden.
ANMERKUNG 2: In jeder Legierungsgruppe sind die Legierungen in fallender Reihenfolge angegeben, entsprechend der gefertigten Gußstück-Tonnage in Europa.

[1]) „Andere Beimengungen" enthalten nicht die Elemente, die zur Kornfeinung oder Veredelung der Schmelze dienen, wie Na, Sb und P.

Legierungs-gruppe	Legierungsbezeichnung		Si	Fe	Cu	Mn	Mg	Cr	Ni	Zn	Pb	Sn	Ti	Andere Beimen-gungen[1])		Alu-minium
	Numerisch	Chemische Symbole												Einzeln	Gesamt	
AlSi5Cu	EN AC-45000	EN AC-Al Si6Cu4	5,0-7,0	1,0 (0,9)	3,0-5,0	0,20-0,65	0,55	0,15	0,45	2,0	0,30	0,15	0,25 (0,20)	0,05	0,35	Rest
	EN AC-45100	EN AC-Al Si5Cu3Mg	4,5-6,0	0,60 (0,50)	2,6-3,6	0,55	0,15-0,45 (0,20-0,45)		0,10	0,20	0,10	0,05	0,25 (0,20)	0,05	0,15	Rest
	EN AC-45200	EN AC-Al Si5Cu3 Mn	4,5-6,0	0,8 (0,7)	2,5-4,0	0,20-0,55	0,40		0,30	0,55	0,20	0,10	0,20 (0,15)	0,05	0,25	Rest
	EN AC-45300	EN AC-Al Si5Cu1Mg	4,5-5,5	0,65 (0,55)	1,0-1,5	0,55	0,35-0,65 (0,40-0,65)		0,25	0,15	0,15	0,05	0,05-0,25 (0,05-0,20)	0,05	0,15	Rest
	EN AC-45400	EN AC-Al Si5Cu3	4,5-6,0	0,60 (0,50)	2,6-3,6	0,55	0,05		0,10	0,20	0,10	0,05	0,25 (0,20)	0,05	0,15	Rest
AlSi9Cu	EN AC-46000	EN AC-Al Si9Cu3(Fe)	8,0-11,0	1,3 (0,6-1.1)	2,0-4,0	0,55	0,05-0,55 (0,15-0,55)	0,15	0,55	1,2	0,35	0,25	0,25 (0,20)	0,05	0,25	Rest
	EN AC-46100	EN AC-Al Si11Cu2(Fe)	10,0-12,0	1,1 (0,45-1,0)	1,5-2,5	0,55	0,30		0,45	1,7	0,25	0,25	0,25 (0,20)		0,50	Rest
	EN AC-46200	EN AC-Al Si8Cu3	7,5-9,5	0,8 (0,7)	2,0-3,5	0,15-0,65	0,05-0,55 (0,15-0,55)	0,15	0,35	1,2	0,25	0,15	0,25 (0,20)	0,05	0,25	Rest
	EN AC-46300	EN AC-Al Si7Cu3Mg	6,5-8,0	0,8 (0,7)	3,0-4,0	0,20-0,65	0,30-0,60 (0,35-0,60)		0,30	0,65	0,15	0,10	0,25 (0,20)	0,05	0,25	Rest
	EN AC-46400	EN AC-Al Si9Cu1Mg	8,3-9,7	0,8 (0,7)	0,8-1,3	0,15-0,55	0,25-0,65 (0,30-0,65)		0,20	0,8	0,10	0,10	0,10-0,20 (0,10-0,18)	0,05	0,25	Rest
	EN AC-46500	EN AC-Al Si9Cu3(Fe)(Zn)	8,0-11,0	1,3 (0,6-1,2)	2,0-4,0	0,55	0,05-0,55 (0,15-0,55)	0,15	0,55	3,0	0,35	0,25	0,25 (0,20)	0,05	0,25	Rest
	EN AC-46600	EN AC-Al Si7Cu2	6,0-8,0	0,8 (0,7)	1,5-2,5	0,15-0,65	0,35		0,35	1,0	0,25	0,15	0,25 (0,20)	0,05	0,15	Rest
AlSi(Cu)	EN AC-47000	EN AC-Al Si12(Cu)	10,5-13,5	0,8 (0,7)	1,0 (0,9)	0,05-0,55	0,35	0,10	0,30	0,55	0,20	0,10	0,20 (0,15)	0,05	0,25	Rest
	EN AC-47100	EN AC-Al Si12Cu1(Fe)	10,5-13,5	1,3 (0,6-1,1)	0,7-1,2	0,55	0,35	0,10	0,30	0,55	0,20	0,10	0,20 (0,15)	0,05	0,25	Rest

Legierungs-gruppe	Legierungsbezeichnung		Si	Fe	Cu	Mn	Mg	Cr	Ni	Zn	Pb	Sn	Ti	Andere Beimen-gungen[1])		Alu-minium
	Numerisch	Chemische Symbole												Einzeln	Gesamt	
AlSiCuNiMg	EN AC-48000	EN AC-Al Si12CuNiMg	10,5-13,5	0,7 (0,6)	0,8-1,5	0,35	0,8-1,5 (0,9-1,5)		0,7-1,3	0,35			0,25 (0,20)	0,05	0,15	Rest
AlMg	EN AC-51000	EN AC-Al Mg3(b)	0,55 (045)	0,55 (0,45)	0,10 (0,08)	0,45	2,5-3,5 (2,7-3,5)			0,10			0,20 (0,15)	0,05	0,15	Rest
	EN AC-51100	EN AC-Al Mg3(a)	0,55 (0,45)	0,55 0,40)	0,05 (0,03)	0,45	2,5-3,5 (2,7-3,5)			0,10			0,20 (0,15)	0,05	0,15	Rest
	EN AC-51200	EN AC-Al Mg9	2,5	1,0 (0,45-0,9)	0,10 (0,08)	0,55	8,0-10,5 (8,5-10,5)		0,10	0,25	0,10	0,10	0,20 (0,15)	0,05	0,15	Rest
	EN AC-51300	EN AC-Al Mg5	0,55 (0,35)	0,55 (0,45)	0,10 (0,05)	0,45	4,5-6,5 (4,8-6,5)			0,10			0,20 (0,15)	0,05	0,15	Rest
	EN AC-53400	EN AC-Al Mg5(Si)	1,5 (1,3)	0,55 (0,45)	0,05 (0,03)	0,45	4,5-6,5 (4,8-6,5)			0,10			0,20 (0,15)	0,05	0,15	Rest
AlZnMg	EN AC-71000	EN AC-Al Zn5Mg	0,30 (0,25)	0,80 (0,70)	0,15-0,35	0,40	0,40-0,70 (0,45-0,70)	0,15-0,60	0,05	4,50-6,00	0,05	0,05	0,10-0,25 (0,12-0,20)	0,05	0,15	Rest

Tafel 2.13 Al Gußlegierungen (nach Europanorm EN 1706), Mechanische Eigenschaften Sandgußlegierungen

Legierungsbezeichnung Numerisch	 Chemische Symbole	Werkstoff-zustand	Zugfestig-keit R_m MPa min.	Dehngrenze $R_{p0,2}$ MPa min.	Bruch-dehnung A_{50} % min.	Brinellhärte HBS min.
EN AC-21000	EN AC Al Cu4 MgTi	T4	300	200	5	90
EN AC-21100	EN AC Al Cu4 Ti	T6	300	200	3	95
		T64	280	180	5	85
EN AC-41000	EN AC Al Si2 MgTi	F	140	70	3	50
		T6	240	180	3	85
EN AC-42000	EN AC Al Si7Mg	F	140	80	2	50
		T6	220	180	1	75
EN AC-42100	EN AC Al Si7Mg0,3	T6	230	190	2	75
EN AC-42200	EN AC Al Si7Mg0,6	T6	250	210	1	85
EN AC-43000	EN AC Al Si10Mg(a)	F	150	80	2	50
		T6	220	180	1	75
EN AC-43100	EN AC Al Si10Mg(b)	F	150	80	2	50
		T6	220	180	1	75
EN AC-43200	EN AC Al Si10Mg(Cu)	F	160	80	1	50
		T6	220	180	1	75
EN AC-43300	EN AC Al Si9Mg	T6	230	190	2	75
EN AC-44000	EN AC Al Si11	F	150	70	6	45
EN AC-44100	EN AC Al Si12(b)	F	150	70	4	50
EN AC-44200	EN AC Al Si12(a)	F	150	70	5	50
EN AC-45000	EN AC Al Si6Cu4	F	150	90	1	60
EN AC-45200	EN AC Al Si5Cu3Mn	F	140	70	1	60
		T6	230	200	< 1	90
EN AC-45300	EN AC Al Si5Cu1Mg	T4	170	120	2	80
		T6	230	200	< 1	100
EN AC-46200	EN AC Al Si8Cu3	F	150	90	1	60
EN AC-46400	EN AC Al Si9Cu1Mg	F	135	90	1	60
EN AC-46600	EN AC Al Si7Cu2	F	150	90	1	60
EN AC-47000	EN AC Al Si12(Cu)	F	150	80	1	50
EN AC-51000	EN AC Al Mg3(b)	F	140	70	3	50
EN AC-51100	EN AC Al Mg3(a)	F	140	70	3	50
EN AC-51300	EN AC Al Mg5	F	160	90	3	55
EN AC-51400	EN AC Al Mg5(Si)	F	160	100	3	60
EN AC-71000	EN AC Al Zn5Mg	T1	190	120	4	60

1 N/mm^2 = 1 MPa

Legierungsbezeichnung		Werkstoff-zustand	Zugfestig-keit	Dehngrenze	Bruch-dehnung	Brinellhärte
			R_m	$R_{p0,2}$	A_{50}	HBS
			MPa	MPa	%	
Numerisch	Chemische Symbole		min.	min.	min.	min.
EN AC-21000	EN AC Al Cu4MgTi	T4	320	200	8	95
EN AC-21100	EN AC Al Cu4Ti	T6	330	220	7	95
		T64	320	180	8	90
EN AC-41000	EN AC Al Si2MgTi	F	170	70	5	50
		T6	260	180	5	85
EN AC-42000	EN AC Al Si7Mg	F	170	90	2,5	55
		T6	260	220	1	90
		T64	240	200	2	80
EN AC-42100	EN AC Al Si7Mg0,3	T6	290	210	4	90
		T64	250	180	8	80
EN AC-42000	EN AC Al Si7Mg0,6	T6	320	240	3	100
		T64	290	210	6	90
EN AC-43000	EN AC Al Si10Mg(a)	F	180	90	2,5	55
		T6	260	220	1	90
		T64	240	200	2	80
EN AC-43100	EN AC Al Si10Mg(b)	F	180	90	2,5	55
		T6	260	220	1	90
		T64	240	200	2	80
EN AC-43200	EN AC Al Si10Mg(Cu)	F	180	90	1	55
		T6	240	200	1	80
EN AC-43300	EN AC Al Si9Mg	T6	290	210	4	90
		T64	250	180	6	80
EN AC-44000	EN AC Al Si11	F	170	80	7	45
EN AC-44100	EN AC Al Si12(b)	F	170	80	5	55
EN AC-44200	EN AC Al Si12(a)	F	170	80	6	55
EN AC-45000	EN AC Al Si6Cu4	F	170	100	1	75
EN AC-45100	EN AC Al Si5Cu3Mg	T4	270	180	2,5	85
		T6	320	280	< 1	110
EN AC-45200	EN AC Al Si5Cu3Mn	F	160	80	1	70
		T6	280	230	< 1	90
EN AC-45300	EN AC Al Si5Cu1Mg	T4	230	140	3	85
		T6	280	210	< 1	110
EN AC-45400	EN AC Al Si5Cu3	T4	230	110	6	75
EN AC-46200	EN AC Al Si8Cu3	F	170	100	1	75
EN AC-46300	EN AC Al Si7Cu3Mg	F	180	100	1	80
EN AC-46400	EN AC Al Si9Cu1Mg	F	170	100	1	75
		T6	275	235	1,5	105
EN AC-46600	EN AC Al Si7Cu 2	F	170	100	1	75
EN AC-47000	EN AC Al Si12(Cu)	F	170	90	2	55

Kokillengußlegierungen (Fortsetzung) 1 N/mm² = 1 MPa

Legierungsbezeichnung Numerisch	Chemische Symbole	Werkstoffzustand	Zugfestigkeit R_m MPa min.	Dehngrenze $R_{p0,2}$ MPa min.	Bruchdehnung A_{50} % min.	Brinellhärte HBS min.
EN AC-48000	EN AC Al Si12CuNiMg	T5 T6	200 280	185 240	< 1 < 1	90 100
EN AC-51000	EN AC Al Mg3(b)	F	150	70	5	50
EN AC-51100	EN AC Al Mg3(a)	F	150	70	5	50
EN AC-51300	EN AC Al Mg5	F	180	100	4	60
EN AC-51400	EN AC Al Mg5(Si)	F	180	110	3	65
EN AC-71000	EN AC Al Zn5Mg	T1	210	130	4	65

Feingußlegierungen 1 N/mm² = 1 MPa

Legierungsbezeichnung Numerisch	Chemische Symbole	Werkstoffzustand	Zugfestigkeit R_m MPa min.	Dehngrenze $R_{p0,2}$ MPa min.	Bruchdehnung A_{50} % min.	Brinellhärte HBS min.
EN AC-21000	EN AC Al Cu4MgTi	T4	300	220	5	90
EN AC-42000	EN AC Al Si7Mg	F T6	150 240	80 190	2 1	50 75
EN AC-42100	EN AC Al Si7Mg0,3	T6	260	200	3	75
EN AC-42200	EN AC Al Si7Mg0,6	T6	290	240	2	85
EN AC-44100	EN AC Al Si12(b)	F	150	80	4	50
EN AC-45200	EN AC Al Si5Cu3Mn	F	160	80	1	60
EN AC-51300	EN AC Al Mg5	F	170	95	3	55

Druckgußlegierungen (nicht verbindlich) 1 N/mm² = 1 MPa

Legierungsbezeichnung Numerisch	Chemische Symbole	Werkstoffzustand	Zugfestigkeit R_m MPa min.	Dehngrenze $R_{p0,2}$ MPa min.	Bruchdehnung A_{50} % min.	Brinellhärte HBS min.
EN AC-43400	EN AC Al Si10Mg(Fe)	F	240	140	1	70
EN AC-44300	EN AC Al Si12(Fe)	F	240	130	1	60
EN AC-44400	EN AC Al Si9	F	220	120	2	55
EN AC-46000	EN AC Al Si9Cu3(Fe)	F	240	140	< 1	80
EN AC-46100	EN AC Al Si11Cu2(Fe)	F	240	140	< 1	80
EN AC-46200	EN AC Al Si8Cu3	F	240	140	1	80
EN AC-46500	EN AC Al Si9Cu3(Fe)(Zn)	F	240	140	< 1	80
EN AC-47100	EN AC Al Si12Cu1(Fe)	F	240	140	1	70
EN AC-51200	EN AC Al Mg9	F	200	130	1	70

Legierungsgruppe	Legierungsbezeichnung		Gießverfahren				Gießbarkeit			Andere Eigenschaften									Mechanische Eigenschaften[1])			
	Numerisch	Chemische Symbole	Sandguß	Kokillenguß	Druckguß	Feinguß	Fließvermögen	Warmrißbeständigkeit	Druckdichtheit	Bearbeitbarkeit nach Wärmebehandlung	Bearbeitbarkeit wie gegossen	Korrosionsbeständigkeit	Dekorative anodische Oxidation	Schweißbarkeit[2])	Polierbarkeit	Thermischer Längenausdehnungskoeffizient 10^{-6}/K 293 K bis 373 K	Elektrische Leitfähigkeit[3]) MS/m	Wärmeleitfähigkeit[3]) W/(m · K)	Festigkeit bei Raumtemperatur	Festigkeit bei erhöhter Temperatur	Duktilität (Schlagzähigkeit)[8])	Ermüdungsfestigkeit MPa[9])[10])
AlCu	EN AC-21000	EN AC Al Cu4MgTi	•	•		•	C	D	D	-	A	D	C	D	B	23	16 bis 23	120 bis 150	A	B	A	80 bis 110
	EN AC-21100	EN AC Al Cu4Ti	•	•			C	D	D	-	A	D	C	D	B	23	16 bis 23	120 bis 150	A	B	A	80 bis 110
AlSiMgTi	EN AC-41000	EN AC Al Si2MgTi	•	•			C	C	C	C	B	B	B	B	B	23	19 bis 25	140 bis 160	B		B	-
AlSi7Mg	EN AC-42000	EN AC Al Si7Mg	•	•		•	B	A	B	B/C	B	B/C	D	B	C	22	19 bis 25	150 bis 170	B	C	C	80 bis 110
	EN AC-42100	EN AC Al Si7Mg0,3	•	•		•	B	A	B	-	B	B	D	B	C	22	21 bis 27	160 bis 180	A	C	A	80 bis 110
	EN AC-42200	EN AC Al Si7Mg0,6	•	•		•	B	A	B	-	B	B	D	B	C	22	20 bis 26	150 bis 180	A	C	A	80 bis 110
AlSi10Mg	EN AC-43000	EN AC Al Si10Mg(a)	•	•			A	A	B	B/C	B	B	E	A	D	21	19 bis 25	150 bis 170	B	C	C	80 bis 110
	EN AC-43100	EN AC Al Si10Mg(b)	•	•			A	A	B	B/C	B	B/C	E	A	D	21	18 bis 25	140 bis 170	B	C	C	80 bis 110
	EN AC-43200	EN AC Al Si10Mg(Cu)	•	•			A	A	B	B/C	B	C	E	A	C	21	16 bis 24	130 bis 170	B	C	C	80 bis 110
	EN AC-43300	EN AC Al Si9Mg	•	•			A	A	B	B/C	B	B	E	A	D	21	20 bis 26	150 bis 180	A	C	A	80 bis 110
	EN AC-43400	EN AC Al Si10Mg(Fe)			•		A	A	C	B	-	C	E	D	D	21	16 bis 21	130 bis 150	B	C	C	60 bis 90
AlSi	EN AC-44000	EN AC Al Si11	•	•			A	A	A	C[4])	-	B	E	A	D	21	18 bis 24	140 bis 170	D	C	A	60 bis 90
	EN AC-44100	EN AC Al Si12(b)	•	•		•	A	A	A	C	-	B/C	E	A	D	20	16 bis 23	130 bis 160	D	C	B	60 bis 90
	EN AC-44200	EN AC Al Si12(a)	•	•			A	A	A	C	-	B	E	A	D	20	17 bis 24	140 bis 170	D	C	A	60 bis 90
	EN AC-44300	EN AC Al Si12(Fe)			•		A	A	C	C	-	C	E	D	D	20	16 bis 22	130 bis 160	B	C	C	60 bis 90
	EN AC-44400	EN AC Al Si9			•		A	A	C	C	-	C	E	D	D	21	16 bis 22	130 bis 150	C	C	C	60 bis 90
AlSi5Cu	EN AC-45000	EN AC Al Si6Cu4	•	•			B	B	B	B	-	D	D	C	B	22	14 bis 17	110 bis 120	D	A	C	60 bis 90
	EN AC-45100	EN AC Al Si5Cu3Mg		•			B	B	B	B	A	D	D	C	B	22	16 bis 19	130	A	A	C	80 bis 110
	EN AC-45200	EN AC Al Si5Cu3Mn	•	•		•	B	B	B	B	B	D	D	C	B	22	15 bis 19	120 bis 130	A	A	C	70 bis 100
	EN AC-45300	EN AC Al Si5Cu1Mg	•	•			C	B	C	B	B	D	D	C	B	22	19 bis 23	140 bis 150	B	B	B	70 bis 100
	EN AC-45400	EN AC Al Si5Cu3		•			B	B	B	B	B	D	D	C	B	22	16 bis 19	120 bis 130	B	A	A	70 bis 100
AlSi9Cu	EN AC-46000	EN AC Al Si9Cu3(Fe)			•		B	B	C	B	-	D	E	F	C	21	13 bis 17	110 bis 120	B	B	D	60 bis 90
	EN AC-46100	EN AC Al Si11Cu2(Fe)			•		A	B	C	C	-	D	E	F	C	20	14 bis 18	120 bis 130	B	B	D	60 bis 90
	EN AC-46200	EN AC Al Si8Cu3	•	•	•		B	B	B[5])	B	-	D	E	B	C	21	14 bis 18	110 bis 130	B	A	C	60 bis 90
	EN AC-46300	EN AC Al Si7Cu3Mg		•			B	B	B	C	-	C	E	B	C	21	14 bis 17	110 bis 120	D	A	C	60 bis 90
	EN AC-46400	EN AC Al Si9Cu1Mg	•	•			B	B	B	B	B	D	E	B	D	21	16 bis 22	130 bis 150	A	B	C	60 bis 90

Tafel 2.14 Al-Gußlegierungen (nach Europanorm EN 1706) Eigenschaften

Legierungsgruppe	Legierungsbezeichnung Numerisch	Legierungsbezeichnung Chemische Symbole	Gießverfahren: Sandguß	Kokillenguß	Druckguß	Feinguß	Gießbarkeit: Fließvermögen	Warmrißbeständigkeit	Druckdichtheit	Andere Eigenschaften: Bearbeitbarkeit nach Wärmebehandlung	Bearbeitbarkeit wie gegossen	Korrosionsbeständigkeit	Dekorative anodische Oxidation	Schweißbarkeit[2]	Polierbarkeit	Thermischer Längenausdehnungskoeffizient 10^{-6}/K 293 K bis 373 K	Elektrische Leitfähigkeit[3]	Wärmeleitfähigkeit[3]	Mechanische Eigenschaften[1]: Festigkeit bei Raumtemperatur	Festigkeit bei erhöhter Temperatur	Duktilität (Schlagzähigkeit)[8]	Ermüdungsfestigkeit
AlSi9Cu	EN AC-46500	EN AC Al Si9Cu3(Fe)(Zn)			•		B	B	B	B	-	D	E	F	C	21	13 bis 17	110 bis 120	B	A	D	60 bis 90
	EN AC-46600	EN AC Al Si7Cu2	•	•			B	B	B	B	-	D	E	C	C	21	15 bis 19	120 bis 130	D	B	C	50 bis 70
AlSi(Cu)	EN AC-47000	EN AC Al Si12(Cu)	•	•			A	A	A	C	-	C	E	A	C	20	16 bis 22	130 bis 150	D	B	C	60 bis 90
	EN AC-47100	EN AC Al Si12Cu1(Fe)			•		A	A	C	C	-	C	E	F	C	20	15 bis 20	120 bis 150	B	B	C	60 bis 90
AlSiCuNiMg	EN AC-48000	EN AC Al Si12CuNiMg		•			A	A	A	-	B	C	E	A	C	20	15 bis 23	130 bis 160	A	A	D	80 bis 110
AlMg	EN AC-51000	EN AC Al Mg3(b)	•	•			C	D	D	A	-	A	A	C	A	24	17 bis 22	130 bis 140	D	B	B	60 bis 90
	EN AC-51100	EN AC Al Mg3(a)	•	•			C	D	D	A	-	A	A	C	A	24	17 bis 22	130 bis 140	D	B	B	60 bis 90
	EN AC-51200	EN AC Al Mg9			•		C	D	D	A	-	A	B	C	A	24	11 bis 14	60 bis 90	C	B	C	60 bis 90
	EN AC-51300	EN AC Al Mg5	•	•		•	C	D	D	A	-	A	A	C	A	24	15 bis 21	110 bis 130	D	B	B	60 bis 90
	EN AC-51400	AN AC Al Mg5(Si)	•	•			C	D	D	A	–	A	B	C	A	24	15 bis 21	110 bis 140	D	B	B	60 bis 90
AlZnMg	EN AC-71000	EN AC Al Zn5Mg	•	•			C	D	D	A	A	B	B	C	B	24	19 bis 21	130 bis 140	C	D	B	60 bis 90

- Bezeichnet das gängigste Gießverfahren für jede Legierung. A = ausgezeichnet; B = gut; C: = annehmbar; D = unzureichend; E = nicht empfehlenswert; F = ungeeignet

ANMERKUNG: innerhalb einer Legierungsfamilie ermöglicht die Verwendung von zwei Buchstaben, getrennt durch einen Schrägstrich, z. B. B/C, die Anzeige von geringfügigen Unterschieden.

[1]) Einstufungen gelten nur für die entsprechende Spalte

[2]) Die Schweißbarkeit von Druckguß hängt von der eingeschlossenen Gasmenge ab und ist in den meisten Fällen unzureichend. Bei bestimmten Gießverfahren können Werte von B bis C erreicht werden.

[3]) Die elektrische Leitfähigkeit und die Wärmeleitfähigkeit werden durch folgende Faktoren beeinflußt: Schwankungen der chemischen Zusammensetzung innerhalb der Spezifikation, das metallurgische Gefüge, die Fehlerfreiheit, die Abkühlgeschwindigkeit und den Werkstoffzustand.

[4]) Mit Mg > 0,1 % gilt die Einstufung B.

[5]) Bei der Legierung 46200 wird die Druckdichtheit zum Kennwert C bei Anwendung von Druckguß.

[6]) Bester verfügbarer Werkstoffzustand. Die besten Ergebnisse für die Festigkeit und Duktilität sind nicht gleichzeitig bei dem gleichen Werkstoffzustand zu erreichen.

[7]) Die Einstufungen wurden abgeleitet von den Festigkeits- und Duktilitätswerten der Legierungen, gleichmäßig unterteilt von A bis D.

[8]) Die Duktilität (Schlagzähigkeit) einer Legierung ist direkt abhängig von der Dehnung; je höher die Dehnung, um so besser ist die Schlagzähigkeit. Im Gegensatz zu den Eisenlegierungen weisen Aluminiumlegierungen keine Übergangstemperatur auf, bei deren Unterschreitung die Schlagzähigkeit merklich zurückgeht.

[9]) Bestes verfügbares Gießverfahren.

[10]) Werte für die Dauerschwingfestigkeit bis 50 x 10^6 Zyklen (Wöhlerkurve).

Tafel 2.15 Zusammensetzung und Eigenschaften von Al-Gußwerkstoffen (nach DIN 1725, Teil 2)
1.Sand- und Kokillenguß, Legierungen für allgemeine Verwendung

Werkstoff Kurzzeichen	Nummer	Gießverfahren und Lieferzustand	Werkstoffeigenschaften 0,2-Grenze $R_{p0,2}$ N/mm²	Zugfestigkeit R_m N/mm²	Bruchdehnung A_5 %	Brinellhärte HB 5/250	Dichte kg/dm³ ≈	Zusammensetzung Legierungsbestandteile	Zulässige Beimengungen[1]) max.	Blockmetall nach DIN 1725 Teil 5
G-AlSi12	3.2581.01	Sandguß Gußzustand	70 bis 100 (70)	150 bis 200 (140)	5 bis 10 (3)	45 bis 60 (45)	2,65	Si 10,5 bis 13,5 Mn 0,001 bis 0,4 Al Rest	Cu 0,05 Fe 0,5 Mg 0,05 Ti 0,15 Zn 0,1 Sonstige: einzeln 0,05 insgesamt 0,15	GB-AlSi12 3.2521 230 A
G-AlSi12g	3.2581.44	Sandguß geglüht und abgeschreckt	70 bis 100 (70)	150 bis 200 (140)	6 bis 12 (5)	45 bis 60 (45)				
GK-AlSi12	3.2581.02	Kokillenguß Gußzustand	80 bis 110 (80)	170 bis 230 (150)	6 bis 12 (3)	50 bis 65 (50)				
GK-AlSi12g	3.2581.45	Kokillenguß geglüht und abgeschreckt	80 bis 110 (80)	170 bis 230 (160)	6 bis 12 (4)	50 bis 65 (50)				
G-AlSi12(Cu)	3.2583.01	Sandguß Gußzustand	80 bis 100 (80)	150 bis 210 (140)	1 bis 4 (1)	50 bis 65 (50)	2,65	Si 10,5 bis 13,5 Mn 0,1 bis 0,5 Al Rest	Cu 1,0 Fe 0,8 Mg 0,3 Ni 0,2 Pb 0,2 Sn 0,1 Ti 0,15 Zn 0,5 Sonstige: einzeln 0,05 insgesamt 0,15	GB-AlSi12(Cu) 3.2523 231 A
GK-AlSi12(Cu)	3.2583.02	Kokillenguß Gußzustand	90 bis 120 (90)	180 bis 240 (160)	2 bis 4 (1)	55 bis 75 (55)				
G-AlSi10Mg	3.2381.01	Sandguß Gußzustand	80 bis 110 (70)	160 bis 210 (150)	2 bis 6 (2)	50 bis 60 (50)	2,65	Si 9,0 bis 11,0 Mg 0,20 bis 0,50 Mn 0,001 bis 0,4 Al Rest	Cu 0,05 Fe 0,5 Ti 0,15 Zn 0,1 Sonstige: einzeln 0,05 insgesamt 0,15	GB-AlSi10Mg 3.2331 239 A
G-AlSi10Mg wa	3.2381.61	Sandguß warmausgehärtet	180 bis 260 (170)	220 bis 320 (200)	1 bis 4 (1)	80 bis 110 (75)				
GK-AlSi10Mg	3.2381.02	Kokillenguß Gußzustand	90 bis 120 (90)	180 bis 240 (180)	2 bis 6 (2)	60 bis 80 (60)				
GK-AlSi10Mg wa	3.2381.62	Kokillenguß warmausgehärtet	210 bis 280 (190)	240 bis 320 (220)	1 bis 4 (1)	85 bis 115 (80)				

[1]) Ausgenommen Veredelungs- und/oder Kornfeinungszusätze

Werkstoff				Werkstoffeigenschaften				Zusammensetzung		
Kurzzeichen	Nummer	Gießverfahren und Lieferzustand	0,2-Grenze $R_{p0,2}$ N/mm²	Zug-festigkeit R_m N/mm²	Bruch dehnung A_5 %	Brinell-härte HB 5/250	Dichte kg/dm³ ≈	Legierungs-bestandteile	Zulässige Beimengungen[1]) max.	Blockmetall nach DIN 1725 Teil 5
G-AlSi10Mg(Cu)	3.2383.01	Sandguß Gußzustand	90 bis 110 (80)	170 bis 230 (150)	1 bis 4 (1)	55 bis 65 (55)	2,65	Si 9,0 bis 11,0 Mg 0,20 bis 0,5 Mn 0,1 bis 0,4 Al Rest	Cu 0,3 Fe 0,6 Ni 0,1 Ti 0,15 Zn 0,3 Sonstige: einzeln 0,05 insgesamt 0,15	GB-AlSi10Mg(Cu) (Cu) 3.2332 233
G-AlSi10Mg(Cu)wa	3.2383.61	Sandguß warmausgehärtet	180 bis 260 (180)	220 bis 320 (200)	1 bis 3 (0,5)	80 bis 110 (75)				
GK-AlSi10Mg(Cu)	3.2383.02	Kokillenguß Gußzustand	100 bis 140 (100)	200 bis 260 (180)	1 bis 3 (0,5)	65 bis 85 (60)				
GK-AlSi10Mg(Cu)wa	3.2383.62	Kokillenguß warmausgehärtet	210 bis 280 (190)	240 bis 320 (220)	1 bis 3 (0,5)	85 bis 115 (80)				
G-AlSi9Cu3	3.2163.01	Sandguß Gußzustand	100 bis 150 (100)	160 bis 200 (140)	1 bis 3 (0,5)	65 bis 90 (60)	2,75	Si 8,0 bis 11,0 Cu 2,0 bis 3,5 Mn 0,1 bis 0,5 Mg 0,1 bis 0,5 Al Rest	Fe 0,8 Ni 0,3 Pb 0,2 Sn 0,1 Ti 0,15 Zn 1,2 Sonstige: einzeln 0,05 insgesamt 0,15	GB-AlSi9Cu3 3.2165 226 A
GK-AlSi9Cu3	3.2163.02	Kokillenguß Gußzustand	110 bis 160 (100)	180 bis 240 (160)	1 bis 3 (0,5)	70 bis 110 (65)				
G-AlSi6Cu4	3.2151.01	Sandguß Gußzustand	100 bis 150 (100)	160 bis 200 (140)	1 bis 3 (0,5)	65 bis 90 (60)	2,75	Si 5,0 bis 7,5 Cu 3,0 bis 5,0 Mn 0,1 bis 0,6 Mg 0,1 bis 0,5 Al Rest	Fe 1,0 Ni 0,3 Pb 0,3 Sn 0,1 Ti 0,15 Zn 2,0 Sonstige: einzeln 0,05 insgesamt 0,15	GB-AlSi6Cu4 3.2155 225
GK-AlSi6Cu4	3.2151.02	Kokillenguß Gußzustand	120 bis 180 (110)	180 bis 240 (160)	1 bis 3 (0,5)	75 bis 110 (65)				

2. Sand- und Kokillenguß, Legierungen mit besonderen mechanischen Eigenschaften

Werkstoff			Werkstoffeigenschaften					Zusammensetzung		
Kurzzeichen	Nummer	Gießverfahren und Lieferzustand	0,2-Grenze $R_{p0,2}$ N/mm²	Zugfestigkeit R_m N/mm²	Bruchdehnung A_5 %	Brinellhärte HB 5/250	Dichte kg/dm³ ≈	Legierungsbestandteile	Zulässige Beimengungen[1]) max.	Blockmetall nach DIN 1725 Teil 5
G-AlSi11	3.2211.01	Sandguß Gußzustand	70 bis 100 (70)	150 bis 200 (140)	6 bis 12 (5)	45 bis 65 (45)	2,65	Si 10,0 bis 11,8 Mg 0,001 bis 0,4 Al Rest	Cu 0,03 Fe 0,18 Mn 0,03 Ti 0,15 Zn 0,07 Sonstige: einzeln 0,03 insgesamt 0,10	GB-AlSi11 3.2212 -
G-AlSi11g	3.2211.81	geglüht[2])	70 bis 100 (70)	150 bis 200 (140)	8 bis 13 (7)	45 bis 65 (40)				
GK-AlSi11	3.2211.02	Kokillenguß Gußzustand	80 bis 110 (80)	170 bis 230 (150)	7 bis 13 (6)	45 bis 65 (45)				
GK-AlSi11g	3.2211.82	geglüht[2])	80 bis 110 (80)	170 bis 230 (150)	9 bis 17 (8)	45 bis 65 (40)				
G-AlSi9Mg wa	3.2373.61	Sandguß warmausgehärtet	190 bis 240 (180)	230 bis 300 (220)	2 bis 5 (2)	75 bis 110 (75)	2,65	Si 9,0 bis 10,0 Mg 0,25 bis 0,45 Al Rest	Cu 0,05 Fe 0,18 Mn 0,10 Ti 0,15 Zn 0,07 Sonstige: einzeln 0,03 insgesamt 0,10	GB-AlSi9Mg 3.2333
GK-AlSi9Mg wa	3.2373.62	Kokillenguß warmausgehärtet	200 bis 280 (190)	250 bis 340 (240)	4 bis 7 (3)	80 bis 115 (80)				

Werkstoff			Werkstoffeigenschaften					Zusammensetzung		
Kurzzeichen	Nummer	Gießverfahren und Lieferzustand	0,2-Grenze $R_{p0,2}$ N/mm²	Zugfestigkeit R_m N/mm²	Bruchdehnung A_5 %	Brinellhärte HB 5/250	Dichte kg/dm³ ≈	Legierungsbestandteile	Zulässige Beimengungen[1]) max.	Blockmetall nach DIN 1725 Teil 5
G-AlSi7Mg wa	3.2371.61	Sandguß warmausgehärtet	190 bis 240 (190)	230 bis 310 (230)	2 bis 5 (2)	75 bis 110 (75)	2,65	Si 6,5 bis 7,5 Mg 0,25 bis 0,45 Ti 0,001 bis 0,20 Al Rest	Cu 0,05 Fe 0,18 Mn 1,10 Zn 0,07 Sonstige: insgesamt 0,10	GB-AlSi7Mg 2.2335 –
GK-AlSi7Mg wa	3.2371.62	Kokillenguß warmausgehärtet	200 bis 280 (200)	250 bis 340 (250)	5 bis 9 (3)	80 bis 115 (80)				
GF-AlSi7Mg wa	3.2371.63	Feinguß warmausgehärtet	200 bis 260 (190)	260 bis 320 (230)	3 bis 6 (3)	80 bis 110 (70)				
G-AlCu4Ti ta	3.1841.63	Sandguß teilausgehärtet	180 bis 230 (160)	280 bis 380 (240)	5 bis 10 (3)	85 bis 105 (80)	2,75	Cu 4,5 bis 5,2 Ti 0,15 bis 0,30) Mn 0,001 bis 0,5 Al Rest	Fe 0,18 Si 0,18 Zn 0,07 Sonstige: einzeln 0,03 insgesamt 0,10	GB-AlCu4Ti 3.1842 –
G-AlCu4Ti wa	3.1841.61	Sandguß warmausgehärtet	200 bis 260 (180)	300 bis 380 (250)	3 bis 8 (2)	95 bis 110 (90)				
GK-AlCu4Ti ta	3.1841.64	Kokillenguß teilausgehärtet	180 bis 230 (170)	320 bis 400 (260)	8 bis 18 (4)	90 bis 105 (85)				
GK-ALCu4Ti wa	3.1841.62	Kokillenguß warmausgehärtet	220 bis 270 (200)	330 bis 400 (280)	7 bis 12 (3)	95 bis 110 (90)				
G-AlCu4TiMg ka	3.1371.41	Sandguß kaltausgehärtet	220 bis 280 (180)	300 bis 400 (240)	5 bis 15 (3)	90 bis 115 (85)	2,75	Cu 4,2 bis 4,9 Mg 0,15 bis 0,30 Ti 0,15 bis 0,30 Mn 0,001 bis 0,5 Al Rest	Fe 0,18 Si 0,18 Zn 0,07 Sonstige: einzeln 0,03 insgesamt 0,10	GB-AlCu4TiMg 3.1372 –
GK-AlCu4TiMg ka	3.1371.42	Kokillenguß kaltausgehärtet	220 bis 300 (200)	320 bis 420 (280)	8 bis 18 (5)	95 bis 115 (90)				
GF-AlCu4TiMg ka	3.1371.45	Feinguß kaltausgehärtet	220 bis 280 (180)	300 bis 400 (270)	5 bis 10 (3)	90 bis 120 (85)				

[2]) Der Zustand geglüht wird ohne Abschreckung erreicht.

3. Sand- und Kokillenguß, Legierungen für besondere Verwendung

Werkstoff			Werkstoffeigenschaften					Zusammensetzung		
Kurzzeichen	Nummer	Gießverfahren und Lieferzustand	0,2-Grenze $R_{p0,2}$ N/mm²	Zug-festigkeit R_m N/mm²	Bruch dehnung A_5 %	Brinell-härte HB 5/250	Dichte kg/dm³ ≈	Legierungs-bestandteile	Zulässige Beimengungen[1]) max.	Blockmetall nach DIN 1725 Teil 5
G-AlMg3	3.3541,01	Sandguß Gußzustand	70 bis 100 (60)	140 bis 190 (130)	3 bis 8 (3)	50 bis 60 (45)	2,7	Mg 2,5 bis 3,5 Mn 0,001 bis 0,4 Ti 0,001 bis 0,20 Al Rest Be nach Vereinbarung	Cu 0,05 Fe 0,5 Si 0,5 Zn 0,10 Sonstige: einzeln 0,05 insgesamt 0,15	GB-AlMg3 3.3542 242
GK-AlMg3	3.3541.02	Kokillenguß Gußzustand	70 bis 100 (70)	150 bis 200 (150)	5 bis 12 (4)	50 bis 60 (50)				
GF-AlMg 3	3.3541.09	Feinguß Gußzustand	90 bis 120 (80)	150 bis 200 (140)	3 bis 8 (3)	60 bis 80 (55)				
G-AlMg3Si	3.3241.01	Sandguß Gußzustand	80 bis 100 (70)	140 bis 190 (130)	3 bis 8 (3)	50 bis 60 (45)	2,7	Mg 2,5 bis 3,5 Si 0,9 bis 1,3 Mn 0,001 bis 0,4 Ti 0,001 bis 0,20 Al Rest Be nach Vereinbarung	Cu 0,05 Fe 0,5 Zn 0,10 Sonstige: einzeln 0,05 insgesamt 0,15	GB-AlMg3Si 3.3242 243
G-AlMg3Si wa	3.3241.61	Sandguß warmausgehärtet	120 bis 160 (120)	200 bis 280 (180)	2 bis 8 (2)	65 bis 90 (60)				
GK-AlMg3Si	3.3241.02	Kokillenguß Gußzustand	80 bis 100 (80)	150 bis 200 (140)	4 bis 10 (4)	50 bis 65 (50)				
GK-AlMg3Si wa	3.3241.62	Kokillenguß warmausgehärtet	120 bis 180 (120)	220 bis 300 (220)	3 bis 10 (3)	65 bis 90 (65)				
GF-AlMg3Si wa	3.3241.63	Feinguß warmausgehärtet	120 bis 160 (120)	200 bis 280 (180)	2 bis 8 (2)	60 bis 80 (55)				

Werkstoff Kurzzeichen	Nummer	Gießverfahren und Lieferzustand	Werkstoffeigenschaften 0,2-Grenze $R_{p0,2}$ N/mm²	Zugfestigkeit R_m N/mm²	Bruchdehnung A_5 %	Brinellhärte HB 5/250	Dichte kg/dm³ ≈	Zusammensetzung Legierungsbestandteile	Zulässige Beimengungen[1]) max.	Blockmetall nach DIN 1725 Teil 5
G-AlMg5	3.3561.01	Sandguß Gußzustand	100 bis 120 (90)	160 bis 220 (140)	3 bis 8 (2)	55 bis 70 (50)	2,6	Mg 4,5 bis 5,5 Mn 0,001 bis 0,4 Ti 0,001 bis 0,20 Al Rest Be nach Vereinbarung	Cu 0,05 Fe 0,5 Si 0,5 Zn 0,10 Sonstige: einzeln 0,05 Insgesamt 0,15	GB-AlMg5 3.3562 244
GK-AlMg5	3.3561.02	Kokillenguß Gußzustand	100 bis 140 (100)	180 bis 240 (150)	4 bis 10 (2)	60 bis 75 (55)				
G-AlMg5Si	3.3261.01	Sandguß Gußzustand	110 bis 130 (100)	160 bis 200 (140)	2 bis 4 (1)	60 bis 75 (55)	2,6	Mg 4,5 bis 5,5 Si 0,9 bis 1,5 Mn 0,001 bis 0,4 Ti 0,001 bis 0,20 einzeln 0,05 Be nach Vereinbarung	Cu 0,05 Fe 0,5 Zn 0,10 Sonstige: einzeln 0,05 insgesamt 0,15	GB-AlMg5Si 3.3262 245
GK-AlMg5Si	3.3261.02	Kokillenguß Gußzustand	110 bis 150 (100)	180 bis 240 (150)	2 bis 5 (1)	65 bis 85 (60)	Al Rest			
G-AlSi5Mg	3.2341.01	Sandguß Gußzustand	100 bis 130 (90)	140 bis 180 (130)	1 bis 3 (0,5)	55 bis 70 (55)	2,7	Si 5,0 bis 6,0 Mg 0,4 bis 0,8 Mn 0,001 bis 0,4 Ti 0,001 bis 0,20 Al Rest	Cu 0,05 Fe 0,5 Zn 0,10 Sonstige: einzeln 0,05 insgesamt 0,15	GB-AlSi5Mg 3.2342 235
GK-AlSi5Mg	3.2341.02	Kokillenguß Gußzustand	120 bis 160 (100)	160 bis 200 (140)	1,5 bis 4 (1)	60 bis 75 (60)				
GK-AlSi5Mg wa	3.2341.62	Kokillenguß warmausgehärtet	240 bis 290 (180)	260 bis 320 (190)	1 bis 3 (0,5)	90 bis 110 (90)	2,7			

4. Druckgußlegierungen

Werkstoff			Werkstoffeigenschaften					Zusammensetzung		
Kurzzeichen	Nummer	Gießverfahren und Lieferzustand	0,2-Grenze $R_{p0,2}$ N/mm²	Zug-festigkeit R_m N/mm²	Bruch dehnung A_5 %	Brinell-härte HB 5/250	Dichte kg/dm³ ≈	Legierungs-bestandteile	Zulässige Beimengungen[1]) max.	Blockmetall nach DIN 1725 Teil 5
GD-AlSi9Cu3	3.2163.05	Druckguß Gußzustand	140 bis 240	240 bis 310	0,5 bis 3	80 bis 120	2,75	Si 8,0 bis 11,0 Cu 2,0 bis 3,5 Mn 0,1 bis 0,5 Mg 0,1 bis 0,5 Al Rest	Fe 1,2 Ni 0,3 Pb 0,2 Sn 0,1 Ti 0,15 Zn 1,2 Sonstige: einzeln 0,05 insgesamt 0,15	GBD-AlSi9Cu3 3.2166 226
GD-AlSi12	3.2582.05	Druckguß Gußzustand	140 bis 180	220 bis 280	1 bis 3	60 bis 100	2,65	Si 10,5 bis 13,5 Mn 0,001 bis 0,4 Al Rest	Cu 0,10 Fe 1,0 Mg 0,05 Ti 0,15 Zn 0,1 Sonstige: einzeln 0,05 insgesamt 0,15	GBD-AlSi12 3.2586 230
GD-AlSi12(Cu)	3.2982.05	Druckguß Gußzustand	140 bis 200	220 bis 300	1 bis 3	60 bis 100	2,65	Si 10,5 bis 13,5 Mn 0,1 bis 0,5 Al Rest	Cu 1,2 Fe 1,2 Mg 0,4 Ni 0,2 Pb 0,2 Sn 0,1 Ti 0,15 Zn 0,5 Sonstige: einzeln 0,05 insgesamt 0,15	GBD-AlSi12(Cu) 3.2985 231

Werkstoff			Werkstoffeigenschaften					Zusammensetzung		
Kurzzeichen	Nummer	Gießverfahren und Lieferzustand	0,2-Grenze $R_{p0,2}$ N/mm²	Zugfestigkeit R_m N/mm²	Bruchdehnung A_5 %	Brinellhärte HB 5/250	Dichte kg/dm³ ≈	Legierungsbestandteile	Zulässige Beimengungen[1]) max.	Blockmetall nach DIN 1725 Teil 5
GD-AlSi10Mg	3.2382.05	Druckguß Gußzustand	140 bis 200	220 bis 300	1 bis 3	70 bis 100	2,65	Si 9,0 bis 11,0 Mg 0,20 bis 0,50 Mn 0,001 bis 0,4 Al Rest	Cu 0,10 Fe 1,0 Ti 0,15 Zn 0,1 Sonstige: einzeln 0,05 insgesamt 0,15	GBD-AlSi10Mg 3.2336 239
GD-AlMg9	3.3292.05	Druckguß	140 bis 220	200 bis 300	1 bis 5	70 bis 100	2,6	Mg 7,0 bis 10,0 Si 0,01 bis 2,5 Mn 0,2 bis 0,5 Al Rest Be nach Vereinbarung	Cu 0,05 Fe 1,0 Ti 0,15 Zn 0,1 Sonstige: einzeln 0,05 insgesamt 0,15	GBD-AlMg9 349

Tafel 2.16 Nicht genormte Al-Sonderlegierungen (nach DIN 1725, Teil 2)

Legierung/Kurzzeichen	Legierungstyp/Kurzbezeichnung	Eigenschaft/Anwendung
G-/GK-/GD-AlZn10Si8Mg	Selbstaushärtende Legierung	Gußstücke, die ohne Wärmebehandlung höhere Festigkeit haben müssen.
GK-AlSi12CuNiMg GK-AlSi18CuNiMg GK-AlSi21CuNiMg GK-AlSi25CuNiMg	Kolbenlegierungen	Für auf Verschleiß beanspruchte, warmfeste Gußstücke, besonders Kolben und Zylinder
G-/GK-/GD-AlSi17Cu4Mg	390, A 390	Legierung hoher Verschleißbeständigkeit z. B. für Motorblöcke, Zylinder
G-/GK-AlMg5Si(Cu, Mn)	Zylinderkopflegierungen	Legierungen mit guter Temperaturwechsel- und Warmfestigkeit
G-/GK-AlCu4Ni2Mg G-/GK-AlCu5Ni1,5	Y-Legierung 3.1754	Legierungen hoher und höchster Warmfestigkeit
G-/GK-AlSi0,5Mg G-/GK-AlSi2Mn G-/GK-AlSi4Mg	Leitfähigkeitslegierungen	Legierungen mit hoher elektrischer Leitfähigkeit > 26 m/Ω • mm^2 für Leitzwecke
GK-/GD-Al99,5 GK-/GD-Al99,7	Rotorenaluminium	Reinaluminium hoher Leitfähigkeit, für Kurzschlußläufer

Tafel 2.17 Gegenüberstellung der Bezeichnungen von Aluminiumgußlegierungen nach EN-Norm und DIN-Norm

DIN EN 1706			DIN 1725-2	
Legierungs-	Legierungsbezeichnung		Werkstoff	
gruppe	Numerisch	Chemische Symbole	Kurzzeichen	Nummer
AlCu	EN AC-21000	EN AC-Al Cu4MgTi	G-AlCu4TiMg	3.1371
	EN AC-21100	EN AC-Al Cu4Ti	G-AlCu4Ti	3.1841
AlSiMgTi	EN AC-41000	EN AC-Al Si2MgTi	-	-
AlSi7Mg	EN AC-42000	EN AC-Al Si7Mg	-	-
	EN AC-42100	EN AC-Al Si7Mg0,3	G-AlSi7Mg	3.2371
	EN AC-42200	EN AC-Al Si7Mg0,6	-	-
AlSi10Mg	EN AC-43000	EN AC-Al Si10Mg(a)	G-AlSi10Mg	3.2381
	EN AC-43100	EN AC-Al Si10Mg(b)	-	-
	EN AC-43200	EN AC-Al Si10Mg(Cu)	G-AlSi10Mg(Cu)	3.2383
	EN AC-43300	EN AC-Al Si9Mg	G-AlSi9Mg	3.2373
	EN AC-43400	EN AC-Al SI10Mg(Fe)	GD-AlSi10Mg	3.2382
AlSi	EN AC-44000	EN AC-Al Si11	G-AlSi11	3.2211
	EN AC-44100	EN AC-Al Si12(b)	-	-
	EN AC-44200	EN AC-Al Si12(a)	G-AlSi12	3.2581
	EN AC-44300	EN AC-Al Si12(Fe)	GD-AlSi12	3.2582
	EN AC-44400	EN AC-Al Si9	-	-
AlSi5Cu	EN AC-45000	EN AC-Al Si6Cu4	G-AlSi6Cu4	3.2151
	EN AC-45100	EN AC-Al Si5Cu3Mg	-	-
	EN AC-45200	EN AC-Al Si5Cu3Mn	-	-
	EN AC-45300	EN AC-Al Si5Cu1Mg	-	-
	EN AC-45400	EN AC-Al Si5Cu3	-	-
AlSi9Cu	EN AC-46000	EN AC-Al Si9Cu3(Fe)	G-AlSi9Cu3	3.2163
	EN AC-46100	EN AC-Al Si11Cu2(Fe)	-	-
	EN AC-46200	EN AC-Al Si8Cu3	G-AlSi9Cu3	3.2163
	EN AC-46300	EN AC-Al Si7Cu3Mg	-	-
	EN AC-46400	EN AC-Al Si9Cu1Mg	-	-
	EN AC-46500	EN AC-Al Si9Cu3(Fe)(Zn)	-	-
	EN AC-46600	EN AC-Al Si7Cu2	-	-
AlSi(Cu)	EN AC-47000	EN AC-Al Si12(Cu)	G-AlSi12(Cu)	3.2583
	EN AC-47100	EN AC-AlSi12Cu1(Fe)	GD-AlSi12(Cu)	3.2982
AlSiCuNiMg	EN AC-48000	EN AC-Al Si12CuNiMg	-	-
AlMg	EN AC-51000	EN AC-Al Mg3(b)	-	-
	EN AC-51100	EN AC-Al Mg3(a)	G-AlMg3	3.3541
	EN AC-51200	EN AC-Al Mg9	GD-AlMg9	3.3292
	EN AC-51300	EN AC-Al Mg5	G-AlMg5	3.3561
	EN AC-51400	EN AC-Al Mg5(Si)	G-AlMg5Si	3.3261
AlZnMg	EN AC-71000	EN AC-Al Zn5Mg	-	-

2.5 Verfahren der Gußteilherstellung

Gußteile aus Aluminiumlegierungen werden nach einer Vielzahl von Verfahren hergestellt (Tafel 2.5.0).

Tafel 2.5.0 Form- und Gießverfahren

Dauerformen (ohne Modelle)	Verlorene Formen verlorene Modelle (ungeteilte Formen)	Dauermodelle (geteilte Formen)
Druckguß	Vollformguß	Handformguß
Kokillenguß	Feinguß	Maschinen-Formguß
Schleuderguß		Formmaskenguß
Strangguß		Keramik-Formguß
Squeeze-Casting		

Ihre Anteile sind unterschiedlich, und auf den Bereich Dauerformen, vornehmlich den Druckguß, entfallen etwa 70 - 80 %. Die Ursache für den hohen Anteil der Dauerformverfahren ist in der relativ niedrigen Temperatur der Al-Legierungen, aber auch in der wirtschaftlichen Stückzahl zu suchen, die bei den hohen Kosten für die Formenfertigung beim Druckguß oft über 20.000 – 40.000 liegen muß. Gußteilgestaltung und Gußteilgröße stellen weitere einschränkende Faktoren für die Anwendung des Druckgusses dar, so daß sich die übrigen Verfahren mit einem kleineren Anteil weiter behaupten.
Auf die Standardgruppen der Verfahren entfallen folgende Anteile [%] (Tafel 2.5.0.1):

Tafel 2.5.0.1

Jahr	Sandguß	Kokillenguß	Druckguß
1992	12,5	33,2	54,3
1993	12,3	33,9	53,6
1994	12,2	33,8	53,9
1997	9,0	33,8	56,8
1998	8,2	33,3	58,2

Alle Sandformverfahren bedingen gegenüber den Dauerformverfahren in Abhängigkeit von der Wanddicke eine langsamere Abkühlung und geringere Erstarrungsgeschwindigkeit mit den Auswirkungen auf die Festigkeitseigenschaften und die Fertigungszeit auf. So erreicht man beispielsweise folgende Erstarrungszeiten für eine Wanddicke von 5 mm:

Sandguß	80 s
Kokillenguß	20 - 30 s
Druckguß	5 - 10 s

Das feinere Gefüge ist bei kürzerer Erstarrungszeit sowohl mit geringerer Porosität als auch mit besseren Festigkeitseigenschaften insbesondere beim Kokillenguß und beim Vakuumdruckguß verbunden. Wegen der gegenüber Sandformen nach der Erstarrung bis zum Auspacken der Gußkörper aus der Form kürzeren Abkühlung erhält man beim Druckguß sehr kurze Fertigungszeit und hohe Produktivität.

Dauerformen und auch ungeteilte Sandformen erzielen hohe Maßgenauigkeit und Oberflächengüte, wie in Tafel 2.5.1 zum Ausdruck kommt.

Tafel 2.5.1 Maßgenauigkeit und Oberflächengüte für verschiedene Form- und Gießverfahren (Bezugsnennmaß ca. 500 mm) [nach Flemming, Tilch]

Verfahren	Maßgenauigkeit Toleranzbereich (%)	Oberflächengüte mittlere Rautiefe R_t (μm)
Tongeb. Formstoffe		
- Handformen	2,5 - 5	120 - 360
- Konventionelle Maschinenformen	1,5 - 3	80 - 160
- moderne Verdichtungstechnik	1,0 - 2	60 - 160
Maskenformverfahren	0,8 - 1,5	40 - 80
Keramik-Formverfahren	0,5 - 0,8	40 - 50
Feinguß-Verfahren	0,3 - 0,7	6 - 30
Vollformgießen	1,0 - 1,5	80 - 160
Vakuum-Formverfahren	0,8 - 1,5	30 - 80
Dauerformverfahren		
- Druckguß	0,1 - 0,4	3 - 40
- Kokillenguß	0,3 - 0,6	20 - 60
- Strangguß	0,6 - 0,8	10 - 40
- Schleuderguß	0,8 - 1,2	20 - 60
- Squeeze-Casting	0,2 - 0,5	10 - 40

Komplizierte Außen- und gegen die Formteilung gestaltete Innenkonturen erfordern fast ohne Ausnahme den Einsatz von Sandkernen, die in die Form eingelegt werden müssen und durch Spiel gegenüber der Form im Vergleich zum kernlosen Guß die Maßtoleranz und Rauhtiefe erhöhen.

Der Vorteil des Kokillengusses besteht in diesem Falle darin, daß trotz Dauerform auch mit Sandkernen gearbeitet werden kann (z.B. bei der Herstellung von Zylinderköpfen für Kraftfahrzeugmotoren).

Formen des Maskenformverfahrens können über mehrere Tage gelagert werden. Dagegen liegt zur Formherstellung im allgemeinen keine just-in-time Kernfertigung vor, so daß Formstoff und Verfahren für die Kernfertigung gewählt werden müssen, die ebenfalls eine längere Lagerzeit ermöglichen, ja sogar die Schaffung von Kernfabriken außerhalb der Gießerei zulassen, wie es in den USA anzutreffen ist. Andererseits wird auch zur Verbesserung der Fertigungsorganisation und des Fertigungsablaufs eine just-in-time-Herstellung von Kernen ins Auge gefaßt.

Unter den heutigen Gesichtspunkten richtet sich der Einsatz der Kernherstellungsverfahren nach den Kriterien Umweltschutz, Technik und Wirtschaftlichkeit. Für die Umweltverträglichkeit sind zu berücksichtigen:

- Inhaltsstoffe (Gefahrstoffverordnung)
- Emission bei der Kernproduktion (MAK-Werte)
- Emission Gießen-Kühlstrecke-Ausleeren (TA Luft)
- Deponie der Abfallsande (TA Abfall)
- Altsandverwertung.

Aus diesen Anforderungen ergibt sich folgende Verfahrenspalette für die Kernherstellung, siehe Tafel 2.5.2.

Nach wie vor werden chemisch gebundene Kernformstoffe für Aluminiumguß am häufigsten angewendet. Auf die einzelnen Verfahren im Serienguß bezogen ergeben sich folgende Anteile:

- 48 % Cold-Box
- 21 % Hot-Box
- 15 % Croning (Formmaske)
- 10 % CO_2-Wasserglas
- 6 % andere

Cold-Box-Verfahren (kalter Kernkasten) haben gegenüber den Hot-Box-Verfahren (heißer Kernkasten) den Vorteil, daß keine zusätzliche Beheizung des Werkzeugs erfolgen muß, woraus sich energiewirtschaftliche und Produktivitätsvorteile ergeben, die nicht zuletzt zu dem großen Anwendungsbereich beigetragen haben.

Zu einem größeren Nutzungsfeld führten wegen besserer Zerfallseigenschaften organisch gebundene im Vergleich zu anorganisch gebundenen Formstoffen. Die für die Kernherstellung eingesetzten Verfahren können unter bestimmten Bedingungen auch für die Sandformherstellung verwendet werden.

Auch aus ökologischen Gesichtspunkten kann in der Zukunft wieder mit einer Verschiebung der Verfahrensanteile von organisch zu anorganisch gebundenen Formstoffen gerechnet werden.

Tafel 2.5.2 Verfahren der Kernherstellung (nach Ellinghaus 1993)

Bindung							
kalthärtend					heißhärtend		
innerhalb des Werkzeugs				innerhalb	des Werzeugs		außerhalb
selbsthärtend		durch Begasung					
anorganisch	organisch						
Zement	Nobake	Cold-Box	Wasserglas	Warmbox	Hotbox	Maskenform	Ofentrocknung
Sidur	Kaltharz	Gasharz	Red-Set	Furanharz	Resital	Resital-Fertigsand	Radiol
Wasserglas-Ester	Furanharz Harnstoff	Polyurethan	Resol-CO_2	Thermoschock	Phenolharz	Corrodur	Optol
	Phenolharz	Gasharz-Plus	Cold-Box-M	Furanharz Phenol-Harz	Heißharz Furanharz	Novolak	Sinole
	Phenolharz-Ester	Polyurethan	Resol Methylformiat		Resin Harnstoff		Kernöle
	Formoplast Erst.-Öl Tekarit Polyuretahn-Isocyanat	SO_2-Verf. Furanharz Epoxdharz					
	Pentex Polyurethan Polyole						
	Schnell-Furanharz						

Während im Kokillenguß der Einsatz von Sandkernen möglich und notwendig ist, können Sandkerne bei den üblichen Druckgußverfahren praktisch nicht genutzt werden, da sie den bei hohen Drücken im Bereich der Formfüllung auftretenden Belastungen nicht standhalten.

Die bisher genannten Verfahren unterscheiden sich in Bezug auf die Häufigkeit ihres wiederholten Gebrauchs, als Form für einmaligen oder „verlorene Form“ oder mehrmaligen Gebrauch - „Dauerform“ und in der Art der Formfüllung durch Gießen unter Schwerkraft oder erhöhtem bzw. Unterdruck. Außerdem zählen zu den Verfahren mit verlorenen Formen Sand- und Keramikformen. Alle verlorenen Formen benötigen einen speziellen Formstoff - einen Formsand - , der aus einem Formgrundstoff, einem Binder und Zusatzstoffen besteht, deren Auswahl an die Formherstellung selbst, den Abguß, die Erstarrung und Abkühlung sowie die Trennung zwischen Gußkörper und Form, also auch das Entkernen gebunden ist, um alle Arbeitsschritte, die durch den Formstoff beeinflußt werden, qualitativ und wirtschaftlich vollziehen zu können.

Zur Abformung - Form- oder Kernherstellung - wird ein Modell bzw. eine Kernbüchse oder Kernkasten benötigt. Modelle können mehrmalig („Dauermodelle") oder einmalig („verlorene Modelle") benutzt werden. Um die Modelle von der Form zu trennen, muß das Modell bzw. die Form geteilt werden, wodurch sich über den nachfolgenden Montageprozeß (Formzulegen) Maßgenauigkeit und Oberflächengüte verschlechtern.

Die Herstellung von Al-Gußteilen in Dauerformen ist unter Berücksichtigung der Stückzahl produktiver als die Fertigung mit Sandformen, aber auf Grund der Herstellungskosten für die Dauerformen (Kokillen) erst bei höheren Stückzahlen gegenüber dem Sandguß sinnvoll. In Tafel 2.5.3 sind die technischen und wirtschaftlichen Grenzen der Herstellungsverfahren für Al-Gußteile zusammengestellt.

Tafel 2.5.3 Techn.-und wirtschaftliche Grenzen für Aluminium-Gußherstellungsverfahren

Verfahren	Gußteilmasse	Gießbare Wanddicke[1])	Maßgenauigkeit	Lieferzeit[2])	Seriengröße
Sandguß	> 3000 kg	> 3 mm	mittelmäßig	kurzfristig	Einzelfertigung
Kokillenguß	< 200 kg	>2,5 mm	gut	mittelfristig	Serienfertigung
Druckguß	< 60 kg	> 0,8 mm	hoch	längerfristig	Großserien.
Feinguß	< 20 kg	> 0,8 mm	hoch	mittelfristig	Serienfertigung

[1]) Eine Unterschreitung ist bei kleinen Gußteilen oder Gußteilbereichen möglich.

[2]) Im Zusammenhang mit den computergesteuerten Verfahren zur Herstellung von Prototypen ist die Lieferzeit auch bei den Dauerformverfahren und beim Feinguß in Zukunft kürzer.

Die Zuordnung zu den einzelnen Verfahren kann auch über die Art der Gußwerkstoffauswahl überhaupt entscheiden. Sie richtet sich nach den durch das Verfahren erreichten Gebrauchseigenschaften. So sollte die Prüfung der Wirtschaftlichkeit außer von den Kosten für das unbearbeitete Rohgußteil, vom Bearbeitungs- und Transportaufwand und den Energiekosten beim Teileeinsatz ausgehen. Im Moment erfolgt z.B. bei einer Reihe von KFZ-Teilen eine diesbezügliche Umstellung auf Al-Legierungen, da sich hierdurch sogar die Gußteilmasse bis 30 % verringern läßt, durch die geringere Masse beim Abnehmer geringere Transport- und Energiekosten entstehen und infolge der höheren Maßgenauigkeit z.B. Bearbeitungskosten eingespart werden. Unter diesen Gesichtspunkten ersetzt ungefähr 1 kg Al-Guß 2 kg Gußeisen (GG), der Bearbeitungsaufwand sinkt durch die höheren Schnittgeschwindigkeiten auf etwa 50 %. Auch darf durch Wandickenverringerung und damit Masseverminderung beim Druckguß gegenüber Kokillenguß von einer Kosteneinsparung von ca 25 %, gegenüber Sandguß sogar von 50 % ausgegangen werden, und daß in vielen Fällen durch hohe Formenhaltbarkeit und ausreichend hohen Auftragsumfang der Einsatz des Druckgußverfahrens berechtigt ist.

2.6 Formherstellungs-, Kernherstellungs- und Gießverfahren

2.6.1 Verfahren der Sandformherstellung

2.6.1.1 Verfahren für tongebundene Formen

Von den unterschiedlichen Sandgußverfahren für tongebundene Formen wird für Al-Guß häufig das Naßgußverfahren (Grünsandformverfahren) angewendet, d.h. die Formen werden ungetrocknet, d.h. feucht abgegossen, was in Bezug auf Gießtemperatur und Wanddicke wegen der möglichen Gasaufnahme der Gußwerkstoffs zu Verfahrenseinschränkungen führt.

Bei den tongebundenen Formen muß in Bezug auf den zu verwendenden Formstoff entschieden werden, ob Natur- oder synthetischer Sand zum Einsatz kommen soll.

Natürliche Formstoffe enthalten Quarzkörner unterschiedlicher Struktur, Kornanteile von anderen Verwitterungsprodukten als Quarz, z.B. Feldspat, sowie Tonmineralien, Schlämmstoffe und einen bestimmten Feuchtigkeitsgehalt. Darum richten sich ihre Eigenschaften nach ihrem Aufbau und der Lagerstätte. Synthetischer Sand besteht aus einer externen Mischung von Quarzsand, Binder (Tone, Bentonit), Wasser und Zusatzstoffen in bestimmten Anteilen. Der Vorteil des synthetischen Sandes liegt bei Beachtung umfangreicher Aufbereitungstechnik in der Konstanz der Eigenschaften und der besseren Anpassung in seinen Eigenschaften an das Sortiment.

Naßgußformverfahren sind anwendbar in Bezug auf das Gußteilsortiment für

Massenbereich <1 $\leq$ 2000 kg, hauptsächlich <10 kg ;
Wanddickenbereich < 10 $\leq$100 mm, hauptsächlich < 10 - 30 mm
(nach VDG-Merkblatt R 90)

Der Stückzahlbereich ist praktisch nicht eingegrenzt.

Hohe Gußteilwanddicken sind ungünstig, weil durch die lange Erstarrungs- und Formfüllzeit das im Formstoff enthaltene Wasser bei Berührung mit der Schmelze zu Wasserstoff

$$2Al + 3H_2O = Al_2O_3 + 6\,H$$

reduziert wird und außerdem Aluminiumoxid entsteht. Beide sind schädlich, und es bilden sich Porosität und Einschlüsse. Dementsprechend ist auf eine turbulenzfreie Formfüllung mit niedriger Gießtemperatur zu achten, um frühzeitig eine dichte Randschale zu bilden. Diese Möglichkeit ist dadurch begrenzt, daß sich bei größerer Wanddicke durch die an den Rand fließende Restwärme die vorher gebildete Randschale wieder auflösen kann und diese erst nach zu langer Zeit erneut entsteht.

Da die Festigkeit der tongebundenen Form gering ist, muß in einer großen Zahl von Fällen mit kostenbelastenden Formkästen gearbeitet werden. Dadurch nimmt die Bedeutung kastenloser Formen, auch des Kernpaketverfahrens zu. Kastenlose Formen bestehen aus Sandblöcken, die auch zu Strängen zusammengestellt werden können und wenig Platz einnehmen, wie es bei der Blaspreßformanlage Typ DISAMATIK gegeben ist (Bild 2.6.0).

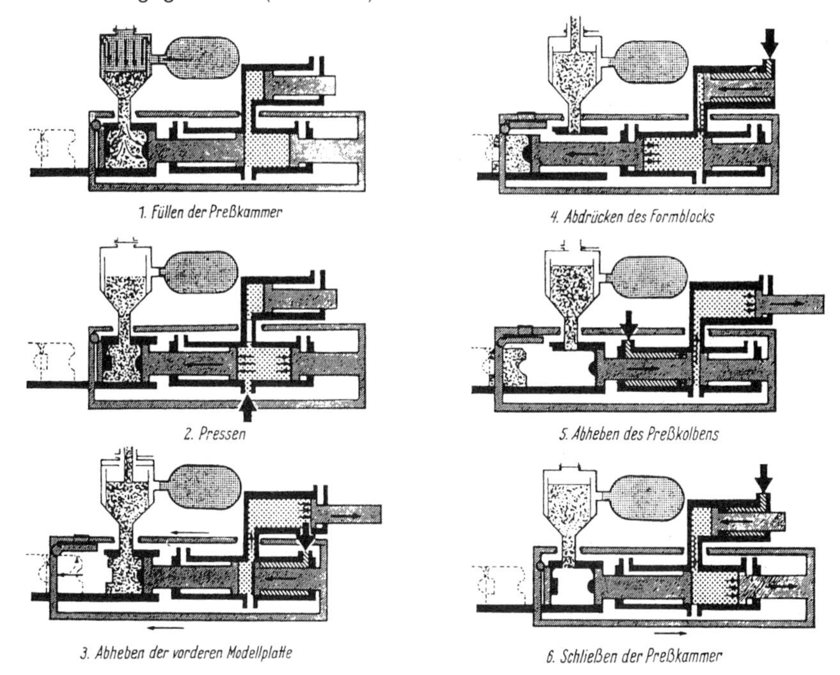

Bild 2.6.0 DISAMATIK-Formverfahren - Verfahrensablauf

Durch Art und Anteil der Formstoffkomponenten können bei synthetischem Formstoff die verarbeitungstechnischen Eigenschaften mit geringer Streuung eingestellt und damit ein in Bezug auf Maßgenauigkeit und Oberflächengüte qualitativ gleichmäßiger Guß erzeugt werden.

Tongebundene Formstoffe erfahren ihre Verfestigung durch Verdichtung.

Folgende wesentlichen Formstoffeigenschaften sind im Hinblick auf die Formherstellung und den Abguß zu gewährleisten :

- für die Formherstellung - eine hohe Verdichtbarbeit
- für die Formbeanspruchung durch Transport, Handling, Gießen und Abkühlen
- Gründruck- und Grünzugfestigkeit
- Gasdurchlässigkeit
- Zerfallsfähigkeit
- Feuerfestigkeit
- für die Wiederverwendung - hohe Totbrandtemperatur[1]) (geringer Binderverschleiß).

[1]) Unter Totbrandtemperatur versteht man jene Temperatur, bei der die Bindefähigkeit und damit Festigkeit der Sandformstoffe verloren geht.)

Beim Handformen erfolgt die Verdichtung durch lagenweises Stampfen. Die erforderliche Dichte und damit Festigkeit erfordert eine Formhärte 85 - 95 nach GF und damit fachliches Können und Erfahrung. Sie ist etwas niedriger als beim Eisen- oder Schwermetallguß wegen der geringeren hydrostatischen Druckhöhe und deshalb auch von der Formenhöhe abhängig. Zusätzlich müssen entstehende Gase über Luftkanäle (Luftstechen) aus der Form abgeführt werden. Eine geringere Dichte (Verdichtung) wirkt der Warmriß- und Spannungsempfindlichkeit bei in dieser Hinsicht gefährdeten Aluminium-Legierungen entgegen, da es die Nachgiebigkeit fördert und die für die genannten Gußfehler maßgebliche Schwindung weniger behindert. Andererseits dürfen eine bestimmte Dichte (Packungsdichte) der Form und damit Formfestigkeit nicht unterschritten werden, da sonst die Maßhaltigkeit (Treiben) leidet oder Penetration bzw. starke Oberflächenrauheit und Sandanhaftung auftreten können, wodurch die Oberflächenqualität verschlechtert bzw. der Putzaufwand erhöht wird. Deshalb lohnt es sich, über die Verdichtungsparameter einer Formmaschine und Formstoffqualität eines sythetischen Sandes eine geeignete Formqualität engerer Toleranz für die maschinelle Formherstellung zu erzeugen.
Weiterhin kann die Produktivität deutlich erhöht werden.

In diesem Zusammenhang unterscheidet man folgende Verdichtungsverfahren:

- Pressen
- Rütteln
- Rüttel-Pressen
- Impulsverdichten

zum Teil mit zusätzlichen Ergänzungen, z.B. dem Luftstrom- oder dem Blas-Pressen. Im Hinblick auf den Ablauf der Formherstellung in den einzelnen Arbeitsstufen ergibt sich folgendes Schema über die wichtigsten Verdichtungs-verfahren und Verfahrenskombinationen:

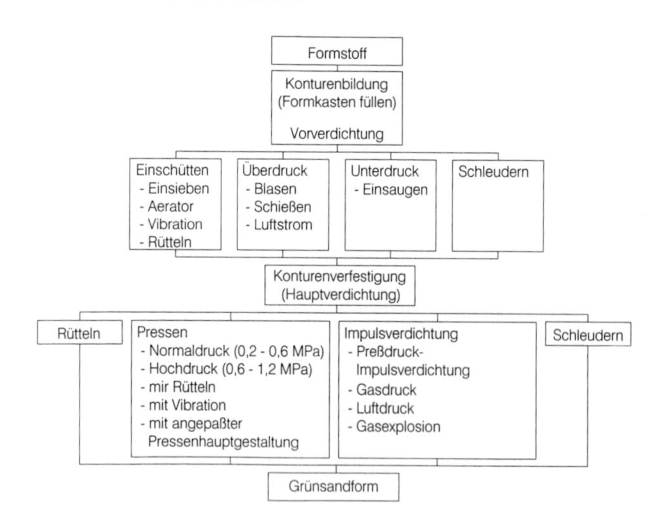

Die einzelnen Verdichtungsverfahren führen zu einer unterschiedlichen Dichte der Form an der Kontur (Modell) und Dichteverteilung im Formteil (siehe Bild 2.6.1).

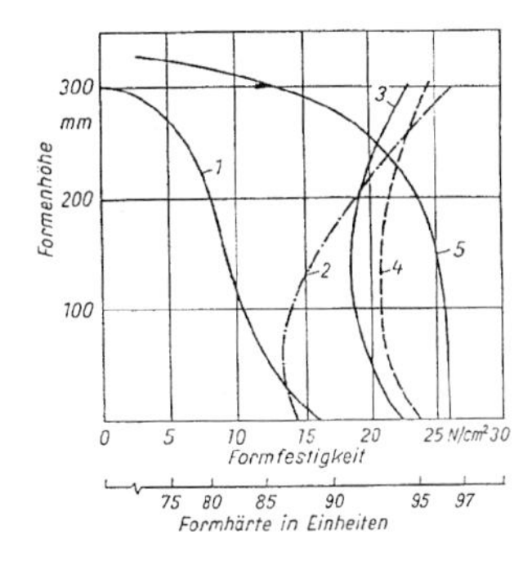

1 Rütteln; 2 Hochdruckpressen (1,2 bis 1,4 MPa);
3 Vibrationshochdruckpressen (0,8 bis 1,0 MPa);
4 Luftstrompressen (0,8 bis 1,0 MPa); 5 Impulsverdichtung

Bild 2.6.1 Formhärteverteilung über dem Formballen bei verschiedenen Formverfahren (nach Flemming und Tilch)

Da die Formhärte etwa proportional zur Dichte (Packungsdichte) ist, besteht das Bestreben, an der Modellkontur möglichst eine hohe Formhärte und damit günstige Maßhaltigkeit und Oberflächengüte einzustellen. Sehr günstige Verhältnisse erzielen das Luftstrompressen und unterschiedliche Verfahren der Impulsverdichtung. Im Bild 2.6.2 wird das Prinzip einer Formanlage für eine Aluminium-Gießerei vorgestellt. (Leistung 50 Formen/h, Formen-Größe 800x650x250/250 mm, betrieben mit Natursand). Unter diesen Gesichtspunkten läßt Normaldruck-Pressen nur eine geringe Formenhöhe zu. Das Luftstrompressen (Flüsterpressen) erfordert zur Abführung der mit dem Formstoff mitlaufenden Luft zusätzliche Düsen im Modell.

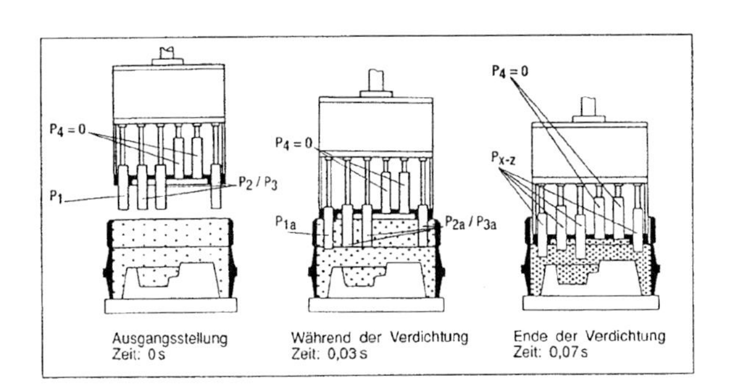

Bild 2.6.2 Verfahrensschritte bei der Hochdruckverdichtung mit Vielstempelpreßhaupt (nach Damm u.a.)

Im Zusammenhang mit dem Preis der Formmaschine ist eine Rentabilität erst durch mechanisierte oder automatisierte Formherstellung auf einer Formanlage und deren Auslastung gegeben. Die Leistung der Formmaschine kann zwischen 0,5-10 Formen/min liegen.

Wie am Dichteverlauf in Abhängigkeit vom Preßdruck gezeigt werden kann, muß bei der Verdichtung zwischen den Formstoffkörnern ein bestimmter Hohlraum verbleiben. Die dabei erzielte Packungsdichte von 1,65 - 1,8 g/cm³ ist gegenüber einer dichten Kugelpackung von 1,96 bzw. der Dichte von Quarz mit 2,65 g/cm³ nur so hoch, daß eine bestimmte Gasdurchlässigkeit zur Abführung der Formgase verbleibt. Die Gasdurchlässigkeit nimmt demzufolge mit steigender Verdichtung ab (Bild 2.6.3).

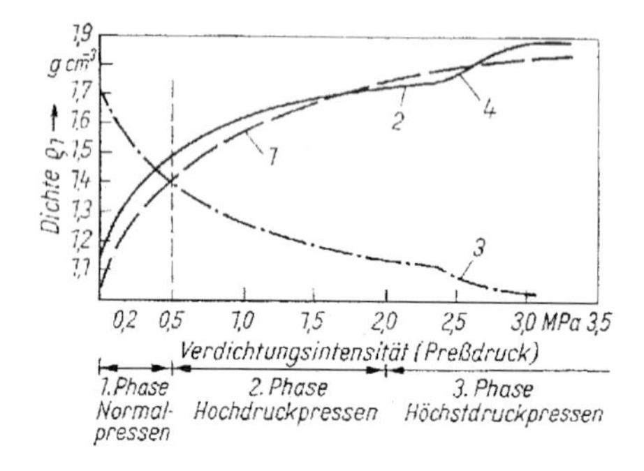

1 Formfestigkeit; *2* Formdichte; *3* Gasdurchlässigkeit; *4* Kornbruch, Sekundärkornstruktur

Bild 2.6.3 Einfluß der Dichte auf die Gasdurchlässigkeit (nach Flemming und Tilch)

Maschinenformen erfordern Modellplatten, deren Modelle im allgemeinen wegen der Druck- und Verschleißbelastung nicht aus Holz, sondern aus Kunststoff, Messing oder Gußeisen hergestellt sind. Kleinere Losgrößen werden durch Modell- und Modellplatten-Schnellwechseleinrichtungen sichergestellt. Formen definierter Formhärte erreichen eine hohe Maßgenauigkeit.

2.6.1.2 Form- und Kernformstoffe

F o r m g r u n d s t o f f ist den meisten Fällen Quarzsand mit 92 - 99,5 % SiO_2 und Beimengungen an Tonerde, Eisenoxid, Kalk, Magnesia, Alkalien und verbrennbaren Bestandteilen (Glühverlust) in Anteilen entsprechend den Lagerstätten. Eine Reihe von Formstoffeigenschaften können direkt vom Quarzkorn abgeleitet werden, das in Abhängigkeit von Druck und Temperatur in bestimmten Modifikationen auftritt.
Tiefquarz besteht bis 573 °C und wandelt dann in Hochquarz um; die Dichte ändert sich von 2,65 nach 2,60 g/cm³, was einer Längenänderung von 0,45 % entspricht. Diese Umwandlung (auch als Umwandlung von β- nach α-Quarz bezeichnet) erfolgt spontan und ist reversibel.

Aus Hochquarz bildet sich bei 870 °C Hochtridymit (α-Tridymit) mit einer Verringerung der Dichte von 2,60 nach 2,30 g/cm³ oder einer Längenänderung von 5,5 %. Diese Umwandlung ist träge und irreversibel.

Hochquarz wandelt bei 1400 °C in Hochcristobalit (α-Cristobalit) träge und irreversibel mit einer Dichteänderung von 2,60 nach 2,21 g/cm³ mit 6,62 % Längenänderung um, der bei 1700 °C zu Glas ohne merkliche Volumenänderung schmilzt.

So ergeben sich folgende Kristallstrukturen:

β-Quarz	α-Quarz	Tridymit	Cristobalit	Glas
trigonal	pseudohexagonal	rhombisch	tetragonal	

Nach Bild 2.6.4 entspricht das Ausdehnungverhalten von Quarz annähernd dem des Quarzsandes. Abkühlung von der Tridymit-Stufe führt zu γ-Tridymit (Tieftridymit) bis 117 °C, von Hochcristobalit zu β-Cristobalit (Tiefcristobalit) bei 220 - 180 °C.

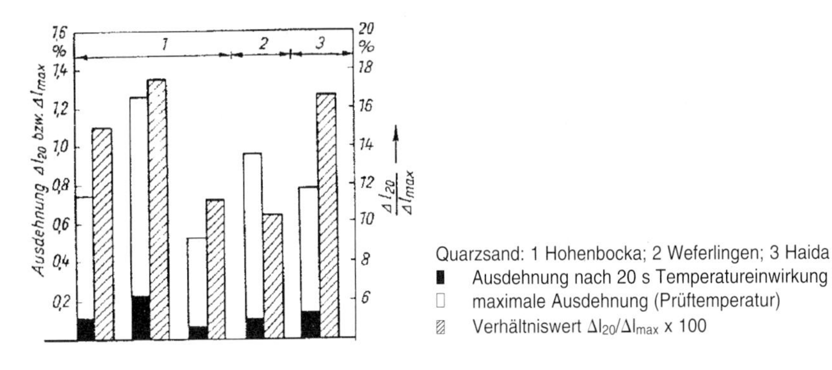

Bild 2.6.4 Ausdehnungsverhalten von Quarzsand (nach Flemming und Tilch)

Die nachfolgende Tafel 2.6.1 kennzeichnet die Zusammensetzung einiger Natursande.

Tafel 2.6.1 Zusammensetzung von Natursanden

Formsandort	Zusammensetzung in % SiO_2	Al_2O_3	CaO	Fe_2O_3
Ascherslebener	84,4	6,0	0,4	6,5
Bottroper, fett	87,5	8,3	-	2,3
Ellricher, rot	85,7	6,0	2,6	3,3
Elsterwerdaer	82,9	10,3	0,01	2,8
Offlebener	83,1	3,1	0,5	6,3

Der Gehalt an T o n b i n d e r liegt je nach Tonqualität und erforderlichen Formstoffeigenschaften zwischen 3,5 und 8 %. Verdichtbarkeit und Festigkeit werden maßgeblich durch den Wasser-Gehalt bzw. durch das Wasser/Binder-Verhältnis bestimmt, das in Bezug auf die Einhaltung der erforderlichen Gasdurchlässigkeit bei 0,35 - 0,45 % einzustellen ist (Bild 2.6.5).

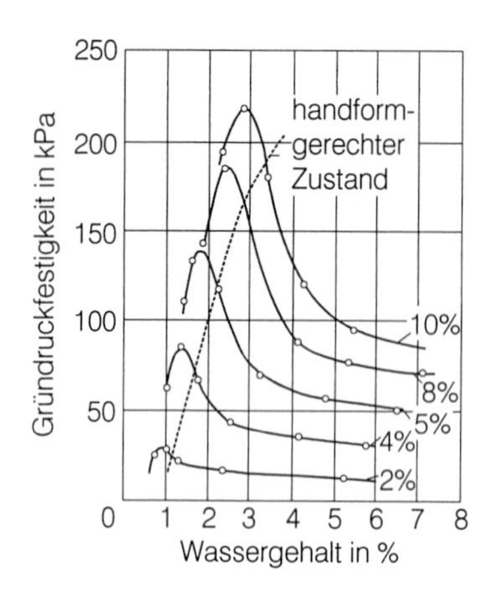

Bild 2.6.5 Festigkeitseigenschaften in Abhängigkeit vom Wasser/Binder-Verhältnis (nach Flemming und Tilch)

Aus Bild 2.6.5 und 2.6.6 sind mögliche optimierte Bereiche für Dichte, Verdichtbarkeit und Binder-Gehalt abzuleiten, die als Richtwerte dienen können. Auf jeden Fall wird eine ständige Kontrolle der Formstoffqualität empfohlen und folgende Richtwerte sollten beachtet werden, siehe Tafel 2.6.2.

Tafel 2.6.2 Richtwerte zur Formstoffoptimierung für moderne Verdichtungsverfahren

Formstoffqualität	kastenlose Formtechnik Anforderung		kastengebundene Formtechnik Anforderung	
	gering	hoch	gering	hoch
Gründruckfestigkeit kPa	100-140	140-220	80-120	120-200
Verdichtbarkeit %	42-45	38-40	ca 45	ca 40
Fließbarkeit %	60-70	75	50-70	80
Shatter-Index %	60	75	60	70
Grünzugfestigkeit kPa	12-15	15-23	9-13	13-20
Naßzugfestigkeit kPa	1,6	2,4	1,8	2,6
Gasdurchlässigkeit	70-90	80-120	60-70	70-100
Bentonit-Gehalt, Aktivton-G %	6-7	8-10	5,5-6,5	7-9
Wasser-Gehalt %	2,2-2,8	3-3,8	2,5-3,5	3,5 - 4,5
mittl. Korngröße mm	0,18-0,24	0,18-0,24	0,20-0,30	0,25-0,32

Das Ausformen stellt oft hohe Ansprüche an die Plastizität der Formen (Shatterindex). Steigende Verdichtung erhöht zwar die Festigkeit, jedoch auch die

„Sprödigkeit", so daß Formteile beim Ausformen abreißen können. Es ist daher besser, den Shatterindex zu erhöhen.

Die Quarzsande einzelner Lagerstätten oder nach einer Regenerierung weisen eine bestimmte Korngrößenverteilung (Bild 2.6.7) mit bestimmten Kornformen, spez. Oberflächen und Feinanteilen (Schlämmstoffe < 0,02 mm) auf.

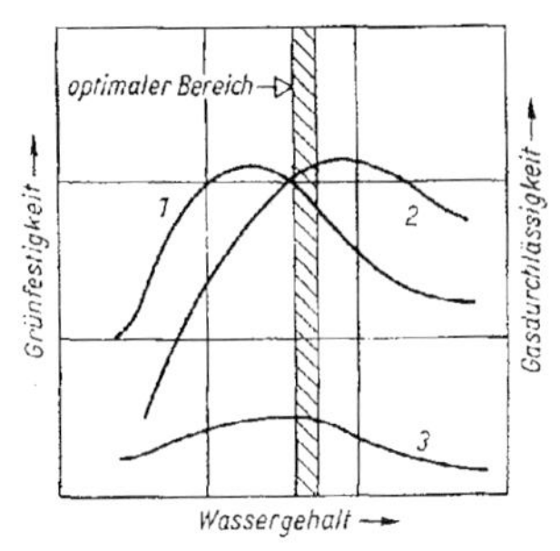

1 Gründruckfestigkeit; 2 Gasdurchlässigkeit; 3 Grünscherfestigkeit

Bild 2.6.6 Einfluß des Wassergehaltes auf die Festigkeitseigenschaften (nach Flemming und Tilch)

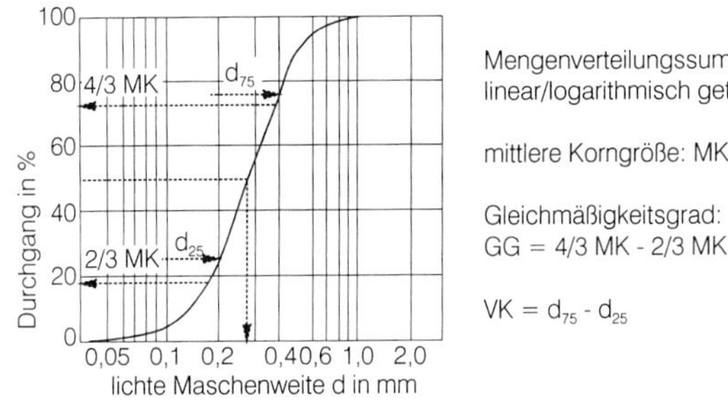

Mengenverteilungssummenkurve - linear/logarithmisch geteiltes Netz

mittlere Korngröße: MK = 0,275 mm

Gleichmäßigkeitsgrad:
GG = 4/3 MK - 2/3 MK

$VK = d_{75} - d_{25}$

Bild 2.6.7 Korngrößenspektrum eines Formsandes (nach Flemming und Tilch)

Man kann davon ausgehen, daß unabhängig von Kornform und spez. Oberfläche die Oberflächengüte mit steigender mittlerer Korngröße des Formgrundstoffes, also des Quarzsandes, sinkt, die Gasdurchlässigkeit dagegen ansteigt. Ein mittlerer Korndurchmesser von 0,18-0,25 mm stellt im allgemeinen einen vertretbaren Kompromiß dar. Korngröße und Kornform entscheiden außerdem wesentlich über den erforderlichen Bindergehalt.

Qualität und Anteil des Tones als Formstoffbinder müssen immer im Zusammenhang mit dem zur Erzielung der Formstoffeigenschaften notwendigen Anteil an Wasser, und dessen Aufnahme in den Binderhüllen gesehen werden. Ton ist ein wasserhaltiges Aluminiumsilikat mit einer Plättchenstruktur, dessen Aufbau durch Mehrschichtigkeit ähnlich strukturierter Molekülgruppen gekennzeichnet ist. Zwischen diesen Schichten werden Ionen, z.B. Na^{+}, Ca^{++}, und Wassermoleküle eingelagert (Bild 2.6.8), die zur Quellung führen und die technologischen Formstoffeigenschaften maßgeblich beeinflussen. Von den Tonmineralien Kaolinit, Montmorillonit oder Illit besitzt Montmorillonit als Dreischichtmineral ein günstiges Quellvermögen und wird bei den tongebundenen Formstoffen über den Binder Bentonit, in dem es hauptsächlich vorhanden ist, eingesetzt. Die Eigenschaften hängen darüber hinaus auch von der Ionenaustauschbarkeit ab. Natursande enthalten Gemische unterschiedlicher Tonminerale.

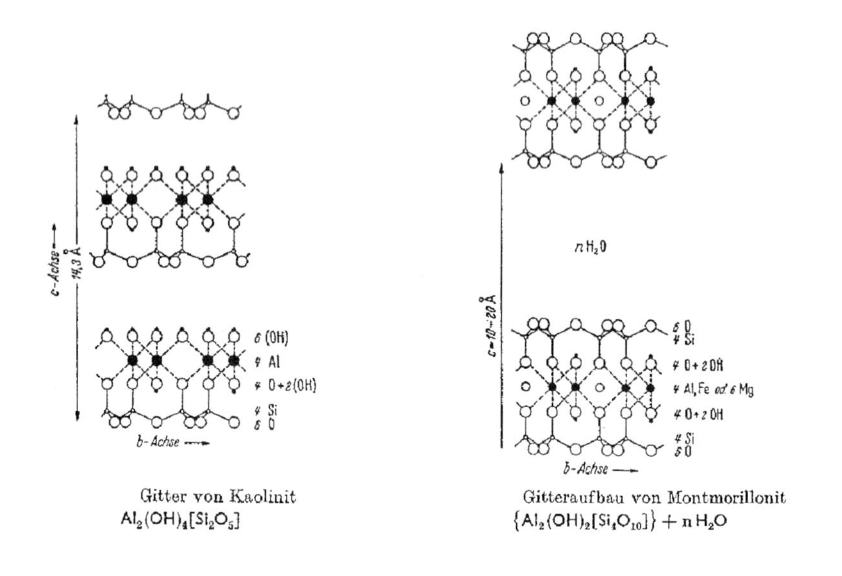

Bild 2.6.8: Struktur von Tonmineralien (nach Roll)

Das Sinterverhalten des Formstoffs hängt stark vom Gehalt an Fe_2O_3 bzw. Alkalien ab. (Bild 2.6.9)

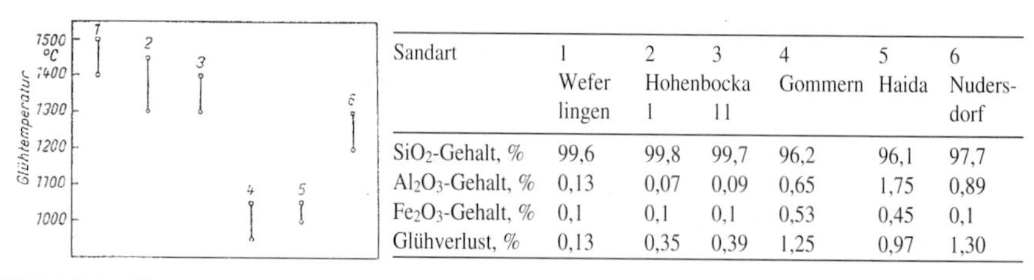

Sandart	1 Wefer lingen	2 Hohenbocka I	3 Hohenbocka II	4 Gommern	5 Haida	6 Nudersdorf
SiO_2-Gehalt, %	99,6	99,8	99,7	96,2	96,1	97,7
Al_2O_3-Gehalt, %	0,13	0,07	0,09	0,65	1,75	0,89
Fe_2O_3-Gehalt, %	0,1	0,1	0,1	0,53	0,45	0,1
Glühverlust, %	0,13	0,35	0,39	1,25	0,97	1,30

Bild 2.6.9 Sintertemperaturbereiche von Formstoffen (nach Flemming und Tilch)

Die Gasdurchlässigkeit sinkt mit steigendem Feinanteil bzw. Schlämmstoffgehalt. Durch die thermische Belastung (Bild 2.6.10) während der Abkühlung, Erstarrung des Gußkörpers in der Form tritt ein Verschleiß des Formstoffs ein, der z.B. zum Bindeverlust des Tones führt. Im Bild 2.6.11 ist an Hand einer simultanen DTG/DTA-

Analyse das Verhalten ablesbar. Thermische Belastungen bis 180 °C führen zu einem Wasserverlust von etwa 50-60 %, Belastungen über 450 °C zu einem Verlust der Bindefähigkeit. Außerdem können nach dem Auspacken Kernformstoffreste oder deren Reaktionsprodukte nach der thermischen Belastung im Altformstoff verbleiben. Daher ist es notwendig, den Binderverlust durch Neusand- oder Binderzugabe nach einer Aufbereitung des Altformstoffes zu ersetzen und zu regenerieren. Neben der Binderzugabe und Reinigung des Altformstoffes muß auch Wasser zugegeben werden, um eine Beeinträchtigung der Formstoffqualität auszugleichen. Wegen der empfindlichen Reaktion der Formstoffeigenschaften auf den Wassergehalt ist seine ständige Kontrolle im Sandkreislauf erforderlich. (Bilder 2.6.10 - 2.6.12)

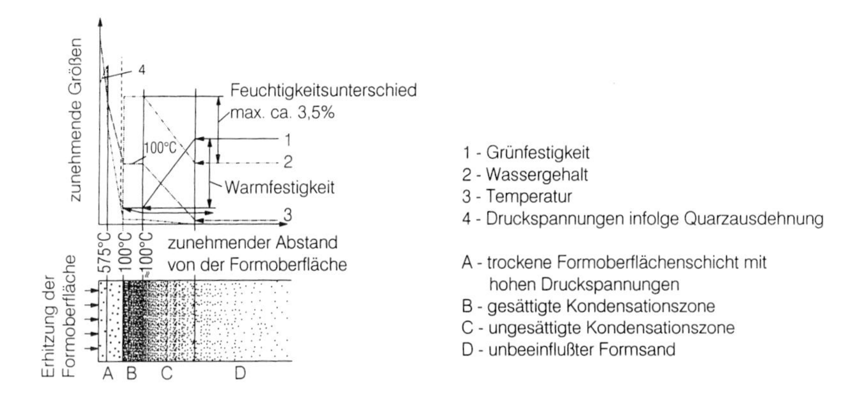

Bild 2.6.10 Einfluß der thermischen Belastung auf die Formstoffmerkmale in der thermisch belasteten Form (schem. nach Flemming und Tilch)

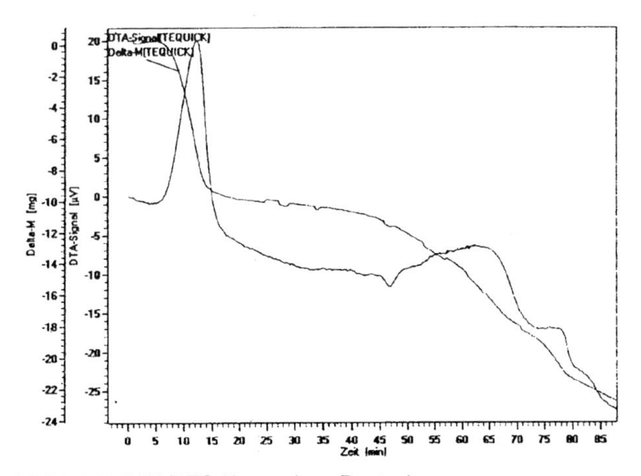

Bild 2.6.11 DTA/DTG-Kurve eines Bentonites

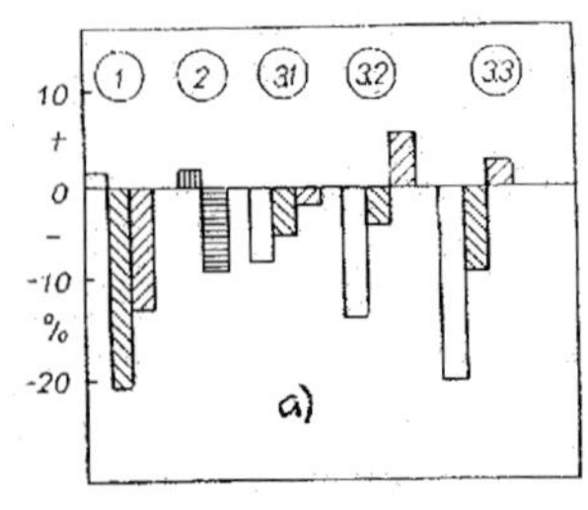

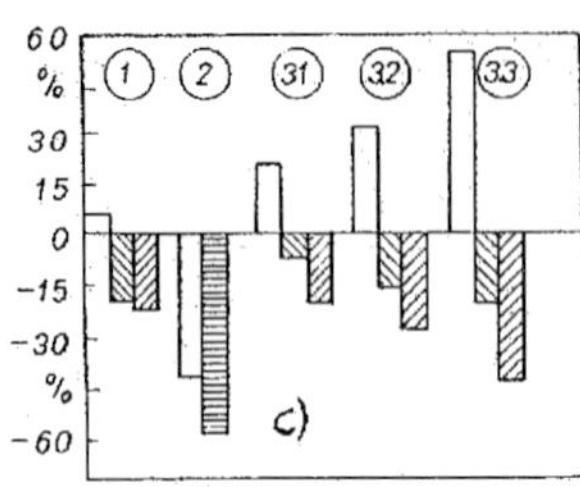

bezogen

a) auf die Grunddruckfestigkeit

c) auf die mittlere Rauhigkeit R_z

1 Beeinflussung durch Kerngase
2 Beeinflussung durch Kohlenstaub
3 Beeinflussung durch Kernsandzufluß, [%]:

Variante	Neusand	Kernsand	Kernsand, geglüht
31	50	25	25
32	25	50	25
33	0	75	25

Kohlenstaubzusatz: ▥ 3%; ▤ 6%
Kernformstoff: □ Wasserglas, CO_2-gehärtet;
□ No-bake (Phenolharz); □ Maskenform

Bild 2.6.12 Änderung der Formstoffparameter bei thermischer Belastung (nach Flemming und Tilch)

Auf Grund der unterschiedlichen Erwärmung der einzelnen Formstoffschichten im Abstand von der Gußteiloberfläche haben die einzelnen Altformstoffschichten unterschiedliche Eigenschaften. Bestimmte Formstoffpartien bilden Knollen, die sehr fest sind und abgesiebt bzw. bei der Aufbereitung zerkleinert werden müssen.

2.6.1.3 Maskenformverfahren (Croning-Verfahren)

Dieses Verfahren ist sowohl für die Herstellung von Formen wie von Kernen geeignet. Der Formstoff besteht aus Quarzsand, einem Kunstharzbinder als Novolak, auch mit Zusätzen von Resol und Zusatzstoffen, dessen Aufbau, Vorbereitung und Zusammensetzung die Senkung des freien Phenolharzes auf etwa 1 % erlaubt und bei einem Gesamtanteil von 1-2 % gute Eigenschaften aufweist. Es wird ein Härter, Hexamethylentetramin, benötigt, um bei 280 °C die Verfestigung des Formstoffs zu erreichen. Der Vorteil dieses Verfahrens liegt in der günstigen Vorbereitung des verarbeitungsgerechten Gemisches und damit optimalen Lagerung in Silos bzw. Papiersäcken je nach Bedarf. Erforderlich dazu ist die Gewährleistung einer Schmelzumhüllung in einem Extruder, in dem Festharz vorgeschmolzen, verflüssigt und ohne Lösungsmittel (Umweltbelastung) dem heißen Quarzsand zugemischt wird. Damit konnte nicht nur der Harzanteil gesenkt, sondern auch die Zerfallsfähigkeit auf ein geeignetes Maß verbessert werden, weil die Erwärmung der Kerne bei Al-Guß im Sinne eines guten Zerfalls nicht ausreichend ist.Obwohl heute mehr als 50 % der im Serienguß gefertigten Kerne nach dem Cold-Box-Verfahren gefertigt werden, eignet sich das Maskenformverfahren besonders für filigrane Zylinder- und Kurbelgehäuse-Wassermantelkerne, bzw. Maskenformen bei Rippenzylindern.

Formmaskensand verkraftet gut Regenerate, solange sie nicht zuviel Na- und K-Ionen enthalten, die die Novolak-Härtung stören und den angewendeten Härter

Hexamethylentetramin unwirksam machen. Dies bedeutet, daß solche Regenerate aus Restsanden nicht verwendet werden sollten, die Wasserglas oder Methylformiat als Binder enthielten.

Basis für den Binder ist meistens ein Phenolharz, das niedermolekular durch Polykondensation Wasser abspaltet und in einzelnen Stufen unterschiedliche Vernetzungen erreicht. Das Reaktionsschema ist in Tafel 2.6.3 dargestellt. Novolake entstehen bei der Kondensation im sauren Medium; Phenolharze vom Typ Resol bei der Kondensation im alkalischen Medium. Bei der Kern-, auch Maskenkernherstellung kann der gleiche Binder verwendet werden. Der Zusatz von Stearat dient als Gleit- und Trennmittel. Für die Heißumhüllung liegt der optimale Temperaturbereich zwischen 130 - 180 °C, da hiermit eine optimale Vernetzung erreichbar ist. Die Fertigung der Formteile (Masken, Kerne, Schalenkerne) erfolgt in folgenden Stufen:

1. Aufbringen bzw. Einfüllen des Formstoffs in die Modelleinrichtung bzw. in den Kernkasten (Konturenbildung)
2. Härten im Werkzeug
3. Trennen der Formteile vom Werkzeug
4. Nachhärten
5. Entgraten, Schlichten der Formteile
6. Verkleben der Masken, Kernteile.

Tafel 2.6.3 Reaktionsschema von Phenolharzen

Bezeichnung der Reaktionsstufe	Eigenschaften bei Reaktionstemperatur °C
A-Harz oder Resol	flüssig, halbfest, thermoplastische Eigenschaften (schmelzbar, löslich in organischen Lösungsmitteln; etwa 100 °C)
B-Harz oder Resitol	elatisch, plastisch noch löslich
C-Harz oder Resit	fest und unlöslich, nicht mehr schmelzbar

Das Härten geschieht bei 250 - 300 °C, in dem durch Freisetzen von Formaldehyd aus dem Zerfall des noch vorhandenen Hexamethylentetramins unter Wärmeeinwirkung das Harz aus dem A-Resol-Zustand (schmelzbar, lösbar, kleiner Vernetzungsgrad), über die B-Resitol-Stufe (plastisch) in den C-Resit-Zustand (unlöslich, nicht schmelzbar) übergeht. Ein Teil der A- und B-Stufe verbleiben und erlauben die Einstellung einer gewissen Plastizität.

Während der Abkühlung und Erstarrung des Gußkörpers heizt sich die Form auf und durchläuft folgende Stadien : bis 150 °C verbleibt Festigkeit, der Quarzsand dehnt sich aus. Dann setzt zwischen 150 und 250 °C ein starker Festigkeitsabfall ein, die Resol-/Resitolanteile erweichen, der Formstoff schwindet. Zwischen 250 bis

400 °C erhöht sich die Ausdehnung, die Entfestigung setzt ein (Resit), das Formteil dehnt sich aus. Über 400 °C zerfällt der Binder. Je nach Erwärmung können feste Grundbestandteile verbleiben und die Regenerierung erschweren.

2.6.1.4 Vollformgießen

Beim Vollformgießen sind Unterscheidungen in zwei Formtechniken möglich, das Abformen mit gebundenem bzw. ungebundenem Sand. In beiden Fällen wird zur Herstellung von Gußteilen gegen ein Schaumpolystyrol-Modell gegossen , dieses vergast bzw. zersetzt. Der verbleibende Formhohlraum kann durch das flüssige Metall ausgefüllt werden. (engl. expendable pattern casting - EPC- oder loast foam process). Die Verfahrensschritte sind folgende : Ein auf eine vorgegebene Dichte geschäumtes Modell wird z.B. in einem entsprechenden Werkzeug hergestellt, mit auf gleiche Weise erzeugten Teilen für das Anschnitt- und Speisesystem oder anderen Modellen zu einer Modelltraube verklebt und mit einer speziellen, feuerfesten Schlichte versehen. Diese Modelltraube wird dann in einem Formbehälter mit Sand unter Einbeziehung auch von Vibration umgeben und damit abgeformt, in dem sich die Packungsdichte erhöht. Die Form kann dann mit Folie abgedeckt und unter Vakuum gesetzt werden. Beim Abgießen zersetzt sich der Modellstoff und vergast durch die Wärmeeinwirkung der Schmelze, die den Raum des Modells dann in der Schichthülle der Form einnimmt. (Bild 2.6.13). Es ergeben sich damit folgende Verfahrensvarianten : a) Einformen der Modelle in einen chem. härtbaren Formstoff, b) Einformen in trockenen, rieselfähigen Formstoff, c) unter Einwirkung von Vibration, d) und unter Einwirkung von Vibration und Vakuum.

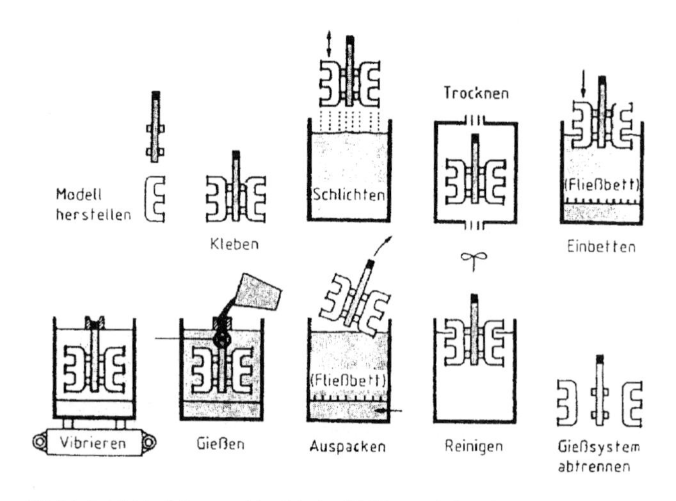

Bild 2.6.13 Verfahrensablauf beim Vollformgießen (nach Kuhlgatz)

Besonders in den USA wurden in den letzten Jahren eine Vielzahl von Gießereien aufgebaut, die nach den letzten Verfahrensvarianten arbeiten. Dieses Formverfahren ist prinzipiell für alle gängigen Gußwerkstoffe geeignet, hat aber besonders

im Aluminium-Guß eine gewisse Verbreitung gefunden, da sich gegenüber anderen Verfahren eine Reihe von Vorteilen ergeben.
Die Gußsortimente betreffen z.B. Kurbelgehäuse und Zylinderköpfe aus Al-Legierungen mit ein oder zwei Gußteilen pro Form bei einer Taktzeit von 45 - 90 s und einer Tagesleistung von 1600 - 1800 Stück. Bei den genannten Gußteilen handelt es sich um typische Kokillen- bzw, Druckgußteile, die aber nach dem Vollformgießen unter den Bedingungen der jeweiligen Länder wirtschaftlicher als im Kokillen- oder Druckguß zu fertigen sind. Prinzipiell können folgende Vorteile gesehen werden

- Gegenüber der Mehrzahl der Sand- und Kokillengußverfahren läßt sich eine höhere Maßgenauigkeit erzielen.
- Die erzielte Maßgenauigkeit kann fertigungssicher eingehalten werden.
- Da Grat und Versatz entfallen, entstehen weniger Kosten für die Nacharbeit (Bild 2.6.14)
- Das Verfahren erlaubt sehr große und gegenüber den anderen Verfahren größere Freiheiten in der Konstruktion der Bauteile.
- Es ist möglich, einteilig zu gießen; Montage-, Bearbeitungs- und Materialkosten können gesenkt werden:
- Lange und enge Bohrungskanäle können vorgegossen werden.

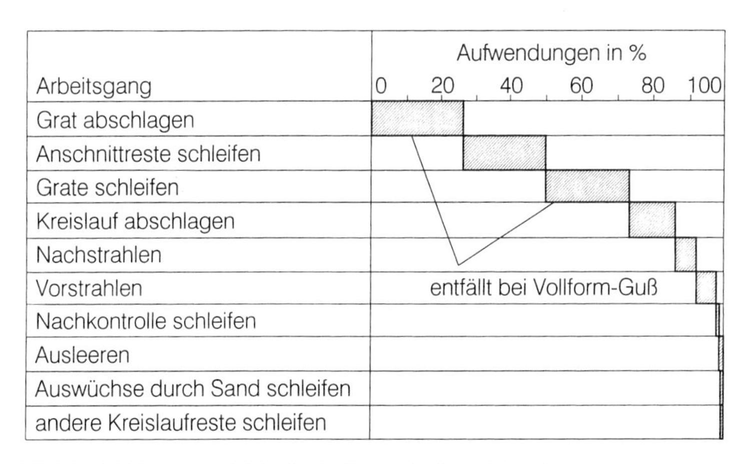

Bild 2.6.14 Kostenvergleich für die Nacharbeit (nach Spuhr)

Das Verfahren wird dann vorteilhaft, wenn Änderungen an Gußteilen notwendig sind, bzw. sonst extra gegossene und anschließend nach Bearbeitung anmontierte Teile mit dem Grundteil zusammen als ein Gußteil gegossen werden können. Bei der Ausnutzung der Montageanlagen können ebenfalls Kosten eingespart werden, da die Rohgußteile nahezu endabmessungsnah gefertigt werden. Es ist aber auch zu beachten, daß das Preisniveau des Werkzeugs für die Modellherstellung auf dem Niveau von Kokillen liegen kann. Wegen der geringeren thermischen Belastung ist es möglich, über Hochleistungsbearbeitungsmaschinen Modelle wie Werkzeuge aus angelieferten Rohblöcken zu fertigen, so daß das auf die entsprechende Produktionsstufe bezogenen Modell entfallen kann.

Die üblicherweise verwendeten Modellschaumstoffe sind in Tafel 2.6.4 angegeben. Bei Einzelguß wird man ehestens von der Bearbeitung eingekaufter Modellrohlinge ausgehen müssen.

Tafel 2.6.4 Modellschaumstoffe

Bezeichnung	Chemische Zuordnung	Treibmittel	Anwendung
Styropor P ...	Expandierbares Polystyrol (EPS)	Pentan	GG, GS NE-Metalle
Gedexcel	Expandierbares Polystyrol (EPS)	Pentan	GG, GGG GS NE-Metalle
Styrolit CL 600 A	Expandierbares Polystyrol-Polymethylmetacrylat-Copolymerisat	Pentan	GGG,GS
LCB (Low carbon bead)	Expandierbares Polystyrol-Methylmetacrylat-Copolymerisat	Pentan	GGG, GS

Die Qualität der Schaumstoffmodelle hat Einfluß auf die Qualität von Aluminium-Gußteilen. Höhere Dichte und bessere Verschweißung der Schaumstoffteilchen im Modell führen zu besserer Oberflächenqualität, aber höherer Porosität im Gußteil und damit schlechterer Festigkeit. Je höher die Dichte des Modells ist, umso mehr kann sich die Porosität erhöhen, aber auch deren Erscheinungsform kann sich entsprechend der durchgeführten Röntgenprüfung von der Mikro- zur Makro-Gasporosität wandeln. (Bild 2.6.15)

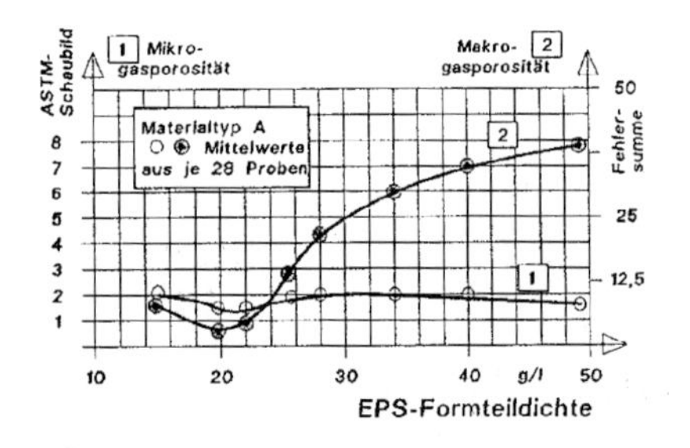

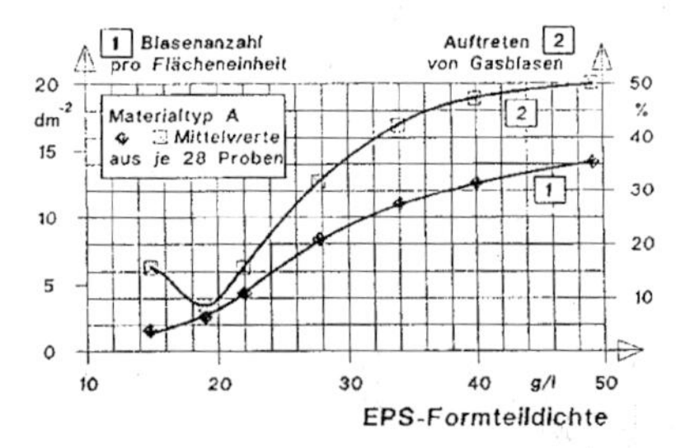

Bild 2.6.15 Einfluß der Modellwerkstoffqualität auf die Gußteilqualität (nach Busse)

Bei kleinen Stückzahlen können Werkzeuge für die Schaumherstellung auch aus Kunstharz und Al-Granulat als Prototypverfahren gefertigt werden. Die Haltbarkeit ist geringer, aber für kurze Lieferzeit günstiger.

In den USA ergab sich 1993 etwa folgende Verteilung im Hinblick auf die Anwendung des Vollformgießens bei einzelnen Abnehmern:

34 %	Autoindustrie
4 %	Verkehrswesen
4 %	Maschinenbau
10 %	Elektroindustrie
12 %	Schiffahrt
36 %	übrige Industrie

Ein entscheidendes technologisches Problem stellt die rückstandsfreie Auflösung der Schaumstoffmodelle durch die einströmende Schmelze und die Abführung der Zersetzungsprodukte dar, was auf Grund der auftretenden Porosität nicht immer gelingt. Die ablaufenden Vorgänge sind schematisch in Bild 2.6.16 dargestellt. In Abhängigkeit von Modellstruktur und Zusammensetzung, dem Abstand der Wärmequelle (Schmelze) liegt das Polystyren fest, flüssig und gasförmig vor. Von der Geschwindigkeit der Zersetzungsvorgänge hängen auch Form und Breite eines Spaltes ab, in dem sich ein starker Druck ausbilden kann, der zur Lösung von Gasen (H_2, CH_4) führt. Der Vergasungsdruck wirkt dem hydrostatischen Druck entgegen, so daß die Formfüllung verzögert wird.

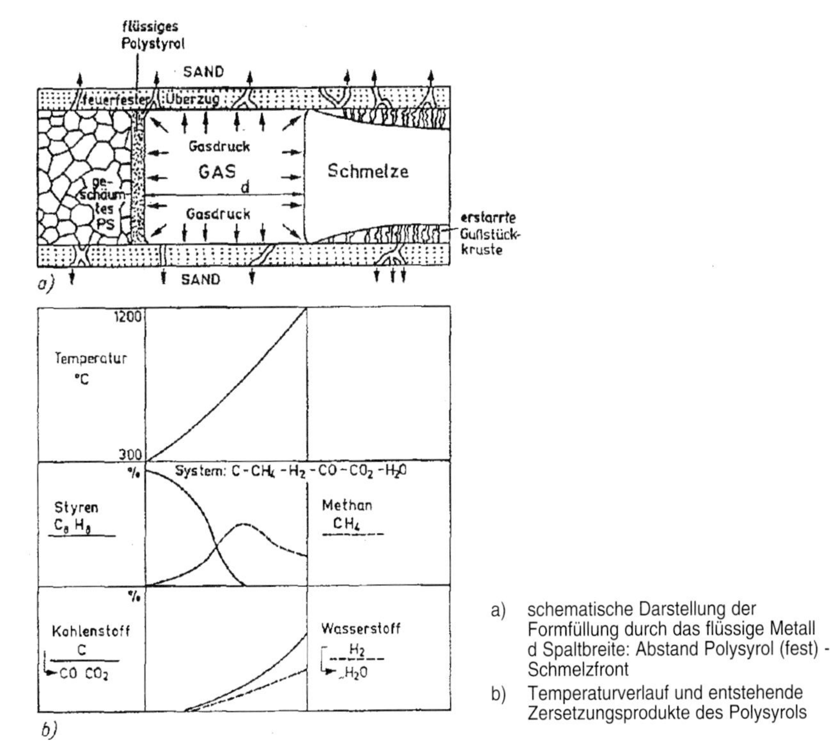

a) schematische Darstellung der Formfüllung durch das flüssige Metall d Spaltbreite: Abstand Polysyrol (fest) - Schmelzfront

b) Temperaturverlauf und entstehende Zersetzungsprodukte des Polysyrols

Bild 2.6.16 Vorgänge bei der Zersetzung von Schaumstoffmodellen (nach Flemming und Tilch)

Vergasungsprodukte können im Formstoff kondensieren.
Für die Formgrundstoffe gelten folgende Qualitätsmerkmale: mittlere Korngröße 0,25-0,30 mm, Gleichmäßigkeitsgrad über 80 %, wenig Feinanteile und gerundete Kornform.

Beim Castyral-Verfahren verringert sich durch eine Druckerhöhung auf 11 bar während der Erstarrung die Porosität, wie Tafel 2.6.5 zeigt.

Tafel 2.6.5 Gegenüberstellung von Porosität und Festigkeitseigenschaften nach verschiedenen Verfahren hergestellter Proben

Verfahren Erstarrungszeit in s	Porosität Größe μm	Anteil Volumen-%	Dendritenarmabstand in μm	Festigkeitseigenschaften Legierung AlSi7Mg0,3			AlSi5Cu3		
				$R_{p0,2}$ MPa	R_m MPa	A_5 %	$R_{p0,2}$ MPa	R_m MPa	A_5 %
Kokillenguß 20s	<50	<0,05	23	220	280	12-15	170	220	2-3
Castyral-Verfahren 120 s	50	0,25	55	210	300	0	135	180	0,8
Loast-Foam-Verfahren 120 s	500-700	0,8-1	55	190 - 210	230 - 260	0,5-3,0	135	155	0,5

2.6.1.5 Feingußverfahren

Dieses Verfahren zählt zu den Präzisionsgießverfahren durch den Einsatz einer ungeteilten, stabilen Keramikform, die unter Verwendung von ausschmelzbaren Modellen hergestellt wird. Andere Bezeichnungen sind auch das Wachsausschmelz- bzw. das Keramikformverfahren.

Das Verfahren selbst ist seit über 4000 Jahren bekannt. Die erreichbare hohe Maßgenauigkeit kann in einer Reihe von Fällen bereits zu einbaufähigen Teilen führen. Folgende spezifische Merkmale gelten für dieses Verfahren :

1. Verwendung verlorener Modelle - sichert hohe Gestaltungs- und Maßgenauigkeit
2. Verwendung ungeteilter Formen - sichert gratfreies Gußteil enger Maßtoleranzen ohne Formversatz
3. Gießen in heiße Formen - sichert kleine Wanddicken und hohe Konturenschärfe.

Die Formteile könnten prinzipiell als Schalen- oder Kompaktform hergestellt werden. Allerdings überwiegen die Schalenformen.

Es ergibt sich folgender Verfahrensablauf:

1. Herstellung der Wachsmodelle in Stahl-, Aluminium-oder Weißmetallwerkzeugen bei 65-75 °C
2. Montage der Modelle sowie Einguß- und Speiserabschnitte zu Trauben
3. Tauchen der Modelltraube in die Bindersuspension
4. Aufbringen von körnigem feuerfestem Material im Wirbelbad
5. Ausschmelzen des Modellwachses mit Heißdampf
6. Brennen der Keramikform.

Als Modellwerkstoffe werden Wachse (Tafel 2.6.6) bevorzugt, Harnstoff und Quecksilber können ebenfalls zum Einsatz kommen. Das Wachs wird regeneriert. Der Formstoff ist unterschiedlich ; er besteht aus einer Bindersuspension und feuerfestem Material (z. B. Quarzsand, körnig, Bestreusand). Die Bindersuspension (Tafel 2.6.7) selbst setzt sich aus Binderflüssigkeit (Bindemittel, Lösungsmittel, Wasser, Katalysator) und dem Quarzmehl als Füllstoff zusammen. Die Aufbereitung der Bindersuspension erfolgt beim Mischen mit hydrolytischer Spaltung des Ethylsilikats und der Kondensation der kolloidalen SiO_2-Teilchen zum Sol.

Tafel 2.6.6 Modellwachse

a) für das Gravitationsgießen

	für große Modelle	universell einsatzbare Mischung	für dünnwandige Modelle
50% Paraffin 50%Stearin	75% Paraffin 15% extrahierter Bienenwachs 10% Montanwachs	72,5% Paraffin 15% extrahierter Bienenwachs 10% Rohmontanwachs 2,5% Kollophonium	70% Paraffin 10% extrahierter Bienenwachs 15% Rohmontanwachs 5% Kollophonium

b) für das Spritzgießen

	allgemein verwendbar	für Modelle und Eingußsysteme
40% Paraffin 35% Montanwachs 25% Montanharz	15% Paraffin 50% Rohmontanwachs 30% Bienenwachs 5% Kollophonium	65% Rohmontanwachs 5% Stearin 5% Kollophonium 25% feinkristallines Wachs

c) Eigenschaften

	Modellwachse für Gravitationsgießen	Spritzgießen
Tropfpunkt, °C	65...75	max. 90
lineare Schwindung, %	max. 1,5	max. 1,6
Biegefestigkeit, MPa	3	4
Härte, Einh.	max.	6...10
Sprödigkeit, cm	max. 3	min. 3
Aschegehalt, %	max. 0,5	max. 0,5

Tafel 2.6.7 Bindersuspension für Feinguß

100 MT	feuerfester Formgrundstoff, z.B. Zirconiumsilicat, Sillimanit, Molochit, Schamotte, Zirkonsand, Schmelzmullit, Schmelzchristobalit
20...35 MT	Binderflüssigkeit,bestehend aus (Richtzusammensetzung): 10 Vol.-Teile Ethylsilicat 8 Vol.- Teile Alkohol (Spiritus) 2 Vol.- Teile Salzsäure (1%ig)
8...10 MT	Härter: Triethanolamin/Alkohol im Verhältnis 1:2

MT = Masseteile

Die 5-12 mm dicke Schalenform wird durch mehrmaliges schichtförmiges Aufbringen und Härten der feuerfesten Bestandteile (0,1- 1mm Korngröße) erreicht. Das feinste Korn soll am Modell zu finden sein, um eine hohe Oberflächengüte zu sichern. Das Trocknen und die damit verbundene Sol-Gel-Umwandlung des SiO_2 geschieht bei 27-30 °C über 1-2 h bei 60 % Luftfeuchtigkeit im Luftstrom. Die Schale ist dann allerdings noch nicht sehr fest.

Aufgaben des nachfolgenden Brennprozesses sind:
- Entfernung des noch freien Wassers im Gel und Umwandlung in das amorphe SiO_2
- Verbrennung und Vergasung von Wachsrückständen
- Schaffung einer geeigneten Formtemperatur zum Abguß.

Die Brennzeit liegt bei 3-6 h im Bereich von 900-1100 °C.

In vielen Fällen wird beim Feingießverfahren ohne Kern gearbeitet. Bei bestimmten Innenkonturen und Hinterschneidungen kann die Formenkontur z.B. über einen wasserlöslichen oder keramischen Kern in der Wachstraube gebildet werden. Diese Kerne müssen nicht unbedingt zerfallen, sondern müssen aus dem Gußteil herausgelöst oder anderweitig entfernt werden.

Wegen der höheren Kosten, besonders für das Wachsmodell-Spritzgußwerkzeug muß eine Mindeststückzahl gewährleistet sein. Der Preis der Teile richtet sich darum auch nach den Bearbeitungskosten. Die Zusammenfassung einzelner Gußteile zum Integralteil ist beim Feinguß wegen der Einsparung an Passungs- und Montagekosten besonders günstig (Airbus-Tür).

Durch geeignete Erstarrungslenkung, Anschnitt- und Speisetechnik sowie die Einhaltung und Kontrolle der Gießtemperatur und Schmelztechnik lassen sich hohe Eigenschaftskennwerte und dünnwandige Gußteile geringer Toleranzen fertigen (S.O.P.H.I.A.-Verfahren- Bild 2.6.17).

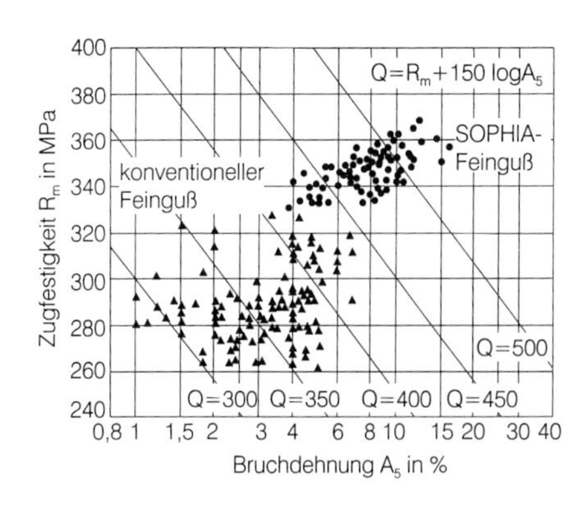

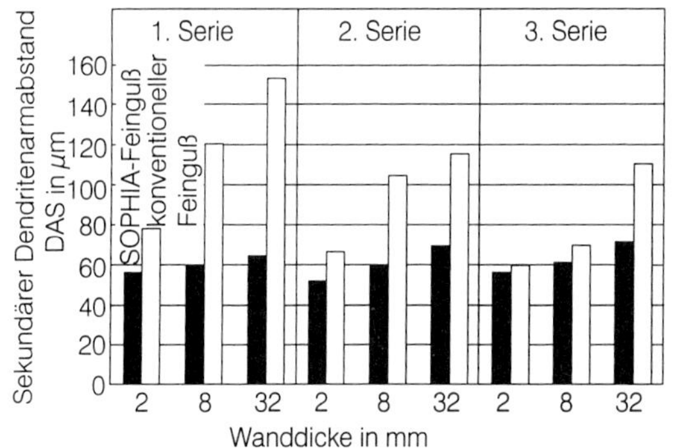

Bild 2.6.17 Festigkeitskennwerte beim S.O.P.H.I.A.-Verfahren (nach Gabriel)

2.6.1.6 Sonderformverfahren

Zu dieser Gruppe werden Verfahren gerechnet, die nur in einer Reihe von Fällen angewendet werden. Dazu zählen Formherstellungsmethoden, die auch Ethylsilikat mit 28-40 % SiO_2 bzw. Gips als Binder verwenden (Tafel 2.6.8).

Tafel 2.6.8 Sonderformverfahren

Formverfahren	Modell	Nachbehandlung
Shaw-V.	geteilt	Abflammen
Unicast-V.	geteilt	Nachhärtebad
Composite-Shaw-V.	geteilt	Abflammen
Schott-V.	Polystyrol	Trocknen
Ceramcast-V.	geteilt	Trocknen
Replicast-V.	Polystyrol	Vergasen-Modell

In der ersten Gruppe werden als Formgrundstoffe Sillimanit, Mullit, gemahlene Schamotte, Zirkonsilikat eingesetzt. Allerdings werden geteilte, nicht verlorene Modelle sehr oft verwendet - aus Holz, Kunstharz, Metall, auch Silikongummi. Dadurch entsteht eine Formteilung und die Maßgenauigkeit ist gegenüber dem Feingußverfahren trotz ausschmelzbarer Modelle verringert. Die Formen sind oft Kompaktformen. Es können größere Gußteile als nach dem Feingußverfahren hergestellt werden.

Der Formstoff besteht aus etwa 1 l Binder (salzsaure Ethylsilikat-Lösung) bei 4,5 - 5 kg Feststoff unter Zusatz von Ammoniumhydroxid als Härter. Die Formstoffkonsistenz ist im allgemeinen breiartig, so daß die Mischung zwischen Modell und Formrahmen gegossen werden kann. Die Aushärtezeit beträgt etwa 1-5 min. Der entweichende Alkohol wird abgeflammt. Ein Brennen bei 800-1000°C ist erforderlich. Ein anderes Schwindmaß ist zu berücksichtigen.

Eine Verfahrensvariante ist das Composite-Shaw-Verfahren mit einer 2-Schicht-Form. Am Modell liegt eine hochwertige Schicht, wie üblicherweise beim Shaw-Verfahren an, dann folgt eine billigere z.B. aus Schamotte mit Wasserglasbinder, auch ausgehärtet durch CO_2. Das Unicast-Verfahren unterscheidet sich vom Shaw-Verfahren durch die Art der Formnachbehandlung. Zur Vermeidung der mit dem Abflämmen verbundenen feinen Oberflächenrisse wird die Form in ein Nachhärtebad getaucht und anschließend nachgetrocknet.

Das Schott-Verfahren kombiniert Sandformen mit keramischen Formteilen. Die Formteile werden wie beim Shaw-Verfahren hergestellt und dann z.B. an ein Schaumpolystyrol-Modell gelegt oder an ihm befestigt und dann in entsprechendem Formstoff abgeformt. Dadurch wird es möglich, bestimmte Bereiche von Teilen, bzw. Sortimente mit höherer Oberflächengüte herstellen.

Das Ceramcast-Verfahren kann bei kleineren Stückzahlen gegenüber dem Feingußverfahren eine wirtschaftliche Fertigung ermöglichen, wenn hohe Oberflächengüte und Maßgenauigkeit gefordert sind. Es werden elastische, geteilte, hohle Modelle verwendet, in keramischen Schlicker getaucht und gebrannt. Es entstehen Formschalen, die von dem elastischen Modell abgelöst werden können. Folgende Maßgenauigkeiten und Oberflächengüten sind erreichbar :

Tafel 2.6.9: Maßgenauigkeit und Oberflächengüten

Maßgenauigkeit		Oberflächengüte	Sortimentbereich
Nennmaß	Toleranz	Rauhigkeit	
25 mm	0,1-0,15 mm		Gußteilwanddicke 1-1,5 mm
25-75 mm	0,20-0,25 mm	R_a = 10-12 µm	Masse 0,2-30 (200) kg
75-200	0,30-0,50mm	R_t = 30-50 µm	Stückzahl 20-100 Stück
200-370	0,40-1,00 mm		
370	0,5 mm		

Das Replicast-Verfahren verknüpft Elemente des Feingieß- mit Teilen des Vollformgießens, indem das Polystyrol-Modell mehrmals in Formmassen des Feingießens getaucht wird, bis eine Schale von 3-5 mm Dicke entsteht. Die Schale wird bei 1000 °C gebrannt, das Modell vergast. Durch Einsetzen in einen Formkasten mit anschließender Verfestigung des Hinterfüllsandes durch Vibration und Unterdruck entsteht eine sehr stabile Form.

Als Vorteile stellen sich heraus.:

- hohe Gußteilqualität (Maßgenauigkeit und Oberflächengüte)
- Einsparung an Formstoff durch dünne Formschalen
- Wegfall der Kernherstellung gegenüber dem Feingießen
- höhere Stückmassen und geringere Losgrößen
- Verbesserung der ökologischen Bedingungen.

Im Falle des G i p s f o r m v e r f a h r e n s besteht der Formstoff aus Gipshalbhydrat mit Zusätzen an Quarzsand, Schamotte etc., das etwa in 20 min aushärtet. Modelle aus Messing, Epoxidharz können verwendet werden. Eine typische Zusammensetzung des Formstoffs ist :

- 40-42 % Gips
- 44-46 % feuerfester Grundstoff (z.B. Quarzsand)
- 0,5 % Rohgips (gemahlenes Dihydrat)
- 2-2,5 % Quarzmehl
- 6-8 % Talkum (zur Verbesserung der Gasdurchlässigkeit)
- 2-6 % Glycerin, Alkohol, Wasserglas (Zur Verminderung der Rißanfälligkeit)

Abbindezeit und Festigkeit hängen vom Wasser/Gips-Verhältnis ab.

Wasser/Gips	1/2	1/1,75	1/1,5	1/1,25
Druckfestigkeit MPa	43	40	34	25

Die Formteile können entweder durch Erhitzen bis etwa 220 °C thermisch innerhalb von 2-25 h getrocknet oder im Autoklaven unter Beaufschlagung von Naßdampf bei 12 h, 124 °C und 0,2 Mpa Dampfdruck gehärtet werden.

Beim H o n s e l - P l a s t e r m o l d - V e r f a h r e n werden z.B. relativ gasdurchlässige Formen erzeugt. Durch Einbringen von Luft in den Gipsbrei können Schaumgipsformen erzeugt werden.

Das Gipsformverfahren eignet sich für Wanddicken von = 6 - 1,5 mm und darüber, bei Stückmassen von 1-20 (200) kg und Abmessungen bis 1500x1000x800 mm. In Abhängigkeit von der Oberflächengüte der verwendeten Modelle kann eine Rauhtiefe R_t von 10-15 μm oder eine mittlere Rauheit R_a von 2-5 μm erzielt werden. Die Maßgenauigkeit beträgt 0,13-0,25 mm für Maße unter 25 mm, sonst 0,25 + 0,002 (N-25) bei einem Nennmaß N über 25 mm und erreicht damit eine Oberflächengüte des Fein- und Druckgußverfahrens. Die geringe Wärmeleitfähigkeit des Formmaterials führt zu einem gröberen Gefüge und damit zu geringeren Festigkeitseigenschaften (Verminderung etwa 10 %).

In Sonderfällen kann auch Silikonkautschuk als Formmaterial für das Abformen eingesetzt werden. Der Hauptvorteil besteht darin, daß keine Aushebeschrägen notwendig sind und auch geringe Hinterschneidungen durch die Nachgiebigkeit des Formmaterials abgebildet werden können.

Die genannten Sonderverfahren zeichnen sich durch hohe Genauigkeit für eine wirtschaftliche Fertigung von Kleinserien, auch Prototypen aus. Letztere werden aber in zunehmendem Maße durch die modernen Verfahren des Prototyping hergestellt.
Beim V a k u u m - V e r f a h r e n wird bei der Herstellung von Formteilen die Modellkontur durch eine Folie abgebildet und der hinterfüllte, binderfreie, rieselfähige Sand durch Unterdruck im Formkasten verfestigt. Das Formteil wird nach außen durch Kunststoffolien abgeschlossen. Ein Unterdruck muß für die Formstabilität aufrecht erhalten werden, bis durch die Erstarrung eine ausreichende Gußkörperstabilität erreicht ist. Als wesentliche Vorteile des Verfahrens können genannt werden:

- hohe Oberflächengüte der Gußteile, abhängig von der Sandkörnung bzw. dem Formstoffüberzug (Rauhtiefe R_t = 20-40 μm)
- hohe Maßgenauigkeit durch geringe Deformation der Form bei der Trennung vom Modell

und daraus abgeleitet:

- enge Maßtoleranzen mit verringerten Bearbeitungszugaben und Massereduzierung
- verbesserte Formfüllungsbedingungen, die mit höherer Konturenschärfe verbunden sind.
- Wegfall der Aushebeschräge am Modell
- Reduzierung der Putzkosten durch verringerte Gratbildung bei sauberen Gußoberflächen
- geringer Modellverschleiß
- einfache Formstoffaufbereitung
- geringe Deponieprobleme
- geringe Sandverluste, 1-2 %

Die Formleistung ist geringer als bei anderen Formverfahren; die Dehnfähigkeit der Folie bedeutet Einschränkungen in bezug auf die Teilhöhe, die Formschwierigkeit (Ballenhöhe/Ballenbreite 1:1). Entsprechend Bild 2.6.18 ergibt sich folgender Verfahrensablauf:

1. Ein Spezialmodell wird auf einer Modellgrundplatte montiert, Modell und Platte besitzen Luftdüsen, durch die die Evakuierung über den Vakuumkasten der Modellplatte erfolgt. a)
2. Die Folie (0,05-0,1 mm dick) über dem Modell wird gleichmäßig bis in den Bereich der Plastizität erwärmt b)
3. auf das Modell abgesenkt und durch den Unterdruck faltenfrei an die Modellkonturen angepaßt c)
4. Auflegen eines Formkastens d)
5. Hinterfüllung mit trockenem, rieselfähigem und binderfreiem Sand, Verfestigung durch Vibration e)
6. Ausformen des Eingußtümpels und Abdecken der Oberseite mit einer Folie, Evakuieren des Kastens mit einem Unterdruck von ca 50 kPa)
7. Abschalten des Vakuums an der Modellgrundplatte und Abheben des Formkastens g)
8. Eventuelles Einlegen von Kernen in den Unterkasten und Zulegen der Form h)
9. Nach der Erstarrung des Gußkörpers wird die Form entlüftet, der Gußkörper nach der Abkühlung entnommen.

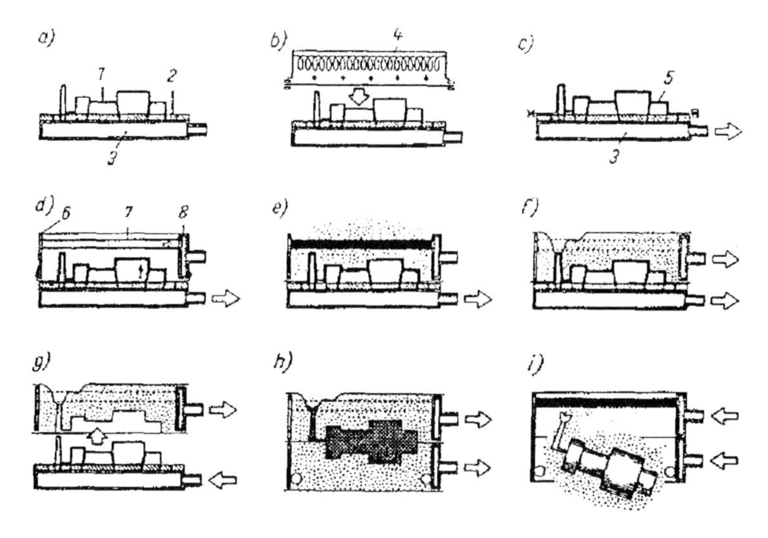

a) Modell und Modellplatte mit Vakuumkasten; b) Aufheizen der Folie; c) Ansaugen der Folie auf die Modellplatte; d) Aufsetzen des Formkastens; e) Einfüllen des Formstoffes unter Vibration; f) Formteilverfestigung durch Unterdruck; g) Modellziehen; h) Formzusammenbau und Abgießen; i) Trennen Formstoff/Gußteil

1 Modell; 2 Modellplatte; 3 Vakuumkasten; 4 Heizspirale; 5 Folie; 6 Kastenhälfte; 7 Saugrohr; 8 Luftkanal

Bild 2.6.18 Verfahrensablauf beim Vakuumformen

An die Folie werden folgende Anforderungen gestellt :

- hohe Dehnungseigenschaften in allen Richtungen
- Restspannungsfreiheit nach der Verformung
- Vergasung möglichst ohne toxische Bestandteile
- Keine Verklebung mit dem Modell.

Bewährt haben sich Ethylen-Vinylacetat-Copolymerisat (EVA) für die Modellabbildung, Polyethylen (PE) für die Formkastenabdeckfolie, die auf 50 - 100 °C erhitzt werden und beim Gießen und während der Verweilzeit des Gußkörpers in der Form nicht verbrennen, sondern verdampfen.

Die Qualität der Gußteile hängt wesentlich vom Unterdruck und insbesondere von der Druckdifferenz zwischen Form und Pumpe ab, da hiervon Formhärte und Formfestigkeit bestimmt werden (Bild 2.6.19).

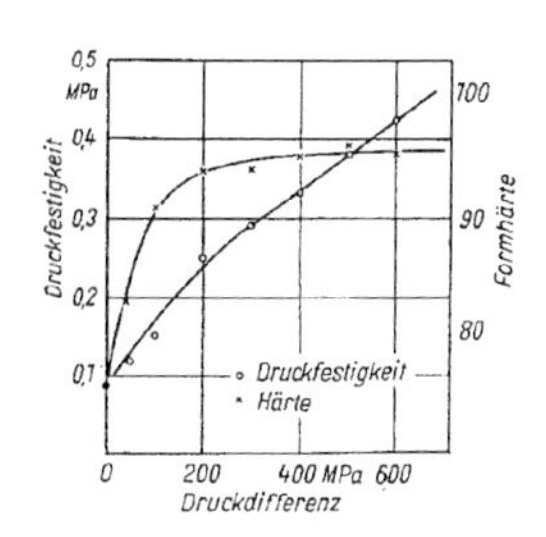

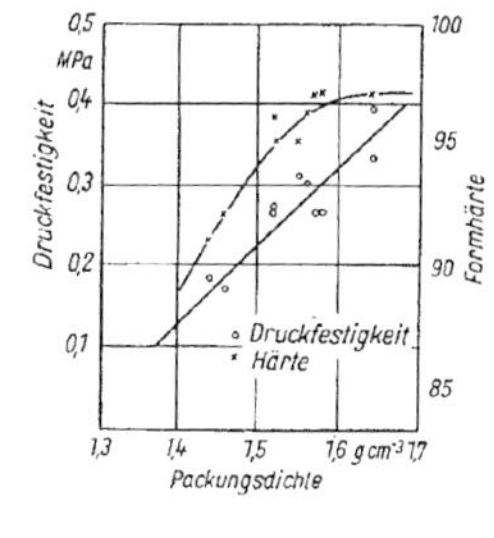

Bild 2.6.19 Einfluß von technologischen Parametern auf die Formstabilität beim Vakuumformverfahren (nach Flemming und Tilch)

Für Aluminiumguß wird als Sandkörnung eine mittlere Korngröße von 0,12 mm (AFS-Nr.>100) empfohlen und damit eine Packungsdichte über 1,60 g/cm^3 angestrebt. Die Vibrationsfrequenzen liegen bei 50 Hz, die Vibrationszeit bei 30-40 s. In Bezug auf das Gießsystem sind neben den allgemeingültigen Regeln folgende besonderen Bedingungen zu beachten :

- Das Fließvermögen kann um 20-25 % höher angesetzt werden, geringere Mindestwanddicken sind möglich
- Die Formfüllung erfolgt schneller wegen des Unterdrucks
- Günstig ist steigendes Gießen, um eine frühzeitige Zerstörung der Form und Störung des Unterdrucks zu vermeiden.
- Der Entlüftungsquerschnitt muß erhöht werden; bei dünnwandigen großflächigen Teilen auf das 5-fache des Anschnittquerschnitts, da die Vakuumform besonders zu Beginn des Gießens keine Gasdurchlässigkeit aufweist.

Tafel 2.6.9a weist nach, welche Verbesserung in der Oberflächengüte durch die Anwendung des Vakuum-Verfahrens erreicht werden kann.

Tafel 2.6.9a Vergleich der Oberflächengüte bei verschiedenen Formverfahren

Behandlungszustand	Rauhtiefe R_t Formverfahren		
	Vakuum-V.	Kaltharz-V.	Grünsand-V.
Gußzustand, mit Drahtbürste gereinigt	0,08	0,33	0,27
Gußzustand, mit Stahlkies gereinigt	0,09-0,13	0,13-0,14	0,23-0,34
geglüht, mit Stahlkies	0,13	0,15	0,16

Die Vakuumform führt zu einer geringeren Abkühlungsgeschwindigkeit während der Gußkörperbildung. Man rechnet mit den in der Tafel 2.6.9b aufgeführten Verhältnissen.

Dadurch ist es möglich, daß geringere Festigkeitseigenschaften gegenüber dem Grünsand- und Wasserglas-Verfahren auftreten.

Tafel 2.6.9b Abkühlungsverhältnisse bei verschiedenen Formverfahren

Formverfahren	Wärmediffusionsvermögen w $s^{1/2}$	Abkühlungsgeschwindigkeit K · min^{-1}
Grünsand-V.	100-1300	40,6
Wasserglas-CO_2-V.	1050-1200	39,0
Vakuum-V.	600-800	27,6

2.6.2 Kernherstellungsverfahren

Kerne sind im allgemeinen separat hergestellte Formteile, die in die Form eingelegt werden und zur Abbildung solcher Gußteilpartien dienen, die üblicherweise über Modelle nicht erzeugt werden können, da sie besondere Teilungsebenen in Bezug auf die Trennung Formteil-Modell bzw. Form-Gußteil (Dauerformverfahren) erforderlich machen. Dazu zählen nicht nur Konturen von Gußteilhohlräumen, sondern auch stark profilierte Gußteilaußenpartien mit großen Tiefen/Breiten-Verhältnissen und Bohrungen kleinerer Druchmesser. Die Festlegung dazu erfolgt nach formtechnischen bzw. wirtschaftlichen Gesichtspunkten. Im Zusammenhang mit dem Handling und der Formfüllung ergeben sich meistens größere mechanische bzw. thermische Belastungen als bei den Formteilen, aber auch die Forderung nach gutem Zerfall, um die Kernsande vom Gußteil möglichst ohne Aufwand für das Entkernen zu entfernen. Diese Forderungen lassen sich nur durch ausgewählte Formstoffe bzw. Formsande erfüllen, die bei der Fertigung mithilfe von Blas/Schieß-Kernformmaschinen auch noch gute Fließeigenschaften besitzen müssen.

Kerne aus tongebundenem Formstoff sind im feuchten, wie getrockneten Zustand so gut wie nicht im Einsatz. Dazu trägt auch der Umstand bei, daß eine Just-in-time-Fertigung von Kernen zur Formenherstellung selten geschieht und damit eine Lagerung oft über Tage, Wochen unter Einwirkung der Luftfeuchtigkeit nötig wird. Hohe Festigkeit, gute Lagerfähigkeit, Maßgenauigkeit und Oberflächengüte sowie Zerfallsfähigkeit nach dem Abguß führen aber auch zum Einsatz von Kernformstoffen und Kernfertigungsverfahren für die Herstellung von Formhälften, dem sogenannten Kernpaket- oder Kernblock-Verfahren. (Bild 2.6.20).

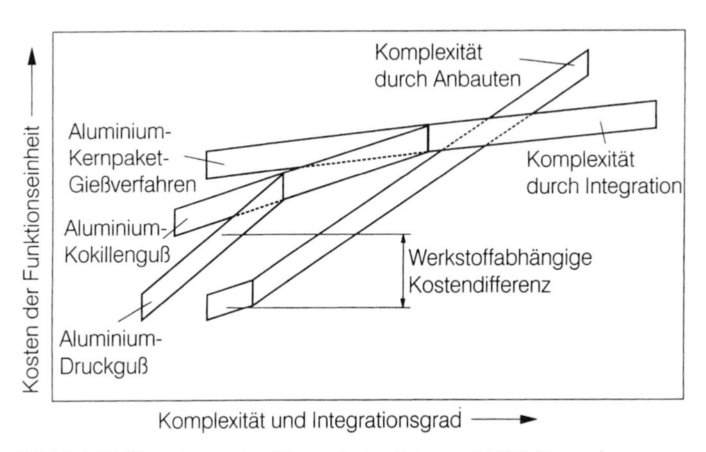

Bild 2.6.20 Einordnung des Kernpaketverfahrens (VAW Alucast)

Schalenförmige Hohlkerne sind möglich und bedingen einen bedeutend geringeren Formstoffbedarf und damit verbundene Aufwandseinsparungen.

Kernformstoffe erfordern daher ausgewählte Binder, die auch im Zusammenhang mit den verarbeitungstechnischen Eigenschaften in den meisten Fällen chemisch

verfestigt werden. Die Einhaltung der Umweltbedingungen schränkt ein und verändert die bisher genutzten Kernbinder bzw. Kernherstellungsverfahren. Anorganische weisen dort gegenüber den organisch gebundenen Kernformstoffen Vorteile auf, die aber momentan durch eine Reihe von Nachteilen aufgewogen werden. Bei der Auswahl des Kernformstoffs spielen weiterhin der Preis, die Seriengröße, Regenerierbarkeit, Verträglichkeit mit tongebundenen Formstoffen, falls die Formen aus diesem Material gefertigt werden und die Verursachung von Gußfehlern eine Rolle.
Die Herstellung der Kerne erfolgt in Kernkästen bzw. Kernbüchsen, aus ähnlichen Materialien wie Modelle.

Im wesentlichen werden Verfahren unterschieden, die mit (Hot-Box-) oder ohne Zufuhr von Wärme (Cold-Box-) eine Verfestigung der Formstoffe in der Kernbüchse ermöglichen. Die Cold-Box-Systeme können in selbsthärtende bzw. durch Begasung aushärtende Verfahren eingeteilt werden. Im Moment zeichnet sich eine Entwicklung zu den Gashärte-Verfahren ab. Die gewählten Binder, ihr Anteil in der Mischung, der Anteil an Härter bzw. Katalysator entscheiden über die Sofortfestigkeit, die Aushärtezeit und Zerfallsfähigkeit und damit über ihre Anpassung an das Gußteilsortiment mit Kerngröße, -kompliziertheit und Stückzahl (Seriengröße). Wegen der oft so unterschiedlichen Produktionsaufgabe in den einzelnen Gießereien sind viele Bindersysteme im Einsatz (Tafel 2.6.10).

Tafel 2.6.10 Bindersysteme der Kernherstellungsverfahren

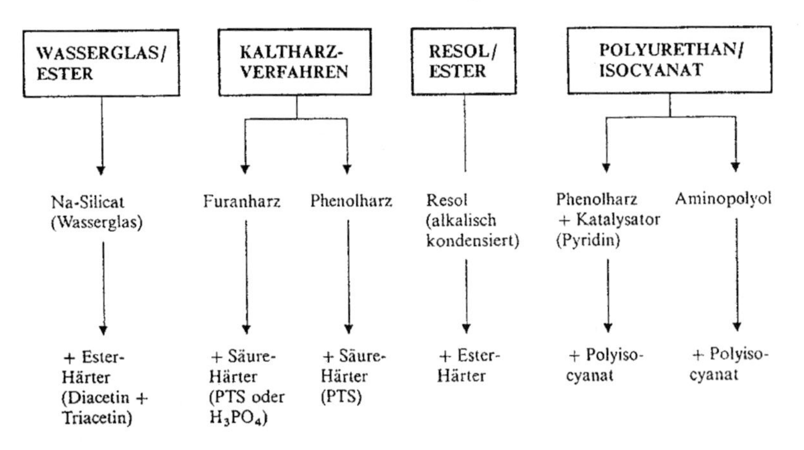

Kalthärtende haben gegenüber heiß- (über 150 °C) oder warmhärtenden (60 - 120 °C) Formstoffen die Vorzüge der billigeren Kernkästen wegen der geringeren thermischen Beständigkeit (auch Kunstharzkästen sind in Nutzung) und in vielen Fällen kurzen Fertigungszeit und größeren Sortimentsbreite, aber den Zwang, sich in Zusammensetzung an die Härte- durch Verarbeitungszeit anpassen zu müssen, wenn selbsthärtend gearbeitet, aber nicht durch Begasung ausgehärtet wird. So ergibt sich für eine Vielzahl von Bindern und Verfahren in Bezug auf die Festigkeitsentwicklung in Abhängigkeit vom Härtungsverlauf ein Grundschema, wie es in Bild 2.6.21 dargestellt und durch zwei Härtungsstufen gekennzeichnet ist.

1. Vorhärtung, charakterisiert durch chem. Reaktionen ohne makroskopische Zunahme der Festigkeit
2. Durchhärtung (Vollhärtung), gekennzeichnet durch eine Festigkeitszunahme bis zur Endfestigkeit.

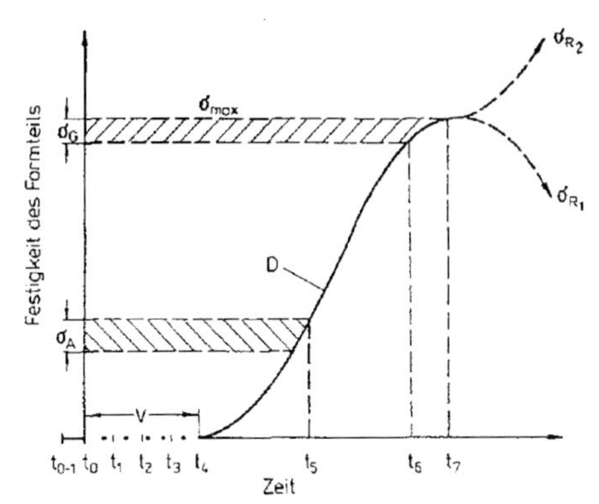

V Vorhärtung; D Durchhärtung; σ_A notwendige Festigkeit des Formteils zum Ausformen; σ_G notwendige Festigkeit des Formteils zum Abgießen; σ_{max} mit dem Formstoffsystem unter optimalen Bedingungen der Härtung erreichbare Maximalfestigkeit; σ_{R1} ,σ_{R2} Restfestigkeit (Sekundärfestigkeit) nach dem Gießen; t_{0-1} Beginn der Mischzeit (Quarzsand + Härter); t_0 Reaktionsbeginn (Binderzugabe); t_1 Ende der Mischzeit; t_2 Verarbeitungszeit t_v; t_3 max. Verarbeitungszeit t_{vmax} ; t_4 Durchhärtungsbeginn; t_5 Ausschalzeit t_A; t_6 Zeit zum Erreichen der Abgußfähigkeit; t_7 Zeit zum Erreichen der Maximalfestigkeit

Bild 2.6.21 Festigkeitsverlauf während der Aushärtung von Kernformstoffen (nach Flemming und Tilch)

Die Lagerfähigkeit bis zur Endfestigkeit ist dabei durch die Zeit bestimmt, bis zu der kein unzulässiger Festigkeitsabfall auftritt und hängt wesentlich vom Binder/Härter-System und den Temperatur- und Feuchtigkeitsbedingungen ab. Dennoch strebt man nach möglichst kurzer Zeit eine für die Ausschalung ausreichende Sofortfestigkeit an, die mit einer bestimmten Plastizität gekoppelt sein soll. Für das Ausformen aus dem Kernkasten sind etwa 0,15-0,30 MPa nötig, günstig für solche Systeme, bei denen der Festigkeitsanstieg sehr frühzeitig erfolgt. Für das Abgießen sind 1,5 - 5 MPa nötig. Die Restfestigkeit dagegen sollte nach dem Auspacken sehr gering sein, um Putzen und Formstoffrückgewinnung zu erleichtern. Bei der Erwärmung der Formen oder Kerne nach dem Gießen sollte vornehmlich im Bereich der Erstarrung möglichst wenig Gas durch den Kernformstoff abgegeben werden, um eine Gasaufnahme der Schmelze und Gasblasenbildung zu minimieren.

Begasungsverfahren gleichen den Nachteil der Verarbeitungsempfindlichkeit aus, da die dosierte Begasung zu einem für den weiteren Verarbeitungsablauf geeigneten Zeitpunkt erfolgen kann. Bei großen Formen und Kernen brächte die Begasung jedoch keine ausreichende Durchhärtung. Die Anwendung von CO_2 als Begasungsmittel ist gegenüber anderen wie SO_2, Cyan abspaltenden Produkten, Methylformiat, umweltverträglicher.

Kaltharz- bzw. Cold-Box-Verfahren werden bei Al-Guß für Einzel- und Serienfertigung hauptsächlich auf Furanharz-Basis angewendet. Gegenüber den Verfahren auf Phenolharz-Basis bestehen wegen der geringeren Viskosität Vorteile für die Fertigung komplizierter Kerne. Der niedrige Harzanteil von 0,7-1,6 % ist für die Umweltverträglichkeit günstig. Das Ashland-Verfahren besitzt deshalb wegen seines hohen Aufwandes in Bezug auf die Einhaltung der Umweltschutzbedingungen trotz seiner guten Fließfähigkeit und schnellen Durchhärtung gewisse Nachteile. Das Cold-Box-Plus-Verfahren, das durch eine Erwärmung des Kernkastens auf 50 bis 80 °C diese Schwächen verringerte, konnte sich ebenfalls wie das Fascold-Verfahren nicht in größerem Umfange durchsetzen, da letzteres außerdem besondere Mischer in Abhängigkeit von den Verarbeitungsbedingungen erfordert. Hier werden nämlich flüssiger Kunstharzbinder und Härter von getrennten verschiedenen Dosierpumpen in getrennte Maschinenkammern gefördert und getrennt in zwei Doppeltrogschraubenmischern mit Quarzsand vermischt und anschließend in einem Hochgeschwindigkeitsmischer mit Härter bzw. Binder vermengt (1-2 s), in den Schießzylinder sofort gegeben und von dort in den Kernkasten geschosssen. Die Härtezeit beträgt dann etwa 30-40 s. Im Vergleich zu den übrigen Systemen besitzt besonders das Azetal-Verfahren (Red Set-V.) für Leichtmetallkokillenguß gute Zerfallsfähigkeit bei sehr langer möglicher Verarbeitungszeit (24 h). Der Hauptvorteil des Azetal gegenüber dem Hot-Box- und Cold-Box-Verfahren liegt in der Umweltverträglichkeit. Formaldehydprobleme und Rauchentwicklung beim Abgießen existieren praktisch nicht. Auf Grund des hohen Gasdruckes sollten dünnwandige, konturenreiche Kerne (Wassermantelkerne) aber nicht mit diesem Verfahren gefertigt werden, um gegebenenfalls Gasblasenbildung zu vermeiden. Hierfür eignen sich dann eher Kerne nach dem Croningverfahren, nachdem es gelungen ist, sogenannte Zerfallsharze für harzumhüllte Sande zu entwickeln. Gleichzeitig gelang es, den Anteil an freiem Phenol in den Harzen unter 1 % zu senken. Wenn kompakte Kerne zu fertigen sind, kann auch das Resol-CO_2-Verfahren verwendet werden. Kernöle, die einer Ofenhärtung bei Temperaturen von etwa 150 °C. bedürfen, sind in Kleinserien und für spezielle Zwecke, z.B. guter Zerfallsfähigkeit noch in geringem Maße in Anwendung. Einen größeren Anteil hat noch das Wasserglas-Verfahren, jedoch mit dem Nachteil schlechter Zerfallsfähigkeit trotz Zusätzen.
Das Gefrier-Verfahren (Effset-V.) erhält vor dem Hintergrund des Abfallaufkommens neue Bedeutung. Der Formstoff besteht hier aus Quarzsand mit 5-7 % Wasser und eventuellen Zusätzen, z.B. von 1-2 % Ton.Die Verfestigung erfolgt durch Abkühlen mit Flüssig-Stickstoff (Bild 2.6.22).

Der Härtungsmechanismus der für die Form- und Kernherstellung eingesetzten Kunstharzbinder basiert auf Polykondensations- oder Polyadditionsreaktionen, bei denen niedermolekulare Verbindungen linear oder räumlich zu vernetzten Makromolekülen umgewandelt werden und eine Verfestigung eintritt. Zu den Kondensationsharzen zählen Phenol-, Harnstoff- und Furanharze. Bei der Reaktion wird Wasser abgespalten. Phenolharze werden vor ihrer Verwendung als Formstoffbinder in eine bestimmte Vorstufe der Vernetzung (Tafel 2.6.11) gebracht, die bei der chemischen Verfestigung im Formstoff eine Kondensation im sauren oder alkalischen Medium ermöglicht.

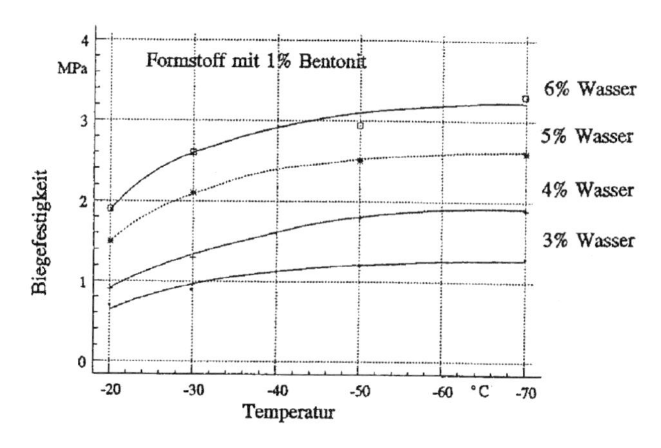

Bild 2.6.22 Verfestigung beim Gefrierformverfahren (nach Flemming und Prehn)

Tafel 2.6.11 Vernetzungsstufen des Phenolharzes

Bezeichnung der Reaktionsstufe	Charakteristik
A-Harz oder Resol	Moleküle noch nicht räumlich vernetzt
B-Harz oder Resitol	räumlich vernetzt, aber noch freie Hydroxymethylgruppen
C-Harz oder Resit	auskondensiert (ausgehärtet), keine freien Hydroxymethylgruppen mehr

Die Grundelemente der Kondensation sind in den Bildern 2.6.23, 2.6.24 dargestellt. Reaktionsharze härten unter Zusatz von Katalysator (Beschleuniger). Es entstehen keine Spaltprodukte. Dazu gehören Epoxid-, Polyester, Urethanharze und Polyharnstoffe. Bei der Fertigung entstehen beispielsweise die in der Tafel 2.6.12 angeführten Schadstoffe und Grenzwerte. Kernöle sind als Formstoffbinder bevorzugt Gemische aus verschiedenen natürlichen und synthetischen Stoffen. Ihre Bindewirkung steht im Zusammenhang mit der Viskosität, Trockenschalen sind zur Kernfertigung notwendig. Im allgemeinen muß dabei auf 150-230 °C erwärmt werden.

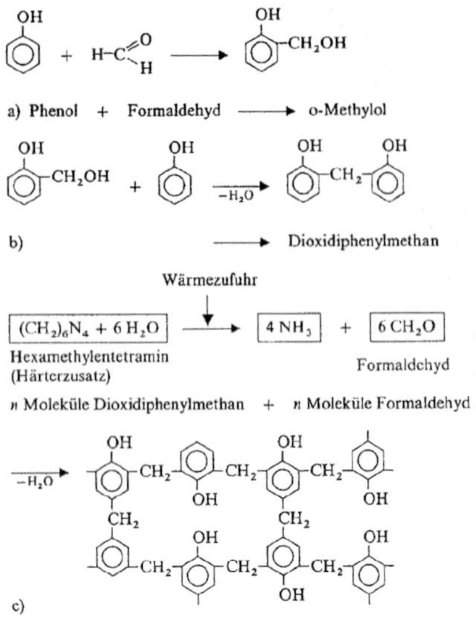

a) Phenol + Formaldehyd → o-Methylol

b) → Dioxidiphenylmethan

Wärmezufuhr

$(CH_2)_6N_4 + 6\,H_2O \rightarrow 4\,NH_3 + 6\,CH_2O$

Hexamethylentetramin (Härterzusatz)

Formaldehyd

n Moleküle Dioxidiphenylmethan + *n* Moleküle Formaldehyd

c)

Grundschema der Polykondensation und Härtung von Phenolharzen (Typ Novolake)

a) Anlagerung von Formaldehyd (HCHO) an Phenol (C_6H_5OH)
b) Kondensation des Anlagerungsproduktes (o-Methylol) mit weiteren Penolmolekülen unter Wasserabspaltung
c) Aushärtung durch Fortsetzung der Kondensationsreaktion unter Vernetzung der linearen Makromoleküle

Bild 2.6.23 Reaktionen von Phenolharzen (nach Flemming und Tilch)

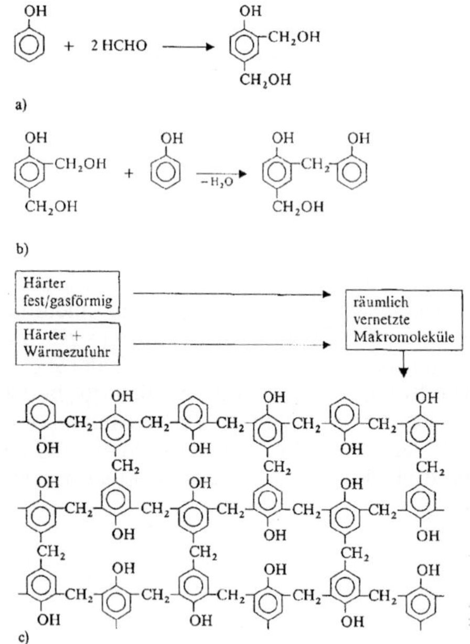

Grundschema der Polykondensation und Härtung von Phenolharzen (Typ Resol)

a) Anlagerung von Formaldehyd an Phenol (mehrfach)
b) Wachstumsreaktionen über Bildung von Methylenbrücken
c) Aushärtung durch Härtezusatz bzw. Wärmezufuhr

Bild 2.6.24 Reaktionen von Kunstharzen für Formstoffe (nach Flemming u.a.)

Tafel 2.6.12 Emissionen und Grenzwerte von Kernformstoffen

Kernherstellungs-verfahren	Schadstoffe	Grenzwerte mg m^{-3} TA Luft	MAK
Hot-Box Phenolresol	Phenol	20	19
	Formaldehyd	-	0,6
	Ammoniak	-	35
Hot-Box Furanharz	Furfurylalkohol	100	200
	Formaldehyd	20	0,6
	Ammoniak	-	35
Croning/Maskenform	Phenol/Kresol	20	19/22
	Ammoniak	-	35
Cold-Box	Triethylamin	5	40
	Dimethylethylamin	5	75
	Phenol	20	19
Methylformiat	Methylformiat	100	250
	Menthanol	100	260
	Phenol	20	19
SO_2	SO_2	500	5
Kaltharz Furanharz	Formaldehyd	20	0,6
	Furfurylakohol	100	200
Kaltharz Phenolresol	Formaldeyd	20	0,6
	Phenol	20	19

Wasserglasbinder sind Ethylsilikatlösungen (Na-,K-Silikate, die ihre Verfestigung durch Kondensationsreaktionen über die Ausbildung von Kieselsäurestrukturen mit Si-O-Si-Bindungen erfahren. Wegen der allgemeinen Umweltverträglichkeit und relativ einfachen Verarbeitung haben sie eine Nische in der Kernfertigung für einfache kompakte Kerne erhalten, die sie auch weiter behaupten, jedoch unter ökologischen Aspekten in der Zukunft ausbauen könnten. Nachteil ist nach wie vor, schlechte Zerfallsfähigkeit wegen der bei den Al-Legierungen geringen thermischen Belastungen besonders bei geringen Wanddicken und im Kokillenguß. In Abhängigkeit von der Temperatur ergeben sich für Wasserglasformstoffe unterschiedliche Festigkeitsextremwerte. Für Al-Guß ist besonders der Festigkeitsanstieg bei 200 °C und -abfall von 200 bis 600 °C von Bedeutung. Als Formstoffbinder sind im allgemeinen Natrium-Wasserglas-Lösungen mit hoher SiO_2-Konzentration im Einsatz (Tafel 2.6.13). Da die Natrium-Wasserglas-Lösung chemisch aus Kieselsäure, Natriumoxid und Wasser in der Zusammensetzung x SiO_2 y Na_2O z H_2O besteht, werden eine Reihe von Eigenschaften durch das Molverhältnis MV = Masse% SiO_2/ Masse% Na_2O bestimmt. Üblicherweise kann das Molverhältnis zwischen 2,5 und 3,5 liegen und entsprechend Tafel 2.6.14 auf das technologische Verhalten der Formstoffe Einfluß nehmen.

Die Verfestigung ist auf verschiedene Weise möglich (Tafel 2.6.15 und 2.6.16). Sie beruht prinzipiell auf einer Sol-Gel-Umwandlung bei Dehydratation des Wassers in der Binderlösung über inter- oder intramolekulare Wasserabspaltung. Außerdem spielen Adhäsions- und Kohäsionskräfte in den Binderbrücken bzw. an der Oberfläche zum Quarzkorn des Formgrundstoffs eine wichtige Rolle. Eine Verfestigung des wasserglasgebundenen Formstoffs ist durch Erwärmung (Trocknung), CO_2-, Luftbegasung, Härterzusatz (Ester), Pulverzusatz von 2CaO SiO_2-Zement und FeSi möglich (Tafel 2.6.17). Der Zusatz von Ester führt auch zur Selbsthärtung und zum besseren Zerfall. Der Einfluß einer Reihe von technologischen Parametern auf das Härtungsverhalten wurde in der Tafel 2.6.18 dargestellt. Vergleichend wurden für eine Reihe von Formstoffen maßgebende Eigenschaften zusammengestellt (Tafel 2.6.19).

Tafel 2.6.13 Natrium-Wasserglas-Lösungen

Sorte	Molverhältnis $SiO_2 : Na_2O$	Na_2O-Gehalt %	SiO_2-Gehalt %	R_2O_3-Gehalt %	H_2O-Gehalt %
I	3,5:1...3,0:1	7,0...9,5	25...28	1,0	68
II	3,5:1...3,0:1	8,0...10,0	27...30	o.A	65
II-spez.	2,1:1...1,7:1	11,5...13,5	21,5...24	o.A	o.A
III	2,8:1...2,5:1	11,0...13,0	30...33	1,2	59

Sorte	Natronwasserglaslösung Dichte g cm^{-3}	 Viskosität mPa s
I	1,36 ± 0,02	20...300
II	1,39 ± 0,02	40...800
II-spez.	1,40 ± 0,02	o.A.
III	1,51 ± 0,02 1,51 - 0,01	200...1000

Tafel 2.6.14 Einfluß des Moduls auf die Eigenschaften von Wasserglasformstoffen

Kennwert/Eigenschaften	Modul hoch (> 3,0)	Modul niedrig (2,5)
Härtungsgeschwindigkeiten	hoch	gering
``Verarbeitungszeit	gering	länger (günstig)
``Lagerfähigkeit der Mischung	gering	länger
Endfestigkeit des Formteils	mittel	hoch
plastische Deformation	gering	höher
Restfestigkeit (Sekundärfestigkeit)	geringer	höher
Zerfallsverhalten	gut	schlechter
Regenerierbarkeit	mittel	schlechter
Lagerfähigkeit des Formteils	schlecht (kurz)	besser (länger)

Tafel 2.6.15 Verfestigungmechanismus von Wasserglas

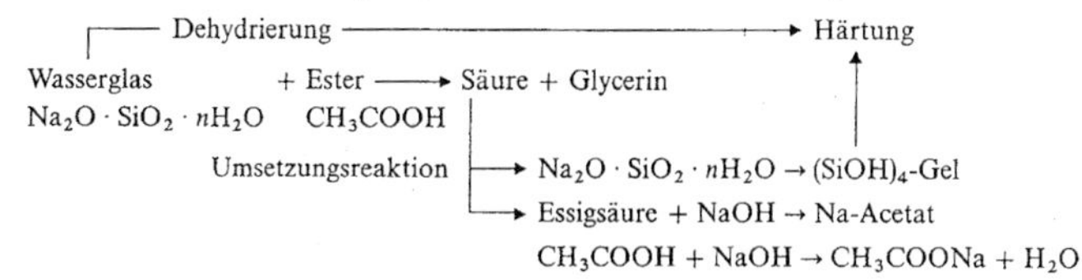

Tafel 2.6.16 Verfestigung von Wasserglas

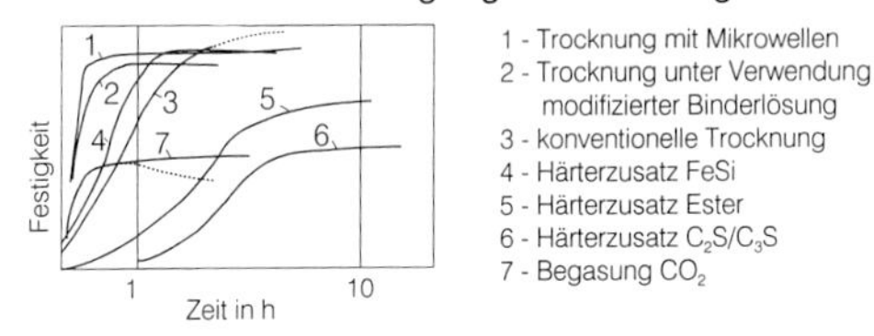

1 - Trocknung mit Mikrowellen
2 - Trocknung unter Verwendung modifizierter Binderlösung
3 - konventionelle Trocknung
4 - Härterzusatz FeSi
5 - Härterzusatz Ester
6 - Härterzusatz C_2S/C_3S
7 - Begasung CO_2

Tafel 2.6.17 Härtung von Wasserglas

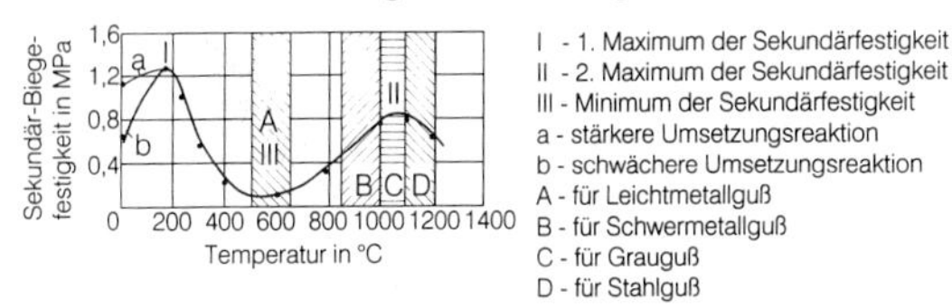

I - 1. Maximum der Sekundärfestigkeit
II - 2. Maximum der Sekundärfestigkeit
III - Minimum der Sekundärfestigkeit
a - stärkere Umsetzungsreaktion
b - schwächere Umsetzungsreaktion
A - für Leichtmetallguß
B - für Schwermetallguß
C - für Grauguß
D - für Stahlguß

Tafel 2.6.18 Verfahren der Härtung

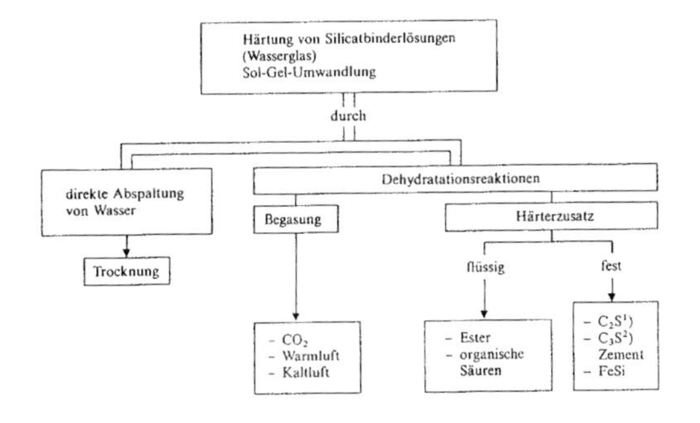

Tafel 2.6.19 Vergleich verschieden gehärteter wasserglasgebundener Formstoffe

Na-Silicatlösung		Spezifische Festigkeit [MPa/% Binder]	
Molverhältnis	Härtungsverfahren	Druckfestigkeit (0,2 – 0,4)	Restfestigkeit (0,2 – 0,4)
3,5:1	Trocknung		
3,5:1	CO_2-Begasung		
2,5:1	CO_2-Begasung		
2,5:1	Ester	①	
2,5:1	C_3S (Zement)	①	
2,3:1	FeSi	②	

[1]) $2\,CaO \cdot SiO_2$
[2]) $3\,CaO \cdot SiO_2$

Auf Grund der größeren Gestaltungsmöglichkeit ist es bei komplizierten Gußteilen, z.B. Motorblöcken mit eingegossenen Kühlkanälen und Zylinderlaufbuchsen sinnvoll, das Kernpaket-Verfahren auf der Basis von kunstharzgebundenen Formstoffen einzusetzen. Im Vergleich zu den anderen Form- und Gießverfahren wird deutlich, daß momentan dieses Verfahren kostengünstig für komplexe Gußteile verwendet werden kann, wenn sie gegenüber der bisherigen Fertigungstechnik Integrationsbauteile darstellen. Bei dem genannten Prozeß liegt eine Fertigungslinie mit hohem Mechanisierungsgrad vor, in die Wärmebehandlungsofen und Bearbeitungsstation integriert sind. Besonderheiten sind außerdem das Angießen seitlich von unten und Kippen den Kernpakets nach gesteuerter Formfüllung nach oben, so daß der Speisereinguß zur Verbesserung der Speisung nach oben zu liegen kommt. Der technologische Ablauf ist dem Cosworth-Verfahren (Bild 2.6.25) ähnlich, bei dem die Form (auch Kernpaket) durch eine elektromagnetische Pumpe mit dem Schmelzofen zur ruhigen Formfüllung verbunden ist.

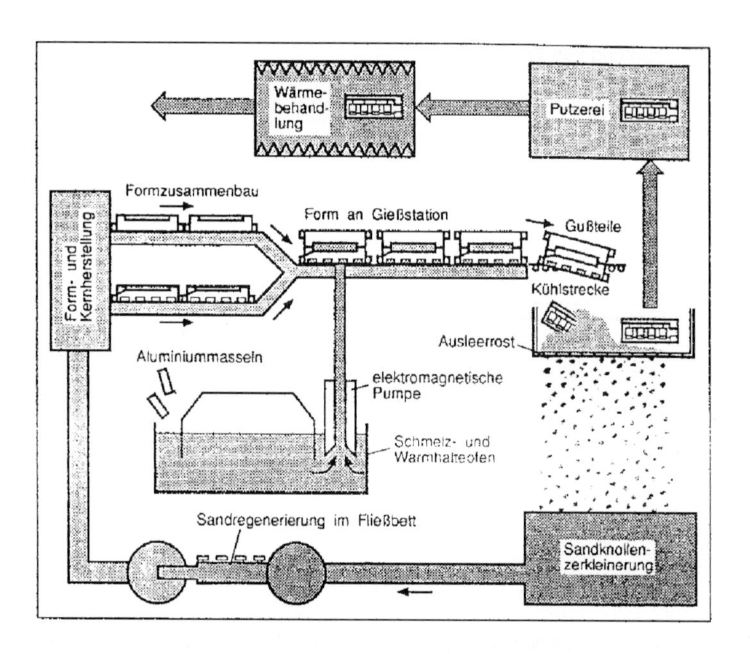

Bild 2.6.25 Cosworth-Verfahren (nach Bartley)

Formen und Kerne lassen sich auch nach Verfahren des Prototyping herstellen, indem Licht (Laser) und thermisch härtende Binder durch computergestützten Aufbau der Formen und Kerne verwendet werden. Diese Verfahren benötigen keine Modelle, und die Herstellungszeit kann vom Zeitpunkt der Auftragsannahme wesentlich verkürzt werden. Da eine Teilung nicht nötig ist, ergibt sich eine hohe Genauigkeit. Wegen des Preises ist die Anwendung noch auf Prototypen eingeschränkt.(Bild 2.6.26)

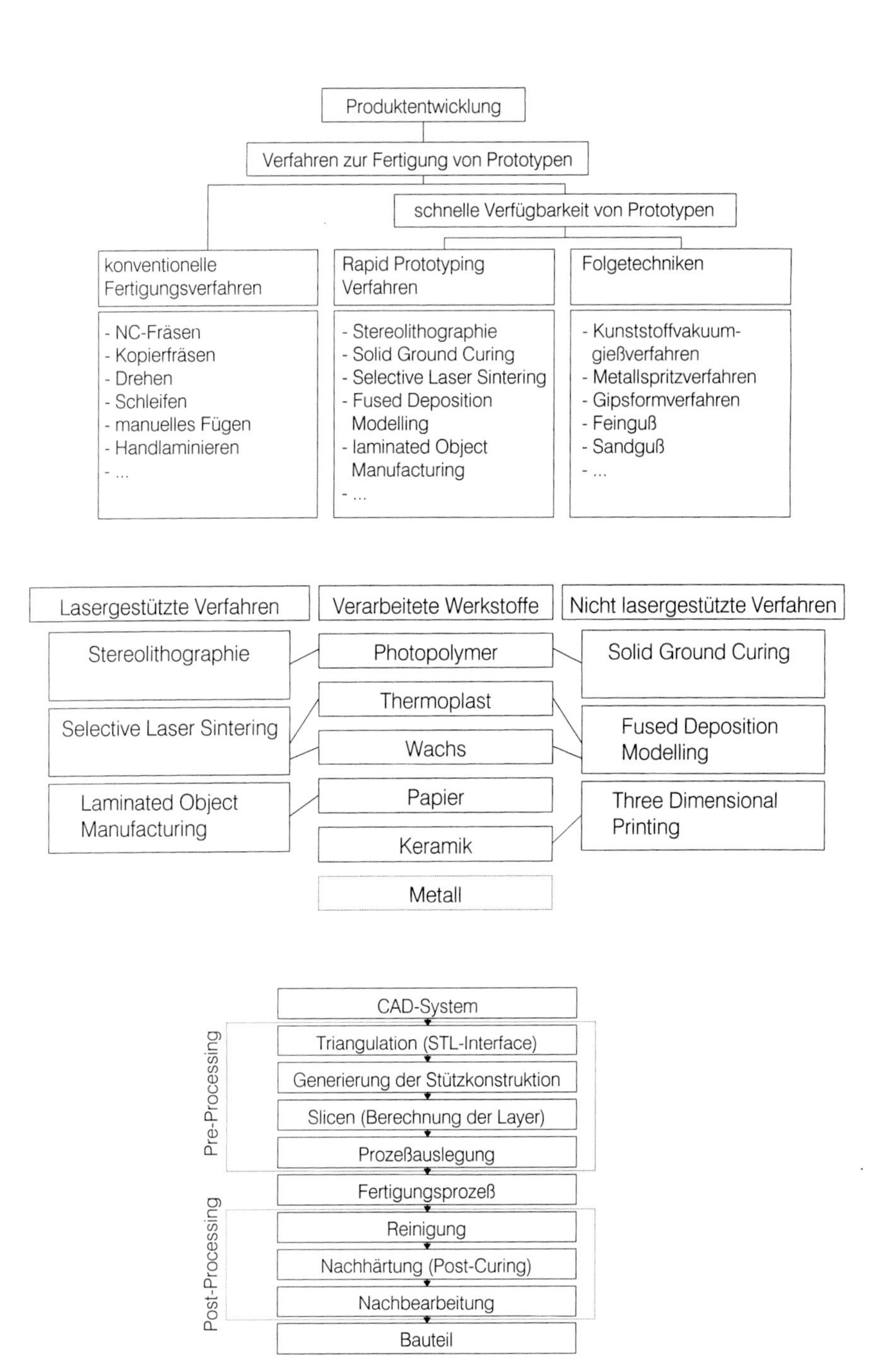

Bild 2.6.26 Verfahren des Prototyping (nach König u.a.)

2.6.3 Dauerform-Gießverfahren

Wegen der geringen Schmelzetemperatur von 680 bis 750 °C lassen sich Aluminium und Aluminium-Legierungen sehr gut in metallische Formen vergießen, da es nur zu einem geringen Angriff der Formen durch die Aluminium-Schmelze kommt. Zusammen mit der wesentlich höheren Kühlwirkung der Formen ergeben sich kurze Erstarrungs- und Fertigungszeiten durch die beiden wesentlichen Verfahrensgruppen der Dauerform-Gießverfahren, nämlich dem Kokillenguß und dem Druckguß sowie abgeleiteten Sondergießverfahren. Lediglich die nunmehr hohen Formkosten (Werkzeug) und die Formherstellungzeit begrenzen neben der konstruktiven Sortimentseinschränkung die Eignung.

Wegen der Vielfalt konstruktiver Gestaltungsmöglichkeiten kann man heute davon ausgehen, daß die konstruktive Einschränkung gering bleibt. Allerdings ist es nicht ohne weiteres möglich, für den Sandguß geeignete oder gefertigte Gußteilgestaltung auf Kokillen- oder Druckguß direkt zu übertragen, ohne eine verfahrensspezifische Anpassung der Konstruktion vorzunehmen. Wegen der besseren Festigkeitseigenschaften durch die kürzere Erstarrungszeit gegenüber dem Sandguß und höherer Maßgenauigkeit lassen sich bei gleicher funktioneller Belastung der Teile meistens die Wanddicken und damit die Gußteilmassen im Kokillenguß und auch im Druckguß gegenüber Sandguß verringern. Komplizierte Gestaltungen besonders im Gußteilinnenraum können beim Kokillenguß durch Sandkerne abgebildet werden, während im Druckguß erst vereinzelt der Einsatz verlorener Kerne möglich wird.

Das Ausbringen liegt zwischen 60 und 95 %. Bezogen auf die Industriestruktur des jeweiligen Wirtschaftsraumes sind 75 % des Kokillengusses der Kraftfahrzeugindustrie zugeordnet. Typische Gußteile sind Zylinderköpfe, Kolben, Motorblöcke und Räder.

2.6.3.1 Kokillenguß

Als Vorteile gegenüber Druckguß sind zu nennen :

- größere Konstruktionsfreiheit durch die Verwendung von Sandkernen für Hinterschneidungen und komplizierte Innenkonturen
- keine Einschränkung in Bezug auf eine Wärmebehandlung der Gußteile
- bessere Schweißbarkeit und Anodisierbarkeit
- billigere Formen

als Nachteile

- längere Fertigungszeit
- geringere Maßgenauigkeit und Oberflächengüte

Durch spezielle Druckgußverfahren (Vakuum-Verfahren) können die Einschränkungen hinsichtlich Wärmebehandlung und Schweißbarkeit zunehmend aufgehoben werden. Dagegen holte auch der Kokillenguß in Bezug auf Formenherstellung und Automatisierung auf . (Bild 2.6.27)

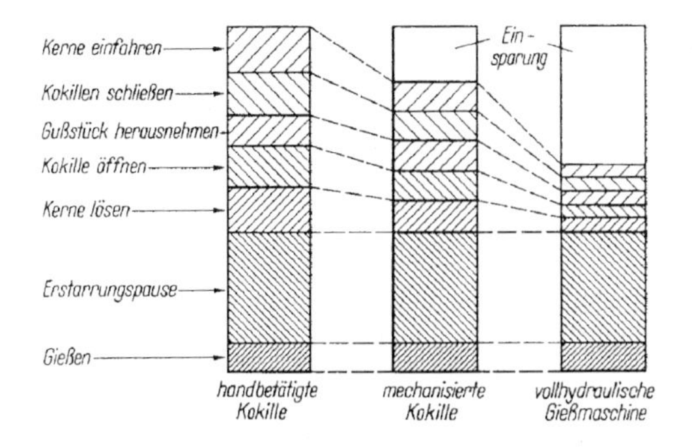

Bild 2.6.27 Automatisierung und Fertigungszeit beim Kokillenguß

Im Kokillenguß werden Gußteile bis zu einer Masse von ca 150 kg gefertigt (Abmessungen 800x600x300 mm). Die untere Wanddicke liegt zwischen 2 und 3 mm. Bohrungen von 5 mm können bis etwa 100 mm Länge vorgegossen werden. Die Bearbeitungszugaben betragen 0,7 bis 1,5 mm unter Beachtung formgebundener und nicht formgebundener Maße (DIN 1688, T.3, DIN 1680, T.1)

In Abhängigkeit vom Druck bei der Formfüllung sind im wesentlichen folgende Verfahren in Anwendung: Schwerkraft-, Kipp-, Niederdruck-, Gegendruck-, Verdrängungs- und Druck-Kokillenguß.

2.6.3.1.1 Schwerkraft-Kokillenguß

Die Formfüllung erfolgt unter Schwerkraft und Atmosphärendruck bei Nutzung einer bestimmten hydrostatischen Druckhöhe. Abgegossen wird von Hand, bzw. mit automatisierten Gießeinrichtungen. Die Anwendung von Sandkernen ist in einer Reihe von Fällen nötig. Das Kerneinlegen erfolgt von Hand, auch mithilfe von Vorrichtungen. Wegen der hohen Masse der Kokillenteile und Metallkerne werden die Kokillen in einem Gestell so befestigt, daß sämtliche Bewegungsabläufe mechanisiert, zeitgesteuert beim Öffnen und Schließen der Kokillen und Bewegen der Metallkerne hydraulisch betätigt erfolgen können. So ergeben sich Kokillengießmaschinen unterschiedlicher konstruktiver Ausführung (Bild 2.6.28).

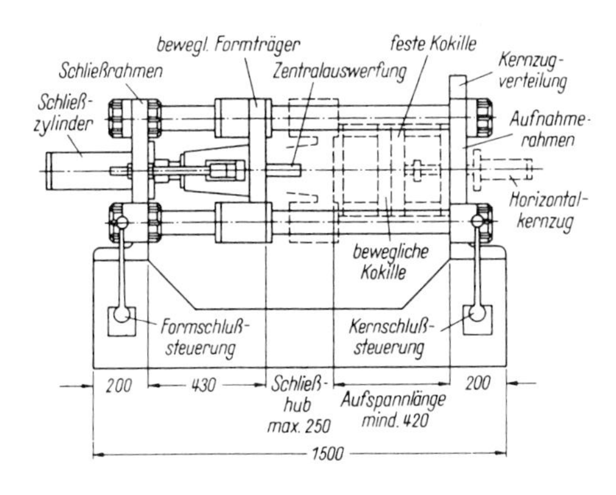

Bild 2.6.28 Kokillengießmaschine

Eine wesentliche Produktivitätssteigerung ist durch den Einsatz eines Gießkarussells möglich (Bild 2.6.29). Entsprechend dem Zeitbedarf für die Erstarrung müssen mehrere Kokillen aufgestellt werden. Die Karussellanordnung hat sich als praktisch in Bezug auf Aufwand und Beherrschbarkeit erwiesen. Die erforderliche Leistung bestimmt die Zahl der Kokillen, meistens ergeben sich 4-6.

2.6.3.1.2 Kipp-Kokillenguß

Hier sind zwei Grundausführungen in Nutzung. Bei der einen Konstruktion ist die Kokille flüssigkeitsdicht mit der Ausgießöffnung eines beheizten, kippbaren Tiegels verbunden. (Bild 2.6.30)

Durch die gesteuerte Kippbewegung gelangt die Schmelze aus dem Tiegel in die Kokille, in der sie unter Druckeinwirkung über eine Druckerhöhung im „Ofenraum" des Tiegels erstarren kann. Abgesehen von der Automatisierung der Formfüllung hat dieses Verfahren den Vorteil, daß der Kreislaufanteil verringert wird, weil das Schmelzebad im Tiegel selbst als Speiser wirken kann. Es können auch mehrere Gußteile gleichzeitig gegossen werden.

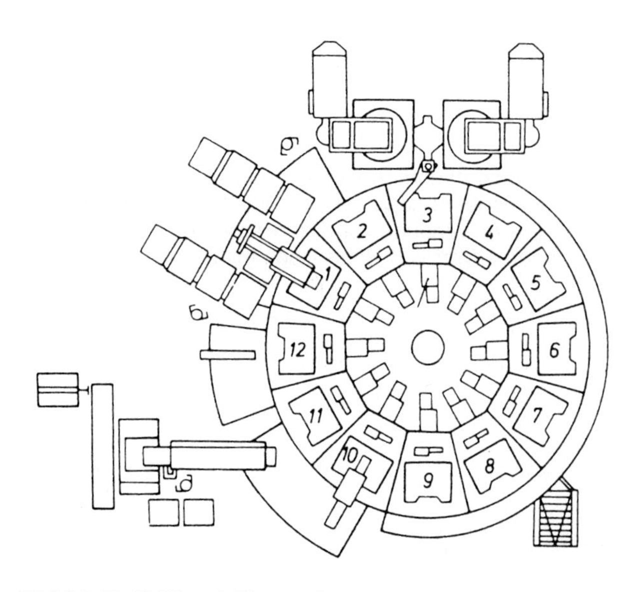

Bild 2.6.29 Kokillengießkarussell

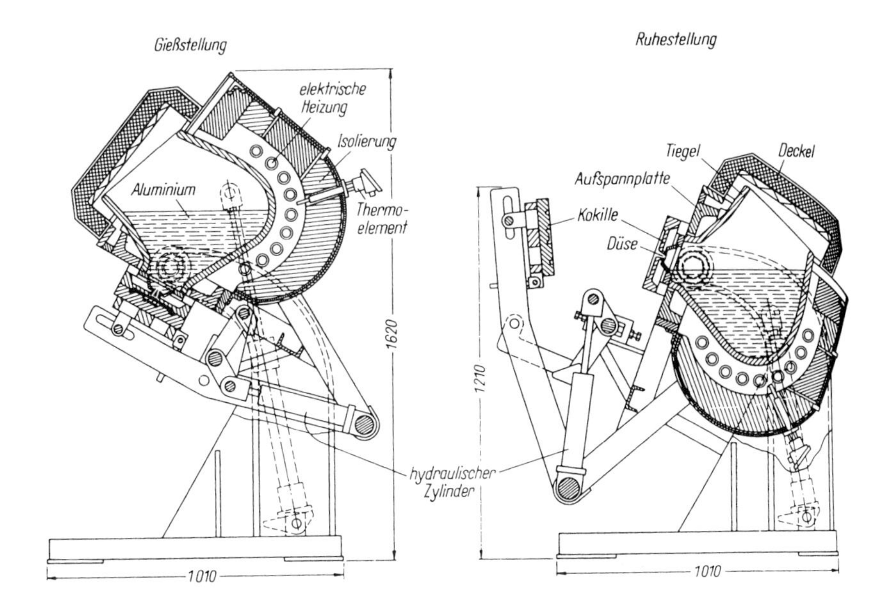

Bild 2.6.30 Kipptiegel-Kokillengießmaschine

Bei einem anderen Verfahren wird die Kokille zur besseren Formfüllung (Verringerung der Gießhöhe) in Position zur Gießeinrichtung gebracht, die nicht mit der Kokille verbunden ist. Nach der Formfüllung erfolgt die Verlagerung der Kokille wieder in die für die Speisung günstige Position.

2.6.3.1.3 Niederdruckkokillenguß

Gegenüber dem Schwerkraft-Kokillenguß wird die Schmelze durch einen relativ niedrigen Gasdruck von z.B. 0,5 - 1,5 bar über ein Steigrohr aus dem Schmelztiegel in die darüberliegende Kokille gedrückt und kann unter diesem Druck erstarren. Der erforderliche Gasdruck hängt vom Niveauunterschied zwischen Kokillenhöhe und Badspiegel im Tiegel, der Gußteilgestaltung und dem Gußwerkstoff ab. Entsprechend der Darstellung in Bild 2.6.31 steht der Tiegel mit der Schmelze im widerstandsbeheizten oder Induktionsrinnenofen dessen Öffnung mit einem Deckel gasdicht verschlossen ist. Auf dem Deckel werden über eine Vorrichtung die Kokille und der Flansch mit dem Steigrohr aufgesetzt. Druck und Zeit seiner Einwirkung können geregelt werden, so daß eine gute Anpassung an die erforderliche Gießleistung während der Formfüllung gewährleistet werden kann. Diese Drucksteuerung ermöglicht unter Berücksichtigung einer richtigen Anschnittsystemdimensionierung eine weitgehend turbulenzfreie Füllung der Form und damit ohne stärkere Oxydation der Schmelze. Der Druck kann noch während der Erstarrung aufrechterhalten werden und sorgt unter Beachtung der gelenkten Erstarrung für eine ordnungsgemäße Dichtspeisung. Bei Drucksenkung fließt die im Steigrohr stehende Schmelze zurück. Andere konstruktive Ausführungen sehen die Trennung von Kokille und Ofen (seitlich angeordnet) vor, so daß in Bezug auf eine Schmelzebehandlung und das Einfüllen der Schmelze günstige Verhältnisse gegeben sind. Das Steigrohr wird in diesem Falle schräg als Rinne angesetzt, und die Schmelze über eine Pumpe eingefüllt.

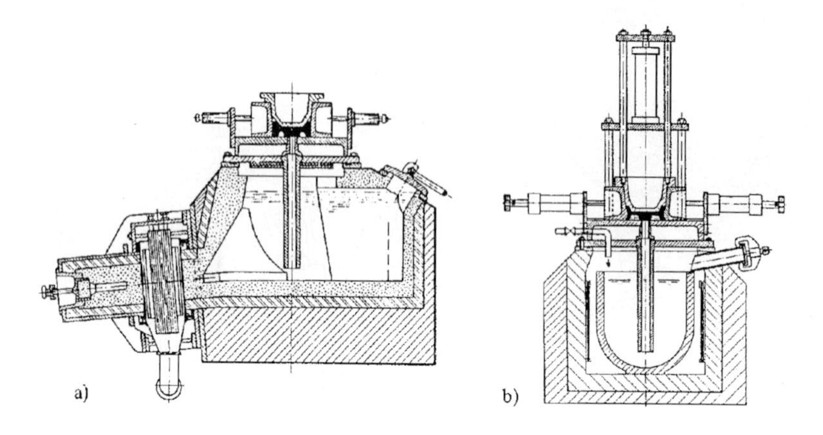

a) Netzfrequenz-Induktionsofen, b) widerstandsbeheizter Tiegelofen, jeweils mit Oberbau und hydraulischen Zugeinrichtungen

Bild 2.6.31 Niederdruck-Kokillengießeinrichtung (nach Schneider)

Es ist außerdem möglich, den Ofen hydraulisch abzusenken und auszufahren, um ein günstiges Füllen der Schmelze in den Tiegel und eine Behandlung zu gewährleisten.
Gegenüber dem Schwerkraft- sind durch den Niederdruck-Kokillenguß folgende Vorteile vorhanden:

- höheres Ausbringen (90-97 %)
- verringerte Schmelz- und Warmhaltekosten
- geringerer Ausschuß
- hohe Gußteilqualität (Dichte, Festigkeitseigenschaften, Zähigkeit).

Die Steigrohre werden durch ihre ständige Berührung mit der Schmelze angegriffen, wenn sie nicht geschützt werden können. Der Auswahl eines geeigneten Materials kommt große, wirtschaftliche Bedeutung zu. Im Einsatz sind geschlichtete Gußeisenrohre, Rohre aus Siliziumnitrid, Aluminiumtitanat oder Graphit (Tafel 2.6.20), Siliziumnitrid oder Alumniniumtitanat werden praktisch von den Aluminium-Schmelzen nicht angegriffen . Ihre Schlag- und Stoßempfindlichkeit versucht man , durch geeignete Korngröße, Porosität und Sinterbedingungen zu mildern. Graphitrohre brennen oberhalb des Badspiegels im Ofenraum ab. Die Sondermaterialien sind spannungsentlastet einzubauen.

Tafel 2.6.20 Sonderkeramische Steigrohre für den Niederdruck-Kokillenguß (nach Jahresübersicht Gießerei Feuerf.St. 1995)

Steigrohrwerkstoff	Preisindex	Haltbarkeit in Wochen	Bemerkungen
Aluminiumtitanat	5-10	8-60	nur verwendbar für Schmelzen unter 50 ppm Natrium, gute Wärmedämmung
Sialon	20-45	>60	beständig gegen Na-haltige Schmelzen
Siliziumnitrid (Si_3N_4)	7-14	20-30	schlechte Wärmedämmung
Gußeisen	1-1,2	0,5-2	hoher Verschleiß, schlechte Wärmedämmung

2.6.3.1.4 Gegendruck-Kokillenguß

Es handelt sich um eine Abart des Niederdruck-Kokillenguss, wobei Formfüllung und Erstarrung bei einem Gegendruck bis über 10 bar erfolgen. Um diese Druckverhältnisse zu gewährleisten, umgibt ein horizontal geteilter druckdichter Mantel die Kokille. Die Form wird durch Druckminderung in diesem Raum gefüllt. Der Arbeitsdruck liegt zwischen 3 und 7 bar. (Bild 2.6.32).

Höhere Erstarrungsgeschwindigkeit und Druckerstarrung führen zu feinerem Gefüge hoher Dichte, geeignet z.B. für die Herstellung von Automobilrädern.

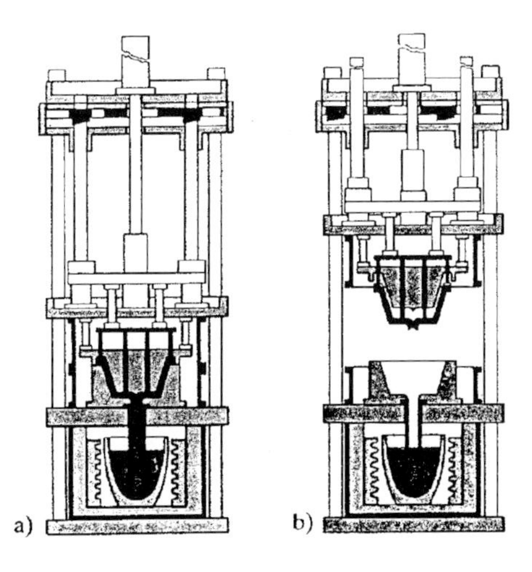

a) Maschine geschlossen und oben mit Keilen verriegelt, Kokillenraum und Ofenraum mit Druckgas versiegelt, Gießvorgang kann jetzt eingeleitet werden; b) Erstarrung beendet, Maschine entriegelt und hochgefahren, Auswerfer drücken das Gußteil aus dem Kokillenoberteil

Bild 2.6.32 Gegendruck-Kokillenguß

2.6.3.1.5 Druck-Kokillenguß

Dieses Verfahren verbindet die Vorteile des Kokillengusses mit denen des Druckgusses, ähnlich dem Mittel-Druckguß, erlaubt die Anwendung von Sandkernen, für relativ dünnwandige Gußteile und weist im allgemeinen die konstruktive Gestaltung einer horizontalen Kaltkammer-Druckgußmaschine auf. Geschwindigkeiten für die Formfüllung von 2-3 m/s erlauben die Herstellung von 2mm Gußteilwanddicken. Der Porenbefall ist gering, eine Wärmebehandlung möglich. Dieses Verfahren wird wenig angewendet.

2.6.3.1.6 Verdrängungs-Kokillenguß

Hierunter ist ein Verfahren zu verstehen, bei dem z.B. für die Herstellung von Kesseln eine Unterform als Kokille gefüllt und dann durch Hineinfahren eines Oberkerns das flüssige Metall verdrängt wird und den Zwischenraum zwischen Unterform und Oberkern ausfüllt.

2.6.3.1.7 Kokillen (Gießformen)

In Bezug auf ihre Eignung werden die Kokillenwerkstoffe nach unterschiedlichen Gesichtspunkten ausgewählt. Da die Wirtschaftlichkeit auch hier an vorderer Stelle steht, wird die Werkstoffauswahl auch durch die Formenhaltbarkeit bestimmt. Die Belastung ist in der Formenkontur, besonders an bestimmten Kernen am höchsten, in anderen Bereichen der Formeinrichtung geringer. In Bild 2.6.33 ist eine Formeinrichtung für ein Ölbrennergehäuse mit den einzelnen Formteilen dargestellt

Für die Formkontur sind je nach Belastung folgende Eigenschaften zu beachten :

- Temperaturwechselbeständigkeit (erreicht durch eine geeignete Kombination aus Ausdehnungskoeffizient α, Wärmeleitfähigkeit λ und Elastizitätsmodul E) entsprechend dem Kennwert

$$\frac{\alpha}{\lambda} \cdot E$$

- Bearbeitbarkeit
- Klebneigung
- Maß- und Formbeständigkeit (Wärmedehnung)

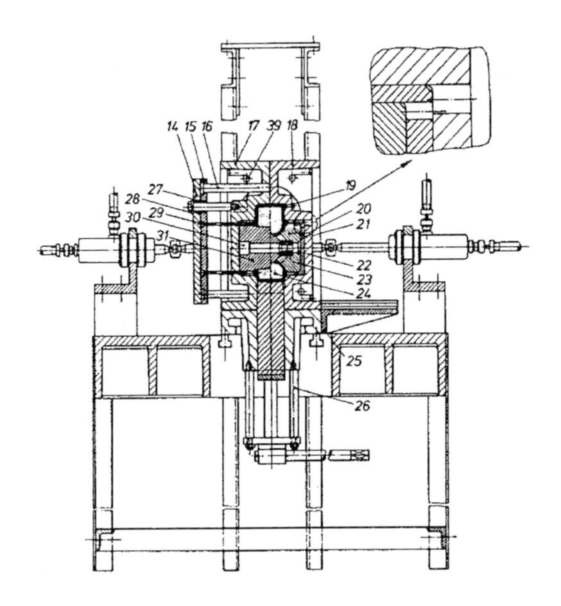

Bild 2.6.33 Kokille für Gehäuse (nach Schneider)

Als Werkstoffe eignen sich in erster Linie Gußeisen und Warmarbeitsstahl. Einige Materialien sind in der Tafel 2.6.21 angegeben.

Tafel 2.6.21 Ausgewählte Kokillenwerkstoffe (nach Schneider)

Werkstoff-Nr.	Bezeichnung	Zugfestigkeit [MPa]	Werkstoffart	Wärmebehandlung
06025	GG-25Cr	250	leg. Gußeisen mit Lamellengraphit	spannungsarm Glühen
07050	GGG-50	500	Gußeisen mit Kugelgraphit	spannungsarm Glühen
1.7354	GS-22CrMoV 5 4	980	Warmarbeitsstahl	Vergüten

Gußeisen mit Lamellengraphit bzw. Kugelgraphit werden oft verwendet, da sie eine höhere Wärmeleitfähigkeit als Stahl bei relativ geringer Wärmedehnung besitzen und die Bearbeitungskosten geringer sind. Dagegen ist die Schweißbarkeit schlechter.

Als Grundgefüge wird bei den gegossenen Kokillen feinstreifiger Perlit, stabilisiert gegebenenfalls durch Kupfer und Chrom bei einem Phosphor- und Schwefelgehalt unter 0,1 % und Zusatz von 0,5 % Molybdän eingestellt. Zur Verbesserung der Formstabilität ist ein Spannungsarmglühen bei 550 °C empfehlenswert. Hoch beanspruchte Kokillen und stark belastete Kerne, Einsätze werden aus Warmarbeitsstahl hergestellt, der einer entsprechenden Vergütungs- und Stabilisierungsbehandlung unterzogen wird. Die Anlieferung der Stähle erfolgt im weichgeglühten Zustand, nach der spanenden Bearbeitung wird spannungsarm geglüht (600 - 650 °C,

4 - 6 h), dann fertig bearbeitet und auf die gewünschte Einbauhärte vergütet. Oberflächenbehandlungen, wie das Nitrieren, können anschließend erfolgen.
Die erreichbaren Standzeiten der Kokillen liegen zwischen 50.000 bis 150.000 Abgüssen, hängen aber sehr stark von der Gußteilgröße ab. Die konstruktive Gestaltung der Kokillen richtet sich außer nach dem Gußteil, nach Gießweise und Gießmaschine. Im allgemeinen bestehen mehrteilige Kokillen aus den beiden Kokillenhälften, der Grundplatte und gegebenenfalls beweglichen Schiebern und Kernen, entsprechend der Stückzahl (hoch) hydraulisch betätigt. Eine Vollkokille besteht aus metallischen Formteilen, eine Halbkokille aus metallischen und Sandformstoffteilen, und ist jedoch von den Kokillen zu unterscheiden, in die zusätzlich aus den schon genannten Gründen Sandkerne eingelegt werden (Bild 2.6.34).

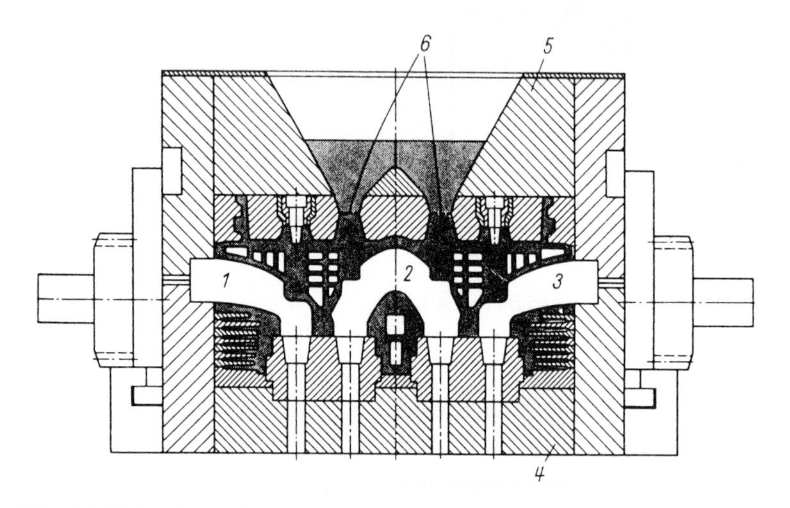

Bild 2.6.34 Schnitt durch eine automatisch arbeitende Formgießkokille für Zylinderköpfe; 1,2,3 Hot box-Kerne, 4 Kokillenunterteil, 5 Kokillenoberteil, 6 Abreißquerschnitte (nach Werner)

Zur Verbesserung der Oberflächenhärte werden zusätzliche Oberflächenbehandlungen für einzelne Formteile durchgeführt.(Tafel 2.6.22)

Tafel 2.6.22 Oberflächenbehandlungsverfahren von Formteilen

Verfahren	Behandlungs-temperatur °C	Schichtdicke mm	Oberflächenhärte HV	Einsatzgebiet
Nitrieren	450-570	<1 mm	< 200	Kernführungen Auswerferstifte
Aufkohlen (Einsatzhärten)	900-1000	< 2 mm	< 900	Führungen
Borieren	800-1050	< 0,4 mm	< 200	verschleißbeanspruchte Partien
E. Funkenverf.	>1000	<0,1 mm	950	Angußpartien

Speziallegierungen auf Molybdänbasis werden manchmal für hochbeanspruchte Partien (dünne Kerne) genutzt. Ihr Einsatz ist wegen des hohen Preises nur in Ausnahmefällen wirtschaftlich gerechtfertigt.

2.6.3.1.7.1 Wärmehaushalt der Kokillen

Die richtige Beherrschung des Kokillen-Wärmehaushalts ist für die Fertigungszeit (Gießzyklus), die Gußteilqualität und die Haltbarkeit der Dauerform von außerordentlicher Bedeutung. Die Temperaturverteilung in der Form hat für jeden Gießzyklus eine charakteristische Ausbildung. Ihre richtige Beherrschung ist durch konstante Temperaturverteilung geprägt. Die mittlere Temperatur der Kokille liegt im allgemeinen zwischen 250 und 350 °C .Von Schmelze bzw. Metall umgebene Kerne bzw. Formpartien können sich höher aufheizen. Die richtige Temperaturverteilung sollte zur Einhaltung der Toleranz auch beim Anfahren, bei Pausen und Unterbrechungen durch Heiz-Kühl-Geräte automatisch gesteuert werden (Bild 2.6.35).

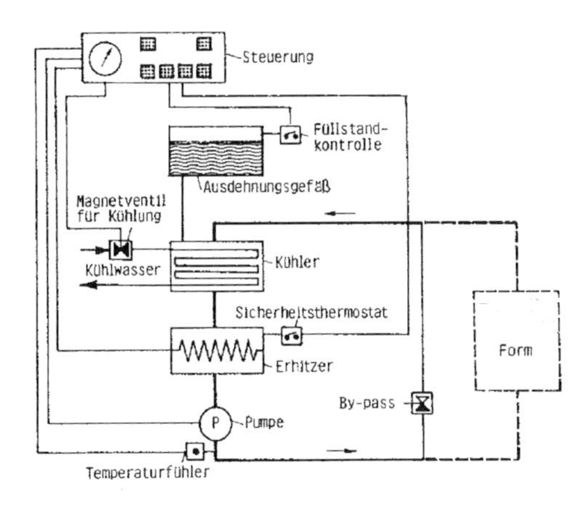

Bild 2.6.35 Schema eines Heiz-Kühl-Gerätes (nach Brunhuber)

Neben dem Schutz vor Auswaschungen, Anbacken (Kleben) oder Eindringen der Aluminium-Schmelze in den Kokillenwerkstoff haben Schlichten die Aufgabe, der Steuerung der thermischen Verhältnisse, besonders im Hinblick auf die Abkühlung der Schmelze bei der Formfüllung und zu Beginn der Erstarrung für die Randschalenbildung Sorge zu tragen, da die Kühlungen hier abgeschwächt wirken. Einfache Kokillen für Kleinserien erhalten im allgemeinen gegenüber Kokillen für Großserien selten eine gesteuerte Flüssigkeitskühlung über Kühlkanäle gegebenenfalls mit Heiz-Kühl-Geräten, da diese Einrichtungen Kosten verursachen, so daß aber auch ihre gezielte Wirkung zur Erstarrungs- und Fertigungszeitlenkung nicht ausgenutzt werden kann. Die Kühlung kann auch über Wärmerohre (Bild 2.6.36), mit Öl durchströmte Kühlkanäle (Bild 2.6.37) oder durch Aufblasen von Luft erfolgen. Wärmerohre ersetzen immer mehr Kupferstifte, da sie eine deutlich höhere Kühlwirkung aufweisen. Die Kühlkanäle können bei Verwendung eines Hochtemperaturöles auch für das Aufheizen vor dem ersten Abguß und nach Unterbrechungen genutzt werden. Ihre Leistung ist durch die Siedetemperatur des Öles auf 350 °C begrenzt.

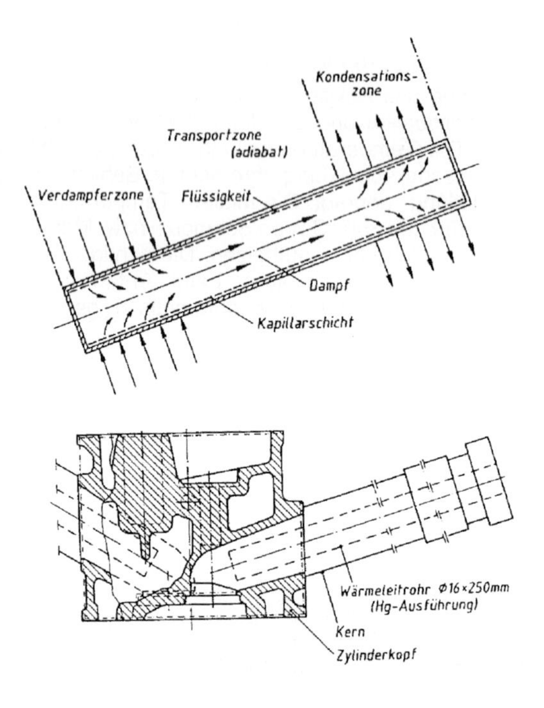

Bild 2.6.36 Schema eines Wärmerohres (nach Schneider)

Kokillenschlichten haben als Grundschlichte eine Haltbarkeit von mehreren Wochen und Monaten (Tafel 2.6.23). Durch den Anteil an Graphit bzw. SiC kann die Wärmeleitfähigkeit erhöht werden. Außerdem hat Graphit eine gewisse Schmierwirkung.

Tafel 2.6.23 Kokillenschlichten

Bestandteil	Massenteil %			
	Schlichte 1	Schlichte 2	Schlichte 3	Schlichte 4
Wasserglas	2	5	1	12
Kaolin	4	50	-	-
Talkum	-	-	15	10
Graphit	1	-	-	-
SiC	-	-	-	2
Rest Wasser	-	-	-	-

Graphit brennt in oxydierender Atmosphäre über 400 °C ab.Dagegen ist Bornitrid beständiger und wird bis 1000 °C wenig von der Al-Schmelze benetzt. Dieser Zusatz ist auch bei Schlichten von Gießlöffeln beständig.

Die wärmedämmende Wirkung der Schlichte kommt z.B. durch die größere Fließlänge zum Ausdruck (Tafel 2.6.24)

Tafel 2.6.24 Auslauflänge von Gießspiralen

Legierung	ohne Schlichte	mit Schlichte
Aluminium	400	1050
G-AlSi5Mg	410	1170
G-AlSi12	730	1860

Die Schlichtedicke wird zwischen 0,1 bis 0,3 mm eingestellt. Um Kleben, Verwerfen und Risse zu vermeiden, ist der Zeitpunkt des Öffnens der Kokille bzw. des Ziehens von Kernen nach dem Schrumpfzeitpunkt auszuwählen. Der Einsatz von Graphitschlichten erfolgt hier, um die Reibung zu vermindern.

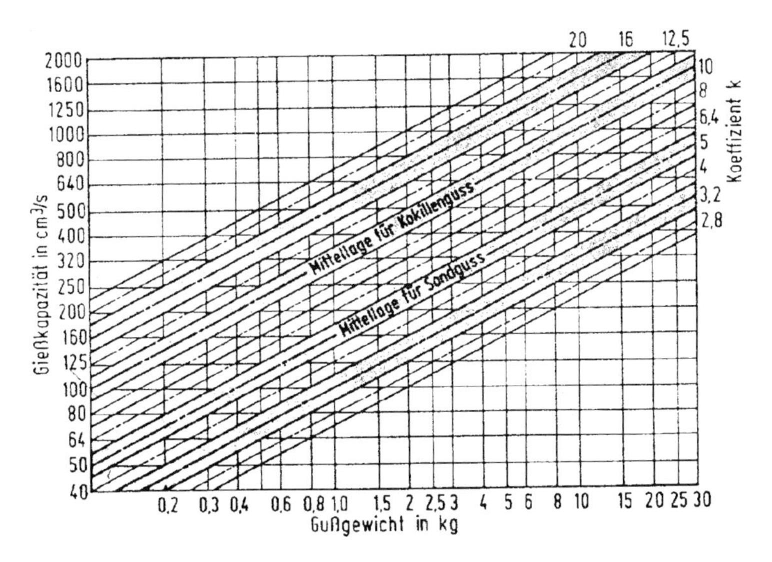

Bild 2.6.37 Diagramm für die Ermittlung der Gießleistung (nach Nielsen)

Beim Kokillenguß ist eine sorgfältige Entlüftung anzustreben. Sie erfolgt über Schlitze mit 0,1-0,3 mm Tiefe in den Teilungsebenen oder durch spezielle Luftstifte an den Kernen und Auswerferstiften sowie auf größeren ebenen Flächen. Die richtige Entlüftung ist ebenfalls von großer Bedeutung für die Abfuhr der Kerngase bei Sandkernen.

Die Kokillenwanddicke beträgt etwa das 2-4 fache der Gußteilwanddicke und wird dieser bzw. dem Wärmehaushalt angepaßt. Für die Stabilität gegen Verzug infolge der ungleichmäßigen Kokillenerwärmung werden die Kokillenhälften verrippt. Speiserbereiche können zusätzlich beheizt bzw. mit Isoliereinlagen versehen werden.
Die für die Einhaltung der Gußteilqualität und Fertigungszeit erforderliche Temperaturverteilung sollte zur Klärung der Kokillengestaltung, des Anschnitt- und Speisesystems und Gießzyklus mit Hilfe der FEM/FDM-Verfahren berechnet werden. Es wird dann versucht, die Kokille bei für jeden Gießzyklus gleicher mittlerer Kokillentemperatur, d.h. im thermischen Gleichgewicht zu fahren.

Die Dimensionierung des Gieß- und Speisesystems erfolgt nach den allgemeingültigen Regeln (siehe Kapitel 2.7.). Wegen der höheren Abkühlungsgeschwindigkeit durch die schnellere Wärmeabfuhr über die Dauerform muß die Füllzeit bezogen auf Masse und Wanddicke gegenüber Sandguß verkürzt werden. Zwischen der Füllzeit, der Masse und vorherrschenden Wanddicke wurden Beziehungen ermittelt (Bild 2.6.37).

Die Beziehungen haben den allgemeinen Aufbau : Gießleistung $V = k\ M^n$, wobei der Wert k eine Funktion der Überhitzung, der vorherrschenden Wanddicke, der Kokillentemperatur und der Legierung ist. Die im Nomogramm vertafelte Beziehung gilt etwa für eine Kokillentemperatur von 300°C. Sortimentsuntersuchungen haben weiterhin ergeben, daß die vorherrschende Wanddicke auch bei Kokillenguß mit der Gußteilmasse M zunimmt, so daß der Reihe 0,1;1;10;100 kg Masse die Wanddickenreihe 4;5;6;8 mm zugeordnet werden kann. Wenn gegenüber dem genannten Wanddickenäquivalent kleinere Wanddicken vorherrschen, sollte der k-Wert erhöht, im umgekehrten Falle entsprechend der Äquivalenz verringert werden. An einem größeren Sortimentsbereich durchgeführte Untersuchungen führten zu folgender konkreten Gleichung :

$$\text{Füllzeit } t = 0{,}025\ (w\ M)^{0{,}68}\ ;$$

M-Gußteilmasse in g, t - Füllzeit in s, w- vorherrschende Wanddicke in mm.

Entsprechend den Bildern 2.6.38, 2.6.39 ist zu erkennen, daß es ein relativ großes Füllzeitintervall zwischen einer unteren und oberen Grenzfüllzeit (Kaltschweißen/Schaumstellen) und damit eine entsprechende Sicherheit im praktischen Gießprozeß gibt.

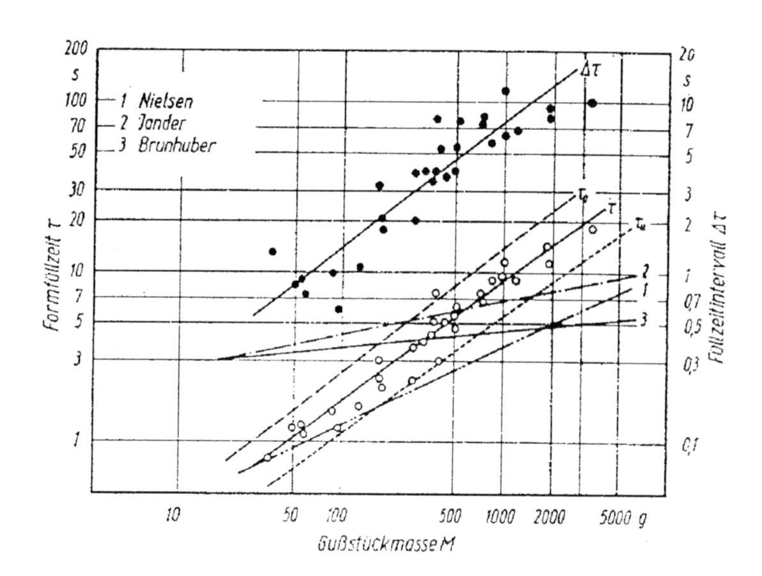

Bild 2.6.38 Formfüllzeit und Grenzfüllzeit in Abhängigkeit von der Gußteilmasse

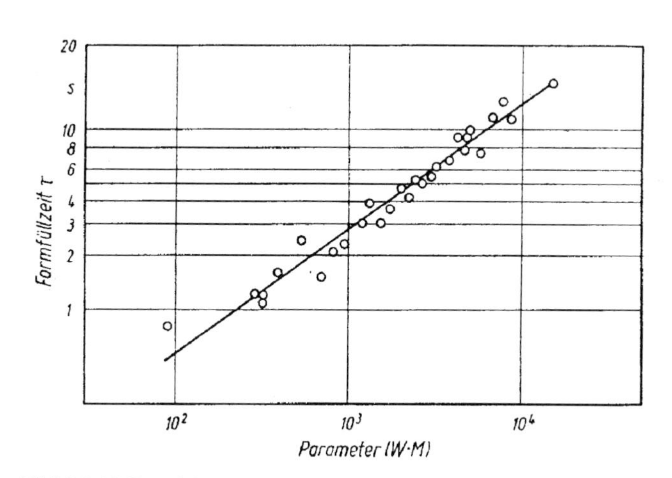

Bild 2.6.39 Formfüllzeit realer Kokillengußteile (nach Mai, Drossel)

Die Gestaltung des Gießsystems muß neben der Dimensionierung eine möglichst turbulenzarme Formfüllung gewährleisten. Beispiele sind in den Bildern 2.6.40, 2.6.41 dargestellt.

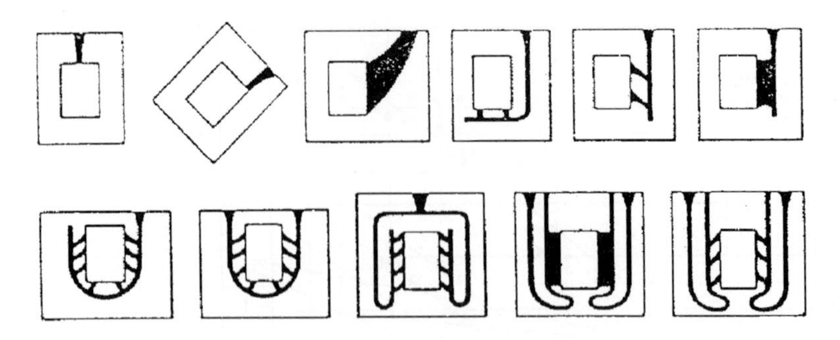

Bild 2.6.40 Gestaltungsbeispiele für Gießsysteme bei Kokillenguß (nach Büchen)

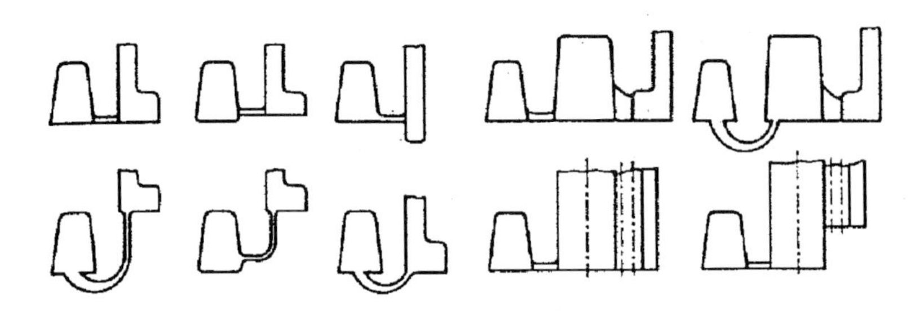

Bild 2.6.41 Gestaltungsbeispiele für Gießsysteme (nach Büchen)

Dabei herrscht steigender Guß vor.

Der Wärmefluß wird während der Erstarrung gegenüber dem Sandguß durch die Luftspaltbildung (Bild 2.6.42) beeinflußt.

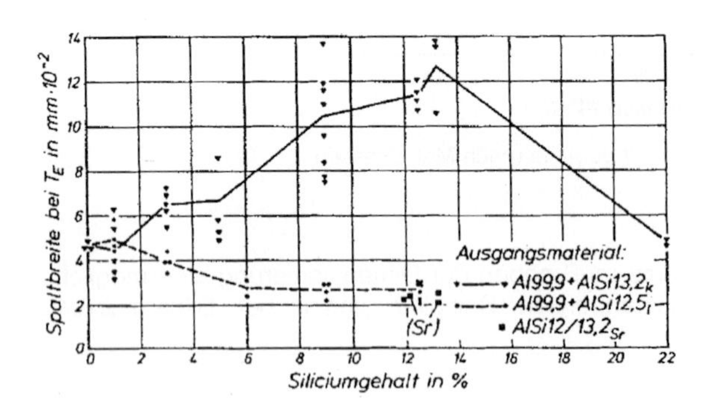

Bild 2.6.42 Luftspalt zu Ertstarrungsende (nach Schleiting)

Tafel 2.6.25 Erstarrungstypen Al-Legierungen

Legierung	Erstarrungsmorphologie	
	Kokillenguß	Sandguß
Al 99,999	exogen glattwandig	exogen glattwandig
Al 99,99	exogen glattwandig	exogen glattwandig
Al 99,9	exogen glattwandig	exogen rauhwandig
Al 99,8	exogen glattwandig	exogen schwammartig
$AlSi1_k$	exogen rauhwandig, fast glattwandig	
$AlSi1{,}5_k$		endogen breiartig (Primärerstarrung)
$AlSi3_k$ ΔT_G=50 °C	exogen schwammartig bis endogen breiartig (Primärerstarrung)	
$AlSi3_k$ ΔT_G=150 °C	exogen schwammartig mit endogenen Anteilen (Primärerstarrung)	
$AlSi3_k$ ΔT_G=250 °C	exogen schwammartig (Primärerstarrung)	
$AlSi4_k$		exogen breiartig (Primärerstarrung)
$AlSi5_k$	exogen schwammartig bis endogen breiartig (Primärerstarrung)	
$AlSi9_k$	exogen schwammartig bis endogen breiartig (Primärerstarrung)	
$AlSi10_k$		endogen breiartig (Primärerstarrung)
$AlSi12{,}5_k$		endogen breiartig bis schalenbildend
$AlSi13{,}2_k$ ΔT_G=50 °C	exogen rauhwandig bis endogen breiartig	
$AlSi13{,}2_k$ ΔT_G=150 °C	exogen rauhwandig bis endogen schalenbildend (Primärerstarrung)	
$AlSi13{,}2_k$ ΔT_G=250 °C	exogen rauhwandig fast glattwandig	
$AlSi16_k$		Anhäufungen großer Siliciumkörner, eutektische Erstarrung endogen schalenbildend
$AlSi17_k$	Primär-Si endogen breiartig, darauf dendritisches + fast glattwandig, eutektische Erstarrung fast glattwandig	
$AlSi20_k$		wie AlSi16
$AlSi22_k$	wie AlSi17	
$AlSi11{,}5_1$		endogen breiartig
$AlSi12{,}5_1$	exogen rauhwandig /Fast glattwandig) bis endogen schalenbildend	
$AlSi12_{Sr}$	exogen glattwandig bis endogen schalenbildend	
$AlSi12{,}7_{Sr}$		glattwandig

Tafel 2.6.25 Erstarrungstypen Al-Legierungen (Fortsetzung)

Legierung	Erstarrungsmorphologie Kokillenguß	Sandguß
AlMg1	exogen glattwandig	
AlMg3	exogen rauhwandig mit endogenen Anteilen	exogen schwammartig
AlMg5	exogen rauhwandig bis endogen	exogen schwammartig bis endogen breiartig
AlMg10	endogen schalenbildend	endogen breiartig
<AlCu0,5		exogen schwammartig bis endogen breiartig
AlCu1	exogen glattwandig	exogen schwammartig bis endogen breiartig
AlCu4	exogen rauhwandig mit endogenen Anteilen (Primärerstarrung)	endogen breiartig
AlCu12	exogen schwammartig bis endogen breiartig (Primärerstarrung)	endogen breiartig (Primärerstarrung)
AlCu20	endogen breiartig (Primärerstarrung)	endogen breiartig (Primärerstarrung)
AlCu33	exogen glattwandig	exogen rauhwandig

*) Die Indices l, k und Sr kennzeichnen die Ausbildung des Eutektikums (unter Sandgußverhältnissen) und stehen für Legierungen mit lamellarem, körnigem und mit Strontium veredeltem Eutektikum.

Im allgemeinen ändert sich der Erstarrungstyp wenig (Tafel 2.6.25). Doch ist wegen des steileren Temperaturgradienten beim Kokillenguß gegenüber dem Sandguß mit einer deutlichen Randschalenbildung zu rechnen. Beim Übergang von der endogen breiartigen Erstarrung auf die endogen schalenbildende oder sogar auf die exogen schwammartige nimmt die Warmrißneigung zu. Davon sind besonders Legierungen des Typs AlCu, AlMg und AlZn, aber auch die niedrig Si-haltigen AlSi-Legierungen durch den Übergang auf den Kokillenguß betroffen. Eine höhere Kokillentemperatur bzw. Veränderung der gelenkten Erstarrung und Beseitigung der Schwindungsbehinderung schaffen Abhilfe. Manchmal muß tatsächlich die Legierungszusammensetzung geändert werden. Das Lunkerverhalten verschiebt sich verursacht durch die Veränderung des Erstarrungsablaufs in Richtung auf einen größeren Anteil an Schwindung bzw. Außenlunkern und einer Verringerung der allgemeinen Mikroporosität. Lunkeranhäufungen können aber intensiver werden. Die Gefahr von Kaltschweißen nimmt zu. Sandkerne bedeuten in Bezug auf Kokillenguß eine Verschiebung des Hotspots und damit der Lunkerung in Richtung auf den Sandkern, Aufheizstellen treten auf. Im allgemeinen muß die Kokillentemperatur erhöht, die Gießzeit bei höherer Gießtemperatur verlängert werden, um die Gußteilqualität zu sichern.

2.6.3.2 Druckguß

Beim Druckgußverfahren wird die Form unter einem Druck über 150 bis etwa 1200 bar (Gießdruck) gefüllt. Der Druck kann während der Erstarrung weiterwirken. Der Druck wird an der Maschine erzeugt, über einen Kolben auf das Gießgut übertragen, wodurch die Schmelze in die Form gepreßt wird. Hierdurch ist es möglich, geringe Wanddicken (<1 mm) mit hoher Konturenschärfe zu erzeugen.

Der hohe Gießdruck wird in hohe Strömungsgeschwindigkeit (10-150 m/s) und damit in kurze Füllzeit (150-20 ms) umgesetzt, damit die schnelle Abkühlung, die durch die schnelle Wärmeabfuhr einsetzt, den Metallfluß nicht vor vollständiger Ausfüllung des Formhohlraums zum Stocken bringt. Für die Qualität der Gußteile ist daher ein optimaler Formfüllungsverlauf von entscheidender Bedeutung. Gleichzeitig führt der hohe Gießdruck unter Berücksichtigung der Formteilungsfläche zu einer entsprechend großen Sprengkraft, die die Formhälften auseinanderdrückt und durch entsprechende Verriegelungen (Zuhaltekräfte) unwirksam gemacht werden muß. Die damit verbundenen Kräfte belasten die Form erheblich und erfordern gegenüber dem Kokillenguß den Einsatz von hochwarmfesten Stählen und kompaktere, dickere Formen neben einem stabilen Formenaufspannrahmen. Die auf die Maschine bezogene Druckerzeugung (hydraulisch) über Gashochdruckspeicher und ihre Steuerung verlangen nach umfangreicher Maschinen- und Regelungstechnik und sind mit hohen Maschinen- und Werkzeugkosten verknüpft.
Die dadurch erreichbare hohe Maßgenauigkeit und Oberflächengüte (Tafel 2.6.26) bei gleichzeitig hoher Produktivität macht dieses Gießverfahren besonders für die Fertigung von großen Serien wirtschaftlich und begründet insbesondere für den Aluminium-Guß den hohen Fertigungsanteil gegenüber den anderen Form- und Gießverfahren.

Mit steigendem Gießdruck nimmt die Belastung aller Formteile, auch von Kernen zu, so daß der Einsatz von Sandkernen ab einem bestimmten Gießdruck (höher als beim Druck-Kokillenguß) nicht mehr geeignet ist. Metallkerne, die zur Trennung Gußkörper-Form den abgebildeten Formhohlraum freilegen müssen, sind bei Hinterschneidungen praktisch nicht möglich und schränken daher die Gestaltungsfreiheit für die zu gießenden Gußteile ein. Diese Situation ist jedoch in vielen Fällen ausgleichbar.

Durch den Einsatz von Druckguß ergeben sich folgende Vorteile :

- sehr große Maßgenauigkeit der Gußteile, Einhaltung enger Toleranzen
- dadurch geringere Bearbeitungszugaben, wenig spanende Bearbeitung
- maßgenaues Gießen von Augen und Vorgießen auch kleinerer Bohrungen, Aufschriften, in manchen Fällen einbaufertiges Gießen
- dünnwandige Teile (Masseeinsparung)
- saubere, glatte Oberfläche
- hohe Leistung, kurze Fertigungszeit
- automatisierte Fertigung.

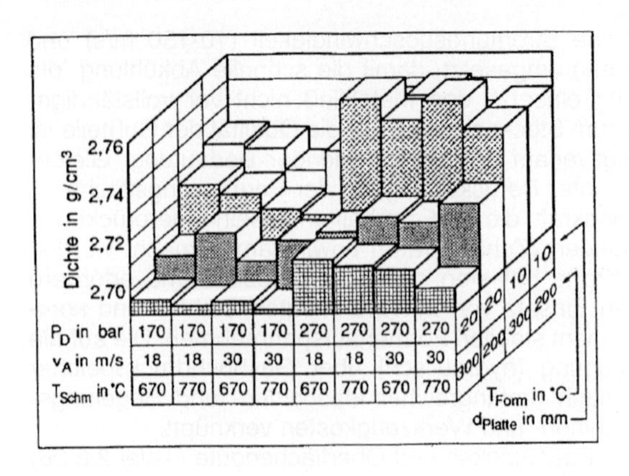

P_D in bar	170	170	170	170	270	270	270	270
v_A in m/s	18	18	30	30	18	18	30	30
T_{Schm} in °C	670	770	670	770	670	770	670	770

Bild 2.6.43 Einfluß der Gießparameter auf die Dichte von Druckgußteilen (nach Klein)

Tafel 2.6.26 Maßtoleranzen für Leichtmetall-Druckguß nach DIN 1688, Teil 4

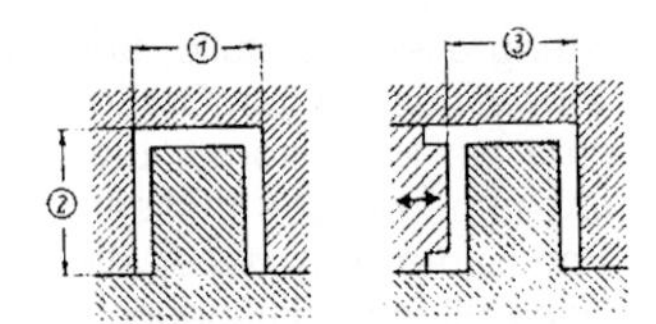

Formabhängigkeit der Abmessungen von Druckguß-Rohteilen: 1 = formgebundene Maße; 2 = nicht formgebundene Maße über die Formteilung; 3 = nicht formgebundene Maße über bewegliche Kerne

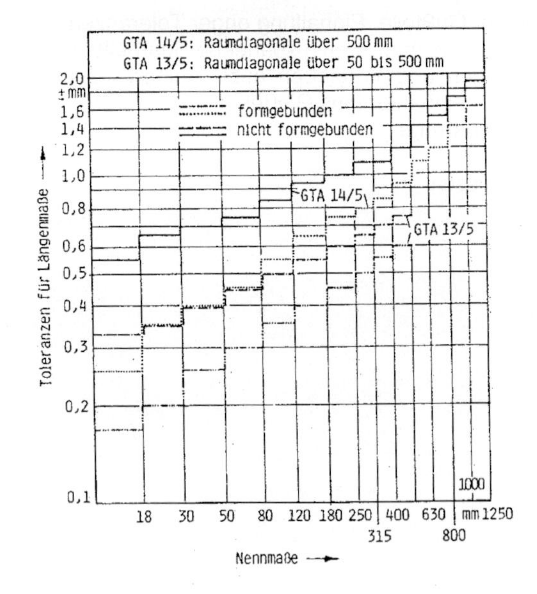

Nachteilig kann sich die erhöhte Porosität in den Druckgußteilen auswirken (Bild 2.6.43), wenn die Formfüllung nicht angepaßt gesteuert bzw. unter Vakuum verläuft. Auf Grund des hohen Druckes bei der Formfüllung kann gegenüber Sand- und Kokillenguß bei gleicher Porengröße mit hohem Gasgehalt (Gasdruck) in den Poren gerechnet werden, die sich bei einer Wärmebehandlung oder dem Schweißen vergrößern, aufplatzen und das Teil unbrauchbar machen können.

Auf Grund der mit der Größe der Gußteile wachsenden Sprengfläche und des Füllungsweges ist durch den hohen Gießdruck die Größe der Maschine begrenzt auf eine Zuhaltekraft von ca 30-45 MN bei einer Sprengfläche von 2500-8000 cm^2, bei einer Gußteilmasse von etwa 15-35 kg und Wanddicke von 4-15 mm. Größere Wanddicken und Massenanhäufungen führen zu Innendefizit, d.h. eigentlich zu Nachspeiseproblemen, die jedoch prinzipiell über die Verarbeitung im semi-solid-Bereich (SSC-Verfahren) oder über zusätzliche lokale Nachdrückzylinder kostenaufwendiger bewältigt werden.

2.6.3.2.1 Verfahrensprizip und Maschinentechnik

Die Füllung der Form ist dadurch gekennzeichnet, daß das flüssige Metall nicht direkt in die Form gegossen, sondern in eine Gießkammer gefüllt und über einen Kolben in der Gießkammer in den Formhohlraum über einen oder mehrere Anschnitte gepreßt wird.

Da Aluminium und seine Legierungen eisenhaltige Gießkammern, wenn sie ständig in der Schmelze angeordnet sind, zerfressen, werden Al-Schmelzen nicht auf Warm- sondern Kaltkammermaschinen verarbeitet. Die relativ kalte Gießkammer wird während der Verweilzeit der Schmelzeportion praktisch nur geringfügig angegriffen. Bisher zeichnet sich auch durch Einsatz von Keramik für Gießkammern kein praktikabler Einsatz von Warmkammermaschinen für die Verarbeitung von Al-Legierungen ab.

Kaltkammermaschinen haben den im Bild 2.6.44 dargestellten konstruktiven Grundaufbau mit einem Grundrahmen, auf dem die Gießeinheit, Formschließeinheit und die Auswerfereinheit montiert sind. Die Gießeinheit (Gießkammer mit Gießkolben) wird hydraulisch über den Gießantrieb betätigt und ist an der die feste Formhälfte tragenden Aufspannplatte befestigt. Die Formschließeinheit dient dem Öffnen und Schließen der Form, zum Verschieben der beweglichen Formhälfte, geführt an Stahlsäulen und zur Erzeugung der Zuhaltekraft während des Gießens. Der Antrieb der Formschließeinheit erfolgt über einen hydraulischen Schließzylinder, der auch bei kraftschlüssiger Zuhaltung die erforderliche Zuhaltekraft erzeugen kann (Bild 2.6.45).

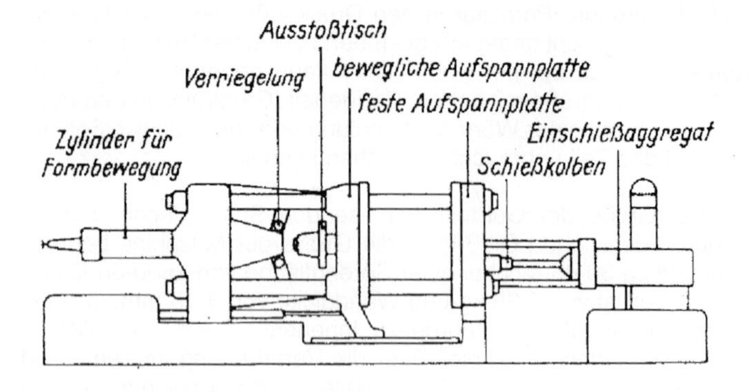

Bild 2.6.44 Kaltkammer-Druckgießmaschine mit waagerechter Gießkammer

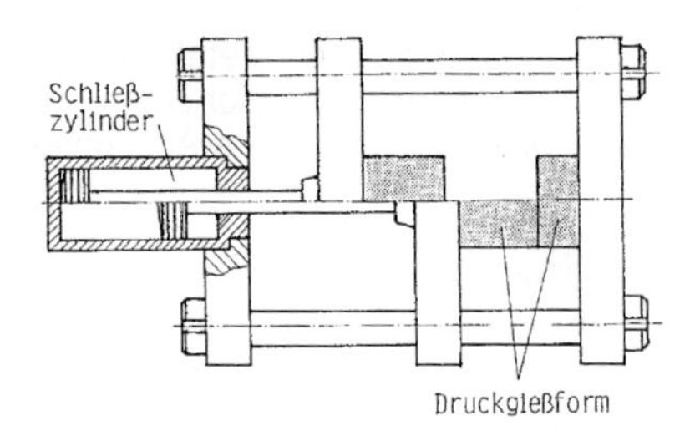

Bild 2.6.45 Kraftschlüssige Zuhaltung (nach Brunhuber)

Eine kraftschlüssige Maschine ist damit nicht überlastbar, da die Überbeanspruchung durch das Hydrauliksystem nicht ausgeglichen werden kann; das flüssige Metall spritzt aus der Formteilebene heraus. Zur Vermeidung dieses Umstandes wäre eine Änderung der Betriebsbedingungen notwendig. Formschlüssige Zuhaltung kann z.B. über ein Doppelkniehebelsystem (Bild 2.6.46) für stärkere Beanspruchung realisiert werden, das über einen hydraulischen Schließzylinder betätigt wird, dessen Kraft relativ gering sein kann.

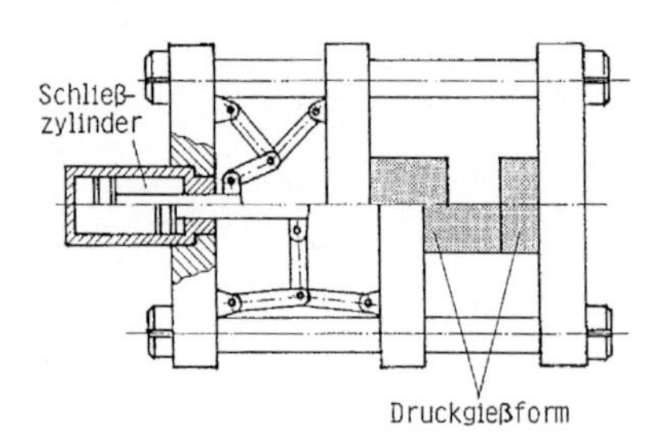

Bild 2.6.46 Formschlüssige Zuhaltung (nach Brunhuber)

Die Gießkammer der Gießeinheit kann waagerecht oder senkrecht angeordnet werden. Der entsprechende Arbeitsablauf ist in den Bildern 2.6.47, 2.6.4.8 dargestellt.

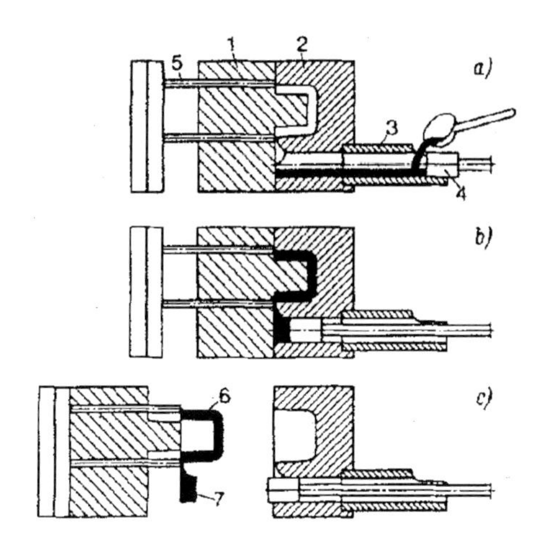

a) Einfüllen des flüssigen Aluminiums bei geschlossener Form in die Gießkammer, b) der durch das Schießaggregat hydraulisch bewegte Gießkolben drückt das Metall durch Anguß und Anschnitt in den Formhohlraum, c) nach erfolgter Erstarrung wird die Form durch den Zylinder für die Formbewegung geöffnet und das Gußstück mit Anguß durch die Auswerfstifte ausgestoßen; 1 bewegliche Formhälfte, 2 feste Formhälfte, 3 Gießkammer, 4 Gießkolben, 5 Auswerferstift, 6 Gußstück, 7 Gießrest

Bild 2.6.47 Verfahrensablauf bei waagerechter Gießkammer (nach Brunhuber)

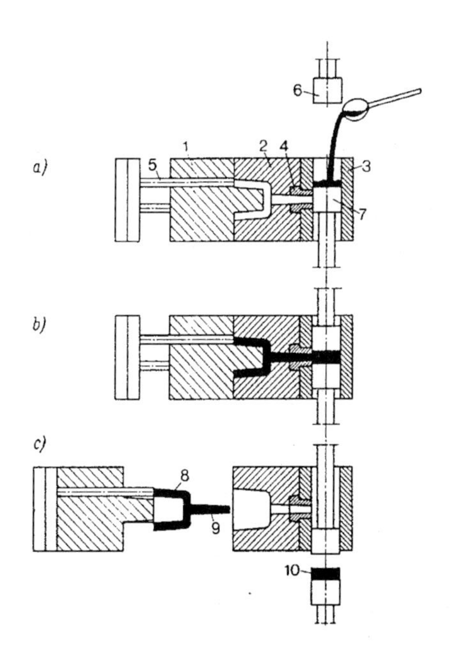

a) das Metall wird in die durch einen von unten wirkenden Gegenkolben geschlossene Gießkammer gefüllt, b) der Gießkolben preßt das Metall in die Form, deren Mundstücköffnung von dem Gegenkolben freigegeben wird; 1 bewegliche Formhälfte, 2 feste Formhälfte, 3 Gießkammer, 4 Mundstück, 5 Auswerferstift, 6 Gießkolben, 7 Gegenkolben, 8 Gußstück, 9 Eingußzapfen, 10 Gießrest

Bild 2.6.48 Verfahrensablauf bei senkrechter Gießkammer

Die Gießgarnitur besteht aus Gießkammer, Gießkolben und Gießkolbenstange; der Gießantrieb umfaßt Antriebszylinder mit Antriebskolben sowie zugehörigen Druckspeicher und Multiplikator.

Die Gießkammer der senkrechten Kaltkammermaschine wird unten von einem Gegenkolben verschlossen, der nach beendeter Formfüllung und Gießkolbenbewegung den Gießrest auswirft. Hauptsächlich wird die horizontale Kaltkammermaschine verwendet, da sie weniger anfällig ist.

Die Qualität des Gußteils hängt entscheidend vom Druckverlauf, der aus ihr resultierenden Kolbengeschwindigkeit und der Strömungsgeschwindigkeit im Formhohlraum während der Formfüllung und vom Druck während der Erstarrung ab. Bild 2.6.49 zeigt die Gießkurven einer Kaltkammermaschine. Man kann drei Phasen unterscheiden :

- den Vorlauf
- die Formfüllung
- den Nachdruck.

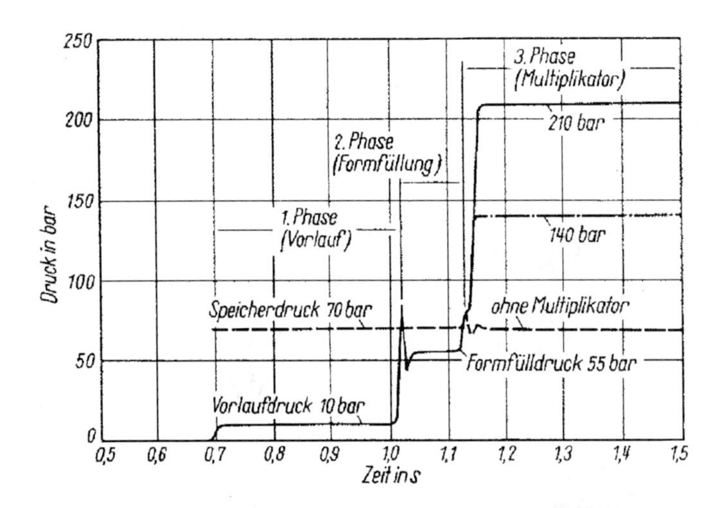

Bild 2.6.49 Gießdiagramm einer Kaltkammer-Druckgußmaschine

Der Vorlauf kann in einen Hoch- und einen Niedriggeschwindigkeitsbereich unterschieden werden. Hauptziel der Steuerung dieses Abschnitts ist eine ruhige Ausfüllung der Gießkammer, des Zulaufs bis zum Anschnitt, damit keine Luft eingeschlossen wird. Die vollständige Ausfüllung der Gießkammer muß turbulenzfrei erfolgen (Bild 2.6.50), was durch einen definierten Druck- und Geschwindigkeitsverlauf über einen Gießantrieb mit Stetigventil und Echtzeitsteuerung, z.B. nach dem SC-Prinzip (Bühler) erreicht werden kann. (Bild 2.6.51)

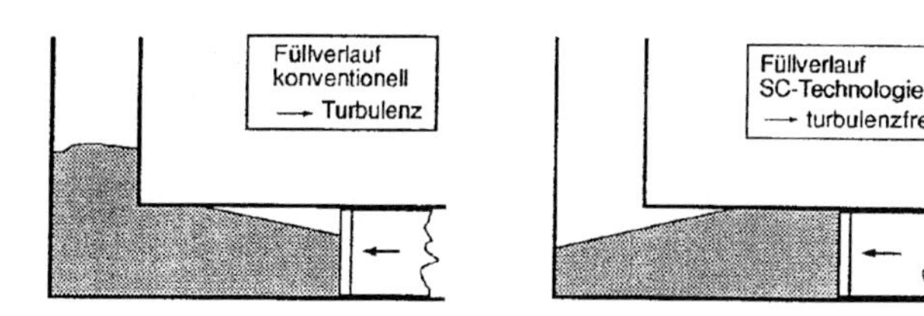

Bild 2.6.50 Möglichkeiten der Strömung in der Gießkammer (nach Stummer)

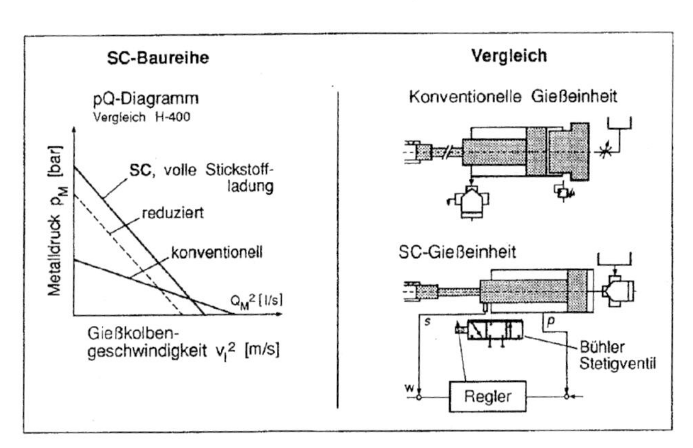

Bild 2.6.51 Prinzip der Echtzeitsteuerung (nach Stummer)

In Abhängigkeit vom Füllungsgrad auch in der ersten Phase und im weiteren Verlaufe der Formfüllung kann dann eine geeignete definierte Druckzeit/Geschwindigkeitskurve für den Gießantrieb der Maschine programmiert werden, die durch die Echtzeitsteuerung abgefahren wird und gute gleichbleibende Gußteilqualität garantiert. Gießkammer und Gießkolben aus Gußeisen, Warmarbeitsstahl oder Beryllium-Bronze werden gekühlt. Verschleiß und Reibung werden durch geeignete Oberflächenbehandlung und Schmiermittel minimiert. Gießkammer- und Kolbendurchmesser werden an die Maschine angepaßt, so daß für bestimmte Maschinengrößen nur bestimmte Durchmesser gewählt werden können und bei unterschiedlichen Abgußmassen unterschiedliche Füllungsgrade der Gießkammer zustande kommen. Die Geschwindigkeit des Kolbens schwankt zwischen 0,1 und 7 m/s. Diese Vorlaufgeschwindigkeit soll so gewählt werden, daß die Luft aus der Gießkammer gut entweichen kann und ein möglichst vollständiger Kammerfüllungsgrad erreicht wird, ohne daß Metall in den Formhohlraum eintritt. In dem Moment, da der Vorlauf beendet ist, wird auf den Gießdruck umgeschaltet; das Metall hat den Anschnitt erreicht und die eigentliche Formfüllung wird mit höherem Druck eingeleitet. Bei einer Reihe älterer Maschinen kommt es zu Druckspitzen, die mit starker Gratbildung verbunden sein können. Neuere Einrichtungen verfügen über ein Dämpfungsglied bzw. entsprechende Ventilsteuerung, die den Kolben rechtzeitig abbremst. Nach der Formfüllung wird die dritte Phase - die Nachdruckphase - unter Anwendung eines Multiplikators eingeleitet. Sie dient dem Ausgleich der Volumenkontraktion infolge Abkühlung und Erstarrung. Wegen des höheren Fließwiderstandes werden die Drücke bis auf 600-1000 bar erhöht. Der Druck kann aber die Volumenkontraktion nur ausgleichen, wenn während der Nachdruckzeit wenigstens durch gelenkte Erstarrung ein Flüssigmetallpfad vom Anschnitt bis zur zu speisenden Partie vorliegt. Hierüber kann in erster Näherung eine mittels FEM/FDM durchgeführte Formfüll-Erstarrunssimulation Auskunft erteilen und entsprechende technologische Maßnahmen einstellen lassen.

Die so optimierte Gestaltung des Anschnittsystems muß die konstruktive Gestaltung des Gußteils, des Anschnitts, seine Lage sowie Einströmgeschwindigkeit und Druckaufbau berücksichtigen.Von den in Bild 2.6.52 gezeigten Strömungsverhältnissen sind die der turbulenzfreien Strömung zu wählen, die Luft nicht einschließt. Auch ist möglichst die Ausbildung eines eingeschnürten Strahles zu vermeiden, der an eine Formwand anstößt und beim Rückfluß ebenfalls Luft einhüllen kann. Wenn hier von „Luft“ gesprochen wird, handelt es sich um die im Formhohlraum vorhandenen Gase, die aus Luft, Trennmitteldämpfen (Feuchtigkeit, Wachsdampf) bestehen, aus denen auch Wasserstoff durch das flüssige Metall reduziert werden kann. Die Wahl und Menge der verwendeten Trennmittel spielt für die eingeschlossene Gasmenge eine wesentliche Rolle und erhöht die Porosität. Ihr Anteil im Gußteil ist umso höher, je ungünstiger die Formfüllung, schlechter die Entlüftung und höher der Anteil an anfallenden Trennmitteldämpfen ist. Die schichtweise Füllung des Formhohlraums ist nur mit geringen Kolbengeschwindigkeiten möglich. Die damit verbundene starke Abkühlung erhöht den Anteil „fließfähiger“ Festphase und die Ungleichmäßigkeit des Gefüges. Es wird daher sehr oft beobachtet, daß die Festigkeitseigenschaften in den Druckgußteilen nicht nur deutlich schwanken, sondern auch in Abhängigkeit von der Strömungsgeschwindigkeit im Anschnitt ein Optimum gegeben ist. Nicht zuletzt deshalb, ist es schwierig, Festigkeitseigenschaften für Druckgußteile in einem Standard festzuschreiben.

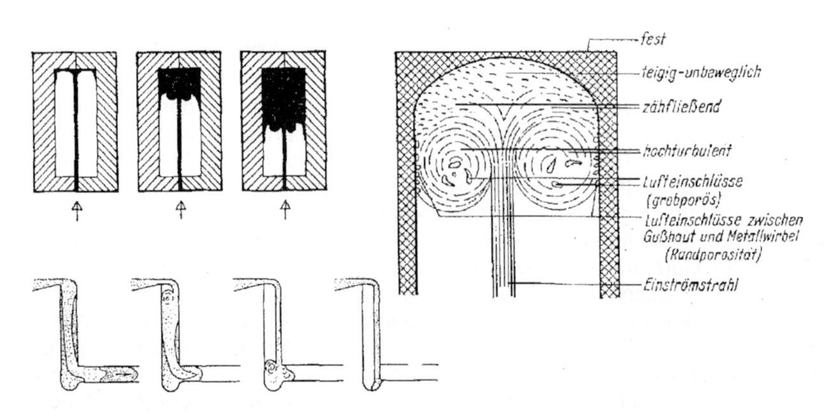

Bild 2.6.52 Strömungsverhältnisse bei der Formfüllung (nach Brunhuber)

Die Dimensionierung des Anschnitts geht daher von einer definierten Strömungsgeschwindigkeit, Gießleistung im Anschnitt aus. Über die Beziehung:

$$f_a = M/\rho \; t \; v_a$$

mit M-Gußteilmasse, ρ - Dichte der Schmelze, t - Füllzeit, v_a - Strömungsgeschwindigkeit im Anschnitt läßt sich der erforderliche Anschnittquerschnitt f_a ermitteln. Die Strömungsgschwindigkeit im Anschnitt soll etwa zwischen 20 und 90 m/s liegen. Über die Kontinuitätsgleichung

$$f_a v_a = v\, d^2 \pi/4$$

läßt sich dann auch die durchschnittliche Kolbengeschwindigkeit v aus dem Kolbendurchmesser d bestimmen und über

$$p_G/P = (D/d)^2$$

der Gießdruck p_G aus dem Betriebsdruck P und D dem Durchmesser des Antriebskolbens entsprechend angleichen. Die Füllzeit t ist so bestimmt, daß sie höchstens gleich der Abkühlungszeit sein darf, die Kaltlauf vermeiden läßt. Bestimmend ist hier die maßgebende (vorherrschende) Wanddicke, so daß sich Richtwerte aus den in Bild 2.6.53 gezeigten Diagrammen entnehmen lassen. Diese Werte gelten für den üblichen Formtemperaturbereich von 200-300 °C. Es empfiehlt sich dann eine entsprechende Füllsimulation über FDM/FEM, die als Eingangsgrößen t oder Gießleistung bzw. f_a verwendet. Als Anschnittdicken werden empfohlen

- sehr dünnwandige Gußteile > 0,3 mm
- dünnwandige Gußteile > 0,8 mm
- relativ dickwandige Gußteile > 1,5 mm

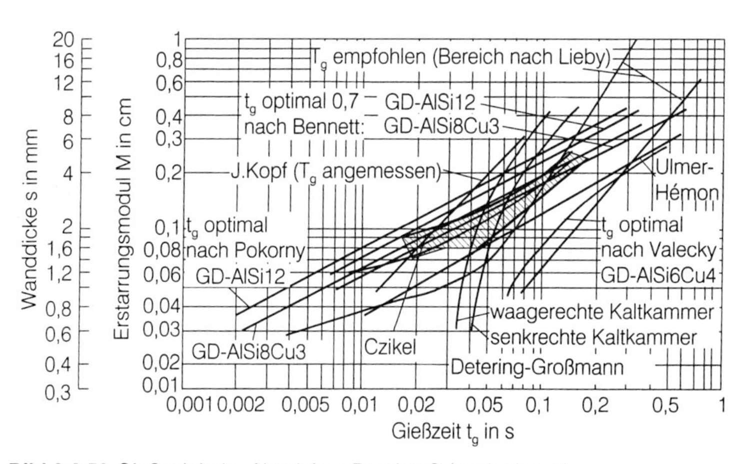

Bild 2.6.53 Gießzeit beim Aluminium-Druckguß (nach Venus)

Beim Abstanzen über Abgratpressen betragen die Kerben unter 0,25-0,3 mm.

Für die Verringerung der Lufteinschlüsse ist eine ausreichende Formentlüftung Bedingung. Der Querschnitt entspricht, soweit keine Zwangsentlüftung vorgesehen ist, etwa dem 3-fachen des Anschnittquerschnitts, die Kanaltiefen sind 0,1-0,3 mm. Die Druckspitzen bei ungebremstem Kolben am Ende des Vorlaufes können zu starkem Grat führen. Zusätzlich ist das Anbringen von Überläufen und Luftsäcken (Bohnen) nötig.

2.6.3.2.2 Sonderverfahren

Beim Vakuum-Druckgußverfahren wird der Formhohlraum evakuiert. Hierzu ist ein Absaugkanal vom Formhohlraum zum Vakuum-Absperrventil notwendig, das in Abstimmung mit der Formfüllung die Verbindung zum Vakuumventil betätigt oder unterbricht und das Abströmen des Flüssigmetalls in die Absaugleitung verhindert. Von den unterschiedlichen Vakuumverfahren soll der Vacural-Prozeß als Beispiel herausgestellt werden. Bei dieser Methode wird außerdem das flüssige Metall nach dem Schließen der Form aus einem Warmhalteofen mittels Vakuum über ein beheiztes Rohr in die Gießkammer der Druckgußmaschine gesaugt (Bild 2.6.54). Durch eine genügend lange Vakuumzeit wird eine geringe Porosität erzielt, da der Unterdruck in der Form bis zum Ende der Formfüllphase aufrecht erhalten werden kann. Die Entnahme des flüssigen Metalls unter der Schmelzbadoberfläche bedeutet zusätzliche Qualitätsverbesserung, da wenig Oxidhäute eingespült werden.

Die hergestellten Gußteile sind wärmebehandelbar und schweißbar. Beim Spaceframe-Konzept für Automobilkarosserien, nach dem im Rahmenbereich Druckgußverbindungsstücke mit

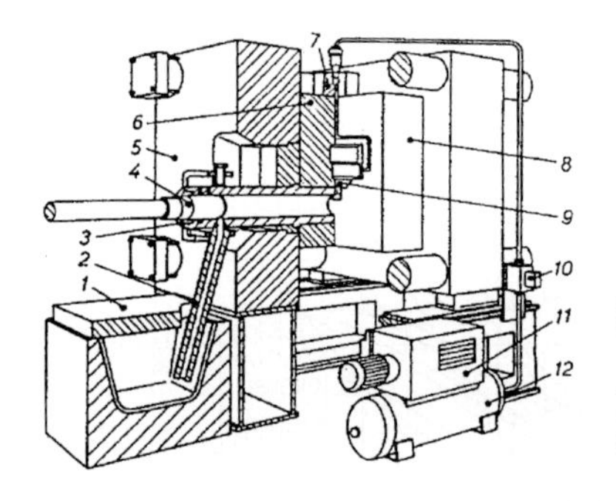

Anlage für das Vakuum-Druckgießen nach dem VACURAL-Verfahren (VAW-Müller Weingarten);
1 Warmhalteofen, 2 Saugrohr, 3 Gießkammer, 4 Gießkolben, 5 Feste Aufspannplatte, 6 Feste Formhälfte, 7 Vakuum-Ventil, 8 Bewegl. Formhälfte, 9 Gießlauf, 10 Magnetventil, 11 Vakuumpumpe, 12 Vakuumtank

Bild 2.6.54 Vacural-Verfahren (nach Stummer)

Strangpreßprofilen vernietet bzw. verschweißt werden, kommt es auf hohe Qualitätsanforderungen, nämlich hohe Steifheit und Verformungsfähigkeit (Energieaufnahme), hohe Zähigkeit und Dehnung an, die durch die nach dem Vacuralverfahren gefertigten Gußteile infolge der hohen Abkühlungsgeschwindigkeit und Porenarmut erfüllt werden können. Die nach diesem Verfahren durch die Wärmebehandlung erzielten Eigenschaften bei der Legierung G-AlSi10Mg sind in Bild 2.6.55 dargestellt. Ein ähnliches Eigenschaftsniveau einer G-AlSi11Mn auch bei zwangsentlüfteter Form zeigt Bild 2.6.56. Eine Lösungsglühung bei 490 °C/3 h, Abschrecken, Kaltauslagern führt hier zu Dehnungen von 15 %. Schon die Zwangsentlüftung bringt Vorteile. Durch den Einsatz einer Legierung AlMg5Si2Mn (Magsimal, Fe < 0,15 %; Mn: 0,5 – 0,8 % lassen sich folgende Festigkeitswerte einstellen:

Wanddicke [%mm]	Zugfestigkeit [MPa] R_m	Dehngrenze [MPa] $R_{p0,2}$	Bruchdehnung [%] A	Dendritenarmabstand [µm] DAS
3 - 12	310 - 247	185 - 113	18 – 11,5	5 – 17

Im Falle des A c u r a d - V e r f a h r e n s wird ein Minimum an Lufteinschlüssen durch eine möglichst wirbelfreie, ruhige Formfüllung bei großem Anschnittquerschnitt, niedriger Strömungsgeschwindigkeit mit Hilfe eines Doppelkolbensystems erreicht, indem in einem äußeren ein innerer Kolben geführt wird. Mit dem inneren Kolben wird mit Beginn der Erstarrung die Nachverdichtung durchgeführt. Der Anwendungsbereich liegt bei relativ dickwandigen Gußteilen mit Materialanhäufungen, die mit dem Druckguß ohnehin schwierig herzustellen sind.

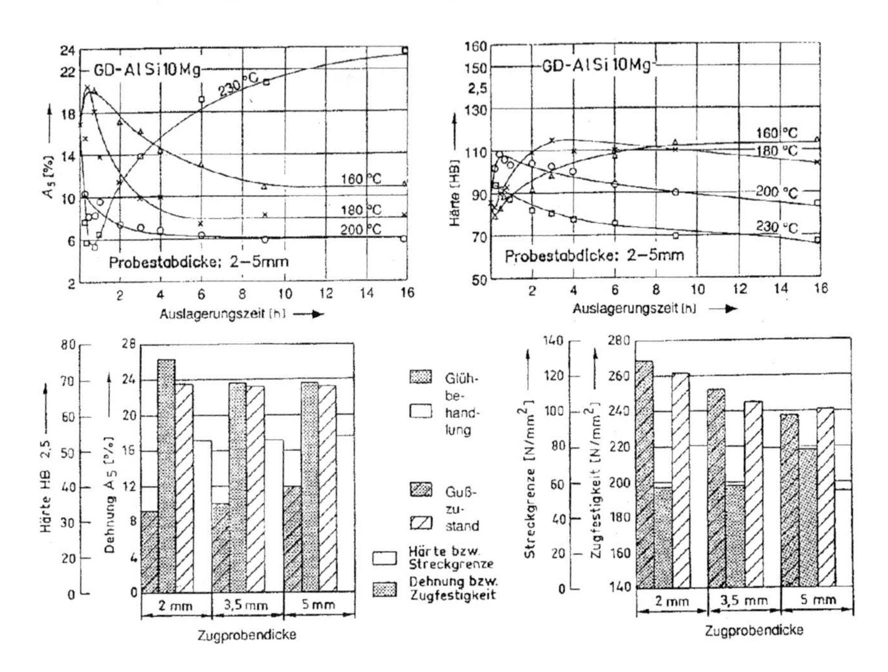

Bild 2.6.55 Eigenschaftskennwerte einer G-AlSi10Mg bei Vacural-Druckguß (nach Stummer)

Mg-Gehalt in Masse %	T_{ag} in °C	ta in h	$R_{p0.2}$ in MPa	R_m in MPa	A_5 in %
0.30	170	1	157	291	7.1
0.30	170	2	169	292	5.0
0.30	170	3	185	302	6.0
0.30	170	4	188	305	8.5
0.30	170	5	197	309	7.1
0.30	170	6	195	309	8.5
0.30	170	8	201	313	8.9
0.30	200	0.5	211	316	8.4
0.30	200	1	212	314	7.9

Bild 2.6.56 Eigenschaften einer G-AlSi11Mn bei Vakuum-Druckguß (nach Hielscher u.a.)

In amerikanischen und japanischen Gießereien wird auch das pore-free-Verfahren eingesetzt (porenfreier Druckguß). Hierbei wird durch Einleiten von Sauerstoff die Luft aus dem Formhohlraum verdrängt. Außerdem reagiert die einströmende Schmelze mit dem Sauerstoff unter Bildung von Oxiden, die feinverteilt im Gefüge vorliegen. Die Möglichkeit einer Wärmebehandlung wird gesehen.

Unter Mittel-Druckguß ist eine Abart des Druckguß zu verstehen, bei dem die Einströmgeschwindigkeit im Anschnitt um 1m/s beträgt, aber mit Beginn der Erstarrung nach der Formfüllung ein hoher Nachdruck aufgebaut wird. im Zusammenhang mit der ruhigen Formfüllung (Gießdruck 50-100 bar) und kurzen Erstarrungszeit ist der Porenanteil geringer und es ergeben sich im allgemeinen gegenüber dem üblichen Druckguß bessere Dehnungswerte.

2.6.3.2.3 Formen (Werkzeuge)

Die hohen thermischen und mechanischen Belastungen durch Zuhalte- und Sprengkraft sowie hohen Temperaturwechsel bei jedem Gießzyklus führen bei den herrschenden Temperaturen von 250-350 °C zur thermischen Ermüdung, die akzeptabel wirtschaftlich nur von Warmarbeitsstählen mit Abgußzahlen im Bereich von 50000 - 200000 zu bewältigen sind. Die Zerstörung setzt an bestimmten ungünstig beanspruchten Formpartien ein, am Anschnitt, scharfen Umlenkungen, Kanten etc. Es kommt zu Auswaschungen, Brandrissen und Klebstellen.

Zum Schutz der Form vor solchem Verschleiß und zur Vermeidung von Reibung werden Trennmittel vor jedem Schuß, meistens über automatisierte Sprüheinrichtungen auf die heiße Formenkontur aufgetragen. Diese Mittel enthalten neben Wachsen, Lösungsmittel, Fette, Wasser etc., die bei Berührung mit der heißen Form verdampfen. Ihre Kühlungwirkung insgesamt ist gering, örtlich kann es aber zu stärkerer Beeinflussung kommen (Bild 2.6.57), wenn nicht richtig dosiert wird. Besonders ist das Verdampfen im Siedeverzug zu vermeiden.

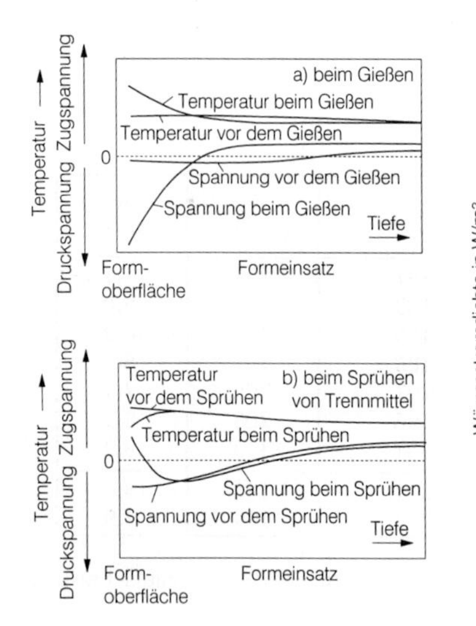

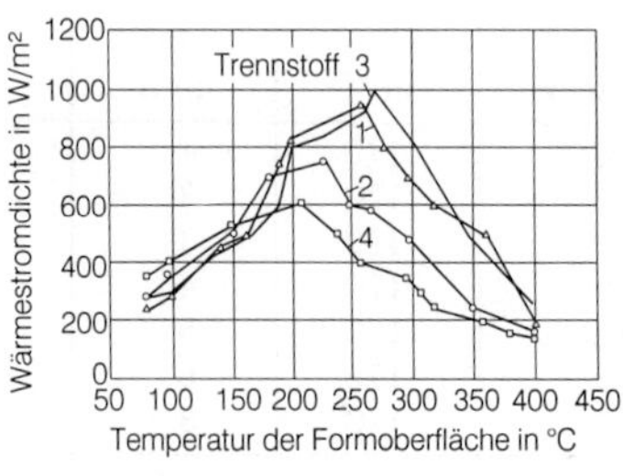

Bild 2.6.57 Abkühlungswirkung von Trennmitteln (nach Flender)

Die verdampfenden Lösungs- und Trennmittelbestandteile führen zu starker Rauchentwicklung und Kondensation an den kälteren Wänden, am Boden und sind deshalb weitestgehend durch eine örtliche Absaugung an der Druckgußmaschine auszuschalten.

Unter den meisten betrieblichen Bedingungen ist eine weitgehende Automatisierung des Druckgußprozesses möglich. Alle Arbeitsgänge (Bild 2.6.58), wie das Eingießen mittels Dosierofen, mit automatischem Gießlöffel oder Saugrohr, die programmierte Formfüllung über Echtzeitregelung, das zeitgemäße Öffnen der Form über Zeitschaltelemente, die Entnahme des über Auswerfer oder über Kerne abgestreiften Gußkörpers durch Entnahmevorrichtungen oder Roboter, das Aufsprühen des Trennmittels oder gegebenenfalls Einlegen von Eingießteilen sowie Schließen der Form sind automatisch ausführbar. Personal wird nur noch für die Überwachung mehrerer Maschinenzellen notwendig bzw. für Einrichtung der Maschine und Formenwechsel. Gleichzeitig wird die Sicherheit der Fertigung erhöht. Auch das Entgraten kann durch Einlegen über den Entnahmeroboter in ein Entgratewerkzeug einer taktweise gesteuerten Einrichtung erfolgen, aus der es in einen Transportbehälter gegebenenfalls zur automatischen Zufuhr in eine Schleif-Scheuereinrichtung gelangt.

Durch den Einsatz auslösbarer Kerne (Salzkerne) oder von Sandkernen wird eine Nutzung des Druckgießverfahrens für komplizierte Gußteile (Wasserpumpengehäuse) offeriert (Doehlerkerne®, Kerne nach Schäfer).

Als Werkstoff für die Formen haben sich Cr-Mo-V-(W)-legierte Stähle bewährt (Tafel 2.6.27), die auf den Betriebszustand hin wärmebehandelt werden müssen (Vergütung). Die Härtetemperatur (Bild 2.6.59) liegt etwa bei 1000 - 1100 °C, danach erfolgt das Abschrecken an Luft oder in Öl, bei dem die Umwandlung zu Martensit erfolgt. Zur Einstellung der gewünschten Einbauhärte wird auf 400 - 600 °C angelassen. Es kann sich ein Spannungsarmglühen nach einer durchgeführten Grobbearbeitung der Form anschließen, die dann fertig bearbeitet und noch einmal spannungsarmgeglüht wird. Hohe Temperaturwechselfestigkeit und damit hohe Lebensdauer werden bei den Formen auch durch definierte schmelzmetallurgische Maßnahmen bei der Stahlherstellung erreicht, z.B. durch Vakuumentgasung, ESU-Umschmelzen, Schwefel-Gehalt unter 0,005 %, Feinkorn. Die Einbauhärte sollte auf 48 HRC begrenzt werden. Hochbeanspruchte Oberflächen in den Formen können speziell oberflächenbehandelt werden (Nitrierung). Da die Zerstörung der Form sehr stark von der Temperaturwechselbeanspruchung durch das Einpressen des heißen Metalls in die relativ kalte Form abhängt, besagt die Erfahrung, daß die Formen im allgemeinen länger halten, die eine relativ hohe mittlere Temperatur (einschließlich Vorwärmtemperatur) und eine relativ hohe Endtemperatur nach der Gußkörperentnahme aufweisen. Messungen und Berechnungen haben gezeigt, daß die maßgebenden Temperaturveränderungen in weniger als 1 mm von der Oberfläche vorsichgehen.

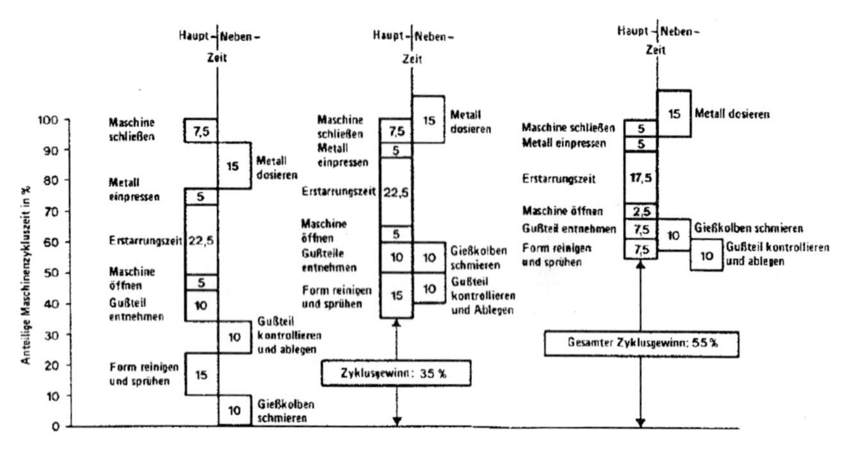

Bild 2.6.58 Fertigungzeiteinsparung durch Automatisierung (nach Brunhuber)

Tafel 2.6.27 Formenbaustähle

Werkstoff	Kurzname	Zusammensetzung (Massengehalte in %)									
		C	Si	Mn	Cr	Mo	V	W	Ni	Co	Ti
1.1730	C 45 W 3	0,45	0,30	0,70	-	-	-	-	-	-	-
1.2162	21 MnCr 5	0,21	0,25	1,25	1,20	-	-	-	-	-	-
1.2311	40 CrMnMo 7	0,40	0,30	1,50	1,90	0,20	-	-	-	-	-
1.2343	x 38 CrMoV 5 1	0,38	1,0	0,40	5,2	1,20	0,4	-	-	-	-
1.2344	x 40 CrMoV 5 1	0,40	1,0	0,40	5,2	1,30	1,9	-	-	-	-
1.2365	x 32 CrMoV 3 3	0,32	0,30	0,30	3,0	2,8	0,5	-	-	-	-
1.2367	x 38 CrMoV 5 3	0,38	0,40	0,40	5,0	3,0	0,6	-	-	-	-
1.2516	120 WV 4	1,20	0,22	0,27	0,20	-	0,1	1,0	-	-	-
1.2567	x 30 WCrV 5 3	0,30	0,20	0,30	2,5	-	0,6	4,5	-	-	-
1.2581	x 30 WCrV 9 3	0,30	0,22	0,30	2,5	-	0,4	9,0	-	-	-
1.2601	x 165 CrMoV 12	1,65	0,32	0,30	12,0	-	0,3	0,5	-	-	-
1.2606	x 37 CrMoV 5 1	0,37	1,0	0,50	5,3	1,5	0,2	1,3	-	-	-
1.2662	x 30 WCrCoV 9 3	0,30	0,20	0,30	2,5	-	0,3	9,0	-	2,0	-
1.2706	x 2 NiCoMo 18 8 5	<0,03	<0,1	<0,1	-	4,8	-	-	18	8	0,45
1.2709	x 2 NiCoMo 18 9 5	<0,03	<0,1	<0,1	-	5	-	-	18,5	9	0,7
1.6356	x 2 NiCoMoTi 18 12 4	<0,03	<0,1	<0,1	-	4	-	-	18	12	1,6

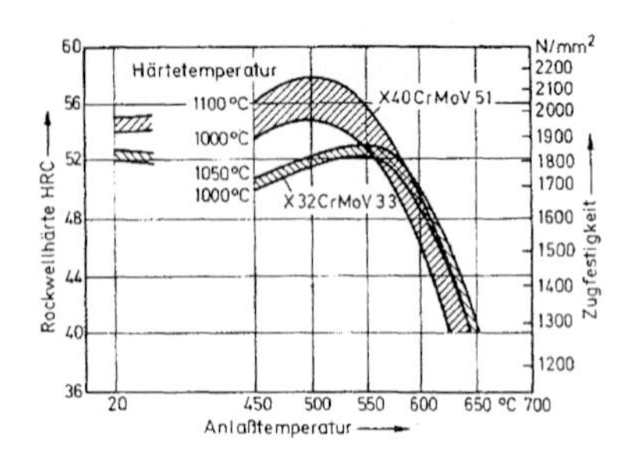

Bild 2.6.59 Anlaßschaubild von Formenbaustählen (nach Schneider)

Zur Verringerung der Kosten bei der Formherstellung besteht das Bestreben, Normteile einzusetzen.

Die die Zykluszeit und Gußteilqualität beeinflussende mittlere Formentemperatur sowie die für die gerichtete Erstarrung notwendige Temperaturverteilung sind unter Umständen wirtschaftlich nur über eine gesteuerte Kühlung einzustellen. Hierzu werden Heiz-Kühl-Geräte im Sinne der Formentemperierung verwendet. Kühlmedium ist Hochtemperaturöl bis 350 °C. Um die Kühlung definiert zu realisieren, werden Kühlkanäle in die Formteile eingebracht, deren richtige Anordnung und Dimensionierung von ausschlaggebender Bedeutung ist. Für die lokale Wärmeabfuhr eignet sich außerdem in festen und beweglichen Formteilen (auch Kernen) ein Wärmerohr.

Die Dimensionierung der Kühlkanäle für die Beeinflussung der mittleren Formtemperatur kann durch eine erste Näherung über Wärmebilanzbeziehungen erfolgen. In Bezug auf die bewußte Beeinflussung des Erstarrungsablaufs ist eine relativ sorgfältige Berechnung der Temperaturverteilung über eine FDM/FEM-Simulation der Abkühlung und Erstarrung nötig.

2.6.3.3 Sondergießverfahren

Dazu gehören im wesentlichen

- Squeeze-casting (Flüssigpressen)
- Rheocasting
- Thixocasting.

Das Squeeze-casting oder Flüssigpressen preßt die Schmelze, ähnlich wie bei Druckguß in die Form, aber mit deutlich geringerer Strömungsgeschwindigkeit, jedoch sehr hohem Druck während der Erstarrung. Die Kolbengeschwindigkeit beträgt 0,02-0,15 m/s, der Gießdruck über 120 bar, besonders während der Erstarrung. Das Verfahren wurde entwickelt, um Porenfreiheit in den Gußteilen durch Vermeidung von Lufteinschlüssen und hohem Druck für die Nachspeisung zu erreichen und eignet sich daher besonders für dickwandige Teile, die wärmebehandelt werden sollen.

Es werden unterschiedliche konstruktive Ausführungen der Maschine verwendet in Anlehnung an die horizontale oder vertikale Kaltkammermaschine, jedoch mit festem oder ausschwenkbarem Gießaggregat. Im Prinzip stellt das Squeeze-casting eine Verbindung des Niederdruckgießens (niedrige Füllgeschwindigkeit, oft steigendes Gießen über großen Anschnitt) mit dem Druckgießen infolge des höheren Nachdrucks gekoppelt mit der hohen Produktivität dar. Über die großen Anschnittquerschnitte oder durch die direkte Druckwirkung eines Formenteils auf den erstarrenden Gußkörper ergibt sich eine starke Wirkung des Druckes für die Nachspeisung. Die für eine Reihe von Teilen angewendete Druckbehandlung im festen Zustand -HIP-Verfahren- wird hier bereits während der Erstarrung vorweggenommen. Es können sowohl Knet- als auch Gußlegierungen entsprechend der Größe der Gießkammer jetzt bis 50 kg verarbeitet werden (Bild 2.6.60). Gegenüber dem Kokillenguß bzw. Druckguß werden im allgemeinen höhere Zähigkeitswerte erzielt, die in der Nähe der von geschmiedeten Teilen liegen. In Tafel 2.6.28 sind in Gußteilen erreichte Festigkeitseigenschaften angegeben.

Tafel 2.6.28 Festigkeitseigenschaften in Squeeze-Casting-Gußteilen (nach Kaufmann)

Bauteil	Legierung	Festigkeitseigenschaften		
		R_m MPa	R_p MPa	A_5 %
Radträger	G-AlSi7Mg	326	288	4,9
Lenkgehäuse	G-AlSi7Mg	309	251	6,9
Lenkgehäuse	G-AlSi9Cu3	317	258	2,7
Spindelnarbe	7075 (AlZnMgCu)	577	508	5
Rad	2014,T6, (AlCuSiMn)	467	436	3
Alufelge	G-AlSi7Mg	297	235	7,1
Lenkmuffe	G-AlSi7Mg	352	294	7,5

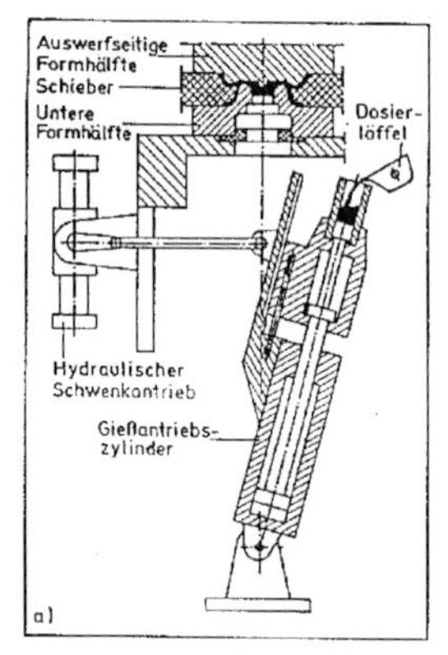

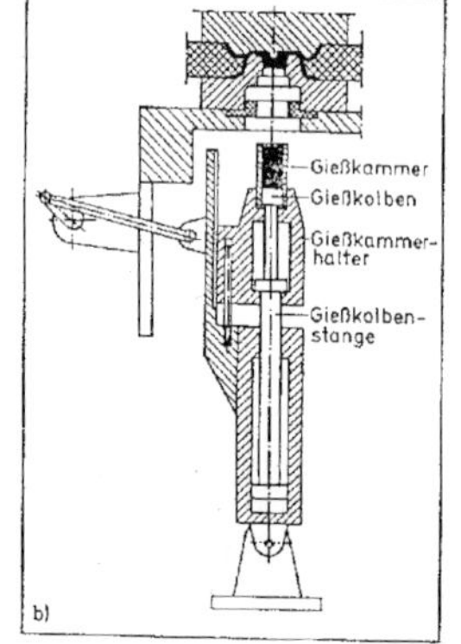

a) Gießeinheit ausgeschwenkt in Füllstellung
b) Gießeinheit in die Maschine eingeschwenkt und gießbereit (Ube Industries Ltd.; Tokio/Japan

Bild 2.6.60: Squeeze-Casting (nach Gießerei-Lexikon)

Das Squeeze-casting-Verfahren wird auch für die Druckinfiltration von Faser-Preforms und das Eingießen von partiellen Faserverstärkungen z.B. bei Dieselmotorenkolben günstig angewendet.

Das F l ü s s i g - P r e s s e n hat einen ähnlichen Verfahrensablauf. Die Herstellung der Gußteile erfolgt im Preßgesenk (Bild 2.6.61). Es sind drei Stufen der Druckbeaufschlagung erkennbar. Die Erstarrung des Metalls beginnt mit dem Einfüllen in die Form und schreitet dann unter Druckbeaufschlagung fort, weil die bewegliche Formhälfte in die Form gefahren wird. Die Volumenkontraktion während der Erstarrung wird ausgeglichen. Der Druck kann 1500-2000 bar betragen. Das Gefüge ist wegen der hohen Erstarrungsgeschwindigkeit und des hohen Druckes sehr fein und ohne Poren, so daß hohe Festigkeitseigenschaften erzielbar sind. Die Masse der hergestellten Teile liegt bis etwa 20 kg.

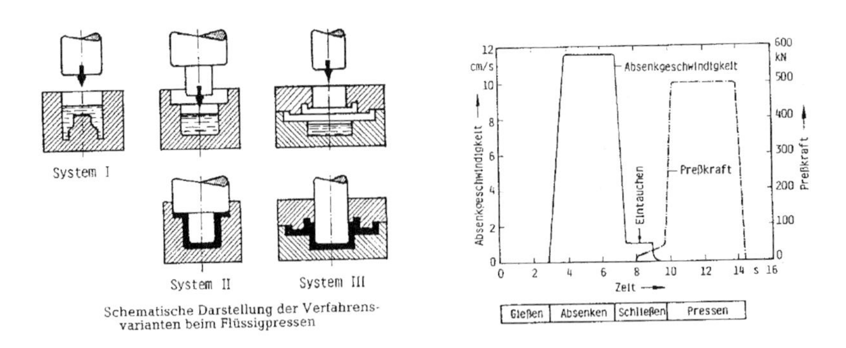

Schematische Darstellung der Verfahrensvarianten beim Flüssigpressen

Bild 2.6.61 Flüssigpressen (nach Gießerei-Lexikon)

Das R h e o - c a s t i n g (Rheo-Gießen) b z w. T h i x o - c a s t i n g (Thixo-Gießen) ist vom R h e o - o d e r T h i x o - f o r m i n g zu unterscheiden. Es wird der Werkstoff im flüssig-festen bzw. fest-flüssigen Zustand (semi-solid) verarbeitet, beim Thixo-forming ähnlich dem Flüssig-Pressen in einem Gesenk verpreßt.

Während beim Rheo-casting der flüssig-feste-Zustand durch Abkühlung einer Schmelze erzielt wird, muß beim Thixo-casting ein fester Bolzen in den fest-flüssigen Zustand erwärmt werden.

Der Verfahrensablauf sieht beim Rheo-casting die Erzeugung einer erstarrenden Schmelze durch Abkühlung unter gleichzeitigem elektromagnetischen oder mechanischen Rühren vor, die entweder zu Bolzen oder Strängen oder direkt in der Druckgußmaschine oder nach dem Squeeze-casting-Verfahren vergossen wird. Im Falle des Thixo-casting ergeben sich zwei Verfahrenszüge, die entweder normal erstarrte Bolzen oder Stränge relativ stark verformen (40-70 %) - SIMA-Verfahren - die beim nachfolgenden Erwärmen in den fest-flüssigen Zustand feinkörnig-globulitisch rekristallisieren oder chemisch, mechanisch korngefeint sind, so daß ebenfalls durch die Erwärmung Globuliten entstehen. Die Erwärmung erfolgt so, daß sich ein Festkörper mit 30-40 % Flüssiganteil bildet, der sich über Roboter in eine Gießkammer einlegen läßt und dann verarbeitet wird. In Abhängigkeit von der Art der Legierung muß die Erwärmung gerade auf eine solche Temperatur im Erstarrungsintervall erfolgen, daß die Scherkraft zur Verarbeitung und damit die Viskosität trotz relativ hohen Festanteils gering ist.

Die Verarbeitungsstemperatur vieler Al-Legierungen liegt beim Thixocasting zwischen 575 und 585°C. Höhere Einpreßdrücke sind erforderlich. Um die Formfüllung wegen des geringen Flüssiganteils zu garantieren, muß die Form schnell gefüllt werden. Dazu sind größere Anschnittquerschnitte oder Zentraleingüsse nötig. Wegen des geringeren Flüssiganteils ist die Volumenkontraktion kleiner, die Porosität geringer, die Formenhaltbarkeit höher. Durch die Porenarmut besteht die Möglichkeit der Wärmebehandlung oder Schweißbarkeit. Die Bolzen werden meist induktiv erwärmt. Da die Erwärmungszeit länger als die Taktzeit der Druckgußmaschine sein kann, werden im allgemeinen mehrere Bolzen parallel erwärmt. Hauptsächlich wird die Legierung G-AlSi7Mg verwendet, andere sind möglich. Bisher sind eher dickwandigere Gußteile konkrete Anwendungsfälle. Nach dem Thixogießen erreichbare Festigkeitseigenschaften sind in Tafel 2.6.29 dargestellt.

Tafel 2.6.29 Mechanische Eigenschaften in Bauteilen, hergestellt nach dem Thixo-casting (nach Kaufmann)

Beuteil	Legierung	Festigkeitseigenschaften		
		R_m MPa	R_p MPa	A_5 %
Radträger	G-AlSi7Cu3	225	178	3
Hauptbremszylinder	G-AlSi7Mg	309	245	11
Dachrelingknoten	G-AlSi7Mg	320	240	12
Pleul	G-AlSi7Mg+15 %SiC	230	175	1

Die Legierungspalette erweitert sich, z.B. G-AlSi6Cu3Mg (T6 , R_m = 405 MPa; A = 5 %) und G-AlSi17Cu4Mg (T6 , R_m = 350 MPa; A < 0,2 %). Der Gesamtanteil der Al-Gußfertigung nach dem Rheo- oder Thixocasting liegt bei ca. 1 %.

Bei der Verarbeitung von partikelverstärkten Legierungen bewährt sich dieses Verfahren (Compo-casting), da es eine gleichmäßige Verteilung der Teilchen im Gefüge ermöglicht.

Beim RIMLOC-Verfahren wird durch intensive induktive Aufheizung (**R**apid **I**nduction **M**elting) die partikelverstärkte Legierung so schnell aufgeschmolzen, daß eine Trennung der Phasen kaum erfolgt und die Schmelze anschließend über einen Kolben bei gleichzeitiger Zerstörung des Tiegels (**LO**st **C**rucible) in die Form gefördert wird.

2.6.3.4 Schleuderguß

Dieses Verfahren wird bei der Verarbeitung von Aluminium und seinen Legierungen nur in geringem Umfange angewendet. Formen (Sandformen und Kokillen) rotieren um eine innerhalb und außerhalb der Form liegende Achse. Dabei wirkt die Zentrifugalkraft sowohl während der Formfüllung als auch während der Erstarrung. Dadurch können einerseits geringe Wanddicken gefüllt und hohe Konturenschärfe erreicht werden. Seigerungen treten aber auch auf. Das Prinzip zeigt Bild 2.6.62 Das Verfahren eignet sich vor allen Dingen für die Herstellung von rotationssymmetrischen Körpern, wie Buchsen, Ringen, Rohren, auch Motorläuferkäfigen von 50-100 mm Durchmesser. Die Drehzahl schwankt zwischen 1500 und 5000 min^{-1}.

2.6.3.5 Verbundguß

Um unterschiedliche Eigenschaften mehrerer Materialien wirtschaftlich zu nutzen, werden Teile verschiedener Eigenschaften - häufig Gußeisen- oder Stahl-, seltener Cu-Teile oder Prepeg/Preforms-Verbundwerkstoffteile-, ja sogar Keramikteile mit Aluminium oder Al-Legierungen ohne oder mit metallischer Bindung umgossen. So weisen die so erzeugten Gußteile im allgemeinen höhere Festigkeitseigenschaften besonders bei höheren Temperaturen oder bessere Korrosionsbeständigkeit auf.

Das Eingießen solcher Teile ist nahezu verfahrensunabhängig. Preforms können aus Fasern oder Teilchen aufgebaut sein. Da sie porös sind, werden sie in der Form von der Matrixschmelze infiltriert.

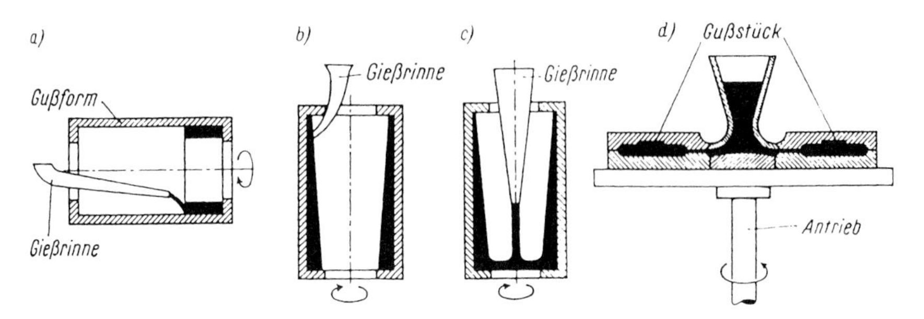

Bild 2.6.62 Schleuderguß (nach Irmann), a horizontal, b vertikal fallend, c vertikal steigend, d vertikal für Formguß

Im Falle der Schrumpfhaftung genügt es häufig die Fremdteile nach vorhergehender Oberflächenbehandlung (Reinigen, Sandstrahlen, Beschichten etc.) im angewärmten Zustand einzugießen. Gegebenenfalls kann man durch äußere Formgebung durch Riffeln, Nuten, Stiften, Schwalbenschwänzen, bei zylindrischen Teilen auch durch plane Flächen, den mechanischen Verbund verbessern. In einer Reihe von Fällen muß besonders der Ausdehnungskoeffizient beachtet und die Materialkombination darauf abgestimmt werden. So werden beim Eingießen von Ringträgern bei Al-Kolben aus dem Werkstoff G-AlSi12CuNi Niresist-Gußeisen als Kolbenringträger im Sinne definierter Ausdehnungskoeffizienten-Anpassung ausgewählt. Bei der Schrumpfhaftung ist mit schlechten Bereichen ungenügender Verbindung zu rechnen, die in diesem und weiteren Fällen zu schlechtem Wärmeübergang und durch die Wechselbeanspruchung zu frühzeitiger Schädigung führen können. Typische weitere Anwendungsfälle sind das Eingießen von Zylinderlaufbuchsen aus Gußeisen in Al-Motorblöcke bzw. von hochlegierten (Si-Primär als Trägerkristall) Al-Si- oder entsprechend verschleißfesten partikelverstärkten Verbundteilen, wie beim Lokasil-Verfahren. Die Erwärmung der Fremdteile, in die Form eingebracht, selbst kann durch Induktion in der Sandform vor dem Abguß erfolgen.

Bei der metallischen Bindung wird durch geeignete Materialauswahl und Fremdteilvorbehandlung eine definierte Diffusionsschicht erzeugt, die durch das nachfolgende Gießen zum Entstehen eines definierten Verbundgußgefüges mit entsprechenden Eigenschaften führt. Dadurch lassen sich die Nachteile der reinen Schrumpfhaftung weitgehend vermeiden. So werden z.B. sorgfältig gereinigte Eisenteile nach dem Al-Fin- oder Al-Fer-Verfahren bis zum Erreichen der gewünschten Schichtdicke einer Übergangsschicht aus FeSiAl-, FeCuAl oder FeAl-Phasen von 0,02-0,03 mm in einem Bad flüssiger Al-Legierungen oder Reinaluminium bei 750-800°C getaucht, dann entnommen, in die Form eingelegt und anschließend umgossen. Anwendungsgebiete sind vordringlich der Elektromotoren- und Verbrennungsmotorenbau, wie Ringträger für die Kolbenringnuten bei Dieselmotoren, Zylinderlaufbuchsen in Motorengehäusen, Keramikeinsätze in Brennraummulden der Kolben oder bei Abgaskrümmern, Rohre in Gehäusen, Wicklungen in Läuferkäfigen. Die Fremdteile können aber auch aus einer arteigenen Legierung, z.B. einer übereutektischen Al-Si-Legierung bestehen, die in eine andere Al-Si-Legierung eingegossen wird.

2.7 Anschnitt- und Speisetechnik

Die Anschnitt- und Speisetechnik umfaßt alle Maßnahmen, die im Zusammenhang mit einem ordnungsgemäß gestalteten und dimensionierten und in Bezug auf das Gußstück angeordneten Gieß- (Anschnitt-) und Speisesystem eine für die Gußteilqualität sachgerechte Formfüllung, gelenkte Erstarrung und Nachspeisung gewährleisten. Dabei muß die Gestaltung und Dimensionierung des Anschnitt- und Speisesystems fertigungstechnischen Gesichtspunkten in Bezug auf Formteilung, Gußkörperentnahme und Trennung zwischen Gußstück und Gußkörper genügen. Der für Anschnitt- und Speisesystem notwendige Materialaufwand bestimmt das Ausbringen und hat darum wirtschaftliche Bedeutung, schließlich liegt dieses Ausbringen je nach Gußteilkonfiguration, Form- und Gießverfahren zwischen 40 und über 90 %. Ein Wert von 50 % verlangt im Zusammenhang mit der Gußteilmasse eine doppelte Kapazität des Schmelzbetriebes. Sandguß hat oft ein schlechteres Ausbringen als Kokillenguß, Kopfguß oder eine äquivalente Gießweise wie der Niederdruckguß ein besseres Ausbringen als Bodenguß. Kopfguß selbst kann wegen der Oxydhautbildung aber nur in einer Reihe von Fällen genutzt werden.

Die Anschnittechnik bezieht sich im allgemeinen auf die Formfüllung allein, d.h. durch geeignete Gestaltung der hierfür dimensionierten Kanäle muß für einen ordnungsgemäßen Strömungsverlauf während der Formfüllung in Bezug auf Strömungsgeschwindigkeit und Druck unter Berücksichtigung des zulässigen Temperaturverlustes Sorge getragen werden. In zunehmendem Maße ist man jetzt in der Lage, die Strömung in der angegebenen Hinsicht zu berechnen und damit das System ordnungsgemäß zu definieren. Eine weitere Rahmenbedingung stellt die Vermeidung der Schaumbildung von Al-Legierungen dar, die auf Grund der hohen Oxydierbarkeit und geringen Dichte von 2,5 g/cm^3 gegeben ist. Dies führt dazu, daß eine bestimmte Strömungsgeschwindigkeit nicht überschritten, laminare Strömungsverhältnisse und Überdruck eingehalten werden sollten, um die Oxydhaut nicht zu zerreißen und im „Oxydschlauch" zu gießen.

Die Speisetechnik muß für einen ordnungsgemäßen Ausgleich des bei der Erstarrung entstehenden Volumendefizits sorgen, Lunker, Porosität und Risse durch die Gewährleistung der für eine einwandfreie Speisung erforderlichen Bedingungen der gelenkten Erstarrung und Bereitstellung von Speisemetall verhindern. Die gelenkte Erstarrung muß durch Lenkung des Erstarrungablaufs von Orten erster zu Orten letzter Erstarrung, den Speisern, sichergestellt werden, damit der im Speiser bereitgestellte Flüssigmetallanteil auch ungehindert an die Positionen der Volumenkontraktion abfließen kann. Im Gußteil gefährdete Positionen können am besten durch eine computergestützte Erstarrungssimulation erkannt werden.

Da im allgemeinen Speiser trotz besonderer Isolierung oder den Einsatz von Heizspeisereinsätzen zur Verschlechterung des Ausbringens beitragen, wird bereits durch richtige Anordnung der Elemente des Anschnitt- und Speisesystems, der Steuerung der Abkühlungsverhältnisse (Kühleisen, Kühlstifte, Kühlkanäle) und Wahl der Gießtemperatur bereits während der Formfüllung versucht, eine gelenkte Abkühlung und Erstarrung aufzubauen, damit bereits während des Gießens nachgespeist werden kann. Der Kokillenguß eignet sich hierfür besonders. Elemente des Anschnittsystems übernehmen Aufgaben der Speisung.

Im Bild 2.7.1 ist für ein Gehäuseteil im Sandguß der Aufbau eines Anschnitt- und Speisesystems dargestellt. Der Aufwand wird deutlich. Aus wirtschaftlichen Erwägungen ist die Vermeidung jeglicher Fehler, also absolute Fehlerfreiheit, auch im Zusammenhang mit dem erforderlichen Prüfaufwand in einer Reihe von Fällen weder nötig noch möglich.

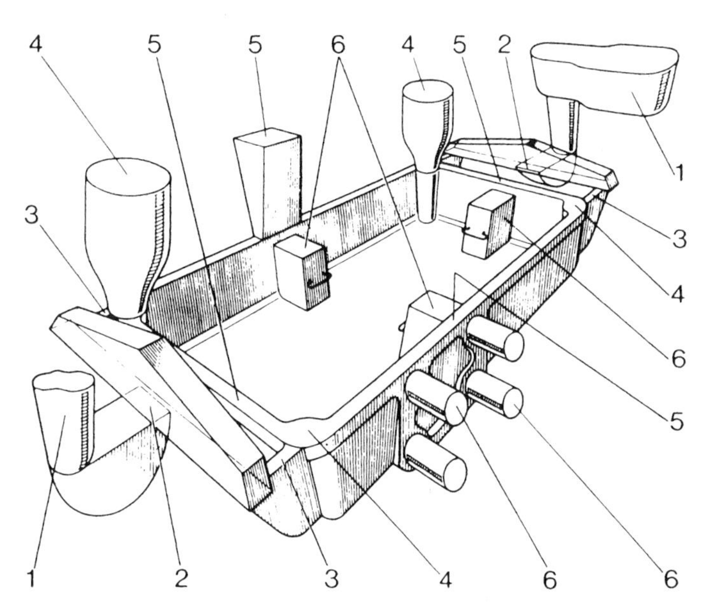

Bild 2.7.1 Erzielen einer gerichteten Erstarrung bei Sandguß durch gute Anschnittechnik; 1 Einguß, 2 Regulierquerschnitt, 3 Anschnitte, 4 Speiser, 5 Entlüftung, 6 Kühleisen

2.7.1 Anschnittechnik

Elemente des Anschnittsystems sind :

- Eingußtrichter, Eingußtümpel oder Eingießbecken (Bild 2.7.2)
- Eingießkanal (Einguß oder Einlauf)
- Zulauf (Lauf, Laufsystem), Verteiler (Querlauf)
- Anschnitt (Anschnittquerschnitt)

Sie werden so kombiniert und dimensioniert sowie angeordnet, daß folgende Gießweisen möglich sind :Kopfguß, Bodenguß, Seitenguß.

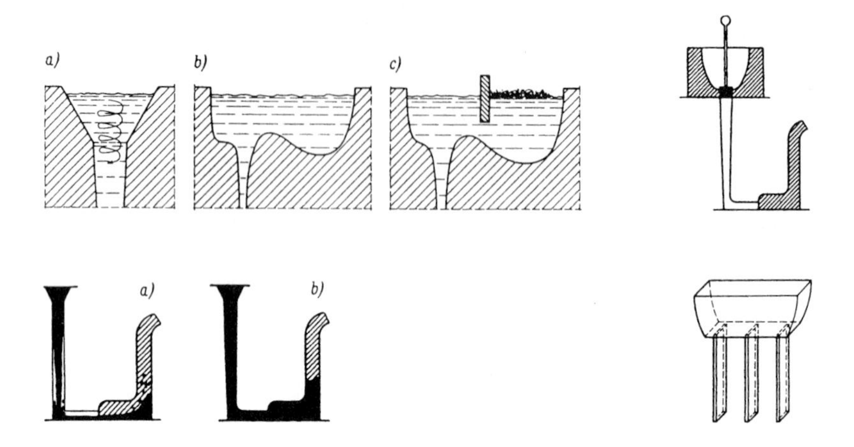

Bild 2.7.2 Elemente des Anschnittsystems; oben links: Eingießtrichter und Eingießbecken,

a Eingießtrichter, zur Schlackenabscheidung ungeeignet, b normales Eingießbecken,
c Eingießbecken mit eingesetztem Schlackenschutz; oben rechts: Gießwanne mit Stopfen; unten links: Eingießkanal, a zylindrisch, ungünstig, b konisch, günstig; unten rechts: Auflösung des Eingießkanals in mehrere Querschnitte

2.7.1.1 Dimensionierung des Anschnittsystems

Die Dimensionierung geschieht unter Beachtung der Gesetze der Strömungsmechanik. Es wird eine Newton'sche Flüssigkeit angenommen, so daß die Beziehung gilt : $\tau=\eta$ dv/dn ; die sich bei der Verschiebung von Flüssigkeitsschichten einstellende Schubspannung τ ist proportional dem Produkt aus Viskosität η und dem Geschwindigkeitsgradienten dv/dn. Im Rahmen des für inkompressible reibungsbehaftete Flüssigkeiten geltenden Komplexes der Navier-Stokes'-schen Differentialgleichungen und bestimmter Randbedingungen lassen sich neben den numerischen Lösungen (siehe Kapitel 2.3.3) die Bernoulli'sche und Hagen-Poiseulle'sche Beziehung ableiten, die zuerst als Grundlage für die Dimensionierung gelten können.

Satz nach Bernoulli : $v^2/2 + P/\rho + g\,h = const.$

mit
v - Geschwindigjkeit
g - Erdbeschleunigung
ρ - Dichte
h - hydrostatische Höhe
P - Druck

für eine stationäre Strömung

Satz nach Hagen-Poisseulle $Q = \pi\, r^4 (P_1 - P_2)/l\ 8\, \eta$

mit

Q	- durchströmende Menge pro Zeiteinheit
r	- Kanalradius
l	- Kanallänge
$(P_1 - P_2)$	- Druckunterschied
η	- Viskosität

$Q = v_A\, f_A = v\ f$; $f = d_{hyd.}\ \pi/4$

v_A - Strömungsgeschwindigkeit im Anschnittquerschnitt fA
v - Strömungsgeschwindigkeit in einem beliebigen Querschnitt des Anschnittsystems
f_A, f - Querschnitt eines Anschnittsystemelements
$d_{hyd.}$ - hydraulischer Durchmesser - = 4f/U ; U - Umfang

Die Gießleistung Q ist über die Beziehung $Q = M/\rho t$ mit der Gußkörpermasse M und der Füllzeit t der Form verbunden. Andererseits muß für einwandfreie Gußteilqualität eine bestimmte Gießleistung Q eingehalten werden. Durch Untersuchungen hat sich herausgestellt, daß wegen der Näherungsbeziehung zwischen Wanddicke und Gußteilmasse für die Abschätzung der einzuhaltenden Gießleistung folgender Zusammenhang verwendet werden kann:

$Q = k\, M^n$; mit n = 0,6 und für Sandguß nach Nielsen k = 5 (dickwandig kompakt 3; dünnwandig, sperrig 8).

Daraus kann der Anschnittquerschnitt f_A zu

$$f_A = \frac{k \cdot M^n}{\xi \sqrt{2gh^*}}$$

bestimmt werden.
h* stellt die mittlere hydrostatische Druckhöhe, ξ - den Geschwindigkeitsfaktor zwischen 0,3 und 0,9 dar, der den Energieverlust durch Reibung infolge der Wandrauheit der Kanäle bzw. durch Umlenkungen der Strömung oder inneren Reibung (Viskosität), auch infolge Temperaturabfalls und Teilerstarrung kennzeichnet. Kopfguß weist den höheren Geschwindigkeitswert als Seiten- oder Bodenguß auf, da besonders letzterer durch ein langes Laufsystem gekennzeichnet ist. Energieverluste durch Querschnittänderungen und Umlenkungen sind größer als Reibungsverluste in geraden Kanälen üblicher Länge. Entsprechend der Kontinuitätsbeziehung $f_1 v_1 = f_2\, v_2$ läßt sich die Geschwindigkeit in jedem anderen als dem Anschnittquerschnitt einschätzen.

Trichter, Gießbecken und Gießtümpel weisen einen größeren Querschnitt als der Einlauf auf, um den aus der Pfanne, Gießlöffel oder Gießofen auftreffenden Gießstrahl, der breiter ist und je nach Fallhöhe eine hohe Geschwindigkeit besitzen kann, aufzufangen und zu bremsen. Allerdings muß auch eine der Gießleistung entsprechende ausreichende Höhe vorhanden sein. Hierfür sind Becken und Tümpel besser geeignet, da der Boden als Mulde mit Wall zum Einlauf hin ausgebildet ist, bzw das Becken mit einem Stopfen verschlossen werden kann. Dadurch können auf der

Schmelze schwimmende Oxidhäute zurückgehalten werden. Becken ohne bzw. mit Stopfen sind besonders bei größeren Formen sinnvoll.
Im Einlauf fällt normalerweise das Metall und kann beschleunigt werden, so daß die Gefahr des Luftansaugens besteht, falls sich ein Unterdruck ausbildet, zu dessen Vermeidung der Übergang zwischen Eingießelement und dem Einlauf mit allmählichem konischen Übergang gestaltet werden sollte und der Einlauf sich nach einer bestimmten Funktion verjüngen muß. Die Einlaufverjüngung entspricht nach Nielsen (DBP 976497) einer Fallparabel, d.h. der Beziehung:

$$f_{Einlauf} = \frac{Q}{\sqrt{2gh}}$$

so daß sich z.B. entsprechend der Tafel 2.7.1 folgende Verhältnisse ergeben.

Tafel 2.7.1 Eingießkanalgestaltung nach Nielsen

Höhe h cm	Querschnitt f cm^2	Durchmesser d cm	Geschwindigkeit cm/s
1	22,6	5,36	44,3
2	16,0	4,52	62,6
3	13,1	4,08	76,7
5	10,1	3,59	99,1
10	7,1	3,01	140,0
25	4,5	2,40	221,5
36	3,8	2,20	265,9
49	3,2	2,02	310,0

Zur bewußten Geschwindigkeitsverringerung im Einlauf kann dieses Element wie ein Schlangenlauf gestaltet und nach jeder Richtungsänderung eine Querschnittserweiterung um den Faktor 1,3 vorgenommen werden.

Beim Übergang vom Einlauf in einen Verteilerlauf (Querlauf) sollte nach der in Bild 2.7.3 angegebenen Weise verfahren werden. Vom Anschnitt sollte das Metall in den Formhohlraum möglichst ohne Strahlwirkung fließen. Dies kann durch weitere Verringerung der Strömungsgeschwindigkeit erreicht werden., z.B. durch Querschnittserweiterung, aber unter Beachtung der Tatsache, daß auch die Richtung des Zulaufs beim Einmünden in den Formhohlraum eine Rolle spielt und das direkte Anströmen gegenüberliegender Formpartien verhindert wird., was nicht nur zur Aufheizung, sondern auch als Folge zur vorzeitigen Zerstörung der angeströmten Partie führen kann. (Bild 2.,7.4)

Von den Gießweisen, Kopf-, Seiten- und Bodenguß besitzt der Kopfguß den Vorteil des höheren Ausbringens, aber den Nachteil des freifallenden Strahls im Formhohlraum, so daß verstärkt mit Verschäumung und Verspritzung zu rechnen ist.. Daher wird trotz des Vorteils Kopfguß weniger oft angewendet. Durch den Seitenguß ergibt sich zumindest für die oberen Teile eine ruhige Formfüllung. Spezielle Ausführungsformen führten zum Steigkanal-Schlitzanschnitt-Verfahren nach Spitaler und Nielsen (Bild 2.7.5). Steigende Gießweise (Bodenguß) ist sehr gebräuchlich, da es auf Grund des hydrostatischen Gegendruckes mit steigendem Metallniveau während der Formfüllung zur Verringerung der Strömungsgeschwindigkeit (Steigegeschwindigkeit) kommt. Allerdings ist hier das wirksame

Temperaturgefälle im Sinne einer gelenkten Erstarrung abgeschwächt; heißes Metall strömt unten ein und kühlt sich ab; kälteres Metall erreicht die Kopfpositionen. Oben liegende Speiser werden ohne Seitenanschnitt nur mit kälterem Metall gefüllt. Daher kommt es vor, daß bei Nichtbeachtung dieser thermischen Verhältnisse im Einströmbereich Lunker auftreten, die nur über zusätzliche Speiser am Anschnitt ausgeglichen werden können (schlechtes Ausbringen).

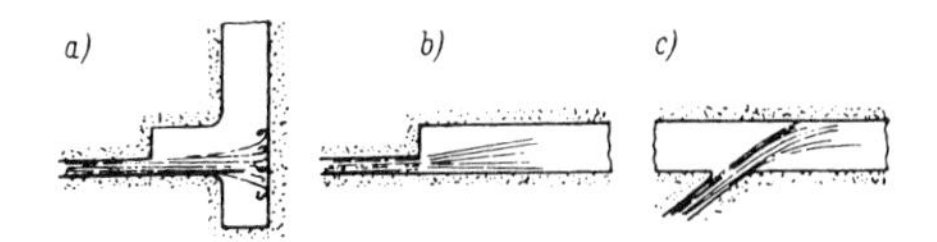

Bild 2.7.3 Einströmen des Metalls (nach Irmann); a senkrechter Aufprall, Turbulenz, b Anschnitt parallel zur Formwand, günstiger, c günstiger Anschnitt mit schräger Einströmrichtung

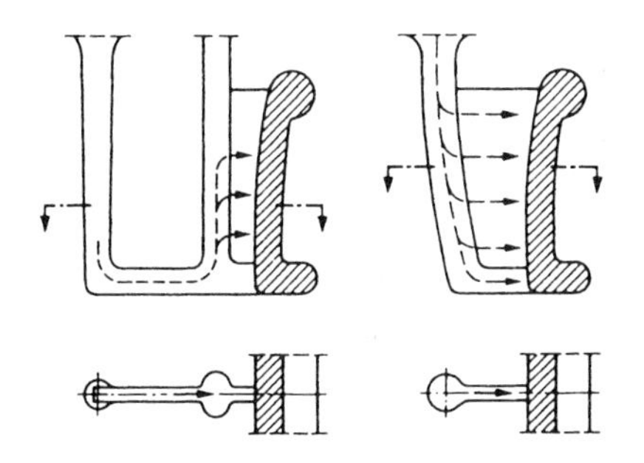

Bild 2.7.4 (links) Eingießsysteme für schwierig gießbare Legierungen (nach Altenpohl)

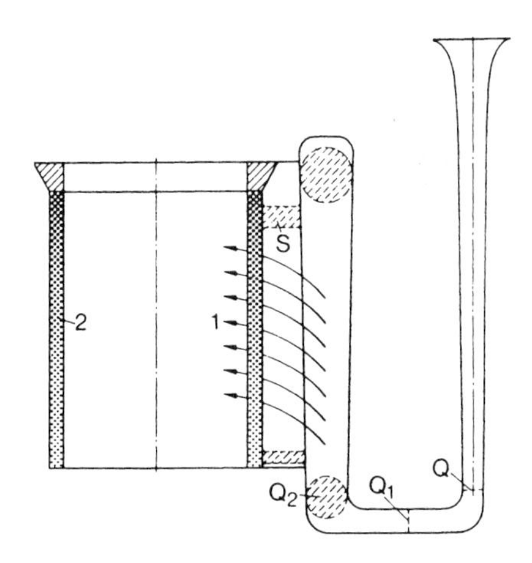

Bild 2.7.5 Steigkanal-Schlitzanschnitt (nach Spitaler) Schlitzanschnitt S nach DBP 1 089 128 dicker als die Gußstückwand; Eingießkanal nach Nielsen; $Q=1{,}00$, $Q_1=1{,}33\ Q$, $Q_2=1{,}33\ Q_1$,
1 Strömungsrichtung, ruhig steigender Guß, druckloses Fließen, 2 schichtweise Formfüllung, gerichtete Erstarrung von unten nach oben

So ergeben sich folgende allgemeine Forderungen an das Anschnittsystem für Al-Legierungen, die unter Beachtung der gegebenen Hinweise, durch Dimensionierung und Gestaltung zu gewährleisten sind:

- Vollhalten des Anschnittsystems, Schluckvermögen des Systems ausnutzen
- Formfüllung in einer definierten Zeit
- Formfüllung mit möglichst geringer Geschwindigkeit und kompakter Gießstrahlausbildung beim Eintritt der Schmelze in den Formhohlraum, positiver Druck im Metallstrom
- Abscheidung von Oxidhäuten und anderen nichtmetallischen Einschlüssen
- Aufbau einer gelenkten Erstarrung
- Metallzufuhr unter Berücksichtigung folgender Faktoren
    - Schutz der Form vor Erosion
    - geringe Aufheizung von Formpartien
    - Steuerung des Temperaturgradienten
- ausreichender hydrostatischer Druck im Einlauf
- keine Schwindungsbehinderung des Gußteils
- optimale Masse zur Erzielung hohen Gußteilausbringens
- leichtes Abtrennen vom Gußteil und geringer Putzaufwand.

Durch das Kippgießen kann eine Formfüllung mit geringer hydrostatischer Druckhöhe vorgenommen und anschließend der volle Druck über den Speiser ins Gußteil durch das Aufrichten der Form erzielt werden.

Bei der Berechnung der Formfüllung im Sinne der Simulation ist z.B. Eingangsgröße eine erforderliche konstante oder eine nach einer definierten Funktion variable Gießleistung oder die Füllzeit. In den ersten beiden Fällen ergibt sich eine bestimmte Füllzeit für den Gußkörper, die je nach Genauigkeit der Rechnung Übereinstimmung mit der Realität zeigt. Fragen der Füllzeit von Kokillenguß und Druckguß, spezielle Gestaltungsbeispiele sind in den Kapiteln 2.6.2.1 und 2.6.2.2 behandelt.

Im allgemeinen ist es nicht möglich, aus Al-Schmelzen wegen der geringen Dichteunterschiede (Tafel 2.7.2) in der kurzen Zeit während der Formfüllung nichtmetallische Einschlüsse durch das normale Gießsystem abzuscheiden, Es müssen Filter in das Anschnittsystem eingebaut werden (Bild 2.7.6). Vor dem Rücklauf des Gießsystems in den Schmelzbetrieb sind solche Bereiche besser auszusortieren und extra aufzuschmelzen, da die Filter zerbrechen können und sich die abgeschiedenen Einschlüsse wieder in der Schmelze verteilen. Dies ist besonders dann der Fall, wenn Zellen- oder Schaum-Keramik- anstelle von Gewebefiltern genutzt werden. Erstere sind besonders wirkungsvoll und führen zu besseren Festigkeitseigenschaften. Filter verlängern die Füllzeit um den Betrag, den das Metall zum Durchfließen der größeren Anpassungsquerschnitte braucht.

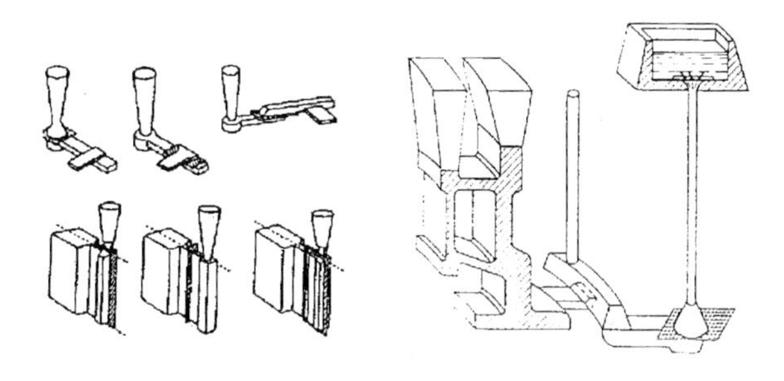

Bild 2.7.6 Anordnungen von Filtern im Anschnittsystem (nach Bartley)

Tafel 2.7.2 Dichte von Aluminium und nichtmetallischen Einschlüsssen

Stoff	Dichte in g/cm^3	Stoff	Dichte in g/cm^3
Aluminium	2,38	MgO	3,58
Al_2O_3	3,96	Flußmittel	1,5-2,0
$3\ Al_2O_3\ 2SiO_2$	3,15	Schlacken	1,8-2,0

Zum und vom Filter weg muß eine allmähliche Angleichung des Querschnitts erfolgen.

2.7.2 Speisetechnik

Speiser haben die Aufgabe, das durch Abkühlung und Erstarrung bei den Al-Legierungen auftretende Volumendefizit durch Nachfließen von flüssigem Metall aus dem Speiser in das Gußteil an die zuletzt erstarrende Partie auszugleichen. Nicht immer wird es dabei gelingen, alle Partien mit einem Speiser zu versorgen. Bei ordnungsgemäßer Speisetechnik kann das nur gelingen, wenn der letzte Ort der Erstarrung im Speiser zu liegen kommt, indem die Erstarrung dementsprechend gelenkt wird. Für eine ordnungsgemäße Speisung müssen folgende Bedingungen erfüllt sein. :

1. Im Speiser muß eine ausreichende Schmelzemenge bereitgehalten werden
2. Der Transportweg, Speisungspfad, vom Speiser bis zur zu speisenden Gußteilpartie muß vorhanden und ausreichend durchlässig sein.

Diese Bedingungen werden durch einen ausreichenden Erstarrungszeitunterschied bzw. Temperaturgradienten (gelenkte Erstarrung) zwischen dem Speiser (Opfer) und dem zu speisenden Gußteilbereich (Täter) realisiert. Bei üblicher Gußteilgestaltung ergibt sich ein Speiserwirkungsbereich SWB, der eine Funktion der Wanddicke w des Gußteils bzw. der Gußteilpartie ist. Für die Dimensionierung werden zur Voreinschätzung und Festlegung der infrage kommenden Speisergröße folgende Beziehungen benutzt.

$$t_S = 1{,}1\ t_G\ ; \quad SWB = (4\text{-}8)\ w.$$

Die Erstarrungszeit des Speisers t_S wird etwa 10 % höher als die Erstarrungszeit der zu speisenden Gußteilpartie t_G angesetzt. Um den notwendigen Materialaufwand zur Maximierung des Ausbringens - das Speiservolumen- zu optimieren, wird die Gestalt des Speisers so angepaßt, daß sich ein möglichst großes Volumen gegenüber der Oberfläche ergibt (z.B. Zylinder + Halbkugel), da die Erstarrungszeit des Speisers im wesentlichen durch das Verhätnis Volumen zu Oberfläche, d.h. dem geometrischen Modul festgelegt wird. Auch wird der Speiserbereich beim Kokillenguß, Niederdruck-Kokillenguß beheizt oder mit einem isolierenden Einsatz zur Minimierung der an die Umgebung abgegebenen Wärmemenge versehen. Bei Al-Legierungen spielt für die Speisung ein hoher Erstarrungsgradient eine wichtige Rolle, um einen schmalen Flüssig-Fest-Bereich und eine kurze lokale Erstarrungszeit einzustellen. Bestimmte, durch den Gegendruck die Speisung behindernde Gasmengen scheiden sich dann nicht aus. Darum ist auch der Einsatz von Kühlkörpern zur Verbesserung des Erstarrungsgradienten von großer Bedeutung, weil damit auch der Speiserwirkungsbereich erhöht wird. Dennoch zeigen Al-Schmelzen je nach Legierungstyp, Verunreinigungsgrad, Kristallisationsverhalten, Gasgehalt unterschiedliches Speisungsverhalten, ausgedrückt durch den Speisungsaufwand, um ein gesundes Gußteil zu erzeugen. Exogen-rauhwandig und endogen-schalenbildend erstarrende Legierungen verhalten sich gegenüber endogen breiartig und exogen-schwammartig erstarrenden Schmelzen günstiger. Außerdem hängt das die Festigkeitseigenschaften im Gußteil bestimmende Innendefizit (Porosität) vom Temperaturgradienten und der Erstarrungszeit ab (Sandguß, Kokillenguß). Hoher Gradient und schnelle Erstarrung verringern das Innendefizit. Durch eine Formfüllungs-Erstarrungssimlulation können in der Hinsicht gefährdete Positionen im Gußkörper erkannt und durch geeignete Gestaltung und Dimensionierung der Gieß- und Speisebedingungen vermieden werden. Die Speisung kann durch erhöhten Druck verbessert werden. Das Gesetz nach Hagen-Poiseulle charakterisiert auch in Bezug auf die Speisung oder Infiltration die Wirkung einzelner techologischer Faktoren (siehe Seite 381). Technische Möglichkeiten stellen in dieser Hinsicht das Niederdrucksand- und -Kokillenguß- sowie das Gegendruck-Gießverfahren, aber auch Squeeze-casting und selbst Druckguß neben dem Flüssig-Pressen und der Erhöhung des Außendrucks in einer Kammer während der Erstarrung in Sandformen dar. Durch die Erhöhung des äußeren Drucks wird zwar die Dichte des Gußkörpers erhöht, aber oft die Penetration und schlechte Oberflächenqualität gefördert.

2.8 Schmelztechnik

Dieser Teilprozeß umfaßt die Vorbereitung des Schmelzeinsatzes, das Schmelzen und Überhitzen sowie eine Schmelzebehandlung von Aluminium und Al-Legierungen und führt im Zusammenwirken mit geeigneten Aggregaten und technologischem Ablauf zu einer definierten Schmelzequalität, die für die erreichte Gußteilqualität große Bedeutung besitzt. Dabei wird die Schmelzequalität im wesentlichen durch folgende Faktoren bestimmt :

- chem. Zusammensetzung in Bezug auf Legierungs-, Begleit- und Störelemente
- Reinheit gegenüber nichtmetallischen Einschlüssen
- Gasgehalt

- Kristallisationseigenschaften (Keimhaushalt), Kristallwachstumverhältnisse (Korngröße, Gefügeausbildung)
- Gießtemperatur.

Diese Faktoren werden zu geeigneten Zeitpunkten im Verfahrensablauf geprüft, um eine treffsichere geeignete Einstellung der Schmelzequalität unter Beachtung der Entscheidungsgrenzen zu ermöglichen.

Aluminium und seine Legierungen sind im schmelzflüssigen Zustand empfindlich gegenüber Oxydation und Aufnahme von Gasen.

Die hohe Oxydationsneigung führt zur Bildung einer Oxidhaut, die bei reinem Aluminium sehr dünn, fest und dicht ist und die Schmelze weitestgehend bei den üblichen Schmelzetemperaturen bis 780 °C schützt, solange sie nicht zerstört wird. Die gebräuchlichen Legierungs- und Begleitelemente, besonders die oberflächenaktiven, wie Calzium, Magnesium, Natrium, Strontium, Lithium diffundieren in die Oberfläche, schwächen sie und erhöhen ihre Wachstumsgeschwindigkeit. Der zur Oxidhaut führende Vorgang verursacht auf der anderen Seite während des Schmelzens oder Warmhaltens oder beim Umgießen und Transport Abbrand. Wegen der geringen Wachstumsgeschwindigkeit der Oxidhaut können Aluminium und seine Legierungen im Prinzip unter Luftatmosphäre geschmolzen werden (außer Al-Li-Legierungen). Als Oxide bilden sich neben Al_2O_3 (Korund) , Spinell (MgO Al_2O_3), der FeO, MnO und Cr_2O_3 aufnehmen kann und seine Farbe von Grau, Braun nach Schwarz ändert, erkennbar als entsprechend gefärbte nichtmetallische Einschlüsse im Bruch oder im Schliff.

Die Höhe des Abbrandes ist außerdem von der Temperatur, Zusammensetzung, und Berührungszeit der Schmelze mit der Ofenatmosphäre und -auskleidung sowie von Manipulationen mit der Schmelze abhängig (Umschütten, Krätze abziehen etc.). In der Tafel 2.8.1 sind einige Angaben zusammengestellt.

Tafel 2.8.1 Abbrand von Al-Schmelzen (nach Müller)

Ofenart	Energieträger				Merkmale des Einsatzgutes
	Öl	Gas	elektr. Widst.	elektr. Ind.	
Tiegelofen	1-2	1-2	0,5-0,8	0,5	40 % Neumetall, 60 % Kreislauf
Ofeninhalt	1,3-2,2	1,3-2,2	0,6-0,8	0,6-0,7	Kreislauf, grobstückig
200 kg	1,5-2,5	1,5-2,5	0,7-0,8	0,7-0,8	Kreislauf, feinstückig
Tiegelofen Ofeninhalt 500-800 kg	1,8-2,3	1,8-2,3	0,5-1,2		40 % Neumetall, 60 % Kreislauf
Herdofen		2,0-2,5	1,01,8	1,0-1,5	40 % Neumetall, 60 % Kreislauf
Ofeninhalt 2-4 t	2,0-2,5	2,5-3,0	2,5-3,5	1,0-1,5	Späne
10 t	2,5-3,0	2,5-3,0	1,5-2,0	1,2-1,7	40 % Neumetall, 60 % Kreislauf
Trommelofen	4,0-8,0	4,0-8,0		Schrott	
Trommelofen	8,0-10,0	8,0-10,0		Späne	

Je kleiner Bad- oder Einsatzoberfläche sind, umso geringer ist der Abbrand, der bei brennstoffbeheizten Öfen wegen des höheren Luftangebots höher als bei elektrisch beheizten Öfen ist.

Oxide beieinflussen das Fließvermögen negativ und setzen die mechanischen Eigenschaften, besonders im Falle von groben Korund- bzw. Spinelleinschlüssen herab. Gleichzeitig verschlechtern sie die Belastbarkeit der Bauteile und die Bearbeitbarkeit, da auf Grund der hohen Härte der Oxide der Werkzeugverschleiß erhöht wird.

Al-Mg- und Al-Zn-Legierungen oxidieren stärker als Al-Cu- und Al-Si-Legierungen.

In der Schmelze gebildete und eingeschleppte Oxide können wachsen.

Der andere, die Schmelze- und damit Gußteilqualität beeinflussende Faktor stellt die Wasserstofflöslichkeit von Al-Schmelzen dar. Aluminium besitzt im festen Zustand am Schmelzpunkt eine Löslichkeit von etwa 0,05 cm^3/100 g, die beim Übergang in den schmelzflüssigen Zustand sprungartig auf etwa 0,43 cm^3/100 g zunimmt.

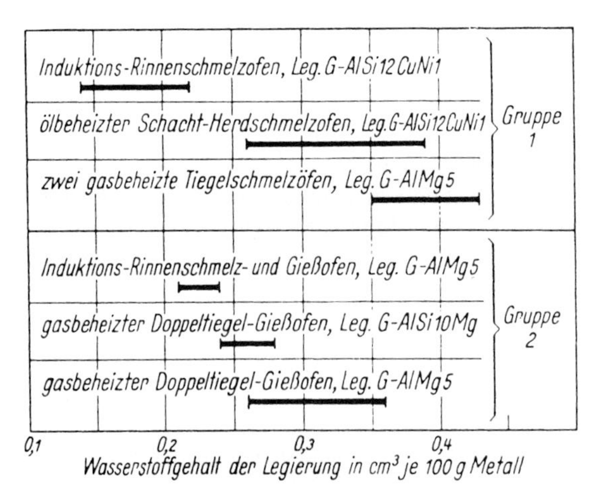

Bild 2.8.1 Wasserstoff-Gehalt bei verschiedenen Schmelzöfen (nach VDS)

Hat eine Schmelze eine Wasserstoff-Menge über 0,08 cm^3/100 g gelöst, dann muß sie beim Abkühlen und Erstarren während der Gußkörperbildung den Unterschied zum Wasserstoff-Gehalt im festen Zustand wieder abgeben. Dieser Wasserstoffausscheidungsvorgang und das Aufsteigen der Blasen sind sehr stark zeitabhängig. Da im allgemeinen die Abkühlungsgeschwindigkeit während der Gußkörperbildung relativ hoch ist, verbleiben Blasen im erstarrenden Gußkörper und hinterlassen Porosität, die die Festigkeitseigenschaften verschlechtern bzw. zu Undichtigkeit führen. Flüssiges Aluminium und seine Legierungen nehmen Wasserstoff durch Reduzierung von Wasserdampf entweder aus der Atmosphäre, dem Einsatzgut oder der Auskleidung der Öfen oder Transportgefäße, sogar der Form auf entsprechend der Beziehung:

$$2\,Al + 3\,H_2O = Al_2O_3 + 6\,H.$$

Der Wasserstoff wird atomar gelöst, der bei seiner Ausscheidung aus der Schmelze wieder zum Molekül rekombinieren muß. Die Bildung einer Wasserstoffblase bedeutet die Bildung einer Phasengrenzfläche und erfordert als neue Phase Keimbildung. Oxidhäute und andere nichtmetallische Einschlüsse begünstigen die Porosität, weil sie die Keimbildung zur Wasserstoffblase anregen. Gereinigte Schmelzen zeigen trotz gleichen Wasserstoff-Gehalts keine oder weniger Porosität und besitzen eine niedrigere Ausscheidungstemperatur für die Blasen.
Ursachen für die Wasserstoffaufnahme sind darum in erster Linie Feuchtigkeit : aus dem Einsatzgut, dem Ofenfutter, Tiegelmaterial, aus den Werkzeugen, Schmelzsalzen und Flußmitteln, aus der umgebenden Atmosphäre (Bild 2.8.2).

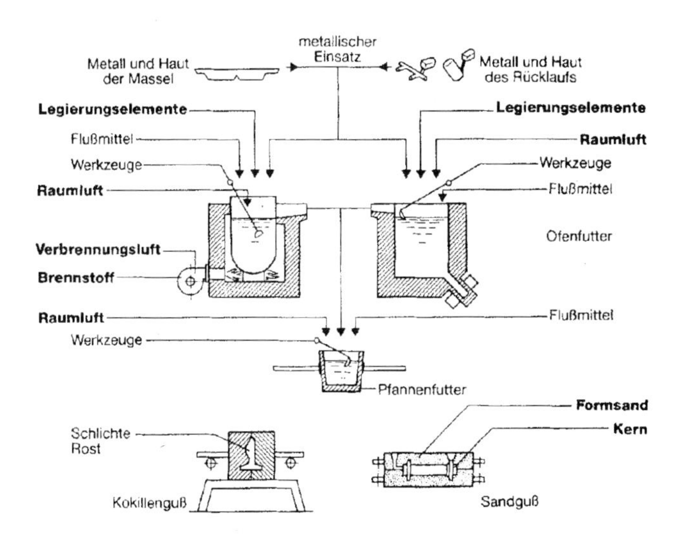

Bild 2.8.2 Faktoren für die Wasserstoffaufnahme (nach Arbenz)

Die Menge des gelösten Wasserstoffs ist druck-, temperatur- und zeitabhängig. Die Abhängigkeit vom Druck wird mit dem Sievert'schen Quadratwurzel-Gesetz beschrieben:

$$S = k\sqrt{P}$$

mit S - gelöster Wasserstoffmenge; P - Partialdruck von Wasserstoff über oder in der Schmelze; k - Konstante.
Da mit steigender Temperatur und Verweilzeit der Schmelze an der Atmosphäre und/oder im Ofen die Wasserstoffaufnahme bis zur Sättigung zunimmt, ist die

Temperatur von Al-Schmelzen etwa auf 750 °C begrenzt. Unnötige Haltezeiten sind zu vermeiden. Ursächlich wird Wasserstoff über die Badoberfläche aufgenommen. Die Geschwindigkeit der Wasserstoff-Aufnahme hängt diffusionsgesteuert vom Konzentrationsgefälle ab. Beim kurzzeitigen Aufschmelzen innerhalb von 10 bis 20 min ist in den meisten Fällen damit zu rechnen, daß noch nicht der Gleichgewichtszustand für die Wasserstofflöslichkeit erreicht ist und somit durch Halten der Temperatur weiterhin Wasserstoff bis zum Gleichgewicht gelöst werden kann. Diese Eigenschaft gilt sowohl für reines Aluminium als auch für seine Legierungen. Auch im Zusammenhang mit ihrer Wirkung auf die Oxidhautbildung erhöhen jedoch die Elemente Mg, insbesondere Ca, Na, Sr und Li die Wasserstofflöslichkeit.

Umfang, Verteilung der Porosität sowie Porengröße sind nicht allein, aber doch wesentlich vom Wasserstoff-Gehalt der Schmelze abhängig. Diese Parameter werden darüber hinaus durch die Erstarrungsgeschwindigkeit und den Keimhaushalt (Verunreinigungsgrad an nichtmetallischen Einschlüssen) beeinflußt. Unter einer Erstarrungszeit von 10-30 s ist damit zu rechnen, daß bei Wasserstoff-Gehalten von unter 0,1-0,15 cm^3/100 g keine Blasenbildung erfolgt. Langsamer erstarrende Partien, hohe Gießtemperatur (Sandguß, große Wanddicke) weisen darum mehr Porosität und größere Poren auf. Wegen der höheren Erstarrungsgeschwindigkeit am Rand und der Anreicherung von Wasserstoff in der Restschmelze sind am Rand weniger und kleinere Poren, die nach Abarbeiten der Gußhaut, beim Speiserabtrennen und bei der Bearbeitung freigelegt werden.

Wegen des außerordentlich starken Einflusses auf die Gußteilqualität ist eine Kontrolle des Wasserstoff-Gehaltes der Schmelze, korrekterweise des „Porositätsverhaltens“ ständig erforderlich.

Zur betriebsmäßigen Überwachung des Wasserstoff-Gehaltes in Al-Schmelzen sind folgende Prüfverfahren möglich:

- Ausgießprobe
- Wichte-Quotienten-Probe
- Unterdruck-Dichte-Probe
- Hycon-Tester oder Alu-Schmelztester
- Telegas-Verfahren
- Chapel-Verfahren
- Heißextraktions-Verfahren

Im Falle der *Ausgießprobe* wird die Schmelze in eine vorgewärmte Leichtschamotte- oder Graphitform gegossen. Die Probe hat einen Durchmesser von 40-60 mm bei einer Tiefe von 25 bis 10 mm. Die Erstarrungszeit ist so gewählt, daß es zur Ausscheidung von Wasserstoff kommen kann. Auf Grund der geringen Probentiefe und des damit verbundenen geringen Gegendrucks entwickelt der Wasserstoff Bläschen, die die Oberfläche durchdringen und steckelnadelkopfgroße Erhebungen hinterlassen. Mit steigendem Wasserstoff-Gehalt nimmt die Zahl der Erhebungen zu. Wenn die Probe mit Diamantwerkzeug abgedreht wird, kann der Porositätsbefall genauer festgestellt werden. Quantitative Aussagen sind eingeschränkt. Für eine grobe qualitative Einschätzung des Porositätsbefalls ist die Probe jedoch nicht zuletzt wegen ihrer Einfachheit geeignet.

Das *Wichte-Quotienten-Verfahren* verwendet für die Einschätzung des Wasserstoff-Gehaltes den Wichtequotienten zweier unterschiedlich schnell erstarrter Proben, deren Abmessungen und Formmaterialien (Keramik, Kupfer) so gewählt werden, daß einmal keine Porosität und ein andermal maximale Porosität durch möglichst vollständige Wasserstoffausscheidung erzeugt werden. Da diese Probe schwierig zu handhaben ist, findet sie in dieser Form, fast keine Anwendung mehr.

Die Weiterentwicklung der früher genutzten Straube-Pfeiffer-Probe stellt die Unterdruck-Dichte-Probe dar. Sie vergleicht die erzielte Dichte einer unter einem Unterdruck von z.B. 80 mbar und unter Atmosphärendruck erstarrten Probe. Der ermittelte Dichteindex kann Werte über 1 annehmen. Je kleiner der Wert, umso geringer ist die freigesetzte Wasserstoffmenge. Der Dichteindex errechnet sich nach der Beziehung D = (da-du)/da 100 mit da - Dichte der unter Luftdruck erstarrten, du - Dichte der unter Unterdruck erstarrten Probe. Inzwischen werden entsprechende Einrichtungen angeboten, die die Bestimmung in etwa 5 min zulassen.

Der Hycon- oder Alu-Schmelztester evakuuiert ebenfalls eine abkühlende schmelzflüssige Probe und bestimmt über den Zeitpunkt und die Temperatur für das Auftreten der ersten Blase in Abhängigkeit von der chemischen Zusammensetzung den Wasserstoff-Gehalt. Die Eichung des Gerätes erfolgt über den Wasserstoff-Gehalt, der aus dem Heißextraktionsverfahren ermittelt worden ist. Da Oxidpartikel an die Oberfläche steigen, läßt sich aus einem Schliff auch eine Aussage über den Oxid-Gehalt vornehmen. Bei Wasserstoff-Gehalten unter 0,1 cm^3/100 g entstehen größere Meßfehler.

Das Telegas- wie das ALSCAN-Verfahren arbeiten nach dem Prinzip des Trägergas-Verfahrens. Über eine Keramik-Sonde zirkuliert Stickstoff durch die Schmelze und nimmt Wasserstoff auf, da in den Stickstoffblasen der Partialdruck für Wasserstoff Null ist, solange bis sich ein Gleichgewicht eingestellt hat. Der entsprechende Wasserstoff-Partialdruck wird durch eine Wärmeleitfähigkeits-Meßzelle ermittelt. Für die Durchführung einer Messung werden etwa 8-15 min benötigt, eine relativ lange Zeit.

Das Chapel-Verfahren dagegen mißt den Wasserstoffpartialdruck an einem evakuierten Graphitstopfen, dessen Wasserstoffaufnahme gemessen wird. Die Wasserstoffaufnahmegeschwindigkeit kann durch vorherige Wasserstoffgaben erhöht werden. Dieses Verfahren eignet sich für eine kontinuierliche Messung. (Chapel - Continuous Hydrogen Analysis by Pressure Evaluation in Liquids)

Das Heißextraktionsverfahren gilt als Referenzmethode für die Wasserstoffbestimmung aller betrieblichen Prüfeinrichtungen. Eine feste Probe wird in einem evakuierten Gefäß auf Solidustemperatur aufgeheizt und der austretende Wasserstoff gesammelt und über eine Palladiumsonde, die Wasserstoff absorbiert, der Wasserstoff-Gehalt mit einem Massenspektrometer ermittelt.

Über einen Vergleich der unterschiedlichen Verfahren läßt sich nachweisen, daß auf Grund des physikalischen Grundprinzips weitgehende Übereinstimmung besteht. Lineare Zusammenhänge ergeben sich zum Heißextraktionsverfahren, allerdings mit größeren Abweichungen zu höheren Gehalten. Die Meßergebnisse des Dichteindex zeigen eine größere Streuung und eine legierungsspezifische Abhängigkeit, die außerdem vom Unterdruck des Gerätes beeinflußt wird (30 oder

80 mbar). Es empfiehlt sich daher, das Dichteindex-Verfahren, das am einfachsten in der Praxis handhabbar ist, mit Porositätsmessungen am Gußteil zu vergleichen. In Bezug auf Handhabbarkeit, Sicherheit und Eignung für die automatische Überwachung des Wasserstoff-Gehaltes in Schmelz- und Warmhalteöfen ist keines der Verfahren ohne Einschränkung anwendbar. Man geht davon aus, daß die Ungenauigkeit des Dichteindex bei einem Wasserstoff-Gehalt um 0,1g/cm^3 auch vom Gehalt an nichtmetallischen Einschlüssen abhängt. Bild 2.8.3 zeigt die in Al-Gußteilen gefundenen Gasgehalte.

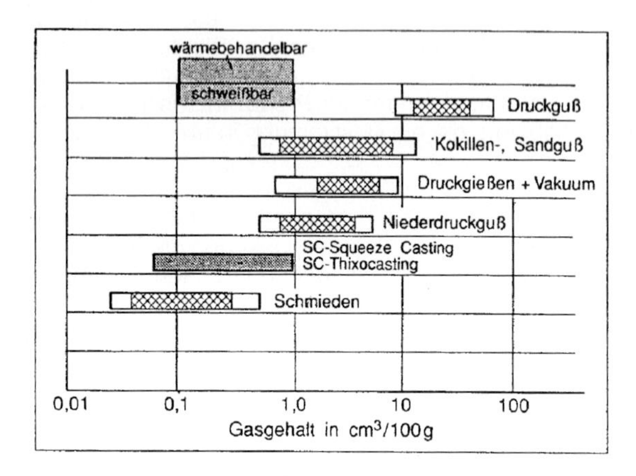

Bild 2.8.3 Gasgehalte in Al-Gußteilen (nach Stummer)

2.8.1 Schmelzführung

Entsprechend der hohen Oxydationsneigung und vor allen Dingen möglichen Wasserstoffaufnahme gelten für die ordnungsgemäße Schmelzführung bei Al-Legierungen eine Reihe von allgemeinen Richtlinien.

Einsatzmaterial:	nicht feucht, nicht stark oxydiert, erreicht durch eine temperierte, trockene Lagerung bzw. Vorwärmung. Kein ölverschmutztes Einsatzmaterial sollte in die Schmelze gegeben werden. Auslese von Eisenteilen, Keramik
Temperatur:	Automatische Steuerung oder zumindest ständige Kontrolle der Schmelzetemperatur, möglichst unter 750 °C.
Schmelz- und Warmhaltezeit:	mölichst kurz unter Beachtung der Temperatur.

Wegen der niedrigen Warmhaltetemperaturen besonders in Druckgießereien ist die Rückgabe von Gießresten und Kaltnachsatz zu vermeiden. Eine zu niedrige Aufschmelztemperatur kann zum Ausseigern von eisenhaltigen Kristallen führen Die notwendige Überhitzung kann nach dem Seigerfaktor SGF = %Fe + 2 %Mn +

3 % Cr bestimmt werden. Da sehr oft beim Druckguß Sekundärlegierungen, Umschmelzlegierungen mit höherem Fe-Gehalt genutzt werden, ist diese Gefahr gegeben (Bild 2.8.4).

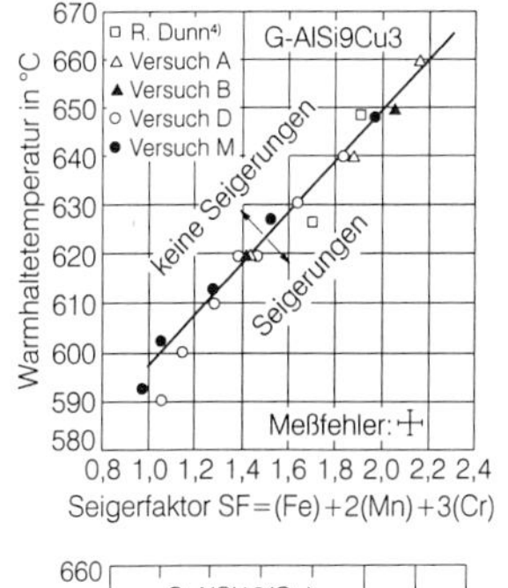

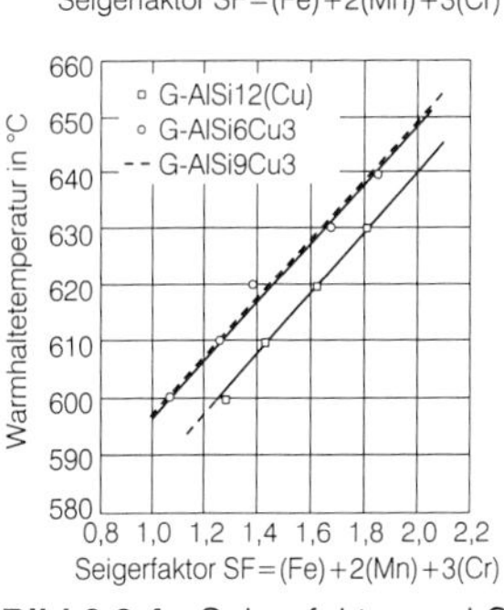

Seigerfaktoren der Legierung G-AlSi9Cu3 bei unterschiedlichem Einsatzmetall und nach verschiedenen Schmelzebehandlungen (Warmhaltetemperatur 620°C; Seigerzeit 6h)

Einsatz/Behandlung	Seigerfaktor $SF_{620°C}$
Normale Betriebsschmelze	1,42
Nachsatz von Festmetall	1,41
Einsatzmetall schnell erstarrt (kalte Form)	1,42
Einsatzmetall langsam erstarrt (300 °C warme Form)	1,39
Einsatzmetall Strangguß (80 mm Dmr.)	1,39
Nachsatz von 0,2 % Fe und 0,1 % Cr	1,43
Nachsatz von 0,2 % Mn	1,42
Nachsatz von 0,6 % Mg	1,41
Veredelt mit Natrium	1,41
Veredelt mit Calcium	1,39
Veredelt mit Strontium	1,40
Mit V-AlTi5B1 korngefeint	1,41
Chloriert	1,40
Auf 850 °C überhitzt	1,51
Laborschmelze (Basis Al 99,9)	1,45

Bild 2.8.4 Seigerfaktor und Schmelzetemperatur (nach Gobrecht)

L e g i e r u n g s w e c h s e l: wenn unvermeidlich, ist mit einer Beeinflussung der Zusammensetzung zu rechnen. Kupferfreie Legierungen enthalten nach dem Schmelzen Kupfer aus dem Tiegel bzw. der Ofenauskleidung, wenn vorher kupferhaltige Legierungen geschmolzen wurden.

S c h m e l z e w e r k z e u g e: im allgemeinen werden aus Gründen der Festigkeit und des Preises eisenhaltige Geräte benutzt. Sie müssen sorgfältig geschlichtet werden.

Selbst, wenn diese Hinweise beachtet werden, kommt es zur Aufnahme von Oxiden und Wasserstoff, so daß es in einer Reihe von Fällen erforderlich ist, spezielle Schmelzebehandlungsmaßnahmen zur Reinigung von Oxiden und anderen nichtmetallischen Einschlüssen sowie eine Entgasung durchzuführen und zur bewußten Beeinflussung der Kristallisationseigenschaften, wie der Kornfeinung und Veredelung des Al-Si-Eutektikums. Andererseits ist zu beachten, daß jede Reinigung und Entgasung auch das Kristallisationsverhalten der übrigen Bestandteile verändert. Der Zeitpunkt der Behandlung liegt unmittelbar vor dem Vergießen, reinigende und entgasende Behandlungen werden vor der Kornfeinung und Veredelung durchgeführt. Einfluß nehmen Struktur des Schmelzbetriebes, Gußteilsortiment und Art der Gußlegierung.

2.8.2 Schmelzebehandlung

2.8.2.1 Schmelzebehandlung mit Salzen

Diese Behandlungsart verringert vor allen Dingen den Anteil an Oxiden und nichtmetallischen Verunreinigungen, indem Salz oder Salzgemische in körniger oder Tablettenform auf die Schmelzbadoberfläche gegeben werden, sintern und auch unter Zuhilfenahme des Impellers durch mechanisches Rühren in die Schmelze eingebracht werden. Eine weitere Aufgabe kann in der Zugabe von Kornfeinungs- und Veredlungsmitteln bestehen. Entsprechend der Zielstellung Reinigung oder Gefügebeeinflussung wird die Zusammensetzung der Salzgemische gewählt, die für ihre Wirkung bei 750 °C bereits angeschmolzen sein müssen. Al-Si-Legierungen können mit Salzen behandelt werden, die Na_2SiF_6, Na_3AlF_6, NaCl, KCl enthalten, um die lösende Wirkung von fluorabspaltenden Salzen für Al_2O_3 zu nutzen. Dabei ist die Aufnahme von Natrium für die Veredelung günstig. Bei der Behandlung von Al-Mg-Legierungen werden keine natriumabspaltenden Salze, sondern $MgCl_2$ eingesetzt, da Natrium schädlich ist. Man muß aber beachten, daß die genannten Salze Kristallwasser aufweisen und bei Berührung mit der Luft weiter Feuchtigkeit aufnehmen können. Sie sind daher trocken zu lagern oder entsprechend auf 250 °C vorzuwärmen. Fluorhaltige Salze besitzen den Nachteil, daß sie Auskleidung und Tiegelmaterial angreifen, weniger SiC- mehr Ton-Graphit-Tiegel.
Es gibt entsprechend dem speziellen Zweck Abdeck-, Wasch-und Reinigungs-und Veredelungs- oder Kornfeinungssalze.

2.8.2.2 Schmelzebehandlung durch Filtrieren

Zum Filtrieren werden Zellen-, Schaumkeramik oder Gewebefilter eingesetzt. Filter werden am Ende einer Gießrinne, besonders bei Formategießereien, oder in das Gießsystem nach dem Trichter oder vor dem Anschnitt eingebaut . Das Filtern kann auch durch eine Schicht flüssigen Salzes erfolgen. In Gießrinnen eingebaute Filter werden oft erst nach mehrmaliger Nutzung gewechselt, wenn ihre Wirkung durch die eingelagerten Einschlüsse verloren geht. Im Anschnittsystem angeordnete Filter werden nur für einen Abguß angewendet. Letztlich ist der Filtereinsatz wirtschaftlich zu betrachten. Das Filtern stellt auch die einzige Methode zur gründlichen Entfernung der nichtmetallischen Einschlüsse, auch des sogenannten Oxidplanktons dar. Die Wirksamtkeit der Filter wurde durch die Analyse der Filterrückstände nachgewiesen. Gewebefilter mit Glasfasern lösen sich in der Schmelze auf, Schaumkeramikfilter sind sehr stabil, und zerbrechen nur, harte Einschlüsse hinterlassend. Zellenfilter sind als Keramik am stabilsten, erreichen jedoch nicht die intensive Wirkung wie die Schaumkeramikfilter besonders bei sehr feinen Einschlüssen. Auf jeden Fall ist es sinnvoll, die Filterabschnitte des Gießsystems nicht sofort wie den üblichen Kreislauf zu behandeln, sondern auszusortieren und einer eigenen Behandlung zu unterziehen. Das ist auch ein Grund, daß sie nicht in jedem Falle, sondern nur unter bestimmten Bedingungen angewendet werden. Durch die Filterung werden als Folge die Porosität und der Oxidgehalt verringert und Bruchdehnung sowie Festigkeit erhöht.

2.8.2.3 Entgasungsbehandlung

Zur Entgasung lassen sich prinzipiell folgende Methoden einsetzen :

Abstehen der Schmelze
Evakuieren (Gesamtdruckerniedrigung)
Spülgasbehandlung (Partialdruckerniedrigung).

(Bild 2.8.5)

Im allgemeinen ist zu beachten, daß Entgasungsbehandlungen mit einer Reinigung von nichtmetallischen Verunreinigungen und mit der Veränderung der Mg-,Ca-.,Na- und Sr-Gehalte verbunden sein können.

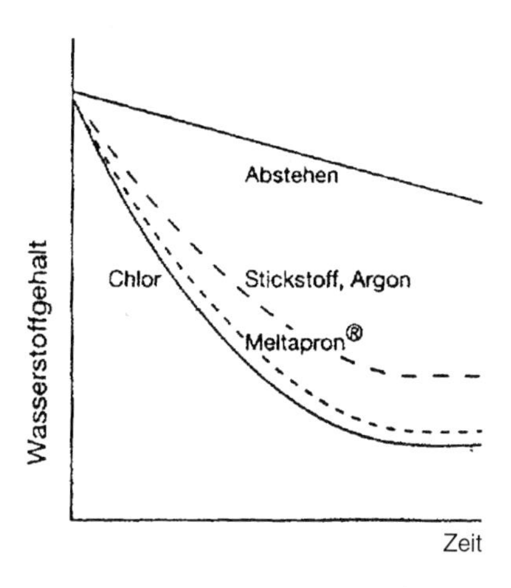

Bild 2.8.5 Entgasungswirkung verschiedener Verfahren (nach Schneider)

Aus Bild 2.8.5 läßt sich die Wirkung der einzelnen Verfahren ableiten. Danach ist das Abstehen uneffektiv. Durch die Temperaturabnahme über einer bestimmten Zeit ist als Nebeneffekt eine Verringerung des Gasgehaltes zu beobachten, d.h. eine Einstellung des Gleichgewichtes in Bezug auf den Gasgehalt in Abhängigkeit von der Temperatur.

Bei der Vakuumentgasung werden entweder Pfanne oder Ofen vakuumdicht verschlossen und an eine Vakuumpumpe angeschlossen. Die Gießpfanne kann auch in einen unbeheizten bzw. geheizten Behälter gesetzt werden, der ebenfalls evakuiert wird. Unbeheizte Behandlungsbehälter haben den Nachteil der Abkühlung von 45-70 K, etwa 7,5-11,5 K/min.

Leistungsfähige Vakuumanlagen erzeugen das Vakuum von 2-3 mbar nach 1-2 min. Nach 5 min. Behandlung ließen sich beispielsweise die in der Tafel 2.8.2 dargestellten Ergebnisse erzielen.

Tafel 2.8.2 Vakuumentgasung von Al-Gußlegierungen (nach Alker)

Legierung	Wasserstoff-Gehalte cm^3/100 g nach Einschmelzen	nach Vakuum-Beh.	nach Chlor-Beh.
G-AlSi12	0,25	<0,05	0,08
G-AlSi9Mg	0,17	<0,05	<0,05
G-AlSi7Mg	0,30	<0,05	0,05
G-AiMg3	0,17	0,12	<0,05
G-AlCu4Ti	0,15	<0,05	0,08[1])
G-AlCu4TiMg	0,17	<0,05	0,10
Reinaluminium	0,33	<0,05	0,04[1])

[1]) Wasserstoffbestimmung mittels Hycontester (Prinzip erste Blase) außer [1]) - hier mittels Heißextraktionsverfahren

Die Aufwendungen für eine Vakuumbehandlung sind relativ hoch, die Behandlung aber wirkungsvoll; bis auf die für die Al-Mg-Legierung. Der Vorteil der kurzzeitigen Vakuum-Behandlung liegt darin, daß sich der Natrium-Verlust von 26 ppm gegenüber einer Chlor-Behandlung mit 56 ppm in vertretbaren Grenzen hält.

Eine Spülgasbehandlung kann mit inerten bzw. reaktiven Gasen durchgeführt werden. Technisch gebräuchlich sind als inerte Gase Argon und Stickstoff, da letzterer gegenüber Aluminium quasi als nicht reaktiv eingestuft werden kann; denn sich bildende Al-Nitride sind bei den Schmelzetemperaturen nicht stabil. Die Gase werden durch ein Graphit- oder Aluminium-Titanat-Rohr, erweitert um einen Düsenkopf mit mehreren kleinen Bohrungen in die Schmelze eingeleitet. Mechanisches Rühren bzw. eine Rotation dieses Rohres (Impeller-Behandlung) intensiviert die Behandlung. Es werden Blasenkränze erzeugt, die durch die Schmelze zur Oberfläche aufsteigen. In den Bläschen ist der Partialdruck für Wasserstoff Null, so daß dieser in die Bläschen diffundiert. Die Wirksamkeit ist umso intensiver je kleiner die Blasen sind und umso mehr von ihnen sich durch die Schmelze bewegen. Chemisch aktive Gase , wie Chlor, sind stärker wirksam, aber giftig und erfordern daher aufwendige Schutzvorkehrungen durch Absaugung und Reinigung. Die Vermischung der inerten mit reaktiven Gasen, wie der Einsatz von Chlor abspaltenden Salzen (Hexachloräthan), d.h. die Senkung des Chloranteils mindert, aber beseitigt dieses Problem nicht.

Die Behandlung mit inerten Gasen (0,2-0,5 %) erfolgt während 5-10 min., um den durch die Durchwallung an der Oberfläche stärkeren Al-Abbrand einzuschränken. Daneben sollten folgende Bedingungen eingehalten werden , Trocknung der inerten Gase und Entfernung freien Sauerstoffs. Blasen können sich erst bilden, wenn ein genügender Druck anliegt, der von der hydrostatischen Höhe der Schmelze (Tiegelhöhe, Eintauchtiefe) abhängig ist. Eine Lanze sollte nur bei kleineren Tiegelgrößen genutzt werden (<100 kg). Bei größeren Tiegeln empfiehlt sich der Einsatz eines Rotors (Impellers), der 2-20 min mit 15-60 l Argon oder Stickstoff bei 480-700 U/min entgast (Bild 2.8.6). Der Wirkungsgrad scheint umso höher zu sein, desto niedriger die Schmelzetemperatur ist. Dieses Ergebnis ist zu vergleichen mit Umfüllvorgängen (Bild 2.8.7).

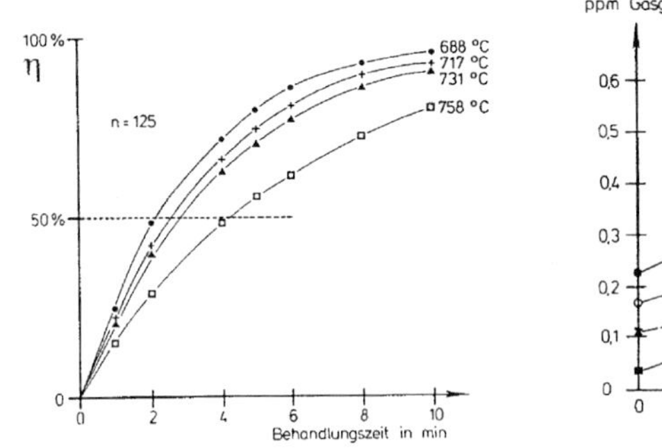

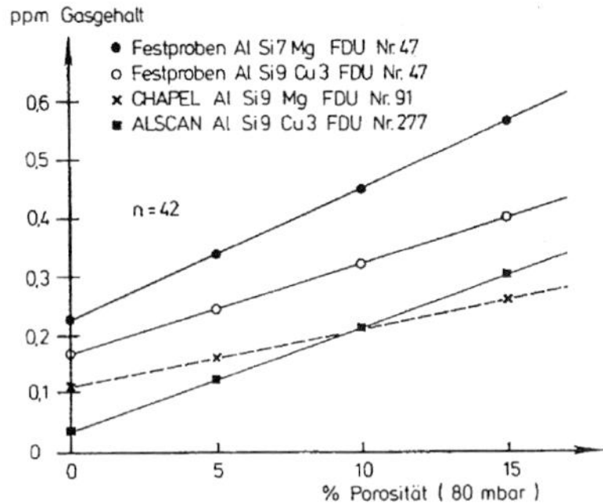

Bild 2.8.6 Impellerentgasung (nach Jaunich)

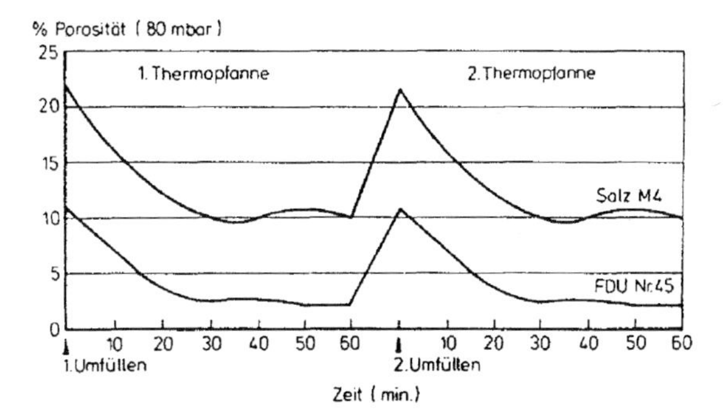

Bild 2.8.7 Veränderung des Wasserstoff-Gehaltes im Dosierofen (nach Jaunich)

Umfüllen kann zu einer verstärkten Gas- und Sauerstoffaufnahme führen. Eine Entgasung mit Chlor erreicht den niedrigsten Wasserstoff-Gehalt und wird bei Wahrung des Umweltschutzes bei sehr dickwandigen Gußteilen eingesetzt. Beim Einleiten von Chlor bilden sich gasförmiges Aluminiumchlorid und auch Salzsäuredämpfe, so daß gegenüber dem Chloranteil eine größere aktive entgasend wirkende Gasmenge entsteht.
Aluminiumchlorid liegt bei den üblicherweise angewendeten Schmelztemperaturen gasförmig vor. Nach einer Chlor-Behandlung sollte man kurze Zeit abstehen lassen. Anstelle von reinem Chlor kann das sogenannte Trigas (15 % Cl, 10 % CO_2, 75 % N) genutzt werden. Eine Zufuhr von Chlor zum Impeller ermöglicht bei kleinen Mengen schnell die erwünschte Entfernung von Natrium, Calzium und Strontium. Im übrigen ist mit einer Abnahme des Anteils an diesen Elementen, aber auch mit einer Senkung des Magnesium-Gehaltes mit den entsprechenden Folgen für die Änderung der Festigkeitseigenschaften durch die Chlor-Behandlung zu rechnen.

Der Einsatz von Hexachloräthan-Tabletten ist für kleinere Schmelzemengen unter 100 kg möglich.

2.8.2.4 Schmelzebehandlung zur Beeinflussung des Gefüges

Zur Sicherung hochwertiger Gußteilqualität kommt es insbesondere in immer stärkeren Maße darauf an, das Gefüge definiert einzustellen, zumal unterschiedliche Rohstoffe (Hütten), verschiedene Schmelzführung in Bezug auf Temperatur und Zeit, Druck sowie die durchgeführten Reinigungs- und Entgasungs-Behandlungen den Keimhaushalt und das Kristallwachstumsverhalten, d.h. das Kristallisationsverhalten auch mit den Auswirkungen auf das Erstarrungsverhalten, Lunkerbildung und Speisung so verändern, daß es im allgemeinen dringend notwendig ist, eine definierte Schmelzebehandlung zur günstigen Beeinflussung der Schmelzequalität vorzunehmen.

Dabei stehen Maßnahmen zur Einstellung des Makrogefüges (Feinkörnigkeit) und Mikrogefüges (Veredelung bei Al-Si-Legierungen) im Vordergrund.

2.8.2.4.1 Kornfeinungs-Behandlung

Reinaluminium und Al-Legierungen, bei denen primär ein Al-Mischkristall ausgeschieden wird, können durch Zugaben von Titan, Bor einzeln oder in Kombination und Kohlenstoff korngefeint werden, indem zur Schmelze etwa 0,15-0,25 % Ti bzw Bor oder hauptsächlich in Form der Vorlegierungen AlTi5, AlTi5B1, AlB4 oder AlTi3B1 in Draht-, Stangen- oder Masselform zugegeben werden. Man geht davon aus, daß AlB_2-, Al_3Ti- oder TiB_2-Kristalle, die in den Vorlegierungen vorhanden sind und durch sie eingebracht werden, die notwendigen Impfkristalle darstellen, jeder allein, aber auch untereinander, was die Eignung unterschiedlicher und unterschiedlich zusammengesetzter Mittel erklärt. Selbst Al_4C_3 wird eine Impfwirkung zugeschrieben. Es spielt keine Rolle, ob es sich um Aluminium verschiedener Reinheit oder Al-Cu-, Al-Si-, AlSiCu-, Al-Mg- oder Al-Zn-Legierungen mit dem entsprechenden Anteil an Beimengungen handelt. In Bezug auf den zu erzielenden Korndurchmesser zeigen jedoch die einzelnen Legierungen (Bild 2.8.8) ein sehr unterschiedliches Bild. Die Wirkung nimmt im allgemeinen mit steigendem Al-Mischkristall-Anteil bis zu einem bestimmten Gehalt an Legierungs- und Begleitelementen zu, um besonders im Falle der Al-Si-Legierungen mit steigendem Si-gehalt deutlich abzunehmen, da Silicium im Al-Si-Eutektikum die führende Phase darstellt. Al-Mg-Legierungen sind am feinkörnigsten. Demzufolge ist bei Al-Si-Legierungen über 7 - 9 % Si kein deutlicher Effekt auf die Korngröße und damit auf die mechanischen Eigenschaften erkennbar. Im Falle vornehmlich von Reinaluminium, aber auch der Al-Legierungen ist durch den Zusatz außerdem ein Umschlag von der transkristallinen in die globulitische Makrokristallisation gegeben, d.h. von der exogenen in die endogene Erstarrung. Diese Veränderung des Erstarrungsverhaltens verbessert aber das Fließvermögen, in einem bestimmten Umfang die Nachspeisung und verringert daher die Warmrißneigung, aber der Anteil an Innenvolumendefizit kann erhöht werden. Einen Nebeneffekt stellen die andere Verteilung der Restschmelze, ihre örtliche Anreicherung sowie die aus ihr auskristallisierenden Gefügebestandteile dar.

Die Zugabe von Titan und Bor kann auch durch die Salze K2TiF6 bzw. KBF4 erfolgen bzw. im Gemisch mit Hexachloräthan in Tablettenform. Die Kornfeinung mit Zirkon ist weniger effektiv, und Zirkon selbst stellt für die Kornfeinung mit Titan ein Störelement dar.

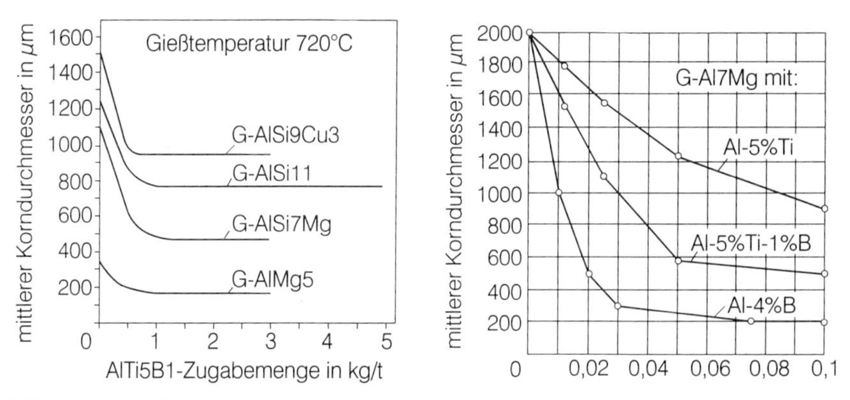

Bild 2.8.8 Kornfeinung bei Al-Legierungen (nach Reif u. a.)

Das Kristallisationsverhalten kann auch durch eine Überhitzung, d.h. durch die Temperaturführung der Schmelze verändert werden. Im allgemeinen stellt sich eine größere Unterkühlung für die Kristallisation ein, d.h. ein verringerte Keimwirkung. Makrokornvergröberung, aber Dendritenverlängerung und -abstandsvergrößerung bzw. Stengelkornbildung sind die Folge; ein Umschlag von der endogen-breiartigen nach der exogen-schwammartigen Kristallisation ist möglich.

Die Kornfeinung mit Titan bzw. Bor hält an, solange keine Koagulation der Keime erfolgt. Der Gehalt von 0,25 % Titan sollte deshalb auch nicht überschritten werden, da durch Ausbildung der groben AlTi-Primärkristalle die Festigkeitseigenschaften gesenkt werden.

Silizium wird in Al-Si-Legierungen durch Phosphor über den Keim AlP (Schmelzpunkt über 1150 °C) zur Kristallisation angeregt, die bei unter- bzw. eutektischer Legierungszusammensetzung zur körnigen Ausbildungsform des Al-Si-Eutektikums, bei übereutektischen Al-Si-Legierungen jedoch zur Feinung des Primär-Siliziums führt, das sich ohne P-Zusatz sehr grob ausscheidet und die Bearbeitung erschwert (Kolben, Motorblöcke). Die Feinung erfolgt durch Zugabe PCl_5 (0,2 %) oder mit CuP10-Vorlegierungen (0,8 %). Phosphor brennt praktisch nicht ab. Die Behandlungstemperatur muß in Abhängigkeit vom Si-Gehalt und der damit verbundenen Liquidustemperatur hoch (800-900 °C) eingestellt und besonders bei CuP10 die Auflösung abgewartet werden. Eine Chlorbehandlung effektiviert die Si-Feinung. Die Feinung durch Phosphor hält etwa 1h an.

Auch Schwefel beeinflußt die Größe der Si-Primärkristalle günstig.

Da durch die Impfbehandlung Unterkühlungen aufgehoben werden, spiegeln sich diese Veränderungen auch auf einer Abkühlungskurve wieder, so daß der Erfolg der Schmelzebehandlung über die thermische Analyse betrieblich ermittelt werden kann. (Bild 2.8.9)

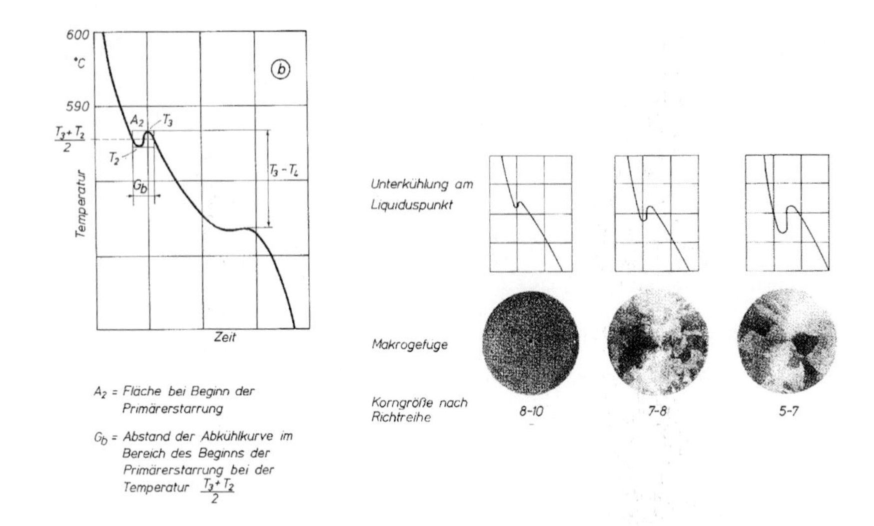

Bild 2.8.9 Thermische Analyse zur Ermittlung des Kornfeinungseffektes (nach Günther u. a.)

2.8.2.4.2 Veredelung von Al-Si-Legierungen

Als Veredelung wird eine Gefügeveränderung des Al-Si-Eutektikums bezeichnet, die gegenüber der üblichen Struktur durch eine vom Schliff her wesentlich feinere Ausbildung der Si-Kristalle gekennzeichnet ist. Bezogen auf die gewählte quantitative Gefügemaßzahl für die quantitative Gefügebeschreibung wächst die Zahl der Si-Schnittflächen (Si-Teilchen) pro Flächeneinheit (hier 1000 μm^2), oft auch mit ε bezeichnet, durch Veredelung deutlich an. Gleichzeitig stellt man eine Abrundung der Si-Kristalle fest, eine Ausbildungsform, die durch die Zugabe von Natrium oder Strontium einzeln oder in Kombination erreicht wird. Die Ausbildungsformen des Al-Si-Eutektikums lamellar, körnig oder veredelt haben einen starken Einfluß auf mechanische Eigenschaften und Lunkerverhalten. Durch die Veredelung werden vor allen Dingen die Zähigkeitseigenschaften, aber auch die Zugfestigkeit verbessert, während die Dehngrenze etwa gleichbleibt und die Härte ein wenig verringert wird (Tafel 2.8.3)

Durch die Wärmebehandlung wird die Wirkung der Veredelung auf die Zugfestigkeit verringert, da durch die Wärmebehandlung auch eine Vergröberung und Globulitisierung der Si-Kristalle einsetzt.

Tafel 2.8.3 Festigkeitseigenschaften von G-AlSi7Mg (Kokillenguß) bei unterschiedlicher Ausbildungsform des Al-Si-Eutektikums

Behandlung	Gefüge	Festigkeitseigenschaften					
		Gußzustand			wärmebehandelt[1])		
		$R_{p0,2}$ MPa	R_m MPa	A_5 %	$R_{p0,2}$ MPa	R_m MPa	A_5 %
ohne	körnig	82	180	6,8	228	304	11,8
Na-Zusatz	veredelt	85	195	16,4	213	292	15,1
Sr-Zusatz	veredelt	87	196	15,9	226	301	14,4
Sb-Zusatz	fein-lamellar	89	201	11,9	211	293	16,5

[1]) lösungsgeglüht 10 h, 540 °C, Wasserabschreckung, warmausgelagert 6 h, 160 °C

Das Erstarrungsverhalten ändert sich vom breiartigen in den schalenbildenden Zustand durch die Veredelung. Dadurch nimmt die Makrolunkerung der eutektischen Legierungen zu, die bei lamellarem Ausgangsgefüge besonders stark ausgeprägt ist. Durch Natrium und Strontium kommt es zu einer Senkung der eutektischen Temperatur im Zustandschaubild Al-Si, als Unterkühlung bzw. Depression bezeichnet, und zu einer Verschiebung der eutektischen Zusammensetzung von 11,7 nach etwa 14 % Silizium in Abhängigkeit von der Abkühlungsgeschwindigkeit. Da aber Natrium und Strontium die Aufnahme von Wasserstoff fördern, kann die damit verbundene Porenbildung bei der Erstarrung dieses Lunkerverhalten aufheben und zu einem größeren Innendefizit (Porosität) führen. Im allgemeinen geht man davon aus, daß das Fließvermögen durch einen Natrium-Zusatz verringert wird. Die für die Erreichung der Gefügestrukturen des Al-Si-Eutektikums notwendigen Na- und Sr-Gehalte sind außer vom Si-, noch vom Gehalt an Begleitelementen und der Abkühlungsgeschwindigkeit abhängig. Wie Bild 2.8.10 zeigt, bestimmt z.B. der P-Gehalt den notwendigen Na- bzw. Sr-Gehalt. Unter 5 ppm Phosphor in der Legierung muß man mit lamellarem Gefüge rechnen. Höherer Si-Gehalt verlangt in Abhängigkeit von der Erstarrungszeit und dem P-gehalt deutliche höhere Na- bzw. Sr-Gehalte bis ca 100 ppm Na bzw. 150-200 ppm Sr. Trotz höherer Sr-Zugaben kann eine solche Feinheit der Si-Kristalle wie bei der Na-Zugabe nicht erzielt werden, daher ist der Einsatz von Sr eher dem Kokillenguß vorbehalten, der durch seine höhere Abkühlungsgeschwindigkeit als der Sandguß die Veredelung begünstigt. Na-Gehalte über 100-200 ppm führen zur Überveredlung, die eine Gefügestruktur beschreibt, bei der das Silizium wieder gröber und bänderförmig ausgebildet ist verbunden mit Verringerung der Festigkeitseigenschaften und Bruchdehnung. Im Zusammenhang mit der Unterkühlung und der Gefügeveränderung muß der optimale Zustand über thermische Analyse und metallographisch kontrolliert werden. Natrium brennt in Abhängigkeit von der Tiegelgröße schnell ab. Bei Schmelz- und Warmhaltetiegeln unter 50 kg Fassungsvermögen ist Natrium nach 20-30 min, bei 200 kg nach 90-120 min unter den für die Veredelung wirksamen Gehalt abgebrannt. Strontium zeigt dagegen über mehrere Stunden nur einen Abbrand von 20-30 ppm und wird daher als Dauerveredlungsmittel besonders für Kokillen- und auch für Druckguß angesehen Mit steigendem Mg-Gehalt wird weniger Veredelungsmittel benötigt (Bild 2.8.11). Calcium hat eine ähnliche Wirkung, soll aber wegen des negativen Einflusses auf die Porosität möglichst unter 10-20 ppm gehalten werden.

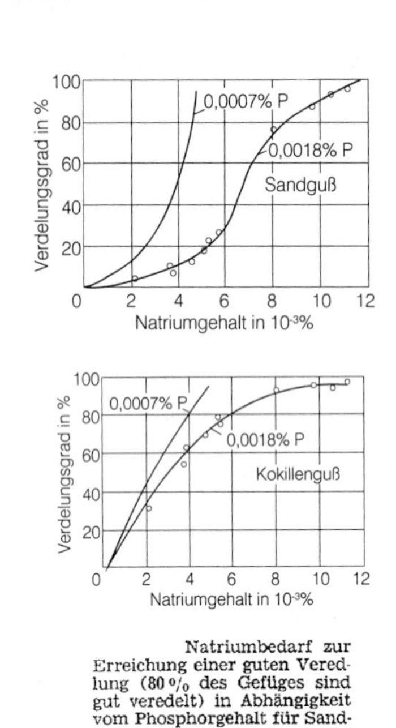

Natriumbedarf zur Erreichung einer guten Veredlung (80 % des Gefüges sind gut veredelt) in Abhängigkeit vom Phosphorgehalt für Sand- und Kokillenguß AlSi12,5 (nach P. Nölting)

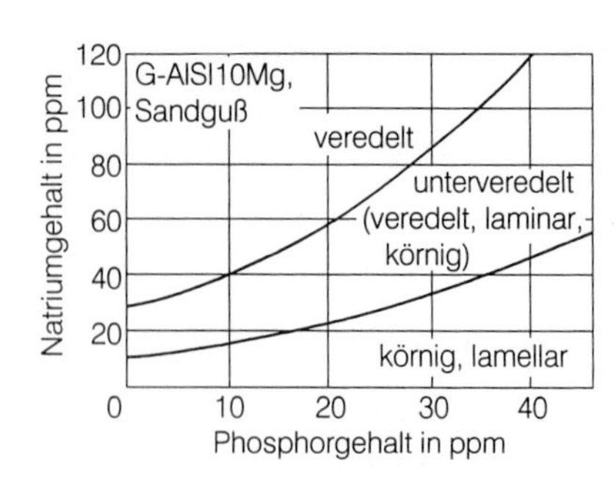

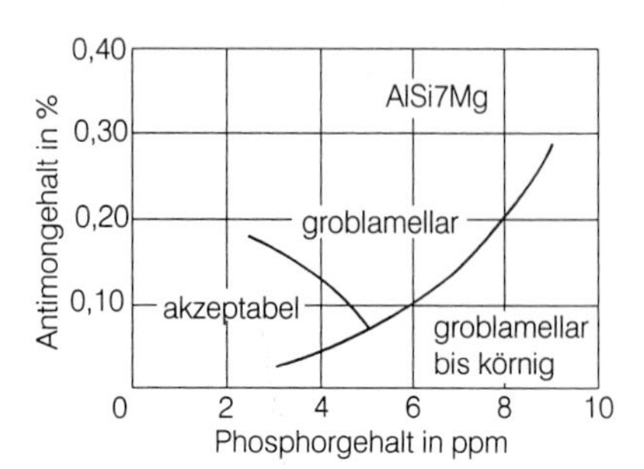

Bild 2.8.10 Ausbildung des Eutektikums bei Al-Si-Legierungen

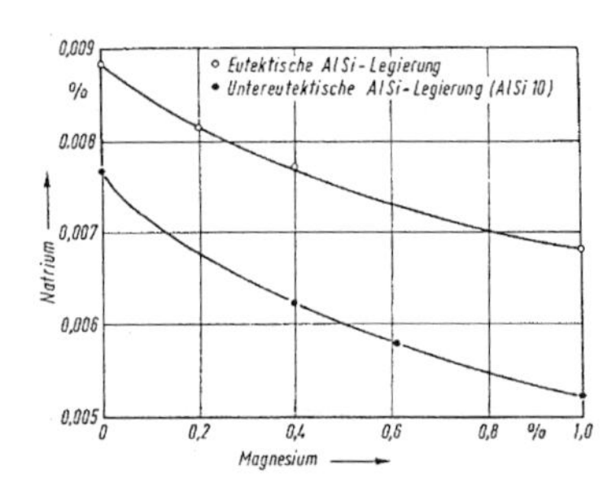

Bild 2.8.11 Einfluß von Magnesium auf die Veredlung (nach Müller)

Die Natrium-Zugabe erfolgt infolge der hohen chemischen Aktivität nicht direkt in metallischer Form, sondern vakuumverpackt bzw. als Veredelungssalz, körnig, in Tabletten- oder Blockform (Permabloc), letztere auf die Badoberfläche gegeben, ständig Natrium abgebend und den Natriumabbrand ausgleichend. Strontium dagegen kann in Form einer 3-10 % Al-Sr-Vorlegierung in die Schmelze eingebracht werden. In Abhängigkeit von der Gießtemperatur findet ab Wanddicken von 20 mm im Sandguß bereits während der Erstarrung ein Natriumabbrand statt, so daß es zu keiner ausreichenden Veredelung kommen kann. Es müssen höhere Natrium-Gehalte gewählt werden, so daß in den anderen Wanddicken die Gefahr der Überveredlung wächst. Sorgfältige metallographische und röntgenographische Untersuchungen im Zusammenhang auch mit der gelenkten Erstarrung wiesen nach, daß

sich die Überveredlungsbänder gekennzeichnet durch die gröberen Si-Kristalle durch eine Anreicherung von Natrium und Strontium vor der Erstarrungsfront bilden können und polyedrische Kristalle der intermetallischen Phasen $Al_mSi_nNa_o$ bzw. $Al_xSi_ySr_z$ enthalten.
Antimon wird in Anteilen von 0,1-0,15 % zugegeben und führt ebenfalls zu einer feineren Si-Ausscheidung, die nicht als Veredelung bezeichnet wird. Das Lunkerverhalten ist gegenüber der Veredelung mit Natrium und Strontium günstiger, die Festigkeitseigenschaften sind im wärmebehandelten Zustand nur wenig verschieden von den mit Natrium oder Strontium behandelten. Man geht auch davon aus, daß Antimon die Wasserstoff-Löslichkeit nicht in dem Maße wie Natrium und Strontium beeinflußt.
Durch Verwendung von Kreislauf und Schrott kann das Problem der Störwirkung für die Veredelung durch schädliche Beimengungen auftreten. In erster Linie sind hier Antimon, Wismut und Phosphor bzw. Schwefel zu nennen. Zum Ausgleich müssen größere Na- bzw. Sr-Gehalte eingestellt werden. Bisherige Kenntnisse zeigen, daß etwa 0,1 % Antimon ausgeglichen werden können, da andererseits auch Magnesium Antimon zu Mg_3Sb_2 abbindet und dadurch die Festigkeit und Härte senkt.
Die Kontrolle des Veredelungsgrades läßt sich aufwendiger und sicher metallographisch und in einer Vielzahl von Fällen durch thermische Analyse vornehmen, da Natrium und Strontium die eutektische Temperatur absenken. Da bei gleicher Erstarrungsgeschwindigkeit die Temperaturerniedrigung bei Strontium nur etwa 1/3. wie bei Natrium beträgt, muß hierbei die Aufnahme der Abkühlungskurve in einem Kokillenabguß erfolgen. Die Aussage gilt nicht für die Feinung der Si-Kristalle mit Antimon. Bei der Einschätzung des Veredelungsgrades ist unter bestimmten Bedingungen die Kenntnis der eutektischen Temperatur ohne Natrium- oder Strontium-Zugabe sinnvoll, die jedoch selbst sehr stark von der Legierungszusammensetzung abhängt (Bild 2.8.12) Für AlSiCu- und bedingt für AlSiMg-Legierungen kann diese eutektische Temperatur wie folgt abgeschätzt werden:

$$T_{Eut.Al\text{-}Si} = 542 + 7{,}2\,/\%Si/ - 0{,}4\,/(\%Si)^2/ - 4{,}2\,/\%Cu/ - 14\,/\%Mg/ - 12{,}6\,/\%Fe/ - 7{,}6\,/\%Zn/ - 24{,}1\,/\%Ni/ + 20\,/\%Mn/ + 6{,}8\,/(\%Mg)^2/ + 1{,}5\,/\%Si\,\%Fe/ + 0{,}9\,/\%Si\,\%Zn/ + 7{,}2\,/\%Cu\,\%\,Ni/ - 35\,/\%Mg\,\%Mn/$$

mit folgendem Geltungsbereich:

3,5-11,5 % Si; 0,8-3,9 %Cu; 0,25-1,2 %Mg; 0,3-1,1 % Fe; 0,11-1 %Mn; 0,01-2,38 % Zn; 0,02-0,34 % Ni; < 10-20 ppm Ca.

Für Natrium werden folgende Zugabemengen empfohlen in % vom Einsatz (Tafel 2.8.4)

Tafel 2.8.4 Natriumzugaben zur Veredelung von Al-Si-Legierungen (nach Müller)

Legierung	Na, roh	Na, vak.-verp.	Legierung	Na, roh	Na, vak.-verp.
G-AlSi12 G-AlSi12(Cu)	0,01	0,07 0,04	G-AlSi9Mg G-AlSi9Cu3	0,07	0,04
G-AlSi12Cu	0,1	0,04	G-AlSi7Mg	0,05	0,03
G-AlSi10Mg	0,08	0,05	G-AlSi6Cu4	0,05	0,03
GK-AlSi10Mg	0,04	0,03 GK-AlSi6Cu4	GK-AlSi7Mg	0,02	0,01

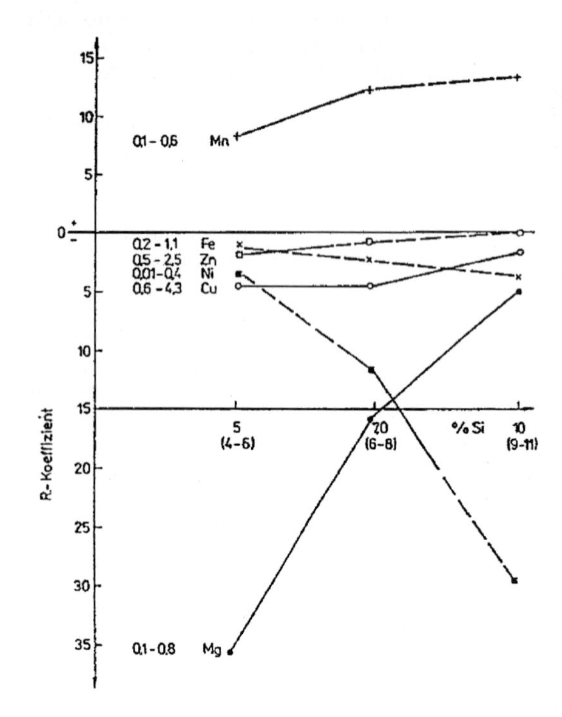

Bild 2.8.12 Einflußgrad (Regressionskoeffizient R) von Elementen auf die eutektische Temperatur von Al-Si-Legierungen

2.8.3 Schmelz- und Warmhalteöfen

Die Schmelzbetriebsstruktur in den Al-Gießereien wird sehr stark durch das Gußsortiment und den Aufbau der Gießerei geprägt. Im allgemeinen ist es aus Gründen und im Interesse eines wirtschaftlichen Energieverbrauches üblich, mit Vorschmelz- und Warmhalteöfen zu arbeiten. Die Vorschmelzöfen mit dem relativ großen Fassungsvermögen sind meistens Herd-, Herdschacht- weniger Tiegelöfen, während zum Warmhalten hauptsächlich Tiegelöfen zum Einsatz kommen. Auch die Kombination Schmelz- und Schöpfofen wird verwendet. Außerdem werden Warmhalteöfen auch als Vergießöfen genutzt, besonders in Kokillen- und Druckgießereien. Dadurch ergibt sich eine Vielzahl von Ofentypen, Ofengrößen und Beheizungsarten.

Weitere Möglichkeiten bestehen in der Nutzung eines transportablen Schmelz- und Warmhaltegefäßes. Auf einer Schmelzstation wird geschmolzen, das Gefäß z.B. mit dem Gabelstabler zur Warmhalte- oder Gießstation transportiert und an der Warmhaltestation über einen Schnellverschluß an das elektrische Netz wieder angeschlossen.

Im Zusammenhang mit der Oxydation und Wasserstoffaufnahme ist eine genaue Ofenführung in Bezug auf Atmosphäre und Temperatur nötig, die am besten mit elektrisch beheizten Öfen erfüllt wird. Für das Schmelzen sind von den möglichen elektrischen Beheizungsmöglichkeiten wegen der ausreichend hohen Leistung Induktionsöfen und in seltenen Fällen Silitstab-Wannen-Widerstandsöfen im Einsatz, für Warmhalteöfen finden widerstandsbeheizte Öfen Anwendung. Im übrigen herrscht Gas- oder Ölfeuerung vor.

Gegenüber anderen Metallen ist die zum Schmelzen und Überhitzen erforderliche Wärmemenge beim Al-Guß bezogen auf die Überhitzungstemperatur hoch (Tafel 2.8.5).

Tafel 2.8.5 Wärmetechnische Daten von Gießmetallen

Metall	Schmelzpunkt °C	Wärmemenge zum	
		Überhitzen KJ/kg	Schmelzen KJ/kg
Al	660	1,18	0,36
Mg	650	1,11	0,35
Cu	1084	0,72	0,21
Fe	1539	1,10	0,27

Legierungselemente verändern die Angaben nur um 10 - 20 %.

Energieträger zum Schmelzen und Warmhalten sind Heizöl, Erd- und Stadtgas (Ferngas) sowie elektrische Energie, Warmhalteöfen sind hauptsächlich elektrisch widerstandsbeheizt. Tafel 2.8.6 gibt einen Überblick über die gebräuchlichen Öfen und Heizungsarten. Koks wird als Energieträger praktisch nicht mehr genutzt.

Tafel 2.8.6 Beheizungsarten von Schmelz- und Warmhalteöfen in Al-Gießereien

Ofenart	Beheizungsart			
	Öl	Gas	elektrisch widerstandsbeheizt	Induktion
Tiegelöfen	S + W	S + W	W	S + W
Herdöfen	S + W	S + W	S + W	-
Trommelofen	Schrott S	-	-	-
Schachtöfen	S + (W)	S + (W)	-	-
Herdschachtöfen	S	S	-	-

S - Schmelzen; W - Warmhalten

Unter Beachtung der Wärmeleistung von Energieträgern (Tafel 2.8.7) ist dementsprechend mit folgendem Energieverbrauch zu rechnen (Tafel 2.8.8).

Tafel 2.8.7 Wärmeleistung von Energieträgern

Energieart unterer Heizwert	Stadtgas 50-60 % H 25-30 % CH_4 Nm^3	Heizöl 82-85 % C 11-14 % H kg	Erdgas 82-90 % CH_4 12-14 % N Nm^3	Flüssiggas Propan C_3H_8 kg	 Butan C_4H_{10} kg
kcal	4100	10000	7600	11000	10900
kJ	17165	41870	31820	46060	45640

Tafel 2.8.8 Energieverbrauch von Schmelz- und Warmhalteöfen für Al-Guß Richtwerte (nach Büchen)

Ofenart Tiegelofen gasgeheizt	Fassungs- vermögen kg	Schmelz- leistung kg/h	Energiever- brauch/100 kg Schmelzen	 Warmhalten	 Anheizen
Stadtgas	100	80-90	38-43 Nm^3	10-12	30-45
	250	170-200	34-38	16-18	45-60
Flüssiggas	100	90-100	15-16 Nm^3	4-4,5	9-12
	250	180-210	11-12	7-7,5	22-25
Erdgas	100	90-100	21-23 Nm^3	6-7	18-25
	250	180-210	17-18	9-10	25-32
ölbeheizt	100	100-120	16-17 kg	4,5-5	10-15
	250	200-220	12-13 kg	7,5-8	23-28
widerstands- beheizt	150	55-65	75 kWh	10	43-50
induktiv	1000	400-550	56-57 kWh	25-28	120
	3000	1000-1300	53-54 kWh	30-35	300
Herdofen Erdgas	2500	800	12-14 Nm^3	12-16	
widerstands- beheizt	3000	400	48 kWh	20	90

2.8.3.1 Tiegelöfen

Gas- und ölbeheizte Tiegelöfen werden mit einem Fassungsvermögen unter 150 kg bevorzugt meist in kleineren Gießereien als Schmelzofen eingesetzt und dann in kippbarer Ausführung mit eingebautem Tiegel. Tiegelwechsel ist nicht nur wegen des auswechselbaren Tiegels möglich. Als Warmhalteöfen finden sie bevorzugt für Kokillen- und Druckguß sowohl mit festem als auch wechselbarem Tiegel Anwendung. Induktiv beheizte Öfen werden meistens mit feuerfester Auskleidung ohne Tiegel benutzt.

Unter Berücksichtigung guter Wärmeisolierung ergeben sich folgende thermischen Wirkungsgrade :

Tiegelofen, öl-, gasbeheizt (Kaltluft)	0,15-0,25
Tiegelöfen, gasbeheizt mit Rekubrenner	0,24-0,31
Tieglöfen, gasbeheizt mit Regenerativsystem	0,32-0,39
Tiegelöfen, widerstandsbeheizt (elektr.)	0,65
Tiegel-Induktionsofen (elektr.)	0,65-0,70
Induktions-Rinnenofen (elektr.)	0,70.

Bezogen auf Herdöfen ergibt sich ein ähnliches Bild. Luftvorwärmung führt bei gas- und ölbeheizten Öfen auf jeden Fall zur Energieeinsparung. Im Vollastbetrieb kann dadurch sogar ein Wirkungsgrad von 50 % erreicht werden. Während bei widerstandsbeheizten Öfen nur Wand-, Leitungs- und Öffnungsverluste auftreten, sind bei geringeren Wandverlusten die Energieverluste durch das Kühlwasser bei Induktionsöfen Verlustträger. Brennstoffbeheizte Öfen weisen den schlechteren Wirkungsgrad durch die Abgasverluste auf. Induktionsöfen verlangen höhere Investitionen für die elektrische Ausrüstung, besonders für die Umrichter bei Mittelfrequenzöfen, die aber gegenüber den Netzfrequenzöfen den Vorteil des höheren Energieeintrags mit der höheren Leistung besitzen und feinstückigeres Material besser verkraften. Bei den Induktionsöfen spielt eine wichtige Rolle die Auslastung (Bild 2.8.13). So führte z.B. eine Erhöhung der Tagesproduktion von 250 auf 350 kg zu einer Senkung des spezifischen Energieverbrauchs von 1,3 auf 0,9 kWh/t Flüssigaluminium im Zusammenhang mit der Anwendung eines Lastkontrollsystems.

Brennstoffbeheizte Tiegelöfen können inzwischen eine hohe Schmelzleistung erreichen. Flammen- und Abgasführung erfolgen abgegrenzt von der Badoberfläche, so daß eine schädliche Beeinflussung der Schmelze minimiert ist. Die gegenüber den elektrisch beheizten Öfen schlechtere Temperaturführung kann nicht vollständig ausgeglichen werden. Die Abgase verlangen eine zusätzliche Reinigung. Weitere zusätzliche, umweltbelastende Maßnahmen sind gegebenenfalls bei Abgasen und Abfällen der Schmelzebehandlung, insbesondere bei Salzbehandlungen und chlorabspaltenden Stoffen gegeben. Bei den Warmhalteöfen dominiert die elektrische Widerstandsheizung (bis 300-800 kg). Die NiCr-Heizleiter liegen inzwischen in Form von Drähten oder Stäben in Keramikkörpern, die ohne Demontage des Ofens zur Reparatur zeitsparend gewechselt werden können.

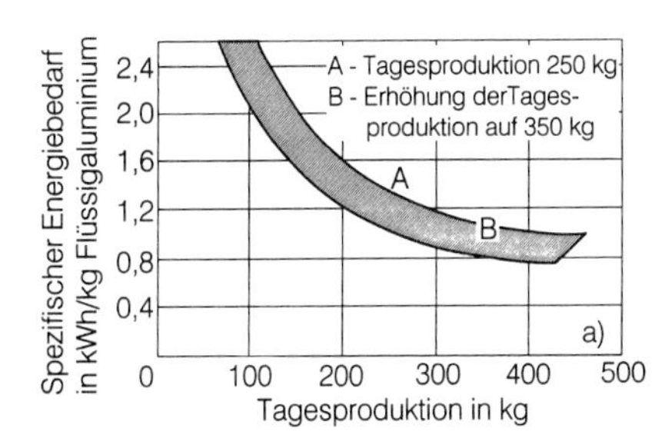

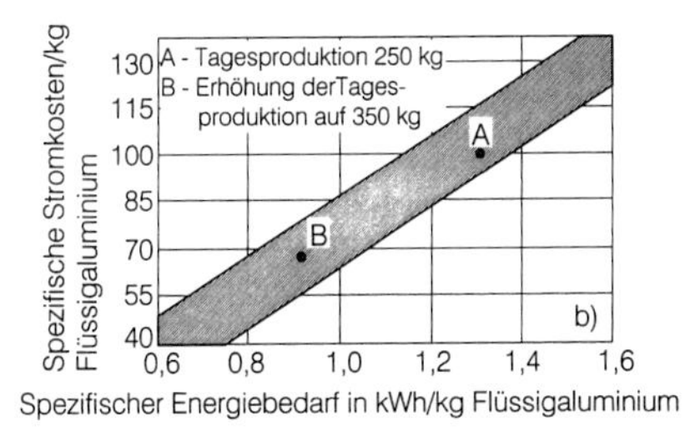

Bild 2.8.13: Energieverbrauch von Induktionsöfen (nach Dörsam)

Induktionsrinnenöfen, die die Energie über die im Induktorkanal (Rinne) befindliche Schmelze mithilfe der Badbewegung in den übrigen Teil des Ofengefäßes einbringen, sollten besonders bei größeren Einheiten mehrschichtig eingesetzt werden. Da flüssiger Sumpf verbleiben muß, ist dieser Teil über Nacht bzw. freie Tage warmzuhalten. Induktionstiegelöfen besitzen einen ähnlich hohen Wirkungsgrad, da sie die Wärme im Einsatzgut selbst erzeugen, verlangen aber eine strenge Kopplung zwischen Anschlußleistung, Fassungsvermögen und Ofengeometrie. So kann der Tiegelofen intermittierend, auch mit stückigem Material gefahren werden. MF-Öfen haben bei einer Frequenz von 150-2000 Hz und Fassungsvermögen von 10-7000 kg eine Schmelzleistung von 36-6500 kg/h bei Umrichterleistungen von 30-3250 kW. Neuzeitliche Umrichter ermöglichen eine Konstant-Leistungs-Regelung in Verbindung mit vollem Chargenbetrieb. Die Umrichtersteuerung stellt Ofenspannung, Ofenstrom, Frequenz und Leistungsfaktor-Kompensation entsprechend der notwendigen Arbeitsweise ein. Die Badbewegung führt bei Induktionstiegel- und -rinnenöfen zu einer guten Durchmischung der Schmelze, begrenzt aber die Leistungsaufnahme.

Flüssiges Aluminium und seine Legierungen sind aggressiv gegenüber einer Reihe von SiO_2-haltigen keramischen Materialien und Metallen. Im Zusammenhang mit der Notwendigkeit von Legierungswechseln und Wirtschaftlichkeit werden häufig Schmelztiegel eingesetzt, die durch Wahl der Zusammensetzung auch dem Angriff von Salzschmelzen widerstehen. Sie zeichnen sich durch gute Wärmeleitfähigkeit, niedrigen elektrischen Widerstand und Haltbarkeit aus. Diesen Forderungen werden SiC- und auch Ton-Graphit-Tiegel am besten gerecht. Manchmal werden für Warmhalten und Gießen auch geschlichtete Gußeisentiegel verwendet (wie Steigrohre für den Niederdruck-Kokillenguß)

Ton-Graphit- wie SiC-Tiegel unterscheiden sich weniger in der Art der eingesetzten Bestandteile, als vielmehr in der Art der Bindung und im Anteil der einzelnen Materialien. Die Eigenschaften sind außerdem vom Herstellungsverfahren abhängig (Tafel 2.8.9).

Tafel 2.8.9 Aufbau und Eigenschaften von Schmelztiegeln

Bestandteile	Tiegelart Silizium-Carbid-Tiegel (Kohlenstoffbindung) Mineralogischer Aufbau,	Ton-Graphit-Tiegel (Tonbindung) Anteile in %
Ton	12-25	22-28
Siliciumpulver	3-5	6-10
Siliciumcarbid	38-45	15-25
Graphit	25-35	40-50
Zuschlagstoffe	3-5	
	Chemische Analyse	Anteile in %
Al_2O_3	4-6	8-10
Si	2-3	5-8
SiC	40-45	18-24
SiO_2	4-6	17-20
C	38-47	40-45

Tafel 2.8.9 Aufbau und Eigenschaften von Schmelztiegeln (Fortsetzung)

	Eigenschaften				
Binder	Pech	Pech [1]	Harz	Ton	Ton
Herstellungsverfahren	isostat.	Einrollen	isostat.	isostat.	Eindrehen [1]
Rohdichte g/cm^3	1,9-1,95	1,75-1,9	2,1-2,15	2,15-2,25	1,60-1,70
offene Porosität %	24-26	27-31	13-15	9-11	26-30
Kaltdruckfestigkeit N/mm^2	8-11	9-13	9-11	8-10	14-18
elktr. Widerstand Ωm	40-60	30-50	30-40	400-800	600-2000
Wärmeleitfähigkeit W/mK	13-15	8-12	23-28	25-30	10-15
Ausdehnungskoeffizient 10^{-6} K^{-1}	2,5-2,8	1,7-1,9	2,4-2,7	3,5-4,0	3,35

[1]) Eindrehen bzw. Einrollen

Beim oxydierenden Schmelzen, Warmhalten verbrennen die graphitischen Bestandteile. Dadurch sinkt besonders bei den Ton-Graphit-Tiegeln im Laufe der Betriebsdauer Wärme- und elektrische Leitfähigkeit, die Porosität steigt, da die Schutzglasur nur eine begrenzte Zeit haltbar ist. SiC-Tiegel ändern ihre Eigenschaften nicht in gleichem Maße, auch wenn wegen der größeren Sprödigkeit vorsichtiger mit ihnen umgegangen werden muß. Die Haltbarkeit der SiC-Tiegel ist etwa doppelt so hoch wie die der Ton-Graphit-Tiegel, bei jedoch höherem Preis. Bei sachgerechtem Handling liegt die Lebensdauer der Ton-Graphit-Tiegel bei 80-180, der SiC-Tiegel bei 150-400 Schmelzen und darüber. In Warmhalteöfen sind dementsprechend selbst bei Öl- und Gasheizung Standzeiten von 3-4, ja sogar 6 Monaten möglich. Ton-Graphit-Tiegel sind gegen fluorhaltige Reinigungssalze empfindlicher. Die genannten Schmelztiegel müssen in trockenen Räumen oder Trockenkammern aufbewahrt werden, da sie Feuchtigkeit aufnehmen.

Nicht so gasdurchlässig und hygroskopisch sind Gußeisentiegel, die aber ohne Schutzschicht (Schlichte innen, flammgespritzte Keramikschicht außen) nicht eingesetzt werden können. Bewährt haben sich an Schlichten Hochtemperaturzemente mit SiC. Für das Gußeisen kann als Richtanalyse gelten : 3,4-3,6 % C; Si entsprechend Sättigungsgrad zwischen 0,92 und 1,0; 0,55-0,70 % Mn; unter 0,25 % P, unter 0,08 % S; Gefüge im Gußzustand perlitisch mit feinem bis mittelgroßem Graphit.

2.8.3.2 Tiegellose Öfen

Hierzu zählen Herd-/Wannen-, Herd-Schacht- und Drehtrommelöfen. In den meisten Fällen dienen sie als Vorschmelzer für Warmhalteöfen oder der Schrottaufbereitung. Bis auf den Herd-/Wannen Ofen sind die übrigen fast ausschließlich brennstoffbeheizt. Das Fassungsvermögen liegt bei 1000-15000 kg bei einer Leistung von 400-800 kg/h. Die geringere Leistung ist dem widerstandsbeheizten Ofen zuzuordnen.

Wegen der Größe sind viele dieser Öfen nicht feststehend, sondern kippbar, um die Entleerung über eine Gießrinne zu erleichtern. Sonderformen haben Schmelzbrücken, denen die volle Brennerleistung zugeordnet ist, ein Sammler-Wannenteil, das auch als Schöpfteil dienen kann (Bild 2.8.14), wird durch das überströmende Rauchgas überhitzt. Wannen- und Drehtrommelöfen eignen sich gut für das Warmhalten von Flüssigmetall. Bei Herd-Schachtöfen ist unter dem senkrechten Schacht eine Abschmelzbrücke angeordnet, von der aus flüssiges Metall in die darunter liegende Sammelwanne abfließt. An der schrägen Abschmelzbrücke befinden sich leistungsfähige Brenner, unter Umständen an der Sammelwanne ein Warmhalte/Überhitzungsbrenner. Die Abgase ziehen durch den Beschickungsschacht und wärmen das Einsatzgut vor. Die Beschickung des Einsatzgutes erfolgt meistens über Hebe-Kipp-Geräte mit einem Beschickungswagen oder -kübel. Für die Metallentnahme wird oft ein keramisches Ventil eingesetzt. Durch die schräge Abschmelzbrücke läuft das Metall schnell ab und oxydiert wenig, so daß der Abbrand bei ca 1 % gehalten werden kann. Drehtrommelöfen bestehen meist aus einem zylindrischen, waagerecht angeordneten, oft rotierenden mit feuerfestem Material ausgekleideten Ofengefäß, brennstoffbeheizt und werden insbesondere für das Einschmelzen von Spänen, kontaminiertem Schrott, Krätzen unter Salzdecke angewendet. Hauptsächlich in Umschmelzwerken und Hütten eingesetzt, weisen sie Fassungsvermögen von 3-10 t auf. Alle tiegellosen brennstoffbeheizten Herdöfen verfügen über automatisch arbeitende Brenner (oft Rekuperatorbrenner) mit Regelung des Luft-Brennstoff-Verhältnisses, mit Ofenraumdruckregelung und rekuperativer oder regenerativer Luftvorwärmung durch die Abgase und erreichen dadurch thermische Wirkungsgrade von 50 % und mehr. Da der Brennstoffbedarf hierdurch gering ist, wurden in vielen Fällen Induktions-Öfen bereits ersetzt.

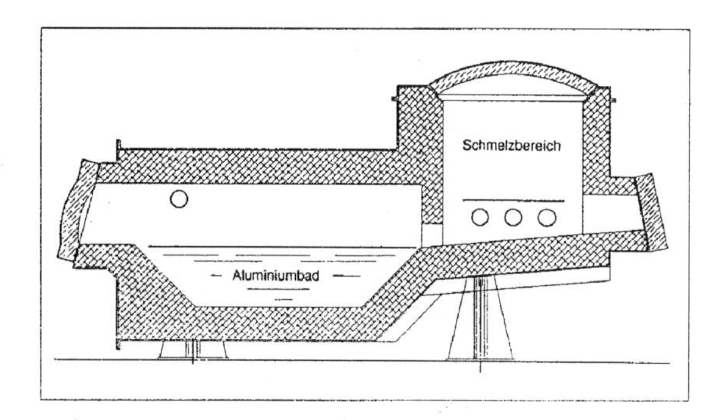

Bild 2.8.14 Wannenofen

Inzwischen wurde auch ihre feuerfeste Auskleidung so optimiert, daß eine Futterhaltbarkeit von 1,5-5 Jahren möglich wird. Die Auskleidung erfolgt für den Schmelz- und Deckelbereich im wesentlichen auf der Basis von Al_2O_3; Al_2O_3-SiO_2; SiO_2-CaO und SiC-Materialien. Da Al-Schmelzen freies SiO_2 reduzieren, werden relativ hohe Korundanteile, über 80 % angestrebt. Steine und Spritzmassen werden durch Schwerspatzusatz vor Infiltration geschützt, z.B. durch Steine mit einer chemischen Zusammensetzung von 78 % Korund, 8 % SiO_2, <1,2 % Fe_2O_3, 5 % BaO, beständig bis 1230 °C bei chemischer Bindung. Die mit der Schmelze in Berührung kommenden Feuerfestbereiche sind stets eisenarm. Außerdem muß ein geeigneter Kleber, Mörtel eingesetzt werden. Bei Reinstaluminium-Schmelzen sind Steine, Leichtsteine und Kleber mit einem Al_2O_3-Gehalt >99 %, die übrigen mit über 94 % zu verwenden. Deckelbereiche können aus folgenden Materialien gefertigt werden (Tafel 2.8.10):

Tafel 2.8.10 Feuerbetone nach Klinger und Amon

		Betonart			
		Vibrierbeton		Spritzbeton	Leichtbeton
max. Arbeitstemperatur °C		1400	1100	1400	1300
Zusammensetzung in %					
Al_2O_3		84	16	80	42
SiO_2		5		7	45
Fe_2O_3		<0,2	<1	<0,2	2,8
BaO		8		8	6,4
CaO		2	-	4	3,4
SiC		-	80	-	-
Wärme-	400 °C	3,1	6,5	2,1	0,66
leitfähigkeit	800 °C	2,8	7,9	1,9	0,61
W/(K m)	1200 °C	3,2	8,3	2,4	0,69

Teure Zirkondioxidsteine können ersetzt werden. Auf die Qualität des Mörtels ist besonders zu achten; hochreine Calcium-Aluminat-Zemente kommen zum Einsatz. Zur Wärmedämmung werden Keramikformmassen und wärmedämmende Keramikfaser-Formteile genutzt (Tafel 2.8.11)

Tafel 2.8.11 Wärmedämmaterialien

	Materialaufbau			
	Pastöse Masse	freiformbare Keramikfaser Faser (Schwerspat)	Calcium-Silikat-Faser mit Schwerspat	ohne Schwerspat
max.Arbeits-temperatur °C	1100	1100	1100	1100
Zusammensetzung %				
Al_2O_3	24	22	-	27
SiO_2	43	65	59	57
BaO	8	8	8	-
CaO	-	-	30	16
Wärmeleitfähigkeit				
W/(K m) bei 400 °C	0,12	0,15	0,11	0,11
800 °C	0,16	0,17	0,21	0,19
1100 °C	0,21	0,19	0,30	0,27

2.8.4 Gießeinrichtungen

Nicht nur bei Großserien kann die Mechanisierung des Gießens nach folgenden Gesichtspunkten erfolgen: pneumatische oder elektromagnetische, induktive Förderung des Flüssigmetalls über Steigrohre, Pumpen und Rinnen, besonders beim Niederdruck-Kokillen- und -Sandguß (Kernblock, Cosworth-Verfahren), Druckguß (Vacural-Verfahren) oder durch mechanisch arbeitende Gießlöffel (Bild 2.8.15).

Diese Einrichtungen übernehmen insgesamt eine Dosierung mit einer Genauigkeit von 1-2 %.

Ein Gießlöffel nimmt mit seinem an einem gesteuerten Bewegungsarm befindlichen Schöpflöffel Metall unterhalb der Badoberfläche, wird dann zur Form geschwenkt und in die Form entleert. Die Füllmasse liegt zwischen 0,5-50 kg. Die Gießöfen sind elektrisch beheizt, die Abgabe des Flüssigmetalls erfolgt durch Verdrängung über Gasdruck über eine Gießrinne oder Steigrohr. (Bild 2.8.16)

Nach Siffring ergeben sich folgende Vor- und Nachteile zwischen dem automatischen Gießen mit einem Gießlöffel bzw. einem Gießofens: (siehe Seite 409)

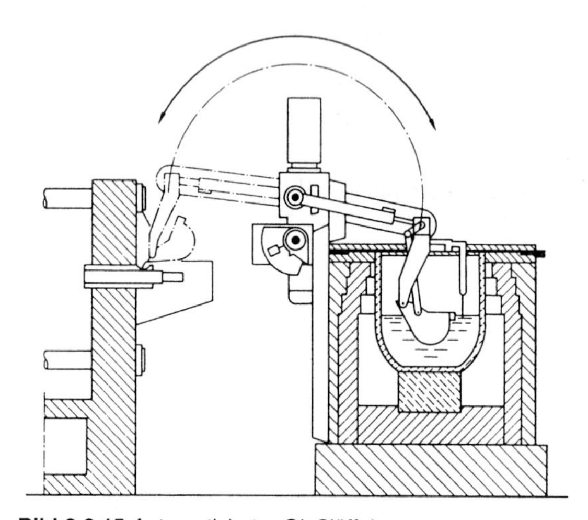

Bild 2.8.15 Automatisierter Gießlöffel

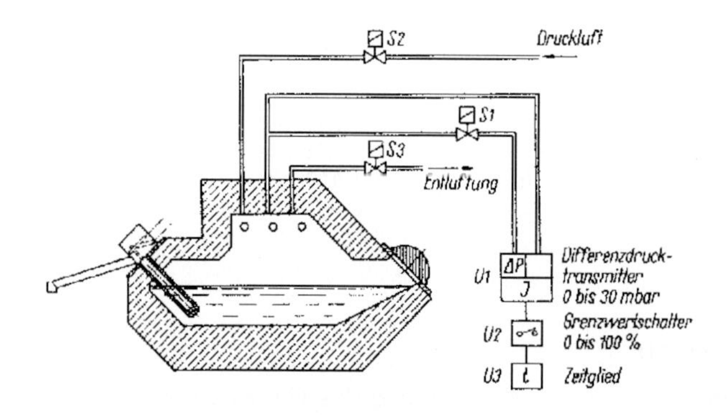

Bild 2.8.16 Gießofen (Typ Westomat)

Dosierofen Typ Westomat/Warmhalteofen und autom. Gießlöffel

Metallentnahme und -Zuführung unterhalb des Badspiegels/Ständige Zerstörung der Badoberflächenhaut durch Entnahme und Wiedereintauchen zum Füllen
Temperaturgenauigkeit der entnommenen Schmelze ± 2 K und günstige Artbeitsbedingungen/Temperaturdifferenz der übergebenden Schmelze < ± 15 K, hohe Abstrahlverluste
Lange Standzeiten von behandelten Schmelzen/Geringe Standzeiten von behandelten Schmelzen
keine beweglichen Teile, die mit der Schmelze kontakten, wenig mechanisch bewegte Teile/Hoher Verschleiß von Löffel und dazugehöriger Mechanik
Lebensdauer der Ausmauerung über 10 Jahre/häufiger Tiegelwechsel
Dosiergenauigkeit ± 1 %/Dosierkonstanz und -schnelligkeit sehr stark von der Konstruktion abhängig
Legierungswechsel und Reinigen schnell und problemlos möglich/Chargen-und Tiegelwechsel zeitintensiv

Wirtschaftlich ist für größere Einheiten ein Dosierofen.

2.9 Wärmebehandlung der Gußstücke

Durch eine Wärmebehandlung können eine Reihe von Gußteileigenschaften verändert werden, wie die Festigkeit, Bearbeitbarkeit und Maßhaltigkeit etc. Der Wärmebehandlungsprozeß greift vor allen Dingen in das vom Gießen und Erstarren herrührende Ungleichgewicht, besonders in Bezug auf die Gefügestruktur ein und regelt die Diffusionsprozesse zur Einstellung eines Gleichgewichts in Bezug auf Phasenauflösung und -ausscheidung.

Zweckmäßigerweise wird die Wärmebehandlung vor der Bearbeitung , d.h. wenn möglich in der Gießerei durchgeführt.

2.9.1 Wärmebehandlung zur Beeinflussung der Festigkeitseigenschaften

Abkühlungs- und Erstarrungsverlauf bei der Gußkörperbildung führen im allgemeinen zu keiner optimalen Gefügestruktur in Bezug auf die durch Aushärtung zu erzielenden Festigkeitseigenschaften. Die im Gußzustand erreichten Festigkeitseigenschaften können sich daher wesentlich von denen im Gleichgewichtszustand unterscheiden. Je nach gewünschtem Eigenschaftsniveau werden daher unterschiedliche einzelne oder bestimmte Kombinationen solcher Wärmebehandlungsstufen nach dem Ausleeren aus der Form mit den Gußteilen vorgenommen.

Folgende Stufen sind in Anwendung :

Lösungsglühen (Homogenisieren)
Kaltaushärten (kaltauslagern)
Warmaushärten
Stabilisierungsglühen
Weichglühen.

Ausgehend von den Grundlagen der Aushärtung (siehe Bd. 1) ist durch vorhandene Kristall- und Stückseigerung in den Gußteilen ein Konzentrationsunterschied an den einzelnen Bestandteilen im Al-Mischkristall oder den einzelnen anderen Gefügebestandteilen, eine spezifische Ausbildungsform und anderer Mengenanteil und Größe der Gefügephasen gegenüber dem Gleichgewicht vorhanden. Durch das Lösungsglühen (ho)wird daher versucht, eine Homogenisierung entsprechend dem Gleichgewicht zu erzielen und im Sinne der Aushärtungsvorgänge im Al-Mischkristall eine möglichst maximale Menge an Legierungs- und Begleitelementen zu lösen. Hierfür ist die nach dem Zustandsschaubild höchstmögliche Glühtemperatur am günstigsten. Allerdings sollte in den meisten Fällen unter dieser Temperatur geblieben werden, weil sie mit der Solidustemperatur identisch sein und daher zum Aufschmelzen führen kann, wodurch die Gußteile unbrauchbar werden. Die vorgeschriebenen Lösungsglühtemperaturen müssen daher sehr genau eingehalten werden ±(2-3K), wie aus Bild 2.9.1 zu erkennen ist. Je weiter die Lösungsglühtemperatur und -zeit unterschritten wird, umso geringer ist der Effekt und eine Verringerung der Festigkeitseigenschaften muß in Kauf genommen werden. Durch Vorglühen bei 20-30 K niedrigeren Temperaturen kann anschließend die höhere Lösungsglühtemperatur angestrebt werden. Die einzuhaltende Glühzeit stellt im wesentlichen einen Kompromiß zwischen den erreichbaren Eigenschaften gegenüber der Wirtschaftlichkeit dar. Gemessen am Grad der Homogenisierung sind von den erforderlichen 50 und mehr Stunden im Sinne des maximal möglichen Konzentrationsausgleichs nur die angewendeten 3-10 h wirtschaftlich vertretbar. Die geringere Glühzeit kann in Anspruch genommen werden, wenn bei der Gußkörperbildung eine hohe Erstarrungsgeschwindigkeit vorgelegen hat, da der Konzentrationsausgleich und Lösungsvorgang sich umso schneller vollziehen, je feinkörniger das Gußstück erstarrte. Dünnwandige Kokillen- und Druckgußteile erfordern daher wesentlich kürzere Lösungsglühzeiten als dickwandige Sandgußstücke. In sehr vielen Fällen können aber deutlich höhere Zähigkeitswerte durch deutliche Verlängerung der Lösungsglühzeiten gegenüber den in der Praxis allgemein angewendeten erreicht werden. Dagegen kann eine zu niedrige Lösungsglühtemperatur nicht durch längere Zeiten ausgeglichen werden.

Um eine günstige Ausscheidungsgröße und einen geringen Abstand der Ausscheidungen durch die Aushärtung zu erzielen, wird der lösungsgeglühte Zustand durch Abschrecken eingefroren.
Eine merklicher Effekt durch die Ausscheidung auf die Festigkeitseigenschaften ist nur zu erwarten, wenn gegenüber der maximal möglichen Menge mit fallender Temperatur ein immer geringerer Anteil an Legierungselementen im Mischkristall gelöst werden kann, da so durch die Abschreckung Übersättigung vorliegt. Bei der Abschreckung kommt es auf eine möglichst hohe Abkühlungsgeschwindigkeit an. Man schreckt deshalb in der Regel durch Eintauchen in Wasser ab und beläßt die Gußteile bis zur vollständigen Abkühlung im Wasserbad, um jede Ausscheidung zu vermeiden. Nur in Sonderfällen wird abgebraust oder im Luftstrom abgekühlt. Die schroffe Abkühlung durch das Eintauchen in das Wasserbad führt zu relativ hohen Eigenspannungen (10-30 % der Festigkeit). Um diese geringer zu halten, wird bei komplizierten Gußteilkonstruktionen die Temperatur des Abschreckbades auf 70 - 90 °C erhöht.

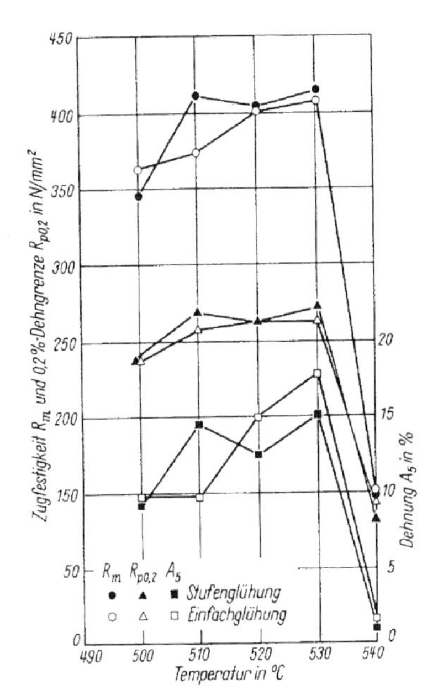

Bild 2.9.1 Einfluß der Lösungsglühtemperatur auf die Festigkeitseigenschaften der Legierung G-AlCu4TiMg nach Kaltauslagerung

Im abgeschreckten Zustand hat der Gußwerkstoff eine relativ geringe Festigkeit und Härte, aber noch hohe Dehnung, so daß ein Richten, wenn nötig, zu diesem Zeitpunkt günstig ist.

Aus dem übersättigten Zustand heraus kann die Aushärtung in Abhängigkeit von der Temperatur und Zeit in unterschiedlicher Weise erfolgen. Beim Auslagern bei Raumtemperartur, der sogenannten Kaltaushärtung, steigen Zugfestigkeit, Dehngrenze und Härte langsam an, während die Dehnung geringfügig sinkt. Festigkeitsprüfungen sollten erst nach 8 Tagen ausgeführt werden, sogar nach 28 Tagen darf auch erst mit praktisch konstanter Festigkeit gerechnet werden. Durch die Kaltaushärtung lassen sich auf der anderen Seite nach der Lösungsglühung höchste Dehnungswerte erzielen. Dagegen steigen Zugfestigkeit, Dehngrenze und Härte in Abhängigkeit von der bei 150 °C bis 180 °C gewählten Auslagerungstemperatur deutlich an, während die Dehnung absinkt, vergl. auch Bild 2.9.2. Durch diese Warmaushärtung können die höchsten Härtewerte eingestellt werden. Das für die Legierung G-AlCu4TiMg gezeigte Verhalten gilt im Prinzip für die meisten Al-Legierungen. Zugfestigkeit, Härte und Dehngrenze gehen dabei über ein Maximum, das mit steigender Auslagerungstemperatur zu immer kürzeren Zeiten einsetzt. Die Warmauslagerung wird durch Abkühlen an Luft abgebrochen. Mehrstündige Zwischenlagerung zwischen Abschrecken und Warmauslagerung setzt die Werte für die Dehngrenze um 10-20 % herab. Wird die Warmauslagerung vor Erreichen des Härtehöchstwertes abgebrochen, spricht man von Teilaushärtung, verbunden mit einer höheren Dehnung.

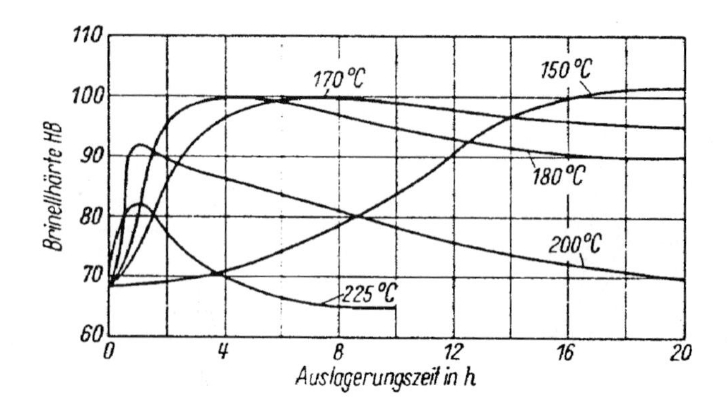

Bild 2.9.2 Einfluß der Warmauslagerungstemperatur und -zeit auf Härte der Legierung G-AlSi10Mg

Legierungen des Typs G-AlSiMg erreichen gegenüber AlSiCuMg-Legierungen durch Kaltauslagern nur geringe Festigkeitseigenschaften und müssen daher zur Einstellung eines höheren Festigkeitsniveaus warmausgehärtet werden. Legierungen, wie G-AlSi6Cu4, G-AlSi8Cu3, G-AlSi12Cu3, G-AlZn5Mg, G-AlZn10Si8, zeigen einen besonders hohen Härteanstieg beim Kaltauslagern und werden deshalb als „selbstaushärtende Legierungen" bezeichnet.

Im Kokillenguß und Druckguß bzw. Gießverfahren ähnlich hoher Abkühlungsgeschwindigkeiten (Preßgießen, Flüssigpressen, Squeeze-casting) tritt besonders bei geringen Wanddicken eine solche Übersättigung ein, daß sie für eine Festigkeitssteigerung durch Kalt- oder Warmauslagern ohne Lösungsglühen genutzt werden kann. Diese Erscheinung ist natürlich bei den selbstaushärtenden Legierungen am stärksten ausgeprägt. Beim herkömmlichen Druckguß muß oft auf das Lösungsglühen verzichtet werden, weil bei diesen Temperaturen die eingeschlossenen „Gasblasen" aufblähen und zu kraterartigen Oberflächenaufbrüchen führen können. Zur Verstärkung des Aushärtungseffektes werden Kokillen- und Druckgußteile nach der Entnahme aus der Maschine oft direkt in ein Abschreck-Wasserbad geworfen.

Tafel 2.9.1 zeigt das Aushärtungsschema der wichtigsten Al-Legierungen.

Tafel 2.9.1 Aushärtungsschema

Legierung	Ausscheidungsfolge	Phasentyp	Kohärenz	Form	Größe
Al-Cu	SS → GP → θ'' → θ → θ Al_2Cu	GP,θ'',θ' θ	C,C,C-N N	SC, SC, SC	6x100 A° 40x1000 150x6000
Al-Cu-Mg	SS → GP → S" → S' → S Al_2CuMg	GP,S",S',S	C,C,C,N	Stäbchen	16 A°ϕ 100 A°ϕ
Al-Mg-Si	SS → GP → β'' β' → β Mg_2Si	GP,β'' β',β	C,C, C,N	Nadel, Nadel, Stäbchen	60x1000 A° 60x2000 A°
Al-Zn-Mg Zn>Mg	SS → GP → η' → η $MgZn_2$	GP,h',h	C,SC,N	Kugeln, Kugeln	35 A°ϕ 300 A°ϕ
Al-Mg-Zn Mg>Zn	SS → GP → T' → T	GP,T',T	C,SC,N	Kugel	1000 A°ϕ

SS - übersättigter Mischkristall; GR - Guinier-Preston-Zonen; C - Kohärent;
SC - Semi-Kohärent; N - nicht kohärent

2.9.2 Wärmebehandlung für Sonderzwecke

Jegliche Auflösungs- und Ausscheidungsvorgänge, die sich bei der Aushärtung vollziehen, sind mit geringen Volumenänderungen verbunden, die unter Berücksichtigung der entstehenden Eigenspannungen während der Wärmebehandlung zu Verzug und Maßänderungen führen können. Zur Vermeidung kann man vor der Bearbeitung eine Stabilisierungsglühung zwischen 200 und 300 °C durchführen, die aber mit einer Festigkeitssenkung verbunden ist. Sollen gleichzeitig Spannungen gemindert werden, empfiehlt sich eine Abkühlung im Ofen und nicht an Luft (Entspannungsglühung). Wird die Temperatur auf 350-450°C erhöht, sinkt die Härte soweit, daß selbst Gußlegierungen bedingt warmverformbar werden (Weichglühung).

Die für die wichtigsten Al-Gußlegierungen angewendeten Bedingungen der Wärmebehandlung sind in Tafel 2.9.2 dargestellt.

Bei der Wärmebehandlung von Al-Legierungen sind sorgfältige Einhaltung und Kontrolle der erforderlichen Richtwerte notwendig, so daß an die verwendeten Anlagen hohe Anforderungen in Bezug auf Temperaturkonstanz und Handling mit dem Glühgut gestellt sind. Glühen und Warmauslagern erfolgt in Luftumwälzöfen verschiedener Bauart mit hauptsächlich elektrischer Beheizung. Erforderlich ist eine angepaßte Leistung und genaue Temperaturegelung mit einer Genauigkeit von 2 - 3 K bei gleichzeitiger Dokumentation der Temperaturführung. Abschreckbäder werden direkt neben oder unter dem Glühofen angeordnet, weil es darauf ankommt, daß zwischen Entnahme aus dem Glühofen und dem Eintauchen in das Wasserbad eine Zeit von möglichst 10 s (Gußteile mit dickeren Wänden 30 s) nicht überschritten wird. Für rasche Umsetzung des Glühgutes sind Hebezeuge mit Schnellgang und geeignete Aufnahmekörbe erforderlich. Die Veränderung der durch Nichteinhaltung dieser Grenze erzielten Festigkeitseigenschaften zeigt Bild 2.9.3 . Einfluß auf Maßänderungen und Festigkeit nimmt auch die Stapelweise in den Glühkörben.

Tafel 2.9.2 Richtlinien für die Wärmebehandlung von Al-Gußstücken

	Lösungsglühen Temperatur °C	Zeit h[1]	Abschrecken	Auslagern Temperatur °C	Zeit h
G-AlSi12g GK-AlSi12g	520-530	3-5	[2])	-	-
G-AlSi10Mg wa GK-AlSi10Mg wa	520-530	3-6	[2])	160-165[13])	8-10
G-AlSi10Mg(Cu)wa GK-AlSi10Mg(Cu)wa	520-530	3-6	[2])	160-165	8-10
G-AlSi5Mg ka GK-AlSi5Mg ka	520-530	3-6	[2])	20	(100)
G-AlSiMg wa GK-AlSi5Mg wa	520-530	3-6	[2])	155-160	8-10
G-AlMg3Si wa GK-AlMg3Si wa	540-560	4-8	[2])	160	8-10
G-AlMg10 ho	425-435	8-10[6])[7])		-	-
G-AlSi9Mg wa	525-540	4-8	[2])	155-165	8-10
GK-AlSi9Mg wa					
G-AlSi7Mg wa GK-AiSi7Mg wa	525-540	4-8	[2])	155-160	6-10
G-AlCu4Ti ta GK-AlCu4Ti ta	525-535[4])	4-8[3])	[3])	145-150	12-14
G-AlCu4Ti wa GK-AlCu4Ti wa	525-535[4])	4-8[5])	[3])	155-160	12-14
GK-AlCu4TiMg wa GK-AlCu4TiMg wa	520-530[4])	4-8[5])	[3])	155-160	12-14
(G-AlSi12CuNiMg) warmausgehärtet	510-520	4-7	[3])	165-185	5-7
(G-AlSi12CuNiMg) stabilisiert	-	-	-	210-220	5-8
(G-AlMg5SiCu) entspannt	-	-	-	250-300	2-6[10])
(G-AlCu4Ni2Mg) kaltausgehärtet warmausgehärtet stabilisiert[9])	 510-520 510-520 510-520	 3-6 3-6 3-6	[3]) oder in Öl [10])	20 oder höher[8]) 160-180 260-288	 120 4-6 2-3[10])
(G-AlZn5Mg) unbehandelt warmausgehärtet	 - -	 - -	 [11]) [12])	 20 175-185	 500 4-10[13])

Fußnoten zur Tafel 2.9.2:

[1]) reine Glühdauer ohne Anwärmzeit
[2]) Tauchen in Wasser von 20°C
[3]) Tauchen in Wasser von 20-80°C
[4]) bei dickwandigem Sandguß Temperatur 515-525°C, Glühzeit über 8h
[5]) für Höchstwerte: 24h bei Sandguß, 12h bei Kokillenguß
[6]) dickwandige Teile bis 16h
[7]) Tauchen in Öl 80-120°C, danach in Öl, Wasser oder Luft von 20°C
[8]) oder 95-105°C ca. 2h
[9]) Vorschrift für Werkstoffnummer 3.1734.6 nach Werkstoffleistungsblättern für die Deutsche Luftfahrt
[10]) anschließende Abkühlung an ruhender Luft
[11]) gegebenenfalls beschleunigte Abkühlung nach dem Gießen
[12]) nach vorangelagerter Kaltauslagerung abnehmend
[13]) nach anderen Angaben 150-175°C, 6-15h

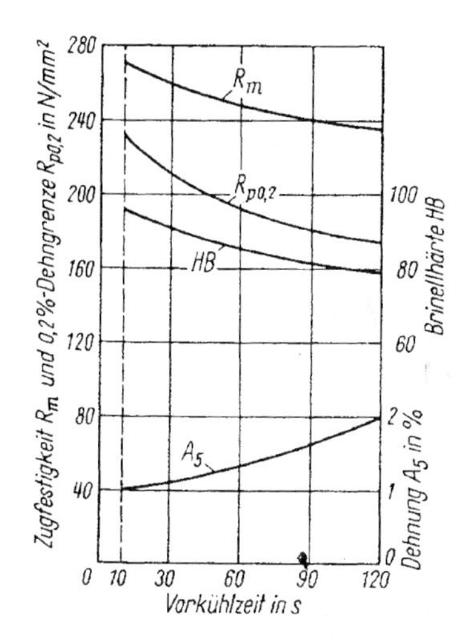

Bild 2.9.3 Einfluß der Verweilzeit zwischen Lösungsglühen und Abschrecken auf die Festigkeitseigenschaften (G-AlSi10Mg)

Die Wirkung der unterschiedlichen Wärmebehandlungstechniken ergibt sich aus Tafel 2.9.3.

Tafel 2.9.3 Einfluß der Wärmebehandlungstechnik auf die Festigkeitseigenschaften der Legierung G-AlSi7Mg (A356) (nach Al-Casting)

Art der Wärmebehandlung	Zugfestigkeit R_m MPa	Dehngrenze $R_{p0,2}$ MPa	Bruchdehnung A_5 %
Sandguß			
T51	172	140	2,0
T6	228	165	3,5
T7	234	205	2,0
T71	193	145	3,5
Kokillenguß			
T51	185	140	2,0
T6	262	185	5,0
T7	221	165	6,0

T4 - Lösungsglühen, Abschrecken und Kaltauslagern; T5 - normale Gußteilabkühlung und Warmauslagerung; T51 - wie T5 aber Warmauslagern auf eine definierte Festigkeit; T6 - Lösungsglühen, Abschrecken und Warmauslagern; T61 - wie T6 mit Ziel, maximale Festigkeit und Härte zu erreichen; T7 - Lösungsglühen, Abschrecken und Warmauslagern zur Stabilisierung der Festigkeitseigenschaften und Verringerung der Eigenspannungen; T71 wie T7 bei einer Warmauslagerungstemperatur und -zeit zum Erzielen der Maßhaltigkeit

2.10 Nacharbeiten von Rohgußstücken

Die nach dem Trennen zwischen Gußkörper und Form anfallenden Rohgußstücke sind vor Auslieferung aus der Gießerei einer Nacharbeit (Putzen) zu unterziehen. Gegebenenfalls ist es auch sinnvoll, an sich unbrauchbare Gußteile auszubessern bzw. abzudichten oder mit Druck zu behandeln (HIP).

Unter Putzen wird auch beim Aluminiumguß das Entfernen des Anschnitt- und Speisesystems, das Reinigen, Glätten oder teilweises Einebenen der Oberfläche und das Entfernen der Grate verstanden. Das Putzen erfolgt in Abhängigkeit von der Stückzahl der Teile von Hand oder maschinell mithilfe spangebender Werkzeuge wie Meißel, Feile oder Raspel bzw. Schleifkörpern auch elektrisch oder mit Druckluft angetrieben, über Bandsägen, Fräsmaschinen, Kreissägen, Schmiergelscheiben, Bandschleifmaschinen, Strahlmaschinen etc. Grate können auch elektroerosiv oder mit Handschleifmaschinen oder wie beim Druckguß durch Abstanzen in Vorrichtungen entfernt werden. In vielen Fällen kann die nachfolgende mechanische Bearbeitung zur Einstellung der Maßhaltigkeit der Teile bereits genutzt werden, um die an sich aufwendigen Putzarbeiten zu minimieren. Das Entgraten von Druckguß erfolgt auf Abgratschnittwerkzeugen hauptsächlich mithilfe von hydraulischen Pressen. Bereits bei der Gußteilkonstruktion sind günstige Putz- und Entgratmöglichkeiten zu berücksichtigen. Das Strahlen von Aluminiumguß zur Erhöhung der Oberflächengüte sollte mit Drahtkorn oder Glasperlen, möglichst nicht mit Korund oder Siliciumcarbid erfolgen. Dadurch lassen sich helle, blanke Oberflächen erzeugen. Auch können in Schleifwannen oder Trommeln mit Hilfe geeigneter keramischer Schleifkörper auch unter Zugabe von sanft ätzenden Mitteln saubere glatte Oberflächen erzielt werden.

Für die Reinigung von Oberflächen oder das Abtragen von Gußgraten gibt es auch Untersuchungen, das Hochdruckwasserstrahlen einzusetzen. Der zeitliche Aufwand ist besonders gegenüber den erosiven Verfahren geringer. Als Parameter sind Drücke über 4000 bar notwendig, die in bestimmten Druckerzeugungsanlagen aufgebaut werden müssen. Das Abtragvolumen hängt von der Mikrohärte der Werkstücke und von ihrer Inhomogenität ab. Höhere Härte erfordert höheren Druck oder längere Zeit. Auch ist der Abtrag bei inhomogeneren Werkstoffen größer. 1 mm dicke Grate können problemlos entfernt werden.

In einer Reihe von Fällen muß zusätzlich nach der Herausnahme des Gußkörpers aus der Form bei Sandkernen entkernt werden. Dies erfolgt im allgemeinen durch Vibration oder Rütteln auf entsprechenden Tischen oder Vorrichtungen. Durch leicht zerfallende Kernbinder bzw. über günstige konstruktive Gestaltung der Gußteile wird versucht, diesen Aufwand zu vermeiden bzw. einzuschränken.

In Abstimmung mit dem Gußbesteller erweist es sich als wirtschaftlich, Gußteile durch Imprägnieren abzudichten. Dabei werden die Gußteile entweder nach dem Druck- (3-7 bar) oder Vakuum-Druck-Verfahren (1 bar Unterdruck, 5-8 bar Nachdruck) in einem Autoklaven mit Imprägniermittel getränkt, das in die Poren eindringt. Die Behandlung dauert 15-30 min. Als Imprägniermittel werden Natriumsilikate (Wasserglas), kolloidale Lösungen oder flüssige warm- oder kalthärtende Kunstharze verwendet. Das verfestigte Wasserglas ist beständig gegen Druckluft, kaltes Wasser und Mineralöle, die Suspensionen verfestigen durch Entweichen des Lösungsmittels; Kunstharze, die bei 100-120 °C aushärten, sind gegen saure Medien, Öle, Benzin, Salzwasser, Reinigungsmittel, Schmiermittel und Alkohole stabil sowie temperaturwechselbeständig zwischen -60 und 260 °C. Auch kann das gesamte Gußteil mit einem Kunstharzfilm überzogen werden.

Poren können auch durch Verdichtung verschweißt und zugedrückt werden, indem beim heißisostatischen Pressen (HIP) im Temperaturbereich 450-500 °C in einem Autoklaven mit einem Gasmedium (z.B. Argon) bei Drücken um etwa 400 bar die Gußteile behandelt werden. So konnten bei der Legierung G-AlSi7Mg Dehnung und Dauerschwingzahl deutlich erhöht werden. Nachfolgend sind die durch die HIP-Behandlung erreichten Feinguß-Eigenschaften zusammengestellt (Tafel 2.10.1). Durch Senkung der Kosten nimmt diese HIP-Behandlung an Bedeutung zu.

Tafel 2.10.1 Veränderung von Festigkeitseigenschaften durch HIP-Behandlung (500 °C, 3 h)

Legierung Zustand	Zugfestigkeit R_m [MPa]	Dehngrenze $R_{p0,2}$ [MPa]	Dehnung A_5 [%]
G-AlSiCu1Mg			
Gußzustand	230	206	1,6
verdichtet	266	205	3,3
G-AlSi7Mg0,4			
Gußzustand	258	211	1,9
verdichtet	275	215	4,0
G-AlCu4Si			
Gußzustand	310	211	5,5
verdichtet	351	229	8,0
G-AlSi7Mg	Schwingfestigkeit [MPa]	Lastspiele	
Gußzustand	137	2×10^5	
	103	1×10^6	
verdichtet	137	6×10^5	
	103	3×10^6	

2.11 Qualitätsmanagement und Qualitätssicherung

Auf Grund der Produkthaftung ist es erforderlich, in dem Unternehmen Gießerei geeignete Maßnahmen zur Gewährleistung der mit dem Kunden vereinbarten Qualität zu treffen, nicht zuletzt deshalb, seit die Rechtsprechung den Nachweis verlangt, daß sicherheitsrelevante betriebliche Verfahren und Abläufe dem Stand der Technik entsprechen und als Erfüllung der Organisationsverantwortung durch die Geschäftsleitung unternehmensumfassend und bereichsübergreifend alle notwendigen Vorkehrungen getroffen werden müssen. Dabei ist Maßstab der Bewertung das (technisch) Mögliche und (wirtschaftlich) Zumutbare. So müssen schließlich alle Maßnahmen zur Qualitätssicherung eine systematisch aufgebaute Organisation ergeben. Nach Bauer sind die sich so ergebenden Anforderungen der Ordnungsmäßigkeit einer Buchführung gleichzusetzen. Alle Maßnahmen werden in einer Dokumentation - in den Gießereien in Form eines Qualitätssicherungs-Handbuches - zusammengefaßt und schriftlich dargestellt. In ihm sind somit alle Abläufe und Elemente aufzulisten, die produktspezifisch folgenden Zielen entsprechen:

der Analyse
- Produkthaftungsrecht, Gewährleistungsrecht
- Unternehmenszweck, Unternehmensziele, Unternehmensgrundsätze
- Lieferantenbewertungssystem

der Ermittlung von Anforderungen
- gesetzlich
- unternehmensbezogen
- kundenorientiert

dem Aufbau des firmenspezifischen Anforderungskatalogs
- Qualitätsmanagement
- Qualitätsplanung
- Qualitätsprüfung (Prüfplanung, Prüfausführung, Prüfdatenverarbeitung)
- Qualitätsbewertung
- Qualitätsdokumentation.

Die so dokumentierten betrieblichen Vorschriften integrieren die geeigneten Richtlinien der ISO-9000 - 9004 und die für den entsprechenden Sachverhalt gültigen Normen, Industriebranchenvorschriften sowie -Merkblätter und schaffen entsprechend betriebliche Entscheidungsschranken. Dabei ist zu beachten, daß Prüfung, Zertifizierung und Überwachung zwar die Risiken und Wahrscheinlichkeit eines Schadens mindern, jedoch nicht die Haftung des Herstellers berühren.

Dieses Qualitätssicherungs-Handbuch muß regelmäßig überarbeitet dem aktuellen Stand entsprechen, zumal sich auch das Aufgabenprofil der Gießerei verändern kann. Gußstücke werden bisher noch in den meisten Fällen nach entsprechender mechanischer Bearbeitung zum Bauteil. Im allgemeinen wird bis auf die gießtechnologische Anpassung, die zum Rohgußstück führt, die Konstruktion des Teils noch vom Besteller vorgegeben. Es ist zu erwarten, daß sich diese Situation im Verlaufe der Zeit immer häufiger in Richtung auf eine Eigenverantwortung der Gießereien für die konstruktive Gußteilgestaltung verschiebt, so daß dann sogar entsprechende Vorschriften im Handbuch zu verankern sind. Ja, die Vorschriften müssen sogar wesentlich umfassender ausgeführt werden und die über die reine Gußfertigung hinausgehende Qualitätskennzeichnungen erfassen, falls durch das Unternehmen ein funktionsfähiges Teil oder Vollprodukt geliefert werden muß, auch wenn die Gießerei als Fertigungseinheit nach wie vor den Kernprozeß der Fertigung darstellt.

Da das Unternehmen eine spezifische technische Struktur besitzt und spezifische Produkte herstellt, gibt es selbst für die Gruppe der Al-Gießereien kein eigenständiges, gemeinsames Qualitätssicherungs-Handbuch, sondern jedes Unternehmen muß die Qualitätsvorschriften spezifisch angepaßt allein gestalten und dabei folgende Grundsätze unternehmnesspezifisch berücksichtigen:

die rechtlichen Anforderungen an das Unternehmen, wie Gewährleistung, Gerätesicherheit etc,
die Anforderungen des Marktes und der Kunden
die Unternehmensziele als Vorgaben

So wäre für eine Al-Sand oder -Kokillengießerei folgender Leitfaden denkbar :

1. Die ...guß GmbH

2. Qualität im Unternehmen
2.1 Grundsätze zur Qualitätsarbeit
2.2 Stellung der Qualitätssicherung in der Unternehmensorganisation
2.3 Gültigkeit-Änderungsdienst

3. Organisation der Qualitätssicherung
3.1 Aufgaben, Verantwortungen und Anweisungsbefugnisse der Qualitätssicherung
3.2 Mitarbeiter der Qualitätssicherung
3.3 Verantwortung für Aussagen zur Qualität
3.4 Weiterbildung, Befähigungsnachweise

4. Qualitätsbeeinflussende Arbeiten außerhalb der Fertigung
4.1 Anfragen-/Angebotsbearbeitung
4.2 Auftragsbestätigung - Arbeitsvorbereitung
4.3 Einkauf - Vormaterial
4.4 Vergabe von Lohnarbeiten
4.5 Qualitätsangaben in Verkauf und Werbung
4.6 Lebensdauerakte

5. Qualitätssicherung in der Fertigung
5.1 Allgemeines
5.2 Schmelzerei
5.3 Kernmacherei
5.4 Sandformerei/Sandgießerei
5.5 Kokillengießerei
5.6 Putzerei
5.7 Mechanische Bearbeitung
5.8 Wärmebehandlung
5.9 Einzelkontrolle im Fertigungsablauf
5.10 Endkontrolle
5.11 Ausstellen von Werkszeugnissen

6. Meß- und Prüfwesen
6.1 Erfassen, Kennzeichnen und Dokumentieren der Meß- und Prüfmittel
6.2 Auswahl, Beschaffung und Austausch von Meß- und Prüfmitteln
6.3 Dokumentation im Meß- und Prüfwesen

7. Bearbeitung von Beanstandungen
7.1 Allgemeines
7.2 Qualitätsberichterstattung
8. Organisationsplan
9. Anlagen

Basis für die Durchsetzung ist eine Verantwortlichkeitsstruktur, wie sie beispielsweise entsprechend Tafel 2.11.1 aufgebaut sein könnte.

Tafel 2.11.1 Verantwortlichkeitsmatrix nach Bauer

Verantwortungsbereiche	Geschäftsleitung	Vertrieb		Gießereileitung		Nachbearbeitung		Q-Wesen		Einkauf		Finanzen
		L	AL	L	AL	L	S	L	S	L	S	
Investitionen	V	M		M		M		M		M		
Organisation Q-Wesen	V	I		M		M		M		I		
Weiterbildung Mitarbeiter	V	M		M		M		M		M		I
Angebote	I	I	V	I	M	I	M	I	M			
Auftragsbestätigung	I	V	M	M	I	M	I	M	I			
Lieferantenauswahl	I			M		M		M		V		M
Auftragserteilung	I				I		I		I		I	V
	I											
Reklamationen	I		V		I		I		M			
Ursachenanalyse/ Schäden	M		M		M		M		V		I	I
Techn. Kundeninform.	I		V		M		M		M			
Meß- und Prüfmittelbes.	I		I		M		M		V	I	M	I

L - Leiter; S - Sachbearbeiter; AL - Abteilungsleiter; V - verantwortlich; M - notwendige Mitteilung; I - Information

Grundlage für die Qualitätsplanung ist eine Ausfall-Effekt-Analyse (Fehler-Möglichkeit- und Einfluß-Analyse - FMEA) der Konstruktion. Diese FMEA stellt Fragen nach den konstruktiven bzw. fertigungstechnischen Ursachen für Ausfälle des Teils und zwingt zu einer Zusammenarbeit zwischen Kunden (Konstrukteur) und Gießerei. Im Ergebnis entstehen Festlegungen zum Fertig- bzw. Rohgußteil über:

Funktionen und kritische Merkmale
Aufnahme bei der Erstbearbeitung
Toleranzen, Formteilungen, Kerne (Schieber)
serienmäßige Prüfabläufe
Lieferspezifikationen.

Andererseits ist die Prozeß-FMEA notwendig im Hinblick auf mögliche Fertigungsfehler und in Bezug auf den im Ergebnis auf das Fehlerrisiko ausgerichteten Aufwand

in der Fertigung
in der Qualitätssicherung

Beide FMEA müssen ständig aktualisiert werden. Sie sind unternehmensspezifisch und enthalten Know-how.

Bei der Qualitätssteuerung ergeben sich folgende Elemente :

- automatische rechnergestützte oder statistische Prozeßsteuerung SPC
- im Prozeß prozeßbegleitend als dessen Bestandteil automatisiert oder als separater Arbeitsgang
- Stichprobenprüfungen am Produkt in bestimmten Zeit- und bestimmten Situationsabständen, um kurzfristig Veränderungen zu erkennen oder als Kontrollmusterprüfungen, um langfristige Veränderungen zu ermitteln, z.B. beim Modell- und Formenverschleiß
- zum Ersatz wegen Nichteinhaltung der Qualität bzw. Maßhaltigkeit.

Wenn die Prüfung ein negatives Ergebnis bringt, schließt sich der Kreis zum vorherigen Arbeitsgang. Der Schwerpunkt der Planung liegt darauf, den Prüfablauf einmal in Bezug auf die Qualitätseinhaltung und andererseits im Hinblick auf eine schnelle Prozeßbeeinflussung optimal zu gestalten. Das Ford-Q 101-System der KfZ-Industrie schreibt auch für die Zulieferer (Gießerei) Methoden der statistischen Prozeßregelung SPC vor sowohl für Merkmale des Produkts wie der Fertigung selbst auf der Basis beispielsweise der Maschinenfähigkeit im Sinne des Prozeßfähigkeitspotentials, das auch zum Zeitpunkt der Erstmusterung nachzuweisen ist. Die SPC ermöglicht streng gesehen keine direkte Prozeßregelung, sondern erst einmal nur eine Prozeßkontrolle. So sind im allgemeinen Prüfmerkmale in diesem Sinne Maße, die mit Lehren und Meßuhren bzw. Koordinatenmaschinen gemessen werden können. Tafel 2.11.2 zeigt, daß es bezogen auf dieses Beispiel in vielen Fällen sinnvoll ist, mit Koordinatenmaschinen zu arbeiten.

Tafel 2.11.2 Vergleich von Prüflehren und Koordinatenmaschinen (nach Brungs)

Prüfbedingungen	Prüflehre	Koordinatenmaschine
Gußteil 1		
- Invenstitionen in DM	100.000	700.000
- Merkmalanzahl	44	19545
- gemessen	24	19545
- Meßzeit in min.	55	3015
Gußteil 2		
- Investionen in DM	60.000	700.000
- Merkmalanzahl	9	6510
- gemessen	9	6510
- Meßzeit in min.	30	2510

Es müssen aus den Einzelmessungen Qualitätsregelkarten unter Berücksichtigung der Entscheidungsgrenzen aufgestellt werden. Wegen der hohen Maßgenauigkeit liegt die besondere Bedeutung bei den Verfahren Druckguß, Feinguß und auch beim Vollformgießen.

Die Ermittlung der inneren Qualität von Gußteilen ist Schwerpunkt und Schwierigkeit zugleich. Neben zerstörungsfreien Prüfverfahren müssen an einzelnen Gußteilen vereinbarungsgemäß kritische Bereiche direkt durch Herausarbeiten, Bearbeitung und auch das Gefüge ermittelt werden. Zur Absicherung hat sich die Einzelprüfung durch Röntgendurchstrahltechnik mit Bildverstärker durchgesetzt, die in den meisten Fällen eine hinreichende Nachweisempfindlichkeit aufweist, um Abweichungen im Gußherstellungsprozeß zu erkennen. Leider wird erst das fertige Gußteil geprüft. Die Einzelbearbeitungsprüfung ist zeitaufwendig und der Prüfumfang daher gering. Besonders beim Druckguß sind eventuell notwendige Formänderungen teuer. Bereits bei der Erstmusterung ist sorgfältig zu verfahren, da in diesem Falle oft ein bestimmter Porenumfang im Gußteil nicht überschritten werden darf. So sind oft mehrere Gießlose nötig, um die Maschinenparameter geeignet einzustellen. Gerade die Echtzeitregelung der Druckgußmaschinen erlaubt in dieser Beziehung nach der Ermittlung die reproduzierbare Einhaltung der Parameter für die Serie. Dichtigkeitsanforderungen wie bei Getriebegehäusen lassen sich im allgemeinen erst am fertig bearbeiteten Teil, nicht am Rohgußteil, prüfen. Falls dies im Hause möglich ist, liegt Kostenvorteil auf der Hand.

Die Forderungen vieler Abnehmer beziehen sich auf eine hohe Qualität der Produkte und auf einen statistisch sicheren Fertigungsprozeß. Hierzu dient das Kriterium der Maschinenfähigkeit oder das Prozeßfähigkeitspotential, um das Audit zu erhalten. In diesem Zusammenhang wird ab 1991 über Richtlinie Ford-Q 101 gefordert, daß das Prozeßfähigkeitspotential erreicht wird, das einer Toleranzbreite gegenüber früher ± 3 Standardabweichung (S) vom Mittelwert jetzt ± 5 Standardabweichung entspricht; in der IBM-Strategie MDQ (Market Driven Quality) werden sogar ± 6 S verlangt. Bei gleicher Gesamtstreuung wird damit die zulässige Toleranz verringert.

Die Qualitätssicherung setzt meßbare und reproduzierbare Gießparameter voraus. Es ist so in einem notwendig, zwischen ausgewählten Fertigungsparametern (maßgeblichen) und kritischen Qualitätsmerkmalen des Gußteils Korrelationsbeziehungen aufzustellen, um im Zusammenhang mit den Regelgrenzen im Rahmen der Breite des Prozeßfähigkeitspotentials die Parameter des Gußherstellungsprozesses zu steuern.

Zur Verkürzung der Entwicklungs- und Bemusterungszeiten spielt sowohl das maschinenprogrammierte Arbeiten mit der Koordinatenmeßmaschine wie der Einsatz der Formfüll- und Erstarrungssimulation eine entscheidende Rolle.

Es ist der Hinweis notwendig, daß in Bezug auf Schäden aus der Produkthaftung und im Sinne der Prozeßursachenfindung das Kennzeichnen der Gußteile mit Liefer- und Fertigungsdatum etc. als wirksames Hilfsmittel zum Abgrenzen der Verantwortungsbereiche eine wichtige Rolle spielt, ebenso wie die Dokumentation der im Prozeß gemessenen Parameter. Nicht zuletzt daraus ergibt sich, daß Qualitätssicherung einen Kostenfaktor darstellt und das Optimum der Kosten nicht bei 100 %.-iger Fehlerfreiheit zu suchen ist. Man kann davon ausgehen, daß die Qualitätssicherungskosten in einem Bereich von 2-10 % des Umsatzes liegen, während 50 % davon auf Fehlerkosten kommen, sind 40 % Prüf- und 10 % Planungskosten zuzuordnen. Qualität hat ihren Preis ! In der nachfolgenden Tafel ist für eine prozeßbegleitende Qualitätskontrolle in wichtigen Prozeßstufen eine Aufstellung von Prüfmerkmalen vorgenommen worden.

Tafel 2.11.3 Prüfplan für eine Al-Gießerei.

Prozeßstufe	Prüfmerkmal	Prüfmethode	Prüfumfang
Schmelzbetrieb			
-Metallgattierung			
--Einsatzkomponenten			
----Menge	Masse	Wägen	jeden Anteil
----Zusammensetzung	Anteil d. Kompon. (%)	chem, phys. Analyse	Lief.-A., Los
----Gefüge	Korngröße, Phasen	metallogr. Analyse	Stichprobe Los
----Oberflächenqual.	Aussehen	opt. Betrachtung	Stichprobe Los
----Gasgehalt	Porosität, H-Gehalt	Dichte, Schliff, Vak.-Probe	Stichprobe Los
-Schmelzen			
----Zusammensetzung	Anteil d. Kompon. (%)	chem., phys. Analyse	jede Charge
----Gefüge	Korngröße, Phasen	metallogr. Analyse	jede, nach zeitl.Verän-
----Keimhaushalt	Gefüge, Unterkühlung	metallogr. Analyse, TA	derung auch mehrmals
----Gasgehalt	Porosität, H-Gehalt	Dichte, Schliff, Vak.-Probe	" "
----Oxid-Gehalt	O-Gehalt, Oxid-Anteil	chem., Neutr.-A.-Anal.	Stichprobe
----Temperatur	Temperatur (Thermospannung)	Thermoelement	jede Charge, kont.
----Menge[1])	Masse, Volumen	Wägen, Vergleich Volumen	jede Portion
Gußteil			
--Maßgenauigkeit	Abmessungen	Lehre, Koord.-Masch.	jedes oder Stichprobe
--Defektbefall		"	
----Porosität, Lunker	Grautönung	Röntgendurchstrahl.	"
----Risse	Färbung	Prüfrot	"
--mech. Eigenschaften	R_m, R_p, HB, A_5, etc.	Zerreißen, Probestab[2])	"
--Dichtheit	Leckrate	Abdücken	"
--Oberflächengüte	Rauheit	opt. Betrachtung, Perthometer	" "
Formstoff			jede Mischung
--Sandformstoff			
----Festigkeitsverh.	Druckfestigkeit Zugfestigkeit, u.a.		
----techn. Verhalten	Verdichtbarkeit Gasdurchlässigkeit	siehe VDG-Merkblätter	
	Viskosität		org. Binderlos
	Gasentwicklung		Mischung
	Wasser-Gehalt		Mischung
	Korngrößenverteilung		Quarzsandlos
--Sandform	Formhärte		Stichprobe
--Dauerform			
----Temperatur	Temperatur	Thermoelement	kontinuierlich
----Zykluszeiten	Öffnungs-,Schließzeit	Zeitschalter	jeden Zyklus

[1]) Bei Dosiergeräten oder Dosieröfen

[2]) Je nach Vereinbahrung angegossene oder getrennte Probe bzw. als Stichprobe aus dem Gußteil

SCHRIFTTUM

Grundlagen

Müller, H.J. : Handbuch der Schmelz- und Legierungspraxis für Leichtmetalle. Fachbuchverlag Schiele & Schön, Berlin, 1977

Brunhuber, E. : Praxis der Druckgußfertigung, 4. Auflage, Fachbuchverlag Schiele & Schön, Berlin, 1991

Hasse, St. (Hrsg.) : Gießerei-Lexikon - 17. Auflage, Fachbuchverlag Schiele & Schön, Berlin, 1997

Spur, G.; Stöferle, Th. (Hrsg.) : Handbuch der Fertigungstechnik, Bd.1, Urformen, Carl Hanser Verlag, München, Wien, 1981

P.R. Sahm und Preben, N. Hansen : Numerical Simulation and Modelling of Casting and Solidification Processes for Foundry and Cast-House, CIATF 1984

Irrmann, R. : Aluminiumguß in Sand und Kokille, Verlag der Aluminium-Zentrale E.V., Düsseldorf, 1952

Rabinovitsch, V.V., Mai, R., Drossel, G. : Grundlagen der Gieß- und Speisetechnik,2.Auflage, Deutscher Verlag für Grundstoffindustrie, Leipzig, 1989

D.L. Zalensas : Aluminium Casting Technology, 2. Auflage, AFS, Des Plaines, Illinois, 1993

Schneider, P. : Kokillen für Leichtmetallguß, Gießerei-Verlag, GmbH, Düsseldorf, 1986

Altenpohl, D. : Aluminium von Innen : 5. Auflage, Aluminium-Verlag, Düsseldorf, 1994

VDS Vereinigung Deutscher Schmelzhütten : Aluminium-Gußlegierungen, 5.Auflage, Gießerei-Verlag GmbH, Düsseldorf, 1988

Aluminium-Taschenbuch, 14.Auflage, Aluminium-Verlag Düsseldorf, 1988

Flemming, E. und Tilch, W. : Formstoffe und Formverfahren, Deutscher Verlag für Grundstoffindustrie, Leipzig, Stuttgart, 1993

Flemings, M.C. : Solidification Processings, Mc Graw-Hill Book Company, New York, 1994

Stölzel, K. : Gießereiprozeßtechnik, Deutscher Verlag für Grundstoffindustrie, Leipzig, 1972

Nielsen, F. : Gieß- und Anschnittechnik, Gießerei-Verlag GmbH, Düsseldorf, 1979

Kainer, K.U. (Hrsg.) : Metallische Verbundwerkstoffe, Verlag DGM Informationsgesellschaft, mbH, Oberursel, 1994

Bartley, R. : British and European Aluminium Casting Alloys, Their Properties and Characteristics (Handbook), Assoc. of Light Alloys, Refines Birmingham,. 1992

Altenpohl, D. : Aluminium und Aluminium-Legierungen, Springer-Verlag, Berlin usw. , 1965

Scharf, G. : Aluminium und seine Verbundwerkstoffe, in „Neue Werkstoffe“, Hrsg. Weber, A. VDI-Verlag, 1989

Blumenauer, H. und Pusch, G. : Technische Bruchmechanik, Deutscher Verlag für Grundstoffindustrie, Leipzig, Stuttgart, 3.Auflage, 1993

Venus, W. : Anschnitttechnik für Druckguß, Gießerei-Verlag GmbH, Düsseldorf, 1975

Verein Deutscher Gießereifachleute : Gießereikalender, Gießereiverlag GmbH, Düsseldorf, 1997

Menard, G. und Richard, M. : Atlas microfractographique de alliages d'aluminium moule´s , S`evres, FR, 1992

Jahresübersichten des Gießereiwesens in der Zeitschrift "Gießerei"
- Aluminiumguß – metallkundliche Grundlagen, Werkstoffe und Werkstoffeigenschaften Gießerei (1985- 1999)
- Schmelzen, Gießen und Erstarren. Gießerei (1985- 1999)
- Anschnitt- und Speisetechnik. Gießerei (1985- 1999)
- Simulation gießtechnischer Prozesse. Gießerei (1995- 1999)

Gußwerkstoffe, Erstarrung, Gießtechn. Verhalten

Jaquet, J.C. : Beziehung zwischen dem Gefüge und den mechanischen Eigenschaften von Al-Gußlegierungen, in P.R. Sahm „Erstarrung metallischer Schmelzen“, DGM-Informationsgesellschaft, 1988

Rösch, R., Tensi, H.M., Xu.C.; Spaic, S. : Beeinflussung von Gefüge und Festigkeit einer technischen Al-Si-Gußlegierung, Aluminium 69(1993)7, S. 634-641

Maier, E., Lang, G., : Herstellung und Eigenschaften der Al-Gußlegierung AlSi7Mg unter Berücksichtigung der Veredelung mit Na, Sr und Sb, Aluminium 62(1986), S.193-201

Kato, M. und Nakamura, Y. : Untersuchungen über Gußlegierungen auf Al-Mg-Basis, Aluminium 33 (1957)2, S. 152-162

Dieckmann, H. und Arbenz, H. : Titanhaltige Al-Cu-Legierungen, Gießerei 5(1963)12, S. 372-378

Hielscher, U., Arbenz, H., Dieckmann, H. : Eigenschaften eisenarmer Al-Si-Gußlegierungen, Gießerei 53(1966)5, S. 125-133

Thury,W. und Christ, K. : Theoretische Betrachtungen und praktische Erfahrungen mit der magnesiumhaltigen Al-Gußlegierung mit 4 % Cu (G-AlCu4TiMg), Aluminium 44(1968)11, S. 672-678

Alker, K. : Entwicklungen auf dem Gebiet der hochfesten Al-Cu-Legierungen, Gießerei 56(1969)25, S. 733-741

Langerweger,J. und Hornung, K.O. : Verbesserung der Eigenschaften von Al-Gußlegierungen durch gezielte Veränderung des Gefügeaufbaus, Aluminium 49(1973)11, S. 756-759

Drossel, G., Mai, R., Liesenberg, O. : Vergleich der gießtechnologischen und mechanischen Eigenschaften zweier ausgewählter Al-Si-Gußlegierungen, Gießereitechnik 23(1977)11, S. 331-335

Zimmermann, P.und Gobrecht, J. : Warmfeste Al-Mg-Si-Gußlegierungen für temperaturwechselbeanspruchte Gußstücke, Aluminium 56(1980)5, S. 323-328

Holecek, S. und Beran, J. : Empirische Ermittlung des Zusammenhanges zwischen mechanischen Eigenschaften und Zusammensetzung von Al-Si-Legierungen, Aluminium 57(1981)10, S. 674-676

Jaquet, J.C. und Heckler, M. : Einfluß einzelner Zusatzelemente auf das Gefüge und die Eigenschaften einer Al-Cu-Legierung, Aluminium 57(1981)3, S. 205-209 und 4, S. 280-285

Voßkühler, H. : Al-Gußlegierung hoher Dauerstandfestigkeit mit Magnesium und Silizium, Aluminium 31(1955)S. 219-222

Kron, E.C. : Die Eigenschaften von Al-Druckguß-Legierungen bei erhöhten Temperaturen, Aluminium 42(1966)S. 371-375

Weller, J. : Warmfeste Al-Gußwerkstoffe, Gießereitechnik 13(1967)S.90-97

Weller, J. und Remahne, S. : Zum Vergleich der Gebrauchseigenschaften von Al-Werkstoffen auf der Basis von Primär- und Sekundärlegierungen, Gießereitechnik 19(1973) S.55-60

Nitsche, J. : Beitrag zur Optimierung von Al-Gußwerkstoffen für luftgekühlte Zylinderköpfe, Aluminium 57(1981)4, S. 275-279

Patterson, W. und Engler, S. : Über den Erstarrungsablauf und die Größe und Aufteilung des Volumendefizits bei Gußlegierungen, Gießerei, techn.-wiss. Beihefte 13(1961) S.123-157

Engler, S : Zur Erstarrungsmorphologie von Al-Gußwerkstoffen, Aluminium 45(1969)11, S. 673-678; 12, S.740-745; 46(1970)1, S. 121-126

Engler, S. : Das Volumendefizit bei der Erstarrung metallischer Schmelzen, Zeitschrift für Metallkunde 56(1965)6, S.327-335

Patterson, W. und Engler, S. : Einfluß des Erstarrungsablaufs auf das Speisungsvermögen von Gußlegierungen, Gießerei 48(1961)21, S. 633-638

Engler, S. und Henrichs, L. : Interdendritische Speisung und Warmrißverhalten am Beispiel von Aluminium-Silizium-Legierungen, Gießerei-Forschung 25(1973)3, 101-113

Chvorinov, N. : Theorie der Erstarrung von Gußstücken, Gießerei 27(1940)10, S.177; S.201-208; S. 222-225

Heuvers, H. : Stahlguß-Gießtechnik, Gießerei 30(1943)18/19, S. 201-209

Sahm, P.R., Richter, W., Hediger, F. : Das rechnerische Simulieren und Modellieren von Erstarrungsvorgängen bei Formguß, Gießerei-Forschung 35(1983)2, S.35-42

Paul, U., Weiß, K., Honsel, Ch. : Ein Vergleich zwischen der herkömmlichen Bestimmung von Erstarrungsparametern und modernen Wärmefeldberechnungen, Gießerei 73(1986)18, S.522-528

Jeyarayan, A. und Pehlke, R.D. : Computer Simulation of Solidification of a Casting, Transactions AFS 86(1978), S.457-464

Niyama, E., Uchida, T., Morikawa, M., Saito, Sh. : A Method of Shrinkage Prediction and its Application to Steel Casting Practice, 49. Internationaler Gießereikongreß, Chicago 1982, Vortrag Nr. 10

Stary,H. und Arbenz, K. : Kornfeinung von Al-Gußlegierungen vom Typ G-AlCu4Ti, Aluminium 47(1971)10, S. 609-614

Lang, G. : Gießeigenschaften und Oberflächenspannung von Aluminium und binären Aluminium-Legierungen, Aluminium 48(1972)10, S. 664-672, 49(1973) 2, S. 170-174

Lang, G. : Einfluß von Zusatzelementen auf die Oberflächenspannung von flüssigem Reinstaluminium, Aluminium 50(1974)11, S. 731-734

Bercovici, S. : Untersuchung des Erstarrungsgefüges und der Eigenschaften von Al-Si-Legierungen , Gießerei 67(1980)17, S.522-532

Behm, I., Rautenbach, A., Scheel, B. : Rautenbach-Guß setzt auf thermische Simulation, Gießerei 82(1995)23, S. 855-859

Koch, H., Hielscher, U., Sternau, H., Franke, A.J. : Duktile Al-Gußlegierung mit geringem Fe-Gehalt, Gießerei 82(1995)20, S. 725-734

Hammond, D.E. : Mechanische und physikalische Eigenschaften von Druckguß aus teilchenverstärkten Al-Legierungen im Gußzustand und nach Wärmebehandlung Gießereipraxis (1992) 4, S.51-56

Leupp, J. : Bruchmechanische Eigenschaften von Al-Gußlegierungen, Gießerei 70(1983)23 S. 620-624

Parton, D.W., Kearn, M.A., Klein, F. : Einfluß einer Strontium-Veredlung auf die Festigkeitseigenschaften der Al-Druckguß-Legierung AlSi9Cu3, Gießerei 83(1996) 4, S. 18-24

Aluminiumverbunde im Automobilbau, Aluminium 71(1995)6, S. 696-699 Tagung „Auswahl von Gußwerkstoffen im Motorenbau“ Essen, 1996, ref.in Gießereipraxis (1996)5, S.96-97

Welpmann, K., Peters, M. , Sanders, T.H. : Aluminium-Lithium-Legierungen, Aluminium 60(1984)10, S.735-740; 11 S.846-849

Brocker, H.: Hochwertige Gußstücke aus Umschmelzaluminium, Aluminium 71(1995)6, S. 694-704

Drossel, G. und Beyer, St. : Untersuchung der mechanischen Eigenschaften von Al-Si-Cu-Legierungen in Abhängigkeit von den Abkühlungsbedingungen, Gießereitechnik 33(1987)6, S.187-190

Liesenberg, O., Stika, P., Drossel, G., Hübler, J. : Abschätzung der Festigkeitseigenschaften für Gußteile aus der Al-Legierung G-AlSi10Mg, Gießerei 78(1991)1, S.8-14

Hoefs, P., Reif, W., Schneider, W. : Kornfeinung von Aluminium-Gußlegierungen, Gießerei 81(1994)12, S. 398 – 406

Flender, E. : Rechnergestützte Berechnung von Gießreiprozessen ; CAD-Anwendungen in der Gießerei, Gießerei 81(1994)17, S. 571 – 576

Müller, K. und Reif, W. : Kornfeinung von Al-Si-Gußlegierungen am Beispiel von AlSi9, Gießerei 82(1995)20, S. 725 – 734

Degischer, H.P., Leitner, H., Kaufmann, H. : Particulate reinforced aluminium wrought and foundry alloys; Properties and Economy, Proceedings, Verbundwerkstoffe 1992, D6.3, Demat. Frankfurt 1992

Michels, W., Engler, S. : Speisungsverhalten und Porosität von Aluminium-Silicium-Gußwerkstoffen, Gießerei-Forschung 41(1989)4, S. 174 – 187

Höhner,K.E.,Groß,J. : Bruchverhalten und mechanische Eigenschaften von Aluminium-Silicium- Gußlegierungen in unterschiedlichen Behandlungszuständen, Gießerei-Forschung 44(1992)4, S. 146 – 160

Hielscher, U. und Franke, A. : Recyclinggerechte Legierungsentwicklung für Aluminiumguß mit besonderen Eigenschaften, Erzmetall 49(1996)4, S. 254 – 260

Granger, D.A., Truckner, W.G., Rooy, E.L. : Aluminium Alloys for Elevated Temperature Application, Transactions AFS 94(1986), S. 777 – 784

Hammond, D.E. : Castable Composites Target New Applications, modern castings 86(1990)9, S. 27 – 30

Kaufmann, H., Neuwirth, E. : Gießtechnologische Untersuchungen an der SiC-teilchenverstärkten Legierung vom Typ AlSi7Mg, Gießerei-Rundschau 38(1991)7/8, S. 8 –13

Köhler, E. : Maßgeschneiderte Werkstoffe für schadstoffoptimierte Motoren, Aluminium 69(1993)7, S. 627 – 628

Lux, J. : Keramikfasern eröffnen Kolben neue Möglichkeiten, Aluminium 63(1987)9, S. 932 – 935

Sick, G., Essig, G. : Faserverstärktes Aluminium kann noch mehr, Aluminium 67(1991)9, S. 880 – 882

Stojanov, P., Schädlich-Stubenrauch, J., Sahm, P.R. : Li-Verteilung während der Wärmebehandlung von Aluminium-Lithium-Legierungen, Aluminium 69(1993)10, S. 924 – 931

Sonsino, C.M. und Ziese, J. : Schwingfestigkeit von Aluminium-Gußlegierungen in verschiedenen Porositätszuständen, VDI-Bericht Nr. 852, (1991), S. 203 – 224

Deike, R. und Röhrig, K. : Moderne Gußwerkstoffe für den KFZ-Motorenbau, Konstruieren und Gießen 22(1997)3, S.4 – 11

Bechny‘, V., Döpp, R., Hofmann, H.Sko’covsky, P. : Beitrag zum Einfluß von Kühlkokillen auf die Erstarrung von Al-Si-Gußlegierungen, Gießerei 85(1998)12, S., 63 – 68

Sonsino, C.M. und Fischer, G. : Kriterien zur betriebsfesten Bemessung von hochbeanspruchten Gußeisen- und Aluminiumguß-Komponenten, Gießerei 85(1998)7, S. 52 – 60

Zeuner, Th. Und Sahm, P.R. : Entwicklung gegossener, lokal verstärkter Leichtbaubremsscheiben für den schnellfahrenden Schienenverkehr, Teil 1. Gießerei 85(1998)2, S. 39 – 47, Teil 2. Gießerei 85(1998)3, S. 47 – 55

Klinkenberg, F.J. und Engler, S. : Gasgehalt und Porosität bei dickwandigem Aluminiumguß, Gießerei 85(1998)3, S. 38 – 43

Wendt, J. : Beispiele und Perspektiven für den kostensenkenden Einsatz von Simulationsverfahren, Gießerei 85(1998)8, S. 89 – 96

Hielscher, U., Sternau, H., Koch, H., Klos, R. : Neuentwickelte Druckgußlegierungen mit ausgezeichneten Mechanischen Eigenschaften im Gußzustand, Gießerei 85(1998)3, S. 62 – 65

Rösch, R. und Halderwanger, H.G.: Aluminiumgußteilanwendungen im PKW-Bau am Beispiel Audi A4 und A 8, Gießerei 82(1995)17, S. 638

Nolte, M. und Sahm, P.R. : Entwicklung von Gieß- und Infiltrationstechnik zur Fertigung von Aluminium- Bauteilen mit selektiver Bauteilverstärkung, Teil 1: Gießerei 84(1997)22, S. 11 – 16, Teil 2 : Gießerei 84(1997)23, S. 17 – 29

Larcher, J., Kaufmann, H., Pacyna H. : Maßhaltigkeit an handgeformten Gußstücken aus Aluminium-Matrix- Verbundwerkstoffen mit SiC-Partikelverstärkung, Gießerei 80(1993)18, S. 625 – 631

Ynan, H.Y., Lin, H.T., Sun, G.X. : Simulation and Experimental Study on Postfilling Flow and its Influence on Solidification, Transactions, AFS (1997), S. 723 – 730

Parankar, S.V. : Numerical Heat Transfer and Fluid Flow , Hemisphere Publishing Corp., McGraw Hill, USA, 1980

Xu, Z.A., Mampaey, F. : Experimental and Simulation Study on Mold Filling Coupled with Heat Transfer, Transactions AFS (1994), S. 181 – 190

Jaquet, J.C. und Huber, H.J. : Der Einfluß der Erstarrungsbedingungen auf die Zugfestigkeitseigenschaften und das Gefüge der untereutektischen Al-Si-Gußlegierungen, Gießerei-Forschung 38(1986), S. 11 – 20

Berry, J.T., Coleman, E.P. : Linking Solidification Conditions and Mechanical Behaviour in Al-Castings, Transactions AFS (1995), S. 837 – 847

Hansen, P.N., Sahm, P.R., Flender, E. : Criterion Functions in Solidification Simulation, Transactions AFS (1993), S. 443 – 446

Tsumagari, N., Mobley, C.E., Gaugasani, P.R. : Construction and Application of Solidification Maps for A 356 and D 357 Aluminium Alloys, Transactions AFS (1993), S. 335 – 341

Laurent, V. , Pigant, C. : Experimental and Numerical Study of Criteria Functions for Predicting Microporosity in Cast Aluminium Alloys, Transactions AFS (1992), S. 647 - 655

Loper, C.R. : Fluidity of Aluminium-Silicon-Casting Alloys, Transactions AFS (1992), S. 533 – 538

Saigal, A. : Tensile Properties of Silicon Carbide Reinforced Aluminium Cast Composites : Finite Element Analysis, Transactions AFS (1991), S. 713 – 717

Rana, F., Dhindan, B.K., Stefanescu, D.M. : Optimization of SiC Particle Dispersion in Aluminium Metal - Matrix Composites, Transaction AFS (1989), S. 255 – 264

Pan, E.N., Asieh, M.W., Jang, S.S. Loper, C.R. : Study of the Influence of Processing Parameters on the Microstructure and Properties of A 356 Aluminium Alloy Transactions AFS (1989), S. 397 – 414

Carity, R.E. : Foundry Experience and Variables in Casting Silicon Carbide Reinforced Aluminium Alloys, Transactions AFS (1989), S. 743 – 746

Rogoss, H. und Leue, M. : Die Selbstaushärtung kupferhaltiger Aluminiumgußlegierungen, Gießereitechnik 22(1976)8, S. 264 – 269

N.N. : Lagerwerkstoffe auf Aluminium-Blei-Basis, Aluminium 73(1997)10, S. 731 – 732

Plate, H. : Beeinflussung einiger Eigenschaften von Aluminium-Gußwerkstoffen durch Einbringen und Dispergieren von Fremdstoffteilchen. Aluminium 52(1976)5, S. 302 – 305

Richter, D. : Bremsscheiben aus keramik-partikel-verstärktem Aluminium, Aluminium 67(1991)9, S. 878 – 879

Mangin, G.E. : MMC´s for automotive engine application, J. of Metals (1996)2, S. 49 – 52

Stika, P. : Beitrag zur Vorausschätzung der mechanischen Eigenschaften in Gußteilen aus der Legierung G-AlSi10Mg, Dissertation Bergakademie Freiberg, 1994

Sahm, P.R. : Stand der Erstarrungssimulation und Umsetzungserfolge in der Praxis, Gießerei-Rundschau 39(1992) 5/6, S. 5 – 13

Sahm, P.R. : Formfüll- und Erstarrungssimulation – eine Übersicht, Gußprodukte 94(1994), S. 237 – 251

Weiß, K., Honsel, G., Gundlach, J. : Das Programmpaket SIMTEC, Gußprodukte 94(1994), S. 252 – 264

Lipa, P. : Das Thel-System, Gußprodukte 94(1994), S. 265 – 269

Flender, E. : MAGMASOFT – Gießerei-Prozeß-Simulation, Gußprodukte 94(1994), S. 270 – 273

Reif, W., Subramanyam, P., Schneider, W. : Untersuchungen zur Feinungswirkung von Sb am Beispiel der Legierung G-AlSi7Mg, Gießerei-Forschung, Teil1 45(1993)1;S.9-18, Teil2 2, S. 65-72

Box, R.H. und Kallien, L.H. : Rechnergestützte Formauslegung und Prozeßsimulation beim Druckgießen, Gießerei 82(1995)10, S. 343-347

Walther, H. .und Sahm, P.R. : Ein Modell für die rechnerische Simulation des Einfließens metallischer Schmelze in die Gießform, Gießerei-Forschung 38 (1986)4, S.119-124

Leichtmetall im Automobilbau , Sonderausgabe ATZ/MTZ, 1995/1996

Iwahori, H., Yonekura, K., Yamamoto, Y., Nakamura, M. : Mikroporosität und Speisungsverhalten von mit Na und Sr veredelten Al-Si-Legierungen, Gießereipraxis (1992)3, S. 29-36

Labib, A., Lin, H., Samuel, F.H. : Effect of Remelting, Casting and Heat Treatment of two Al-Si SiC-Particle Composites, Transactions AFS (1992), S. 1033 – 1041

Dötsch, E. : Fortschrittliche Induktionstechnologien zum Schmelzen, Warmhalten und Gießen von Aluminium, Gießerei 84(1997)2, S. 9 – 12

Heusler, L., Schneider, W., Stolz, M., Brieger, G., Hartmann, D. : Neuere Untersuchungen zum Einfluß von Phosphor auf die Veredelung von Al-Si-Gußlegierungen mit Natrium oder Strontium. Gießerei-Praxis (1997) _, S. 66 – 76

Schneider, W., Reif, W., Banerje, A. : Feinung der Si-Primärphase übereutektischer Al-Si-Gußlegierungen, Aluminium 68(1992)12, S. 1064 – 1070

Gutschera, D., Bruch, E., Döpp, R. : Beitrag zum Einfluß von Antimon auf die Veredelung von Aluminium-Gußlegierungen mit Natrium und Strontium , Gießerei 84(1997)2, S. 14 –16

Handiak, N., Gruzlezki, J.E., Argo, D. : Wechselbeziehungen zwischen Natrium, Strontium und Antimon bei der Veredelung von G-AlSi7Mg-Legierungen, Gießerei-Praxis (1989)3, S. 25 – 33

Heusler, L., Schneider, W. : Die Veredelung von Aluminium-Druckgußlegierungen – eine kritische Übersicht, Gießerei 85(1998)8, S.76 – 81

Chen, X-G., Klinkenberg, T.J., Engler, S., Heusler, L., Schneider, W. : Vergleich verschiedener Verfahren zur Wasserstoffbestimmung von Aluminium-Gußlegierungen, Gießerei 81(1994)3, S. 53 – 60

Dünkelmann, D. : Thermoanalyse von Aluminium-Schmelzen mit systematischer Dokumentation, Gießerei 82(1995)18, S. 678 – 681

Kube, D., Klinkenberg, F.J., Engler, S. : Einfluß von Antimon und Wismut auf die Veredelung und Porosität bei der Legierung AlSi9Cu3, Teil 1 : Gießerei 85(1998)9, S. 51 – 55 Teil 2 : Gießerei 85(1998)10, S. 38 - 42

Schmelzen, Schmelzöfen, Schmelzebehandlung

Hornung, K.O. : Der Einfluß des Chlors auf den Wasserstoff-Gehalt von Aluminium-Schmelzen bei Anwesenheit von Magnesium und Natrium, Gießerei, techn.-wiss. Beihefte 18(1966)4, S. 231-242

Nölting, P. : Steuerung des eutektischen Aluminium-Silizium-Gefüges durch Natrium, Phosphor und die Erstarrungsgeschwindigkeit , Gießerei 58(1971)17, S.509-512

Alker, K. und Hielscher, U. : Erfahrung mit der Dauerveredlung von Al-Si-Legierungen, Aluminium 48(1972)5, S.263-265

Stary, R.: Entstehung nichtmetallischer Verunreinigungen beim Raffinieren von Aluminium-Schmelzen und Auswirkungen, Aluminium 54(1978)11, S. 703-705

Leconte, G.B. und Buxmann, K. : Art und Entstehung von Verunreinigungen in Aluminium-Schmelzen, Aluminium 55(1979)5, S. 329-331

Leconte, G.B. und Buxmann, K. : Schmelzereinigung in Aluminium-Gießereien, Aluminium 55(1979)6, S.387-390

Höner,K.E.: Die thermische Analyse als Kontrollverfahren für die Wirksamkeit der Schmelzebehandlung von Aluminium-Gußlegierungen durch Veredlung oder Kornfeinung, Gießereiforschung 34(1982)1, S. 1-10

Maier, E. : Reinigung vonm Al-Schmelzen mit Spülgas, Aluminium 57(1981)10, S.676-678

Reif, W. und Schneider, W. : Kornfeinung von Aluminium und Aluminiumlegierungen mit Titan und TiB2 , Aluminium 59(1983)7, S.500-509

Günther, B. und Jürgens, H. : Automatisierte Durchführung der thermischen Analyse zur Ermittlung des Keimzustandes von Al-Schmelzen und der erzielten Korngröße an Bauteilen aus Aluminium-Guß, Gießerei 71(1984)24, S. 928-931

Menk, W., Speidel, M.O., Döpp, R. : Die thermische Analyse in der Praxis der Al-Gießerei, Gießerei 79(1992)4, S.125-134

Drossel, G. : Untersuchungen von Al-Si-Gußlegierungen mit Hilfe der thermischen Analyse, Gießereitechnik 27(1981)1, S.7-12

Roth, W. : Einsatz von Rekubrennern an Al.-Schmelz- und Warmhalteöfen, Aluminium 60 (1984)4, S. 249-250

Müller, K. und Reif, W. : Kornfeinung von Al-Si-Gußlegierungen am Beispiel von AlSi9, Gießerei 82(1995)20, S. 522-532

Schneider, W. : Reinigung von Al-Schmelzen, Gießerei 81(1994)14, S. 478-483 Emissionsarmes Spülgasgemisch reduziert Spülzeiten von Al-Schmelzen, Aluminium 71(1995)2, S. 169-170

Dörsam, H. : Tiegelschmelzöfen in NE-Metall-Gießereien - eine Übersicht, Gießerei 81(1995) 23, S. 870-874

Friesenecker, F. : Strukturoptimierung bei der Anwendung von Elektrowärme in Gießereien, Gießerei 80(1993) 7, S. 216-220

Kreysa, E. : Erfahrungen mit Induktionsöfen in Al-Gießereien, Teil1 Aluminium 60(1984)2, S.104-108; Teil2 3, S. 194-197

Heumannkämper, D. : Herstellung, Eigenschaften und Einsatzmöglichkeiten von Schmelztiegeln, Gießerei 81(1994)14, S. 486-489

Klinger, W. und Amson, M. : Einsatzerfahrungen mit allophoben Steinen, Massen und Wärmedämmstoffen im Kontakt mit der Al-Schmelze, Gießerei 82(1995) 18, S. 649-656

Müller, A. : Beheizungseinrichtungen für Al-Schmelzöfen, Gießerei 83(1996)8, S.22-26

Neff, D.V. : Grundlagen der Schmelzebehandlung zur Verbesserung der Druckgußqualität, Gießereipraxis (1992)11/12, S. 170-176

Figari, J.-P.und Ogrissek, M. : Ein Induktionstiegelofen zum Speichern und Schmelzen von Aluminium mit optimalem Wirkungsgrad für eine Druckgießerei, Gießereipraxis (1992)4, S.41-46

Chen, X.G. und Engler, S. : Einfluß des Wasserstoffgehaltes auf die Porosität von Aluminium-Silicium- und Aluminium-Magnesium-Legierungen, Gießerei 81(1991)19, 679-684

Sandguß, Formstoff, Kernherstellung

VAW Alucast GmbH : Die wirtschaftliche Massenproduktion von Motorenkomponenten aus Aluminium-Guß, Aluminium 71(1995)2, S. 156-163

Busse, M. und Budde, L. : Einfluß der Modellherstellung auf Qualitätsmerkmale beim Aluminium-Vollformgießen, Gießerei 79(1992)17, S.722-725

Damm, N., Solis, M., Griese, D. : Modernisierung einer Formerei unter Einsatz des Formverfahrens mit dynamischer Impulsverdichtung, Gießerei 80(1993)9 S. 280-284

Ellinghaus, W. : Das Maskenformverfahren - modernisiert, Gießerei 80(1993)18, S. 629-634

Kuhlgatz, C. : Zum Stand der Technik des Vollformgießens, Gießerei 81(1994)22, S.803-808

Gabriel, J. : Entwicklungen bei Aluminium-Feinguß - Möglichkeiten des SOPHIA-Verfahrens, Konstruieren und Gießen 21(1996)1, S. 4-10

Cosse', F., Garat, M., Guy, S., Perrier, J.J., Thomas, J. : Beitrag des Castyral-Verfahrens zur Verbesserung der Dichtigkeit und mechanischen Eigenschaften von Loast-Foam-Gußstücken, Gießerei.-Rundschau 38(1991)11/12, S.5-13

Ellinghaus, W. : Kernherstellungsverfahren der 90-er Jahre, Gießerei 80(1993)5, S.142-146

König, W. und Nöken, St. : Rapid-Prototyping - aktuelle Entwicklung und Tendenzen, VDI-Berichte Nr.1151, S.439-446, 1995

Honsel, H.F. und Müller, J. : Das Honsel-Plastermold-Verfahren, Aluminium 43(1967)7, S.431-434

Scholich, K. : Lösungsmittelfreies Epoxidharz-SO_2-Formstoffsystem für die Kernherstellung, Gießerei 79(1992)17, S. 726-729

Lambert, G. : Herstellung von Aluminium – Fahrzeugkomponenten auf kastengebundenen Hochleistungsformanlagen, Gießerei-Erfahrungsaustausch 43(1999)4, S. 168 – 174

Hahn, O., Fahrig, H.-M., Wappelhorst, M. : Einfluß der Schlichte auf Formfüllmechanismen und Gußteilmerkmale beim Vollformgießen, 63. Gießerei-Weltkongreß, Vortrag Nr.15, 1998, Budapest

Greulich, M., Kunze, H.D., Greul, M., Wunder, J. : Anwendung von Rapid-Prototyping in der Gießereiindustrie, Gießerei 85(1998)11, S. 33 – 37

Baesecke, W., Fährer, J., Tilch, W., Reinhart, G. : Einsatz des selektiven Lasersinterns zur Herstellung von Gießereiprototypen, Gießerei 86(1999)2, S. 44 – 47

Hasse, St. : Einfluß verschiedener Formgrundstoffe und eines Formstoffzusatzes auf die Erstarrungsgeschwindigkeit von Gußwerkstoffen, Gießerei-Erfahrungsaustausch 42(1998)7, S. 305 – 310

Flemming, E., Polzin, H. : Untersuchungen zum Einfluß von wasserglasgebundenen Kernaltsanden auf tongebundene Formstoffsysteme, Gießerei 84(1997)16, S. 19 – 23

Kokillenguß, Druckguß, Sondergießverfahren

Hirt, G., Witulski, T., Kopp, R., Mertens, H.-P., Eßer, J.-J., Meyer, S. :Fertigung hochbelastbarer Leichtmetallformteile durch Thixoforming, VDI-Berichte , Nr.1151, S.195-205, 1995

Engler, S. und Schleitung, G. : Erstarrungsmorphologie von Al-Legierungen bei Kokillenguß, Gießerei-Forschung 30 (1978)1, S.15-24

Engler, S. und Schleiting., G. : Spaltbildung beim Gießen von Al-Si-Legierungen in Kokille, Gießerei-Forschung 30(1978)1, S.25-30

Preiswerte Schlichten auf Bornitrid-Basis, Gießerei 80(1993)23, S.16(Gießerei Kurznachrichten)

Flender, E. : Qualitätssicherung und Produktivitätsteigerung in der Druckgießerei durch Formtemperierung, Gießerei, Teil1, 80(1993)8, S. 245-247; Teil2, 14, S. 451-456

Kaufmann, H. : Endabmessungsnahes Gießen : ein Vergleich von Squeeze casting und Thixocasting, Gießerei 81(1994)11, S. 342-350

Lichtensteiger, A.A. : Betriebserfahrungen mit echtzeitgeregelten Druckgußmaschinen, Gießerei 81(1994)5, S.121-125

Stummer, F.G. : Fertigungssichere Herstellung wärmebehandelbarer und schweißbarer Druckgußstücke, Gießerei 81(1994)10, S.294-297

Klein, F. und Bauer, E. : Wirkung wassermischbarer Formtrennstoffe bei der Herstellung von Al-Druckgußteilen, Gießerei 83(1996)4, S.11-17

Altenpohl, D.G. : Semisolid processing of thixotropic aluminium alloys, Aluminium 72(1996) 4, S. 195

Speidel, J. : Optimale Produktivität durch den Einsatz von Temperiergeräten, Gießerei-Erfahrungsaustausch (1991)8, S. 361-364

Speckenheuer, G.P. : Produktivität, Qualität, Wirtschaftlichkeit bei der Herstellung von Druckgußteilen, Gießerei-Erfahrungsaustausch (1992)3, S. 120-125

Basu, S.K., Fukai, S., Takeda, S., Sakamoto, K. : Verwendung gewöhnlicher Sandkerne im Druckguß, Gießereipraxis (1992) 11/12, S. 179-184

Stummer, F.G. : Druckguß - maßhaltig, porenarm und mit hoher Dehnung, Gießereipraxis (1992)4, S.47-51

Cox, R.M. : Verfahrenstechnik beim Druckgießen von teilchenverstärkten Legierungen, Gießereipraxis (1992)20, S. 310-315

Wild, R. : PVD-Beschichtungen verlängern die Lebensdauer von Druckgießformen, Gießerei 80 (1993)20, S. 696-699

Klein, F. und Plattenhardt, F. : Einfluß der Formfüllung auf Dichte und Volumen von Druckgußteilen, Gießerei-Forschung 45(1993)4, S.115-124

Dittrich, W. : Genaugießverfahren mit keramischen Formen, Gießerei 59(1972)8, S.239-249

Drossel, G. und Hilgenfeldt, W. : Zur Nutzung speisungs- und wärmetechnischer Zusammenhänge für die technologische Entwicklung von Al-Kokillenguß, Gießerei 78(1991)5, S.152-156

Watanabe, M., Goto, S., Takahashi, T. : Herstellung von Aluminium-Zylinderköpfen nach dem Niederdruck-Kokillengußverfahren, Gießerei 61(1974)3, S. 58-63

Büchen, W. : Neue Entwicklungen auf dem Gebiet der Aluminium-Kokillengießverfahren, Aluminium 58(1982)6, S. 327-332

Kaufmann, H. : Neue Entwicklungen im Squeeze Casting Gießerei-Praxis (1995)17, S. 305 – 308

Klein, F. : Herstellung vergütbarer Aluminium-Druckgußteile, Gießerei-Erfahrungsaustausch 42(1998)6, S. 261 – 266

Wohlfarth, H., Wiesner, S. : Einfluß der ersten Gießphase auf den Gasgehalt von Al-Druckgußteilen, Gießerei 86(1999)5, S. 73 – 75

Garat, M. und Maenner, L. : Thixogießen – Erweiterung der Legierungssorten und Auswirkungen, Gießerei 86(1999)5, S. 76 – 82

Nacharbeitung, Wärmebehandlung, Prozessführung

Johne, P. : Handbuch der Aluminiumzerspanung, Aluminium-Verlag, Düsseldorf 1984

König, W., Erinski, D. : Spanungseigenschaften von Al-Gußwerkstoffen mit unterschiedlichem Si-Gehalt, Aluminium 57(1981)11, S.719-721

Doliwa, H.U. : Das Zusammenwirken von Speisern und Kokillen zur Herstellung dichter Gußstücke, Gießerei-Erfahrungsaustausch (1991)10, S. 456-460

Lutze, P. : Vorstellung eines neuen Verfahrens zur Prozessüberwachung und Online-Qualitätskontrolle beim Druckgießen, Gießerei-Erfahrungsaustausch (1992)8, S.336-338

Bubeck, H.P. : Erfahrungen eines Modellbaubetriebs mit Rapid-Prototyping, Gießerei 82(1995)15, S.539

Mai, R. und Drossel, G. : Gießereitechnologische Gesichtspunkte zur Gestaltung und Dimensionierung von Gießsystemen für Gußstücke aus Al-Gußlegierungen, Gießereitechnik 20(1974)8, S. 264-272

Kahn, F. : Prozessleittechnik und Qualitätssicherung beim Gießen am Beispiel der NE-Metall-Gußfertigung, Gießerei 80(1993) 17, S.579-583

Warnecke, H.J. und Schlatter, M. : Bearbeitung von Al-Werkstoffen durch Hochdruck -Wasserstrahlen, Aluminium 60(1984)5, S. 351-356

Kättlitz, W. : Konkurrenzfähiger Formguß durch Einsatz von Filtern und neuen Eingußsystemen bei der Produktion von NE-Sand- und Kokillenguß, Gießerei-Erfahrungsaustausch (1992)2, S. 57-6C

Bauer, C. : Das Qualitätssicherungs-Handbuch, Gießerei-Erfahrungsaustausch, (1991) 5 S.203-210;6 S.238-248; 9 S.407-415; 12 S.544-548; (1992)1 S.21-26

Schneider, W. und Feikus, F.J. : Wärmebehandlung von Al-Gußlegierungen für das Vakuum-Druckgießen, Gießerei 83(1996)1, S.20-24;9 S.17-21

Koewius, A. : Aluminium im Automobil, Aluminium 72(1996)4, S. 232-238

Wohlfarth, H., Ruge, J., Grov, N., Rehbein, D.H. : Schweißen von Druckguß, Gießerei 86(1999)2, S. 39 – 43

Winterhalter, J., Wolf, G. : Verwertungsstrategien für Reststoffe aus Sandgießereien, Gießerei 85(1998)2, S. 27

3. Oberflächenbehandlung von Aluminium

von Dr. W. Huppatz, Dr. M. Paul und Dr. S. Friedrich

Aluminium und Aluminiumlegierungen sind durch ihre Oxidschicht,

- die sich an der Atmosphäre und in Wässern bildet,
- die durch ihre sehr geringe Leitfähigkeit für Elektronen und Ionen, d.h. durch ihre isolierende Wirkung den Ablauf von Korrosionsreaktionen hemmt und
- die sich auch bei mechanischer Beschädigung in Wässern unter bestimmten Bedingungen und in der Atmosphäre spontan erneuert

für einen breiten Anwendungsbereich geschützt. Dieses günstige Korrosionsverhalten, verbunden mit vorteilhaften Werkstoffeigenschaften bei geringem Gewicht, reicht in der Regel in den Bereichen Bauwesen, Ingenieurbau, Verpackung und Fahrzeugbau aus, die normalen Anforderungen zu erfüllen. Darüber hinausgehende Ansprüche, wie sie beispielhaft durch die Attribute gewünscht werden:

- Dauerhaft dekoratives Aussehen
- Haftgrund für nachfolgende Beschichtungen oder Klebungen
- Erhöhte Verschleißfestigkeit
- Verbesserte Korrosionsresistenz u.a.

erfordern zusätzliche Oberflächenbehandlungen, um die angestrebten Oberflächenqualitäten zu erreichen.

Je nach den angewandten Verfahren der Oberflächenbehandlung wird unterschieden zwischen

- Mechanischer Oberflächenbehandlung
- Chemischer Oberflächenbehandlung
- Anodischer Oxidation (elektrolytischer Oberflächenbehandlung)
- organischem Beschichten
- Abscheiden von Metallüberzügen

3.1 Mechanische Oberflächenbehandlung

Zu den mechanischen Oberflächenbehandlungsverfahren zählen unter anderem das Putzen, Schleifen, Bürsten, Polieren, Dessinieren und Strahlen.

Die mechanische Oberflächenbehandlung dient der Beseitigung von Unebenheiten, fehlerhafter Stellen, Schweißnahtüberhöhungen, Bearbeitungsspuren und anderen Unregelmäßigkeiten der Aluminiumoberfläche bei Halbzeugen aus Knetwerkstoffen und bei Gußstücken sowie bei daraus hergestellten Bauteilen und Strukturen. Sie wird vorwiegend benutzt für die Veredlung von Aluminiumprodukten und für das Erzeugen dekorativer Oberflächeneffekte. Insofern stellt die mechanische Oberflächenbehandlung häufig eine Vorstufe für den nachfolgenden chemischen oder elektrolytischen Prozeß dar, der durch Bildung spezieller resistenter Oberflächenschichten den ästhetisch dekorativen Zustand konserviert.
Die mechanische Oberflächenbehandlung von Aluminium erfolgt in ähnlicher Weise wie die bei anderen Metallen. Allerdings sind die spezifischen Eigenschaften des Aluminiums zu berücksichtigen. So muß z.B. zur Optimierung der Oberflächen-

qualität die Bearbeitungsgeschwindigkeit dem Werkstoff Aluminium angepaßt werden. Die zur Oberflächenbehandlung angewendeten Werkzeuge, wie z.B. Bürsten, dürfen wegen des Abriebs nicht aus Kupferlegierungen oder normalem Stahl bestehen. Es ist auch nicht zulässig, Schleif- oder Polierscheiben sowie Bürsten zu benutzen, mit denen bereits andere Metalle bearbeitet wurden. Eine strikte Werkzeugtrennung ist zwingend, weil an den Werkzeugen anhaftende Metallflitter die Aluminiumoberfläche kontaminieren können. In die Aluminiumoberfläche eingedrückte Fremdmetallflitter können bei Zutritt von Feuchtigkeit Kontaktkorrosion am Aluminium auslösen.
Fremdmetallflitter auf kontaminierten Aluminiumoberflächen lassen sich durch Beizen beseitigen (s. 3.2.2).
Die mechanische Oberflächenbehandlung von Reinst- und Reinaluminium sowie die von Aluminiumlegierungen mit Brinellhärten kleiner als 40 erfordert im Hinblick auf den beim Schleifen und Polieren ausgeübten Druck Vorsicht und Erfahrung, da diese weichen Materialien zum Schmieren neigen und der Veredlungseffekt dann ausbleibt. Bei plattierten Aluminiumwerkstoffen ist zu beachten, daß die dünnen Plattierschichten - häufig 5 bis 10 % der Blechdicke - nicht abgeschliffen oder abpoliert werden. Die günstigsten Ergebnisse beim Polieren werden an den naturharten AlMg- oder den aushärtbaren AlMgSi-Werkstoffen erzielt.
Die Anzahl der einzelnen Arbeitsgänge, die für den gewünschten Endzustand der Oberfläche erforderlich sind, richten sich nach dem Zustand der Ausgangsoberfläche und sollten in detaillierten Arbeitsanweisungen festgelegt werden. Die Tafel 3.1.1 gibt die geeigneten Verfahren für die mechanische Oberflächenbehandlung von Aluminium wieder und führt die günstigen Arbeitsbedingungen auf.

Bei der Durchführung von mechanischen Oberflächenbehandlungen sind nicht nur die in Tafel 3.1.1 aufgeführten qualitätskonformen Arbeitsgänge zu berücksichtigen, die hinsichtlich der verwendeten Maschinen die gute Lagerung und optimale Drehzahl des Werkzeugs, die genaue Zentrierung und Auswuchtung der Scheiben voraussetzen, sondern es sind auch die geltenden Sicherheitsvorschriften einzuhalten. Dazu zählen die

- VBG1 Unfallverhütungsvorschrift (UVV): [1]
  Allgemeine Vorschriften vom 01.07.1991 mit Durchführungsanweisungen vom 01.04.1996 - in denen unter anderem die Themen: Persönliche Schutzausrüstungen, die Anforderungen an die Arbeitsplätze einschließlich der Beleuchtung, der Fußbodenbeschaffenheit, der Verkehrswege sowie Maßnahmen zur Verhinderung von Explosionen angesprochen sind.
- VBG4 UVV:
  Elektrische Anlagen und Betriebsmittel vom 01.04.1979 mit Durchführungsanweisungen vom April 1986 und dem Anhang zu den Durchführungsanweisungen vom 01.04.1996
- VGB7n6 UVV:
  Metallbearbeitung;
  Schleifkörper, Pließt- und Polierscheiben;
  Schleif- und Poliermaschinen vom 01.01.1993, aktualisierte Fassung 1995 - in der u.a. Vorschriften über Schleifmaschinen und ihre

[1] VBG bedeutet: Verband der gewerblichen Berufsgenossenschaften, zu beziehen: Carl Heymanns Verlag KG, Luxemburger Str. 449, 50939 Köln

Umfangsgeschwindigkeiten sowie über Schutzhauben gemacht werden.

- VBG49 UVV:
  Schleif- und Bürstwerkzeuge vom 01.10.1994 mit Durchführungsanweisungen vom 01.10.1994, in der u.a. verbindliche Aussagen zu Bau und Ausrüstung, Kennzeichnung und Arbeitshöchstgeschwindigkeit sowie Prüfung der Werkzeuge gemacht sind.
- VBG48 UVV:
  Strahlarbeiten vom 01.04.1994 mit Durchführungsanweisungen vom 01.04.1994, in der u.a. neben der Beschaffenheit der Arbeitsräume und den Anforderungen an die Absaugvorrichtungen der maximale Gehalt an gefährlichen Stoffen in Strahlmitteln gesetzlich geregelt ist. Weiterhin wird auf die Verwendungsbeschränkungen für Strahlmittel hingewiesen.

Über die Unfallverhütungsvorschriften hinaus sind die geltenden Richtlinien und Sicherheitsregeln bei der mechanischen Oberflächenbehandlung von Aluminiumwerkstoffen und -bauteilen zu beachten.

- ZH1/32 Richtlinien zur Vermeidung der Gefahren von Staubbränden und Staubexplosionen beim Schleifen, Bürsten und Polieren von Aluminium und seinen Legierungen vom 01.04.1990 - in denen u.a. Aussagen über die Anforderungen an ortsfeste Schleif- oder Poliermaschinen, ihre Absaugeinrichtungen und Abscheider sowie über Behälter zum Lagern und Transportieren von Aluminiumstäuben und Löscheinrichtungen enthalten sind.
- ZH1/33 Merkblätter für Metallschleifmaschinen (Schutzhauben, Schleifkörper, Schleifen) vom 01.05.1977
- ZH1/385 Richtlinien für die Kennzeichnung von Schleifwerkzeugen vom 01.10.1989
- ZH1/390 Richtlinien für Zwischenlagen zum Befestigen von Schleifkörpern mittels Spannflansche vom 01.10.1989
- ZH1/393 Richtlinien für die Prüfung von Schleifwerkzeugen im Herstellerwerk vom 01.10.1989

Die Zusammenstellung der hier zur mechanischen Oberflächenbehandlung genannten sicherheitsrelevanten Vorschriften, Richtlinien und Regeln erhebt nicht den Anspruch auf Vollständigkeit, deckt aber den wichtigsten Teil der mechanischen Oberflächenveredlung ab.

3.1.1 Entgraten und Putzen

Diese Arbeiten dienen bei Gußstücken, Schmiedeteilen sowie bei geschweißten Konstruktionen der Vorbereitung nachfolgender mechanischer oder anderer Oberflächenveredlungen, in dem die Eingußtrichter, die Anschnitte, die Speiser und die vom Gießen anhaftenden Grate abgetrennt sowie funktionsbeeinträchtigende Schweißnahtüberhöhungen entfernt werden.

Das Entgraten und Putzen erfolgt manuell mit Schnittwerkzeugen und Feilen und/oder maschinell mit Kreis- und Bandsägen, Trennscheiben und Fräsern.

3.1.2 Schleifen

Unter Schleifen versteht man das Abtragen der Oberfläche mittels drehender, sich linear bewegender oder hin- und herschwingender Reibflächen mit dem Ziel, Unebenheiten, Riefen, Oberflächenschäden sowie bei Gußprodukten die Gußhaut zu entfernen und bestimmte geglättete Oberflächenzustände herzustellen. Das Schleifen der Aluminiumoberfläche führt in der Regel nur zu einem geringen Materialabtrag des Werkstoffes bzw. des Bauteils. Man unterscheidet je nach Oberflächenabtrag zwischen dem Grob- und dem Feinschleifen, und nach dem angewandten Verfahren zwischen dem Gleit- und Tauchschleifen.

Bei den Schleifarbeiten ist zu beachten, daß zur Verhinderung des Eindrückens von Schleifmittel in die Oberfläche und zur Vermeidung unzulässig hoher Erwärmung des Werkstückes mit geringem Schleifdruck gearbeitet wird. Lokale Überhitzungen durch zu hohen Andruck beim Schleifen können trotz der guten Wärmeleitfähigkeit des Aluminiums örtlich zu Gefügeänderungen führen, wodurch bei evtl. nachfolgenden elektrolytischen Oberflächenbehandlungen das dekorative Aussehen beeinträchtigt wird. Der Gebrauch von Schleiffett beim Schleifen mit einem feinen Korn trägt zur Kühlung bei. Die Verwendung frischer Schleifbänder, Schleifscheiben bzw. Schleifmittel verbessert den abrasiven Effekt und schont durch geringere Erwärmung das Werkstück. Zum Schleifen planer Flächen eignen sich vor allem Bandschleifmaschinen, für konvexe und konkave Oberflächen sind Filzscheiben, die gegebenenfalls dem Profil des zu schleifenden Bauteils angepaßt sind, günstig.

Beim Grobschleifen, das der Beseitigung tiefer Kratzer und starker Unebenheiten dient und dem Feinschleifen vorausgeht, werden Scheiben oder Bänder eingesetzt, die aus Filz oder Leder bestehen oder mit diesen Materialien belegt sind. Als Schleifmittel werden u.a. Elektrokorund, Siliciumcarbid und Schmirgel verwendet, mit denen auch Papiere oder Gewebe beschichtet sind. Die zum Grobschleifen benutzte Körnung liegt bei Schleifmitteln normalerweise zwischen 80 und 120, bei Schleifmitteln auf Unterlagen zwischen 60 und 120. Die Arbeitsgeschwindigkeit der Schleifgeräte beträgt etwa 30 bis 40 m/s.

Tafel 3.1.1 Verfahren und Arbeitsbedingungen für die mechanische Oberflächenbehandlung von Aluminium

Arbeitsgang	Werkzeug	Schleif- und Poliermittel	Umfangsgeschwindigkeit [1]) m/s	Schmierung	Sonstige Hinweise
Entgraten, Verputzen	Kunstharzgebundene Siliciumcarbidscheiben (seltener Gummibindung) Kreis- und Band-Fräserköpfe, (Rotorfräser), Meißel und Feilen	Körnung F36 bis F60 (Körnung F16 bis F30)	Freihandschleifen bis 25 bei zwangsläufiger bis 35	Keine	s. Schleifen
Schleifen, Grobschleifen	Scheiben aus Filz, Chromleder oder mit Filz, Leder oder Gummi belegte Metall-(Aluminium)-Scheiben	Schmirgel (Korund) der Körnung F60 bis F120	30 bis 40	Keine oder wie bei Feinschleifen	Mäßiger Schleifdruck sonst zu starke Erwärmung des Leim- und Schmirgelbelages, des Schmiermittels und auch des Werkstückes
Feinschleifen	Das Schleifmittel oder Schmirgelband wird aufgeleimt oder die Mittel werden in Pastenform zugeführt. Bandschleifmaschinen	Schmirgel Körnung 180 bis 280	30 bis 40	Talg (in Brikettform) oder Paraffin sparsam aufgetragen	Reinigen in Waschbenzin Trocknen in feinen Sägespänen
Polieren, Schwabbeln	Schwabbelscheiben aus Nesseln oder festen Baumwoll- oder Wollstoffen 200 bis 400 mm ø, Breite nach Bedarf	Handelsübliche Polierpasten oder 3 bis 4 Teile Tonerde und 1 Teil Stearin oder Montanwachs oder 66 Teile feine Tonerde, 26 Teile Stearin, 6 Teile Montanwachs und 2 Teile Vaseline	40 bis 60	Keine Heißgewordene Stücke wechseln; die Stücke können auch im kalten Wasser gekühlt und anschließend ohne Trocknen weiterpoliert werden.	Polierrichtung anfangs wechseln, am Schluß einheitliche Richtung Für weichere Werkstoffe sind weichere Schwabbelscheiben vorteilhaft. Ausgehärtete Werkstücke vorbeizen, reinigen und trocknen s. Schleifen
Hochglanzpolieren	Neue weiche Nessel-, Körper- oder Lederscheiben	Ohne Poliermittel oder sehr sparsam Wienerkalk, geschlämmte Tonerde oder feinstes Wienerrot auftragen	50 bis 60	keine	Zwischen- und Endreinigung

Arbeitsgang	Werkzeug	Schleif- und Poliermittel	Umfangsgeschwindigkeit [1]) m/s	Schmierung	Sonstige Hinweise
Trommelpolieren		Rollfaß Stahlkugeln oder -nadeln aus nichtrostdendem Stahl in Polierflüssigkeit, anschließend Lederabfälle	15 bis 40 U/min	Polierflüssigkeit	Vorbeizen. Nach dem Polieren in kalkfreiem Wasser spülen, schnell Wasser spülen, schnell trocknen
Mattschleifen (Mattbürsten)	Fieber-, Roßhaar-, Nylon- oder Perlonbürsten 200 bis 500 mm ø	Schmirgel 5/0 bis 8/0 oder Bimssteinpulver mit Öl oder Paste aus 40 Teilen Talg, 60 Teilen Tonerde oder handelsübliche Pasten siehe auch Text	20 bis 40	Gegebenenfalls von Zeit zu Zeit etwas Wienerkalk	Reinigen und Trockenen s. Schleifen
Bürsten (Satinieren)	Bürsten aus gewelltem nichtrostendem Stahldraht 0,05 bis 0,30 mm Draht-ø, Bürsten	200 bis 250 mm ø	8 bis 12	Gegebenenfalls von Zeit zu Zeit etwas Wienerkalk aufstreuen	Die Flächen sind vor dem Bürsten durch Vorbeizen sorgfältig zu entfetten. Während der Bearbeitung jede Verunreinigung vermeiden.
Marmorieren	Mamorierbürsten rotierende Scotch-Brite-Scheiben ®		200 bis 300 U/min		
Schleifen von Hand (Scheuerschliff)		Bimssteinpulver, einzeln oder gemeinsam		Terpentinöl oder Seifenwasser	Reinigen und Trocknen s. Schleifen
Strahlen mit Korund	Strahlapparat	Elektro-Korund, Siliciumcarbid [2]) usw.		keine	
Strahlen mit Aluminiumstrahlmitteln		Guß-Granalien oder Drahtkorn in verschiedenen Körnungen			
Strahlen mit Glasperlen		Glasperlen in verschiedenen Körnungen			

[1]) Drehzahlen in Abhängigkeit von Arbeitsgeschwindigkeit und Scheibendurchmesser siehe Bild 3.1.1

[2]) VBG48 Strahlarbeiten vom 01. April 1995: -Strahlmittel dürfen nicht mehr als 2 vom Hundert ihres Gewichtes an freier kristalliner Kieselsäure enthalten
- Die maximalen Gehalte an gefährlichen Stoffen in Strahlmitteln sind begrenzt

® = eingetragenes Warenzeichen

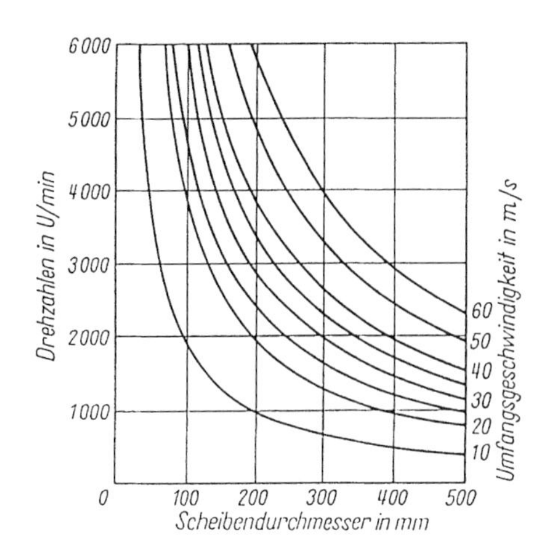

Bild 3.1.1 Umfangsgeschwindigkeit rotierender Werkzeuge in Abhängigkeit von Drehzahl und Scheibendurchmesser

Mit dem Feinschleifen soll ein so eingeebneter, glatter Oberflächenzustand des Aluminiums erreicht werden, so daß bei einem nachfolgenden Polieren keine Schleifspuren an der Oberfläche mehr erkennbar sind. Die für das Feinschleifen verwendeten Werkzeuge sind die gleichen wie für das Grobschleifen. Jedoch werden zum Feinschleifen Schleifmittel feinerer Körnungen 180 bis 320 verwendet, wobei im letzten Arbeitsgang die Korngrößenverteilung so zu wählen ist, daß das benutzte Polierkorn die feinen Schleifriefen noch egalisieren kann. Die Werkstücke sollen beim Feinschleifen nur mit leichtem Druck an die Scheibe oder das Band gehalten werden und - soweit möglich - gleichmäßig fortbewegt werden. Als Schmier-, Gleit- und Kühlmittel kann Schleiföl, Schleiffett oder Schleifemulsion benutzt werden.

Durch manuelles Schleifen bzw. Polieren lassen sich auch matte oder glänzende Oberflächen von gleichmäßigem, dekorativem Aussehen erzeugen. Als Schleifmittel dienen häufig Faservliese, in denen die Schleifkörper wie Aluminiumoxid oder andere fest eingebettet sind. Faservliese wie beispielsweise Scotch-Brite gibt es in unterschiedlichen Körnungsgraden.

Zum Polieren sind für die Aluminiumanwendung geeignete Polierpasten oder auch Poliertonerde in wäßriger Aufschlämmung gebräuchlich, mit denen durch gleichmäßige Reibbewegungen auf Stofftüchern der gewünschte Glanz erreicht werden kann. Beim Aufsprühen von Wasser oder Wasser-Alkohol-Gemischen lassen sich feinere und glänzendere Oberflächen auf Aluminium erzielen.

Beim Gleitschleifen wird die Oberflächenveredlung in speziellen Vibratoren vorgenommen, in denen unter Zusatz von wäßrigen Substanzen die Ware - Massen- und Serienteile - in abrasiven Kontakt mit Reibkörpern tritt und durch Relativbewegungen, die durch die Vibration erzwungen werden, geglättet wird. Dieses

Verfahren eignet sich zum Reinigen, Glätten, Schleifen, Entgraten und Verrunden von Kanten. Durch geeignete Wahl der keramischen oder kunststoffgebundenen Reib- bzw. Schleifkörper (Chips), durch Benutzung entsprechender wäßriger Emulsionen (Compounds), z.B. Seifenlösungen, und durch die Optimierung der Vibrationsschwingungen in Bezug auf die Frequenz und die Amplitude ist es möglich, hohe Ansprüche an den Veredlungsgrad im Hinblick auf die Oberflächenglätte und den Glanz zu erfüllen.

Beim Tauchschleifen wird die für den Oberflächenveredlungszweck erforderliche Relativbewegung zwischen der Ware, also den Werkstücken, und dem Schleifmittel in einer sich um ihre Achse drehenden Trommel erzeugt, in der die Werkstücke an Armen befestigt sind und in den an der Trommelwandung rotierenden Schleifmittelstrom eintauchen. Das lockere, körnige Schleif- oder Poliermittel kann die eingetauchten Werkstücke umfließen, was zu einer gleichmäßigen Materialabtragung und zu einer Glättung der Oberfläche führt. Durch die Wahl der Schleif- oder Poliermittel läßt sich die gewünschte Oberflächengüte erzielen.

3.1.3 Mattschleifen, Mattbürsten

Zur Erzielung besonderer dekorativer Oberflächeneffekte, wie sie durch das ästhetische Aussehen der feinen parallelen Spuren nach mechanischer Oberflächenbehandlung gegeben sind, bedient man sich des Mattschleifens, des Mattbürstens, des Satinierens und des Marmorierens. Ausgehend von glatten oder feingeschliffenen oder gebeizten Oberflächen (s. 3.2.2) werden mit Scheiben aus Polyamid oder Nadelvliesen sowie mit Fiber- und Kordelbürsten unter Verwendung von Schleifmitteln wie Schmirgel oder tonerdehaltigen Pasten feinste, aber empfindliche Oberflächenstrukturen durch das Schleifen oder Bürsten erzeugt. Die für die Veredlung geeigneten Arbeitsgeschwindigkeiten von Vliesbändern sollen nicht über 10 - 12 m/s betragen, die Umfangsgeschwindigkeiten von Scheiben und Bürsten reichen bis zu 35 m/s.

Die Empfindlichkeit solcher sehr fein und dekorativ aufgerauhter Oberflächen zeigt sich beispielsweise bei Fingerabdrücken, die bleibende Flecken hinterlassen. Eine Konservierung der so veredelten Aluminiumoberflächen, zweckmäßig durch Anodisierung (siehe 3.3) oder durch Beschichten mit Klarlack oder durch Auftragen eines Wachses, ist anzuraten.

Nach den angewandten Verfahren und dem Ergebnis der Oberflächenveredlung unterscheidet man zwischen Mattschleifen bzw. Mattbürsten, Satinieren und Marmorieren. Während man bei den ersteren Verfahren durch den Gebrauch von Scheiben, Nadelvliesen, Fiber-, Kordel- und Drahtbürsten (Satinieren) lineare Zeichnungen auf der Oberfläche erhält, bringt die Anwendung von pinselartigen rotierenden Bürsten oder von rotierenden runden Scheiben, die mit Schleifmittel besetzten Polyamid-Vliesen (z.B. Scotch-Brite-Scheiben ®) belegt sind, kreisförmige Schleifspiegel. Das Verfahren zur Herstellung dieser kreisförmigen Oberflächenmuster mit sich überschneidenden Schleifspiegeln wird Marmorieren genannt. Dieses Marmorieren wird vorzugsweise bei großen Behältern und Lastwagenaufbauten angewandt, um vorgeschliffene Schweißnähte, kleine Unebenheiten und geringfügige Oberflächenverletzungen auf diese Weise zu schlichten, damit sie danach nicht mehr erkennbar sind.

3.1.4 Polieren

Aluminiumhalbzeuge und -produkte, bei denen ein großes Reflexionsvermögen und hoher Glanz gewünscht werden, erfordern das Polieren der Oberfläche. Dieses Verfahren wird meist in zwei Schritten vollzogen, dem Vorpolieren oder Schwabbeln und dem Fertigpolieren oder dem Hochglanzpolieren. Kleine Massenartikel, die sich von Hand nur umständlich und kostenaufwendig behandeln lassen, werden in Trommeln oder Rollfässern automatisch poliert. Der Name Trommelpolieren für dieses Verfahren leitet sich von dem benutzten Gerät ab.

Das Polieren auf Hochglanz setzt glatte bzw. feingeschliffene und gereinigte Oberflächen voraus, wenn das Resultat der Behandlung gut sein soll.

Die Reinigung und Entfettung kann für diesen Zweck mit Alkoholen und Alkanen erfolgen, oder mit speziellen, für Aluminium geeigneten wäßrigen Reinigungs- und Entfettungslösungen im Spritzverfahren oder in Bädern, wobei die Reinigungswirkung in Bädern durch Anwendung von Ultraschallschwingungen verstärkt werden kann. Zur Metallreinigung dürfen leichtflüchtige Halogenkohlenwasserstoffe aus Gründen des Immissionsschutzes (2. BlmSchV) und des Schutzes vor gefährlichen Stoffen (GefStoffV) nur noch unter strengen Auflagen mit engen Grenzen hinsichtlich der Anlagen und ihres Betriebes verwendet werden. Nach dem derzeitigen Stand der gesetzlichen Regelung darf die Oberflächenbehandlung, d.h. die Reinigung und Entfettung von Aluminiumteilen, nur in geschlossenen Gehäusen von Anlagen mit Gasrückführung erfolgen, bei denen sichergestellt sein muß, daß die leichtflüchtigen, zugelassenen und stabilisierten Chlorkohlenwasserstoffe, nämlich

- Perchlorethylen (Tetrachlorethen, Tetrachlorethylen)
- Tri (Trichlorethen, Trichlorethylen)
- Methylenchlorid (Dichlormethan)

bei Entnahme des Behandlungsgutes aus dem Reinigungsprozeß den Wert von 1 mg/m^3 im Entnahmebereich nicht überschreiten und daß die Emissionen an diesen Stoffen im unverdünnten Abgas hinter dem Abscheider den Wert von 20 mg/m^3 bezogen auf das Abgasvolumen nicht übertreffen.

Glatte Oberflächen als Voraussetzung der Polierbarkeit erfüllen normalerweise Profile, Rohre und Bleche aus Aluminium-Knetwerkstoffen von vornherein, wenn keine Oberflächenverletzungen vorliegen. Bei Kokillen- und Vakuumdruckgußteilen sowie bei Schmiedeteilen genügt meist ein Feinschleifen als Vorbehandlung für das Polieren.

Zur Beurteilung, welche Oberflächenbehandlung zur Erzielung einer guten Glättung und eines optimalen Glanzes technisch notwendig und kostenmäßig vertretbar ist, bedarf es in Einzelfällen der Versuche, um eine ausgewogene Lösung zwischen Aufwand und Ergebnis zu finden.
Zum Schwabbeln werden Polierscheiben und Polierringe aus Nessel, Baumwolle, Wolle oder anderen gleichartigen Stoffen angewandt, wobei sich die Größe und Form nach den zu bearbeitenden Flächen richtet. Beim Polieren von Reinaluminium und der Legierung AlMn als relativ weichen Werkstoffen ist die Benutzung von weichen Scheiben oder Ringen vorteilhaft. Das Poliermittel - u.a. fertig zubereitete Polierdispersionen und Polierpasten sowie wäßrige Aufschlämmungen von

Talk (hydratisiertes Magnesiumsilicat), Wiener Kalk (Dolomit: Calcium-Magnesium-carbonat), Tonerde (Aluminiumoxid) - wird beim Polieren nach Bedarf wiederholt auf die Scheiben oder Ringe aufgetragen. Zur Vermeidung von Kratzspuren auf den zu polierenden Flächen sind die Scheiben und Ringe von Zeit zu Zeit von dem anhaftenden Abrieb zu reinigen. In der Anfangsphase des Polierens ist es zum Erreichen eines guten Einebnungseffektes zweckmäßig, kreuz und quer zur Schleifrichtung zu polieren, um die letzten Schleifspuren zu entfernen. Beim Polieren ist eine übermäßige Erwärmung der Werkstücke zu vermeiden, was auch durch zwischenzeitliches Abkühlen der Stücke mit Wasser geschehen kann.

Das Hochglanzpolieren folgt nach dem Vorpolieren oder Schwabbeln, wobei unter sparsamer Anwendung von Poliermitteln feinster Körnung dem Werkstück höchster Glanz verliehen wird. Bei dem Vorgang sind saubere Polierscheiben und Wollbürsten unerläßlich.

Von den Aluminiumwerkstoffen weisen aus der Gruppe der naturharten AlMg-Legierungen AlMg3 sowie G-AlMg3 und G-AlMg5, aus der Gruppe der aushärtbaren AlMgSi-Legierungen AlMgSi0,5 eine ausgzeichnete Polierfähigkeit auf, wobei eine höhere Basisreinheit der Legierung aufgrund der Verringerung intermetallischer Phasen im Gefüge noch den Glanz verbessern kann.

Die Qualität der durch Polieren erzeugten Oberflächenveredlung läßt sich sowohl licht- und elektronenmikroskopisch feststellen als auch fotoelektrisch durch Messung des Glanzes bestimmen. Lichtmikroskopisch wird mit einem Interferenzmikroskop nach dem Lichtschnittverfahren die Mikrorauhigkeit der Oberfläche gemessen oder die Einebnung der Oberfläche mit Hilfe der Differential-Interferenz-Kontrast-Mikroskopie nach Nomarski/Zeiss ermittelt. Feinste Oberflächenstrukturen können noch mit dem Rasterelektronenmikroskop erfaßt und abgebildet werden.

Beim Trommelpolieren wird eine Vielzahl kleiner Aluminiumteile in einer mit Polierflüssigkeit angefüllten rotierenden Trommel oder in einem Rollfaß der Polierwirkung - beispielsweise von rollenden Chromstahlkugeln mit 2 bis 6 mm Durchmesser oder polierten Stiften aus nichtrostendem Stahl - ausgesetzt. Als Polierflüssigkeit werden u.a. fertige, im Handel erhältliche Konzentrate verwendet, die mit entionisiertem Wasser verdünnt werden, oder auch Seifenlösungen benutzt. Zur Erzielung einer optimalen Polierwirkung sollte das Volumenverhältnis von Werkstücken zu Polierkörpern etwa 1 : 2 betragen. Die Drehzahl beim Trommelpolieren wird durch den Bewegungsablauf der Polierkörper in dem Rollfaß bestimmt. Diese dürfen nur rollen, aber nicht springen, um Schlageindrücke in der zu polierenden Oberfläche zu verhindern. Je nach Größe der Trommel oder des Rollfasses liegt die Drehzahl meist zwischen 15 bis 40 Umdrehungen pro Minute. Eine Glanzerhöhung kann durch zwischenzeitliches Trommeln in klarem, heißem Wasser und durch ein nachgeschaltetes Rollen in einer mit Lederstücken gefüllten Trommel erreicht werden.

3.1.5 Strahlen

Strahlen gehört zu den Verfahren der mechanischen Oberflächenbehandlung, die bei der Reinigung, beim Entgraten von Werkstücken, bei der Vorbereitung von Flächen für nachfolgende Veredlungen und bei der Erzielung dekorativer Oberflächen eine günstige Wirkung erbringen und deshalb auch häufig angewandt wer-

den (12). Vor allem bei der Oberflächenbehandlung von Aluminiumgußstücken zur Entfernung der Gußhaut und zur Verbesserung des Aussehens ist das Strahlen zweckmäßig.
Die Arbeitsweise beim Strahlen beruht darauf, daß das Strahlmittel aus körnigen Feststoffen mineralischer oder metallischer Art unterschiedlicher Partikelgröße auf die zu behandelnde Aluminiumoberfläche geschleudert wird. Bei senkrechtem Auftreffen des Strahlmittels tritt überwiegend eine Hämmerwirkung ein, während bei kleinem Strahlwinkel vor allem eine schleifende abtragende Wirkung zu beobachten ist. Die Hämmerwirkung führt zu einer Verfestigung der oberflächennahen Bereiche und erzeugt vor allem Druckspannungen. Die Wirkung des Strahlens läßt sich nicht nur durch das benutzte Verfahren - u.a. durch das Beschleunigen mit Druckluft, durch das Saugkopfstrahlen oder durch das Strahlen mit Fliehkraft - Rotoren - und die aufgewandte kinetische Energie, sondern auch durch die Art und die Beschaffenheit des Strahlmittels beeinflussen. Die Körner des Strahlmittels erfahren im Gebrauch durch die Auftreffenergie Abrundungen der scharfen Kornkanten und ein Zerspringen der Körner, was ihre Strahlwirkung vorwiegend beeinträchtigt. Zudem kann durch den Abrieb von der Aluminiumoberfläche durch das mögliche Strahlen öl- und fettbehafteter Oberflächen, was an sich unzweckmäßig ist, das Strahlmittel verunreinigt werden, was die Weiterverwendung im Hinblick auf die Erzeugung sauberer, öl- und fettfreier, sowie dekorativer Oberflächen einschränkt. Strahlmittel, die bereits zum Strahlen von normalen, mit Rost belegten Stählen benutzt worden sind, dürfen für das Strahlen von Aluminiumteilen aus Gründen der Oberflächenkontamination mit Fremdmetallpartikeln und Rost - aus den gleichen Gründen wie beim Schleifen und Bürsten - nicht verwendet werden.

Als Strahlmittel für das Strahlen von Aluminiumteilen sind u.a. Korn aus nichtrostendem Stahl, Leichtmetall, Elektrokorund, Glasperlen und Schmelzkammerschlacke, wenn sie frei von metallischem Eisen und ungebundenem Eisenoxid ist, möglich. Die Verwendung von Quarzsand ist wegen der damit verbundenen Silikosegefahr durch die Unfallverhütungsvorschrift „Schutz gegen gesundheitsgefährlichen mineralischen Staub“ nur auf begründete Ausnahmefälle beschränkt, wenn berufsgenossenschaftlich oder behördlich anerkannte Arbeitsverfahren oder Geräte verwendet werden.

Beim *Strahlen mit Aluminiumstrahlmitteln* erhält man auf den gestrahlten Gegenständen eine reine, gleichmäßige, leicht glänzende Oberfläche, die vergleichsweise weniger fleckenempfindlich ist als Aluminiumoberflächen, die mit anderen Strahlmitteln behandelt worden sind.

Durch *Strahlen mit Glasperlen* ergibt sich ein nur geringer Metallabtrag. Dieses Verfahren ist besonders geeignet für die Erzeugung dekorativ aussehender Aluminiumoberflächen. Man erhält eine reine, glatte und glänzende Oberfläche, die durch den Aufprall verformt und verdichtet worden ist.

Beim *Druckstrahlläppen* werden in einer wäßrigen Suspension enthaltene Schleifpartikel von feiner Körnung mittels Druckluft gegen den Aluminiumwerkstoff geschleudert, so daß die auftreffenden Schleifpartikel die Oberfläche einebnen können. Als Schleifpartikel können solche aus Siliciumcarbid, Edelkorund mit Körnungen F200 bis F400 oder feiner benutzt werden. Infolge der Verfestigung der Aluminiumoberfläche durch diese Behandlung erhöht sich die Dauerschwingfestigkeit der Teile.

3.1.6 Dessinieren

Unter dem Begriff „Dessinieren“ versteht man das Walzen von Aluminiumbändern mit speziell strukturierten Prägewalzen zur Herstellung von dekorativen Oberflächenmustern als auch von funktionalen Oberflächenstrukturen, wie sie bei extremen Umformprozessen - beispielsweise für Automobilteile - erforderlich sind. Anders als bei vorher genannten mechanischen Oberflächenbehandlungen, die meist von den Herstellern oder bei den Anwendern von Aluminiumprodukten vorgenommen werden, erfolgt diese Dessinierung bereits im Walzwerk.

Dessinierte Bleche finden in der Architektur Anwendung. An „stucco-dessinierten“ Aluminium-Blechen, wie sie für metallblanke Fassaden von Industriegebäuden gebraucht werden, beeinträchtigen leichte mechanische Oberflächenbeschädigungen, die bei der Lagerung auf der Baustelle oder bei der Montage vorkommen können, nicht das Aussehen des Gebäudes, zum anderen ist bei stucco-dessinierten Blechen die Wahrscheinlichkeit des Auftretens von Spaltkorrosion infolge von Kondenswasserbildung auf der Baustelle geringer als bei nichtstrukturierten Blechen mit ihrer glatten Oberfläche.

Die mechanische Oberflächenbehandlung wird häufig nicht allein zur Optimierung der Oberflächenstruktur von Aluminiumbauteilen und Werkstücken angewandt; vielmehr können innerhalb der mechanischen Bearbeitung als auch danach noch chemische und elektrolytische Prozesse notwendig werden, um ein in seiner Gesamtheit vollkommenes und marktgängiges Aluminiumprodukt zu schaffen.

3.2 Chemische Oberflächenbehandlung

Die Verfahren zur chemischen Oberflächenbehandlung unterscheiden sich hinsichtlich ihres Zieles und ihrer Wirkungsweise:

- Reinigen und Entfetten ohne merkliche Veränderung der Oberfläche,
- oberflächenabtragende Behandlung (Beizen, Ätzen, Glänzen u.a.)
- Bildung von Umwandlungsschichten durch chemische Oxidation zum Korrosionsschutz,
- zur Haftvermittlung für organische Beschichtungen (Chromatieren, Phosphatieren), zur Verbesserung des Umformverhaltens, zur elektrischen Isolierung sowie für andere Sonderzwecke.

3.2.1 Reinigen und Entfetten

Vor den eigentlichen Oberflächenbehandlungen wie Beizen, Chromatieren, Anodisieren, Galvanisieren oder Beschichten ist eine gründliche Reinigung der Oberfläche erforderlich. Dabei sind nicht nur Fette, Wachse und Öle von der Oberfläche zu entfernen (zusammengefaßt unter dem Begriff Entfetten), sondern auch andere Verschmutzungen wie Staub, Späne von der Bearbeitung und Pigmente aus Fertigungshilfsstoffen. Reinigung ist demzufolge der umfassendere Begriff und enthält auch das Entfetten.

Die entscheidenden Reaktionen bei der Reinigung finden an der Grenzfläche fest-flüssig als heterogene Reaktionen statt. Es sind dabei physikalische, chemische und physikochemische Vorgänge beteiligt, deren Zusammenwirken die Reinigungswirkung bestimmen. Die physikochemischen Vorgänge werden hauptsächlich durch Tenside bestimmt, während die chemischen Reaktionen vom sog. Buildersystem abhängig sind. Ein typischer Reiniger besteht aus Tensiden und einer Grundzusammensetzung aus anorganischen, ggf. auch organischen Salzen, den Buildern.

Tenside oder Netzmittel sind oberflächenaktive organische Substanzen. Sie entfernen Öle und Fette von der Oberfläche und machen die Oberfläche wasserbenetzbar.

Builder unterstützen die Reinigungswirkung der Tenside durch Erhöhung des Schmutztragevermögens und durch Komplexbildung mit den Wasserhärtebildnern. Die wichtigsten Buildersubstanzen sind Phosphate und Silicate.

Häufig wird Reinigung und Entfettung in einem Arbeitsgang durchgeführt. Geeignete Reinigungs- und Entfettungsmittel sind in Tafel 3.2.1 angeführt. Die Anwendung erfolgt durch Tauchen bei unterschiedlichen Temperaturen, Spritzen oder Wischen. Wegen der häufig eingesetzten Chemikalien sei auf die Sicherheitsmaßnahmen (Pkt. 3.2.6) hingewiesen.

3.2.1.1 Reinigungs- und Entfettungsmittel

Alkalische s i l i k a t h a l t i g e R e i n i g e r greifen trotz des hohen pH-Wertes von >12 Aluminiumwerkstoffe nicht an, da sich eine Aluminiumsilikat-Schutzschicht bildet. Aus diesem Grunde sind silikathaltige Reiniger besonders für die Behandlung von empfindlichen Gußlegierungen geeignet, bei denen ein chemischer Angriff eine Verfärbung der Oberfläche hervorruft. Nachteilig bei diesen Reinigern ist die schwer lösliche Aluminiumsilikatschicht, die sich auf der Metalloberfläche bildet und beim nachfolgenden Beizen zu einem ungleichmäßigen Beizangriff mit fleckiger Oberfläche führt. Sie läßt sich durch eine Behandlung in Salpetersäure oder einem Salpetersäure/Flußsäuregemisch entfernen (s.a. Tafel 3.2.1).

Silikatfreie Reiniger arbeiten bei einem pH-Wert von 9,1 bis 9,8 und enthalten Phosphate, Borate oder Carbonate. Sie bewirken einen leichen Oberflächenabtrag von 3 bis 10 g/m^2 h. Ein gründliches Spülen in fließendem Wasser ist erforderlich. Wenn sich keine Oberflächenbehandlung in wäßrigen Medien anschließt, wird mit warmem, entionisiertem Wasser nachgespült und dann mit Warmluft getrocknet.

A b k o c h e n t f e t t e n (d.h. Reinigen bei 95 bis 100 °C) erfolgt je nach zulässigem Angriff in gepufferten, mehr oder minder alkalischen Lösungen (pH 9 bis 11). Diese Art der Reinigung beseitigt auch Polier- und Schleifmittelreste sowie anderen Schmutz von der Oberfläche und wird auch vor dem Beizen angewandt.

Saure E n t f e t t u n g s b ä d e r eignen sich besonders für die Entfernung von Pigmentverschmutzungen und Polierpasten. Die Entfettung bei gleichzeitiger Entfernung der Oxidschicht erfolgt ohne wesentlichen Angriff auf das Grundmaterial. Basis ist hauptsächlich Phosphorsäure.

Organische Lösungsmittel werden nur noch im begrenzten Umfang für Dampfentfettungsanlagen und geringe Stückzahlen verwendet. Mit Perchlorethylen, Trichlorethylen bzw. Tetrachlorethan entfettete Oberflächen müssen mit sauberem Lösungsmittel nachgespült werden. Es ist zu beachten, daß chlorierte Kohlenwasserstoffe mit Wasser hydrolysieren und HCl bilden. In Dampfentfettungsanlagen ist daher häufig der pH-Wert zu kontrollieren. Auch bei automatischen Reinigungsanlagen wird immer mehr vom Einsatz von Halogenkohlenwasserstoffen abgegangen, wobei der Reinigungseffekt wirtschaftlich durch Kombination von wäßrigen Reinigern mit einer Relativbewegung Medium/Ware (Ultraschall, Fluten, Spritzen) erzielt wird. Der Einsatz von Fluorchlorkohlenwasserstoffen (FCKW) für Reinigungszwecke ist verboten.

E l e k t r o l y t i s c h e s E n t f e t t e n ist bei Al-Werkstoffen von untergeordneter Bedeutung. Es wird angewendet, wenn ein Angriff auf die Oberfläche vermieden werden soll (z.B. bei mechanisch auf Hochglanz polierten Flächen). Das Werkstück wird kathodisch geschaltet. Die Entfettung kann sowohl in alkalischen Lösungen (auf Basis Trinatriumphosphat und Natriumcarbonat) als auch in sauren Lösungen (Schwefelsäure, Essigsäure oder Phosphorsäure) vorgenommen werden.

Tafel 3.2.1 Reinigungs- und Entfettungsmittel für Aluminium

Mittel und Behandlung [1]	Auswirkung	Beispiele
Starke Natronlauge (10 bis 20 % NaOH) mit Zusätzen (Silikate, Tenside), 50-70°C, Nachbehandlung (Dekapieren) in kalter Salpetersäure	Reinigung, Entfettung, sowie Entfettung von Thermischen Oxidschichten und Korrosionsprodukten	SurTec 180 (Spritzreiniger) Alupur P3-almeco 212 RIDOLINE C72
Netzmittelhaltige schwache Natronlauge, meist mit Carbonaten, Phosphaten, Silikaten u. a.	Reinigung und Entfernung sowohl von Fetten und Ölen als auch von anorganischen Festkörperpartikeln sowie leichten Korrosionsflecken unter Mitwirkung von Netzmitteln und Emulgatoren	SurTec 104 Sprayless
Netzmittelhaltige Phosphorsäure mit speziellen Zusätzen, Anwendung kalt und warm	Entfernung von Korrosionsprodukten, Reinigung und Entfettung besonders bei warmer Anwendung wirksam	PRIMALU 410 SurTec 470
Kalte Salpetersäure/Flußsäure (15 bis 35 % HNO_3, 1 bis 5 % HF)	Beizangriff geringer als bei starker NaOH, aber gleichmäßiger 10 % HNO_3 zur Nachbehandlung von Schweißnähten Spülen in vollentsalztem Wasser	
Organische Lösungsmittel (Einsatz nur im geringen Umfang)	Entfernen von mineralischen, pflanzlichen und tierischen Ölen und Fetten, fast keine Wirkung gegenüber anorganischen Festkörpern (Ablagerungen). Diese werden lediglich beim Wischprozeß entfernt. Bei Heißentfettungsanlagen Reinigung durch das kondensierte ablaufende Lösungsmittel	Perchlorethylen Spezialbenzine Benzolhomologe Verdünnungen

[1]) Umweltgesetzgebung und Gesundheitsschutz beachten!

3.2.1.2 Behälterwerkstoffe

Für alkalische Bäder sind ungeschützte Behälter aus un- oder niedriglegierten Stählen geeignet, für neutrale und saure Bäder sind Auskleidungen mit Gummi oder mit geeigneten Kunststoffen zu empfehlen (s. 3.2.2.4).

3.2.2 Beizen

Beizen ist ein oberflächenabtragendes Verfahren, das zur Entfernung der Guß- und Walzhaut sowie zur Beseitigung der natürlichen Oxidschicht oder von Korrosionsprodukten auf Aluminium dient. Hierbei werden auch auf der Oberfläche vorhandene Fett- und Ölrückstände entfernt. Größere Mengen an Fett- oder Ölrückständen müssen jedoch vor dem Beizen durch eine gesonderte Entfettung beseitigt werden, andernfalls erfolgt ein ungleichmäßiger Beizangriff. Die Oberfläche erhält durch das Beizen ein gleichmäßig mattweißes bzw. leicht seidenglänzendes Aussehen. Die gebeizte Oberfläche ist aktiv und reagiert leicht mit Handschweiß unter Bildung von Fingerprints. Wenn das Aussehen über längere Zeit erhalten werden soll, ist ein Oberflächenschutz erforderlich. Beizlösungen und ihre Anwendung sind in den Tafeln 3.2.2 und 3.2.3 zusammengestellt.
Da üblicherweise nur sehr dünne Schichten annähernd gleichmäßig abgetragen werden, können selbst geringfügige Oberflächenfehler oder -verletzungen durch Beizen nicht ausgeglichen werden. Sie sind nach dem Beizen durch die gleichmäßig mattierende Wirkung aber weniger auffällig. Einebnende Spezialbeizen erzielen ihre Wirkung erst durch den Abtrag dicker Schichten.
Die Wahl der Beizlösung, ob sauer oder alkalisch, richtet sich nach der Zusammensetzung des Werkstoffs sowie nach dem gewünschten Effekt und den vorhandenen Einrichtungen (zulässige Zusammensetzung und Temperatur des Beizmittels, Tafel 3.2.2). Der Beizangriff hängt von der Werkstoffzusammensetzung, von der Art der Beize und von der Beiztemperatur ab. Im allgemeinen verursachen höhere Beiztemperaturen eine größere Oberflächenaufrauhung. Daher müssen Serienteile, die nach dem Beizen gleichartig aussehen sollen, unter völlig gleichen Bedingungen, vor allem bei gleicher Temperatur gebeizt werden. Dies gilt auch für solche Teile, die anschließend mit Klarlack beschichtet oder anodisch oxidiert werden und ein gleichartiges Aussehen haben sollen. Für besondere Oberflächeneffekte werden Spezialbeizen (Matt- und Glanzbeizen, s. Tafel 3.2.3) verwendet.

Tafel 3.2.2 Handelsübliche Matt- und Glänzbeizen für Al-Werkstoffe

Nr.	Beizmittel	Zusammensetzung, Konzentration [1])	Arbeitstemperatur °C	Beizdauer min	Anwendung, erzielte Oberfläche, besondere Bemerkungen [2])
a) alkalische Beizlösungen		(nach dem Beizen in kaltem, fließendem Wasser gründlich spülen, dann in Salpetersäure (15 - 20 % HNO_3) neutralisieren, wieder in kaltem, fließendem Wasser spülen, in Warmluft trocknen)			
1	Natronlauge	5 - 10 % NaOH	50 - 70	1 bis max. 2	gebräuchlichstes Beizmittel für Aluminium, obere Temperatur nicht überschreiten
2	Natriumcarbonat	10 % Na_2CO_3 allein oder mit max. 3 % NaCl	50 - 80	5 bis 15	gleichmäßig matte, weiße, aber griffempfindliche Oberfläche für Skalen, Zifferblätter u. a. unter Glas oder Klarlack
3	Mischlauge	5 % NaOH 4 % NaF	90	2 bis 5	ergibt hohes Rückstrahlungsvermögen für Licht-, Wärme- und ultraviolette Strahlen Arbeits- und Gesundheitsschutz beachten
b) saure Beizlösungen		(nach dem Beizen mit kaltem, fließendem Wasser gründlich spülen und in Warmluft trocknen [3])			
4	Schwefelsäure	3 bis 5 % H_2SO_4	80	2 bis 10	schöne Mattierung, greift langsam, aber ungleichmäßig an
5	Salpetersäure	3 % HNO_3	80	2 bis 10	nur für Reinaluminium und für Legierungen, deren Bestandteile sich in fester Lösung befinden
6	Salpetersäure/ Flußsäure	4 Teile HNO_3 (54 %) + 1 Teil HF (40 %)	kalt	1	für Reinaluminium im chemischen Apparatebau und für Werkstoffe mit mehr als 0,8 % Si. Arbeits- und Gesundheitsschutz zu beachten
7	Salpetersäure/ Flußsäure	1000 ml HNO_3 (20 %) + 20 ml HF (40 %)	kalt	1	zum Auflockern der Oxidschicht vor dem alkalischen Beizen, weniger gefährdend als 6
8	Salpetersäure/ Flußsäure	4 bis 8 Teile Konz. HNO_3 (65 %) + 1Teil HF (40 %)	kalt	bis 5	mitunter für G-AlSi-Legierungen anstelle HNO_3 zur Nachbehandlung nach dem Beizen in NaOH. Warme Lösung verursacht Gelbstichigkeit
9	Salpetersäure/ Flußsäure	1Teilkonz. HNO_3 (65 %) + 1 Teil gesättigte wäßrige NaF-Lösung oder 1 Teil HF (40 %)	kalt	bis 5	für besonders reine, weiße Oberflächen zur Entfernung von bei der Natronlaugebeizung zurückbleibenden Flecken auf im Salzbad geglühten Teilen. Arbeits- und Gesundheitsschutz beachten
10	Schwefelsäure/ Flußsäure	1 Teil H_2SO_4 (10 %) + 1Teil HF oder NaF (4 %)	20	1 bis 5	Schwache Beizwirkung, vorzugsweise zum Entfernen dicker Oxidschichten
11	Ammoniumbifluorid/ Schwefelsäure	60 g $(NH_4)HF_2$ + 130 g H_2SO_4 auf 1000 ml Wasser	15 bis 25	10 bis 20	für mattweiße Oberflächen

[1]) Konzentration in Masse-%, soweit nichts anders angegeben

[2]) Beim Beizen ensteht Wasserstoff. Keine offenen Flammen!

[3]) säurehaltige, außer flußsäurehaltige Beizen werden in Glas- oder Steingutgefäßen oder Kunststoff- bzw. Kunststoff ausgekleideten Behältern aufbewahrt und verarbeitet. Für flußsäure- oder fluoridhaltige Beizen dienen paraffinierte Hartgummigefäße, ferner Behälter mit geeigneter Kunststoffauskleidung.

Tafel 3.2.3 Handelsübliche Matt- und Glänzbeizen für Al-Werkstoffe

Produkt Hersteller	Ansatz	Spritz(S)- oder Tauch (T)-anwendung	Arbeits-temperatur °C	Behand-lungs-dauer	Bemerkungen
Satybrite 2 [1])	gebrauchsfertig	T T	70 - 110	10 s - 4 min	saure Glanzbeize ohne HNO_3 zum Beizen und leichten Glänzen (temperaturabhängig)
Rostapol Al [1])	gebrauchsfertig	T	60 - 80	3 - 10 min 10 - 30 A/dm^2	saures chromsäurefreies elektrolytisches Glänzbad für Rein-Al bzw. Legierungen mit niedrigem Cu- und Si-Gehalt
Aluminiumbeize K[1])	50-100 g/l dazuTensidsysteme RAPIDOL 238 K oder Rapidol SA-F	T	50-80	5-10 min	Reinigung und Vorbehandlung vor anodischer Oxidation, Erzielung von E6-Effekten (s.Pkt. 3.3.3.2)
Aluminiumbeize F[1])	20-30 g/l dazu Tensidsysteme RAPIDOL UF RAPIDOL SA-F oder RAPIDOL 238 K	T	50-80	2-5 min	Für Reinigung, Desoxidation und Vorbehandlung vor der anodischer Oxidation. Alkalisch (pH 11,5)
BLACID Al[1])	100-200 g/l (+H_2SO_4)	T	20-30	0,5-5 min	Aufheller, HNO_3-frei
ALUDEX[1])	100-150 ml/l	T	20-35	1-5 min	salpetersäure-und fluoridhaltiges Desoxidationsmittel zur Entfernung von Oxidschichten (z.B. nach dem Schweißen) und zur Aufhellung
P3-almeco 51 [2])	T:50 g/l S:30-50 g/l	T,S	< 60	5-20 min	alkalische Mattbeize mit Steinverhinderung, Vorreinigung erforderlich
P3-almeco 57 [2])	T:50-80 g/l S:10-30 g/l	T,S	< 60	5-20 min	alkalische Mattbeize mit Steinverhinderung, kann auch zur Reinigung verwendet werden
P3-almeco 67 [2])	20-30 g/l +50-60 g/l NaOH	T	< 60	5-20 min	konzentrierte Mattbeize mit Steinverhinderung, Anwendung in Verbindung mit NaOH
VR 6220-11 [2])	30-60 g/l + 30-60 g/l NaOH	T	< 60	5-15 min	konzentrierte Mattbeize mit Steinverhinderung, Anwendung in Kombination mit NaOH, entwickelt während des Beizens NH_3
P3 almeco 41-2 [2])	15-20 g/l + 50-70 g/l NaOH	T	< 60	5-20 min	Langzeitbeize (einsetzbar bis 140 g/l Al), verhindert Kornätzung, Glänzwirkung
P3 almeco 46 [2])	15-20 g/l + 50-70 g/l NaOH	T	<60	5-20 min	Langzeitbeize (einsetzbar bis 140 g/l Al, verhindert Kornätzung
SurTec 180 [3])	1-5%	T,S	40-80	0,5-5 min	pulverförmige alkalische Beize, auch als Spritzreiniger einsetzbar, mit Phosphaten und Carbonaten
SurTec 181 [3])	3-10%	T	40-90		flüssige stark alkalische Beize, phosphat- und silikatfrei, ohne Steinbildung

Tafel 3.2.3 Handelsübliche Matt- und Glänzbeizen für Al-Werkstoffe (Fortsetzung)

Produkt Hersteller	Ansatz	Spritz(S)- oderTauch (T)-anwen-	Arbeits-temperatur °C	Behand-lungs-dauer	Bemerkungen
SurTec 405 [3])	5-10%	T	50-70		alkalische Beize, phospat- und silikatfrei
SurTec 407 [3])	5-10%	T,S	50-70		stark alkalischer Reiniger und Beize mit großer Löslichkeit, auch zur elektroytischen Entfettung oder Entlackung
SurTec 470 [3])	T:5-20% S:1-10%	T,S	40-80		phosphorsaures Beizmittel, auch manuell einsetzbar
Nabuclean ST/105 [4]) + Naburex STI/106	3% NC + 0,2%NR	T,S	50-70		Beizentfettungskombination, Abtrag gezielt einstellbar, Entfernung von Oxidschichten
Nabudur STI/159 [4])	5-20 %	T,S	15-30		Saurer Reiniger mit Oberflächenaktivierung, schwacher Beizangriff mit gleichzeitiger Aufhellung
Naburex LKI/95 [4])	2-10 %	T,S	50-60		Alkalisches Beizmittel mit krustenreduzierenden Zusätzen, gleichmäßiger Angriff
Nabudur STI/160 [4])	1-5 %	T,S	20-30		Saures Beizmittel mit aktivierender Wirkung, vorzugsweise als Vorbereitung für eine nachfolgende Chromatierung
Naburex LKI/125 [4])	100 %	T	90-105		Chemisches Glänzbad, fluorid-chromat-und nitratfrei, Erzeugung einer satinglänzenden Oberfläche
Naburex LK/128 [4])	100 %	T	65-80		Elektrolytisches Glänzbad, Erzeugung von hochglänzenden Oberflächen
Aluspray [5])	2-3 %	S	40-70	1-5 min	pulverförmiger silikatfreier Reiniger mit leichter Beizwirkung, Vorbehandlung vor dem Chromatieren oder Anodisieren
4596 NF [5])	1,5-3 %	T,S	60-75	2 min	pulverförmiger silikatfreier Reiniger mit stärkerer Beizwirkung
Chem Etch A-1/ Aluminetch B-1 [5])	3/0,25 %	T	50-60	5-15 min	Zweikomponenten-Beizreiniger, Beizabtrag gezielt einstellbar
Albrite Lite [5])	15-20 %	T	20-30	10-15 min	saure Beize für Reinigung und Aufhellung
Aluminetch Nr.2 [5])	3,5-5,5 %	T	40-80	1-5 min	pulverförmige alkalische Beize mit Reinigungseffekt

Zur genauen Information können von den Herstellern Produktinformationsblätter mit Hinweisen zur Anwendung, Entsorgung und zum Gesundheitsschutz angefordert werden.

[1]) Blasberg Oberflächentechnik GmbH, 42699 Solingen

[2]) Henkel KGaA Metallchemie, 40191 Düsseldorf

[3]) SurTec Oberflächentechnik GmbH, 65468 Trebur

[4]) NABU-Oberflächentechnik GmbH, 92501 Nabburg

[5]) TURCO-Chemie GmbH, 22087 Hamburg

Beim Beizen erzeugen Laugen flache bis halbkugelige glatte Vertiefungen, Flußsäure und Mischsäuren kleine runde Vertiefungen. Salzsäure ist für Beizzwecke nicht geeignet, sie erzeugt stark verästelte lochfraßähnliche Angriffe. Die durch das Beizen mit Laugen oder Säuren entstehenden Oberflächenaufrauhungen können die mechanischen Eigenschaften des Werkstoffs beeinflussen. Mechanisch hoch- und besonders wechselbelastete Bauteile sollten nach Möglichkeit nicht gebeizt werden. Bei Teilen, von denen eine höhere Maßgenauigkeit verlangt wird, muß die Materialabtragung berücksichtigt werden. Je nach Typ der Beize liegt der Materialabtrag bei den üblichen Arbeitstemperaturen von 45 bis 70 °C zwischen 400 und 1400 g/m^{2}h (100 g/m^{2}h ≙ 37 µm).

Einwandfreie Oberflächen können nur bei richtiger Zusammensetzung der Beizmittel erhalten werden. Verbrauchte oder verunreinigte Beizen sind dafür ungeeignet. Eine regelmäßige Kontrolle (Analyse) der Badzusammensetzung ist dafür unerläßlich.

3.2.2.1 Alkalische Beizlösungen

Die gebräuchlichste Beize ist eine Lösung von 120 bis 200 g/l NaOH in Wasser bei einer Arbeitstemperatur von 50 bis 70 °C. Die Beizdauer kann je nach Oberflächenzustand 1 bis 2 Minuten betragen. Unmittelbar nach dieser Behandlung wird in kaltem, fließendem Wasser gründlich gespült und dann in einer 15 bis 20 %igen Salpetersäure neutralisiert.

Der bei kupferhaltigen Aluminiumlegierungen beim Beizen in Natronlauge entstehende schwarze Belag wird in der Salpetersäure aufgelöst. Nach der Salpetersäurebehandlung wird gründlich, ggf. in warmem vollentsalztem Wasser gespült und mit Warmluft getrocknet. Bei zu langsamer Trocknung ist mit Fleckenbildung zu rechnen. Kompliziert geformte Teile sollen einige Minuten in der Salpetersäurelösung bleiben, damit auch an schwer zugänglichen Stellen eine Neutralisierung stattfinden kann.

Natronlauge eignet sich für alle Werkstoffe mit Ausnahme von Legierungen mit einem Siliciumgehalt über 0,8 %. Diese weisen nach dem Beizen in Natronlauge einen grauen Belag auf, der auch bei einer Nachbehandlung in Salpetersäure nicht verschwindet. Dieser dunkelgraue Belag kann aber durch Nachbeizen in einem Salpetersäure-Flußsäuregemisch entfernt werden (s. Tafel 3.2.2, Nr. 8 und 9). Die Beizwirkung der Natronlauge ist u.a. abhängig vom Gehalt an als Aluminat gelöstem Aluminium. Die Natronlauge muß daher in regelmäßigen Abständen analysiert, ergänzt bzw. erneuert werden. Der Grenzwert des Al-Gehaltes liegt bei Langzeitbeizen bei etwa 140 g/l (s. Tafel 3.2.3). Auch die zum Neutralisieren benutzte Salpetersäurelösung muß analytisch überwacht und besonders nach einer Anreicherung mit Kupfer durch das Beizen kupferhaltiger Legierungen ausgetauscht werden (Gefahr der Zementation von Kupfer auf Aluminium). In Tafel 3.2.2 sind unter Nr. 2 und 3 weitere alkalische Beizlösungen für Sonderzwecke angegeben. Ebenso enthält die Tafel 3.2.3 einige alkalische Spezialbeizen. Zur Erhöhung der Beizgeschwindigkeit werden meist erhöhte Temperaturen (40 bis 80 °C) angewendet.

Hinweis: Durch alkalisches Beizen werden Magnesiumoxide, die sich bei einer Wärmebehandlung durch Diffusion von Magnesium an die Oberfläche bilden können, nicht sicher entfernt. Ein zusätzliches saures Beizen ist zweckmäßig.

3.2.2.2 Saure Beizlösungen

Die sauren Beizen haben den Nachteil, daß sich nach Einbringen der Aluminiumwerkstücke zum Teil saure Sprühnebel (Aerosole) bilden. In einigen Fällen bevorzugt man aber das Beizen in Säuregemischen. In Tafel 3.2.2 ist unter Nr. 6 eine konzentrierte Mischsäure aus Salpetersäure und Flußsäure aufgeführt. Sie wird zum Beizen von Aluminiumteilen für die chemische Industrie sowie von Werkstücken mit einem Si-Gehalt über 0,8 % mit Vorteil benutzt. Die Mischsäuren arbeiten bei Raumtemperatur, die Behandlungsdauer ist sehr kurz. Wegen der hohen Säurekonzentration (speziell Flußsäure) ist bei der Arbeit die strikte Einhaltung der Arbeitsanweisungen notwendig. Bei größeren Hohlteilen wird daher eine für die Bedienung weniger gefährliche Verdünnung gewählt (Nr. 7 in Tafel 3.2.2). Eine Variante mit schwächerer Wirkung, die eine feinere Steuerung des Beizeffektes ermöglicht, ist eine unter Nr. 10 der Tafel 3.2.2 genannte Mischung von Schwefelsäure mit Flußsäure oder einem Salz der Flußsäure. Wenn mattweiße Oberflächen gewünscht werden, ist das Beizen mit Lösungen auf der Basis von Ammoniumbifluorid besonders günstig. Die zu mattierenden Teile werden in Natronlauge vorbehandelt und nach dem Spülen in Wasser in der Ammoniumbifluorid-Schwefelsäurelösung (Nr. 11 in Tafel 3.2.2) gebeizt. In jedem Fall ist anschließend mit fließendem Wasser gut zu spülen und mit Warmluft zu trocknen.

3.2.2.3 Spezialbeizen

Neben üblichen Beizen sind in Tafel 3.2.3 eine Reihe von Spezialbeizen aufgeführt, mit denen sich bestimmte Oberflächeneffekte erzielen lassen. Diese Beizen sind überwiegend alkalisch, z.T. auch sauer und enthalten Inhibitoren, Stabilisatoren, Emulgatoren, Tenside usw., wodurch die Wirkung und die Standzeit der Beize günstig beeinflußt werden. Die bei Verwendung von Natronlauge im Laufe der Zeit auftretende Verkrustung der Heizschlangen bzw. Behälterwände durch den sog. Aluminatstein tritt bei entsprechenden Beizzusätzen nicht auf (s. unter Bemerkungen in Tafel 3.2.3). Die beim Beizen in Natronlauge auftretende Grübchenbildung auf der Aluminiumoberfläche ist bei entsprechend zusammengesetzten Beizen weniger zu beobachten. Auch diese Beizlösungen müssen überwacht werden, wenn die Konzentration der Bestandteile in bestimmten Grenzen gehalten werden soll.
Zur Anwendung und zum Gesundheitsschutz werden von den Herstellern der Spezialbeizen Informationsblätter herausgegeben, die beachtet werden sollten.

3.2.2.4 Behälterwerkstoffe[1])

Für das Beizen mit Laugen werden zweckmäßig Behälter aus un- und niedriglegiertem Stahl, für saure Beizen und die Salpetersäure-Nachbehandlung Kunststoffbehälter oder mit Kunststoff (PVC, Polyethylen oder Polypropylen) ausgekleidete Stahlbehälter verwendet. Für Salpetersäure-Flußsäuregemische können nur Kunststoff- oder mit Kunststoff ausgekleidete Behälter verwendet werden.

[1]) s.a. Tafel 3.2.2., Fußnote [3])

3.2.3 Ätzen

Beim Ätzen wird auf chemischem oder elektrochemischen Weg die Oberfläche des Werkstücks durch Abtragen ganz oder teilweise verändert. Das Ätzen dient in der Metallkunde zu Gefügeuntersuchungen (Makro- und Mikroätzung), hier werden z.T. auch elektrochemische Laborverfahren angewendet. Das chemische Ätzen wird technisch als Oberflächenbearbeitung zur Erzeugung dekorativer Effekte, für Tiefenätzungen bis zum chemischen Fräsen eingesetzt. Elektrochemische Ätzverfahren werden speziell zur Erzeugung hochaufgerauhter Al-Folie für Elektrolytkondensatoren verwendet. Je nach Art des Werkstoffs und der gewünschten Wirkung werden Ätzmittel auf Basis von Säuren oder Laugen verwendet. In den meisten Fällen handelt es sich um saure Lösungen, in denen Salze und manchmal organische Stoffe gelöst sind.

Die Zusammensetzung des Ätzmittels richtet sich nach dem Abdeckmittel zum teilweisen Ätzen der Oberfläche, der gewünschten Abtragsgeschwindigkeit, der Ätzkapazität und ist darüber hinaus eine Frage der Wirtschaftlichkeit und, immer mehr an Bedeutung gewinnend, der Abwasserprobleme. Die Ätzgeschwindigkeit ist vom Werkstoff sowie der Zusammensetzung, Temperatur und Einwirkungsdauer der Ätzlösung abhängig. Beim elektrochemischen Ätzen wird der Werkstoff anodisch aufgelöst, so daß mit weniger aggressiven Lösungen gearbeitet werden kann.

Als Abdeckmittel werden Stoffe verwendet, die auf dem Aluminium gut haften, es nicht angreifen, vom Ätzmittel nicht aufgelöst oder verändert werden, das Herausarbeiten des Ätzmusters gestatten und sich nach dem Ätzen leicht entfernen lassen. Es werden feste und in Lösungsmittel gelöste Abdeckmittel verwendet. Erstgenannte werden bei Temperaturen über dem Schmelzpunkt aufgebracht, während die gelösten durch Tauchen, Spritzen, Siebdruck oder Pinseln aufgebracht werden können. Ihre Härtung erfogt durch Verdampfen des Lösungsmittels, durch Wärme- oder UV-Strahlen. Im allgemeinen haften feste Abdeckmittel besser. Als feste Abdeckmittel dienen Harze, Kolophonium, Wachse, Asphalt, Schellack oder pechartige Stoffe. Als flüssige Abdeckmittel kommen Asphalt oder Lacke, in den üblichen Lösungsmitteln gelöst, in Betracht.

3.2.3.1 Dekorative Anwendung

Vor dem Ätzen wird die Oberfläche erforderlichenfalls mit geeignetem Entfettungsmittel (s. 3.2.1.1) zum Entfernen von Fettfilmen behandelt, um damit eine gleichmäßige Einwirkung des Ätzmittels zu gewährleisten. In den meisten Fällen wird der zu ätzende Gegenstand in die Ätzlösung getaucht, wobei die nicht zu ätzenden Stellen zuvor abgedeckt sein müssen. Als Behälter werden mit Kunststoff ausgekleidete Stahlwannen verwendet. Geeignete Ätzlösungen sind in Tafel 3.2.4 angeführt.

Nach kurzem Ätzen wird mit fließendem Wasser gespült. Der bei kupferhaltigen Legierungen entstehende schwarze Belag wird durch Eintauchen in verdünnte Salpetersäure und anschließendes Spülen in Wasser wie beim Beizen beseitigt (s. 3.2.2.1). Zuweilen ist eine mehrfache Wiederholung der Ätzbehandlung erforderlich.

Zu diesem Zweck kann die Ätzlösung auch mit Hilfe eines Wattebausches (Tampon) oder Pinsels immer wieder auf die zu ätzende Stelle aufgetragen werden, bis der gewünschte Ätzeffekt erreicht ist. Geätzte Oberflächen für dekorative Zwecke sind nach dem Trocknen zweckmäßig mit einem farblosen Lack zu schützen.

Tafel 3.2.4 Zusammensetzung einiger Ätzlösungen für dekorative Zwecke

Verwendung	Zusammensetzung
für Reinaluminium	30 Teile konz. HCl 4 Teile konz. HF 66 Teile dest. Wasser
für Legierungen und Reinaluminium	50 Teile konz. HCl 50 Teile konz. HNO_3 3 bis 25 Teile konz. HF 0 bis 100 Teile dest. Wasser
allgemein anwendbar	7 Teile Eisen(III)chlorid 5 Teile konz. HCl 1 Teil $KClO_3$ in dest. Wasser

3.2.3.2 Technische Anwendungen

Tiefätzen

Das Tiefätzen wird industriell zum Beschriften von Schildern und zur Herstellung von Zeichnungen auf Aluminium angewendet, ferner bei der Fertigung von kompliziert geformten Flugzeugteilen. Wenn es das mechanische Fräsen ersetzt, wird es auch als „Chem-mill"-Verfahren (Chemical milling) bezeichnet. In bestimmten Fällen ist es wirtschaftlicher als Spanen. Tiefätzen kann für Halbzeug, wie Bleche, Strangpreßprofile, Schmiedestücke, in bestimmten Formen auch für Gußstücke mit komplizierten Bearbeitungsflächen, angewendet werden. Beim Tiefätzen erfolgt örtlich ein gezieltes gleichmäßiges Auflösen des Aluminiums nach einem vorgegebenen Muster durch die Einwirkung eines flüssigen Ätzmittels. Die zum Tiefätzen verwendete Lösung muß auf den Werkstoff abgestimmt werden. Die Angriffsgeschwindigkeit der Ätzlösung hängt von der Zusammensetzung und der Temperatur der Lösung sowie von der Beschaffenheit des zu bearbeitenden Werkstückes ab. Einen völlig gleichmäßigen Abtrag erzielt man nur bei homogenen Werkstoffen. Die Abtragungsgeschwindigkeit beträgt bei Aluminium im allgemeinen 0,012 bis 0,05 mm/min, die Rauhtiefe der tiefgeätzten Oberfläche etwa 3 bis 15 µm. Das Dauerfestigkeitsverhalten von tiefgeätzten Bauteilen ist gleich oder besser als das entsprechender Bauteile nach spanender Bearbeitung.

Das Verfahren dient zum Beschriften und Bebildern von Schildern, Zifferblättern, Plaketten, Ziergegenständen u.dergl. Das zu ätzende Werkstück wird nach gründlicher Entfettung mit einem Abdeckmittel überzogen (Maskieren). An den zu ätzenden Stellen wird das Abdeckmittel entfernt. In vielen Fällen geschieht das mit Hilfe einer Schablone. Anschließend läßt man die Ätzlösung einwirken. Die Ätzmittel enthalten in erster Linie Metallsalzlösungen, besonders Eisen(III)chlorid und Kupfersulfat mit Salzsäurezusatz. Zur Beschleunigung des Vorganges werden weitere oxidierende Stoffe wie Chlorate zugesetzt. Gebräuchliche Ätzlösungen zum Tiefätzen sind in Tafel 3.2.5 zusammengestellt. Das Tiefätzen kann sowohl maschinell als auch manuell ausgeführt werden. Aus dünnen Bändern können auch durchgeätzte (konturgeätzte) filigranähnliche Teile hergestellt werden.

Tafel 3.2.5 Ätzlösungen zum Tiefätzen von Schildern und Zeichnungen

Zusammensetzung und Konzentration	Bemerkungen
2 Raumteile 10%ige Eisen(III)chloridlösung 2 Raumteile 10%ige Kupfer(III)chloridlösung 1 Raumteil konz. Salzsäure oder konz. Salpetersäure 2 bis 6 Raumteile Ethanol (denaturiert)	Nach v.Zeerleder Mit steigendem Alkoholzusatz nimmt die Ätzgeschwindigkeit ab
100 ml 10%ige Kupfersulfatlösung 10 bis 20 ml konz. Salzsäure dazu kleine Menge Glycerin, Gummiarabicum oder Gelantine	Spuren von abgeschiedenem Kupfer sind durch Salpetersäure (1:1) zu entfernen
5 bis 300 g Eisen(III)chlorid[1]) 5 bis 100 ml konz. Salzsäure 1000 ml Wasser (etwas Gummiarabicum)	Innerhalb dieser weitgefaßten Konzentrationsbereiche liegen die preiswerten Ätzlösungen der technischen Anwendung[2])
100 g Eisen(III)chlorid[1]) 100 ml Wasser 30 bis 60 ml konz. Salzsäure 10 g Kaliumchlorat	besonders zum Bildätzen geeignet. Ätzdauer 5 bis 10 min
100 g Eisen(III)chlorid[1]) 200 g 90%iger Alkohol 1 g Oxalsäure	nach Schubert

[1]) Anstelle des festen Eisen(III)chlorides können handelsübliche Eisenchloridslösungen von 28 bis 40 % $FeCl_3$(30 bis 40°Be) verwendet werden

[2]) Die Lösungen mittlerer Konzentration dienen auch zur Vorbehandlung für galvanische Überzüge

Ätzen von Druckplatten

Ebene zu ätzende Flächen werden mit Druckfarbe bedruckt, die durch Aufschmelzen von aufgepudertem Wachsasphaltpulver vor dem Ätzen verstärkt wird. Die Schrift bleibt nach dem Ätzen erhaben stehen.

Ätzen von Fotos

Für die Fotoätzung auf ebenen Flächen wird die Vorlage photografisch (ggf. vergrößert oder verkleinert) auf ein Glasnegativ übertragen. Die Aluminiumoberfläche überzieht man mit einem lichtempfindlichen Lack. Nach dem Trocknen legt man das Negativ direkt darauf und belichtet etwa 20 bis 30 s. Die Entwicklung erfolgt durch Aufstreichen von dünnem Öl oder Toluol. Terpentinöl oder Benzin sind ungeeignet, da durch sie auch die unbelichteten Stellen freigelegt werden. Nach Abwischen des Öles wird geätzt, die Zeichnung bleibt erhaben stehen.

Chemisches Fräsen („Chem-mill"-Verfahren)
Das Tiefätzen unter der Bezeichnung „Chem-mill" hat besondere Bedeutung beim Bau von Flugzeug- und Raketenteilen in Integralbauweise, deren Herstellung durch spanende Bearbeitung umständlich und teuer ist. Hierdurch lassen sich z.B. Platten mit Verstärkungsrippen aus dicken Blechen, Blechformteilen oder Strangpreßprofilen herausarbeiten.
Als Ätzmittel werden Mischungen folgender wäßriger Lösungen verwendet:

- Kaliumhydroxid KOH
- Natriumfluorid NaF
- Natriumchlorid NaCl

Ein erprobtes und wirtschaftliches Ätzmittel ist 15%ige Natronlauge bei einer Temperatur von 80 bis 85 °C. Durch bestimmte Zusätze verhindert man allzu heftige Reaktionen, rauhe Oberflächen und ungleichmäßigen Abtrag.
Das chemische Fräsen besteht aus vier Arbeitsgängen:

- Entfetten
- Maskieren
- Chemisches Abtragen
- Nachbehandeln

Nach sorgfältigem Entfetten des zu behandelnden Teils wird mit einer Beize die natürliche Oxidschicht abgelöst, dann wird die ätzbeständige Lacklösung so aufgespritzt, daß das zu behandelnde Teil vollständig beschichtet ist. Es wird meist zweimal gespritzt, um Poren und Fehlstellen in der Beschichtung mit Sicherheit auszuschließen. Die Schichtdicke beträgt etwa 30 µm. Das Aufbringen der Beschichtung kann auch durch Tauchen oder Streichen erfolgen. Nach dem Aushärten wird die Beschichtung an den zu ätzenden Stellen entfernt. Das Ausschneiden erfolgt unter Verwendung von Schablonen mit beheizten Schnittwerkzeugen, wodurch die Schnittkanten besser abgedichtet werden. Anschließend wird geätzt und nach Erreichen der gewünschten Ätztiefe gründlich mit Wasser gespült, im Salpetersäurebad neutralisiert und nochmals gespült. Nach dem Trocknen wird die Beschichtung entfernt. Die Schnittkanten der Beschichtung müssen um das Maß der beabsichtigten Ätztiefe überstehen, um die Unterätzung zu berücksichtigen (Bild 3.2.1). Im Bild 3.2.2 ist der Arbeitsablauf nach Aufbringen der Kunststoffschicht schematisch dargestellt.

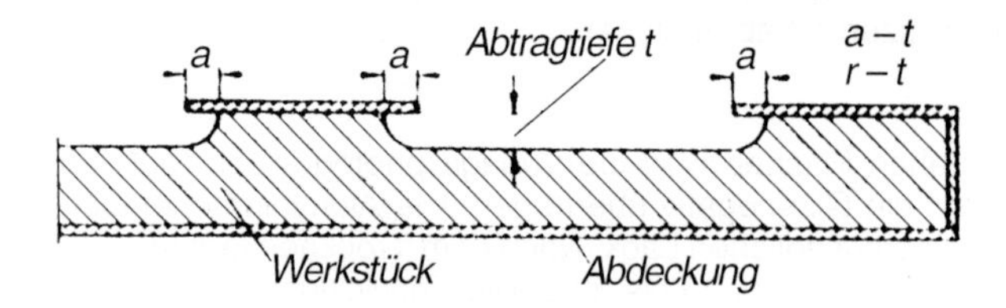

Bild 3.2.1 Bemaßung der Kanten an Anreißschablonen
a/t = Ätzfaktor, im Idealfall = 1

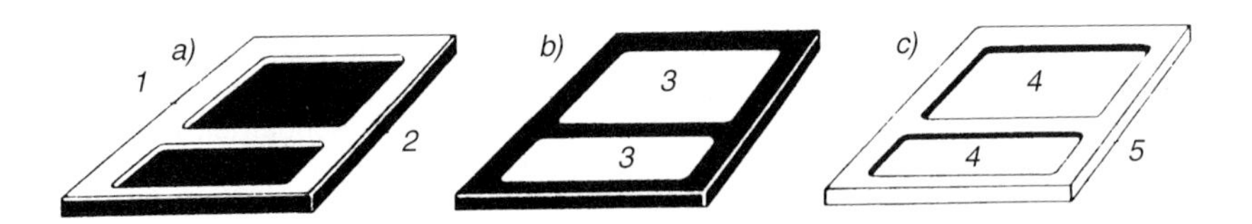

Bild 3.2.2 Schema des Maskierens und des chemischen Fräsens eines ebenen Aluminiumbauteils
a) Auflegen der Anrißschablone auf die Blechplatte mit Kunststoffschicht
b) Maskiertes Bauteil mit abgezogenen Teilflächen
c) Aussehen des Bauteils nach dem chemischen Fräsen
1: Schablone; 2: maskiertes Bauteil; 3: freigelegte Flächen; 4: Vertiefungen nach dem chemischen Fräsen; 5: Fertigteil

Stufenweises chemisches Fräsen

Das stufenweise chemische Fräsen wird dann angewendet, wenn Flächenkonturen mit unterschiedlicher Abtragstiefe herzustellen sind. Zunächst wird nur die Stelle der Oberfläche freigelegt, an der die größte Abtragstiefe erreicht werden soll und daher am längsten geätzt werden muß. Nach Erreichen der ersten Ätzstufe wird das Werkstück aus dem Ätzbad genommen und getrocknet. Dann wird der weiter erforderliche Teil der Oberfläche freigelegt und bis zum Erreichen der zweiten Ätzstufe geätzt. Der Vorgang wird so oft wiederholt, bis alle gewünschten Konturen abgetragen sind und die endgültige Form erreicht ist. Bild 3.2.3 zeigt schematisch den Arbeitsablauf beim mehrstufigen chemischen Fräsen.

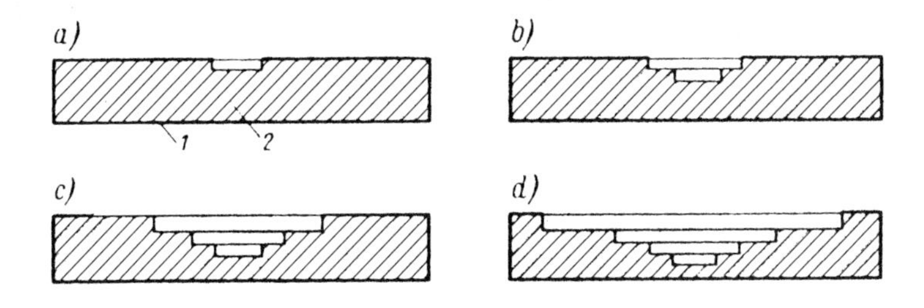

Bild 3.2.3 Beispiel eines mehrstufigen chemischen Fräsens
a) Anreißen und Ätzen der ersten Teilstufe
b) Anriß der zweiten Stufe und zweite Ätzstufe
c) Neuer Anriß der Maske für die dritte Stufe und Ätzen der dritten Vertiefung
d) Anriß und Fertigätzung der letzten Stufe
1: Kunststoffmaske; 2: Werkstück

Elektrochemisches Ätzen von Aluminiumfolie für Elektrolytkondensatoren

Für den Einsatz von Aluminiumfolie in Elektrolytkondensatoren ist eine starke Vergrößerung der wahren Oberfläche unter Beibehaltung notwendiger mechanischer Eigenschaften notwendig. Die Aufrauhung wurde bis etwa 1950 durch Ätzen in Salzsäure erreicht, jedoch waren die erzielten Oberflächenvergrößerungen gering. Ab 1950 wird fast ausschließlich das elektrochemische Ätzen unter Anwendung des Durchlaufverfahrens angewendet. Die zu ätzende Folie wird dabei durch Wanderbäder transportiert und anodisch geschaltet. Die Besonderheit der anodischen Auflösung von Aluminium in starken Chloridlösungen (10 bis 100 g/l Cl^-) besteht in einer streng kristallographisch bestimmten Auflösungsrichtung. Für rekristallisierend geglühtes Aluminium mit Würfeltextur entstehen bei Temperaturen >70 °C sog. Ätztunnel in <100>-Richtung, während sich unterhalb dieser Temperatur kubische Ätzfiguren bilden. Die anodische Auflösung beginnt in den ersten Sekundenbruchteilen mit der Bildung von nahezu kubischen Angriffsstellen. Von dort aus setzt sich der weitere Angriff in <100>-Richtung senkrecht zur Oberfläche fort, wobei angenommen wird, daß die anderen Würfelflächen passiv sind. Nach einer Einwirkungszeit von ca. 1 min erreichen die Tunnel bei einem Durchmesser von 1 bis 2,5 µm eine Tiefe von 50 bis 80 µm bei einer Tunneldichte von 10^6 bis 10^7 cm^{-2}. Durch Variation von Ätzstromdichte, Elektrolytzusammensetzung, Temperatur und Wärmebehandlung der Aluminiumfolie kann der Tunnelverlauf und der Tunneldurchmesser verändert werden, so daß die Ätzmorphologie dem späteren Einsatzzweck (Hochvolt- bzw. Niedervoltanodenfolie) angepaßt werden kann. Oberflächenvergrößerungen auf das 200-fache sind durchaus möglich. Besondere Ätzstrukturen werden durch das Ätzen mit Wechselstrom (Mittelleiterverfahren) erhalten.

3.2.4 Umwandlungsschichten

Umwandlungsschichten (Konversionsschichten) werden durch chemische Oxidation auf Aluminiumwerkstoffen zu folgenden Zwecken erzeugt:

- Erhöhung der Korrosionsbeständigkeit bei geringer korrosiver Belastung
- Erhöhung der Haftfestigkeit von Beschichtungsstoffen mit gleichzeitiger korrosionsinhibierender Wirkung.

  Durch geeignete chemische Reaktionen wird der Grundwerkstoff in die Schichtbildung mit einbezogen, so daß eine ausgezeichnete Haftung entsteht. Folgende Verfahren werden technisch angewendet :
- Chromatieren als Gelbchromatierung, Grünchromatierung oder Transparentchromatierung,
- Phosphatieren vorzugsweise als Niedrigzinkphosphatierung,
- chromatfreie Konversionsverfahren auf Basis komplexer Ti- oder Zr-Verbindungen.

Die gebildeten Schichten können in weiten Grenzen variiert werden - von amorphen, besonders korrosionsbeständigen Gelbchromatierschichten bis zu kristallinen, die Lackhaftung und Umformeigenschaften verbessernden Phosphatschichten.

Vorbedingung für gleichmäßige Umwandlungsschichten ist die vorherige Entfernung der Oxidschicht durch Entfetten und Beizen. Die Behandlungsbäder enthalten zur Entfernung von Restoxiden und zur Komplexbildung Flußsäure oder Fluoride, sog. Beschleuniger. So arbeiten die modernen Chromatierverfahren im sauren Bereich und sind den selten angewendeten alkalischen Verfahren in Hinblick auf Standzeit der Bäder, Gleichmäßigkeit der erzeugten Schichten und Wirtschaftlichkeit überlegen.

Die Chromatierung ist derzeit für Aluminium das dominierende und auch einzig genormte chemische Vorbehandlungsverfahren zur Erzeugung von Umwandlungsschichten (DIN 50939). Weltweit bestehen Bestrebungen, das Verfahren abzulösen. Die toxischen Eigenschaften von Chromaten und Chromsäure (Cr(VI)-Verbindungen) sind unbestritten, besonders in Form von Stäuben und Aerosolen. Hinzu kommen die strenger werdenden gesetzlichen Auflagen und die Notwendigkeit, Chromhydroxidschlämme aus der Abwasserbehandlung als Sondermüll auf Deponien zu entsorgen. Mögliche Wege der Verfahrensentwicklung sind:

- chromatfreie Vorbehandlung
- verlustfreie Kreislaufprozesse (no rinse, Bandchromatierung u.a.)

Die Behandlung kann durch Sprühen, Tauchen, Streichen oder im Walzenauftragsverfahren (Rollcoat) erfolgen (s. Tafel 3.2.6) Angestrebt wird eine Technologie ohne Spülen (no rinse).

Bekannte Verfahren sind:

- Bonder-Verfahren (Chemetall GmbH Frankfurt)
- Alodine-Verfahren (Henkel KGaA Düsseldorf)

Tafel 3.2.6 Verfahren zur Erzeugung von Umwandlungsschichten und ihre Anwendungsgebiete

Verfahren	Schichtaufbau	flächenbezogene Masse, g m^{-2}	Auftragstechnik	Anwendungsgebiet
Gelbchromatierung	Oxidhydrate von Cr(VI), Cr(III) und Al	0,2 bis 5	Spritzen,Tauchen Streichen Walzenauftrag	Architekur (Fassaden, Türen, Rahmen, Cil-coating-Material)
Grünchromatierung	Cr(III)phosphate, Oxihydrate von Cr(III) und Al	0,2 bis 5	Spritzen, Tauchen Streichen Walzenauftrag	Verpackungsindustrie, v.a. für Lebensmittel (Dosen, Fässer, Kannen)
Farbloschromatierung	Oxidhydrate von Cr(VI) Cr(III) und Al	<0,2	Spritzen, Tauchen	Al-Erzeugnisse vor dem farblosen Lakieren, z.B. Felgen
Phosphatieren (Basis Zink)	Phosphate von Zink und Aluminium	1,5 bis 10	Spritzen, Tauchen	Automobilkarosserien, auch in Mischbauweise; Verbesserung der Unformeigenschaften und des Gleiteffektes, z.B. bei Kolben, Dosen
chromatfreie Behandlung auf Basis von Ti- oder Zr-Verbindungen	Oxilfluoride von Zr bzw. Fluotitanate bzw. Zirkonate, Oxihydrate des Al, organische Polymere	0,1 bis 0,5	Spritzen, Tauchen	Innenarchitakturbereich
No-rinse Gelbchromatierung	Cr(VI)-und Cr(III)-Verbindungen in organischer oder anorganischer Matrix	0,1 bis 1	Walzenauftrag ohne Spüloperationen	Bandanlagen, Architektur
No-rinse Grünchromatierung	Phoshate von Cr(III) Mn(II) oder Zr in anorganischer Matrix	0,2 bis 1	Walzenauftrag ohne Spüloperationen	Bandanlagen, Lebensmittelverpackung

3.2.4.1 Chromatieren

Nach DIN 50939 (Ausg. 09/96) versteht man unter Chromatieren das Herstellen eines hauptsächlich aus Chromverbindungen bestehenden Überzuges auf der Aluminiumoberfläche. Dieser Überzug entsteht durch Behandeln mit Chromsalzen enthaltenden sauren wäßrigen Lösungen. Während der Chromanteil (Cr(VI) und/oder Cr(III)) stets aus der Behandlungslösung geliefert wird, können weitere Bestandteile aus der Behandlungslösung und aus dem Grundwerkstoff stammen. Die Chromatierverfahren werden nach der Farbe der entstehenden Schicht benannt (s. Tafel 3.2.6). Die Gelb-, Grün- und Transparentchromatierung unterscheiden sich in der Zusammensetzung der Lösungen, der Schichtzusammensetzung und der Schichtdicke.

Gelbchromatierung

Gelbchromatierschichten werden in Lösungen erzeugt, die Chrom(VI)-Ionen, eine Mineralsäure (in der Regel Salpetersäure), freie oder komplexe Fluoride und einen Beschleuniger enthalten.
Die Art der Fluoride ist unterschiedlich. Vor allem werden freie und komplexe Fluoride des Bors, Siliciums und des Zirconiums verwendet.
Der erste Schritt der Schichtbildung ist ein Beizangriff auf die Aluminiumoberfläche, wobei naszierender Wasserstoff entsteht. Durch diesen Wasserstoff wird sechswertiges Chrom zu dreiwertigem reduziert:

$$2\ H_2CrO_4 + 4\ H^+ + 6\ H \rightarrow Cr^{3+} + Cr(OH)_3 + 5\ H_2O$$

Aluminium- und Chrom(III)-Ionen bilden dann mit dem Wasser schwerlösliche Oxidhydrate, die fest auf der Aluminiumoberfläche aufwachsen. Neben den Chrom- und Aluminiumoxidhydraten werden auch Cr(VI)-verbindungen und der Beschleuniger in die Schicht eingebaut. Bei Beschädigung der Schicht sollen die Cr(VI)-Verbindungen eine ausheilende Wirkung auf die Schicht haben.

$$H_2CrO_4 + Cr(OH)_3 \rightarrow Cr(OH)_3 \cdot CrO_3 \cdot H_2O$$
$$2\ Al^{3+} + 6\ H_2O \rightarrow 2\ Al(OH)_3 + 6\ H^+$$

Chromatierschichten weisen eine typische Schollenstruktur auf, wobei die Risse zwischen den Schollen nicht bis zum Grundmetall reichen. Diese resultiert aus einer Dehydratisierung während des Trocknungsvorganges. Es bildet sich zunächst auf der Aluminiumoberfläche eine Sperrschicht mit einer Dicke von ca. 30 nm, auf der dann die weitere Chromatschicht aufwächst (s. Bild 3.2.4)

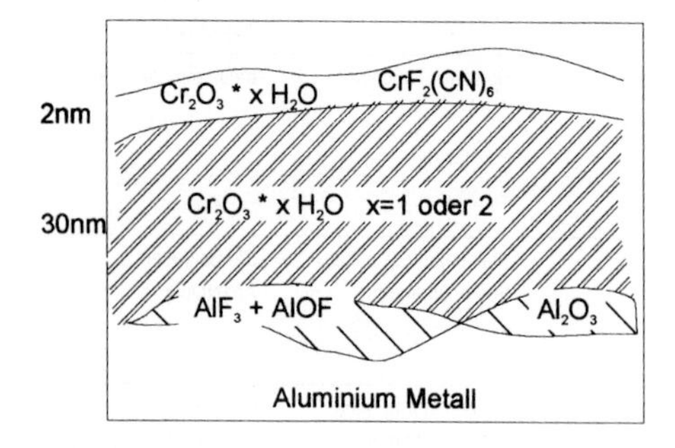

Bild 3.2.4 Schematischer Aufbau einer Chromatierschicht (nach Treverton und Davis)

Als Beschleuniger sind V-, W- und Mo-Verbindungen sowie Kaliumhexacyanoferrat ($K_3Fe(CN)_6$) bekannt. Sie steigern die Effizienz der Schichtausbildung, haben aber, obwohl sie in die Schicht eingebaut werden, keinen Einfluß auf die Korrosionsschutzwirkung.
Je nach Schichtdicke besitzen Gelbchromatierschichten ein hellgelb bis goldbraun irisierendes Aussehen, das auf den Einbau von Cr(VI)-Verbindungen zurückzuführen ist. Das Schichtgewicht liegt zwischen 0,1 und 1 g m^{-2}, was einer Schichtdicke von 0,05 bis 0,4 µm entspricht. Aufgrund des in der Schicht enthaltenen Cr(VI) weisen Gelbchromatierungen selbst im nicht beschichteten Zustand eine ausgezeichnete Korrosionsschutzwirkung in neutralen Medien und in der Atmosphäre auf. Die Schichten beeinträchtigen die Schweißbarkeit nicht. Die Korrosionsschutzwirkung der Schicht nimmt, abhängig von der Legierungszusammensetzung, schon ab 80 - 100 °C ab. Die haftverbessernden Eigenschaften gegenüber Beschichtungen bleiben bis zu höheren Temperaturen (ca 200 °C) erhalten. Gelbchromatierungen werden überwiegend als Vorbehandlung im Bauwesen und in der Flugzeugindustrie eingesetzt. Wegen der Cr(VI)-Verbindungen dürfen diese Schichten nicht mit Nahrungs- und Genußmitteln in Verbindung kommen.
Chromatierbäder sind empfindlich gegen eine Reihe chemischer Substanzen wie Aluminium, Zink, Nitrat und Sulfat, für die anlagenspezifische Höchstwerte von 0,5 bis 1 g/l gelten. Hauptstörsubstanz in Gelbchromatierungsbädern ist Cr(III), das bei der Reduktion des Chromats nicht nur in der Schicht, sondern auch in Lösung gebildet wird. Da die Chromatreduktion eine Gleichgewichtsreaktion ist, wirkt ein steigender Gehalt an freien Cr(III)-Ionen bremsend auf diese Reaktion. Die Arbeitsfähigkeit von Gelbchromatierbädern ist daher nur bis zu einem Cr(VI)/Cr(III)-verhältnis von 1:1 gewährleistet.

Grünchromatierung

Grünchromatierlösungen enthalten anstelle von Salpetersäure Phosphorsäure und üblicherweise keine Beschleuniger. Die schwach grünlich irisierenden bis kräftig grünen Schichten enthalten neben Al-Oxidhydraten als Hauptbestandteil grünes Chrom(III)-phosphat. Letzteres wird durch den durch die Beizreaktion hervorgerufenen pH-Wert-Anstieg unlöslich und fällt auf der Oberfläche aus. Die Schichtgewichte liegen zwischen 0,1 und 5 g m^{-2}. Grünchromatierschichten enthalten, obwohl im Bad Chrom(VI) vorhanden ist, keine toxischen Cr(VI)-Verbindungen. Die Grünchromatierung wird daher auch im Verpackungsbereich für Lebensmittel verwendet. Die Korrosionsschutzwirkung im nicht beschichteten Zustand ist deutlich geringer als die von Gelbchromatierschichten. Im lackierten Zustand verhalten sich beide Schichtsysteme nahezu gleichwertig. Die Temperaturbeständigkeit der Grünchromatierschichten ist wesentlich besser, sie reicht bis 670 °C, d.h. über den Schmelzpunkt des Grundwerkstoffes hinaus. Neben in der Verpackungsindustrie werden Grünchromatierschichten in der Haushaltgeräteindustrie und zunehmend auch im Bauwesen eingesetzt.
Der Grünchromatierprozeß ist wesentlich unkomplizierter als die Gelbchromatierung und bildet den Übergang vom Chromatieren zum Phosphatieren. Grünchromatierungen sind gegenüber Fremdsubstanzen wesentlich unempfindlicher als Gelbchromatierungen. In Grünchromatierungsbädern ist ein maximales Cr(VI)/Cr(III)-Verhältnis von 1:2 zulässig.

Transparentchromatierung

Die Transparent- oder Farbloschromatierung wird überall dort eingesetzt, wo der metallische Charakter der Oberfläche erhalten bleiben soll. Das Schichtgewicht überschreitet nicht 0,2 g m^{-2}. Die Schichten weisen nur einen mäßigen Korrosionsschutz und eine Temperaturbeständigkeit bis 70 °C auf. Haupteinsatzgebiet ist die Elektroindustrie. Bäder für die Farbloschromatierung sind auf Basis Cr(VI) aufgebaut und enthalten aktivierende Fluoride.

Alkalisches Chromatieren

In alkalischen Lösungen werden mit Hilfe von Chromaten graugefärbte Schichten von Aluminiumoxidhydraten mit eingebauten Chromverbindungen erzeugt. Die Dicke beträgt 1 bis 3 µm. Die Verfahren sind unter den Bezeichnungen MBV-Verfahren (Modifiziertes Bauer-Vogel-Verfahren), EW-Verfahren (Erftwerk-Verfahren), Alrok- und Pylumin-Verfahren bekannt geworden. Im Gegensatz zu den sauren Chromatierverfahren haben sie nur noch historische Bedeutung.

3.2.4.2 Phosphatieren

Zinkphosphatierung

Durch eine saure Lösung von Monozinkphosphat, Phosphorsäure und Fluoriden werden auf Aluminiumoberflächen Schichten von 1 bis 5 µm (8 g m^{-2}) abgeschieden. Sie bestehen im wesentlichen aus Hopeit $Zn_3(PO_4)_2 \cdot 4\ H_2O$, sind bis 450 °C temperaturbeständig und ungiftig. Die Schichten sind matt hellgrau, bei hochsiliciumhaltigen Legierungen dunkel- bis schwarzgrau. Die in Lösung gehenden Aluminiumionen werden durch den Fluoridzusatz komplex gebunden, da sie sich ungünstig auf die Schichtbildung auswirken. Phosphate sind Haftgrund für organische Beschichungen und erleichtern das Umformen. Bis 2 µm stören die Phosphatschichten beim Schweißen nicht.

Eine Zinkphosphatierung ist aus verfahrenstechnischen Gründen, nicht aus Gründen der Schichtqualität, nur dann zu empfehlen, wenn gleichzeitig Stahl oder verzinkter Stahl mitbehandelt werden. Andererseits gibt die Zinkphosphatierung die Möglichkeit, Mischkonstruktionen von Aluminium und Stahl gemeinsam im Tauch- oder Spritzverfahren vorzubehandeln.

Niedrigzinkphosphatierung

Für die Karosserie-Vorbehandlung sowohl in Mischkonstruktion als auch von Ganzaluminium- neben Stahlkarosserien bietet sich die zukunftsträchtige fluoridaktivierte Niedrigzinkphosphatierung an.

Wegen ihrer besonderen Qualität als Lackhaftgrund haben manganmodifizierte Niedrigzinkverfahren besondere Bedeutung gewonnen. Zur weiteren Optimierung der Konversionsschichtbildung enthalten die Phosphatierlösungen in der Regel Nickel als drittes schichtbildendes Kation. Man nennt diesen Verfahrenstyp daher auch Tri-Kation-Phosphatierung. Die Bäder enthalten neben Phosphat die schichtbildenden Metallkationen Zink, Nickel und Mangan sowie komplexe oder freie Fluoride. Als Beschleuniger wird noch vorwiegend Nitrit eingesetzt. Als Alternativen zu Nitrit werden Wasserstoffperoxid und Hydroxylaminderivate erprobt. Ebenso werden wegen des Abwassergrenzwertes von $< 0,5$ mg/l nickelfreie Trikationphosphatierungen gesucht. Ein Ersatz von Nickel ist durch Spuren von Kupfer oder durch Eisen(II)- bzw. die vorhandenen Mangan-Ionen möglich. Nickelfreie Phosphatierverfahren ohne Nitrit werden inzwischen für die gemeinsame Vorbehandlung von Aluminium, Zink und Stahl eingesetzt. Hinsichtlich der Unterwanderungsbeständigkeit bei den Beschichtungssystemen mit Elektrotauchlack sind diese Phosphatschichten gleich oder besser als nickelhaltige Schichten.

3.2.4.3 Chromatfreie Konversionsschichten

Die heute bekannten chromfreien Vorbehandlungsverfahren unter Bildung von Umwandlungsschichten können entsprechend ihrem Wirkmechanismus in vier chemische Systeme zusammengefaßt werden:

M i s c h o x i d e auf Basis von anorganischen Verbindungen, die mit der oxidierten Aluminiumoberfläche Mischoxide bilden. Hierzu gehören hexavalente Titan- und Zirkoniumverbindungen.

R e d o x s y s t e m e mit mehreren Oxidationsstufen des Zentralatoms wie Cer, Mangan und Cobalt. Sie oxidieren die Oberfläche und bilden mit Aluminiumionen schwerlösliche Verbindungen. Bei diesem System ist ein Selbstheilungsprozeß vorhanden. Cerate ergaben bei der Filiformbeständigkeit der Legierung AA 6016 vergleichbare Ergebnisse mit Chromatierung und Fluorozirkonatbehandlung.

O r g a n i s c h e P o l y m e r e, die adsorbiert werden und Komplexe bilden, die aktive Zentren blockieren. Monomolekulare organische Haftvermittelungsschichten (Self Assembling Layers) können aus wäßriger Lösung durch Spritzen oder Tauchen aufgebracht werden. Eine neue Vorbehandlungsmöglichkeit ist die Anwendung von Polyanilin, einem intrinsisch elektronenleitenden Polymer. Es ist thermisch und chemisch stabil und besitzt gute Korrosionsschutzeigenschaften gegenüber Aluminium und Eisen.

A n o r g a n i s c h e F i l m b i l d n e r, meist aus Oxoanionen (Molybdat, Vandat, Silicat) bestehend. Sie bilden dichte Schichten aus schwerlöslichen Aluminiumsalzen.

Die Bildung einer chromfreien Umwandlungsschicht auf Basis von Mischoxiden erfolgt nach Beizen, Komplexierung der Aluminiumionen durch Fluorid und anschließender Fällung von Titan oder Zirkonium als Phosphat oder Oxid. Wegen der Phosphatbildung werden diese Verfahren häufig der Phosphatierung zugerechnet.
Da alle ablaufenden Reaktionen pH-abhängig sind, muß der pH-Wert des Behandlungsbades in einem sehr engen Bereich konstant gehalten werden. Die Umwandlungsschichten bestehen je nach Badzusammensetzung, aus Al-/Ti- bzw. Al-/Zr-Verbindungen und ggf. organischen Polymeren wie Polyacrylate oder Tannine (s. Bild 3.2.5).

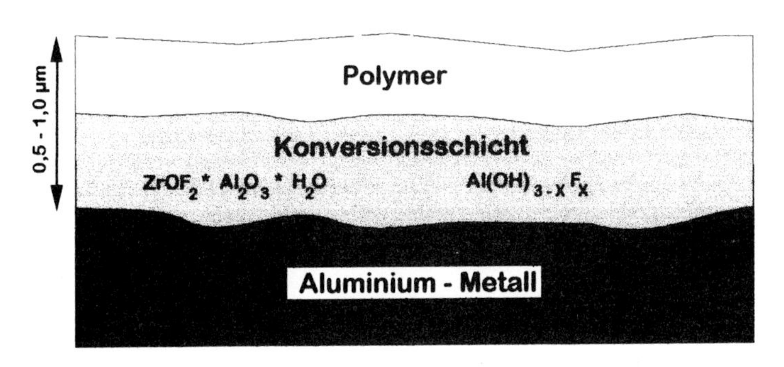

Bild 3.2.5 Schematischer Aufbau einer chromfreien Konversionsschicht (nach Seidel)

Die Schichten sind matt und farblos. Die Schichtgewichte liegen bei 0,1 bis 0,5 g m^{-2}. Im beschichteten Zustand werden ähnliche Korrosionsschutzwerte erreicht wie mit der Chromatierung. Die korrosionsschützende Wirkung im nicht beschichteten Zustand ist der von chromhaltigen Schichten unterlegen.
Die sorgfältige Durchführung des Spülganges vor dem Konversionsbad ist bei diesem Verfahren besonders wichtig, da jede Verunreinigung des Bades durch Einschleppen ausgeschlossen werden muß. Die Verunreinigungen können sowohl eine Koagulation der organischen Polymere als auch eine Ausfällung der Ti- bzw. Zr-Verbindungen bewirken und so die Effektivität des Bades vermindern. Die Verfahren können in gängigen Chromatieranlagen durchgeführt werden.
Chromfreie Behandlungsverfahren erlangen zunehmende Bedeutung und werden im Bereich der Innenarchitektur, im Fahrzeugbau und ähnlichen Gebieten angewendet. In der Außenarchitekturanwendung befinden sie sich noch in der Erprobung.

Zu den chromfreien Oberflächenvorbehandlungsverfahren ist auch das Anodisieren zu rechnen, wenn gegenüber den Standardverfahren (s. 3.3) eine nur wenige µm dicke Oxidschicht mit veränderten Badparametern (höhere Temperatur und höhere Stromdichte) erzeugt wird. Im unverdichteten Zustand gibt sie einen guten Haftgrund für organische Beschichtungen ab.

3.2.4.4 Rahmentechnologie für das Chromatieren und Phosphatieren

Chromatier- und Phosphatierschichten werden vorwiegend im Tauch- und Spritzverfahren aufgebracht. Das Gelb- und Grünchromatieren von Aluminiumbändern in Coil-coating-Anlagen erfolgt integriert durch Walzauftrag mit Chemcoater (Reverse-Roll-Coater) oder durch Sprühen (Spraycoating). Weitere Applikationen sind die Benetzung des Bandes mit dem Behandlungsmedium durch Tauchen oder Sprühen mit nachfolgendem Abquetschen bzw. Egalisieren des Flüssigkeitsfilmes durch Walzen oder Luftdüsen.
In Ausnahmefällen kann auch von Hand mittels Pinsel aufgetragen werden. Die Qualität der Schicht ist jedoch geringer als die durch Tauchen oder Spritzen erzeugten.
Eine Möglichkeit, die immer strenger werdenden Auflagen für Abluft und Abwasser zu erfüllen, ist der Einsatz von völlig abwasserfrei arbeitenden „No-Rinse“-Verfahren. Als No-Rinse-Verfahren werden diejenigen bezeichnet, mit denen auf einer vorher konventionell gereinigten Metalloberfläche Schutzschichten aufgebracht werden, die keine weiteren Spül- oder Nachspüloperationen mehr benötigen.
Die Rahmentechnologie für Chromatieren und Phosphatieren umfaßt

- Reinigen (Entfetten)
- Spülen
- Beizen
- Aktivieren
- Aufbringen der Umwandlungsschicht (Chromatieren, Phosphatieren, chromatfreie Schichten)
- Spülen, Passivieren
- Trocknen

Die Verfahrensschritte hängen von der Legierungszusammensetzung ab. Das Verfahren ist daher legierungsspezifisch auszuwählen.

Reinigen (Entfetten) der Aluminiumoberflächen von Öl und Fett ist normalerweise erforderlich. Darüber hinaus ist die Oberfläche mit einer Oxidschicht bedeckt, die sich durch thermische Prozesse (Pressen, Glühen, auch Gießen) verstärkt oder auch verändert hat (Anreicherungen von MgO). Aufgabe der Vorbehandlung ist eine einheitliche, oxidfreie Oberfläche.

Neutrale und schwach alkalische Reiniger werden dann eingesetzt, wenn eine Beizwirkung vermieden oder eine genaue Maßhaltigkeit gewährleistet sein muß. Stark alkalische Reiniger sind erforderlich, wenn stabile Oxidschichten mit kurzer Behandlungszeit entfernt werden sollen, wie z.B. beim Coil-coating-Verfahren.

Beizen wird überwiegend in Natronlauge-Lösungen durchgeführt. Diese sind preiswert und enthalten überwiegend Zusätze zur Vermeidung der Steinbildung (s. 3.2.2.1). Auftretende Niederschläge werden in HNO_3 (25 %) für Cu-haltige Legierungen bzw. in HF(15 %)/HNO_3(40 %) für Si-haltige Legierungen entfernt. Auch für andere Legierungen empfielt sich ein Dekapieren in 2 bis 10 %iger HNO_3.

Si-arme Legierungen (<5 %) können bei mäßiger Oxidbelegung in HF/H_3PO_4, bei starken Oxidschichten und höherem Si-Gehalt in HF/HNO_3 gebeizt werden.

Spülen erfolgt mit Kalt- oder Warmwasser zur Entfernung des Reinigungs- oder Beizmittels und verhindert das Verschleppen dieser Medien in das Chromatier- oder Phosphatierbad.

Aktivieren bzw. eine zusätzliche aktivierende Vorspülung ist notwendig, um beim Phosphatieren feinkristalline Schichten zu erhalten. Vor der Chromatierung haben sich besonders schwefel- und salpetersaure Lösungen als Aktivatoren bewährt.

Spülen nach dem Chromatieren ist zur Entfernung des anhaftenden Überschusses an Chromatierungs- oder Phosphatierungsmittel erforderlich. Das Spülen erfolgt kalt oder warm mit vollentsalztem Wasser, bei Chromatierungen nicht über 60 °C. Eine Ausnahme bilden die No-rinse-Verfahren.

Passivieren der Chromatier- oder Phosphatierschichten erfolgt mit stark verdünnten (0,01 bis 0,3 %) chromsäure- bzw. chromphosphorsäurehaltigen Lösungen durch Tauchen oder Spritzen.

Trocknen mit warmer Luft erfolgt anschließend an die Naßbehandlung. Dabei sollen bei der Transparent- und Gelbchromatierung Temperaturen von 60 °C, bei der Grünchromatierung von 80 bis 90 °C nicht überschritten werden. Bei Überschreiten der Temperaturen entstehen pulvrige oder abwischbare Schichten.

Anlagen zum Chromatieren unterscheiden sich nur geringfügig von denen zum Phosphatieren. Wegen der hohen Aggressivität der Lösungen müssen Behälter, Armaturen und Behandlungsbäder aus korrosionsbeständigen Werkstoffen bestehen oder mit ihnen beschichtet sein. Empfohlen: hochlegierter nichrostender CrNiMo-Stahl wie 1.4571, 1.4439 oder Kunststoffe wie PVC.

Zur Vermeidung oder Verminderung von Abwasser sind entsprechende Technologien anzuwenden (No-rinse; Kaskadenspülung). Durch eine geeignete Abwasserbehandlung sind die Abwassergrenzwerte einzuhalten. Chromat kann reduziert und durch Kalkmilch gefällt werden. Problematisch ist die Entfernung von $Fe(CN)_6^{2-}$, das in einigen Gelbchromatierbädern als Beschleuniger verwendet wird.

Eine Auswahl kommerzieller Verfahren ist in Tafel 3.2.7 zusammengestellt.

Tafel 3.2.7 Kommerzielle Verfahren zur Erzeugung von Umwandlungsschichten (Auswahl)

Produktname	Schichtart	Auftragsart	Badführung Behandlungs zeit	 Bad temperatur	Anwendung	Bemerkung
Bonder Al 720[1])	Gelbchr.	S	5-60 s 0,5-3 min	20-50°C 20-50°C	Architektur	für Bäder oder Bleche, irisierend gelbe Schichten
Bonder Al 723[1])	Gelbchr.	S T Streichen	5-120 s 0,5-5 min 3-10 min	25-50°C 25-50°C 25°C	Allg. Industrie Fahrzeugbau	
NP-Bonder C 4504[1])	Gelbchr.	No-rinse		RT		Aufwalzen, Vorbehandlung vor Coil-coating
Alodine 1200[2]) 1200 S	Gelbchr.	S T	0,33-3 min 0,5-5 min	20-40°C		
Alodine C 6100[2]) 6105	Gelbchr.	S T	1-5 min 1-5 min	20-35°C		
Alodine NR 6012 S[2])	Gelbchr.	No-rinse		20-25°C		Auftrag mit Chemocoaster nicht spülen!
Nabural LKI/97[3])	Gelbchr.	S T		20-45°C		hellgelbe bis messinggelbe Schichten
Liquigold[4])	Gelbchr.	S	0,25-1 min 2-5 min	20-40°C		auch für Zink einsetzbar, auf Al goldgelbe Schicht
Alumigold B[4]) Alumigold-Flüssig	Gelbchr.	S T	0,25-1 min 2-5 min	20-40 min		B:pulverförmig Chromatierung Flüssig: auch für Al-Legierungen
SurTec 655[5]) 656	Gelbchr.	S T Wischen	1-15 min	RT-35°C		655: einteilig, kräftige Farbe 656: zweiteilig, blasse Farbe
Bonder Al701[1]) Al K702	Grünchr.	S T	5-15s 5-30 s	40-60°C	geeignet für Lebensmittel-verpackungen	Vorbehandlung vor Coil-coating
NP-Bonder C 4600[1])	Grünchr.	No-rinse		RT	Lebensmittel-verpackungen, Dosendeckelband	Aufwalzen, farblose bis grüne Schichten
Alodine 401[2]) 45	Grünchr.	S T Manuell Coil coating	1-10 min	30-50°C	geeignet für Lebensmittel-verpackung	
Nabural LKI/87[3])	Grünchr.	S T	20-50°C			irisierend bis grüne Schichten
Alodine 4830[2]) 4831	Cr-frei	S	0,5-3 min	25-40°C	geeignet für Lebensmittel-verpackung	Chromatfreie Zweikomponentenpassivierung wassersparend
NP-Bonder C 4700[1])	Cr-frei	S T	0,5-1 min	20-30°C		Zr-haltig verbessert Lackhaftung
Turco 6787[4])	Cr-frei	S T	2-3 min 5-10 min	RT		
Alodine NR 1453[2])	Cr-frei	No-rinse		15-25°C	Architektur-material Automobilbau	USA: Bonderite 1453

Gelbchr.: Gelbchromatierung S: Spritzen Cr-frei: Chromfreie Umwandlungsschicht
Grünchr.: Grünchromatierung T: Tauchen RT = Raumtemperatur
[1]) Chemetall GmbH, Frankfurt/M. [2]) Henkel KGaA Metallchemie, Düsseldorf [3]) NABU Oberflächentechnik GmbH, Stulln
[4]) TURCO-Chemie GmbH, Hamburg [5]) SurTec Oberflächentechnik GmbH, Trebur

3.2.5 Glänzen

Oberflächen mit hohem beständigen Glanz werden bei Aluminium-Glänzwerkstoffen durch chemisches oder elektrolytisches Glänzen mit anschließender anodischer Oxidation (s. 3.3) erzielt. Die Werkstoffoberfläche wird zunächst mechanisch, z.B. durch Polieren oder Hochglanzwalzen geglättet. Besonders beim Polieren entsteht auf der Oberfläche eine durch Poliermittel und Abrieb stark verunreinigte Außenzone, die beim direkt nachfolgendem Anodisieren eine durch Verunreinigungen graugefärbte Oxidschicht ergibt. Durch die Glanzbehandlung in sauren oder alkalischen Bädern mit und ohne Stromeinwirkung findet eine Abtragung des kritischen Oberflächenbereichs und eine Einebnung von Mikrorauhigkeiten statt. Dies führt zu hochglänzenden Oberflächen. Ohne zusätzlichen Schutz durch eine anschließende anodische Oxidation (Schichtdicke 4 bis 7 µm) geht die Glanzwirkung elektrolytisch oder chemisch geglänzter Teile ebenso wie bei mechanisch polierten Gegenständen durch natürliche Oxidation, unzureichende Griffestigkeit oder chemische Einwirkung mehr oder weniger schnell zurück.

Auf Reinstaluminium und dessen Legierungen erfüllen diese glänzenden Oberflächen die höchsten Anforderungen an das Reflexionsvermögen (Reflektoren, Spiegel), dekoratives Aussehen, Glätte und Beständigkeit (Zierleisten, Fahrzeugzubehör, Schmuck). Auch Aluminium geringerer Reinheitsgrade, vor allem Al 99,9, aber auch Al 99,8 sowie bestimmte Knetlegierungen, lassen sich glänzen (Geschirr, Zierleisten, Leuchten, Gebrauchsartikel), wobei der Glanz mit sinkendem Reinheitsgrad und steigender Oxidschichtdicke abnimmt.

3.2.5.1 Glänzwerkstoffe

Um einen möglichst hohen Glanz zu erzielen, ist Aluminium hoher Reinheit erforderlich. Neben dem durch Dreischichtenelektrolyse gewonnenem Reinstaluminium Al 99,99R (im Halbzeug Al 99,98R) sind auch die im normalen Hüttenprozeß erzeugten Qualitäten Al 99,9 und Al 99,85 bei etwas geringeren Anforderungen an den Glänzeffekt geeignet. Wegen ihrer geringen Festigkeit verwendet man allerdings die genannten Aluminiumqualitäten meist nur als Basismaterial für glänzbare Legierungen der Typen Al Mg, Al MgSi und Al ZnMg. Bei Glänzwerkstoffen wird die Mindestreinheit des Basismetalls im Kurzzeichen angegeben, z.B. EN AW-Al 99,98Mg1,EN AW-Al 99,9Mg1, EN AW-Al 99,85Mg1, EN AW-Al 99,85MgSi, EN AW-Al 99,8ZnMg.

Aus Blech geformte Teile oder gezogenes bzw. stranggepreßtes Halbzeug lassen sich besser glänzen als Gußstücke. Grobes Korn wirkt sich im allgemeinen ungünstig aus. Auf Feinkörnigkeit ist auch bei der Verarbeitung und Wärmebehandlung zu achten (s.dort). Bleche und Bänder werden sowohl aus Festigkeits- als auch aus Preisgründen oft lediglich mit Glänzwerkstoffen walzplattiert. Der vorgesehene Bearbeitungsablauf ist bei der Bestellung anzugeben bzw. der Hersteller zu konsultieren.

Ein merklicher Rückgang der Glanzwirkung ist beim Anodisieren von Al99,98R, Al99,9 und daraus hergestellten Legierungen mit Magnesiumzusatz nicht festzustellen. Bei Reinaluminium mit geringerem Reinheitsgrad oder seinen Legierungen tritt ein Glanzabfall mit zunehmender Oxidschichtdicke und zunehmenden Fremdmetallbeimengungen auf.

Die Reflexionswerte werden photometrisch mit dem Reflectometer Mark III oder dem Glanzmeßgerät nach Lange gemessen.

3.2.5.2 Chemisches Glänzen

Durch chemische Behandlung in geeigneten Glänzlösungen (s. Tafel 3.2.8 und 3.2.9) ist es möglich, Aluminium für dekorative und technische Zwecke so zu glätten, daß es eine glänzende Oberfläche erhält. Die bekanntesten Verfahren sind das Erftwerk- und das Alupol-Verfahren. Bei diesen Verfahren beträgt der Materialabtrag je nach Durchführung 10 bis 15 µm.

Tafel 3.2.8 Kommerzielle Verfahren zum chemischen Glänzen von Aluminium (Auswahl)

Verfahren	Badzusammensetzung (Hauptbestandteile)	Badtemperatur °C	Glänzdauer	Bemerkung
Alubril	Phophorsäure	100-130	15-30 s	
Aluflex-Satin	Phosphorsäure	85-120	0,5-5 min	Für satinglänzende Oberflächen. Die Temperatur ist mit steigendem Al-Gehalt des Bades zu erhöhen
Alupol (II bis V)	Phosphor-, Essig-, Schwefel-und Salpetersäure	130	3-6 min	Für Aluminium geringer Reinheit
Batella	Phoshor-,Essig- und Salpetersäure	95	nach Vorschrift	USA-Patent
Erftwerk	Ammoniumbifluorid Salpeter-und Flußsäure	50-70	15-90 s	Für Reinstalaluminium und dessen Legierungen, in modifizierter Form auch für Al 99,9 und einige seiner Legierungen
Fluorbryte	Flußsäure und Zusätze	60 ± 5	15-30 s	Temperatur muß genau eingehalten werden. Abtrag von 30 bis 70 µm
Phosbrite	Phosphorsäure	90-105	0,5-4 min	Hochglänzende, gut reflektierende Oberfläche auf einer Vielzahl von Legierungen. Abtrag ca.1 µm/min
Kynalbrite	Phosphor-,Salpeter- und Schwefelsäure	95-100	15-60 s	
Metalux	Schwefelsäure mit Zusätzen	105-110	0,5-5 min	Für Reinaluminium, Knetwerkstoffe und Druckguß. Abtrag 5 bis 10 µm/min
Alupol I	Ätznatron Natriumnitrat Natriumnitrit	140	2 s-2 min	starke Materialabtragung, auch zur Vorbehandlung für nachfolgendes saures Glänzen

Die chemischen Glänzverfahren sind in ihrer Anwendung einfach und werden daher häufiger angewendet als elektrolytische Glänzverfahren. Sie sind besonders geeignet bei Teilen, die sich mechanisch nicht oder nicht ausreichend polieren lassen.

Grundsätzlich sind folgende Arbeitsgänge erforderlich:

- Entfetten und Reinigen (s. 3.2.1.1)
- leichtes Beizen in alkalischen oder sauren Lösungen (s. 3.2.2)
- Glänzen durch Tauchen in heiße saure oder alkalische Lösungen (2 bis 10 min je nach Oberflächenzustand) (s. Tafeln 3.2.8 und 3.2.9)

- Spülen, ggf. in sauren oder alkalischen Lösungen neutralisieren und danach gründlich spülen
- Anodisieren (s. 3.3)

Bei besonders hohen Ansprüchen ist mechanisches Vorschleifen der Oberfläche notwendig. Spiegelglanz kann nur nach mechanischem Polieren erreicht werden. Je besser die Teile vorher mechanisch geglättet werden, desto kürzer ist die Glänzdauer und umso besser ist die erzielte Oberflächenqualität.
Die beim chemischen Glänzen entstehenden Dämpfe und Abgase müssen durch geeignete Vorrichtungen abgesaugt werden (s. 3.2.6).

Tafel 3.2.9 Glänzbäder auf Basis Phosphor-, Schwefel- und Salpetersäure

ml H_3PO_4 ρ=1,17 g/ml	ml H_2SO_4 ρ=1,84 g/ml	ml HNO_3 ρ=1,50 g/ml	Temperatur °C	Bemerkungen
300	600	70-100	115-120	Geeignet für Al mit
400	500	60-100	100-120	einem Reinheitsgrad
500	400	50-100	95-115	über 99,5 %
700	250	30-80	85-110	Geeignet für Al 99,5
800	100	30-80	85-110	sowie AlZnMg-und
900	50	30-80	85-110	AlCuMg-Legierungen
				< 8 % Zn und <5 % Cu

3.2.5.3 Elektrolytisches Glänzen

Beim anodischen Glänzen wird die Einebnung der Oberfläche durch Gleichstrom in hochviskosen Säuregemischen oder auch in alkalischen Bädern erreicht. Diese Art des Glänzens wird angewendet, wenn besonders hohe Anforderungen an den Glanz gestellt werden. Beim anodischen Glänzen ist eine gute mechanische Vorpolitur erforderlich, da die Oberfläche nur wenig abgetragen wird. Im Bereich von Spitzen und Kanten ist entsprechend der Stromliniendichte die Abtragungsgeschwindigkeit besonders hoch.
Einige anodische Glänzverfahren sind in Tafel 3.2.10 zusammengestellt. Die Elektrolyte bestehen hauptsächlich aus Gemischen von Phosphor-, Schwefel- und Chromsäure oder aus alkalischen Lösungen auf Basis von Trinatriumphosphat und Natronlauge. Im Allgemeinen wird der Glanz durch Legierungselemente weniger beeinträchtigt als beim chemischen Glänzen. Das anodische Glänzen ist auch für das Glänzen von Bändern im Durchlaufverfahren anwendbar.

Folgende Arbeitsschritte sind erforderlich:

- Entfetten (s. 3.2.1.1)
- Beseitigung der Oxidschicht in alkalischen oder sauren Lösungen (s. 3.2.2)
- elektrolytisches Glänzen entsprechend den Verfahrensvorgaben (s. Tafel 3.2.10)

Die Bildung von Streifen (Wasserstoffbahnen) wird durch Bewegung der Teile im Bad verhindert.
Folgende Nachbehandlungen sind erforderlich:
- Ein- bis zweimaliges Spülen in fließendem Wasser,

- Tauchen in Säurelösung zur Ablösung von Deckschichten,
- ein- bis zweimaliges Spülen in fließendem Wasser,
- Anodisieren (s. 3.3). Teile, die nicht sofort anodisiert werden (z.B. Bänder), werden getrocknet (z.B. durch Warmluft)

Tafel 3.2.10 Kommerzielle Verfahren zum anodischen Glänzen von Aluminium (Auswahl)

Verfahren	Badzusammensetzung (Behältermaterial)	Spannung V	Stromdichte A/dm^2	Temperatur °C	Behandlungsdauer min
a) saure Verfahren					
Aluflex Spezial	Schwefelsäure Phosphorsäure (Stahlbehälter mit Bleiauskleidung)	15-20	15-20	80-85	1-5
Aluflex Super	Schwefelsäure (Stahlbehälter mit Bleiauskleidung)	15-20	15-20	80-85	1-5
Alzak	Borfluorwasserstoff-säure mit Zusätzen (Stahlbehälter mit Kunststoffauskleidung)	25	2,5	24	5-8
Glänzbad GV	Schwefelsäure (Stahlbehälter mit Bleiauskleidung)	15-20	15-50	80-90	0,5-5
Rostapal II	Schwefelsäure (Stahlbehälter mit Bleiauskleidung)	15-25	15-25	80-85	0,5-5
b) alkalische Verfahren					
Allux	Triphoshat und andere Salze (Stalhbehälter)	14-20	4-6	75-95	10-20
Brytal	Triphosphat und andere Salze (Stahlbehälter)	vorpoliert 15-18 nicht poliert: 20-25	2-5	70-95	vorpoliert 5-8 nicht poliert: 12-15

3.2.5.4 Fehler beim elektrolytischen Glänzen

Beim elektrolytischen Glänzen können nachfolgend beschriebene Fehler auftreten, die mit den gegebenen Empfehlungen abgestellt werden können (Tafel 3.2.11)

Tafel 3.2.11 Fehler beim elektrolytischen Glänzen

Erscheinung	Ursache	Abstellung
Pittings (Grübchen) an den Partien eines Gegenstandes, die am tiefsten im Bad hängen	a) ungleichmäßige Stromverteilung b) Elektrolytzusammensetzung stimmt nicht c) Stromdichte zu hoch oder zu niedrig	a) Teile im Bad bewegen b) Elektrolyt überprüfen, durch Zugabe von Frischelektrolyt neu einstellen c) Stromdichte verändern
Pittings (Grübchen)	a) Glänzeit zu lang b) Elektrolytzusammensetzung stimmt nicht	a) Behandlungsdauer verringern b) Frischelektrolyt zusetzen
Unvollständiger Glanz „Eisblumenbildung" (Kornflächenätzung)	a) Schlechte Kontaktgabe b) Ungenügender Querschnitt der Aufhängestelle c) Überlastung der Stromquelle, Gesamtoberfläche der eingebrachten Ware ist zu hoch	a) für ausreichenden Kontaktdruck sorgen b) massivere Gestelle mit größerem Querschnitt verwenden c) darauf achten, daß die Stromquelle nicht überlastet wird
Fleckenbildung, matt geflammt (nach dem Anodisieren)	a) Aluminiumgehalt zu hoch, Elektrolyt verbraucht b) Dichte des Elektrolyten zu hoch	a) Elektrolyt neu ansetzen oder regenerieren. Gefahr der Fleckenbildung kann durch Veränderung der Spannung vermindert werden b) mit Wasser verdünnen
Auftreten eines blauen Schimmers (Blaustich)	Elektrolyt zu heiß	Ware anheben und nochmals kurz unter Strom tauchen, Elektrolyt kühlen
Unterschiedlicher Glanz	a) gegenseitige Beschattung, dadurch ungünstige Stromverteilung b) Unzureichende Stromdichte c) Elektrolytzusammensetzung entspricht nicht der Vorschrift	a) Ware gut verteilt aufhängen b) Stromdichte erhöhen c) Elektrolyt überprüfen (Dichte, Analyse), Elektrolyt neu einstellen
Anfressungen	Schlechte Entfettung	Auf saubere Entfettung achten

3.2.6 Sicherheitsvorschriften bei chemischen Oberflächenbehandlungen

Beim Umgang mit gefährlichen und gesundheitsschädigenden Stoffen sind zu beachten:

- Die gesetzlichen Vorschriften (Chemikaliengesetz), besonders die Verordnung über gefährliche Stoffe,
- Gefahrstoffverordnung - (GefStoffV), in der jeweils gültigen Fassung.
- Die Verpackung und Kennzeichnung der Produkte muß den Bestimmungen dieser Verordnung und den verkehrsrechtlichen Vorschriften entsprechen.
- Die Unfallverhütungsvorschriften, insbesondere VBG 1, VBG 57 und die Druckschrift ZH 1/175 (Erste Hilfe bei Einwirkung chemischer Stoffe) des Hauptverbandes der gewerblichen Berufsgenossenschaften. Zu beziehen vom Carl Heymanns-Verlag KG., Luxemburger Str. 449, 50939 Köln.
  Eine Aufstellung der Vorschriften enthält das Verzeichnis der Einzel-Unfallverhütungsvorschriften des Hauptverbandes der gewerblichen Berufsgenossenschaften, Zentralstelle für Unfallverhütung und Arbeitsmedizin, Alte Heerstraße 111, 53757 Sankt Augustin.
- Die Merkblätter der Berufsgenossenschaft der chemischen Industrie, enthalten im ZH 1-Verzeichnis, herausgegeben vom Hauptverband der gewerblichen Berufsgenossenschaften.

Chemikalien ohne Gefahrenhinweise sind nicht als harmlos anzusehen. Auch beim Umgang mit Chemikalien, die nicht einer Kennzeichnungspflicht unterliegen, ist Vorsicht walten zu lassen und sind Hautkontakte zu vermeiden.
Beim Arbeiten sind Gummihandschuhe und Schutzbrille zu tragen, vor allem bei Arbeiten mit Flußsäure. Geeignete Arbeitskleidung, z.B. Schuhe und Schürzen aus Kunststoffen oder Gummi, ist zu empfehlen.
Es muß für genügend Be- und Entlüftung der Räume gesorgt werden. Die Absaugung muß so dimensioniert, ausgelegt und betrieben werden, daß für die Beschäftigten keine Gesundheitsgefahren durch Gase, Dämpfe und Sprühnebel entstehen. Insbesondere muß gewährleistet werden, daß die zulässigen Grenzwerte (z.B. MAK, TRK, ARW, EG-Werte) nicht überschritten werden. Außerdem muß dafür Sorge getragen werden, daß die abgesaugte, schadstoffhaltige Luft an der Austrittsstelle nicht zu Belästigungen, Gefährdungen und Umweltgefahren führt. Bei chemischen Vorgängen mit Wasserstoffentwicklung (z.B. Beizen) ist jede offene Flamme zu vermeiden.

3.3 Die anodische Oxidation von Aluminium

Die natürliche, an Luft gebildete Oxidschicht genügt nicht allen Korrosionsbelastungen. Die anodische Oxidation ist ein elektrochemisches Verfahren, durch das eine Oxidschicht auf der Aluminiumoberfläche erzeugt wird, die um mehr als das Hundertfache stärker ist als die natürliche Oxidschicht. Je nach Anwendungszweck lassen sich durch Wahl der Verfahren dekorative oder technisch funktionelle Oxidschichten herstellen (vgl. 3.3.2 und 3.3.4).

Anodisch erzeugte Oxidschichten weisen folgende charakteristische Eigenschaften auf:

- Feste Verbindung mit dem Grundmetall. Die Schichten werden aus dem Grundwerkstoff gebildet und sind mit diesem strukturell verbunden. Anodisch erzeugte Oxidschichten unterscheiden sich dadurch von allen anderen metallischen Überzügen und organischen Beschichtungen.
- Korrosionsschutzwirkung. Die Schichten verbessern im verdichteten Zustand (s. Verdichten) die Widerstandsfähigkeit der Aluminiumoberfläche gegen Bewitterung und chemischen Angriff im pH-Bereich 5 bis 8.
- Hitzebeständigkeit. Aluminiumoxid ist bis zu hohen Temperaturen beständig. Die Hitzebeständigkeit von anodisierten Teilen wird daher nur durch den Schmelzpunkt oder die Warmfestigkeit des Al-Grundwerkstoffs bestimmt.
- Dekorative Wirkung. Die Schichten erhalten wesentlich länger das ursprüngliche, metallische Oberflächenaussehen, das durch eine mechanische, chemische oder elektrochemische Oberflächenbehandlung erzielt wurde. Sie bieten auf Grund ihrer Struktur die Möglichkeit der Farbgebung, so daß die dekorative Wirkung von Aluminiumoberflächen durch farbige Oxidschichten erhöht werden kann.
- Einfärb- und Imprägnierbarkeit. Die Schichten sind im nicht verdichteten Zustand aufnahmefähig für verschiedene Stoffe und lassen sich einfärben, bedrucken und imprägnieren. Sie dienen als Träger lichtempfindlicher Stoffe und als Haftgrund für organische Beschichtungen und Klebstoffe.
- Mechanische Belastbarkeit. Die Schichten sind hart und abriebfest und ermöglichen die mechanische Belastung anodisierter Bauteile an der Ober-

fläche; hochverschleißfeste Oberflächen lassen sich durch Hartanodisieren herstellen.

- Isolationswirkung. Die Schichten weisen vor allem im verdichteten Zustand eine hohe elektrische Isolationsfähigkeit auf.
- Toxische Unbedenklichkeit. Anodisiertes Aluminium ist in medizinischer und lebensmittelrechtlicher Hinsicht unbedenklich.

Diese Eigenschaften eröffnen dem anodisierten Aluminium zahlreiche Möglichkeiten der Anwendung:

Für dekorative Zwecke mit entsprechendem Glanz, Farbe und Korrosionsbeständigkeit für:

- Fassaden, Schaufenster, Fenster, Türen, Sonnenblenden, Verkleidungen aller Art;
- Beschlagteile und Zierleisten aller Art im Bauwesen, im Fahrzeugbau und in der Möbelindustrie;
- Haushaltgeräte aller Art;
- Maschinenteile im Nahrungsmittellbereich;
- Schilder, Reklameschriften;
- feinmechanische Geräte;
- anodisierte Bänder;
- Reflektoren, Beleuchtungskörper;
- Küchen- und Hotelgeschirr;
- Schmuck, Kunstgewerbeartikel;
- Gebrauchsgegenstände oder Teile davon.

Für technische Zwecke, wo Korrosionsbeständigkeit, Härte, Verschleißfestigkeit und elektrische Isolierung gefordert werden, findet anodisiertes Aluminium Anwendung wie

- Schutzoxidation für Teile in der Nahrungsmittel- und chemischen Industrie (Behälter, Rohrleitungen u.a.);
- anodische Oxidation von Teilen in der Elektrotechnik (Magnetspulen, Wicklungen für Transformatoren, formierte Folie für Elektrolytkondensatoren) ;
- Hartanodisation für Teile, die hauptsächlich auf Verschleiß belastet werden, wie Maschinenbauteile, Zylinderlaufflächen, Druckwalzen, hydraulische Ausrüstungen.

Die Wahl des geeigneten Anodisationsverfahrens richtet sich nach dem Verwendungszweck und dem Werkstoff.

3.3.1 Grundlagen der anodischen Oxidation

3.3.1.1 Wachstum und Aufbau anodisch erzeugter Oxidschichten

Oxidschichten, die durch anodische Oxidation nach den in Tafel 3.3.3 genannten Standardverfahren erzeugt werden, besitzen eine in Bild 3.3.1 abgebildete Struktur. Sie bestehen aus einer sehr dünnen, nahezu porenfreien dielektrischen Grundschicht (Sperrschicht oder Barriere-Schicht) und einer darüberliegenden feinporigen Deckschicht. Dieses Modell der anodisch erzeugten Oxidschicht auf Aluminium wurde zuerst durch Keller, Hunter und Robinson 1953 entwickelt und gilt prinzipiell heute noch.

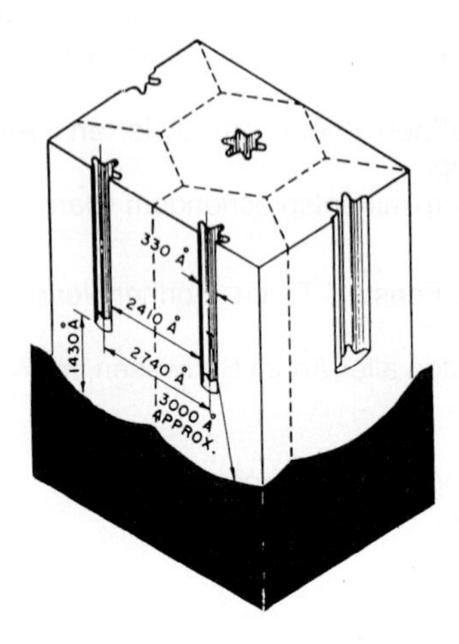

Bild 3.3.1 Struktur einer in Phosphorsäure erzeugten anodischen Oxidschicht (nach Keller, Hunter und Robinson)

Die Dicke der Sperrschicht hängt von der beim Anodisieren vorliegenden Spannung ab und beträgt 1 bis 1,2 nm/V. Durch chemische Rücklösung im sauren Elektrolyten bildet sich aus der Sperrschicht die feinporige, elektrisch leitende Deckschicht. Die Sperrschicht regeneriert sich durch Umwandlung von Aluminium in Aluminiumoxid mit der gleichen Geschwindigkeit, mit der aus ihr die Deckschicht entsteht. Auf diese Weise wächst die Oxidschicht bei konstant bleibender Sperrschichtdicke und auch annähernd konstanter Spannung. Das Schichtwachstum beträgt unabhängig von der Anodisierspannung etwa 20 µm bei einer Strommenge von 1 Ah/dm^2 (angewendete Stromdichten s. Tafel 3.3.3).

Da die Außenseite der aufgewachsenen Oxidschicht der lösenden Wirkung des sauren Elektrolyten während der gesamten Anodisierzeit ausgesetzt ist, wird sie unter Bildung von Aluminiumionen bzw. deren Hydrolyseprodukte allmählich aufgelockert und schließlich gelöst (Rücklösung). Daher erreicht die Oxidschicht auch bei sehr langen Anodisierzeiten nur eine bestimmte maximale Dicke, die vom Gleichgewicht der Neubildung und der Auflösung abhängt. Einfluß haben Elektrolytzusammensetzung, Temperatur und Stromdichte. Die Oxidschicht besteht aus einer Vielzahl von hexagonalen Zellen, die senkrecht zur Metalloberfläche orientiert sind. Jede Zelle enthält in der Mitte eine Pore. Pro cm^2 Oberfläche bilden sich in Abhängigkeit von der Anodisierspannung etwa 10^{10} Poren mit einem Durchmesser von 10 nm. Wird die Spannung während der Anodisation geändert, können sich die Poren vereinigen oder verzweigen. Die Schichten besitzen ein beträchtliches Adsorptionsvermögen. So sind beim Gleichstrom-Schwefelsäureverfahren auch größere Mengen (8-12 %) S-haltiger Verbindungen, vor allem Sulfat, in der Oxidschicht eingeschlossen.

Das Schichtdickenwachstum (Bild 3.3.2) ist abhängig vom Grundwerkstoff (chemische Zusammensetzung, Gefüge), seiner Oberflächenvorbehandlung und von den Anodisierbedingungen (Stromart, Stromdichte, Elektrolytzusammensetzung, -konzentration und -temperatur).

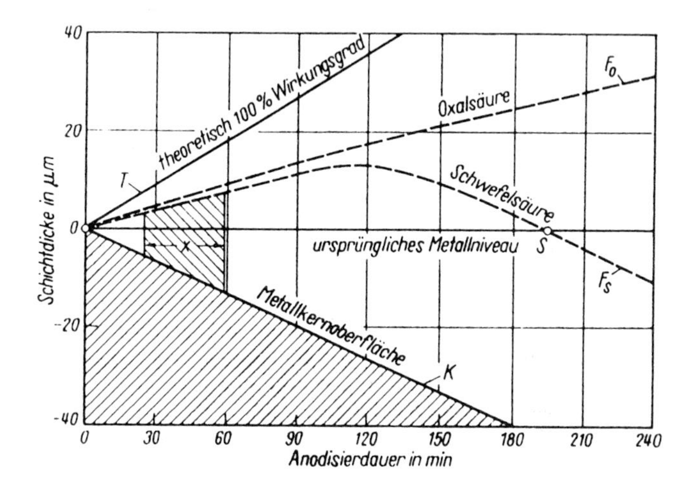

Bild 3.3.2 Veränderung von Grundmetall und Schichtaußenfläche F beim Wachsen der anodischen Oxidschichten in Oxalsäure- und Schwefelsäurelösung (Stromdichte etwa 1,6 A/dm^2, x = technischer Bereich für das Anodisieren in Schwefelsäure)

Durch die Reaktion des Aluminiums zu Aluminiumoxid wird ein Teil des Grundwerkstoffes umgewandelt, so daß die Massen- und Dickenzunahme geringer ist als die der gebildeten Oxidschicht. Bezogen auf die ursprüngliche Metalloberfläche wächst eine nach dem GS-Verfahren erzeugte Oxidschicht im Verhältnis 1/3 aus dem Metall heraus und 2/3 in das Metall hinein; beim Hartanodisieren anteilig etwa 50 %. Die anodisch erzeugte Oxidschicht ist mit dem Grundwerkstoff fest verbunden. Bei Biege- und Schlagbeanspruchung entstehen Haarrisse, die die Korrosionsbeständigkeit vermindern können. Ein Auflösen der Schicht erfolgt in alkalischen oder sauren Lösungen im pH-Bereich über 8 bzw. unter 5 (s. Aluminium-Taschenbuch, Band 1).

3.3.1.2 Werkstoffwahl für die anodische Oxidation

An die Art des Werkstoffs und das Gefüge werden keine besonderen Anforderungen gestellt, wenn die anodische Oxidation zur Verbesserung der Korrosionsbeständigkeit, zur Erhöhung der Verschleißfestigkeit oder zur Erzeugung eines Haftgrundes für organische Beschichtungen vorgenommen wird. Werden dagegen nach

der anodischen Oxidation Ansprüche an das dekorative Aussehen gestellt, ist die Verwendung von Halbzeug in Eloxalqualität (EQ) erforderlich.
Maßgebend dafür sind die Lieferbedingungen der DIN 17 611 (Ausg. 06/85). Eloxalqualitäten weisen neben geeigneter Zusammensetzung ein feinkörniges Gefüge auf. Für die Oberflächenbeschaffenheit des Halbzeugs in Eloxalqualität gelten die Technischen Lieferbedingungen der in DIN 17 611, Abschnitt 1, zitierten Normen.
Geeignete Werkstoffe sind alle Glänzwerkstoffe (s. 3.2.5) sowie EN AW-Al Mg1; EN AW-Al Mg1,5; EN AW-Al Mg3 (mit Einschränkung) und EN AW-Al MgSi0,5 nach DIN 1725 Teil 1; EN AW-Al 99,8; EN AW-Al 99,7 und EN AW-Al 99,5 nach DIN 1712 Teil 3 (ersetzt durch DIN EN 576 T. 3 von 09/95). Geeignete Gußlegierungen enthält die DIN 1725 Teil 2 (ersetzt durch DIN EN 1706) (Tab. 4).
Für das Farbanodisieren (Einstufenverfahren) sind speziell entwickelte Werkstoffe zu verwenden. Falls die Oberfläche vor der anodischen Oxidation chemisch oder elektrolytisch geglänzt werden soll, müssen Glänzwerkstoffe eingesetzt werden.
Gußstücke müssen an der Oberfläche frei von Poren und Lunkern sein. Kokillengußstücke eignen sich für die dekorative anodische Oxidation besser als Sandgußstücke. Bei Druckgußerzeugnissen ist das Aussehen nach der anodischen Oxidation von der Gußqualität abhängig, üblicherweise sind sog. Fließlinien sichtbar.
Die Herstellung von Eloxalqualitäten erfordert vom Lieferwerk besondere Maßnahmen sowohl hinsichtlich der Werkstoffzusammensetzung als auch für die Herstellung von Halbzeug oder Guß; der Behandlung, Prüfung und Verpackung. Die entsprechende Sorgfalt ist ebenfalls bei Transport, Lagerung (Schwitzwasser vermeiden) und Verarbeitung aufzuwenden. Mit dem Anodisierbetrieb sind Vereinbarungen über Werkstoff, Qualität, Anodisierverfahren, Schichtdicke, Farbe und Nachbehandlung unter Hinweis auf den Verwendungszweck zu treffen.

3.3.2 Technologie und Verfahren der anodischen Oxidation

Bild 3.3.3 zeigt schematisch den Aufbau eines Anodisierbades mit den entsprechenden Einbauten, Stromzuführung und Kontaktgabe, Befestigung der Ware sowie die Kühlung des Elektrolyten. Die Kathoden bestehen meist aus nichtrostendem hochlegierten Stahl, Blei oder Aluminium selbst. Wird die zu anodisierende Ware an Halteklemmen aus Aluminium befestigt, ist darauf zu achten, daß ein elektrischer Kontakt vorhanden ist, da sich auf den Klemmen beim Anodisationsvorgang selbst eine Oxidschicht bildet. Diese Oxidschichten werden meist durch Beizen entfernt.

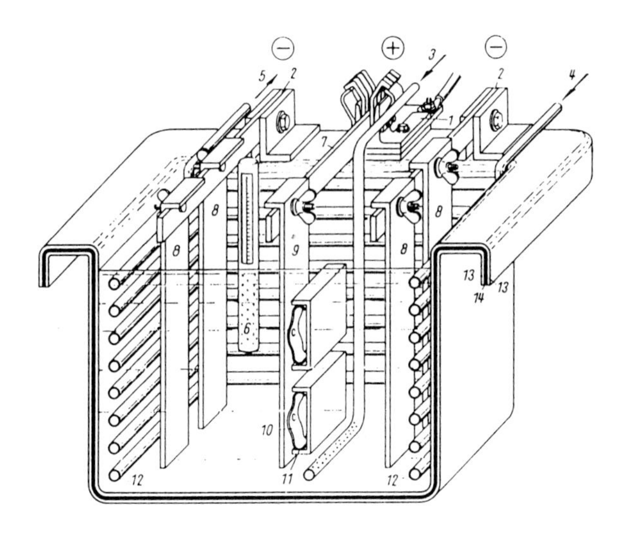

Bild 3.3.3 Schematische Darstellung einer Anodisierzelle
1 Anodenklemme; 2 Kathodenstange mit Kathodenklemmen; 3 Luftzuführung;
4 Kühlwassereintritt; 5 Kühlwasseraustritt; 6 Badthermometer;
7 Warenstange (Anode); 8 Kathoden; 9 Einhängevorrichtung;
10 Halteklemmen; 11 Aluminiumprofile; 12 Kühlrohre;
13 Außen- und Innen-Hartgummierung; 14 Stahlwanne

Die Elektrodenvorgänge der anodischen Oxidation in sauren Elektrolyten lassen sich durch folgende Gleichungen vereinfacht darstellen:

Anodische Prozesse:

Oxidbildungsprozeß:	$2\,Al + 3\,H_2O \rightarrow Al_2O_3 + 6\,H^+ + 6\,e^-$ (pH-Wert an der Anode sinkt)
Rücklöseprozeß:	$Al_2O_3 + 6\,H^+ \rightarrow 2\,Al^{3+} + 3\,H_2O$ (stark temperaturabhängig)
kathodischer Prozeß:	$6\,H^+ + 6\,e^- \rightarrow 3\,H_2$

Die Rahmentechnologie ist in Bild 3.3.4 angegeben.

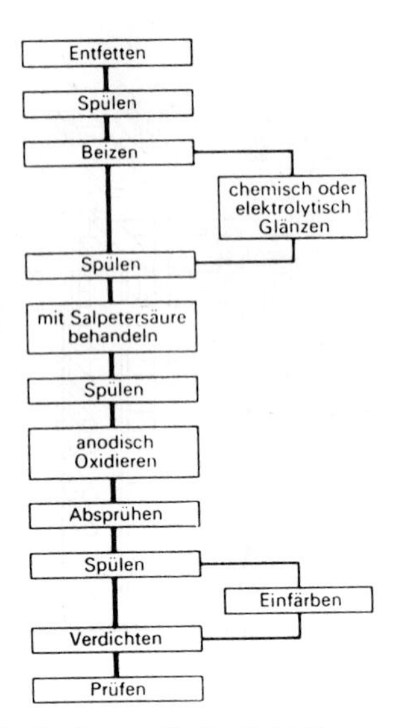

Bild 3.3.4 Rahmentechnologie für die anodische Oxidation von Aluminium

In Hohlräumen, Falzen und Bördelungen halten sich Beiz- und Elektrolytreste, verunreinigen nachfolgende Bäder oder führen zu Anodisierfehlern. Deshalb ist zwischen den einzelnen Arbeitsgängen besonders sorgfältig, am besten mit heißem Wasser, zu spülen. Es sei hier auch auf die anodisiergerechte Konstruktion hingewiesen. Entsprechende Hinweise für Präzisionsprofile gibt die DIN 17 615 (01/87). Die Richtlinien für galvanisiergerechte bzw. beschichtungsgerechte Konstruktion sind sinngemäß anzuwenden.

Bandanodisieren, d.h. das kontinuierliche Anodisieren von Aluminiumbändern und -folien wird im Durchlaufverfahren in sog. Wanderbädern durchgeführt. Breite und Masse der im Durchlauf sowohl einseitig als auch beidseitig anodisierten Bänder nehmen in der Produktion stetig zu. Es können Schichtdicken bis max. 20 µm erzeugt werden. Üblich sind Oxidschichten von unter 0,1 µm (formierte Kondensatorfolien) bis 10 µm (Bänder für Beleuchtungseinrichtungen).

Die Vielzahl der entwickelten Anodisierverfahren ermöglicht es, Oxidschichten mit unterschiedlichen Eigenschaften zu erzeugen (s.a. 3.3.3). So lassen sich verfahrensabhängig Oxidschichten unterschiedlicher Dicke herstellen, wobei die Schichten dekorativ, durchsichtig oder undurchsichtig, farblos oder farbig, einfärbbar oder nicht einfärbbar sein können. Technisch funktionell können die Schichten in ihren Eigenschaften hart, verschleißfest und elektrisch isolierend sein. Hieraus ergibt sich zwangsläufig, daß anodisch erzeugte Oxidschichten unterschiedlichen Anforderungen genügen und viele Anwendungsgebiete gefunden haben.

Die Tafeln 3.3.1 und 3.3.2 geben eine Übersicht über die Verfahrensgruppen der anodischen Oxidation und die entsprechenden Einsatzgebiete.

Tafel 3.3.1 Verfahrenssystematik der anodischen Oxidation von Aluminium

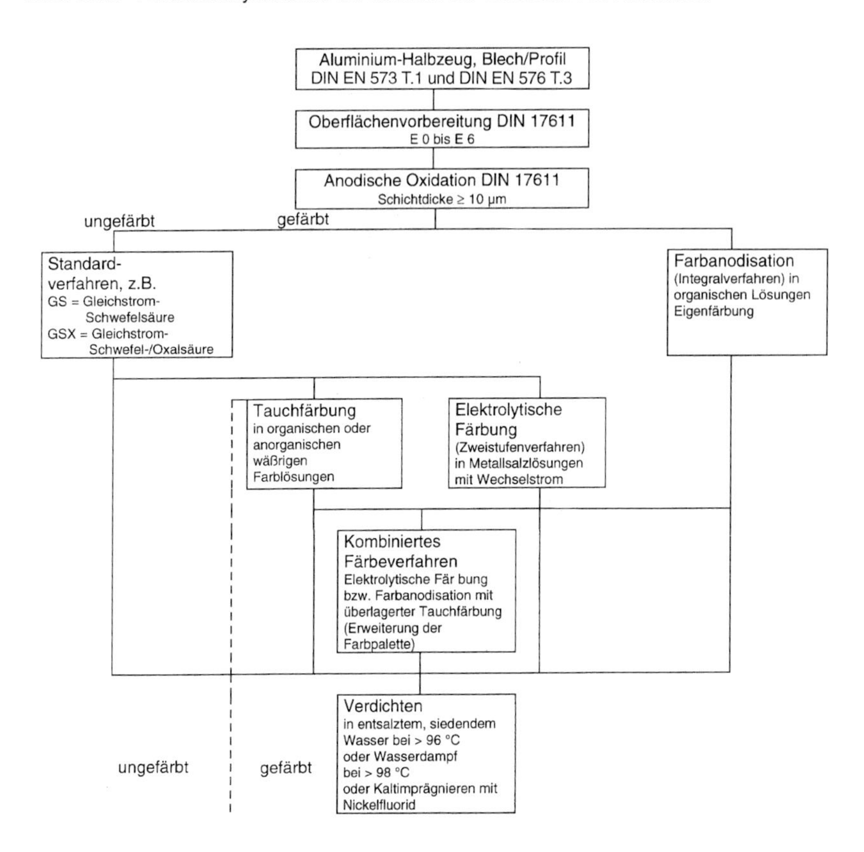

Tafel 3.3.2 Verfahrensgruppen der anodischen Oxidation und ihre Anwendungsgebiete

Art des Verfahrens	Schichtdicke, mm	Farbe der Oxidschicht	Anwendungsgebiete
Standardverfahren	5 bis 30	farblos, durchsichtig, auch gelblich	Bauwesen, Fahrzeugbau, Haushaltsgeräte, als Korrosionsschutz
Farbanodisationsverfahren	15 bis 35	hellgelb bis schwarz	Innen- und Außenarchitektur
Zweistufenverfahren	15 bis 25	hellbronze bis schwarz	Innen- und Außenarchitektur
Hartanodisationsverfahren	30 bis 250	grau bis schwarz	Maschinenbau, Hydraulik
Bandanodisieren	2 bis 5	farblos	Innenarchitektur Elektroindustire
Sonderverfahren	5 bis 15	farblos bis grau	Flugzeugbau u. a.

3.3.2.1 Standard-Anodisierverfahren zur Erzeugung ungefärbter Oxidschichten

Die Standardverfahren (Tafel 3.3.3), das GS- und das GSX-Verfahren, ergeben auf Werkstoffen in Eloxal- oder Glanzqualität eine farblose, transparente Oxidschicht bis zu 25 µm Dicke, die eingefärbt werden kann. Beide Verfahren arbeiten infolge eines geringen Energiebedarfs und des preiswerten Schwefelsäureelektrolyten kostengünstig und werden bevorzugt angewendet. Bei Werkstoffen in Normalqualität wird durch das Anodisieren die gleiche Schutzwirkung erzielt, ohne daß ein dekoratives Aussehen im vollen Umfang gewährleistet ist. Der Farbton kann, abhängig vom Werkstoff und von der Halbzeugfertigung, vom hellen metallischen Naturton bis zu dunklen und meist streifigen Färbungen reichen.

Tafel 3.3.3 Standard-Anodisierverfahren

Bezeichnung des Verfahrens	Kurz zeichen	Elektrolyt	Stromart	Spannung V	Stromdichte A/dm²	Temperatur,°C	Eigenfärbung der Schicht
Gleichstrom-Schwefelsäure	GS	Schwefelsäure 15-20%	Gleichstrom	12 bis 20	1 bis 2	18 bis 22	keine
Gleichstrom-Schwefelsäure Oxalsäure	GSX	Schwefelsäure 15-20% Oxalsäure 5-10%	Gleichstrom	20 bis 25	1 bis 2	20 bis 25	keine
Wechselstrom-Oxalsäure	WX	Oxalsäure 5 bis 10%	Wechselstrom	20 bis 60	1 bis 3	18 bis 45	keine

3.3.2.2 Verfahren zur Erzeugung farbiger Oxidschichten

Farbige Oxidschichten lassen sich herstellen, indem nach dem GS- oder GSX-Verfahren erzeugte Oxidschichten durch Farbstoffe adsorptiv oder elektrolytisch gefärbt werden oder aber durch direkte Erzeugung von gefärbten Oxidschichten. Diesbezügliche Verfahrensvarianten sind die Tauchfärbung, elektrolytische Färbung, Farbanodisation und eine Kombination von elektrolytischer Färbung oder Farbanodisation mit nachträglich überlagerter Tauchfärbung. Damit steht eine reichhaltige Palette für die dekorative Anwendung der anodischen Oxidation von Aluminiumwerkstoffen zur Verfügung.

3.3.2.3 Adsorptives Färben (Tauchfärbung)

Anodisch erzeugte Oxidschichten lassen sich mit anorganischen Farbstoffen oder organischen Metallkomplexfarbstoffen in wäßriger Lösung durch Tauchen oder Sprühen färben. Anorganische Farbstoffe sind beispielsweise Eisen(III)-Ammoniumoxalat für goldgelbe Töne sowie Cobaltacetat mit nachfolgender Kaliumpermanganatumsetzung für Bronzetöne. Die Farbstoffe werden adsorptiv von der Oxidschicht aufgenommen. Bevorzugte Farbtöne sind Blau, Rot, Gold und Schwarz. Organische Farbstoffe zum adsorptiven Färben werden von den Firmen Sandoz und Durand Huguenin in Basel/Schweiz hergestellt.

Die Einfärbbarkeit der Oxidschicht hängt von den Anodisierbedingungen, der Schichtdicke, dem Porenvolumen der Schicht sowie dem Farbstoff und den Einfärbebedingungen (Farbstoffkonzentration, pH-Wert und Temperatur) ab. Beim Einfärben wird der Farbstoff im oberen Bereich der Schicht teils adsorbiert, teils chemisch gebunden (s. Bild 3.3.5). Bei Werkstoffen, die bei der anodischen Oxidation eine Eigenfärbung aufweisen, ergibt sich bei Taucheinfärbung eine entsprechende Farbtonverschiebung. Nach dem Einfärben ist eine einwandfreie Verdichtung erforderlich (s. 3.3.5). Die Lichtechtheit der eingefärbten Oxidschichten wird mit den Stufen 1 bis 8 bewertet, wobei 8 den höchsten Lichtechtheitsgrad darstellt. Für Außenbewitterung sollten nur solche Farbstoffe der Lichtechtheitsstufen 7 oder 8 verwendet werden, wobei die absolute Lichtechtheit nicht garantiert werden kann.
Beim Siebdruckverfahren zur Herstellung von Schildern werden die nicht einzufärbenden Flächen mit entsprechenden Beschichtungsstoffen oder Ätzreserven (s. Ätzen) abgedeckt und das Einfärben durch Tauchen vorgenommen. Verwendet man Farbstoffpasten, so ist ein Abdecken nicht mehr erforderlich und man kann in Abständen von 5 bis 20 Minuten mehrere Farben auftragen.

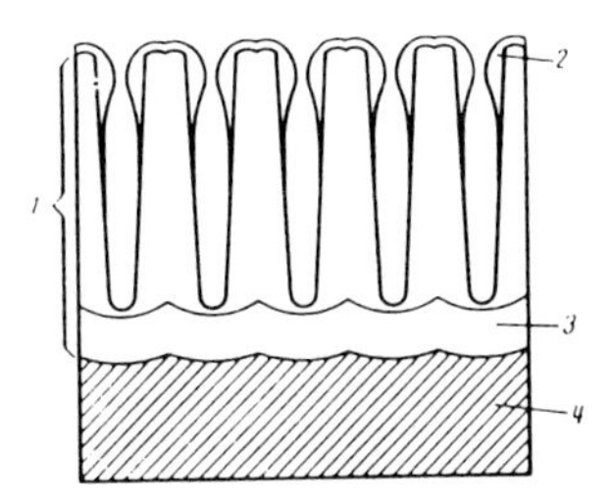

Bild 3.3.5 Schematische Darstellung der Einfärbung einer anodischen Oxidschicht durch Eintauchen in eine Farbstofflösung; 1 anodisch erzeugte Oxidschicht; 2 Einlagerung von Farbstoff; 3 Sperrschicht; 4 Aluminium

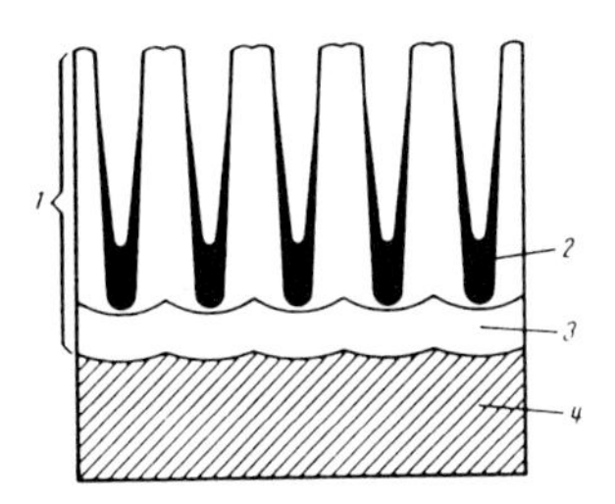

Bild 3.3.6 Schematische Darstellung der Einfärbung einer anodischen Oxidschicht durch Elektrolytische Verfahren; 1 anodisch erzeugte Oxidschicht; 2 abgeschiedenes Metall; 3 Sperrschicht; 4 Aluminium

3.3.2.4 Elektrolytisches Färben (Zweistufenverfahren)

Beim elektrolytischen Färben werden die nach dem GS- oder GSX-Verfahren erzeugten Oxidschichten in einer zweiten elektrochemischen Verfahrensstufe (daher

Zweistufenverfahren) mit Wechselstrom in einem metallsalzhaltigen Elektrolyten gefärbt. Dabei wird aus der Metallsalzlösung Metall am Porengrund der Oxidschicht abgeschieden. Die erreichte Farbintensität richtet sich nach der abgeschiedenen Metallmenge. Es können Metallsalze auf der Basis von Zinn, Cobalt, Nickel oder Kupfer verwendet werden. Mit Sn-, Ni- und Co-Salzen erhält man Farbtöne zwischen Hellbronze und Schwarz, mit Cu-Salzen Rottöne. In der Bundesrepublik Deutschland werden für das Zweistufenverfahren der elektrolytischen Färbung fast ausschließlich Sn-Salze mit entsprechenden Stabilisatoren verwendet (P 3-almecolor ST 2 sowie japanische Lizenzen von Henkel). Vorteile ergeben sich beim Färben von komplizierten Fassadenelementen. Elektrolytisch durchgeführte Färbungen sind lichtecht, da die Metallionen auf dem Grund der Pore der Oxidschicht bevorzugt in metallischer Form abgeschieden werden (s. Bild 3.3.6).

Tafel 3.3.4 zeigt eine Verfahrensübersicht.

Tafel 3.3.4 Verfahren der elektrolytischen Färbung (Zweistufenverfahren)

Bezeichnung der Verfahren	Spannung V		Stromdichte A/dm²		Temperatur °C	
	Stufe 1 Gleichstr.	Stufe 2 Wechselstr.	Stufe 1 Gleichstr.	Stufe 2 Wechselstr.	Stufe1 Gleichstr.	Stufe 2 Wechselstr.
1. Almecolor	16 bis 20	10 bis 18	1,5	0,2 bis 0,9	18 bis 20	20 bis 25
2. Anocolor	18	14 bis 18	1,2 bis 1,5	0,2 bis 0,9	18 bis 20	20
3. Anolok	18	14 bis 18	1,2 bis 1,5	0,25	18 bis 20	20 bis 30
4. Bugcolor	18 bis 24	8 bis 25	1,2 bis 1,8	0,1 0,2	18 bis 20	20 bis 25
5. Carmiol T 70	18 bis 24	5 bis 25	1,2 bis 1,5	--	18 bis 20	20 bis 25
6. Colinal 3000	16 bis 20	8 bis 18	1,2 bis 1,8	0,1 bis 1,8	18 bis 20	20 bis 30
7. Coloranodic	18 bis 20	10 bis 18	1,2 bis 1,5	0,2 bis 1,2	18 bis 20	20
8. Cololx	16 bis 20	5 bis 30	1,5	0,1	18	20
9. Elektrocolor	18 bis 20	4 bis 12	1,2 bis 1,5	0,2 bis 2,0	18 bis 20	20 bis 25
10. Jetanodic-Color	15 bis 21	8 bis 25	1,3 bis 1,8	0,1 bis 0,2	17 bis 19	18 bis 20
11. Eurocolor 800	15 bis 20	8 bis 24	1,5 bis 1,8	0,2 bis 0,8	18 bis 22	25 bis 35
12. Korundalor	18 bis 21	10 bis 25	1,3 bis 1,5	0,5	18 bis 22	18 bis 22
13. Metachemcolor	13 bis 16	5 bis 30	1 bis 1,6	0,1 bis 0,8	18 bis 24	18 bis 22
14. Metalox	20 bis 24	3 bis 17	1 bis 1,2	0,1 bis 0,8	18 bis 20	18 bis 20
15. Metoxal	15 bis 20	8 bis 15	1 bis 1,8	0,2 bis 1,5	18 bis 22	18 bis 25
16. Oxdicolor	15 bis 18	10 bis 20	1 bis 2	0,2 bis 0,5	25 bis 28	20 bis 40
17. Variocolor	10 bis 15	10 bis 20	1,2 bis 1,5	0,3 bis 1	18 bis 20	20 bis 30
18. Cotecolor	16 bis 18	10 bis 18	1,5 bis 1,8	0,3 bis 0,8	18 bis 22	18 bis 20

Elektrolyt Stufe 1: Schwefelsäure und Zusätze
Stufe 2: Metallösung

1. Henkel KGaA, Düsseldorf
2. Erbslöh Aluminium, Velbert
3. Alcan Aluminium Lab. Ltd., Banbury/England
4. Oberflächenveredlung Uhl GmbH & Co KG., Ravensburg 1
5. Istituto Sperimentale del Metalli Leggeri, Novara/Italien
6. Schweizerische Aluminium AG., Zürich
7. Eduard Hueck, Lüdenscheid
8. Josef Gartner & Co., Gundelfingen/Donau
9. Langbein Pfanhauser Werke AG, Neuss
10. Wahl & Co., Jettingen-Scheppach
11. Aluminium Pechiney, Paris
12. Korundalwerk Paul Keller GmbH & Co., Bietigheim
13. Metall- und Oberflächenchemie GmbH, Lüdenscheid
14. Müller Eloxal GmbH & Co., Waiblingen
15. VAW aluminium AG, Bonn
16. Riedel & Co., Bielefeld
17. Blasberg Oberflächentechnik GmbH, Solingen
18. Bernhard Kothe KG, Hildesheim

Der Farbton ist von der Metallverteilung in der Schicht abhängig (Bild 3.3.7). In Bild 3.3.8 sind die Färbebedingungen für einen zinnhaltigen Elektrolyten dargestellt. Günstig zum elektrolytischen Färben ist der Bereich zwischen den Kurven A und B. Die Farbtöne Neusilber bis Schwarz sind jeweils durch verschiedene Kombinationen von Badspannung und Behandlungsdauer einstellbar. Der Verbrauch an Metallsalzen zum Färben der Oxidschicht ist gering. Selbst für schwarze Farbtöne genügen etwa 2 g Metall pro m^2. Eine Entwicklung der 80er Jahre ist die Erzeugung von Farben durch optische Interferenzeffekte. Diese Interferenzen beruhen auf Einlagerung von Metallen in Poren, die durch Phosphorsäure am Grund aufgeweitet werden. Dieses Verfahren ist Grundlage des Prozesses Anolok II und Anolok III. Damit sind Oberflächen von blaugrau und grüngrau bis zu helleren Gold-, Orange- und Purpurtönen möglich. Das Verfahren ist jedoch sehr kompliziert und setzt eine komplexe Stromversorgung mit Rechnersteuerung voraus.

3.3.2.5 Farbanodisation (Einstufenverfahren)

Im Einstufenverfahren werden durch Gleichstrom farbige Oxidschichten auf direktem Wege mit einer lichtechten Färbung erreicht :

- Anodisierung in Gemischen von Schwefelsäure mit organischen Säuren (z.B. Sulfosalizylsäure, Maleinsäure, Sulfophthalsäure) und anderen Zusätzen mit Legierungen ohne Eigenfärbung. Der Einbau von Zersetzungsprodukten der organischen Verbindungen bewirkt die Eigenfärbung (meist Gelb- bis Dunkelbrauntöne).

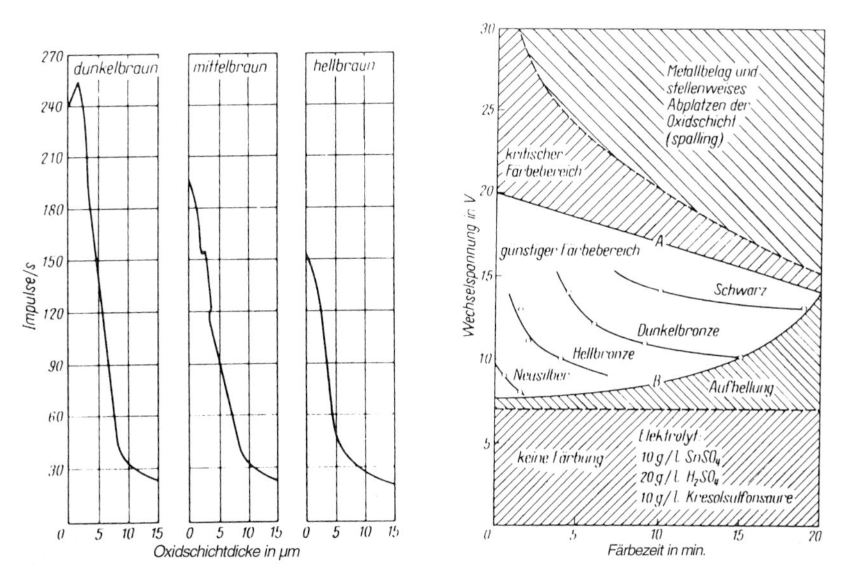

Bild 3.3.7 Mikrosondenaufnahmen der Nickelverteilung in elektolytisch gefärbten anodischen Oxidschichten

Bild 3.3.8 Einfluß von Wechselspannung und Färbezeit auf die Färbung und das Verhalten von anodisiertem Aluminium bei der Färbung in einem zinnhaltigen Elektrolyten (Metoxalverfahren)

- Anodisierung von Speziallegierungen in Schwefelsäure mit und ohne Zusätze. Magnesium als Legierungszusatz bewirkt eine Intensivierung der Braunfärbung, Mangangehalte rufen eine Schwärzung hervor. Die Farbtöne reichen von Hell- bis Dunkelbronze bzw. von Hell- bis Dunkelgrau. Besonders durch einen abgestuften Si-Gehalt lassen sich alle Grautöne herstellen.
  Die erzeugten Oxidschichten sind härter und abriebfester als die des GS- und GSX-Verfahrens. In Tafel 3.3.5 sind bekannte Verfahren aufgeführt.

Tafel 3.3.5 Verfahren der Farbanodisation (Einstufenverfahren)

Bezeichnung des Verfahrens	Spannung V	Stromdichte A/dm²	Temperatur °C	Elektrolyt
1. Duranodic	120	bis 8	20	Sulfophthalsäure Schwefelsäure
2. Kalcolor	20 bis 70	1 bis 3,5	29	Sulfosalicylsäure Schwefelsäure
3. Permanodic	20 bis 80	1 bis 6	20	aliphatische organische Säuren
4. Veroxal	bis 70	1,5 bis 3	20	Maleinsäure Schwefelsäure
5. Acadal	bis 70	1 bis 3	30 bis 35	Maleinsäure Schwefelsäure
6. Alcanodox	45 bis 80	1,5	20	Oxalsäure
7. Colodur	bis 70	0,7 bis 3	15 bis 30	aromatische Sulfonsäuren
8. Permalux	20 bis 80	1 bis 3	20 bis 50	Maleinsäure

1. Alcoa, Aluminium Company of America, Pittsburgh/USA
2. Kaiser Aluminium & Chemical Corp., Oakland/USA
3. AMAX, American Metal Climax Inc., New York/USA
4. VAW aluminium AG, Bonn
S. Montecatini Edison S.p.A. Milano/I
6. Alcan Aluminium Laboratories Ltd., Banbury/GB
7. Blasberg Oberflächentechnik GmbH, 42680 Solingen
8. Schweizerische Aluminium AG, Zürich/CH

3.3.2.6 Kombiniertes Färben

Das kombinierte Färben bietet die Möglichkeit, die Farbpalette anodisch erzeugter Oxidschichten wesentlich zu erweitern. Im Farbton Hell- bis Mittelbronze elektrolytisch gefärbte GS- oder farbanodisierte Oxidschichten werden in einer nachfolgenden Behandlungsstufe zusätzlich mit organischen oder anorganischen Farbstoffen adsorptiv eingefärbt. Der metallische Oberflächeneffekt bleibt auch beim Kombinationsverfahren[1]) erhalten.

[1]) Sandalor-Verfahren, Interoxyd AGH, Altenrhein/CH

3.3.2.7 Sonder-Anodisierverfahren

Die Sonder-Anodisierverfahren arbeiten überwiegend mit Gleichstrom und Elektrolyten auf der Basis Chromsäure, Oxalsäure oder Schwefelsäure. Die erzeugten Oxidschichten sind vorwiegend undurchsichtig, milchig oder opak. Das Anodisieren in Chromsäure wird vorwiegend in der Flugzeugindustrie angewendet. Der von Boeing entwickelte H_2SO_4 /H_3BO_3 - Anodisationsprozeß (SBAA) wird als Ersatz für die Chromsäure-Anodisierung (CAA) eingesetzt. Das SBAA-Verfahren soll hinsichtlich Korrosionsbeständigkeit dem CAA-Verfahren gleichwertig und bezüglich Haftfestigkeit der Klebeverbindungen für Schalldämpfungskonstruktionen im Flugzeugbau überlegen sein.
Ematal-Schichten sind hart und abriebfest und werden in der Textilindustrie und für Stricknadeln verwendet.
Pulsanodisation verringert die Anodisierdauer und erzeugt homogenere Schichten mit verbesserter Korrosionsbeständigkeit und Abriebfestigkeit. Die Pulshöhe beträgt etwa 50 % des Gleichstromanteils.
Anodische Oxidation durch Funkenentladung (ANOF-Verfahren):
Durch eine elektrische Entladung bei relativ hohen Potentialen findet im anodisch gebildeten Sauerstoffilm eine Gas-Festkörperreaktion unter plasmachemischen Bedingungen statt. An den energiereichsten Stellen setzt eine Funkenentladung ein. Durch Ionisation des Sauerstoffs wird ein plasmaähnlicher Zustand hervorgerufen. Das Substrat wird aufgeschmolzen und reagiert mit dem aktivierten Sauerstoff. Es bilden sich Oxidschichten aus amorphem Oxid, das kristalline Bezirke enthält. Als Elektrolyte werden wäßrige Lösungen von Carbonat/Fluorid bzw. Kombinationen aus Fluorid, Borat und Phosphat eingesetzt. In ausgewählten Elektrolyten kann eine Oxidschichtdicke von 200 µm erreicht werden. Die Schichten können mit anderen Metallen dotiert werden, so daß sich ein Einsatz in der Katalysatortechnik ergibt. ANOF-Schichten besitzen ein gutes Korrosions- und Verschleißverhalten. Beispielsweise werden auf AlZnMgCuMn-Legierungen in KOH/Na_2SiO_3-Lösungen Schichten mit Oberflächenhärten von 15 - 23 GPa erreicht.

Einige Sonderverfahren sind in Tafel 3.3.6 genannt.

Tafel 3.3.6 Einige Sonder-Anodisierverfahren

Bezeichnung des Verfahrens	Stromart[1])	Spannung V	Stromdichte A/dm^2	Temperatur °C	Eigenfärbung der Schicht	Schichtdicke µm	Elektrolyt
Bengough-Stuart	G	20 bis 40	0,3 bis 0,8	40	grau	bis 8	Chromsäure
Ematal	G	120	2 bis 3	50 bis 70	emailartig grau		Oxalsäure mit Titan- und Zirkoniumsalzen
Thermat	G	15 bis 20	1 bis 3	20 bis 35	transparent farblos	5 bis 60	Schwefelsäure mit Zusätzen
GS Eloxalbad „156“	G	15 bis 20	1 bis 2	20 bis 30 farblos	transparent	2 bis 25	Schwefelsäure
Pigmental	G	25	2 bis 2,5	60 bis 65	milchig, undurchsichtig	5 bis 10	Chromsäure
Chromatal	G	10 bis 50	0,5 bis 2	35 bis 40	hellgrau opak	2 bis 10	Chromsäure
WX-Verfahren	W	20 bis 60	2 bis 3	25 bis 35	gelblich	15 bis 40	Oxalsäure, 5 bis 10 %
GX-Verfahren	G	20 bis 60	1 bis 2	18 bis 20	gelblich		Oxalsäure, 3 bis 5 %
WGX-Verfahren	W +G	30 bis 60 40 bis 60	2 bis 3 1 bis 2	20 bis 30 20	gelblich		Oxalsäure, ca. 10 %

[1]) G = Gleichstrom, W = Wechselstrom

3.3.3 Eigenschaften anodisch erzeugter Oxidschichten

3.3.3.1 Eigenfärbung in Abhängigkeit von der Zusammensetzung des Werkstoffs

Ein homogenes Gefüge des Werkstoffs ergibt beim Anodisieren transparente und farblose Oxidschichten. Heterogenitäten vermindern die Transparenz und bewirken Eintrübungen und Farbänderungen. Je höher der Reinheitsgrad, desto größer ist die Transparenz der Schicht. Bei manchen Beimengungen kann durch Homogenisierungsglühen die Transparenz verbessert werden. Gewisse Legierungszusätze können das Aussehen und die Eigenschaften anodisch erzeugter Oxidschichten beeinflussen (Tafel 3.3.7).

Tafel 3.3.7 Einfluß von Legierungselementen und Verunreinigungen auf die anodische Oxidschicht

Legierungselement Verunreinigung	Konzentration in Masse-%	Auswirkungen bei Überschreitung der angegeben Konzentration
Fe	>0,4	Strukturabzeichnungen, Eintrübung graue und schwarze Streifen
Si	<1	im allgemeinen ohne Farbeinfluß Bei den im Bauwesen wichtigen AlMgSi-Legierungen spielen die Höhe der Gehalte an Si + Mg und der Lieferzustand eine Rolle
	>1	Graufärbung in unterschiedlichen Tönen, Wolkenbildung
Mg	<4	Beeinträchtigt Transparenz und Farblosigkeit nicht
	>5	Vom Gefüge und der Wärmebehandlung abhängige Eintrübung, Färbung braun bis schwarz
Zn	<5	nur unwesentliche Trübung bei homogener Verteilung, sonst bräunlich oder marmoriert Härte der Schichten etwas herabgesetzt
Cu	<0,2	ohne merklichen Einfluß auf Farbe, Transparenz und Härte
	>1	Grau- bis Braunfärbung, Fleckigkeit, geringere Schichthärte
Mn	>0,2	ruft in AlMg-Legierungen je nach Verteilungsgrad Eintrübungen oder Farbstiche hervor
	>0,5	Trübungen bis gelbliche Färbung, Fleckigkeit
Ti, Zr	>0,05	Beeinträchtigung von Farbe und Transparenz der Schichten, bei höheren Gehalten Gelbstich
Cr	>0,1	gelbliche Färbung

3.3.3.2 Aussehen, dekorative Wirkung

Das dekorative Aussehen anodisch oxidierter Teile wird durch die Werkstoffzusammensetzung, Gefügebeschaffenheit, Form und Oberflächenzustand entscheidend beeinflußt. Alle das Oberflächenaussehen bestimmenden Behandlungen müssen vor dem Anodisieren erfolgen. Durch das Anodisieren werden Oberflächenfehler nicht eingeebnet, sondern Strukturen und Unebenheiten treten deutlicher hervor.

Für die Oberflächenvorbereitung sind mechanische, chemische oder elektrochemische Behandlungsverfahren geeignet. Durch Schleifen, Bürsten, Polieren usw. werden Unebenheiten, Riefen und vorhandene mechanische Beschädigungen entfernt und ein gleichmäßiges Aussehen erzielt (s. 3.1). Chemische und elektrochemische Vorbehandlungen setzen meist mechanische Vorbehandlungen voraus (s. 3.2).

Die bestimmten Oberflächeneffekten zugeordneten Oberflächenvorbehandlungen sind nach DIN 17 611 durch die Kurzzeichen E0 bis E6 gekennzeichnet (s. Tafel 3.3.8)

Das dekorative Aussehen wird weiterhin durch den Glanz (Beurteilung nach DIN 67 530 v. 01/82) und das Reflexionsvermögen (DIN 5036 T.3 v. 11/79) gegeben.

3.3.3.3 Anforderungen an die Schichtdicke bei korrosiver Belastung

Aufgrund von praktischen Erfahrungen und von Bewitterungsversuchen wurde festgestellt, daß bestimmte Schichtdicken für eine gewünschte Schutzwirkung erforderlich sind. Dabei ist zu berücksichtigen, daß auch der Reinheitsgrad und die Oberflächenbeschaffenheit des Werkstoffs die Schutzdauer bestimmen. So ist auf einer mechanisch vorgeschliffenen und polierten Oberfläche die Schutzwirkung der Oxidschicht besonders gut, weil sie sehr gleichmäßig ausgebildet ist.
Für den Einsatz im Bauwesen sind je nach Belastung folgende Schichtdicken zu empfehlen (Tafel 3.3.9):

Tafel 3.3.8 Kurzzeichen für die Oberflächenbehandlung anodisch oxidierter Teile für das Bauwesen (nach DIN 17 611)

Kurzzeichen	Art der Behandlung Vorbehandlung	Haupt- und Nachbehandlung
E0	ohne wesentlichen chemischen Oberflächenabtrag	anodisiert und verdichtet
E1	geschliffen	anodisiert und verdichtet
E2	gebürstet	anodisiert und verdichtet
E3	poliert	anodisiert und verdichtet
E4	geschliffen und gebürstet	anodisiert und verdichtet
E5	geschliffen und poliert	anodisiert und verdichtet
E6	chemisch behandelt in Spezialbeizen	anodisiert und verdichtet

Tafel 3.3.9 Empfohlene Schichtdicke der anodischen Oxidschicht bei atmosphärischer Belastung

Klasse	Lage und korrosive Belastung	Mindestschichtdecke, µm
10	Innen, trocken	10
20	Innen, feucht; Außen	20

In der Regel werden Schichtdicken von 10 bis 30 µm angewendet. Für technische Zwecke, insbesondere beim Hartanodisieren, sind Schichtdicken von 30 bis 250 µm üblich. Für verschiedene andere Verwendungszwecke werden Schichtdicken nach Tafel 3.3.10 empfohlen. Für eine gute Schutzwirkung der Oxidschicht ist außer ihrer Dicke und Homogenität eine ordnungsgemäße Verdichtung entscheidend (s. 3.3.5).

Tafel 3.3.10 Aluminiumoxid-Schichtdicken für bestimmte Verwendungszwecke

Teile aus Knetwerkstoffen	
Mechanisch belastete Teile (Verschleißschutz)	>30 bis 60 µm
Wirtschaftsgegenstände wie Kochgeschirr, Flaschen, Campingartikel	10 bis 20 µm
Beschlagteile aller Art	10 bis 15 µm
Reflektoren	5 bis 10 µm
Bijouterie und Kunstgewerbeartikel, Schmuckwaren	5 bis 10 µm
Gußstücke	
allgemein	10 bis 15 µm
Beschlagteile	10 bis 15 µm
Für alle Teile auf Schiffen	> 20 µm

Es ist zweckmäßig, dem Anodisierbetrieb die Belastung anzugeben und eine entsprechende Behandlung zu vereinbaren. Zur Erhaltung des dekorativen Aussehens und der Schutzwirkung der Oxidschicht ist in bestimmten Zeitabständen eine Reinigung erforderlich (s. 3.3.9).

3.3.3.4 Härte, Verschleiß- und Abriebfestigkeit

Anodisch erzeugte Oxidschichten weisen eine Härte wie Korund (Al_2O_3) auf und sind dadurch besonders verschleiß- und griffbeständig. Es ist jedoch zu berücksichtigen, daß die harte Oxidschicht auf einer im Verhältnis hierzu weichen, verformbaren Metalloberfläche liegt, deren Verformung sie nicht folgen kann. Umformungen anodisierter Teile sind daher kaum möglich, sie führen vielmehr zu Haarrissen und Einbrüchen, wie es auch bei oberflächengehärtetem Stahl bekannt ist. Die Härte der Oxidschicht hängt von der Werkstoffzusammensetzung und in gewissen Grenzen auch von den Anodisierbedingungen (Oxalsäureelektrolyte erzeugen relativ weiche Schichten) ab. Bei den nach den Standardverfahren erzeugten Oxidschichten nimmt die Härte von der Oberfläche der Oxidschicht in Richtung Metall zu; bei hartanodisierten Schichten ist die Härte über die gesamte Dicke nahezu gleich.
Die an einem Querschliff gemessene Härte beträgt bei einer nach dem GS-Verfahren erzeugten Oxidschicht etwa 250 bis 350 HV (Vickerseinheiten). Bei Anwendung der Hartanodisation erhält man Härtewerte von 300 bis 600 HV (s. 3.3.4.3, Bild 3.3.11). Bei der Härtemessung auf der Oberfläche ist zu berücksichtigen, daß der Härteeindruck nur 1/10 der Schichtdicke sein darf, damit der Einfluß der weichen Unterlage ausgeschlossen wird.
Im Bauwesen reicht die nach den Standardverfahren (s. 3.3.2.1) erreichbare Härte der Oxidschicht im allgemeinen aus. Bei auf Verschleiß belasteten Maschinenteilen ist jedoch eine Hartanodisation erforderlich (s. 3.3.4).

3.3.3.5 Temperaturbeständigkeit

Anodisch erzeugte Oxidschichten verändern sich bei Temperaturbelastung chemisch nicht, geben aber Wasser ab (Dehydratation). Aluminiumoxid selbst ist bis 2000 °C beständig, so daß die Temperaturbeständigkeit vom Schmelzpunkt des Grundwerkstoffs bestimmt wird. Aufgrund des geringeren Wärmeausdehnungskoeffizienten der Oxidschicht gegenüber dem Metall treten bei höheren Temperaturen Risse in der Schicht auf. Obwohl bei 80 bis 100 °C besonders bei spröden Schichten feine Risse beobachtet werden, beeinträchtigt dies die schützenden Eigenschaften der Schicht bis zum Schmelzen des Metalls nur unerheblich.

3.3.3.6 Reflexions- und Strahlungsvermögen

Polierte Aluminiumoberflächen verlieren ihren Glanz und damit ihr hohes Reflexionsvermögen durch die nicht zu vermeidende natürliche Oxidation verhältnismäßig schnell. Durch Anodisieren nach vorherigem chemischen oder elektrochemischen Glänzen läßt sich die Trübung derartiger Flächen und damit der Abfall des Glanzes und des Reflexionsvermögens vermeiden. Die Durchlässigkeit der anodischen Oxidschicht für ultraviolette Strahlen, sichtbares Licht und kurzwellige Wärmestrahlen ist bei sachgemäßer Erzeugung der Schicht und einem geeignetem Grundwerkstoff außerordentlich gut. Das Reflexions- und Strahlungsvermögen anodisch oxidierter Flächen liegt nur wenige Prozente unter dem des metallisch blanken Metalls. Für klimatisierte Räume haben sich Schichtdicken von 2 µm als ausreichend erwiesen. Mit zunehmender Schichtdicke und der Erhöhung des Anteils an Legierungselementen oder der Verunreinigungen (s. Bild 3.3.9) nimmt die Trübung der Oxidschichten im allgemeinen zu. Der beim Anodisieren eintretende Glanzabfall ist bei Aluminium mit hohem Reinheitsgrad (Glänzwerkstoffe) besonders gering. Hochglanzgewalzte Aluminiumbänder mit einem Reinheitsgrad > 99,8 % weisen nach Glänzen und Anodisieren Totalreflexionswerte von > 85 % und geringe Diffusionsreflexionswerte von 10 - 15 % auf, d.h. der größte Teil des Lichtes wird gerichtet zurückgeworfen. Das Reflexionsvermögen wird mit einer „Ulbricht'schen Kugel“ nach DIN 5036 gemessen. Bei dünnen Oxidschichten kann ein „Irisieren“ durch die spektrale Aufspaltung des Lichtes erfolgen. Das Glänzen und Anodisieren wendet man beispielsweise für Reflektoren und Lichtleisten, Zierteile sowie für optische und feinmechanische Geräte an.
Im Gegensatz zum blanken Metall besitzt die anodische Oxidschicht für langwellige Wärmestrahlen ein hohes Absorptions- und Emissionsvermögen, fast wie ein schwarzer Körper, so daß anodisiertes Aluminium für Wärmeübertrager sehr gut geeignet ist. Durch das Anodisieren kann eine Verbesserung der Wärmeabgabe um mehr als das Fünffache erreicht und durch eine Schwarzfärbung der Oxidschicht noch gesteigert werden.

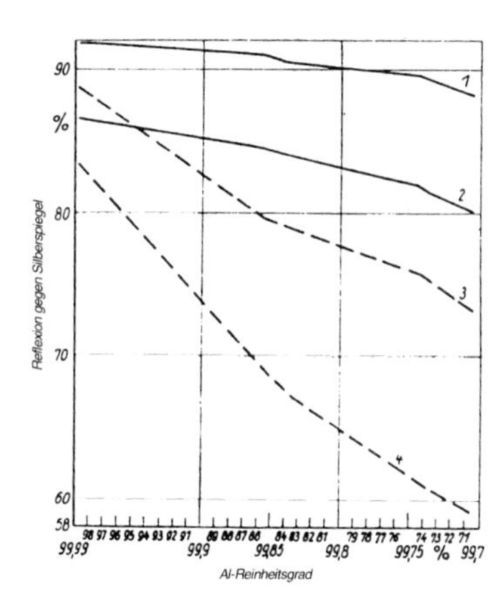

Bild 3.3.9 Reflexionswerte von anodisiertem und nicht anodisiertem Aluminium in Abhängigkeit vom Reinheitsgrad; 1 Gesamtreflexion (nicht anodisiert); 2 Gesamtreflexion (anodisiert nach dem GS-Verfahren); 3 gerichtete Reflexion (nicht anodisiert); 4 gerichtete Reflexion (anodisiert nach dem GS-Verfahren).

3.3.3.7 Elektrische Isolierwirkung

Sorgfältig verdichtete anodische Oxidschichten weisen eine hohe elektrische Isolationsfähigkeit auf, die bei höheren Temperaturen etwas geringer wird. Durch eine zusätzliche organische Beschichtung kann der Isolationswert noch verbessert werden, jedoch ist die thermische Beständigkeit durch den Beschichtungsstoff begrenzt. Die Durchschlagspannung der Schicht nimmt mit der Dicke zu. In Bild 3.3.10 ist die Durchschlagspannung bei Reinaluminium in Abhängigkeit von der Schichtdicke dargestellt. Die Dielektrizitätskonstante ε liegt zwischen 7 und 8 und entspricht damit der von Glimmer ($\varepsilon = 7{,}5$).

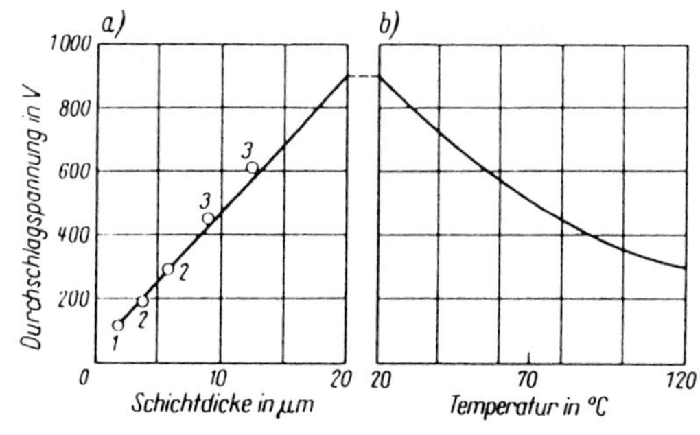

Bild 3.3.10 Durchschlagspannungen von Oxidschichten (nach Moser)
a) Abhängigkeit der Durchschlagspannung von der Schichtdicke nach verschiedenen Herstellungsverfahren; 1 chemisch erzeugt (chromatiert); 2 elektrolytisch erzeugt (GS-Verfahren); 3 elektrolytisch erzeugt (Gleichstrom-Sulfosalizylsäure)
b) Abhängigkeit der Durchschlagsspannung von der Temperatur; Oxidschichtdicke 20 µm; Meßsonde: Kugeldurchmesser 1,4 mm, Kontaktkraft 100 N.

Die dielektrische Wirkung der Oxidschicht macht man sich bei Elektrolytkondensatoren zunutze, wo eine vorher geätzte (aufgerauhte) Aluminiumfolie mit einer Oxidschicht bedeckt (formiert) wird. Durch Wahl eines speziellen Elektrolyten (phosphor- oder borsäurehaltige Elektrolyte) werden sehr dünne, teilweise amorphe, gut verformbare Oxidschichten mit hoher Durchschlagfestigkeit erzeugt. Bei Schichtdicken von 0,1 µm können Durchschlagspannungen von 400 V erreicht werden (sog. Hochvoltkondensatoren).
Ein weiteres Anwendungsgebiet elektrisch durch anodische Oxidation isolierter Aluminiumbänder sind Spulen für unterschiedliche Einsatzgebiete wie Hubmagnete oder Drosselspulen. Der Füllfaktor ist durch Wegfall einer zusätzlichen Lagenisolation wesentlich höher, wärmestauende Lufträume wie bei Drahtspulen sind nicht vorhanden.

3.3.4 Hartanodisation

Die Hartanodisation stellt eine spezielle Verfahrensvariante der anodischen Oxidation dar. Es werden besonders harte und verschleißfeste Oxidschichten für technische Zwecke erzeugt. Die Schichtdicken liegen werkstoffabhängig im Bereich von 30 bis 250 µm. Für normale technische Belastung genügen 30 bis 80 µm. An die meist grau bis braun gefärbten Oxidschichten werden keine dekorativen Ansprüche gestellt.

3.3.4.1 Verfahren der Hartanodisation

Hartoxidschichten lassen sich auf Aluminiumlegierungen durch Anwendung geeigneter Elektrolyte und Arbeitsbedingungen erzeugen. Merkmale dieser Verfahren sind niedrige Elektroyttemperatur (intensive Kühlung notwendig) und höhere Stromdichte. Durch die niedrige Temperatur wird die beim Anodisieren entstehende Wärme schnell abgeleitet und eine Rücklösung der Oxidschicht durch Badzusätze (organische Säuren oder Salze) wesentlich vermindert (s. 3.3.1). Entsprechend der Zunahme der Schichtdicke wird die elektrische Spannung beim Anodisieren erhöht. Als Elektrolyt verwendet man Schwefelsäure und/oder Oxalsäure. Einige Verfahren sind in Tafel 3.3.11 angegeben.

Tafel 3.3.11 Einige Hartanodisierverfahren

Verfahren	Elektrolyt (Hauptbestandteil)	Stromart	Spannung V	Stromdichte A/dm²	Temperatur °C	Schichtdicke µm
(Standard)	Schwefelsäure	G	20 → 120	2 bis 7,5	1 bis 3	bis 200
MHC[1])	Schwefelsäure + Oxalsäure	G	25 → 60	2,2 bis 2,7	0	25 bis 150
Alumite 225/226	Schwefelsäure + Oxalsäure	G	25 → 50	3 bis 4	8 bis 10	25 bis 50
Hardas	Schwefelsäure	G +W	20 → 60	5 bis 20	-4 bis +5	25 bis 75
Sanford	Schwefelsäure + Oxalsäure + Chromsäure[2])	G	15 → 150	1,3 bis 2	-26 bis 0	20 bis 150

G = Gleichstrom, G + W = mit Gleichstrom überlagerter Wechselstrom
[1]) verwendbar für alle Knetlegierungen bis 5 % Cu und 8 % Si
[2]) Zusatz von einem Extrakt aus Braunkohle

3.3.4.2 Werkstoffe für das Hartanodisieren

Eine Vielzahl von Knetlegierungen sowie Sand-, Kokillen- und Druckgußlegierungen lassen sich mit gutem Erfolg hartanodisieren:

Knetlegierungen nach DIN EN 573 T.3

AlMn1	AlMg2Mn0,3	AlMgSi0,5	AlZnMgCu0,5	AlCuSiMn*)
AlMg1	AlMg2Mn0,8	AlMgSi0,7	AlZnMgCu1,5	AlCuMg1*)
AlMg2,5	AlMg4,5Mn	AlMgSi1	AlZn4,5Mg1	AlCuMg2*)
AlMg3				AlMgSiPb*)
AlMg5				AlCuMgPb*)
				AlCuBiPb*)

Sand- und Kokillengußlegierungen G/GK- (nach DIN EN 1706)

AlSi5Mg	AlMg3	AlMg3(Cu)	G-AlSi6Cu4*)
AlSi7Mg	AlMg3Si	AlMg5	G-AlSi9Cu3*)
	AlMg5Si		G-AlCu4Ti*)
			G-AlCu4TiMg*)

Druckgußlegierungen GD-

AlMg9, AlSi12*), AlSi12(Cu)*), AlSi9Cu3*)

---

*) Sonderverfahren

Die Auswahl des richtigen Werkstoffs und des geeigneten Anodisierverfahrens muß sehr sorgfältig erfolgen. Berücksichtigt werden sollen die mechanischen Eigenschaften des Grundwerkstoffs (Zugfestigkeit, Bruchdehnung, Härte) sowie die Anodisiervarianten, um optimale Schichteigenschaften zu erzielen. Beispielsweise entstehen bei Anwesenheit von Mg- und Si-Legierungsbestandteilen dickere Oxidschichten mit hohem elektrischen Widerstand, aber geringerer Härte als bei Reinaluminium. Bei engen Maßtoleranzen ist zu beachten, daß durch die Umwandlung von Aluminium in Aluminiumoxid eine Dickenzunahme von 50 % der Gesamtoxidschichtdicke erfolgt.

3.3.4.3 Eigenschaften von Hartoxidschichten

Hartoxidschichten zeichnen sich durch eine gleichmäßige Härte über den gesamten Querschnitt der Oxidschicht aus (s. Bild 3.3.11). Die Verschleiß- und Abriebfestigkeit ist bei Hartoxidschichten bedeutend höher als bei den nach den Standardverfahren (s. 3.3.2.1) erzeugten Oxidschichten. Hartoxidschichten lassen sich aber wegen ihrer größeren Dichte (geringeres Porenvolumen) schwerer einfärben. Hartoxidschichten weisen eine hohe Korrosionsbeständigkeit auf, die durch in die Oxidschicht eingelagerte Legierungselemente wie Kupfer und Nickel negativ beeinflußt wird. Bei manchen Hartoxidschichten treten feine Haarrisse auf. Diese beeinträchtigen weder die Korrosionsbeständigkeit noch die Abriebfestigkeit. Durch die Legierungsbestandteile entstehen neben den natürlichen Poren der Oxidschicht auch größere Poren.
Die elektrische Durchschlagfestigkeit beträgt je nach Oxidschichtdicke und Grundwerkstoff 20 bis 30 V / µm und erreicht 5000 V und mehr. Die Wärmeleitfähigkeit der Schicht ist gering. Besonders glatte Oberflächen für Gleitbelastung werden erreicht, wenn eine dickere Hartoxidschicht durch Schleifen und Läppen auf Maß bearbeitet

wird. Die Oberflächenrauhigkeit liegt danach unter 1 µm. Die Gleitfähigkeit und die Schmierwirkung der Hartoxidschicht kann durch Imprägnieren mit PTFE, MoS_2, Silikonölen und Fetten entscheidend verbessert werden. Eine PTFE-Einlagerung in hartanodische Schichten kann im Nituff-Verfahren für Al-Legierungen mit niedrigem Cu- und Si-Gehalt durchgeführt werden.
Ein Verdichten von Hartoxidschichten ist in vielen Fällen nicht notwendig. Es verbessert zwar das Korrosionsverhalten, vermindert aber die Verschleißfestigkeit.

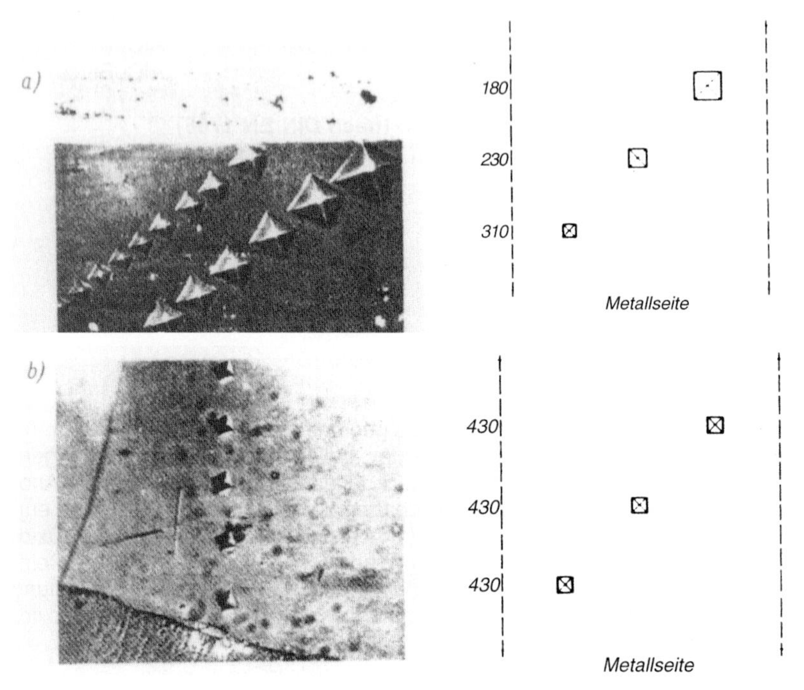

Bild 3.3.11 Härteverlauf im Querschnitt anodisch erzeugter Oxidschichten: Eindruck eines gleichbelasteten Vickersdiamanten;
a) in normalen GS-Schichten (Härteabnahme);
b) in Hartoxidschichten (gleichbleibende Härte).

3.3.5 Verdichten anodisch erzeugter Oxidschichten

Die anodisch erzeugte Oxidschicht ist mikroporös. Sie erreicht ihre optimale Korrosionsbeständigkeit erst durch eine Verdichtungsbehandlung, die einen Porenverschluß bewirkt. Für diesen zwingend erforderlichen Porenverschluß stehen zwei prinzipielle Behandlungsverfahren zur Verfügung:

- Konventionelles Verdichten (hydrothermal sealing) und
- Kaltimprägnieren auf Basis Nickelfluorid (cold sealing).

3.3.5.1 Konventionelles Verdichten

Das konventionelle Verdichten durch Hydratation der Oxidschicht ist so alt wie das Verfahren der anodischen Oxidation selbst. Die erzeugte Oxidschicht wird dabei vorzugsweise einer Heißwasserbehandlung in vollentsalztem Wasser mit einem pH-Wert von 6 ± 0,5 bei über 96 °C oder einer Behandlung mit Sattdampf über 98 °C unterzogen. Die Behandlungszeit liegt bei 3 - 4 min/µm Schichtdicke. Die Oxidschicht wird während des Verdichtungsprozesses oberflächlich angelöst. Dabei gehen evtl. adsorbierte Anionen aus dem Anodisierbad in Lösung. Durch die eintretende pH-Wert-Erhöhung schlägt sich Aluminiumhydroxid-Gel auf der Oberfläche nieder, das kristallisiert. Dabei findet eine Umwandlung des Oxids in Böhmit statt:

$$Al_2O_3 + H_2O \xrightarrow{> 75\ °C} 2\ AlOOH \qquad \text{(Böhmit)}$$

Dieser Vorgang ist mit einer Volumenvergrößerung verbunden und führt zu dem gewünschten Porenverschluß. Das Adsorptionsvermögen der Oxidschicht für Fremdstoffe (z.B. Farbstoffe) wird damit aufgehoben bzw. die Farbstoffe in den Poren eingeschlossen. Das sachgemäße Verdichten der anodisch erzeugten Oxidschicht ist für deren Beständigkeit von großer Bedeutung, unabhängig davon, ob es sich um eingefärbte oder nicht eingefärbte Oxidschichten handelt. Für das Verdichten adsorptiv gefärbter Schichten verwendet man auch Nickelacetatlösungen, um ein Ausbluten des Farbstoffs zu vermeiden. Es hat sich gezeigt, daß auch bei längerem Spülen in fließendem Kaltwasser ein Verschleppen von Säureresten aus dem Anodisierbad nicht verhindert werden kann. Wird jedoch nach dem Kaltspülen zusätzlich in Wasser mit einer Temperatur von 50 bis 60 °C gespült, so wird das Ausschleppen verhindert. Dadurch kann der pH-Wert bei der Heißwasserverdichtung leichter konstant gehalten werden; bei der Dampfverdichtung wird das Auftreten von Ablaufstreifen durch Säurespuren vermieden. Entscheidenden Einfluß auf die Qualität der Verdichtung hat die Wasserqualität. Phosphate, Silicate und Fluoride beeinträchtigen den Verdichtungsprozeß.

3.3.5.2 Kaltimprägnieren

Das Kaltimprägnieren auf Basis Nickelfluorid als eine neue Verdichtungsmethode für die anodische Oxidschicht wurde in den frühen 80er Jahren entwickelt und vor allem von Italien stark propagiert. Es bewirkt den gewünschten Porenverschluß der Oxidschicht nicht durch Hydratation, sondern durch Einlagerung von Nickelfluorid in die Poren (nach Short und Morita):

$$NiF_2 + 2\ OH^- \rightarrow Ni(OH)_2 + 2\ F^-$$
$$Al_2O_3 \cdot H_2O + 4\ F^- + 2\ H_2O \rightarrow 2\ Al(OH)F_2 + 4\ OH^-$$
$$Al_2O_3 \cdot H_2O + 2\ H_2O \rightarrow 2\ Al(OH)_3$$

Es gibt keine Kaltimprägnierung schlechthin, vielmehr stehen für das Kaltimprägnieren unterschiedliche Produkte zur Verfügung, so daß es richtiger ist, von verwendeten Kaltimprägniersystemen zu sprechen. Erste Anbieter für Kaltimprägniersysteme waren z.B. Alutekne (Fox-33) oder Italtecno (Hardwall). Heute stehen auch Produkte deutscher Anbieter zur Verfügung.

Das Imprägnierbad enthält pro Liter 1,2 bis 2,0 g Nickelionen und 0,5 bis 0,8 g freie Fluoridionen. Wichtig ist, daß ein bestimmtes Verhältnis von Nickel-/freie Fluoridionen aufrecht erhalten wird, da sich beim Imprägnieren ein unterschiedlicher Verbrauch an beiden ergibt.

Das Kaltimprägnieren führt zu einem Verschluß der Mikroporen der anodischen Oxidschicht lediglich in der oberflächennahen Außenzone. Das führt zur Neigung der Schichten zur Mikrorißbildung in trocken-warmem Klima. Weiterhin ist festzustellen, daß das Kaltimprägnieren über die eigentliche Behandlungszeit (0,8 bis 1,2 min/µm) hinaus noch zusätzlich Zeit in Anspruch nimmt, bis die chemischen Reaktionen in den Poren weitgehend abgelaufen sind. Hierfür ist die relative Luftfeuchte eine entscheidende zeitbestimmende Einflußgröße. Diese Tatsache einer erforderlichen Nachreaktionszeit verbietet ein unmittelbares Handling mit kaltimprägnierter Ware und schließt eine sofortige Prüfung aus. Dieser in der Praxis kaum zu akzeptierende Nachteil hat zu einer Modifizierung der Kaltimprägnierung geführt. An das ursprüngliche einstufige Verfahren schließt sich daher eine sog. Warmwasseralterung an, die den Reaktionsablauf in den Poren beschleunigt. Die Warmwasseralterung erfolgt in einem Wasserbad mit einem Nickelsulfatgehalt von 5 bis 10 g/l bei mindestens 60 °C bei einer Behandlungszeit von 0,8 bis 1,2 min/µm.

Hauptvorteil des Kaltimprägnierens ist die Energieersparnis, die sich gegenüber der konventionellen Verdichtung bei > 96 °C durch die niedrige Behandlungstemperatur von 25 bis 30°C ergibt. Dieser zunächst zutreffende Energievorteil reduziert sich jedoch beim modifizierten Kaltimprägnieren durch die nachgeschaltete Wasseralterung. Der Nachteil des Kaltimprägnierens gegenüber dem konventionellen Verdichten ist vor allem der zusätzliche Chemikalienbedarf und die notwendige Nickelentfernung aus dem Abwasser.

Ein neues, in den USA entwickeltes Verfahren ist das Niedrigtemperatursealing. Durch Zusätze wird die Hydratisierungstemperatur auf 82 bis 88 °C abgesenkt. Gleichzeitig wird die Belagbildung vermieden.

3.3.5.3 Belagbildung

Durch das konventionelle Verdichten tritt in der Regel ein stumpf-matter oder irisierender Oberflächenbelag aus nadelförmig kristallisiertem Böhmit auf, der als Verdichtungsbelag bezeichnet wird. Dieser Verdichtungsbelag ist unerwünscht, da er insbesondere bei farbigen Oxidschichten das dekorative Aussehen beeinträchtigt. Für die Heißwasserverdichtung wurden Zusätze, sog. Belagverhinderer, entwickelt. Als solche haben sich Polycarboxylate, Polyhydroxide oder Phosphonate als geeignet erwiesen. Diese verhindern bei sorgfältiger Badkontrolle weitestgehend eine Belagbildung. Eine geringe Überdosierung der Belagverhinderer kann die Qualität der Nachverdichtung erheblich beeinträchtigen. Tritt dennoch ein Verdichtungsbelag auf, ist dieser abrasiv, z.B. mit Bimsmehl zu entfernen, wie dies für die Dampfverdichtung generell zutrifft. Nach DIN 17 611 ist die anodisierte Ware belagfrei auszuliefern.

Unter Einwirkung der Atmosphäre kann bei anodisierten, konventionell verdichteten oder kaltimprägnierten Aluminiumbauteilen innerhalb des ersten Jahres eine ebenfalls optisch störende Belagbildung auftreten, der sog. Bewitterungsbelag. Im Unterschied zum Verdichtungsbelag, der sich auf der Oberfläche befindet, bildet sich der Bewitterungsbelag durch Rücklösung von geschwächten weicheren Oberflächenbezirken und ist daher schwer zu entfernen. Nach abrasiver Reinigung (s. 3.3.9.1) des Bauteils mit leichtem mechanischem Oberflächenabtrag tritt er in der Regel nicht mehr auf.

3.3.5.4 Altern der Oxidschicht

Die Verdichtung der anodisch erzeugten Oxidschicht setzt sich in der Atmosphäre fort. Auch in üblicher Weise mit 3 min/µm verdichtete Oxidschichten zeigen diesen Alterungseffekt, erfaßbar durch die Scheinleitwertmessung nach DIN 50 949 (02/84) über ein Absinken des y20-Wertes.

3.3.5.5 Prüfen anodisch erzeugter, verdichteter Oxidschichten

Die Qualität anodischer erzeugter, verdichteter Oxidschichten wird nach unterschiedlichen Verfahren geprüft, die auf die Erreichung und Gewährleistung bestimmter Eigenschaften oder Funktionen gerichtet sind. So werden vorwiegend die Verminderung des Adsorptionsvermögens für Farbstoffe, die elektrischen Eigenschaften, die Löslichkeit in Säuren oder der Scheinleitwert bestimmt (s. Tafel 3.3.12). Die Prüfung der Qualität anodisch erzeugter und verdichteter Oxidschichten wird entsprechend den in der DIN 17 611 aufgeführten Meß- und Prüfverfahren vorgenommen.

Tafel 3.3.12 Verfahren zur Prüfung anodischer Oxidschichten

Eigenschaft	Prüfverfahren	Prüfnormen
Oxidschichtdicke	Wirbelstromverfahren	DIN EN ISO 2360 (04/95)
	Lichtschnittverfahren	DIN 50 948 ISO 2128
	Betarückstreuverfahren	DIN EN ISO 3543 (01/95)
	Querschliffmessungen mit dem Mikroskop	DIN EN ISO 1463 (01/95)
	Gravimetrisch	DIN 50 944 ISO 2106
Beständigkeit der verdichten Oxidschicht[1])	Übersicht	DIN 17 611
	Scheinleitwertmessung	DIN 50 949 ISO 2931
	Farbtropfentest	DIN 50 946 ISO 2143
	Massenverlust in Säuren	DIN 50 899 ISO 3210
	Dauertauchversuch	DIN 50 947
	Belastung in Kondenswasserklimaten	DIN 50 017
	Belastung in SO_2-haltigen Kondenswasser-Klimaten (Kesternich-Versuch)	DIN 50 918
	Freibewitterung in Land-, Stadt-,Industrie- oder Meeresklima	DIN 50 917
Härte	Mikrohärteprüfung am Querschliff	
Abriebfestigkeit	Abriebprüfgerät nach Erichsen, Typ 317	
Reflexionsvermögen	Messung mit Ulbrichtscher Kugel	DIN 5036 T.3 ISO 1615
	Reflektometer n. Dr. Lange (Mark III)	

[1]) zu Korrosionsprüfverfahren siehe Aluminium-Taschenbuch, Band 1.

Prüfverfahren

Bestimmung der Schichtdicke
Eine Übersicht und Zusammenstellung über die gebräuchlichen Meßverfahren gibt die DIN EN ISO 2064 (01/95). Für die Schichtdickenmessung stehen eine Reihe von Verfahren zur Verfügung. Nach DIN EN ISO 2360 wird die Schichtdicke elektrisch nichtleitender Schichten auf nichtferromagnetischem Grundwerkstoff zerstörungsfrei mit Wirbelstromgeräten gemessen. Nichtzerstörungsfrei erfolgt die Schichtdickenmessung am Querschliff mit dem Mikroskop gemäß DIN EN ISO 1463 (01/95). Weitere Methoden sind das Betarückstreuverfahren, die Röntgenfluoreszenzmessung, das Lichtschnittverfahren und gravimetrische Verfahren.

Qualitätsprüfung
Die Messung des Scheinleitwertes nach DIN 50 949 arbeitet zerstörungsfrei. Verwendet werden eine Elektrolytzelle mit einem Querschnitt von 1,33 cm^2 und eine Kaliumsulfatlösung als Elektrolyt. Der gemessene Scheinleitwert muß auf eine Schichtdicke von 20 µm und eine Temperatur von 25 °C umgerechnet werden. Der erhaltene y20-Wert darf bei ungefärbten Oxidschichten 20 µS (Mikrosiemens) nicht überschreiten. Die Prüfung ist innerhalb von 48 h nach der Verdichtung vorzunehmen. Bei eingefärbten Oxidschichten können auch höhere Grenzwerte eine ausreichende Beständigkeit anzeigen, da die elektrischen Eigenschaften der Oxidschichten durch die Einlagerung von Metall in den Poren verändert werden.
Die Anfärbeprüfung wird vorzugsweise nach ISO 2143 oder nach DIN 50 946 vorgenommen. Als Anfärbestoff dient Aluminiumblau 2LW (5 g/l) oder Aluminiumrot B3LW (10 g/l). Eine saubere, ordnungsgemäß verdichtete Oxidoberfläche zeigt bei dieser Prüfung keine Einfärbung. Der Reflexionswert der geprüften Stelle darf nicht weniger als 85 % bezogen auf den Reflexionswert derselben Probe vor der Prüfung betragen. Anwendbar ist dieses Verfahren vor allem bei farblosen Oxidschichten; bei dunkelgefärbten Schichten ist eine Intensitätsbestimmung der zurückbleibenden Anfärbung schwierig oder unmöglich.
Der Massenverlust wird nach DIN 50 899 bzw. ISO 3210 in Chromphosphorsäure bestimmt. Das Verfahren ist auf farblose und gefärbte Oxidschichten anwendbar. Nach DIN 17 611 darf der Massenverlust 30 mg/dm^2 nicht überschreiten.

Gütezeichen
Trägergemeinschaft des Gütezeichens ist Qualanod International mit Sitz in Zürich. Qualanod erarbeitete Vorschriften für die Herstellung und Prüfung anodisch erzeugter Oxidschichten auf Aluminium und seinen Legierungen. Diese wurden in der Bundesrepublik Deutschland von der „Gütegemeinschaft Anodisiertes Aluminium e.V." (GAA) Nürnberg übernommen. Träger der GAA sind Eloxalanstalten und die Aluminiumhalbzeugindustrie.

3.3.6 Färben, Bedrucken, Imprägnieren unverdichteter Oxidschichten

Aufgrund ihrer mikroporigen Struktur verhalten sich anodisch erzeugte Oxidschichten adsorptiv gegenüber Farbstoffen (vgl. 3.3.2.3) und lassen sich auch mit z.B. lichtempfindlichen Stoffen imprägnieren oder wie im Fall von Hartoxidschichten bei geringerem Porenvolumen mit PTFE zur Verbesserung der Gleiteigenschaften von Schichten.

3.3.6.1 Aluchromie

Die Aluchromie, eine Maltechnik, nutzt die hohe Saugfähigkeit von frisch erzeugten anodischen Oxidschichten auf Aluminiumblechen bzw. -gußtafeln aus. Der Künstler muß mit einer Anodisieranstalt eng zusammenarbeiten, weil die Aluchromie im Hinblick auf die schon nach einigen Stunden nachlassende Saugfähigkeit der Schicht möglichst bald nach der anodischen Oxidation des Malgrundes angefertigt werden muß. Die für die Anfertigung einer Aluchromie zweckmäßige Schichtdicke beträgt 10 bis 20 µm. Bewährt haben sich Anthrachinon-, Phthalocyanin-, Azin-, Xanthen-, Chinophthalon- und vor allem Azofarbstoffe. Farbstoffpasten sind für die Aluchromie von Vorteil, wenn scharfe Konturen herauszuarbeiten sind. Da es sich um Pasten handelt, die nicht wasserlöslich sind, kann der freigebliebene Untergrund zusätzlich auf dem üblichen Wege durch Tauchen in eine wäßrige Farblösung eingefärbt werden. Dieses Einfärben des Untergrundes soll grundsätzlich erst nach dem Aufbringen der Farbstoffpasten durchgeführt werden, um deren leuchtende Farbtöne nicht zu beeinflussen. Nach Fertigstellung der Aluchromie wird in Wasser verdichtet (s.3.3.5) und danach der Farbstoffträger und der überschüssige Farbstoff mit einem Lösungsmittel entfernt. Die Farbpaste ist so zusammengesetzt, daß sie während des Verdichtens nicht in Lösung geht und das Verdichtungsbad nicht verunreinigt.

3.3.6.2 Bedrucken

Das Bedrucken von anodisiertem Aluminium findet Anwendung bei der Fertigung von mehrfarbigen Schildern und Frontplatten. Die Druckfarben (Teilchengröße < 10nm) werden von der unverdichteten Oxidschicht aufgenommen und durch die nachfolgende Verdichtung fest eingeschlossen. Übliche Druckverfahren sind Offset- und Siebdruck. Beim Ätzdruck wird eine ätzbeständige Reserve vorzugsweise nach dem Siebdruckverfahren aufgetragen. Die nicht reservierten Stellen werden mit z.B. Natronlauge geätzt, wodurch eine Reliefwirkung entsteht mit z.B. erhabenen Zeichen und Buchstaben.

3.3.6.3 Impal-Imprägnierverfahren

Die unverdichtete Oxidschicht wird mit Klarlacken, die auf dieses Verfahren abgestimmt sind, imprägniert, ohne daß die Schichtdicke selbst meßbar zunimmt. Nachbehandelt wird bei 120 °C. Das Oberflächenaussehen bleibt unverändert; das Oberflächenverhalten gegenüber chemischer Beanspruchung ist besser.

3.3.6.4 Imprägnieren mit lichtempfindlichen Stoffen

Die Imprägnierfähigkeit anodisch erzeugter Oxidschichten mit lichtempfindlichen Stoffen wird bei nachfolgenden Verfahren genutzt:
Das Seofoto-Verfahren ermöglicht es, bekannte Fotoverfahren, wie Blaupausenverfahren (Zyanotypie), Tintenkopierverfahren (Eisen-Gallus-Verfahren) und Kalitypie (Eisen-Silberverfahren) durchzuführen. Am meisten angewendet wird die für Schwarzweißfotos übliche Silber-Halogen-Sensibilisierung. Nach der Sensibili-

sierung werden die auf dieser Grundlage präparierten Platten im Kontaktverfahren (Platten oder Filme, für Schilder werden auch Schablonen benutzt), wie Fotopapiere belichtet, entwickelt und fixiert. Die Verfahren ergeben unbegrenzt dauerhafte, gegen mechanische Abnutzung sehr widerstandsfähige, feuchtigkeitsunempfindliche, sich nicht verziehende, unbrennbare Abdrucke hoher Genauigkeit. Anwendungsbeispiele sind: Stichreproduktion, Zeichnungen und Karten, Schaltschemen für elektrische Maschinen und Apparate, Arbeitsvorschriften, Schilder aller Art, Skalen, Rechenschieber, Porträts und sonstige Aufnahmen und Vergrößerungen. Nach dem Seofoto-Verfahren können auch auf gekrümmtem Körpern (z.B. Zylindern) Reproduktionen aufgebracht werden.

Das Aluphot-Verfahren (nach M.Schenk) verwendet als saugfähige Trägerschichten glänzende, matte, farblos transparente oder grauweiße Schichten, die nach dem Ematal-Verfahren (s. Tafel 3.3.6) erzeugt werden.

3.3.6.5 Klischeefertigung

Beim Hellschreiber schneidet der von einer Fotografie optisch-elektrisch gesteuerte Gravierstichel das Klischee auf einer anodisch oxidierten Oberfläche ein. Die Dicke der Oxidschicht ist dadurch begrenzt, daß diese beim Gravieren nicht aufbrechen darf, sondern die gewünschten scharfen Konturen ergeben muß. Anderseits muß die Oxidschicht, in Abstimmung mit dem Grundwerkstoff, so widerstandsfähig sein, daß die Konturschärfe auch bei großen Druckauflagen erhalten bleibt.

Voraussetzung für dieses Verhalten ist besonders gute Planheit und Spannungsfreiheit der Klischeetafel und Gleichmäßigkeit von Dicke und Qualität der Oxidschicht. Der Vorteil des Verfahrens beruht auf der Unabhängigkeit von Temperatur und Luftfeuchtigkeit und von dadurch bei anderen Werkstoffen möglichen Verwerfungen. Es können Vergrößerungen und Verkleinerungen in kürzester Zeit, ohne Ätzen oder andere naßchemische Prozesse relativ einfach hergestellt werden.

3.3.7 Einfluß der Verarbeitung auf das Anodisieren

Bei der Bearbeitung von Aluminium vor dem Anodisieren ist zu beachten, daß bestimmte Arbeiten die anodisch erzeugte Oxidschicht und deren dekoratives Aussehen beeinträchtigen. Wegen der begrenzten Verformbarkeit dieser Schichten soll ein Umformen, z.B. durch Biegen, möglichst vor der anodischen Oxidation durchgeführt werden, damit Haarrisse in den harten Oxidschichten vermieden werden (s.3.3.3.4). Für Teile, die nach dem Anodisieren noch umgeformt werden (z.B. Aufwickeln von Bändern), eignen sich Schichten bis etwa 5 µm Dicke oder sog."Formierschichten" von 0,7 bis 1 µm Dicke.

W a r m u m f o r m e n, örtliches A n w ä r m e n oder Z w i s c h e n g l ü h e n sind bei Ansprüchen an das dekorative Aussehen zu vermeiden, da sich die Veränderungen des Gefüges im Bereich der Wärmeeinflußzone abzeichnen. Das gilt vor allem für Legierungen, z.B. AlMgSi0,5.

F a l z e u n d B ö r d e l verlangen beim Anodisieren besondere Sorgfalt, weil darin Beiz- und Elektrolytreste zurückgehalten werden, wodurch Bäder verunreinigt und später Oberflächen beschädigt werden können. Es ist empfohlen, unvermeidbare Falze mit Klebstoff abzudichten.

Schweißverbindungen sind bei Anforderungen an das dekorative Aussehen im Sichtbereich möglichst zu vermeiden, da sich die Schweißnaht nach dem Anodisieren mehr oder weniger abzeichnet.

Schmelzschweißen an Sichtflächen ist zu vermeiden da Schweißnaht und Wärmeeinflußzone eine abweichende Farbtönung annehmen. Der optische Eindruck wird am wenigsten gestört bei Reinstaluminium und seinen Legierungen, Reinaluminium und den Legierungen AlMg1 und AlMg3. AlMgSi0,5 ist mit Zusatz S-AlMg3 oder S-AlMg5 zu schweißen. Mit Schutzgasschweißverfahren sind besser aussehende Schweißnähte erzielbar als durch Gasschweißen; abbrennstumpfgeschweißte Stellen sind nach der anodischen Oxidation fast unsichtbar.

Widerstands-, Punkt- und Rollennaht-Schweißverbindungen erfordern vor dem Anodisieren ein Abdichten der durch Überlappung entstehenden Spalte. Dafür eignen sich insbesondere die anaerob abbindenden, niedrigviskosen Klebstoffe. Abdichtmaßnahmen müssen auch vor einem Beizen oder chemischen oder anodischen Glänzen ausgeführt werden.

Hartlötstellen verfärben sich bei Verwendung der üblichen siliziumhaltigen Hartlote bei der anodischen Oxidation grau.

Weichlötstellen werden beim Anodisieren angegriffen. Deswegen scheidet Weichlöten aus, wenn anschließend anodisiert werden soll.

Klebverbindungen mit Konstruktionsklebstoffen können einwandfrei anodisiert werden.

Zusammengesetzte Teile aus Aluminium-Knet- und -gußwerkstoffen müssen bei Forderung möglichst gleicher Tönung in der Werkstoffzusammensetzung aufeinander abgestimmt sein. Das gleiche gilt beim Zusammenbau von Blechen und Profilen.

Mischbauweise. Zusammenbau mit Fremdmetallteilen ist vor der anodischen Oxidation zu vermeiden. Niete und Schrauben sind erst nach der Oxidation anzubringen. Das gilt auch für mechanische Verbinder an Rahmenecken.

Beim Einbau von Aluminiumkonstruktionen muß zur Vermeidung von Verformungen bei starken Temperaturunterschieden gegenüber Bauelementen mit kleinerer Wärmedehnung, wie Stahl oder Beton, ein hinreichendes Spiel vorgesehen werden. Ein Aluminiumbauteil von 3 m Länge weist beispielsweise bei Temperaturunterschieden von 60 °C, wie sie vom Winter zum Sommer auftreten können, einen Längenunterschied von ca. 4 mm auf.

3.3.8 Fehlerursachen bei anodisch erzeugten Oxidschichten

Abgesehen von Materialverwechslungen und Fehlbestellungen können Fehler bei der anodischen Behandlung einschließlich Vor- und Nachbehandlung durch folgende Ursachen entstehen (Tafel 3.3.13):

Tafel 3.3.13 Fehlerursachen bei der anodischen Oxidation

Erscheinung	mögliche Ursache	Hinweise zur Behebung
Fehler bei der Werkstückvorbereitung		
Flecken-,Streifen- und Wolkenbildung	Verwendung nicht einwandfreier Biege-oder Ziehwerkzeuge;	Überprüfung und Überholung der Biege- und Ziehwerkzeuge;
	Örtliche Erwärmung beim Warmverformen, Schweißen, Schleifen oder Polieren (besonders bei ausgehärteten AlMgSi-Legierungen)	Örtliche Erwärmung vermeiden; ggf. andere Verbindungsart (Nieten, Schrauben) wählen; Werkstücke beim Schleifen und Polieren öfter wechseln (ggf. mit Wasser kühlen)
	Schlechte Vorpolitur, Verwendung ungeeigneter Polierpasten	Geeignete Polierpasten verwenden
	Ungenügende Entfettung, eingebrannte Fette	sorgfältiger entfetten, örtliche Überhitzung beim Schleifen und Polieren vermeiden.
	Verwendung von plattiertem Material für dekorative Zwecke, soweit eine mechanische Bearbeitung notwendig ist	Für Teile, die geschliffen und poliert und anschließend anodisiert werden sollen, kein plattiertes Material verwenden
	Vorkorrsion durch Schwitzwassereinwirkung beim Transport oder bei Lagerung	sachgemäße, ggf. klimatisierte Lagerung des Ausgangsmaterials
Stichartige Verfärbungen an Verbindungsstellen	Hartlötstellen (hoher Si-Gehalt des Lotes)	Andere Verbindungsart wählen (nieten, verschrauben)
Anfressungen	Fremdmetalle aus Kupfer, Messing, Stahl sind in Berührung mit Aluminium (Mischbauweise, Schrauben, Nieten, Drähte in Falzen)	Schrauben und Nieten aus Al-Werkstoffen verwenden, keine Stahldrähte in Falze und Bördel einlegen
	Eingepreßte Fremdmetallfilter	Keine Werkzeuge, die zur Bearbeitung anderer Metalle benutzt worden sind, verwenden (Schlag-, Druck- und Biegewerkzeuge,Drück- und Ziehwerkzeue, Richtplatten, Schleif- und Polierscheiben).Auf peinliche Sauberkeit bei der Bearbeitung achten
	Bleireste an Innenflächen von Rohren oder an Profilen, die vom Ein-oder Umgießen bei Biegearbeiten zurückbleiben	Möglichst geeignete Biegevorrichtungen verwenden, Bleireste sorgfälig entfernen
	Eingedrückte nichtmetallische Fremkörper (Schleifkörner, Polierstaub)	Geeignete Körnung für schleif- und Poliermittel wählen; Druck beim Schleifen und Polieren vermindern
	Flußmittelreste und -spitzer (auch geringste Spuren)	Flußmittelreste sorgfältig entfernen
	Doppelungen bei Schmiedestücken	--
	Poren, Schlacken-,Sand- und Graphiteinschlüssen, Oxidnester sowie mit Füllmasse ausgebesserte Stellen bei Gußstücken	--

Tafel 3.3.13 Fehlerursachen bei der anodischen Oxidation (Fortsetzung)

Erscheinung	mögliche Ursache	Hinweise zur Behebung
Anfressungen	Feine Spalten (kapillare Hohlräume, Schweißrisse, Anrisse beim Biegen, enge Falze	Geeignete Schweißzusatzwerkstoffe verwenden, vorgeschriebene Biegeradien einhalten, Falze gut abdichten; Bördel nicht ganz verschließen, damit Laugen-, Säure- und Elektrolytreste gut entfernt werden können
Fehler bei der anodischen Oxidation		
Regenbogenfarben	Dicke der Oxidschicht zu gering	Schichtdicke und Kontaktstellen prüfen, Arbeitsvorschriften genau einhalten
Korrosionserscheinungen am hergestellten Gegenstand	zu geringe Schichtdicke	Arbeitsvorschriften einhalten, Oxidationszeit verlängern
	Nachverdichtung unvollkommen	Arbeitsvorschriften und vorgeschriebene Behandlungszeiten beim Nachverdichten einhalten
Fleckige Schichten und Verkrustungen (Fehler kann bis zu Anfressungen gehen)	Ungenügendes Entfetten und schlechte Spülung während der Oberflächenvorbereitung	Auf sorgfältiges Entfetten und Spülen achten
Weiße milchige Flecken in der Oxidschicht, teilweise abreibbar (kreidende Schichten)	Unsachgemäße Verteilung der Chargen im Bad, besonders zu geringer Abstand zu den Kathoden	Bessere Verteilung der Ware im Anodisierbad, Abstand zum Kathoden vergrößern
	Elektrolyt zu warm	Vorgeschriebene Badtemperatur genau einhalten (beim GS-Verfahren 18 bis 20°C) für normale Schichten) Für gute Umwälzung des Bades sorgen
	Verdichtungsbad zu kalt	Auf genaue Einhaltung der Betriebstemperatur des Verdichtungsbades achten
Fleckige und ungleichmäßige Oxidschichten (Fehler kann bis zur Anfressung gehen)	Öl bzw. Fett im Elektrolyten	Es muß laufend geprüft werden, daß mit der zur Badumwälzung verwendeten Druckluft kein Öl bzw. Fett in den Elektrolyten gelangt
Grau-Schwarze Verfärbung bei Hohlkörpern ohne Ausbildung einer Oxidschicht	Elektrolyt hat keinen ungehinderten Zutritt	Hohlkörper so einhängen, daß die Luft und die sich entwickelnden Gase entweichen können
Braunschwarze Anfärbung nach dem Verdichten	Keine Oxidschicht vorhanden	Teile nochmals kurz beizen und nochmals anodisch oxidieren
Haarrisse in der Oxidschicht	zu niedrige Badtemperatur	Betriebstemperatur genau einhalten
	zu dicke Oxidschichen	Schichtdicke kontrollieren Arbeitsbedingungen korrigieren
Mechanische Beschädigungen, Verbrennungen und Anfressungen	Schlechte Kontaktgabe, auch an den Hilfselektroden	Klemmstelle auf ausreichenden Kontakt und Kontaktdruck prüfen, Oxidschichten oder Beläge an den Kontaktstellen entfernen
	Färbezeit zu kurz	Färbezeiten sollen bei organischen Farben nicht unter 5 Minuten, bei anoganischen nicht unter einer Minute liegen

Tafel 3.3.13 Fehlerursachen bei der anodischen Oxidation (Fortsetzung)

Erscheinung	mögliche Ursache	Hinweise zur Behebung
Fehler beim Färben		
Färbung dunkler an Kanten und Rädern, dunkle Höfe	lokale Überhizung im Anodisierbad, dadurch poröse Schichten, die mehr Farbstoff aufnehmen	Gestelle sorgfältig entoxidieren Für ausreichenden Kontaktdruck sorgen
	Elektrolyt des Andoisierbades zu warm, Elektrolyt greift die entstehende Schicht im Bereich der höchsten Stromaufnahme (Stromdichte) verstärkt an. Tritt besonders an Profilkanten und Blechrädern auf	Vorgeschriebene Badtemperatur genau einhalten
	Stromdichte des Anodisierbades zu hoch	Stromdichte verringern
	Farbflotte zu heiß	Temperatur des Färbebades genau einhalten
Färbung fleckig (helle Flecken)	Polierwolken - Entstanden durch partielle Überhitzung des Werkstückes beim Polieren	Werkstücke beim Schleifen und Polieren öfter wechseln (evtl. mit Wasser kühlen)
	ungenügende Entfettung, Fett im Anodisierbad	Auf saubere Entfettung achten, anodisierte Teile nicht mit bloßen Händen berühren Oberfläche des Anodisierbades von Zeit zur Zeit mit einem saugfähigen Papier (Filterpapier) abziehen, um den schwimmenden Fettfilm zu entfernen
	Ware bei der Anodisierung zu dicht unter der Elektrolytoberfläche	Ware muß sich mit der Oberkante mindestens 10 cm unter der Badoberfläche befinden
	Luftblasen oder Wasser in Bohrungen oder Vertiefungen	Ware nach dem Eintauchen so lange bewegen, bis keine Luftblasen mehr aufsteigen
	Schlechtes Spülen vor dem Färben	Sorgfältig spülen
Färbung fleckig (dunkle Flecken)	Schlechtes Spülen nach dem Färben	Sorgfältig spülen
	Unvollständig aufgelöster Farbstoff	Beim Ansetzen von frischer Farbflotte darauf achten, daß der Farbstoff vollständig aufgelöst ist. Kein trockenes Farbpulver in das Bad geben
	Abgetrocknete Farbtropfen	Beim Herausnehmen aus dem Farbbad zur Kontrolle der Färbung sollte die Ware zunächst abgespült werden
Färbung nicht griffbeständig (nicht abriebfest)	Elektolyt des Anodisierbades zu warm Stromdichte zu hoch Schlechte Elektrolytbewegung	Arbeitsvorschrift während des Anodisierens exakt einhalten
	Farbflotte zu heiß	Temperatur des Farbbades überwachen (Badtemperaturen bei anorganischer Färbung von 60°C, bei organischer Färbung von 75°C nicht überschreiten
Färbung nicht licht- und witterungsbeständig	Farbflotte zu konzentriert	Farbstoffkonzentration korrigieren
	Stromdichte zu hoch	Stromdichte verringern, damit Schicht nicht zu porös wird (nicht über 2,5 A/dm^2)

Tafel 3.3.13 Fehlerursachen bei der anodischen Oxidation (Fortsetzung)

Erscheinung	mögliche Ursache	Hinweise zur Behebung
Färbung nicht licht- und witterungsbeständig	Unzureichende Elektrolytbewegung	Für gutes Umwälzen des Elektrolyten sorgen
	schlechtes Spülen	Für ausreichende Mengen an einwandfreiem Spülwasser sorgen. Spülzeit nach dem Anodisieren einhalten (Spülzeit=Anodisierzeit)
	Ungeeigneter Farbstoff	Hinweise der Lieferwerke bezüglich der Licht- und Wetterechtheit beachten. Nur bewährte Erzeugnisse verwenden
	Farbflotte zu konzentriert	Vorgeschriebene Farbstoffkonzentration einhalten
	Färbezeit zu kurz	Vorgeschriebene Färbezeiten einhalten, Diese sollen bei organischen Farbstoffen nicht unter 5 min, bei anorganischen nicht unter 1 min liegen
	Oxidschicht zu dünn	Anodisierbedingungen genau einhalten. Für einwandfreien Kontakt zwischen Werkstück und Gestell sorgen
	Ungenügende Nachverdichtung	Vorgeschriebene Temperatur und Zeit beim Verdichten einhalten. Verdichtungszeit>>Anodisierzeit, pH-Wert des Verdichtungsbades täglich kontrollieren
Färbung wolkig	Polierwolken	Örtliche Überhitzungen beim Polieren vermeiden. Werkstücke öfter wechseln. Nur bewährte Polierpasten verwenden
	Ungleichmäßige Abtragungen beim Schleifen und Polieren	Tiefgehende Beschädigungen beim Transport und bei der Verarbeitung, die durch eine mechanische Oberflächenbehandlung beseitigt werden müssen, sollten vermieden werden
	Schlechte Elektrolytbewegung	Für ausreichend Bewegung des Elektrolyten mit ölfreier Preßluft sorgen
	Schlechte Spülung	Für ausreichende Mengen einwandfreiem Spülwasser sorgen, Vorgeschriebene Spülzeit nach dem Anodisieren einhalten. Spülzeit = Anodisierzeit
	Ware trocken gefärbt	Gegenstände vor dem Eintauchen in die Farbflotte gleichmäßig mit Wasser benetzen
	Ungenügende Bewegung beim Färben	Teile nach dem Eintauchen so lange gleichmäßig bewegen, bis keine Luftblasen mehr aufsteigen
	Farbflotte zu heiß	Temperatur des Farbbades genau einhalten (Badtemperaturen bei anorganischen Farben nicht über 60°C, bei organischen Farben nicht über 75°C)
	Farbflotte zu konzentriert	Vorgeschriebene Farbkonzentration einhalten
	Färbezeit zu kurz	Vorgeschriebene Färbezeiten einhalten. Diese liegen bei organischen Farbstoffen über 1 min

3.3.9 Reinigen von anodisierten Bauteilen

Im Laufe der Nutzungsdauer tritt wie bei allen im Bauwesen verwendeten Werkstoffoberflächen auch bei anodisiertem Aluminium eine Verschmutzung ein. Diese beeinträchtigt das dekorative Aussehen und kann Ursache für Korrosionsangriffe sein. Deshalb sollten dekorative Bauteile von Zeit zu Zeit gereinigt werden. In welchen Zeitabschnitten eine Reinigung vorzunehmen ist, kann nicht einheitlich festgelegt werden. Maßgebend ist der Verschmutzungsgrad - abhängig vom Standort und den konstruktiven Besonderheiten - und die Anforderungen an das dekorative Aussehen der Bauteile. Danach richten sich Reinigungsmaßnahmen und Reinigungsintervalle. Die Reinigung anodisierter Bauteile erfolgt nach unterschiedlichen Gesichtspunkten. Folgende Reinigungsarten sind gebräuchlich (s. Tafel 3.3.14):

Tafel 3.3.14 Reinigungsarten von Aluminiumoberflächen

	abrasiv	nicht abrasiv
Erstreinigung	X	(X)
Grundreinigung	X	
Intervallreinigung	(X)	X

Erstreinigung: Als Erstreinigung wird die Reinigung bezeichnet, die im Anschluß an die Errichtung des Baues vor Bauabnahme zur Entfernung von Bauschmutz und atmospärisch bedingter Verschmutzung durchgeführt wird. Die Erstreinigung sollte abrasiv mit leichtem, mechanisch erzeugtem Oberflächenabtrag in Walz- oder Preßrichtung erfolgen. Direkte Sonneneinstrahlung ist bei der von den oberen Teilen der Fassade nach unten verlaufenden Reinigung ungünstig.

Grundreinigung: Als Grundreinigung wird hier eine Reinigung verstanden, die zeitlich dann durchgeführt wird, wenn eine Fassade über mehrere Jahre hinweg nicht gereinigt wurde. Es sind nur Verunreinigungen durch atmospärische Belastung zu entfernen. Die Grundreinigung ist als abrasive Reinigung mit leichtem, mechanisch erzeugtem Oberflächenabtrag vorzunehmen.

Intervallreinigung: Die Intervallreinigung ist eine turnusmäßige Reinigung, die sich an die Erstreinigung oder Grundreinigung anschließt. Sie wird zweckmäßig in einem kürzeren Zeitintervall vorgenommen, das je nach Grad der Verschmutzung zur Erhaltung des dekorativen Aussehens einer Fassade festzulegen ist.

3.3.9.1 Anforderungen an die Reinigungsmittel

Bei der Wahl der Reinigungsmittel (Tafel 3.3.15) ist zu berücksichtigen, daß nicht alle Reinigungsmittel für die Behandlung von Aluminiumoberflächen geeignet sind. So dürfen beispielsweise auf anodisch oxidierten Oberflächen keine Reinigungsmittel angewendet werden, die die Oxidschicht angreifen. Schichtschädigend wirken Fluoride, Chloride und Sulfate. Außerdem müssen die Reinigungsmittel neutral sein (pH-Bereich zwischen 5 und 8). Scheuernde oder Kratzer verursachende Mittel wie Schmirgelpapier, Stahlwolle oder Drahtbürsten, dürfen ebenfalls nicht verwendet werden. Die chemische Industrie hat spezielle Reinigungsmittel entwickelt, die den reinigungs- und pflegetechnischen Bedürfnissen entsprechen[1]) und bei sachgemäßer Anwendung ein Risiko ausschließen.

[1]) Eine Liste geeigneter Reinigungsmittel kann bei der Aluminium-Zentrale Düsseldorf angefordert werden.

Tafel 3.3.15 Auswahl von Reinigungsmitteln für Aluminiumoberflächen

Oberfläche	Grad der Verschmutzung	Neutrales Netzmittel und Wasser	Abrasiver Reiniger Typ Ia u. Ib	Nicht abrasiver Reiniger Typ II	Nicht abrasiver Spezialreiniger Typ III
Anodisch oxidiert	leicht	X		X	
	mittel		X	(X)	
	stark		X	(X)	
	ölig			X	X
Kunststoffbeschichtet	leicht, mittel	X			
	stark, ölig			X	
Emailiert	leicht,mittel	X			
	stark, ölig				X

	Reiniger für geschützte Aluminiumoberflächen:	Anwendungs bereich
Typ I	feingemahlene abrasive Poliermittel	
Typ Ia	mit abrasiv wirkendem Faservlies (z.B. Scotch-Brite, Typ A) + nicht abrasiv wirkendes Reinigungsmittel	E, G
Typ Ib	abrasives Poliermittel mit hydrophoben Zusätzen	E, G
Typ II	nicht abrasiv wirkender Reiniger mit konservierender Wirkung (wasserabstoßender Film)	I
Typ III	wasserverdünnbarer neutraler Spezialreiniger für Fette und Öle, anwendbar für alle geschützten Al-Oberflächen	E, G, I

E Erstreinigung, G Grundreinigung, I Intervallreinigung,

Eine gütegesicherte Fassadenreinigung RAL Gz 632 setzt die Verwendung neutraler Reinigungsmittel voraus. Die Reinigungstechnologie sollte von der „Gütegemeinschaft für die Reinigung von Metallfassaden e.V. (GRM)“, Nürnberg, Marientorgraben 13, geprüft sein.

3.3.9.2 Schutz und Reinigung bei der Montage

Aluminiumbauteile dürfen keinen Kratz- und Stoßbelastungen ausgesetzt werden. Ihr Einbau sollte erst nach Beendigung der Maurer-, Stuck- und Putz- sowie Werkstein- und Plattenarbeiten erfolgen, um eine Einwirkung von Kalk- und Zementspritzern auf die Oberfläche zu vermeiden. Diese Baumaterialien reagieren speziell während des Abbindens alkalisch und greifen die anodisch erzeugte Oxidschicht an. Sie müssen sofort mit viel Wasser abgespült werden. Bei längerer Einwirkung kann eine Anätzung der anodischen Oxidschicht erfolgen, die sich zunächst durch weißliche Flecken bemerkbar macht und bis zu einem Durchbruch der Oxidschicht führen kann (Auftreten von Ausblühungen). Der pH-Wert von frisch gegossenem Beton und Mörtelmassen liegt über 10, der pH-Wert von gesättigtem Kalkwasser kann sogar bis über 12 ansteigen. Daher können z.B. aus Waschbeton noch nach Monaten durch Regenwasser alkalische Bestandteile herausgelöst werden. Auch

beim Absäuern von Fassadenteilen aus Stein sind Aluminiumteile gefährdet und müssen geschützt werden.
Werden Maurer- und Putzarbeiten dagegen erst nach dem Einbau der anodisch oxidierten Aluminiumbauteile durchgeführt, so sind zum Schutz gegen Baumaterialien folgende Möglichkeiten vorhanden:

- Abkleben mit geeigneter, selbsthaftender, UV-beständiger Schutzfolie. Die Schutzfolie sollte nur zeitlich begrenzt auf der Bauteiloberfläche verbleiben.
  Anwendung möglich bei: anodisiertem Aluminium, organisch beschichtetem Aluminium, Glas
- Verwendung von Abziehlacken, die in ausreichender Schichtdicke flüssig aufgetragen und später als Lackfolie abgezogen werden. Diese Schutzmöglichkeit ist nicht für organisch beschichtete Oberflächen geeignet.
  Anwendung möglich bei: anodisiertem Aluminium, Glas
- Auftragen von Konservierungsprodukten mit bewußt höherer Schichtdicke, die sich durch neutrale Reinigungsmittel, z.B. fett- und schmutzlösende Mittel, wieder beseitigen lassen.
  Anwendung möglich bei: anodisiertem Aluminium, Glas; unter Vorbehalt (nach Erprobung) bei organisch beschichtetem Aluminium.

Ölige und fetthaltige Verschmutzungen, die durch die Montage zurückbleiben sowie Rückstände von selbsthaftenden Schutzfolien können meist mit Lösungsmitteln (Schutzmaßnahmen beachten) oder mit einem Spezialreiniger vom Typ III beseitigt werden.

3.4 Metallische Überzüge auf Aluminium

Aluminium wird in vielen Fällen für bestimmte Anforderungen mit Metallen und Metall-Legierungen überzogen. Hierdurch lassen sich die Verschleiß- und Korrosionsschutzwirkung sowie das dekorative Aussehen verbessern oder aber technisch funktionelle Oberflächen herstellen. Durch die Überzüge werden charakteristische Vorteile des Überzugsmetalles auf den Grundwerkstoff übertragen. Hierdurch stehen dem Aluminium sonst nicht zugängliche Anwendungsbereiche offen.

3.4.1 Metallüberzüge im Tauch- und Sudverfahren

Mit Hilfe von Kontaktbeizen werden andere Metalle auf chemischem Wege auf dem Aluminium abgeschieden. Hierbei wird die Eigenschaft des Aluminiums ausgenutzt, edlere Metalle aus ihren Salzlösungen zu verdrängen. Diese Reaktion wird durch die Einwirkungsdauer, Temperatur und Zusammensetzung der Lösung beeinflußt. Die abgeschiedenen Schichten sind meist nur einige µm dick, weshalb die mechanische und chemische Widerstandsfähigkeit nur mäßigen Ansprüchen genügt. Die Anwendung beschränkt sich demnach auf billige Massenartikel (Abzeichen, Plaketten usw.).

Tauchverkupfern wird als Vorbehandlung vor dem Aufbringen von Zinklot angewandt. Die Oberflächen werden entfettet, 30 Sekunden in Natriumhydroxid (400 g/l) gebeizt, gespült, 10 Sekunden in Kupferchloridlösung (15 g/l, versetzt mit einigen

gebeizt, gespült, 10 Sekunden in Kupferchloridlösung (15 g/l, versetzt mit einigen Tropfen HCL) sensibilisiert und anschließend bei Raumtemperatur 10 Minuten in einer Lösung aus 140 g Kupferchlorid und 1 l konzentriertem Ammoniak verkupfert.

Anodisiertes Aluminium kann nach dem Entfetten, Beizen und Spülen Tauchversilbert werden. Die Lösung zum Versilbern besteht aus zwei Lösungen ((1) Silbernitrat und Ammoniumhydroxid, (2) Kaliumnatriumtartat, Kaliumcitrat und dest. Wasser), die kurz vor dem Gebrauch gemischt werden.

3.4.2 Außenstromloses (chemisches) Vernickeln

Chemisch Nickel wird zum Zwecke des Korrosions- und Verschleißschutzes, als dekorative, hochglänzende oder als Zwischenschicht in metallischen Schichtsystemen abgeschieden.
Die Variation der Schichteigenschaften erfolgt über den Phosphorgehalt, eine thermische Nachbehandlung, den Einsatz von Dispersoiden, die Mitabscheidung von anderen Metallen und die Abscheidung von Mehrfachschichten.
Beim außenstromlosen (chemischen) Vernickeln für vorwiegend technische Anwendung werden aus einer sauren oder alkalischen Nickelsalzlösung durch chemische Reduktion Nickellegierungen auf Aluminium abgeschieden. Als Reduktionsmittel dient z.B. Hypophosphit bei den sauer arbeitenden Kanigan- und Durni-Coat-Verfahren oder Borhydrid beim alkalischen Nibodur-Verfahren.
Den Hauptanteil der abgeschiedenen Schichten bilden Ni-Phosphor-Legierungen (Ni-P) mit 95% Marktanteil und den Rest machen Nickel-Bor-Legierungen (Ni-B) aus.
Außenstromlos abgeschiedene Nickelschichten zeichnen sich durch eine hohe Härte sowie eine hohe Verschleiß- und Korrosionsbeständigkeit aus und sind lötbar.

Nickel-Phosphor-Legierungen enthalten zwischen 3 und 15 % Phosphor. Bei einem Phosphorgehalt größer als 11 % wird eine Härte von 550 bis 600 HV 0,05 erreicht, die durch eine nachfolgende Wärmebehandlung bis auf 1100 HV gesteigert werden kann. Dabei tritt an ausgehärteten und kaltverfestigten Werkstoffen Weichglühen ein.
Nickel-Phosphor-Schichten mit 12-15 % Phosphor zeichnen sich aufgrund ihrer amorphen, glasartigen Struktur, die keine Inhomogenitäten wie Korngrenzen oder ausgeschiedene Phasen aufweist, durch eine hohe Korrosionsbeständigkeit aus. So hält eine 40 µm dicke Nickel-Phosphor-Schicht auf AlMgSi0,5 nach DIN 50 021 geprüft 5000 Stunden aus.
Die Nickel-Bor-Legierungen des Nibodur-Verfahrens enthalten etwa 4 bis 5 % Bor. Im Abscheidezustand liegen die Nickel-Bor-Phasen im Übergang zwischen röntgenamorph und feinkristallin vor. Durch eine Wärmebehandlung bei 400 °C kann die Härte durch Ni_3B-Ausscheidungen von ca. 700 HV auf 1200 HV gesteigert werden.

Aufgrund der Reaktionsfreudigkeit von Aluminium an Luft oder in Wasser ist eine haftfeste Abscheidung von chemischen Überzügen nur nach einer speziellen Vorbehandlung möglich. Die Vorbehandlungen lassen sich in folgenden Gruppen zusammenfassen:

1 Säureaktivierung
2 kathodische Verfahren

3 Tauchmetallisierung
4 Zwischenbäder und -schichten
5 Sondermethoden

Am häufigsten wird das Zinkatverfahren (s. 3.1) angewandt, das zur Gruppe 3 zählt. Dabei wird die Oxidschicht entfernt und gleichzeitig eine temporäre Schutzschicht aus Zink abgeschieden. Vor der Zinkatbehandlung erfolgt aufgrund des amphoteren Verhaltens von Aluminium eine alkalische oder saure Beizung (s. 3.2.2).

Für die eigentliche Beschichtung werden spezielle alkalische und saure Bäder eingesetzt, die bei Temperaturen von 83 bis 93 °C (meist bei 88 °C) arbeiten. Als Lebensdauer werden 12 MTO (Metal-Turn-Over) bei gleichzeitiger Einhaltung der geforderten Eigenschaften angegeben. Eine kontrollierte Abscheidung wird durch den Zusatz von Komplexbildnern, Stabilisatoren, Beschleunigern und Puffersubstanzen gewährleistet. Die Abscheidegeschwindigkeit beträgt bis zu 20 µm/h.
Die Abscheidung erfolgt in Edelstahlwannen mit kathodischem Wannenschutz, die mit Filtrations- und Umwälzeinrichtungen sowie entsprechender Abwassertechnik kombiniert und in einem Regelkreis verknüpft sind.

Die chemisch erzeugten Nickelüberzüge weisen unabhängig von der geometrischen Form des Grundmaterials eine sehr gleichmäßige Schichtdicke auf und können porenfrei abgeschieden werden. Durch Abdecken der restlichen Bereiche ist eine Teilbeschichtung möglich.
Die Eigenschaften außenstromlos abgeschiedener Nickelschichten können durch eine thermische Nachbehandlung modifiziert werden. Mit Temperaturen um 200 °C können Eigenspannungen abgebaut werden, Temperaturen zwischen 280 °C und 600 °C bewirken eine Härtesteigerung und somit eine Verbesserung der Verschleißbeständigkeit. Wenn nötig, läßt sich eine zweite artgleiche (Ni-P) oder artfremde (Ag) Schicht mit anderen Eigenschaften abscheiden.
Dispersionsschichten erhöhen z.B. die Verschleißbeständigkeit oder verbessern die tribologischen Eigenschaften.

Stromlos werden hauptsächlich Dispersionsüberzüge aus schwach sauren Nickelhypophosphitlösungen mit dispergiertem Siliziumcarbidpulver (SiC), Aluminiumoxid (Al_2O_3) oder Polytetrafluorethylen (PTFE) abgeschieden. Die Feststoffe haben eine Körnung von 1 bis 5 µm und machen 15 bis 30 Vol% des Überzuges aus. Nach einem neuen Verfahren werden z.B. 6 % Al_2O_3 in Nickel eingebaut, um die Härte und Verschleißbeständigkeit zu erhöhen.
Bei Carbiden wird eine Härte von 570 HV im abgeschiedenen Zustand und bis 1400 HV nach Wärmebehandlung erreicht. Die Schichtdicken betragen 5 bis 50 µm.
Die größte technische Bedeutung haben stromlos abgeschiedene Nickel-Phosphor-Schichten mit PTFE als Dispergat. Die Überzüge enthalten maximal 25 bis 39 % PTFE mit einer Partikelgröße von 0,2 bis 0,5 µm, die im Nickelbad mit Tensiden in der Schwebe gehalten werden. Abscheideraten werden mit 4 bis 5 µm/h aber auch 11 µm/h angegeben. Die geringen Abscheideraten gestatten eine genau kontrollierbare Einstellung der Schichtdicke.
Hervorzuhebende Eigenschaften der Ni-PTFE-Überzüge sind ein im Dauerbetrieb gleichbleibendes Gleit- und Verschleißverhalten, die Trockenschmierung und ein verbessertes Kleb-Gleitverhalten, eine höhere Lebensdauer bei zyklischen Prozessen und ein das Korrosionsverhalten verbesserndes hydrophobes Verhalten der Schichten.

Durch Sintern der Überzüge bei 400 °C schmilzt das PTFE, verankert sich in den Poren und verbessert die Antihafteigenschaften. Das wird für Tiefziehformen aus Aluminium genutzt.

Üblich sind auch Duplexschichten aus chemisch Nickel und einer Nickel-PTFE-Dispersionsschicht, die nach einer Wärmebehandlung bei 300 °C über 4 Stunden eine hohe Korrosionsbeständigkeit aufweisen.
Für Klimaanlagen im Automobilbau wird der hydrophobe Charakter der Schichten für einen verbesserten Wärmeübergang ausgenutzt.
Dispersionsschichten bilden eine Alternative zu Hartchrom und zum Hartanodisieren.

Die Kombination mit Goldschichten verbessert die elektrischen Eigenschaften und die Bondfähigkeit.
Eine Nachbesserung von außenstromlos abgeschiedenen Nickelschichten durch Abbeizen der Schicht, mechanische Bearbeitung und erneute Beschichtung ist möglich.

Tafel 3.4.1 zeigt Beispiele für den Einsatz von chemisch vernickelten Aluminiumlegierungen in Abhängigkeit von der Beanspruchung.

Tafel 3.4.1 Einsatz von chemisch vernickelten Aluminiumlegierungen in Abhängigkeit von der Beanspruchung bzw. der geforderten Eigenschaft

Bauteil	Werkstoff	Schichtdicke µm	Beanspruchung/ geforderte Eigenschaft
Vergasernadeln	AlMgSi1Pb	15	Verschleiß, Korrosion
Prismen für Textilmaschinen	AlCuMgPb	30+3	Verschleiß
Verschraubungen zur Kupplung von Leitungen	AlMgSi1	8	Verschleiß, Korrosion
Kolben	G-AlSiCuNi	12+2	Erosion
Ventilnadeln	AlCuMg1	10+3	Korrosion
Magnetspeicherplatten in Festplattenlaufwerken	Al 99,9	15 - 20	Glanz
Matrizen für die galvanoplastische Abformung von Spiegeln	AlMg4,5Mn	150-200	Glanz
Gehäuse	AlMg5	12	optische Erscheinung

3.4.3 Galvanisieren

Aluminium kann mit allen galvanisch (elektrolytisch) abscheidbaren Metallen beschichtet werden (z.B. verkupfern, vernickeln, verchromen, verzinken, verzinnen, vermessingen, versilbern und vergolden). Zwischenschichten aus anderen Metallen sind erforderlich, wenn eine Direktbeschichtung nicht möglich ist. Vor dem Galvanisieren muß die auf der Oberfläche des Aluminiums vorhandene natürliche Oxid-

sind erforderlich, wenn eine Direktbeschichtung nicht möglich ist. Vor dem Galvanisieren muß die auf der Oberfläche des Aluminiums vorhandene natürliche Oxidschicht durch eine Oberflächenvorbehandlung beseitigt werden, weil sich sonst keine festhaftenden Metallniederschläge abscheiden lassen. Die für die Metallbeschichtung erforderliche Oberflächenvorbehandlung umfaßt das Reinigen und Entfetten, das Beizen und die Oberflächenaktivierung in Spezialbeizen (Zinkat- oder Stannatbeizen). Der Erfolg des Galvanisierens hängt entscheidend von der Oberflächenvorbehandlung ab.

3.4.3.1 Vorbehandeln und Aktivieren

Reinigen und Entfetten

Nach der mechanischen Oberflächenbehandlung werden die noch verbliebenen Schmutz- und Fettreste (z.B. Schleif- oder Polierpaste) abgelöst. Dazu werden heute hauptsächlich wäßrige, mild alkalische Reiniger verwendet.
Das Reinigen und Entfetten richtet sich nach der Art der Verunreinigung und der Form des zu galvanisierenden Gegenstandes (s. 3.2.1).

Beizen

Das Beizen kann alkalisch und sauer erfolgen. Saure Beizen auf der Basis von Salpetersäure in Verbindung mit Fluoriden (z.B. Alum Etch S) haben sich als vorteilhaft erwiesen. Der Abtrag beträgt 1 bis 2 µm. Für besondere Anwendungen wird Chromschwefelsäure eingesetzt. Neu sind Ultraschallreinigungsverfahren, die mit weniger aggressiven Lösungen arbeiten.

Behandeln in Spezialbeizen (Aktivieren)

Das Behandeln in Spezialbeizen, auch als Aktivieren bezeichnet, verhindert den sich spontan bildenden natürlichen Oxidfilm auf der Aluminiumoberfläche und bewirkt, daß sich eine dünne, leitende Metallzwischenschicht niederschlägt. Hierdurch wird eine erneute Oberflächenoxidation vermieden.
Das chemische Aufbringen dieser Zwischenschicht vor einer galvanischen Metallabscheidung erfolgt am häufigsten nach dem Zinkat- oder dem Stannatverfahren. Dem Zinkatverfahren wird vor allem beim technischen Galvanisieren der Vorzug gegeben. Das Stannatverfahren hat sich im dekorativen Anwendungsbereich bewährt.

Das alkalische Zinkatverfahren verwendet Ätznatron, Zinkoxid und Wasser. Die Schichten bilden sich in 30 bis 60 s. Wichtig ist, daß der Zinkniederschlag nicht zu schnell gebildet wird, da er sonst grobkristallin ist und nicht haftet. Beizlösungen mit Komplexsalzen ergeben eine gleichmäßige feinkörnige Schicht. Bei dem sogenannten „legierten Zinkatverfahren“ werden Zinklegierungen (Zn-Ni-Cu, Zn-Fe, Zn-Cu-Fe) abgeschieden, die eine erhöhte Keimbildungsgeschwindigkeit bewirken und wesentlich resistenter sind als unlegierte Zinkatschichten. Chemisch Nickel-Bäder werden dadurch weniger kontaminiert.

Tafel 3.4.2 Vorbehandlung von Aluminiumoberflächen für das Galvanisieren

Arbeitsablauf	Oberflächenzustand Behandlungsart	Reinigungsmittel, Beize	Badzusammensetzung[1]) Temperatur	Behältermaterial
Reinigen, Entfetten und Beizen				
1. Reinigen und Entfetten	a) stark gefettete Teile	organische Lösungsmittel	Perchlorethylen-Lösung und Dampf	nichtrostender Stahl
	b) schwach gefettete T.	Abkochentfettung	P 3 oder ähnliche alkalische Reinigungsmittel	Stahl
	c) hochglanzpolierte T.	elektrolytische Entfettung	80 bis 95°C alkalisches Entfettungsbad 18 bis 25°C	hartgummierter Stahl
2. Spülen		fließendes Wasser		
3. Alkalisches Beizen	durch Tauchen von geschliffen, gebürsteten oder mechanisch nicht bearbeiteten Teilen	auf Ätznatronbasis	50 bis 100g/l Ätznatron 60 bis 85°C	Stahl
4. Spülen		fließendes Wasser		
5. Saures Beizen	a) durch Tauchen nach dem Beizen in einer alkalischen Beize	a) Salpetersäure	30 bis 40 Vol%ige Salpetersäure 18 bis 25°C	mit Kunststoff beschichteter Stahl
	b) durch Tauchen bei siliziumhaltiger Legierung	b)Salpetersäure Flußsäure[2])	60 l Salpetersäure konz. 30 l Flußsäure konz. 37 l Wasser	
6. Spülen		fließendes Wasser		
Zwischenbehandlung, z.B. Zinkatbeize				
7. Zinkatbeize	Durch Tauchen 30 s bis 1 min Ausbilden der Zinkschicht[3])	alkalische Lösung	525 g Ätznatron (techn.) 100 g Zinkoxid auf 1l Wasser	hartgummierter Stahl
8. Spülen		fließendes Wasser		
9. Salpetersäure	Weglösen der Zinkschicht durch Tauchen		30 bis 40 Vol%ige Salpetersäure	mit Kunststoff beschichteter Stahl
10. Spülen		fließendes Wasser		
11. Zinkatbeize	durch Tauchen (30 bis 60 s) Ausbilden der Zinkschicht[3])	alkalische Lösung	Zusammensetzung wie oben unter 7.	hartgummierter Stahl
12. Spülen		fließendes Wasser		
Galvanische Vorverkupferung				
13. Vorverkupferung[4])	Elektrolytisch mit einer Anfangsstromdichte von 2,6 A/dm² Nach 2 min auf Stromdichte 1,3 A/dm² senken	Cyanidisches Kupferbad	41,3 g/l Kupfercyanid 48,8 g/l Natriumcyanid 30,0 g/l Natriumcarbonat 60,0 g/l Rochellesalz freies Natriumcyanid (max. 3,8 g/l) 38 bis 43°C	hartgummierter Stahl
14. Spülen[5])		fließendes Wasser		

[1]) Die Angaben beziehen sich auf einfache Standardverfahren. Die zahlreichen im Handel befindlichen Spezialbäder sind nicht aufgeführt.
[2]) Beim Umgang mit Flußsäure Gummihandschuhe und Schutzbrille tragen.
[3]) Der Überzug muß zusammenhängend sein, daher wird der Vorgang in der Regel wiederholt.
[4]) Bei Hartverchromung ist die Vorverkupferung nicht erforderlich.
[5]) Nur erforderlich, wenn das Galvanisierungsbad verunreinigt würde.

Eine gleichmäßige Benetzung wird durch Bewegung der Teile im Bad erreicht. Um die Haftung zu verbessern, sollte der Erstniederschlag wieder abgelöst und die Zinkatbehandlung zwei- oder mehrfach durchgeführt werden.
Nach dem Ultraschallreinigungsverfahren darf die Aluminium-Oberfläche nicht mit Hilfe herkömmlicher Zinkatbeizen aktiviert werden.

Das alkalische Stannatverfahren ist im Verfahrensablauf dem Zinkatverfahren ähnlich. Die Stannatbehandlung erfolgt jedoch zweistufig. Zunächst wird in der Stannatbeize ein sehr dünner Zinnfilm auf der Aluminiumoberfläche abgeschieden. In der unmittelbar darauffolgenden zweiten Stufe wird elektrolytisch in einem Bronzebad (z.B. Alstan-Verfahren) eine Bronzeschicht abgeschieden. Das Einbringen der Ware in das Bronzebad erfolgt ohne Zwischenspülen und wird unter Strom durchgeführt, um ein Auflösen des Zinnfilms zu vermeiden. In ca. 5 Minuten wird eine Bronzeschicht von 1 bis 2 µm abgeschieden. Auch mit einer Eisen(III)chloridbeize kann die Vorbehandlung der Oberfläche erfolgen, insbesondere wenn Niederschläge aus Nickel oder Eisen aufgebracht werden sollen. Eine Kadmiumbeize kann als Vorbehandlung angewendet werden, falls anschließend verkupfert werden soll.

3.4.3.2 Verkupfern

Verkupfern wird vorgenommen, wenn Aluminiumteile durch Weichlöten verbunden werden sollen, seltener für dekorative Kupferüberzüge. Kupfer dient auch als Zwischenschicht unter Nickel und Chrom.

Zum Direktverkupfern von Aluminium und seinen Legierungen können cyanid- oder phosphatfreie Bäder eingesetzt werden. Die phosphathaltigen Bäder enthalten Ammoniumpyrophosphat oder Kupferpyrophosphat. Vor dem Verkupfern werden die Teile entfettet, bei 65 °C gereinigt (Lösung mit 3 % Trinatriumphosphat, 3 % Soda) und gespült.

Verkupfern nach einer Zinkatvorbehandlung wird angewendet, wenn Aluminiumteile gelötet werden sollen, in der Kombination als Cu-Ni-Cr-Schicht, manchmal für dekorative Überzüge und erfolgt analog zur Beschichtung von Zink. Der Zinkfilm muß sehr dünn sein und darf nicht beschädigt werden. Meist werden cyanidische Elektrolyte oder Pyrophosphatbäder verwendet, deren pH-Wert zwischen 9,5 und 10,5 bzw. 7,5 und 8,5 liegt. Die Badtemperaturen variieren zwischen 35 und 55 °C bzw. 40 - 60 °C. Um die Auflösung des Zinks zu vermeiden, müssen die Teile unter Strom eingehängt werden. Um ein schnelles Decken des zu galvanisierenden Gegenstandes zu erreichen, arbeitet man in cyanidischen Elektrolyten zunächst mit Stromdichten von 2,5 bis 2,7 A/cm^2 und verringert nach etwa 2 Minuten die Stromdichte auf 1 bis 1,5 A/cm^2. Im Phosphonatbad sollte die Stromdichte 2 bis 4 A/dm^2 betragen. Das Bad wird mit Lufteinblasung betrieben.

3.4.3.3 Vernickeln

Nickelschichten können direkt auf dem metallischen Aluminium und seinen Legierungen abgeschieden werden, auf eine Zinkatschicht oder als Zwischenschicht auf eine Kupferschicht.

Vernickelt wird vorwiegend für dekorative Zwecke. Als funktionelle Überzüge werden Dispersionsschichten eingesetzt. Üblicherweise verwendet man Glanznickel. Kombinationen mit Halbglanznickel oder Doppelnickel verbessern die Korrosionsschutzwirkung.
Aluminium und verkupfertes Aluminium werden nach einer Zinkatvorbehandlung im WATT-schen Nickelbad (Zusammensetzung: Nickelsulfat, Nickelchlorid, Borsäure und ausgewählte organische Glanzmittel) vernickelt. Die Badtemperaturen liegen von Raumtemperatur bis 60 °C, die Stromdichte bei 1 bis 5 A/dm^2, die pH-Werte zwischen 4 und 6. Harte Schichten enthalten 14 bis 18 % Phosphor.
Bei nichtkorrosiven Innenbedingungen sollte die Dicke der Nickelschicht 7 bis 12 µm, für korrosive Beanspruchung 25 bis 30 µm betragen. Die Haftfestigkeit von Nickelschichten kann durch ein 10-minütiges Erhitzen auf 500 °C mit nachfolgendem Abschrecken durch die Bildung einer Diffusionsschicht (Ni_2Al_3) von 280 bis 380 N/mm^2 auf 700 N/mm^2 erhöht werden.

Gute Nickelschichten lassen sich auf Handelsaluminium und Legierungen wie z. B. AlMg3, AlMgSi, AlZnMgCu abscheiden.

Blendarmes Glanznickel dient meist als Matrix für weitere farbige Beschichtungen. Diese Deckschichten können galvanische Schichten, Lacke oder auch Sputterschichten sein.

Als funktionelle Überzüge werden vorwiegend Dispersionsüberzüge aus Nickelelektrolyten mit dispergiertem Siliziumkarbidpulver (SiC) abgeschieden.
Die Überzüge enthalten 3 bis 4 % SiC mit einer Korngröße von 1,5 bis 3 µm und sind 50 bis 100 µm dick. Die Schichthärte liegt zwischen 400 und 600 HV. Abscheidegeschwindigkeiten werden für das Hochleistungsnickelbad NIKASIL mit 4 bis 8 µm/min, für das vollautomatische Scanimet-Verfahren mit 10 µm/min angegeben.

3.4.3.4 Verchromen

Verchromen dient sowohl dekorativen als auch technischen Zwecken. Für dekorative Anwendungen wird üblicherweise nach dem Vernickeln verchromt, während für technische Zwecke direkt verchromt wird, wenn hohe Härte und Verschleißfestigkeit gefordert werden (Laufringe, Kolben, Zylinder usw.)

G l a n z v e r c h r o m e n erfolgt nach dem Verkupfern und Vernickeln oder direkt. Nickelschichten müssen aktiv sein. Hochglänzende Teile werden mit einer Stromdichte von 10 A/dm^2 bei Temperaturen von 45 bis 55 °C in 3 bis 5 Minuten verchromt (Schichtdicke maximal 5 µm). Glanzverchromte Teile werden nicht mehr nachpoliert.
In Spezialelektrolyten lassen sich gezielt mikroporige und mikrorissige Chromschichten (300 bis 700 Risse pro linearem Zentimeter) mit erhöhter Korrosionsschutzwirkung abscheiden. Das Rißnetzwerk wir durch Zusätze zum Chromelektrolyten erzeugt und durch den Fluoridgehalt beeinflußt. Feine Risse entstehen bei höheren Temperaturen, bei niedrigen Temperaturen gröbere. Die optimale Verchromungsdauer beträgt 10 bis 12 Minuten. Stromdichte und Aktivität der Nickelschicht beeinflußen die Ausbildung des Rißnetzwerkes ebenfalls. Infolge der hohen Rißzahl ergibt sich beim mikrorissigen Verchromen über ein günstiges Verhältnis zwischen

Nickel- und Chromoberfläche eine gleichmäßige, gelenkte Korrosion der Zwischenschicht. Die Korrosion geht nicht in die Tiefe und erfaßt nicht das Grundmetall.

Schwarzverchromen findet vorwiegend im dekorativen Bereich Anwendung. Es werden gleichmäßig schwarze Farbtöne durch gleichzeitiges Abscheiden von fein dispergierten Chromoxiden in sulfatfreien Elektrolyten erzielt. Die Sulfatfreiheit wird durch die Fällung der Sulfationen mit Bariumionen erreicht. Schwarzverchromt wird bei einer Temperatur von 20 °C mit einer Stromdichte von 20 A/dm^2. So können 0,3 bis 0,4 µm pro Minute abgeschieden werden.
Das Aussehen dieser Schichten ist stark abhängig vom Grundmetall und der Vorbehandlung. Nachbehandelt wird z.B. mit Ölen oder Lacken, damit die Schichten griffest und korrosionsbeständiger werden.

Hartverchromen mit Schichtdicken von 20 bis 250 µm dient ausschließlich technischen Zwecken, wobei es auf hohe Härte und Verschleißbeständigkeit ankommt oder für Oberflächen, die in den Rissen und Poren einen schmierenden und kühlenden Film gut halten können. Anwendungsbeispiele sind: Textilindustrie (Fadenführungen, Heizschienen, Streckrollen), allgemeiner Maschinenbau und Flugzeugbau (Hydraulik-Zylinder, Bremsscheiben, Kolbenstangen, Leit- Dosier- und Kühlwalzen, Führungsschienen, Greifer usw.).
Zur Oberflächenaktivierung wird vorwiegend das Zinkatverfahren angewendet. Das Hartverchromen kann aber auch direkt, ohne Zwischenschichten, erfolgen, wobei die zu verchromenden Teile (nach erfolgter Entfettung usw.) in das Hartchrombad eingehängt und zunächst anodisch, und dann, ohne die Ware aus dem Bad herauszunehmen, kathodisch geschaltet werden.
Marktüblich sind schwefelsäurehaltige (schwefelsaure) Hartchromelektrolyte, schwefelsäure-fluorokomplexhaltige (mischsaure) und schwefelsäure-sonderkatalysatorhaltige, fluoridfreie Hartchromelektrolyte.
Schwefelsäure-sonderkatalysatorhaltige, fluoridfreie Hartchromelektrolyte haben den Vorteil, daß Aluminium-Legierungen in Bereichen niedrigster kathodischer Stromdichte (z.B. in Bohrungen, Einschnitten usw.) nicht oder nur unwesentlich angeätzt werden. Die mittleren Abscheideraten liegen bei 1 bis 2 µm/min, mit Hochleistungsbädern erreicht man 3 bis 4 µm/min bei 90 A/cm^2.
Die Rißbildung aufgrund innerer Spannungen mit zunehmender Schichtdicke durch Wasserstoffentwicklung während der Chromabscheidung kann so gesteuert werden, daß Mikrorisse entstehen, die die Schicht nicht durchlaufen. Üblich sind 300 bis 800 Risse/cm.
Für den Verschleiß- und Korrosionsschutz bietet es sich an, Doppelhartchromschichten abzuscheiden, zunächst eine weiche, rißfreie, hexagonale Chrom-Unterschicht in einem sogenannten Heißchromelektrolyten (70°C) und anschließend eine mikrorissige, harte, kubisch raumzentrierte Chromschicht.
Die Härte von Hartchromschichten liegt zwischen 900 und 1100 HV 0,1. Die erste Schicht kann auch aus sehr duktilem, schwefelarmen Halbglanznickel, außenstromlos abgeschiedenen Nickel-Phosphor-Legierungen (11 bis 13 % Phosphor) oder Bronze bestehen.
Für eine mittlere Korrosionsbeanspruchung sollte die Nickelschicht 30 µm, die Hartchromschicht 20 µm betragen. Für eine starke Korrosionsbeanspruchung sollten die Schichtdicken auf 50 bis 75 µm (Nickel) bzw. 30 bis 150 µm (Hartchrom) erhöht werden.
Die thermische Belastbarkeit der Schichten reicht bis ca. 450 °C.

Partielles Verchromen ist durch das Abdecken der nicht zu beschichtenden Oberflächenbereiche mit Masken aus Kunstharzlacken, PVC oder Acrylaten und Folien möglich. Ist eine Tauchbehandlung nicht möglich, weil nur kleine Oberflächenbereiche zu verchromen oder auszubessern sind, findet das Tamponverfahren Anwendung.

3.4.3.5 Sonstige galvanische Überzüge

V e r z i n k e n ist vorteilhaft bei Teilen, die auf Reibung beansprucht werden und bei denen eine Verwendung von Schmiermitteln nicht möglich ist. In Europa verwendet man für die Abscheidung von Zinklegierungen schwachsaure Elektrolyte, in den USA alkalische. Die Abscheidung von Zn-Fe, Zn-Ni, Zn-Al und Zn-Co ist möglich. Im Salzsprühtest zeigen Zn-Co-Legierungen (1% Co) doppelt so hohe Beständigkeit wie Zn.

V e r z i n n e n von Lagerflächen vermindert den Reibungswiderstand und ermöglicht Lötverbindungen (z.B. Elektrotechnik). Die Zinnschicht wird gewöhnlich auf eine Kupfer- und eine flache Nickelschicht, die die Diffusion von Zinn ins Kupfer bremsen soll, abgeschieden. Für das Verzinnen wird ein Quecksilberstannatbad genutzt.

V e r m e s s i n g e n ergibt beim Vulkanisieren von Gummi auf Aluminium eine gute Haftfestigkeit.

V e r s i l b e r n wird hauptsächlich für elektrotechnische Zwecke durchgeführt, um den Übergangswiderstand bei Verbindungen herabzusetzen oder um die Oberflächenleitfähigkeit von stromführenden Teilen zu erhöhen.

V e r g o l d e n wird für dekorative Zwecke (Brillengestelle) sowie auch in der Elektrotechnik (Schaltkontakte) angewendet.

V e r c a d m e n wird hauptsächlich zum Schutz in Kombination von Aluminium mit Schwermetallen angewandt. Die Teile werden 1 min bei Raumtemperatur und Stromdichten von 2,5 A/dm^2 in eine verdünnte „Streich-Lösung" und dann ins eigentliche Bad (Cadmiumoxid 7,5 g/l oder 26 g/l, Natriumhydroxid 60 g/l oder 100 g/l, Glanzmittel) bei Stromdichten von 1,5 bis 5 A/dm^2 gebracht. Cadmiumschichten sind auch auf Cu-Ni-Zwischenschichten abscheidbar.

3.4.3.6 Galvanisches Abscheiden von Aluminium

Eine elektrolytische Abscheidung von Aluminium ist nur aus wasserfreien Aluminiumverbindungen möglich, beispielsweise aus geschmolzenen Salzen oder Lösungen von Aluminiumsalzen in organischen Lösungsmitteln (aprotische Lösungen).
Analog den unter 1.2.2 beschriebenen Verfahren zur Raffination von Aluminium wird eine Aluminium-Schicht kathodisch abgeschieden; als Elektrolyt werden aluminiumorganische Komplexverbindungen und als Testanode wird ebenfalls Aluminium verwendet. Die erzeugten Überzüge haften gut, sind duktil, von sehr hoher Reinheit (99,995% Al), schon ab 8 µm porenfrei und ab 8 µm anodisierbar.

Die Mikrohärte ist mit 21 HV sehr gering, jedoch sind durch Eloxieren (s. 3.3) harte Aluminiumoxidschichten erzeugbar.

Die technologisch wichtigste Eigenschaft ist die ausgezeichnete Beständigkeit gegen Korrosion. Eingesetzt werden die Schichten in der Luft- und Raumfahrt, im Fahrzeugbau und in der Elektroindustrie.

Ein Nachteil gegenüber wäßrigen galvanischen Verfahren ist die Luftempfindlichkeit des verwendeten Elektrolyten. Werkstücke müssen trocken oder mit inertem Lösungsmittel benetzt in die unter Schutzgas stehende Elektrolysezelle eingebracht werden. Am besten sind Einkammerprozesse, bei denen Reinigung und Beschichtung unmittelbar nacheinander ausgeführt werden.

Nach dem von Philips entwickelten Real-Verfahren (Roomtemperature Electroplated Aluminium, Vertrieb in der Bundesrepublik Deutschland: Blasberg Oberflächentechnik, Solingen) wird Reinstaluminium (Reinheit 99,99%) bei Raumtemperatur abgeschieden. Mit Stromdichten bis 5 A/dm^2 erreicht man eine Abscheidungsgeschwindigkeit von 60 µm/h. Die Schicht ist gut mechanisch polierbar; ihre Härte ist einstellbar von 30 bis 80 HV.

Das nach dem Real-Verfahren abgeschiedene Aluminium ist ultraschallschweißbar.

Technisch ausgereift ist auch das Sigal-Verfahren von Hegin Galvano Aluminium, Holland.

Die Abscheidungsgeschwindigkeit bei 1,5 bis 2 A/dm^2 liegt bei 18 bis 24 µm/h. Die Abscheidetemperatur beträgt zwischen 80 und 100 °C. Aluminium-Überzüge können mechanisch (Trommelpolieren, Glasperlenstrahlen), chemisch (Chromatieren, Phosphatieren) oder elektrochemisch (Anodisieren) nachbehandelt werden.

3.5 Thermisches Spritzen auf Aluminium

Beim thermischen Spritzen wird der in Draht- oder in Pulverform vorliegende Spritzwerkstoff (Metall, Hartmetall, Oxidkeramik, Kunststoff) in schmelzflüssige Partikel überführt und mit Hilfe eines Trägergases auf die Werkstückoberfläche geschleudert.

Die Werkstückoberfläche muß für diese Behandlung vorbereitet, d.h. aufgerauht und aktiviert werden, so daß eine mechanische Verklammerung des Spritzgutes mit dem Grundwerkstoff ermöglicht wird. Das Aufrauhen erfolgt vorwiegend durch Sandstrahlen, womit gleichzeitig eine plastische Verformung des äußeren Oberflächenbereiches und eine größere Oberflächenaktivität bewirkt wird. Beim Strahlen von Aluminiumwerkstücken ist zu beachten, daß Verzug möglich ist bzw. bei Gußteilen Lunker und Poren aufgeschlagen werden können.

Spritzschichten auf Aluminiumoberflächen sind unabhängig von der Legierungsart und vom Herstellungsverfahren des Bauteils möglich. In der Regel liegen die Schichtdicken zwischen 50 und 500 µm, können aber auch mehrere Millimeter betragen. Die gewünschte Schichtdicke sollte mindestens in zwei Spritzvorgängen aufgetragen werden, wobei die Einzelschichtdicken nicht mehr als 5 µm betragen dürfen.

Die Werkstückoberfläche bleibt trotz hoher Temperatur der Wärmequelle bei der Beschichtung relativ kalt (100 °C), so daß keine Änderung der Werkstoffkennwerte erwartet werden muß. Eine partielle Beschichtung ist möglich.

Thermisch gespritzte Schichten auf Aluminium-Grundkörpern dienen z.B. dem Schutz gegen Reib-Gleit-Beanspruchungen, Kavitation, Erosion, Korrosion, Hitzeeinwirkung, Kaltverschweißung und der Benetzung durch spezielle Agenzien. Durch Nachbearbeitung können die Schichten den jeweiligen Erfordernissen angepaßt werden. Dazu zählen die Verfahren Bürsten, Drehen, Schleifen und Läppen.
Die mechanische Belastbarkeit der Spritzschichten reicht bis zur plastischen Deformation des Aluminium-Bauteils. Dann reißt die Schicht ein und platzt ab. Deshalb werden bei spröden keramischen Schichten metallische Zwischenschichten aufgebracht.
Die thermischen Spritzverfahren unterscheidet man nach Art des Energieträgers in Flammspritzen, Lichtbogenspritzen, Hochgeschwindigkeitsflammspritzen, Plasmaspritzen (atmosphärisch und im Vakuum) und in Flammschockspritzen.
Eine Übersicht über die typischen Merkmale der thermischen Spritzverfahren gibt Tafel 3.5.1.

Das Flammspritzen arbeitet mit einer Acetylen-Sauerstoff-Flamme bei Temperaturen von 1750 bis 3100 °C und Druckluft. Dieses Verfahren wird vorwiegend für Metalle und Metall-Legierungen (z.B. Chrom-, Chrom-Nickel-Stähle, Nickel-Aluminium- und Nickel-Chrom-Legierungen) zum Zwecke des Korrosions- und Verschleißschutzes eingesetzt.
Die häufigste Anwendung findet man im Automobilbau für die Abscheidung von Molybdänschichten. Mit dem Flammspritzen können in der Regel nur begrenzte Haftfestigkeiten erreicht werden.

Beim Lichtbogenspritzen lassen sich nur metallische, drahtförmige Beschichtungsstoffe verarbeiten. Zwei Spritzdrähte mit elektrischem Potential werden in einer Düse unter vorgegebenem Winkel aufeinander zugeführt und schmelzen im Kurzschluß ab. Durch Druckluft oder Inertgas werden die schmelzflüssigen Drahtpartikel mit hoher Geschwindigkeit auf das Werkstück geschleudert. Die erzeugten Schichten haben aufgrund einer Partikeltemperatur von etwa 4000 °C eine gute Haftfestigkeit. Das Verfahren zeichnet sich durch eine hohe Wirtschaftlichkeit aus und wird deshalb vorwiegend für große Bauteile, die mit metallischen Schichten versehen werden sollen, oder für die Erzeugung sehr dicker Schichten (einige Millimeter) eingesetzt.
Durch Mehrdraht-Lichtbogenspritzen lassen sich mehrere Schichten nacheinander, Verbundschichten und gradierte Schichten aufbringen.

Das Flammschockspritzen (Detonationsspritzen) ermöglicht die Beschichtung mit metallischen und nichtmetallischen Hartstoffen, meist mit Carbiden und Oxiden.
In einem rohrförmig verlängerten Reaktionsraum werden genau dosierte Volumenanteile Sauerstoff und Acetylen mit einer vorbestimmten Menge pulverisierten Spritzwerkstoffes versetzt und durch elektrische Zündung zur Explosion gebracht. Die dabei entstehende hohe Temperatur erschmilzt den Spritzwerkstoff und durch den Explosionsdruck werden die schmelzflüssigen Partikel mit mehrfacher Schallgeschwindigkeit auf die zu beschichtende Oberfläche aufgetrieben.
Die Schichten zeichnen sich durch eine überdurchschnittliche Haftfestigkeit und geringe Porosität aus.
Das Verfahren wird z.B. zur Beschichtung von Ziehkonen oder Führungsrollen aus Aluminium-Grundkörpern für die Drahtherstellung, die einer hohen Verschleißbeanspruchung unterliegen, genutzt.

Beim Plasmaspritzen brennt der Lichtbogen zwischen einer zentrisch angeordneten Wolframkathode und einer ringförmigen Kupferanode, die beide wassergekühlt sind. Das Plasma besteht aus ionisierten Gasen, z.B. Argon/Wasserstoff, Stickstoff/Wasserstoff, Argon/Helium. Da der Lichtbogen nicht auf das Werkstück übertragen wird, ist dieses elektrisch neutral und bleibt trotz der hohen Temperatur des Plasmas von etwa 25 000 °C mit etwa 200 °C kalt. In den Plasmastrahl wird der pulverförmige Beschichtungsstoff über Injektoren eingebracht, angeschmolzen und trifft mit mehrfacher Schallgeschwindigkeit auf die Werkstückoberfläche auf. Es werden porenarme, festhaftende Spritzschichten erzielt.
Als Beschichtungsstoffe für Aluminium werden in erster Linie oxidkeramische Werkstoffe wie Al_2O_3, TiO_2, Cr_2O_3, ZrO_2 und Mischungen dieser Werkstoffe untereinander oder mit Metallen bzw. Metall-Legierungen (Cermets) eingesetzt. Sie dienen im wesentlichen dem Verschleißschutz.
Die Verarbeitung oxidationsempfindlicher Metalle wie Titan, Tantal oder die Herstellung porenfreier, gasdichter Schichten aus Sonderlegierungen erfolgt im Vakuum durch das sogenannte Vakuum- bzw. Niederdruck-Plasmaspritzen. Gegenüber dem atmosphärischen Plasmaspritzen kann die Haftung durch eine Sputterreinigung vor dem Beschichten erhöht werden. Das Verfahren wird im Turbinen- und Motorenbau zur Erzeugung von Schutzschichten gegen Heißgaskorrosion und Oxidation sowie von Wärmedämmschichten angewandt.

Das Hochgeschwindigkeits-Flammspritzen ist ein Verfahren, das die Vorteile des Flamm- und des Detonationsspritzens vereint. Bisher sind das Jet-Kote, das CDS-, das Diamant Jet- und das Top Gun-Verfahren bekannt.
Durch spezielle Düsenformen und hohe Brenngasmengen werden ebenfalls sehr hohe Gasgeschwindigkeiten an der Austrittsdüse erreicht. Die pulverförmigen Spritz-Zusatzwerkstoffe werden axial eingespeist. Die Partikelgeschwindigkeiten sind sehr hoch und die Erwärmung der Partikel kann besser kontrolliert werden. Daraus ergeben sich deutlich bessere Schichteigenschaften wie höhere Haftfestigkeit und besserer Verschleißschutz im Vergleich zum Plasmaspritzen.
Das Verfahren eignet sich speziell für carbidische Werkstoffe (z.B. WC), da im Vergleich zum Plasma die carbidischen Anteile nahezu vollständig erhalten bleiben. Es werden aber auch Metalle und Metall-Legierungen wie z.B. Nickel und Cobalt-Basislegierungen für Aluminium eingesetzt. Z.B. werden Sohlen von Bügeleisen mit Ni-Cr-Legierungen in Serie beschichtet, um den Verschleißschutz zu erhöhen. Amorphe Schichten und Schichten mit größeren amorphen Anteilen sind von selbstfließenden Legierungen und Aluminiumoxid erzeugbar.

Tafel 3.5.1 Übersicht typischer Merkmale der thermischen Spritzverfahren

Verfahrens-merkmale	Flamm spritzen	Lichtbogen-spritzen	HG-Flamm-spritzen	Flamm schock-spritzen	Atmosphär. Plasma-spritzen	Vakuum-plasma-spritzen
Gastemperat. °C	3000	4000	3000	4000	12 000 ... 16 000	12 000 ... 16 000
Partikelge-schwindigkt. m/s	40	100	800	800	200 ... 400	300 ... 600
Haftfestigk. d. Beschichtg. N/mm²	8	12	>70	>70	60 ... 80	>70
Oxidgehalt %	10 ... 15	10 ... 20	1... 5	1... 5	2... 3	ppm-Bereich
Porosität %	10 ... 15	10	1... 2	1...2	2...5	<0,5
Spritz-leistung kg/h	2...6	10...25	1...3	1	1...10	3...15
relat. Verfah-renskosten[1])	1	2	3	4	4	5

[1])1 niedrig

3.6 Organische Beschichtungen

Das Beschichten von Aluminium mit organischen Überzügen erfolgt überwiegend zum Zwecke des Korrosionsschutzes, da sie stärkeren chemischen Beanspruchungen widerstehen. Organische Beschichtungsstoffe bieten gleichzeitig eine breite Farbpalette für die Oberflächengestaltung. Anodisierte, polierte oder gebürstete Aluminiumoberflächen werden durch Klarlacke geschützt. Die an die Beschichtung gestellten Anforderungen und der zu beschichtende Werkstoff bestimmen die Wahl des Beschichtungssystems. Gefordert wird eine gute Lackhaftung, um den Schutz von Aluminiumoberflächen zu gewährleisten. Eine Ausnahme bilden Abziehlacke, die die Aluminiumoberfläche nur vorübergehend schützen sollen. Diese müssen von der Oberfläche restlos und leicht wieder entfernt werden können.

Farbstoffe, Pigmente und Weichmacher beeinflussen die Haftfestigkeit. Diese Einflüsse machen sich bei den Pigmenten vor allem im Hinblick auf die Korrosionsbeständigkeit bemerkbar, bei den organischen Farbstoffen und Weichmachern besonders auf die Elastizität. Eine korrosionsverhindernde pigmentierte oder unpigmentierte Lackierung muß passivierend, isolierend und abdichtend sein.

Über die Einrichtung von Lackieranlagen, Lackierräumen, Lacktrockenöfen sind in den Abschnitten Farbspritzen, -tauchen und Anstricharbeiten der Unfallverhütungsvorschriften VBG.23 und VGB.24 alle Angaben gemacht. Ferner sei hingewiesen auf die Verordnung über Anlagen zur Lagerung, Abfüllung und Beförderung brennbarer Flüssigkeiten zu Lande (Verordnung über brennbare Flüssigkeiten) vom 22.Juni 1995 (BGBl. I S. 836) sowie auf das Bundesimmissionsschutzgesetz (BImschG) vom 19.Juli 1995 (BGBl. I S. 930).

Lackierräume müssen nach DIN 4102 von anliegenden Gebäuden und Räumen feuerbeständig getrennt sein. Die Räume, in denen Lackierungen und Anstriche durchgeführt werden, sollen ebenso wie diese Stoffe und die zu lackierenden Teile eine Temperatur von 22 ± 3 °C aufweisen, die relative Luftfeuchte soll 65 % nicht übersteigen. Verschiedene Lack- und Farbmaterialien, deren Rückstände zur Selbstentzündung neigen und eventuell mit bestimmten leichtentzündlichen Lacken (z.B. Nitrolacken) wegen der möglichen Selbstentzündung eine beachtliche Betriebsgefährdung darstellen, dürfen nicht hintereinander gespritzt werden (siehe dazu Unfallverhütungsvorschriften der gewerblichen Berufsgenossenschaft, Abschnitt 23 § 33).

Die vorgeschriebenen Mischungsverhältnisse für Verdünnungen und Härter sollen sich stets auf das Normalklima 20/65 DIN 50 014 beziehen und sind anderen Klimaverhältnissen anzupassen. Die Viskosität der Mischung ist mit einem 4-mm-Auslaufbecher nach DIN 54 211 zu überprüfen. Die Aluminiumoberfläche muß neutral reagieren. Angefeuchtetes rotes Lackmuspapier darf beim Auflegen auf die Metalloberfläche nicht nach Blau umschlagen, was oft bei ungenügendem Nachwaschen oder Neutralisieren anschließend an alkalische Reinigungen oder bei Vorliegen von Korrosionsprodukten beobachtet wird.

Tafel 3.6.1 Primer und Lackfarben für das Beschichten von Aluminium

Primer und Lackfarben	Beispiele für Rohstoffbasis	Anwendungen und Schutzwirkung
Primer		
1. Farbpigmentierte Zweikomponenten-Wash-Primer und Eintopf-Wash-Primer	Polyvinylbutyral (PVB), Epoxidharz, Kunstharze, Phenolharze	Passivierung der Aluminium-Oberflächen sowie Verbesserung der Haftfestigkeit nachfolgender Lackierungen und Anstriche.
Schutzlacke		
2. Kurzzeitschutzlacke (zur besseren Kontrolle meist mit löslichen Farbstoffen transparent eingefärbt)	Vinylchlorid-Mischpolymerisate (PVC-MP), Nitrozellulose-Kombination (NC-Komb.)	Abziehlacke für Transport und Weiterverarbeitung.
Klarlacke		
3. Luftgetrocknete Klarlacke	Acrylate, Methacrylate, NC-Komb.,PVC-MC, spezielle Alkydharz-Kombinationen	Schutz von gebürsteten oder geglänzten Blechen, Profilen u.a.m. gegen Handschweiß, Anlaufen und als leichter Korrosiosschutz bei nur einmaligem Lackauftrag. Bei mehrmaligem Lackauftrag Verbesserung des Korrosionsschutzes
4. Reaktionshärtende Klarlacke, meist Zweikoponentenlack[1])	Polyurethan, Epoxide amin- und amidgehärtet	Wie bei 3.,aber mit beträchtlichem Korrosionsschutz bei hoher Abriebfestigkeit.

Tafel 3.6.1 Primer und Lackfarben für das Beschichten von Aluminium (Fortsetzung)

Primer und Lackfarben	Beispiele für Rohstoffbasis	Anwendungen und Schutzwirkung
5. Einbrenn-Klarlacke	Acrylat- und Methacrylat-Kombinationen, PVC-MP-Kombinationen	Sehr guter Korrosionsschutz, besonders auf chromatierten,"formierten" oder anodisierten, nicht verdichteten Aluminium-Oberflächen
Pigmentierte Lacke		
6. Lufttrocknende Lacke (pigmentiert)	Wie bei 3., zusätzlich Kautschukderivate, Polyester, Amid-und Formaldehyd-Harze, 2-K-Polyurethan	Als Einschichtlackierung auf chromatierten, nicht verdichteten anodisierten, böhmitierten oder geprimerten Aluminium-Oberflächen.
7. Reaktionshärtende Lacke, meist Zweikomponenten-Lacke[2])	Wie bei 4	Sehr guter Korrosionsschutz für Fahrzeugbau, Flugzeugbau, Schiffbau, Großbehälter u.a.m., bei denen der Lack nicht eingebrannt werden kann.
8. Einbrennlacke	Acrylat-und Methacrylat-Kombinationen, PVC-MP-Kombinationen	Sehr guter Korrosionsschutz.
9. Strahlungshärtende Lacke (z.B. durch UV, Elektronenstrahlen, Gammastrahlen)	Polyolefine, Polyvinylverbindungen, Acrylate, Polyester, Polystyrol, Epoxide	sehr schnell härtende Lacke mit gutem Korrosionsschutz.

[1]) Siehe hierzu Anmerkungen auf den Seiten 534 bis 535.

[2]) Die Reaktion kann durch Anwendung von Temperaturen bis etwa 130°C beschleunigt werden.

3.6.1 Oberflächenvorbereitung

Die natürliche Oxidschicht stört bei der organischen Beschichtung von Aluminium wie bei allen anderen Beschichtungsverfahren.
Vor der Beschichtung muß eine sorgfältige Oberflächenvorbehandlung durch Entfetten, Beizen und Chromatieren, Phosphatieren oder Anodisieren gemäß DIN 50939 vorgenommen oder ersatzweise ein Wash-Primer mit aktiven Korrosionsschutzpigmenten aufgebracht werden.
Durch die Vorbehandlung wird der notwendige Haftgrund geschaffen, der gleichzeitig auch eine korrosionsschützende Wirkung hat. Da Lacke nicht wasserdampfdiffusionsdicht sind, kommt es ohne die Zwischenschicht zu einer Reaktion Wasserdampf/Aluminium mit dem Ergebnis eines Abhebens der Beschichtung (Blasenbildung).
Richtig vorbehandelte Aluminiumoberflächen sind Voraussetzung für die qualitativ einwandfreie organische Beschichtung.

Reinigen, Entfetten

Die gründliche Reinigung und Entfettung von Aluminiumoberflächen (s. 3.2) sowie die restlose Entfernung etwa vorhandener Korrosionsprodukte, die durch unsachgemäße Lagerung, Kontaktkorrosion u.ä.m. entstehen können, ist von entscheidender Bedeutung für die Haftfestigkeit einer Lackierung und eines Anstriches. Unerläßlich ist auch die Beseitigung von Flußmittelspuren, die beim Autogen- oder offenen Lichtbogenschweißen auftreten können. Je nach dem Grad der Verschmutzung, Befettung, Verölung und von Ausblühungen sind die in Tafel 3.2.1 (s. 3.2.1.1) aufgeführten Verfahren einzeln oder auch kombiniert anzuwenden. Grobe Verschmutzungen werden vor der Behandlung mechanisch beseitigt.

Beizen
Durch Beizen wird die unregelmäßig dicke natürliche Oxidschicht des Aluminiums beseitigt. Dies ist eine Voraussetzung für die weitere chemische Oxidation (s. 3.2.4).

Aufrauhen
Eine Verbesserung der Lackhaftung läßt sich durch eine Oberflächenvergrößerung erreichen, und zwar mechanisch durch Schmirgeln, Schleifen, Bürsten und Strahlen oder aber chemisch durch Beizen (s. 3.1.2, 3.1.8 und 3.2.2).

Chemisch oxidieren
Verfahren der chemischen Oxidation durch Chromatieren und Phosphatieren (s. 3.2.4) werden bei den meisten industriell ausgeführten Lackierungen als Vorbehandlung angewendet. Die dabei entstehenden Umwandlungsschichten sind kapillaraktiv und ergeben einen ausgezeichneten Haftgrund. Für Klarlackanstriche stehen sog. Transparentchromatierverfahren zur Verfügung, die ungefärbte Chromatierschichten ergeben. Für Lebensmittelverpackungen sind nur Verfahren geeignet, die chrom-VI-freie Schichten ergeben, z.B. Grünchromatierschichten (s. 3.2.4.4). Aus umwelttechnischen Aspekten wird der Ersatz von Chromatierverfahren angestrebt. Für die Multimetall-Vorbehandlung (Aluminium, Stahl, Zink) können nickelfreie Phosphatierverfahren eingesetzt werden.
Ein weiterer Ersatz für Chromatierungen sind Verfahren auf der Basis von Titan- und/oder Zirkonfluoridkomplexen.

Anodisch oxidieren
Unverdichtete Oxidschichten stellen wegen ihres kapillaraktiven Aufbaues einen ausgezeichneten Haftgrund dar. Geeignet sind bereits sehr dünne anodisch erzeugte Oxidschichten, sog. „Formierschichten“, mit etwa 1 µm Dicke.

Metallreaktiver Voranstrich
Haftungsvermittelnde, dünne Anstriche mit sog. Wash-Primern (s. Tafel 3.6.1), die durch Reaktion mit der Metalloberfläche eine gute Bindung mit dem Metall und aufgrund ihrer sonstigen Eigenschaften auch mit den folgenden Schichten des Anstriches ergeben, sind bei handwerklich aufgebrachten Anstrichen üblich.
Wash-Primer können nach einer normalen Entfettung angewendet werden. Sie vereinigen die Vorteile von Umwandlungsschichten und Grundierungen. Einsatzgebiete sind Ausrüstungen in der Elektrotechnik, der Kommunikation und in der Geräteindustrie. Filme aus Wash-Primern sind sehr elastisch und können um 180° gebogen oder um 2,5 % deformiert werden ohne zu reißen. Sie sind als Grundlage für alle Arten von Beschichtungssystemen aus transparenten oder gefärbten Beschichtungsstoffen geeignet.

3.6.2 Flüssiglackbeschichten

Flüssiglacke enthalten Lösungsmittel und/oder Wasser, die nach dem Lackauftrag abdunsten. Sehr hochwertige Beschichtungen erhält man durch reaktionshärtende Zwei-Komponenten-Naßlacke, die bereits bei Raumtemperatur aushärten. Durch eine forcierte Trocknung bei 80 bis 120 °C wird die Vernetzungsreaktion beschleunigt, ein für die industrielle Lackierung wesentlicher Vorteil. Gut bewährt hat sich das Zwei-Komponenten-Polyurethan-System (2K-PUR-System), das eine gute Chemikalien- und Witterungsbeständigkeit besitzt bei gleichzeitig günstigem

Kreidungsverhalten. Reaktionshärtende 2K-Acrylatsysteme ergeben vergleichbar hochwertige Beschichtungen. Einen Überblick gibt Tafel 3.6.1. Bei mehrschichtigem Aufbau sind die Lacke aufeinander abzustimmen. Angaben des Herstellers sind zu beachten. In Abhängigkeit vom Lacktyp und vom zu lackierenden Gegenstand haben sich für flüssige Lacke folgende Verfahren eingebürgert:

S t r e i c h e n
Der Lackauftrag erfolgt mit Rolle oder Pinsel. Mehrschichtlackierung ist möglich. Vorwiegend für Einzelobjekte, meistens lufttrocknende oder reaktionshärtende Lacke.

T a u c h e n
Der Gegenstand wird in den Lack getaucht. Der nach dem Herausziehen am Werkstück haftende Lackfilm kann an der Luft oder forciert getrocknet werden. Mehrschichtlackierung ist möglich. Ein sehr umweltfreundliches Verfahren ist das Elektrotauchlackieren.

Beim E l e k t r o t a u c h l a c k i e r e n (ETL) scheiden sich nach Anlegen einer Spannung durch Zusammenwirken von Elektrophorese, Elektrolyse und Elektroosmose Partikel des (wasserlöslichen) Lackes auf dem Werkstück nieder, aus denen sich durch Einbrennen die Lackschicht bildet.
Je nachdem, ob das elektrisch leitende Werkstück anodisch oder kathodisch geschaltet ist, unterscheidet man zwischen Anaphorese und Kataphorese.
Für Aluminium ist das anodische Tauchlackieren (ATL) vorzuziehen, da Aluminium als Anode zusätzlich passiviert wird und gleichzeitig ein besserer Haftgrund für die Lackschicht geschaffen wird. Dadurch ergibt sich ein deutlich besserer Korrosionsschutz selbst bei geringerer Schichtdicke. Mit dem ATL werden Grundierungen und Einschichtlackierungen erzeugt. Einsatzbereiche sind z. B. Schaltschränke, Zargen, Heizkörper, Sitzrahmen, Fensterprofile und Verdampfer.
Industriell wird jedoch aufgrund der Mischbauweise (Stahl und Aluminium) überwiegend die kathodische Tauchlackierung (KTL) angewandt, z. B. für Motorhauben, Hardtops, Heckdeckel, Anbauteile aus Aluminium und Glanzaluminium-Karossen.
Die Vorteile der Elektrotauchlackierung bestehen darin, daß nur leitende Flächen lackiert werden und bei guter Tiefenstreuung eine gleichmäßige Schichtverteilung erreicht wird. Da die sich bildende Schicht als Isolator wirkt, wird der Strom zunächst zu den unbeschichteten Bereichen geleitet.

S p r i t z e n
Die organische Lösungsmittel enthaltenden oder wasserlöslichen Lacke werden durch Druckluftzerstäubung mittels Hochdruckpistole (2 bis 6 bar), Druckluftzerstäubung mittels Niederdruckpistole (HVLP) (0,2 bis 0,5 bar), Airless-Zerstäubung mit Luftunterstützung (Air-Mix) oder Airless-Zerstäubung (der Lack steht unter einem hydrostatischen Druck bis zu 175 bar bei Raumtemperatur oder 40 bar bei 90 °C) auf das Werkstück versprüht. Mehrfachlackierung ist möglich, die Trocknung erfolgt an Luft oder durch Einbrennen. Durch spezielle Spritzanlagen kann auch ein Mehrkomponentenlack verarbeitet werden. Bei feuchtigkeitsempfindlichen Lacken muß für die Trocknung der Druckluft (z.B. durch Trockenfilter) gesorgt werden. Beim e l e k t r o s t a t i s c h e S p r i t z e n werden die Lacktröpfchen elektrisch aufgeladen. Der zu lackierende Gegenstand wird geerdet, so daß in diesem elektrischen Feld der Lack fast quantitativ (85 bis 98 %) das Werkstück erreicht. Auch hier kön-

nen Mehrkomponentenlacke verspritzt werden. Mehrschichtlackierung ist möglich, eine Trocknung kann an Luft erfolgen, meist wird jedoch eingebrannt.

Walzlackieren
Über Walzen wird der flüssige Lack auf den ebenen Gegenstand gleichmäßig aufgewalzt. Mehrschicht- und beiderseitige Lackierung ist möglich, in der Regel wird der Lack in Trockenöfen eingebrannt (siehe auch 3.6.4).

Lackgießen
Durch einen schmalen Spalt im Gießkopf einer Lackgießmaschine senkt sich ein gleichmäßiger Lackschleier auf das ebene oder leicht gewölbte Werkstück, das unter dem Gießkopf hindurchgeführt wird. Mehrschichtlackierung ist möglich. Der Lack kann an der Luft oder durch Einbrennen getrocknet werden.

3.6.3 Pulverlackbeschichten

Pulverlacke können elektrostatisch oder tribostatisch aufgebracht werden. Bei der elektrostatischen Pulverbeschichtung (EPS) wird das Beschichtungspulver in der Sprühpistole elektrostatisch aufgeladen und mittels Druckluft gegen das zu beschichtende, elektrisch geerdete Teil gesprüht. Vorbeigesprühte Lackpartikel werden dem Pulverkreislauf wieder zugeführt. Durch Einbrennen im Ofen mit Heizung durch Heißluftkonvektion und IR-Strahlung bei Temperaturen von 180 bis 220 °C über 10 - 15 min schmilzt das Pulver, und es tritt eine Vernetzungsreaktion ein. Neu entwickelte sogenannte Niedrigtemperatursysteme ergeben bereits bei etwa 160 °C die gewünschte Vernetzung. Das EPS-Verfahren ist infolge der Einsparung von Lösungsmitteln umweltfreundlich, arbeitet durch die Pulverrückgewinnung mit hohem Wirkungsgrad (nahezu 100 %) und ergibt Beschichtungen mit guten chemischen und mechanischen Eigenschaften. Für die Außenanwendung werden vorwiegend die kreidungsbeständigen PUR- und Polyester-Pulver gewählt, bei Innenanwendung Epoxidpulver und Epoxid-Polyester-Mischpulver mit guter Chemikalienbeständigkeit. Durch das EPS-Verfahren können nicht nur duroplastische Pulver mit einer bei Einbrenntemperatur ablaufenden Vernetzungsreaktion gespritzt werden, sondern auch thermoplastische Pulver wie Polyamid und Polyethylen, die auch über das Wirbelsinterverfahren aufgebracht werden.

Die tribostatische Pulverbeschichtung nutzt die triboelektrische Aufladung der Pulver, die durch Reibungskontakt zwischen zwei Materialien hervorgerufen wird. Weniger elektronegative Pulver werden in einer Teflonkammer durch Reibung positiv aufgeladen.
Die Schichten sind beständig und zeigen einen geringeren Orangenhauteffekt als EPS-Schichten. Eine Schicht-auf-Schicht Beschichtung ist möglich.
Der Beschichtungsvorgang ist langsamer als EPS, die Schichtdicke ist schlecht kontrollierbar und es können nicht alle Pulver angewendet werden. Die Teile müssen vor der tribostatischen Pulverbeschichtung absolut trocken sein.

Neuerdings können Pulverlacke auf Polyester-Basis auch im Coil-Coating-Verfahren (3.6.4) mit Schichtdicken von 30 bis 50 µm auf Breitband aufgebracht werden.

Auf der Basis der Pulverbeschichtung wurden neue Schichtsysteme entwickelt, die eine hohe Korrosions- und Steinschlagbeständigkeit aufweisen. So werden z.B. Aluminium-Substrate mit einer Pulverlack-Grundierung überzogen, darauf mittels PVD-Verfahren eine hochglänzende Metallschicht abgeschieden und abschließend eine Pulverlack-Klarlackbeschichtung aufgebracht.

3.6.4 Coil-Coating-Verfahren

Beim Bandbeschichten nach dem Coil-Coating-Verfahren erfolgt der Auftrag von Flüssig- oder Pulverlack kontinuierlich in einer Anlage, in der das Aluminiumband zuvor entfettet, gebeizt, chromatiert bzw. phosphatiert wurde.
Flüssiglack wird durch Walzen aufgetragen.
Das Verfahren arbeitet sehr rationell bei der Beschichtung großer Mengen von Aluminiumbändern mit dem gleichen Lacktyp, Farbton und Glanz. Mehrschichtlackierung sowie beidseitige Beschichtung sind möglich. Übliche Bandgeschwindigkeiten liegen bei 60 bis 90 m/min. In der Regel wird ein Zwischenschichtaufbau, bestehend aus Grund- und Decklack, gewählt. Eingesetzt werden Polyesterlacksysteme und fluorhaltige Polymere wie PVDF. Die Lacke werden im allgemeinen eingebrannt; weitere Schnellhärtungsverfahren, vor allem durch energiereiche Strahlung, lassen sich bei Bandbeschichtungsanlagen vorteilhaft einsetzen. Mit hochwertigen Lacken vorbeschichtetes Aluminiumband findet Anwendung im Bauwesen, in der Fahrzeugindustrie und im Verkehrswesen.
Der wichtigste Vorzug von bandbeschichtetem Aluminium mit 25 bis 27 µm besteht darin, daß es aufgrund sorgfältiger Abstimmung zwischen Lack und Aluminiumwerkstoff vielfältig verformbar ist (Bördeln, Stanzen, Prägen, Tiefziehen), ohne daß der Lack reißt oder abplatzt.

3.6.5 Prüfen der Beschichtung

Für das Prüfen der Beschichtungsqualität ist eine Reihe von genormten Verfahren eingeführt. Eine Zusammenstellung ist in Tafel 3.6.2 zu finden. Analog der G ü t e s i c h e r u n g für anodisiertes Halbzeug durch die GAA besteht für die Qualitätssicherung für organische Kunststoffbeschichtung die „Gütegemeinschaft für die Stückbeschichtung von Bauteilen e.V.“ (GSB), Nürnberg, die ein Gütezeichen vergibt. Die GSB ist vom RAL, Bonn, anerkannt, (RAL-RG 631).

Tafel 3.6.2 Prüfverfahren für Naßlack- und Pulverlackbeschichtung

Eigenschaft	Prüfverfahren	Normen
Schichtdicke	Wirbelstromverfahren	DIN 50984
Haftfestigkeit und Dehnbarkeit	Gitterschnitt Dornbiegeversuch Erichsentiefung	DIN 53151 und ISO 2409 DIN 53152 DIN 53156
Härte	Eindruckhärte nach Buchholz	DIN 53153
Vernetzung	Kugelschlagprüfung	ASTM D 2794
Glanz	Reflektometer mit Einstrahlungswinkel 60°	DIN 67530
Beständigkeit	Kondeswasser-Konstantklima Kondenswasser-Wechselklima mit 0,2 l SO_2 Filiformkorrosionstest Salzsprühnebel Verhalten gegenüber Mörtel	DIN 50017 DIN 50018 DIN EN 3665 DIN 50021 ASTM C 207
Kratzbeständigkeit	Ritztest	ISO 1518

3.6.6 Reparaturanstriche

Für Reparaturanstriche werden in der Regel Flüssiggrundierungen und Flüssiglacke eingesetzt, auch wenn als Originalbeschichtung Pulverlack verwendet wurde. Bewährt haben sich 2-Komponenten-Grundierungen auf Epoxidbasis, teilweise mit aktiven Korrosionsschutzpigmenten (z. B. auf Zinkbasis), 1-Komponenten-Haftgrundanstriche, z. B. auf der Basis von Acrylat, Mischpolymerisat oder Alkydharz für Innen- und 2-Komponenten Polyurethanlacke als Decklacke für Außenbeschichtungen.
Im Innenbereich können auch Decklacke auf der Basis von Polymerisatharz oder Epoxidharz eingesetzt werden, für Außenbeschichtungen ebenfalls Alkydharzlacke. Nach der eindeutigen Charakterisierung der zu reparierenden Stellen muß die Lackschicht von den beschädigten Stellen durch Abschleifen bis auf das Grundmaterial entfernt werden. Korrosionsprodukte müssen vollständig abgeschliffen werden. Lösungsmittel sollen nicht zur Lackentfernung verwendet werden, da eine Unterwanderung und Enthaftung der Lackschicht an bisher unbeschädigten Stellen hervorgerufen werden kann.
Die Aluminiumoberfläche ist gründlich von Schleifstaub zu befreien und die Metalloberfläche mit einem alkoholgetränkten Lappen intensiv abzureiben und zu trocknen. Danach kann das Beschichtungssystem aufgebracht werden.
Als chemische Vorbehandlung wurde das Tamponanodisieren entwickelt. Auf die Eloxalschicht kann Decklack ohne Grundierung aufgetragen werden.

3.6.7 Anstriche zum Schutz gegen Beton und Erdreich

Für Aluminium geeignete Anstrichmittel sind Stoffe auf Grundlage von Bitumen (Erdölbitumen, natürliche Asphalte) und von Steinkohlenteerpech. Braunkohlenteerpeche, Harz- und Fettpeche dürfen nicht verwendet werden. Die Grundstoffe Bitumen und Steinkohlenteerpech dürfen keine unter 275 °C siedenden Bestandteile enthalten, da niedrig siedende Bestandteile Aluminium angreifen können. Pigmentiertes Bitumen enthält Aluminiumpulver, dessen Blättchen eine geschlossene silberhelle Oberfläche bilden. Dadurch erhält man einen zusätzlichen Schutz gegen Feuchtigkeit. Die silberhelle Schicht reflektiert Licht und Wärme, erhöht die Temperaturbeständigkeit und setzt die Wärmeabstrahlung herab. Vor dem Anstrich erfolgt ein Reinigen und Entfetten der Oberfläche. Eine Vorbehandlung mit einem Wash-Primer ist in jedem Fall empfehlenswert. Der bituminöse Deckanstrich soll mindestens 200 µm (0,2 mm) dick sein. Reparaturanstriche sollen die gleiche Bitumenbasis enthalten wie der erste Anstrich.

3.6.8 Schiffsanstriche

Der Anstrich im Schiffbau erfordert die für Aluminium typische Oberflächenvorbehandlung, d.h. Entfernen der natürlichen Oxidschicht und Erzeugung des notwendigen Haftgrundes für das Beschichtungssystem. Daraus ergeben sich die Behandlungsschritte wie folgt:

- Reinigen und Entfetten der Oberfläche (s. 3.2.1), zweckmäßig ist die Verwendung eines Kaltreinigers
- Beseitigung der Oxidschicht durch leichtes Strahlen (s. 3.1.8) oder durch Schleifen (s. 3.1.2) mit Schwing- oder Bandschleifer;
- nochmaliges sorgfältiges Entfetten zur Entfernung von Metallabrieb und Rückständen.
- Haftgrundvermittlung vorzugsweise durch Chromatieren (s. 3.2.4) oder Auftragen eines 2-Komponenten-Wash-Primers (s. 3.4.5.1).

Die Wahl des Beschichtungssystems richtet sich nach den Anforderungen und sollte jeweils mit dem Lackhersteller gemeinsam getroffen werden. Anwendung finden Anstrichsysteme auf Basis Polyurethan, Epoxid und Teer-Epoxid.

Anstrichaufbau für Außenhaut und Aufbauten, z.B.:

- 2-Komponenten-Grundierung auf Epoxidharzpolyamidbasis (zweimaliger Anstrich)
- 2-K-Polyurethan (PUR)-Decklack (zwei- bis dreimaliger Anstrich).

Anstrichaufbau für Unterwasser, z.B.:

- 2-Komponenten-Beschichtung auf Epoxidharz-Teer-Basis (zwei- bis viermaliger Anstrich);
- Hartantifouling-Anstrich mit biocider Wirkung (ein- bis zweimaliger Anstrich).

Für Bilgen, hinter Wegerungen usw. hat sich neben den vorerwähnten Deckanstrichen auch ein schwefelfreier, elastifizierter Bitumenanstrich als geeignet erwiesen.

Alle Antifouling-Anstriche enthalten Gifte, die den pflanzlichen und tierischen Meeresbewuchs verhindern. Ihre Wirkung ist zeitlich begrenzt. Kupferhaltige Antifoulings (Weichantifoulings) wirken durch Abgabe von Kupferionen; sie dürfen für Aluminium nicht verwendet werden. Kupferfreie Antifoulings (Hartantifoulings) mit organischen oder metallorganischen Verbindungen verhalten sich korrosionsneutral und sind für Aluminium geeignet. Selbstpolierende Hartantifoulings wurden entwickelt, die sich in der Strömung abschleifen und glätten.

3.6.9 Kunststoffüberzüge

Schmelztauchmassen
Für die Verpackung und den temporären Schutz von Beschlägen, Werkzeugen und Kleinteilen aus Aluminium haben sich lösungsmittelfreie Schmelztauchmassen bewährt. Man taucht die zu beschichtenden Teile in die erhitzten Massen ein. Die Schichtdicken liegen zwischen 300 und 1000 µm und schützen die Teile vor Schlag und Stoß. Die Schutzfilme können abgezogen werden, indem man an einer Kante diesen Film einschneidet und dann wie eine Haut von dem Gegenstand abzieht. Die Schmelztauchmassen sind meist auf Celluloseacetobutyrat-Basis unter Zusatz von Weichmachern und Wachsen und speziellen Hilfsmitteln aufgebaut.

Plastisole
Zur Herstellung von Plastisolen werden meist Vinylharze in flüssigen Weichmachern verwendet, die eine nur geringe Anlösung der Kunststoffteilchen bei Raumtemperatur aufweisen. Der Einfluß der Weichmacher auf die Viskosität von Plastisolen ist von größter Bedeutung. Beim Erhitzen auf etwa 180 °C tritt eine Verschmelzung und Vernetzung ein. Die ausgelatinierten Überzüge, z.B. auf Kleinteilen, werden durch Luft oder durch Eintauchen in Wasser oder durch Besprühen mit Wasser abgekühlt. Das Tauchen von Kleinteilen in Plastisolen geschieht am vorteilhaftesten mit bei 60 bis 90 °C vorgewärmten Teilen. Die Beschichtung von Aluminiumbändern und -blechen muß in Öfen erfolgen, die über die ganze Band- oder Blechbreite völlig gleichmäßige Temperaturen aufweisen. Die Verwendung von speziellen Haft-Primern ist zur Erzielung einer guten Haftfestigkeit der Plastisole auf Aluminium unerläßlich. Die sogenannten Einschicht-Plastisole, die ohne Haft-Primer eingesetzt werden können, enthalten Harze mit haftfestigkeitsverbessernden Gruppen.

Organosole
Organosole enthalten neben Weichmachern noch flüchtige Lösungsmittel, um die Verspritzbarkeit und den Verlauf zu verbessern sowie die Solvatation während der Gelierung zu regulieren. Die Organosole benötigen ebenfalls zur Erzielung bester Haftfestigkeit auf Aluminium einen auf diese Organosole gut abgestimmten Haft-Primer.

Kunststoffpulver
Für das Flammspritzen (3.4.4) eignen sich nur Thermoplaste, besonders Polyamide und Polyethylene. Es empfiehlt sich, die Teile vorzuwärmen.

Nach dem Wirbelsinterverfahren werden meist Teile von komplizierter Gestalt mit Celluloseacetobutyrat, Polyamiden, Polyethylenen, PVC oder Acrylaten beschichtet. Das Kunststoffpulver muß eine Korngröße von etwa 200 µm haben und soll möglichst kugelig sein. Das zu beschichtende Material wird vor dem Eintauchen in den aufgewirbelten Kunststoff (Wirbelbett) auf etwas mehr als Schmelztemperatur des Kunststoffpulvers erwärmt. Da diese Vorwärmtemperatur im allgemeinen bei etwa 350 °C liegt, sind die meisten Aluminiumteile wegen der hohen Festigkeitsverluste auf diese Weise nicht mehr zu beschichten. Die beste Haftung wird erzielt bei Aufrauhen der Metalloberfläche. Scharfe Kanten sind zu vermeiden. Durch Nachbehandlung der beschichteten Teile im Ofen bei etwa 200 °C oder durch Überfächeln mit einer Flamme kann der Schutzüberzug geglättet werden.

Beim Rilsanverfahren der ATO Chemie wird als thermoplastisches Beschichtungsmaterial Polyamid 11 verwendet. Die durch Strahlen oder Beizen vorbehandelte Werkstückoberfläche erhält einen Epoxidharzauftrag zur Haftvermittlung. Die Oberflächentemperatur des zu beschichtenden Teiles muß über 185 °C liegen. Die Korngrößenverteilung des Beschichtungspulvers variiert zwischen 80 und 200 µm. Porenfreie Schichten werden ab 250 µm erreicht. Bei Rohrbeschichtungen im Wirbelsinterverfahren werden Außen- und Innenbeschichtung gleichzeitig durchgeführt. Die Beschichtung kann auch elektrostatisch (EPS-Verfahren) vorgenommen werden.

3.7 Kaschieren

Kunststoffolien werden mit Hilfe von Klebstoffen auf Al-Bleche und -Bänder kaschiert, vorteilhaft auf Bandbeschichtungsanlagen mit Bandgeschwindigkeiten von 60 bis 90 m/min. Hauptsächlich verwendet werden PVC- und PVF-Folien. PVC-Folien können glatt oder dressiert sein, sie können auch bedruckt werden. PVF-Folien zeichnen sich durch gute Witterungsbeständigkeit aus. Die Folie wird unter Druck auf das mit Klebstoff vorbehandelte und im Ofen vorgewärmte Blech gewalzt. Der härtende Klebstoff sorgt für einen festen Verbund zwischen Kunststoffolie und Metall. Die große Haftfestigkeit und Elastizität des Überzuges erlaubt, beschichtete Bleche und Bänder mechanisch zu verformen, ohne daß der Überzug abgelöst oder zerstört wird, z.B. Schneiden, Biegen, Falzen und Tiefziehen. Mechanische Verbindungen sind ohne weiteres ausführbar. Zum Schweißen (Schmelz- oder Widerstandsschweißen) muß die Folie an der Verbindungsstelle abgetrennt werden. Das geschieht durch Einkerben und Abziehen unter Erwärmung auf etwa 100 °C.
Anwendungen für Produkte mit Kunststoffüberzügen erfolgen im Bauwesen (Verkleidungen innen: Panels, Deckenkassetten, gelocht für Schallschluckplatten), für Tiefziehteile (Gehäuse für elektrische Geräte, Etuis), im Verkehrswesen (Innenausstattung), in der Verpackung (z.B. Chemikalien). Kunststoffummantelte Aluminium-Rohre können innen, außen oder beidseitig mit Kunststoff ummantelt werden; Anwendung erfolgt in der chemischen Industrie, im Rohrleitungsbau und im Fahrzeugbau, Aluminium-Kunststoff-Verbundhalbzeuge und Bauteile.

3.8 Emaillieren

Unter Emaillieren versteht man eine Beschichtung mit einem anorganischen, glasähnlichen Material vorwiegend oxidischer Zusammensetzung. Der Ausdehnungskoeffizient der Emails darf nicht wesentlich von dem der Aluminium-Werkstoffe (Größenordnung 20 bis 24 · 10^{-6} K^{-1}) abweichen, andernfalls wird die Haftfestigkeit der Emailschicht beeinträchtigt. Dies kann zu Emailschäden oder Verformungen der Werkstücke führen.

W e r k s t o f f e. Die besten Ergebnisse erhält man bei Verwendung von Reinaluminium und der Legierung AlMn spezieller Zusammensetzung. Der Kupfergehalt muß unterhalb 0,3 % liegen, der Magnesiumgehalt sollte so niedrig wie möglich, vorzugsweise unterhalb von 0,01 % gehalten werden. Als Vorbehandlung genügt bei Reinaluminium und AlMn eine einwandfreie Entfettung. Ungeeignet sind alle Legierungen mit einem Soliduspunkt unter 600 °C.

AlMgSi- und AlZnMg-Legierungen lassen sich nach einer Chromatierbehandlung (s. 3.2.4) zufriedenstellend emaillieren. Die Vorbehandlung sollte in 0,6%iger Schwefelsäure mit Netzmittelzusatz erfolgen. Frisch gegossene Legierungen sollen in Natronlauge gebeizt und in 50%iger Salpetersäure aufgehellt werden. Legierungen mit einem hohen Si-Gehalt werden in Salpeter- und Fluorwasserstoffsäure gebeizt.

Nickelschichten verbessern die Haftung und die Eigenschaften von Architekturmaterial. Die natürliche Oxidschicht von Aluminium wirkt sich günstig auf die Haftung der Emails aus.

E m a i l s. Der Schmelzpunkt von Reinaluminium und Aluminiumlegierungen liegt nahe der untersten Temperaturgrenze, bei der geeignete anorganische-oxidische Gläser - und das allein sind echte Emails - erschmolzen werden können. Man benötigt daher Fritten, die bei 520 bis 560 °C in den Gasfluß übergehen und nach dem Erkalten eine glatte, glänzende und möglichst blasenfreie Deckschicht ergeben. Geeignet sind Alkali-Blei-Bor-Silikate oder bleifreie Alkali-Bor-Titan-Zirkonium-Emails. Unter Zusatz von Metalloxiden als färbende Pigmente, Stellmittel und Wasser, werden die Fritten in Kugelmühlen zu einem feinen Schlicker vermahlen und auf die zu emaillierenden Teile durch Spritzen aufgetragen. Im Gegensatz zum Stahl wird beim Aluminium in den meisten Fällen direkt, d.h. einschichtig, emailliert. Man erhält hierbei Schichtdicken von 50 bis 125 µm. Die Einbrennbedingungen sind abhängig von der Rezeptur und besonders wichtig für die Güte des Erzeugnisses, sie müssen genau eingehalten werden. Nichtaushärtbare Legierungen erfahren durch das Emaillieren eine Glühbehandlung und werden weich. Da Bleisilikatemails abschreckbar sind, können durch eine Kombination von Brennen und Aushärten gute mechanische Eigenschaften nach dem Emaillieren erzielt werden.

Wasserdampf in der Ofenatmosphäre wirkt sich günstig auf das Aussehen und die mechanischen Eigenschaften von Emailüberzügen auf Aluminium aus.

Schwefel fördert die Blasenbildung.

E i g e n s c h a f t e n. Die Emails können in vielen Farben und mit hochglänzender oder matter Oberfläche hergestellt werden. Durch Sieb- oder Schablonendruck sind mehrfarbige Emaillierungen möglich. Die Licht-, Witterungs- und Korrosionsbeständigkeit ist ausgezeichnet. Die Laugen- und Säurebeständigkeit weißer oder in Pastelltönen eingefärbter Emails ist gut, einige dunkel getönte Schichten weisen etwas geringere Werte auf. Da kein Unterrosten auftreten kann, sind emaillierte Aluminiumteile nachträglich noch in gewissen Grenzen durch Bohren, Sägen, Schneiden oder Stanzen bearbeitbar. Die elektrische Durchschlagspannung beträgt bei 25 µm Schichtdicke 500 Volt.

Emails zeichnen sich durch eine gute Verschleißbeständigkeit und einen hohen Widerstand gegen Zerkratzen aus. Emailoberflächen lassen sich leicht reinigen und sind in heißen Gasen beständig.

A n w e n d u n g e n. Beispiele sind Verkleidungsbleche, Wandelemente und Fertigbauteile für Außen- und Innenarchitektur, Kacheln, Schilder, Bauteile für den Fahrzeug- und Schiffsbau; blei- und kadmiumfreie Emails werden für Haushaltsgeräte und spezielle Emails in der Schmuckwarenindustrie verwendet.

3.9 Sonstige Beschichtungen

H o l z f u r n i e r auf A l u m i n i u m
Eine mögliche Kombination ist das holzfurnierte Aluminiumblech. Hier ist das Blech bzw. eine beidseitig mit Aluminium belegte Verbundplatte aus Kunststoff, z.B. Polyethylen, Polypropylen oder mit Waben- oder Schaumstoffkern, das tragende Element, während die Holzfurniere nur als Verkleidung der metallischen Flächen - ein- oder beidseitig - aufgeklebt werden. Anwendung: Im Karosserie-, Waggon- und Schiffbau, für Innenausbau und Möbel sowie für die oben genannten Zwecke, falls metallisches Aussehen nicht gewünscht wird.

B e l ä g e aus f a s e r - oder s t a u b f ö r m i g e n oder k ö r n i g e n S t o f f e n
Für mechanisch weniger stark beanspruchte Flächen genügt auch das Überziehen der Aluminiumbleche bzw. fertiger Aluminiumgegenstände mit Textilfasern (Wollstaub, Seidenstaub, Haarstaub u. dgl.) oder mit Korkmehl bzw. Glaswollstaub oder sonstigen keramischen Erzeugnissen ähnlicher Form. Da diese Stoffe in den verschiedenen Farben verwendet werden können, lassen sich, abgesehen von den erstrebten praktischen, auch sehr schöne ästhetische Wirkungen erzielen. Anwendung: für Karosserien, Wände und Verkleidungen, bei denen ein nichtmetallisches Aussehen erwünscht ist, Innenseiten von Koffern u.a.m.

G u m m i
Aluminium kann mit Gummi festhaftend überzogen werden. Dabei wird Kautschukmilch aufgespritzt und anschließend vulkanisiert. Bei ebenen und abwickelbaren Flächen können, besonders für dickere Schichten, Gummibahnen aufvulkanisiert werden. Anwendung: Gummierungen bewähren sich ähnlich wie Kunststoffauskleidungen bei chemischer Beanspruchung, denen das Aluminium selbst nicht gewachsen ist, z.B. für Behälter, Transporttanks, Pumpenteile und Armaturen für aggressive Chemikalien.

S c h a l l d ä m m e n d e B e l ä g e
Zur Dämpfung von Dröhngeräuschen, z.B. an Fahrzeugen aller Art, werden Geräuschdämpfmassen aufgespritzt. Sie weisen auf Aluminium eine ausgezeichnete Haftfestigkeit auf. Technisch besonders interessant sind infolge der hohen Körperschall-Absorption Schaumstoffbeläge, die zusätzlich gut wärmedämmen und Schwitzwasserbildung verhindern bzw. verringern. Die gleichen Vorteile bieten Spritzkork-Schichten. Anwendung: Wand- und Deckenverkleidungen, für Fahrzeuge aller Art, Schiffbau, Architektur.

3.10 Vakuumbeschichtung

3.10.1 Allgemeine Beschreibung des Verfahrens

Um die komplexeren Anforderungen an die Oberflächen von Aluminiumbauteilen oder Halbzeugen zu erfüllen, wurde in den letzten Jahren verstärkt auch für Aluminium die Beschichtung mit Vakuumverfahren (PVD) erforscht, getestet und erfolgreich in der Praxis eingesetzt.
Ziel ist die Erzeugung leichterer Bauteile mit verschleißfesten Oberflächen sowie die Kombination von dekorativer Erscheinung mit hoher Beständigkeit gegen Korrosion und Verschleiß.
Die PVD-Beschichtung zeichnet sich durch folgende Vorteile aus:
Als Beschichtungsmaterialien sind praktisch alle Elemente des Periodensystems sowie deren Legierungen und stabile Verbindungen möglich. Die Schichten werden mit hoher Reinheit abgeschieden. Es können Schichtdicken von wenigen Atomlagen bis zu einigen µm Dicke abgeschieden werden, wobei die Schichtdicke sehr genau eingestellt werden kann. Die beschichtbaren Substratflächen liegen zwischen Flächen, die kleiner als 1 mm^2 und bis zu einigen m^2 groß sind. Werden Teiloberflächen durch Masken oder Abdecklacke abgedeckt, ist eine Teilbeschichtung möglich. Generell sind flache, gebogene Teile und Bandmaterial beschichtbar. Kompliziert geformte Teile müssen während der Beschichtung bewegt werden, um eine allseitig gleichmäßige Beschichtung zu gewährleisten. Je nach der Komplexität der Anforderungen sind Mehrlagenbeschichtungen unter Variation vom Schichtmaterial und reaktiven oder nichtreaktiven Prozessen möglich. Im Vergleich zur galvanischen Beschichtung werden Arbeitsschritte eingespart. PVD-Prozesse sind umweltverträglich.
Die PVD-Verfahren können in die Gruppen *Bedampfen*, *Kathodenzerstäubung (Sputtern)*, *Ionenplattieren* und die *reaktiven Varianten* dieser Verfahren eingeteilt werden.
Das *Bedampfen* ist ein Verfahren, bei dem das Schichtmaterial in einem Vakuum von 10^{-3} bis 10^{-4} Pa in einer heizbaren Quelle verdampft bzw. sublimiert wird. Die Dampfatome breiten sich geradlinig aus und scheiden sich auf dem Substrat und den benachbarten Wänden als Schicht ab. Das Aufschmelzen und Verdampfen des Beschichtungsmaterials kann durch Widerstands- oder Hochfrequenzheizung, mit dem Elektronenstrahl oder dem Laserstrahl erfolgen.
Vor dem Beschichten wird die Oberfläche durch den Beschuß mit inerten Gasionen in einem Plasma geätzt, um eine ausreichende Haftung der Schichten zu gewährleisten.
Die *Kathodenzerstäubung* (Sputtern) erfolgt in einem Druckbereich von etwa 10^{-1} bis 1 Pa in einem inerten Gas (z.B. Ar). Inertgasionen treffen auf das Schichtmaterial (Target) und zerstäuben dieses durch Impulsübertragung. Die zerstäubten Atome oder Moleküle, Sekundärelektronen oder Sekundärionen schlagen sich auf dem Substrat und den benachbarten Wänden als Schicht nieder. Durch Anwendung des Magnetronsputterns kann die Beschichtungsrate gesteigert werden.
Unter *Ionenplattieren* versteht man einen Vakuumprozeß, der eine Kombination aus Vakuumaufdampfen und Sputtern darstellt. Der Arbeitsdruck beträgt 10^{-1} bis 1 Pa, die Temperaturen des Substrates erhöhen sich während der Beschichtung auf etwa 200 bis 250 °C. Die Verdampfung der Metallatome kann durch eine Hohlkathodenelektronenstrahlkanone, einen Niedervoltbogenentladungsverdampfer, Lichtbogenverdampfer oder durch Hochleistungssputterkanonen erfolgen.

Ein Teil der Atome, die zum Substrat gelangen, werden ionisiert und durch ein elektrisches Feld beschleunigt. Dabei werden zwischen dem negativ vorgespannten Substrat und der Behälterwand Spannungen bis zu 10 kV angelegt und ein Plasma gezündet. Der Ionenstrom liegt mit bis zu 2 mA/cm^2 relativ hoch.
Während des gesamten Beschichtungsprozesses wird die Schicht unter der Einwirkung eines Teilchenbeschusses durch positive Inertgasionen (z.B. Ar) oder Metallionen gebildet. Die Teilchen, die mit einer höheren Energie auf das Substrat auftreffen wirken günstig auf die Wachstumsbedingungen und somit die Struktur der Schicht und ihre Eigenschaften (z.B. Haftung).
Jedes der drei Verfahren kann als reaktive Variante ausgeführt werden. Läßt man zusätzlich ein reaktives Gas in die Vakuumkammer ein, können Schichten aus einer chemischen Verbindung (Nitrid, Oxid, Carbid) des verdampften bzw. zerstäubten Materials und dem Reaktionsgas abgeschieden werden.
Nur die optischen Eigenschaften werden ausschließlich von der Schicht bestimmt. Verschleiß- und Korrosionsbeständigkeit werden von der Schicht und vom Substrat (Werkstoffzustand, Geometrie) beeinflußt. Da Aluminium und seine Legierungen im Vergleich zu den harten Schichtwerkstoffen ein sehr weiches Substrat darstellen, ist der Gefügezustand sehr wichtig.
PVD-Schichten liegen im metastabilen Zustand vor, da die Abscheidung nicht im thermodynamischen Gleichgewicht erfolgt. Die Struktur ist meist polykristallin, auch amorphe Schichten können abgeschieden werden.
Die Beschichtungsanlagen bestehen im allgemeinen aus dem Vakuumsystem (mit Steuerungs- und Regeltechnik), der Beschichtungskammer, dem Gaseinlaßsystem (mit Steuerungs- und Regeltechnik), der Plasmaquelle (mit Steuerungs- und Regeltechnik sowie Stromversorgung) und den Substrataufnahmen (mit Stromversorgung). Für die PVD-Beschichtungen stehen Einkammer- und Mehrkammeranlagen zur Verfügung.
Die Rundumbeschichtung von Teilen wird durch Bewegung der Substrate (Planetenantrieb) und/ oder den Einbau von mehreren Teilchenquellen gewährleistet.
Prozeßparameter und Anlagentechnik sind durch die Form und Vielfalt der zu beschichtenden Teile und den Beschichtungswerkstoff vorgegeben.

3.10.2 Industriell eingeführte Verfahren zur Beschichtung von Aluminium und Aluminiumlegierungen

- Großflächenbeschichtung von Aluminiumbändern zum Zwecke der Reflexionserhöhung

Die Beleuchtungsindustrie benötigt zur Verbesserung des Beleuchtungswirkungsgrades Reflektormaterialien höchster Reflektivität. Durch eine gezielte Beschichtung kann der Reflexionsgrad der konventionell anodisierten Aluminium-Bleche von 85 % bis 87 % auf 96 % angehoben werden.
Band oder Blech aus Aluminium einer Reinheit besser 99,99 kann direkt oder nach dem Anodisieren (1 bis 2 µm Aluminiumoxidschicht) beschichtet werden.
Die einzelnen Behandlungsschritte sind:

- Glimmen (Oberflächenreinigung)
- Aufbringen eines Haftvermittlers (z.B. SiOx)
- Aufbringen einer Reflexionsschicht aus Aluminium
- Aufbringen eines reflexionserhöhenden, oxidischen Schichtsystems

Daraus resultieren folgende Schichtsysteme:

System 1		System 2	
Alumiunium	80 nm	Aluminium	80 nm
SiO_2	85 nm	SiO_2	85 nm
SnO_2	50 nm	TiO_2	45 nm

Die Deckschicht erfüllt neben der optischen auch eine Oberflächenschutzfunktion. Das System TiO_2/ SiO_2 hat sich als bestes bewährt.
Die Beschichtung erfolgt mit einer hochproduktiven Bandbeschichtungsanlage für kontinuierlichen Betrieb im air-to-air Betrieb. Schleusen ermöglichen den air-to-air Bandtransport mit Bundwechsel am laufenden Band und damit einen Dauerbetrieb von 120 h. Alle Einzelprozesse sind auf eine Bandgeschwindigkeit von 10 m/min skaliert. Die beschichtbare Bandbreite beträgt 1250 mm. Die Aluminiumschicht (Reflexionsgrundschicht) wird mit einer Magnetron-Hochleistungskathode abgeschieden, die Oxidschichten mit einer Twin-Mag-Kathode.

– Aluminium-Kolben für Verbrennungsmotoren

Die Hartverchromung von Kolben aus Aluminium-Legierungen für Zwei-Takt- und Vier-Takt-Motoren kann durch eine PVD-Beschichtung mit Cr und Cr_xN ersetzt werden. Für die Beschichtung werden große Einkammer-Anlagen eingesetzt. Die Vorbehandlung erfolgt wie oben beschrieben mittels Ionenätzen. Kolben für Vier-Takt-Motoren werden mit 2 bis 4 µm beschichtet, Kolben für Zwei-Takt-Motoren wegen der höheren Beanspruchung mit 4 bis 8 µm.

– CrN-Schichten für Fassadenelemente

Fenster- oder Türprofile mit blanker oder anodisierter Oberfläche (1 bis 2 µm) werden zum Zwecke der Verschleißbeständigkeit und des Korrosionsschutzes mit Cr/ CrN beschichtet.
Die Reinigung der Teile erfolgt mittels Ionenätzen. An die Profile mit blanker Oberfläche wird ein negatives Potential von -900 V bis -1200 V angelegt. Der Metallabtrag erfolgt durch Kathodenzerstäubung. Anodisch oxidierte Oberflächen werden ohne negatives Potential nur unter Nutzung des Glimmeffektes von adsorbierten und chemisorbierten Oberflächenbelegen befreit.
Die eigentliche Beschichtung wird mittels Sputterionenplattieren in einem Druckbereich von 4 bis $8 \cdot 10^{-3}$ mbar durchgeführt. Dabei kommt eine Doppelkathoden-Anordnung mit Magnetronkathoden zum Einsatz. Für die Chromschicht wird nur Argon als Arbeitsgas verwendet, zur Abscheidung von CrN-Schichten wird Stickstoff als Reaktivgas dazugegeben.
Die Härte der CrN-Schichten ist vom Stickstoffgehalt abhängig, die Farbe ist metallisch. Um andere Farbeffekte zu erzielen, müssen zusätzlich dekorative Beschichtungen wie z.B. TiC_xN_y (gold), $TiAlN_x$ (bronze), $TiAlC_xN_y$ (schwarz-anthrazit) oder ZrN_x (messing) durchgeführt werden.
Die beschichteten Aluminium-Fassadenteile überstehen im Salzsprühnebel-Test (DIN 50021) 250 Stunden ohne Korrosionsangriff. Im Taber-Abraser-Test (DIN 52374) ist die Schicht nach 1000 Testzyklen bei einer Last von 10 N und einem CS10F-Scheibentyp nicht durchgerieben.

– Silber-TiN-Schichten für den Korrosions- und Verschleißschutz

Zum Schutz gegen Verschleiß und Korrosion werden Formplatten, Kunststoffblasformen, Webschiffchen in der Textilindustrie, Montagevorrichtungen und Steuerkolben der Legierung Al ZnMgCu1.5 mit einer PVD-Silber-TiN-Schicht überzogen. Mit einem PVD-Niedertemperaturverfahren (Abscheidung unter 200 °C) kann eine homogene Beschichtung von 1 bis 20 µm erzielt werden.
Die Hochratebeschichtung (40 µm/h) beruht auf dem physikalischen Prinzip des Magnetronsputterns. Die Online-Beschichtungsanlage besteht aus zwei Vakuumkammern. In der Vorbehandlungskammer werden die Oberflächen durch Elektronenbeschuß aufgeheizt und anschließend ionengeätzt. In der Beschichtungskammer befinden sich zwei verstellbare Magnetron-Kathoden, die mit einer magnetfeldunterstützten Plasmasteuereinrichtung ausgestattet sind.
Wird nur Korrosionsbeständigkeit gefordert, ist eine Mehrlagenschicht von 3 bis 5 µm ausreichend, bei kombinierter Korrosions- und Verschleißbeanspruchung sollte die Schichtdicke 10 bis 20 µm betragen. Für dicke Schichten liegt die Maximalhärte bei 2000 HV. Die Verschleißbeständigkeit (Abrieb) konnte im Vergleich zu Hartchrom um das 3 bis 20-fache gesteigert werden.
Mehrlagenschichten zeigten eine gute Korrosionsbeständigkeit. Nach 100 Stunden in alkalischer Lösung (pH = 9,5) zeigten mehrfach beschichtete Aluminiumoberflächen nur einen geringen Korrosionsangriff, der Grundwerkstoff wird im Vergleich dazu sehr stark angegriffen. Das Verfahren bildet eine Alternative zur Hartverchromung, Hartanodisierung und anderen Verfahren der Galvanisierung. Vorteilhaft ist, daß die Vorbehandlung des Grundmaterials und eine Nachbehandlung der Schicht entfallen. Bei dicken Schichten wäre eine Nachbehandlung möglich. Einziger Nachteil ist die Zunahme der Rauhigkeit bei Mehrfachbeschichtungen.

Schrifttum

Kapitel. 3.1

DIN 69100 Teil 1, Juli 1988
- Schleifkörper aus gebundenem Schleifmittel
  Bezeichnung, Formen, Maßbuchstaben, Werkstoffe

DIN 69111, Juni 1972
- Schleifkörper aus gebundenem Schleifmittel
  Einteilung, Übersicht

DIN 69101 Teil 1, März 1985
- Körnungen aus gebundenem Schleifmittel und zum Spanen
  mit losem Korn
  Bezeichnung, Korngrößenverteilung

DIN 176 Teil 1, März 1985
- Körnungen aus Elektrokorund und Siliciumcarbid für
  Schleifmittel auf Unterlagen
  Bezeichnung, Korngrößenverteilung

Hersteller von Reinigungs-, Entfettungs- und anderen Oberflächenbehandlungsmitteln für Aluminium u.a.:

- HENKEL KGaA, Abteilung MCE-Alu
  Henkelstraße 67, 40589 Düsseldorf
- CHEMETALL GmbH, Sparte Oberflächentechnik,
  Reuterweg 14, 60323 Frankfurt/Main
- TURCO-CHEMIE GmbH
  Wandsbecker Stieg 23, 22087 Hamburg
- NABU-Oberflächentechnik GmbH,
  Werksweg 2, 92551 Stulln

Bundes-Immissionsschutzgesetz, 01. Juli 1992
- Zweite Verordnung zur Durchführung des Bundes-Immissionsschutzgesetzes (Verordnung zur Emissionsbegrenzung von leichtflüchtigen Halogenkohlenwasserstoffen 2. BImSchV) vom 10. Dezember 1990 (BGBl.I S. 2694), in der geänderten Verordnung vom 05. Juni 1991 (BGBl. I S. 1218) (BGBl. III 2129-8-2-3)

Verordnung zum Schutz vor gefährlichen Stoffen (Gefahrstoffverordnung-GefStoffV) vom 26. Oktober 1993 (BGBl. I S. 1782), zuletzt geändert durch die Erste Verordnung zur Änderung chemikalienrechtlicher Verordnungen vom 12. Juni 1996 (BGBl. I S. 818) mit der Liste der gefährlichenStoffe und Zubereitungen nach § 4a GefStoffV
- Anhang IV Nr. 11

Lang, W.: Zeiss-Informationen 70 (1968) 114 Teil I

Lang, W.: Zeiss-Informationen 71 (1969) 12 Teil II

Lang, W.: Zeiss-Informationen, Sonderdruck S. 41/210

Huppatz, W.; Krajewski, H.: Werkstoffe und Korrosion 30, 673/684 (1979)

Huppatz, W.: Metall Nr. 7-8, 507 (1995)

DIN 8201
- Feste Strahlmittel
Teil 1, Juli 1985
Einteilung, Bezeichnung
Teil 4, Juli 1985
Stahldrahtkorn nichtrostender Stahl
Teil 6, Juli 1985
synthetisch, mineralisch, Elektrokorund
Teil 7, Juli 1985
synthetisch, mineralisch, Glasperlen
Teil 9, Juli 1986
synthetisch, mineralisch, Kupferhüttenschlacke, Schmelzkammerschlacke

Kollek, H.: Strahlen, Strahlanlagen und Strahlmittel
I-Lack 3/96, 64. Jahrgang, 110/113

DIN 8201
- Feste Strahlmittel
Teil 5, Juli 1985
natürlich, mineralisch, Quarzsand

VBG 119
UVV Schutz gegen gesundheitsgefährlichen mineralischen Staub vom 01.10.1988

VBG 48
UVV Strahlarbeiten vom 01.04.1994

Kapitel 3.2:

Blecher, A.: Oberflächenbehandlung von Aluminiumbauteilen bei Kraftfahrzeugen in: Aluminium - Werkstofftechnik für den Automobilbau Expert-Verlag 1992, Band 375, S. 45/55

Seidel, R.: Die chemische Oberflächenbehandlung vor dem Beschichten. Vortrag zu den 3. Dresdner Korrosionsschutztagen, 23.-24.03.1995 Tagungsband Teil 1

Treverton, J.A.; Davis, N.C.: Metals Technology 4 (1977) 10, S. 480/489

Terryn, H.; Goeminne, G.; Vereecken, J.: Study of Conversion Treatments on Aluminium Alloys by Means of Surface Analysis and Electrochemical Impedance spectroscopy in: Oberflächenbehandlung von Aluminium und anderen Leichtmetallen, S. 26/35

Berichtsband über den 3. EAST-Kongress, 12.-13.11.1992 in Schwäbisch-Gmünd. Hrsg.: ZOG Zentrum für Oberflächentechnik

Cohen, S.M.: Replacement for Chromium Pretreatments on Aluminium, Corrosion 51 (1995) 1, S. 71/78

Ries, C.: Chemische Vorbehandlung zur Beschichtung von Aluminiumband (Teil I - III), Aluminium 51 (1975), 6, 7 und 8, S. 393/397, 472/475 und 530/533

Ries, C.: No-Rinse-Vorbehandlung zum Beschichten von Aluminiumband, Aluminium 57 (1981), 2, S. 151/155

Roland, A.: Konversionsüberzüge auf Aluminium, Henkel-Referate 24 (1988), S. 20/24

de Riese-Meyer, L.; Kintrup, L.; Speckmann, H.-D.: Bildung und Aufbau Chrom(VI)-haltiger Konversionsschichten auf Aluminium, Aluminium 67 (1991), 12, S. 1215/1220

Heitbaum, J.: Chemische Oberflächenbehandlung von Metallen, Werkstoffe und Korrosion 43 (1992), S. 331 (Umschau)

Marsh, C.: Aluminium pre-treatment, Corrosion Prevention & Control (1992) 4, S. 29/31

Turuno, A.; Toyose, K.; Fujimoto, H.: Zinc Phosphate Behavior and Corrosion Resistance of Aluminium Alloy for Automobile Bodies, Kobelco Technology Rewiev No. 11, June 1991

Roland, A.; Droniou, P.: Surface Preparation of the All-Aluminium Car Body before painting. Metal Finishing 91 (1993) 12, S. 57/60

Gehmecker, H.: Karosseriewerkstoffe und deren Korrosionsschutz: Vorbehandlungsverfahren, Schriftenreihe Praxis-Forum 15/91 (1991), S. 87/105
Verl. Technik + Kommunikation Berlin

Roland, W.-A.; Gottwald, K.-H. : Phosphatierverfahren der neuen Generation, Metalloberfläche 48 (1994) 11, S. 790/796

Roland, W.-A.: Die Automobil-Phosphatierung, Konferenz-Einzelbericht, Vorträge der DFO Düsseldorf, April 1989 S. 264/283

Rausch, W;. Gehmecker, H.: Chemische Oberflächenbehandlung von Mischkonstruktionen aus Stahl, verzinktem Stahl und Aluminium vor der Lackierung, Konferenz-Einzelbericht: Versiegelung und Lackierung von galvanisch verzinkten Oberflächen, Vorträge der DFO und DGO, Febr. 1989, S. 88/106

Gehmecker, H.: Phosphatierung und andere chromfreie Vorbehandlungsverfahren für Aluminium, Konferenz-Einzelbericht: Aluminium - Der Werkstoff, seine Bearbeitung, Beschichtung und Anwendung, Frankfurter Aluminium-Forum 1990, Schriftenreihe Praxis-Forum 5/91(1990), S. 255/271

Bischoff, K.-H.: Stand der Technik bei wäßriger Vorbehandlung von Untergründen aus Stahl, Zink und Aluminium, Konferenz-Einzelbericht: Pulverlacktagung 1991 Bd 4 (1991), S. 31/32

Miyazaki, N.; Nakatsukasa, M.; Okazaki, K.: Development of simultaneous zinc phosphating process for aluminium and steel plates, Konferenz-Einzelbericht: SAE-Papers Nr. 931936 (1993), S. 1/7

Gehmecker, H.: Al-Karosserien: Die chemische Vorbehandlung als 1. Schritt des Korrosionsschutzkonzeptes, Konferenz-Einzelbericht: Spaceframe-Technologie contra Mischbauweise, Schriftenreihe Praxis-Forum Bd 3/94 (1994),
S. 127, 129/138

Seidel, A.: Aluminiumvorbehandlung: Schwermetall- und nitritfreie Abscheidungsphosphatierung, Metalloberfläche 50 (1996) 4, S. 248/252

Shadzi, B.: Chromium Phosphate for Aluminium, Metal Finishing (1989) 10, S. 41/43

DIN 50 939 (04/88) Chromatieren von Aluminium, Verfahrensgrundsätze und Prüfverfahren

Wittel, K.: Oberflächenvorbehandlung durch Chromatieren, in: Korrosionsschutz durch Beschichtungen und Überzüge, WEKA-Verlag, Kap. 7/7, März 1996

Schmidt, K.-J.: Teilreinigung vor einer Oberflächenbehandlung, Galvanotechnik 84 (1993), S. 839/840

Sander, J.: Chrome-free Pretreatment of Aluminium - a State-of-the-art Description, in: Berichtsband über den 3. EAST-Kongress, 12.-13.11.1992 in Schwäbisch-Gmünd, S. 115/119, Hrsg.: ZOG Zentrum für Oberflächentechnik

Schmidt, K.-J.: Anforderungen an moderne, umweltentlastende wäßrige Reinigungsverfahren, Galvanotechnik 86 (1995), 3, S. 724/730

Jostan, J.L.: Alternativen zur Chromatierung - Ansatzpunkte und Untersuchungsergebnisse, Konferenz-Einzelbericht „Korrosion und Korrosionsschutz im Fahrzeug- und Maschinenbau“, Berlin 18.-20.03.1991 Schriftenreihe Praxis-Forum, S. 136/142

Büttner, U.; Jostan, J.L.; Ostwald, R.: Suche nach Chromatierungsalternativen, Galvanotechnik 80 (1989) 5, S. 1589/1596

Kapitel 3.3:

Keller, F.; Hunter, S.; Robinson, D.L.: Structural Features of Oxide Coatings on Aluminium, J. Electrochemical Soc. 100 (1953), S. 411/419

Rauscher, G.: Neue Entwicklungen auf dem Gebiet der Oberflächenbehandlung von Aluminium, Jahrbuch Oberflächentechnik 52 (1996) Hütling-Verlag Heidelberg 1996

Aluminium-Zentrale: Aluminium-Merkblatt A5, Reinigen von Aluminium im Bauwesen, 8. Aufl., 1991

Krysmann, W.: Plasmachemische Schichtbildung in wäßrigen Medien - Die anodische Oxidation unter Funkenentladung (ANOF), in: Kaiser - Möller: Korrosionsschutz durch Beschichtungen und Überzüge, WEKA-Verlag, Kap. 8, 1996

Haupt, K.; Bayer, U.; Schmidt, J.; Furche, T.: Zu einem Verfahren der plasmachemschen Oxidation von Leichtmetalloberflächen, Galvanotechnik 82 (1991) 7, S. 2277/2281

Hinüber, H.: Kaltimprägnieren von anodisiertem Aluminium (Standortbestimmung), Tagungsberichtsband Neue Entwicklungen in der Oberflächenbehandlung von Aluminium, Düsseldorf, 19. - 20.3.1991

Hönicke, D.: Porentextur von anodisch gebildeten Aluminiumoxiden, Aluminium 65 (1989), 11, S. 1154/1158

Raub, Ch.: Konventionelle Methoden der Färbung von anodisch erzeugten Aluminiumoxidschichten, in: „Farbeffekte in der Oberflächentechnik“, 11. Ulmer Gespräch, Hrsg.: DGO-VDI, E.Leutze-Verlag, S. 44/46

Rauscher, G.: Spezielle Verfahren zur Farbgebung bei anodisch oxidiertem Aluminium, in: „Farbeffekte in der Oberflächentechnik“, 11. Ulmer Gespräch, Hrsg.: DGO-VDI, E.Leutze-Verlag, S. 47/51

Bohler, H.: Organisch gefärbte anodisch erzeugte Oxidschichten, in: „Farbeffekte in der Oberflächentechnik“, 11. Ulmer Gespräch, Hrsg.: DGO-VDI, E.Leutze-Verlag, S. 52/57

Läser, L.: Neuartige Grautöne durch Farbanodisation und mehrstufiges Färben, in: „Farbeffekte in der Oberflächentechnik“, 11. Ulmer Gespräch, Hrsg.: DGO-VDI, E.Leutze-Verlag, S. 58/60

de Hek, J.A.: Farbeloxieren von Galvano-Aluminium auf diversen Substratmaterialien, in: „Farbeffekte in der Oberflächentechnik“, 11. Ulmer Gespräch, Hrsg.: DGO-VDI, E.Leutze-Verlag, S. 61/64

Tscheulin, G.: Einfärbung von Aluminiumoxidschichten, Galvanotechnik 77 (1987), 12, S. 3549/3553

Bohler, H.: Organisch gefärbte anodisch erzeugte Oxidschichten, Galvanotechnik 82 (1991), 9, S. 3048/3052

de Riese-Meyer, L.; Sander, V.: Additive bei der elektrolytischen Einfärbung von anodisiertem Aluminium, Aluminium 68 (1992), 2, S. 155/161

Popov, D.; Stojanova, E.; Stoychev, D.: Farbe ist mehr als ein Gestaltungselement, Metalloberfläche 47 (1993), 6, S. 288/292

Nußbaum, Th.; Pirs, M.: Sicherung der Schichtdicke beim Hartanodisieren unterschiedlicher Aluminiumwerkstoffe, Aluminium 65 (1989), 4, S. 359/360

Nußbaum, Th.: Hartanodische Oxidschichten - ein umweltfreundlicher und wirtschaftlicher Verschleiß- und Korrosionsschutz für Aluminium, Aluminium 68 (1992) 9, S. 762/765

Lizarbe, R.; Gonzales, J.A.; Lopez, W.; Otero, E. : Autosealing of aluminium oxide films, Aluminium 68 (1992) 2, S. 140/144

De Paolini, E.; Dito, A.: Cold sealing of anodized aluminium and possible alternative solutions to nickel fluoride baths, Aluminium 66 (1990) 3, S. 243/245

Wefers, K.: The mechanism of sealing of anodic oxide coatings on aluminium Part I: Aluminium 49 (1973) 8, S. 553 - 561, Part II: Aluminium 49 (1973) 9, S. 622/625

Sheasby, P.G.: The Future of Aluminium Surface Treatment, in: Oberflächenbehandlung von Aluminium und anderen Leichtmetallen, S. 6/13, 3, EAST-Kongress 12.-13.11. 1992, Hrsg.: ZOG Zentrum für Oberflächentechnik Schwäbisch Gmünd

Ambruch, R.: Reinigung von Aluminiumfassaden, in: Oberflächenbehandlung von Aluminium und anderen Leichtmetallen, S. 123 - 126, 3. EAST-Kongress 12.-13.11. 1992, Hrsg.: ZOG Zentrum für Oberflächentechnik Schwäbisch Gmünd

Kapitel 3.4

Jelinek, T. W.: Oberflächenbehandlung von Aluminium, Eugen G. Leuze Verlag 1997

Stromloses und galvanisches Metallabscheiden

Anon.: Durch Nibodur-Weiterentwicklung Aluminium direkt vernickeln, Jot (1969)4, (Aug.) S. 34

Colin, R.: Die stromlose Vernicklung - Katalytische Nickel-Abscheidung nach dem Kanigen - Verfahren, Sonderdruck aus Heft 3, Band 57 (1966) der Fachzeitschrift „Galvanotechnik“.

Schmeling, E. L. : Chemisch-Nickel auf Aluminium - Wege zur Produktionsoptimierung, Galvanotechnik 81(1990)2, S. 439/442

Weissenberger, A.: Funktionelle chemische Vernickelung - Möglichkeiten und Grenzen, Galvanotechnik 77(1986)5, S. 1089/1091

Schmeling, E. : Aluminiumwerkstoffe chemisch vernickelt, Metalloberfläche 40(1986)6, S. 245/248

Roubal, J.: Korrosionsschutz durch chemisch abgeschiedene Nickelüberzüge: aus 1. AGG-Symposium: Funktionellere Oberflächen durch Chemisch-Nickel; Eugen G. Leuze Verlag 1987

Göktepe, M; Riedel, W.: Vorbehandlung von Aluminiumwerkstoffen vor dem chemischen Vernickeln, Galvanotechnik 80(1989)7, S. 2283/2287

Schulze-Berge, K.: Blendarmes Glanznickel als Matrix für farbige Beschichtungen, Galvanotechnik 80(1989)11, S. 3799/3806

Bielinsky, J.; Gluszewski, W.; Stokarski, W.; Przyluski, J.: Außenstromlos abgeschiedene Nickel-Korund-Dispersionsschichten, Galvanotechnik 86(1995), S. 81/86

Steiger, E.: Chemische Vernickelung mit eingelagertem P.T.F.E., Galvanotechnik 81(1990)2, S. 443/447

Knaak. E.: SiC: Diamant- und PTFE-Dispersionsschichten in chemisch abgeschiedener Nickelmatrix, Galvanotechnik 82(1991)10, S. 3400/3405

Michelsen-Moammadein, U.: Dispersionsschichten für elektrische Kontakte, Galvanotechnik 87(1996), S. 1815

Ginsberg, J.; Zum Gahr, K.H.: Mehrlagige galvanische Chromschichten, Mat. Wiss. und Werkstofftechn., 21(1990)7, S. 274/280

Clauberg, W.; Schulze-Berge, K.: Hartchromschichten mit verbessertem Korrosionsschutz, Metalloberfläche 45(1991)11, S. 501/505

Jansen, R.: Ein verbessertes Verfahren für die dekorative Verchromung, Metalloberfläche 50(1996)1, S. 15/17

Horsthemke, H.; Möbius, A.: Mikrostrukturierte Hartchromabscheidung, Galvanotechnik 87(1996)2, S. 389/392

Enger, H.: High-Speed-Hartverchromung, Metalloberfläche 42(1988)10, S. 449/451

Immel, W.: Neuere Entwicklungen und Anwendungen anthrazit- und schwarzfarbiger Metallüberzüge, Galvanotechnik 80(1989)11, S. 3826

Nordhaus, W.: Hartchromschichten, Metalloberfläche 52(1998)10, S. 10/11

Enger, H.: Aluminium-Galvanisierung, Metalloberfläche 32(1978)1, S. 8/14

Ziegler, K.; Lehmkuhl, H.: Die Elektrolytische Abscheidung von Aluminium aus organischen Komplexverbindungen, Z. anorg. allg. Chemie, Bd. 283, Nr. 1/6, S. 414/424 (1956)

Ziegler, K.: Neues Verfahren zur galvanischen Abscheidung von Aluminium, Herstellung von Bleitetraäthyl und chemische Raffination von Aluminium, Ref. Metalloberfläche 10(1956)1, S. 14

Birkle, S.: Elektrochemische Al-Abscheidung, Metalloberfläche 42(1988)11, S. 511/517

Lehmkuhl, H.; Mehler, K.; Landau, U.; Kammel, R.; Lieber, W.: Die Abscheidung von Aluminium aus aluminiumorganischen Elektrolyten, Galvanotechnik 82(1991)5, S. 1586/1587

Keller, W., Landau, U.; Gramm,G.: Galvano-Aluminium: Hochreine Überzüge mit außergewöhnlichen Eigenschaften, ALUMINIUM 66(1990)4, S. 380/390

Fischer, J.: Fortschritte bei der galvanischen Aluminierung. Metalloberfläche 50(1996)3, S. 183/184

Römer, K.R.; Loar, G.W., Aoe, T.J.: Schwachsaure und alkalische Zink-Legierungselektrolyte, Galvanotechnik 81(1990), S. 1986/1993

Korobow, W.I.; Tschmilenko, F.A.; Trofimenko, W.W.; Loschkarew, Ju. M.; Lichoded, K.N.: Galvanische Abscheidung aus Zink-Aluminium-Elektrolyten, Zashita metallov 26(1990)4, S. 674

Baranowski, W.: Reinigen und Aktivieren - Vorbehandeln von Al-Oberflächen mit Hilfe von Ultraschall und Zinklösungen vor dem Galvanisieren, Maschinenmarkt 98(1992)1/2, S. 26/32

Thermisches Spritzen

Wagner, J.; Horky,J.: Erkenntnisse der Forschung und Praxis auf dem Gebiet der Thermischen Spritztechnik für den Korrosionsschutz, Schweißtechnik 31(1981)12, S. 553/556

Eschenauer, R.: Hartstoffe und Hartlegierungen für Oberflächen-Beschichtungsverfahren, Metall 34(1980)3, S. 232/237

Eichhorn, F.; Metzler, J.; Böhme, D.: Plasmaspritzen, Untersuchung zum Auftragwirkungsgrad, Blech 18(1971)6, S. 225/227

Grasme, D.: Verschleißfeste Schichten auf Aluminium durch „Thermisches Spritzen“, SAR (1989)1, S. 12/17

Grasme, D.: Moderne Spritzverfahren zur Herstellung hochwertiger Überzüge auf Aluminium-Bauteilen, in: Neue Entwicklungen in der Oberflächenbehandlung von Aluminium, Tagungsberichtsband der Vortrags- und Diskussionstagung am 19. und 20. März 1991 in Düsseldorf, DFO, S. 145/159

Kreye, H.; Neiser, R.: Möglichkeiten der Herstellung von Verschleißschutzschichten durch thermisches Spritzen, Galvanotechnik 83(1992)8, S. 2592/2598

Cramer, K.: Was tut sich beim thermischen Spritzen?, Metalloberfläche 47(1993)6, S. 302/304

Organische Beschichtungen, Kaschieren

Hinüber, H.: Lackieren von Aluminium, Metalloberfläche 51(1997)8, S. 585/587

Lohmeyer, S.: Lackierverfahren für großflächige Blechteile, VDI-Z. 117 (1975) Teil 1: 8, S. 367/374, Teil 2: 23, S. 1155/1166

Gemmer, E.: Wirbelsintern und elektrostatisches Pulverspritzen, Kunststoffe 64(1974)7, S. 335/340

Speiser, C. Th.: Siebdruckverfahren für die Herstllung von Schildern und Frontplatten aus anodisiertem Aluminium, Oberfläche-Surface 14(1973)7, S. 193/199

Hüneke, H.; Hoffmann, G.: Lackierung von Aluminium im Bauwesen, Teil I, ALUMINIUM 47(1971)2, S. 154/159, Teil II: ALUMINIUM 47(1971)4, S. 268/270

Oeteren, van K. A.: Der Anstrich von NE-Metallen und Überzügen, Blech (1969)4, S. 194/202

Lendle, E.: Verschiedene Lackiermethoden und ihre Kombination mit Siebdruckfarben, Blech 15(1968)7, S. 383/386

Brockmann, K.; Schimmer, A.: Wetterfeste Klarlacke auf Aluminium, ALUMINIUM 43(1967), S. 101/104

Forster, I. u.a.: Search for a chromate-free wash primer, Journal of Coatings Technology 63(1991)801, S. 91/99

Wagner, G.: Die Haftung organischer Beschichtungen auf Aluminium bei atmosphärischer Belastung und in elektrochemischen Labortests, Konf. Einzelbericht: Neue Entwicklungen in der Oberflächenbehandlung von Aluminium, DFO-Tagung, Düsseldorf, Bd. 19(1991)Mar, S. 235/244

Kerz, P.: Wasserbasis-Lacke im Fahrzeugbau, Metalloberfläche 46(1992)9, S. 396/398

Große Ophoff, M.: Ökologischer Vergleich - Gegenüberstellung unterschiedlicher Lacksysteme, Metalloberfläche 50(1996)3, S. 196/199

Berger, U.: Elektrophoretische Klarlackierung, Metalloberfläche 51(1998)9, S. 682/684

Koebbert, H.-O.: Elektrotauchlackierung von Aluminium, Galvanotechnik 90(1999)1, S. 158/167

Haas, G.: Pulverlackierung – aus der Sicht eines Anwenders, Galvanotechnik 89(1998)3, S. 842/851

Meywald, V. H.: Pulverlack '98, Metalloberfläche 52(1998)7, S. 538/539

Lüderitz, K.: Korrosionsschutz von Aluminium durch Beschichtungen, Mat.-wiss. u. Werkstofftech. 28(1997), S. 301/302

Kramer, C.; Stein, H.; Gerhardt, H.J.: Anlagen zur Wärmebehandlung berührungsfreigeführter Blechbänder, Bänder Bleche Rohre 16(1975)11, S. 453/457

Brockmann, K.: Tiefziefähig lackierte Aluminiumbänder, ALUMINIUM 53(1959), S. 689/691

Oertel, K.H.: Aluminium-Nutzfahrzeugaufbauten - bandlackiertes Aluminiumblech bietet Vorteile, ALUMINIUM 65(1989)9, S. 911/912

Wupior, R.: Bandbeschichtetes Aluminium - Problemlösung auch für industrielle Zulieferer, Der Zulieferermarkt (1990)9, S. 206/208

Meuthen, B.: Noch zu langsam: Kontinuierliches Beschichten von Metallbändern mit Pulverlack, Maschinenmarkt 98(1992)25, S. 34/38

Jandel, A.-S.: Pulver auf dem Coil, Metalloberfläche 52(1998)12, S. 980/981

Jandel, A.-S.: Die Coil-Coating-Industrie wächst, Metalloberfläche 52(1998)3, S. 206/207

Jandel, A.-S.: Trends im Coil-Coating, Metalloberfläche 52(1998)11, S. 888/889s

Neutwig, J.: Der Siebdruck 37(1991)7, S.42

Anon.: Coating 24(1991)5, S. 182/183

van Oeteren, K.: Kunststoffwirbelsinter-Beschichtung, applica 99(1992)21, S. 6/8

Emaillieren

Großkopf, W.: Emaillieren von Aluminium, Blech Rohre Profile 26(1979)8, S. 392/394

Großkopf, W.: Überblick über Anwendung und Durchführung des Emaillierens von Aluminium, ALUMINIUM 54(1978)8, S. 527/528

Lommel, H.: Werkstoff-Fragen beim Emaillieren von Leichtmetall, Mitteilungen des Vereins Deutscher Emailfachleute 24(1976)8, S. 83/90

Anon.: Emaillierte Aluminiumfolie von der Rolle, Metalloberfläche 30(1976)7, S. 323

Judd, M. D. Porcelain Enameling Aluminum: An Overview, Ceram. Eng. Sci. Proc. 18[5](1997), S. 45/51

Ritchey, St. M.: Investigation of the Pocelain Enameling of Die Cast Aluminium, Ceram. Eng. Sci. Proc. 16(1995)6, S. 110/119

Vakuumbeschichtung

Haefer, R.A.: Oberflächen- und Dünnschicht-Technologie, T. 1, Springer Verlag Berlin, 1987, S. 4/6

Rie, K.-T.; Schnatbaum, F.: Plasmaoberflächentechnologien: Entwicklungen und Anwendungen, Metalloberfläche 43(1989)10, S. 449/455

Vetter,J.: Plasma-Beschichtungsverfahren für harte Schichten zum Verschleißschutz, Teil 1, Schmierungstechnik, Berlin 22(1991)1, S. 12/16

Reinhold, E.; Melde, C.; Strümpfel, J.; Gänz, K.: Hochproduktive PVD-Großflächenbeschichtung von Aluminiumbändern zum Zwecke der Reflexionserhöhung, Mat.-wiss. u. Werkstofftech. 28(1997), S. 567/570

Lemli, J.: Hartstoffbeschichtung auf Aluminiumlegierungen, Metalloberfläche 50(1996)12, S. 988/990

Lugscheider, E.; Wolff, C.: Innenbeschichtung von Al-Motorblöcken mittels PVD-Technik, Mat.-wiss. u. Werkstofftechnik 29(1998), S. 720/725

4. Recycling und Ökologie

von Dr. C. Kammer, Goslar

Im Rahmen des Sustainable Development (nachhaltige Entwicklung, s. auch 4.1) spielen der sorgsame Umgang mit endlichen Ressourcen und damit das Recycling eine Schlüsselrolle.

Wesen des Recyclings ist es, nach einer Produktentstehungs- und Produktnutzungsphase für das Produkt selbst oder seine Werkstoffe in einem Kreislauf eine erneute Nutzung zu finden (s. 4.2 und 4.3). Auf diese Weise kann das Recycling zur Einsparung von Rohstoffen (Werkstoffen, Energie) als den wesentlichsten Ressourcen der Erde beitragen, da deren Verknappung vorprogrammiert ist. Jedes Recycling ist zudem für die Entsorgung von Bedeutung, damit die Nutzungszeit von Deponieraum verlängert werden kann. Für den Einzelfall ist zu entscheiden, welcher Recyclingprozeß aus ökologischen und wirtschaftlichen Gründen anzustreben ist.
Unabdingbare Voraussetzungen für ein wirtschaftliches und qualitativ hochwertiges Recycling sind eine recyclinggerechte Produktgestaltung (s. 4.2.2.2) sowie leistungsfähige und umweltverträgliche Aufarbeitungs- und Aufbereitungsverfahren (s. 4.2.5.2.) Das heißt: Während einer Produktentwicklung muß bereits eine Abschätzung hinsichtlich des zweckmäßigsten späteren Recyclingprozesses erfolgen. Dies ist schwierig, da Technikentwicklungen, das Marktverhalten und auch gesellschaftliche Zwänge nur schwer zu prognostizieren sind.

Zur umfassenden ökologischen Beurteilung eines Werkstoffes ist die alleinige Entscheidung bezüglich der Recyclierbarkeit nicht ausreichend. Derartige Zusammenhänge lassen sich nur unter Berücksichtigung von Ökobilanzen und auch dann nur für ein bestimmtes Produktsystem klären (s. 4.1.2).

Nachfolgend sollen die mit dem Recycling und dessen ökologischer Wertung im Zusammenhang stehenden Begriffe erläutert und, soweit notwendig, diskutiert werden. Verfahrens- und konstruktionstechnische Aspekte bilden einen weiteren Schwerpunkt des Kapitels.

4.1 Ökologische Betrachtung des Werkstoffes Aluminium

von Dr. Catrin Kammer, Goslar und Dr. Günther Kehlenbeck, Göttingen

4.1.1 Grundlegende Zusammenhänge

Für die Auswahl eines Werkstoffes für einen bestimmten Anwendungsfall waren bisher neben den Materialkosten vor allem die mechanischen, chemischen und physikalischen Materialeigenschaften ausschlaggebend, da diese die Gebrauchs- und Fertigungseigenschaften bestimmen. In letzter Zeit treten unter dem Ziel des „Sustainable development" neben diesen Eigenschaften immer stärker die Recyclierbarkeit sowie Ökobilanzaspekte bei der Auswahl eines Funktionswerkstoffes in den Vordergrund. Diese Entwicklung wird nicht zuletzt stimuliert von der Umweltgesetzgebung der Bundesregierung (Kreislaufwirtschaftsgesetz, Verpackungsverordnung, diverse Rechtsverordnungen, geplante Öko-Steuer usw.).

Was aber bedeutet „Sustainable development"? Die leider unscharfe Übersetzung des Begriffes lautet „nachhaltige Entwicklung". Definiert wird diese gemäß des UN-Berichts „Our Common Future" (1987) als:

"Sustainable development – eine Entwicklung, die den Bedürfnissen der gegenwärtigen Menschen entspricht, ohne die Fähigkeiten zukünftiger Generationen zur Befriedung ihrer Bedürfnisse zu gefährden".

Bei genauerer Betrachtung wird derzeit nicht einmal das erste Kriterium erfüllt, denn über eine Milliarde Menschen können nicht ihren Grundbedarf decken. Hinsichtlich der zweiten Bedingung, der Deckung des Bedarfs zukünftiger Generationen, sind gerade erste zaghafte Ansätze, z.B. das Recycling, vorhanden. Damit erhält die gesellschaftspolitische Hinwendung zu diesen Themen, also auch zu mehr Umweltschutz, eine wettbewerbsstrategische Bedeutung für die Unternehmen. Diese Herausforderung zeigt sich bereits in der Gesetzgebung und in marktlicher Umsetzung. "Sustainable development" ist also mehr als ein Modetrend, es handelt sich um ein Erfordernis.

Die Idee des „Sustainable development" wurde zum zentralen Begriff der Agenda 21, einem Dokument der Konferenz der Vereinten Nationen für Umwelt und Entwicklung, das im Juni 1992 in Rio 178 Staaten unterzeichneten. Sie kann als Aktionsprogramm zur Lösung der zentralen gesellschaftlichen Probleme des 21. Jahrhunderts gelten, denn enthalten sind wichtige Festlegungen zur Bekämpfung der Armut, zur Bevölkerungspolitik sowie zur Klima-, Energie- und Abfallpolitik der Industrie- und Entwicklungsländer. Das Dokument gibt Ziele, Maßnahmen und Instrumente zur Umsetzung vor. Vordringlichstes Ziel ist die Integration von Umweltaspekten in allen Politikbereichen, doch dies unter Verknüpfung von ökonomischen, ökologischen und sozialen Zielen. Dies bedeutet also, daß die Verbesserung der wirtschaftlichen und sozialen Lebensverhältnisse mit der Sicherung der natürlichen Lebensgrundlagen in Einklang zu bringen ist.

Damit wird deutlich, „Sustainable Development" bedeutet nicht, alle Prozesse auf ökologische Fragen zu reduzieren, wie dies oft in der öffentlichen Diskussion der Fall ist. Gemeint ist vielmehr, die Gleichberechtigung ökonomischer, ökologischer und sozialer Ziele durchzusetzen und nicht das Primat in der Umweltpolitik zu sehen. Gefordert wird also auch kein genereller Verzicht auf Wachstum; allerdings sollte ein Wachstum mit der sozialen und umweltgerechten Entwicklung einhergehen. Ein weiterer wichtiger Faktor ist die Innovationskraft des Marktes ohne staatliche Regulierung und Dirigismus, obgleich letzteres zuweilen politisch gefordert wird. Der Grund: Ein staatliches Verbot bestimmter Produkte bzw. Prozesse zugunsten anderer verhindert ökologische Verbesserungen in den Verliererbereichen, nimmt aber auch den Gewinnern jegliche Motivation, ihre Produkte bzw. Prozesse weiterzuentwickeln. Notwendig sind also ein offener Wettbewerb und – damit einhergehend – ein offener Welthandel.

Die Aluminiumindustrie hat sich auf die neuen Aufgaben eingestellt (s. 4.1.3). Beispiele sind die forcierte Nutzung der Wasserkraft, die Nutzung von Abwärme aus

Aluminiumhütten, das konsequente Recycling (s. 4.2.2) oder auch Rekultivierungsmaßnahmen in Bauxitabbaugebieten. Produziert und fortlaufend weiterentwickelt werden qualitativ hochwertige Produkte mit ökologischen Vorteilen (s. 4.3 und 4.4). Dennoch kämpft die Aluminiumindustrie mit sachlich nicht gerechtfertigten Vorurteilen, die sich sowohl auf die Metallherstellung selbst beziehen als auch auf bestimmte Aluminiumprodukte. Sowohl befürwortende als auch ablehnende Argumente werden dabei häufig aus „Ökobilanzen" abgeleitet, ein Analyseverfahren, das – wie nachfolgend gezeigt wird – nicht unumstritten ist.

4.1.2 Ökobilanzen

Bei der noch jungen Disziplin der Ökobilanzforschung handelt es sich um einen neuen Ansatz, mit einer durchgängigen Methodik die umweltrelevanten Aspekte und potentiellen Umweltbeeinflussungen von Produktsystemen über den gesamten Produktlebenszyklus zu beurteilen, d.h. von der Rohstoffgewinnung über die Herstellungs- und Nutzungsphase bis zur Entsorgung oder zum Recycling. Die Ökobilanz[1]) ist also ein Instrument zur Erhebung und Bewertung von Stoff- und Energieeinflüssen.

Ökobilanzen werden auf verschiedenen Ebenen angewandt (Bild 4.1) und können beispielsweise zur Unterstützung folgender Aufgaben dienen:

- Aufzeigen von Möglichkeiten zur Verbesserung der umweltrelevanten Aspekte von Produkten an verschiedenen Stellen ihres Lebenszyklusses
- Entscheidungsprozesse in der Industrie, in der Verwaltung oder in Nichtregierungsorganisationen (z.B. strategische Planung, Prioritätensetzung, Produkt- oder Prozeßdesign oder Redesign)
- Auswahl relevanter Indikatoren der Umweltqualität einschließlich Erhebungsverfahren und
- Marketing (z.B. umweltbezogene Werbung, Umweltkennzeichnung oder Produktdeklaration).

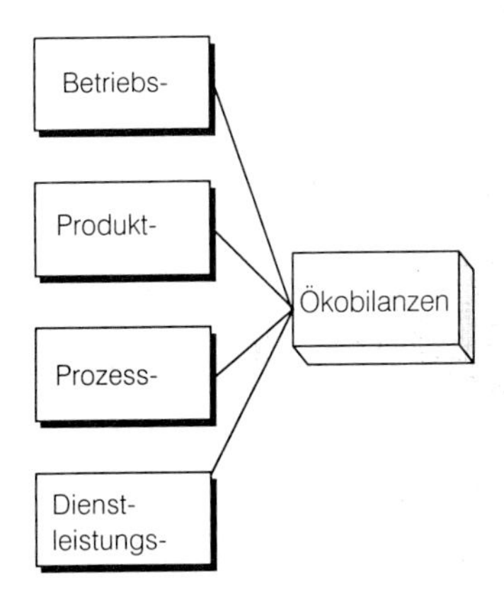

Bild 4.1 Anwendung von Ökobilanzen auf unterschiedlichen Ebenen (CUTEC, TU Clausthal)

[1]) International spricht man statt von der Ökobilanz von der Lebenszyklus-Analyse (LCA = Life Cycle Analysis; gleichwertige z.T. verwendete Begriffe sind die Lebensweg-Bewertung oder die Lebensweg-Analyse).

Die Ökobilanz ist eines von mehreren Instrumenten des Umweltmanagements (s. 4.1.3). Sie behandelt nicht die ökonomischen, technischen oder sozialen Aspekte eines Produktsystems, jedoch dürfen auch diese Aspekte aus gesamtheitlicher Sicht nicht außer acht gelassen werden.

Noch immer (Stand 1999) befinden sich Ökobilanzen im Entwicklungsstadium. Ökobilanzansätze werden aber bereits als Maßstab im Zusammenhang mit der Umweltverträglichkeit von Produkten verwendet, wobei verschiedene gesellschaftliche Gruppen unterschiedliche Erwartungen äußern. Beispielsweise erhoffen sich Politiker Entscheidungsgrundlagen für ihr Handeln, während Verbraucher guten Gewissens dem ökologisch vorteilhafteren Produkt den Vorzug geben wollen.

Dennoch: Die Ökobilanz-Methode, die alle Erwartungen erfüllt, gibt es derzeit noch nicht. Es wird jedoch auf der ganzen Welt an einem solchen Modell gearbeitet. Bei allen Betrachtungen tritt der Wunsch nach eindeutigen Beurteilungsmodellen, die eine ökologische Rangfolge der Produkte liefern, immer stärker hervor.

4.1.2.1 Aufbau und Aussagen von Ökobilanzen

Gemäß einer Definition der SETAC (Society for Environmental Toxicology and Chemistry) umfaßt eine Lebenszyklus-Analyse den objektiven Prozeß der Beurteilung umweltbezogener Belastungen, welche im Zusammenhang mit einem Produkt, einem Prozeß oder einer Tätigkeit stehen (s. Bild 4.1). Dabei werden sowohl eingesetzte Energien und Materialien als auch an die Umwelt abgegebene Stoffe identifiziert und quantifiziert. Die Auswirkungen dieser Energie- und Materialeinsätze und die Abgaben an die Umwelt werden bewertet. Möglichkeiten zur Realisierung von umweltrelevanten Verbesserungen werden geprüft und umgesetzt.

Im Falle einer Produktökobilanz beziehen sich die Betrachtungen auf den gesamten Lebenszyklus des Produktsystems und umfassen die Bereitstellung und Verarbeitung von Rohmaterialien, die Produktion, den Transport und die Verteilung eines Produkts, dessen Ersteinsatz, Gebrauch, seine Wiederverwendung bzw. die endgültige Beseitigung.
Damit stellt die Lebenszyklus-Analyse eine den Zeitraum „von der Wiege bis zur Bahre“ (cradle-to-grave) umfassende Bilanz aller Eingaben (inputs) und Auswirkungen (outputs) dar, die einem Produktsystem zuzuordnen sind. Zu berücksichtigen ist daneben der zugrunde gelegte Zeitraum für die erhobenen Daten. Weiterhin muß ein geographischer Bezug hergestellt werden.

Zu unterscheiden ist zwischen zwei Formen der Ökobilanzerstellung – den „spezifischen“ und „gemittelten Lebenswegbilanzen“. Diese Form beeinflußt in wesentlicher Weise den Informationsgehalt bzw. die Qualität der Ergebnisse.

Spezifische Lebenswegbilanzen beinhalten Betrachtungen für ein ganz bestimmtes System, z.B. im Falle einer Produktökobilanz den jeweiligen Getränkedosentyp für ein ausgewähltes Getränk eines bestimmten Abfüllers, ein spezifisches Distributionssystem für einen spezifischen Markt einschließlich des am Ende der Kette stehenden spezifischen Recycling- und Entsorgungssystems. Das Ergebnis besteht in diesem Fall aus Mittelwerten mit relativ geringen Bandbreiten. Das heißt im genannten Beispiel, die Daten sind nicht repräsentativ für das

Verpackungssystem an sich, das Getränke-Marktsegment und das Distributionssystem. Daher sind spezifische Lebenswegbilanzen lediglich für eine Optimierung des Systems verwendbar, nicht aber für politische Entscheidungen.

Gemittelte Lebenswegbilanzen werden aus spezifischen Lebenswegbilanzen abgeleitet und weisen daher eine höhere Repräsentativität für das betrachtete System auf. Es werden also Mittelwerte mit größeren Bandbreiten erhalten. Derartige Informationen sind nicht mehr für Optimierungen geeignet, denn gemittelte Prozesse lassen sich nicht optimieren. Sie lassen darüber hinaus keine Besser-Schlechter-Aussagen im Sinne von Produkt- bzw. Prozeßvergleichen zu.

Die nachfolgenden Erläuterungen beziehen sich – soweit nicht anders vermerkt – auf die Erstellung von Ökobilanzen für Produktsysteme (Produktökobilanzen).

Aufbau einer Ökobilanz

Eine spezifische Lebenszyklus-Analyse erfolgt, wie in Bild 4.2 dargestellt, in fünf aufeinanderfolgenden Stufen:

1. Definition des Zieles und des Bilanzraumes: Die Zielsetzung einer Ökobilanz beinhaltet den Grund für die Erstellung der Studie, die beabsichtigte Anwendung und die vorgesehenen Zielgruppen, d.h. wem die Ergebnisse der Studie mitgeteilt werden sollen. Der Bilanzraum berücksichtigt und beschreibt ausführlich die Funktion des Systems, die funktionale Einheit, das zu untersuchende System, die Systemgrenzen, die Breite, Art und Methode von Wirkungsabschätzungen (sofern vorgesehen), den Datenbedarf, die Annahmen, die Grenzen, die Eingangsanforderungen an die Datenqualität, die Art der kritischen Stellungnahme (sofern notwendig), die Art und das Format des für die Studie erforderlichen Berichts.

2. Sachbilanz: Sie umfaßt eine Auflistung aller In- und Outputs (s. Bild 4.3a, sog. „Inventar", auch LCI – Life Cycle inventory), möglichst in Zahlenwerten oder entlang eines Prozeß- und Massenflußdiagrammes des gesamten Produktionsprozesses. Die Sammlung aller verfügbaren Daten wird nach bestimmten Kriterien geordnet, um z.B. die Belastungen für Luft, Wasser und Boden zusammenzustellen und Teilbilanzen für einzelne Lebensabschnitte, also Produktion, Gebrauch, Entsorgung oder Transport zu erstellen. Die Auflistungen der Sachbilanz können einige hundert umweltrelevante Einflußgrößen enthalten. Diese Daten bilden die Grundlage für den folgenden Schritt, die Wirkungsabschätzung.

3. Wirkungsabschätzung (Wirkungsbilanz): Die Ergebnisse der Sachbilanz sollen hinsichtlich ihrer eventuellen ökologischen Auswirkungen möglichst quantitativ interpretiert sowie Stoffe mit vergleichbaren Wirkungen aggregiert werden. Das Spektrum der Wirkpotentiale (wichtig: Potentiale, nicht die tatsächlichen Auswirkungen) reicht dabei von Ressourcenbeanspruchungen, Klimaveränderungen bis hin zur Ökotoxizität. Voraussetzung ist hierbei eine zeitliche und räumliche Zuordnung der Auswirkungen.

4. Bilanzbewertung – Interpretation: Es erfolgt eine weitere Verdichtung der Ergebnisse der Wirkungsbilanz. Die Ergebnisse dieser Interpretation können in Form von Schlußfolgerungen und Empfehlungen an Entscheidungsträger gerichtet sein.

5. A n w e n d u n g e n : Die Ergebnisse der Bilanzierung können als Entscheidungshilfe oder der Optimierung des Produktsystems dienen. Das Ziel ist die Erarbeitung von umweltrelevanten Verbesserungen. Möglich ist auch das Vergleichen von Produktionstechnologien.

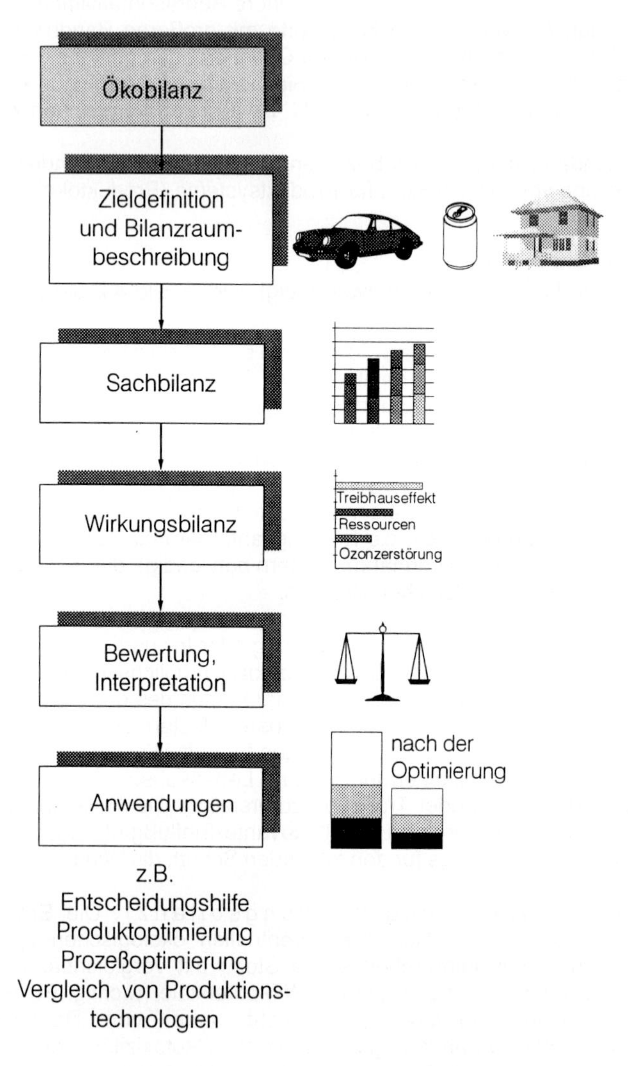

Bild 4.2 Aufbau einer Ökobilanz (Kehlenbeck)

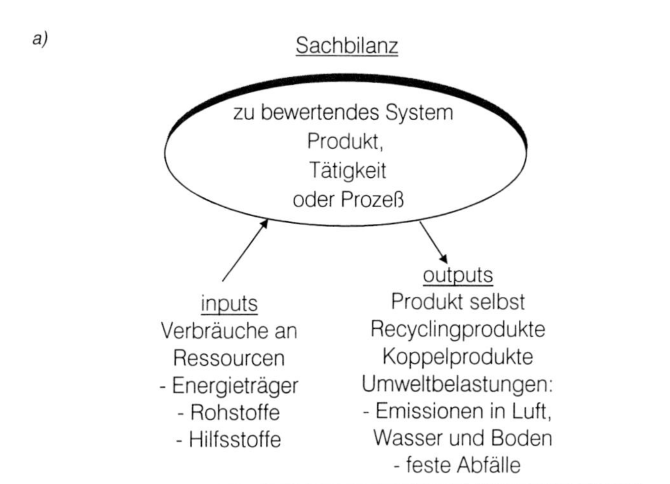

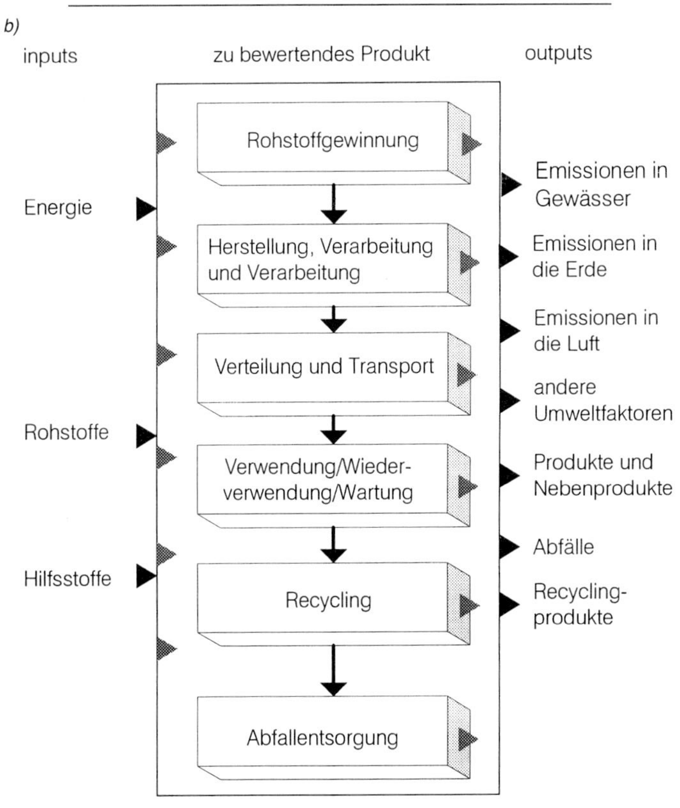

Bild 4.3 Schema einer Sachbilanz
a) allgemein
b) für ein Produktsystem

Diskussion

Bei kritischer Betrachtung speziell der Beurteilungen bzw. Bewertungen der einzelnen Schritte wird deutlich, daß eine solche Lebensweganalyse problematisch ist. Zur Zeit fehlen oftmals brauchbare, wissenschaftlich haltbare und damit vergleichbare Kriterien. Im einzelnen bedeutet dies:

1. Die bei der Zieldefinition genannten Faktoren zeigen, die Beurteilung ist nur einzig und allein für dieses Produkt mit seinem speziellen Produktionsprozeß zutreffend. Schon aus diesem Grund ist die Vergleichbarkeit der Studie eingeschränkt. Hinter der Studie steht immer das jeweilige Erkenntnisinteresse.

2. Die Sachbilanz als die Aufstellung aller qualitativ und quantitativ erfaßten Ein- und Ausgangsgrößen ist das Kernstück und die Basis der Ökobilanz. Anhand des Lebensweges erfolgt die sehr umfangreiche Sammlung der Daten, wobei vorher festgelegte Konventionen bezüglich der Datenqualität zu berücksichtigen sind. Während dieser Datenerhebung können - da immer mehr über das System gelernt wird - neue Datenanforderungen oder Einschränkungen zutage treten, die Änderungen in der Datensammlung erforderlich machen, um dennoch die Ziele der Studie einhalten zu können. Beim Energieverbrauch auf der Input-Seite ist ein einfaches Summieren von kWh oder Joule nicht ausreichend. Zu erfassen sind darüber hinaus die In- und Outputs, d.h. beispielsweise die Art und Menge der Emissionen, die durch die Bereitstellung dieser Energie hervorgerufen werden. Diese differieren aber je nachdem, ob fossile Brennstoffe (Kohle, Öl, Gas), Wasser-, Wind- oder Atomkraft eingesetzt werden.

   In der Sachbilanz sind neben dem eigentlichen Erzeugnis die Recyclingprodukte, die wieder in den Produktionsprozeß zurückgeführt werden und eventuelle Koppelprodukte, die gegebenenfalls in anderen Produktionsprozessen wieder als Rohstoffe eingesetzt werden können, zu berücksichtigen. Eine wichtige Rolle spielen darüberhinaus alle mit dem Produkt im Zusammenhang stehenden Prozesse (z.B. Transport, Wartung) einschließlich ihrer spezifischen In- und Outputs (s. Bild 4.3b).

3. Der wissenschaftliche und methodische Rahmen der Wirkungsbilanz befindet sich noch in der Entwicklung. Die jeweils möglichen umweltrelevanten Auswirkungen lassen sich mangels entsprechender Kriterien derzeit noch nicht in einem allgemeingültigen Rahmen so darstellen, daß sie vergleichbar werden. Auch die Bewertung von Rohstoffen stößt z.T. auf Hindernisse, da der Verbrauch von beschränkt zur Verfügung stehenden oder erneuerbaren Rohstoffen mit den heute zur Verfügung stehenden Mitteln quantitativ nicht erfaßt werden kann. Der Bewertung entziehen sich darüber hinaus Parameter wie der Flächenbedarf und der Nutzen für den Verbraucher. Ansätze wie z.B. „ökologische Knappheiten", „kritische Wassermengen oder Luftvolumina" sind naturwissenschaftlich fragwürdig, da sie auf nichtwissenschaftlichen, z.T. subjektiven Ansätzen aufbauen.

   Derzeit (1999) existieren für die Erstellung einer Wirkungsbilanz international mehrere Vorschläge für die Einteilung der Umweltwirkungen in Wirkungskategorien. Es sind etwa 10 bis 15 Kategorien in der Diskussion, wie z.B. der Treibhauseffekt, die Zerstörung der Ozonschicht, der Verbrauch von Rohstoffen und die Versauerung von Böden und Gewässern. Das Ergebnis der Wirkungsbilanz soll dann in einer Liste von nur 10 bis 15 aufsummierten Werten der jeweiligen Umweltwirkung bestehen. Erschwerend ist, daß es noch keinen internationalen Konsens darüber gibt, welche und wieviele Wirkungskategorien zugrunde gelegt werden sollen. Die Forschung zu den Aufsummierungsfaktoren und zu Aggregatsmodellen verschiedener Umweltparameter steht noch am Anfang. Hinzu kommt, daß die derzeitige Anlage der Sachbilanzen den bei der Wirkungsbilanz geforderten Raum-Zeit-Bezug nicht ermöglicht, da die Bilanzierung global erfolgt. Das bedeutet, die tatsächlichen Auswirkungen können durch die Wirkungsanalyse derzeit noch nicht umfassend und vergleichbar beschrieben werden.

4. Noch schwieriger ist die Bilanzbewertung. Gerade hier herrschen national und international unterschiedliche Auffassungen: Während die Wirkungsanalyse zumeist nach wissenschaftlich belegbaren und wiederholbaren Gesichtspunkten erarbeitet werden kann, fließen in die Bilanzbewertung subjektive und politisch-gesellschaftliche Wertvorstellungen mit ein. Zu klären ist insbesondere, welche Umwelt- oder Qualitätsziele Vorrang haben sollen. Bei Betrachtung von Alternativen für ein bestimmtes Produktsystem (z.B. ein anderes Ausgangsmaterial) zeigt sich, daß ein bestimmtes Produktsystem bei einigen Umwelteigenschaften Vorteile, bei anderen aber Nachteile haben kann. Beispielsweise verursacht das betrachtete Produkt A mehr CO_2, während die Produktalternative B eventuell mehr feste Abfälle, die Produktalternative C mehr Wasserbelastung verursacht. Letztlich sind Entscheidungen zu treffen, wie z.B. „Wieviel Luftverschmutzung wird in Kauf genommen, um das Wasser zu entlasten?“ oder „Wieviel Landschaftsverbrauch ist ein Megawatt aus dem Windkraftwerk wert?“ Zu beachten ist weiterhin, daß bei einer solchen Abschätzung wesentlich mehr als zwei Faktoren zu berücksichtigen sind. Die Meinungen und Vorschläge zur Schonung der Ressourcen und zur Verminderung von Emissionen sind so vielfältig und strittig, daß weder unter den Experten noch unter den politischen Entscheidungsträgern eine einheitliche Tendenz erkennbar ist.

5. Ob Schritt 5 – die Optimierung – noch Teil der Ökobilanz sein sollte, wird diskutiert. Zu beachten ist hierbei, daß auch technische, soziale und ökonomische Faktoren bei der Durchführung von ökologischen Verbesserungen eine Rolle spielen (s. auch 4.1.3). Strittig ist weiterhin, ob eine endgültige Bewertung das Ziel einer Ökobilanz sein sollte. Eine Optimierung des Systems kann, wie unter 4. dargestellt, auch mittels der Sach- oder Wirkungsbilanz vorgenommen werden.

Alle genannten Faktoren laufen dem Wunsch nach allgemeingültigen Aussagen entgegen, d.h. die Zusammenfassung zu einem einzigen vergleichbaren Zahlenwert ist nicht möglich. Der Wunsch nach einer solchen ganzheitlichen Betrachtung ist nicht vereinbar mit dem Herunterbrechen komplexer Systeme auf einfache Entscheidungskriterien. Das Aufstellen und der Nutzen derartiger Bilanzen wird stets vom Erkenntnisinteresse bestimmt. Das heißt, steht der Vergleich verschiedenartiger Produkte im Vordergrund, ist die Antwort eine andere, als wenn ein Instrumentarium zum Auffinden von Vermeidungspotentialen gesucht wird. Doch gerade die letztgenannte sog. Schwachstellenanalyse zeigt, daß eine Ökobilanz trotz der aufgezeigten Mängel brauchbar ist, denn auch einzelne qualitative Aussagen dienen der Suche nach Verbesserungen. So bleibt beispielsweise ein Ausstoß luftfremder Stoffe in die Atmosphäre unabhängig von seiner tatsächlichen Menge immer eine Umweltbelastung, die bei Vorhandensein geeigneter technischer Vorkehrungen vermindert werden kann und soll. Der Prozeß ständiger ökologischer

Verbesserungen gehört zum unternehmerischen Zielsystem nachhaltigen Wirtschaftens. Das Instrument Sachbilanz kann als Entscheidungshilfe Transparenz schaffen und helfen, Prioritäten beim Umweltschutz richtig zu setzen.

Instrument Ökobilanz

Festzuhalten ist: Eine Lebenszyklus-Analyse kann keinesfalls eine vergleichende Betrachtung unterschiedlicher Materialien auf Gewichtsbasis vornehmen. Streng genommen gibt es auch keine solche Betrachtung für ein Produkt, z.B. eine Aluminiumgetränkedose. Die Bewertung gilt grundsätzlich nur für eine bestimmte, auf einem ganz bestimmten Produktionsweg hergestellte Dose. Damit erlaubt die Bewertung nicht nur keinen Vergleich der Materialeinheiten, sondern auch nicht den Vergleich funktionsgleicher Produkte aus verschiedenen Werkstoffen, wie z.B. den immer wieder angestrebten, auf Lebensweg-Betrachtungen beruhenden Vergleich von Ein- und Mehrwegverpackungen.

Das bedeutet, mit der Schaffung eines „Ö k o i n d e x", der den Vergleich von Werkstoffen und funktionsgleichen Produkten erlaubt, ist aus den genannten Gründen in absehbarer Zeit nicht zu rechnen. Gleichwohl existieren wissenschaftlich nicht seriöse LCA-Programme, die mittels „Ökopunkten" eine ökologische Rangfolge liefern.

Als Mittel des Vergleichs und der politischen Entscheidungsfindung sind Ökobilanzen nach dem derzeitigen Stand der Methodik n i c h t geeignet. Dies ergibt sich nicht nur aufgrund der eingeschränkten Aussagekraft, sondern auch infolge der nicht ausreichenden Prognosefähigkeit. Die Ökobilanz bietet daher auch keine Grundlage für staatliche Eingriffe in den Markt, die auf ein Produkt selbst zielen (z.B. Förderung der Pfandflasche aus Glas).

Ökobilanzen sind ein Analysenwerkzeug zur Steuerung der Umweltverträglichkeit von Produkten mit dem Ziel ihrer Optimierung. Sie stellen eine methodische Weiterentwicklung der Erfassung und der Bewertung umweltbezogener Aspekte der Produktgestaltung dar und ergänzen die bisher mit Blick auf Einzelaspekte dominierenden Betrachtungsweisen, z.B. hinsichtlich des Ressourcenverbrauches, der Schadstoff- oder Lärmemissionen, der Abfallbelastungen oder hinsichtlich bestimmter Gefahrstoffe.

Ökobilanzen werden daher trotz aller noch vorhandener Probleme keine Modeerscheinung sein. Dafür spricht: Alle erkennbaren Anzeichen deuten darauf hin, daß das Sustainable Development als Gesamtvernetzung von ökologischen, ökonomischen und sozialen Teilaspekten die Strategie der Zukunft sein wird. Im Verlaufe dieser Umstrukturierung wird die Ökobilanz als neues ökologisches Instrument in die üblichen Managementsysteme eingefügt und diese ergänzen, wie z.B. die Umweltverträglichkeitsprüfung oder Umweltaudits (s. Bild 4.4). Werden jedoch bestimmte Produkte mit dem Argument einer schlechten Ökobilanz politisch vom Markt verdrängt, wird die Chance vertan, die Produktsysteme zu verbessern. Für die Gewinner verringert sich gleichzeitig der Anreiz zu weiteren Innovationen.

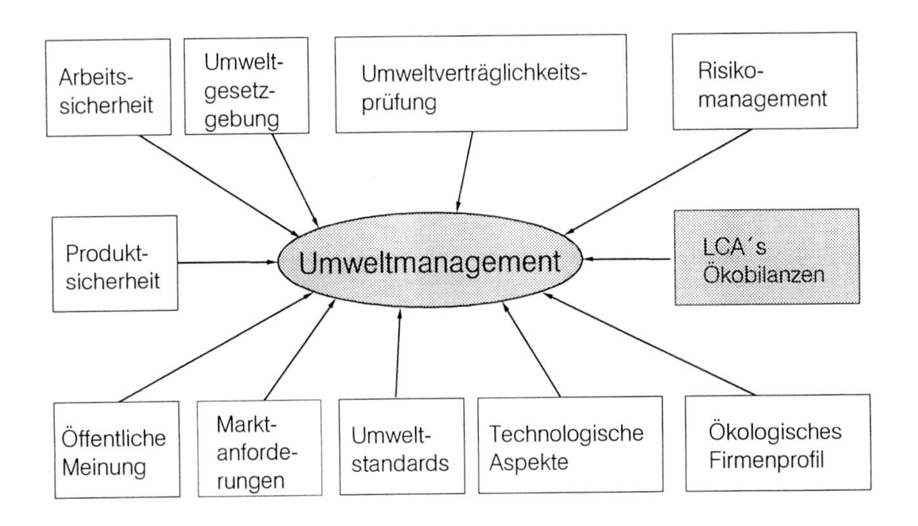

Bild 4.4 Ökobilanzen im Umweltmanagement (Kehlenbeck)

Standardverfahren für Ökobilanzen

Um zu vergleichbaren Aussagen zu kommen, ist es erforderlich, daß in absehbarer Zeit eine auf breitem internationalem Konsens basierende Ökobilanzmethode als allgemein anerkanntes Standardverfahren entwickelt wird. Seit einiger Zeit wird hierfür auf ISO-Ebene mit dem Ziel der Erarbeitung einer internationalen Norm für Ökobilanzen diskutiert. In dem speziell dafür eingerichteten Ausschuß ISO/TC207/SC5 Life cycle assessment liegen bereits Entwürfe für den Teil „Grundsätze und Richtlinien“ und für den Teil „Sachbilanzen“ (ISO 14040 - 14043) vor.

Bewertung von Ökobilanzargumenten

Derzeit besteht das Problem, daß unterschiedliche Gruppen Ökobilanzen nach verschiedensten, meist interessengeleiteten Entscheidungskriterien erarbeiten, um unter dem Etikett „Ökobilanz“ eine wissenschaftliche Seriosität der Ergebnisse zu suggerieren bzw. daraus die bevorzugte Verwendung bestimmter Produktgruppen politisch durchsetzen zu können. Um auf derartige, mitunter einseitige oder irreführende Argumente in Kundengesprächen oder Fachdiskussionen sachlich reagieren zu können, ist es notwendig, den Informationsgehalt dieser Ökobilanzen zu bewerten. Dies setzt die Kenntnis der Möglichkeit und Grenzen dieses Instruments voraus, um die Aussagekraft einer Ökobilanz ohne jeweilige Detailkenntnis hinterfragen zu können.

Glaubwürdige Ökobilanzen sollten nach Forderungen des GDA (Gesamtverband der Deutschen Aluminiumindustrie e.V.) unbedingt folgenden Qualitätsstandards genügen:

1. Ökobilanzen sollten nach den Richtlinien der ISO-Normenentwürfe erstellt worden sein! Dies heißt, die Aussagekraft und Vergleichbarkeit von Ökobilanzen, die nicht den ISO-Entwürfen 14 040 - 14 043 als den derzeit allgemein anerkannte Grundlagen zur Durchführung von Ökobilanzen genügen, ist grundsätzlich in Frage zu stellen.

2. Ziel und Umfang der Ökobilanz, Auftraggeber, Ersteller und Erscheinungsjahr müssen klar definiert sein! Eine eindeutige und umfassende Bestimmung von Ziel und Umfang ist für die Aussagekraft der Studie wichtig. Aus diesem Grund muß bereits in der Zieldefinition der Studie festgehalten sein, wofür und wie die Ergebnisse verwendet werden sollen. Eine andere Verwendung der Ergebnisse ist nicht statthaft. Auftraggeber, Ersteller und Erscheinungsjahr müssen bekannt sein, um die Studie u. a. auf Neutralität prüfen zu können. Zu beachten ist weiterhin, daß Übertragungen der Ergebnisse auf andere, nicht untersuchte Produktsysteme und Bilanzräume nicht zulässig sind: Der Grund: Andere Bilanzräume und Systemgrenzen haben grundsätzlich ein anderes Ergebnis zur Folge, Übertragungen sind also nicht möglich.

3. Bei einem Vergleich müssen die untersuchten Produkte die gleiche Funktion erfüllen, denn Produkte, die unterschiedliche Funktionen erfüllen, können nicht beliebig untereinander ausgetauscht werden.

4. Alle der Studie zugrundeliegenden Annahmen für die untersuchten Produkte müssen in jedem Fall glaubwürdig sein! Ein Beispiel für eine „unseriöse" Annahme wäre es, bei einem Vergleich eines funktionsgleichen Produktes aus Aluminium und Kunststoff von einer Recyclingrate von 100% für Kunststoff auszugehen, Aluminium hingegen mit 0% anzusetzen.

5. Aus Punkt 4 ergibt sich, daß die Aussagen veröffentlichter Studien von einem externen Expertengremium („Critical Review") geprüft und bestätigt werden sollten, da so die Akzeptanz und Glaubwürdigkeit einer Studie erhöht werden kann. Bei vergleichenden Studien ist dieses Vorgehen unverzichtbar.

6. Die Abhängigkeit der Ergebnisse von den gewählten Annahmen sollte durch Szenarien dokumentiert sein, denn Annahmen beeinflussen das Ergebnis wesentlich. Beispielsweise kann eine Veränderung der Annahmen bei Transportentfernungen oder Recyclingraten aus einem zunächst ökologisch vorteilhaften „problemlos" ein ökologisch fragwürdiges Produkt machen.

7. Schlußfolgerungen, die nicht Bestandteil der Bilanz sind, müssen deutlich ausgewiesen sein! Die Ökobilanz ist nur eines von mehreren Umweltmanagementinstrumenten. Um eine umfassende Interpretation im Sinne des „Sustainable Development" zu ermöglichen, müssen gegebenenfalls noch zusätzliche umweltrelevante oder soziale Informationen, die nicht in einer klassischen Ökobilanz enthalten sind, herangezogen werden. Dies muß dann aber auch deutlich gemacht werden!

8. Im Falle einer Bewertung sollte zumindest darauf hingewiesen worden sein, daß es bis heute und wohl auch in absehbarer Zeit keine allgemein anerkannten Bewertungsmethoden gibt. Dies bedeutet, daß jede Bewertung subjektiv ist.

Daher sind absoluten Aussagen, wie zum Beispiel Produkt A (z.B. Getränkedose) ist besser als Produkt B (z.B. Mehrwegflasche), nicht möglich.

4.1.2.2 Position der Aluminiumindustrie zu Ökobilanzen

Was kann das Instrument Ökobilanz bei der Beurteilung der Aluminiumanwendung in Produktsystemen dann derzeit leisten bzw. wo kann es Anwendung finden?
Zur Zeit sieht die Aluminiumindustrie den Hauptanwendungsbereich der Ökobilanz in der bereits genannten Optimierungsfunktion. Die Ökobilanz unterstützt die ökologische Gesamtsicht. Wurden beispielsweise früher Emissionen oder Abfälle nachbehandelt, um sie unschädlich zu machen, ist es heute das Ziel, sie von vornherein zu vermeiden oder zu minimieren (s. auch 4.1.4).

Beispiel - Getränkeverpackung

Die Zusammenhänge werden vor allem am Beispiel der in Deutschland vieldiskutierten Ökobilanzen für Getränkeverpackungen deutlich: Die Ergebnisse von Getränkeverpackungs-Ökobilanzen lassen Schwachstellen in den Produktsystemen erkennen und zeigen Verbesserungsmöglichkeiten in den vernetzten Produktlebenswegen auf. Je höher beispielsweise die Recyclingquote ist, desto niedriger ist in der Regel mithin der in der Sachbilanz anzusetzende Energiebedarf. Neben dem Recycling ist als weitere Möglichkeit zur Verbesserung der Ökobilanz auch das Produktdesign zu nennen, da so der Materialaufwand je Dose sinkt. Ebenfalls in Richtung einer Verbesserung der Ökobilanz wirken Änderungen der Produktionsmethoden. Moderne Walzwerke zeichnen sich nicht nur durch geringe Fertigungskosten, sondern auch durch eine Minimierung des Energieverbrauches aus. Neue Technologien bewirken aber auch Reduzierungen der Blechdicke (s. Aluminium-Taschenbuch 3, Kap. 5.5.1.4) und damit des Dosengewichtes. Die Vormaterialdicke für Aluminium-Getränkedosen konnte seit 1976 um mehr als 25% verringert werden. Weniger Aluminium pro Dose bedeutet aber auch weniger Energieverbrauch pro Dose (s. auch 4.4.3.1).

Gezielte Maßnahmen, wie die Steigerung der Recyclingquote, führen, wie in Bild 4.5 für Getränkedosen ersichtlich, zu spürbaren Umweltverbesserungen bei nahezu allen Parametern.
Dies gilt auch für andere Produktsysteme, wie z.B. das Automobil (s. Kap. 4.4.3.3) Die Ökobilanzen für Aluminiumprodukte weisen damit deutlich auf die Recyclingvorteile hin und bestätigen so die Ziele des Kreislaufwirtschaftsgesetzes.

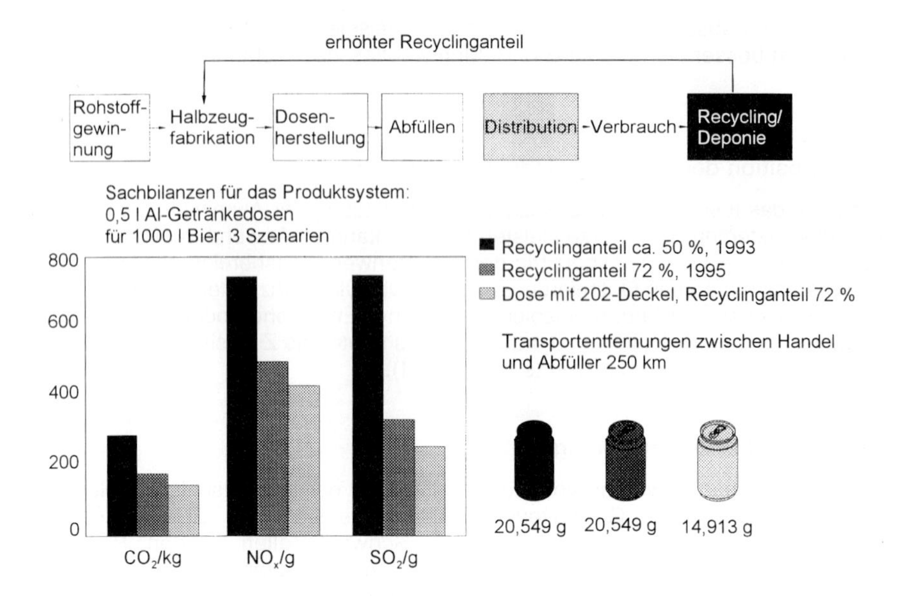

Bild 4.5 Hauptanwendung von Ökobilanzen - Optimierung (Kehlenbeck)

Zu berücksichtigen ist in jedem Fall, daß sich komplexe industrielle Systeme aufgrund ihrer hochgradigen Vernetzung einfachen Vorstellungen von linearen Abläufen entziehen. Optimierungen bezüglich eines Wirkungsparameters können u.U. Verschlechterungen in anderen Wirkungskategorien nach sich ziehen. Das bedeutet, nur eine umfassende – d.h. ganzheitliche Betrachtung von Produktsystemen kann letztlich zu Umweltverbesserungen führen. Damit werden die Anstrengungen von der Aluminiumindustrie vor allem darauf ausgerichtet, die Ökobilanz als ein Instrument zur Entscheidungsfindung weiterzuentwickeln und durch deren Anwendung die Umweltverträglichkeit der Produkte zu erhöhen.

4.1.3 Weitere Instrumente zur Bewertung von Umwelteinflüssen

Neben den Ökobilanzen (LCA Life Cycle Analysis) gibt es noch weitere Instrumente, die eine Quantifizierung von Umwelteinflüssen gestatten. Wie die Ökobilanz stehen mehrere dieser Konzepte noch am Anfang der Entwicklung, sind mitunter aber besser geeignet, um die Wirkung eines oder mehrerer Faktoren bei einer gegebenen Aufgabenstellung quantifizieren zu können. Nachfolgend wird ein kurzer Überblick zu Grundlagen und Zielen der am meisten diskutierten Konzepte gegeben, Tafel 4.1 zeigt, wo welche Konzepte am sinnvollsten einzusetzen sind.

Eines der hierbei wichtigsten Konzepte ist die Umweltverträglichkeitsprüfung (UVP), die im Normalbetrieb eines Betriebes auftretende Belastungen untersucht und bewertet. Sie wird bereits im Planungszeitraum des Vorhabens durchgeführt, um größere Umweltbelastungen zu vermeiden und bei geringeren Belastungen Ausgleichsmaßnahmen vorzunehmen (BGB 1.I.1990).

Bei einer Risikoanalyse (RA) werden tatsächliche oder unfallbedingt auftretende Belastungen der Umwelt und/oder des Menschen durch einen existierenden Betrieb, eine Altlast usw. in einem definierten Gebiet untersucht und bewertet.

Der Sustainable Process Index (SPI) liefert ein Abbild der Umweltbelastung von Stoffströmen eines Prozesses, Produktes (z.B. eines Metalls), einer Dienstleistung oder einer Region, das ausgehend von einer Prozeßkettenanalyse für die Darstellung der Material- und Energieströme erstellt wird. Die hier erfaßten Werte werden hinsichtlich ihrer Umweltbelastungen mit (nationalen) politisch festgelegten Grenzwerten vergleichen. Es erfolgt keine Bewertung hinsichtlich der tatsächlichen Wirkung der Emissionen.

Stoffstromanalysen (SA) hingegen berücksichtigen als Material- und Energieflussbilanzen alle Material- bzw. Energie-Inputs und -Outputs für ortsungebundene Systeme oder für geographische Regionen. Für die Quantifizierung und Bewertung der Umweltbelastungen werden Ressourcen- und Energieverbrauch sowie Emissionen berücksichtigt.

Ein weiteres Instrument zur Bewertung von Stoffen, Prozessen, Dienstleistungen oder Regionen ist das „Konzept der Materialintensitäten pro Serviceeinheit“ (MIPS). Es basiert auf einer Prozeßkettenanalyse und nimmt die Bewertung der Umweltbelastung über die Zusammenfassung des Masseneinsatzes in das betrachtete System – bezogen auf die Anzahl der Dienstleistungen - vor. Das Konzept ist inputorientiert, d.h. es werden weder Emissionen oder Abfälle noch der betroffene Naturraum berücksichtigt.

Stoffliche Eigenschaften der Materialien, wie z.B. ihre Toxizität, berücksichtigt hingegen die Bewertung toxischer Stoffe (BTS), bei der einzelne chemische Stoffe und ihre Wirkung auf Lebewesen (Menschen , Pflanzen, Tiere) beschrieben werden.

Die Verfahren aus dem EG-Öko-Audit (Environmental Management and Auditing Scheme, EMAS) bewerten betriebsintern das Umweltmanagement einzelner Unternehmen. Zur Ermittlung der Umweltbelastungen werden die Material- und Energieströme über Prozeßkettenanalysen erfaßt. Wirkungsabschätzungen sind hierbei nicht notwendig, da es bei diesen Verfahren um die Optimierung des Umweltmanagements, d.h. um die Erarbeitung von Verbesserungspotentialen geht.

Tafel 4.1 Übersicht über Methoden zur Quantifizierung und Bewertung von Umwelteinwirkungen (verändert nach Slivka)

	Stoffe und Materialien	Produkte	Betriebe	Technologien	Gesellschaftliche Bereiche
vorsorgende Verfahren	STA MPIS SPI	LCA (PLA) STA MIPS SPI	EMAS	RA STA	UVP STA MIPS SPI
Ökonomische Aspekte		PLA			
Soziale Wirkungen		PLA			
Risikobehaftete Wirkungen			RA	RA	
Berücksichtigung von Umweltinformationen			RA UVP	RA	
Gesamtwirkungen	STA MPIS SPI	LCA (PLA) STA MIPS SPI	RA UVP STA EMAS	RA STA MIPS SPI	UVP STA MIPS SPI
Einzelwirkungen	STA BTS	LCA PLA STA	RA UVP STA EMAS	RA SA	UVP RA SA

es bedeuten:

BTS = Bewertung toxischer Stoffe
RA = Risikoanalyse
UVP = Umweltverträglichkeitsprüfung
STA = Stoffstrom Analyse
MIPS = Materialintensität per Serviceeinheit
LCA = Produkt-Ökobilanzen mit Sonderfall
PLA = Produktlinienanalysen
SPI = Sustainable Process Index.

4.1.4 Aluminium – ein nachhaltiger Werkstoff

Wie bereits einleitend dargestellt, ist das „Sustainable Development“ ein Erfordernis, bei dem neben ökologischen Zielen gleichberechtigt ökonomische und soziale Ziele stehen. Die Aluminiumindustrie als bedeutender Wirtschaftsfaktor bekennt sich zu diesen Zielen, denn sie legt als volkswirtschaftliche Schlüsselbranche durch die enge Zusammenarbeit mit nahezu allen Industriezweigen den Grundstein für den technischen Fortschritt und trägt zur Verbesserung des Lebensstandards bei.

Ökonomische Aspekte der Nachhaltigkeit

Das Ziel des Wirtschaftens sowohl in Industrieländern als auch in Entwicklungsländern ist die Befriedigung menschlicher Bedürfnisse. Damit bedeutet „Sustainable Development“ auch nicht den Verzicht auf Wachstum und Konsum. Beide sollen aber im Einklang mit den o.g. Zielen stehen. Dies erfordert eine effiziente Produktion, den sorgsamen Umgang mit Rohstoffen und Energie, aber auch eine effek-

tive Forschung, die nicht zuletzt Innovationen zur Lösung globaler Menschheitsprobleme schafft.
Die deutsche Aluminiumindustrie als ein bedeutender Wirtschaftsfaktor stellt sich diesen Aufgaben. Beispiele sind Investitionen in strukturschwachen Regionen, eine effektive Zusammenarbeit mit anderen Industriebereichen und eine breit angelegte, anwendungsorientierte Forschung. Ziel ist es dabei, die Werkstoffeigenschaften des Aluminiums immer weiter zu verbessern (s. auch Aluminium-Taschenbuch 1), Prozesse zu optimieren und neue Produkte zu entwickeln bzw. eingeführte Produkte weiter zu verbessern. Aufgrund seiner spezifischen Eigenschaften (insbesondere Masse, Festigkeit, Leitfähigkeit, Korrosionsbeständigkeit und gesundheitliche Unbedenklichkeit) lassen sich aus Aluminium vielseitige Produkte von hohem Nutzwert fertigen. Zudem fungiert die Aluminiumbranche als Arbeitgeber, Investor und Handelspartner im Ausland und trägt auch auf diesem Wege zur Entwicklung in strukturschwachen Regionen, insbesondere aber Entwicklungsländern bei.

Soziale Aspekte der Nachhaltigkeit

Direkt im Zusammenhang mit den wirtschaftlichen Fragen stehen auch die sozialen Aspekte, da die Aluminiumbranche einschließlich ihrer Zulieferer und Abnehmer ein bedeutender Arbeitgeber im In- und Ausland ist. Sie bietet den Beschäftigten und ihren Familien soziale Sicherheit. Hierzu gehört auch die Schaffung von Ausbildungsplätzen und die Bereitstellung von Arbeitsplätzen für Berufsanfänger. Gleichzeitig leisten die Aluminiumindustrie und die dort Beschäftigten als Steuerzahler einen wichtigen Beitrag zur Finanzierung volkswirtschaftlicher und sozialer Aufgaben. Weitere Maßnahmen im sozialen Bereich sind die Einführung flexibler Arbeitszeiten sowie Maßnahmen zur Verbesserung von Unfall-, Arbeits- und Gesundheitsschutz. Ebenfalls unter sozialen Gesichtspunkten zu sehen ist die Reduzierung von Emissionen durch verbesserte Produktionsverfahren, da hierdurch Anwohner entlastet werden. International gesehen trägt die Aluminiumindustrie durch ihre weitreichenden Handelsbeziehungen zur Armutsbekämpfung und zum Abbau des Wohlstandsgefälles bei.

Ökologische Aspekte der Nachhaltigkeit

Der Einsatz von Aluminiumwerkstoffen gilt aus der Sicht von Aluminiumanwender und - verarbeitern nicht nur aufgrund der Material- sondern auch aufgrund der ökologischen Eigenschaften als vorteilhaft. Strenggenommen lassen sich derartige Zusammenhänge nur über eine komplexe ökologische Beurteilung eines bestimmten Produktes in Form der Ökobilanz klären. Die unter 4.1.2.1 genannten Probleme hinsichtlich der Vergleichbarkeit sind dabei zu berücksichtigen, ebenso das derzeitige Fehlen einer international anerkannten Methode für die Erstellung von Ökobilanzen. Dennoch lassen sich für Aluminiumwerkstoffe und -produkte ökologisch positiv wirkende Einflußgrößen angeben.

Das „ökologische Handeln“ wird definiert allgemein durch folgende Schwerpunkte, die sich zum Teil überschneiden:

- sparsamer und effizienter Umgang mit Ressourcen, insbesondere mit Energie und Rohstoffen (wichtig: Kreislaufwirtschaft als Substitution von Primärrohstoffen durch Sekundärrohstoffe),
- geringe Belastung von Luft, Wasser und Boden
- Schutz des Klimas und der Ozonschicht

- eine hohe Übereinstimmung mit den natürlichen Kreisläufen – Schutz des Naturhaushaltes (beispielsweise durch die Entwicklung neuer, umweltverträglicher und kreislauffördernder Werkstoffe, Erzeugnisse und Prozesse)
- Schutz der menschlichen Gesundheit
- umweltschonende Mobilität
- der umweltgerechte und rohstoffschonende Umgang mit Konsumgütern
- Verankerung einer Umweltethik.

Unter diesen Zielstellungen lassen sich aus der Aluminiumbranche verschiedene Beispiele anführen, wobei insbesondere folgende Aspekte hervorzuheben sind:

1. Schonung der Rohstoffressourcen

Jährlich werden weltweit ca. 120 Mio. Tonnen Bauxit im Tagebau gefördert. Hierbei werden die durch den Abbau freigesetzten Erdschichten zwischengelagert, um später bei einer Rekultivierung die Minen wieder abzudecken. Rund 80% der Bauxitabbauflächen werden wieder mit der ursprünglichen Vegetation aufgeforstet, 18% dienen forst- und landwirtschaftlichen Zwecken, 2% werden für Erholungs- oder Gewerbegebiete genutzt.
Nach heutigen Prognosen werden die bekannten, wirtschaftlich abbauwürdigen Bauxitvorkommen für die nächsten 200 Jahre ausreichen.

2. Energiequellen und Klimavorsorge

Wie im Aluminium-Taschenbuch Band 1 (Kapitel 1.1. und 1.2.1.4) gezeigt, wird bei der Primärerzeugung von Aluminium in der Elektrolyse der Hauptanteil des Gesamtenergiebedarfs der Aluminiumindustrie verbraucht. 1997 (Zahlenangaben für die gesamte Welt, IPAI) stammten 55% der benötigten Energie aus unerschöpflicher, umweltverträglicher Wasserkraft mit hohem Wirkungsgrad (bis zu 90%). Weitere Energiequellen waren Kohle mit 31%, Erdgas und Öl mit 9% sowie die Kernenergie mit 5%. In Europa liegt der Anteil der Wasserkraft bei 43%, gefolgt von der Kernenergie mit 23,4% und der Kohle mit 25% (nach Edimet). Ähnlich günstig liegen die Verhältnisse bei der Aluminaproduktion (1997 Anteile der benötigten Elektroenergie weltweit: 40% Wasserkraft, 42% Kohle, 16% aus Erdöl und Erdgas, 2% Kernenergie). Durch den hohen Anteil der Wasserkraft werden fossile Energieträger geschont und CO_2-Emissionen reduziert – gleichzeitig ein wichtiger Beitrag zum Klimaschutz.
Aluminium und Wasserkraft ergänzen sich äußerst vorteilhaft. Wasserkraftwerke werden dort errichtet, wo die geographischen Voraussetzungen zur Nutzung von Wasserkraft gegeben sind. Da diese oft entlegenen Gebiete zumeist dünn besiedelt sind, ist dort in der Regel die Aluminiumerzeugung die einzig sinnvolle Nutzung dieser Energie. Ein Transport per Kabel wäre über weite Entfernungen mit großen Verlusten verbunden. Die für die Aluminiumerzeugung aufgewendete Energie geht nicht verloren, sie bleibt im Metall gespeichert. So ist Aluminium eine *Energiebank* und kann die gespeicherte Energie über große Entfernungen ohne Verluste kostengünstig transportieren.
Bei der Gewinnung von Aluminium aus Schrotten ist der Energieeinsatz dann bis zu 95% geringer als bei der Primärherstellung.
Sowohl bei der Primär- als auch der Sekundärgewinnung wurden durch Optimierungen der Prozeßtechnik deutliche Minderungen im Energieverbrauch erreicht. Wird danach ein kg Aluminium aus Tonerde hergestellt, so sind dafür heute

rund 13,5 kWh erforderlich, während es vor 40 Jahren rund 21 kWh waren. Ein ähnlicher Effekt ist bei der Sekundärgewinnung zu verzeichnen: 1975 wurden für ein kg Sekundäraluminium 3,5 kWh benötigt, 1994 nur noch 2,4 kWh (s. auch Aluminium-Taschenbuch 1, Kap. 1.1)

3. Leichtgewichtiges Aluminium spart Energie

Ebenfalls unter dem Aspekt der Energieeinsparung ist die geringe Masse des Aluminiums zu sehen. Daher besteht z. B. ein wesentlicher ökologischer Vorteil der Aluminiumanwendung im Verkehrswesen in einer Senkung des Kraftstoffverbrauches und der Emissionen durch Gewichtseinsparungen. Durch die Verwendung von derzeit ca. 70 kg Aluminium pro Pkw (1998) anstelle spezifisch schwererer Materialien reduziert sich der Treibstoffverbrauch für alle Fahrzeuge in Deutschland (1992 etwa 37 Millionen) um rund eine Milliarde Liter pro Jahr.
Ein weiteres Beispiel: Aluminiumverpackungen sind leichter als andere Verpackungssysteme, so daß beim Transport wiederum Energie gespart wird.

4. Technologische Optimierungen - gute Werkstoffeigenschaften

Durch Werkstoffweiterentwicklung (neue Legierungen, Wärmebehandlungen, Verbundwerkstoffe usw.) und technologischen Fortschritt (z.B. neue Gieß- und Umformverfahren) wurden bei einer Vielzahl von Aluminiumprodukten Reduzierungen von Materialmengen und -dicken möglich, was zu Einsparungen von Energie und Ressourcen führte. Beispielsweise konnte so das Gewicht einer 0,33 l Aluminium-Getränkedose im Zeitraum von 1986 bis 1996 um 23% verringert werden. Ein weiterer Aspekt ist die gute chemische Beständigkeit des Materials (s. Aluminium-Taschenbuch, Band 1, Kap. 8): Aluminiumprodukte, wie z.B. Fassadenbekleidungen, sind langlebig. Die Umwelt wird nur mit geringen Mengen an Zerfalls- bzw. Korrosionsprodukten des Metalls belastet.

5. Aluminium-Recycling

Das ökologische Hauptargument für Aluminium ist die gute Recyclierbarkeit. Der Wertverlust des Aluminiums ist äußerst gering dank der im Metall gespeicherten Energie. Wie bereits genannt, ist zum Recycling bis zu 95% weniger Energie erforderlich als zur Primärerzeugung. Doch nicht nur auf der Energieseite kommt es zu umwelttechnischen Vorteilen: Wie Tafel 4.2 zeigt, fallen auch deutlich weniger Emissionen, Abwässer und Abfälle an.

Tafel 4.2 Prozeßdaten der Primär- und Sekundäraluminiumgewinnung (Krone)

	Primäraluminium-gewinnung	Sekundäraluminium-gewinnung	Hinweise
Primärenergie-verbrauch	174 GJ/t Aluminium	20 GJ/t Aluminium	Salzschlackenaufbereitung wurde im Sekundärwert mit berücksichtigt
Athmosphärische Emissionen	204 kg/t Aluminium	12 kg/t Aluminium	
Feste Rückstände	2100 - 3650 kg/t Aluminium	400 kg/t Aluminium	Sekundärwert: Ohne Verwertung des Oxidrückstandes
Wasserbedarf	57 m^3/t Aluminium	1,6 m^3/t Aluminium	

In vielen Anwendungsbereichen bleibt Aluminium in einem geschlossenen Materialkreislauf, d.h. es findet ein „echtes“ Recycling statt: Aus einer gebrauchten Aluminium-Getränkedose wird wieder Flüssigmetall zur Herstellung von Vormaterial für neue gleichwertige Getränkedosen. Das Aluminium-Recycling erfolgt auf einer qualitativ hochwertigen Stufe (s. auch 4.2) unter möglichster Beibehaltung der Wertstufe. Die Aluminiumindustrie kann somit als Kreislaufwirtschaft auf hohem Niveau gelten. Wie das Beispiel Getränkedose mit einer weltweiten Recyclingrate von mehr als 55% zeigt, ist das Recycling ein wirksamer Beitrag zur Schonung von Ressourcen. Recycling entlastet die Deponien, da das recyclierte Aluminium nicht zu Abfall wird.
Interne Kreisläufe in der Aluminiumindustrie umfassen auch Betriebs- und Hilfsstoffe, beispielsweise Kernsande bei Gießverfahren, Walzöle in der Halbzeugfertigung oder Lösungsmittelrückstände der Folienverarbeitung. Weiterhin werden die beim Recycling verwendeten Salze wieder aufgearbeitet, ebenso wie beim Schmelzen anfallende Krätzen.

6. Minderung von Abfällen

In Fällen, in denen Kreisläufe nicht geschlossen werden können, besteht im Sinne der nachhaltigen Produktion das Bestreben, Abfälle auf ein Minimum zur beschränken und nur wenig Deponieraum zu benötigen. Beispielsweise wurde das Aufkommen mineralischer Abfälle durch die längere Lebensdauer von Elektrolyseöfen (zwischen 1975 und 1995 verlängerte sich die Lebensdauer um 150%) verringert. Sehr vorteilhaft ist es, wenn Abfälle einer Verwertung in einem anderen Bereich zugeführt werden können.
Zu beachten ist aber beispielsweise auch, daß Aluminium als Verpackungsmaterial Produktverluste an Lebensmitteln auf dem Weg zum Verbraucher bis zum 10-fachen herabsetzen kann und auch auf diese Weise Abfälle einschließlich ihrer Umweltauswirkungen minimiert (Kirkpatrick).

7. Minderung von Emissionen

Die Minderung von Emissionen im Sinne des Klima- und Gesundheitsschutzes spielt auf allen Ebenen der Aluminiumgewinnung (primär und sekundär) und der Verarbeitung eine wichtige Rolle. Dies beginnt bereits bei der Bereitstellung der Energie für die Elektrolyse, wo sich durch die Nutzung von Wasserkraft wie bereits gezeigt deutliche Vorteile ergeben.
Prozeßbedingt fallen bei der Elektrolyse selbst Abgase an, die nicht in die Luft gelangen sollen. Zum Erreichen dieses Zieles tragen verschiedene Faktoren bei, insbesondere die stetige Weiterentwicklung der Ofentechnologie, eine optimierte Prozeßkontrolle und die konsequente Qualitätskontrolle aller Einsatzstoffe. Eine moderne Filtertechnologie sorgt dafür, daß die emittierten gas- und staubförmigen Fluoride in der Primäraluminiumindustrie zu 99% aufgefangen werden.
Zu den bei Verarbeitung möglichen Emissionen gehören Ölnebel in Walzwerken, Formsprühstoffe in Gießereien oder die Lösungsmittel bei Verarbeitern. Diese lassen sich durch die bereits genannten Kreislaufsysteme für Hilfsstoffe deutlich reduzieren.
Beim Recycling können durch organische Anhaftungen an den Schrotten Dioxine und Furane entstehen. Durch eine Behandlung der Abgase wird dies vermieden. Filterstäube aus Recyclingprozessen werden erfaßt. Abwässer werden aufbereitet oder im Kreislauf geführt.

Sogar die Wärme der bei der Metallverarbeitung anfallenden Abluft kann noch genutzt werden, beispielsweise zur Erzeugung von Fernwärme. In einem 1999 gestarteten Pilotprojekt (Aluminium Norf GmbH, Neuss) erhitzt die bis zu 1300 °C heiße Abluft der Schmelzöfen einen Thermoölkreislauf, der die Wärme wiederum an einen Heißwasserkreislauf abgibt. Damit sollen letztlich bis zu 4000 Bewohner eines Neubaugebietes versorgt werden, wodurch sich Einsparungen von jährlich etwa zehn Millionen Kubikmeter Erdgas ergeben. Dies bedeutet eine Vermeidung von bis zu 19 000 t CO_2-Emissionen.

Diese Faktoren zeigen, daß Umweltschutz und Wirtschaftlichkeit in der Aluminiumproduktion und Anwendung keine unvereinbaren Gegensätze darstellen. Insbesondere die stoffliche Wiederverwertung ist eine sinnvolle und effektive Maßnahme zur Schonung der Umwelt im Sinne einer nachhaltigen Produktion.

4.2 Grundlagen des Aluminium-Recyclings

von Dr. Catrin Kammer, Goslar und Dr. Knut Schemme, Bochum

Die Möglichkeit eines qualitativ hochwertigen Recyclings spielt – wie in 4.1 gezeigt – bei der ökologischen Bewertung des Werkstoffes Aluminium eine entscheidende Rolle.
Im allgemeinen wird „Recycling“ als die „erneute Nutzung, Verwendung oder Verwertung von Produkten oder Teilen von Produkten in Form von Kreisläufen“ verstanden (Definitionen entsprechend der VDI-Richtlinie 2243, Oktober 1993; Konstruieren recyclinggerechter technischer Produkte. Grundlagen und Gestaltungsregeln). Das heißt, nach der Produktentstehungs- und -nutzungsphase erfolgt eine erneute Nutzung entweder des aufgearbeiteten Produkts als sog. Produktrecycling – Verwendungstrategie – oder der Werkstoffe des Altprodukts als Materialrecycling – Verwertungsstrategie. Neben diesen beiden Formen ist auch noch das Recycling der Produktionsrückläufe – in der Regel als Materialrecycling – zu berücksichtigen.

4.2.1 Recyclingformen

Je nach angewandter Strategie – Verwertung oder Verwendung – kann zur Systematisierung eine Einteilung in verschiedene Recyclingformen vorgenommen werden (Bild 4.6).

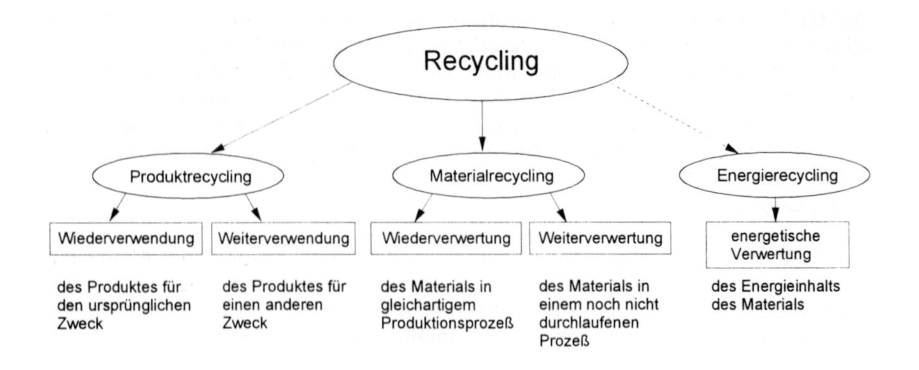

Bild 4.6 Formen des Recyclings - bezogen auf Produkt- bzw. Materialkreisläufe. Eine Sonderform ist das Energierecycling, bei dem lediglich der Energieinhalt eines Materials (z.B. durch Verbrennung von Kunststoffen) genutzt wird (Schemme).

Verwendungsstrategie – Das Produktrecycling beinhaltet eine Wiederverwendung oder eine Weiterverwendung - je nachdem, ob das verwendete Produkt für seinen ursprünglichen oder für einen anderen Zweck eingesetzt wird. Damit ist die Verwendung durch die (weitgehende) Beibehaltung der Produktgestalt gekennzeichnet. Diese Recyclingstrategie findet daher auf hohem Wertniveau statt.

Verwertungsstrategie – Beim Material- bzw. Werkstoffrecycling erfolgt eine Wiederverwertung oder eine Weiterverwertung, je nachdem, ob aus den Altwerkstoffen nach ihrer Aufbereitung die gleichen Werkstoffe oder andere Sekundärwerkstoffe hergestellt werden. Das heißt, hierbei wird die Produktgestalt aufgelöst, was zunächst mit einem größeren Wertverlust verbunden ist.

Recyclingformen
Danach ergeben sich also unter Berücksichtigung der Werthierarchien innerhalb dieser Strategien und der damit verbundenen Entropiezunahmen ΔS gemäß

$$\Delta S_{\text{Wiederverwendung}} < \Delta S_{\text{Weiterverwendung}} < \Delta S_{\text{Wiederverwertung}} < \Delta S_{\text{Weiterverwertung}}$$

vier Recyclingformen, die als Optionen in den Aluminiumprodukt- bzw. Materialkreislauf eingearbeitet werden können (s. Bild 4.7a). Einige Beispiele für die Anwendung der Recyclingformen zeigt Bild 4.7b.

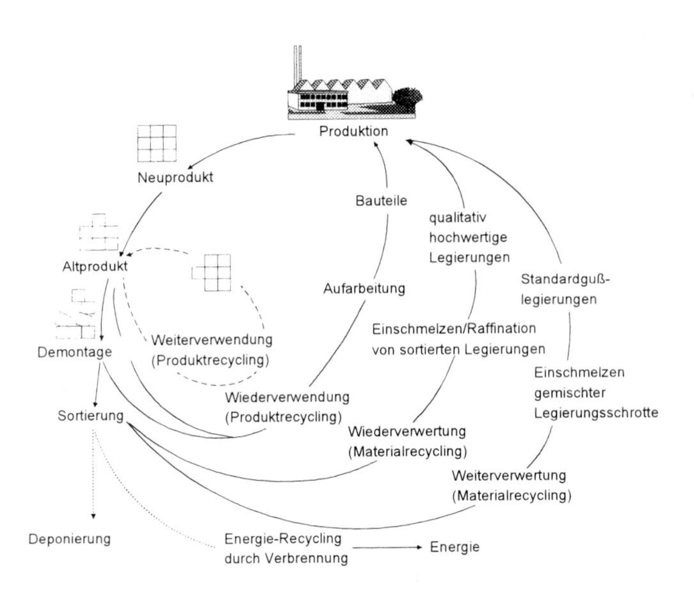

Bild 4.7a Produkt- bzw. Materialkreislauf von Aluminium (Schemme)
Die Weiterverwendung (gestrichelte Linie) hat als Recyclingform aufgrund des hohen Schrottwertes von Aluminium nur eine untergeordnete Bedeutung.
Die Deponierung und das Energierecycling (punktierte Linie) sollten aus ökologischen Gründen vermieden werden.

Recyclingform	Vorgehensweise	Beispiele	Einschränkungen
1. Wiederverwendung	Demontage von Bauteilen, Reinigung, Prüfung, ggf. Aufarbeitung	Zylinderkopf, Motor- und Getriebegehäuse, Abdeckungen	Beschädigungen der Bauteile, fehlende Aufarbeitungsmöglichkeiten
2. Weiterverwendung	Demontage (ggf.) Umarbeitung (ggf.)	Felge als Lampenfuß	Beschädigungen der Bauteile (sofern sie die zukünftige Funktion beeinträchtigen)
3. Wiederverwertung	Einschmelzen sortenreiner Al-Schrotte, (ggf. Separation erforderlich) ggf. Raffination	Sekundärlegierungen in Primärqualität (Erhaltung der Wertstufe)	gemischte Al-Schrotte metallische Verunreinigungen
4. Weiterverwertung	Separation von Al-Werkstoffen aus gemischten Schrotten, Einschmelzen	Sekundärlegierungen (Wertstufe des Einsatzmaterials wird nicht mehr erreicht)	Irreversible metallische Verunreinigungen (z.B. Fe, Cu) führen zu Gefügebeeinträchtigungen (down-cycling)

Bild 4.7b Anwendungsbeispiele für Recyclingformen bezogen auf Aluminiumprodukte bzw. -bauteile und Aluminiumwerkstoffe (Schemme)

Wiederverwendung

Die Wiederverwendung beinhaltet die erneute Benutzung eines gebrauchten Produkts für den gleichen Verwendungszweck wie zuvor unter Nutzung seiner Gestalt ohne bzw. mit beschränkter Veränderung einiger Teile. Diese Form des Recyclings besitzt im Sinne der Abfallvermeidung größte Priorität. Eingeschränkt werden kann die Wiederverwendung durch Beschädigungen der Bauteile oder fehlende Aufarbeitungsmöglichkeiten

Weiterverwendung

Die Weiterverwendung umfaßt die weitere Nutzung von Produkten für einen anderen als den ursprünglichen Zweck. Beispiele vom Al-Sektor wären die mögliche Verwendung von Felgen als Sockel für provisorische Straßenschilder oder als Wandhalterung für Gartenschläuche. Mitunter wird die erneute Benutzung für einen anderen (bestimmten) Verwendungszweck bereits bei der Herstellung des Produkts geplant.

Wiederverwertung

Hierbei handelt es sich um den wiederholten Einsatz von Altstoffen oder Produktionsrücklaufmaterial in einem gleichartigen wie dem bereits durchlaufenen Produktionsprozeß. Dabei entstehen den Ausgangsstoffen weitgehend gleichwertige Werkstoffe, wobei beim Metallrecyling je nach Zusammensetzung bzw. Verunreinigung des eingesetzten Schrottes als zusätzlicher Verfahrensschritt eine Aufbereitung (Raffination, s. 4.3.4) erfolgen kann.

Weiterverwertung

In diesem Fall werden Altstoffe und/oder Produktionsabfälle in einem noch nicht durchlaufenen Produktionsprozeß eingesetzt. Es entstehen dabei Werkstoffe oder Produkte mit anderen Eigenschaften (Sekundärwerkstoffe[1]) und/oder anderer Gestalt. Diese Strategie ist nach derzeitigem Stand der Technik maßgebend für die Kreislaufführung von Aluminiumlegierungen aus Altschrotten (d.h. keine Produktionsabfälle). In der Regel ist sie verbunden mit einem Verlust des Veredelungsgrades (z.B. Einsatz von Al-Knetlegierungsschrotten für die Herstellung von Al-Gußlegierungen).

Innerhalb des Recycling-Kreislaufs kann eine Recyclingform mehrmals angewendet werden, bevor eventuell auf eine andere Recyclingform bzw. auf den Kreislauf mit niedrigerem Wertniveau übergegangen wird. Beispiel: Ein Pkw-Motor wird nach Wiederverwendung als Austauschmotor anschließend noch als stationärer Motor weiterverwendet, bis er schließlich als Schrott einem Materialrecycling zugeführt wird.

Die bei manchen Produktionsprozessen entstehenden Koppelprodukte, wie z.B. Schlacken, können weiterverwertet oder – je nach Zusammensetzung und chemischem Verhalten - ohne weitere Behandlung wiederverwertet werden.

[1]) Bei der Verwendung des Begriffes „Sekundäraluminium" ist zu beachten, daß sich die traditionelle Definition auf Aluminiumgußlegierungen und auf Desoxidationsaluminium beschränkt. In Zukunft muß hier eine neue Abgrenzung gefunden werden, um auch andere Legierungskreisläufe mitzuerfassen.

4.2.2 Voraussetzungen für das Recycling

Schon im Vorfeld ist eine Abstimmung von Produkt und späterem Recycling möglich. Zu beachten sind hier die Eigenschaften des Werkstoffes selbst sowie eine möglichst recyclinggerechte Produktgestaltung unter Berücksichtigung der Recyclingeigenschaften des Werkstoffes. Die nachfolgenden Überlegungen beziehen sich stets auf den Werkstoff Aluminium.

4.2.2.1 Bedeutung der Werkstoffeigenschaften für das Recycling

Recyclingfähigkeit

Die Frage nach der Recyclingfähigkeit von Aluminiumwerkstoffen bzw. von Bauteilen aus diesen kann nicht allgemeingültig beantwortet werden. Um hier genauere Aussagen zu erhalten, muß vielmehr die Recyclingfähigkeit für jede der vier genannten Recyclingformen gesondert betrachtet werden, da jeweils verschiedene Aspekte von Bedeutung sein können (Tafel 4.3).

Recyclingfähigkeit bezüglich der Wiederverwendung

Vor der Wiederverwendung von Al-Bauteilen sind zunächst Verfahrensschritte, wie Prüfung, Demontage und Reinigung notwendig, wobei deren Umfang von der Komplexität des Bauteils abhängt.
Bei der Reinigung muß beispielsweise die Wirkung aggressiver Reinigungssubstanzen berücksichtigt werden, d.h. die Substanz ist genau auf das zu reinigende Material abzustimmen. Die für Metalle vergleichsweise gute Korrosionsbeständigkeit von Aluminiumwerkstoffen läßt bei diesem Verfahrensschritt keine Probleme erwarten – ein Vorteil gegenüber den z.T. chemisch weniger beständigen Polymerwerkstoffen.

Die Prüfung erfolgt in der Regel durch geeignete Meß- und zerstörungsfreie Prüfverfahren. Dabei bestimmen die physikalischen Eigenschaften des zu prüfenden Materials, welche Prüfverfahren eingesetzt werden können. Optische, akustische und Eindringverfahren sind für alle Werkstoffe geeignet. Wirbelstrom- und Potentialsondenverfahren können nur bei elektrisch leitfähigen Werkstoffen angewandt werden, also auch bei Aluminium. Ein weiteres Verfahren für die Prüfung von Aluminium ist die auf dem Wirkprinzip der Strahlenschwächung arbeitende Durchstrahlung mit Röntgen- oder Gammastrahlen. Verfahren, die ferromagnetische Eigenschaften nutzen, wie z.B. das Streuflußverfahren, können bei Aluminium naturgemäß nicht angewendet werden.

Recyclingfähigkeit bezüglich der Weiterverwendung

Die Weiterverwendung ist für Aluminiumprodukte aufgrund des hohen Materialwertes von Aluminium von untergeordneter Bedeutung. Aus ökonomischen Gründen ist deshalb die Wiederverwertung durch Einschmelzen begünstigt.

Recyclingfähigkeit bezüglich der Wiederverwertung

Diese Recyclingform stellt die für Aluminium interessanteste Recyclingstrategie dar, da sich – wie bereits genannt – unter günstigen Voraussetzungen eine bis zu 95%ige Energieersparnis im Vergleich zur Primärproduktion ergeben kann

(s. 4.2.3). Aufgrund des atomaren Aufbaus der Metalle kann der Aufbereitungsprozeß bei Metallen beliebig oft ohne Qualitätsverlust wiederholt werden, was einen Vorteil gegenüber den thermoplastischen Polymerwerkstoffen darstellt. Selbst bei Aufbereitung sortenreiner Thermoplaste führt die thermische Belastung zu einem Abbau der Molekülketten und damit zur Eigenschaftsverschlechterung.

Merkmal der Wiederverwertungsstrategie ist der Erhalt der gleichen Wertstufe von Primär- und Sekundärwerkstoff. Nach dieser Strategie müssen also aus primär hergestellten Aluminium-Knetlegierungen wieder gleichwertige Sekundär-Knetlegierungen entstehen. Erst das Erreichen dieser Qualitätsstufe garantiert die erforderliche Marktakzeptanz, da wieder hochwertige Produkte hergestellt werden können. Problemlos realisierbar ist diese Strategie beim Wiedereinschmelzen von gleichen Legierungstypen, wie z.B. bei Produktionsschrotten und sortenrein separierten Legierungen (s. 4.2.5.2).

Recyclingfähigkeit bezüglich der Weiterverwertung

Diese Strategie ist in der Regel mit einem Verlust des Veredelungsgrades verbunden. Für Aluminium heißt das beispielsweise, in definierter Zusammensetzung gehaltenene (Hüttenaluminium mit hohem Reinheitsgrad) und z.T. mit teuren Legierungselementen versetzte hochwertige Knetlegierungen zur Herstellung von Sekundär-Al-Gußlegierungen zu verwenden. Dies ergibt sich durch ein breites Spektrum von Legierungsbeimengungen unterschiedlicher Al-Schrotte sowie durch Verunreinigungen, die die Legierungsqualität nachhaltig beeinträchtigen können. So führen beispielsweise irreversible Eisenverunreinigungen über die Bildung grober Al_3Fe-Nadeln zu unerwünschten Gefügeveränderungen, die negative Auswirkungen auf die mechanischen Eigenschaften haben (s. auch Aluminium-Taschenbuch 1, Kap. 3.3.1.5). Kupferverunreinigungen können die Korrosionsbeständigkeit infolge der Bildung von Lokalelementen verschlechtern (s. auch Aluminium-Taschenbuch 1, Kap. 8.2.2.1). Die angesprochenen Verunreinigungen ergeben sich aus der Schrottherkunft, die branchenabhängige Unterschiede aufweist (s. Beispiele in 4.2.5 und 4.4).

Grundsätzlich kann das Ausgangsmaterial aus gemischtem Metallschrott oder aus gemischten Schrotten (Metalle und Nichtmetalle) bestehen. Um einer Minderung der Legierungsqualität vorzubeugen, muß dem Einschmelzprozeß zunächst eine auf den vorliegenden Schrott abgestimmte Separation vorgeschaltet werden. Je nach Art der Schrottzusammensetzung kann dabei eine magnetische oder induktive Trennung bzw. eine Separation nach dem Prinzip der Dichtetrennung zum Einsatz kommen (s. 4.2.5.2).

Tafel 4.3 Aufstellung der Verfahrensschritte und geforderten Werkstoff-Eigenschaften für das Produkt- bzw. Materialreycling von Aluminium unter Berücksichtigung der jeweiligen Recyclingformen (Schemme)

Recyclingform	Verfahrensschritte	Anforderungen an den Werkstoff (Eigenschaften)
1. Wiederverwendung (erneute Benutzung für den gleichen Zweck)	**1.1 Demontage**	**1.1.1 Korrosionsbeständigkeit** **1.1.2 Festigkeit** (Lösen von Verbindungen)
	1.2 Reinigung	**1.2.1 chem. Beständigkeit** (Anwendbarkeit von Reinigungsmitteln)
	1.3 Zerstörungsfreie Prüfung (ggf. Sortierung)	**1.3.1 Schallwellenwiderstand** (Ultraschallprüfung) **1.3.2 elektrische Leitfähigkeit** (Wirbelstromprüfung) **1.3.3 Absorptionskoeffizient** (Röntgen-, Gammastrahlen)
	1.4 Aufarbeitung	**1.4.1 mech. Bearbeitbarkeit** (Drehen, Bohren, Fräsen) **1.4.2 Fügbarkeit** (Löten, Schweißen, Kleben)
	1.5. Remontage	**1.5.1 Festigkeit** (Verbindungen)
2. Weiterverwendung (weitere Nutzung für einen anderen Zweck)	**2.1 keine** **2.2 Veränderung der Produktgestalt**	**2.1.1 keine** **2.2.1 mech. Bearbeitbarkeit** (Drehen, Bohren, Fräsen) **2.2.2 Fügbarkeit** (Löten, Schweißen)
3. Wiederverwertung (wiederholter Einsatz von Altstoffen oder Produktionsrücklauf in einem gleichartigen Produktionsprozeß	**3.1 Einschmelzen** (sortenreine Legierungen)	**3.1.1 Energiebedarf** (Energieverhältnis Primär-/Sekundär-Al-Herstellung)
	3.2. Einschmelzen mit Schmelzebehandlung (sortenreine Legierungen mit geringen Verunreinigungen)	**3.2.1 Atomgewicht** (Sedimentation) **3.2.2 geringere Oxidationsneigung im Vergleich zu Begleitelementen** (Spülung mit Gasen) (selektive Oxidation)
	3.3 Separation von Al-Legierungen	**3.3.1 Atomarer Aufbau** (Atom-Emissions-Spektroskopie)
4. Weiterverwertung (Altstoffe oder Produktionsabfälle werden in einem noch nicht durchlaufenen Produktionsprozeß eingesetzt	**4.1 Separation** (gemischte Al-Schrotte bzw. gemischte Metallschrotte)	**4.1.1 Nicht-Magnetisierbarkeit** (Magnetscheider) **4.1.2 spezifisches Gewicht** (Schwimm-Sink-Scheider, Schwertrübe)
	4.2. Separation (gemischte Schrotte/Abfälle)	**4.2.1 Nicht-Magnetisierbarkeit** **4.2.2 spezifisches Gewicht** **4.2.3 elektrische Leitfähigkeit** (Wirbelstromseparation) (elektrostatische Separatoren) **4.2.4 Fluoreszenz-Strahlung** (Röntgen-Fluoreszenz-Analyse)

4.2.2.2 Recyclinggerechte Gestaltung

Über die Produkt- und Bauteilgestaltung ist eine direkte Einflußnahme auf die Lebensdauer des Produktes, die anfallenden Stoffmengen sowie auf die Recyclingformen, d.h. die unterschiedlichen Verwendungs- bzw. Verwertungsmöglichkeiten und damit auf die Werthierarchie des Recyclings gegeben. Beispielsweise kann durch werkstoffseitige Optimierung oder Änderungen in den Parametern eines Beanspruchungskollektivs eine Verlängerung des Lebenszyklus eines Produktes erreicht werden. Eine andere sinnvolle Möglichkeit zur Verlängerung der Produktlebensdauer ist die sogenannte Modulbauweise, die einen ökonomisch vertretbaren Wechsel funktionsuntüchtiger Teile gestattet. Auf diese Weise wird nicht nur der Zeitpunkt des Recyclings verschoben, sondern auch eine Umweltentlastung erreicht, denn selbst ein hochwertiges Recycling wird immer mit einer Dissipation von Energie verbunden sein.

R e c y c l i n g g e r e c h t e s K o n s t r u i e r e n bezieht sich somit auf den gesamten Produkt- und Materialkreislauf mit dem Ziel, das Produktionsabfall-Recycling, das Recycling beim Produktgebrauch und das Altstoff-Recycling zu erleichtern. Bei der Produktentwicklung müssen deshalb bereits Überlegungen für die eine oder andere Verwendungs- oder Verwertungsstrategie eine Rolle spielen. Wie Bild 4.8 zeigt, werden durch gezielte Berücksichtigung der recyclinggerechten Produktgestaltung Wege für eine Vermeidung bzw. Verringerung von Reststoffen und für ein qualitativ hochwertiges Recycling eröffnet. Dabei sollten die Gestaltungsregeln nach Bild 4.8 bei sämtlichen Produktentwicklungsschritten angewendet werden. Bezogen auf Aluminium könnte dies beispielsweise die Verwendung von Standardlegierungen und die Nutzung von endformnahen Herstellungsverfahren sein, bei denen möglichst wenige Produktionsabfälle anfallen (near-net-shape-processes; z.B. Thixo-Casting, Feingießen, Superplastische Formgebung; s. auch 4.4.1.1)

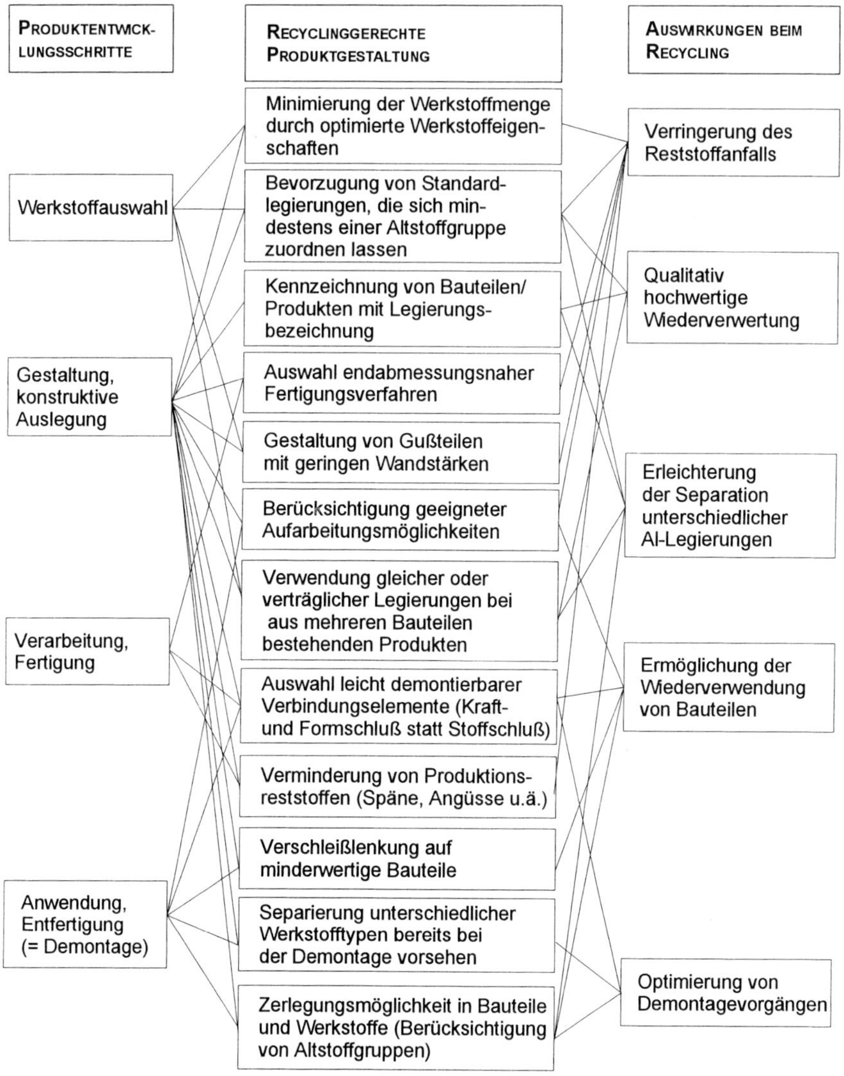

Produktentwicklungsschritte

Werkstoffauswahl

Gestaltung, konstruktive Auslegung

Verarbeitung, Fertigung

Anwendung, Entfertigung (= Demontage)

Recyclinggerechte Produktgestaltung

Minimierung der Werkstoffmenge durch optimierte Werkstoffeigenschaften

Bevorzugung von Standardlegierungen, die sich mindestens einer Altstoffgruppe zuordnen lassen

Kennzeichnung von Bauteilen/ Produkten mit Legierungsbezeichnung

Auswahl endabmessungsnaher Fertigungsverfahren

Gestaltung von Gußteilen mit geringen Wandstärken

Berücksichtigung geeigneter Aufarbeitungsmöglichkeiten

Verwendung gleicher oder verträglicher Legierungen bei aus mehreren Bauteilen bestehenden Produkten

Auswahl leicht demontierbarer Verbindungselemente (Kraft- und Formschluß statt Stoffschluß)

Verminderung von Produktionsreststoffen (Späne, Angüsse u.ä.)

Verschleißlenkung auf minderwertige Bauteile

Separierung unterschiedlicher Werkstofftypen bereits bei der Demontage vorsehen

Zerlegungsmöglichkeit in Bauteile und Werkstoffe (Berücksichtigung von Altstoffgruppen)

Auswirkungen beim Recycling

Verringerung des Reststoffanfalls

Qualitativ hochwertige Wiederverwertung

Erleichterung der Separation unterschiedlicher Al-Legierungen

Ermöglichung der Wiederverwendung von Bauteilen

Optimierung von Demontagevorgängen

Bild 4.8 Durch gezielte Berücksichtigung der Regeln der „Recyclinggerechten Produktgestaltung" bei allen Produktentwicklungsschritten lassen sich positive Auswirkungen auf spätere Recyclingmaßnahmen erreichen (Schemme)

Für den recyclingorientierten Produktionsablauf sind daher alle Arbeitsschritte von Bedeutung, in denen der Konstrukteur Festlegungen trifft, die das Herstellungsverfahren und damit den Anfall von Produktionsrestsstoffen, die Lebensdauer der

Bauteile, die einzusetzenden Fügeverfahren sowie die Werkstoffkombinationen beeinflussen. Der gesamte Produktkreislauf ist also in seiner Gesamtheit zu planen und bei der Produktgestaltung zu berücksichtigen. Wie Bild 4.9 zeigt, müssen daher dem Konstrukteur alle damit im Zusammenhang stehenden Informationen zugänglich gemacht werden, wie z.B. Angaben über den geplanten Recycling-Kreislauf, die einsetzbaren Aufarbeitungs- und Aufbereitungstechnologien, aber auch die wirtschaftliche Situation des Marktes (z.B. Wiederverkaufswert, Verschrottungskosten, Instandhaltungskosten, Rohstoffpreise). Aufgrund der strategischen Bedeutung des Produkt- und Materialrecyclings ist es Aufgabe des Managements, für die Beschaffung und Weiterleitung aller notwendigen Informationen an die operativen Einheiten zu sorgen.

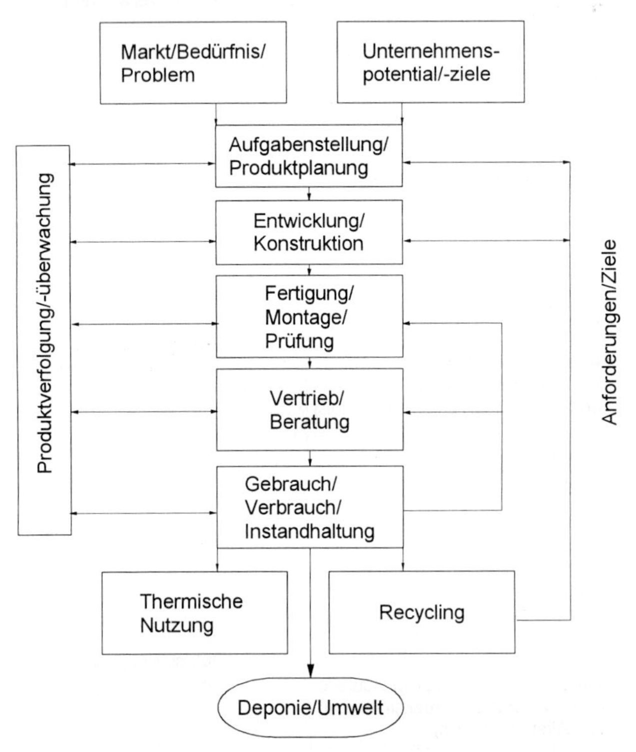

Bild 4.9 Produktkreislauf mit Produktentstehungs- und -lebensphasen einschließlich erforderlicher Informationswege (nach VDI-Richtlinie 2243)

4.2.2.3 Recyclingeigenschaften

Zusammenfassend ist unter Berücksichtigung der verschiedenen Recyclingstrategien sowie der Produktgestaltung eine Differenzierung der Recyclingeigenschaften in Wiederverwendungs-, Verwertungs- und Gestaltungseigenschaften möglich.

Die Wiederverwendungseigenschaften[1]) von Bauteilen aus Aluminiumwerkstoffen lassen sich durch ein Eigenschaftsprofil beschreiben, das sowohl die Lebensdauer eines Bauteils als auch die Bearbeitungs- und insbesondere die Entfertigungsmöglichkeiten bestimmt. Darin müssen Aspekte wie die mechanische Bearbeitbarkeit und die Anwendung von Reinigungsverfahren bzw. -medien ebenso enthalten sein, wie die Eignung des Werkstoffes für Verfahren der zerstörungsfreien Prüfung. Nur bei Verwendung fehlerfreier Bauteile können eine hohe Qualität und damit ein entsprechendes Wertniveau gewährleistet werden.

Anhand der Verwertungseigenschaften kann die Eignung von Werkstoffen für verschiedene Verwertungsprozesse beurteilt werden. Dabei sind zunächst die Eigenschaften des vorliegenden Werkstoffes zu betrachten, wie das Verhältnis der benötigten Energien für Primär- und Sekundärwerkstoffherstellung, die erreichbare Qualitätsstufe bei Sekundärwerkstoffen oder auch der Schrottwert. Darüber hinaus muß aber auch ein Vergleich mit den Eigenschaften anderer Werkstoffe erfolgen, da z.B. für die Anwendung von Separationsverfahren für Schrotte insbesondere die unterschiedlichen (physikalischen) Eigenschaften genutzt werden (Leitfähigkeit, Ferromagnetismus, Dichte usw.)

Die Gestaltungseigenschaften von Werkstoffen sind im Rahmen der recyclinggerechten Produktgestaltung maßgebend. Dazu zählen im wesentlichen besondere Fertigungseigenschaften wie die Eignung für endkonturnahe Fertigungsverfahren (near-net-shape-production, z.B. superplastische Verformung oder Gießen), bei denen bereits bei der Herstellung vermeidbare Produktionsrückstände verringert werden können. Weiterhin müssen Aspekte der Verwendung von Standardlegierungen berücksichtigt werden. Insbesondere Aluminiumlegierungen bieten untereinander eine gewisse Kompatibilität, die die Einteilung aller gängigen Legierungen in 16 Altstoffgruppen ermöglicht und damit eine wesentliche Voraussetzung für eine Verwertung auf hohem Qualitätsniveau darstellt.

Bewertung - Aluminium als Recyclingwerkstoff

Die bisher zusammengestellten Fakten und Definitionen zeigen bereits, daß Aluminiumwerkstoffe ein Eigenschaftsprofil aufweisen, das sich für die verschiedensten Recyclingtechniken innerhalb der einzelnen Strategien sehr gut einsetzen läßt. Daher ist es denkbar, daß sie vor dem Hintergrund der Energieeinsparung im Gebrauch (Leichtbau) und in Verbindung mit ökonomischen Vorteilen in Zukunft zu recyclingprädestinierten Ökowerkstoffen avancieren können, auch wenn der Primärenergieeinsatz zunächst sehr hoch ist. Dafür sind insbesondere folgende Faktoren maßgebend:

- Hohe Lebensdauer von Al-Produkten – insbesondere aufgrund der guten Korrosionsbeständigkeit und der günstigen mechanischen Eigenschaften (s. Aluminium-Taschenbuch 1), wodurch sich zusätzliche Nutzungszyklen z.B. im Rahmen der Austauscherzeugnisfertigung eröffnen.

- Eignung für endkonturnahe Fertigungsverfahren – Vermeidung von Produktionsreststoffen, wie z.B. Spänen (s. 4.4.1.1)

[1]) Infolge ihrer geringen Bedeutung für das Produktrecycling von Aluminium wird die Weiterverwendung bei der Differenzierung der Recyclingeigenschaften vernachlässigt.

- Hoher Materialwert von Al-Schrotten – als wirtschaftlicher Anreiz für hohe Recyclingquoten (s. 4.2.5.1)

- Einfache Separation der Al-Werkstoffe aus unterschiedlichen Schrotten – aufgrund der günstigen Kombination der physikalischen Eigenschaften bei Al-Werkstoffen im Vergleich zu anderen metallischen und nichtmetallischen Werkstoffen (s. 4.2.5.2).

- Geringer Energiebedarf bei der Sekundär-Al-Herstellung – dies gilt auch im Vergleich mit anderen Metallen, wenn das spezifische Gewicht zugrunde gelegt wird (s. 4.2.3).

- Gleichbleibende Qualität der Sekundärwerkstoffe – aufgrund der Anwendung ausgereifter Separations- und Raffinationstechniken kann sogar Primärlegierungsqualität erreicht werden (s. 4.3).

- Selbst neue Werkstoffe auf Al-Basis, wie z.B. Schäume, lassen sich leicht rezyklieren.

4.2.3 Energetische Aspekte

Auch beim Recycling ist ein Einsatz von Energie notwendig, der jedoch im Verhältnis zur Primärgewinnung deutlich niedriger ist (s. Tafel 4.2). Hinsichtlich der energetischen Beurteilung des Recyclings ist aber wieder eine Unterscheidung nach der jeweiligen Recyclingstrategie sinnvoll, da jeweils unterschiedliche Aspekte bestimmend sind.

Produktrecycling

Diese Recyclingform stellt vom energetischen Standpunkt her immer die günstigste Form des Recyclings dar, da hier der notwendige Energieeinsatz in der Regel am geringsten ist. Ein Energieeinsatz ist notwendig zur Demontage, Reinigung, Aufarbeitung usw. Dieser ist aber im Verhältnis zur Neuherstellung gering.

Materialrecycling

Das Aluminiumrecycling unter der Zielsetzung der Rückgewinnung des Metalls ist vom energetischen Standpunkt her als wesentlich günstiger im Vergleich zur Primärherstellung zu bewerten. Aluminium speichert ebenso wie andere Metalle die bei der Primärherstellung eingesetzte Energie (Energiebank Aluminium s. 4.1.3).
Theoretisch erfordert das Umschmelzen von Schrott zu Sekundäraluminium bezogen auf 1 kg Material 0,295 kWh bzw. 1,06 MJ. Dieser Wert ergibt sich als Summe bei Zugrundelegung von 0,19 kWh für das Erhitzen von 1 kg Aluminium auf die Schmelztemperatur (660 °C), von 0,1 kWh für das eigentliche Schmelzen und 0,005 kWh für das weitere Erhitzen auf Gießtemperatur. Unter Berücksichtigung der Wirkungsgrade von Schmelzöfen von 30 % bis 45% liegt dann der theoretische Energiebedarf für das Umschmelzen zwischen 2,4 bis 3,5 MJ je kg Aluminium (beispielsweise können Kontaminationen des Schrottes je nach Ofentyp energieliefernd wirken, s. 4.3.2) Derzeit werden für den reinen Schmelzprozeß (ohne Berücksichtigung von Aufarbeitung, Anlagen für den Umweltschutz – Emissionen – u. ä.) des Sekundäraluminiums ca. 650 - 700 kWh/t Energie eingesetzt.
Im Vergleich zur Primäraluminiumherstellung ergibt sich dann unter gewissen Voraussetzungen eine bis zu 95%ige Energieersparnis. Zu berücksichtigen ist bei

derartigen Vergleichen, daß der Energiebedarf der Primärerzeugung von der Art der eingesetzten Energieressourcen abhängt. Kohle, Öl, Nuklear- und Wasserenergie unterscheiden sich in ihren Wirkungsgraden, was einen direkten Einfluß auf die Höhe des jeweiligen Primärenergiebedarfs hat (s. auch Aluminium-Taschenbuch 1, Kap. 1.2.1.4).

Bild 4.10 stellt den Energieeinsatz für Karosseriebleche aus Aluminium und Stahl in Abhängigkeit von der Recyclingrate dar. Bereits bei 60% Aluminium-Recyclingrate liegt der Energieeinsatz zur Herstellung von Aluminium-Karosserieblechen niedriger als beim Stahl. Einen entscheidenden Vorteil gewinnt Aluminium in der Automobilbranche bei Recyclingraten von über 90%, die in ca. 25 Jahren zu erwarten sind (s. 4.4.3.3).

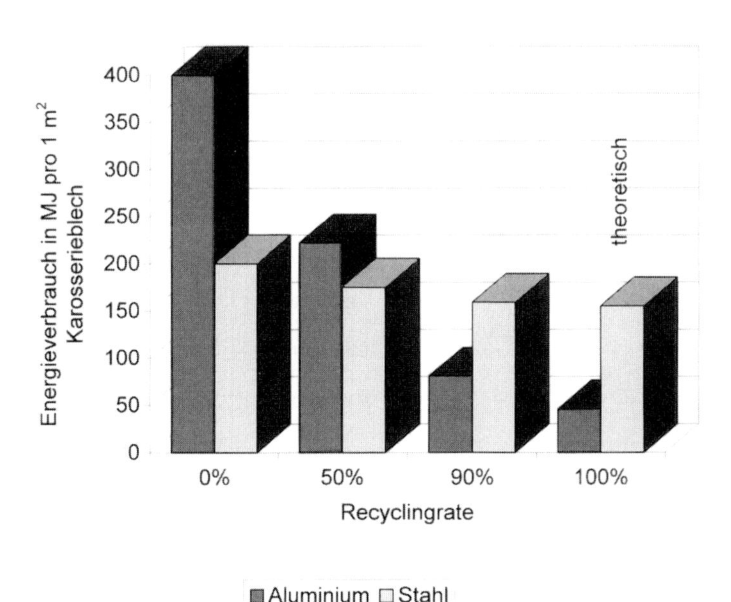

Bild 4.10 Gegenüberstellung des Gesamtenergieverbrauches bei der Herstellung von Aluminium- und Stahlblechen (van den Haak)

Thermische Verwertung

Sofern ein Materialrecycling aus technischen oder ökonomischen Gründen nicht möglich bzw. sinnvoll ist, können Aluminiumfraktionen der thermischen Verwertung zugeführt werden. Beispielsweise betrifft dies den im Hausmüll enthaltenen Aluminiumanteil (z.B. Folien und Verbundfolien). Der Aluminiumanteil beträgt derzeit etwa 0,4% bei einem jährlichen Müllaufkommen von 250 Mio. t Feststoffabfällen mit 25 Mio. t Hausmüll, davon 8 Mio. t Verpackung. Ein Drittel des Hausmülls wird thermisch verwertet, der Rest wird deponiert. (Quelle: Aluminium-Zentrale e.V., 1988)

Der volkswirtschaftliche und ökologische Sinn einer thermischen Verwertung liegt grundsätzlich in der Einsparung von Rohstoffen zur Energieerzeugung. Der Heizwert von Aluminium beträgt 31 MJ/kg (zum Vergleich: Heizöl - 40 - 42 MJ/kg ; Polyolefine (PE, PP) - 42 MJ/kg; Hausmüll - 8,5 MJ/kg).

Daher können auch eventuelle Aluminiumanhaftungen an Stahlschrott bei der Stahlerzeugung energieliefernd wirken. Beispiele für derartige Einsatzstoffe sind Verbundteile aus Automobilen, bei denen eine Trennung zu aufwendig wäre.

4.2.4 Materialströme des Aluminiums

Die Materialströme des Aluminium stellen sich als ein stark vernetzter Prozeß dar. Zu betrachten sind hier der Einsatz von Aluminium als Primär- und Sekundärmetall und der Rücklauf des Materials in Form von Neu- und Altschrotten. Die Komplexität des Prozesses wird durch den internationalen Handel noch verstärkt. Bei Vernachlässigung von Im- und Exporten ergibt sich durch schematische Darstellung der Materialströme der im Bild 4.11 dargestellte Zusammenhang.

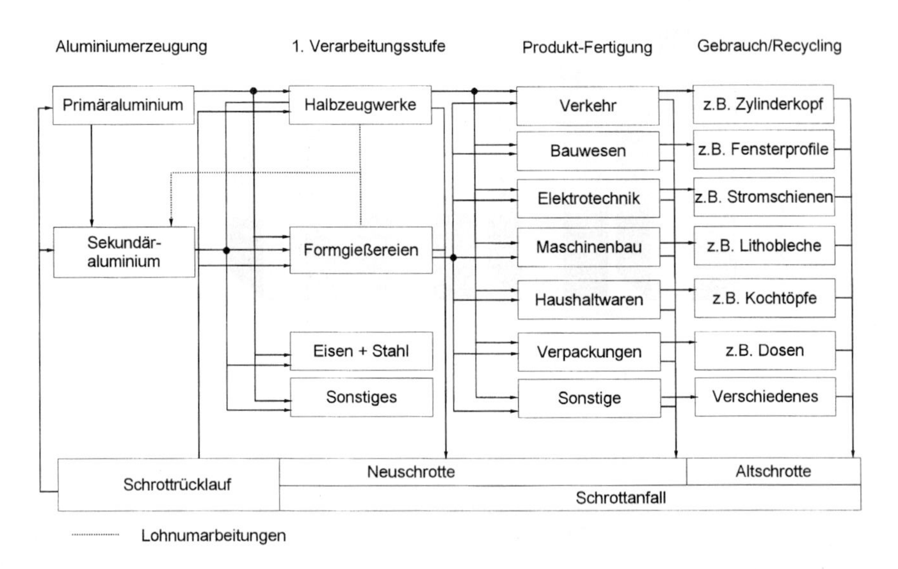

Bild 4.11 Der Kreislauf von Aluminium (Rink)

In der Darstellung verwendete Begriffe werden wie folgt definiert:

Primär- bzw. Hüttenaluminium ist das nach dem Verfahren der Schmelzflußelektrolyse hergestellte Aluminium. Hierfür wird, wie im Aluminium-Taschenbuch Band 1 (Kap. 1.2) dargestellt, der Rohstoff Bauxit eingesetzt, der in dieser Form zum ersten Mal in das Wirtschaftssystem eintritt. Aus Primär- und Hüttenaluminium werden überwiegend Knetlegierungen hergestellt, aber auch Gußlegierungen mit besonderen Anforderungen bezüglich der Reinheit.

Sekundäraluminium[1]) ist im Gegensatz dazu das durch Einschmelzen von sekundären Rohstoffen erzeugte Aluminium. Diese sekundären Rohstoffe sind Aluminiumschrotte (s. Kap. 4.2.5), die das Wirtschaftssystem oder zumindest die Produktionsstufe bereits ein- oder mehrmals durchlaufen haben. Sekundäraluminium wird in Abhängigkeit vom Verunreinigungsgrad in der Regel zu Gußlegierungen verarbeitet oder für Desoxidationsprozesse eingesetzt. Bei Rücklauf sortenreiner Schrotte bzw. vollständiger Separierung können aber auch Knetlegierungen hergestellt werden.

Neuschrotte sind Bearbeitungsreststoffe, die bei fast jedem Fabrikationsschritt anfallen. Beispiele der ersten Verarbeitungsstufe sind beim Gießen anfallende Krätzen sowie Schrotte, die beim Besäumen von Walzbändern oder dem Putzen von Gußstücken entstehen. Bei der eigentlichen Produktfertigung entstehen beispielsweise Späne beim Fräsen, Bohren oder Drehen, Blechschrotte beim Stanzen oder Schneiden.

Altschrotte setzen sich demgegenüber aus allen möglichen gebrauchten oder ausgedienten Aluminiumprodukten zusammen (Rücklauf). Je nach Anfallstelle, Art und Beschaffenheit der Schrotte werden diese entweder wieder im Materialkreislauf des Unternehmens eingesetzt, gelangen in die Aufbereitung und werden im Auftrag umgeschmolzen, oder sie kommen in den Schrotthandel.

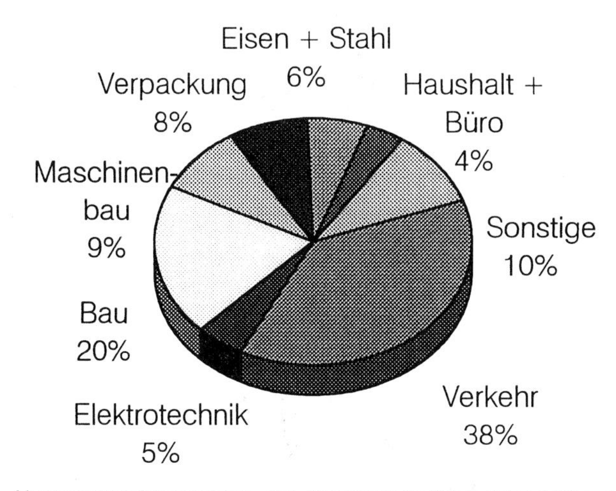

Bild 4.12 Hauptanwendungsgebiete des Aluminium in Deutschland (Stand 1997, ALZ)

Eine umfassende zahlenmäßige Auflistung der Materialströme ist bei der gegebenen Komplexität des Aluminiumkreislaufes schwierig. Aluminium wird, wie

[1]) zum Begriff "Sekundäraluminium" s. auch Fußnote [1]) unter 4.2.1

Bild 4.12 zeigt, in den verschiedensten Bereichen eingesetzt, wobei vielfältigste Produkte hergestellt werden (Beispiele s. Bild 4.11). Der weitaus größte Teil von ca. 75% entfällt auf die niedrig legierten Knetlegierungen, der Rest auf Gußlegierungen mit höheren Anteilen von Silicium und Kupfer. In Bereichen wie der Stahlindustrie wird Aluminium darüber hinaus auch als Legierungselement eingesetzt, z.B. für schweißbare Feinkornbaustähle.

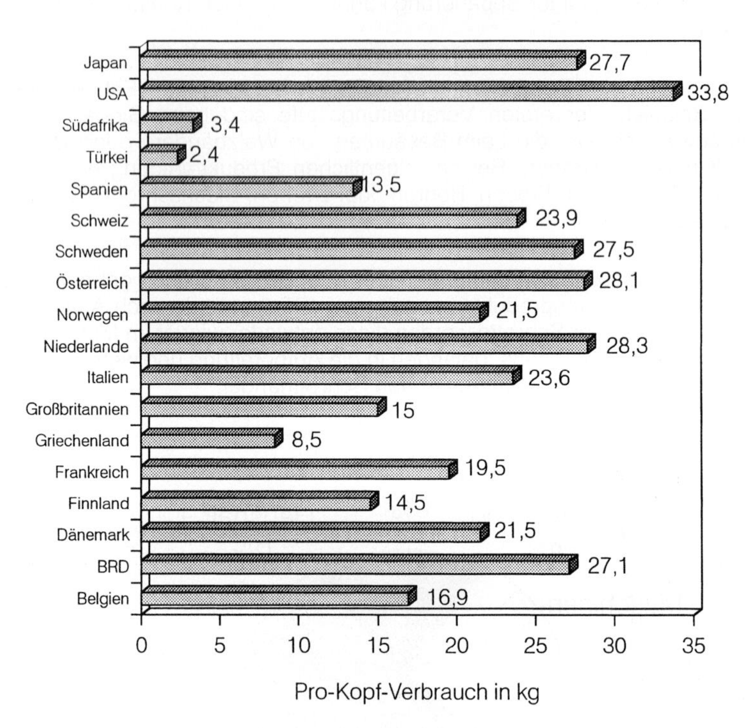

Bild 4.13 Pro-Kopf-Verbrauch von Aluminium für das Jahr 1998 (Aluminum Association, Hinweis: Daten von Griechenland von 1997)

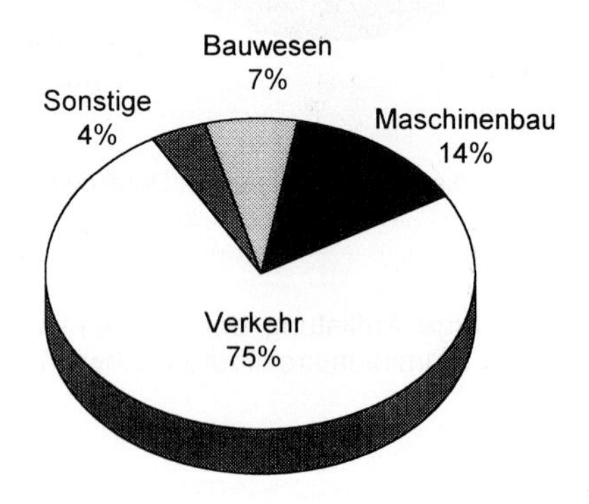

Bild 4.14 Absatz von Sekundäraluminium in Europa (gerundet, Stand 1994, EAA)

Ursache des breiten Aluminiumeinsatzes sind die hervorragenden Materialeigenschaften, die die Grundlage für die günstige Kombination der Gebrauchs- und Fertigungseigenschaften bilden. Demgemäß hoch ist der Verbrauch von Aluminium, wie Bild 4.13 am Beispiel des Pro-Kopf-Verbrauches von Aluminium ausgewählter Staaten zeigt. Bild 4.14 gibt einen Überblick über die Anwendungsfelder von Sekundäraluminium in Europa.

Die Diagramme belegen es eindrucksvoll: Das Haupteinsatzfeld von Aluminium ist im allgemeinen der Verkehrssektor, mit Abstand gefolgt vom Bauwesen. Damit ist der Verkehrsbereich auch zugleich der wichtigste Lieferant von Altschrott (s. Bild 4.15) und wird es auch in Zukunft bleiben. Wie Bild 4.15 darüber hinaus zeigt, ergeben sich aber auch in den Bereichen Bau und Elektrotechnik/Maschinenbau hohe Recyclingraten. Die Recyclingrate von industriellen Prozeßschrotten liegt sogar bei etwa 100%, was nicht überraschend ist, da hier eine sortenreine Erfassung relativ einfach möglich ist. Derartige Neuschrotte machen 65% des Einsatzmateriales aus und stehen dem Produktionsprozeß relativ kurzfristig wieder zur Verfügung. Der Rücklauf von Altschrotten wird demgegenüber durch den Verwendungszweck bestimmt: Der Umlauf von Aluminiumverpackungen kann nach Wochen oder Monaten gemessen werden. Ist aber Langlebigkeit gefordert, wie bei Produkten aus den Bereichen Bau und Verkehr, hat sich die Funktionalität der Bauteile mitunter erst nach Jahrzehnten erschöpft. Der Rücklauf erfolgt dann entsprechend später.

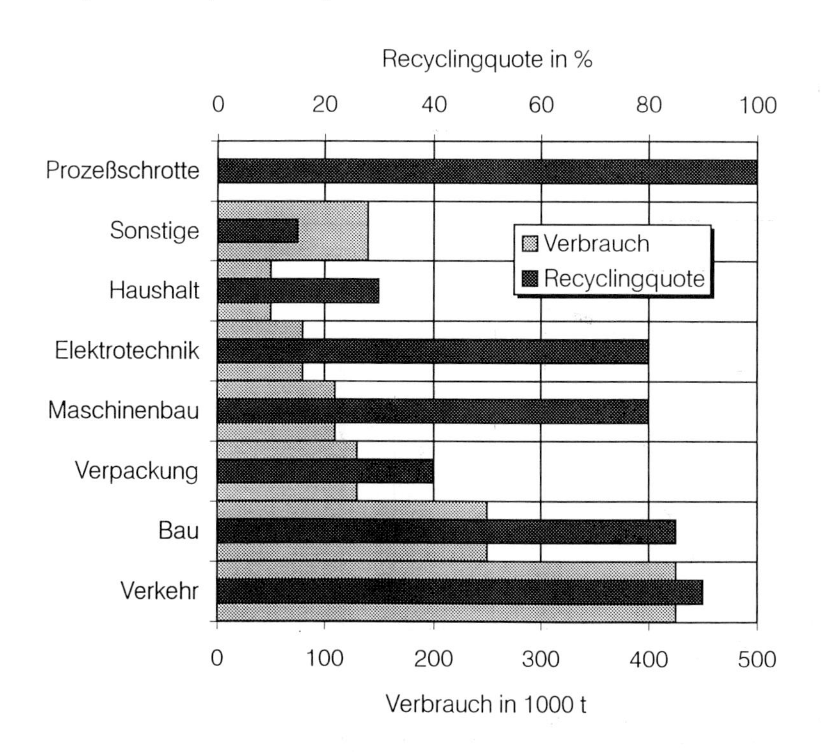

Bild 4.15 Recycling-Raten und Al-Verbrauch für einzelne Anwendungsbereiche (1996, World Bureau of Metal Statistics)

Tafel 4.4 Produktion und Verbrauch von Aluminium in Europa (Angaben in Millionen Tonnen, World Bureau of Metal Statistics)

	Produktion von Primäraluminium	Verbrauch von Primäraluminium	Produktion von Sekundäraluminium
1991	3,832	4,769	1,600
1992	3,350	4,765	1,710
1993	3,268	4,517	1,648
1994	3,140	5,161	1,732
1995	3,222	5,326	1,875
1996	3,308	5,008	1,873
1997	3,453	5,600	1,948
1998	3,696	5,688	2,025

o.A. - ohne Angabe bei Drucklegung

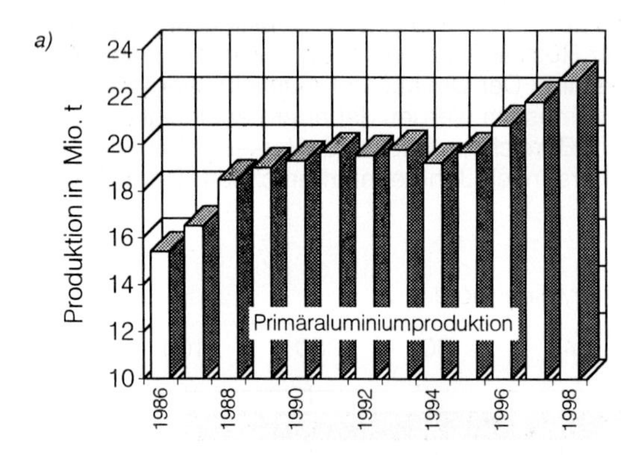

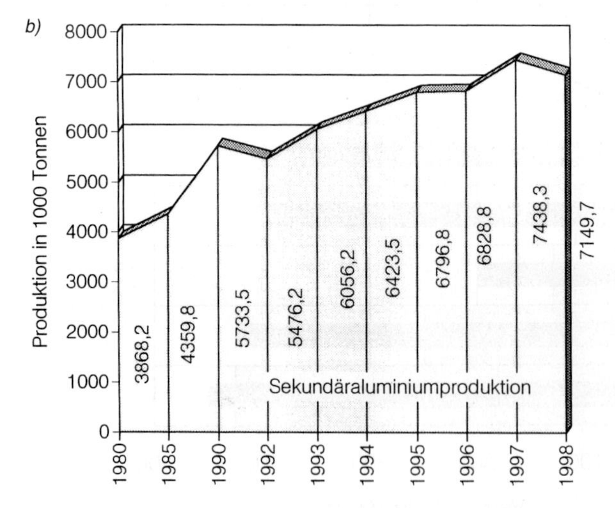

Bild 4.16 Aluminiumproduktion weltweit
(nach World Bureau of Metal Statistics, IPAI, OEA)
a) Primäraluminium (Hinweis: 1998 vorläufige Daten IPAI)
b) Sekundäraluminium

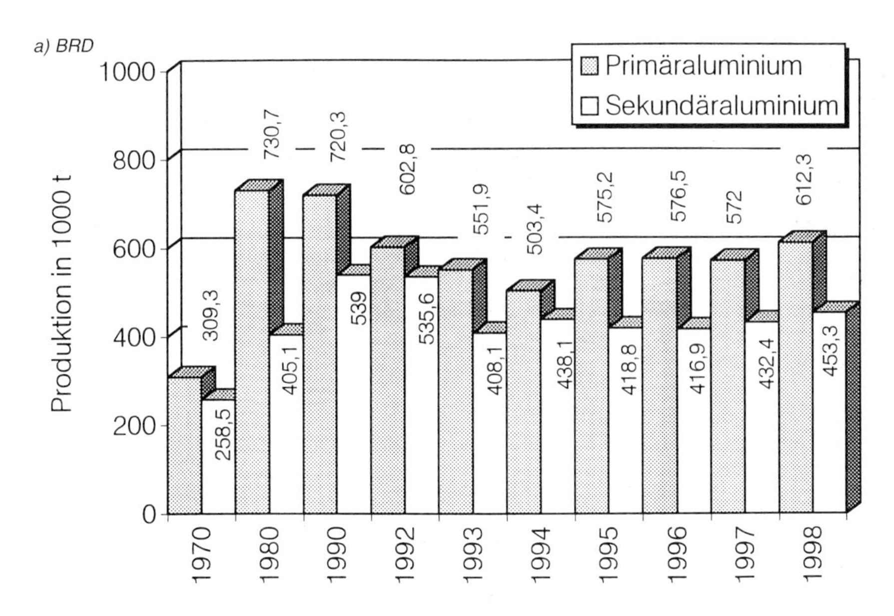

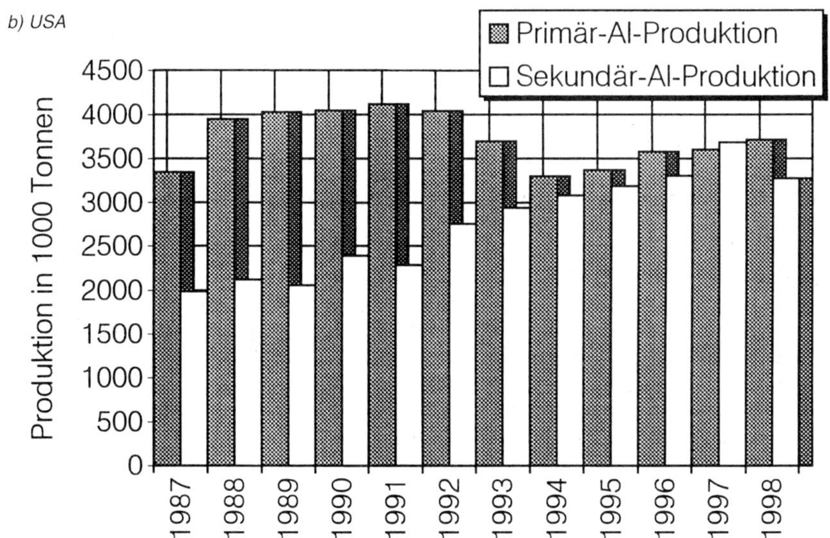

Bild 4.17 Aluminiumproduktion ausgewählter Staaten, primär und sekundär (Quellen: WVM, AA, World Bureau of Metal Statistics)
a) Bundesrepublik Deutschland
b) USA

In Tafel 4.4 sind die wichtigsten Produktions- und Verbrauchszahlen für Europa aufgelistet. Die Bilder 4.16a und b sowie 4.17a und b enthalten Produktionszahlen von Primär- und Sekundäraluminium für verschiedene Bereiche und Staaten (Hinweis: Der Bereich der westlichen Welt umfaßt Europa - ohne frühere Ostblockländer, Asien, Afrika, Amerika, Ozeanien, d.h. insgesamt 33 produzierende und über 60 verbrauchende Länder). Die Daten und Darstellungen zeigen, daß der Sekundäranteil – gemessen an der jeweiligen Gesamtproduktion – im Laufe der Jahre stetig erhöht wurde. 1980 lag er für die westliche Welt bei 23,3% (Gesamtproduktion 16,635 Millionen Tonnen), 1985 bei 26,1% (Gesamtproduktion 16,668 Millionen Tonnen) und 1990 bei 28,2% (Gesamtproduktion 20,312 Millionen Tonnen). 1997 betrug der Sekundäranteil der gesamten Weltproduktion bei einer Gesamtproduktion von 26863,9 Millionen Tonnen bereits 27,4%. In den USA lag 1997, wie in Bild 4.17b ersichtlich, die Sekundärproduktion schon leicht über der primären Produktion. In der BRD liegt der sekundäre Anteil an der Gesamtproduktion bei 42,5% (1998).

Damit kommt dem Recycling zur Deckung des Aluminiumbedarfs eine entscheidende Bedeutung zu, insbesondere in rohstoffarmen Ländern wie Deutschland. Aluminiumschrotte können daher als eine nationale Rohstoffquelle aufgefaßt werden. Die primären und sekundären Rohstoffquellen stehen zumindest in wirtschaftlicher Sicht gleichwertig nebeneinander und ergänzen sich. Dies heißt aber nicht, daß die in der Natur vorkommenden Rohstoffquellen durch Aluminiumschrott ersetzt werden können. Dafür ist die Bedarfslücke zwischen dem Aluminiumverbrauch und dem Schrottaufkommen zu hoch. Die Gewinnung von Primäraluminium kann aber durch die Erfassung und Verwertung von Schrott auf das notwendige Maß beschränkt werden. Beispielsweise wurden in Deutschland 1998 rund 1.065.000 t Rohaluminium produziert (Angaben der Aluminium-Zentrale). Davon waren 453.300 t Sekundäraluminium, was 42,6% der Gesamtproduktion entspricht. Rund 236.688 t Aluminium wurden exportiert und 1.471.937 t eingeführt, da Deutschland den Bedarf nicht aus eigener Produktion decken kann.
In den USA werden derzeit Primär- und Sekundäraluminium zu fast gleichen Anteilen produziert.

In der Vergangenheit verzeichnete der Aluminiumverbrauch spektakuläre Zuwachsraten (s. Tafel 4.5). Für die nächsten Jahre wird ein weiter steigender Aluminiumverbrauch prognostiziert, insbesondere durch die Erschließung neuer Anwendungsfelder im Automobilbereich (Karosserie, Fahrwerk, Motor, s. 4.4.3.3). Der Produktion von Sekundäraluminium wird hier eine steigende Bedeutung zukommen, da durch diese Entwicklung in den nächsten Jahren ein verstärkter Rücklauf von langlebigen Aluminiumprodukten aus dem Bau- und Verkehrssektor zu erwarten ist.

Tafel 4.5 Aluminiumverbrauch in der Welt (Angaben nach EAA und World Bureau of Aluminium Statistics)

Jahr	Weltverbrauch in Tonnen	Hinweis
1950	1.339.300	Angaben nur für westliche Welt
1960	4.057.100	(Europa – ohne frühere Ostblockländer,
1970	10.116.500	Asien, Afrika, Amerika, Ozeanien)
1980	15.580.200	
1990	20.904.500	Angaben für die gesamte Welt
1992	18.529.500	
1994	19.679.700	
1996	20.704.400	
1997	21.752.600	
1998	21.750.300	

4.2.5 Aluminium-Schrotte

Aluminium-Schrotte haben einen hohen Materialwert, der als wirtschaftlicher Anreiz den Garant für hohe Recyclingquoten darstellt. Aluminium ist damit positiv als Sekundärrohstoff zu bewerten.

4.2.5.1 Schrottkreisläufe – Stoffströme

Der unter 4.2.4 dargestellte Anstieg des Sekundäranteils an der Gesamtaluminiumproduktion zeigt, daß der Vorstoffmarkt einer erheblichen Dynamik unterliegt. Ursache hierfür ist das stetig steigende Schrottaufkommen, wobei die Entwicklung des Aufkommens zum Teil unterschiedlichen Einflüssen unterliegt. Mit dem wachsenden Schrottaufkommen wurde eine Erfassungs- und Verwertungsstruktur aufgebaut, die in den westeuropäischen Ländern in ihren Grundzügen weitestgehend identisch ist. Die dominierende Rolle bei der Schrotterfassung spielt der Metallhandel, der Altschrott zu leistungsfähigen Partien zusammenträgt. Vielfach bereitet bereits der Handel Schrotte mechanisch auf (s. 4.2.5.2), so daß diese ohne weitere Aufbereitungsschritte in den Metallhütten eingesetzt werden können. Schmelzhütten versorgen sich z.T aber auch selbst, indem sie dort, wo Schrotte anfallen, als Käufer auftreten.

Schrottkreisläufe

Rücklaufmaterial fällt entsprechend Bild 4.11 in Form von Neu- und Altschrotten an. Durch die Rückführung der Schrotte (= Wieder- bzw. Weiterverwerwertung) entsteht der dargestellte Aluminiumkreislauf. Dieser Kreislauf wiederum ist in verschieden große Schrottkreisläufe von hoher Effizienz unterteilt. Als Beispiel für die Versorgungstruktur sollen die Zahlen in Tafel 4.6 dienen. Die verfügbaren amtlichen Statistiken geben aber keine vollständige Auskunft über das Schrottaufkommen, das tatsächlich höher ist. Beispielsweise treten sog. Kreislaufschrotte aus der Produktion in keiner Statistik auf, da sie - sofern sie sauber und sortenrein sind - sofort an Ort und Stelle (z.B. in der Gießerei) wieder eingeschmolzen und zum gleichen Ausgangsmaterial verarbeitet werden.

Tafel 4.6 Schrotteingänge (Metallinhalt - Aluminium) in Tonnen, 1992 (Quelle: VDS)

Material	Handel	Entfallstelle	EU	Drittländer
Neue Schrotte	32.515	4.430	6.723	5.550
Späne	31.739	21.932	9.041	2.052
Altschrott	86.336	15.447	18.432	6.319
Krätze	17.066	18.856	9.291	4.454
Schrottblöcke	3.145	1.141	1.526	.334
Summe	170.801	61.808	45.013	19.609

Bei der Betrachtung der Schrottkreisläufe sind gleichzeitig Importe und Exporte von Schrotten (Neu- und Altschrotte) sowie Sekundäraluminium zu beachten. Bild 4.18 gibt eine Übersicht über die Mengen, die in den Jahren 1986 bis 1996 in der Bundesrepublik Deutschland umgesetzt wurde. Aus Bild 4.19 geht hervor, welche Haupthandelspartner hierbei eine Rolle spielen. Interessant ist der in allen Kurven im Jahr 1993 zu beobachtende Einbruch, der sich durch den in diesem Jahr sehr niedrigen Aluminiumpreis erklärt (Ursache: Zusammenbruch der Sowjetunion sowie Öffnung der osteuropäischen Märkte). Wie Bild 4.19 verdeutlicht, sind die wichtigsten deutschen Handelspartner Großbritannien, die Niederlande, Frankreich und Belgien/Luxemburg. Hinzu kommen seit 1993 mit steigender Tendenz Handelspartner in Osteuropa (insbesondere Polen, Tschechische Republik).

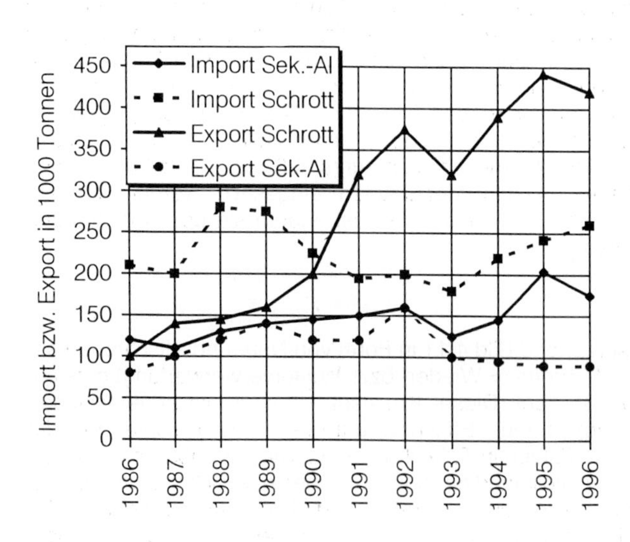

Bild 4.18 Import und Export von Sekundäraluminium und Schrotten in der Bundesrepublik Deutschland (Metallstatistik, Word Bureau of Metal Statistics)

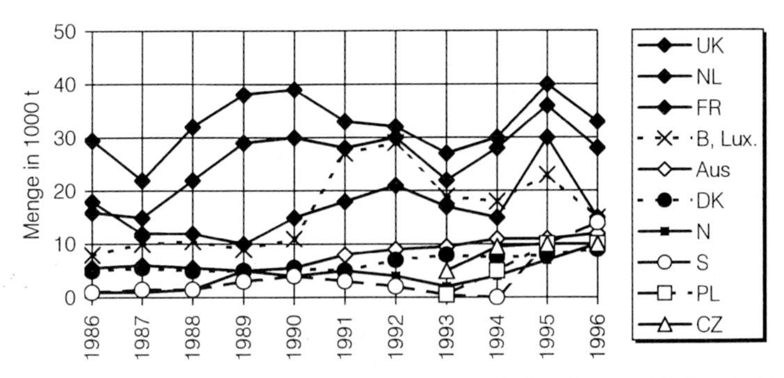

Bild 4.19 Einfuhr von Sekundäraluminium in die Bundesrepublik Deutschland (Metallstatistik, Word Bureau of Metal Statistics)

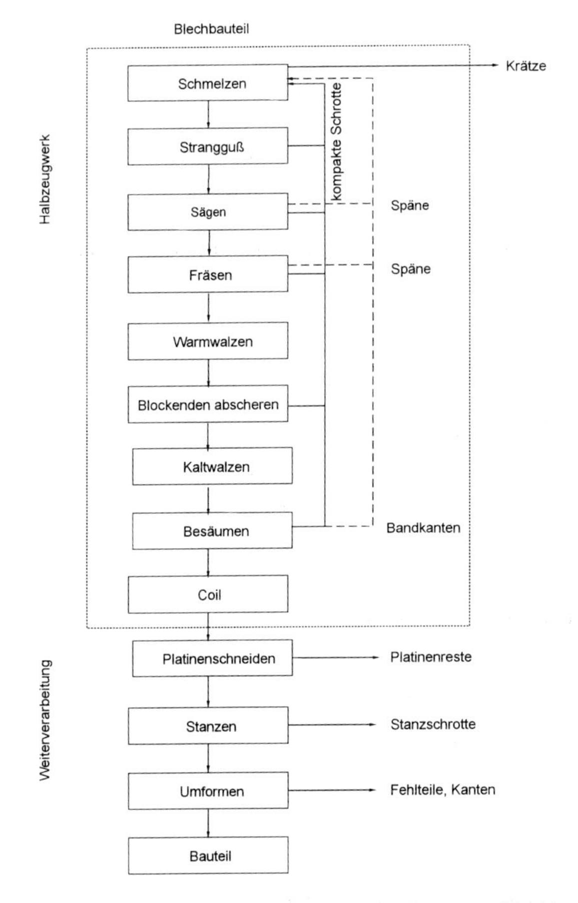

Bild 4.20a Neuschrottanfall bei der Herstellung von Blechbauteilen (nach Rink)
- - - Späne
____ kompakte Schrotte

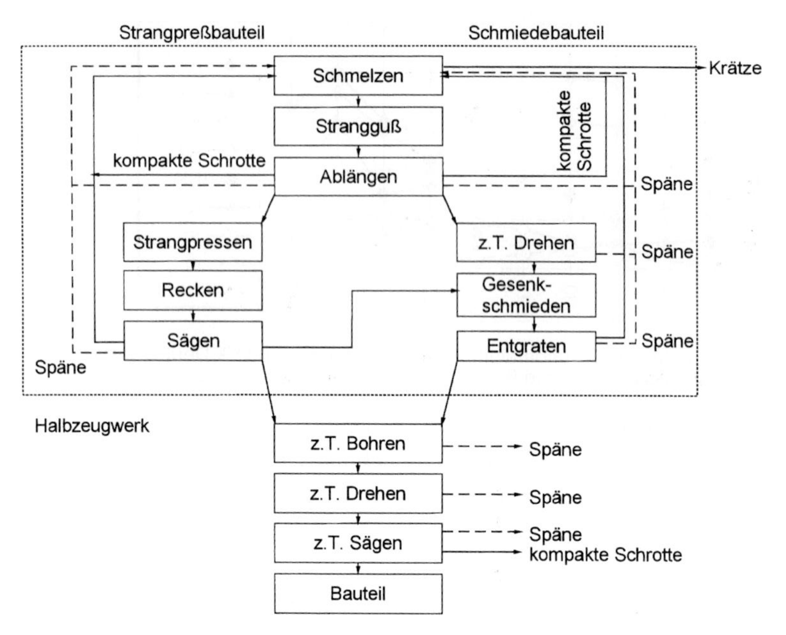

Bild 4.20b Neuschrottanfall bei der Herstellung von Strangpreß- und Schmiedebauteilen (nach Rink)
- - - - Späne
____ kompakte Schrotte

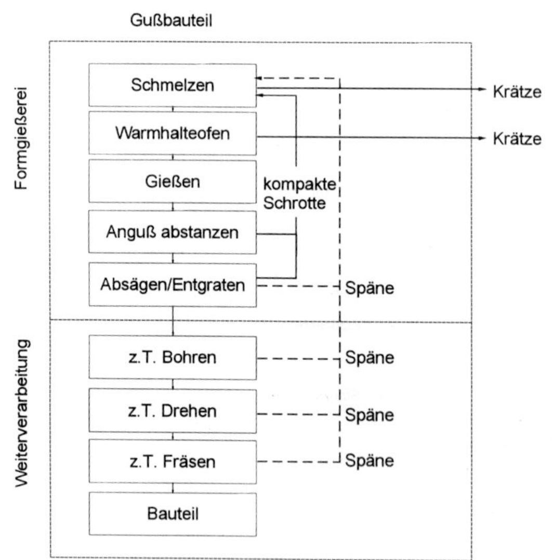

Bild 4.20c Neuschrottanfall bei der Herstellung von Formguß (nach Rink)
- - - - Späne
____ kompakte Schrotte

Für eine genauere Analyse der Schrottkreisläufe ist eine getrennte Betrachtung von Neu- und Altschrotten erforderlich.

Neuschrotte

entstehen bei der Aluminiumverarbeitung und Produktfertigung. Beispiele für Neuschrottquellen zeigen die Bilder 4.20a - c. Ersichtlich ist, daß die Schrotte in der Regel direkt nach der Entstehung erfaßt werden. Wenn möglich (d.h. bei kompakten, unbeschichteten, öl- und fettfreien Schrotten, s. unten), werden die Stoffe als direkte Kreislaufschrotte sofort wieder dem eigenen Schmelzbetrieb zugeführt. So schmelzen z.B. Preßwerke schon immer anfallende Profilenden wieder ein und stellen daraus neue Preßbolzen her. Selbst Spanmaterial kann als Neuschrott wieder direkt in der Gießerei eingesetzt werden, wenn beispielsweise Bio-Alkohol als Schneidmittel anstelle der konventionellen Schneidöle benutzt wird. Hierbei ist lediglich eine Aufbereitung in Form einer Trennung von Spänen und Alkohol bzw. Anhaftungen durch Einsatz eines Zyklons erforderlich.
Ein erheblicher Teil der Neuschrotte wird auch von den Schmelzhütten als V e r s c h n i t t m a t e r i a l eingesetzt. Hierbei handelt es sich um Material, das aufgrund störender Anhaftungen nicht zur Produktion von Walzbarren oder Preßbolzen geeignet ist. In diesem Eigensystem der Firmen besteht also der kleinste Schrottkreislauf des Aluminium-Recyclings.
Alle öligen, beschichteten und lackierten Schrotte (z.B. emulsionsbehaftete Späne) werden ohne lange Lagerzeiten an die Remelter und Schmelzhütten zur Lohnaufbereitung geleitet.

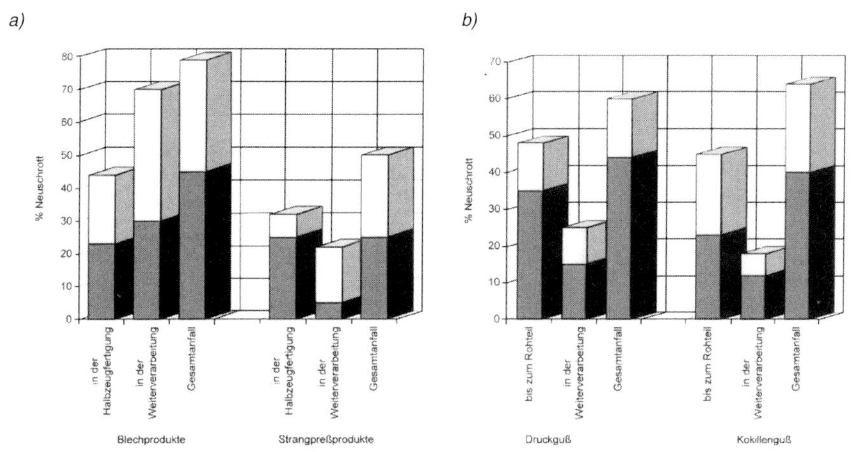

Bild 4.21 Anfall von Neuschrott (Angaben von ... bis ...; nach Rink)
a) von Blech- und Strangpreßprodukten
b) von Gußbauteilen

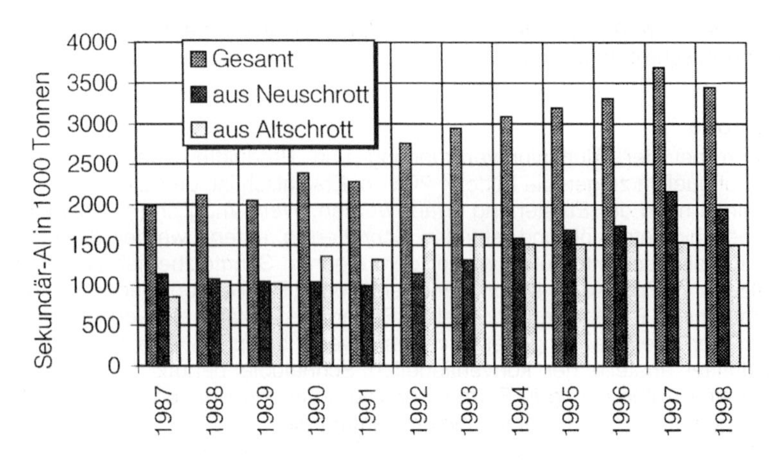

Bild 4.22 Anteile von Neu- und Altschrott an der Sekundäraluminiumproduktion der USA (Aluminum Association)

Das Aufkommen an Neuschrott ist bisher kontinuierlich gestiegen. Ursache ist der zwischen dem Neuschrottaufkommen und Aluminiumverbrauch bestehende unmittelbare Zusammenhang, d.h. je mehr Aluminium verbraucht wird, desto mehr Verarbeitungsschrotte fallen an. Dennoch ist man bestrebt, aus wirtschaftlichen Gründen den Schrottanfall so gering wie nur möglich zu halten. Über die tatsächlichen Schrottmengen gibt es bisher für die meisten Länder keine verläßlichen Daten (1999). Eine grobe Abschätzung ist aber ausgehend von den mengenmäßig wichtigsten Halbzeugen und Gußbauteilen möglich (Bilder 4.21 a und b, Angabe der von-bis-Grenzen). Angaben für die jeweiligen Schrottanteile in der Sekundäraluminiumproduktion der USA enthält Bild 4.22. Deutlich wird, daß der Neuschrottanteil deutlich steigt.

Da mit einem Anstieg des Aluminiumverbrauchs zu rechnen ist, ist auch ein Anstieg des Neuschrottaufkommens zu erwarten. Quantifizieren läßt sich diese Prognose aber nicht, da hier unbekannte Größen, wie z.B. ein größerer Einsatz von Aluminium im Automobil nicht vohersagbar sind. Sollte ein solcher Einsatz in Größenordnungen erfolgen, ist mit einem sprunghaften Anstieg des Neuschrottaufkommens zu rechnen (s. 4.4.3.3).

Altschrotte

entstehen i.a. nach dem Ende der Nutzungszeit von Konsumgütern. Das heißt, der Schrottanfall ist um die Lebensdauer der Produkte zur Produktion verschoben. Beispielsweise dauert der Rücklauf von V e r p a c k u n g e n nur eine kurze Zeit. Hier beträgt, optimale Erfassungswege vorausgesetzt, der Umlauf des Aluminiums oft nur wenige Wochen oder Monate.

Für das A u t o m o b i l wird demgegenüber eine durchschnittliche Lebensdauer von elf Jahren angenommen. Demzufolge gelangen statistisch gegenwärtig die 1987 eingebauten aluminiumhaltigen Automobilteile in den Kreislauf zurück.

Im B a u b e r e i c h wird sogar von einer durchschnittlichen Lebensdauer der Aluminiumteile von 30 Jahren ausgegangen. Dementsprechend lange dauert der Rücklauf dieser Teile.

Altschrotte

Das Altschrottaufkommen ist wie bei Neuschrott bisher kontinuierlich angestiegen (z.B. USA in Bild 4.22). Im Gegensatz zu diesem läßt sich aber bei Altschrott für die nächste Zeit genauer abschätzen, wieviel Altschrott aus den einzelnen Anwendungsbereichen erfaßt und damit für die weitere Verwertung bereitstehen wird (Bild 4.23).

Auch für das Altschrottaufkommen läßt sich infolge des gestiegenen Aluminiumverbrauchs ein deutlicher Anstieg für die nächsten Jahre prognostizieren (Bild 4.24). Zu beachten ist aber daß es hier zu Schrottversorgungsengpässen kommen kann, wenn in der Vergangenheit Rezessionsjahre dazu geführt haben, daß weniger Aluminium verbraucht wurde. Diese Mengen fehlen dann entsprechend im Rücklauf (Beispiel: Der von 1980 bis 1984 deutliche Rückgang der Pkw-Zulassungen zeigte sich entsprechend 11 Jahre später mit einem Mangel an Shredderschrotten).

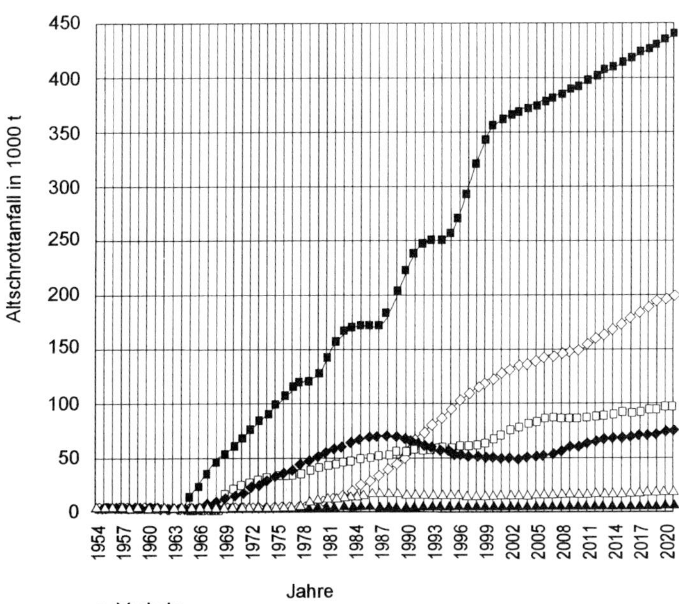

Bild 4.23 Altschrottanfall in den verschiedenen Bereichen (Geschätzte Aluminiumverbrauchssteigerung nach 1991: 1% p.a., Bauteillebensdauern normalverteilt, (Fachverband Aluminium-Halbzeug)

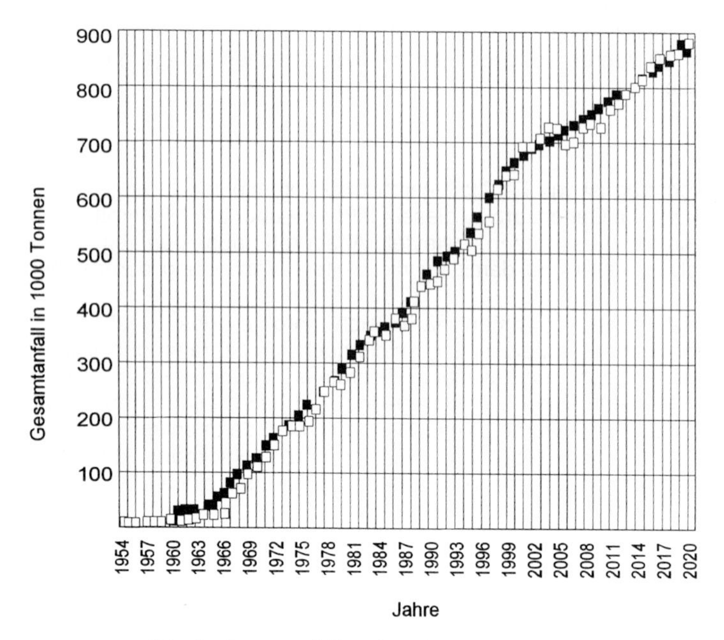

Bild 4.24 Gesamtanfall von Altschrotten (Geschätzte Aluminiumverbrauchssteigerung nach 1991: 1% p.a., Fachverband Aluminium-Halbzeug)

Welche anderen Kreisläufe bestehen nun neben den Eigensystemen der einzelnen Branchen (Bilder 4.18 bis 4.20), d.h. wo werden welche Schrotte wieder eingesetzt?

Zu betrachten sind dabei die Altschrotte und die aus dem Eigensystem der Firmen herausfallenden Schrotte. Die letztgenannte Menge dieser Schrotte ist abhängig von den jeweiligen Verarbeitungsschritten.
Die Schrotte werden in verschiedenen Bereichen eingesetzt: Ein sehr wichtiger Einsatzfall besteht in der Erzeugung von Primäraluminium. Vornehmlich werden hier definierte Neuschrotte aus der Halbzeugverarbeitung (blanke Knetschrotte) zur Kühlung des aus der Elektrolyse kommenden Metalls auf die Gießtemperatur verwendet, d.h. durch das Einschmelzen der Schrotte wird die Überschußwärme aufgenommen.
Die Hauptmenge des Primäraluminiums, auch des unlegierten, wird zur Erzeugung von Knetlegierungen in Halbzeugwerken verwendet.

Fast der gesamte im Inland verbrauchte Altschrott wird zur Sekundäraluminiumproduktion eingesetzt, womit dann vorwiegend der Formgußbereich bedient wird. In der Produktion von Sekundäraluminium sind auch die Lohnumarbeitungen der ersten Verarbeitungsstufe enthalten (s. Bild 4.11).
Eine weitere Möglichkeit des Schrottrücklaufes ist in den Halbzeugwerken und Formgießereien der 1. Verarbeitungsssstufe (Bild 4.11) gegeben. Da hier besondere

Anforderungen an die Schrotte bzgl. Reinheit und Anhaftungen bestehen, scheidet der Einsatz von Altschrotten fast gänzlich aus.
Zusammenfassend ergeben sich bei Betrachtung der Schrottrückläufe, bedingt durch die unterschiedlichen Legierungsspezifikationen von Knet- und Gußprodukten, zwei Kreislaufsysteme für den Gesamtprozeß:

I. Der Kreislauf im Halbzeugbereich

Das erste System besteht im Halbzeugbereich. Das für Knetbauteile gültige, sehr niedrige Legierungsniveau schließt die Zugabe von Altschrotten aus. Damit umfaßt dieses System überwiegend die Zugabe von Hüttenmetallen, Sekundäraluminium aus eigenen Schrotten und den Einsatz von ausgesuchten Neuschrotten sowie von separierten sortenreinen Altschrotten.

II. Der Kreislauf im Gußteilbereich

Das zweite Kreislaufsystem dient der Herstellung von Gußbauteilen, die deutlich höhere Legierungsgehalte, vor allem des Elementes Silicium, zulassen. Dieses Kreislaufsystem muß seinerseits noch in einen primären und einen sekundären Kreislauf unterteilt werden. Der primäre Kreislauf ist mengenmäßig kleiner und enthält die Fertigung von Gußbauteilen aus Hüttenaluminium, z.B. Aluminiumräder sowie andere Sicherheitsbauteile. Hier gelten die gleichen Bedingungen wie im Halbzeugbereich, nur bezogen auf die Gußlegierungsspezifikation. Der sekundäre Kreislauf beinhaltet die Zugabe von Sekundäraluminium (d.h. hier ist jetzt der Altschrott enthalten), sehr wenig Hüttenmetall und den Einsatz von geeigneten Schrotten.
Eine Verbindung der Kreislaufsysteme besteht durch den Fluß von Neuschrotten in den sekundären Kreislauf. Umgekehrt ist der Rückfluß von Altschrotten sehr gering. Dies könnte sich bei vermehrtem Anfall von Altschrotten aus Knetlegierungen ändern, wie jüngste Entwicklungen auf dem Schrottmarkt zeigen.

Entwicklungen auf dem Schrottmarkt

In den letzten Jahren kam es zu weitreichenden Veränderungen auf dem Schrottmarkt. Diese hatten ihre Ursache in der Entwicklung intelligenter und effizienter Recyclingtechniken, die u.a. ein wirtschaftliches Getränkedosenrecycling in den USA, Schweden, der Schweiz usw. ermöglichten (s. auch 4.4.3.1). Das Aluminium-Recycling beschränkte sich nunmehr nicht länger auf die alleinige Produktion von Gußlegierungen; auch Knetlegierungen wurden jetzt hergestellt. In den 80er Jahren begannen Halbzeugwerke verstärkt, Schrotte einzusetzen. Auf diese Weise etablierten sich selbständige Umschmelzer, die vor allem Walzbarren und Preßbolzen herstellen. Über eine geeignete Behandlung gelang auch erstmals die Verarbeitung von Schrotten, die von der Analyse her zwar saubere Knetlegierungen darstellen, jedoch wegen unerwünschter Anhaftungen (z.B. Lacke, Ausschäumungen) bis dahin für die Halbzeugwerke nicht einsatztauglich waren.
Mittlerweile hat sich eine Remelterindustrie entwickelt, die neben der klassischen Gußlegierungsproduktion ständig an Bedeutung gewinnt, was schon auf dem Schrottmarkt zu einer Aufgliederung nach Guß- und Knetlegierungen führte. Immer seltener finden Knetlegierungsschrotte den Weg zu den Aluminiumschmelzhütten. Die wachsende Remelting-Kapazität übt einen starken Sog auf den Schrottmarkt aus. In der Folge haben Gußlegierungsproduzenten immer größere Schwierigkeiten, Verschnittmaterial - also Knetlegierungsschrotte – zu akzeptablen Preisen zu kaufen. Das Einsatzmaterial der Schmelzhütten hat sich daher in den

letzten Jahren deutlich verändert. Beispielsweise lag 1980 der Anteil des eingesetzten Altschrottes in Deutschland bei 24%, der des Neuschrottes bei 30%. Seitdem hat sich der Anteil der Neuschrotte kontinuierlich verringert. 1992 wurden nur noch 17% Neuschrotte eingesetzt.

4.2.5.2 Aufbereitung und Sortierung

Je nach Anfallstelle und Produkt unterscheiden sich Schrotte in der Art und Beschaffenheit, den Legierungsbestandteilen, den Verunreinigungen und den Anhaftungen. Danach werden Schrotte nicht nur nach der Herkunft in Alt- und Neuschrotte unterschieden, sondern auch nach der Zusammensetzung und Qualität, z.B. in:

- sortenreine Aluminiumlegierungsschrotte (in der Regel Neuschrotte),
- gemischte Aluminiumlegierungsschrotte (ggf. sortiert nach Legierungsgruppen mit gewissen Toleranzbereichen bzgl. bestimmter Legierungselemente),
- vermischte Schrotte (verschiedene Metalle und Nichtmetalle) sowie
- Schrotte mit Fremdmaterialanhaftungen

Zur Aufbereitung der Schrotte werden verschiedene Verfahren eingesetzt, so z.B. das Pressen von losen oder kleinen Schrotten zu Schrottpaketen. Nachteilig ist aber, daß bei dieser Vorgehensweise alle Verunreinigungen im Paket bleiben und letztlich auch in den Umschmelzofen gelangen. Vorzugsweise sollte das Pressen daher für Schrotte aus nur einem Werkstoff bzw. verträglichen Legierungen eingesetzt werden, wie z.B. bei Getränkedosen (Deckel = AlMg, Dosenkörper = AlMnMg).
Große Schrotte, die sich nicht über andere Verfahren aufbereiten lassen, werden mittels Schrottscheren zerteilt (zumeist hydraulische Scheren).
Ein weiteres Verfahren zur Aufbereitung ist das Shreddern nach dem Prinzip der Hammermühle. Hierbei werden die Schrotte durch die rotierenden Hämmer des Shredders über eine amboßartige Abschlagkante in Stücke gerissen. Ausreichend zerkleinerte Stücke werden über einen Rost ausgetragen. Größere Stücke werden ausgeworfen. Leichter Abfall und Staub werden über eine Windsichtung abgesaugt. Das Verfahren wird z.B. bei der Aufbereitung von Altfahrzeugen eingesetzt (s. 4.4.3.3).

Sortenreine Schrotte

Nur bei sortenrein separierten Schrotten ist problemlos der bei der Wiederverwertung geforderte Erhalt der gleichen Wertstufe von Primär- und Sekundärwerkstoff zu gewährleisten. Bei den anderen genannten Schrottarten muß - um einer Minderung der Legierungsqualität möglichst vorzubeugen - eine auf den vorliegenden Schrott abgestimmte Separation dem eigentlichen Umschmelzen vorgeschaltet werden.

Gemischte Al-Legierungsschrotte

können wie sortenreine Schrotte der Wiederverwertung zugeführt werden, jedoch ist eine gute Sortierung unabdingbare Voraussetzung für den Erhalt der Wertstufe. Bei der Sortierung können verschiedene Verfahren zum Einsatz kommen, im ein-

fachsten Fall die – kostenaufwendige – manuelle Sortierung, die durch eine Kennzeichnung von Bauteilen mit Legierungsbezeichnungen erleichtert werden könnte.
Das Sammeln von Legierungen in sog. Altstoffgruppen (gemäß VDI-Richtlinie 2243), die einen gewissen Konzentrationsbereich einzelner Legierungselemente zulassen, sichert ebenfalls die Trennung von Legierungsgruppen und damit eine weitgehend gleichbleibende Qualität.

Tafel 4.7 zeigt beispielhaft den Aufbau einer Werkstoff-Verträglichkeitsmatrix für die Aluminiumknetlegierungsfamilien AlMnMg, AlMgMn und AlMgSi. Um beim Aluminium-Recycling trotz der Nicht-Entfernbarkeit der meisten metallischen Elemente (außer Mg über Abdampfen) möglichst viele Legierungsfamilien in die Altstoffgruppen mit einfließen zu lassen, wird ein entsprechender Übermengenfaktor eingeführt. Der Übermengenfaktor gibt an, um wieviel ein Elementanteil einer betrachteten Legierung höher ist als in der Altstoffgruppe zulässig. Ob dann die Legierung für den Einsatz in der jeweiligen Altstoffgruppe verträglich ist, wird anhand ihres höchsten Übermengenfaktors beurteilt. Aus der Werkstoff-Verträglichkeitsmatrix läßt sich somit leicht entnehmen, welche in einem Bauteil kombinierten Legierungen einer Altstoffgruppe unbeschränkt zugeordnet werden können.

Erleichtert werden kann die Sortierung über neu entwickelte Separationsverfahren.
Ein erfolgversprechendes Verfahren ist die Hot-Crush-Technik. Diese nutzt die Änderungen der mechanischen Eigenschaften von Aluminiumlegierungen bei Temperaturen knapp unterhalb der Schmelztemperatur aus. Die auf ca. 540°C - 580°C erwärmten Al-Schrottmischungen (Guß- und Knetlegierungen) werden einer Hammermühle oder Brechanlage zugeführt. Hierbei werden die Gußteile zerschlagen, während Knetmaterial lediglich plastisch verformt wird. Damit ergibt sich eine unterschiedliche Korngröße, so daß über ein anschließendes Sieben die Trennung beider Bestandteile erfolgen kann.
Bei der Atom-Emissions-Spektroskopie (AES) verdampft ein Laser ein ca.1 x 2 mm großes Stück der Schrottoberfläche. Das entstandene Plasma wird analysiert. Dieses, eigentlich zunächst nur für die Trennung von NE-Metallen entwickelte Verfahren, kann auch zur Identifikation einzelner Legierungsbestandteile genutzt werden. So erübrigen sich die Werkstoffkennzeichnung und damit die kostenaufwendige Handsortierung. Zu beachten ist aber, daß die erreichbare Trennschärfe deutlich vom Zustand der eingesetzten Schrotte abhängt. Lacke müssen beispielsweise vorher entfernt werden.
Derzeit wird geprüft, ob sich auch andere Eigenschaftsunterschiede, wie z.B. die unterschiedliche Leitfähigkeit von Aluminiumlegierungen hinsichtlich einer Trennung nutzen lassen.
Zur Bewertung der genannten Erkennungsverfahren (AES, auch RFA s. unten) müssen insbesondere unter ökonomischen Gesichtspunkten noch einige Aspekte beachtet werden: Die Wirtschaftlichkeit solcher Anlagen wird maßgeblich vom Durchsatz bestimmt. Der Durchsatz jedoch richtet sich nach der zur Erkennung geforderten Meßgenauigkeit, d.h. je genauer die Legierungsbestandteile identifiziert werden sollen (z.B. bei Knetlegierungen), desto länger dauert der Erkennungsprozeß und die Wirtschaftlichkeit sinkt. Großes Potential steckt deshalb z.Zt. in der automatischen Separation von Aluminium-Guß- und -Knetlegierungsschrotten, wenn z.B. als Unterscheidungskriterium lediglich der Silicium-Gehalt herangezogen wird.

Tafel 4.7 Aufbau einer Werkstoff-Verträglichkeits-Matrix für Legierungen der Gruppen 3000, 5000 und 6000 (nach VDI-Richtlinie 2243, Entwurf)

Legierungsfamilien Konstruktionswerkstoffe	Werkstoffe der Legierungsfamilien (nach DIN 1725)	Werkstoffe der Legierungsfamilien (nach DIN EN 573.3)		Altstoffgruppen											
		numerisch	chemisch	AlMn	AlMg	AlMnMg	AlMgMn	AlMgSi0,5	AlMgSi	AlZnMg	AlCuMgPb	G-AlSi	G-AlSi(Cu)	G-AlSiCu	G-AlMg
				1	2	3	4	5	6	7	11	12	13	14	16
AlMnMg	AlMn0,5Mg0,5	EN AW-3105	EN AW-AlMn0,5Mg0,5	✧	✧	●	✧	✪	✧	✧	●	✪	◆	◆	◆
	AlMn1Mg0,5	EN AW-3005	EN AW-AlMn1Mg0,5	✧	✧	●	✧	✪	✧	✧	◆	✪	✧	✧	✧
	AlMn1Mg1	EN AW-3004	EN AW-AlMn1Mg1	✧	✧	●	✧	✪	✧	✧	◆	✪	✧	✧	✧
AlMgMn	AlMg2Mn0,3	EN AW-5251	EN AW-AlMg2	✪	●	✧	●	✧	✧	◆	❏	✪	✪	✪	◆
	AlMg2Mn0,8	EN AW5049	EN AW-AlMg2Mn0,8	✪	◆	❏	●	✪	❏	✧	❏	✪	✪	✪	✧
	AlMg2,7Mn	EN AW-5454	EN AW-AlMg3Mn	✪	◆	✧	●	✪	✧	✧	◆	✪	✪	✪	✧
	AlMg4Mn	EN AW-5086	EN AW-AlMg4	✪	●	✧	●	✪	✧	✧	✧	✪	✪	✪	✧
	AlMG4,5Mn	EN AW-5083	EN AW-AlMg4,5Mn0,7	✪	◆	✧	●	✪	✧	✧	✧	✪	✪	✪	✧
AlMgSi0,5	AlMgSi0,5	EN AW 6060	EN AW-AlMgSi	❏	◆	●	◆	●	●	◆	●	✪	◆	◆	◆
AlMgSi	E-AlMgSi0,5	EN AW-6101 (B)	EN AW-EAlMgSi(B)	❏	◆	●	◆	●	●	◆	●	✪	◆	◆	●
	E-AlMgSi	n.g.	n.g.	◆	✧	●	✧	●	●	✧	●	✪	◆	◆	●
	Al99,9MgSi	EN AW-6401	En-AW-Al99,9MGSI	◆	◆	●	◆	◆	●	✧	●	✪	◆	◆	●
	Al99,85MgSi	n.g.	n.g.	◆	◆	●	◆	◆	●	✧	●	✪	◆	◆	●
	AlMgSi0,8	n.g.	n.g.	✧	✧	✧	✧	✧	●	✧	◆	✪	✧	✧	◆
	AlMgSi1	EN AW-6082	EN AW- AlSi1MgMn	✧	✧	✧	✧	✪	●	✧	◆	✪	✧	✧	✧

n.g. = nicht genormt
ÜF = Übermengenfaktor

● = unbeschränkt einsetzbar ÜF $\leq$ 1
❏ = unbeschränkt einsetzbar unter Berücksichtigung der Magnesium-Entfernung ÜF $\leq$ 1 (Ausnahme: Mg-ÜF $\leq$ 2)
◆ = fast unbeschränkt einsetzbar ÜF $\leq$ 1,3 (Ausnahme: Mg-ÜF $\leq$ 2,6)
✧ = beschränkt einsetzbar ÜF $\leq$ 3 (Ausnahme: Mg-ÜF $\leq$ 6)
✪ = nur in kleinen Mengen einsetzbar ÜF > 4 (Ausnahme: Mg-ÜF > 8)

Vermischte Schrotte

Gemischter Metallschrott (Metalle und Nichtmetalle) eignet sich nur zur Weiterverwertung, d.h. hier ergibt sich ein Verlust des Veredlungsgrades. Dennoch wird, um einer Minderung weitestgehend vorzubeugen, auch hier eine auf den vorliegenden Schrott abgestimmte Separation dem Einschmelzprozeß vorgeschaltet. Aufgrund der günstigen Kombination physikalischer Eigenschaften im Vergleich zu anderen metallischen und nichtmetallischen Werkstoffen ergeben sich für Aluminium-Werkstoffe eine Reihe unterschiedlicher Separationsmöglichkeiten, die hohe Ausbringungsraten erlauben:

Nach dem Shreddern kommt je nach Art der Schrottzusammensetzung eine magnetische oder induktive Trennung bzw. eine Separation nach dem Prinzip der Dichtetrennung zum Einsatz.

Mit der Magnetscheidung wird zunächst eine Trennung von Stahlschrott vom Grobmüll (Kunststoffe, Gummi, Glas usw.) und den NE-Metallen einschließlich dem unmagnetischen Edelstahl erreicht. Danach können Aluminiumwerkstoffe in einer mehrstufigen Schwimm-Sink-Trennung mit Schwertrübe aus den einzelnen Fraktionen getrennt werden. Die Dichte von Aluminium und Aluminiumlegierungen (2,75 - 2,85 g/cm^3) ist dafür eine gute Voraussetzung und erlaubt die Separation aus den schwereren Eisen- und NE-Metallen (Cu, Zn, Pb und Messing) sowie aus den leichteren Magnesium- und Polymerwerkstoffen. Nachteilig ist, daß die Schwimm-Sink-Aufbereitung mit einer Verschmutzung der Al-Fraktion durch in der Schwertrübe enthaltene FeSi-Partikel einhergeht.

Eine Alternative zum Schwimm-Sink-Verfahren sind Wirbelstromverfahren, bei denen die NE-Metalle unter Ausnutzung ihrer elektrischen Leitfähigkeit von den Nichtmetallen getrennt werden. Es sind Ausbringraten von bis zu 98% erreichbar (s. 4.4.3.3).

Ein typisches Beispiel für einen solcherart separierten Schrott stellt die beim Automobilrecycling anfallende kleinstückige Aluminiumfraktion ex Shredder und Schwimm-Sink-Anlage dar (Tafel 4.8). Diese Aluminium-Altschrott-Fraktion ist ein Gemisch aus verschiedenen Aluminiumknet- und Gußlegierungen. Da sie überwiegend aus geshredderten Automobilen mit konventionellen Stahlkarosserien stammt, überwiegt mit 79% bis 90% der Anteil der Gußlegierungen. Hierbei haben vor allem Gußlegierungen, wie AlSi9Cu3 und AlSi6Cu4 den höchsten Anteil, da beide traditionell eine breite Anwendung im Motor und Antriebsstrang des Automobils finden, z.B. im Zylinderkopf, Saugrohren, drucklosen Motorblöcken sowie Kupplungs- und Getriebegehäusen (s. 4.4.3.3). Zu Vergleichszwecken enthält Tafel 4.8 die Zusammensetzungen von vier verschiedenen Aluminiumlegierungen. Wie ersichtlich ist, entsprechen die Mischfraktionen den Gußlegierungen vom Typ AlSiCu recht weitgehend.

Tafel 4.8 Gegenüberstellung der Zusammensetzung von Aluminium-Mischschrottfraktionen ex Shredder bzw. Schwimm-Sink-Anlage und der Zusammensetzungen verschiedener Guß- und Knetlegierungen (nach Koewius und Kammer, Angaben in %)

		Cu	Zn	Si	Fe	Mn	Mg
Schrotte	Shredder gute Aufbereitung	1,70 - 2,80	0,40 - 0,90	5,60 - 8,90	0,70 - 0,90	0,16 - 0,25	0,03 - 0,50
	Shredder weniger gute Aufbereitung	3,50 - 4,30	1,20 - 1,80	5,60 - 8,90	1,00 - 1,40	0,16 - 0,25	0,03 - 0,80
Gußlegierungen	EN AC-45000 EN AC-AlSi6Cu4 (225)[1])	3,0 - 5,0	≤ 2,0	5,0 - 7,5	≤ 1,0	0,1 - 0,6	0,1 - 0,5
	GD-AlSi9Cu3 (226)[2])	2,0 - 3,5	≤ 1,2	8,0 - 11,0	≤ 1,2	0,1 - 0,5	0,1 - 0,5
	EN AC-46200 EN AC-AlSi8Cu3 (226)[1])	2,0 - 3,5	1,2	7,5 - 9,5	0,8	0,15 - 0,65	0,05 - 0,55
	GK-AlSi7Mg[3])	≤ 0,05	≤ 0,07	6,5 - 7,5	≤ 0,18	≤ 0,10	0,25 - 0,45
Knetlegierung	AlMgSi0,5 (6060)[4])	≤ 0,10	≤ 0,15	0,30 - 0,6	0,10 - 0,30	≤ 0,10	0,35 - 0,5

Hinweise zur Bezeichnung:

[1]) nach DIN EN 1706 und VDS

[2]) nach (abgelöster) DIN 1725.2 (in DIN EN 1706 nicht genormt) und VDS

[3]) nach (abgelöster) DIN 1725.2 (in DIN EN 1706 nicht genormt, nicht in VDS-Liste)

[4]) nach DIN EN 573.3

Daneben eignet sich auch hier die Atom-Emissions-Spektroskopie (AES) zur Separation einzelner nichtmagnetischer Metallanteile (s. oben). Auf diese Weise können sortenreine Fraktionen von Al, Cu, CuZn, Mg, Pb, Zn und Edelstahl mit mindestens 96% Reinheit erreicht werden.

Eine weitere Möglichkeit ist die Röntgenfluoreszensanalyse (RFA) von geshredderten Metallteilen. Eine solche Anlage, bereits erfolgreich für die Trennung von NE-Metallen aus Shredderschrotten in Japan eingesetzt, kann bis zu zwölf NE-Metalle gleichzeitig erkennen und in Sekundenbruchteilen separieren. Die geschredderten Metallteile werden in Korngrößen von 25 mm bis 90 mm klassiert und von Schmutz, nichtmetallischen und ferromagnetischen Teilen befreit. Mit Hilfe von Schwingrinnen werden die Teile vereinzelt und passieren anschließend auf einem Förderband den Detektor, wo sie von einer radioaktiven Quelle zur Emission ihrer charakteristischen Strahlung angeregt werden. Nach Auswertung durch angeschlossene Software werden die analysierten Teile mit einem mechanisch-pneumatischen Auswerfer in die entsprechenden Reinmetallbehälter befördert.

Schrotte mit Fremdmaterialanhaftungen

Hierbei handelt es sich um mit Fremdmaterial behaftete Schrotte. Sie eignen sich nur zur Weiterverwertung. Im Fall des Aluminiums handelt es sich hierbei um

Schrotte mit prozeßbedingt eingetragenem Fremdmaterial bzw. mit mechanisch nicht aufschließbaren Fremdmaterialanhaftungen. Es werden zwei Kategorien der Anhaftungen unterschieden:

- organische Stoffe als Anhaftungen in Form von Beschichtungen oder in Form des Partners im Aluminium-Kunststoff-Verbund. Hinzu kommen auch die bei Spänen und Resten aus der Blechformteilherstellung anhaftenden Öle und Schmiermittel. Eine Entfernung kann mit Hilfe von Lösungsmitteln erfolgen.

- Fremdmetalle in geshredderten Altschrotten infolge nicht trennbarer Fügeverbindungen zwischen Aluminium und Fremdmetallteilen (insbesondere Eisen, z.B. bei Plattierungen). Möglich sind auch Fremdmetalleintragungen durch den Aufbereitungsprozeß. Die Trennung ist hierbei problematisch. Je nach Dicke der aufgebrachten Schichten kann grundsätzlich eine chemische Ablösung erfolgen, die jedoch hohen Kosten gegenübersteht.

  Beim Vorliegen verunreinigter Legierungsschrotte sind geeignete Verarbeitungstechniken erforderlich, da Eigenschaften und Güte der Produkte bei der Weiterverarbeitung in hohem Maße durch metallische (z.B. Fe, Cu, Zn, Na und Ca) und nichtmetallische (z.B. Salze, Polymere und Oxide, z.B. Aluminiumoxid) Verunreinigungen beeinflußt werden. Auch sehr geringe Verunreinigen wie z.B. einige ppm Natrium können Kantenrisse beim Warmwalzen von Al-Bändern verursachen und müssen daher in Raffinationsprozessen entfernt werden (s. 4.3.4).

4.3 Technische Aspekte des Aluminium-Recyclings

Aus Schrotten werden hauptsächlich Gußlegierungen produziert. Mehr und mehr an Bedeutung gewinnt daneben die Herstellung von Knetlegierungen. Weitere Produkte sind Vorlegierungen sowie Aluminium zur Veredelung von Stahl.

4.3.1 Grundlagen, Prinzipien

Das Grundprinzip des Aluminium-Recyclings besteht in einem Verdünnen von höherlegierten Schrotten durch Zugabe von Neumetall oder geringer legierten Schrotten. Hierfür werden die verschiedenen Einsatzstoffe gemeinsam in genau berechneten Mengen in den Schmelzofen gebracht. Über die dann erfolgende Vermischung der unterschiedlichen Legierungen der Einsatzstoffe wird eine Absenkung des Legierungsgehalts der Gesamtmenge auf die gewünschte Sollzusammensetzung erreicht.

Dieses Verdünnen der Schrotte mit Verschnittmaterial ist zur Zeit unter den gegebenen Randbedingungen das ökonomisch sinnvollste Prinzip. Vorteilhaft und kostensparend ist hierbei, daß anfallende Schrotte in der Produktion schnell wieder einsetzbar sind. Außerdem braucht nur in gewissem Umfang Rücksicht auf die Homogenität des anfallenden Schrottes genommen werden. Daher müssen - was ein nicht unerheblicher Kostenfaktor ist - die Schrotte nur so gut wie nötig, nicht aber so gut wie möglich aufbereitet werden (s. 4.2.5)

Berechnung der zuzusetzenden Mengenanteile

Bei der Berechnung der jeweils notwendigen Mengen wird von einem linearen Zusammenhang für die meisten Elemente ausgegangen (Rink). Für ein Beispiel mit zwei Einsatzstoffen ergibt sich damit:

$$M_A \cdot \%_A + M_B \cdot \%_B = M_{soll} \cdot \%_{Soll} \quad (1)$$

es bedeuten
M - die jeweilige Massen der Einsatzstoffe
% - der Prozentsatz des jeweils betrachteten Elements

Soll eine bestimmte Legierung hergestellt werden, sind die Sollprozente der Elemente (%Soll) und auch die Prozentsätze der Einsatzlegierungen ($\%_A$ bzw. $\%_B$) vorgegeben.

Aus dem Massenerhaltungssatz folgt

$$M_A + M_B = M_{soll} \quad (2)$$

Aus (1) und (2) folgt das Einsatzverhältnis e:

$$e = M_A/M_B = (\%_{Soll} - \%_B) / (\%_A - \%_{Soll}) \quad (3)$$

Für den Einsatz der Vorstoffe sind also die Differenzen bezogen auf den anzustrebenden Sollwert, d.h. ($\%_{Soll} - \%_B$) und ($\%_A - \%_{Soll}$), bestimmend. Zum Erreichen der Sollgrenzen ist daher als sog. Zugabemetall ein Vorstoff zuzusetzen, der in seiner Zusammensetzung unterhalb der geforderten Elementgehalte liegt. Im dargestellten Fall ist dieses der Einsatzstoff B.

Wenn beide Partner unter dem geforderten Sollgehalt liegen, sind lediglich die ggf. notwendigen Legierungselemente zuzufügen. Liegen hingegen beide darüber, kann der geforderte Sollwert der Schmelze nicht eingestellt werden.

Sind alle Anforderungen bis auf die Menge von Zugabemetall (in diesem Fall Metall B) bekannt, kann diese Menge wie folgt berechnet werden:

$$M_A = e \cdot M_B \quad (4)$$

$$e \cdot M_B + M_B = M_{soll} = M_{gesamt} \quad (5)$$

daraus folgt

$$M_B = M_{gesamt} / (1 + e) \quad (6)$$

bzw. prozentual

$$\%M_B = 100 / (1 + e) \quad (7)$$

Beispiel Silicium-Gehalt

(a) Herstellung einer Gußlegierung

Kennzeichen von Aluminiumgußlegierungen ist der hohe Gehalt an Silicium, der von ca. 6 Masse-% bis über die 12 Masse-% der eutektischen Zusammensetzung hinausgeht. Der hohe Si-Gehalt liegt in der Verbesserung der Gießbarkeit begründet. So werden ein gutes Formfüllungsvermögen und ein gutes Fließverhalten der

Schmelze bei nicht zu hohen Gießtemperaturen errreicht. Außerdem bewirkt Silicium zusammen mit anderen Legierungselementen, wie Cu und Mg eine Verbesserung der Festigkeit. Da sich Silicium nicht mit vertretbarem Aufwand aus einer Aluminiumschmelze entfernen läßt (s. auch 4.3.4), ist hier das V e r d ü n n e n das am besten geeignete Verfahren.

Beispiel:

Hergestellt werden soll eine Legierung AlSi9Cu3 (226) mit einem Sollwert von 9% Si, d.h. $\%_{Soll} = 9$.

Eingesetzt werden
- ein Schrott (Metall A) mit einem Gehalt von 11% Si , d.h. $\%_A = 11$
- ein Zugabemetall (Metall B) mit einem Si-Gehalt von 7% Si ,d.h. $\%_B = 7$

Dann ist e = 1, denn in Gleichung (3) sind beide Differenzen gleich.
Es gilt e = (9 - 7)/(11 - 9) = 2/2 = 1.
Damit ergibt sich nach Gleichung (7) $\%M_B = 100 / (1 + 1) = 50\%$, d.h. hier muß der Anteil des eingesetzten Zugabemetalls 50% sein.

Wird hingegen im gleichen Fall als Zugabemetall B ein Profilschrott verwendet, dessen Si-Gehalt nur bei 1% liegt (d.h. $\%_B = 1$), ergibt sich e = (9 - 1)/(11 - 9) = 8/2= 4. Damit sind gemäß $\%M_B = 100 / (1 + 4)$ nur noch 20% des Zugabemetalles zuzusetzen.

Zusammenfassend läßt sich feststellen: Ein Zugabemetall ist um so wirkungsvoller, je größer die Differenz zum Sollwert ($\%_{Soll}$ - $\%_B$) ist. Diese Differenz ist um so größer, je reiner das Zugabemetall ist. Das bedeutet wiederum, zur sekundären Herstellung von Gußwerkstoffen sind unbedingt „bessere" (d.h. reinere) Schrotte oder sogar Neumetall zur Verdünnung der teilweise sehr inhomogenen, fremdmetallbehafteten Altschrotte notwendig.

(b) Herstellung einer Knetlegierung

Die Siliciumgehalte von Knetlegierungen liegen weit unter denen der Gußlegierungen. Das hat zur Folge, daß die üblicherweise von Schmelzhütten eingesetzte Mischung von Guß- und Knetlegierungsschrotten mit relativ hohen Silicium-Gehalten nicht mit vertretbarem Aufwand zu Knetlegierungen aufbereitet werden kann. Hier müssen also Schrotte mit deutlich geringeren Si-Gehalten eingesetzt werden.

Beispiel:

Gefordert ist eine Legierung mit einem Si-Gehalt von 0,4% (z.B. die Legierung AlMg3, EN AW 5754), d.h. $\%_{Soll} = 0,4$. Eingesetzt werden ein Schrott mit 0,6% Si (d.h. $\%_A = 0,6$) und Neumetall mit 0,1% Si (d.h. $\%_B = 0,1$).
Dann gilt e = 0,3/0,2 = 1,5.
Daraus folgt gemäß $\%M_B = 100 / (1 + 1,5)$; es sind 40% Neumetall zuzusetzen.

Die Verhältnisse werden hier wesentlich ungünstiger, wenn ein Schrott mit größerem Legierungsgehalt eingesetzt werden soll. Wäre dies im genannten Beispiel ein

Schrott (Metall A) mit 3,5% Si, so sind ca. 91% an Neumetall zuzugeben. Dann könnten nur 9% des Schrottes genutzt werden, was ökonomisch nicht sinnvoll ist.

Weitere Elemente

Zu beachten sind darüber hinaus alle anderen auftretenden Legierungselemente, denn bisher wurde lediglich ein Element betrachtet. Aluminiumlegierungen enthalten aber weitaus mehr Elemente.
Neben Silicium liegen in Gußlegierungen als wichtigste weitere Elemente Cu, Mn und Mg vor. Daneben sind auch Beimengungen von Fe, Pb. Sn und Ni möglich.
Die wichtigsten Elemente neben Silicium sind in Knetlegierungen Fe, Mn, Mg, Zn, Cu und Li. Daneben sind auch hier noch weitere Beimengungen wie Ti, Cr und Ni möglich.
Für die Sekundärlegierungsherstellung bedeutet dies, daß jedes einzelne Element beim Einsatz der Schrotte zu berücksichtigen ist. Berechnungen in o.g. Weise müssen dann auch für die anderen Elemente vorgenommen werden.

Der Recyclinggedanke besteht im Einsatz von allen Arten von Schrotten, vor allem aber von Altschrotten. Der Rücklauf dieser Altschrotte erfolgt aber erst nach einer gewissen Zeit (= Produktlebensdauer). Da aber zwischenzeitlich der Aluminiumverbrauch stark angestiegen ist (s. 4.2.4), reicht die Menge an Rücklaufmetall nicht aus, um den jetzigen Bedarf an Sekundäraluminium decken zu können. Zusätzliches Metall ist daher erforderlich, in der Regel die aus der Halbzeug- und Gußproduktion herausfallenden Neuschrotte. Die dort anfallenden besseren Qualitäten sind zum Erreichen des Verdünnungseffektes in der Sekundäraluminumproduktion unbedingt erforderlich. Würden diese Qualitäten vermehrt in den Halbzeugbereich zurücklaufen, wären Sekundäraluminiumproduzenten gezwungen, vermehrt Hüttenmetall und u.U. auch Legierungselemente zuzusetzen. Dies würde aber im Gesamtsystem zu einer unnötigen Anreicherung von bestimmten Elementen im Aluminium führen.
Schlußfolgerung: Schrotte sollten immer dort eingesetzt werden, wo sie den geringsten Veredelungsaufwand erfordern.

4.3.2 Schmelzkonzepte zur Produktion von Sekundäraluminium

Bei dem sog. „Sekundär- oder Umschmelzaluminium" handelt es sich um Guß- oder Knetlegierungen, die traditionell von den Schmelzhütten aus sekundären Vorstoffen, wie Spänen, Krätzen, Vorschmelzware sowie Neu- und Altschrotten hergestellt werden. „Sekundär" heißt hier also nicht, daß ein Stoff vorliegt, der dem „Primären" gegenüber abgewertet, zweitrangig oder minderwertig ist! Typische Gußlegierungen dieser Art enthalten die Tafeln 4.8 und 4.9 sowie die Tabelle A3 im Aluminium-Taschenbuch 1. Sie sind in DIN EN 1706 (früher DIN 1725.2) genormt und werden zusätzlich mit einer dreistelligen Legierungsnummer der Vereinigung Deutscher Schmelzhütten (VDS) gekennzeichnet.

Die so hergestellten Sekundärlegierungen werden hauptsächlich im Automobilbau verwendet (s. Bild 4.14). In Deutschland sind dies etwa 50 - 60% des produzierten Sekundäraluminiums.

Tafel 4.9 Schrotteinsatz für die wichtigsten Sekundärlegierungen (nach Rink)

vorwiegend Einsatz von	für	Beispiele für entsprechende Gußlegierungen		
		VDS	DIN EN 1706 (EN AC-)	
			numerisch	chemisch
Gußschrotten	Cu-haltige Legierungen	(225)	45000	AlSi6Cu4
		(226)	46200	AlSi9Cu3
Blech und Profilschrotten	Cu-arme oder Cu-freie Legierungen	(231)	47000	AlSi12(Cu)
		(230)	44100	AlSi12(b)
			44200	AlSi12(a)
		(239)	43000	AlSi10Mg(a)
			43100	AlSi10Mg(b)

Eine Betrachtung der Legierungszusammensetzungen offenbart, daß einige Legierungen ein sehr hohes Aufnahmevermögen für Aluminium-Altschrotte unterschiedlichster Zusammensetzung aufweisen. Teilweise ist für die Herstellung dieser Gußlegierungen nur wenig oder gar kein Primärmetall als Verschnittmaterial zuzusetzen. Zur Einstellung der genormten Zielzusammensetzung reicht oft das Hinzufügen sonstiger Vorstoffe, in der Regel von definierten Neuschrottpartien aus Knetlegierungen aus.
Welche Vorstoffe in einer Sekundäraluminiumhütte nun aber konkret in welchen Mengenanteilen zum Einsatz gelangen, hängt aufgrund des Verdünnungsprinzips im wesentlichen von der gewünschten Sollzusammensetzung des zu produzierenden Sekundärmetalles ab. Daher werden alle Schrotte in den Hütten nach der Eingangswiegung bemustert. Im Anschluß an eine eventuelle Aufbereitung wird über eine Analyse (s. Aluminium-Taschenbuch 1, Kap. 10.1) die zu erwartende Metallausbeute bestimmt. Die so bemusterten Schrotte werden je nach Produktionsvorgaben sofort eingesetzt oder für die spätere Produktion bestimmter Legierungen gelagert. Computergestützt werden die Schrotte zu ofenfertigen Chargen gemäß ihrer Einzelanalysen und der zu erreichenden Zielanalyse zusammengefaßt.
Zur eigentlichen Verarbeitung wurden verschiedene Verfahren bzw. Verfahrensvarianten entwickelt. Welches Verfahren letztlich zum Einsatz kommt, hängt vor allem von der Schrottqualität (Zusammensetzung, Kontaminationen) und Schrottgeometrie (kompakte Schrotte, Bleche, Späne) ab.

Beispiele für Schmelzverfahren

(a) Gemischte Aluminium-Legierungsschrotte – Drehtrommelofen

Das „klassische“ Schmelzverfahren zur Herstellung von Sekundäraluminium beinhaltet das Einschmelzen der verunreinigten Schrotte im öl- oder gasbeheizten Drehtrommelofen (mit bis zu 60 t Fassungsvermögen) unter einer Salzdecke. Die Salzbehandlung wirkt einer weiteren Oxidation des metallischen Aluminiums entgegen. Somit wird ein unnötiger Abbrand verhindert. Gleichzeitig wird eine Reinigung der Schmelze von Oxideinschlüssen, organischen Anhaftungen und anderen Verunreinigungen erreicht. Der Drehtrommelofen fungiert hierbei also gleichzeitig als Aufbereiter und Phasentrenner. Damit erlaubt diese Verfahrensweise auch die Verarbeitung von stark verunreinigten Schrotten. Nach einer Spülgasbehandlung (s. 4.3.4) und dem genauen Einstellen der geforderten Zielgehalte wird die fertige Sekundärlegierung in Masseln oder als Flüssigmetall den Formgießereien zur Verfügung gestellt.

Die beim Schmelzen benötigte Salzmenge hängt in direkter Weise vom Verunreinigungsgrad der Schrotte ab. Pro Tonne Sekundäraluminium fallen je nach Verunreinigungsgrad durchschnittlich 500 kg bis 600 kg Salzschlacke an, die zunehmend in speziellen Anlagen aufbereitet und wieder eingesetzt werden (s. 4.3.4, Bilder 4.27 und 4.28)
Das Verfahren ist daher nur solange wirtschaftlich, solange die Entsorgungskosten von Reststoffen wie Filterstäuben oder Resten aus der Salzschlackeaufbereitung für den Sekundärbetreiber noch tragbar sind. Bei weiter steigenden Kosten könnte der Fall eintreten, daß der Einsatz von Hüttenmetall zur Erzeugung der gewünschten Legierung wirtschaftlicher ist als der Einsatz von Schrotten. Übrig blieben dann die stark verunreinigten Schrotte.

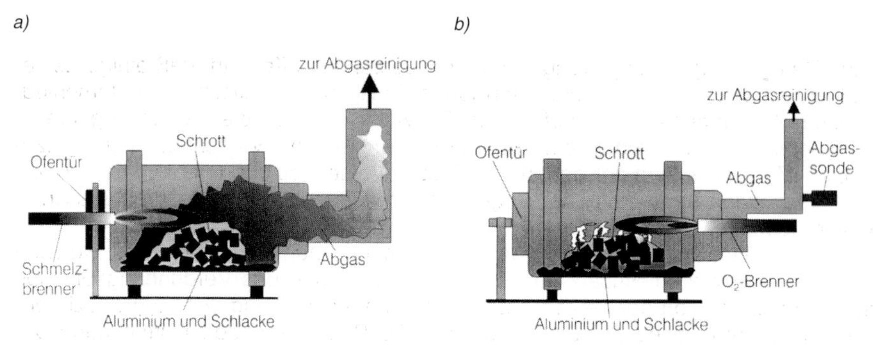

Bild 4.25 Drehtrommelofen zum Einschmelzen von Aluminium (Scharf)
a) Brenner in Ofentür
b) Brenner in hinterer Ofenöffnung, Arbeitsweise LEAM™-Technologie[1])

Bild 4.25 zeigt zwei Beispiele für den Aufbau von Drehtrommelöfen. Diese unterscheiden sich nach der Seite des Flammeneintritts. Im Bild a sitzt der Brenner in der Ofentür, während er im Teilbild b durch die hintere Ofenöffnung geführt wird. Der im Bild b gezeigte Ofen arbeitet zusätzlich nach der sog. LEAM™-Technologie[1]), erkennbar durch die Abgassonde bei Einsatz eines O_2-Brenners. Diese spezielle Arbeitsweise dient der Absenkung von Gesamt-Kohlenstoff, Stickoxiden, Dioxinen und Furanen im Abgas.

Das Problem der Gesamt-Kohlenstoff-Emissionen beim Einschmelzen von Aluminiumschrotten läßt sich aus Bild 4.25a ablesen: Während des Befüllens des Ofens mit (verunreinigtem) Schrott entstehen durch die Verdampfung von Lacken, Kunststoffen, etc. gasförmige Emissionen von Kohlenwasserstoffen, die unverbrannt in die Atmosphäre gelangen. Durch das Schließen der Tür und Einschalten des Brenners wird dieser Effekt noch verstärkt. Eine Verbrennung dieser Gase in einer Nachbrennkammer ist aufgrund der Staubbeladung und der Korrosivität technisch und wirtschaftlich nicht durchführbar. Eine Vorbehandlung des Schrottes scheidet teilweise aus wirtschaftlichen Gründen aus.
Da sich hingegen im Bild 4.25b der Sauerstoff-Brenner auf der Abgasseite befindet und kontinuierlich betrieben wird, strömt das gesamte Abgas durch die

[1]) LEAM – Low Emission Aluminium Melting (Air Products)

Brennerflamme und wird somit im Ofen nachverbrannt. Eine Abgassonde auf der Abgasseite übernimmt die exakte Regelung der Nachverbrennung. Die Energie, die sich im chargierten Material befindet, wird auf diese Weise direkt im Ofen genutzt und trägt damit zur Reduzierung der notwendigen Primärenergie bei. Die einfacher gestaltete Ofentür wurde am sich drehenden Ofen dauerhaft abgedichtet, so daß der Effektivität abträgliche Falschluftmengen minimiert werden konnten. Reduziert wurden die Gesamtabgasmenge, der Salzverbrauch, die Schlackenmengen und der Anfall von Filterstaub.

(b) Schmelzverfahren für kontaminierte Aluminium-Legierungsschrotte

Alternativ zum Drehtrommelofen werden salzfrei wenig kontaminierte Schrotte im Herdschmelzofen bzw. stark kontaminierte sowie dünnwandige Schrotte im Zweikammerofen (s. unten) eingeschmolzen. Das Recycling von Spänen und entlackten Dosen erfolgt in Verbindung mit dieser Ofentechnik in speziellen Chargiersystemen, die mit Hochleistungsmetallpumpen versehen sind.

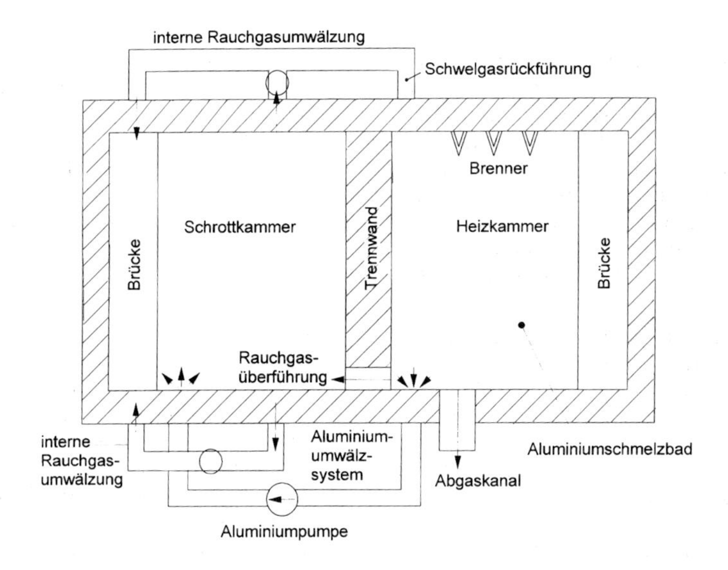

Bild 4.26a Schematische Darstellung eines Zweikammer-Aluminiumschmelzofens (van den Haak)

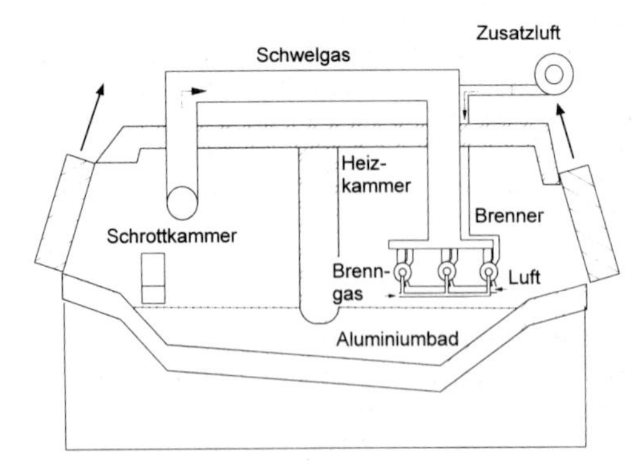

Bild 4.26b Schnittdarstellung eines Zweikammerschmelzofens (van den Haak)

Ein neueres Verfahren zur Verarbeitung von stark kontaminierten Schrotten ist das Einschmelzen im Zweikammerofen, der schematisch in den Bildern 4.26 a und b dargestellt ist. Der Kontaminationsmassenanteil kann bis zu 12% betragen. Bei den Kontaminationen handelt es sich vor allem um Öle, Fette. Lacke, Kunststoffe oder Kunststoffschäume. Bei Verbrennung dieser Stoffe werden Phenole, Kresole, Furane und Dioxine frei[1]). Der Zweikammerofen ist in der Lage, alle anfallenden Kontaminate so nachzuverbrennen, daß alle toxischen Kohlenwasserstoffverbindungen thermisch gespalten werden können und arbeitet damit wirtschaftlich und umweltschonend.

Arbeitsprinzip: Beim Einsatzmaterial handelt es sich sowohl um dünnwandige Bleche als auch um Kernschrotte, so daß eine differenzierte Prozeßführung in zwei Kammern erforderlich wird. Kernschrotte (Bolzenabschnitte, Masseln, Blöcke oder Barren) können aufgrund ihrer geringen spezifischen Oberfläche unter direkter Befeuerung in der Heizkammer eingeschmolzen werden. Die Heizkammer wird im Fall einer rekuperativen Luftvorwärmung über bis zu vier NO_x-arme Hochgeschwindigkeitsbrenner befeuert, die direkt auf das Schmelzbad feuern. Der hohe Austrittsimpuls der Verbrennungsgase sorgt für eine gute Wärmeübertragung vom Verbrennungsgas auf das Aluminiumbad und für eine Krätzefreiheit der Badoberfläche. Im genannten Fall einer rekuperativen Luftvorwärmung kommen Brenner mit weichausbrennender Flamme zum Einsatz.
Die Schrottkammer ist von der Heizkammer durch eine Wand getrennt. Der Schrott wird zum Abschmelzen auf der Brücke (links im Bild 4.26a) abgesetzt. Hier werden Kontaminate verdampft und pyrolisiert. Dabei entstehende Gase werden in die Heizkammer eingedüst und nachverbrannt. Die hier freiwerdende Energie wird zum Erhitzen des Aluminiumbades genutzt. Im Gegenstrom gelangen heiße Gase aus

[1]) Für Dioxinemissionen durch Sekundäraluminium gibt es keine gesetzlich vorgeschriebenen Grenzwerte. In der BRD und einigen europäischen Ländern gibt es für Dioxin- und Furanemissionen einen Zielwert von 0,1 ng/m³ TE. In Großbritannien hingegen werden 1 ng/m³ akzeptiert. Um den hiesigen Zielwert zu erreichen, sind eine aufwendige Abgasbehandlung und Filtertechnik notwendig, die deutlich höhere Kosten und damit Wettbewerbsnachteile bedingen. Die Filterstäube werden als Sondermüll deponiert (s. Kirchner, Ebertsch).

der Heizkammer durch eine Öffnung in der Trennwand in die Schrottkammer, in der eine reduzierende Atmosphäre gehalten wird. Unterstützend wirkt ein Zusatzbrenner, der gleichzeitig eine Steigerung der Schmelzleistung um ca. 20% bewirkt. Das Einfrieren des Metalls auf der Schrottseite verhindert ein zwischen Heiz- und Schrottkammer installiertes Umwälzsystem für flüssiges Aluminium (mechanisch oder induktiv arbeitende Pumpe). Gleichzeitig bewirkt dieses System durch die Badumwälzung eine Erhöhung des Wärmeübergangs zwischen den Verbrennungsgasen und der kälteren Badoberfläche und damit eine hohe Schmelzleistung. In der Schnittdarstellung des Ofens 4.26b ist das Badniveau angedeutet. Zyklisch werden je nach Ofengröße zwischen 5 t und 30 t abgestochen und in einen Gießofen oder Konverter zur Weiterbehandlung der Schmelze überführt. Nach dem Abstich taucht die Trennwand gerade noch in das Aluminiumbad.
Der besondere Vorteil dieses Anlagenkonzeptes besteht in der Nutzung der dem Schrott anhaftenden Kontaminate für den Schmelzprozeß, wodurch vorgeschaltete Aufbereitungsverfahren vereinfacht werden können. Die Schrottklassifizierung und Sichtung kann sich dann auf die Separierung von Schwermetallen beschränken.

Wahl der Schmelztechnik

Welche der Techniken anzuwenden ist, hängt vom zu verarbeitenden Schrott ab. Zwar ist das Interesse am salzarmen Schmelzen groß, da hierbei keine (kostenaufwendig zu verarbeitende) Salzschlacke anfällt. Allerdings eignen sich dafür nur bestimmte Schrottarten. Das Schmelzen unter Salz ist hingegen für sog. Aluminiumskimmings (Mehrstoffgemisch aus > 45% metallischem Al und Al_2O_3) unverzichtbar, da sonst zu große Metallverluste eintreten würden.
Beide Schmelztechniken sind daher als gleichberechtigt und dem Stand der Technik entsprechend anzusehen.

4.3.3 Schrottausbeuten und Schmelzverluste

Bei der Erzeugung von Sekundärmetallen ist ein Abbrand verschiedener Elemente nicht zu vermeiden. Diese Effekte werden durch die Begriffe „Schrottausbeute“ und „Schmelzverluste“ erfaßt.

Die Schrottausbeute ist definiert als

Schrottausbeute [%] = Ofenausgang / Ofeneingang · 100

Sie wird bestimmt durch die Oxidation beim Schmelzvorgang, den Abbrand von Legierungsbestandteilen und den Anteil von anhaftenden Verschmutzungen.

Unter dem Schmelzverlust ist der eigentliche Metallverlust zu verstehen, d.h. die Menge von Metall, die unwiederbringlich im Schmelzprozeß durch Oxidation verlorengeht.

Schmelzverlust [%] = (Metalleingang - Metallausgang) / Metalleingang · 100

Ursache ist die hohe Affinität von Aluminium (und auch anderen Elementen wie Magnesium) zu Sauerstoff, was zur Oxidation und damit zur Bildung von Krätze führt. Die hierfür bestimmenden Parameter sind vor allem die Schrottart, die Legierungsbestandteile und die Schrottgeometrie (z.B. Späne oder kompakte Schrotte, je nach Oberfläche des Schrottes mehr oder weniger Verlust). Darüber hinaus sind der Ofentyp, die Schmelzgeschwindigkeit und die Temperatur, Schmelzsalze und die Zeit bestimmend.

Die Schmelzverluste liegen beispielsweise bei einer Primärhütte zwischen < 1% bis 1,5%, bei einer Sekundärhütte für Halbzeug und saubere Schrotte bei 2% bis 4%. Beim Umschmelzen lackierter und verunreinigter Schrotte sind Schmelzverluste von bis zu 8% nicht selten. Die daraus entstehende Menge an Krätze liegt bei einer Primärhütte, je nach Legierung und Salzeinsatz, beim eineinhalb- bis zweifachen des Metallverlustes. In einer Umschmelzhütte ist die Menge deutlich größer; in Abhängigkeit vom Schrotteinsatz und der Schmelztechnik kann sich hier eine bis zu dreifache Menge ergeben.

Die genaue Ermittlung von Schmelzverlusten ist nicht möglich, da diese neben den genannten Parametern auch vom ökonomischen Ziel des Herstellers abhängt. Von den Herstellern dazu durchgeführte Schmelzverlusttests sind teuer und langwierig. Ein weiterer Nachteil besteht in der ungenügenden Aussagekraft der Ergebnisse. Dennoch läßt sich als generelles Ergebnis festhalten, daß die Schmelzverluste in Drehtrommelöfen größer sind als in Herd- oder Tiegelöfen.

Zu beachten ist unbedingt der durch die Metallverluste bedingte Effekt der Anreicherung bestimmter Elemente in der Schmelze. Diese *Anreicherung* kann, wenn sie bei der Zusammenstellung von Schrotten zur Herstellung bestimmter Legierungen nicht berücksichtigt wird, zu Fehlchargen führen.

4.3.4 Elemente in der Schmelze

Bereits sehr geringe *Verunreinigungen* (z.B. Anhaftungen, Einschlüsse o.ä.) oder auch geringe Gehalte von Fremdelementen können die Eigenschaften des fertigen Materials stark verschlechtern (s. 4.2.2.1) und müssen daher entfernt werden.

Entfernung grober Verunreinigungen

Grobe Verunreinigungen können durch verschiedene Prozesse entfernt werden. Beispielsweise wird bei der *Sedimentation* eine grobe Reinigung unter Ausnutzung der unterschiedlichen Dichte der Ingredienzen erzielt. Ein weiteres Verfahren ist die *Filtration*. Das angewandte ABF-Verfahren (Alcan Bett Filter Technologie) nutzt die Sedimentation der Partikel in den Zwischenräumen des Filtermaterials und deren Adsorption an den Aluminiumoxidkugeln.

Entfernung von Elementen

Um aber gezielt bestimmte *Elemente* aus der Aluminiumschmelze zu entfernen, ist eine spezielle *Schmelzebehandlung* notwendig. Eine solche Behandlung ist bei Aluminium je nach betrachteter Verunreinigung relativ aufwendig, da die Affinität des Aluminiums zu Sauerstoff sehr hoch ist. Dies bedingt einen starken natürlichen Abbrand von Aluminium. Auch bei Magnesium ist aufgrund seiner sehr hohen Sauerstoffaffinität ein solcher Abbrand zu verzeichnen. Bei sehr hohen Temperaturen kommt es zusätzlich zum Ausdampfen von Zn.

Üblicherweise erfolgt die Behandlung der Schmelze durch die die Zugabe von *Raffinationssalzen* oder die *Einleitung von Gasen* in die Schmelze.

a) Anwendung von Raffinationssalzen

Die Salzabdeckung einer Aluminiumschmelze erfüllt verschiedene Funktionen. Dies sind einerseits die Verhinderung der genannten Oxidation des Aluminiums durch den Luftsauerstoff (Bildung von Krätze, s. 4.4.1.2) sowie die Gewährleistung eines guten Wärmeübergangs zwischen Brenner und Schmelze. Zum anderen dient die Salzschmelze der A u f n a h m e v o n V e r u n r e i n i g u n g e n , indem es die mit den Aluminiumschrotten eingetragenen Verunreinigungen wie ein Schwamm aufsaugt. Die typische Analyse eines solchen S c h m e l z s a l z e s (Beispiel Montanal K+S) liegt bei 69% Natriumchlorid (NaCl), 29% Kaliumchlorid (KCl) und etwa 2% Flußspat (Ca_2F), das als Fließhilfsmittel dient. Die Aufnahmekapazität des Salzes für Verunreinigungen liegt bei etwa 50% seines Eigengewichts. Ist diese erreicht, muß das Salzbad ausgetauscht werden. Nach dem Abkühlen der Salzschmelze liegt eine Salzschlacke vor. Da das in der Vergangenheit praktizierte Deponieren von Salzschlacken aus Gründen des Umweltschutzes nicht mehr zulässig ist (Verbot in Deutschland 1993), wird das Salz aus der Salzschlacke wiedergewonnen. Zwei verschiedene Verfahrenswege einer solchen Aufbereitung sind in den Bildern 4.27 und 4.28 dargestellt.

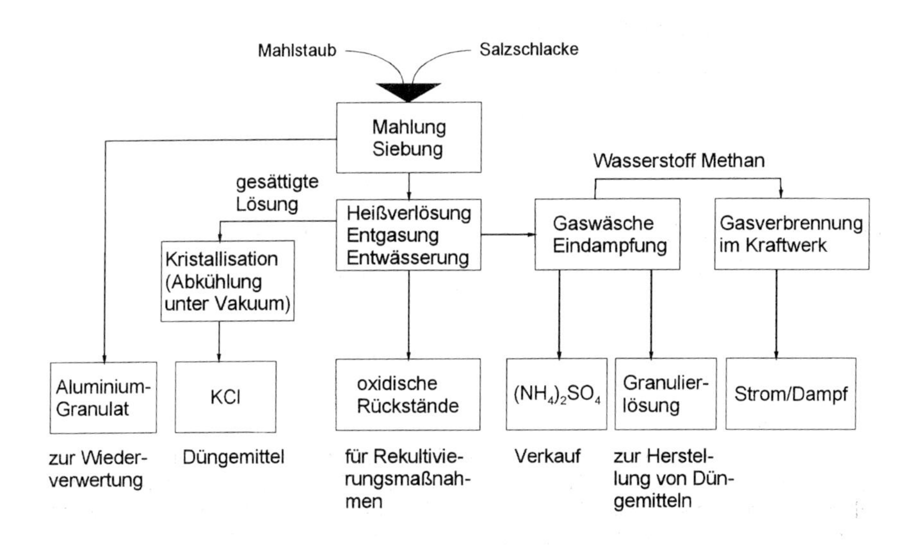

Bild 4.27 Verfahrensschema REKAL zur Salzschlackeaufbereitung (Diekmann, K+S)

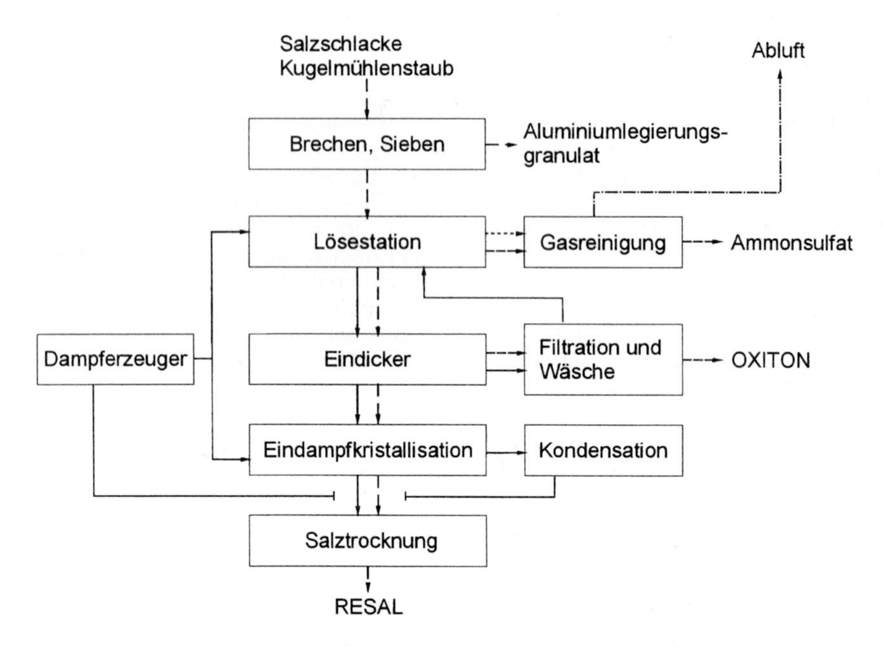

Bild 4.28 Verfahrensschema SEGL zur Salzschlackeaufbereitung (Ruff)
Resal - technisches Recyclingsalz
Oxiton- oxidischer Feststoff zur Anwendung in der Baustoffindustrie

b) Spülen mit Gasen

Die Gasbehandlung zielt auf die Entfernung kleinster Verunreinigungen ab. Bei dem sog. SNIF-Verfahren (Spinning Nozzle Inert Flotation) wird ein Aluminium-Bad mit Argon-Gas gereinigt. Durch die Wechselwirkung mit feinsten Gasbläschen werden Verunreinigungen an die Badoberfläche geschwemmt und lagern sich in der Krätzeschicht ab. Letztere wird anschließend entfernt (s. 4.4.1.2).

Die Einstellung von niedrigen Natrium- und Kalzium-Gehalten ist durch eine zusätzliche Einspeisung von Chlor möglich (< 5% Chlor). Der Chloreintrag bewirkt das Abbinden der Na- und Ca-Verunreinigungen zu Salzen.

Auch andere Alkali- und Erdalkalimetalle, wie Lithium, Magnesium, und Strontium können durch das Chlorieren entfernt werden. Weiterhin sollen Antimon und Phosphor über das Chlorieren entfernbar sein, wobei es zu Antimon aber auch gegenteilige Aussagen gibt.

Titan und Phosphor sind über eine Oxidation mit Fluorid beeinflußbar.

Die Elemente Titan, Vanadium und Zirkon können über eine Borbehandlung der Schmelze entfernt werden. Chrom soll ebenfalls beeinflußbar sein, jedoch gibt es auch hier unterschiedliche Aussagen.

Zink, Magnesium und Phosphor sind über eine Vakuumdestillation der Schmelze eliminierbar.

Tafel 4.10 Methoden der Raffination von Aluminium und die erzielbaren Reinheiten (nach Qui, s. auch Aluminium-Taschenbuch 1, Kap. 1.2.2)

Methode	Al-Reinheit (%)
Seigerungsverfahren	99,94 - 99,99
Dreischicht-Elektrolyse	99,99 - 99,998
„Organische" Elektrolyse	99,999
Zonenschmelzen	99,999 - 99,9999

c) Seigerungsverfahren

Übrig bleiben als nicht entfernbare Elemente Silicium, Eisen, Kupfer, Mangan. Für diese ist eine metallurgische Raffination der Schmelze in gewissem Umfang möglich (Tafel 4.10). Diese Verfahren sind aber - da keine Notwendigkeit besteht - derzeit völlig unwirtschaftlich. Je nach Aluminiumeinsatz, Marktwachstum und den gesetzlichen Forderungen bezüglich eines Kreislaufsystems könnte sich dies aber ändern. Falls es also in der Zukunft einmal notwendig werden sollte, die genannten Elemente zu entfernen, müssen mit den Seigerungsverfahren recht aufwendige Techniken angewendet werden. Die auch als Fractional Melting bekannten Verfahren nutzen den unterschiedlichen Schmelzpunkt verschiedener Phasen im Schmelzintervall in Abhängigkeit von ihrem Verunreinigungsgrad aus. Je nach Schmelzpunkt können unerwünschte Phasen durch Auspressen oder Filtern aus der Schmelze entfernt werden (Rink).

Beispiel untereutektische Legierung

Wird die zu behandelnde Legierung bis knapp über die Solidustemperatur erwärmt, so beginnen stark verunreinigte Phasen zuerst zu schmelzen, die dann ausgepreßt werden können. Hierfür müssen allerdings bestimmte Bedingungen erfüllt sein, die vom jeweiligen Zustandsdiagramm abhängen. So muß der sog. Vermischungskoeffizient, der sich als Quotient der Konzentrationen des jeweiligen Elements von fester zu flüssiger Phase ergibt, kleiner als 1 sein. Im Fall einer untereutektischen Al-Mg-Legierung mit ca. 10% Mg (s. Aluminium-Taschenbuch 1, Kap. 3) ist dies gegeben. Die Legierung beginnt bei ca. 540 °C zu schmelzen. Vollständig im flüssigen Zustand ist die Legierung jedoch erst oberhalb ca. 610 °C. Bei ca. 580 °C besteht die Legierung nach dem Gesetz der reziproken Hebelarme zu ca. 75% aus dem festen α-Mischkristall mit einem Mg-Anteil von 6% und zu 25% aus flüssiger Phase mit einem Mg-Anteil von ca. 16%. Wird die Mg-reiche Schmelze ausgepreßt, kann Mg entfernt werden.
Ist bei anderen Legierungen der Vermischungskoeffizient größer als 1, müssen die Elemente angereichert und in einem weiteren Schritt entfernt werden (z.B. im System Al-Cr).

Beispiel übereutektische Legierung

Aus übereutektischen Legierungen läßt sich durch Seigerung kein reines Metall, sondern lediglich eine Legierung mit eutektischer Zusammensetzung abscheiden. Das bedeutet, der Reinheitsgrad ist um so größer, je weiter der eutektische Punkt auf der Aluminiumseite liegt. Die maximal erreichbare Reinheit im System Al-Fe liegt dann bei 1,8% Fe (Aluminium-Taschenbuch 1, Kap. 3). Übereutektische Legierungen bestehen im Zweiphasengebiet aus der aluminiumreichen Schmelze und der festen intermetallischen Phase Al_3Fe. Letztere kann durch Filtern aus der Schmelze entfernt werden.

Möglich ist es auch, die Löslichkeitsverhältnisse durch die Zugabe anderer Elemente zu beeinflussen. Beispielsweise wird die Löslichkeit von Eisen in Aluminium durch Magnesium stark herabgesetzt (s. Aluminium-Taschenbuch 1, Kap. 3). Ähnlich wirken Mn, Cr, Ti, Zr, V und Mo. Silicium verbindet sich mit Magnesium zu Magnesiumsilicit, das sich infolge seiner geringen Dichte auf der Badoberfläche sammelt und abgeschöpft werden kann.

Weiterhin ist über die Zugabe von Elementen, die sich mit der Grundlegierung nicht oder nur schlecht legieren lassen, eine Ausscheidung der Verunreinigungen erreichbar. Ein Beispiel wäre die Entfernung von Zink durch einen Zusatz von Blei oder Wismut. Genauso lassen sich auch Magnesium und Zinn entfernen, wobei Natrium die Wirksamkeit verbessert. Natrium bildet weiterhin in Aluminium unlösliche Verbindungen mit Sb, Bi, Pb und Sn, die entweder zu Boden sinken oder sich auf der Schmelze abscheiden. Entfernt werden können diese dann durch Abschöpfen oder Filtrieren (Rink).

4.4 Ausgewählte Recyclingkonzepte für Aluminium

4.4.1 Recycling des Produktionsrücklaufes

Als Produktionsrücklaufmaterial[1]) fallen, wie in 4.2.5.1 gezeigt, die sog. Neuschrotte an. Ein großer Teil dieser Neuschrotte dient - ausreichende Sortenreinheit und Zusammensetzung vorausgesetzt - bei der Erzeugung von Sekundärgußlegierungen als Zugabemetall beim „Verdünnen" hochlegierter Schrottzusammensetzungen auf Sollzusammensetzung (s. 4.3.1). Neuschrotte entstehen sowohl beim Rohstofferzeuger als auch beim -verarbeiter.

[1]) Zum Produktionsrücklaufmaterial gehören auch die bei der Produktion je nach Fertigungsverfahren anfallenden Hilfs- und Betriebsstoffe. Da es sich hier in der Regel nicht um aluminiumhaltige Stoffe handelt, erfolgt an dieser Stelle keine weitere Beschreibung. Weiterhin gehört Ausbruch an verbrauchten Elektrolysezellen in diese Kategorie. Zur Aufarbeitung dieses aluminiuimhaltigen Materials wurde in Australien ein Verfahren entwickelt [Metall 50 (1996), S. 422/423].

Beispiele für die Reststoffe, die in der rohstofferzeugenden Industrie und in Gießereien anfallen, sind Walzenden, Besäumstreifen, aber auch Angüsse, Steiger und Krätzen. Diese Stoffe werden in der Regel als Kreislaufschrotte sofort wieder im Betrieb eingesetzt (einfaches Einschmelzen, Krätzen s. 4.4.1.2.).

Die Reststoffe aus der verarbeitenden Industrie, beispielsweise Späne, Stanzabfälle, Grate u.ä. werden vom Schrotthandel erfaßt und in Umschmelzhütten verarbeitet. Diese Schrotte sind meist sauber, da in der Regel eine getrennte Erfassung vorgenommen wird. Die Aufbereitung erfolgt hier je nach Schrottgeometrie als Zerkleinern (Scheren) oder als Verdichten in Paket- und Brikettierpressen.

4.4.1.1 Minimierung des Produktionsrücklaufes durch recyclinggerechte Konstruktion und Herstellverfahren

Formgebung und Werkstoffauswahl eines Produkts sind ausschlaggebend für die Auswahl einer Fertigungstechnologie und damit gleichzeitig für die Art und Menge der anfallenden Neuschrotte. Schon aus Gründen der Wirtschaftlichkeit sollte ein Konstrukteur bei der Entwicklung eines Produktes daher bestrebt sein, durch Einhaltung von nachfolgenden Regeln die Menge der anfallenden Neuschrotte möglichst gering zu halten (Regeln nach VDI-Richtlinie 2243[1]):

- Rücklaufminimierung – d.h. Auswahl von Fertigungsverfahren, bei denen möglichst kein, zumindest aber wenig Rücklauf entsteht. So sollten Fertigungsverfahren eingesetzt werden, die eine möglichst endkonturnahe Produktion ermöglichen (near-net-shape-production). Zu nennen sind hier Verfahren, die die Fertigform des Teiles möglichst ohne Stofftrennung erreichen, z.B. Urformverfahren wie Feingießen (s. 2.14.1.5), Umformverfahren wie Genauschmieden (s. 1.3.8) oder Kaltfließpressen (s. 1.4.1). Weiterhin sollten fertigungs gerechte Halbzeugabmessungen bevorzugt werden.

- Werkstoffvielfalt – zur Vereinfachung einer späteren sortenreinen Erfassung sollten grundsätzlich möglichst wenige verschiedene Werkstoffe bzw. Legierungen verwendet werden.
- Recyclierbarkeit des Rücklaufs – Dennoch nicht zu vermeidende Produktionsrückstände sollen mit möglichst geringem Aufwand und Wertverlust wieder recyclierbar sein. Da das Recycling von Verbunden immer aufwendiger infolge der dann notwendigen Trennung der Verbundkomponenten ist, sollten beispielsweise Bleche immer erst nach der abfallgebenden Verarbeitung beschichtet werden (s. 3.4). Eine andere Möglichkeit ist die Verwendung von Beschichtungen, die bei einer Wiederverwertung des Grundwerkstoffes nicht stören.

  Beispiel:
  Wie die anzustrebende Rücklaufminimierung bei gleichzeitig guten oder sogar verbesserten Werkstückeigenschaften erreichbar ist, zeigt die Anwendung des VACURAL-Druckgießverfahren für die Herstellung von Alu-

[1]) Hier wurden nur die Regeln genannt, die für Aluminium zu berücksichtigen sind. Darüber hinaus gelten noch spezielle Regeln für Kunststoffe (möglichst sortenreine Erfassung) und Betriebsmittel und Hilfsstoffe (auch diese bzw. die ggf. enstehenden Emissionen sollen problemlos recyclierbar sein).

miniumteilen des Porsche 911 Carrera. Gegossen wurden tragende Elemente der Hinterachse, wie Radführungslenker und Querbrückenelemente. Der Aluminiumanteil der Hinterachse wurde so auf einen Wert von nahezu 50% erhöht. Neben der kostengünstigen Herstellung konnten auch weitere Entwicklungsziele, wie z.B. eine hohe Bauteilfestigkeit und -steifigkeit, ein geringes Gewicht und ein gutes plastisches Formänderungsvermögen erreicht werden. Aufgrund der erreichten Genauigkeit müssen die Teile *nicht mehr spanend nachbearbeitet* werden. Die größeren Freiheiten in der Formgebung der Druckguß-Bauteile erlauben außerdem eine *bessere Werkstoffausnutzung*. Mit dieser Leichtbaugüte ist also auch eine besonders wirksame *Ressourcenschonung* verbunden, wobei eine Reduzierung des Rohteilgewichtes auch aus wirtschaftlichen Gründen interessant ist.

4.4.1.2 Aluminiumrückgewinnung aus Krätzen

Im normalen Schmelzbetrieb sind *Metallverluste durch Oxidation* der Oberfläche der heißen Aluminiumschmelze durch den Luftsauerstoff kaum zu vermeiden (s. 4.3.3). Die dabei entstehenden Krätzen werden in der Regel an Fachfirmen weitergegeben, die das darin gebundene Aluminium zurückgewinnen. Krätzen enthalten bis zu 65%, im Einzelfall sogar 70% Aluminium und besitzen daher als Nebenprodukt des Schmelzbetriebes einen erheblichen Materialwert (Zahlenangaben nach Kos und Ruff). Sie enthalten darüber hinaus nichtmetallische Substanzen, wie Oxide und Salze.

Verlustminderung

Schon aus wirtschaftlichen Gründen (hoher Metallgehalt der Krätze, ggf. hohe Transportkosten für Krätze vom Ort der Entstehung zum Aufbereiter) ist es erforderlich, die Verluste über ein geschicktes Krätze- und Schmelzmanagement von vorherein zu begrenzen. Derartige Maßnahmen zielen auf eine Behinderung der chemischen Reaktion des sehr reaktionsfreudigen Aluminiums mit dem Luftsauerstoff. Dieser Hauptprozeß der Krätzebildung wird ganz wesentlich von den drei Kriterien Temperatur, Reaktionszeit und dem Kontakt mit dem Luftsauerstoff beeinflußt. Eine vollständige Vermeidung ist aber nicht möglich, denn bereits beim Chargieren werden Oxide und inerte Bestandteile eingetragen.

In einer *Primärhütte* können die Verluste u.a. durch folgende Maßnahmen begrenzt werden (Ruff):

- beim Metallsaugen und Transport: Absaugen von möglichst elektrolytfreiem Elektrolysemetall; Verwendung bester Tiegelauskleidungen (z.B. Kohle); darüber hinaus die Vermeidung von langen Transportwegen, starker Metallbewegung durch Kurvenfahrten, häufige Bremsungen u.ä.
- sorgfältiges Abkrätzen der Saugtiegel
- Befüllen der Gießöfen mit geringer Fallhöhe, mit kurzen Rinnen, möglichst ohne Turbulenzen
- optimale Temperatur während des ganzen Prozesses, d.h. heiß genug für die metallurgischen Prozesse, aber nicht heiß genug, um die Oxidation zu beschleunigen

In einer S e k u n d ä r h ü t t e ist die Krätzevermeidung noch etwas schwieriger, da hier – je nach Art der Verunreinigungen, der Größe, dem Gewicht, der spezifischen Oberfläche, der Sortenreinheit der Schrotte und vor allem durch die Schmelztechnik – der Metallverlust durch Oxidation und der Austrag der Krätze starken Schwankungen unterliegt. Neben Optimierungen in der Ofentechnik (Schmelztechnik, Ofentyp, Regelung, Brennerart und -richtung ..., s. auch 4.3.2) sind u.a folgende Maßnahmen sinnvoll (Ruff):

- geeignete Schrottvorbehandlung (jeder nicht eingetragene nichtmetallische Fremdstoff vermindert die Krätzemenge)
- umsichtiges Chargieren (z.B. Abdecken von leichten Schrotten durch schwerere)
- Vermeidung einer Metallüberhitzung
- optimale Schmelzdauer (der Schrott soll vollständig abschmelzen, die Krätze aber nicht brennen)
- schonendes Abkrätzen ohne heftige Metallbewegung

In jedem Fall ist ein sog. T h e r m i t i n g , d.h. das Brennen der Krätze im Ofen, zu vermeiden. Hierbei steigen der Aluminiumverlust und die Krätzetemperatur stark an. Daher ist Vorsicht geboten beim Chargieren von Legierungszusätzen wie Magnesium. Tritt dennoch einmal brennende Krätze auf, kann diese durch schonendes Eintauchen in Metall gelöscht werden[1]).

Der Aluminiumgehalt einer Krätze kann direkt nach dem A b k r ä t z e n bis zu den o.g. 70% betragen, in der Regel ist mit einem Metallgehalt von 60 kg Aluminium je 100 kg Krätze zu rechnen. Die Temperatur beträgt aber immer noch ca. 750 °C. Daher nimmt der Metallgehalt infolge der großen Reaktionsfreudigkeit des Aluminiums durch exotherme Reaktionen (weitere Temperaturerhöhung!) nach dem Austragen der Krätze relativ schnell weiter ab. Mitunter beträgt der Aluminiumverlust bis zu 0,2% je Minute. Somit ist die A b k ü h l g e s c h w i n d i g k e i t bzw. die V e r w e i l z e i t a u f e r h ö h t e r T e m p e r a t u r entscheidend für den rückgewinnbaren Metallinhalt der Krätze. Vermeiden lassen sich solche Verluste nur durch eine schnelle Abkühlung oder eine schnelle Weiterverarbeitung. Dem gleichen Ziel dient auch eine Abkühlung unter Schutzgas (weitere Angaben zur Kühlung s. unten).

Auch die richtige L a g e r u n g von Krätzen ist zu beachten: Werden Krätzen im Freien gelagert, nimmt der Aluminiuminhalt infolge von Reaktionen der Metallpartikel mit Wasser weiter ab, u.U. sogar unter erheblicher Geruchsbelästigung. Grund dafür ist die Reaktion des in der Krätze enthaltenen Aluminiumnitrids mit Wasser zu Ammoniak. Krätzen sollten also möglichst nur k u r z g e l a g e r t und u n b e d i n g t t r o c k e n gehalten werden.

Die Aufarbeitung von Krätzen sollte also schnell und mit der höchstmöglichen Wirtschaftlichkeit erfolgen. Hierfür wurden verschiedene Technologien mit dem Ziel einer Aluminiumrückgewinnung entwickelt.

[1]) Möglich ist auch das Abdecken mit "Alcool", einem speziellen Aluminiumoxid. Dieses besteht aus hohlkugelförmigen Partikeln mit extremer Isolierwirkung (Ruff). Diese Variante ist aber sehr kostenaufwendig.

Technologien zur Aluminiumrückgewinnung

Die konventionelle Verfahrensweise beinhaltet zwei Schritte – zunächst ein Abkühlen der Krätze und im zweiten Schritt die eigentliche Verarbeitung mit Aluminiumrückgewinnung. Neuere Verfahren beinhalten beide Schritte.

Im einfachsten Fall erfolgt das Abkühlen der Krätze durch ein Ausbreiten der Krätze auf dem Hüttenflur. Dieses früher weit verbreitete Verfahren wird nahezu nicht mehr praktiziert, da beim Ausbrennen der Krätze ein erheblicher Metallverlust zu verzeichnen ist und starke Temperatur- und Staubbelästigungen eintreten.

Eine andere Variante ist die Abkühlung in Krätzebehältern, wobei aber wegen der mehrstündigen Abkühlzeit ebenfalls mit hohen Metallverlusten gerechnet werden muß. Dem kann durch eine Schutzgasatmosphäre (z.B. Inertisierung mit Argon) entgegengewirkt werden, notwendig sind dann aber mehrere hermetisch schließende Hauben. In jedem Fall folgt eine mühsame Zerkleinerung der anfallenden großen halbmetallischen Brocken.

Nach einem vor allem in den 80er Jahren verbreiteten Prinzip wird die heiße Krätze direkt in einen Drehkühler gegeben. In der sich drehenden Trommel wird die Krätze indirekt mit Wasser gekühlt und fraktioniert. Es entstehen stückiges Metall und Gröbe, aber auch sehr viel Feinstaub mit nennenswerten Metallgehalten (Sonderabfall). Diese Technik ist aber sehr wartungs- und reparturintensiv.

Eine weitere Möglichkeit, die sich nicht durchgesetzt hat, ist die Verwendung von Plattenkühlern.

Die über die genannten Verfahren abgekühlten Krätzen werden anschließend im zweiten Verfahrensschritt zu Metallkonzentraten aufbereitet, in der Regel durch Brechen, Mahlen und Sieben oder durch Ausschmelzen.

Im Konzept des integrierten Kühlens, Mahlens und Siebens erfolgen die Schritte der Abkühlung und Aufbereitung in einem geschlossenen Aggregat. Vorteil dieser Bauweise ist die Verhinderung von zu starken Staub- und Temperaturbelästigungen. Es werden in einem Schritt Metallkonzentrate gewonnen.

Bei den genannten Verfahren entsteht als Mischung verschiedener Chargen ein Metallkonzentrat unbekannter Zusammensetzung, das nachfolgend eingeschmolzen wird. Auch hier kommt es wieder zu z.T. erheblichen Metallverlusten durch Abbrand.

Einen Vergleich verschiedener Verfahren zeigt Bild 4.29.

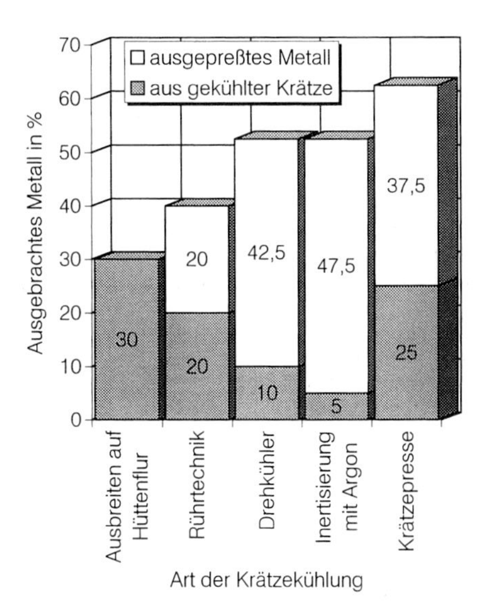

Bild 4.29 Metallrückgewinnung nach verschiedenen Krätzebehandlungsverfahren im Vergleich (Ruff)

Ein Einschmelzen von Krätzen unter Salz[1]) ist ebenfalls üblich (Salztrommelofen). Hierbei wird die Krätze mit einem Gemisch von Salzen (KCl/NaCl) abgedeckt, um so die Oxidationsverluste gering zu halten. Nachteilig sind jedoch die große Menge an anfallender Salzschlacke sowie der hohe Energiebedarf zum Einschmelzen dieser Salzdecke. Die nach dem Abkühlen aus der Salzschmelze entstandene Salzschlacke wird wieder aufbereitet (s. Bilder 4.27 und 4.28).

Weiterentwicklungen

Zur Vermeidung der jeweils aufgezeigten Nachteile wurden in den letzten Jahren neue umweltfreundliche Technologien nach drei verschiedenen Arbeitsprinzipien entwickelt, die einen hohen Aluminium-Rückgewinnungsgrad gewährleisten (s. Bild 4.29).

Die Verfahren der ersten Gruppe beinhalten ein Abtrennen der noch schmelzflüssigen metallischen Aluminiumanteile direkt nach dem Abkrätzen aus der noch heißen Krätze durch verschiedene Prozesse. Das heißt, ein Teil des Metalles wird in reiner Form zurückgewonnen. Der andere Teil verbleibt im Restkuchen, der je nach Verfahren weiterverarbeitet wird. Da in der Regel nur mit einer Charge gearbeitet wird, entsteht ein Metall bekannter Zusammensetzung. Das Abtrennen kann erfolgen durch:

[1]) Die Krätze wird vor dem Einschmelzen grundsätzlich aufbereitet. Das dabei enstehende Aluminiumoxid/Salzgemisch findet Anwendung in der Eisen- bzw. Stahlmetallurgie oder wird in Anlagen der Schlackenaufbereitung verarbeitet.

- Ausrühren (Japan) - Nachteilig sind hierbei starke Abbrandverluste sowie ein noch immer hoher Aluminiumgehalt im Reststoff.
- Auspressen (Verfahren Altek) - Eine Krätzepresse besteht aus einem (zumeist runden) Krätzekübel und einem (ebenfalls runden) Stempel. Das Aluminium tritt durch Bohrungen im Boden der Kokille aus. Eine solche Presse kann direkt neben dem Ofen installiert werden. Der Metallgehalt des verdichteteten Restkuchens beträgt trotz des ausgepreßten Metalls noch bis zu 50%, verständlich durch das rasche Unterbinden der Oxidation (Ruff). Die weitere Verarbeitung des Restkuchens kann im Salztrommelofen oder nach den unten genannten salzfreien Verfahren erfolgen.
- Zentrifugieren (Verfahren Ecocent) - Mit Hilfe der Zentrifugalkräfte werden aus der vorher bzgl. Temperatur und Viskosität homogenisierten Schmelze die Aluminiumtröpfchen ausgeschleudert. Das Metall kann dann zu Masseln abgegossen oder direkt in den gerade abgekrätzen Ofen zurückgeführt werden. Die Metallausbringrate liegt bei 90% (Kos).

Prinzip der zweiten Gruppe neuer Verfahren ist es, die Krätze zunächst möglichst verlustfrei abzukühlen und dann in einer zentralen Behandlungseinheit das Aluminium salzfrei aus der Krätze auszuschmelzen. Die Ausschmelzverfahren unterscheiden sich vor allem in der Methode des Energieeintrages zum Wiederaufschmelzen. Bei allen Verfahren lassen sich Oxidationsverluste beim Abkühlen und Wiedereinschmelzen nicht vollständig vermeiden. Vorteilhaft ist, daß relativ große Chargen (5 - 10 Tonnen je nach Anlage) herstellbar sind. Von Nachteil sind die bei allen Verfahren hohen Investitionskosten, der Energiebedarf zum Wiedereinschmelzen der Krätze, der Transport und das Hantieren mit der Krätze. Da verschiedene Chargen gemischt werden, entsteht auch hier ein Metall unbekannter Zusammensetzung.

- Das in Deutschland bekannteste Verfahren ist derzeit das Alurec-Verfahren, das eine gemeinsame Entwicklung von AGA AB (Schweden), dem Hoogovens Aluminium Hüttenwerk Voerde (Deutschland) und GHH-MAN (technische Ausrüstung, Deutschland) darstellt. Hierbei wird die Energie zum Krätzeausschmelzen durch einen Sauerstoff-Gasbrenner eingebracht. Das eingesetzte Material wird so in kurzer Zeit mit nur geringem Energiebedarf aufgeschmolzen. Nicht zuletzt wird das Erreichen hoher Temperaturen durch die Ofenkonstruktion begünstigt. Durch die Drehung des Ofengefäßes während des Prozesses flockt das geschmolzene Aluminium aus und sammelt sich als flüssiges Metall getrennt von den beim Schmelzprozeß entstehenden nichtmetallischen Produkten. Nach Abschluß des Schmelzvorganges wird das Aluminium abgegossen und zur weiteren Verarbeitung gegeben. Da Erdgas und Sauerstoff eingesetzt werden, wird die Entstehung von Stickoxiden vermieden. Dies resultiert in einem geringen Energiebedarf und einer nur geringen Abgasbelastung.

- Eine weitere Möglichkeit ist das in Kanada entwickelte Alcan-Verfahren, das auf einer Plasmatechnologie zum Ausschmelzen von Aluminium aus Krätzen beruht, die vorzugsweise unter Argon abgekühlt wurden. In einer Trommel wird so flüssiges Metall mit hoher Ausbringrate gewonnen. Von Nachteil sind aber die hohen Betriebs- und Investitionskosten, die zumindest teilweise durch Verwendung eines Stickstoffplasmas gesenkt werden können. Hierbei ist dann aber mit einigen Nachteilen, wie z.B. verstärkter Aluminiumnitridbildung zu rechnen.

- Das nach demselben Prinzip arbeitende LTEE-Verfahren (ebenfalls aus Kanada) sieht einen Energieeintrag über einen Lichtbogen zwischen zwei Elektroden vor. Derzeit ist es in einer Pilotanlage in der Erprobung.

Ein drittes, völlig neues Verfahrensprinzip ist die kalte Aufbereitung von Krätze (USA). Zur Trennung der in gepreßten Krätzen oder sogar Salzschlacken miteinander verwachsenen Stoffe wird hier die unterschiedliche Sprödigkeit der verschiedenen Materialien genutzt: Die spröden Salze und Oxide platzen bereits bei geringem Energieeintrag vom duktilen Aluminium ab. Die Aufbereitung erfolgt in einem sog. „Tumbler", bestehend aus einem massiven Kegel in einer Trommel. Das Stoffgemisch wird schonend zwischen der Trommelwand und dem massiven Kegel zerquetscht, nicht gemahlen. Dabei kommt es zum Zerreißen des Krätzepaketes bzw. zur schonenden Zerkleinerung der Salzschlacke. Im Ergebnis entstehen zwei Metallfraktionen mit einem Massenanteil von insgesamt 47%, die direkt wieder einschmelzbar sind (Ausbeute über 90%). Eine weitere Metallfraktion mit einem Massenanteil von nur 18% wird im Salztrommelofen aufbereitet, da ihr Metallinhalt von rund 40% den dort üblichen Ausbeuten entspricht.

Die neuen salzfreien Verfahren werden aufgrund der sich verschärfenden Umweltgesetzgebung weiter steigende Bedeutung erlangen. Über die industrielle Verwertung kann eine Deponierung vermieden werden.

4.4.2 Produktrecycling

Wie bereits unter 4.2.2.1. dargestellt, hat diese Form des Recyclings aufgrund des hohen Materialwertes von Aluminium eine untergeordnete ökonomische Bedeutung. Dem Wiedereinschmelzen wird der Vorrang eingeräumt. Daher wird an dieser Stelle auf eine ausführliche Darstellung der Verfahren und der zu beachtenden Regeln verzichtet. Hierfür wird auf die bereits zitierte VDI-Richtlinie 2243 verwiesen. Mögliche Formen der Wiederverwendung von Aluminiumteilen sind der Ausbau und die Aufarbeitung von Pkw-Teilen (z.B. Motoren). Derartig instandgesetzte Teile können für Kunden eine preislich attraktive Alternative zu neuen Teilen oder einer Reparatur defekter Teile darstellen. Notwendig sind dafür eine leichte Demontage, eine umfassende Prüfung sowie die Anwendbarkeit der ggf. notwendigen Reinigungsverfahren (s. Tafel 4.3)

4.4.3 Recycling nach Produktgebrauch

Diese auch als Altstoff- oder Materialrecycling bekannte Form des Recyclings ist die für Aluminium wichtigste Form. Ziel ist es, die in ausgemusterten oder unbrauchbar gewordenen Produkten enthaltenen Werkstoffe zurückzugewinnen. Dies kann als Wiederverwertung oder als Weiterverwertung (s. Bilder 4.6 und 4.7) erfolgen. Die notwendigen Schritte der Schrotterfassung , -aufbereitung und -separation wurden bereits in 4.2.5.2 dargestellt. Eine Übersicht zur technischen Vorgehensweise des Recyclings (Schmelzen, Raffination) enthält 4.3. An dieser Stelle soll das Aluminiumrecycling am Beispiel einiger besonders relevanter Produktsysteme, z.T. unter Darstellung einiger ökologisch relevanter Fakten, erläutert werden.

4.4.3.1 Verpackungen

Einschneidende Änderungen auf dem Recyclingsektor zeigten sich in den letzten Jahren im Verpackungsbereich. Aluminium findet hier vor allem Anwendung in Folien, Deckeln, Menüschalen, Getränkedosen, Tuben, Aerosoldosen, Kapseln, Schraubverschlüssen, Tablettenblistern u.a.
Die Anforderungen an eine Verpackung bestehen im wesentlichen in vertretbaren Herstellungskosten, dem Verpackungsnutzen und der ökologischen Vertretbarkeit. Gerade der letztgenannte Aspekt unterstreicht die Bedeutung des Recyclings. Schon bei Neuentwicklungen sollte daher an das spätere Recycling gedacht werden (z.B. Verbesserungen bei Verbundbeschichtungen in Abstimmung auf neue Trennverfahren). Ein Down-Cycling ist in jedem Falle zu vermeiden.
Durchschnittlich fallen derzeit an Aluminiumschrotten aus Aluminiumverpackungen in Deutschland pro Einwohner etwa 1,5 kg pro Jahr an (1992). Da der Verbrauch an diesen Verpackungsmitteln regelmäßig steigt, wurden auch auf politischer Seite Anstrengungen unternommen, um diese und andere Verpackungsstoffe wieder der Verwertung zuzuführen. Gemäß der am 24. Juni 1998 vom Bundestag verabschiedeten Novelle der Verpackungsverordnung (BGB 1. IS. 1234, 12.6.1991) gelten für Aluminium in Deutschland folgende Verwertungsquoten

1.1.1996 – 31.12.1998	50%
seit 1.1.1999	60%

Hierbei ist zu beachten, daß es sich bei der Verwertungsquote nicht um die tatsächliche Recyclingquote handelt. Vielmehr ergibt sich die Verwertungsquote durch Multiplikation der Erfassungsquote und der Sortierquote. Die Erfassungsquote definiert dabei den Anteil der in den Umlauf gebrachten Verpackungen, der vom Verbraucher wieder eingesammelt wird. Die Sortierquote gibt an, welcher Anteil der wieder eingesammelten Verpackungen in stofflich verwertbarer Qualität aussortiert wird[1]).
1997 lag für Aluminiumverpackungen die Verwertungsquote mit 72% deutlich über den Zielvorgaben. Die Erfassungsquote betrug 90%, die Sortierquote 80%. Die tatsächliche Recyclingquote lag 1996 bei rund 40% (s. Bild 4.15). Dies zeigt, daß es noch deutliche Reserven gibt, die sowohl auf der Erfassungsseite der Rohstoffe liegen als auch auf technologischer Seite.

1. Fall: Inhomogene Mischung von Verpackungsabfällen

Grundvoraussetzung für das Recycling von Aluminiumverpackungen sind funktionierende Sammelsysteme. In Deutschland übernimmt diese Aufgabe das Duale System (DSD), das in gelben Säcken oder Tonnen eine inhomogene Mischung von Verpackungsabfällen erfaßt (Kunststoffe, Papier, Metalle, Verbunde). Die Angaben

[1]) Die Berechnung der Verwertungsquote erfolgt hier also lediglich auf der Grundlage des Verpackungsverbrauches bzw. der aussortierten Mengen aluminiumhaltiger Verpackungen, nicht aber auf der Basis des Werkstoffes Aluminium. Die Betrachtung des Stoffstromes endet nach der Aussortierung des Aluminiumverpackungen aus dem Verpackungsgemisch, so daß die Verwertungsquote keine Recyclingquote darstellt. Sie gibt nur an, welcher Anteil der Verpackungen verwertet wird, nicht welcher Anteil auch tatsächlich wieder als Sekundärmetall dem Wirtschaftskreislauf wieder zugeführt wird (Hoberg et.al.).

der erfaßten Mengen für 1997 enthält Tafel 4.11. Hierbei fallen unter die Bezeichnung „Aluminiumverpackungen" solche Verpackungen, die mehr als 95% Aluminium enthalten. Weniger Aluminium enthaltende Verpackungen werden als „Verbunde" bezeichnet.

Tafel 4.11 Verbrauch und Verwertung von Aluminiumverpackungen in Deutschland 1997 (DSD, GVM-Gesellschaft für Verpackungsmarktstudien):

Anteil	Verbrauch	der Verwertung zugeführt[1])	
Aluminiumverpackungen (Al-Gehalt > 95%)	46.154 t	39.565 t	85,7%
Aluminiumverbundverpackungen	17.296 t	14.828 t	85,7%

[1]) Bei den genannten Zahlen ist aber zu beachten, daß hier nur die Zahlen des DSD berücksichtigt werden. Der tatsächliche Rücklauf ist größer. Beispielsweise bleiben Flaschenverschlüsse unberücksichtigt, da sie nicht über das Duale System erfaßt werden.

Separation von Aluminium aus Verpackungsabfällen

Um aus den von den Verbrauchern für das Duale System gesammelten Verkaufsverpackungen das Aluminium wieder herauszuholen, gibt es zwei prinzipielle Wege, nach denen die in Deutschland flächendeckend arbeitenden Sortieranlagen vorgehen: Dies ist zum einen die arbeitsaufwendige Handsortierung, zum anderen die automatische Sortierung mittels Wirbelstromscheider.

Bild 4.30 zeigt den prinzipiellen Aufbau eines Wirbelstromabscheiders. Wie dort ersichtlich ist, rotiert im Inneren der Umlenkrolle eines Förderbandes ein Polrad mit einer hohen Geschwindigkeit von bis zu 4000 U/min. Durch eine am Polrad befindliche Wechselpolanordnung mit Magneten wird ein sich zeitlich rasch änderndes Magnetfeld hervorgerufen. Gelangt ein unmagnetisches metallisches Partikel in dieses Magnetfeld, wird ihm ebenfalls ein Magnetfeld erzeugt. Dieses Magnetfeld bewirkt einen Stromfluß in dem metallischen Partikel, der als „Wirbelstrom" bezeichnet wird. Auch dieser Wirbelstrom erzeugt nun seinerseits wieder ein Magnetfeld, das dem verursachenden Magnetfeld des Polrades entgegengesetzt ist. Dadurch kommt es zu einer Abstoßung des Teilchens. Wie in Bild 4.30 ersichtlich, werden auf diese Weise die gesamten zu sortierenden Verpackungen in eine leitende und eine nichtleitende Fraktion getrennt.

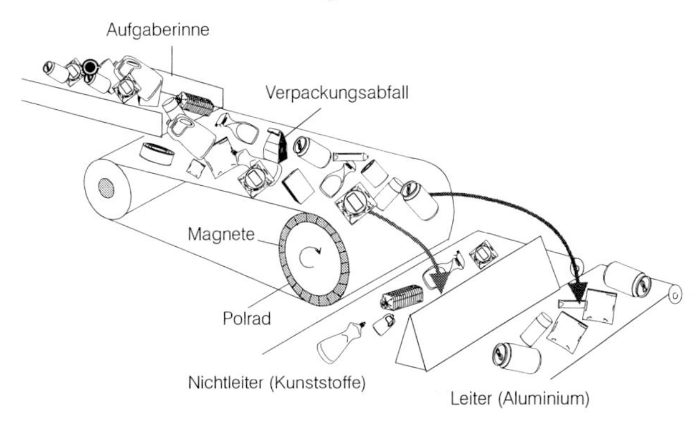

Bild 4.30 Prinzipieller Aufbau eines Wirbelstromabscheiders

Aufbereitung der aussortierten Aluminiumfraktion

Die vom Wirbelstromseparator kommende Aluminiumfraktion weist einen Vollaluminiumgehalt von rund 30 % bis 40% (nach Hoberg) auf - ein Gehalt, mit dem der Einsatz des Materials in einer Sekundäraluminiumhütte praktisch unmöglich ist. Aus diesem Grund erfolgt eine weitere Aufbereitung der Fraktion in speziellen Anlagen. Diese stehen nicht beim Sortierer, da hierfür die in einer Sortieranlage anfallenden Mengen zu gering sind. Die Aluminiumfraktion wird dazu in Ballen gepreßt und zum Verwerter gebracht. Dort werden die Ballen zunächst aufgelockert. Grobe Störstoffe werden manuell entfernt. Anschließend wird die Fraktion in einer ersten Zerkleinerungsstufe auf eine Korngröße von durchschnittlich 50 mm zerkleinert und anschließend zur Entfernung von Eisen magnetgeschieden. Mittels Windsichtung werden die zerkleinerten Verpackungen anschließend in eine Schwergut- und eine Leichtgutfraktion aufgeteilt.

Leichtgutfraktion

In der Leichtgutfraktion befinden sich hauptsächlich Aluminiumverbundverpackungen, die zur Rückgewinnung des enthaltenen Aluminiums einer thermischen Behandlung mittels Pyrolyse unterzogen werden müssen. Dafür wird die Fraktion zunächst zerkleinert und dann in einer Pyrolysetrommel bei ca. 600 °C unter Sauerstoffausschluß behandelt. Auf diese Weise werden die Kunststoffe depolymerisiert und gehen in die Gasphase über. Noch enthaltenes Papier wird auf den Restkohlenstoffgehalt reduziert. Mit dem entstandenen Pyrolysegas läßt sich der Prozeß beheizen, ohne daß zusätzliche fossile Brennstoffe notwendig werden. Im Ergebnis entsteht ein Aluminium-Koks-Gemisch. In einer Entkokungsmühle werden Aluminium und Kohlenstaubanhaftungen mechanisch voneinander gelöst. Mittels einer nachfolgenden Klassierstufe können beide Stoffe voneinander getrennt werden. Der Koksstaub enthält ca. 15% metallisches Aluminium und wird (noch) deponiert. Demgegenüber wird der Aluminiumgries hingegen wird zerkleinert und nachfolgend gesiebt. In derart homogenisierter Form wird das Material z.B. als Vormaterial für pyrotechnische Aluminiumpulver, oder zur Herstellung von Vorlegierungen für Stahlerzeuger verwendet.

Schwergutfraktion

Das Schwergut hingegen enthält deutlich höhere Aluminiumanteile, insbesondere Aluminiumblechverpackungen (Dosen, Menüschalen, Tuben). Daneben sind aber auch noch Verbunde enthalten, wobei es sich zum größten Teil um „sekundäre Verbunde“ handelt. Derartige Verbunde entstehen durch die Aufbereitung selbst, z.B. als in Dosen steckende Kunststoffverpackungen oder in Aluminiumfolie gewickeltes Papier. Durch eine nochmalige Wirbelstromscheidung wird eine weitere Anreicherung der Fraktion möglich, z.B. dahingehend, daß die Fraktion überwiegend Aluminiumblechverpackungen (Dosen, Menüschalen, Tuben) enthält. Dieses Material läßt sich in Sekundäraluminiumhütten im Drehtrommelofen unter Salz einschmelzen. Hierfür wird das Material auf Luftherden nochmals sortiert und dann unter Salz mit einer Schmelzausbeute von ca. 88% eingeschmolzen.

Für diesen Fall kann dann folgendermaßen eine technische Recylingquote berechnet werden, die sich an dem Material Aluminium orientiert und nicht an den Verpackungen (nach Hoberg): Die Schwergutfraktion der Sortieranlagen enthält durchschnittlich 64,7% des ursprünglich enthaltenen Aluminiums. Weitere Verluste von ca. 10% ergeben sich bei der Aufbereitung im Beschleuniger und der Luftherdsortierung. Es verbleiben also noch 58,2% Aluminium, so daß sich unter der genannten Schmelzausbeute von 88% eine stoffbezogene, technische Reyclingquote von 51,2% ergibt.

2. Fall: Möglichst sortenrein erfaßte Verpackungen

Nachfolgend sollen einige ausgewählte Packstoffe genauer betrachtet werden, die in den gemischten DSD-Verpackungsabfällen enthalten sein können, mitunter aber auch (z.B. in anderen Ländern) getrennt erfaßt werden.

Aluminiumfolien

Die Produktion und der Verbrauch von Aluminiumfolien sind stetig angestiegen, wie die Bilder 4.31 und 4.32 am Beispiel Europas zeigen. Das Material findet Anwendung für die unterschiedlichsten Verpackungszwecke, z.B. als blankes Aluminium (dünne Folie z.B. als Haushalt- oder Schokoladenfolie, dickere Folien z.B. für Menüschalen) oder als Verbundmaterial (Getränkekartons, weitere Beispiele s. Aluminium-Taschenbuch 3, Kap. 5.5). Europaweit wird die Produktion nach Schätzungen der EAA jährlich um ca. 4 % steigen. Eine stetige Produktionssteigerung belegen auch die Daten der deutschen Aluminiumindustrie (Bild 4.32).

Verbesserte Technologien ermöglichten eine Senkung der Foliendicke ohne Minderung der Schutzwirkung, so z.B. bei Verbundfolien von 9 μm auf weniger als 7 μm. Derartige Folien finden z.B. in Getränkekartons Anwendung: Für die Herstellung von 600 Fruchtsaftpackungen zu je einem Liter Inhalt werden 52 m^2 Aluminiumfolie mit einer Dicke von 7μm entsprechend von nur einem Kilogramm Aluminium benötigt.

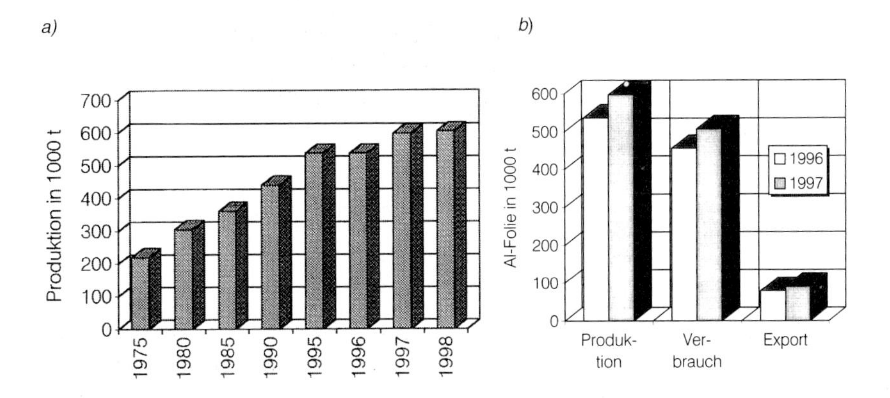

Bild 4.31a Produktion von Aluminiumfolie in Westeuropa (EAFA, EAA)

Bild 4.31b Produktion, Verbrauch und Export von Aluminiumfolie in Europa in den Jahren 1996 und 1997 (EAFA, EAA)

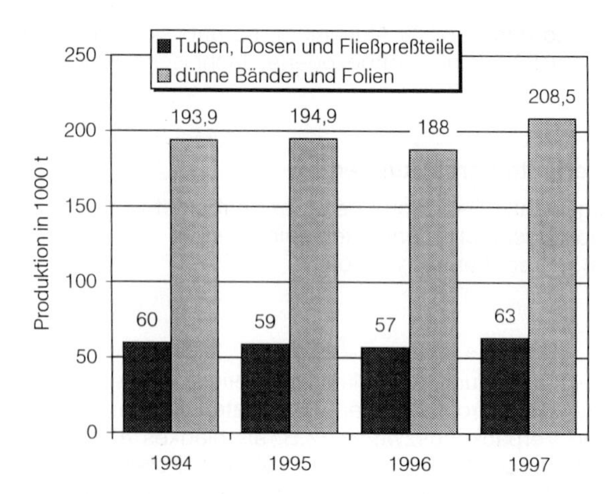

Bild 4.32 Produktion von dünnen Bändern und Folien sowie Tuben, Dosen und Fließpreßteilen in Deutschland (GDA)

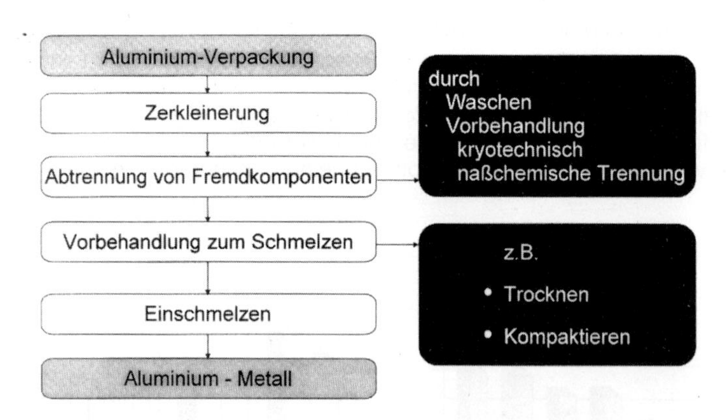

Bild 4.33 Recycling von gebrauchten Aluminiumverpackungen (VAW)

Mit hohen Anteilen werden blanke Materialien, d.h. Neuschrotte aus der Verpackungsherstellung sowie gebrauchte und gereinigte Folien bzw. Menüschalen recycliert[1]). Den prinzipiellen Verfahrensablauf zeigt Bild 4.33. Auch lackierte und dünnbeschichtete Schrotte mit geringen Verunreinigungen werden eingeschmolzen. Der Energieinhalt der Lacke wird für den Schmelzprozeß im Ofen genutzt (s. 4.3.2).

[1]) Insgesamt werden derzeit in Deutschland ca. 3500 t Aluminium-Menüschalen innerhalb des gewerblichen Sektors (Kindergärten, Karitative Dienste, Kommunale Einrichtungen, Caterer ...) einem Recycling zugeführt. Bei Zugrundelegung einer eingesetzten Menge von ca. 5000 t (nach Gesellschaft für Verpackungsmarktforschung GVM) entspricht diese einer Recyclingquote von ca. 70% (Quelle Stindt, Alcan-Ohler-Direct-Recycling-System). Dieses Vorgehen kann zudem als wesentlich hygienischer als die Verwendung von immer wieder zu reinigenden Mehrwegverpackungen angesehen werden, da Bakterien beim Einschmelzen sicher entfernt werden.

Aluminiumverbunde

Die Rückgewinnung von Aluminium aus sortenreinen Verbunden zeigt Bild 4.34 am Beispiel der Getränkekartons. Pilotprojekte erwiesen auch die prinzipielle Anwendbarkeit der Recyclingverfahren für Tablettenblisterverpackungen.

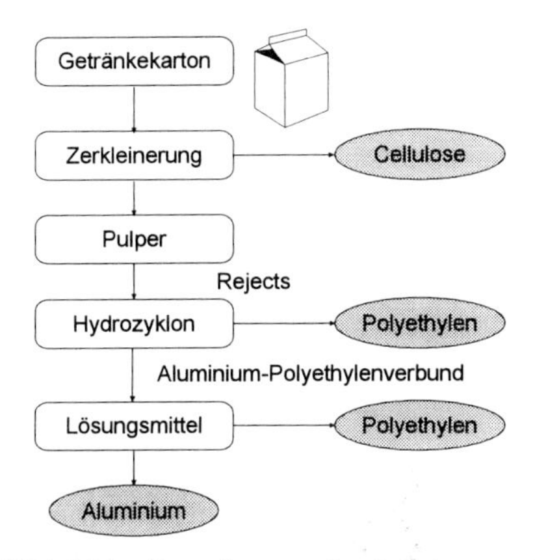

Bild 4.34 Recycling von Getränkekartons (VAW)

Gemischte und verunreinigte Verbundfraktionen müssen aufbereitet werden. Zumeist wird Aluminium von verschiedenen organischen Materialien in einer thermischen Behandlung abgetrennt. Zukünftiges Ziel ist es, in einem sog. Verbundrecycling der zweiten Generation die organischen Bestandteile zurückzugewinnen und nicht als Schwelgase zu verbrennen (Bild 4.35)

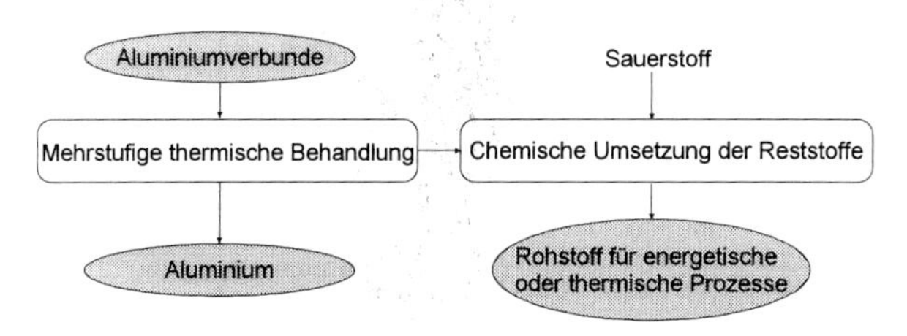

Bild 4.35 Verbundrecycling der zweiten Generation (VAW)

Aluminiumverschlüsse von Getränkeflaschen

Hier ist die Erfassung einfach, da die gebrauchten Deckel vom Verbraucher gewohnheitsmäßig wieder auf die Flaschen geschraubt werden. Rund 90% der für Mineralwasser eingesetzten Verschlüsse gelangen so zu den Abfüllern zurück und werden dort gesammelt. Entsorgungsbetriebe trennen die Verschlüsse über Wirbelstromabscheider oder im Schwimm-Sink-Verfahren. In einem Stickstoffbad (mechanische Trennung unter Kälteeinwirkung) werden die Dichtscheiben herausgelöst. Dann werden die Verschlüsse zu Ballen gepreßt und an die Schmelzwerke weitergegeben. Hier werden sie in einem umweltschonenden Abschwelprozeß von Lacken und anderen Fremdstoffen befreit, eingeschmolzen und wieder zu Walzbarren von ca. 27 Tonnen Gewicht (entsprechend ca. 25 Millionen Verschlüssen) vergossen. Nach dem Walzen können neue Verschlüsse hergestellt werden.

Getränkedosen

Der weltweite Getränkedosenmarkt (s. hierzu auch Bilder 4.4 und 4.5 - Ökobilanz) liegt bei 145 bis 150 Mrd. Einheiten. Der Aluminiumanteil beträgt davon etwa 83%, d.h. mehr als vier von fünf Dosen sind aus Aluminium[1]).

Die Aluminiumdose ist die weltweit am erfolgreichsten recyclierte Verpackung mit einer durchschnittlichen Recyclingquote von weltweit 50%. In Europa lag 1997 die Quote bei 40% (Bild 4.36a), wobei – wie aus Bild 4.36b ersichtlich – zwischen den einzelnen europäischen Ländern große Unterschiede bestehen. In Ländern mit eingespielten Rückführ-Systemen werden hohe Recyclingquoten von nahezu 90% erzielt (z.B. Schweiz, Skandinavien). In den USA liegt die Quote mit 62,8 % (1998, s. Bild 4.37) ebenfalls hoch, in Brasilien wurde 1997 eine Quote von 64% erreicht (Angaben nach AA, ABAL).

In den Ländern mit hohem Aluminiumdosenanteil gibt es große Bestrebungen, alle Dosen zu erfassen, da dies große ökonomische Vorteile bietet. So sinkt, wie Bild 4.38 zeigt, der Energieverbauch zur Herstellung von Aluminium-Getränkedosen deutlich in Abhängigkeit von der Recyclingrate, da immer weniger Primäraluminium eingesetzt werden muß.

Bis zum Jahr 2000 wird auch in Europa eine Steigerung der Recyclingrate auf bis zu 50% erwartet (EAA).

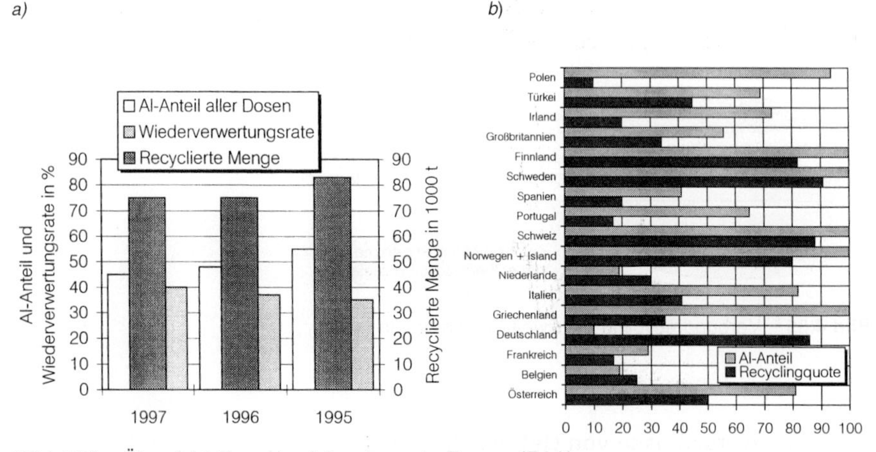

Bild 4.36 Übersicht über Aluminiumdosen in Europa (EAA)
a) Gesamt
b) nach Ländern

[1]) Zu beachten ist, daß der Aluminiumanteil der in Deutschland verkauften Getränkedosen mit 10% sehr niedrig liegt. Die Recyclingquote läßt sich daher nicht mit den Werten der Länder mit hohem Aluminiumanteil vergleichen.

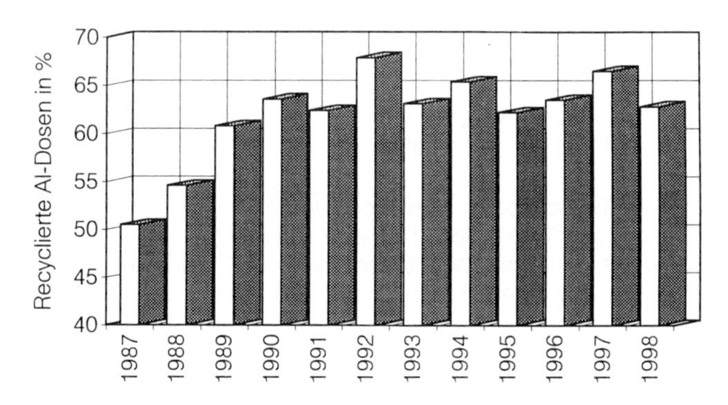

Bild 4.37 Recylingquote für Aluminiumdosen in den USA (Aluminum Association)

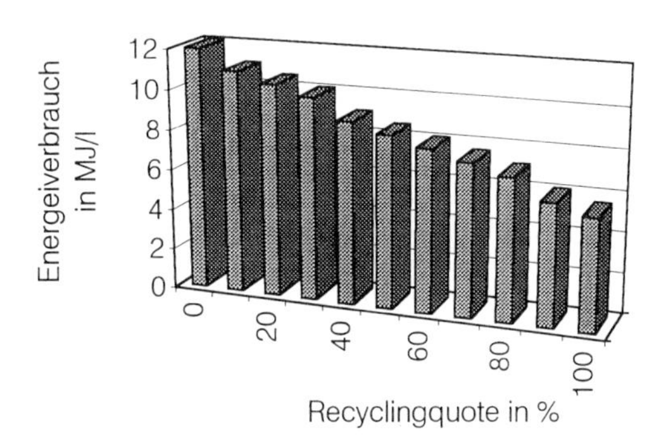

Bild 4.38 Energieverbrauch bei der Herstellung von Al-Getränkedosen in Abhängigkeit von der Recyclingquote (0,33l-Dose = 16,9 g, nach Alcan)

Die Aluminiumdose führte zu sehr weitreichenden Einschnitten in die bestehenden Recyclingstrukturen: So wurde z.B. in den USA und auch anderen Ländern der Siegeszug der Getränkedose aus Aluminium vom Aufbau eines eigenen Recycling-Systems begleitet. Die Dosen werden danach separat gesammelt, aufbereitet (Shreddern) und wieder eingeschmolzen. Lackanhaftungen wirken beim Schmelzprozeß energieliefernd (s. auch 4.3.2). Da diese UBC-Schrotte[1]) von der Analyse her sehr homogen sind, können sie auch wieder zu Walzbarren vergossen werden. Diese stellen das Vormaterial für die Produktion neuer Dosen dar. Somit wurde hier erstmals das bisher geltende Prinzip, wonach Altschrotte nur für die Produktion von Gußlegierungen verwendet werden sollen, erfolgreich durchbrochen. Unproblematisch ist hierbei der Aufbau der meisten Dosen aus zwei Legierungen, z.B. AA 3104 (0,2% Si, 0,45% Cu, 0,90% Mn, 1,10% Mg) als Dosenkörper und AA 5182

[1]) UBC- Used beverage cans = gebrauchte Getränkedosen

(0,18% Si, 0,30% Cu, 0,35% Mn, 4,50% Mg) als Deckel. Beide Werkstoffe sind kompatibel und verschmelzen miteinander.

Um jedoch sicher auch wieder Knetlegierungen herstellen zu können, müssen einige Aspekte berücksichtigt werden. Beispielsweise ist es wichtig, daß möglichst wenig Sand (SiO_2) in die Schmelze eingetragen wird, was unzulässig hohe Si-Gehalte von über 0,2% zur Folge hätte. Dies ließe sich nur durch Zugabe von teurem Primärmetall beheben.

In Ländern, in denen auch Weißblechdosen verwendet werden, muß besonders die Sortenreinheit des Schrottes geprüft werden. Die einzuschmelzende Aluminiumdosenfraktion muß unbedingt frei von Weißblechdosen und anderen Fe-Anhaftungen sein, da diese leicht zur Überschreitung der oberen Grenze von 0,45% Fe führen würden. Um dies zu beheben, müßten große Mengen an Fe-armen Reinschrotten zugegeben werden.

Der hohe Mg-Gehalt des Deckels würde theoretisch ebenfalls den Zusatz von Mg-freien Aluminum-Schrotten oder Reinaluminium erfordern. Allerdings ist der Mg-Verlust beim Aufschmelzen von Schrotten durch Oxidation höher als beim Aluminium. So sinkt der Mg-Gehalt bereits deutlich ab, dann noch verbleibende Mg-Überschüsse werden entweder verdünnt oder durch eine Raffination entfernt.

4.4.3.2. Recycling im Bauwesen

Der Baubereich ist mengenmäßig nach dem Verkehrssektor der zweitwichtigste Anwendungsbereich für Aluminium. In Europa entfallen mehr als 20% des gesamten Aluminiumverbrauchs auf den Bausektor (EAA 1998, s. Bild 4.39a). Eingesetzt wird der Werkstoff in verschiedenen Formen zumeist als Profil oder Profiltafel, so in Türen, Fenstern und Fensterwänden, desweiteren als Blech in Dachabdeckungen und Wand- oder Fassadenbekleidungen. Weitere Anwendungsbereiche sind Fenster- und Türgriffe, Beschläge, Antennen- und Blitzableiterkonstruktionen sowie Unterkonstruktionen für Solarfassaden (s. Bild 4.39 b und auch Aluminium-Taschenbuch 3, Kap. 5.4). Zur Verbesserung der Korrosionsbeständigkeit wird Aluminium in der Regel beschichtet eingesetzt. Bevorzugte Verfahren sind die anodische Oxidation oder eine Farbbeschichtung.

Tafel 4.12 Aluminium, bevorzugte Legierungen in der Architektur (Auswahl, Aluminium-Zentrale)

Werkstoff	Anwendung für
AlMgSi0,5	anodisierte Bauprofile
AlMgSi1	Konstruktionswerkstoff für erhöhte statische Belastung
AlMg1	anodisierte Bleche für Wandbekleidungen
AlMg3	anodisierte Profile, Fassaden
AlMn1; AlMn1Mg0,5 AlMn1Mg1	bandlackierte Profiltafeln für Dacheindeckungen und Wandbekleidungen
G-AlMg3	gegossene Beschläge, anodisiert, Reliefs, Kunstguß

Erfassung der Schrotte

Bauschutt hat einen hohen Anteil am Müllaufkommen und muß in den meisten Fällen deponiert werden, ggf. sogar als Sondermüll. Hier bilden metallische Bauprodukte, insbesondere aus Aluminium eine Ausnahme, da sie zumeist hervorragend recyclierbar sind (s. auch Bild 4.15).
Für die Sekundäraluminiumindustrie ist der Aluminiumanteil aus dem Bauwesen von entscheidender Bedeutung, weil sich die beim Ausbau von Fenstern, Fassadenteilen und anderen Bauelementen anfallenden Schrotte durch Sortenreinheit auszeichnen. Da – wie Tafel 4.12 zeigt – nur relativ wenige Legierungen mit einem relativ geringen Fremdelementanteil eingesetzt werden, haben die Schrotte ein hohes Qualitätsniveau. Gerechnet wird mit einem Fremdanteil von durchschnittlich 1,3% bei Strangpreßprofilen und von 1,4% bei Blechen.
Auch im Baubereich ist zwischen Neu- und Altschrotten zu unterscheiden. Neuschrotte sind in der Regel sortenrein und werden umgehend wieder eingeschmolzen. Im Fall der Altschrotte ist zu beachten, daß Aluminium erst in den 60er Jahren seine Karriere im Baubereich begonnen hat (s. Bild 4.39). Bei einer durchschnittlichen Nutzungsdauer von 30 Jahren (u.U. aber auch länger) wird in den nächsten Jahren aufgrund anfallender Sanierungs- und Renovierungsarbeiten ein verstärkter Rücklauf von Altschrott zu erwarten sein.

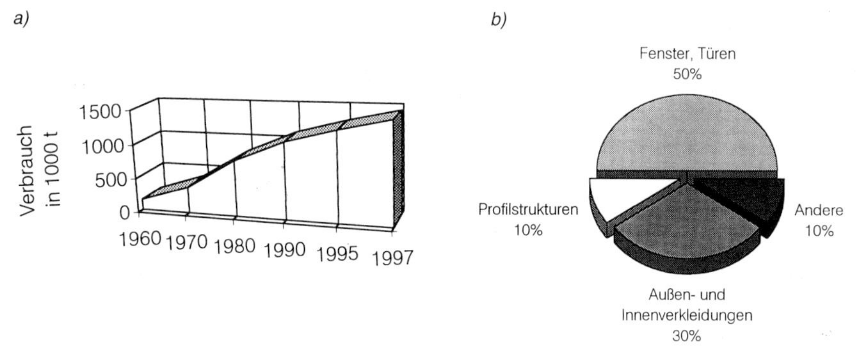

Bild 4.39 Aluminium im Bauwesen Europas (EAA)
a) Aluminium-Endverbrauch im Bauwesen in Europa
b) Anteile der einzelnen Bauprodukte am gesamten europäischen Verbrauch 1997

Doch bereits jetzt liegen die Recyclingquoten für den Baubereich auf einem hohen Niveau. So werden in Deutschland 85% des gesamten Baubereich eingesetzten Aluminiums wiederverwertet. Einige Produkte, wie Fenster, Türen oder Fassadenplatten werden zu nahezu 100% wieder dem Materialkreislauf zugeführt.
Um weitere Verbesserungen zu erreichen, gründeten Bausystemanbieter und Aluminiumunternehmen 1994 die Initiative „Aluminium und Umwelt im Fenster- und Fassadenbau (A/U/F)". Insbesondere soll die Rückführung von demontierten Bauteilen und Verarbeitungsabfällen in einem geschlossenen Kreislauf abgesichert werden. Dazu schließt der an einen Fenster- und Fassadenhersteller liefernde Systemprofilhersteller/Profillieferant mit diesem eine Öko-Vereinbarung ab. Diese enthält eine Verpflichtung des Fenster- und Fassadenherstellers zur Rückführung

ausgedienter Aluminiumbauprodukte in den Materialkreislauf. Dazu vereinbart der Fenster- und Fassadenhersteller mit einer Sammelorganisation den Weitertransport der demontierten Altelemente und Verarbeitungsabfälle zu einer Wiederaufbereitungsanlage, in der auf rein mechanischem Wege aller entgegengenommene Aluminiumschrott aufbereitet wird. Aus dem aufbereiteten, metallisch sauberen Aluminium werden in einem Sekundäraluminiumwerk neue Preßbarren oder Walzbarren gegossen, die dann zur Herstellung neuer Aluminiumprodukte eingesetzt werden.

Können die Schrotte relativ sortenrein erfaßt werden, wird nach folgenden Recyclingkonzepten vorgegangen:

Das Recycling von Fassadenblechen

Fassadenplatten mit einer durchschnittlichen Dicke von 2 bis 4 mm lassen sich hervorragend recyclieren. Sie sind leicht und damit ohne größere Verluste von einer Fassade wieder demontierbar. Verunreinigungen durch Befestigungselemente treten kaum auf. Durch Schneiden werden sie in eine transportfähige Form gebracht. Legierungsgerecht sortiert werden sie eingeschmolzen, wobei die Ausbeute je nach Ofentyp bis zu 98% betragen kann. Hergestellt werden dann wieder Barren derselben Legierung.

Profilbleche sind demgegenüber etwas dünner (ca. 1 mm), so daß sich eine etwas geringere Ausbeute ergibt.

Mehr und mehr werden, insbesondere aus Gründen der besseren Wärmedämmung, Verbundplatten für Fassadenbekleidungen sowie für Innenbereiche eingesetzt. Eine solche Platte kann beispielsweise aus zwei Aluminiumdeckschichten mit einem dazwischenliegenden Kunststoffkern bestehen (z.B. Alucobond Gesamtdicke 4 mm, Deckschichten je 0,5 mm, Kern aus reinem Polyethylen PE[1]). Derartige Verbunde lassen sich mit einer eigens entwickelten Technologie ebenfalls gut recyclieren. Danach werden die Platten zunächst in etwa erbsengroße Partikel gemahlen. Dann kann die metallische Fraktion von den Kunststoffen getrennt werden. Die Metallfraktion wird eingeschmolzen. Auch die Kunststoffe werden verarbeitet: Sie werden eingeschmolzen, durch ein Filter gepreßt (Reinigung) und wieder zur Herstellung von neuen Verbundplatten eingesetzt (bis zu 50% PE-Recyclat möglich).

Eine andere Vorgehensweise beinhaltet die Zerkleinerung der Verbundplatten in handtellergroße Stücke und ihre nachfolgende Abschwelbehandlung mit oder ohne Energierückgewinnung. Der Aluminiumanteil kann dann sortenrein eingeschmolzen werden.

In der Zukunft können im Baubereich verstärkt Verbundplatten mit Aluminiumschaumkern eingesetzt werden (bessere Schalldämmung, unbrennbar, s. Aluminium-Taschenbuch 3, Kap. 5). Sofern deren Deckbleche ebenfalls aus Aluminium bestehen, dürfte das Recycling problemlos möglich sein.

Das Recycling von Profilkonstruktionen und Aluminiumfenstern

Profile für den Innenausbau lassen sich in der Regel ohne Fremdbestandteile demontieren und sortenrein einschmelzen.

[1]) nach Buxmann

Fenster und Türen sind demgegenüber mit Beschlägen aus Stahl oder NE-Metallen sowie Kunststoffisolationen behaftet, so daß eine besondere Aufbereitung notwendig wird. Diese beinhaltet die Zerkleinerung in einer Schneidmühle oder einem Schlagwerk in streichholzschachtelgroße Stücke, die über Magnetscheider (und/oder Wirbelstromseparatoren) in die einzelnen Fraktionen zerlegt werden. Sind dann in der Aluminiumfraktion keine anderen NE-Metalle enthalten, kann das Material eingeschmolzen werden. Dies ist allerdings seltener der Fall, da die meisten Fenster Beschläge aus Zinkdruckguß oder Messing aufweisen. In diesem Fall muß eine Schwimm-Sink-Aufbereitung zwischengeschaltet werden.

Das Recycling von sonstigen Aluminiumbauteilen

Kleinere Bauteile, wie z.B. Beschläge und Folien, werden in der Regel nicht sortenrein erfaßt. Die Aufbereitung dieser Schrotte beinhaltet neben einem eventuell notwendigen Zerkleinern eine Separation in verschiedene Fraktionen (Aluminium, andere NE-Metalle, Eisenschrotte, Kunststoffe). Die Aluminiumfraktion wird in Zweikammeröfen (s. 4.3.2) unter Ausnutzung der Energie der entstehenden Schwelgase eingeschmolzen.

4.4.3.3 Beispiel Automobil

Der Bestand an Pkw lag in der Bundesrepublik Deutschland 1993 bei ca. 39 Mill. Pkw. Seit 1950 ist der Bestand in den alten Bundesländern um mehr als das 40fache gestiegen. In Europa (EG) wuchs die Zahl der Pkw von 1974 mit ca. 70 Mill. auf über 142 Mill. im Jahre 1992 an. Aus diesem Bestand stehen derzeit jährlich in Deutschland ca. 2,7 Millionen (1997), in Europa jährlich ca. 8 Mill. Altfahrzeuge zur Entsorgung an. Schon diese Zahlen zeigen den hohen Stellenwert des Recyclings. Um möglichst wenig zu deponierende Shredderreststoffe zu erhalten, wird verstärkt an Konzepten gearbeitet, die es ermöglichen ca. 90 - 95% der Masse eines Automobils zu recyclen und in den Wirtschaftskreislauf zurückzuführen (z.B. Preussag). An dieser Stelle ist es nicht möglich, auf alle anfallenden Stoffe einzugehen; es sollen lediglich die für das Aluminiumrecycling bestehenden Konzepte aufgezeigt werden.

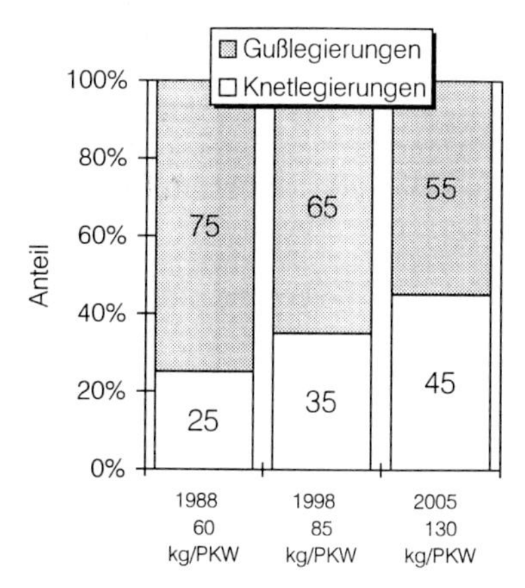

Bild 4.40 Wachsender Aluminiumanteil in europäischen PKWs bis zum Jahr 2005 (ALZ, Guß- und Knetlegierungen gekennzeichnet)

Treibstoffeinsparung durch Leichtbau

Dem Aluminiumrecycling wird in Zusammenhang mit dem Automobilrecycling eine wachsende Bedeutung zukommen, da der Aluminiumeinsatz im Kraftfahrzeug aus ökonomischen und ökologischen Gründen weiter forciert wird (s. auch 4.1 Ökobilanz). Beispielsweise wäre die von der Bundesregierung beschlossene Reduzierung der CO_2-Emissionen von 716 Millionen Tonnen im Jahre 1990 um mindestens 25% bis zum Jahre 2005 im Pkw-Sektor allein durch den Einsatz von Aluminium erreichbar: Die 35,512 Millionen Pkw, die Ende 1990 zugelassen waren, produzieren 108,8 Millionen Tonnen CO_2 pro Jahr. Ließe sich beim Durchschnitts-Pkw eine Gewichtsersparnis von 300 kg durch den Einsatz von Aluminium erreichen, ergäbe sich allein mit dieser Maßnahme ein Minderverbrauch an Treibstoff, der zur Verringerung der CO_2 -Emissionen aus den Fahrzeugen um genau diese 25% führen würde.[1])

Gegenwärtig (1998) verbraucht die Automobilindustrie ca. 19 % der gesamten Weltaluminiumproduktion. Bis zum Jahr 2007 wird ein Anstieg auf 24 % erwartet (CRU, s. auch Bild 4.40). Noch 1989 betrug die durchschnittlich pro PKW verbaute Al-Menge nur 60 kg. Heute (1999) ist von mehr als 85 kg auszugehen. Bis zum Jahr 2005 ist eine Steigerung auf 130 kg pro PKW zu erwarten (Bild 4.40)
Aluminium findet mehrheitlich als Gußlegierung (meist als Sekundärgußlegierung) in verschiedenen Bereichen des Automobils Anwendung, so im Antrieb (z.B. Kolben, Zylinderkopf, Motorblock, Ansaugrohr, Kupplungs - und Getriebegehäuse u.a.) und im Fahrwerk (z.B. Räder, Scheibenbremssattel, Hauptbremszylinder, ABS, Lenkgetriebegehäuse, Querlenker, Pedalblock u.a.). Auch Knetlegierungen werden eingesetzt. Typische Beispiele sind Wasserkühler, Fensterrahmen und Stoßfängerträger, aber auch Türen und Hauben. Die Anteile von Knet- und Gußlegierungen werden in den nächsten Jahren dabei mehr und mehr angleichen. Derzeit wird der Einsatz von Aluminiumknetlegierungen im Karosseriebau forciert, wofür verschiedene Konzepte entwickelt wurden:

- Hang-on-parts – Dieses Konzept beinhaltet einzeln abnehmbare Aluminiumteile, wie Schiebedächer, Motorhauben, Kofferaumdeckel, Türen und abnehmbare Hard-Top-Dächer. Fertigungstechnisch ist es interessant, da der Umstellungsaufwand in der Konstruktion, Logistik, Teilefertigung und Montage relativ gering ist.
- Ganz-Aluminium-Karosserie in selbsttragender Bauweise – Eine solche Aluminiumkarosserie wiegt ca. 25% weniger als eine herkömmliche Stahlkarosserie. Hinsichtlich der Sicherheit müssen keine Abstriche gemacht werden, da konstruktiv auch das hierfür notwendige feingliedrige Ausknicken im crash-Fall erreichbar ist. Zusätzliche konstruktive Sicherheitsdispositive, wie z.B. größere Knautschzonen, können infolge des größeren Gewichtsspielraums vorgesehen werden.
- Space-Frame-Konzept (Raum-Gitter-Bauweise) – Hierbei handelt es sich um ein Gitter aus Aluminiumprofilen, die in den Knotenpunkten durch Aluminiumgußteile (-knoten) verbunden sind. Die Beplankung kann mit unterschiedlichen Werkstoffen erfolgen, Aluminium ist aber aus Gründen der Gewichtsersparnis vorzuziehen. Ein derartiges Baukastenkonzept erlaubt mehr Modell-

1) Gewichtsreduzierungen sind auch mit Kunststoffen erreichbar, was z.B. am Beispiel eines Ansaugrohres gezeigt wurde (Ostermann). Vorteil des in diesem Fall ebenfalls einsetzbaren Aluminiums ist jedoch die gute Recyclierbarkeit ohne Qualitätsverlust.

variationen, schnelle Änderungen im Styling und kürzere Entwicklungszeiten für neue Modelle.

Beispiel Aluminium im Audi A8[1])

Das Space-Frame-Konzept wurde beispielsweise im Audi A8 verwirklicht. Der Aluminiumeinsatz führt hier zu einem um ca. 1l/100 km geringeren Benzinverbrauch. Die Materialaufteilung zeigt Bild 4.41. Die Aufteilung der Aluminiumanteile, die nach dem Space-Frame-Konzept in Form von Blechen, Strangpreßprofilen und Gußknoten verarbeitet sind, ist im Bild 4.42 dargestellt. In konventioneller Bauweise würde ein solches Fahrzeug ein um ca. 200 kg größeres Trockengewicht aufweisen. Der energetische Herstellaufwand ist mit 143,3 GJ bei der Aluminiumbauweise im Vergleich zur konventionellen Bauweise mit 116 GJ um 24% größer, was durch den bei der Primärherstellung des Aluminiums hohen Energieverbrauch bedingt ist. Dieser Mehrverbrauch amortisiert sich jedoch durch geringeren Kraftstoffverbrauch relativ schnell (Tafel 4.13). Unter Zugrundelegung einer Gewichtsabhängigkeit des Treibstoffbedarfs von 0,50 l/(10^4 km · kg) amortisiert sich der höhere Herstellaufwand durch Minderverbrauch je nach Qualität der Aluminiumerzeugung zwischen 66.000 und 112.000 km. Aus den Angaben zu diesem und weiteren Parametern in Tafel 4.13 geht hervor, daß sich mit Recyclingaluminium die Nachteile der Erzeugung deutlich verringern, da die im Hüttenaluminium gespeicherte Energie wiedergewonnen wird. Es dürfte damit kaum eine ökologisch effektivere Verwendung von Aluminium geben als im Fahrzeug.

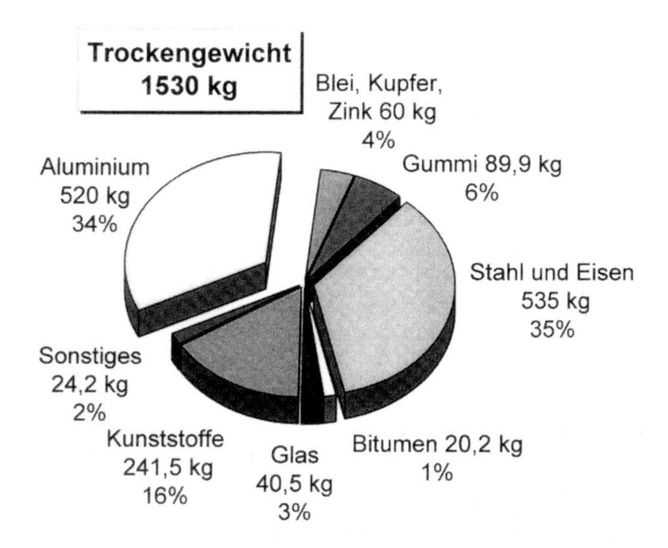

Bild 4.41 Materialanteile des Audi A8/V6 (Audi AG)

[1]) Ähnlich geartete Entwicklungen zum Aluminiumeinsatz kommen aber auch von anderen Herstellern, wie z.B. der EV1 von General Motors. Hierbei handelt es sich um ein Elektroauto in Vollaluminiumbauweise (nähere Angaben s. Metall 1996, S. 110).

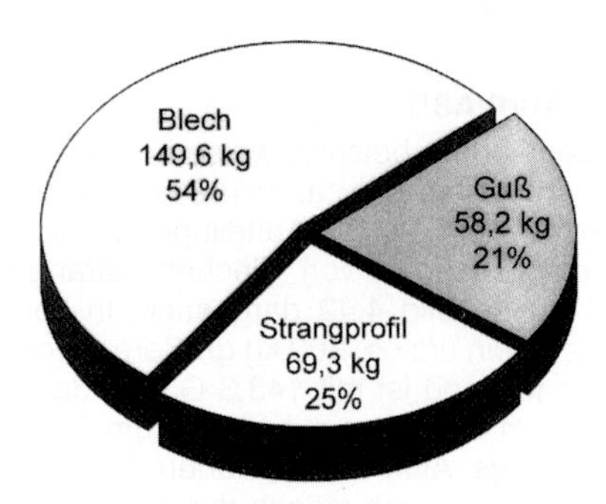

Bild 4.42 Aluminiumanteile, die nach dem Space-Frame-Konzept in Form von Blechen, Strangpreßprofilen und Gußknoten verarbeitet sind (Audi AG)

Tafel 4.13 Wirkanalyse bezüglich verschiedener Umweltbeanspruchungen für Aluminium-Space-Frame (ASF)-Karosserievarianten (Angaben Audi AG)

Art der Umwelt-beanspruchung	Fahrstrecken, durch die sich die Herstellung der ASF-Karosserie gegenüber der Stahlkarosserie amortisiert [IKP Uni Stuttgart]	
	Primäraluminium	ASF-Karosserie aus Sekundäraluminium
Primärenergiebedarf	66. bis 112.000 km	9.500 km
CO_2-Emissionen	14. bis 62.000 km	< 0 km
NO_x-Emissionen	100. bis 210.000 km	21.000 km
Kohlenwasserstoffemissionen	23. bis 40.000 km	13.000 km
Treibhauspotential	15. bis 75.000 km	< 0 km
Sommersmog	23. bis 42.000 km	14.000 km
Versauerung	116. bis 340.000 km	<< 0 km

Hinweis: Entsprechend der Qualität der Aluminiumerzeugung stellen sich die Amortisationssstrecken als Bandbreiten dar.

Materialquelle Altauto

Der Rücklauf von Aluminium aus dem Verkehrssektor ist, wie Bild 4.15 zeigt, mit 90% relativ hoch. Betrachtet man die in Deutschland derzeit zugelassenen Pkw, so ist in diesen bei Zugrundelegung eines durchschnittlichen Aluminium-Anteils von 3,8 - 5% ca. 1 Mill. t Aluminium enthalten - was ein großes Materialpotential darstellt[1]).

[1]) Zahlenangaben nach Zimmermeyer und Rink, eine genaue Angabe ist nicht möglich, da dann auch Art und Alter der zugelassenen Fahrzeuge zu berücksichtigen wären. Hinzu kommt, daß je nach Herkunftsland der Pkw unterschiedliche Bauteile als Aluminiumserienteile verwendet werden.

Aluminium-Schrotte haben einen hohen Materialwert (s. 4.2.5) der als wirtschaftlicher Anreiz den Garant für hohe Recyclingquoten darstellt. Mit Aluminiumschrott lassen sich in der Regel mehr als 10fache Erlöse im Vergleich zu Stahlschrott erzielen. So könnten bei einer Steigerung des Aluminium-Anteils im Automobil (wie im Beispiel des A8) die bei der Automobilentsorgung entstehenden Kosten für Logistik, Demontage und Verwertung durch den mit einer Erhöhung des Aluminium-Anteils gestiegenen Wertinhalt des Automobils gedeckt werden. Zudem könnte eine konsequente Substitution von Polymer- durch Aluminium-Werkstoffe im Automobilbau den Anteil der Shreddermüllfraktion verringern. Daraus resultiert dann wiederum eine Kostensenkung für die Entsorgung nichtverwertbarer Rückstände.

Recycling

Beim Recycling von Altautos werden Eisenmetalle zu ca. 100%, Nichteisenmetalle zu mehr als 90% erfaßt. Kein anderes Massenprodukt hat damit einen so hohen Wiederverwertungsgrad aufzuweisen - beim Pkw sind dies mehr als 75%!

Ablauf des Recyclings:
Aus Altfahrzeugen werden je nach Zustand und Nachfrage wiederverwendbare Aggregate und Bauteile ausgebaut[1]). Die verbleibende Restkarosse muß anschließend trockengelegt werden. Hierbei werden Betriebsflüssigkeiten, wie Öl, Kraftstoff oder Bremsflüssigkeit entfernt, da diese bzw. ihre Inhaltsstoffe sonst zu Kontaminationen führen. Anschließend erfolgt das Shreddern der Karosserie, d.h. der aufgegebene Schrott wird je nach Größe der Rostöffnungen in etwa faustgroße Stücke zerschlagen. Flugstaub und sehr leichte Teile (Kunststoffe) werden über eine Windsichtung als Leichtmüll (etwa 20 - 23% der aufgegebenen Menge) abgesaugt. Der zerkleinerte Schrott (ohne Leichtmüll) wird dann über eine Magnetseparation in eine Fe-Fraktion (ca. 70%) und in eine NE-Schwermüll-Fraktion (7-10%) getrennt, in der neben NE-Metallen noch Gummi, Glas, Kunststoffe, Steine und Holz enthalten sind[2]). Die Trennung dieser Bestandteile erfolgt in einer Schwimm-Sink-Anlage. Wie Bild 4.43 zeigt, entstehen dort zunächst in der Siebtrommel Fraktionen mit unterschiedlichen Teilegröße. Größere Teile werden einer Handsortierung zugeführt. Alle anderen Teile gelangen zur Wirbelstromseparation, wo die NE-Metalle vom Schwermüll getrennt werden. Die dabei entstehende Feinfraktion wird in einer Setzanlage in ein Schwermetall und ein Aluminiumgemisch aufgeteilt. Die restliche Fraktion wird in zwei nacheinandergeschalteten Schwimm-Sink-Trommeln in die Fraktionen Mg-Gemisch (und eventuelle hohle Al-Teile), Al-Fraktion und Schwermetallfraktion zerlegt. Beispiele für Zusammensetzungen der Aluminiumfraktion je nach Aufbereitungsgrad enthält Tafel 4.8.

[1]) Beispielsweise ergaben Untersuchungen zum Recycling des Fahrwerks des Porsche Carrera 911, daß die Kosten einer Totaldemontage höher sind als der erzielbare Materialgegenwert. So kommt nur eine Teildemontage mit anschließendem Shreddern in Betracht. In diesem Fall können beispielsweise die Aluminiumräder und die Radmuttern gesondert demontiert und den Altstoffgruppen 15 [G-AlSiMg(Cu)] und 8 [AlZnMgCu] zugeordnet werden. Die restlichen Teile werden geshreddert und wie dargestellt weiter getrennt und aufbereitet (Berkefeld).

[2]) Die Zahlenangaben (nach Rink) gelten für die alleinige Zugabe von Altautos in den Shredderprozeß, was derzeit in der Regel nicht der Fall ist. Die Eingangsstoffe eines Shredderbetriebes bestehen aus Misch- und Sammelschrotten mit einem durchschittlichen Altautoanteil von 60 - 65%. Der Rest besteht aus Misch- und Sammelschrotten.

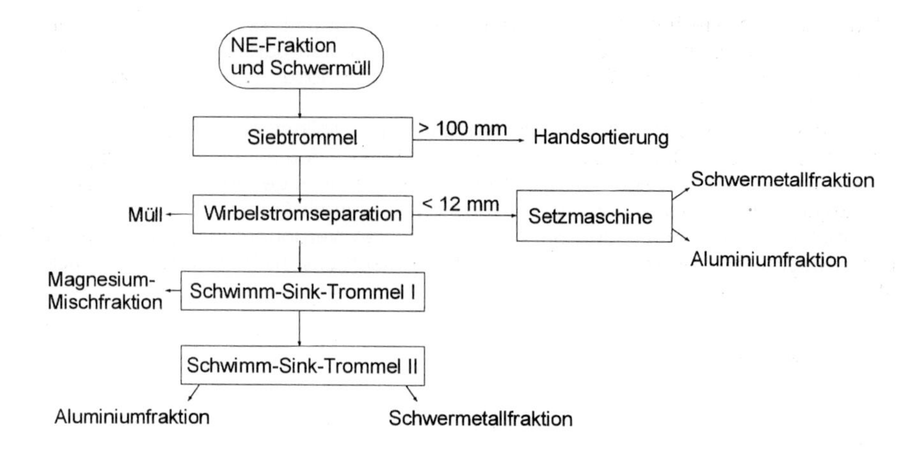

Bild 4.43 Prozeßstufen einer Schwimm-Sink-Anlage (Rink)

Die Aluminiumanteile können ggf. nach verschiedenen Verfahren weiter separiert (s. 4.2.5.2) und wieder für Gußlegierungen eingesetzt werden (Umschmelzverfahren s. 4.3). Beispielhaft für die ablaufenden Prozesse zeigt Bild 4.44 den grundsätzlichen Stofffluß zur Herstellung und zum Recycling eines Aluminium-Ansaugrohres (Hinweis: Im Bild wird auch die Verarbeitung der bei der Produktion anfallenden Neuschrotte berücksichtigt).
Durch aluminiumintensive Altfahrzeuge, wie den Audi A8, wird zukünftig ein zusätzlicher größerer Anteil von Knetlegierungen zum normalen Aluminiumschrott hinzukommen. Diese sind problemlos wieder für die Herstellung von Gußlegierungen einsetzbar, d.h. in den bestehenden Abläufen der Altautoverwertung stören sie nicht. Für den Verwerter sind sie zudem aufgrund ihres hohen Materialwertes von Interesse.

Weitere Entwicklung

Wie in Bild 4.45 dargestellt, werden bei weiter steigendem Aluminiumanteil in den Automobilen mehr Schrotte anfallen, als zur Herstellung von Gußlegierungen notwendig sind. Dann ist eine Modifizierung der bestehenden Technologien notwendig.

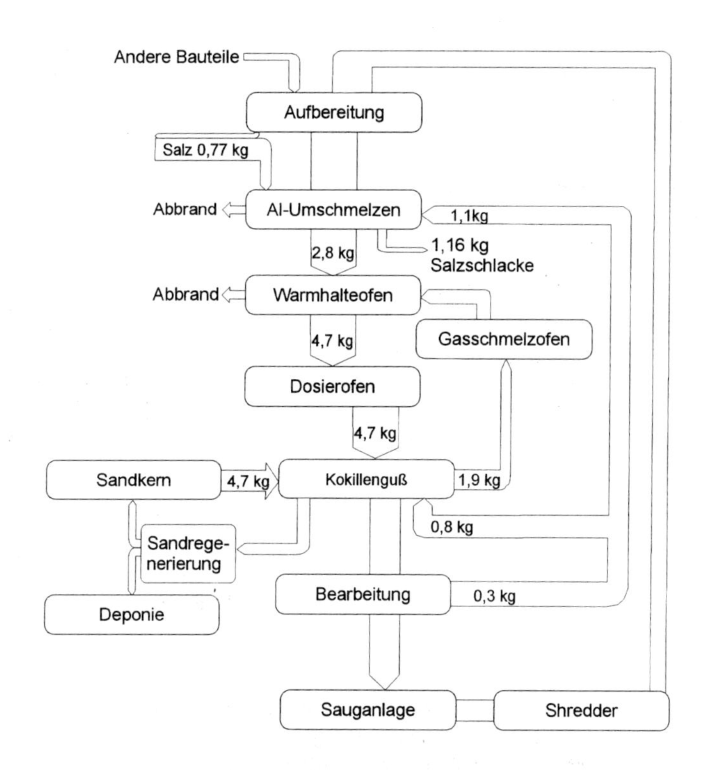

Bild 4.44 Grundsätzlicher Stofffluß zur Herstellung und zum Recycling eines Aluminium-Ansaugrohres (Eyerer et. al.)

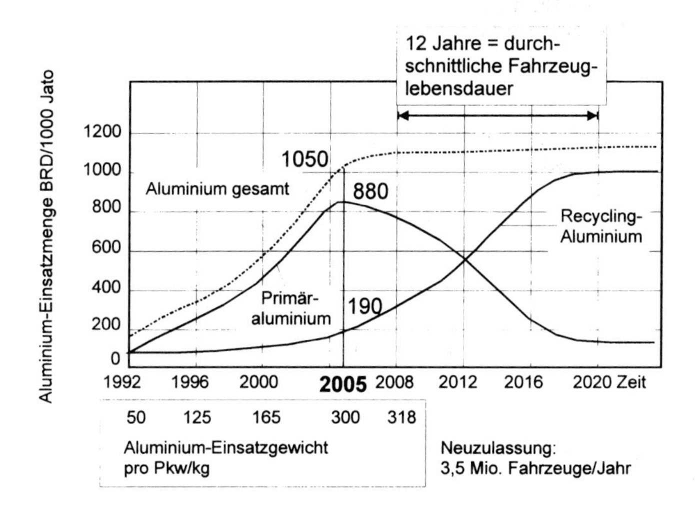

Bild 4.45 Aluminiumbedarf und -Herkunft für Pkw (VAW Aluminium)

Sinnvoll ist insbesondere eine verbesserte Separierung der Schrotte: Liegen möglichst sortenreine Schrotte vor, können aus Profil- und Blechlegierungen wieder Knetlegierungen und aus Gußlegierungen gezielt wieder Gußlegierungen hergestellt werden.

Zu erreichen ist dies durch verschiedene Technologien vor und nach dem Shreddern. Beim Shreddern kommt es immer zu einer Vermischung der verschiedenen Legierungen, d.h. die nun notwendige aufwendige Separierung ist durch den Shredderprozeß nicht zu erreichen.

Eine Verfahrensvariante zur möglichst sortenreinen Erfassung vor dem Shreddern besteht in der systematischen Demontage der Altautos mit einer gezielten Entnahme von Gußbauteilen aus der Karosserie. Eine solche würde im Beispiel des A8 besonders die Gußknoten betreffen, d.h. die Gußbauteile aus der Karosseriestruktur, die an den Verbindungs- und Krafteinleitungsstellen in der Karosseriestruktur zu finden sind.

Kann beim A8 eine vollständige Separierung der Gußknoten erreicht werden, ist beim verbleibenden Knetlegierungsgemisch nur noch die Zugabe von ca. 25% Primärmetall erforderlich, um wieder eine Karosserieblechlegierung herzustellen. Aus den Gußknoten könnten ohne größere Zugabe von Reinmetall (ca. 3 - 5%) wieder die gleichen Bauteile hergestellt werden. Leichte Anhaftungen von Knetlegierungen wirken nicht störend.

Eine solche Filetierung ist aber sehr arbeitsaufwendig. Eine Reduzierung des Aufwandes ist durch eine Teilfiletierung möglich, d.h. die schlecht zugängigen Gußknoten werden beim Filetieren zurückgelassen. Beim Audi A8 wäre dies ca. ein Viertel der Knoten. So halbiert sich die Arbeitszeit. Auch aus den so gewonnenen Schrotten können neben Gußlegierungen noch Knetlegierungen gewonnen werden. Den Knetschrotten müßten zur Herstellung von Knetlegierungen ca. 40% Neumetall zugesetzt werden. Bei den Gußschrotten ist nur eine geringe Zugabe von Neumetall erforderlich.

Als Methoden der Separierung nach dem Shreddern kommen die sog. Hot-Crush-Technik sowie das Sortieren mittels Atom-Emissions-Spektroskopie in Betracht (s. 4.2.5.2). Die Wirksamkeit beider Verfahren wurde im Labormaßstab und in Pilotanlagen nachgewiesen.

Diese Verfahrensschritte passen sehr gut in die zukünftigen Abläufe der Altautoverwertung, die eine systematische Demontage des Fahrzeugs vorsehen. Derzeit ist eine solche Separierung vor oder nach dem Shreddern nicht erforderlich, denn: Solange weniger Aluminium-Schrotte anfallen, als für Gußlegierungen eingesetzt werden, ist es ökologisch und ökonomisch sinnvoll, den Aufwand für das Separieren zu sparen und die nach dem Shreddern anfallende Aluminium-Mischung aus Guß- und Knetlegierungen unmittelbar für Gußlegierungen einzusetzen, statt hierfür Primäraluminium zu verwenden. In der Zukunft könnte dies aber sinnvoll und sogar notwendig werden.

Literatur Kap. 4

Ökologie, Sustainable Development

AEC: The life cycle of Al-extrusions 1997

Aluminium-Zentrale-Informationsschriften: Aluminium und Tropenwald, Aluminium und Rotschlamm, Aluminium und Umwelt

Aluminium-Zentrale: Informationen über den Werkstoff Aluminium. Informationsschrift der Aluminium-Zentrale e.V., Düsseldorf

BGB 1.I (1990): Gesetz über die Umweltverträglichkeitsprüfung vom 01.08.1990, geändert am 23.11.1994

bra.: Schmelzöfen heizen Stadtteil. WZ 24.02.1999

DIN EN ISO 14040 (1996): Produkt-Ökobilanz – Prinzipien und allgemeine Anforderungen

EAA: The Implications of EU energy taxation to the European Al-Industry. 1997

Ebertsch, G., Mair, K.: Emissions- und Reststoffminderung in einer Umschmelzanlage für Sekundäraluminium. EP (1997)11, S. 40/43

Frankenfeld, R.E: Möglichkeiten und Grenzen von Lebenszyklus-Bewertungen. Aluminium 69(1993)7, S. 581

GDA: Ökobilanz: Die wichtigsten Prüfkriterien z.B. im Kundengespräch, GDA Düsseldorf, Informationsschrift 1996

Gilgen, P.W.: Das Verpackungsmaterial Aluminium im Lichte der neuen, amtlichen EMPA-Oekodaten. Vortrag Infalum-Pressekonferenz, 15. Juni 1989, in Informationsschrift der Schweizerischen Aluminium AG, Zürich

Hydro Aluminium: Aluminium und Ökologie. Informationsschrift, Oslo 1993

Kehlenbeck, G.: Was leisten Ökobilanzen und was nicht. Aluminium 72(1996)1/2, S. 54/75

Kehlenbeck, G.: Was leisten Ökobilanzen. Metall 49(1995)11, S. 774/775

Kirchner, G.: Wiederverwertung von Aluminium – ökonomische, ökologische und technische Herausforderungen. Metall 52(1998)3, S. 149/151

Krone, K. et. al.: Ökologische Aspekte der Primär- und Sekundär-Al-Erzeugung in der BRD, Metall 44(1990)6, S. 559

Mandelartz, J. et. al.: Der Al-Stoffstrom in Deutschland aus transporttechnischer Sicht. Vortrag 8. Aachener Umwelttage Nov. 1998, Vortragsband

mas: Die Industrie warnt vor einer Überstrapazierung der Ökobilanzen. FAZ 04.09.1998

Minet, G.-W., Klein, W.: Sustainable Development - Wegweiser in die Zukunft. Aluminium 69(1993)10, S. 884/885

Minet, G.-W.: Ökobilanzen - der nächste Schritt. Aluminium 70(1994)1/2, S. 49/50

Minet, G.-W.: Zu vergleichender Bewertung sind Ökobilanzen nicht geeignet. Aluminium 71(1995)1, S. 23/24

N.N..: Ein konstruktiver Beitrag zur Ökologie von Aluminiumverpackungen. Aluminium 71(1995)1, S.19/22

N.N.: Ökologischer und ökonomischer Systemvergleich - Deutliche Vorteile für Aluminium-Menüschalen. Aluminium 69(1993)7, S. 619/620

Ökobilanzen – Methodik und Anwendung. Informationsblatt des CUTEC, TU Clausthal 1997

Ostermann, F.: Zur Problematik von Ökobilanzvergleichen. Aluminium 69(1993)5, S. 440/441

Owens, J.W.: LCA impact assessment categories. The intl. j. of life cycle assessment 1(1996)3, S. 151/158

Schirner, J.: Aluminium ist ökologisch. Aluminium 69(1993)1, 27/28

Schulz, P.M.: Auswirkungen des Kreislaufwirtschafts- und Abfallgesetzes auf die Unternehmen. DB, Heft 2 vom 12.01.1996, S. 77/79

Sliwka, P., Bauer, C.: Methodische Ansätze zur Betrachtung von spezifischen Umwelteinwirkungen am Beispiel des Al-Stoffstroms. Vortrag 8. Aachener Umwelttage Nov. 1998, Vortragsband V1

Stindt, A.: Fraunhofer-Studie stellt Verpackungssysteme auf den Prüfstand. Aluminium 69(1993)7, S. 620

Töpfer, K.: Wiederverwendbarkeit ist keine Materialeigenschaft, sondern eine Frage der Kreativität. Aluminium 69(1993)12, S. 1035

VAW: Umwelt und Ökologie. 1998

Grundlagen und Technologie des Recyclings, Statistiken

Aluminum Association: Statistical report, Aluminum - Know the facts - United States Industry - A Quick Review. The aluminum situation, www.aluminum.org, The Aluminum Association, Washington

Aluminium-Zentrale - Informationen über den Werkstoff Aluminium. Informationsschrift der Aluminium-Zentrale e.V.

BS (zu Kirkpatrick): Umwelt und Verpackung. Der Behördenspiegel Nr. 9/1998

EAA - Pressemitteilungen der EAA Brüssel, Jährliche Presseinformationen der EAA Brüssel - Aluminium Industry in Europe, Quarterly Report; EAA: http://www.aluminium.org

Ebertsch, G., Mair, K.: Emissions- und Reststoffminderung in einer Umschmelzanlage für Sekundäraluminium. EP (1997)11, S. 40/43

Fears. P.: Recycling plant expanded through non-ferrous metal separation. Aluminium 69(1993)S.121/122

GDMB: Raffinationsverfahren in der Metallurgie. Verlag Chemie GmbH, Weinheim 1983, S. 55 - 66

Gilgen, P.W.: Aluminium in der Kreislaufwirtschaft. Erzmetall 44(1991)6, S. 293/302

IPAI: http://www.world-aluminium.org

K.O. Tiltmann (Hrsg.) Recycling betrieblicher Abfälle, WEKA-Fachverlag, Kissing 1994

Kirchner, G.: Der Aluminiumschrottmarkt im Wandel. Aluminium 70(1994)5/6, S. 340/343

Kirchner, G.: The Economics of European Secondary Aluminium Industry. Recycling of Metals. ASM International 1992, S. 275/280

Koewius, A.: Aluminium, Automobil und Recycling - einige grundsätzliche Aspekte. Aluminium 71(1995)3, S. 276/280

Lehoux. J.-P.: Sekundärrohstoffe sind kein Abfall. Aluminium 69(1993)7, S. 592

Mandelartz, J. et. al.: Der Al-Stoffstrom in Deutschland aus transporttechnischer Sicht. Vortrag 8. Aachener Umwelttage Nov. 1998, Vortragsband

Middleton, J.R.; Mills, J.R.: Computer Integrated Manufacturing Technology for Optimisation of Aluminium Recycling. Metall 50(1996)2, S. 122/125

Münster, H.P.: Zur Wertigkeit von Abfällen. Aluminium 69(1993)2, S. 118/119

Murray, A.M.: Metall-Blick ins Jahr 1995. Metall 49(1995)1, S. 16/20

N.N. Die Aluminiumindustrie stellt sich der neuen Recyclingaufgabe. Aluminium 69(1993)10, S. 879/881

N.N. Vier Kriterien zur Einstufung von Sekundärrohstoffen als Produkte. Aluminium 69(1993)4, S. 335

N.N.: Ausbau der VAW-Kapazitäten bei Gußlegierungen und Recycling soll europäische Marktposition stärken. Aluminium 71(1995)6, S. 690

N.N.: Automatische Sortierung von NE-Metallen. Aluminium 69(1993)1, S. 26

N.N.: Gerät zum Aufspüren von Metallen. Aluminium 69(1993)5, S. 434

N.N.: Metallsortieranlage erkennt zwölf NE-Metalle gleichzeitig. Aluminium 70(1994)3/4, S. 197/198

Nickel, W.: Recycling-Handbuch. VDI-Verlag, Düsseldorf 1996

Olsen, K.P.; Sterzik, G.; Henein, H.: An Upgrading Technique for Upgrading Automotive Al Scrap. J. of the Inst. of Metals (1995)10, S. 14/15

Pawlek, R.P.: Secondary Al industry annual review. Light Metal Age (1998)8, S. 6/13

Qiu, K.; Sudhölter, S.; Krüger, J.; Yang, X.: Raffination von Metallen durch fraktionierte Kristallisation aus der Schmelze. Metall 49(1995)7/8, S. 491/495

Rink, C.: Aluminium, Automobil und Recycling. Aluminium-Verlag, Düsseldorf 1994

Scharf, R.: Entwicklung von Brennstoff-Sauerstoff-Brennern zum Einschmelzen von Sekundär-Aluminium. Presseinformation Air Products, Aluminium `97, Essen Sep. 1997, s. auch: Improved melting technology for a rotary drum furnace. Aluminium 73(1997)12, S. 884/889

Schemme, K.: Die Bedeutung der Materialeigenschaften für das Recycling von Aluminium. Metall 48(1994)6, S. 466/471

Schemme, K.: Recycling of Aluminium - General Aspects. Keynote Paper, Proc. 4th. Int. Conf. on Aluminum Alloys.(ICAA4) - Volume III, Atlanta, Georgia, USA, Sept. 11 to 16, 1994, S. 64/81

Schirner, J.: Aluminium ist ökologisch. Aluminium 69(1993)1, S. 27/28

Schirner, J.: Aluminium wird von der ökologischen Neuausrichtung profitieren. Aluminium 69(1993)6, S. 536/537

van den Haak, H.; Leyendecker, Th., Schröder, D.: Konzepte für das wirtschaftliche Schmelzen von Sekundäraluminium. Aluminium 70(1994)5/6, S. 327/332

VAW-Recycling-Technikum: Forschung und Entwicklung für Dritte. Recycling-Magazin (1998)5, S. 22/23

VDI-Richtlinie 2243, Entwurf

VDS: Sekundäraluminium – Qualität und Recycling. Informationsschrift VDS, Düsseldorf 1998

VSAI (Infalum bis 1993) Aluminium in Zahlen. Jährliche Informationsschrift

Weber, R.: Aluminium. Taschenlexikon, Olynthus-Verlag, Oberbözberg, 1. Auflage 1990

World Metal Statistics: Aluminium Supplement. London 1998, World Bureau of Metal Statistics

Krätzen, Salzschlacken

Dieckmann: Neue Wege in der Aufbereitung von Aluminium-Salzschlacken. Vortrag 7. Duisburger Recycling-Tage 1996

Eckert, M.: Verordnung zum Gefahrguttransport von Aluminiumkrätze erneut geändert. Aluminium 69(1993)9, S. 821

GDA: Al-Krätzen, Al- und Salzschlacke. Informationsbroschüre 1996

Kos, B.: Direkte Verarbeitung heißer Krätze durch Zentrifugieren in Kompaktanlagen. Metall 51(1998)1/2, S. 47/49

Kos, B.: Technologien zur Aluminiumrückgewinnung aus Krätze. Metall 48(1994)12, S. 972/974

Manfredi, O.; Wuth, W.: Beispiele für einen Aluminiumkrätzepaß. Erzmetall 49(1996)6, S. 366/372

N.N.: New Processing for Treating Aluminium Smelter Waste. Metall 50(1996)6, S. 422/423

N.N.: Salzfreie Krätzeaufbereitung. Aluminium 70(1994)9/10, S. 549/550

N.N.: Salzschlacke-Recycling in Hannover nach dem "Baseler Übereinkommen". Aluminium 71(1995)5, S. 597

Ruff: W.S. Wirtschaftliche Vorteile durch Krätzevermeidung und –verwertung. Aluminium 72(1996)6, S. 383/394

Verpackungen

AA: Statistic report, erscheint jährlich, Internetadresse http://www.aluminum.org

ABAL: Statistic report, erscheint jährlich

ALCAN Deutschland: Aluminium - Zum Verpacken unentbehrlich Informationsschrift

Aluminum recycles: Informationsschrift Aluminum Association 1998

Aluminium-Zentrale: Zum Verpacken unentbehrlich: Aluminium. Informationsschrift - Aluminium Recycling Informations System. Aluminium-Zentrale e.V., Düsseldorf 1990

Billane, N.: Alcans new aluminium recycling plant at Warrington. Aluminium 69(1993)2, S.119/120

Billane, N.: The growing U.K. infrastructure for the collection of aluminium cans. Aluminium 69(1993)3, S. 243/244

Charlier, P.; Sjöberg, G.: Recycling Aluminum Foil form post-Consumer Beverage Cartons. J. of Metals (1995)10, S. 12/13

Design & Packaging Data: Foil File No. 6, Al foil recycling, AFRC; UK 1997

EAA: Quarterly report und Presseinformationen http://www.aluminium.org

Formissano, V.: Al-foil – providing excellent barrier and environmental properties for food packaging. EAFA 1998

Herbst, K.-A.: Der geschlossene Kreis. Metall 52(1998)3, S. 156/160

Hohberg, H. et. al.: Recycling von Al-Verpackungen und technische Recyclingquoten. 8. Aachener Umwelttage Nov. 1998, Tagungsband

Infoil. News and views from EAFA, vierteljährliche Information der European Aluminium Foil Association

Johne, P.: Ein konstruktiver Beitrag zur Ökologie von Aluminiumverpackungen. 71(1995)1, S. 19/22

N.N.: Aluminium-Verbundverpackungen werden auch wiederverwertet. Aluminium 70(1994)3/4, S. 197

N.N.: Auch Al-Verpackungen werden recycliert. Aluminium-Praxis (1998)6, S. 18

N.N.: Pilotprojekt "Tablettenblister" erfolgreich. Aluminium 69(1993)11, S. 986

N.N.: Recyclingkreislauf bei Flaschenverschlüssen. Aluminium 72(1996)1/2, S. 61

N.N.: Werkstoffübergreifende Forschung für Verpackung und Umwelt. Aluminium 70(1994)3/4, S. 195/196

Pastoors, A.: Der Werkstoff als Wertstoff. Aluminium 69(1993)5, S. 432/434

Pastoors, A.: Verpackung mit Aluminiumfolie - Markt mit Zukunft. Aluminium 69(1993)1, S. 29/35

Stindt, A.: Systemlösungen für das Recycling von Aluminiumverpackungen. Aluminium 72(1996)1/2, S. 58/60

Trennung und werkstoffkundliche Verwertung von Aluminium-Kunststoff-Verbundmaterial. Aluminium 70(1994)5/6, S. 333/336

Volker, W.: Cryogen-Verfahren für das Recycling von Verbundmaterialien. Sonderdruck aus gas aktuell, Messer Griesheim GmbH, Krefeld 1996

Weinhold, A.: Das Recycling von Aluminiumverpackungen gewinnt an Dynamik. Aluminium 71(1995)2, S. 201

Schweizerische Aluminium AG, Zürich: Wieviel Verpackung braucht ein Produkt?

Bauwesen

Aluminium-Zentrale: Aluminium am Bau - technisch und ökologisch sinnvoll. Informationsschrift der Aluminium-Zentrale e.V.

Buxmann, K.: Ökobilanz und Recycling von Al-Press- und Walzprodukten im Baubereich. Al-Symposium 26.Nov.1998, Luzern, Tagungsdokument S. 26/29

Erfolgsbilanz der A/U/F. Aluminium-Praxis (1998)2, S. 18

GDA: Al im Bauwesen – ökologisch und nachhaltig. Informationsschrift GDA 1998

N.N.: Aufbau eines Wertstoffkreislaufes für Fenster und Fassaden

N.N.: Bauprofile werden wieder Bauprofile. Recycling Magazin (1998)1, S. 13/15

N.N.: Neue Ökovereinbarung vorgestellt. Bauelemente Bau (1998)2, S. 15/16

N.N.: Umweltverträglichkeit von Baumaterialien. Aluminium-Praxis (1998)6, S. 19

Automobil (Recyclingkonzepte und recyclinggerechte Fertigungsverfahren)

Aluminium und Transport. Informationsschrift der Alusuisse, Schweizerische Aluminium AG, 1988

Audi: Umweltschutz bei Audi. Informationsbroschüre 7/1996

Berkefeld, V.; Görich, H.J.; Schote, N.; Wöhler, H.J.: Die LSA-Hinterradaufhängung des neuen Porsche 911 Carrera. Automobiltechnische Zeitschrift 95(1994)6, S. 340/351

Blaske, G.: Autoindustrie in die Pflicht genommen. Süddeutsche Zeitung 17.07.1997

CRU: Al in Automobiles. London 1998

Eyerer, P.; Schuckert, M.; Dekrosky, Th.; Pfleiderer, J.: Ganzheitliche Bilanzierung von Pkw-Ansaugrohren. Aluminium 69(1993)5, S. 435/440

Fahrwerkskomponenten aus Aluminium-Druckguß. Presseinformation der Ritter Aluminium Giesserei GmbH, Wendlingen, Februar 1996

Forschung für Umwelt und Verkehr. Informationsschrift der Volkswagen AG, Wolfsburg

Haldenwanger, H.-G., Schäper, S., Rink, C.; Sternau, H.-G.: Materialrecycling von aluminiumintensiven Altfahrzeugen am Beispiel des Audi A8. Vortrag auf der VDI-VW-Gemeinschaftstagung "Neue Werkstoffe im Automobilbau", 1996, veröff. in VDI-Berichte 1235, S. 249/266

Hochtechnologie in Guss: Vacural. Informationsschrift der Ritter Aluminium Leichtmetallgiesserei GmbH., Wendlingen

Koewius, A.: Aluminium, Automobil und Recycling - einige grundsätzliche Aspekte. Aluminium 71(1995)3, S. 276/280 bzw. Automobiltechnische Zeitschrift 97(1995)4, S. 248/253

Koewius, A.: Der Leichtbau des Serienautomobils erreicht eine neue Dimension. Teil 1 Aluminium 70(1994)1/2, S. 38/48, Teil 2 Heft 3/4, S. 144/155

Koewius, A.: Energiebilanzvergleich bei Metallen im Automobil im Lichte physikalisch-orientierter Betrachtungsweisen. in "Leichtmetalle im Automobilbau 95/96". Sonderheft der Automobiltechnischen Zeitschrift und der Motortechnischen Zeitschrift, S. 14/22

Kraftstoffeinsparung durch Fahrzeugtechnik. Informationsschrift der Volkswagen AG, Wolfsburg 1993

Kramer, Th.: "Integrierte Altautoverwertung" für Besitzer und Industrie. Aluminium 69(1993)3, S. 244 /245

Kroninger, W.; Söffge, F.: Das Fahrwerk des neuen Porsche 911 Carrera. Automobiltechnische Zeitschrift 95(1993)11, S. 552/563

N.N.: Altautos sind zu 90 bis 95% wiederverwertbar. Aluminium 70(1994)5/6, S. 343

N.N.: Fachgerechte Altautoentsorgung. Aluminium 69(1993)3, S. 245

N.N.: Karosseriewerkstoffe im Substitutionswettstreit. Aluminium 70(1994)11/12, S. 642/645

Rink, C. Aluminium, Automobil und Recycling. Aluminium-Verlag 1994

Schmidt, J.: Altautoverwertung und -entsorgung. expert-Verlag Renningen-Malmsheim, 1995, Reihe Kontakt & Studium Band 464

Springe, G.: Durchbruch der Aluminium-Anwendung beim Bau von Aluminium-Automobilen. Blech, Rohe, Profile (1992)12; Sonderdruck

Schirner, J.: Aluminium ist ökologisch. Aluminium 69(1993)1, S. 27/28

Umweltverträglichkeit des Audi A8. Informationsschrift der Audi AG, Ingolstadt

Wöhler, H.J.: Neues Radaufhängungskonzept im Porsche 911 Carrera. veröff. in VDI-Berichte 1088, 1993 S.191/213

Wolfensberger, K.: Alusuisse setzt auf Wachstum im Automobilleichtbau. Sonderdruck eines Referats zur Herbstpressekonferenz vom 29.8.95, Zürich

Zimmermeyer, G.: Automobilrecycling in Europa und mögliche Auswirkungen auf den Schrottmarkt. Aluminium 70(1994)7/8, S. 429/431

Stichwortverzeichnis

B

G

T

U

Z